Le Chevalier de la Marr

Tableau Encyclopedique et Methodique Botanique Premiere

Livraison

Le Chevalier de la Marr

Tableau Encyclopedique et Methodique Botanique Premiere Livraison

ISBN/EAN: 9783741198021

Manufactured in Europe, USA, Canada, Australia, Japa

Cover: Foto ©berggeist007 / pixelio.de

Manufactured and distributed by brebook publishing software
(www.brebook.com)

Le Chevalier de la Marr

Tableau Encyclopedique et Methodique Botanique Premiere Livraison

TABLEAU
ENCYCLOPÉDIQUE
ET MÉTHODIQUE
DES TROIS RÈGNES DE LA NATURE.

BOTANIQUE.
PREMIERE LIVRAISON.

Par M. le Chevalier de la Marck, de l'Académie Royale des Sciences.

A PARIS,

Chez PANCKOUCKE, Libraire, Hôtel de Thou, rue des Poitevins.

M. DCC. XCI.
AVEC PRIVILÈGE DU ROI.

A V I S.

LES Souscripteurs ne doivent point faire relier aucune des parties de ces planches d'Histoire Naturelle. Les discours qui accompagnent plusieurs livraisons déjà publiées, ne sont pas même terminés. Lorsque les planches qui représentent les animaux seront finies, & nous espérons qu'elles le seront cette année, nous indiquerons toutes celles qui doivent aller de suite, pour ne former qu'un volume à l'*instar* de ceux des Arts & Métiers mécaniques. Le discours doit être aussi relié séparément & dans l'ordre que nous indiquerons.

ILLUSTRATION DES GENRES,

OU

EXPOSITION des caractères de tous les genres de plantes établis par les Botanistes, rangés suivant l'ordre du systême sexuel de Linnæus ; avec des figures pour l'intelligence des caractères de ces genres ; & le tableau de toutes les espèces connues qui s'y rapportent & dont on trouve la description dans le Dictionnaire de Botanique de l'Encyclopédie,

PAR M. DE LAMARCK.

L'intérêt maintenant presque généralement senti de l'étude de la Botanique; son utilité réelle relativement aux arts, à la médecine, & à l'économie domestique; enfin, l'agrément même que cette étude procure à ceux qui s'y livrent avec quelqu'activité, font que les ouvrages, soit généraux, soit particuliers, qui traitent de cette belle partie de l'histoire naturelle, se multiplient considérablement tous les jours, quoiqu'ils soient déjà très-nombreux. Aussi de tout ce qui a été fait jusqu'à présent à ce sujet, il en est résulté pour la science intéressante dont il s'agit, des progrès qui ne font nullement douteux, & qui, sur-tout depuis un demi-siècle, ont été rapides & même considérables.

Cependant d'une part l'étendue de chacune des parties de cette belle science, & de l'autre l'immense quantité d'objets qu'elle comprend, font telles que de long temps encore nos connoissances en ce genre n'atteindront, j'ose le dire, la perfectibilité qu'elles font susceptibles d'acquérir.

En effet, que de travaux nous restent à exécuter pour achever la juste détermination des caractères distinctifs des plantes, même de celles que nous regardons déjà comme connues, parce qu'elles font mentionnées dans les ouvrages des Botanistes! Que de recherches & d'observations nous ferons encore obligés de faire sur ces mêmes plantes pour parvenir à fixer convenablement les genres qu'elles doivent composer, & pour assurer la distinction précise de toutes les espèces qu'elles constituent! Quoiqu'on ait beaucoup fait à cet égard, on est encore bien éloigné d'avoir fait tout ce qu'il est essentiel de faire pour la parfaite connoissance Botanique des plantes déjà observées. En effet, plus j'étends mes recherches fous ce point de vue, plus j'ai occasion de me convaincre chaque jour du fondement de ce que je viens d'avancer, même à l'égard des plantes d'Europe qui font les mieux & les plus anciennement connues.

Cependant les végétaux déjà observés ne font peut-être pas encore la moitié du nombre de ceux qui existent à la surface du globe, fur la terre & dans les eaux. L'Europe, seule à cet égard, commence à la vérité à être assez connue; mais l'intérieur des trois autres parties du monde, & en général la plupart des isles éloignées de l'Europe recèlent fans doute des milliers de plantes entièrement inconnues aux Botanistes. J'ai vu des herbiers faits depuis peu à Madagascar, dont presque tous les objets étoient nouveaux.

Ces considérations prouvent combien il reste encore à faire pour perfectionner nos connoissances fur les végétaux qui existent; pour déterminer avec précision la distinction bien tranchée des genres qu'il faut établir, & des espèces qui font dans la nature; pour indiquer les rapports prochains ou éloignés que les différens végétaux ont entr'eux, ce qui intéresse fortement le naturaliste; enfin, pour en donner une notion exacte, relativement à l'histoire de leur découverte, au lieu qu'ils habitent, au climat qui leur convient, au sol qui leur

a ij

est nécessaire, au temps de leur floraison & de la maturation de leurs fruits, à leur durée ; & sur-tout aux applications utiles qu'on en peut faire ; or, à toutes ces considérations je dois ajouter, ce que je ne croyois pas autrefois, mais ce que le travail & l'expérience m'ont enfin appris, c'est qu'il existe une grande imperfection dans les meilleurs ouvrages que nous possédons sur la Botanique, principalement dans les ouvrages généraux. Je dois ajouter encore que dans la foule d'ouvrages sur la Botanique qui paroissent dans le cours d'un siècle, il n'y en a toujours qu'un petit nombre qui soient originaux & qui avancent réellement la science.

Ce ne peut donc être qu'avec le temps & par de bons ouvrages offrant dans un ordre convenable, des observations & des descriptions originales, & par-tout une détermination exacte & précise, que la plus intéressante & la plus utile des parties l'histoire naturelle pourra acquérir la perfection dont elle est susceptible & qu'il nous importe tant de lui faire avoir.

Les ouvrages particuliers en Histoire Naturelle (comme monographies, les décades, les centuries, les fascicules, &c.) sont infiniment utiles, parce qu'ils offrent communément, avec les plus grands détails, les caractères des objets dont ils traitent, & qu'ils servent à la composition des ouvrages généraux. Mais ceux-ci seulement établissent l'ensemble des connoissances acquises en ce genre, constituent le vrai fondement de la science, & sont en outre de la plus grande nécessité, puisqu'ils lui procurent l'intérêt & toute l'utilité dont elle peut être susceptible.

En Botanique, les ouvrages généraux sont nécessairement de deux sortes, si l'on sépare ; comme l'a fait Linné, l'exposition des genres qu'il a été nécessaire d'établir, de celle des espèces dont la distinction fait le sujet du plus grand travail des Botanistes.

Ainsi un ouvrage général présentant l'exposition de tous les genres de plante déterminés par les Botanistes, doit être regardé comme un ouvrage fondamental pour la science dont il traite ; car, il est certain que sans l'établissement des genres, la distinction des espèces ne pourroit jamais avoir lieu.

Or, c'est un ouvrage de cette nature que nous offrons maintenant au public ; & nous osons le donner pour le plus étendu & le plus complet qui ait encore paru sur cette matière ; nous osons même l'annoncer comme étant ce qu'on a fait de plus convenable & de plus avantageux jusqu'à ce jour, pour étendre la connoissance de tous les genres établis par les Botanistes. Mais aussi c'est là seulement où se borne toute la prétention de notre travail ; car nous sommes bien éloignés de le donner comme étant ce que l'on pourroit faire de mieux à cet égard, vû que nous sommes très-convaincus du contraire, & que nous mêmes nous eussions pû beaucoup mieux faire si les circonstances nous eussent plus favorisés.

En effet, il eût été sans doute infiniment à desirer que les caractères de tous les genres compris dans ce grand ouvrage eussent pu être tous figurés d'après la nature même & sur le vivant, avec tous les détails propres à les faire parfaitement connoître. C'eut été sans doute la plus belle entreprise qu'on eût jamais faite pour la Botanique, & nous avions déjà assez médité sur cet objet pour en sentir pleinement l'intérêt & l'utilité. Mais l'exécution d'une pareille entreprise trouvoit dans la dépense même qu'elle exigeoit un obstacle insurmontable

à notre égard. Aussi malgré nos vœux ne formâmes-nous jamais de projets au sujet d'une entreprise de cette nature.

Nous en étions à-peu-près vers la moitié de la composition de notre Dictionnaire de Botanique, lorsque, sans que nous nous y fussions attendus, & sans avoir fait aucuns préparatifs à ce sujet, l'on vint nous proposer de nous charger du travail à faire pour publier un *genera plantarum* avec des figures correspondantes aux caractères indiqués, les entrepreneurs se chargeant de toute la dépense d'un pareil ouvrage.

A cette occasion nous dirons que notre desir de contribuer aux progrès de la Botanique est trop ardent pour que nous ayons hésité un instant à accepter la proposition dont il s'agit ; & le lecteur qui aura pris la peine de suivre & de bien connoître nos travaux, n'aura certainement nul doute sur le véritable motif qui nous a déterminé à entreprendre ce nouvel ouvrage.

En effet, cet ouvrage, malgré son étendue, malgré la dépense qu'il devoit occasionner, pouvoit se trouver d'un intérêt presque nul pour la science, s'il eût été confié à des personnes tout-à-fait sans expérience ; car il exige un choix éclairé & une grande intelligence de la chose. M. l'Abbé Bonnaterre devoit d'abord s'en charger, & personne n'étoit plus propre que lui à remplir ce travail d'une manière digne du public. Mais occupé de toute la partie des animaux, des minéraux, & ces planches de Botanique étant relatives au Dictionnaire dont je suis occupé, il a consenti que je fusse chargé de ce nouveau travail.

Cependant lorsque nous eûmes fait l'examen des moyens d'exécution qui furent mis en notre pouvoir, du nombre fixé des planches que doit comprendre tout l'ouvrage, & sur-tout de la célérité avec laquelle les dessins devoient être exécutés, célérité qui ne pouvoit presque jamais permettre de faire des détails sur le vivant (1); lorsqu'enfin nos recherches nous apprirent que la fructification d'un grand nombre de genres constitués même par des plantes communes (2), n'avoit pas encore été figurée; que celle de quelques-uns ne se trouvoit que dans certains ouvrages fort rares, qu'on ne pouvoit se procurer à temps; alors les espérances que nous avions d'abord conçues relativement au grand intérêt & à la beauté de notre nouvelle entreprise s'évanouirent presqu'entièrement.

---

(1) Dans un ouvrage comme celui-ci, où la promptitude d'exécution devient nécessairement une des premières conditions imposées par ceux qui en font la dépense, la nécessité d'abord de donner à la gravure un grand nombre de planches à la fois, & ensuite de les donner sans interruption de l'ordre qu'elles d'ivent conserver dans l'ouvrage même, ne permet pas d'attendre la floraison des plantes que l'on pourroit faire dessiner sur le vivant. En effet, les floraisons particulières ne s'accordant point avec l'ordre systématique suivi dans l'ouvrage, les plantes fleurissent en général tantôt avant qu'on soit arrivé à leur genre, & tantôt beaucoup après; ajoutez à cela que la mauvaise saison survenant, l'exécution de l'ouvrage n'en est pas néanmoins interrompue.

(2) Les détails de la fructification de *Eranthemum*, *Ortegia*, *Lassitigia*, *Quaria*, *Lechea*, *Holosteum*, *Eriocaulon*, *Camphorosma*, *Blaeria*, *Pinana*, *Ellisia*, &c. &c., ne sont pas encore d.nnés; on n'a pas même figuré la part ou les parties du port de *Olax*, *Natalia*, *Krameria*, *Aixaa*, *Crojita*, *Masais*, *Limeum*, & de tant d'autres dont, par cette raison, nous n'avons pu rien donner, parmi les objets figurés dans cet ouvrage.

On nous objectoit qu'en nous réduisant à copier des figures déjà publiées, & qu'en donnant les détails de tous les genres qui ont été figurés dans les ouvrages des Botanistes, en prenant pour base de ce travail les figures des *Institutiones rei herbariæ* de Tournefort, nous pouvions avec ce moyen former un corps d'ouvrage d'un très grand intérêt pour ceux qui étudient la Botanique.

Cette considération est assurément très-fondée : mais quoiqu'il y eût une utilité évidente pour l'étude de la Botanique à redonner dans un même ouvrage tous les détails figurés & publiés sur les genres, détails dispersés dans beaucoup d'ouvrages différents ; cette utilité seroit moindre sans contredit qu'on ne l'imagine d'abord. La raison en est, qu'un grand nombre de ces figures de détails, même celles de Tournefort, sont très-défectueuses ; outre que la plupart ne représentent pas les étamines des fleurs, ou qu'elles n'expriment pas leur véritable forme, & sur-tout leur insertion.

Convaincu de la vérité de cette observation, & sur-tout persuadé que pour donner un *genera plantarum* avec des détails figurés dans le degré de précision & de perfection qu'exige l'état actuel de nos connoissances, il seroit indispensable de faire dessiner de nouveau sur le vivant, la fructification de la plupart des genres établis par les Botanistes ; ensuite considérant que cette entreprise (que peut-être on n'exécutera jamais à cause de sa difficulté) exigeroit, outre une très-grande dépense, l'emploi d'un temps extrêmement long, dont il n'est pas en notre pouvoir de disposer ; nous avons pensé que si nous ne pouvions donner à notre ouvrage sur l'*Illustration des Genres*, ce haut degré de perfection que nous venons d'indiquer & dont nous savons apprécier tout le mérite ; il nous étoit possible néanmoins de lui donner un grand intérêt, & même de le rendre bien supérieur en utilité pour l'étude de la Botanique, à tous ceux qu'on a exécutés pour le même objet jusqu'à ce jour.

Pour y parvenir, nous avons considéré que puisqu'il ne nous étoit pas toujours possible de donner pour tous les genres connus des détails figurés avec la précision & les développemens nécessaires pour l'intelligence parfaite de ces détails, nous devions suppléer ou compenser cette espèce d'imperfection par un autre genre d'intérêt.

En conséquence, nous avons pensé qu'aux meilleurs détails qu'il nous seroit possible de donner sur la fructification de chaque genre de plante, si nous y joignions l'inflorescence & même une partie du port d'une ou plusieurs espèces de chacun de ces genres ; nous rendrions alors cet ouvrage infiniment utile aux progrès de la Botanique, & nous lui assurerions par ce moyen une grande supériorité sur tous les autres ouvrages qui existent & qui ont en vue le même objet. Nous doutons même, à cause de l'étendue de l'ouvrage & des frais considérables que son exécution doit exiger, nous doutons que l'on fasse jamais pour la Botanique une plus grande & à la fois une plus belle entreprise.

Pour trouver les détails dont nous avions besoin, nous avons puisé dans les meilleures sources ; nous avons mis à contribution tous les ouvrages que nous avons pu nous procurer ; & nulle part nous n'avons adopté les figures de détails que ces ouvrages nous offroient, sans faire sur leur convenance toutes les recherches qu'il nous étoit possible de faire, & sans mettre une attention particulière, soit dans le choix ou l'admission de ces figures, soit dans

les développemens, les additions & les corrections que nous devions y faire, & dont la richesse de notre herbier nous fournissoit souvent les moyens.

Une autre sorte d'intérêt que nous avons encore tâché de donner à notre nouvel ouvrage, c'est que, dans les genres qui comprennent plusieurs espèces, après avoir donné pour premier exemple du genre une espèce bien connue, nous avons très souvent ajouté comme autre exemple du même genre, une ou plusieurs espèces très-rares, tantôt tout-à-fait nouvelles, & tantôt déjà connues, mais qui n'étoient encore figurées nulle part. Cette considération, à ce qu'il nous semble, ne peut que rendre l'ouvrage dont il s'agit, précieux aux yeux de ceux qui aiment véritablement la Botanique.

Nous devons convenir que la disposition des premières planches se ressent beaucoup de l'influence produite par la célérité d'exécution qu'on nous a demandé particulièrement en commençant cet ouvrage, par le peu d'habitude que les artistes employés avoient de ce genre de travail, ce qui fit cause que beaucoup de détails n'ont été copiés ou rendus qu'avec beaucoup d'imperfection; enfin par les objets d'incertitude que nous fûmes d'abord forcés d'éprouver nous-mêmes, sur la nature & le mode d'emploi des objets que nous devions traiter. Mais nous espérons qu'on s'apercevra que notre plan devenant ensuite plus régulier, plus fixe, qu'en outre les artistes employés se mettant insensiblement plus au fait de ce qui doit fixer principalement leur attention, l'ouvrage dont il s'agit ne peut qu'augmenter d'intérêt, & nous espérons qu'il acquerra celui que les circonstances qui présidèrent à son exécution lui permettront d'obtenir.

Si les genres sont présentés & distribués dans cet ouvrage selon l'ordre du système sexuel de Linné, ce n'est point parce que nous regardons cet ordre comme étant le meilleur de tous qu'on a imaginés jusqu'à ce jour, car nous sommes bien éloigné de le penser (Voyez le discours préliminaire de notre Dict. de Botanique, p. ...) mais c'est parce qu'étant le seul auquel on ait rapporté en général presque tous les végétaux connus, il est par là presque généralement connu de tous ceux qui étudient réellement la Botanique. Ainsi quoiqu'il eût pu être infiniment avantageux de conserver dans cet ouvrage l'ordre des rapports les plus avoués, & de ne point disséquer par des figurations dépendantes les familles les plus naturelles, comme le système de Linné l'exige presque par-tout; nous nous sommes rendu au désir qu'on nous a témoigné à cet égard, & bien-tout à celui de rendre cet ouvrage le plus commode qu'il fût possible, pour l'usage du plus grand nombre de ceux qui étudient réellement la Botanique.

D'ailleurs la plupart des ouvrages de Botanique les plus modernes présentent les végétaux dont ils traitent, rangés selon le système de Linné, & en effet ce système est le plus commode de tous pour favoriser la publication de quantité d'ouvrages d'un intérêt médiocre, (comme des catalogues, &c.) dans lesquels souvent on ne trouve pas une observation originale, & pour autoriser même les prétentions de ceux qui, habitués à suivre une routine aveugle, sont incapables de concevoir eux-mêmes aucune vue nouvelle.

Un pareil ordre a donc dû nécessairement obtenir une préférence presque générale sur tous les autres, & devenir pour ainsi dire à la mode. Aussi ce nom est-il aujourd'hui d'une popularité commandante, quelque estimable qu'elle pût être dans son principe, & dans la composition

& la difpofition de cet ouvrage, nous n'euffions pas eû principalement en vue, la plus grande commodité de ceux auxquels l'ufage en eſt deſtiné.

A la fin de l'ouvrage même on trouvera un tableau général préfentant tous les genres mentionnés dans cet ouvrage, & difpofés felon l'ordre des rapports naturels les plus reconnus, afin que ceux qui favent apprécier ces belles connoiffances, puiffent juger de l'état où elles font actuellement, & des progrès qu'il leur reſte à faire pour acquérir le fondement & toute l'étendue dont elles font fufceptibles.

Comme à mefure que nous travaillons, les découvertes fe multiplient, que nos connoiffances propres augmentent prefque proportionellement à la durée de nos travaux, & qu'il réfulte des circonftances où nous nous trouvons, que nous poffedons maintenant un grand nombre de plantes que nous ne connoiffions pas lorfque nous avons été obligé d'en traiter dans notre Dictionnaire; le nouvel ouvrage que nous publions actuellement offrira des augmentations nombreufes, & en outre la correction de plufieurs erreurs qui nous ont échappées dans l'expofition des caractères foit génériques, foit fpécifiques. Nous ne donnons ici fous chaque genre, que le tableau des efpéces en renvoyant pour leur defcription & leur fynonymie générale à notre Dictionnaire même où nous en avons fait l'expofition; & pour les efpéces oubliées ou nouvellement découvertes, au Supplément qui doit terminer ce grand ouvrage. Cependant lorfqu'une plante très-rare ou même qui étoit nouvelle au moment où nous l'avons décrite, aura été figurée depuis la publication que nous en avons faite; alors nous citons ici cette figure, fans donner aucune autre fynonymie à fon égard.

Les Botaniftes inftruits qui auront occafion, par des travaux fuivis, de fe former une jufte idée de l'étendue de nos recherches pour contribuer aux progrès d'une fcience que nous aimons infiniment, daigneront fûrement nous accorder leur eftime. Elle nous dédommagera amplement de toutes les peines que nous nous fommes donnés & que nous ne cefferons de prendre pour l'avancement de la Botanique, autant que nos moyens & nos facultés nous le permettront. Elle nous dédommagera auffi des traits envenimés que l'on a injuftement lancés contre nous, & defquels nous croyons ne devoir autrement nous venger, qu'en engageant tous nos lecteurs d'en prendre eux-mêmes connoiffance.

C'eft pourquoi nous les prions inftamment de fe donner la peine de lire la Préface du fecond Fafcicule de l'ouvrage de M. Smith, qui a pour titre : *Plantarum icones hactenus ineditæ* ; de lire enfuite l'avertiffement placé en tête du troifième vol. de notre Dict. de Botanique, & de juger eux mêmes fi nous avons obtenu de cet auteur la juftice qui nous eft due: enfin de juger fi l'un des deux auteurs, aveuglé par une prévention peu honorable, a eû la foibleffe d'éprouver quelque fentiment d'envie; quel eſt celui des deux qui eſt véritablement dans ce cas; & quel eſt celui qui pouvoit avoir des motifs pour y être.

INTRODUCTION.

INTRODUCTION.

LA Botanique eſt la ſcience qui embraſſe la connoiſſance générale & particulière des végétaux ; celle de leur nature, de leur organiſation, & du méchaniſme de leurs développemens; celle des rapports prochains ou éloignés qu'on remarque entre les uns & les autres; enfin celle des formes infiniment variées de leurs différences particulières dans toutes les eſpèces qui exiſtent, de la durée de chacune de ces eſpèces, du temps de ſa floraiſon, du ſol & du climat qu'elle habite, & des qualités qui lui ſont propres. Un des principaux objets de cette belle partie de l'Hiſtoire Naturelle eſt ſurtout la détermination bien préciſe des eſpèces, par l'indication des caractères conſtans qui les diſtinguent les unes des autres. C'eſt de cette juſte détermination que dépend la principale utilité de la ſcience intéreſſante dont il s'agit, parce qu'elle a le précieux avantage d'aſſurer à jamais à l'homme toutes les découvertes relatives aux propriétés des plantes & à leurs divers genres d'utilité.

Or, on ne peut véritablement parvenir à la connoiſſance particulière des végétaux, c'eſt-à-dire, à la détermination bien exacte des eſpèces obſervées, qu'en partageant l'enſemble des végétaux connus en pluſieurs ſortes de diviſions artificielles, ſubordonnées les unes aux autres, & diſpoſées méthodiquement. Auſſi les naturaliſtes convaincus de la vérité de ce principe, ont-ils établi dans les diſtributions méthodiques ou ſyſtématiques qu'ils ont publiées, trois ſortes de diviſions principales dans chaque règne de la nature, afin de faciliter par ce moyen la parfaite connoiſſance des eſpèces, qui eſt le vrai terme auquel on doit chercher à parvenir : ces diviſions ſont les claſſes, les ordres, & les genres. Ce ſont en quel

que ſorte des points de repos pour l'imagination qui ne pourroit, ſans eux, ſaiſir toutes les portions d'un règne entier, ni l'embraſſer dans ſon enſemble. En outre, ces points de repos aident ſingulièrement pour l'intelligence des différens caractères que l'on eſt obligé d'employer pour parvenir à l'établiſſement de la diſtinction des eſpèces ; caractères les uns plus généraux, les autres plus particuliers, & qui ſemblent auſſi ſubordonnés les uns aux autres.

La moins générale des trois ſortes de diviſions établies par les naturaliſtes, celle qui conſtitue ce qu'on nomme les genres, en un mot celle qui ſous-diviſe les ordres & les claſſes, eſt aſſurément la plus importante à connoître, lorſqu'on étudie quelque partie de l'Hiſtoire Naturelle ; ou à bien déterminer, lorſqu'on s'occupe des progrès de cette ſcience, ſoit en général, ſoit en particulier. Cette importance eſt fondée ſur ce que c'eſt cette même ſorte de diviſion qui influe le plus immédiatement ſur la connoiſſance même des eſpèces, & ſur ce que c'eſt celle qui fixe les dénominations qui leur ſont néceſſairement appliquées.

Des genres.

Les genres (genera) ſont des aſſemblages particuliers d'eſpèces compriſes ſous une dénomination commune, liées toutes entr'elles par les rapports naturels les plus évidens, & réunies néceſſairement ſous la conſidération d'un caractère commun bien circonſcrit, chéiſi principalement dans les parties de leur fructification.

Si l'on donnoit un nom particulier à chacune des plantes qui exiſtent dans la nature, la prodigieuſe multiplicité des noms que l'on ſeroit con-

traint d'employer, & leur indépendance absolue nuiroit tellement à l'étude des espèces, que l'homme le plus laborieux & en même temps doué de la mémoire la plus heureuse, ne pourroit jamais parvenir à les connoître, ni même à en connoître un nombre un peu considérable.

C'est sans doute ce dont furent pénétrés les premiers Botanistes qui commencèrent à travailler avec succès à la distinction des plantes. Ils s'apperçurent en outre, que plusieurs plantes quoique différentes les unes des autres à certains égards, se ressembloient néanmoins en beaucoup de leurs parties ou au moins dans leurs parties les plus essentielles. En conséquence ils firent alors des assemblages particuliers en comprenant sous une dénomination commune, un certain nombre de plantes qui avoient entr'elles beaucoup de ressemblance dans la plupart ou dans certaines de leurs parties ; & par là, ils diminuèrent considérablement la quantité des noms dont l'étude des plantes rendoit nécessairement à charger la mémoire.

Telle fut apparemment la cause de l'origine & de la formation des genres : d'abord ils ne purent être que des assemblages grossièrement composés ou mal assortis ; par la suite on les composa beaucoup mieux, mais on négligea d'en déterminer avec précision les caractères essentiels & distinctifs ; enfin, depuis on les a considérablement perfectionnés à tous ces égards, quoiqu'il reste encore beaucoup à faire (à notre avis) pour les mettre dans un tel état de convenance, que les Botanistes fussent vraiment fondés à les adopter universellement.

Pour donner au lecteur une juste idée des assemblages particuliers que les naturalistes appellent genres, de l'intérêt & sur-tout de l'utilité indispensable de ces assemblages pour l'étude de l'Histoire Naturelle, des principes que l'on doit avoir en vue en les composant ; de ce qui reste à faire pour les porter au point de perfection qu'il importe de leur donner, & enfin des préjugés qui s'opposent à ce qu'ils acquièrent ce degré de perfection ; nous ne pouvons que rapporter ici les considérations essentielles que nous avons déjà publiées à ce sujet dans notre Flore françoise & dans notre Dictionnaire de Botanique, en y ajoutant quelques développemens que l'objet qui nous occupe actuellement nous permet d'embrasser.

C'est assurément Tournefort qui a la gloire d'avoir établi le premier, & d'après de vrais principes Botaniques, des genres de plantes bien distingués entr'eux, & fondés principalement sur la considération de la fleur & du fruit. Mais on peut lui reprocher de n'avoir pas employé dans l'exposition des caractères des genres, les expressions propres à faire sentir ce qui les distinguoit les uns des autres, & de n'avoir qu'imparfaitement décrit les parties sur la considération desquelles ses genres sont fondés. Sa manière défectueuse de s'exprimer dans l'exposition des genres, fut suivie par le P. Plumier & divers autres Botanistes à-propos de son temps.

Ce que Tournefort ne fit point pour la perfection des genres, Linné enfin sut le faire ; & l'on peut dire qu'il a considérablement perfectionné cette partie de la Botanique, en exprimant avec une précision que personne n'avoit mise avant lui, sous les caractères de chaque genre, en fixant & en circonscrivant la limite de ces genres (j'entends de la plupart) de manière à les rendre très-distincts les uns des autres.

Mais si Tournefort ne s'est exprimé qu'imparfaitement dans l'exposition de ses genres, & s'il a dit trop peu, ou donné trop peu de détails sur leurs caractères ; nous croyons pouvoir avancer que Linné, qui a mis une précision admirable dans les expressions dont il s'est servi, a trop dit de choses & est entré dans de trop grands détails en composant les caractères de ses genres de plantes.

Sur l'exposition des genres.

Linné, dans l'exposition d'un genre, décrit dans un ordre convenable, six parties de la fructification ; savoir, 1°. le calice, 2°. la corolle,

1°. les étamines, 4°. le pistil, 5°. le péricarpe, 6°. la semence.

On ne sauroit assurément mieux faire pour donner une idée complette de la fructification commune aux espèces d'un genre : mais dans ce cas, il y a une attention à avoir, & qui paroît avoir échappé à Linné. En effet, il nous semble que dans l'exposition d'un genre, on ne doit que déterminer le caractère principal de chacune des six parties de la fructification que nous venons de citer, & ne point entrer dans des détails sur les proportions & les considérations de leur forme, de leur grandeur, de leur direction, &c, comme Linné l'a fait. La raison en est que l'application des caractères d'un genre devant être faite communément à plusieurs espèces ; alors les détails dans les proportions de grandeur, de direction, & de forme des six parties de la fructification, se trouvent, à la vérité, fort justes dans certaines espèces sur la considération desquelles on les aura pris ; mais sont communément très-faux dans la plupart des autres.

En décrivant un calice, dans l'exposition d'un genre, je puis dire qu'il est (je suppose) mono-phylle, persistant, & à cinq divisions; mais je coure les risques de tromper, si j'ajoute que ces divisions sont droites, lancéolées, aiguës, chargées de poils, &c. &c. Parce que d'autres espèces véritablement de même genre, peuvent avoir les di-visions de leur calice ouvertes, ovales ou arrondies, glabres, &c. &c. La même chose a lieu à l'égard des cinq autres parties de la fructifica-tion, & l'on doit éviter le plus qu'il est possible, selon nous, d'entrer à leur sujet dans des détails trop précis. Il nous arrive aussi cependant de don-ner des détails dans l'exposition des genres; mais nous tâchons de les borner le plus qu'il est possi-ble, & nous les modifions par ces mots, ordinaire-ment, le plus souvent, la plupart, &c., mots qui évitent la précision exclusive & trompeuse dont nous venons de parler.

Considérations sur les genres.

S'il fut nécessaire d'établir des divisions dans le tableau des végétaux connus, pour en faciliter l'étude, ce que nous avons fait voir à l'article BOTANIQUE, p. 443, en parlant des méthodes, sys-tèmes, genres, & autres moyens propres à faciliter la connoissance des plantes ; il falloit aussi en former de plusieurs ordres, afin de moins multiplier les premières coupes, & de les rendre par là plus dis-tinctes, plus faciles à saisir & plus propres à ser-vir de points de repos à notre imagination. Ainsi la série des plantes observées par les Botanistes, ayant été divisée, 1°. en classes ; 2°. en ordres ou sections ou familles ; 3°. en genres ; ces trois sortes de divisions bien établies, satisfont à l'objet essen-tiel qu'on se propose dans une méthode de Bota-nique bien entendue.

Mais nous répétons ici ce que nous avons dit par tout dans nos ouvrages : ces trois sortes de di-visions, sans en excepter aucune ; ces coupes si utiles & même si nécessaires pour nous aider dans l'étude des plantes, ne sont assurément point l'ou-vrage de la nature : elles sont très-artificielles ; & ce sera toujours une prétention fort vaine, que de vouloir les donner comme naturelles, de quelque manière qu'on parvienne à les former.

Cependant Linné voulant apparemment donner aux genres une considération qui ne leur appar-tient pas, a prononcé l'anathème contre ceux qui assuraoient que les genres ne sont point dans la nature. Il a sans doute trouvé plus de facilité à étayer ainsi son opinion par une décision tranchan-te, & par de prétendus axiomes & des maximes fort laconiques dont il a rempli son Philosophia & son Critica Botanica, que par des preuves solides qui seules peuvent convaincre ceux que l'autorité n'en-traîne point, preuves qu'il a toujours oublié d'établir.

Linné, ainsi que bien d'autres, a cependant dit dans ses ouvrages que la nature ne faisoit point de sauts; ce qui signifie, si je ne me trompe, que la

série de ses productions doit être liée & nuancée dans toute son étendue. Or, cette seule considération anéantit la possibilité de trouver la totalité des productions de la nature divisée par elle en quantité de groupes particuliers bien détachés les uns des autres, tels que doivent être les genres ; car les limites de chacun de ces groupes seroient précisément les sauts qu'on reconnoît que la nature ne fait pas. Ce seroit la même chose, ou pis encore, si l'on attribuoit aussi à la nature les autres sortes de divisions dont les méthodes & les systèmes de Botanique offrent nécessairement des exemples.

On connoît, il est vrai, un assez grand nombre de genres nombreux en espèces, & qui paroissent d'autant plus naturels, qu'on les voit très-détachés les uns des autres par des caractères qui leur sont propres ; mais le nombre des genres qui sont dans ce cas diminue tous les jours, parce que les nouvelles plantes que l'on découvre continuellement dans diverses parties du globe, effacent par leurs caractères mi-partis les limites tranchées des genres dont il est question ; & comme il est vraisemblable qu'il reste encore beaucoup de plantes à découvrir, il est très-possible que les interruptions encore nombreuses que l'on remarque dans les végétaux rangés selon l'ordre de leurs rapports, s'évanouissent successivement dans leur totalité, de manière qu'on ne puisse plus en distinguer d'autres que celles qui constituent très-naturellement les limites des espèces entr'elles.

En attribuant les genres à la nature, Linné se trouvoit excusable dans l'arbitraire dont il s'est souvent servi en les établissant, & dans les exceptions nombreuses au caractère essentiel, dont un grand nombre de ses genres offrent des exemples. Ce moyen enfin l'autorisoit à vouloir faire adopter quantité d'assemblages inconvenables qu'il a formés.

Relativement à l'arbitraire dont nous venons de parler, nous citerons seulement en exemples les genres genista, spartium & cytisus qu'il a établis. Sous ces trois noms génériques, Linné a exposé des caractères propres à chacun d'eux, & ensuite

il a rapporté très-arbitrairement à chacun de ces genres, des espèces qui tantôt n'ont pas le caractère générique énoncé, & tantôt ont en même-temps celui de l'un des deux autres genres. Ses aspalathus, borbonia, & ses liparia qu'il a eû soin d'écarter beaucoup des deux premiers (comme il a fait à l'égard de ses cytisus qu'il a éloignés de ses spartium), sont dans le même cas. Vicia & ervum, pisum & lathyrus, astragalus & phaca, arabis & turritis, thlaspi & lepidium, lychnis & agrostemma, mentha & satureia, leonurodon & hieracium, baccharis & conyza, justicia & dianthera, bidens & spilanthus, &c. &c., sont des exemples de genres sans détermination précise, ou sans distinction fondée : genres auxquels on a rapporté arbitrairement des espèces, & qu'on admet assez généralement sur l'autorité de Linné.

Si je voulois considérer seulement les ombellifères, combien je trouverois d'espèces rapportées arbitrairement (je ne dis pas par erreur, mais je dis arbitrairement & avec connoissance de la chose) à des genres dont elles n'ont point le caractère essentiel ! Combien de torylium sont de véritables caucalis ! Combien d'athamanta sont peu différens des selinum ! Le genre entier peucedanum n'est distingué des selinum que par le nom & l'habitude, à moins qu'on n'emploie pour caractère la couleur jaunâtre des pétales. Divers ligusticum sont des angelica ; quelques angelica sont des imperatoria ; le phellandrium est un œnanthe ; l'ægopodium un pimpinella, le carum un seseli ; divers daucus sont des ammi, &c. &c. Un coup d'œil semblable sur chacune des autres familles pourroit nous mener fort loin ; ainsi passons à des considérations d'un autre ordre.

Détermination des genres.

Le caractère naturel d'un genre, ou ce que nous nommons caractère générique dans notre Dictionnaire, doit uniquement porter sur la considération de la fleur & du fruit ; & il convient pour l'exprimer, de présenter dans un ordre méthodique, comme Linné l'a fait, l'exposition du caractère

de chacune des fix parties fuivantes de la fructification, qui font la calice, la corolle, les étamines,
le piftil, le pericarpe & la femence; pourvu qu'on
n'entre point dans des détails trop précis, fur les
proportions de grandeur & de forme ainfi que fur
les directions de ces fix parties; parce qu'elles fe
trouvent très-rarement les mêmes dans toutes les
efpèces d'un même genre.

Mais à ce caractère générique ou naturel, il eft
abfolument néceffaire de joindre un caractère effentiel ou diftinctif du genre. Or, ce caractère diftinctif que Linné a employé le premier dans fon
fyftema natura, qui fe retrouve dans le fyftema plantarum de Reichard, dans le fyftema vegetabilium
de M. Murrai, & que Linné fils a nommé caractère effentiel, doit être fort abrégé, & ne porter
que fur un petit nombre de confidérations. De
cette manière il fera comparable avec les caractères
effentiels ou diftinctifs des autres genres, & tous les
genres mieux détachés les uns des autres par ce
moyen, feront mieux connuus, & pourront fe fixer
plus aifément dans la mémoire.

Quant à ce qui concerne le choix des parties
propres à fournir les caractères effentiels ou diftinctifs des genres, Linné prétend qu'on ne doit
jamais tirer ces caractères que de la confidération
de quelques-unes des parties de la fructification.
Nous fommes tout-à-fait dans la même opinion,
s'il eft vrai que la chofe foit toujours praticable;
mais dans le cas où elle ne le feroit pas, c'eft-à-
dire dans ceux où ce moyen fe trouveroit abfolument infuffifant, nous ne voyons pas bien claire-
ment l'inconvénient qui réfulteroit de tirer des
diftinctions génériques fecondaires bien tranchées,
de quelques parties du port, lorfque la férie des
parties fur laquelle on auroit des divifions génériques à tracer, feroit préalablement difpofée dans l'ordre des
rapports les plus naturels, & que les lignes de féparation que l'on établiroit ne déplaceroient point
les plantes déjà rapprochées par la confidération de
leurs plus grands rapports.

Dans les familles qu'on regarde comme les plus

naturelles, & qui ne font que de grandes portions
non interrompues de la férie des végétaux, telles
que les labiées, les crucifères, les ombellifères,
les légumineufes, les graminées, &c. On poffède de
grandes quantités d'efpèces qui ont toutes à peu près
la même fructification. Or, établis parmi ces grandes
quantités d'efpèces des divifions génériques, en un
mot, des lignes de féparation dont les caractères
diftinctifs feroient pris uniquement de la fructification, laquelle offre dans ces plantes très-peu de
différences à faifir; c'eft s'expofer à n'avoir pour
caractère génétique diftinctif, que des remarques
minutieufes, fouvent trompeufes, communément
très peu reconnoiffables, & nullement dignes d'inf-
pirer de l'intérêt pour une fcience qui cependant,
en peut offrir par-tout. En effet, quel cas peut-on
faire des caractères génériques diftinctifs des leonurus & des ftachys de Linné, dans les labiées; de
fes alyffum, dans les crucifères; de fes fifon & de
fon egopodium, dans les ombellifères; de fon co-
marum, dans les rofacées; de fes glycine, afchino-
mene, indigofera, & ebenus, dans les léguminèu-
fes; de fes prenanthes, dans les chicoracées; de fes
enkus & ftahelina, dans les cynarocéphales; de fes
erigeron, inula, cineraria, matricaria, filago,
&c. dans les corymbifères; de fes limodorum &
epidendrum dans les orquides; de fes tragia, aca-
lypha, croton, & jatropha, dans les euphorbes;
de fes valantia, dans les rubiacées; de fes milium,
agroftis, feftuca, poa, aniola, dans les graminées, &c. &c.

Pour fe tirer d'embarras dans la gêne où le
mettoit fon principe de ne prendre conftamment
que dans les parties de la fructification, fes caractères génériques diftinctifs; principes qui, dans ce
qu'on nomme familles très-naturelles, le forçoient
à n'admettre pour caractères de fes genres, que la
citation de particularités minutieufes, trompeufes,
& le plus fouvent fujettes à quantité d'exceptions,
Linné imagina d'établir un autre principe affez
fingulier; favoir, que c'eft le genre qui conftitue
le caractère, & non pas le caractère qui fait le
genre. (Scias characterem non conftituere genus,

fed genus charaĉterem. Philof. Bot. p. 123, n°. 169.

Linné comptoit fans doute que d'après fon autorité, ce prétendu principe ne feroit jamais fou-
mis à aucun examen : il prévoyoit même qu'il fe
trouveroit des auteurs qui en feroient l'éloge,
comme d'une belle découverte ; & qu'en confé-
quence toutes les affociations qu'il lui plaifoit de
former, devoient paffer fans exception pour l'ouvrage
même de la nature.

Nous allons rapporter ici l'addition imprimée
à la fin du premier volume de notre Flore Fran-
çoife (p. 131.), & dans laquelle notre fentiment
fur les moyens de parvenir à établir des diftinĉtions
génériques convenables & bien tranchées, fe
trouve exprimé d'une manière affez claire.

Quand je dis qu'il ne faut pas avoir égard aux
rapports des plantes dans la formation des genres,
qui, felon moi, ne peuvent être qu'artificiels ; je
ne prétends pas pour cela donner comme genres,
des affortimens bizarres où la loi des rapports fe
trouveroit entièrement violée ; je veux dire feulement que les caraĉtères à l'aide defquels on tracera
les limites qui détermineront les genres, ne doivent
être gênés par aucune des confidérations qui en-
trent dans la formation d'un rapprochement de
rapports, c'eft-à-dire d'un ordre naturel. Mais bien
loin que les efpèces qui compoferont un même
genre foient difperfées, le caraĉtère artificiel qui
les unira, fera choifi de manière à leur conferver
les unes à l'égard des autres, le rang même
qu'elles occuperont dans la férie naturelle des
plantes.

Ainfi, après avoir formé cette férie d'après les
principes qui feront expofés dans la dernière partie de ce difcours, il faudra tirer de diftance en
diftance des limites artificielles, qui détacheront
autant de petits grouppes, dont les plantes feront
liées à l'aide d'un caraĉtère fimple, ou d'un petit
nombre de caraĉtères combinés que l'on ne tirera
point exclufivement des parties de la fruĉtification
(mais de toute partie quelconque qui en offrira
de convenables). Ces grouppes feront les genres

dont nous avons parlé, genres qui fe rapproche-
ront de la nature autant que le peut l'ouvrage
de l'art.

Si l'on faifit bien notre idée, on ne croira pas
que nous prétendions que les limites véritablement
artificielles qu'il convient de tracer dans la férie
des végétaux rapprochés d'après leurs rapports naturels, doivent fe tirer à l'aide de caraĉtères pris
librement dans les parties du port des plantes ;
nous fommes au contraire très-convaincus que, tant
qu'on le pourra, l'on devra tâcher d'obtenir les caraĉtères diftinĉtifs des genres uniquement des parties de la fruĉtification. Mais dans les cas où (comme
dans les familles très naturelles) ces parties n'offriroient point de différences dignes d'être em-
ployées comme caraĉtères, ou n'offriroient que
de minutieufes & d'infuffifantes ; nous penfons
qu'alors feulement on peut leur adjoindre comme
caraĉtères fecondaires, des confidérations prifes
dans quelques parties du port, fi ces confidérations
offrent des caraĉtères bien tranchés, & furtout fi
elles n'exigent aucun déplacement des efpèces convenablement rapprochées d'après leurs plus grands
ports.

Un exemple fuffira pour donner tout l'éclair-
ciffement néceffaire à l'intelligence & au fondement de cette opinion.

Linné, dans fon genre *trifolium* qui eft déjà
très-nombreux en efpèces, y comprend encore
tous les *melilots* que nous diftinguons comme ap-
partenant à un genre particulier, que nous nommons *melilotus*, & auquel nous attribuons le caraĉtère fuivant.

*Flores trifolii ; legumen calyce longius, non
rectum.*

Folia ternata : foliolo impari petiolato.

Le caraĉtère fecondaire que nous ajoutons à
celui de la fruĉtification, eft conftant dans toutes
les efpèces de mélilot, & ne fe rencontre dans
aucun trèfle, ceux-ci ayant tous les trois folioles

de leurs feuilles également feſſiles ou preſque
feſſiles.

Nous terminerons ces réflexions par une remarque fort importante, & à laquelle on doit avoir
néceſſairement égard, ſi l'on veut contribuer à
l'avancement de la Botanique : elle eſt compoſée
des conſidérations ſuivantes.

Si Linné, au lieu d'attribuer les genres à la
nature, eût conſidéré les genres comme devant
être des aſſemblages d'eſpèces rapprochées d'après
leurs plus grands rapports, & en même-temps
des aſſemblages bien détachés les uns des autres
par des limites artificielles (comme le ſont même
celles qu'on obtient des parties de la fructification); il eût preſcrit les loix convenables pour gui-
der dans l'établiſſement des limites de ces aſſemblages. Par ces loix, il eût prévenu & modéré
l'arbitraire qui exiſte chez preſque tous les auteurs
modernes de Botanique, qui, ſans autre règle
que leur bon plaiſir, innovent continuellement,
quelquefois en réuniſſant pluſieurs genres en un
ſeul, mais plus ſouvent en formant avec les
eſpèces d'un genre déjà établi, pluſieurs genres
qu'ils diſtinguent par certaines conſidérations
choiſies pour cela.

L'objet eſſentiel de la formation des genres
eſt abſolument de diminuer la quantité de noms
principaux à retenir dans la mémoire, quantité qui ſeroit énorme, ſi l'on donnoit un nom
ſimple à chaque plante. On peut dire en quelque
ſorte qu'il en eſt des genres en Botanique, comme
des conſtellations en Aſtronomie : celles-ci diſ-
penſent de donner un nom ſimple à chaque étoile
viſible ; or, le nombre des conſtellations admiſes
étant beaucoup moindre que celui des étoiles connues, on le retient plus facilement par cœur, &
l'on deſcend plus facilement enſuite dans le détail
des étoiles de chacune de ces conſtellations.

D'après cette conſidération, il eſt évident qu'il
y a néceſſairement deux ſortes d'égards à avoir
dans l'établiſſement des genres, c'eſt-à-dire dans
la diſtribution des lignes de ſéparation que l'on
choiſit pour les former.

1°. Il importe que les genres ne ſoient pas trop
nombreux en eſpèces : en effet des genres qui comprennent un très-grand nombre d'eſpèces, comme
celui du geranium qui en a maintenant 131, celui
du lichen qui en a plus de 160, &c. &c., ſont
défectueux en ce que les caractères & les noms des
eſpèces ſe retiennent fort difficilement. Dans des
cas ſemblables nous regardons comme très-utiles
les changemens que feront les Botaniſtes, lorſqu'ils
réduiront ces grands genres, qu'ils les diviſe-
ront, & formeront d'un ſeul d'entr'eux, deux ou
trois genres particuliers, bien diſtingués par des
limites tracées d'après telle conſidération que ce
ſoit, pourvu que les caractères adoptés ſoient
conſtans & circonſcrits.

2°. Il eſt enſuite fort néceſſaire que les genres
ne ſoient pas trop réduits, & qu'en général ils
comprennent, autant qu'il eſt poſſible, un certain
nombre d'eſpèces ; car l'inconvénient d'en avoir trop
peu, eſt auſſi nuiſible à la connoiſſance des plantes,
que celui d'en avoir un trop grand nombre. Il
réſulte de ce principe, qu'il eſt fort condamnable
de ſaiſir toutes les différences que l'on peut trouver dans la fructification des plantes qui compoſent un genre peu nombreux en eſpèces (ſur tout
lorſque ces eſpèces ſont bien liées enſemble par
un caractère commun, & que leur aſſemblage
ne répugne point à l'ordre des rapports) pour détacher quelques eſpèces de ces petits genres, &
en former de plus petits encore. Ce n'eſt point là
travailler utilement pour la ſcience, & cependant
cet abus devient tous les jours plus commun chez
les Botaniſtes.

Nous concluons des deux conſidérations dont
nous venons de parler, qu'il eſt avantageux de di-
viſer & réduire les trop grands genres lorſqu'on
trouve des moyens convenables pour le faire ; &
qu'il eſt fort inutile, & même nuiſible aux progrès de la Botanique de détacher les eſpèces des
petits genres pour en conſtituer des genres à part,
lors même qu'il ſe préſente de bons moyens pour
le faire. Dict. vol. 2, p. 631, &c.

Dans l'ouvrage que nous donnons maintenant au public sous le titre d'*Illustration des Genres*, on sent bien que nous n'avons pas eu pour objet d'entreprendre les réformes & les changemens que nous prévoyons, d'après les principes ci-dessus, qu'on sera forcé de faire un jour, lorsqu'on voudra mettre les genres dans le cas de pouvoir être adoptés & conservés par tous les Botanistes.

Cet état convenable des genres, & l'adoption qu'alors on en pourra faire généralement, n'auront jamais lieu tant que les Botanistes ne seront pas convaincus que les espèces étant rapprochées & liées entr'elles par les plus grands rapports pris essentiellement dans leur fructification, doivent former des assemblages assurément très-naturels; mais circonscrits par des limites artificielles qui ne déplacent point les espèces; & tant qu'ils ne sentiront point que les limites des genres pouvant être & étant réellement artificielles, l'intérêt de la science exige que ces limites pour chaque genre soient assujetties à certaines règles de convention qui auront en vue les objets suivans. Elles tendront à empêcher la formation des genres trop nombreux en espèces, ainsi que celles des genres qui ont trop peu d'espèces, lorsqu'il sera possible de les instituer autrement; & elles s'opposeront à l'arbitraire par lequel presque tous les naturalistes se laissent actuellement dominer lorsqu'ils s'occupent d'instituer des genres.

ILLUSTRATION DES GENRES.

DU SYSTÉME SEXUEL DE LINNÉ.

Obs. Quoique le Syftême fexuel de Linné foit affez généralement comme de ceux qui ont étudié la Botanique, nous croyons malgré cela devoir au moins placer ici le caractère des claffes qui conftituent ce fyftême, pour le faire connoître à ceux qui voudront faire ufage de cet ouvrage, dans lequel ce fyftême eft adopté.

CARACTÈRES DES CLASSES
DU SYSTÊME SEXUEL DE LINNÉ.

L**es 13** premières claffes comprennent les plantes qui ont des fleurs vifibles, hermaphrodites, do t les étamines ne font réunies par aucunes de leurs parties, & n'obfervent entr'elles aucune proportion de grandeur. Ces claffes font divifées par le nombre des étamines.

CLASSE I.	*Fleur à une feule étamine*	MONANDRIE.
II.	*Fleur à deux étamines*	DIANDRIE.
III.	*Fleur à trois étamines*	TRIANDRIE.
IV.	*Fleur à quatre étamines*	TETRANDRIE.
V.	*Fleur à cinq étamines*	PENTANDRIE.
VI.	*Fleur à fix étamines*	HEXANDRIE.
VII.	*Fleur à fept étamines*	HEPTANDRIE.
VIII.	*Fleur à huit étamines*	OCTANDRIE.
IX.	*Fleur à neuf étamines*	ENNEANDRIE.
X.	*Fleur à dix étamines*	DECANDRIE.
XI.	*Fleur ayant 11 à 19 étamines*	DODECANDRIE.
XII.	*Fleur ayant 20 étamines ou davantage, qui tiennent au calice.*	ICOSANDRIE.
XIII.	*Fleur ayant 20 étamines ou davantage, qui ne tiennent pas au calice.*	POLYANDRIE.

Dans la quatorzième & la quinzième claffe, on admet toutes les plantes qui ont les fleurs vifibles, hermaphrodites, & dont les étamines font libres, mais d'inégale longueur, deux de ces étamines étant toujours plus courtes que les autres.

XIV.	*Fleur à quatre étamines, dont deux petites & deux plus grandes.*	DIDYNAMIE.
XV.	*Fleur à fix étamines, dont deux petites oppofées, & quatre plus grandes.*	TETRADYNAMIE.

Les cinq claffes fuivantes renferment les plantes qui ont les fleurs vifibles, hermaphrodites, & dont les étamines, au lieu d'être libres comme dans les quinze claffes précédentes, font réunies par quelques-unes de leurs parties.

XVI.	*Fleur à plufieurs étam. réunies par leurs filets en un feul corps.*	MONADELPHIE.
XVII.	*Fleur à plufieurs étam. réunies par leurs filets en deux corps.*	DIADELPHIE.
XVIII.	*Fleur à plufieurs étamines réunies par leurs filets en plus de deux corps.*	POLYADELPHIE.
XIX.	*Fleur à plufieurs étamines réunies par leurs anthères en forme de cylindre.*	SYNGENESIE.
XX.	*Fleur à plufieurs étamines réunies & attachées au piftil.*	GYNANDRIE.

Les trois claſſes qui ſuivent comprennent les plantes dont les fleurs ſont viſibles, mais qui ne ſont point toutes hermaphrodites.

CLASSE XXI.   Fleurs mâles & fl. femelles ſéparées, ſur un même individu...MONOECIE.

XXII.   Fleurs mâles & fl. femelles ſéparées, ſur des individus différens.DIOECIE.

XXIII.   Fleurs mâles & fleurs femelles ſur le même ou ſur différens individus, qui portent auſſi des fleurs hermaphrodites....POLYGAMIE.

La dernière claſſe renferme les plantes qui n'ont point de fleurs viſibles ou faciles à diſtinguer, de ſorte que dans ce qui tient lieu des parties de la fructification de ces plantes, on ne diſtingue pas les étamines & les piſtils d'une manière évidente, comme dans les fl. des plantes des 24 claſſes qui précèdent.

XXIV.   Fleurs ou preſqu'inviſibles & indiſtinctes, ou renfermées dans le fruit................................CRYPTOGAMIE.

DES ORDRES.

Dans ce ſyſtême fondé ſur la conſidération des parties ſexuelles des plantes, les claſſes, comme on vient de le voir, ſont déterminées en général d'après la conſidération des parties mâles, qui ſont les étamines. Or, les ordres ou les ſubdiviſions des claſſes dans ce ſyſtème, ſont établis, auſſi en général, ſur les parties femelles qui ſont les piſtils.

Ainſi dans les claſſes, par exemple, où la conſidération du nombre des étamines ſert à la détermination de la claſſe, les ordres ſont diſtingués d'après le nombre des piſtils, ou au moins des ſtyles; de ſorte que le premier ordre comprend les fleurs qui n'ont qu'un piſtil. Le ſecond ordre, celles qui ont deux piſtils, &c.

ORDRE I.   Fleur n'ayant qu'un piſtil ou qu'un ſtyle................MONOGYNIE.

II.   Fleur ayant 2 piſtils ou 2 ſtyles....................DIGYNIE.

III.   Fleur ayant 3 piſtils ou 3 ſtyles...................TRIGYNIE.

IV.   Fleur ayant 4 piſtils ou 4 ſtyles.................TETRAGYNIE.

V.   Fleur ayant 5 piſtils ou 5 ſtyles....................PENTAGYNIE.

*   Ainſi de ſuite juſqu'à dix ſtyles.......................

**   Fleur ayant plus de dix piſtils...................POLYGYNIE.

(La dodécandrie dodécagynie change cette détermination ſuivie ailleurs.)................................

Mais dans les claſſes qui ne ſont point déterminées par le nombre des étamines, les ordres ſont établis ſur des conſidérations différentes, & même qui n'ont point de rapports entr'elles.

Ainſi, dans la quatorzième claſſe, les ordres qui la ſubdiviſent ſont tirés de la conſidération des ſemences, qui ſont ou nues ou enfermées dans un péricarpe. Dans la quinzième claſſe, c'eſt la figure du péricarpe qui ſert à la diſtinction des ordres. Dans la 16, 17, 18, 20, 21, 22 & 23e claſſe, c'eſt le nombre même des étamines, ou leur réunion quelconque, qu'on emploie à la formation des ordres. Enfin, dans la 19e claſſe, le principe qui ſert à la diſtinction des ordres, eſt tiré de la conſidération des ſexes réunis ou ſéparés, ou même nuls, dans les fleurettes aggregées qui compoſent ce qu'on appelle la fleur dans les plantes de cette claſſe. Quant aux ordres de la 14e claſſe, ce ne ſont que des diſtinctions de famille.

ILLUSTRATION

ILLUSTRATION DES GENRES.

CLASSE I.

MONANDRIE MONOGYNIE.

Fl. à une étamine & un seul style.

Tableau des genres.	Conspectus generum.
I. BALISIER.	**I. CANNA.**
Cal. 1-phylle; cor 1-pétale, 6-fide, à lèvre bifide, roulée en-dehors.	Cal. 1-phyllus. cor. 1-petala, 6-fida : labio bifido, revoluto.
2. AMOME.	**2. AMOMUM.**
Cor. 1 pétale à limbe double : l'ext. divisé en trois, l'int. bilabié. Anthère plissée en deux.	Cal. 1-paula, limbo duplici. ext. 3-partitus, int. bilabiatus. Anthera conduplicata.
3. ZEDOAIRE.	**3. KÆMPFERIA.**
Cor. 1-pétale à limbe double, l'ext. triflde, très-étroit : l'int. inégal, partagé en quatre dit.	Cor. 1-petala, limbo duplici. ext. 3-partitus, angustiss. int. inaequalis 4-partitus.
4. MYROSME.	**4. MYROSMA.**
Cal. supérieur, double : l'ext. 3-phylle; l'int. à 3 divisions. Cor. irrég. à 3 découpures.	Cal. superus duplex : ext. 3-phyllus ; int. 3-partitus. cor. irregul. 3-partita.
5. GALANGA.	**5. MARANTA.**
Cal. supérieur, 3-phylle. Cor. irrég. sexfide. Drupe à noyau 1 ou 3-sperme.	Cal. superus, 3-phyllus. cor. inaequalis, sexfida. Drupa nucleo 1. s. 3-sperma.
6. TASSOLE.	**6. BŒRHAVIA.**
Cal. o. cor. 1-pétale, campanulée, inf., resserrée au-dessus de l'ovaire. 1 sem. recouverte par la base de la corolle.	Cal. o. cor. 1 petala, campanulata, infera, supra germen coarctata. sem. 1. tectum lepi corolla.
7. QUALIER.	**7. QUALEA.**
Cal. à 4 divisions, deux pétales inégal. le supérieur cornu-culé postérieurement.	Cal. 4-partitus. Petala 2. inaequalis : sup. postice corniculato.
8. PHILYDRE.	**8. PHILYDRUM.**
Cal. o. 4 pétales : 2 ext. plus grands. capf. sup. à trois loges.	Cal. o. pet. 4. 2 anterioribus majoribus. caps. sup. triocularis.
9. SALICORNE.	**9. SALICORNIA.**
Cal. entier. cor. o. 1. semence recouverte par le calice ventru.	Cal. integer. cor. o. sem. 1. calyce inflato tectum.

Botanique. Tom. I.   A

10. PESSE.

Cal. o. cor. o. ovaire inf. 1. semence;

11. POLLIQUE.

Cal. à 5 dents. cor. o. sem. 1. écailles charnues du res. enveloppans les fruits.

DIGYNIE.

12. CORISPERME.

Cal. 2-phylle. cor. o. sem. 1 comprimée.

13. GALLITRIC.

Cal. 2-phylle. cor. o. caps. comprimée, 4-angulaire, 2-loculaire, 4-sperme.

14. BLETE.

Cal. 3 fidr. cor. o. sem. 1. recouverts par le cal. épaissi en baie.

15. MNIAR.

Cal. sup. 4-fide, cor. o. 1. sem. recouverts par le calice.

10. HIPPURIS.

Cal. o. cor. o. germen inf. sem. 1.

11. POLLICHIA.

Cal. 1-dentatus. Cor. o. sem. 1. Rec. squamæ carnosæ fruit. includentes.

DIGYNIA.

12. CORISPERMUM.

Cal. 2-phyllus. cor. o. sem. 1. compressum.

13. CALLITRICHE.

Cal. 2-phyllus. cor. o. caps. compressa, 4-angularis. 2-locularis, 4-sperma.

14. BLITUM.

Cal. 3-fidus. cor. o. sem. 1. calyce baccato tectum.

15. MNIARUM.

Cal. superus, 4-fidus. cor. o. sem. 1. calyce vestitum.

ILLUSTRATION DES GENRES.

CLASSE I.

MONANDRIE MONOGYNIE.

I. BALISIER.

Car. B. essent.

CALICE 3-phylle; corolle monopétale, 6-fide, droite, à lèvre bifide, roulée en dehors; style lancéolé, adné à la corolle. Capsule couronnée, scabre.

Caract. natur.

Cal. Triphylle, persistant; à folioles lancéolées, colorées, droites.

Cor. Monopétale, sextifide; à découpures lancéolées, dont trois extérieures droites, plus grandes que le calice; & trois intérieures plus grandes que les extérieures (deux droites et une réfléchie), formant comme un masque à deux lèvres.

Étam. Un filament membraneux, pétaliforme, bifide; à découpure supérieure droite, anthérifère; & l'inférieure roulée en dehors. Une anthère linéaire, adnée au bord de la découpure supérieure du filament.

Pist. Un ovaire inférieur, arrondi, scabre; un style ensiforme, pétaloïde, cohérent inférieurement au filament de l'étamine; un stigmate linéaire, adné au bord du style.

Per. Capsule inférieure, couronnée, ovale-arrondie, hérissée de pointes molles, triloculaire, trivalve, à loges polyspermes.

Sem. Plusieurs semences globuleuses, attachées à un placenta central.

Tableau des espèces.

1. BALISIER d'Inde. dict. n°. 1.
   Bal. à feuilles ovales, pointues aux deux bouts, nerveuses.
   Lieu nat. les Indes, entre les tropiques. ♃
2. BALISIER à feuilles étroites. Dict. n°. 2.

MONANDRIA MONOGYNIA.

I. CANNA.

Char. B. essent.

CALYX tri-phyllus; corolla monopetala, sex-fida erecta; labio bipartito revoluto. Stylus lanceolatus, corollæ adnatus. Capsula coronata scabra.

Charact. nat.

Cal. Triphyllus, persistens; foliolis lanceolatis coloratis erectis.

Cor. Monopetala, sexpartita: laciniis lanceolatis, quarum tres exteriores erectæ, calyce majores; tres interiores exterioribus majores (duæ erectæ, unica revoluta), labia quasi constituentes.

Stam. Filamentum petaloideum bipartitum: lacinia superiore erecta antherifera; inferiore revoluta. Anthera linearis, adnata margini filamenti laciniæ superioris.

Pist. Germen inferum, subrotundum, scabrum; stylus unicus, ensiformis petaloïdeus, filamento staminis basi cohærens; stigma lineare, margini styli adnatum.

Per. Capsula infera, ovato-subrotunda, coronata, scabra, trisulca, trilocularis, trivalvis, loculis polyspermis.

Sem. Plura, globosa, receptaculo centrali affixa.

Conspectus specierum.

1. CANNA indica, Tab. 1.
   Can. foliis ovatis utrinque acuminatis nervosis.
   Ex Indiis, Inter tropicos. ♃
2. CANNA angustifolia.

A ij

Bal. à feuilles lanceolées , pétiolées , nerveuses.

Lieu nat. l'Amérique , entre les tropiques. ♃

3. BALISIER *glauque.* Dict. n°. 3.

Bal. à feuilles pétiolées , lanceolées , non
nerveuses.

Lieu nat. la Caroline.

Explication des fig.

. Tab. 1. BALISIER *dindé.* (a) Fleur entière. (b) Fleur
dépourvue de l'onglet & d'calice. (c) Etamine.
(d) Ovaire et calice. (e) Capsule entière. (f) Capsule
coupée en travers. (g) Semence.

2. A M O M E.

Caract. essent. .

Corolle monopétale à lèvre double : l'extérieur
partagé en trois, l'intérieur bilabié. Une anthère pliée en deux. Un style dont le sommet
est enfermé dans le pli de l'anthère. Capsule
inférieure à trois loges polyspermes.

Caract. nat.

Cal. Supérieur , monophylle , trifide , souvent
inégal en ses découpures.

Cor. monopétale irrégulière , tubuleuse inférieurement, ayant un limbe double : le limbe
extérieur à trois découpures lanceolées, pres
qu'égales : l'intérieur plus grand , tubuleux
à sa base , bilabié supérieurement : lèvre su
périeure petite , anthérifère , courbée en de
dans ; lèvre inférieure grande , fort large ,
arrondie , légèrement trilobée.

Etam. Aucun filament. Une anthère comme
double , linéaire , adnée à la lèvre supérieure
du limbe intérieur de la corolle, plié en
deux longitudinalement, formant une petite
gaine demi-fermée.

Pist. Un ovaire Inférieur , ovale-arrondi ; un
style filiforme, s'élevant à la hauteur de l'anthère , et traversant la demi-gaine que forme
sa duplicature. Stigmate en massue , entier
ou obscurément bilobé.

Per. Capsule Inférieure, ovale ou oblongue ,
trigone, triloculaire, à cloisons membraneuses & à loges polyspermes un peu pulpeuses.

Tableau des espèces.

* Hampe nue & radicale.

4. AMOME de *Madagascar.* Dict. n°. 1.

Am. à tiges stériles fort hautes , hampe

Can. foliis lanceolatis petiolatis nervosis.

Ex América , inter tropicos. ♃

3. CANNA *glauca.*

Can. foliis petiolatis lanceolatis enervibus.

Ex Carolinia. ♃

Explicatio iconum.

Tab. 1. CANNA *indica.* (a) Flos integer. (b) Flos a
calyce gemmineque separatus. (c) Stamen. (d) Germen.
calyx. (e) Capsula integra. (f) Capsula transverse scissa.
(g) Semen. F.g. ex Towrn.

2. A M O M U M.

Charact. essent.

COROLLA 1-petala , limbo duplici ; exteriore tripartito , interiore subbilabiato. Anthera conduplicata. Stylus superne intra antheram inclusus. Capsula infera , trilocularis , polysperma.

Charact. nat.

Cal. superus, monophyllus , trifidus , sub-inæ-
qualis.

Cor. monopetala , irregularis , basi tubulosa ,
limbo duplici. Limbus exterior tripartitus ,
laciniis lanceolatis subæqualibus; Interior major , inferne tubulosus , superne bilabiatus :
labio superiore parvo antherifero incumben-
te; inferiore maximo latissimo rotundato sub-
trilobo.

Stam. filamentum nullum. Anthera subgemina ,
linearis , adnata labio superiori limbi interioris , longitudinaliter conduplicata , vagina-
lam semi-clausam simulans.

Pist. germen inferum ovato-subrotundum. Stylus filiformis , altitudine antheræ intra quam
transit. Stigma clavatum retusum subbilobum.

Per. capsula infera , ovato-oblonga , trigona ,
trilocularis ; loculis subpulposis polyspermis ;
dissepimentis membranaceis maturitate ali-
quando evanescentibus.

Conspectus specierum.

* Scapus nudus radicalis.

4. AMOMUM *Madagascariense.* Tab. 1. f. 1.

Amomum caulibus sterilibus altissimis ;

courte, terminé par un épi paucislore ; cap-
sules poinrues.
  Zingiber melegueta, Gertn 34 , t. 12 , f. 1.
  Lieu nat. l'Isle Madagascar. ♃

5. **AMOME des Indes.** Dict. no. 2.
  Am. à feuilles étoilées , hampe nue ter-
minée par un épi en massue.
  Lieu nat. les Indes. ♃

6. **AMOME sauvage.** Dict. n°. 5.
  Am. à feuilles lancéolées , hampe nue ,
épi ovale-oblong , obtus.
  Lieu nat. l'Inde. ♃

7. **AMOME à feuilles larges.** Dict. no. 4.
  Am. à feuilles ovales acuminées , hampe
simple , épi oblong.
  Lieu nat. les Indes orientales.

8. AMOME racine jaune.
  Am. à feuilles lancéolées , épi oblong ,
lâche , radical , sortant d'entre les feuilles.
  Curcuma long. Dict. n°. iv.
  Lieu nat. les Indes orientales. ♃

9. AMOME à grappe. Dict. n°. 5.
  Am. à hampes longues , rameuses , ram-
pantes ; grappes latérales alternes.
  Lieu nat. les Indes orientales. ♃

  * * Tige feuillée , florifère au sommet.

10. AMOME velu. Dict. n°. 6.
  Am. à tige feuillée florifère , feuilles velues en dessous , épi terminal sessile ombri-
qué lâche.
  Lieu nat. les Indes orient. & occid. ♃

11. AMOME pétiolé. Dict. n°. 7.
  Amome à feuilles un peu pétiolées , glabres des deux côtés , épi conique embriqué
serré.
  Lieu nat. la Martinique. ♃

12. AMOME pyramidale. Dict. n°. 8.
  Am. à feuilles lancéolées , glabres des
deux côtés ; grappe terminale , composée ,
pyramidale.
  Obs. Les saisons récompensent par la maturation des fruits , alors les capsules paroissent
uniloculaires.
  Lieu nat. la Martinique & la Guadeloupe. ♃

13. AMOME arborisant. Dict. Suppl.
  Am. à tige fort élevée arborescente ,
grappe terminale penchée.

---

scapo brevi spicâ paucislorâ terminato , cap-
sulis acutis.
  Zingiber melegueta. Gærtn. 34 , t. 12 , f. 1.
  In Madagascaria. ♃

5. AMOMUM zingiber.
  Am. foliis angustis ; scapo nudo , spica
clavata terminato.
  In Indiis. ♃

6. AMOMUM grandum. Tab. 1 , f. 3.
  Am. foliis lanceolatis , scapo nudo , spica
ovato-oblonga , obtusa.
  In India. ♃

7. AMOMUM latifolium.
  Am. foliis ovatis acuminatis , scapo sim-
plici , spica oblonga.
  Ex Indiis orientalibus.

8. AMOMUM curcuma. Jacq.
  Am. foliis lanceolatis , spica oblonga laxa
radicali ex centro foliorum.
  Curcuma longa.
  Ex Indiis orientalibus. ♃

9. AMOMUM racemosum. Tab. 2 , f. 2.
  Am. scapis longis ramosis repentibus ;
racemis lateralibus alternis.
  Ex Indiis orientalibus. ♃

  * * Caulis foliosus , apice floriferus.

10. AMOMUM hirsutum. Tab. 3.
  Am. caule foliolo florifero , foliis subtus hirsutis , spica sessili terminali laxe
imbricata.
  Ex Indiis utriusque. ♃ Cassum. lin.

11. AMOMUM petiolatum.
  Amomum foliis subpetiolatis utrinque glabris , spica conica arctè imbricata.

  E Martinica. ♃

12. AMOMUM pyramidale.
  Am. foliis lanceolatis utrinque glabris ,
racemo terminali pyramidali composito.

  Obs. Dissepimenta maturatione fructus eva-
nescunt , tunc capsula fiunt uniloculares.

  È Martinica & Guadelupa. ♃

13. AMOMUM renealmia.
  Am. caule arborescente altissimo , racemo terminali nutante.

MONANDRIA MONOGYNIA.

Obs. La petitesse de la lèvre anthérifère, fait croire que l'anthère est libre, quoiqu'elle soit réellement adnée à cette lèvre.

Lieu nat. Surinam. ♄

Revesicula exaltata. l. s. suppl. 79.

Obs. Parvitate labii antheriferi, anthera labio superiori adnata, antheram liberam mentitur.

È Surinamo. ♄

Explication des fig.

Tab. 2. f. 1. AMOME *de Madagascar*. (a) Deux capsules enveloppées à leur base par des écailles spathacées. (b) Capsule coupée en travers.

Tab. 2. f. 2. AMOME *à grappes*. (a) Rameau florifère & fructifère avec des écailles spathacées. (b) Fleur sortant de sa spathe. (c) Capsule entière. (d) Capsule ouverte.

Tab. 2. f. 3. AMOME *sauvage*. (a) Epi entier. (b) Une fleur vue de côté. (c) La même dépourvue du limbe intérieur de la corolle. (d) Le limbe intérieur de la corolle. (e) L'étamine. (f) Le pistil.

Tab. 3. AMOME *velu*. (a) Partie supérieure de la plante avec l'épi qui la termine. (b) Le limbe extérieur de la corolle. (c) La corolla entière. (d) L'étamine, le style, le stigmate. (e) La capsule couronnée par le calice, & s'ouvrant par ses angles (f) Le calice avec les deux écailles spathacées, propres à chaque fleur. (g) Le calice avec l'écaille intérieure. (h) Le calice qui couronnant l'ovaire.

Explicatio iconum.

Tab. 2. f. 1. AMOMUM *Madagascariense*. (a) Capsulæ duæ squamis spathaceis basi obvolutæ. (b) Capsula transversè secta, en sens.

Tab. 2. f. 2. AMOMUM *racemosum*. (a) Ramulus floriferus & fructiferus cum squamis spathaceis. (b) Flos è spatha erumpens. (c) Capsula integra. (d) Capsula aperta. Ex Rheed.

Tab. 2. f. 3. AMOMUM *zerumbet*. (a) Spica integra. (b) Flos separatus & latere visus. (c) Idem limbo interiore corollæ nudato. (d) Corolæ & limbus interior. (e) Stamen. (f) Pistillum. Ex. D. Jacq.

Tab. 3. AMOMUM *hirsutum*. (a) Pars superior plantæ cum spica terminali. (b) Corollæ limbus exterior. (c) Corolla integra. (d) Stamen, stylus, stigma. (e) Capsula calyce coronata, angulis dehiscens. (f) Calyx cum squamis spathaceis duabus cuique flori propriis. (g) Calyx cum squama interiore. (h) Calyx denudatus germen coronans. Fig. ex D. Jacq.

3. ZEDOAIRE.

Caract. essent.

COROLLE monopétale à limbe double : l'extérieur partagé en trois découpures fort étroites; l'intérieur irrégulier, partagé en quatre découpures, dont une droite & étroite, & les trois autres fort larges, ayant l'intermédiaire bifide.

Caract. nat.

Cal. supérieur, monophylle, tubuleux, transparent, ouvert obliquement au sommet.

Cor. Monopétale, tubuleuse à limbe double : le limbe extérieur partagé en trois découpures presqu'égales & fort étroites; l'intérieur irrégulier, divisé en quatre parties, dont une est droite, étroite, anthérifère, les trois autres sont fort larges, ouvertes, à découpure intermédiaire bifide, ce qui leur donne l'aspect d'une corolle à quatre pétales.

Etam. Aucun filament (à moins qu'on ne prenne pour un filament membraneux la découpure étroite du limbe intérieur); une anthère linéaire, géminée, adnée à la découpure droite du limbe intérieur.

3. KŒMPFERIA.

Charact. essent.

COROLLA monopetala, limbo duplici : exteriore tripartito angustissimo; interiore inæquali quadripartito; lacinia unica angusta erecta; aliis tribus latissimis, intermedia bifida.

Charact. nat.

Cal. Superus monophyllus tubulosus pellucidus apice oblique fissus.

Cor. Monopetala tubulosa limbo duplici : limbus exterior tripartitus, subæqualis, laciniis angustissimis; Interior inæqualis quadripartitus; lacinia superior erecta angusta antherifera; tres inferiores patentes latissimi, intermedia bipartita, corollam tetrapetalam mentientes.

Stam. Filamentum nullum (nisi laciniam erectam limbi interioris problemento membranaceo habeas); anthera linearis, geminata, laciniæ erectæ limbi interioris adnata.

Pist. Un ovaire inférieur arrondi : style de la longueur du tube ; stigmate obtus à deux lames.

Peric. Capsule arrondie, trigone, triloculaire, trivalve. Plusieurs semences.

Tableau des espèces.

14. ZEDOAIRE *à feuilles obrondes.* Dict.
Zed. à feuilles arrondies-ovalées mucronées presque sessiles.
Lieu nat. les Indes orientales. ⚥

15. ZEDOAIRE *bulbeuse.* Dict.
Zed. à feuilles lancéolées, pétiolées.
Lieu nat. l'Inde. ⚥

16. ZEDOAIRE *caulescente.*
Zed. à tige feuillée spicifère, feuilles oblongues lancéolées.
Gaudafuli à bouquet. Dict.
Lieu nat. l'Isle de Java.

Explication des figures.

Tab. 1. (après le Balisier) f. 1. ZEDOAIRE *à feuilles obrondes.* (2) Plante e tière , réduite de sa grandeur naturelle. (c) Fleur séparée de la plante. (e) Limbe extérieur de l'e orale , avec la découpure amhérisère du limb intérieur. Fig. 2. Fleur de la Zedoaire bulbeuse. Fig. 3. Fleur de la Zedoaire caulescente.

4. MYROSME.

Caract. essent.

CALICE supérieur, double : l'extérieur de trois folioles, l'intérieur à trois divisions. Corolle irrégulière, partagée en cinq découpures.

Caract. nat.

Cal. supérieur, double : l'extérieur de trois folioles oblongues, canaliculées, entières , égales, membraneuses ; l'intérieur divisé pro fondément en trois découpures oblongues, entières, égales, ouvertes, tachées de brun à leur sommet.

Cor. monopétale irrégulière à tube très-court & à limbe partagé en cinq découpures: deux découpures supérieures, plus courtes, oblongues, inégales, échancrées ; les trois autres inférieures, plus longues, trifides au sommet ; l'intermédiaire plus courte.

Etam. un seul filament libre ou attaché au bord de la découpure intermédiaire inférieure ,

---

Pist. Germen inferum subrotundum ; stylus longitudine tubi ; stigma obtusum bilamellatum.

Peric. Capsula subrotunda trigona uilocularis trivalvis. Semina plura.

Conspectus specierum.

14. KŒMPFERIA *galanga.* Tab. 1 , f. 1.
Kæmp. foliis subrotundo ovalibus mucronatis subsessilibus.
Ex Indiis orientalibus. ⚥

15. KŒMPFERIA *rotunda.* Tab. 1. f. 2.
Kæmp. foliis lanceolatis petiolatis.
Ex India. ⚥

16. KŒMPFERIA *hedychium.* Tab. 1. f. 3.
Kæmp. caule foliolo spicifero , foliis oblongo-lanceolatis.
Hedychium coronarium.
Ex Java.

Explicatio iconum.

Tab. 1. (post. Cannam) fig. 1. KŒMPFERIA *galanga.* (a) Planta integra , magnitudine naturali minor. (b) Flos integer segregatus. (c) L imbus exterior corollæ , adjuncta lacuna antherifera limbi interioris. Ic. ex flon. Fig. 2. Kœmpferia rotunda flos. ic. ex Rheed. Fig. 3. Kœmpferia hedychia flos. ic. ex Herbario sicco.

4. MYROSMA.

Charact. essent.

CALYX superus, duplex : exterior triphyllus ; interior tripartitus. Corolla irregularis, quinquepartita.

Charact. nat.

Cal. superus , duplex : exterior triphyllus ; foliolis oblongis canaliculatis integris æqualibus membranaceis ; interior tripartitus (vix triphyllus), laciniis æqualibus patentibus oblongis integerrimis apice macula fusca notatis.

Cor. monopetala inæqualis. Tubus brevissimus : limbus quinquepartitus : laciniis duabus superioribus brevioribus oblongis inæqualiter emarginatis ; tribus inferioribus longioribus apice trifidis incisis : intermedia breviore.

Stam. filamentum unicum , liberum C margini laciniæ intermediæ inferioris adnatum , basi

membraneux à fa bafe, fubulé : une anthère
ovale, comprimée.

Piſt. un ovaire inférieure, trigone; ſtyle court,
épais, trigone, coubé, fendu longitudinalement, ayant un côté velu. Stigmate vul-
viforme, ouvert, à orifice dilaté.

Péric. Capfule trigone, uniloculaire, trivalve.
Plufieurs femences anguleufes.

Tableau des eſpèces.

17. MYROSME à feuilles de Baliſier. Dict.
    Lieu nat. Surinam. ♄

5. GALANGA.

Caract. eſſent.

CALICE fupérieur, triphylle. Corolle irrégulière à fix divifions. Drupe à noyau monofperme ou difperme.

Caract. nat.

Cal. fupérieur, triphylle ; à folloles lancéolées,
petites, membraneufes.

Cor. monopétale, tubuleufe à fa bafe ; à limbe
irrégulier, partagé en fix découpures, dont
trois extérieures plus grandes & prefqu'é-
gales.

Etam. un filament membraneux, pointu inferré
au tube. Une anthère en maffue, adné à la
partie fupérieure du filament.

Piſt. un ovaire inférieur arrondi; ſtyle fimple,
coubé à fon fommet. Stigmate obtus, incliné.

Péric. drupe arrondi ou ovale, uniloculaire ; à
noyau uniloculaire ou biloculaire (la troifième loge avortant le plus fouvent); loges
monofpermes.

Tableau des eſpèces.

18. GALANGA officinal. D'Q. n°. 1.
    Gal. à tige fimple, à panicule oblon-
    gue en grappe, drupe ayant deux ou trois
    femences.
    Lieu nat. les Indes orientales. ♃

19. GALANGA à feuilles de Baliſier. Dic. n°. 1.
    Gal. à tige rameufe, à rameaux noueux,
    coudés, drupe contenant un noyau ridé,
    monofperme.
    Lieu nat. les climats chauds de l'Améri-
    que. ♃

MONANDRIA MONOGYNIA.

membranaceum, fubulatum : anthera ovata
compreffa.

Piſt. germen Inferum triquetrum. Stylus craf-
fus, deflexus, brevis, trigonus, longitudinaliter fiſfus, parte priore hirfuta. Stigma vul-
viforme, apertum, labio dilatato.

Péric. Capfula trigona, trilocularis, trivalvis.
Semina plura, angulata.

Conspectus specierum.

17. MYROSMA cannafolia. I. f.
    E Surinamo. ♄

5. MARANTA.

Charact. eſſent.

CALYX fuperus, triphyllus. Corolla inæqualis,
fextida. Drupa nucleo 1 f. 2-fpermo.

Charact. nat.

Cal. fuperus, triphyllus ; foliolis lanceolatis
parvis membranaceis.

Cor. monopetala, bafi tubulo a; limbo fexpar-
tito, inæquali; laciniis exterioribus majoribus, fubæqualibus.

Stam. filamentum membranaceum, acutum tubo infertum, Anthera clavata, adnata parte
fuperiori filamenti.

Piſt. germen inferum, fuborotundum. Stylus
fimplex, apice inflexus. Stigma obtutum, cer-
nuum.

Péric. drupa fubrotunda f. ovata, unilocularis ;
nucleo uniloculari f. biloculari (loculo tertio
fœplus abortivo) ; loculis monofpermis.

Conspectus specierum.

18. MARANTA galanga.
    Mar. culmo fimplici, panicula oblonga
    racemofa, drupa di f. trifperma.

    Ex India orientali. ♃

19. MARANTA arundinacea.
    Mar. culmo ramofo, ramis nodofis fle-
    xuofis, drupa nucleo rugofo monofpermo.

    Ex America calidiore. ♃

GALANGA

10. GALANGA *effilé.* Diô. n°. 4.
Gal. à tige effilée , nue inférieurement, feuillée caulinaires pétiolées , pédoncules couverts d'écailles embriquées & connivenres.
Lieu nat. les Antilles , la Guiane.

11. GALANGA *jaune.* Diô. n°. 5.
Gal. à feuilles radicales , ovales - lancéolées, droites , portées fur de longs pétioles ; épis embriqués d'écailles.
La Marante fourchue. Buch. fig. col. 1. 156.
Lieu nat. les Antilles , la Guiane.

12. GALANGA *tubéreux.*
Gal. à racines tubéreufes , tige fimple , feuillée au fommet, à épi oval embriqué terminal.
Curcuma d'Amérique. Diô. n°. 5.
Lieu nat. la Martinique , S. Domingue.

13. GALANGA *géniculé.* Suppl.
Gal. à tige feuillée , pétioles munis d'une articulation, fpathes glumacées , tubes des corolles très-courts.
Cortufa. plum. & thalia geniculata. L.
Lieu nat. l'Amérique méridionale. ♃ *La corolle très fugace n'a fes pétales ondés és que lorfqu'ils commene à fe fanner. C'eft apparemment l'état où fe trouvoit cette corolle pendant que Plumier la deffinoit.*

Explication des fig.

Tab. 1. (après le Zedoaire) f. 1. GALANGA à *feuilles de Balifier.* (a) Fleur entière. (b) Corolle féparée. (c) Calice couronnée l'ovaire. (d) Drupe couronné par le calice. (e) Drupe nud. (f) Noyau féparé.
Fig. 2. GALANGA *géniculé.* (a) Spathe en forme de baie ; enveloppant deux fleurs. (b) Fleur fortans de la Spathe. (c) La même vue en devant. (d) Fleur contournan l'ovaire. (e) Drupe. (f) Drupe dont le brou eft coupé en travers pour laiffer voir le noyau. (g) Noyau ifolé , coupé en travers.

Obf. Il faut fupprimer de notre dictionnaire le genre Curcuma.

6. TASSOLE.

Caraô. effent.

CALICE nul, Corolle monopétale , campanulée, Inférieure, retrécie au-deffusde l'ovaire. Une à trois étamines. Une feule femence, recouverte par la bafe anguleufe de la Corolle.

Caraô. nat.

Cal. nul.

---

10. MARANTA *juncea.*
Mar. caule virgato Inferne nudo , foliis caulinis petiolatis, pedunculis fquamofo-loricatis.
Ex infulis Carlbæis , Guiana.

11. MARANTA *lutea.*
Mar. foliis radicalibus ovato - lanceolatis erectis longe petiolatis , fpicis fquamofoimbricatis.
An Maranta difticha. Buchoz. le. col. 1. 156.
Ex Inf. Carlbæis , Guiana.

12. MARANTA *allouya.*
Mar. radicibus tuberofis , culmo fimplici apice fuliofo , fpica ovata imbricata terminali.
Curcuma Americana. Diô. n°. 5.
E Martinica & Domingo.

13. MARANTA *geniculata.*
Mar. caule foliofo , petiolis geniculo Inftructis , fpathis glumæ formibus , corollis tube breviffimo.
Thalia geniculata. Linn.
Ex America meridionali. ♃ *Petala arefacilone incipiente (nec naturaliter) undulata,*

Explicatio Iconum.

Tab. 1. (poft Kæmpferiam) f. 1. MARANTA *arundinacea.* (a) Flos integer. (b) Corolla fegregata. (c) Calyx germen coronant. (d) Drupa calyce coronata. (e) Drupa nuda. (f) Nucleus feparatus.
Fig. 2. MARANTA *geniculata.* (a) Spatha glumæformia, flores duos complectens. (b) Flores è Spatha exeuntes. (c) Idem antice vifus. (d) Flos germen coronans. (e) Drupa. (f) Drupa putamine transverfè fciffo , nucleum oftendens. (g) Nucleus fparatus ut antverfè fectus.

Obf. Curcuma genus totum è dictionnario noftro excludatur.

6. BŒRHAVIA.

Charaô. effen.

CALYX nullus. Corolla monopetala, campanulata, infera, fupra germen coardata. Siam. 1-3. Semen 1. rectum corollæ bafi angulata,

Charaô. nat.

Cal. nullus.

B

Cor. monopétale, campanulée, plissée, droite; inférieure, rétrécie au-dessus de l'ovaire, obscurément quinquefide.

Etam. un ou deux ou trois filamens capillaires, inférés dans la base de la Corolle, à-peu-près de la longueur de la Corolle même. Anthères globuleuses, didymes.

Pist. un ovaire supérieur, enfermé dans la base de la Corolle. Un style filiforme, aussi long (ou plus long) que les étamines. Stigmate en tête.

Péric. une semence oblongue, obtuse, un peu anguleuse, recouverte par la base persistante de la Corolle.

Cor. monopetala, campanulata, erecta, plicata, infera, supra gennen coarctata, obsoleté quinquefida.

Stam. filamentum unum, duo f. tria, basi Corollæ inferta, capillaria, longitudine circiter Corollæ. Antheræ globosæ didymæ.

Pist. germen superum basi Corollæ inclusum: stylus filiformis, longitudine staminum. Stigma capitatum.

Peric. semen unicum oblongum obtufum subangulatum basi perfistente corolla tectum.

Tableau des espèces.   Conspectus specierum.

24. TASSOLE paniculée. Dict.
Taf. à tige droite, feuilles ovales pointues, panicule nue filiforme très visqueuse.
Lieu nat. l'Amérique méridionale. ♃

14. BŒRHAVIA paniculata.
Bœr. caule erecto, foliis ovatis acutis, panicula nuda filiformi viscosissima.
Ex America meridionali. ♃

25. TASSOLE droite. Dict.
Taf. à tige droite, glabre; feuilles pointues, fleurs pédicellées, lâches, presque terminales.
Bœrhavia diandra. burm. fl. Ind. 3. t. 1. f. 1.

25. BŒRHAVIA erecta.
Bœr. caule erecto glabro, foliis acutis, floribus pedicellatis laxis fubterminalibus.
Bœrhavia diandra burm. Ind. 3. t. 1, f. 1.

16. TASSOLE diffuse. Dict.
Taf. à tige couchée, diffuse; feuilles ovales ondées; ombellules pédonculées latérales.

16. BŒRHAVIA diffusa.
Bœr. caule procumbente diffufo, foliis ovatis repandis, umbellulis pedunculatis lateralibus.
Bœr. diffusa, hirfuta, repens Linnal; aiam b. curitas Jacquini.

Lieu nat. les Indes orient. & occid. ♃

Ex Indiis orientalibus & occidentalibus. ♃

27. TASSOLE à feuilles obtuses. Dict.
Taf. à tige couchée diffuse pubescente visqueuse; feuilles ovales obtuses; ombelles petites, presqu'en tête latérales.
Lieu nat. l'Amérique méridionale. ♃

27. BŒRHAVIA obtusifolia.
Bœr. caule procumbente diffufo viscofo-pubescente, foliis ovatis obtufis, umbellis parvis fubcapitatis lateralibus.
Ex America meridionali. ♃

28. TASSOLE sarmenteuse Dict.
Taf. glabre, à tige frutescente sarmenteuse, feuilles en cœur pointues, fleurs diandriques.
Lieu nat. les Antilles. ♄

28. BŒRHAVIA scandens T. 4.
Bœr. glabra, caule frutescente farmentofo; foliis cordatis acutis, floribus diandris.
Ex infula caribæi. ♄

29. TASSOLE tubéreuse. Dict.
Taf. glabre, à tige droite frutescente, feuilles en cœur, racine tubéreuse.

Lieu nat. le Pérou. ♄ Racine grosse, tubéreuse, bonne à manger. Feuilles plus larges que dans la précédente.

29. BŒRHAVIA tuberosa.
Bœr. glabra, caule erecto frutescente, foliis cordatis, radice tuberosa.
Herba purgationis. Few. per. 3. t. 8.
E Peru. ♄ Radix crassa tuberosa esculenta.
Folia præcedenti latiora.

Explication des fig.   Explicatio iconum.

Tab. 4. TASSOLE sarmenteuse. (a) Sommité d'un

Tab. 4. BŒRHAVIA scandens. (a) Summitas ra.

rameau florifère. (*b*) Partie fupérieure d'un pédoncule commun, portant une petite ombelle de fleurs. (*c*) Feui entière avec fon pédoncule propre. (*d*) Fruit. (*e*) Fruit de la 7 affole diffufe. (*f*) Fruit de la 7 affole ponctulée. Ces fruits font mal deffinés.

mali floriferi. (*b*) Pars pedunculi communis cum umbella florum (.) F. os integer eum pedunculo proprio. (*d*) Fructus. (*e*) Baccharia diffufæ fructus. (*f*) Baccharia punxulatæ fructus. Hi (*e*,*f*) tuberculis glutinofis ftabri, non bene expreffi funt.

7. QUALIER.

Caract. effent.

CALICE irrégulier, partagé en quatre découpures. Deux pétales inégaux : le fupérieur muni à fa bafe d'un éperon court; l'inférieur plus grand & incliné. Fruit fupérieur, globuleux, polyfperme.

Caract. nat.

Cal. divifé profondément en quatre découpures ovales, coriaces, concaves, inégales; les deux inférieures plus grandes.

Cor. deux pétales inégaux, attachés au calice : le fupérieur relevé, arrondi, échancré, fe terminant à fa bafe en un éperon court, obtus, faillant entre les deux découpures fupérieures du calice; l'inférieur plus grand & penché.

Etam. un feul filament, court, montant, oppofé au pétale inférieur, & inféré fous l'ovaire. Une anthère oblongue, recourbée, partagée par un fillon.

Pifi. un ovaire fupérieur, globuleux; un ftyle filif. montant, de la longueur de l'étamine; un ftigmate obtus.

Péric. une baie uniloculaire. Des femences nombreufes nichées dans une pulpe.

7. QUALEA.

Charact. effent.

CALYX quadripartitus, inæqualis. Petala duo inæqualia: fuperius bafi breviter corniculatum; inferius majus declive. Fructus globofus fuperus polyfpermus.

Charact. nat.

Cal. profunde quadripartitus : laciniis ovatis; coriaceis, concavis, inæqualibus; duobus inferioribus majoribus.

Cor. petala duo, inæqualia, calyci inferta : fuperius erectum, fubrotundum, emarginatum, definens bafi in corniculum, breve, obtufum, inter lacinias fuperiores calycis prominens; inferius majus declive.

Stem. filamentum unicum, breve, adfcendens, petalo infimo oppofitum, fub germine infertum. Anthera oblonga, fulcata, recurva.

Pifl. germen fuperum, globofum. Stylus filiformis adfcendens, longitudine ftaminis. Stigma obtufum.

Peric. bacca, unilocularis. Semina plurima in pulpa nidulantia.

Tableau des efpèces.

Confpectus fpecierum.

10. QUALIER rouge. Did.
    Qua. à fleurs rofes, ayant le pétale inférieur entier.
    Lieu nat. la Guiane. ♄

10. QUALEA rofea. T. 4.
    Qua. floribus rofeis, petalo iufimo integro.
    E Guiana. ♄

11. QUALIER bleu. Did.
    Qua. à fleurs bleuâtres intérieurement, ayant le pétale inférieur échancré.
    Lieu nat. la Guiane. ♄

11. QUALEA cærulea.
    Qua. floribus intus fubcæruleis, petalo infimo emarginato.
    E Guiana. ♄

Explication des figures.

Tab. 4. QUALIER rofe. (*a*) Rameau fleuri. (*b*) Fleur vue en devant. (*c*) Fleur vue de côté. (*d*) Calice & piftil. (*e*) Fleur fans épanouie. (*f*) Etamine & piftil.

Explicatio iconum.

Tab. 4. QUALEA rofea. (*a*) Ramulus florifer. (*b*) Flos antice vifus (*c*) Flos à latere expofitus. (*d*) Calyx & ciftillum. (*e*) Flos efulfus. (*f*) Stamen & piftillum. Fig. ex aubl.

I. PHILYDRE.

Caract. effent.

SPATHE florale monophylle, Calice nul, Quatre

I. PHILYDRUM.

Charact. effent.

SPATHA floralis monophylla, calyx nullus.

pétales, dont deux extérieurs plus grands. Une capsule supérieure, triloculaire, polysperme.

Caraﬄ. nat.

Spathe florale monophylle, ovale-acuminée, concave, plus longue que la corolle.
Cal. nul.
Cor. quatre pétales jaunes: deux pétales extérieurs plus grands & ovales; deux intérieurs une fois plus petits & lancéolés.
Etam. un seul filament libre; une anthère géminée ou comme double, presque globuleuse, attachée un peu au-dessus de la partie moyenne du filament.
Piﬅ. un ovaire supérieure,.. un seul style.
Péric. capsule supérieure, oblongue, obscurément trigone, laineuse, triloculaire, trivalve; à valves divisées dans leur milieu par une cloison. Semences nombreuses, très-petites, presque cylindriques, tuberculeuses.

Tableau des espèces.

32. PHILYDRE laineux. Dict.
Lieu nat. ...

Explication des fig.

Tab. 4. PHYLIDRE. (a) Corolle ouverte laissant voir l'étamine de la capsule. (b) Capsule dans la maturité, enveloppée par la fleur & par la spathe. (c) Capsule s'ouvrant. (d) Capsule coupée en travers, montrant l'insertion des semences. (e, g, h) Semences de grandeur naturelle & grossies. (i, f) Une semence coupée longitudinalement & transversalement, montrant l'embrion & son périsperme.

9. SALICORNE.

Caraﬄ. essent.

Calice ventru, entier, Corolle nulle. Stigmate bifide. Une semence recouverte par le calice.

Caraﬄ. nat.

Cal. ventru, entier, persiﬅant, constitué par le bord en écaille des articulations.
Cor. nulle.
Etam. un filament plus long que le calice; une anthère droite, didyme, tétragone.
Piﬅ. un ovaire supérieur, ovale oblong; un style très court; stigmate bifide.
Péric. nulle. Une semence recouverte par le calice ventru, & comme enfoncée dans la substance de la tige.

---

petala quatuor; duobus exterioribus majoribus. Capsula supera, trilocularis, polysperma.

Charact. nat.

Spatha floralis monophylla, ovato-acuminata, concava, corolla longior.
Cal. nullus.
Cor. tetrapetala, flava: petalis duobus exterioribus majoribus ovatis; interioribus dimidio minoribus, lanceolatis.
Stam. filamentum unicum liberum, supra medium antheris geminis subglobosis.

Piﬅ. germen superum... ﬅylus unicus...
Péric. capsula supera, oblonga, obsolete trigona lanata, trilocularis, trivalvis; valvulis medio septigeris. Semina plurima, minutissima, teretiuscula, tuberculis scabrata.

Conspectus specierum.

32. PHILYDRUM lanuginosum. T. 4.
Philyd. Gærtn, p. 62.

Explicatio iconum.

Tab. 4. PHYLIDRUM. (a) Corolla diducta stamen & capsulam ostendens. (b) Capsula matura, spatha atque flore obvoluta. (c) Capsula dehiscens. (d) Epidermi sectu transversali cum seminum insertione. (e, g, h.) Semina naturali & aucta m gnitudine. (i, f.) Semen longitudinaliter & transverse sectum, embryonem cum perispermo exhibens. Fig. ex D. Gærtn.

9. SALICORNIA.

Charact. essent.

Calyx ventricosus, integer. Corolla nulla, Stigma bifidum. Semen 1. Calyce inflato tectum.

Charact. nat.

Cal. ventricosus, integer, persiﬅens, margine squamæformi articulorum efformatus.
Cor. nulla.
Stam. filamentum unicum, calyce longius; anthera didyma, tetragona, erecta.
Piﬅ. germen superum, ovato-oblongum; ﬅylus breviﬅimus; ﬅigma bifidum.
Péric. nullum. Semen unicum, calyce ventricoso tectum, & in substantia caulis veluti demersum.

Tableau des espèces.

33. SALICORNE *herbacée.* Did.
Sal. herbacée étalée, à articulations comprimées au sommet, échancrées bifides.
Lieu nat. les rivages maritimes de l'Europe. ☉

34. SALICORNE *ligneuse.* Did.
Sal. à tige droite & ligneuse.
Lieu nat. les lieux maritimes de l'Europe. ♄

35. SALICORNE *de Virginie.* Did.
Sal. herbacée, droite; à rameaux très simples.
Lieu nat. la Virginie.

36. SALICORNE *d'Arabie.* Did.
Sal. à articulations obtuses, épaissies à leur base; épis ovales.
Lieu nat. l'Arable. ♄

37. SALICORNE *Caspienne.* Did.
Sal. ligneuse, à articulations cylindriques; épis fusiformes.
Lieu nat. les bords de la mer Caspienne & de la mer Noire. ♄

38. SALICORNE *feuillée.* Did.
Sal. à feuilles alternes, cylindriques, charnues, courtes: épis axillaires sessiles.
Lieu nat. la Sibérie. ♄

Explication des fig.

Tab. 4, fig. 1. SALICORNE *herbacée.* (a) Partie supérieure de la plante garnie d'épis. (b) Rameau spicifere gros. (c) Epi séparé, grossi tout établement. (d) Examine. (e) Pistil & étamine dans leur situation naturelle. (f) Pistil. (g, b) Epi fleuri & épi fructifere, grossis, coupés en travers. (i) Semence.
Fig. 2. SALICORNE *ligneuse.*

10. PESSE.

Caract. essen.

CALICE nul. Corolle nulle. Ovaire inférieur; stigmate simple. Une seule semence.

Caract. nat.

Cal. nul, si ce n'est le bord peu saillant qui couronne l'ovaire.
Cor. nulle.
Etam. un filament droit, court; une anthère arrondie, partagée d'un côté par un sillon.
Pist. un ovaire inférieur, oblong; un style subulé, droit, plus long que l'étamine; un stigmate aigu.

Conspectus specierum.

33. SALICORNIA *herbacea.* T. 4, f. 1.
Sal. herbacea patula, articulis spicæ compressis emarginato bifidis. L.
Ex Europæ littoribus maritimis. ☉

34. SALICORNIA *fruticosa.*
Sal. caule erecto fruticoso. L.
Ex Europæ marhimis. ♄

35. SALICORNIA *Virginica.*
Sal. herbacea erecta, ramis simplicissimis. L.
E Virginia.

36. SALICORNIA *Arabica.*
Sal. articulis obtusis basi incrassatis, spicis ovalis. L.
Ex Arabia. ♄

37. SALICORNIA *Caspica.*
Sal. fruticosa, articulis cylindricis, spicis fusiformibus.
Ex littoribus & squalidis maris Caspii & Ponti Euxini. ♄

38. SALICORNIA *foliata.*
Sal. foliis alternis teretibus brevibus carnosis, spicis axillaribus sessilibus.
E Siberia. ♄

Explicatio Iconum.

Tab. 4, f. 1. SALICORNIA *herbacea.* (a) Pars superior plantæ spicis ornata. (b) Ramulus cum spicis auctus. (c) Spica separata insigniter aucta. (d) Sectio. (e) Pistillum & Stamen in situ naturali. (f) Pistillum. (g, b) Spica florida, fructifera, amplius, transverse secta. (i) Semen. Fig. ex bat. & pell.
Fig. 2. SALICORNIA *fruticosa.* Fig. ex Tournef.

10. HIPPURIS.

Charact. essent.

CALYX nullus. Corolla nulla. Germen inferum: Stigma simplex. Semen unicum.

Charact. nat.

Cal. nullus, nisi margo germen coronans.
Cor. nulla.
Stam. filamentum unicum, erectum, breve; anthera subrotunda, hic sulcata.
Pist. germ. inferum ob ongum. Stylus unicus, subulatus, erectus, stamine longior; stigma acutum.

Péric. nul. Une feule femence nue, arrondie.

Peric. nullum. Semen unicum , fubrotundum ; nudum.

Tableau des espèces.

39. PESSE *commune.*
　　Pef. à feuilles linéaires-fubulées, verticillées huit à dix enfemble.
　　Lieu nat. les foſſes aquatiques de l'Europe. ⚥

Conspectus specierum.

39. HIPPURIS *vulgaris.* T. 5 , f. 1.
　　Hip. foliis octonis dentifve lineari-fubulatis.

　　Ex Europæ foſſis aquoſis. ⚥

30. PESSE *à quatre feuilles.*
　　Pef. à feuilles lancéolées, verticillées quatre ou cinq enfemble.
　　Lieu nat. la Finlande.

40. HIPPURIS *tetraphylla.* T. 5. f. 2.
　　Hip. foliis quaternis quinifve lanceolatis.

　　E Finlandia.

Explication des fig.

Tab. 5, f. 1. Pesse *commune.* (*a a*) Portion de la tige ayant un verticille de feuilles. (*b*, *c*) Fleur montrant l'ovaire, le ſtyle & l'anthère, antérieurement & poſtérieurement. (*d*) Piſtil. (*e*) Anthère. (*f*) Semence entière. (*g*) Semence dépouillée fupérieurement de fon écorce par une fection tranſverfale. (*h*) Semence toutà-fait dépouillée de fon écorce.
Fig. 2. Pesse *à quatre feuilles.* (*a*) Portion de la tige avec fes feuilles. (*b*) Fleur féparée & groſſie.

Explicatio iconum.

Tab. 5, fig. 1. Hippuris *vulgaris.* (*a a*) Pars caulis cum foliorum verticillo. (*b*, *c*) Flos germen , ſtylum , & antheram , anticè poſticeque , exhibens. (*d*) Piſtillum. (*e*) Anthera. (*f*) Semen integrum. (*g*) Idem fupernè denudatum , zmllo tranſverfe fecto. (*h*) Idem nullo foluro nudum. Fig. ex veill.

Fig. 2. Hippuris *tetraphylla.* (*a*) Pars caulis foliis ornata. (*b*) Flos fegregatus. Fig. ex D. Rett.

11. POLLIQUE,

Caract. essent.

CALICE monophylle, à cinq dents. Corolle nulle. Une feule femence enveloppée dans la bafe épaiſſie du calice. Fruit renfermés dans les écailles charnues de réceptacle.

Caract. nat.

Cal. monophylle, prefque campanulé, à cinq dents.
Cor. nulle.
Etam. un feul filament filiforme, de la longueur du calice ; anthère arrondie, didyme.
Piſt. un ovaire fupérieur, ovale, enfoncé dans la bafe du calice ; un ſtyle filiforme, de la longueur de l'étamère, ſtigmate bifide.
Péric. nul, fi ce n'eſt une membrane mince.
Sem. une feule, enfermée dans la bafe épaiſſie du calice, & attachée au milieu d'une écaille charnue & fucculente qui conſtitue fon réceptacle.

11. POLLICHIA.

Charact. essent.

CALYX monophyllus, quinquedentatus. Corolla nulla. Semen unicum baſi calicis incraſſati incluſum. Squamæ carnoſæ receptaculi fructus includunt.

Charact. nat.

Cal. monophyllus, fubcampanulatus, quinquedentatus.
Cor. nulla.
Stam. filamentum unicum , filiforme, longitudine calycis ; anthera fubrotunda, didyma.
Piſt. germen fuperum , fundo calycis immerfum , ovatum ; ſtylus filiformis, longitudine ſtaminis ; ſtigma bifidum.
Peric. nullum, vel membrana tenuis.
Sem. unicum , fundo calycis incraſſati incluſum, medio fquamæ carnoſæ receptaculi affixum.

Tableau des espèces.

41. POLLIQUE *des champs.*
　　Lieu nat. le Cap-de-Bonne efpérance. ♂

Conspectus specierum.

41. POLLICHIA *campeſtris.* Hort. Kew.
　　E Capite Bonæ fpei. ♂

12. CORISPERME.

Caraß, essent.

CALICE de deux folioles. Corolle nulle. Une feule femence elliptique, applatie d'un côté, convexe de l'autre, entourée d'un bord tranchant.

Caraß. nat.

Cal. diphylle; à folioles oppofées, comprimées, acuminées courbées en-dedans.
Cor. nulle.
Etam. un feul filament (mais fouvent deux à cinq dans les fleurs inférieures), filiforme; anthère arrondie.
Pist. un ovaire fupérieur, ovale, comprimé : deux styles capillaires; stigmates aigus.
Péric. nul.
Sem. une feule, elliptique, comprimée, plane ou un peu concave d'un côté, légèrement convexe de l'autre, entourée d'un bord mince & tranchant.

Tableau des espèces.

42. CORISPERME à feuilles d'Hysope. D. n°. 1.
Corif. à fleurs latérales, bractées linéaires glabres fur le dos, femences échancrées au fommet.
Lieu nat. les régions mérid. de la France. ⊙

43. CORISPERME à épis rudes. Dict. n°. 2.
Corif. ayant des épis latéraux & terminaux, rudes ; & des bractées courtes, ovales, mucronnées, un peu velues.
Lieu nat. la Tartarie, la Sibérie. ⊙

44. CORISPERME du Levant. Dict. n°. 3.
Corif. à feuilles linéaires, étroites ; fommités fleuries, un peu paniculées & pubefcentes.
Lieu nat. le Levant. ⊙

Explication des fig.

Tab. 1. CORISPERME à feuilles d'Hysope. (a) Portion de la tige montrant une fleur auxiliaire. (b) Fleur féparée. (c) Semence. (d) Semence, félon M. Gætn. (e) La même coupée en travers. (g) Noyau de la femence dépouillé de fon enveloppe. (f) Embrion entourant le périfperme (h) Le même féparé.

13. CALLITRIC.

Caraß. essent.

CALICE diphylle. Corolle nulle. Capfule qua-

---

12. CORISPERMUM.

Charaß. essent.

CALYX diphyllus. Corolla nulla. Semen unicum, ellipticum, plano-convexum, margine acuto.

Charaß. nat.

Cal. diphyllus; foliolis oppofitis, compreßis ; acuminatis, incurvis.
Cor. nulla.
Stam. filamentum unicum (at in floribus infimis fæpe 2 ad 5), filiforme ; anthera fubrotunda.
Pist. germen fuperum, ovatum, compreßum : ßyli duo capillares; ßigmata acuta.
Peric. nullum.
Sem. unicum, ellipticum, compreßum , hinc planum aut fubconcavum, inde læviter convexum, acuto margine cinßum.

Confpeßus fpecierum.

42. CORISPERMUM Hyßopifolium. T. 5:
Corif. floribus lateralibus, bracteis lineatibus dorfo glabris, feminibus apice emarginatis.
E gallia aultrali. ⊙

43. CORISPERMUM fquarrofum.
Corif. fpicis lateralibus & terminalibus fquarrofis , bracteis, brevibus, ovatis, mucro, natis , fubvilloßs.
E Tartaria, Sibiria. ⊙

44. CORISPERMUM Orientale.
Corif. foliis linearibus anguftis , fummitatibus floriferis, fubpaniculatis, pubefcentibus.
Ex Oriente. ⊙ D. Michaux.

Explicatio iconum.

Tab. 5. CORISPERMUM Hiffopifolium. (a) Pars caulis florem auslarem exhibens. (b) Flos feparatus. (c) Semen. (d) Semen fecundum D. Gærin. (e) Idem transverfe fectum. (g) Nucleus denudatus. (f) Embiyo albumen C. perifpermum cingens. (h) Idem folutan.

13. CALLITRICHE.

Charaß. essent.

CALYX. diphyllus. Corolla nulla. Capfula qua-

drangulaire, comprimée, biloculaire, à quatre
femences.

Caract. nat.

Cal. diphylle: à folioles oppofées, canaliculées,
acuminées, combées en-dedans.
Cor. nulle.
Etam. un feul filament, long, courbé; une
anthère arrondie.
Pifl. un ovaire fupérieur, arrondi; deux ftyles
capillaires, recourbés; ftigmates aigus.
Péric. une capfule arrondie, quadrangulaire,
comprimée, biloculaire, & à quatre femences.

Tableau des efpèces.

45. CALLITRIC printannier. Dict. n°. 1.
Cal. à feuilles fupérieures ovales; fleurs
androgynes.
Lieu nat. les foffes aquatiques de l'Europe. ⊙

46. CALLITRIC d'automne. Dict. n°. 2.
Cal. à feuilles toutes linéaires & bifides
au fommet; fleurs hermaphrodites. !
Lieu nat. les foffes aquatiques de l'Europe. ⊙

Explication des fig.

Tab. 5. CALLITRIC printannier. (a) Partie fupérieure de la plante, montrant un rameau feuilé &
florifère. (b) fleur femelle. (c) Fleur mâle. (d, e) Fruit
groffi & de grandeur naturel'e. (f) Fruit coupé en
travers. (g) Portion du fruit que M. Gærtner regarde
comme une femence féparée. (h) Embryon détaché.

14. BLÉTE.

Caract. effent.

CALICE trifide. Corolle nulle. Une feule femence recouverte par le calice devenu fucculent & bacciforme.

Caract. nat.

Cal. trifide, ouvert, perfiflant; à découpures
ovales, égales, mais dont deux font plus
ouvertes.
Cor. nulle.
Etam. un filament fétacé, plus long que le
calice, droit, s'élevant entre fes découpures
les plus ouvertes. Anthère didyme.
Pifl. un ovaire fupérieur, ovale: deux ftyles
droits, ouverts; ftigmates fimples.
Péric. nul. Une feule femence, prefque globuleufe, comprimée, & recouverte par le calice qui eft devenu coloré fucculent & bacciforme.

---

drangularis, compreffa, bilocularis, tetrafperma.

Charact. nat.

Cal. diphyllus: foliolis oppofitis, canaliculatis;
acuminatis, incurvis.
Cor. nulla.
Stam. filamentum unicum, longum, recurvum;
anthera fubrotunda.
Pifl. germen fuperum, fubrotundum. Styli
duo, capillares, recurvi; ftigmata acuta.
Peric. capfula fubrotunda, quadrangularis, compreffa, tetrafperma.

Confpectus fpecierum.

45. CALLITRICHE verna. T. 5.
Cal. foliis fuperioribus ovalibus, floribus
androgyni, 1.
Ex Europæ foffis aquofis. ⊙

46. CALLITRICHE autumnalis.
Cal. foliis omnibus linearibus apice bifi-
dis, floribus hermaphroditis. 1.
Ex Europæ foffis aquofis. ⊙

Explicatio iconum.

Tab. 5. CALLITRICHE verna (a) Pars fuperior plantæ ramulum foliofum & florif. exhibens. (b) Flos fœ-
mineus. (c) Flos mafculus. (d, e) Fructus auctus &
magnitudine naturali. (f) Fructus tranfverfe fectus.
(g) Pars fructus, vel femen feparatum fecundum Gært-
nerum. (h) Embryo feparatus.

14. BLITUM.

Charact. effent.

CALYX trifidus. Corolla nulla. Semen unicum
calyce baccato tectum.

Charact. nat.

Cal. trifidus, patens, perfiflens; laciniis ovatis
æqualibus, duabus magis dehifcentibus.

Cor. nulla.
Stam. filamentum fetaceum, calyce longius;
inter calycis lacinias dehifcentes, erectum.
Anthera didyma.
Pifl. germen fuperum, ovatum; ftyli duo,
erecti, dehifcentes; ftigmata fimplicia.
Peric. nullum. Semen unicum, fubglobofum,
compreffum, calyce colorato fucculento bac-
catoque tectum.

Tableau

MONANDRIE DIGYNIE.

Tableau des espèces.

47. BLÈTE capitée. Dict. n°. 1.
Blète à petites têtes en épi & terminale.
Lieu nat. l'Europe australe. ☉

48. BLÈTE effilée. Dict. n°. 2.
Blé. à petites têtes épaisses & latérales.
Lieu nat. l'Europe. ☉

49. BLÈTE à feuilles d'ansérine. Dict. n°. 3.
Blé. à petites têtes verticillées, non succulentes.
Lieu nat. la Tartarie. ☉

Explication des fig.

Tab. 5. BLÈTE effilée. (a) Partie supérieure de la tige avec les paquets de fleurs latéraux & feuilles. (b , c , d , e) Fleurs séparées. (i , l) Calice. (f) Etamine. (m , n) Pistil. (g , h) Paquet de fleurs. (o , p) Petites côtes des fruits. (q , r) Fruit séparé. (s , t) Semence séparée & nue.

15. MNIAR.

Caract. essent.

CALICE supérieur , quadrifide. Corolle nulle. Une seule semence recouverte par le calice.

Caract. nat.

Cal. Supérieur, petit, quadrifide : à découpures égales, droites, pointues, roides.
Cor. nulle.
Etam. un seul filament capillaire, droit, à peine plus long que le calice, inséré à sa base. Une anthère arrondie , divisée par un sillon.
Pist. un ovaire inférieur, ovale, à peine anguleux, dur, plus long que le calice qui le couronne. Deux stiles filiformes , de la longueur du calice ; stigmates simples.
Péric. l'ovaire vu avant sa maturité a offert une semence recouverte par le calice (le tout devient peut-être une capsule couronnée & monosperme.
Sem. oblongue, très-petite.

Tableau des espèces.

50. MNIAR biflore.
Lieu nat. la Nouvelle Zélande.

Explication des fig.

Tab. 6. MNIAR biflore. (a , b) Fleur entière (c) Calice (d , e) Etamine. (f , g) Pistil. (h) Fruit non mûr. (i) Le même coupé verticalement. (l) Semence séparée.

MONANDRIA DIGYNIA. 17,

Conspectus specierum.

47. BLITUM capitatum.
Bli. capitellis spicatis terminalibus. L.
Ex Europa australi. ☉

48. BLITUM virgatum. T. 5.
Bli. capitellis sparsis lateralibus. L.
Ex Europa. ☉

49. BLITUM chenopodioides.
Bli. capitellis verticillatis exsuccis. L.
E Tartaria. ☉

Explicatio iconum.

Tab. 5. BLITUM virgatum. (a) Pars superior caulis , cum glomerulis florum lateralibus & foliis bus. (b , c , d , e) Flores segregati (i , l) Calyx. (f) Stamen. (m , n) Pistillum. (g , h) Florum glomeruli. (o , p) Fructuum capitella. (q , r) Fructus separatus (s , t) Semen denudatum. Fig. ex mill. illustr.

15. MNIARUM.

Charact. essent.

CALYX quadrifidus, superus. Corolla nulla. Semen unicum calyce vestitum.

Charact. nat.

Cal. superus, parvus, quadrifidus: laciniis aequalibus, erectis, acutis, rigidis.
Cor. nulla.
Stam. filamentum unicum, capillare, erectum, calyce vix longius, basi calycis insertum. Anthera subrotunda, sulco divisa.
Pist. germen inferum , ovale, vix angulatum, durum, calyce longius, Styli duo filiformes, longitudine calycis, stigmata simplicia.
Peric. germen immaturum , calyce vestitum (an capsula coronata, monosperma).

Sem. unicum, oblongum, minimum.

Conspectus specierum.

50. MNIARUM biflorum. T. 6. Forst. gen. 17
E nova Zelandia.

Explicatio iconum.

Tab. 6. MNIARUM biflorum. (a , b) Flos longior (c) Calyx. (d , e) Stamen. (f , g) Pistillum. (h) Fructus nondum maturus. (i) Idem verticaliter sectus. (l) Semen separatum.

C

ILLUSTRATION DES GENRES.

CLASSE II.

DIANDRIE MONOGYNIE.

Fl. à deux étamines & un seul style.

Tableau des genres.	Conspectus generum.
16. NICTANTE.	**16. NYCTANTHES.**
Cal. entier, cor. 5-fide ; à découp. échancrées. caps. comprimée , 2-loculaire.	Cal. integer, cor. 5-fida ; laciniis emarginatis, caps. compressa , 2-locularis.
17. MOGORI.	**17. MOGORIUM.**
Cal. 8-fide. cor. 8-fide. baie 2-loculaire , 2-sperme.	Cal. 8-fidus. cor. 8-fida. bacca 2 locularis , 2-sperma.
18. JASMIN.	**18. JASMINUM.**
Cal. à 5 dents. cor. 5-fide. baie à 1 ou 2 loges monospermes.	Cal. 5-dentatus. cor. 5-fida. bacca 1 f. 2 localaris : loci 1-spermii.
19. LILAS.	**19. LILAC.**
Cal. à 4 dents. cor. 4-fide. caps. comprimée, biloculaire.	Cal. 4 dentatus. cor. 4-fida. caps. compressa , 2-locularis.
20. TROENE.	**20. LIGUSTRUM.**
Cal. à 4 dents. cor. 4-fide. baie à 4 semences.	Cal. 4-dentatus. cor. 4 fida. bacca 4-sperma.
21. FILARIA.	**21. PHILLYREA.**
Cal. à 4 dents. cor. courte , 4 fide. baie à une fem.	Cal. 4-dentatus. cor. brevis , 4-fida. bacca 1-sperma.
22. OLIVIER.	**22. OLEA.**
Cal. à 4 dents. cor. 4-fide : à dec. ovales, drupe à noyau 1 ou 2-sperme.	Cal. 4 dentatus. cor. 4-fida ; lac. subovatis. drupa nucleo 1 f. 2-sperma.
23. CHIONANTE.	**23. CHIONANTHUS.**
Cal. à 4 dents. cor. 4-fide ; à dec. très-longues. drupe à noyau strié.	Cal. 4-dentatus. cor. 4-fida : lac. longissimis. drupa nucleo striato.
24. PIMELÉE.	**24. PIMELEA.**
Cal. o. cor. tubuleuse, 4-fide. mais velue , 1-sperme.	Cal. o. cor. tubulosa , 4 fida. naz villosa , 1-sperma.
25. DIALI.	**25. DIALIUM.**
Cal. o. 5 pétales. étam. insérés en côté supérieure du récept.	Cal. o. cor. 5 petala. stam. ad latus superius receptaculi.

26. AROUNIER.

Cal. à 5 divisions. cor. o. caps. supérieure, 3-loculaire, palpeuse intérieurement.

26. ARUNA.

Cal. 5-partitus. cor. o. caps. supera, 3-locularis, intus pulposa.

27. RAPUTIER.

Cal. 5-fide. cor. 5-fide, irrégulière. 5 étam. stériles. 5 caps. sous réunies.

27. RAPUTIA.

Cal. 5 fidus. cor. 5-fida, inaequalis. Stam. 5 sterilia. caps. 5 coalitae.

28. GALIPIER.

Cal. tubuleux à 4 ou 5 dents. cor. à 4 ou 5 découpures au peu inégales. 2 étam. stériles.

28. GALIPEA.

Cal. tubulosus, 4 s. 5-dentatus. cor. 4 s. 5-fide, subaequalis. stam. 2 sterilia.

29. CYRTANDRE.

Cal. 5-fide. cor. irrégul. à 5 lobes. 2 étam. stériles. baie 2-loculaire.

29. CYRTANDRA.

Cal. 5-fidus. cor. irregul. 5-loba, stam. 2 sterilia. bacca 2-locularis.

30. VOCHY.

Cal. à 4 divisions. 4 pét. inégaux : le supérieur onéreux d'un postérieurement. Filam. à 2 anthères.

30. VOCHISIA.

Cal. 4 partitus, petala 4, inaequalia : superiore postico curaiculato. filam. 2-andrum.

31. CARMANTINE.

Cal. à 5 div. cor. ringente. caps. 2-loculaire, 2-valve, s'ouvrant avec élasticité.

31. JUSTICIA.

Cal. 5-partitus. cor. ringens. caps. 2-local. 2-valv. elastice dehiscens.

32. VÉRONIQUE.

Cal. à 4 ou 5 div. cor. presque régulière ; à limbe partagé en 4 div. caps. obcordée, 2-local.

32. VERONICA.

Cal. 4 s. 5 partitus. cor. subaequalis ; limbo 4 partita. caps. obcordata, 2-locularis.

33. PEDEROTE.

Cal. à 5 divisions. cor. tubuleuse : à limbe bilabié, baillant. caps. 2-loculaire.

33. PÆDEROTA.

Cal. 5-partitus. cor. tubulosa : limbo bilabiato hianti. caps. 2-locularis.

34. GRASSETE.

Cal. 5-fide. cor. ringente, à éperon à sa base. caps. 1-loculaire.

34. PINGUICULA.

Cal 5-fidus. cor. ringens, basi calcarata. caps. 1-locularis.

35. UTRICULAIRE.

Cal. 2-phylle. cor. ringente à éperon à sa base. caps. 1-loculaire.

35. UTRICULARIA.

Cal. 2 phyllus. cor. ringens basi calcarata. caps. 2-locularis.

36. CALCEOLAIRE.

Cal. à 4 divisions. cor. ringeuse : à lèvre inférieure enflée, concave. caps. 2-local.

36. CALCEOLARIA.

Cal. 4-partitus. cor. ringens : labio inf. inflato concavo. caps. 2-locularis.

37. BÉOLE.

Cal. à 5 divisions. cor. ringeuse : à limbe ouvert. caps. conique, 4-valve.

37. BÆA.

Cal. 5 partitus. cor. ringens : limbo patente. caps. conica, 4-valvis.

38. GRATIOLE.

Cal. à 7 folioles : 2 extérieures. cor. irrégulière. 2 étam. stériles. caps. 2-loculaire.

38. GRATIOLA.

Cal. 7-phyllus : foliolis 2 exterioribus. cor. irregularis. stam. 2 sterilia. caps. 2-locularis.

39. SCHOUENKE.

Cor. presque régul. plissé, glanduleuse à son orifice. 5 étam. stériles. caps. 2-loculaire.

39. SCHWENKIA.

Cor. subaequalis, fauce plicata, glandulosa. stam. 5 sterilia. caps. 2-locularis.

40. CIRCÉE.

Cal. 2-phylle, fa. lricar. cor. à 2 pétales. caps. inférieure, hispies, 2-loculaire.

41. VERVEINE.

Cal. à 5 dents, cor. infundib. un peu irrégul. courbée. étam. didynam. 4 sem. nues.

42. ZAPANE.

Cal. à 4 dents. cor. tubuleuse : limbe irrégulier, à 5 lobes. 2 ou 4 étam. 2 sem. nues.

43. ERANTHEME.

Cal. 5-fide. cor. 5-fide : à tube filiforme. stigm. simple.

44. LYCOPE.

Cal. 5-fide. cor. 4-fide : une découpure échancrée. étam. distantes.

45. AMÉTHYSTÉE.

Cal. un peu campanulé. cor. 5-fide : à découpure inf. plus ouverte. étam. rapprochées.

46. ZIZIPHORE.

Cal. cylindrique, strié. cor. ringente : à lèvre supérieure entière.

47. CUNILE.

Cor. ringeuse : à lèvre sup. droite, plane. 2 étam. stériles. 4 sem.

48. MONARDE.

Cal. cylindrique. cor. bilabiée : à lèvre sup. entière, enveloppant les étam. 4 sem.

49. ROMARIN.

Cor. bilabiée : à lèvre sup. bifide. étam. longues, courbées, simples avec une dent.

50. SAUGE.

Cor. ringeuse. étam. des étam. attachées transversalement sur un pédicule.

51. COLLINSONE.

Cor. irrégulière : à lèvre inf. multifide, capillaire. une seule sem. mûre.

52. MORINE.

Cal. double : l'ext. inférieur ; l'int. supérieur, bifide. cor. tubuleuse : à limbe labié. 1. sem. couronnée par le cal. intérieur.

53. ANCISTRE.

Cal. à 4 barbes glo. hidistères au sommet, 4 pétales. sem. recourbée par le calice hispide.

---

40. CIRCÆA.

Cal. 2 phyllus, fururus. cor. 2-petala. caps. infera, hispida, 2-locularis.

41. VERBENA.

Cal. 5-dentatus. cor. infundibulif. subinæqualis curva. flam. didynams. sem. 4. nuda.

42. ZAPANIA.

Cal. subquatridentatus. cor. tub.losa : limbo inæquali 5-lobo. flam. 2 s. 4 sem. 2 nuda.

43. ERANTHEMUM.

Cal. 5-fidus. cor. 5-fide : tubo filiformi. stigma simplex.

44. LYCOPUS.

Cal. 5-fidus. cor. 4-fida : lacinia 1. emarginata. flam. distantia.

45. AMETHYSTEA.

Cal. subcampanulatus. cor. 5-fida : lacinia infima patentiore. flam. approximata.

46. ZIZIPHORA.

Cal. cylindricus, striatus. cor. ringens : labio superiore integro.

47. CUNILA.

Cor. ringens : labio sup. erecto, plano. flam. 2 sterilia; sem. 4.

48. MONARDA.

Cal. cylindricus. cor. bilabiata : labio sup. integro flam. involvente. sem. 4.

49. ROSMARINUS.

Cor. bilabiata : labio sup. bipartito flam. longa, curva; simplicia cum dente.

50. SALVIA.

Cor. ringens. flam. flamineum transversali pedicello affixa.

51. COLLINSONIA.

Cor. inæqualis : labio inferiore multifido, capillari. sem. maturum unicum.

52. MORINA.

Cal. duplex : ext. inferus; int. superne 5 fidus. cor. tubulosa : limbo 2 labiato. sem. 1. calice interiore coronatum.

53. ANCISTRUM.

Cal. 4-aristatus : aristis apice glochidiferis. cor. 4-petala. sem. 1 calyce incrassato inclusa.

54. FONTAINESE.

Cal. à 4 divisions. 2 pet. partagés en deux. caps. comprimée, 2-loculaire.

54. FONTANESIA.

Cal. 4-partitus. pet. 2 bipartita. capsula compressa, 2-locularis.

DIGYNIE.

DIGYNIA.

55. FLOUVE.

Cal. bâle 2-valve, 1-flore. cor. bâle 2-valve, acuminée, à barbe dorsale.

55. ANTHOXANTHUM.

Cal. gluma 2-valvis, 1-flora. cor. gluma 2-valvis acuminata; dorso aristata.

TRIGYNIA

TRIGYNIA.

56. POIVRIER.

Spadix filiforme. cal. à 3 dents ou nul. cor. o. baie supérieure, 1-sperme.

16. PIPER.

Spadix filiformis. cal. 3-dentatus f. o. cor. o. bacca sup. 1-sperma.

ILLUSTRATION DES GENRES.

CLASSE II.

DIANDRIE MONOGYNIE.

16. NICTANTE.

Caract. essent.

CALICE monophylle, entier. Corolle infundibuliforme ; à limbe quinquefide, échancré en ses lobes. Capsule comprimée, biloculaire, disperme.

Caract. nat.

Cal. monophylle, un peu tubuleux, à bord entier.
Cor. infundibuliforme : tube cylindrique, plus long que le calice ; limbe partagé en cinq découpures oblongues, obliques, échancrées au sommet.
Etam. deux filamens très courts ; anthères ovales, enfermées dans le tube de la corolle.
Pist. un ovaire supérieur, arrondi, comprimé sur les côtés. Un seul style ; stigmate....
Péric. capsule presqu'en cœur, comprimée, biloculaire, se partageant en deux, & à loges monospermes.
Sem. solitaires, ovoïdes, planes.

Tableau des espèces.

51. NICTANTE arbre-triste.
Lieu nat. les Indes orientales. ♄

Explication des figures.

Tab. 6. NICTANTE arbre triste (a) Fleur entière. (b) Calice avec deux petites bractées (c) Le même séparé. (d) Capsule entière. (e, f) La même partagée en deux. (g) La même coupée transversalement. (g) Semence vue dans sa loge. (i) Semence coupée dans sa longueur. (l) La même coupée transversalement.

DIANDRIA MONOGYNIA.

16. NYCTANTHES.

Charact. essent.

CALYX monophyllus, integer. corolla infundibuliformis : limbo quinquefido, emarginato. Capsula compressa, bilocularis, disperma.

Charact. nat.

Cal. monophyllus, subtubulosus, margine integro.
Cor. infundibuliformis : tubus cylindricus, calyce longior ; limbus quinquepartitus ; laciniis oblongis, obliquis, apice emarginatis.
Stam. filamenta duo brevissima ; antherae ovatae, tubo inclusae.
Pist. germen superum, subrotundum, depressum. Stylus unicus ; stigma....
Peric. capsula obcordata, compressa, bilocularis, bipartibilis ; loculis monospermis.
Sem. folliaria, obovata, plana.

Conspectus specierum.

51. NYCTANTHES arbor tristis. T. 6.
Scabrits. l. mant. 7. parilium. Gærtn. 1)4.
En India. ♄

Explicatio iconum.

Tab. 6. NYCTANTHES arbor tristis. (a) Flos integer. (b) Calyx cum bracteolis (c) Idem separatus. (d) Capsula integra. (e, f) Eadem bipartita. (g) Eadem transversim. (g) Semen intra loculum. (i) Semen longitudinaliter sectum. (l) Idem transverse sectum. Fig. ex D. Gærtn.

✽ MOGORI.

Caraĉl. essenc.

CALICE à huit divisions. Corolle hypocratériforme, à limbe partagé en huit découpures. Baie souvent didyme, biloculaire, disperme.

Charaĉ. essent.

CALYX octofidus. Corolla hypocrateriformis; limbo octofido. Bacca subdidyma, bilocularis, disperma.

Caraĉl. nat.

Cal. monophy'le, divisé jusqu'à moitié en huit découpures droites, subulées.

Cor. monopétale, hypocratériforme. Tube cylindrique, plus long que le calice; limbe ouvert, partagé en huit découpures.

Etam. deux filamens subulés, attachés au tube: anthères droites, enfermées dans le tube.

Pist. ovaire supérieur, arrondi. Un style simple, de la longueur du tube; deux stigmates droits.

Péric. baie supérieure, arrondie, souvent didyme, biloculaire.

Sem. solitaires, grosses, arrondies.

Charaĉ. nat.

Cal. monophyllus, semi octofidus; laciniis subulatis erectis.

Cor. monopetala, hypocrateriformis. Tubus cylindricus, calyce longior; limbus octopartitus, patens.

Stam. filamenta duo, subulata, tubo inserta: antherz erectz, inclusz.

Pist. germen superum, subrotundum. Stylus simplex, longitudine tubi; stigmata duo erecta.

Péric. bacca supera, subrotunda, saepe didyma, bilocularis.

Sem. solitaria, magna, subrotunda.

Tableau des espèces.

51. MOGORI *sambac*. Diĉl.
Mog. ayant les feuilles inférieures en cœur, obtuses; les supérieures ovales pointues; le tube court.
Lieu nat. l'Arabie, l'Inde. ♄

53. MOGORI *ondulé*. Diĉl.
Mog. à feuilles ovales pointues ondulées; rimes latérales.
Lieu nat. le Malabar. ♄

54. MOGORI *triflore*. Diĉl.
Mog. à feuilles petites ovales: les inférieures obtuses, & les supérieures pointues; rimes trislore.
Lieu nat. l'Inde. ♄

55. MOGORI *acuminé*. Diĉl.
Mog. à feuilles ovales acuminées trinervées, pétioles en vrille, dents callicinales sétacées.
Lieu nat. l'Isle de Java. ♄

56. MOGORI *élancé*. Diĉl.
Mog. à feuilles en cœur élancées pointues, rimes terminales.
Lieu nat. les Indes orientales. ♄

57. MOGORI *à feuilles de mirte*. Diĉl.
Mog. à feuilles presque lancéolées pointues glabres, bases des pétioles persistantes, pédoncules trifides.
Lieu nat. le Cap de Bonne-Espérance. ♄

Conspeĉlus specierum.

52. MOGORIUM *sambac*. Tab. 6. f. 1.
M. foliis inferioribus cordatis obtusis, superioribus ovatis acutis, tubo breviusculo.
Ex Arabia & India. ♄

53. MOGORIUM *undulatum*.
M. foliis ovatis acutis undulatis, cymis lateralibus.
E Malabaria.

54. MOGORIUM *triflorum*. T. 6, f. 2.
M. foliis parvis ovatis: inferioribus obtusis, superioribus acutis, cymis trifloris.
Ex India. ♄

55. MOGORIUM *acuminatum*.
M. foliis ovatis acuminatis trinervibus, petiolis cirrhosis, dentibus calycinis setaceis.
E Java. ♄

56. MOGORIUM *elongatum*.
M. foliis cordatis sublanceolatis acutis; cymis terminalibus.
Ex India orientali. ♄

57. MOGORIUM *myrtifolium*.
M. foliis sublanceolatis acutis levibus; basibus petiolorum persistentibus, pedunculis trifidis.
E Capite Bonae Spei. ♄ Vide n°. 51.

58. MOGORI *trifolié.* Diâ.

M. à feuilles ternées, folioles ovales : les latérales beaucoup plus petites, calice très-court.

Lieu nat. l'Isle de Bourbon.

Explication des fig.

Tab. 6. f. 1. Mogori *fambac.* (a) Rameau garni de feuilles & de fleurs. (b) Corolle coupée dans sa longueur.

fig. 2 Mogori *triflore.* (c) Rameau garni de fleurs. Ces fleurs sont un peu plus petites que dans la figure, & ne sont pas bien représentées. (d) Petit rameau feuillitère.

18. JASMIN.

Caract. essent.

Calice à cinq dents. Corolle hypocratériforme, quinquefide. Etamines dans le tube. Baie supérieure, à une ou deux loges monospermes.

Caract. nat.

Cal. monophylle, court, à peine tubuleux, à cinq dents droites & pointues.
Cor. monopétale, hypocratériforme ; tube plus long que le calice ; limbe partagé en cinq découpures.
Etam. deux filamens, courts, insérés au tube ; anthères oblongues, enfermées dans le tube de la corolle.
Pist. un ovaire supérieur, arrondi ; un style simple ; stigmate bifide.
Péric. une baie ovale, glabre, uniloculaire ou biloculaire, à loges monospermes.
Sem. solitaires, grosses, applaties d'un côté, convexes de l'autre, ayant une tunique propre pulpeuse.

Tableau des espèces.

59. JASMIN *commun.* Diâ. n°. 1.
J. à feuilles opposées, pinnées ; foliole terminale petiolée & fort longue.
Lieu nat. l'Inde. h

60. JASMIN *à grandes fleurs.* Diâ. n°. 2.
J. à feuilles opposées, pinnées ; folioles supérieures confluentes.
Lieu nat. le Malabar. h

61. JASMIN *des açores.* Diâ. n°. 3.
J. à feuilles opposées, & à trois folioles.
Lieu nat. les isles Açores. h

---

153. MOGORIUM *trifoliatum.*

M. foliis ternatis, foliolis ovatis : lateralibus multoties minoribus, calyce brevissimo.

Ex insula Mauritiana. h

Explicatio iconum.

Tab. 6. f. 1. Mogorium *fambac.* (a) Ramulus foliis floresque exhibens. (b) Corolla longitudinaliter sesta.

f. 2. Mogorium *triflorum.* (a) Ramulus floribus onustus (Flores non bene depicti, & icone paulo minores). (b) Ramulus foliifer.

18. JASMINUM.

Charact. essent.

Calyx quinquedentatus. Corolla hypocrateriformis, quinquefida. Stamina intra tubum. Bacca supera, uni f. bilocularis ; loculis monospermis.

Charact. nater.

Cal. monophyllus, brevis, subtubulosus, quinquedentatus ; dentibus erectis acutis.
Cor. monopetala, hypocrateriformis ; tubus calyce longior; limbus quinquepartitus.
Stam. filamenta duo, brevia, tubo inserta ; antheræ oblongæ, intra tubum.
Pist. germen superum, subrotundum ; stylus simplex ; stigma bifidum.
Peric. bacca ovalis, glabra, uni f. bilocularis ; loculis monospermis.
Sem. solitaria, magna, hinc convexa, inde plana, arillo pulposo vestita.

Conspectus specierum.

59. JASMINUM *officinale.* T. 7. f. 1.
J. foliis oppositis pinnatis; foliolo terminali petiolato longissimo.
Ex India. h

60. JASMINUM *grandiflorum.*
J. foliis oppositis pinnatis, foliolis extimis confluentibus. L.
E Malabaria. h

61. JASMINUM *azoricum.*
J. foliis oppositis ternatis. L.
Ex insula Azorica. h

61. JASMIN

62. JASMIN *à feuilles de roîne.* Dict. n°. 4.
J. à feuilles oppofées, fimples, lancéolées, un peu épaiffes.
Lieu nat. le Cap de Bonne-Efpérance. ♄
Peut-être ne differe-t-il pas fuffifamment de notre Mogori à feuilles de mirte, n°. 57, *qui paroît être le* Nyctanthes glaucum *du fuppl. de Linn.*

63. JASMIN *à feuilles de cytife.* Dict. n°. 3.
J. à feuilles alternes, les unes ternées, les autres fimples; rameaux anguleux.
Lieu nat. l'Europe Auftrale. ♄

64. JASMIN *d'Italie.* Dict. n°. 6.
J. à feuilles alternes, ternées & pinnées à cinq folioles; à foliole terminale un peu pointue, rameaux anguleux.
Lieu nat. ..... ♄

65. JASMIN *jonquille.* Dict. n°. 7.
J. à feuilles alternes, obtufes, ternées & pinnées; rameaux cylindriques.
Lieu nat. l'Inde, le Cap de Bonne-Efpérance. ♄

Explication des fig.

Tab. 7. f. 1. JASMIN *commun.* (a) Sommité d'un rameau, montrant les feuilles, & la fleur qui ne doit pas être folitaire. (b) Corolle coupée dans fa longueur.

Fig. 2. JASMIN *à feuilles de cytife.* (a) Fleur entière.
(b) Corolle féparée vue latéralement. (c) Calice, piftil. (e) Piftil féparé (e, f) Baie. (g, h, i) Semences.

19. L I L A S.

Caract. effent.

CALICE à quatre dents. Corolle tubuleufe, quadrifide; capfule comprimée, biloculaire.

Caract. nat.

Cal. monophylle, court, à peine tubuleux, droit, à quatre dents, & qui perfifte.
Cor. monopétale, infundibuliforme. Tube cylindrique, plus long que le calice. Limbe à quatre découpures ovales, concaves, ouvertes.
Etam. deux filamens très-courts. Anthères petites, oblongues, droites, enfermées dans le tube de la corolle.
Pift. un ovaire fupérieur, oblong. Style filiforme; ftigmate bifide, un peu épais.
Péric. une capfule fupérieure, ovale-oblongue, biloculaire, bivalve : à valves naviculaires, ayant leur cavité partagée en deux par la moitié de la cloifon.

Botanique. Tom. I.

62. JASMINUM *liguftrifolium.*
J. foliis oppofitis fimplicibus lanceolatis craffiufculis.
E Caphe Bonæ Spei. ♄ *An feris differt à Mogori myrti folio.* n°. 57. *Vel à* Nyctanthe glauco. Suppl. Linn.

63. JASMINUM *fruticans.* T. 7. f. 2.
J. foliis alternis ternatis fimplicibufque ; ramis angulatis. L.
Ex Europa Auftrali. ♄

64. JASMINUM *humile.*
J. foliis alternis ternatis & quinato-pinnatis, foliolo terminali fubacuto, ramis angulatis.
Loc. nat. ... ♄

65. JASMINUM *odoratiffimum.*
J. foliis alternis obtufis ternatis pinnatifque, ramis teretibus. L.
E Capite Bonæ Spei, India. ♄

Explicatio iconum.

Tab. 7. f. 1. JASMINUM *offi.inale.* (a) Summitas ramuli cum foliis & flore perperam folitario. (b) Corolla longitudinaliter fecta.

Fig. 2. JASMINUM *fruticans.* (a) Flos integer. (b) Corolla feparata, latere vifa. (c) Calyx, piftillum. (d) Piftillum feparatum. (e, f) Bacca. (g, h, i) Semina.
Fig. ex Tournef.

19. L I L A C.

Charact. effent.

CALYX quadridentatus. Corolla tubulofa, quadrifida. Capfula compreffa bilocularis.

Charact. nat.

Cal. monophyllus, brevis, vix tubulatus, erectus, quadridentatus, perfiftens.
Cor. monopetala, infundibuliformis. Tubus cylindricus, calyce longior. Limbus quadripartitus; laciniis ovatis, concavis, patentibus.
Stam. filamenta duo, breviffima. Antheræ parvæ, oblongæ, erectæ, intrà tubum corollæ.
Pift. germen fuperum, oblongum ; ftylus filiformis; ftigma bifidum, craffiufculum.
Peric. capfula fupera, ovato-oblonga, bilocularis, bivalvis : valvulis naviculribus medio femi-feptiferis.

D

Sem. foliaires (ou deux enſemble), oblongues, bordées d'une aile membraneuſe.

Sem. ſubſoliaria, oblonga, membranaceo margine cincta.

Tableau des eſpèces.

Conſpectus ſpecierum.

66. LILAS *commun*. Dict. n°. 1:
L. à feuilles en cœur-ovales; capſules un peu comprimées.
Lieu nat. le Levant, la Perſe. ♄

66. LILAC *vulgaris*. T. 7.
L. foliis cordato-ovatis, capſulis ſubcompreſſis.
E Oriente, Perſia. ♄

67. LILAS *de Perſe*. Dict. n°. 2.
L. à feuilles lancéolées (ſoit entières, ſoit pinnatifides); capſules étroites, preſque tétragones.
Lieu nat. la Perſe. ♄

67. LILAC *Perſica*.
L. foliis lanceolatis (integris vel pinnatifidis); capſulis anguſtis ſubtetragonis.
E Perſia. ♄

68. LILAS *du Japon*. Dict. n°. 3.
L. à feuilles ovales, dentées, les unes ſimples & les autres ternées; à corolles campanulées.
Lieu nat. le Japon. ♄

68. LILAC *Japonica*.
L. foliis ovatis ſerratis ternatiſque, corollis campanulatis. Syringa ſuſpenſa. Thunb. jap.
19.
E Japonia. ♄

Explication des fig.

Explicatio iconum.

Tab. 7. LILAS *commun.* (*a*) Portion de la panicule. (*b*) Fleur entière, ſéparée. (*c*) Corolle vue de côté. (*d*) La même coupée dans ſa longueur. (*e, f*) Calice, piſtil. (*g*) Capſules, les unes fermées & les autres ouvertes. (*h*) Une capſule coupée tranſverſalement. (*i*) Une valve ſéparée. (*l*) Semences. (*m*) Une ſemence coupée tranſverſalement. (*n*) Situation & figure de l'embryon dans la ſemence. (*o*) Embryon ſéparé.

Tab. 7. LILAC *vulgaris.* (*a*) Pars paniculæ. (*b*) Flos integer ſeparatus. (*c*) Corolla latere viſa. (*d*) Eadem longitudinaliter ſecta. (*e, f*) Calyx, piſtillum. (*g*) Capſulæ clauſæ & dehiſcentes. (*h*) Capſula tranſverſim ſecta. (*i*) Valvula ſeparata. (*l*) Semina. (*m*) Semen tranſverſim ſectum. (*n*) Situs & figura embryonis in ſemine. (*o*) Embryo ſeparatus. *Fig. fruct. ex D. Gærtn.*

10. TROENE.   ## 10. LIGUSTRUM.

Caract. eſſent.

CALICE très-petit, à quatre dents. Corolle quadrifide. Baie à quatre ſemences.

Charact. eſſens.

CALIX minimus, quadridentatus. Corolla quadrifida. Bacca tetraſperma.

Caract. nat.

Cal. monophylle, à peine tubuleux, très-petit, ayant ſon bord à quatre dents.
Cor. monopétale, infundibuliforme: tube plus long que le calice, un peu court; limbe ouvert, partagé en quatre découpures ovales.
Etam. deux filamens, filiformes, oppoſés. Anthères droites, ſaillantes hors du tube.
Piſt. un ovaire ſupérieur, arrondi. Style filiforme de la longueur des étamines; ſtigmate un peu épais, bifide.
Péric. une baie ſupérieure, globuleuſe, glabre, uniloculaire, à quatre ſemences.
Sem. convexes d'un côté, & anguleuſes de l'autre.

Charact. nat.

Cal. monophyllus, vix tubulatus, minimus; ore quadridentato.
Cor. monopetala, infundibuliformis: tubus calyce longior, breviuſculus; limbus quadripartitus, patens; laciniis ovatis.
Stam. filamenta duo, oppoſita, filiformia. Antheræ erectæ, extra tubum.
Piſt. germen ſuperum, ſubrotundum. Stylus filiformis longitudine ſtaminum; ſtigma bifidum craſſiuſculum.
Peric. bacca ſupera, globoſa, glabra, unilocularis, tetraſperma.
Sem. hinc convexa, inde angulata.

DIANDRIE MONOGYNIE.

DIANDRIA MONOGYNIA. 47

Tableau des espèces.

Conspectus specierum.

69. TROENE *commun.* Dict.
T. à feuilles lancéolées, pointues.
Lieu nat. l'Europe. ♄

70. TROENE *du Japon.* Dict.
T. à feuilles ovales acuminées.
Lieu nat. le Japon. ♄ *Il ne paroit différer
du précédent que par son feuillage, mais point
par son inflorescence.*

69. LIGUSTRUM *vulgare.* T. 7.
L. foliis lanceolatis, acutis.
Ex Europa. ♄

70. LIGUSTRUM *Japonicum.* Th. Jap. 17.
L. foliis ovatis acuminatis.
Ex Insulis Japonicis. ♄ *Discrimen praecedentis in foliis, a:n autem in inflorescentia,
inquiri debet.*

Explication des fig.

Explicatio Iconum.

Tab. 7. TROENE *commun.* (*a, c*) Fleur de grandeur naturelle. (*b*) Fleur grossie. (*d*) Corolle vue intérieurement. (*e*) Pistil grossi. (*f, g*) Baie. (*i*) Baie coupée en travers. (*h*) Semence. (*i*) Rameau feuillé & chargé de baies.

Tab. 7. LIGUSTRUM *vulgare.* (*a, c*) Flos magnitudine naturali. (*b*) Idem auctus. (*d*) Corolla pollice visa. (*e*) Pistillum amplicatum. (*f, g*) Bacca. (*i*) Bacca transverse secta. (*h*) Semen. (*i*) Ramulus foliosus & baccis onustus.

21. FILARIA.

21. PHILLYREA.

Caract. essent.

Charact. essent.

CALICE très-petit, à quatre dents. Corolle courte, quadrifide. Baie monosperme.

CALYX minimus, quadridentatus. Corolla brevis, quadrifida. Bacca monosperma.

Caract. nat.

Charact. nat.

Cal. monophylle, très petit, à quatre dents, & persistant.
Cor. monopétale, courte, en peu campanulée, quadrifide, à découpures roulées en dehors.
Etam. deux filamens opposés, courts; anthères droites, à peine saillantes.
Pist. un ovaire supérieur, arrondi. Style simple, de la longueur des étamines; stigmate un peu épais.
Péric. une baie supérieure, globuleuse, uniloculaire, monosperme,
Sem. grosse, globuleuse, dure.

Cal. monophyllus, minimus, quadridentatus; persistens.
Cor. monopetala, brevis, subcampanalata, quadrifida; laciniis revolutis.
Stam. filamenta duo, opposita, brevia: antherae erectae, vix exsertae.
Pist. germen superum, subrotundum. Stylus simplex, longitudine staminum; stigma crassiusculum.
Peric. bacca supera, globosa, unilocularis, monosperma.
Sem. globosum, magnum, durum.

Tableau des espèces.

Conspectus specierum.

71. FILARIA *à feuilles larges.* Dict. n° 1.
F. à feuilles ovales, roides; ayant les nervures latérales rameuses.
Lieu nat. l'Europe Australe. ♄ *Il varie
dans la bordure & la largeur de ses feuilles.*

72. FILARIA *à feuilles étroites.* Dict. n°. 2.
F. à feuilles linéaires-lancéolées, ponctuées en-dessous; nervures latérales rares, non rameuses.
Lieu nat. l'Italie, la Provence, l'Espagne. ♄
C'est une espèce entièrement distincte.

71. PHILLYREA *latifolia* T. 8, f. 1.
P. foliis ovatis rigidis; nervis lateralibus ramosis.
Ex Europa Australi. ♄ *Variat limbo &
latitudine foliorum.*

72. PHILLYREA *angustifolia* T. 8. f. 3.
P. foliis lineari lanceolatis subtus punctatis, nervis lateralibus raris, indivisis.

Ex Italia, Galloprovincia, Hispania. ♄
Species constanter distincta.

D ij

Explication des fig.   *Explicatio Iconum.*

Tab. 8. Fig. 1 Fleurs & fruits du FILARIA, d'après *Tournef.*

Fig. 2. FILARIA à *feuilles larges.* Fig. 3. FILARIA à *feuilles étroites.*

Tab. 8. f. 1. PHILLYREA *flores & fructus ex Tournefortio.*

Fig. 2. PHILLYREA *latifolia.* Fig. 3. PHILLYREA *angustifolia.*

22. OLIVIER.   ## 22. OLEA.

Caract. essent.   *Charact. essens.*

CALICE à quatre dents. Corolle quadrifide, à découpures ovales. Drupe à noyau monosperme ou disperme.

CALYX quadridentatus. Corolla quadrifida, laciniis subovatis. Drupa nucleo subdispermo.

Caract. nat.   *Charact. nat.*

Cal. monophylle, petit, caduc, à peine tubuleux, & à quatre dents.

Cor. monopétale, un peu campanulée: tube court; limbe partagé en quatre découpures presqu'ovales.

Etam. deux filamens opposés, subulés, courts. Anthères droites.

Pist. un ovaire supérieur, arrondi; style simple, tres-court; stigmate un peu épais, bifide, à découpures échancrées.

Peric. un drupe ovale, glabre; à noyau biloculaire, disperme, ou par avortement souvent monosperme.

Cal. monophyllus, parvus, vix tubulatus, deciduus, ore quadridentato.

Cor. monopetala, subcampanulata. Tubus brevis. Limbus quadripartitus, laciniis subovatis.

Stam. filamenta duo, opposita, subulata, brevia. Antheræ erectæ.

Pist. germen superum, subrotundum; stylus simplex, brevissimus; stigma crassiusculum, bifidum; laciniis emarginatis.

Peric. drupa subovata, glabra; nucleo biloculari, dispermo, vel abortu sæpè monospermo.

Tableau des espèces.   *Conspectus specierum.*

73. OLIVIER *commun.*
   O. à feuilles lancéolées blanchâtres en dessous; petites grappes latérales
   β. Le même sauvage, à feuilles plus courtes & obtuses.
   Lieu nat. l'Europe Australe, la Barbarie. ♄

73. OLEA *Europæa.* T. 8, f. 1.
   O. foliis lanceolatis subtus subincanis, racemulis lateralibus.
   β. Eadem non culta, foliis brevioribus obtusis.
   Ex Europa Austral, Barbaria. ♄

74. OLIVIER à *feuilles obtuses.* Dict.
   O. à feuilles oblongues-ovales, obtuses, repliées sur les bords; grappes courtes & axillaires.
   Lieu nat. l'Isle de Bourbon. ♄ Cette espèce est tout-à-fait distincte de l'olivier commun par la figure & la largeur de ses feuilles, par ses fleurs plus grandes, &c.

74. OLEA *obtusifolia.*
   O. foliis oblongo-ovalibus obtusis margine replicatis, racemulis brevibus axillaribus.
   En Insula Mauritiana. ♄ Distincta omnino ab olea Europæa, figura & latitudine foliorum, floribus majoribus, &c.

75. OLIVIER *d'Amérique.* Dict.
   O. à feuilles larges-lancéolées très-entières, panicules axillaires; drupes globuleux.
   Lieu nat. la Caroline. ♄ fl. dioïques.

75. OLEA *Americana.*
   O. foliis lato-lanceolatis integerrimis, paniculis axillaribus, drupis globosis.
   E Carolina. ♄ Flores dioici. Walt. 387.

76. OLIVIER *odorant.* Dict.
   O. à feuilles ovales-lancéolées dentées, pédoncules uniflores fasciculés, latéraux.
   Lieu nat. le Japon. ♄

76. OLEA *fragrans* Th.
   O. foliis ovato lanceolatis serratis, pedunculis unifloris aggregatis lateralibus.
   E Japonia. ♄

77. OLIVIER *chryſophylle*. Did.
O. à feuilles étroites-lancéolées, pointues aux deux bouts, dorées & brillantes poſtérieurement ; panicules latérales.
Lieu nat. l'iſle de Bourbon. ♄ *Drupe preſque globuleux, pointu, de la groſſeur d'un poil.*

78. OLIVIER *élancé*. Did.
O. à feuilles linéaires-lancéolées, pointues aux deux bouts : panicule terminale; drupes oblongs & pointus.
Lieu nat. l'iſle de France. ♄

79. OLIVIER *à feuilles de laurier*. Did.
O. à feuilles ovales, oblongues un peu pointues, panicule terminale divergente.

Lieu nat. le Cap de Bonne Eſpérance. ♄
C'eſt peut-être une variété du ſuivant.

80. OLIVIER *du Cap*. Did.
O. à feuilles ovales obtuſes; panicule multiflore, terminale.
Lieu nat. le Cap de Bonne-Eſpérance. ♄

81. OLIVIER *échancré*.
O. à feuilles ovoïdes rétuſes échancrées ; panicule pauciflore, terminale.
Lieu nat. l'iſle de Madagaſcar. ♄ *Arbre de 40 pieds. Drupe preſque de la groſſeur d'une noix, bon à manger.*

Explication des fig.

Tab. 8. f. 1. OLIVIER *commun.* (a) Fleur entière, groſſie. (b) Corolle ſéparée. (c) Calice. (d) Calice fendu latéralement, ouvert, & montrant le piſtil. (e) Piſtil ſéparé. (f) Drupe entière. (g) La même coupée longitudinalement pour faire voir le noyau. (h) Noyau ſéparé. (i) Le même coupé en travers, pour faire voir la partie ſupérieure de la ſemence. (f) Semence. (m) Rameau fructifère.

Tab. 8. f. 2. OLIVIER *l. lancé.* (a) Portion de rameau feuillée & floriſère. (b) Drupe ſéparé.

23. CHIONANTE.

Caract. eſſent.

CALICE à quatre dents. corolle profondément quadrifide, à découpures très-longues. Drupe ayant un noyau ſtrié.

Caract. nat.

Cal. monophylle, court, à quatre dents, droit, perſiſtant.
Cor. monopétale, à peine tubuleuſe à ſa baſe,

77. OLEA *chryſophylla.*
O. foliis anguſto-lanceolatis utrinque acutis ſubtus aureo-nitidis, paniculis lateralibus.
. *Ex* Inſula Mauritiana. ♄ *Com. drupa piſi magnitudine ſubgloboſa, acuta.*

78. OLEA *lancea.*
O. foliis lineari-lanceolatis utrinque acutis, paniculis terminalis; drupis oblongis acutis.
Ex Inſula Franciæ. ♄ *Comm. & Joſ. Martin.*

79. OLEA *laurifolia.*
O. foliis ovato-oblongis ſubacutis, paniculâ terminali divaricata.
Sideroxylon foliis oblongis, &c. Burm. afr. T. 81. f. 1.
E Capite Bonæ Spei. ♄ *l'orée ſequentis varietas.*

80. OLEA *Capenſis.*
O. foliis ovatis obtuſis, paniculâ multiflora terminali.
E Capite Bonæ Spei. ♄

81. OLEA *emarginata* T. 8. f. 2.
O. foliis obovatis retuſis emarginatis, paniculâ paucifloria terminali.
Ex Inſula Madagaſcaria. ♄ *Joſ. Martin. arbor 40-pedalis. Drupa fere nucis juglandis magnitudine, edulis.*

Explicatio iconum.

Tab. 8. f. 1. OLEA *europæa.* (a) Flos integer auctus. (b) Corolla ſeparata. (c) Calyx. (d) Idem latere fiſtulo apertus, piſtillum exhibens. (e) Piſtillum ſeparatum. (f) Drupa integra. (g) Eadem longitudinaliter ſecta ut nucleus appareat. (h) Nucleus ſolutus. (i) Idem transverſe ſectus partem ſuperiorem ſeminis oſtendens. (f) Semen. (m) Ramulus fructiferus. *Fig. ex Tourneſ.*

Tab. 8 f. 2. OLEA *emarginata.* (a) Pars ramuli folioſa & floriſera. (b) Drupa ſeparata.

23. CHIONANTHUS.

Charact. eſſent.

CALYX quadridentatus. Corolla profunde quadrifida, laciniis longiſſimis. Drupa nucleo ſtriato.

Charact. nat.

Cal. monophyllus, brevis, quadridentatus ; erectus, perſiſtens,
Cor. monopetala, vix baſi tubuloſa, profunde

profondément quadrifide : à découpures linéaires , étroites, fort longues.
Etam. deux filamens (quelquefois trois) très-
courts , attachés au tube ; anthères droites,
presqu'en cœur.
Pist. un ovaire supérieur , ovale ; un style simple , court ; stigmate obtus & trifide.
Peric. drupe ovoïde : à noyau sillonné par des
stries saillantes , uniloculaire , monosperme.

quadrifida : lacinüs linearibus angustis longissimis.
Stam filamenta duo (interdùm tria) brevissima
tubo inserta; antheræ subcurdatæ , erectæ.

Pist. germen superum ovatum ; stylus unicus,
brevis ; stigma obtusum trifidum.
Peric. drupa obovata ; nucleo striis elevatis sulcato, uniloculari , monospermo.

Tableau des espèces.

82. CHIONANTE de Virginie. Dict. nᵒ. 1.
C. à feuilles ovales - lancéolées , un peu
pubescentes en dessous; drupes globuleux.
Lieu nat. l'Amérique septentrionale.

83. CHIONANTE de Ceylan. Dic. nᵒ. 2.
C. à feuilles ovales velues en dessous; dru-
pes ovoïdes.
Lieu nat. l'île de Ceylan.

84. CHIONANTE pourpré. Dict. suppl.
C. à feuilles elliptiques , très-glabres, veineuses ; fleurs penchées , purpurines.

Lieu nat. l'île de Ceylan.

85. CHIONANTE de Saint-Domingue Di. sup.
C. à feuilles ovales, glabres des deux côtés ; panicule terminale , presqu'en cîme ;
calices glabres.
Li u nat. l'île de Saint-Domingue. ♄

86. CHIONANTE des Antilles. Dict. suppl.
C. à feuilles glabres de deux côtés , très-
acuminées ; calices velus.

Lieu nat. la Martinique. ♄

87. CHIONANTE anguleux. Dict. suppl.
C. à drupe ovale , anguleux , aminci en
pointe aux deux bouts.
Lieu nat. l'île de Ceylan.

Conspectus specierum.

81. CHIONANTHUS Virginica. T. 9. f. 1.
C. foliis ovato-lanceolatis subtus subpubes-
centibus , drupis globosis.
Ex America septentrionali. ♄

83. CHIONANTHUS Zeylanica. T. 9. f. 2.
C. foliis ovatis subtus villosis , drupis obo-
vatis.
Ex Zeylona. ♄

84. CHIONANTHUS purpurea.
C. foliis ellipticis glaberrimis venosis , flo-
ribus purpureis nutantibus.
Thoninia nutans. L. f. Suppl. 99.
Ex Zeylona. ♄

85. CHIONANTHUS. Domingensis.
C. foliis ovatis utrinque glabris , panicula
terminali subcymosa , calycibus lævibus.

Ex insula Domingi. ♄ Jos. Martin.

86. CHIONANTHUS Caribæa. Jacq.
C. foliis utrinque glabris longè acuminatis ;
calycibus ciliatis. Jacq. collect. vol. 2. p. 110.
t. 6. f. 1.
Ex Insula Martinica. ♄ Ch. compacta Swartzf

87. CHIONANTHUS ghari. T. 9. f. 3.
C. drupa ovata , utrinque attenuata, sulcato-
angulata.
Ex Zeylona. Garm. p. 190.

Explication des fig.

Tab. 9. f. 1. CHIONANTE de Virginie. (a) Fleur.
(b) Corolle. (c) Calice. (d) Calice & pistil. (e) Étamine. (f) Rameau fleuri.
Tab. 9. f. 2. CHIONANTE de Ceylan. (a) Rameau
fleuri. (b) Drupe entier. (c) Noyau à découvert medi-
de moitié. (d , e) Drupe coupé en travers & en longueur. (f) Semence dépouillée de son écorce. (g) La
même coupée transversalement.
Tab. 9. f. 3. CHIONANTE anguleux. (a , b) Drupe
entier. (c , d) Drupe coupé en travers & longitudinalement. (e) Noyau coupé en travers.

Explicatio iconum.

Tab. 9. f. 1. CHIONANTHUS Virginica. (a) Flos.
(b) Corolla. (c) Calyx. (d) Calyx & pistillum. (e) Stamen. (f) Ramulus florifer. Fl. ex Dukam.
Tab. 9. f. 2. CHIONANTHUS Zeylanica. (a) Ramulus florifer. (b) Drupa integra. (c) Nucleus ultra medium denudatus. (d , e) Drupa sectio transversalis
atque longitudinalis. (f) Semen decorticatum. (g) Idem
transverse sectum.
Tab. 9. f. 3. CHIONANTHUS ghari. (a , b) Drupa
integra. (c , d) Eadem transverse atque longitudinaliter
secta. (e) Nucleus horizontaliter sectus. Fl. ex D. Garm.

24. PIMELÉE.   ## 24. PIMELEA.

Caract. essent.

CALICE nul. Corolle tubuleuse, quadrifide.
Deux étamines à l'orifice de la corolle. Noix
supérieure, velue, monosperme.

Charact. essent.

CALYX nullus. Corolla tubulosa, quadrifida. Stamina duo, in fauce corollæ. Nux supera, villosa, monosperma.

Caract. nat.

Cal. nul (à moins qu'on ne prenne la corolle
pour calice).
Cor. monopétale, infundibuliforme. Tube cylindrique, un peu ventru. Limbe plus court
que le tube, partagé en quatre découpures
ovales oblongues, égales.
Etam. deux filamens, attachés à l'orifice de la
corolle, filiformes, presque de la longueur
du limbe. Anthères ovales.
Pist. un ovaire supérieur, ovale. Un style filiforme, de la longueur du tube. Stigmate un
peu globuleux.
Péric. noix supérieure, petite, ovale, velue,
coriacée, uniloculaire, monosperme.
Sem. une seule, ovale, glabre.

Charact. nat.

Cal. nullus (nisi corollam velis).
Cor. monopetala, infundibuliformis. Tubus cylindricus, subventricosus. Limbus tubo brevior, quadripartitus, lacinis ovato-oblongis æqualibus.
Stam. filamenta duo, fauci corollæ inserta, filiformi, fere longitudine limbi. Antheræ ovatæ.
Pist. germen superum, ovatum. Sylus filiformis, longitudine tubi. Stigma subglobosum.
Peric. nux supera, ovata, parva, villosa, coriacea, unilocularis, monosperma.
Sem. unicum, ovatum, glabrum.

Tableau des espèces.

Conspectus specierum.

88. PIMELÉE couchée. Dict.
Pimelée à feuilles ovales, charnues.

Lieu nat. la Nouvelle Zélande.

88. PIMELEA prostrata. T. 9, f. 1.
P. foliis ovatis carnosis.
P. Gærn. p. 186.
E Nova Zelandia.

89. PIMELÉE velue.
P. velue, à feuilles linéaires obtuses.
Lieu nat. la Nouvelle Zélande.

89. PIMELEA pilosa.
P. pilosa, foliis linearibus obtusis.
E Nova Ze-andia.

90. PIMELÉE Gnidienne.
P. très-glabre, à feuilles lancéolées aiguës.
Lieu nat. la Nouvelle Zélande.

90. PIMELEA Gnidia.
P. glaberrima, foliis lanceolatis acutis.
E Nova Zelandia.

Explication des fig.

Tab. 9. f. 1. PIMELÉE couchée. (*a*) Corolle de grandeur naturelle. (*b*) La même coupée dans sa longueur.
(*c*, *d*) Etamines. (*e*) Pistil. (*f*, *g*) Fruit. (G) Fruits
sessiles, ramassés dans les aisselles & aux extrémités
des rameaux. (*h*, *i*) Corolle enveloppant le fruit.
(*l*) Partie fruit à découvert. (*m*, *n*) Coupe du fruit
coupée longitudinalement & transversalement. (*o*, *p*)
Section transversale & longitudinale de la semence.

Tab. 9. f. 2. Autre espèce de PIMELÉE. (*a*, *a*) Corolle de grandeur naturelle, & grossie. (*b*) La même
grossie & coupée dans sa longueur. (*c*) Etamine.

Explicatio Iconum.

Tab. 9. f. 1. PIMELIA prostrata. (*a*) Corolla magnitudine naturali. (*b*) Eadem longitudinaliter dissecta.
(*c*, *d*) Stamen. (*e*) Pistillum. (*f*, *g*) Fructus. *fig. in Fort.* (G) Fructus in ramulorum axillis & extremitatibus aggregati, sessiles. (*h*, *i*) Corolla fructum vestiens.
(*l*) Nucula denudata. (*m*, *n*) Putamen nuculæ transverse & longitudinaliter sectum. (*o*, *p*) Seminis sectio transversalis & longitudinalis.

Tab. 9. f. 2. PIMELEA altera species. (*a*, *a*) Corolla magnitudine naturali & aucta. (*b*) Eadem dissecta & aucta. (*c*) Stamen. *Fig. ex Fort.*

25. DIALI.   ## 25. DIALIUM.

Caract. essent.

CALICE nul. Cinq pétales. Etamines situées au
côté supérieur du réceptacle.

Charact. essent.

CALYX nullus. Corolla pentapetala. Stamina ad latus superius receptaculi.

Caract. nat.

Cal. nul.

Cor. cinq pétales elliptiques, obtus, sessiles, égaux, & caducs.

Etam. deux filamens, coniques, très-courts, situés au côté supérieur du réceptacle. Anthères oblongues, obtuses, comme doubles.

Pist. un ovaire supérieur, ovale. Un style subulé, incliné, de la longueur des étamines. Stigmate simple, montant vers le sommet des anthères.

Péric. gousse....

Sem. ....

Tableau des espèces.

91. DIALI des Indes. Dict. p. 275.
    Lieu nat. les Indes orientales. ♄

16. AROUNIER.

Caract. essent.

CALICE à cinq découpures. Corolle nulle. Etamines attachées au réceptacle. Capsule supérieure, uniloculaire, pulpeuse intérieurement, submonosperme.

Caract. nat.

Cal. monophylle, petit, partagé en cinq découpures réfléchies, pointues.

Cor. nulle.

Etam. deux filamens droits, attachés au réceptacle. Anthères arrondies.

Pist. un ovaire supérieur, conique, porté sur un réceptacle charnu. Un style sétacé, courbé. Stigmate obtus.

Péric. une capsule ovale, un peu comprimée, marquée d'un sillon d'un côté; uniloculaire, pulpeuse intérieurement.

Sem. deux ou une seule, enveloppées de pulpe.

Tableau des espèces.

92. AROUNIER de la Guiane. Dict. p. 271.
    Lieu nat. les bois de la Guiane. ♄

Explication des figures.

Tab. 10. AROUNIER de la Guiane. (a) Portion de rameau & de la panicule. (b) Fleur entière. (c) Fleur formée ou en bouton. (d) Réceptacle, étamines, pistil. (e) Étamine séparée. (f) Capsule (gousse) entière. (g) Capsule coupée en travers. (h) Semence séparée.

Charact. nat.

Cal. nul.

Cor. petala quinque elliptica, obtusa, sessilia, æqualia, decidua.

Stam. filamenta duo, conica, breviſſima, sita ad receptaculi latus superius. Antheræ oblongæ, obtusæ, quasi ex duabus coalitæ.

Pist. germen superum, ovatum. Stylus subulatus, declinatus, longitudine staminum. Stigma simplex, adscendens versus apicem antherarum.

Peric. legumen....

Sem. ....

Conspectus specierum.

91. DIALIUM indum.
    Ex Indiis orientalibus ♄

16. ARUNA.

Charact. essent.

CALYX quinquepartitus. Corolla nulla. Stamina receptaculo inserta. Capsula supera, unilocularis, intus pulposa, submonosperma.

Charact. nat.

Cal. monophyllus, quinquepartitus, parvus; reflexus; laciniis acutis.

Cor. nulla.

Stam. filamenta duo erecta receptaculo inserta. Antheræ subrotundæ.

Pist. germen superum, conicum, receptaculo carnoso insidens. Stylus setaceus incurvus. Stigma obtusum.

Peric. capsula ovata, subcompressa, hinc sulcata, unilocularis, intus pulposa.

Sem. duo vel unum, pulpa obvoluta.

Conspectus specierum.

92. ARUNA Guianensis. T. 10.
    E Guianæ sylvis. ♄

Explicatio iconum.

Tab. 10. ARUNA Guianensis. (a) Pars ramuli & paniculæ. (b) Flos integer. (c) Flos nondum expansus. (d) Receptaculum, stamina, pistillum. (e) Stamen separatum. (f) Capsula (legumen) integra. (g) Capsula transversè secta. (h) Semen segregatum. Fig. ex auct.

87. RAPUTIER.

27. RAPUTIER.　　　27. RAPUTIA.

Caract. essent.　　　*Charact. essent.*

CALICE quinquefide, court. Corolle tubuleuse, quinquefide, irrégulière. Trois étamines stériles. Cinq capsules réunies.

CALEX quinquefidus, brevis. Corolla tubulosa; quinquefida, inæqualis. Stamina tria sterilia. Capsulæ quinque coalitæ.

Caract. nat.　　　*Charact. nat.*

Cal. monophylle, court, quinquefide: à découpures ovales, pointues.

Cor. monopétale, tubuleuse, courbée: à limbe droit, quinquefide, irrégulier, presque labié.

Etam. cinq filamens, dont trois inférieures stériles, velus; deux supérieurs fertiles, ayant chacun à côté à leur base, Anthères oblong.

Pist. un ovaire supérieur, arrondi, pentagone, situé sur un réceptacle charnu. Un style filiforme, de la longueur de la corolle; stigmate un peu épais, à trois lobes.

Péric. cinq capsules réunies, arrondies, anguleuses, uniloculaires, s'ouvrant par leur côté intérieur en deux valves.

Sem. une seule, ovale, verte, aromatique.

Cal. monophyllus, brevis, quinquefidus: laciniis ovalis acutis.

Cor. monopetala, tubulosa, incurva: limbo erecto, quinquefido, inæquali, subbilabiato.

Stam. filamenta quinque, quorum tria inferiora, sterilia, villosa; superiora duo sterilia, basi bisquamosa. Antheræ oblongæ.

Pist. germen superum, subrotundum, pentagonum, receptaculo carnoso impositum; stylus filiformis; longitudine corollæ; stigma crassiusculum, subtrilobum.

Peric. capsulæ quinque, coalitæ, subrotundæ, angulatæ, uniloculares, intus bivalves.

Sem. unicum, ovatum, viride, aromaticum.

Tableau des espèces.　　　*Conspectus specierum.*

57. RAPUTIER aromatique. Dict.　57. RAPUTIA aromatica. T. 10.
Lieu nat. les forêts de la Guiane.　　Ê Guianæ sylvis.

Explication des fig.　　　*Explicatio iconum.*

Tab. 10. RAPUTIER aromatique. (a) Branche tronquée à sa base & au sommet, montrant la situation des rameaux & des épis. (b) Feuille séparée. (f) Fleur entière. (d) Corolle ouverte. (e) Etamines. (f) Calice & pistil. (g) Epi de fleurs. (g) Capsule déhiscente; semence. (h) Les deux lobes de la semence.

Tab. 10. RAPUTIA aromatica. (a) Ramus basi apiceque truncatus, situm ramulorum spicarumque exhibens. (b) Folium separatum. (f) Flos integer. (c) Corolla aperta. (d) Stamen. (e) Calyx, pistillum. (g) Spica fructuum. (g) Capsula I. ccrrs; semen. (h) Duo cotyledones amygdalæ. Fig. ea auct.

28. GALIPIER.　　　28. GALIPEA.

Caract. essent.　　　*Charact. essent.*

CALICE tubuleux, à 4 ou 5 dents. Corolle à 4 ou 5 découpures un peu inégales, ovaire subpentagone.

CALYX tubulosus, 4 l. 5 dentatus. Corolla 4 l. 5 fida subæqualis. Stamina duo sterilia. Germen subpentagonum.

Caract. nat.　　　*Charact. nat.*

Cal. monoph. tubuleux, anguleux, à 4 ou 5 dents.

Cor. monopétale, presqu'infundibuliforme, à 4 ou 5 découpures oblongues, pointues, un peu inégales.

Etam. 4 filamens attachés au tube de la corolle; deux plus courts, & stériles; 2 fertiles & plus longs. Anthères oblongues.

Pist. ovaire supérieur, arrondi, à 4 ou 5 côtes, 1 style simple, filiforme, stigmate à 4 sillons.

Péric. ....

Sem. ....

Cal. monophyllus, tubulosus, angul., 4 l. 5 dent.

Cor. monopetala, subinfundibuliformis, quadri l. quinquefida: laciniis oblongis acutis inæqualibus.

Stam. filamenta quatuor, tubo corollæ inserta; duo breviora, sterilia; duo longiora, fertilia. Antheræ oblongæ.

Pist. germen superum, subrotundum, tetra l. pentagonum. Stylus simp. fili. Stigma 4 sulcum.

Peric. ....

Sem. ....

Tableau des espèces.

94. GALIPIER à trois feuilles. Dict. p. 602.
L en nat. la Guiane. ♄

Explication des fig.

T.b. 10. Galipier à trois feuilles. (a) Rameau
garni de feuilles & de fleurs. (b) Fleur entière. (c) Fleur
ouverte. (d) Calice ouvert, pistil. (e) Pistil séparé.
(f, g) Bouton de fleur.

29. CYRTANDRE.

Caract. essent.

Calice 5-fide. Corolle irrégulière, à 5 lobes. 2
étamines stériles. Baie biloculaire, polysperme.

Caract. nat.

Cal. monophylle, quinquefide : à découpures
oblongues, pointues, inégales.
Cor. monopétale, irrégulière. Tube plus long
que le calice, courbé, dilaté à son orifice.
Limbe part. en cinq déc. arrondies, inégales.
Etam. 4 filamens, attachés au tube de la corolle;
2 inférieurs stériles; 2 supérieurs en spirale,
courbés, & fertiles. Anthères ovales, compri.
Pist. un ovaire supérieur, conique : style un peu
droit, de la longueur du tube; stigmate en
massue, à deux lames.
Péric. baie oblongue, biloculaire, polysperme.
Sem. nombreuses, très-petites, attachées à une
cloison épaisse, convexe de chaque côté, &
disposées en lignes arquées qui se courbent
en-dedans.

Tableau des espèces.

95. CYRTANDRE à deux fleurs. Dict. n°. 1.
C. à pédoncules biflores, à feuilles ovales,
très-entières.
Lieu nat. l'isle de d'Otahiti.

96. CYRTANDRE à bouquets. Dict. h°. 2.
C. à pédoncules en cime; feuilles ovales,
crénelées.
Lieu nat. Tanna.

Explication des fig.

Tab. 11. Cyrtandre... (a) Fleur de grandeur
naturelle. (b) Corolle. (c) Corolle fendue dans sa longueur, montrant les étamines. (d) Pistil. (e) Baie.
(f) Baie coupée en travers. (g) Semences.

Obs. Ce genre a des rapports avec les besléries;
mais il en diffère par les deux étamines stériles
de ses fleurs.

Conspectus specierum.

94. GALIPEA trifoliata. T. 10.
E Guiana. ♄

— *Explicatio iconum.*

Tab. 10. Galipea trifoliata. (a) Ramulus foliis
florribusque onustus. (b) Flos integer. (c) Flos apertus.
(d) Calyx apertus; pistillum. (e) Pistillum separatum.
(f, g) Gemma floris. Fig. ex Aubl.

29. CYRTANDRA.

Charact. essent.

Calyx 5-fidus. Corolla irregul., 5-loba. Stamina
duo sterilia. Bacca bilocularis, polysperma.

Charact. nat.

Cal. monophyllus, quinquefidus : laciniis oblongis acutis inæqualibus.
Cor. monopétala, irregularis. Tubus calyce longior, inflexus, ad faucem ampliatus. Limbus
5-lobus; laciniis rotundatis, inæqualibus.
Stam. filamenta quatuor, tubo corollæ inserta:
2 inf., sterilia; duo superiora spiralia, flexa,
fertilia. Antheræ ovatæ, compressæ.
Pist. germen superum, conicum. Stylus rectius-
culus, longitudine tubi; stigma clavatum,
bilamellatum.
Peric. bacca oblonga, bilocularis, polysperma.
Sem. plurima, minima, dissepimento carnoso
utrinque convexo affixa, & in seriebus utrinque convoluto arcuatis disposita.

Conspectus specierum.

95. CYRTANDRA biflora.
C. pedunculis bifloris, foliis ovatis inte-
gerrimis.
Ex insula Taheiti.

96. CYRTANDRA cymosa.
C. pedunculis cymosis; foliis ovatis crenatis.

E Tanna. F.

Explicatio iconum.

Tab. 11. Cyrtandra.... (a) Flos magnitudine
naturali. (b) Corolla. (c) Eadem dissecta, ostendens
stamina. (d) Pistillum. (e) Bacca. (f) Eadem transversè
secta. (g) Semina. Fig. ex Forst.

Obs. Genus besleriis affine; sed differt staminibus duobus sterilibus.

30. VOCHY.

Caract. essent.

CALICE court, à 4 lobes. 4 pétales irréguliers : le supérieur corniculé à sa base. Filament membraneux, portant deux anthères.

Caract. nat.

Cal. monophylle, court, profondément quadrifide : à découpures arrondies, inégales.

Cor. 4 pétales irréguliers, attachés au calice : un supérieur, droit, presque cunéiforme, concave, échancré, se terminant postérieurement, à sa base, en un éperon long & courbé; un inférieur, plus grand, ovoïde, arrondi, concave; & deux latéraux, plus petits, oblongs, un peu connivens.

Etam. un filament oblong, membraneux, pétaliforme, creusé en capuchon à son sommet, attaché au fond du calice sous l'ovaire, & abaissé sur le pétale inférieur. Deux anthères linéaires, parallèles, & adnées. (appliquées) au filament, dans la cavité de son sommet.

Pist. un ovaire supérieur, ovale, à trois sillons; style filiforme, recourbé, serré contre le pétale supérieur. Stigmate convexe d'un côté, applati de l'autre.

Péric. ... fruit à trois loges polyspermes.

Sem. ... nombreuses.

Tableau des espèces.

97. VOCHY de la Guiane. D'&. *Linn nat.* les forêts de la Guiane. ħ

Explication des fig.

Tab. 11. VOCHY de la Guiane. (*a*) Sommité d'un rameau, terminée par une grappe de fleurs. (*b*) Fleur ouverte (*c*) Corolle vue du côté. (*d*) Pétales intérieurs & latéraux. (*e*) Etamines. (*f*, *g*) Globes de pétale supérieur. (*h*) Calice ouvert, pétale supérieur, pistil. (*i*) Bouton de fleur. (*l*) Calice, pistil. (*m*) Calice réduit sa position naturelle. (*n*) Ovaire coupé en travers.

31. CARMANTINE.

Caract. essent.

CALICE quinquefide. Corolle labiée. Loges des anthères un peu séparées. Capsule biloculaire, bivalve, s'ouvrant avec élasticité.

Caract. nat.

Cal. monophylle, petit, droit, à cinq divisions pointues.

---

30. VOCHISIA.

Charact. essent.

CALYX quadripartitus, brevis. Petala quatuor; inaequalia : superius basi corniculatum. Filamentum membranaceum diandrum.

Charact. nat.

Cal. monophyllus, brevis, profundè quadripartitus : laciniis subrotundis inaequalibus.

Cor. petala quatuor, inaequalia, calyci inserta : superius erectum, subcuneiforme, concavum, emarginatum, basi & postice definens in corniculum longum incurvum; inferius majus, obovatum, rotundatum, concavum; duo lateralia minora, oblonga, subconniventia.

Stam. filamentum unicum, oblongum, membranaceum, petaliforme, apice concavum, fundo calycis infra germen insertum, petalo inferiori incumbens : antherae duae, lineares, parallelae, filamento infra cavitatem cucullatam adnatae.

Pist. germen superum, ovatum, trisulcum. Stylus filiformis, recurvus, petalum superius premens. Stigma hinc convexum, indè complanatum.

Peric. ... fructus triloculatis, polyspermus.

Sem. ... plurima.

Conspectus specierum.

97. VOCHISIA Guianensis. T. 11. E sylvis Guian x. b

Explicatio tabum.

Tab. 11. VOCHISIA Guianensis. (*a*) Summitas ramuli racemo floribus terminata. (*b*) Flos expansus. (*c*) Corolla obliquè visa. (*d*) Petala inferiora & lateralia. (*e*) Stamina. (*f*, *g*) Calyx & petalum superius. (*h*) Calyx apertus, petala superius, pistillum. (*i*) Flos nondum expansus. (*l*) Calyx, pistillum. (*m*) Calyx naturalis. (*n*) Germen transversè sectum. Fig. 11 Aubl.

31. JUSTICIA.

Charact. essent.

CALYX quinquepartitus. Corolla ringens. Loculi antherarum sub.separati. Capsula bilocularis, bivalvis, elasticè dehiscens.

Charact. nat.

Cal. monophyllus, parvus, erectus, quinquepartitus, acutus.

E ij

Cor. monopétale, ringente. Tube renflé. Limbe bilabié : lèvre supérieure obl ongue, échancrée ; lèvre inférieure réfléchie . trifide.

Stam. deux filamens fubulés, cachés fous la lèvre fupérieure de la corolle : anthères droites, à loges féparées, furtont à leur bafe.

Pift. un ovaire fupérieur turbiné. Style filiforme, de la longueur des étam. Stig. fimple.

Peric. capfule oblongue, amincie vers fa bafe, biloculaire , bivalve, s'ouvr :nt avec élafticité : ayant la cloifon oppof e & adhérente aux valves, & les réceptacles propres des femences en forme de crochets.

Sem. en petit nombre, arrondies, un peu comp.

Cor. monopetala , ringens. Tubus gibbus. Limb. bilabiatus : labium fuperius oblongum, emarginatum ; labium inferius reflexum, trifidum.

Stam. filamenta duo , fubulata , fub labio fuperiore recondita. Antheræ erectæ, loculis bafi præfertim difcretis.

Pift. germen fuperum , turbinatum. Stylus filiformis, longitudine flaminum. Stigma fimplex.

Peric. capfula oblonga, bafi attenuata, bilocularis , bivalvis , elaflicè dehifcens ; diffepimento valvis oppofito ; receptaculis propriis feminum uncinatis.

Sem. pauca , fubrotunda , compreffiufcula.

Tableau des efpeces.

** * Les ligneufes.**

98. CARMANTINE *en arbre.* Dict. n°. 1.
   C. en arbre, à feuilles lancéolées-ovales, bradtées ovales perfiftantes, lèvre fupérieure des corolles concave.
   Lieu nat. l'ifle de Ceylan. ♄

99. CARMANTINE *à crochet.* Dict. no. 2.
   C. frutiquenfe ; à feuilles lancéolées-ovales; épis tétragones, embriqués de bradtées ovales ciliées ; lèvre fupérieure des corolles recourbée.
   Lieu nat. l'Inde , Ceylan. ♄ *Ella varie à feuilles & bradtées obtufes.*

100. CARMANTINE *ftrobilifere.* Dict. Suppl.
   C. frutiqueufe , à feuilles ovales-lancéolées ; épis ternés, terminaux , ftrobiliformes ; bractées glabres , pliées en deux.
   Lieu nat. l'ifle de Madagafcar. ♄

101. CARMANTINE *rouge.*
   C. à feuilles ovales, acuminées; fleurs grandes & en épi , lèvre fupér. des corolles entière.
   Lieu nat. l'ifle de Cayenne. ♄

102. CARMANTINE *élégante.*
   C. frutiqueufe ; à feuilles ovales acuminées; épis ferrés tétragones ; lèvre fupérieure des corolles bifide.
   Lieu nat. l'Amérique méridionale. ♄

103. CARMANTINE *infundibuliforme.* Di.n°. 3.
   C. frutiqueufe , à feuilles lancéolées-ovales quaterinées ; bradtées lancéolées ciliées.
   Lieu nat. l'Inde. ♄

104. CARMANTINE *à fleurs courtes.* Dict. n°. 4.
   C. frutiqueufe , à feuilles lancéolées ovales; bradt. esovales, pointues, colorées, veineufes.
   Lieu nat. l'Inde. ♄

Confpectus fpecierum.

** ** Fruticofa.**

98. JUSTICIA *adhatoda.* T. 12. f. 1.
   J. arborea, foliis lanceolato-ovatis, bracteis ovatis perfiftentibus, corollarum galea concava. L.
   Ex Zeylona. ♄

99. JUSTICIA *ecbolium.*
   J. fruticofa, foliis lanceolato-ovatis, fpicis tetragonis, bracteis ovatis ciliatis , corollarum galea reflexa. L.
   ca India , Zeylona. ♄ *Variat foliis bracteisque obtufis.*

100. JUSTICIA *ftrobilifera.*
   J. fruticofa, foliis ovato-lanceolatis, fpicis ternis terminalibus ftrobiliformibus , bradteis nudis complicatis.
   Ex Madagafcaria. ♄ *Jof. Martin. offi. præced.*

101. JUSTICIA *coccinea.*
   J. foliis ovatis acuminatis , floribus amplis fpicatis , corollarum labio fuperiore integro.
   Ex Infula Cayennæ. *dub* T. 3.

102. JUSTICIA *pulcherrima.* Jacq.
   J. fruticofa, foliis ovatis acuminatis, fpicis denfis tetragonis , corollarum labio fuperiori bifido.
   Ex America meridionali. ♄ *Flores certe retrandri fecundum.* D. Richard.

103. JUSTICIA *infundibuliformis.*
   J. fruticofa, foliis lanceolato-ovatis quaternis, bradteis lanceolatis ciliatis. L.
   Ex India. ♄

104. JUSTICIA *betonica.*
   J. fruticofa, foliis lanceolato-ovatis, bracteis ovatis acutis venofo-reticulatis corollatis. L.
   Ex India. ♄

105. CARMANTINE *scorpioide.* Dict. n°. 5.
C. frutiqueuse à feuilles lancéolées ovales
velues sessiles, épis recourbés.
Lieu nat. la Vera-Crux. ♄

106. CARMANTINE *tachée.* Dict. n°. 6.
C. frutiqueuse, à feuilles lancéolées ovales
tachées, corolles renflées à leur orifice.
Lieu nat. les Indes orientales. ♄

107. CARMANTINE *foliiforme.* Dict. n°. 7.
C. frutiqueuse, à feuilles lancéolées alon-
gées, épis terminaux presque nuds.
Lieu nat. les Indes orientales.

108. CARMANTINE *luisante.* Dict. Suppl.
C. frutiqueuse, à feuilles ovales-lancéolées,
acuminées; grappes spiciformes, nues; bractées très-petites.
Lieu nat. les Antilles. ♄

109. CARMANTINE *panachée.* Dict. n°. 18.
C. frutiqueuse, à feuilles ovales pointues;
fleurs panachées disposées en épi lâche.
Lieu nat. les forêts de la Guiane. ♄

110. CARMANTINE *épineuse.* Dict. n°. 9.
C. frutiqueuse, à feuilles ovales, épines
axillaires, ouvertes, de la longueur des feuilles; pédoncules uniflores, latéraux.
Lieu nat. l'île de S. Domingue. ♄

111. CARMANTINE *microphylle.* Dict. Suppl.
C. frutiqueuse, à feuilles ovoïdes, coria-
ces; épines axillaires très-courtes, pédoncules
uniflores, latéraux.
Lieu nat. les Antilles. ♄ *Rameaux velus.*
Feuilles fasciculées.

112. CARMANTINE *hérissonne.* Dict. Suppl.
C. frutiqueuse, à épines axillaires quaternées, feuilles ovales sinuées dentées, fleurs
latérales sessiles.
Lieu nat. l'île de S. Domingue. ♄

113. CARMANTINE *du Tranquebar.* Dict. Sup.
C. frutiqueuse, à tige cylindrique, feuilles
orbiculées, épis terminaux, ayant des fleurs
solitaires & des bractées obcordées.
Lieu nat. le Tranquebar. ♄
Obs. Notre *Carmantine à petites feuilles*, n°.
10, est un Ruellia.

114. CARMANTINE *vieroïde.* Dict. n°. 11.
C. frutiqueuse, à feuilles ovales glabres,
pédoncules presqu'uniflores; limbe des corolles plane, à cinq divisions.

105. JUSTICIA *scorpioides.*
J. fruticosa, foliis lanceolato-ovatis hirsutis
sessilibus, spicis recurvatis. L.
E Vera Cruce. ♄ *Houst. Rd.* T. 1.

106. JUSTICIA *picta.*
J. fruticosa, foliis lanceolato-ovatis pictis;
corollis fauce inflatis. L.
Ex Indiis orientalibus. ♄

107. JUSTICIA *gendarussa.*
J. fruticosa, foliis lanceolatis elongatis,
spicis terminalibus subnudis.
Ex Indiis orientalibus.

108. JUSTICIA *nitida.* Jacq.
J. fruticosa, foliis ovato-lanceolatis acumi-
natis, racemis spiciformibus subnudis, brac-
teis minimis.
Ex insulis Caribæis ♄ *Conf. tenerioides....*
Sloan. jam. 1. T. 10.

109. JUSTICIA *variegata.* Aubl.
J. fruticosa, foliis ovatis acutis, floribus
laxè spicatis variegatis.
Ex sylvis Guianæ. ♄ *Aubl.* T. 4. *affinis præc.*

110. JUSTICIA *spinosa.* Jacq.
J. fruticosa, foliis ovatis, spinis axillaribus
patentibus longitudine foliorum, pedunculis
unifloris lateralibus.
Ex insula Domingi. ♄ *Folia parva, sæpe obt.*

111. JUSTICIA *microphylla.*
J. fruticosa, foliis obovatis coriaceis, spinis
axillaribus brevissimis, pedunculis unifloris
lateralibus.
Ex insulis Caribæis. ♄ *Richard. an justitia
armata. Swarts.*

112. JUSTICIA *hystrix.*
J. fruticosa, spinis axillaribus quaternis,
foliis ovatis sinuato-dentatis, floribus lateralibus sessilibus.
Ex insula Domingi. ♄ *Jos. Martin.*

113. JUSTICIA *Tranquebarensis.* L. f.
J. fruticosa, caule tereti, foliis orbiculatis,
spicis terminalibus, floribus solitariis, bracteis obcordatis. Suppl. 85.
E Tranquebar. ♄
Obs. Justicia parvifolia. Dict. n°. 10. *Flores
habet tetrandros; ideò Ruellia species. Est justicia madurensis. Burm. fl. ind.* T. 4. f. 3.

114. JUSTICIA *vincoides.*
J. fruticosa, foliis ovatis glabris, pedunculis subunifloris, limbo corollarum plano
quinquepartito.

Lieu nat. l'ifle de Madagafcar. ♄

115. CARMANTINE *faftuofe.* Dict. n°. 12.
C. frutiqueufe, à feuilles elliptiques, grappes terminales.
Lieu nat. l'Inde, l'Arabie. ♄

116. CARMANTINE *à f. d'Hyffope.* D. n°. 13.
C. frutiqueufe, à feuilles oblongues un peu obtufes charnues; pédoncules axillaires courts prefqu'uniflores.
Lieu nat. les Ifles Canaries. ♄

117. CARMANTINE *feffile.* Dict. n°. 14.
C. frutiqueufe, à feuilles ovales un peu velues; fleurs axillaires feffiles.
Lieu nat. l'Amérique méridionale. ♄

118. CARMANTINE *de S. Euftache.* Dict. n°. 15.
C. frutiqueufe, à feuilles lancéolées-oblongues, pointues; fleurs un peu en grappe; bractées petites, linéaires-pointues.
Lieu nat. l'ifle de S. Euftache. ♄

119. CARMANTINE *velue.* Dict. n°. 16.
C. frutiqueufe, à feuilles lancéolées acuminées, fleurs prefqu'en épi, ayant les bractées fétacées; tige velue.
Lieu nat. la Martinique. ♄

120. CARMANTINE *en faulx.* Dict. n°. 17.
C. frutiqueufe, à feuilles ovales pointues pétiolées; fleurs latérales bicaliculées, ayant la lèvre fupérieure très longue & en faulx.
Lieu nat. l'ifle de France. ♄

121. CARMANTINE *bractéolée.* Dict. Suppl.
C. frutiqueufe, à feuilles ovales-lancéolées pointues aux deux bouts, grappe terminale; filamens des étamines appendiculés,
Lieu nat. l'Amérique. ♄

122. CARMANTINE *orchioïde.* Dict. Suppl.
C. frutiqueufe, à feuilles ovales feffiles, pédoncules axillaires folitaires uniflores, bractées plus courtes que le calice.
Lieu nat. le Cap de Bonne-Efpérance. ♄

123. CARMANTINE *biflore.* Dict. n°. 19.
C. frutiqueufe, à feuilles ovales obtufes, pédoncules biflores; fleurs bicaliculées.
Lieu nat. l'Arabie. ♄

124. CARMANTINE *odorante.* Dict. n°. 20.
C. frutiqueufe, à feuilles ovales-oblongues obtufes; fleurs axillaires feffiles velues en dehors.
Lieu nat. l'Arabie, dans les bois. ♄

Ex Infula Madagafcaria. ♄

115. JUSTICIA *faftuofa.*
J. fruticofa, foliis ellipticis, thyrfis terminalibus. L. Mant. 171.
Ex India, Arabia. ♄

116. JUSTICIA *Hyffopifolia.*
J. fruticofa, foliis oblongis obtufiufculis carnofis, pedunculis axillaribus brevibus fubunifloris.
E Canaliis. ♄

117. JUSTICIA *feffilis.*
J. fruticofa, foliis ovatis fubvillofis, floribus axillaribus feffilibus.
Ex America meridionali. ♄

118. JUSTICIA *Euftachiana.* Jacq.
J. fruticofa, foliis lanceolato-oblongis acutis, floribus fubracemofis, bracteis parvis linearibus acutis.
Ex infula S. Euftachii. ♄ *Jacq. am.* T. 4.

119. JUSTICIA *hirfuta.* Jacq.
J. fruticofa, foliis lanceolato-acuminatis, floribus fubfpicatis, bracteis fetaceis, caule hirfuto.
È Martinica. ♄

120. JUSTICIA *falcata.*
J. fruticofa, foliis ovato-acutis petiolatis, floribus lateralibus bicalyculatis; labio fuperiori longiffimo falcato.
Ex infula Franciæ. ♄ *Folia exficcatione nigrefcunt.*

121. JUSTICIA *bracteolata.* Jacq.
J. fruticofa, foliis ovato-lanceolatis utrinque acutis; racemo terminali, flaminum filamentis appendiculatis.
Ex America. ♄ *Jacq. collect. vol.* 3. p. 253; *& ic. rar. vol.* 1.

122. JUSTICIA *orchioides.* L. f.
J. fruticofa, foliis ovatis feffilibus, pedunculis axillaribus folitariis unifloris, bracteis calyce brevioribus.
È Capite Bonæ Spei. ♄ *Hort. Kew.* n°. 8.

123. JUSTICIA *biflora.*
J. fruticofa, foliis ovatis obtufis, pedunculis bifloris, floribus bicalyculatis.
Ex Arabia. ♄ *Forf.* n°. 20.

124. JUSTICIA *odora.*
J. fruticofa, foliis ovato-oblongis obtufis, floribus axillaribus feffilibus extus villofis.
Ex Arabia, in fylvis. ♄ *Forf.* n°. 11.

* * Les herbacées.

125. CARMANTINE à épis grêles. Dict. n°. 11.
C. à feuilles ovales-lancéolées entières ; épis
grêles terminaux & latéraux ; bractées sétacées ;
tige couchée.
Lieu nat. les Indes orientales. ⚥
α. Elle varie à épis courts, toujours terminaux.

126. CARMANTINE rampante. Dict. n°. 21.
C. à feuilles ovales presque crénelées ; épis
terminaux ; bractées lancéolées spinuleuses ;
tige rampante.
Lieu nat. l'Inde, Ceylan. ⚥

127. CARMANTINE peltinée. Dict. n°. 23.
C. diffuse, à épis axillaires sessiles tomenteux
unilatéraux embriqués sur le dos ; bractées
demi-lancéolées.
Lieu nat. les Indes orientales. ⚥

128. CARMANTINE médicale.
C. à tige nue, très-simple, se terminant par
un épi.
Carmantine sans tige. Dict. n°. 36.

Lieu nat. l'Inde, la Guinée. ⚥

119. CARMANTINE de Chine. Dict. n°. 14.
C. à feuilles ovales, fleurs latérales, pédon-
cules utiflores ; bractées ovales.
Lieu nat. la Chine.

130. CARMANTINE azymoïde. Dict. n°. 27.
C. à tige anguleuse, feuilles ovales pétiolées,
pédoncules à fleurs nombreuses très-courts ;
bractées petites un peu épineuses au sommet.
Lieu nat. les pays chauds de l'Amérique. ☉

131. CARMANTINE mirabilis. Dict. Suppl.
C. à feuilles ovales pointues, ondées sur les
bords ; épis géminés terminaux ; bractées ovales
plus longues que le calice.
Lieu nat. l'Amérique méridionale. ⚥

132. CARMANTINE de Carthagène. Dict. n°. 30.
C. à feuilles lancéolées ovales, fleurs en épi ;
bractées oblongues tomenteuses.
Lieu nat. l'Amérique méridionale. Elle varie
à feuilles plus larges, ovales accuminées & à
bractées en épaule.

133. CARMANTINE strangulaire. Dict. Suppl.
C. à feuilles ovales-pointues pétiolées, rameaux sexangulaires, épis presque filiformes ;
bractées petites, ramifformes.
Lieu nat. S. Domingue. ☉ Jeu. Martin.

124. JUSTICIA procumbens.
J. foliis ovato-lanceolatis integerrimis, spicis
terminibus terminalibus lateralibusque, bracteis
setaceis, caule procumbente.
Ex Indiis orientalibus. ⚥
α. Variat spicis brevibus, semper terminalibus.

126. JUSTICIA repens.
J. foliis ovatis subcrenatis, spicis terminalibus,
bracteis lanceolatis spinulosis, caule repente.

Ex India, Zeylona. ⚥

127. JUSTICIA pectinata. T. 11. f. 3.
J. diffusa, spicis axillaribus sessilibus tomentosis secundis dorso imbricatis ; bracteis semi-
lanceolatis. L.
Ex Indiis orientalibus. ⚥

128. JUSTICIA medicalis.
J. caule nudo, simplicissimo, apice spicato.

Justicia scandis. L. f. Suppl. 84. Coll. Pluk.
t. 436. f. 1.
Ex Indiis, Guinea. ⚥

129. JUSTICIA Chinensis.
J. foliis ovatis, floribus lateralibus, pedun-
culis unifloris, bracteis ovalibus.
E China.

130. JUSTICIA azymoïdes.
J. caule anguloso, foliis ovatis petiolatis, pe-
dunculis multifloris brevissimis, bracteis
bracteis parvis apice spinulosis.
Ex America calidiore. O alba sida jalapa folio.
Barhery ic. inter.

131. JUSTICIA mirabiloides.
J. foliis ovatis acutis margine undatis, spicis
geminis terminalibus, bracteis ovatis calyce
longioribus.
Ex America meridionali, Comm. a. D. Richard.

132. JUSTICIA Carthaginensis. Jacq.
J. foliis lanceolato-ovalibus, floribus spicatis,
bracteis oblongo-cinereis.
Ex America meridionali. Variat foliis latioribus ovatis acuminatis, bracteis spinulosis.

133. JUSTICIA strangulata.
J. foliis ovato-acutis petiolatis, ramis sexangularibus, spicis subfiliformibus, bracteis
parvis ramiformis.
S. Domingo. ☉ Pluk. T. 173. f. 4.

134. CARMANTINE *de la Jamaïque.* Dict. n°. 18.
C. à feuilles ovales pointues très-entières, bractées courtes subulées; rameaux hexagones.
Lieu nat. la Jamaïque.

134. JUSTICIA *assurgens.*
J. foliis ovatis acutis integerrimis, bracteis subulatis brevibus, ramis hexagonis.
E Jamaica. *Facies præcedentis.*

135. CARMANTINE *fourchue.* Dict. n°. 29.
C. à tige cylindrique pubescente, feuilles ovales pétiolées; pédoncules axillaires plusieurs fois fourchus.
Lieu nat. les pays chauds de l'Amérique.

135. JUSTICIA *furcata.*
J. caule teretí pubescente, foliis ovatis petiolatis, pedunculis axillaribus multoties furcatis.

Ex America calidiore.

136. CARMANTINE *à languette.* Dict. n°. 27.
C. à feuilles ovales pétiolées, fleurs paniculées bicalleuses; languette dorsale droite un peu longue.
Lieu nat. l'Inde. ⊙ *Les bractées constituent son calice extérieur.*

136. JUSTICIA *ligulata.* T. 12 f. 2.
J. foliis ovatis petiolatis, floribus paniculatis bicalyculatis, ligula dorsali erecta longiuscula.

Ex India ⊙

137. CARMANTINE *pubescente.* Dict. Suppl.
C. à feuilles ovales acuminées, pédoncules latéraux rameux pauciflores; bractées subulées plus courtes que le calice.
Lieu nat. l'Amérique.

137. JUSTICIA *pubescens.*
J. foliis ovatis acuminatis, pedunculis lateralibus ramosis paucifloris, bracteis subulatis calyce brevioribus.
Ex America. Conf. Phil. T. 279. f. 7.

138. CARMANTINE *polystaque.* Dict. Suppl.
C. à feuilles oblongues-lancéolées, épis alternes axillaires; bractées ovales velues nerveuses transparentes.
Lieu nat. l'île de Cayenne.

138. JUSTICIA *polystacha.*
J. foliis oblongo-lanceolatis, spicis alternis axillaribus, bracteis ovatis villosis nervosis pellucidis.
Ex Cayena, D. Leblond, herb. D. Thouin.

139. CARMANTINE *échioïde.* Dict. n°. 23.
C. hérissée, à feuilles linéaires obtuses sessiles, grappes axillaires unilatérales montantes; bractées sétacées.
Lieu nat. l'Inde, le Malabar.

139. JUSTICIA *echioïdes.*
J. hirta, foliis linearibus obtusis sessilibus, racemis axillaribus adscendenti-secundis, bracteis setaceis.
Ex India, Malabaria.

140. CARMANTINE *ciliée.* Dict. n°. 24.
C. hispide, à feuilles lancéolées un peu obtuses pétiolées; fleurs axillaires presque sessiles; bractées linéaires sétacées plus longues que la fleur.
Lieu nat. l'île de Ceylan. ⊙

140. JUSTICIA *ciliaris.*
J. hispida, foliis lanceolatis obtusiusculis petiolatis, floribus axillaribus subsessilibus, bracteis lineari-setaceis flore longioribus.

Ex Zeylona. ⊙

141. CARMANTINE *verticillaire.* Dict. Suppl.
C. velue, à feuilles ovales entières, fleurs axillaires sessiles presque verticillées; bractées marronnées plus grandes que le calice.
Lieu nat. le Cap de Bonne-Espérance, & Sierra Léona.

141. JUSTICIA *verticillaris.*
J. villosa, foliis ovatis integris, floribus axillaribus sessilibus subverticillatis, bracteis marronatis calyce majoribus.
E Capite Bonæ Spei, Sierra Leona, Smeatho.

142. CARMANTINE *lupuline.* Dict. Suppl.
C. à épis ovales terminaux sessiles, bractées en cœur embriquées ciliées plus grandes que le calice.
Lieu nat. la Martinique.

142. JUSTICIA *lupulina.*
J. spicis ovatis terminalibus sessilibus, bracteis subcordatis imbricatis ciliatis calyce majoribus.
E Martinica Jos. Martin. Smeatho. praecellis... Sloan. jam. hist. t. T. 109. f. 1.

143. CARMANTINE *bromélioïde.* Dict. Suppl.
C. courbée, à feuilles lancéolées un peu den-

143. JUSTICIA *bromelioïdes.*
J. procumbens, foliis lanceolatis subserratis,

épis denses velus terminaux; bractées lancéolées-ovales, plus grandes que le calice.
Lieu nat. l'Isle de Java.

144. CARMANTINE *du Gange.* Dict. n°. 33.
C. à feuilles ovales pointues, grappes menues
lâches presque simples ayant des fleurs alternes, & des bractées subulées très-pointues.
Lieu nat. l'Inde, Madagascar. *Cara cantram.*
Rheed. mal. 9. T. 56.

145. CARMANTINE *pectorale.* Dict. n°. 38.
C. à feuilles ovales-lancéolées, épis grêles paniculés; bractées sétacées très-courtes.
Lieu nat. la Martinique, S. Domingue. ⊙ *Elle*
a des rapports avec la précédente.

146. CARMANTINE *pourprée.* Dict. n°. 33.
C. à feuilles ovales pointues aux deux bouts
très entières glabres; tige géniculée, épis
unilatéraux.
Lieu nat. la Chine.

147. CARMANTINE *penchée.* Dict. n°. 34.
C. à feuilles lancéolées dentelées, pédoncules terminaux courts penchés; bractées en alène.
Lieu nat. l'Isle de Java.

148. CARMANTINE *bivalve.* Dict. n°. 42.
C. à feuilles lancéolées-ovales, pédoncules
senflores, pédicules latéraux biflores; bractées
ovales parallèles.
Lieu nat. l'Inde, le Malabar.

149. CARMANTINE *fastigiée.* Dict. suppl.
C. à feuilles ovales acuminées, pédoncules en
cime, bractées linéaires-subulées, inégales,
plus longues que le calice & hérissées de poils.
Lieu nat. les Indes orientales.

150. CARMANTINE *blanchâtre.* Dict. suppl.
C. velue tomenteuse blanchâtre, à feuilles
ovales, épis axillaires pédonculés, tiges couchées.
Lieu nat. la Guinée. *Feuilles presque comme celles*
de l'Origan marjolaine.

151. CARMANTINE *tubuleuse.* Dic. n°. 37.
C. à tige pubescente; feuilles ovales-lancéolées très-entières, pédoncules divisées, paniculées; tube de la fleur fort long.
Lieu nat. l'Inde, le Malabar, Java. *Supprimer*
lavat. p. du Dict.

152. CARMANTINE *linéaire.* Dict. n°. 40.
C. à feuilles linéaires, épis axillaires alternes
ayant de longs pédoncules.
Lieu nat. la Virginie, la Floride.

Botanique. Tom. I.

spicis densis villosis terminalibus, bracteis lanceolato-ovatis, calyce majoribus.
Ex Java. *Commers.*

144. JUSTICIA *Gangetica.*
J. foliis ovatis acutis, racemis tenuibus subsimplicibus laxis, floribus alternis, bracteis
subulatis minimis.
Ex India. *In Madagascaria variat racemis ra*
mosis, pedunculis pubescenti-viscosis. (v. L)

145. JUSTICIA *pectoralis.* Jacq.
J. foliis ovato-lanceolatis, spicis tenuibus paniculatis, bracteis setaceis brevissimis.
E Martinica, Domingo. ⊙ *Antirrhinam....*
Sloan. jam. vol. 1. T. 103. f. 2.

146. JUSTICIA *purpurea.*
J. foliis ovatis utrinque mucronatis integerrimis glabris, caule geniculato, spicis secundis. L.
E China. *Garm. de Frust.* p. 255.

147. JUSTICIA *nutans.*
J. foliis lanceolatis denticulatis, pedunculis
terminalibus brev. cernuis, bracteis subulatis.
Ex Java. *Comm.*

148. JUSTICIA *bivalvis.*
J. foliis lanceolato ovatis, pedunculis senfloris : pedicellis lateralibus bifloris, bracteis
ovatis parallelis. L.
Ex India, Malabaria.

149. JUSTICIA *fastigiata.*
J. foliis ovatis acuminatis, pedunculis fastigiatis, bracteis lineari-subulatis villosis bispidis inaequalibus calyce longioribus.
Ex Indiis orientalibus.

150. JUSTICIA *canescens.*
J. villoso-tomentosa canescens, foliis ovatis,
spicis axillaribus pedunculatis, caulibus decumbentibus.
Ex Guinea. D. *Roussillon.* -- *Bractea ovata im*
bricata calyce majores.

151. JUSTICIA *nasuta.*
J. caule subpubescente, foliis ovato lanceolatis integerrimis, pedunculis divisis paniculatis, tuboflonis praelongo.
Ex India, Malabaria, Java. *Var. p. Dict.*
excludatur.

152. JUSTICIA *linearifolia.*
J. foliis linearibus, spicis axillaribus alternis
longe pedunculatis.
Ex Virginia, Florida. ♃ *Communic. ad Frojer.*

F

113. CARMANTINE *du Pérou.* Dict. n°. 42.
C. à feuilles ovales pointues ; épis courts axillaires & terminaux, bractées cubriquées épineuses au sommet.
Lieu nat. le Pérou.

104. CARMANTINE *unilaterale.* Dict. suppl.
C. herbacée ; à feuilles ovales obtuses, épis filiformes, fleurs unilatérales sessiles.
Lieu nat. l'Isle de Madagascar.

115. CARMANTINE *lad*:*nold*:. Dict. suppl.
C. à feuilles lancéolées très entières, fleurs axillaires sessiles comme verticillées, bractées subulées de la longueur des calices.
Lieu nat. la Chine.

116. CARMANTINE *parasite.* Dict. suppl.
C. à feuilles oblongues acuminées, cime fasciculée sessile, étamines baillantes, lèvres des corolles très-courtes.
Lieu nat. l'Isle de Java. Elle est parasite des troncs d'arbres. Ses fleurs sont comme celles de Colomnées, mais diandriques.

Explication des fig.

Tab. 11, f. 1. CARMANTINE *en arbre.* (a) Fleur vue en-devant. (b) Corolle vue de chef. (c) Calice, style. (d) Pistil. (e) Capsule entière. (f) La même coupée transversalement. (g) La même entière. (h) Une seule valve séparée.

Tab. 11. f. 2. CARMANTINE *à longuette.* (a) Sommité de la tige mortuaire les fruits supérieures & les pédoncules fructifères. (b) Capsule entière. (c) La même s'ouvrant. (d) Une valve f. puce & grosse. (e, h) Semences séparées. (g, f) Embryon découvert & dépuisé. (i) Portion séparée de la pénicule.

Tab. 12, f. 3. CARMANTINE *radiale.*

31. VERONIQUE.

Caract. ess. nt.

CALICE à 4 ou 5 divisions. Corolle presque régulière, à limbe partagé en 4 découpures. Capsule obcordée, biloculaire.

Caract. nat.

Cal. partagé en 4 ou 5 découpures, persistans ; à découpures le plus souvent lancéo., pointues.
Cor. monopétale, ordinairement en roue : à tube court ; à limbe partagé en quatre découpures ovale. : la découpure inférieure plus étroite, & celle qui lui est opposée un peu plus large.
Etam. deux filamens montans, attachés au tube de la corolle ; anthères arrondies.
Pist. un ovaire supérieur, comprimé sur les

151. JUSTICIA *peruviana.*
J. foliis ovatis acutis, spicis brevibus axillaribus & terminal.bus, bracteis imbricatis apice spinulosis.
E Peru.

154. JUSTICIA *secunda.*
J. herbacea, foliis ovatis obtusis, spicis filiformibus, floribus secundis sessilibus.
E Madagascaria. *Jos. Martin.*

155. JUSTICIA *ladinoides.*
J. foliis lanceolatis integerrimis, floribus axillaribus sessilibus subverticillatis, bracteis subulatis longitudine calycum.
E China. *H. R. Habitus galeopsis ladani.*

156. JUSTICIA *parasitica.*
J. foliis oblongis acuminatis, cyma fasciculata sessili, staminibus exsertis, labiis corollarum brevissimis.
En Java. *Commert. Truncorum parasitica. Flores Columneæ, sed diandri. An hujus generis.*

Explicatio iconum.

Tab. 11, fig. 1. JUSTICIA *arbustiva.* (a) Flos antice visus. (b) Corolla oblique visa. (c) Calyx, Stylus. (d) Pistillum. (e) Capsula integra. (f) Eadem transverse secta. (g) Eadem dehiscens. (h) Ejusdem valva unica soluta.

Tab. 11, f. 2. JUSTICIA *ligulata.* (a) Summitas caulis cum foliis superioribus & pedunculis fructiferis. (b) Capsula integra. (c) Eadem dehiscens. (d) Valva separata & aucta. (e, h) Semina separata. (g, f) Embryo denudatus & separatus. (i) Pars pennicula. Fig. ex D. Garcin.

Tab. 12, f. 3. JUSTICIA *pectinata.*

32. VERONICA.

Charact. essint.

CALYX 4 f. 5-partitus, Corolla subæqualis, limbo 4-partito. Capsula obcordata, bilocularis.

Charact. nat.

Cal. quadri f. quinquepartitus, persistens ; laciniis sæpius lanceolatis acutis.
Cor. monopetala, plerumque rotata. Tubus brevis ; limbus quadripartitus, laciniis ovatis : intima angustiore, huic opposita latiore.
Stam. filamenta duo, ascendentia, tubo corollæ inserta ; antheræ subrotundæ.
Pist. germen superum, compressum. Stylus fili-

DIANDRIE MONOGYNIE.	DIANDRIA MONOGYNIA. 43

côtés. Un style filiforme, de la longueur des étamines, incliné. Stigmate simple.

Péric. capsule obcordée, un peu comprimée, échancrée au sommet, marquée d'un sillon de chaque côté, biloculaire, à cloison opposée aux valves.

Sem. plusieurs, arrondies, comprimées.

Tableau des espèces.

* Grappes latérales.

157. VERONIQUE chenette. D'à.
V. à grappes latérales, feuilles ovales dentées ridées sessiles; mais les inférieures pétiolées, tige velue sur deux côtés opposés. *Lieu nat.* l'Europe. ⟂

158. VERONIQUE à feuilles larges. Dià.
V. à grappes latérales, feuilles en cœur ridées, dentées & toutes sessiles. *Lieu nat.* l'Europe. ⟂
β. Le Véronique à feuilles d'ortie est une variété de cette espèce.

159. VERONIQUE de montagne. Dià.
V. à grappes latérales pauciflores; feuilles ovales crénelées, ridées, pétiolées; tige debile. *Lieu nat.* les lieux ombragés & montagneux de l'Europe. ⟂

160. VERONIQUE teucriette. Dià.
V. à grappes latérales fort longues presqu'en épi, feuilles ovales ridées un peu obtuses profondément & obtusément dentées. *Lieu nat.* l'Europe. ⟂

161. VERONIQUE multifide. Dià.
V. à grappes latérales très-longues, feuilles ovales très-profondément pinnatifides : à découpures linéaires un peu incisées. *Lieu nat.* ..... cultivée au jardin du Roi. ⟂ Elle est très-différente de celle qui fuit.

162. VERONIQUE d'Autriche. Dià.
V. à grappes latérales, feuilles oblongues presque linéaires pinnées velues : ayant des dents découpures étroite & distantes. *Lieu nat.* l'Autriche, la Sibérie. ⟂

161. VERONIQUE orientale. Dià.
V. à grappes latérales, feuilles ovales multifides & les supérieures linéaires très entières, tiges couchées. *Lieu nat.* le Levant. ⟂

164. VERONIQUE couchée. Dià.

---

formis, longitudine staminum, declinatus. Stigma simplex.

Peric. capsula obcordata, subcompressa, apice emarginata, utrinque sulco inscripta, bilocularis, dissepimento valvis opposito.

Sem. plura, subrotunda, compressa.

Conspectus specierum.

* Racemi laterales.

157. VERONICA chamædrys T. 13. f. 1.
V. racemis lateralibus, foliis ovatis serratis rugosis sessilibus : infimis petiolatis, caule bifariam piloso. Ex Europa. ⟂

158. VERONICA latifolia.
V. racemis lateralibus, foliis cordatis serratis rugosis omnibus sessilibus. Ex Europa. ⟂
β. Veronica urticæfolia. Jacq. austr. 1', t. 59.

159. VERONICA montana.
V. racemis lateralibus paucifloris; foliis ovatis crenatis rugosis petiolatis, caule debili. Ex Europæ montosis & umbrosis. ⟂

160. VERONICA teucrium.
V. racemis lateralibus longissimis subspicatis : foliis ovatis rugosis obtusiusculis profundè obtusèque dentatis. Ex Europa. ⟂

161. VERONICA multifida.
V. racemis lateralibus longissimis, foliis ovatis profundissimè pinnatifidis : lacinlis linearibus angustis subincisis. *L n...* ⟂ An varietas præcedentis ? a frequenti dissectissima. Conf. cum veronica pectinata. L.

162. VERONICA Austriaca
V. racemis lateralibus, foliis oblongis sublinearibus pinnatis hirsutis : laciniis angustis distantibus.
Ex Austria, Sibiria. ⟂

163. VERONICA orientalis.
V. racemis lateralibus, foliis ovatis multifidis : superioribus linearibus integerrimis, caulibus prostratis.
Ex Oriente. ⟂ ... V. Burb. cent. 1, t. 58.

164. VERONICA prostrata.

F ij

V. à grappes latérales, feuilles oblongues-ovales dentées, tiges couchées.
Lieu nat. les collines de l'Europe. ♃

165. VERONIQUE *à écuffons.* Dict.
V. à grappes latérales alternes, pédicules pendans, feuilles linéaires polaires presque très-entières.
Lieu nat. les lieux aquatiques de l'Europe. ♃
ß. La même, velue; à grappes de la longueur des feuilles.

266. VERONIQUE *mouron.* Dict.
V. à grappes latérales, feuilles lancéolées dentées, tige droite.
Lieu nat. les fossés aquatiques de l'Europe. ⊙

167. VERONIQUE *des fontaines.* Dict.
V. à grappes latérales, feuilles ovales planes, tige rampante.
Lieu nat. les ruisseaux & les fonts de l'Europe. ♃

268. VERONIQUE *de Michaux.* Dict.
V. velue : à grappes latérales, fleurs presque glomerulées, feuilles ovales dentées sessiles.
Lieu nat. le Levant. *Ses poi's fons blancs & visqueux.*

169. VERONIQUE *officinale.* Dict.
V. à épis latéraux pédonculés, feuilles ovales dentées pétiolées, tige couchée.
Lieu nat. les bois & les lieux stériles de l'Europe. ♃
ß. La même à feuilles glabres, à épis plus courts & plus denses.

270. VERONIQUE *de Kamtchaka.* Dict.
V. hérissée ; à grappe latérale alongée nue triflore, feuilles ovales ou oblongues dentées hérissées, poils articulés.
Lieu nat. le Kamtchaka.

271. VERONIQUE *subacaule.* Dict.
V. velue ; à tige très courte, grappe biflore latérale nue scapiforme, capsules en cœur.
Lieu nat. les montagnes de l'Europe.

Obs. Cette espèce diffère de la véronique nudicaule, n° 185. par sa capsule en cœur, & son pédoncule commun latéral.

* * Epi (ou grappe) terminal.

272. VERONIQUE *de Sibérie.* Dict.
V. à épis terminaux, feuilles verticillées sept ensemble, tige velue.
Lieu nat. la Sibérie. ♃

V. racemis lateralibus, foliis oblongo-ovatis serratis, caulibus prostratis. L .
Ex Europæ collibus. ♃

165. VERONICA *scutellata.*
V. racemis lateralibus alternis; pedicellis pendulis, foliis linearibus acutis subintegerrimis.
Ex Europæ inundatis. ♃
ß. Eadem, hirfuta ; racemulis longitudine foliorum. II. R.

166. VERONICA *anagallis.*
V. racemis lateralibus, foliis lanceolatis serratis. caule erecto. L.
Ex Europæ fossis aquaticis. ⊙

167. VERONICA *beccabunga.*
V. racemis lateralibus, foliis ovatis planis ; caule repente. L.
Ex Europæ rivulis & fontibus. ♃

268. VERONIQUE *Michauxii*
V. pilosa, racemis lateralibus, floribus subglomeratis, foliis ovatis dentatis sessilibus.
Ex Oriente. D. *Michaux.* H. R. *pilis albi glutinosis.*

169. VERONICA *officinalis.* T. 13, f. 2.
V. spicis lateralibus pedunculatis, foliis ovatis dentatis petiolatis, caule procumbente.
Ex Europæ sylvis & locis sterilibus. ♃ *Folia pilosa scabra.*
ß. Eadem foliis glabris, spicis brevioribus & densioribus.

170. VERONICA *Kamtchatica.*
V. hirta, racemo trifloro elongato laterali aphyllo, foliis ovatis L. oblongis serratis hirtis. pilis articulatis. Suppl. 8 j.
E Kamtchka.

171. VERONICA *subacaulis.*
V. hirfuta; caule brevissimo, racemo bifloro laterali nudo scapiformi, capsulis obcordatis.
Ex Europæ alpibus. *Teucrium minimum.* Cluf.

Obs. Hæc species differt à veronica nudicauli n°. forma capsula, & inferione pedunculi communis.

* * Spica (f. racemus) terminalis.

171. VERONICA *Sibirica.*
V. spicis terminalibus, foliis septenis verticillatis, caule hirfuto.
E Sibiria. ♃

173. VERONIQUE *de Virginie*. Dict.
V. à épis terminaux, feuilles quaternées & quinées.
Lieu nat. la Virginie. ♃ *Elle varie à fleurs blanches ou rougeâtres.*

174. VERONIQUE *bâtarde*. Dict.
V. à épis terminaux, feuilles ternées dentées également.
Lieu nat. l'Europe australe. ♃

175. VERONIQUE *maritime*. Dict.
V. à épis terminaux; feuilles ternées, très-profondément & inégalement dentées.
Lieu nat. les lieux maritimes de l'Europe. ♃

176. VERONIQUE *à longues feuilles*. Dict.
V. à épis terminaux, feuilles opposées lancéolées dentées acuminées.
Lieu nat. l'Autriche, la Russie. ♃

177. VERONIQUE *blanchâtre*. Dict.
V. à épis terminaux, feuilles opposées crénelées obtuses, tige droite tomenteuse.
Lieu nat. la Russie. ♃

178. VERONIQUE *à épi*. Dict.
V. à épi terminal, feuilles opposées crénelées obtuses, tige très-simple & montante.
Lieu nat. l'Europe, dans les champs, les bois. ♃

179. VERONIQUE *hybride*. Dict.
V. à épis terminaux, feuilles opposées obtusément dentées scabres, tige droite.
Lieu nat. l'Europe. ♃ *On la trouve rarement; elle a beaucoup de rapports avec les 2 précédentes.*

180. VERONIQUE *pinnée*.
V. à épi terminal, feuilles éparses linéaires pinnées: pinnules filiformes, tiges couchées à leur base.
Lieu nat. la Sibérie. ♃ *Très-belle espèce, dont les feuilles radicales sont comme celles du fenouil, & les caulinaires comme celles de l'auronne.*

181. VERONIQUE *de Pona*. Dict.
V. à grappe terminale, feuilles opposées en cœur-ovales dentées sessiles, tiges très-simples.
Lieu nat. les Pyrenées. ♃

182. VERONIQUE *à feuilles de buis*. Dict.
V. à épis terminaux un peu paniculés, feuilles ovales-oblongues très-entières lisses opposées en croix, tige ligneuse.
Lieu nat. le Magellan, les Isles Malouines. ♄

183. VERONIQUE *frutiqueuse*. Dict.
V. à grappe spiciforme terminale; feuilles

173. VERONICA *Virginica*.
V. spicis terminalibus, foliis quaternis quinisque. L.
E Virginia. ♃ *Variat floribus albis vel incarnatis.*

174. VERONICA *spuria*.
V. spicis terminalibus, foliis ternis æqualiter serratis. L.
Ex Europa Australi. ♃

175. VERONICA *maritima*.
V. spicis terminalibus; foliis ternis, profundiùs & inæqualiter serratis.
Ex Europæ maritimis. ♃

176. VERONICA *longifolia*.
V. spicis terminalibus, foliis oppositis lanceolatis serratis acuminatis.
Ex Austria, Russia. ♃

177. VERONICA *incana*.
V. spicis terminalibus, foliis oppositis crenatis obtusis, caule erecto tomentoso. L.
E Russia. ♃

178. VERONICA *spicata*.
V. spica terminali, foliis oppositis crenatis obtusis, caule adscendente simplicissimo. L.
Ex Europæ campis, sylvis. ♃

179. VERONICA *hybrida*.
V. spicis terminalibus, foliis oppositis obtuse serratis scabris, caule erecto.
Ex Europa. ♃ *An varietas veronicæ incanæ s. veronicæ spicatæ.*

180. VERONICA. *pinnata*.
V. spica terminali, foliis sparsis linearibus pinnatis; pinnulis filiformibus, caulibus basi prostratis.
E Siberia. ♃ *Est veronica hispanica. Meerburg. T. XI. Folia radicalia fæniculi, caulina abrotani.*

181. VERONICA *Ponæ*. Gou.
V. racemo terminali foliis oppositis cordato-ovatis serratis sessilibus, caule simplicissimo.
E Pyrenæis ♃

182. VERONICA *decussata*.
V. spicis terminalibus subpaniculatis, foliis ovato-oblongis integerrimis lævigatis decussatim oppositis, caule fruticoso.
E Magellania. ♄ *Commers. Hebe. juss. gen. 105.*

183. VERONICA *fruticulosa*.
V. racemo spicato terminali, foliis oppositis

46   DIANDRIE MONOGYNIE.   DIANDRIA MONOGYNIA.

lancéolées un peu obtuses dentées, tiges fruticuleuses.
Lieu nat. les Alpes de la Suisse, &c. ♄ Ses
feuilles font plus lisses & moins obtuses que dans
la suivante.

284. VERONIQUE de roche. Dict.
V. à corymbe pauciflore terminal, feuilles
opposées ovoïdes ou ovales-spatulées presque
glabres, tiges fruticuleuses à leur base.
Lieu nat. les lieux pierreux de l'Europe austr. ♄

285. VERONIQUE des Alpes. Dict.
V. à corymbe terminal pauciflore, feuilles
opposées ovales, calices & capsules bifpides.
Lieu nat. les Alpes de l'Europe. ♃

286. VERONIQUE nudicaule. Dict.
V. à corymbe terminal, capsules ovales entières, hampe nue.
Lieu nat. les Alpes de l'Europe. ♃ *Souche rampante*, ayant des feuilles ovales.

287. VERONIQUE bellidiforme. Dict.
V. à corymbe terminal glomérulé, feuilles
opposées obtuses crénelées distantes, calices
velus.
Lieu nat. les Alpes de l'Europe. ♃

288. VERONIQUE serpoline. Dict.
V. à grappe terminale presqu'en épi, feuilles
ovales obtuses crénelées glabres.
Lieu nat. l'Europe & l'Amérique septentrionale, dans les champs, le long des chemins. ♃

* * * *Pédoncules axillaires uniflores.*

289. VERONIQUE agreste.
V. à fleurs solitaires, feuilles cordées incisées
plus courtes que les pédoncules.
Lieu nat. l'Europe, dans les champs, les lieux
cultivés. ☉

290. VERONIQUE des champs. D'O.
V. à fleurs solitaires, feuilles presque cordées
dentées velues plus longues que les pédoncules.
Lieu nat. l'Europe, dans les champs. ☉
b. La même très petite, à feuilles péiolées. Dans
les bois.

291. VERONIQUE cimbalaire. Dict.
V. à fleurs solitaires, feuilles cordées planes
à cinq lobes, tiges couchées.
Lieu nat. l'Europe, dans les champs & les
lieux cultivés. ☉

292. VERONIQUE digitée. Dict.

lanceolatis obtusiusculis serratis, caulibus
fruticulosis.
Ex Alpibus Helveticis, &c. ♄ *Lacinia calycina
spathulata.* ... *Veron. Hall.* T. 16.

284. VERONICA saxatilis.
V. corymbo paucifloro terminali, foliis oppositis obovatis f. ovato-spathulatis glabriusculis, caulibus basi fruticulosis.
Ex Europæ australis locis saxosis. ♄

285. VERONICA Alpina.
V. corymbo terminali paucifloro, foliis op-
positis ovalibus, calycibus capsulisque hispidis.
Ex Europæ alpibus. ♃

286. VERONICA nudicaulis.
V. corymbo terminali, capsulis ovatis integris, scapo nudo.
Ex Europæ alpibus. ♃ *Capsula nisi spice emarginata ut in ver. subcauli.*

287. VERONICA bellidoides.
V. corymbo terminali glomerato, foliis oppositis obtusis crenatis distantibus, calycibus
hirsutis.
Ex Europæ alpibus. ♃

288. VERONICA serpyllifolia.
V. racemo terminali subspicato, foliis ovatis
obtusis crenatis glabris.
Ex Europa & America septentrionali ad vias,
agros. ♃

* * * *Pedunculi axillares uniflori.*

289. VERONICA agrestis.
V. floribus solitariis, foliis cordatis incisis
pedunculo brevioribus. L.
Ex Europæ arvis, oleraceis. ☉

290. VERONICA arvensis.
V. floribus solitariis, foliis subcordatis dentatis pilosis pedunculo longioribus. ☉
b. Eadem minima, foliis petiolatis. In sylvis.

291. VERONICA hederifolia.
V. floribus solitariis, foliis cordatis planis
quinquelobis, caulibus prostratis.
Ex Europæ hortis, arvis. ☉ j

292. VERONICA triphyllos.

DIANDRIE MONOGYNIE.

V. à fleurs folitaires, feuilles partagées en digitations, pédoncules plus longs que le calice.
Lieu nat. l'Europe, dans les champs. ⊙

191. VERONIQUE feuille d'yveue. Diâ.
V. à fleurs folitaires feffiles, feuilles partagées en digitations, tige droite.
Lieu nat. l'Efpagne. ⊙

172. VERONIQUE pinnatifide. D'A.
V. à fleurs folitaires, feuilles pinnatifides plus longues que les pédoncules.
Lieu nat. la France, dans les bois. ⊙ Plante printannière.

193. VERONIQUE polygonée. Diâ.
V. velue, à fleurs folitaires prefque feffiles, feuilles alternes, oblongues, tige fimple florifere dans toute fa longueur.
Lieu n. la France, l'Italie; dans les paturages. ⊙

196. VERONIQUE graffelette. Diâ.
V. glabre; à fleurs folitaires prefque feffiles, feuilles oblongues obtufes un peu charnues, tige droite.
Lieu nat. l'Europe, l'Amérique fept.·, dans les champs. ⊙

197. VERONIQUE acinoïde. Diâ.
V. à fleurs folitaires pédonculées, feuilles ovales glabres crénelées, tige droite un peu velue.
Lieu nat. l'Europe auftrale, dans les champs, les jardins. ⊙

198. VERONIQUE du Mariland. Diâ.
V. à fleurs folitaires feffiles, feuilles linéaires, tiges diffufes.
Lieu nat. la Virginie.

Explication des fig.

Tab. 13. f. 1. VERONIQUE chamae. (a, b) Corolle. (c) Calice. (d) Calice ouvert; piftil. (e, f, g) Capfule. (h) Capfule coupée en travers. (i) Semence.

Tab. 13, f. 2. VERONIQUE officinale. (a) Portion de la tige avec un épi. (b) Fleur féparée. (c) Capfule entière. (d) La même s'ouvrant au fommet. (e) La même coupée tranfverfalement (f) Une valve féparée montrant les papilles du réceptacle. (g, h) Semences. (i, l) Semences coupées. (m) Embryon féparé.

33. PÉDÉROTE.

Caraâ.· effent.

CALICE à 5 divifions. Corolle tubuleufe ringente, à limbe bilabié baillant, Cap. à 2 loges.

DIANDRIA MONOGYNIA. 47

V. floribus folitariis, foliis digitato-partitis, pedunculis calyce longioribus.
Ex Europa agili. ⊙ Calycem fruâiferi maximi.

193. VERONICA chamaepithroides.
V. floribus folitariis feffilibus, foliis digitato-partitis, caule erecto.
Ex Hifpania. ⊙ An veronica verna. L.

194. VERONICA pinnatifida.
V. floribus folitariis, foliis pinnatifidis pedunculo longioribus.
E Gallia; in fylvis. ⊙ Veronica verna. fl. fr.

195. VERONICA polygonoides.
V. hirfuta, floribus folitariis fubfeffilibus, foliis alternis oblongis, caule fimplici ab imo ad apicem florifero.
Ex Gallia, Italia; in pafcuis. ⊙

196. VERONICA carnofula.
V. glabra; floribus folitariis fubfeffilibus, foliis oblongis obtufis fubdentatis craffiufculis, caule erecto.
Ex Europa & America feptentr. in arvis. ⊙

197. VERONICA acinifolia.
V. floribus folitariis pedunculatis, foliis ovatis glabris crenatis, caule erecto fupilofo.
Ex Europa auftrali, in oleraceis, arvis. ⊙

198. VERONICA Marilandica.
V. floribus folitariis feffilibus, foliis linearibus, caulibus diffufis. L.
Ex Virginia.

Explicatio iconum.

Tab. 13, f. 1. VERONICA chamaedrys. (a, b) Corolla. (c) Calyx. (d) Calyx patens, piftillum. (e, f, g) Capfula. (h) Capfula tranfverfe fciffa. (i) Semen. Fig. ex Tournef.

Tab. 13, f. 2. VERONICA officinalis. (a) Pars caulis cum fpica. (b) Flos feparatus. (c) Capfula integra. (d) Eadem apice dehifcens. (e) Eadem diffecta. (f) Valvula altera cum receptaculi papillulis. (g, h) Semina. (i, l) Semina incifiones. (m) Embryo feparatus. Fig. ex D. Garcin.

33. PAEDEROTA.

Charaâ. effent.

CALYX 5-partitum. Corolla tubulofa ringens; limbo hiante bilabiato. Capfula bilocularis.

Caract. nat.

Cal. monophylle, profondément quinquefide : à découpures linéaires-ſubulées perſiſtantes.

Cor. monopétale, tubuleuſe, ringente : tube plus court que le calice. Limbe bilabié, baillant ; à lèvre ſupérieure entière ou échancrée, lèvre inférieure trifide.

Etam. deux filamens, filiformes, un peu courbés, de la longueur de la corolle ; anthères ovales ou arrondies.

Piſt. un ovaire ſupérieur, ovale. Un ſtyle filiforme, montant ; ſtigmate en tête.

Péric. capſule ovale oblongue, un peu comprimée, biloculaire, quadrivalve.

Sem. nombreuſes.

Tableau des eſpèces.

197. PÉDÉROTE *bleue.* Dict.
P. à feuilles oppoſées arondies-ovales dentées, lèvre ſupérieure entière.
Lieu nat. les mont. de l'Italie, de l'Autriche. ♃

198. PÉDÉROTE *jaune.* Dict.
P. à feuilles oppoſées, ovales, dentées ; lèvre ſupérieure bifide.
Lieu nat. l'Italie, l'Autriche. ♃

199. PÉDÉROTE *nudicaule.* Dict.
P. à feuilles radicales oblongues obtuſes, épi unilatéral, tige nue.
Lieu nat. la Carinthie.

200. PÉDÉROTE *du Cap.* Dict.
P. à feuilles pinnatifides.
Lieu nat. le Cap de Bonne-Eſpérance.

Explication des fig.

Tab. 13, f. 1. Pédérote *bleue.* (*a*) Fleur, pédoncule, bractée. (*c*) Corolle ſéparée. (*d*) Calice, piſtil. (*e*) Capſule. (*f*) Capſule coupée en travers. (*b*) La même ayant ſes valves déſunies. (*g*) Tige, épi.

Tab. 13, f. 2. Pédérote *nudicaule.* (*a*) Corolle. (*b*) Calice, capſule. (*c*) Epi de fleurs. (*d*) Feuille radicale.

34. GRASSETE.

Caract. eſſent.

Calice quinquefide, irrégulier. Corolle ringente (en maſque), à éperon à ſa baſe. Capſule uniloculaire.

Charact. nat.

Cal. monophyllus, profunde quinquepartitus : laciniis lineari-ſubulatis, perſiſtentibus.

Cor. monopetala, tubuloſa, ringens : tubus calyce brevior. Limbus bilabiatus hians ; labio ſuperiore integro vel emarginato, inferiore trifido.

Stam. filamenta duo, filiformia, curva, longitudine corollæ ; antheræ ovatæ ſ. ſubrotundæ.

Piſt. germen ſuperum, ovatum. Stylus filiformis, adſcendens ; ſtigma capitatum.

Peric. capſula ovato-oblonga, ſubcompreſſa, bilocularis, quadrivalvis.

Sem. plurima.

Conſpectus ſpecierum.

197. PÆDEROTA *cærulea.* T. 13. f. 1.
P. foliis oppoſitis ſubrotundo-ovalibus ſerratis, labio ſuperiore indiviſo.
Ex alpibus, Italicis, Auſtriacis. ♃

198. PÆDEROTA *lutea.*
P. foliis oppoſitis ovalibus ſerratis, labio ſuperiore bifido.
Ex Italia, Auſtria. ♃ *D. Vahl. an varietas præcedentis.*

199. PÆDEROTA *nudicaulis.* T. 13. f. 2.
P. foliis radicalibus oblongis obtuſis, ſpica ſecunda, caule nudo.
E Carinthia. ♃ *Wulfenia.*

200. PÆDEROTA *Bonæ Spei.*
P. foliis pinnatifidis. L.
E Capite Bonæ Spei. *An potius hemimeris.*

Explicatio iconum.

Tab. 13, f. 1. Pæderota. *cærulea.* (*a*) Flos, pedunculus, bractea. (*c*) Corolla ſeparata. (*d*) Calyx piſtillum. (*e*) Capſula. (*f*) Eadem diſſecta. (*b*) Eadem valvis disjunctis. (*g*) Caulis, ſpica. *Fig. ex Michel.*

Tab. 13, f. 2. Pæderota *nudicaulis.* (*a*) Corolla. (*b*) Calyx, capſula. (*c*) Spica. (*d*) Folium radicale. *Fig. ex D. Jacq.*

34. PINGUICULA.

Charact. eſſent.

Calyx quinquefidus, inæqualis. Corolla ringens, baſi calcarata. Capſula unilocularis.

Charact. nat.

Caraɛl. nat.

Cal. monophylle, quinquefide, irrégulier, comme bilabié : à lèvre fupérieure trifide, & l'inférieure bifide.
Cor. monopétale, Irrégulière, terminée poſtérieurement par un éperon. Limbe bilabié : lèvre fupérieure plus courte, échancrée ; l'inférieure plus longue, obtufe, trifide.
Etam. deux filamens, cylindriques, courts, courbés. Anthères arrondies.
Piſt. un ovalre fupérieur, globuleux. Un ſtyle court. Stigmate à deux lames, recouvrant les anthères.
Péric. une capfule ovale, s'ouvrant par fon fommet, uniloculaire, polyfperme.
Sem. nombreufes, prefque cylindriques, atachées à un placenta libre & central.

Caraɛl. nat.

Cal. monophyllus, quinquefidus, inæqualis, fubbilabiatus : labio fupcriore trifido, inferiore bifido.
Cor. monopetala, ringens, bafi in corniculum producta; limbus bilablatus : labium fuperius brevius emarginatum ; inferius longius obtufum trifidum.
Stam. filamenta duo, cylindrica, brevia, curva. Antheræ fubrotundæ.
Piſt. germen fupcrum, globofum. Stylus brevis. Stigma bilamellatum, antheras tegens.
Peric. capfula ovata, apice dehifcens, unilocularis, polyfperma.
Sem. plurima, cylindracea, receptaculo centrali libero affixa.

Tableau des efpèces.

Conſpeɛlus fpecierum.

101. GRASSETE *vulgaire.* Diɛl. n°. 1.
G. à éperon cylindrique auſſi long que la fleur.
Lieu nat. les marais & les lieux humides de l'Europe. ⚕

101. PINGUICULA *vulgaris.* T. 14. f. 1.
P. calcare cylindrico floris longitudine.
En Europæ uliginofis. ⚕

102. GRASSETE *à grandes fleurs.* Diɛl. n°. 2.
G. à éperon cylindrique auſſi long que la fleur, gorge dilatée, lèvre inférieure très-large.
Lieu nat. la France, dans les montagnes.

102. PINGUICULA *grandiflora.* T. 14. f. 2.
P. calcare cylindrico floris longitudine, fauce dilatato, labio inferiore latiſſimo.
Ex alpibus Galliæ.

103. GRASSETE *des Alpes.* Diɛl. n°. 3.
G. à éperon conique très-court, feuilles ovales, oblongues.
Lieu nat. les montagnes de l'Europe. ⚕

103. PINGUICULA *Alpina.*
P. calcare conico breviſſimo, foliis ovato-oblongis.
Ex alpibus Europæ. ⚕

104. GRASSETE *velue.* Diɛl. n°. 4.
G. à hampe un peu velue, f. ovales-arrondies.
Lieu nat. la Laponie, la Sibérie.

104. PINGUICULA *villofa.*
P. fcapo fubvillofo, foliis ovato-fubrotundis.
E Laponia, Sibiria. ⚕

Explication des fig.

Tab. 14, f. 1. GRASSETE *vulgaire.* (a, b) fleur vue de côté & en-levant. (c) Corolle (d) Calice. (e) Calice, piſtil. (f) Piſtil. (g) Calice, capfule. (h) Capfule nue. (i) La même ouverte. (l) Semences. (m) Réceptacle des femences. (n) Plante entière.
Tab. 14. f. 2. GRASSETE *à grandes fleurs.*

Explicatio iconum.

Tab. 14. f. 1. PINGUICULA *vulgaris.* (a, b) Flos à latere & antice vifus. (c) Corolla. (d) Calyx. (e) Calyx, piſtillum. (f) Calyx, capfula. (h) Capfula denudata. (i) Eadem dehifcens. (m) Receptaculum feminum. (l) Semina. (n) Planta integra.
Tab. 14. f. 2. PINGUICULA *grandiflora.*

35. UTRICULAIRE.

Caraɛl. eſſent.

Calice diphylle, régulier. Corolle ringente, à éperon à fa bafe; capfule uniloculaire.

35. UTRICULARIA.

Caraɛl. eſſent.

Calyx diphyllus, æqualis. Corolla ringens bafi calcarata. Capfula unilocularis.

Caract. nat.

Cal diphylle : à folioles ovales, concaves, très-petites, égales, caduques.
Cor. monopétale, ringente; tube presque nul. Limbe bilabié : lèvre supérieure droite, obtuse, plane ; lèvre inférieure plus grande, entière, plane, portant un palais faillant, cordiforme, & se terminant à sa base en un éperon corniculé.
Etam. deux filamens très courts, courbés; anthères petites, cohérentes.
Pist. un ovaire supérieur, globuleux ; un style court, à stigmate conique.
Péric. une capsule globuleuse, uniloculaire, polysperme, ayant un placenta libre & central.
Sem. nombreuses.

Tableau des espèces.

205. UTRICULAIRE à grande fleur. Dict.
U. à éperon subulé, feuilles ovales très-entières.
Lieu nat. la Martinique.

206. UTRICULAIRE feuille de fenouil. Dict.
U. à éperon conique, fruits pendans, racines dépourvues d'utricules.

207. UTRICULAIRE commune. Dict.
U. à éperon conique, orifice fermé par un palais gibbeux, racines utriculifères.
Lieu nat. les étangs & les fosses aquatiques de l'Europe.

208. UTRICULAIRE baillante. Dict.
U. à éperon très court, orifice ouvert.
Lieu nat. les fosses aquatiques de l'Europe.

209. UTRICULAIRE subulée. Dict.
U. à éperon subulé, fleurs blanches en épi.
Lieu nat. la Virginie.

211. UTRICULAIRE biflore. Dict.
U. à éperon en crochet, hampe filiforme, biflore.
Lieu nat. la Caroline. Hampe de 2 à 3 pouces.

211. UTRICULAIRE hispide. Dict.
U. à hampe filiforme pauciflore hispide inférieurement, feuilles linéaires-subulées.
Lieu nat. l'isle de Cayenne.

212. UTRICULAIRE bifide. Dict.
U. à hampe nue, divisée en deux branches.
Lieu nat. la Chine.

213. UTRICULAIRE bleue. Dict.

Charact. nat.

Cal. diphyllus : foliolis ovatis, concavis, minimis, æqualibus, deciduis.
Cor. monopetala, ringens ; tubus subnullus. Limbus bilabiatus : labium superius erectum, obtusum, planum; inferius majus, integrum, planum, palatum cordatum intus prominulum proferens, & basi in calcare corniculato productum.
Stam. filamenta duo, brevissima, incurva; antheræ parvæ, cohærentes.
Pist. germen superum, globosum; stylus brevis; Stigma conicum.
Peric. capsula globosa, unilocularis, polysperma, receptaculo centrali libero.
Sem. plurima.

Conspectus Specierum.

205. UTRICULARIA alpina.
U. calcare subulato, foliis ovatis integerrimis.
E Martinica. Variat scapo bifloro.

206. UTRICULARIA foliosa.
U. calcare conico, fructibus cernuis, radiculis utriculo destitutis.

207. UTRICULARIA vulgaris. T. 14, f. 1.
U. calcare conico, fauce palato gibbo clausa, radiculis utriculiferis.
Ex Europæ stagnis & fossis aquaticis.

208. UTRICULARIA minor. T. 14, f. 2.
U. calcare brevissimo, fauce hiante.
Ex Europæ fossis aquaticis.

209. UTRICULARIA subulata.
U. calcare subulato, floribus albis spicatis.
E Virginia.

211. UTRICULARIA biflora.
U. calcare uncinato, scapo filiformi bifloro.
E Carolinia. Fraser radices utriculiferi.

211. UTRICULARIA hispida.
U. scapo filiformi paucifloro inferne hispido; foliis lineari subulatis.
E Cayena. Communis. a D. Rich.

212. UTRICULARIA bifida.
U. scapo nudo bifido. L.
E China. Osb. it. T. 3, f. 1.

213. UTRICULARIA cærulea.

U. à éperon pointu ; hampe nue , ayant des
écailles fubulées vagues alternes.
Lieu nat. le Malabar , l'ifle de Ceylan.

214. UTRICULAIRE *verticillée.* Dict.
U. à verticille utriculaire des bractées cilié.
Lieu nar. l'Inde, dans les champs de riz , &
les lieux les plus profonds remplis d'eau.

Explication des fig.

Tab. 14, Fig. 1. UTRICULAIRE *commune.* (a) Fleur
vue obliquement. (b) La même vue de front. (c) Lèvre
inférieure de la corolle. (d) Calice: (e) Calice , publi.
(f) Plante entière.
Tab. 14, f. 2. UTRICULAIRE *brillante.* (a, b)
Fleur vue en-devant & de côté. (c) Calice. (d) Plante
entière.

36. CALCEOLAIRE.

Carall. effent.

CALICE partagé en 4 découpures régulières.
Corolle ringente ; à lèvre inférieure enflée ,
concave. Capfule biloculaire.

Carall. nat.

Cal. monophylle, régulier, perfiftant , partagé
en quatre découpures ovales.
Cor. monopétale, difforme, bilabiée : lèvre fupérieure très-petite , refferrée , globuleufe ;
lèvre inférieure très grande , enflée comme
un fabot , & ouverte antérieurement vers fa
bafe.
Etam. deux filamens très-courts, placés dans la
lèvre fupérieure de la corolle. Anthères couchées , à deux lobes.
Pift. un ovaire fupérieur , arrondi ; un ftyle
très-court ; ftigmate un peu obtus.
Péric. capfule prefque conique, ventrue à fa
bafe , pointue au fommet , marquée de deux
fillons, biloculaire , bivalve : à valves bifides
au fommet.
Sem. nombreufes, petites, un peu cylindriques ,
ftriées.

Tableau des efpèces.

U. calcare acuto; fcapo nudo, fquamis alternis vagis fubulatis.
E Malabaria , Zeylona. *Comm. a D. Sonnerat.*

214. UTRICULARIA *ftellaris.*
U. verticillo utriculario bractearum ciliari. L..f.
Ex Indiæ agris oryzaceis, & aquofis profun-
dioribus.

Explicatio iconum.

Tab. 14, f. 1. UTRICULARIA *vulgaris.* (a) Flos
integer oblique vifus. (b) Idem à fronte vifus. (c) Labium inferius Corollæ. (d) Calyx. (e) Calyx, publ.inm.
(f) Planta integra. *Fig. ex Vaill.*
Tab. 14, f. 2. UTRICULARIA *minor.* (a, b) Flos
antice & à latere vifus. (c) Calyx. (d) Planta integra.
Fig. ex Oed.

36. CALCEOLARIA.

Charall. effent.

CALIX quadripartitus , æqualis. Corolla ringens ;
labio inferiori inflato concavo. Capfula bilocularis.

Charall. nat.

Cal. monophyllus , quadripartitus , æqualis ;
perfiftens , laciniis ovatis.
Cor. monopetala, bilabiata : labium fuperius
minimum , coarcto-globofum ; labium inferius maximum , inflatum , concavum , cal-
ceiforme , antice hians.
Stam. filamenta duo breviffima , intra labium
fuperius. Antheræ incumbentes , bilobæ.
Pift. germen fuperum , fubrotundum. Stylus
breviffimus. Stigma obtufiufculum.
Peric. capfula fubconica, bafi ventricofa, apice
acuta , bifulca , bilocularis , bivalvis : valvis
apice bifidis.
Sem. numerofa , parva , teretiufcula , ftriata.

Confpectus fpecierum.

217. CALCEOLAIRE dichotome. Diĉt. n°. 3.
C. à feuilles simples ovales obscurément crénelées : les inférieures pétiolées, tige dichotome pubescente.
Lieu nat. le Pérou. ☉

218. CALCEOLAIRE perfoliée Diĉt. n°. 4.
C. à feuilles perfoliées spatulées sagittées.
Lieu nat. le Pérou, la nouvelle Grenade. fl.
jaunes, fasciculées.

219. CALCEOLAIRE crénelée. Diĉt. n°. 5.
C. à feuilles sessiles oblongues pointues créne-
lées, fleurs en cimes terminales.
Lieu nat. le Pérou.

220. CALCEOLAIRE à f. de romarin. Diĉt. n°. 6.
C. à feuilles linéaires très-entières à bords ré-
fléchies cotonneuses en-dessous, tige glabre.
Lieu nat. le Pérou.

221. CALCEOLAIRE biflore. Diĉt. n°. 7.
C. à feuilles ovales-rhomboïdes dentées ra-
dicales, hampe nue & biflore.
Lieu nat. le Magellan. ♃ Comm.

222. CALCEOLAIRE uniflore. Diĉt. n°. 8.
C. à feuilles ovales entières en pétiole radicales, hampes uniflores, lèvre inférieure très-grande pendante.
Lieu nat. le détroit de Magellan. ♃ Comm.

223. CALCEOLAIRE de Fothergill. Diĉt. Suppl.
C. à feuilles spatulées très-entières, pédoncules scapiformes & uniflores.

Lieu nat. les isles Malouines. ♂ Plante velue,
surtout dans sa partie supérieure.

Explication des fig.

Tab. 15. f. 1. CALCEOLAIRE de Fothergill. (a) Portion de la plante montrant les feuilles, une fleur & une
ca, lisée.
Tab. 15. f. 2. CALCEOLAIRE pinnée. (a, b) Capsule
entière & ouverte. (c d) La même coupée transver-
salem ta & verticalement. (e, f) Semences. (g, h)
Semen transversale & longitudinale des semences.
Tab. 15, f. 3. CALCEOLAIRE uniflore. (a) Fleur
vue en-devant. (b) Calice. (c) Examines. (d) Pistil.

37. BÉOLE.

Caraĉt. essent.

CALICE à cinq division. Corolle ringente : i

DIANDRIA MONOGYNIA.

217. CALCEOLARIA dichotoma.
C. foliis simplicibus ovatis, obsolete crenatis:
inferioribus petiolatis; caule dichotomo pubescente.
E Peru. ☉ Calceolaria ovata. Smith. ic. fasc. 1. t. 3.

218. CALCEOLARIA perfoliata.
C. foliis perfoliatis spathulato-sagittatis. L. f.
Suppl. 86.
E Peru, nova Grenada. Cal. persol. Smith. ic.
fasc. 1. t. 4.

219. CALCEOLARIA crenata.
C. foliis sessilibus oblongis acutis crenatis, flo-
ribus cymosis caules & ramulos terminantibus.
E Peru.

220. CALCEOLARIA rosmarinifolia.
C. foliis linearibus integerrimis margine re-
flexis subtus tomentosis, caule glabro.
E Peru.

221. CALCEOLARIA biflora.
C. foliis rhombeo ovatis dentatis radicalibus ;
scapo nudo bifloro.
E Magellanis. ♃ Calceol. plantaginea. Smith.
ic. fasc. 1. t. 2.

222. CALCEOLARIA uniflora.
C. foliis ovatis integris in petiolum attenuatis
radicalibus, scapis unifloris, labio corollæ
maximo pendulo.
E freto Magellanico ♃ Calc. nana. Smith. ic.
fasc. 1. t. 1.

223. CALCEOLARIA Fothergilii. T. 15. f. 1.
C. foliis spathulatis integerrimis, pedunculis scapiformibus unifloris. Ait. Hort. Kew.
p. 30, t. 1.
Ex insulis Falklandicis. ♂

Explicatio Iconum.

Tab. 15, f. 1. CALCEOLARIA Fothergilii. (a) Pars
plantæ folia florum integra una & capitulum exhibens. Fig.
ex Hort. Kew.
Tab. 15, f. 2. CALCEOLARIA pinnata. (a, b) Capsula integra & dehiscens. (c, d) Idem transverse &
verticaliter sectæ. (e, f) Semina. (g, h) Semina sectio transversalis & longitudinalis. Fig. ex D. Gerin.
Tab. 15, f. 3. CALCEOLARIA uniflora. (a) Flos
antice visus. (b) Calyx. (c) Stamina. (d) Pistillum. Fig.
ex D. Smith.

37. BŒA.

Charaĉt. essent.

CALYX quinquepartitus. Corolla ringens: tubo

DIANDRIE MONOGYNIE.

tube presque nul, limbe ouvert. Etamines
arquées. Capsule corniculée, biloculaire,
quadrivalve.

Carað. nat.

Cal. monophylle, à cinq découpures ovales-
lancéolées.

Cor. monopétale, irrégulière; tube presque nul;
limbe ouvert, bilabié : lèvre supérieure droite
obscurément trilobée; lèvre inférieure obcordée, échancrée au sommet.

Etam. 2 filam. un peu épais, arqués, plus courts
que la corolle. Anthères oblong-, couchées

Pist. un ovaire supérieur, un peu conique, se
terminant en un style court, un peu épais,
courbé en-dedans. Stigmate obtus.

Péric. une capsule oblongue, corniculée, torse, biloculaire, quadrivalve, polysperme.

Sem. .....

Tableau des espèces.

114. BEOLE de Magellan. Dið. p. 401.
Lieu nat. le Magellan.

Explication des fig.

Tab. 15. BÉOLE de Magellan. (a, b, c) Fleur vue
obliquement, en devant, & par derrière. (d) Cap.ule
ayant les valves desunies. (e) Plante entière.

58. GRATIOLE.

Caract. essent.

CALICE de sept folioles, dont deux sont extérieures. Corolle irrégulière. Deux étamines
stériles. Capsule biloculaire.

Caract. nat.

Cal. de sept folioles oblongues, pointues, inégales; dont deux sont extérieurs & plus lâches.

Cor. monopétale, irrégulière : tube plus long
que le calice; limbe petit, partagé en 4 lobes
dont le supérieur est plus large & échancré.

Etam. quatre filamens subulés, plus courts que
la corolle, dont deux inférieurs stériles; & 2
supérieurs anthérifères. Anthères arrondies.

Pist. un ovaire supérieur, conique. Style subulé; stigmate bilabié.

Péric. une capsule ovale, acuminée biloculaire
bivalve : à chui on paraît être aux valves.

Sem. nombreuses, petites.

DIANDRIA MONOGYNIA. 55

subnullo, limbo patente. Stamina arcuata.
Capsula corniculata, bilocularis, quadrivalvis.

Charað. nat.

Cal. monophyllus, quinquepartitus; laciniis
ovato-lanceolatis.

Cor. monopetala, irregularis; tubus subnullus;
limbus patens, bilabiatus : labium superius
erectum obsolete trilobum; labium inferius
cordatum, emarginatum.

Stam. filamenta duo, crassiuscula, arcuata, corolla breviora. Antheræ oblongæ incumbentes.

Pist. germen superum, subconicum, definens
in stylum brevem crassiusculum incurvum;
stigma obtusum.

Peric. capsula oblonga, corniculata, contorta;
bilocularis, quadrivalvis, polysperma.

Sem. ...

Conspectus specierum.

124. BŒA Magellanica. T. 15.
E Magellania.

Explicatio iconum.

Tab. 15. BŒA Magellanica. (a, b, c) Flos oblique
antice & postice visus. (d) Capsula valvis disjunctis.
(e) Planta integra. Fig. ix Herb. sicc.

58. GRATIOLA.

Charað. essent.

CALYX heptaphyllus, foliolis duobus exterioribus. Corolla irregularis. Stamina duo sterilia.
Capsula bilocularis.

Charað. nat.

Cal. heptaphyllus: foliolis oblongis acutis inæqualibus; duobus exterioribus laxioribus.

Cor. monopetala, irregularis : tubus calice longior; limbus quadripartitus parvus, lacinia
superiore latiore emarginata.

Stam. filamenta quatuor, subulata, corolla breviora, quorum duo inferiora sterilia; superiora duo antherifera. Antheræ subrotundæ.

Pist. germen superum, conicum. Stylus subulatus. Stigma bilabiatum.

Peric. capsula ovata acuminata bilocularis bivalvis; dissepimento valvis parallelo.

Sem. plurima, parva.

Tableau des espèces.

215. GRATIOLE officinale. Diô. n°. 1.
G. à feuilles lancéolées dentées, fleurs pédonculées.
Lieu nat. la France, l'Europe auftrale, aux lieux humides. ⚥

216. GRATIOLE alfinoïde. Diâ. n°. 2.
G. à feuilles ovales trinerves un peu dentées plus courtes que les entre-nœuds.
Lieu nat. le Malabar, aux lieux fablonneux.

217. GRATIOLE à feuilles d'Hyffope. Diâ. n°. 3.
G. à feuilles lancéolées, obfcurément dentées plus courtes que les entre-nœuds.
Lieu nat. l'Inde, dans les champs de riz. ⊙

218. GRATIOLE à fleurs b'eues. Diâ. t.°. 4.
G. à feuilles lancéolées - ovales dentées au fommet, esflée de la longueur du tube.
Lieu nat. l'Inde, le Malabar, aux lieux fablonneux. *Le fynonyme de Plukner paroît appartenir plutôt à une variété de la précédente.*

229. GRATIOLE de Virginie. D.â. n°. 5.
G. à feuilles linéaires - lancéolées pointues ayant vers leur fommet des dents aiguës, tube plus long que le calice.
Lieu nat. la Virginie, la Caroline, aux lieux aquatiques.

230. GRATIOLE portulacée. Diâ. n°. 6.
G. à feuilles ovales oblongues obtuses très-entières, pédoncules uniflores, tige très-rameufe rampante.
Lieu nat. la Jamaïque, Saint-Domingue. ⚥
β. La même à pédoncules plus longs, fleur bleuâtre. Dramie. Diâ. p. 459. (v. f.)

231. GRATIOLE aromatique. D.Q. Suppl.
G. à feuilles lancéolées dentées fessiles, pédoncules uniflores, tiges fiftuleuses redressées.
Lieu nat. le Malabar. — *Ambulia aromatique.* Diâ p. 128. *Les fl. de cette plante & de la précédente ont quatre étamines.*

232. GRATIOLE du Pérou Diâ. n°. 7.
G. à fleurs presque fessiles.
Lieu nat. le Pérou.

Explication des Fig.

Tab. 16. f. 1. GRATIOLE officinale. (a) Fleur entière & partie fupérieure de la plante. (b) Corolle coupée longitudinalement, montrant les étamines ftériles & fertiles. (c) Calice. (d) Capfule. (e) La même coupée en travers.

Confpectus fpecierum.

215. GRATIOLA officinalis T. 16, f. 1.
G. foliis lanceolatis ferratis, floribus pedunculatis. L.
Ex Gallia & Europa auftrali, in locis humidis. ⚥

216. GRATIOLA rotundifolia.
G. foliis ovatis trinerviis, fub ferratis internodiis brevioribus.
Ex Malabariæ arenofis. *Nanfchera - canfchabu. Hhred. mal.* 10, t. 50.

217. GRATIOLA Hyffopoides.
G. foliis lanceolatis fubferrat.is articulo caulino breviolib. L.
Ex India, in agris oryzaceis. ⊙

218. GRATIOLA chamædrifolia.
G. foliis lanceolato ovatis fuperne dentatis, calyce longitudine tubi.
Ex Indiæ, Malabariæ arenofis. *Synonymon Plukneti valdè dubium. Conf. cum præcedente.*

219. GRATIOLA Virginica. T. 16, f. 2.
G. foliis lineari-lanceolatis acutis verfus apicem argutè dentatis, tubo calyce longiore.
E Virginia, Carolina, in aquofis. *Comm. à D. Frafer.*

230. GRATIOLA morimia.
G. foliis ovali oblongis obtufis integerrimis, pedunculis unifloris, caulibus ramulifimis repentibus.
Ex Jamaica, Domingo. ⚥
β. Eadem pedunculis longioribus, flore cærulefcente. Braml. *Rheed. mal.* 10, t. 14. (v. f.)

231. GRATIOLA aromatica.
G. foliis lanceolatis ferratis fefilibus, pedunculis unifloris, caulibus fiftulofis fuberectis.
E Malabaria. — *Ambulia aromat. Reed. mal.* 10, t. 6. *in hac f, ecie ac in præcedente flores tetrandri.*

232. GRATIOLA Peruviana.
G. floribus fubfeffilibus. L.
E Peru.

Explicatio iconum.

Tab. 16. f. 1. GRATIOLA officinalis. (a) Flos integer & pars fuperior plantæ. (b) Corolla longitudinaliter fecta ftamina fterilia ac fertilia exhibens. (c) Calyx. (d) Capfula. (e) Eadem transverfe fecta. f. g. ia D. Ufuard.

Tab. 16, f. 1. GRATIOLE de Virginie. (a) Portion de la plante destinée sur le sec. (b, c, d) Capsule entière & ouverte. (e) La même coupée en travers. (f, g) Semences. (h, i) Semence coupée transversalement & dans sa longueur.

59. SCHOUENKE.

Caract. essent.

COROLLE presque régulière, plissée glanduleuse à son orifice. Trois étamines stériles. Capsule biloculaire, polysperme.

Caract. nat.

Cal. monophylle tubuleux strié droit à cinq dents, persistant.
Cor. monopétale; tube cylindrique, de la longueur du calice; limbe presque régulier, aussi long que le calice, enflé à son orifice qui est fermé par cinq plis en étoile à angles extérieurs des plis glanduleux, & les deux glandes supérieures plus longues que les autres.
Etam. cinq filamens: trois plus courts, sétacés, sans anthères; 2 supérieurs plus longs, fertiles. Anthères (1) ovales, pointues, biloculaires.
Pist. un ovaire supérieur, globuleux. Style fin ple, de la long. des étamines. Stigmate obtus.
Péric. capsule comprimée, lenticulaire, glabre, plus grande que le calice qui s'est accru, biloculaire, bivalve, à placenta globuleux.
Sem. nombreuses, très petites, un peu anguleuses.

Tableau des espèces.

233. SCHOUENKE de Guinée. Diâ.
Lieu nat. la Guinée. ⊙ *Ses rapports naturels la rapprochent des broussailles.*

40. CIRCÉE.

Caract. essent.

CALICE diphylle, supérieur. Corolle à deux pétales. Capsule inférieure, bispide, biloculaire, disperme.

Caract. nat.

Cal. supérieur, diphylle, porté sur un tube court; à folioles ovales pointues, concaves, réfléchies.
Cor. deux pétales en cœur, égaux, ouverts, un peu plus contis que le calice.
Etam. deux filamens, capillaires, droits, aussi longs que le calice. Anthères arrondies.

Tab. 16, f. 1. GRATIOLA *Virginica.* (a) Pars plantæ ex ficcu delineata. (b, c, d) Capsula integra & dehiscens. (e) Eadem transverse sectā. (f, g) Semina. (h, i) Semen transverse & longitudinaliter sectum. *Fig. ex D. Carta.*

39. SCHWENKIA.

Charact. essent.

COROLLA subæqualis fauce plicata glandulosa. Stamina tria sterilia. Capsula bilocularis polysperma.

Charact. nat.

Cal. monophyllus tubulosus striatus rectus quinquedentatus persistens.
Cor. monopetala: tubus cylindricus longitudine calycis; limbus subregularis, longitudine calycis, fauce inflatus, quinqueplicatus: plicis orificium stellatim claudentibus; corpore glanduloso plicarum angulis exterioribus innato: superioribus duabus glandulis longioribus.
Stam. filamenta quinque: tria breviora, setacea, castrata; 2 superiora, longiora, fertilia. Antheræ (duæ) ovatæ, acutæ, biloculares.
Pist. germen superum, globosum. Stylus simplex, longitudine staminum. Stigma obtusum.
Peric. capsula compresso-lenticularis, glabra, calyce ampliato longior, bilocularis, bivalvis; receptaculo seminum subgloboso.
Sem. plurima, minima, subangulata.

Conspectus specierum.

233. SCHWENKIA *Guineensis.*
Ex Guinea. ⊙ *Ait. hort. Kew.* 29 Schwenkia Americana. L.

40. CIRCÆA.

Charact. essent.

CALYX diphyllus, superus. Corolla dipetala. Capsula infera, bispida, bilocularis, disperma.

Charact. nat.

Cal. superus, diphyllus, tubo brevi elevatus; foliolis ovato-acutis concavis deflexis.
Cor. petala duo, obcordata, calyce fere breviora, patentia, æqualia.
Stam. filamenta duo, capillaria, erecta longitudine calycis. Antheræ subrotundæ.

Pift. un ovaire inféreur, turbiné. Style filiforme, de la longueur des étamines, ftigmate
obtus, échancré.
Péric. une capfule turbinée-ovale, hifpide, biloculaire.
Sem. folitaires, oblongues, obtufes au fommet,
& retrécies vers la bafe.

Pift. germen inferum, turbinatum. Stylus filiformis longitudine ftaminum. Stigma obtufum, emarginatum.
Peric. capfula turbinato-ovata-hifpida, bilocularis.
Sem. folitaria, oblonga, apice obtufa, inferne
anguftiora.

Tableau des efpèces.

Confpectus fpecierum.

234. CIRCÉE *pubefcente.* Dict. n°. 1.
C. à tige pileofes & pedoncules pubefcens,
feuilles ovales légèrement dentées.
Lieu nat. l'Europe & l'Amérique feptentrionale, dans les bois. ♃

334. CIRCÆA *lutetiana.* T. 16, f. 1.
C. caule petiolis pedunculifque pubefcenti-
bus, foliis ovatis fubferratis.
Ex Europæ & Americæ borealis nemoribus. ♃

235. CIRCÉE *des Alpes.* Dict. n°. 2.
C. à tige glabre, feuilles en cœur glabres luifantes bordées de dents aiguës.
Lieu nat. les lieux ombragés & humides des
montagnes de l'Europe. ♃

335. CIRCÆA *Alpina.* T. 16, f. 2.
C. caule glabro, foliis cordatis acute dentatis
glabris & nitidis.
Ex Europæ locis umbrofis & humidis mon-
tium. ♃

Explication des fig.

Explicatio Iconum.

Tab. 16, f. 1. CIRCÉE *pubefcente.* (*a*, *b*) Fleurs
féparées & groffies. (*c*, *e*) Capfule entière. (*d*) La
même coupée tranfverfalement. (*f*, *g*) Semences féparées. (*i*) Embryon découvert.
Tab. 16, f. 2. CIRCÉE *des Alpes.*

Tab. 16, f. 1. CIRCÆA *lutetiana.* (*a*, *b*) Flores
fegregati & aucti. (*c*, *e*) Capfula integra. (*d*) Eadem
tranfverfe fecta. (*f*, *g*) Semina feparata. (*i*) Embryo
denudatus. *Fig. fructus ex B. Gærtn.*
Tab. 16, f. 2. CIRCÆA *Alpina.*

41. VERVEINE.

41. VERBENA.

Caract. effent.

Charact. effent.

CALICE à cinq dents. Corolle infundibuliforme,
courbée; à limbe quinquefide, irrégulier.
Étamines didynamiques. Quatre femences
nues.

CALYX quinquedentatus. Corolla infundibuliformis, curva; limbo quinquefido inæquali.
Stamina didynama. Semina quatuor nuda.

Caract. nat.

Charact. nat.

Cal. monophylle, tubuleux, perfiftant, à cinq
dents; la cinquième dent comme tronquée.
Cor. monopétale, infundibuliforme, courbée;
limbe quinquefide; à découpures arrondies,
inégales.
Etam. quatre filamens fétacés, très-courts, enfermés dans le tube; anthères non faillantes,
très-petites.
Pift. un ovaire fupérieur, tetragone. Un ftyle
fimple, filiforme, de la longueur du tube.
Stigmate obtus.
Péric. prefque nul. Les femences font enfermées
dans le calice.
Sem. au nombre de quatre, oblongues, nues;
(elles font enveloppées dans une tunique
commune avant leur maturité.)

Cal. monophyllus, tubulofus, perfiftens, quinquedentatus: denticulo quinto fubtruncato.
Cor. monopetala, infundibuliformis, curva;
limbus quinquefidus; laciniis rotundatis inæqualibus.
Stam. filamenta quatuor, fetacea, breviffima,
tubo inclufa. Antheræ non exfertæ minimæ.
Pift. germen fuperum, tetragonum. Stylus fimplex, filiformis, longitudine tubi. Stigma
obtufum.
Peric. fubnullum. Calyx continens femina.
Sem. quatuor, oblonga, nuda; (ante maturitatem tunica communi veftita funt. *Gærtn.*)

Tableau

Tableau des espèces.

236. VERVEINE *officinale.* Dict.
V. à épis filiformes, paniculés, feuilles laci-
niées, multifides, tige solitaire.
Lieu nat. l'Europe, aux lieux incultes, stériles. ♂

237. VERVEINE *couchée.* Dict.
V. à épis filiformes solitaires, feuilles bipin-
natifides, tiges très-rameuses & couchées.
Lieu nat. la France méridionale, l'Espagne. ☉

238. VERVEINE *pinnatifide.* Dict,
V. à épis filiformes, feuilles incisées-pinnati-
fides grossièrement dentées.
Lieu nat. l'Amérique septentrionale. ♈

239. VERVEINE *hastée.* Dict.
V. à épis paniculés, feuilles lancéolées acuminées bordées de dents aiguës incisées &
hastées à leur base.
Lieu nat. l'Amérique septentrionale. ♈
β. Elle varie à feuilles nonincisées à leur base.

240. VERVEINE *paniculée.* Dict.
V. à épis filiformes paniculés, feuilles lancéo-
lées grossièrement dentées non incisées.
Lieu nat. l'Amérique septentrionale. ♈

241. VERVEINE *de Caroline.* Dict.
V. à épis filiformes simples très-longs, feuilles lancéolées dentées, un peu obtuses, presque
sessiles.
Lieu nat. la Caroline. ♈

242. VERVEINE *à feuilles d'ortie.* Dict.
V. à épis filiformes paniculés, feuilles ovales
pétiolées non divisées, à grosses dents comme
des crénelures.
Lieu nat. l'Amérique septentrionale. ♈

243. VERVEINE *de Bonnesaires.* Dict.
V. à épis courts presque fasciculés, feuilles
oblongues lancéolées amplexicaules.
Lieu nat. les environs de Buenos Ayres. ♈

244. VERVEINE *à longue fleur.* Dict.
V. à épis solitaires un peu denses, décompu-
res de la corolle échancrées, feuilles ovales
incisées dentées pétiolées.
Lieu nat. la Virginie. ☉

245. VERVEINE *crinoïde.* Dict.
V. à épis solitaires, corolle à découpures
échancrées, feuilles laciniolées presque sessiles.
Lieu nat. le Pérou. (v. s.) *Elle a des rapports
avec la précédente.*

---

236. VERBENA *officinalis.* T. 17, f. 1.
V. spicis filiformibus paniculatis, foliis mul-
tifidolaciniatis, caule solitario.
Ex Europæ ruderatis. ♂

237. VERBENA *supina.*
V. spicis filiformibus solitariis, foliis bipin-
natifidis, caulibus ramosissimis decumbentibus.
E Gallia australi, Hispania. ☉

238. VERBENA *pinnatifida.*
V. spicis filiformibus, foliis incifo-pinnatifi-
dis grosse serratis.
Ex America septentrionali. ♈

239. VERBENA *hastata.*
V. spicis paniculatis, foliis lanceolatis acuminatis acute serratis basi incifo-hastatis.
Ex America septentrionali. ♈
β Variat foliis indivisis.

240. VERBENA *paniculata.*
V. spicis filiformibus paniculatis, foliis lan-
ceolatis grosse serratis indivisis.
Ex America septentrionali. ♈

241. VERBENA *Caroliniana.*
V. spicis filiformibus simplicibus longissimis,
foliis lanceolatis serratis, obtusiusculis, subsessilibus.
E Carolina. ♈ Communic. à D. Fraser,

242. VERBENA *urticæfolia.*
V. spicis filiformibus paniculatis, foliis ovatis
crenato-serratis indivisis petiolatis.

Ex America septentrionali. ♈

243. VERBENA *Bonariensis.* T. 17, f. 1.
V. spicis brevibus subfasciculatis, foliis
oblongo-lanceolatis amplexicaulibus.
Ex agro Bonariensi. ♈

244. VERBENA *longiflora.*
V. spicis solitariis densiusculis; corollarum
laciniis emarginatis, foliis ovalibus incifo-
serratis petiolatis.
E Virginia. ☉ *Verbena aubletia.* L. f.

245. VERBENA *crinoides.*
V. spicis solitariis, corollarum laciniis emar-
ginatis, foliis laciniatis subsessilibus.
E Peru. — *Erinus laciniatus.* Linn. lychnidea...
Fewil. peruv. 3, t. 25. *Fig. intermed,*

Explication des fig.   *Explicatio Iconum.*

Tab. 17, F. 1. VERVEINE *officinale*. (*a*) Fleur entiere. (*b*) Coralle vue de desus. (*e*, *d*) Calice. (*e*, *f*)
Ovaire. (*g*) Semences séparées. (*h*) Partie supérieure
de la plante.

Tab. 17, f. 2. VERVEINE *de Bonnefaires*. (*a*) Calice
fructifere grossi & ouvert dans fa longueur. (*g*) Le
même entier & de grandeur naturelle. (*d*, *f*, *g*) Semence. (*b*) Semence coupée transverſalement. (*e*) Noyau de la ſemence mis à nud. (*i*) Embryon découvert.
( ) Sommité de la plante montrant quelques épis ( )
Feuille caulinaire ſéparée.

Tab. 17, f. 1. VERBENA *officinalis*. (*a*) Flos integer. (*b*) Corolla a latere vifa. (*e*, *d*) Calyx. (*e*,*f*) Ga-
men. (*g*) Semina ſoluta. (*h*) Pars ſuperior plantæ.

Tab. 17, f. 2. VERBENA *Bonarienſis*. (*a*) Calyx
fructifer, auctus longitudinaliter apertus. (*g*) Idem
magnitudine naturali & integer. (*d*, *f*, *g*) Semina. (*b*)
Semen tranſverse ſectum. (*e*) Nucleus ſeminis decor-
ticatus. (*i*) Embryo denudatus. *Fig. ex D. Ga-us.*
( ) Summitas plantæ ſpicas exhibens. ( ) Folium cau-
linum ſolutum.

41. ZAPANE.

Caract. essent.

CALICE à quatre dents. Corolle tubuleuſe, à
limbe irrégulier à cinq lobes. Deux ou quatre
étamines. Deux ſemences nues.

Caract. nat.

Cal. monophylle, fendu en 3 ou 4 découpures,
perſiſtant, comme bivalve lorſqu'il eſt fructifere.
Cor. monopétale, tubuleuſe, Tube cylindrique,
plus long que le calice; limbe ouvert, diviſé
en cinq lobes arrondis & inégaux.
Etam. deux ou quatre filamens ſétacés, très-
courts, dont deux ſont plus élevés, Anthères
arrondies, non ſaillantes hors du tube.
Piſt. un ovaire ſupérieur, ovale. Un ſtyle ſimple, filiforme, de la longueur du tube. Stigmate oblong, oblique, preſque tranſverſe.
Peric. aucun. Le calice change & comme bivalve, contient les ſemences.
Sem. deux, un peu oſſeuſes, nues, applaties
d'un côté, convexes de l'autre.

41. ZAPANIA.

Charact. essent.

CALYX ſub 4-dentatus, Corolla tubuloſa, limbo
inæq. 5-lobo. Stamina duo vel quatuor, Semina
duo nuda.

Charact. natur.

Cal. monophyllus vel 4 quadrifidus perſiſtens;
fructifero ſubbivalvi.
Cor. monopetala, tubuloſa; tubus cylindricus,
calyce longior; limbus patens, quinquelobus:
laciniis rotundatis inæqualibus.
Stam. filamenta duo vel quatuor ſetacea breviſſima, quorum duo altiora. Antheræ ſubrotundæ non exſertæ.
Piſt. germen ſuperum, ovatum, Stylus ſimplex,
filiformis longitudine tubi, Stigma oblongum
obliquum ſubtranſverſum.
Peric. nullum. Calyx immutatus ſubbivalvis ſemina continens.
Sem. duo, ſuboſſea, nuda, hinc planiuſcula
inde convexa.

Tableau des eſpèces.   *Conſpectus ſpecierum.*

246. ZAPANE *lantanoïde*. Dict.
Z. à feuilles preſque ternées ovales-lancéolées ridées, épicentère axillaires, tige ligneuſe.
Lieu nat. l'Amérique méridionale. ♄ Ses feuilles reſſemblent à celles du lantana involucrata,
quoique moins obtuſes.

246. ZAPANIA *lantanoides*.
Z. foliis ſubternis ovato-lanceolatis rugoſis;
ſpicis capitatis axillaribus, caule fruticoſo.
Ex America meridionali. ♄ Verbena globiſto-
ra. L'Herit. Stirp. t. 11. Zapania. ſcop. delic.
1, 3. t 5.

247. ZAPANE *réclinée*. Dict.
Z. à feuilles lancéolées-linéaires dentées ridées ſillonnées, épis en tête, tige ſuffruti-
queuſe, réclinée.
Lieu nat. l'Amérique méridionale. ♄ Ses feuilles ne ſont point pliſſées, mais ſillonnées obliquement & régulièrement.

247. ZAPANIA *reclinata*.
Z. foliis lanceolato-linearibus ſerrato-dentatis
rugoſis ſulcatis, ſpicis capitatis, caule ſuffruticoſo reclinato.
Ex America meridionali. ♄ Verbena ſtæche-
difolia. Lin, Verbena, n°. 4.; Brown. T. 3, t. 2.

248. ZAPANE nodiflore. Dict.
Z. à feuilles ovales cuneiformes, dentées au sommet, épis en tête conique, tige herbacée rampante.
Lieu nat. les Indes orientales & occidentales. ♃
Epis alternes.

249. ZAPANE de Java. Dict.
Z. à feuilles lancéolées légèrement dentées, épis oblongs-coniques, tige droite.
Lieu nat. l'Isle de Java. Burm.

250. ZAPANE de Curaçao. Dict.
Z. à épis longs, calices aristés, feuilles ovales bordées de dents aiguës.
Lieu nat. l'Isle de Curaçao.

251. ZAPANE lappulacée. Dict.
Z. à épis lâches, calices fructifères enflés arrondis, semences hérissées de petites pointes.
Lieu nat. la Martinique, la Jamaïque. (4 étamines.)

252. ZAPANE du Méxique. Dict.
Z. à épis lâches, calices fructifères réfléchis didymes hispides.
Lieu nat. le Méxique. ♃ Feuilles très-souvent ternées.

253. ZAPANE odeur-de-Mélisse. Dict.
Z. à fleurs t. trandriques paniculées, feuilles lancéolées entières, tige frutiqueuse.
Lieu nat. Buenos-Ayres. ♄ Fleurs blanches, petites ; feuilles étroites-lancéolées.

254. ZAPANE prismatique. Dict.
Z. à épis lâches dichotomoux, calices alternes prismatiques tronqués aristés, feuilles ovales ob uses.
Lieu nat. la Jamaïque. ☉ Elle a de très-grands rapports avec la suivante.

255. ZAPANE de la Jamaïque. Dict.
Z. à épis très-longs nuds charnus, feuilles spatulées ovales dentées, tige hispide.
Lieu nat. la Jamaïque, les Antilles. ♂

256. ZAPANE de l'Inde. Dict.
Z. à épis très-longs nuds charnus, feuilles lancéolées irrégulièrement dentées, tige glabre.
Lieu nat. l'Isle de Ceylan ☉

257. ZAPANE changeante. Dict.
Z. à épis très-longs charnus squareux, feuilles dentées blanchâtres en-dessous, tige frutiqueuse.
Lieu nat. l'Amérique équinoxiale. ♄ Ses fleurs changeantes, sont d'abord d'un côté écarlate vif, & ensuite couleur de chair,

248. ZAPANIA nodiflora. T. 17, f. 2.
Z. foliis ovato-cuneiformibus superne serratis, spicis capitato-conicis, caule herbaceo repente.
Ex Indiis orientalibus & occidentalibus. ♃
V. nodiflora. lin. spica alterna.

249. ZAPANIA Javanica.
Z. foliis lanceolatis subdenticulatis, spicis oblongo conicis oppositis, caule erecto.
Ex Java. Verbena Javanica Burm. ind. T.6, f.2.

250. ZAPANIA caraffavica.
Z. spicis longis, calycibus aristatis, foliis ovatis argute serratis.
Ex insula Caraffavica. V. Caraffavica. L.

251. ZAPANIA lappulacea.
Z. spicis laxis, calycibus fructigeris inflatis subrotundis, seminibus echinatis.
E Martinica, Jamaica, Folia petiolata, subcordata, serrata.

252. ZAPANIA Mexicana. T. 17, f. 1.
Z. spicis laxis, calycibus fructus reflexis rotundis di...nis hispidis.
E Mexico, ♃ Blairia Mexicana. Gærn. p. 265.

253. ZAPANIA citrodora.
Z. floribus tetrandris paniculatis, foliis ternis lanceolatis integris, caule fruticoso.
E Bonaria. ♄ Verb. triphylla. l'herit. stirp. T. 11.

254. ZAPANIA prismatica.
Z. spicis laxis dichotomatibus, calycibus alternis prismaticis truncatis aristatis, foliis ovatis obtusis.
Ex Jamaica. ☉ Verb. prismatica. Jacq. collect. vol. 2, p. 301. ic. rar. vol. 1.

255. ZAPANIA Jamaicensis.
Z. spicis longissimis carnosis nudis, foliis spachulato-ovatis serratis, caule hirto.
Ex Jamaica & Caribæis. ♂ V. Jamaicensis. Jacq. obf. T. 85.

256. ZAPANIA Indica.
Z. spicis longissimis carnosis nudis, foliis lanceolatis irregulariter dentatis, caule lævi.
Ex Zeylona. ☉ Verb. indica. Jacq. obf. T. 86.

257. ZAPANIA mutabilis.
Z. spicis longissimis carnosis squarrosis, foliis ovatis serratis subtus subincanis, caule fruticoso.

Ex America æquinoxiali. ♄ Verb. mutabilis. Jacq. Collect. vol. 1, p. 314, & ic. rar. vol. 1. V. arabica. lin.

H ij

Explication des fig.

Tab. 17, f. 1. ZAPANE *de Mexique.* (*a*, *a*) Semences réunies, enveloppées par le calice. (*b*) Les mêmes séparées. (*c*, *e*) Semences vues par le dos. (*d*, *f*) Les mêmes vues en leur côté intérieur. (*g*) Coque osseuse coupée transversalement. (*h*, *i*) Embrion revêtu de sa membrane & nus à découvert.

Tab. 17, f. 2. ZAPANE *de Java.* (*a*, *b*) Epis presque cylindriques. (*c*) Corolle. (*d*, *e*) Calice fructifère. (*f*, *g*) Semences réunies. (*h*) Les mêmes désunies. (*i*) Les mêmes coupées transversalement. (*l*) Embrion.

Tab. 17, f. 3. ZAPANE *nudiflore.* (*a*, *b*) Calice fructifère. (*c*, *d*) Semences. (*e*) S. mence tronquée. (*f*) Embrion.

Explicatio iconum.

Tab. 17, f. 1. ZAPANIA *Mexicana.* (*a*, *a*) Semina conduната calyce vestita. (*b*) Eadem separata. (*c*, *e*) Semina pars dorsalis. (*d*, *f*) Ejusdem latus ventrale. (*g*) Integ. osseum transverse sectum. (*h*, *i*) Embryo membrana interna vestitus & denudatus.

Tab. 17, f. 2. ZAPANIA *Javanica.* (*a*, *b*) Spicæ subcylindricæ. (*c*) Corolla. (*d*, *e*) Calyx fructifer. (*f*, *g*) Semina conjuncta. (*h*) Eadem disjuncta. (*i*) Eadem transversim secta. (*l*) Embryo.

Tab. 17, f. 3. ZAPANIA *nudiflora.* (*a*, *b*) Calyx fructifer. (*c*, *d*) Semina. (*e*) Semen truncatum. (*f*) Embryo. *Fig. ex D. Garra. Sub blairia.*

43. ERANTHEME.

Caract. essent.

CALICE 5-fide. Corolle quinquefide, presque régulière: à tube filiforme. Stigmate simple.

Caract. nat.

Cal. tubuleux, très-étroit, quinquefide, droit, acuminé, court, persistant.

Cor. monopetale, infundibuliforme. Tube filiforme, très-long. Limbe petit, plane, à cinq divisions ovoïdes.

Etam. deux filamens très-courts, attachés à l'orifice de la corolle. Anthères ovales, comprimées, saillantes hors du tube.

Pist. un ovaire supérieur, ovale, très petit. Style filiforme de la longueur du tube. Stigmate simple.

Péric. ....

Sem. ....

43. ERANTHEMUM.

Charact. essen.

CALYX quinquefidus. Corolla quinquefida, subæqualis: tubo filiformi. Stigma simplex.

Charact. nat.

Cal. tubulosus, angustissimus, quinquefidus; erectus, acuminatus, persistens.

Cor. monopetala, infundibuliformis: tubus filiformis, longissimus. Limbus 5-partitus (interdum 4-partitus), parvus, planus; laciniis obovatis.

Stam. filamenta duo, brevissima, in fauce corollæ. Antheræ subovatæ, compressæ, extra tubum.

Pist. germen superum, ovatum, minimum. Stylus filiformis, longitudine tubi. Stigma simplex.

Peric. ....

Sem. ....

Tableau des espèces.

258. ERANTHEME *du Cap.* Dict. n°. 1.
E. à feuilles lancéolées-ovales péciolées.
Lieu nat. l'Ethiopie.

259. ERANTHEME *à f. étroites.* Dict. no. 2.
E. à feuilles étroites linéaires, fleurs en épis lâches ouvertes.
Lieu nat. l'Afrique. ♄

260. ERANTHEME *à petites feuilles.* Dict. n°. 3.
E. à feuilles ovales-linéaires courtes embriquées, bractées ovales.
Lieu nat. le Cap de Bonne-Espérance. ♄

261. ERANTHEME *à f. de soude.* Dict. n°. 4.
E. ligneux, à feuilles charnues un peu cylindriques linéaires très globres, grappes axillaires & calices pubescens.

Conspectus specierum.

258. ERANTHEMUM *Capense.*
E. foliis lanceolato-ovatis petiolatis. Lin.
In Æthiopia.

259. ERANTHEMUM *angustifolium.* T. 17, f. 2.
E. foliis angustis linearibus, floribus spicatis laxis patentibus.
In Africa. ♄

260. ERANTHEMUM *parvifolium.* T. 17. f. 3.
E. foliis ovato-linearibus brevibus imbricatis, ovatis. Berg.
E Capite Bonæ Spei. ♄

261. ERANTHEMUM *salsoloides.*
E. fruticosum, foliis carnosis teretiusculis linearibus glaberrimis, racemis axillaribus calycibusque pubescentibus. L. f. Suppl. 84.

Lieu nat. les environs de Sainte-Croix, en Afrique. ♄

In barrancas, circa oppidum Sanæ Crucis. ♄

Explication des fig.

Tab. 17, f. 1. ERANTHEME *à feuilles étroites.* (*a*) Portion de la plante garnie de fleurs. (*b*) Fleur séparée munie de la bractée qui embrasse & couvre le calice.
Tab. 17, f. 2. ERANTHEME *à petites feuilles.*

Explicatio iconum.

Tab. 17, f. 1. ERANTHEMUM *angustifolium* (*a*) Pars plantæ floribus ornata (*b*) Flos separatus cum bractea calycem obtegente.
Tab. 17, f. 2. ERANTHEMUM *parvifolium. Fig. ex Commel.*

44. LYCOPE.

Caract. essent.

CALICE quinquefide. Corolle quadrifide, ayant un lobe échancré. Etamines distantes.

Corol. nat.

Cal. monophylle, tubuleux, semi-quinquefide; à découpures étroites pointues.
Cor. monopétale, presque régulière. Tube de la longueur du calice. Limbe à quatre lobes, ouvert: lobes obtus, presqu'égaux; mais le supérieur plus large & échancré.
Etam. Deux filaments écartés, plus courts que la corolle. Anthères petites, arrondies.
Pist. un ovaire supérieur, quadrifide. Un style filiforme, de la longueur des étamines. Stigmate bifide.
Péric. aucun. Les semences sont contenues dans le calice.
Sem. quatre, arrondies, rétuses.

44. LYCOPUS.

Charact. essent.

CALYX quinquefidus. Corolla quadrifida: lacinia unica, emarginata. Stamina distantia.

Charact. nat.

Cal. monophyllus, tubulosus, semi-quinquefidus: laciniis angustis acutis.
Cor. monopetala, subæqualis. Tubus longitudine calycis. Limbus quadrilobus patulus: lobis obtusis subæqualibus: lobo superiore latiore emarginato.
Stam. filamenta duo, corolla breviora, distantia. Antheræ parvæ subrotundæ.
Pist. germen superum, quadrifidum. Stylus filiformis, longitudine staminum. Stigma bifidum.
Peric. nullum. Calyx infundo semina continens.
Sem. quatuor, subrotunda, retusa.

Tableau des espèces.

262. LYCOPE *des marais.* Dict.
L. à feuilles dentées sinuées.
Lieu nat. l'Europe, dans les marais & au bord des eaux. ♃

265. LYCOPE *d'Italie.* Dict.
L. à feuilles pinnatifides, dentées à leur base.
Lieu nat. l'Italie. ♃ *Il s'élève à la hauteur de l'homme.*

264. LYCOPE *de Virginie.* Dict.
L. à feuilles régulièrement dentées.
Lieu nat. la Virginie. ♃

Conspectus specierum.

262. LYCOPUS *europæus.* T. 18.
Lt soliis sinuato-serratis. L
Ex Europæ ripis humentibus, & paludibus. ♃

263. LYCOPUS *exaltatus.*
L. foliis basi pinnatifido-serratis. L f. Sup. 87.
Ex Italia. ♃ *Varietas forté præcedentis.*

264. LYCOPUS *Virginicus.*
L. foliis æqualiter serratis. Lin.
E Virginia. ♃

Explication des figures.

Tab. 18. LYCOPE *des marais.* (*a*) Fleur séparée. (*b*, *c*) Corolle. (*d*) Calice. (*f*) Pistil. (*e*) Semences séparées. (*g*) Sommité de la plante représentant des feuilles trop régulièrement dentées.

Explicatio iconum.

Tab. 18. LYCOPUS *Europæus.* (*a*) Flos separatus. (*b*, *c*) Corolla. (*d*) Calyx. (*f*) Pistillum. (*e*) Semina soluta. (*g*) Summitas plantæ, foliis nimis æqualiter serratis. *Fig. fructificationis ex Tournefortio.*

45. AMÉTHYSTÉE.

Caract. essent.

CALICE un peu campanulé, quinquefide. Co
rolle irrégulière, quinquefide : à découpure
inférieure plus ouverte. Etamines rapprochées.

Carall. nat.

Cal. monophylle, un peu campanulé, angu
leux, semi-quinquefide, persistant.
Cor. monopétale, irrégulière, un peu labiée,
partagée en cinq lobes: lèvre supérieure divisée profondément en deux lobes ouverts;
lèvre inférieure partagée en trois découpures,
dont l'intermédiaire plus longue, plus ouverte, concave.
Etam. Deux filamens, filiformes, rapprochés,
situés sous la lèvre supérieure de la corolle.
& plus longs qu'elle. Anthères arrondies.
Pist. un ovaire supérieur, quadrifide. Un style
de la longueur des étamines, courbé en de
dans à son sommet. Deux stigmates aigus.
Péric. aucun. Les semences sont contenues dans
le calice.
Sem. quatre, obtuses, gibbeuses en dehors,
anguleuses en leur côté intérieur.

Tableau des espèces.

165. AMÉTHYSTÉE à fleurs bleues. D. p. 130.
Lieu nat. les lieux montueux de la Sybérie.☉

Explication des fig.

Tab. 18. AMÉTHYSTÉE à fleurs bleues. (a, b)
Fleur grosse, vue en-dessus & par le côté. (c) Corolle
nue & grandie. (d) Lèvre supérieure; étamines. (e)
Pistil. (f) Partie supérieure de la tige chargée de corymbes fructifères. (g, h) Calice entier. (i) Le même
coupé, contenant les semences. (l) Semences séparées.
(m, n) Les mêmes grossies, vues sur le dos & en leur
côté intérieur. (o) Semence coupée en travers.
(p) Embrion mis à nud.

46. ZIZIPHORE.

Caract. essent.

CALICE presque cylindrique, strié, à cinq
dents, barbu à son orifice. Corolle ringente,
à lèvre supérieure entière.

Carall. nat.

Cal. monophylle, long, tubuleux, cylindri-

---

45. AMETHYSTEA.

Charact. essent.

CALYX subcampanulatus, quinquefidus. Corolla
irregularis, quinquefida : lacinia infima patentiore. Stamina approximata.

Charact. nat.

Cal. monophyllus, subcampanulatus, angulatus, semi-quinquefidus, persistens.
Cor. monopetala: irregularis, sublabiata, quinqueloba: labium superius bipartitum, dehiscens; labium inferius tripartitum: lacinia intermedia longiore patentiore concava.

Stam. filamenta duo, filiformia, approximata;
sub labio superiore, eoque longiora. Antheræ
subrotundæ.
Pist. germen superum, quadrifidum. Stylus longitudine staminum, superne incurvus. Stigmata duo acuta.
Peric. nullum. Calyx semina continens.

Sem. quatuor, obtusa, gibba, introrsum angulata.

Conspectus specierum.

165. AMETHYSTEA cærulea. T. 18.
Ex Sibiriæ montosis. ☉ Hall. Gott. 1751. t. 10.

Explicatio iconum.

Tab. 18. AMETHYSTEA cærulea. (a, b) Flos ampliatus, superne & à latere visus. (c) Corolla aucta
denudata. (d) Labium superius corollæ; stamina. (e)
Pistillum. (f) Pars superior caulis corymbis fructigeris
onusta. (g, h) Calyx integer. (i) Idem dissectus, semina continens. (l) Semina soluta. (m, n) Eadem
aucta dorso & latere interiore visa. (o) Semen transverse
sectum. (p) Embryo denudatus. Fig. floris in Hall. &
fructus ex Gmel.

46. ZIZIPHORA.

Charact. essent.

CALYX subcylindricus, striatus, quinquedentatus, fauce barbatus. Corolla ringens : labio
superiore integro.

Charact. nat.

Cal. monophyllus, longus, tubulosus, cylin-

gue, ftrié, hifpide, à cinq dents : orifice
barbu.

Cor. monopétale, bilablée : tube cylindrique,
de la longueur du calice ; limbe très petit :
lèvre f périeure ovale entière réfléchie ; lèvre
inférieure ouverte plus large trifide, à découpures arrondies, égales.

Etam. Deux filamens, fimples, prefqu'auffi longs
que la corolle. Anthères oblongues, diftantes.

Pift. un ovaire fupérieur, quadrifide. Un ftyle
fétacé de la longueur de la corolle. Stigmate
pointu, courbe.

Peric. aucun. Le calice, dont l'orifice eft fermé
par des poils, contient les femences.

Sem. quatre, ovales, obtufes, amincies vers
leur bafe, gibbeufes d'un côté, un peu anguleufes de l'autre.

Cor. monopetala, ringens : tubus cylindricus,
longitudine calycis ; limbus minimus : labium
fuperius ovatum integrum reflexum ; labium
inferius patens latius trifidum, laciniis rotundatis æqualibus.

Stam. filamenta duo, fimplicia, longitudine
fere corollæ, Antheræ oblongæ, diftantes.

Pift. germen fuperum, quadrifidum. Stylus fetaceus longitudine corollæ. Stigma acuminatum inflexum.

Peric. nullum. Calyx ore villis claufo, femina
continet.

Sem. quatuor, ovata, obtufa, bafi angultiora,
binc gibba, inde fubangulata.

dricus, ftriatus, hifpidus, quinquedentatus :
fauce barbata.

Tableau des efpèces.

Confpectus fpecierum.

166. ZIZIPHORE *capitée*. Dict.
Z. à faifceaux terminaux, bractées plus larges
que les feuilles, & involuctiformes.
Lieu nat. l'Arménie, la Syb.rie, &c. ☉

166. ZIZIPHORA *capitata*. T. 18, f. 3.
Z. fafciculis terminalibus, bracteis folüs la-
tioribus involuctiformibus.
Ex Armenia, Sibiria, &c. ☉

167. ZIZIPHORE. *d'Efpagne*. Dict.
Z. à feuilles ovales, fleurs en grappe fpiciforme, bractées ou oifies acuminées nerveufes.
Lieu nat. l'Efpagne. ☉ Calices ftriés, très hifpides.

167. ZIZIPHORA *Hifpanica*. T. 18, f. 1.
Z. foliis ovatis : floribus racemofo-fpicatis,
bracteis obovatis nervofis acuminatis.
Ex Hifpania. ☉ Communic. à D. Cavanilles.

168. ZIZIPHORE à *feuilles étroites*. Dict.
Z. à feuilles lancéolées ; fleurs axillaires, hériffées de poils, plus courtes que les bractées.
Lieu nat. le Levant. ☉ Bractées, étroites, ciliées.

168. ZIZIPHORA *tenuior*. T. 18, f. 2.
Z. foliis lanceolatis, floribus axillaribus hirtis,
bracteis brevioribus.
Ex Oriente. ☉

169. ZIZIPHORE *clinopode*. Dict.
Z. à feuilles ovales, verticilles axillaires &
terminaux, calices velus blanchâtres.
Lieu nat. la Sybérie. ♃ Feuilles prefque glauques. Calices velus ; mais point hériffés comme
dans la précédante.

169. ZIZIPHORA *clinopodioides*.
Z. foliis ovatis, verticillis axillaribus & terminalibus, calycibus pilofis fubincanis.
E Sibiria. ♃ H. R. an Ziziphora acinoides. Lin.
labium fup. corollæ emarg.natum.

Explication des fig.

Explicatio iconum.

Tab. 18, f. 1. ZIZIPHORA *d'Efpagne*. (a) Fleur
féparée & groffie, à ci ice mul-à propos : préexecuté glabre. (b) Portion de la plante.

Tab. 18, f. 2. ZIZIPHORE à *feuilles étroites*. (a)
Fleur féparée, affez molle, re'emfée, fur-tout dans fon
calice qui n'eft point glabre. (b) Plante entière, figurée
d'après le fec.

Tab. 18, f. 1. ZIZIPHORA H.fpanica. (a) Flos feparatus, auctus, calyce pietuis errore perperamglabro.
(b) Pars plantæ. Fig. ex Sicco.

Tab. 18, f. 2. ZIZIPHORA tenuior. (a) Flos feparatus non bene depictus, præfertim calyce perperam
glabro. (b) Planta integra ex ficco delineata.

Tab. 18, f. 3. ZIZIPHORA *capitée*. (a, a) Calice
formé. (b) Semences vues dans le calice. (c, d) Semences séparées. (e) Semence coupée perpendiculairement.
(f) Embrion mis à nud. (g) Plante entière.

Tab. 18, f. 3. ZIZIPHORA *capitata*. (a, a) Calyx
clausus. (b) Semina intra calycem. (c, d) Semina seiuncta. (e) Semen transversè sectum. (f) Embryo denudatus. Fig. in D. Garn. (g) Planta integra.

47. CUNILE.

Caract. essent.

CALICE à cinq dents. Corolle ringente; à lèvre supérieure droite, plane. Deux filamens stériles. Quatre semences.

Caract. nat.

Cal. monophylle, un peu cylindrique, strié, à cinq dents, persistant.
Cor. monopétale, ringente: lèvre supérieure droite, plane, échancrée. Lèvre inférieure à trois divisions arrondies; celle du milieu échancrée.
Etam. deux filamens fertiles & deux filamens sans anthères. Anthères arrondies; didymes.
Pist. un ovaire supérieur, quadrifide. Un style filiforme, stigmate bifide & aigu.
Péric. aucun. Le calice, à orifice fermé par des poils, contient les semences.
Sem. quatre, ovales, fort petites.

Tableau des espèces.

170. CUNILE du *Maryland*. Dict. n°. 1.
   C. à feuilles ovales dentées, corymbes axillaires & terminaux dichotomes.
   Lieu nat. la Virginie. ♉

271. CUNILE à *feuilles de pouliot*. Dk. n°. 2.
   C. à feuilles ovales-lancéolées, munies de deux dents, fleurs verticillées.
   Lieu nat. la Virginie, le Canada, aux lieux secs. ☉

272. CUNILE à *feuilles de thym*. Dict. n°. 3.
   C. à feuilles ovales très entières, fleurs verticillées, tige tétragone.
   Lieu nat. Montpellier. ☉

273. CUNILE *capitée*. Dict. n°. 4.
   C. à feuilles ovales, fleurs terminales, ombelle arrondie.
   Lieu nat. la Sibérie.

Explication des fig.

Tab. 19. CUNILE à *feuilles de pouliot*. (a) Corolle ouverte & fendue dans sa longueur. (b) Plante presqu'entière.

47. CUNILA.

Charact. essent.

CALIX quinquedentatus. Corolla ringens: labio superiore erecto plano. Filamenta castrata duo. Semina quatuor.

Charact. nat.

Cal. monophyllus, subcylindricus, striatus, quinquedentatus, persistens.
Cor. monopetala, ringens: labium superius erectum planum emarginatum. Labium inferius tripartitum; laciniis rotundatis: media emarginata.
Stam. filamenta duo fertilia, & duo filamenta castrata. Antheræ subrotundæ didymæ.
Pist. germen superum, quadripartitum. Stylus filiformis: stigma bifidum acutum.
Peric. nullum. Calyx, fauce villis clausa, semina continens.
Sem. quatuor, ovata, minuta.

Conspectus specierum.

170. CUNILA *Mariana*.
   C. foliis ovatis serratis, corymbis axillaribus & terminalibus dichotomis.
   Ex Virginia. ♉

271. CUNILA *pulegioides*, T. 19.
   C. foliis ovato-lanceolatis bidentatis nudis, floribus verticillatis.
   Ex Virginia, Canada siccis. ☉

272. CUNILA *thymoides*.
   C. foliis ovalibus integerrimis, floribus verticillatis, caule tetragono. Lin.
   E Monspelio. ☉ Lin.

273. CUNILA *capitata*.
   C. foliis ovatis, floribus terminalibus, umbella subrotunda. L. f. Suppl. 87.
   E Sibiria.

Explicatio iconum.

Tab. 19. CUNILA *pulegioides*. (a) Corolla dissecta ex sicco. (b) Planta fere integra.

48. MONARDE.

41. MONARDE.

Caract. essent.

CALICE cylindrique, à cinq dents. Corolle bilabiée : lèvre supérieure entière, enveloppant les étamines. Quatre semences.

Caract. nat.

Cal. monophylle, tubuleux ; cylindrique, strié, persistant, à cinq dents égaux.

Cor. monopétale, irrégulière : tube cylindrique, plus long que le calice. Limbe bilabié. Lèvre supérieure droite, étroite, linéaire, entière ; lèvre inférieure réfléchie, plus large, trilobée : à lobe du milieu plus alongé.

Etam. deux filamens sétacés, de la longueur de la lèvre supérieure, par laquelle ils sont enveloppés. Anthères oblongues, comprimées, tronquées en-dessus, convexes en-dessous.

Pist. un ovaire supérieur, quadrifide. Un style filiforme, de la longueur des étamines. Stigmate bifide & aigu.

Péric. aucun. Les semences sont contenues au fond du calice.

Sem. quatre, ovales arrondies. Ayant chacune deux petits fossettes à l'ombilic.

Tableau des espèces.

274. MONARDE *velue*. Dict.
M. à feuilles en cœur lancéolées dentées velues, pétioles & bractées ciliées barbus.
Lieu nat. l'Amérique septentrionale. ♃
β. La même, plus élevée, à bractées & corolles pourprées. Corolles non ponctuées.

275. MONARDE *à feuilles longues*. D'à.
M. à feuilles oblongues-lancéolées dentées un peu nues, corolles ponctuées.
Lieu nat. l'Amérique septentrionale. ♃ Pétioles un peu courts, pourprés, velus.

276. MONARDE *glabre*. Dict.
M. à feuilles en cœur-oblongues dentées glabres à longs pétioles, bractées & corolles presque nues.
Lieu nat. l'Amérique septentrionale. ♃ Feuilles larges de deux pouces ; fl. blanches.

277. MONARDE *pourpre*. Dict.
M. à feuilles ovales acuminées dentées à pétioles courts, bractées & corolles d'un pourpre foncé.
Lieu nat. l'Amérique septentrionale. ♃

41. MONARDA.

Charact. essent.

CALYX cylindricus, quinquedentatus. Corolla bilabiata : labio superiore integro, stamina involvente. Semina quatuor.

Charact. nat.

Cal. monophyllus, tubulosus, cylindricus, striatus, quinquedentatus, persistens.

Cor. monopetala, inaequalis, Tubus cylindricus, calyce longior, Limbus bilabiatus. Labium superius rectum angustum lineare integrum : labium inferius reflexum latius trilobum : lobo medio longiore.

Stam. filamenta duo, setacea, longitudine labii superioris, à quo involuta. Antheræ oblongæ, compressæ, supernè truncatæ infernè convexæ.

Pist. germen superum, quadrifidum. Stylus filiformis, longitudine staminum. Stigma bifidum, acutum.

Peric. nullum. Calyx in fundo semina continens.

Sem. quatuor, ovato-subrotunda : scrobiculis umbilicalibus duobus minimis (Gærtn).

Conspectus specierum.

274. MONARDA *fistulosa*.
M. foliis cordato-lanceolatis serratis villosis, petiolis bracteisque ciliato barbatis.
Ex America septentrionali. ♃
β. Eadem, elatior, bracteis corollisque purpurascentibus. Corollæ impunctatæ.

275. MONARDA *longifolia*.
M. foliis oblongo-lanceolatis serratis nudiusculis, corollis punctatis.
Ex America septentrionali. ♃ An Monarda oblongata. Hort. Kew. p. 36.

276. MONARDA *glabra*.
M. foliis cordato-oblongis serratis glabris longè petiolatis, bracteis corollisque nudiusculis.
Ex America septentrionali. ♃ An Monarda rugosa. Hort. Kew. p. 36.

277. MONARDA *purpurea*. T. 191.
M. foliis ovato-acuminatis serratis breviter petiolatis, bracteis corollisque intensè purpureis.
Ex America septentrio. ♃ Monarda didyma. L

I

278. MONARDE *clinopode.* Dict.

M. à fleurs en tête, feuilles très lisses dentées.
Lieu nat. la Virginie. ♃

279. MONARDE *ponctuée.* Dict.

M. à feuilles linéaires lancéolées étroites légèrement dentées, corolles ponctuées plus courtes que les bractées.
Lieu nat. la Virginie. ♃

280. MONARDE *ciliée.* Dict.

M. à feuilles oblongues dentées, fleurs verticillées, corolles ponctuées presque plus longues que les bractées.
Lieu nat. la Virginie, la Caroline. ☉

Explication des fig.

Tab. 19. MONARDE *pourpre.* (a) Fleur entière.
(b) Calice. (c) Corolle coupée dans sa longueur ; étamines. (d) Etamine séparée. (e, f) Pistil. (g, h) Anthères grossies. (i) Semences au fond du calice. (l) Semences réunies & grossies. (m) Semence séparée, grossie & de grandeur naturelle. (n) Sommité de la plante.

19. ROMARIN.

Caract. essent.

CALICE comprimé au sommet & bilabié. Corolle bilabiée : à lèvre supérieure bifide. Filamens longs, courbés, simples avec une dent.

Caract. nat.

Cal. monophylle, tubuleux, comprimé au sommet : à bord droit, bilabié : la lèvre sup. entière ; l'inférieure bifide.

Cor. monopétale, irrégulière. Tube plus long que le calice. Limbe bilabié : lèvre supérieure droite, plus courte, partagée en deux ; lèvre inférieure réfléchie, trifide, à découpure du milieu fort grande & concave.

Etam. deux filamens subulés, simples avec une dent, inclinés vers la lèvre supérieure & plus longs qu'elle. Anthères simples.

Pist. un ovaire supérieur, quadrifide. Un style ayant la forme, la situation & la longueur des étamines. Stigmate simple, aigu.

Péric. aucun. Les semences sont contenues au fond du calice.

Sem. quatre, ovales.

Obs. Ce genre est très-voisin des sauges ; mais il s'en distingue par ses étamines non fourchues.

---

278. MONARDA *clinopodia.*

M. floribus capitatis, foliis laevissimis serratis. L.
E Virginia. ♃

279. MONARDA *punctata.*

M. foliis lineari lanceolatis angustis subdentatis, floribus verticillatis, corollis punctatis bracteis brevioribus.
E Virginia. ♃

280. MONARDA *ciliata.*

M. foliis oblongis dentatis, floribus verticillatis, corollis punctatis bracteis sublongioribus.
E Virginia, Carolinia ☉ H. R.

Explicatio iconum.

Tab. 19. MONARDA *purpurea.* (a) Flos integer. (b) Calyx. (c) Corolla dissecta ; stamina. (d) Stamen separatum. (e, f) Pistillum. (g, h) Antherae ampliatae. (i) Semina in fundo calycis. (l) Semina coalita & aucta. (m) Semen solitum, amplitudine naturali & aucta. Fig. ex Mill. Illustr. (n) Summitas plantae ; ex Sicco.

19. ROSMARINUS.

Charact. essent.

CALYX apice compressus & bilabiatus. Corolla bilabiata ; labio superiore bipartito. Filamenta longa, curva, simplicia cum dente.

Charact. nat.

Cal. monophyllus, tubulosus, superne compressus : ore erecto bilabiato : superiore integro ; inferiore bifido.

Cor. monopetala, irregularis. Tubus calyce longior. Limbus bilabiatus : labium superius erectum, brevius, bipartitum ; lab. inferius reflexum, trifidum ; lacinia media maxima, concava.

Stam. filamenta duo subulata, simplicia cum dente, versus labium superius inclinata, eoque longiora. Antherae simplices.

Pist. germen superum, quadrifidum. Stylus figura, situ & longitudine staminum, Stigma simplex, acutum.

Peric. nullum. Calyx semina in fundo continens.

Sem. quatuor, ovata.

Obs. Ad salvias proxime accedit ; distinguendus staminibus minime bifurcatis. Lin.

Tableau des espèces.

281. ROMARIN *officinal.* Diff.
Lieu nat. la France australe, l'Espagne, l'Italie, le Levant. ♄

Explication des fig.

Tab. 19. ROMARIN *officinal.* (a, b) Fleur vue en dessus & par le côté. (c) Corolle vue de côté. (d, e) Calice. (f) Pistil. (g, h) Semences. (i) Sommité d'un rameau garni de fleurs.

50. SAUGE.

Caract. essent.

CALICE bilabié. Corolle ringente. Filamens des étamines attachés transversalement sur un pédicule, & comme fourchus.

Caract. nat.

Cal. monophylle, un peu campanulé, strié, labié en son bord.

Cor. monopétale, irrégulière. Tube élargi & comprimé supérieurement. Limbe bilabié : lèvre supérieure concave, comprimée, courbée en dedans; lèvre inférieure large, trifide; à découp. du milieu plus grande & échancrée.

Etam. deux filamens très-courts, sur lesquels sont attachés presque transversalement deux autres filamens portant chacun une glande à leur extrémité inférieure, & une anthère à l'extrémité supérieure.

Pist. un ovaire supérieur, quadrifide. Un style filiforme, très-long, dans la situation des étamines. Stigmate bifide.

Péric. aucun. Les semences sont contenues dans le calice.

Sem. quatre, arrondies.

Obs. La bifurcation singulière des filamens constitue le caractère essentiel de ce genre.

Tableau des espèces.

282. SAUGE d'Égypte. Diff.
S. à feuilles linéaires lancéolées étroites dentelées, épis grêles effilés presque filiformes.
Lieu nat. l'Égypte, les Canaries. ☉

283. SAUGE de crête. Diff.
S. à feuilles étroites lancéolées ondées rétrécies en pétiole, calice très-profondément divisés en deux parties.
Lieu nat. l'île de Candie. ♃ ou ♄

Conspectus specierum.

281. ROSMARINUS *officinalis.*
E Gallia Meridion. Hispania; Italia; Oriente. ♄

Explicatio iconum.

Tab. 19. ROSMARINUS *officinalis.* (a, b) Flos antice & a latere visus. (c) Corolla a latere spectata. (d, e) Calyx. (f) Pistillum. (g, h) Semina Fig. ut Tournef. (i) Summitas ramuli floribus consita, in sicco.

50. SALVIA.

Charact. essent.

CALYX bilabiatus. Corolla ringens. Filamenta staminum transverse pedicello affixa, subfurcata.

Charact. nat.

Cal. monophyllus, subcampanulatus, striatus; ore bilabiato.

Cor. monopetala, irregularis. Tubus superne ampliatus compressus. Limbus ringens : labium superius concavum compressum; incurvum; labium inferius latum, trifidum; lacinia media majori, emarginata.

Stam. filamenta duo, brevissima : his duo alia transversim in medio fere affixa, quorum extremitati inferiori glandula, superiori anthera insidet.

Pist. germen superum, quadrifidum; Stylus filiformis, longissimus, seu staminum. Stigma bifidum.

Péric. nullum. Calyx in fundo semina continens.

Sem. quatuor, subrotunda.

Obs. Filamentorum bifurcatio singularis constituit essentialem characterem. L.

Conspectus specierum.

282. SALVIA *Aegyptiaca.*
S. foliis lineari-lanceolatis angustis denticulatis, spicis tenuibus strictis subulatis.
Ex Egypto, canariis. ☉ Flor. perparvo pediculata.

283. SALVIA *cretica.*
S. foliis angusto-lanceolatis undatis in petiolum attenuatis, calycibus profundissime bipartitis.
E Candia. ♃ ♄ Flores subsessiles, praecedenti majores.

L 2

184. SAUGE du Sypile. Dict.
S. frutescente tomenteuse, à feuilles pétiolées lancéolées auriculées très-ridées, calices plissé-striés vétus presqu'obtus.
Lieu nat. le Levant, sur le Mont-Sypile. ♄

185. SAUGE officinale. Dict.
S. frutescente, à feuilles oblongues-ovales crénelées finement ridées, verticilles lâches en épi, calices aigus.
Lieu nat. l'Europe australe. ♄

286. SAUGE pomifère. Dict.
S à feuilles lancéolées ovales entières crénulées, fleurs en épi, calices obtus.
Lieu nat. l'île de Candie. ♃

187. SAUGE en lyre. Dict.
S. à feuilles radicales en lyre dentées, lèvre supérieure de la corolle très-courte.
Lieu nat. la Virginie, la Caroline ♃

288. SAUGE amplexicaule. Dict.
S. à feuilles en cœur-oblongues, doublement crénelées, presqu'amplexicaules; fleurs en épi, bractées plus courtes que les fleurs.
Lieu nat. ..... ♃ Tyge velu ; fleurs petites.

289. SAUGE à feuilles pointues. Dict.
S. à feuilles en cœur-lancéolées pointues crénelées sessiles, épis penchés nuds, bractées très-courtes.
Lieu nat. ... ♃ Epis nuds, un peu penchés; feuilles inférieures grandes, pétiolées.

190. SAUGE sauvage. Dict.
S. à feuilles en cœur lancéolées crénelées ridées presque sessiles, épis longs, bractées colorées plus courte que la fleur.
Lieu nat. l'Autriche, la Bohême. ♃

191. SAUGE des bois. Dict.
S. à feuilles en cœur-lancéolées planes irrégulièrement crénelées; les inférieures un peu sinuées, bractées colorées de la longueur des fleurs.
Lieu nat. l'Autriche, la Tartarie. ♂

191. SAUGE hormin. Dict.
S. à feuilles obtuses crénelées, bractées supérieures stériles colorées & plus grandes.
Lieu nat. l'Europe australe, la Pouille, la Grèce. ⊙ Elle varie à bractées rouges, & à bractées violettes.

284. SALVIA Sypilea.
S. frutescens tomentosa, foliis petiolatis lanceolatis auriculatis rugosissimis, calycibus plicato striatis pilosis obtusiusculis.
Ex Oriente, in Sypilo. ♄ An Salvia triloba. L. f. Suppl. 88.

185. SALVIA officinalis.
S. frutescens, foliis oblongo-ovatis crenulatis tenuiter rugosis, verticillis laxis spicatis, calycibus acutis.
Ex Europa australi. ♄

286. SALVIA pomifera.
S. foliis lanceolato-ovatis integris crenulatis, floribus spicatis, calycibus obtusis. L.
E Candia. ♃

187. SALVIA lyrata.
S. foliis radicalibus lyratis dentatis, corollarum galea brevissima. L.
E Virginia, Carolina. ♃

188. SALVIA amplexicaulis.
S. foliis cordato-oblongis duplicato crenatis subamplexicaulibus, floribus spicatis, bracteis flore brevioribus.
L n. .... H. R. ♃ Conf. cum Salvia urticæfolia. Linn.

239. SALVIA acucifolia.
S. foliis cordato-lanceolatis acutis crenatis sessilibus, spicis cernuis nudis, bracteis brevissimis.
L n...... colitur in hort. Reg. ♃ Precedenti affinis, at flores majores, bractea non colorata ut in sequenti.

190. SALVIA sylvestris.
S. foliis cordato lanceolatis crenatis rugosis subsessilibus, spicis longis, bracteis coloratis flore brevioribus.
Ex Austria, Bohemia. ♃

191. SALVIA nemorosa.
S. foliis cordato lanceolatis planis inaequaliter crenatis; inferioribus sublinuatis, bracteis coloratis longitudine florum.

Ex Austria, Tartaria. ♂ Flores spicati parvi violaceo-cærulei.

192. SALVIA horminum.
S. foliis obtusis crenatis, bracteis summis sterilibus majoribus coloratis. L.
Ex Europa australi, Apulia, Graecia. ⊙ Variat bracteis rubris & bracteis violaceis.

293. SAUGE *verte*. Dict.
S. à feuilles oblongues crénelées, lèvre supérieure des corolles semi-orbiculaires, calices fructifères réfléchis.
Lieu nat. l'Italie. ⊙ *La plante citée de M. Jacquin a des feuilles obtuses; des fleurs sessiles, à calices un peu longs, & à corolles petites.*

294. SAUGE *tardive*. Dict.
S. à feuilles en cœur dentées molles, fleurs en grappe spiciforme, corolle à peine plus grande que le calice.
Lieu nat. l'isle de Chio. ♂ *J'ai dans mon herb.er une plante semblable à celle-ci sous le nom de* Salvia dominica. L. *La plante de M. Arduini n'est-elle pas plutôt d'Amérique?*

295. SAUGE *fétide*. Dict.
S. à feuilles en cœur irrégulièrement dentées très-ridées, bractées en cœur pointues ciliées de la longueur des calices.
Lieu nat. le Levant. ♄ *Odeur forte. Elle a des rapports avec la sclarée.*

296. SAUGE *de Syrie*. Dict.
S. à feuilles en cœur dentées: les inférieures ondées, bractées en cœur pointues courtes, calices tomenteux.
Lieu nat. le Levant. ♄

297. SAUGE *sanguine*. Dict.
S. à feuilles en cœur-ovales crénelées ondées ridées, racines tubéreuses.
Lieu nat. l'Italie. ♃

298. SAUGE *de l'Inde*. Dict.
S. à feuilles en cœur dentées, épis fort longs, verticilles presque nuds & écartés les uns des autres.
Lieu nat. l'Inde. ♃

299. SAUGE *des prés*. Dict.
S. à feuilles en cœur-oblongues irrégulièrement dentées presque lobées, verticilles comme nuds, lèvre supérieure des corolles en faulx & glutineuse.
Lieu nat. les prés de l'Europe. ♃

300. SAUGE *bicolor*. Dict.
S. à feuilles en cœur hastées irrégulièrement dentées, épis nuds fort longs, lèvre inférieure à lobe blanc creusé en sac.
Lieu nat. la Barbarie. ♃ *Fleurs grandes, d'un violet bleuâtre, à lobe moyen de la lèvre inférieure très blanc & concave.*

301. SAUGE *visqueuse*. Dict.
S. à feuilles ovales-oblongues obtuses ridées

293. SALVIA *viridis*.
S. foliis oblongis crenatis, corollarum galea semi-orbiculata, calycibus fructiferis reflexis.
Jacq. ic. rar. vol. 1. & Miscell. 2. p. 366.
Ex Italia. ⊙ *Calyces fructiferi prismatici.*
Vide n°. 304.

294. SALVIA *serotina*.
S. foliis cordatis serratis mollibus, floribus racemoso-spicatis, corollis vix calycem excedentibus. L.
E Chio. ♂ *S. serotina. Jacq. collect. vol. 1. pag. 140, & ic. rar. vol. 1. petioli nimis longi.*
Eadem fortè ac salv. dominica. L.

295. SALVIA *fœtida*.
S. foliis cordatis inæqualiter dentatis rugosissimis, bracteis cordato-acutis ciliatis longitudine calycum.
Ex Oriente. ♄ *Planta pilosa, odore gravi. Flores albi, labio inferiore luteolo.*

296. SALVIA *Syriaca*.
S. foliis cordatis dentatis: inferioribus repandis, bracteis cordatis brevibus acutis, calycibus tomentosis. L.
Ex Oriente. ♄ *Conf. cum. f. disermas.*

297. SALVIA *hæmatodes*.
S. foliis cordato ovatis crenatis repandis rugosis, radice tuberosa.
Ex Italia. ♃

298. SALVIA *Indica*.
S. foliis cordatis repandis dentatis, spicis prælongis, verticillis subnudis remotissimis.
Ex India. ♃

299. SALVIA *pratensis*.
S. foliis cordato-oblongis inæqualiter serratis sublobatis, verticillis subnudis, corollarum galea falcata glutinosa.
Ex Europæ pratis. ♃

300. SALVIA *bicolor*.
S. foliis cordato hastatis inæqualiter dentatis, spicis nudis prælongis, corollarum barba candida saccata.
E Barbaria. ♃ *D. Desfontaines. Flores magni, cæruleo-violacei, lobo medio labii inferioris candido concavo.*

301. SALVIA *viscosa*.
S. foliis ovato-oblongis obtusis rugosis crena-

crênelées vîſqueuſes, épis nuds ſort longs,
bractées plus courtes que les calices.
Lieu nat. l'Italie. ♃ *Fl. panachées de blanc &
de pourpre.*

302. SAUGE *verbenacée.* Dict.
S. à feuilles dentées ſinuées un peu liſſes,
corolles plus étroites que le calice.
Lieu nat. les pâturages de l'Europe. ♂ ou ♃
β. *Elle varie à feuilles inciſées.*

303. SAUGE *clandeſtine.* Dict.
S. à feuilles dentées pinnatifides très-ridées,
épi obtus, corolles plus étroites que le calice.
Lieu nat. l'Italie. ♂

304. SAUGE à *feuilles de bétoine.* Dict.
S. à feuilles ovales-oblongues obtuſes crênelées, verticilles preſque nuds & en épi,
corolles plus étroites que le calice.
Lieu nat. ... ☉ *C'eſt peut-être le* Salvia viridis
de Linné ; mais non de M. Jacquin.

305. SAUGE *difforme.* Dict.
S. velue & vîſqueuſe, à feuilles en cœur
oblong, rangées, épis nuds, tige fruteſcente.
Lieu nat. la Syrie. ♄ *Fl. petites & blanchâtres.*

306. SAUGE *du Nil.* Dict.
S. à feuilles en cœur ovales dentées un peu
ſinuées à leur baſe, verticilles nuds, dents
calicinales épineuſes.
Lieu nat. l'Afrique. ♃

307. SAUGE *d'Abyſſinie.* Dict.
S. à feuilles inférieures en lyre : les ſupérieures cordées, fleurs verticillées, calices mucronés ciliés.
Lieu nat. l'Abyſſinie. ♃ *Elle a des rapports
avec la précédente ; mais ſes feuilles inférieures
l'en diſtinguent.*

308. SAUGE *verticillée.* Dict.
S. à feuilles en cœur crênelées, verticilles
multiflores preſque nuds, ſtyle courbé en bas.
Lieu nat. l'Autriche. ♃
β. *Elle varie à feuilles inférieures auriculées ou
en lyre comme celles du navet.*

309. SAUGE à *feuilles de tilleul.* Dict.
S. à feuilles en cœur pétiolées régulièrement
crênelées, épis un peu unilatéraux, corolles
à peine plus grandes que le calice.
Lieu nat. ... ☉ ou ♂ *Elle eſt cultivée au jard.*
R. de ſemences envoyées d'Eſpagne par M. Ortega.

310. SAUGE *d'Eſpagne.* Dict.
S. à feuilles ovales acuminées aux deux bouts

ils vîſcidis, ſpicis nudis prælongis, bracteis
calyce brevioribus.
Ex Italia. ♃ *S. viſcoſa. Jacq. miſc.* 1. p. 318,
ic. rar.

301. SALVIA *verbenaca.*
S. foliis ſerratis ſinuatis lævriuſculis, corollis
calyce anguſtioribus. L.
Ex Europa paſcuis. ♂ ou ♃
β. *Variat foliis inciſis.*

303. SALVIA *clandeſtina.*
S. foliis ſerratis pinnatifidis rugoſiſſimis, ſpica
obtuſa, corollis calyce anguſtioribus. L.
Ex Itali:. ♂

304. SALVIA *betonicæfolia.*
S. foliis ovato - oblongis obtuſis crenatis,
verticillis ſpicatis ſubnudis, corollis calyce
anguſtioribus.
L. a. ... ☉ *H. R. An* Salvia viridis *Linnei,
non vero D. Jacquin. Vide* n°. 193.

305. SALVIA *difformis.*
S. ſpiloſa & viſcida, foliis cordato-oblongis
eroſis, ſpicis nudis, caule fruteſcente.
Ex Syria. ♄ *Flores parvi, albi.*

306. SALVIA *Nilotica.*
S. foliis cordato - ovatis dentatis baſi ſubſi-
nuatis, verticillis nudis, calycum dentibus
ſpinoſis.
Ex Africa. ♃ *Salvia* nabia. *Murr.Gott.*1778.1. 3.

307. SALVIA *Abyſſaica.*
S. foliis inferioribus lyratis ſummis cordatis,
floribus verticillatis, calycibus mucronatis
ciliatis. *Jacq. collect.* 1. p. 131. *ic. rar. vol.* 1.
Ex Abyſſinia. ♃ *Præcedenti affinis, at differt
fol. inf.*

308. SALVIA *verticillata.*
S. foliis cordatis crenato-dentatis, verticillis
multifloris ſubnudis, ſtylo deflexo.
Ex Auſtria. ♃
β. *Variat foliis inferioribus auriculatis ſublyratis.*
Salvia napifolia. *Jacq. Hort.* 2, t. 15:.

309. SALVIA *tiliæfolia.*
S. foliis cordatis petiolatis æqualiter crenatis,
ſpicis ſubſecundis, corollis vix calyce majoribus.
L. n. ... ☉ *ſeu* ♂ *Colitur in hort. Reg. ſeminibus ex Hiſpania à D. Ortega miſſis.*

310. SALVIA *Hiſpanica.* T. 20, f. 1.
S. foliis ovatis utrinque acuminatis ſerratis ;

dentées, épis embriqués tétragones, calice trifide.
Lieu nat. l'Espagne, l'Italie. ☉ *Fl. très petites.*

311 SAUGE *du Méxique.* Dict.
S. à feuilles ovales acuminées aux deux bouts dentées, épis un peu lâches, tige très-élevée.
Lieu nat. le Mexique, aux lieux humides. ♄

312. SAUGE *léonuroïde,* Dict.
S. à feuilles presqu'en cœur crénulées un peu épaisses, fleurs axillaires, calice à trois lobes, tige frutescente.
Lieu nat. le Pérou. ♄ *Fl. grandes, écarlattes, ayant presque l'aspect de celles du phl. leonurus.*

313. SAUGE *tubiflore.* Dict.
S. à feuilles en cœur crénelées un peu velues, calices trifides, corolles fort longues tubuleuses, étamines saillantes.
Lieu nat. les environs de Lima. ♄

314. SAUGE *améthyste.* Dict.
S. à feuilles en cœur pointues dentées laineuses en-dessous, verticilles nuds, calices trifides, corolles pubescentes.
Lieu nat. la Nouvelle Grenade. ♄ *Groupe terminale; fl. d'un violet d'améthyste; étamines non saillantes.*

315. SAUGE *écarlatte.* Dict.
S. à feuilles en cœur pointues dentées cotonneuses en-dessous, grappe terminale; étamines plus longues que la lèvre supérieure de la corolle.
Lieu nat. la Floride. ♄ *Corolle d'un rouge écarlate.*

316. SAUGE *fausse-écarlatine.* Dict.
S. pileuse, à feuilles ovales pointues crénulées, grappe terminale, étamines saillantes.
Lieu nat. les pays chauds de l'Amérique. ♄ *Diffère de la précédente par ses feuilles non en cœur, & ses poils longs.*

317. SAUGE *dorée.* Dict.
S. à feuilles arrondies à base tronquée dentée presqu'auriculée, lèvre supérieure des corolles très-grande.
Lieu nat. le Cap de Bonne-Espérance. ♄ *Bractées obtuses.*

318. SAUGE *d'Afrique.* Dict.
S. à feuilles ovales dentées fort petites presque blanches, bractées acuminées.
Lieu nat. le Cap de Bonne-Espérance. ♄ *Fl. violettes.*

---

spicis imbricatis tetragonis, calyce trifido.

Ex Hispania, Italia. ☉ *Spicæ densæ villosæ.*

311. SALVIA *Mexicana.*
S. foliis ovalis utrinque acuminatis serratis; spicis laxiusculis, caule altissimo.
É Mexici humentibus. ♄

312. SALVIA *leonuroides.* T. 20, f. 3.
S. foliis subcordatis crenulatis crassiusculis; floribus axillaribus, calyce triloba, caule fontescente.
E Peru. ♄ *S. leonuroides. Glox. obs. T. 1. f. formosa, L'Herit. Stirp. T. 21.*

313. SALVIA *tubiflora.*
S. foliis cordatis crenatis subpilosis, calycibus trifidis, corollis longissimis tubulosis, staminibus exsertis, Smith. ic fasc. 2, T. 16.
Ex agro Limensi. ♄ *Dombey.*

314. SALVIA *amethystina.*
S. foliis cordatis serratis subtus lanatis, verticillis nudis, calycibus trifidis, corollis pubescentibus, Smith. ic. fasc. 2, t. 17.
E Nova Grenada. ♄ *Fl. violacei. Sequenti valdè affinis.*

315. SALVIA *coccinea.*
S. foliis cordatis acutis serratis subtus tomentosis, racemo terminali, staminibus galea longioribus.

Ex Florida. ♄ *A præcedenti differt florum colore; & longitudine staminum.*

316. SALVIA *pseudo-coccinea.* J.
S. pilosa, foliis ovatis acutis crenatis, racemo terminali, staminibus exsertis.
Ex America calidiore. ♄ *S. pseudo-coccinea, Jacq. collect. v. 2. p. 302. & ic. rar. vol. 2.*

317. SALVIA *aurea.*
S. foliis subrotundis basi truncatis subauriculatis, corollarum galea maxima.

E Capite Bonei Spei. ♄ *Flores luteo rufescens.*

318. SALVIA *africana.*
S. foliis ovatis serrato-dentatis perparvis subincanis, bracteis acuminatis.
E Capite Bonæ Spei. ♄ *Verticilli racemoso-spicati.*

319. SAUGE *colorée.* Dict.
S. à feuilles elliptiques preſqu'entieres cotonneuſes, limbe du calice membraneux & coloré.
Lieu nat. le Cap de Bonne-Eſpérance. ♄

320. SAUGE *barbue.* Dict.
S. à feuilles ovales preſqu'entières ridées tomenteuſes, calices dilatés réticulés très-velus.
Lieu nat. le Cap de Bonne-Eſpérance. ♄
β. Elle varie à feuilles fort petites & plus pointues.

321. SAUGE *paniculée.* Dict.
S. à feuilles ovales-cunéiformes dentées nues, tige fruteſcente.
Lieu nat. l'Afrique. ♄ *Ses feuilles ſont petites, vertes & remarquables par des points enfoncés parſemés ſur leur ſuperficie.*

322. SAUGE *lancéolée.* Dict.
S. à feuilles lancéolées très-entières à duvet cotonneux fort court, calices obtus plus courts que le tube des corolles.
Lieu nat. le Cap de Bonne-Eſpérance. ♄

323. SAUGE *couchée* Dict.
S. à feuilles ovales-rhomboïdes dentées, épis grêles, calices hériſſés de poils glanduleux, tige couchée.
Lieu nat. la Jamaïque, les Antilles. ♃ *C'eſt à M. Richard que nous devons cette plante, & la connoiſſance du ſynonyme qui lui appartient.*

324. SAUGE *des Canaries.* Dict.
S. à feuilles haſtées-triangulaires oblongues crenulées, pétioles tomenteux, bractées plus longues que les calices.
Lieu nat. les Canaries. ♄

325. SAUGE *glutineuſe.* Dict.
S. à feuilles en cœur-ſagittées dentées pointues.
Lieu nat. les paturages montueux de la France auſtrale, l'Italie, &c. ♃

326. SAUGE *ſclarée.* Dict.
S. à feuilles en cœur crénelées ridées velues, bractées colorées concaves acuminées plus longues que le calice.
Lieu nat. la France auſtrale, l'Italie, &c. ♂

327. SAUGE *épineuſe.* Dict.
S. à feuilles oblongues ondées, calices épineux, bractées en cœur mucronées concaves.
Lieu nat. l'Egypte. ♂
β. Elle varie à tige liſſe, & à feuilles non ridées.

319. SALVIA *colorata.*
S. foliis ellipticis ſubintegerrimis tomentoſis calycis limbo membranaceo colorato. L.
E Capite Bonæ Spei. ♄ *Calyces obtuſi.*

320. SALVIA *barbata.*
S. foliis ovatis ſubintegerrimis rugoſis tomentoſis, calycibus dilatatis venoſo-reticulatis hirſutiſſimis.
E Capite Bonæ Spei. ♄ *Sonnerat.*
β. Variat foliis minimis acutioribus.

321. SALVIA *paniculata.*
S. foliis obovato-cuneiformibus denticulatis nudis, caule fruteſcente. L.
Ex Africa. ♄ *Folia parva viridia punctis excavatis diſtincta.*

322. SALVIA *lanceolata.*
S. foliis lanceolatis integerrimis breviſſimè tomentoſis, calycibus obtuſis corollarum tubo brevioribus.
E Capite Bonæ Spei. ♄ *Sonnerat.*

323. SALVIA *procumbens.*
S. foliis ovato-rhomboidibus ſerratis, ſpicis gracilibus, calycibus pilis glanduloſis hiſpidis, caule procumbente.
Ex Jamaica, Antyllis. ♃ *Communic. a D. Richard. Eſt verbena minima, chamædryos folio. Sloan. Jam. hiſt. 1. p. 172, t. 107, f. 2.*

324. SALVIA *canarienſis.*
S. foliis haſtato-triangularibus oblongis crenulatis, petiolis tomentoſis, bracteis calyce longioribus.
E Canariis. ♄ *Pluk. t. 301, f. 2. Vogel. ic. t. 19.*

325. SALVIA *glutinoſa.*
S. foliis cordato-ſagittatis ſerratis acutis. L.
Ex paſcuis montoſis Galliæ auſtrali, Italiæ, &c. ♃ *Flores magni, ſordidè lutei.*

326. SALVIA *ſclarea.*
S. foliis cordatis crenatis rugoſis villoſis, bracteis coloratis concavis acuminatis calyce longioribus.
Ex Gallia auſtrali, Italia, &c. ♂

327. SALVIA *ſpinoſa*
S. foliis oblongis repandis, calycibus ſpinoſis, bracteis cordatis mucronatis concavis. L.
Ex Ægypto. ♂ *S. ſpinoſa. Jacq. collect. 2. p. 139. ic. rar.*
β. Variat caule lævi, & foliis planis mediuſculis.

328. SAUGE *d'Autriche*. Dict.
S. à feuilles en cœur-ovales rongées pinnatifides glabres en-dessus, tige bractées & calices très-velus.
Lieu nat. l'Autriche. ♃

329. SAUGE *laineuse*. Dict.
S. à feuilles ovales dentées rongées laineuses, verticilles laineux, bractées recourbées à pointe spinuliforme.
Lieu nat. la France & l'Europe Australe. ♂

330. SAUGE *argentée*. Dict.
S. à feuilles oblongues dentées anguleuses laineuses, verticilles supérieurs stériles, bractées concaves.
Lieu nat. l'isle de Candie ♂ *Ses poils sont glutineux.*

331. SAUGE *cératophylle*. Dict.
S. à feuilles pinnatifides ridées laineuses, verticilles supérieurs stériles.
Lieu nat. la Perse. ♂

332. SAUGE *laciniée*. Dict.
S. à feuilles laciniées-pinnatifides ridées velues, calices obtus velus laineux.
Lieu nat. la Sicile, l'Egypte. ♂

333. SAUGE *pinnée*. Dict.
S. à feuilles pinnées crénelées : foliole impaire plus grande, calices enflés obtus très velus.
Lieu nat. le Levant, l'Arabie. ♂

334. SAUGE *feuilles de rosier*. Dict.
S. à feuilles pinnées blanchâtres : folioles dentées, calices à deux lèvres.
Lieu nat. l'Arménie ♃

335. SAUGE *du Japon*. Dict.
S. à feuilles bipinnées, glabres.
Lieu nat. le Japon, aux environs de Nagasaki. ⊙

336. SAUGE *acétabule*. Dict.
S. à feuilles inférieures trifoliées : foliole impaire plus grande, verticilles écartés presqu'en épi, calices campanulés ouverts.
Lieu nat. le Levant. ♃ ou ♄ *Calices velus, rougeâtres, grands, ouverts comme dans la molucelle.*

337. SAUGE *de Forskal*. Dict.
S. à feuilles en lyre, auriculées, tige presque sans feuilles, lèvre supérieure de la corolle semi bifide.
Lieu nat. le Levant. ♃

328. SALVIA *Austriaca*. Jacq.
S. foliis cordato-ovatis erosis pinnatifidis supra nudis, caule bracteis calycibusque hirsutissimis.
Ex Austria. ♃ *Caulis subaphyllus.*

329. SALVIA *æthiopis*.
S. foliis ovatis dentato-erosis lanatis, verticillis lanatis, bracteis recurvatis mucronato-spinulosis.
Ex Gallia & Europa australi. ♂

330. SALVIA *argentea*.
S. foliis oblongis dentato-angulatis lanatis; verticillis summis sterilibus, bracteis concavis. L.
E Creta. ♂ *S. orientalis. H. R.*

331. SALVIA *ceratophylla*.
S. foliis pinnatifidis rugosis lanatis, verticillis summis sterilibus. L.
E Persia. ♂ *Calyces acuti subspinosi.*

332. SALVIA *ceratophylloides*.
S. foliis laciniato-pinnatifidis rugosis villosis, calycibus obtusis villoso-lanatis.
Ex Sicilia, Ægypto. ♂

333. SALVIA *pinnata*.
S. foliis pinnatis crenatis : foliolo impari majore, calycibus inflatis obtusis hirsutissimis.
Ex Oriente, Arabia. ♂

334. SALVIA *rosæfolia*.
S. foliis pinnatis incanis : foliolis serratis, calycibus ringentibus. *Smith. ic. fasc.* 1. T. 5.
Ex Armenia. ♃

335. SALVIA *Japonica*.
S. foliis bipinnatis glabris. *Thunb. fl. Jap.* 22, t. 5.
E Japonia, circum Nagasaki. ⊙

336. SALVIA *acetabulosa*.
S. foliolis inferioribus trifoliatis : foliolo impari majore, verticillis remotis subspicatis, calycibus campanulatis patentibus.
Ex Oriente. ♃ f. ♄

337. SALVIA *Forskalei*.
S. foliis lyrato-auriculatis, caule subaphyllo, corollis galea semi-bifida. L.
Ex Oriente. ♃

318. SAUGE *penchée*. Dict.
S. à feuilles en cœur inégalement découpées
à leur base, tige nue, épis penchés avant la
floraison.
Lieu nat. la Russie. ♃

339. SAUGE *oreillé*. Dict.
S. velue, à feuilles ovales dentées auriculées,
fleurs à verticilles en épi.
Lieu nat. le Cap de Bonne-Espérance.

340. SAUGE *scabre*. Dict.
S. scabre, à feuilles en lyre dentées ridées,
tige paniculée rameuse.
Lieu nat. le Cap de Bonne-Espérance.

341. SAUGE *roncinée*. Dict.
S. scabre, à feuilles roncinées - pinnatifides
dentées, fleurs verticillées en épi.
Lieu nat. le Cap de Bonne-Espérance.

Explication des fig.

Tab. 10, f. 1. SAUGE *officinale*. (*a*, *b*) Corolle.
(*a*) Calice, corolle. (*d*) Partie inférieure de la corolle
avec les étamines. (*e*) Filaments des étamines. (*f*) Calice. (*g*) Calice, pistil (*h*, *i*) Calice contenant les semences. (*l*) Semences séparées.
Tab. 10, f. 2. SAUGE d'Espagne. (*a*) Fleur entière.
(*b*) Calice. (*c*, *d*) Calice fendu. (*e*) Semences vues
dans le calice. (*f*) Semence séparée grosse. (*g*) La
même coupée en travers. (*h*) Embrion mis à nud. (*i*)
Sommité de la plante avec un épi, dessiné d'après le
sec.
Tab. 10, f. 3. SAUGE *Houttuis*. (*a*) Fleur entière.
(*b*) Corolle séparée. (*c*, *d*) Corolle coupée, montrant les étamines. (*e*) Étamines séparées. (*f*, *g*) Calice, pistil. (*h*) Semences dans le calice. (*l*) Sommité
de la plante garnie de fleurs.

51. COLLINSONE.

Caract. essent.

CALICE bilabié. Corolle irrégulière : à lèvre inférieure multifide, capillaire. Une seule semence mûre.

Caract. nat.

Cal. monophylle, tubuleux, bilabié : lèvre supérieure trifide, réfléchie, plus large; lèvre
inférieure partagée en deux découpures droites subulées.
Cor. monopétale, irrégulière. Tube infondibu-
liforme plusieurs fois plus long que le calice.
Limbe comme bilabié : à lèvre supérieure
très-courte, à quatre dents; lèvre inférieure
plus longue, multifide, capillaire.

338. SALVIA *natans*.
S. foliis cordatis inæqualiter basi excisis,
caule nudo, spicis ante florescentiam cernuis. L.
E Russia. ♃

339. SALVIA *aurita*.
S. villosa, foliis ovatis dentatis auriculatis,
floribus verticillato-spicatis. L. f. suppl. 88.
E Capite Bonæ Spei.

340. SALVIA *scabra*.
S. scabra, foliis lyratis dentatis rugosis, caule
paniculato ramoso. L. f. suppl. 89.
E Capite Bonæ Spei.

341. SALVIA *runcinata*.
S. scabra, foliis runcinato-pinnatifidis dentatis,
floribus spicatis verticillatis. L. f. suppl. 89.
E Cap. Bonæ Spei.

Explicatio iconum.

Tab. 10, f. 1. SALVIA *officinalis*. (*a*, *b*) Corolla.
(*c*) Calyx, corolla. (*d*) Pars infima corollæ cum
staminibus. (*e*) Filamenta staminum. (*f*) Calyx. (*g*)
Calyx, pistillum. (*h*, *i*) Calyx semina continens. (*l*) Semina soluta. Fig. ex Tournef.
Tab. 10, f. 2. SALVIA *Hispanica*. (*a*) Flos integer. (*b*) Calyx. (*c*, *d*) Calyx fissilis. (*e*) Semina
intra calycem. (*f*) Semen solitum sectum (*g*) Idem
transversè sectum. (*h*) Embryo denudatus. Fig. ex
ex D. Gærtn. (*i*) Summitas plantæ cum spica. Ex Sicco.

Tab. 10, f. 3. SALVIA *Houttuisiana*. (*a*) Flos integer. (*b*) Corolla separata. (*c*, *d*) Corolla incisa stamina exhibens. (*e*) Stamina soluta. (*f*, *g*) Calyx,
pistillum. (*h*) Semina intra calycem. (*l*) Summitas
plantæ cum floribus. Fig. ex D. l'Héris.

51. COLLINSONIA.

Charact. essen.

CALYX bilabiatus. Corolla inæqualis : labio inferiore multifido, capillari. Semen maturum
unicum.

Charact. nat.

Cal. monophyllus, tubulosus, bilabiatus: labio
superiore trifido reflexo latiore; inferiore
bipartito subulato erectiore.

Cor. monopetala, inæqualis. Tubus infundibuliformis calyce multoties longior. Limbus
subbilabiatus: labio superiore brevissimo quadridentato; inferiore longiore multifido capillare.

Etam. deux filamens, fetacés, droits, très-longs. Anthères fimples, couchées, comprimées, obtufes.
Pift. un ovaire fupérieur, quadrifide, avec une glande plus grande fituée en-deffous. Un ftyle fétacé, de la longueur des étamines, incliné latéralement. Stigmate bifide, aigu.
Péric. Aucun. La femence eft contenue au fond du calice.
Sem. une feule, globuleufe.

Stam. filamenta duo, fetacea, erecta, longiffims. Antheræ fimplices incumbentes compreffæ obtufæ.
Pift. germen fuperum, quadrifidum, cum glandula majore germinibus fubjecta. Stylus fetaceus, longitudine flaminum, ad latus inclinatus. Stigma bifidum, acutum.
Peric. nullum. Calyx in fundo femen fovet.
Sem. unicum, globofum.

Tableau des efpéces.

Confpectus fpecierum.

342. COLLINSONE de Canada. Dict. 2. p. 65.
C. à feuilles ovales, glabres ainfi que les tiges.
Lieu nat. l'Amérique feptentrionale

342. COLLINSONIA Canadenfis. T. 11.
C. foliis ovatis caulibufque glabris, Hort. Kew. p. 47.
Ex America meridionali.

343. COLLINSONE fcabriufcule. D ct. Suppl.
C. à feuilles ovales prefqu'en cœur un peu velue tige un peu velue légèrement fcabre.
Lieu nat. la Floride. Euegarois à dire qu'une varieté de la precidente.

343. COLLINSONIA fcabrifcula. Ait.
C. foliis ovatis fubcordatis piloriufculis, caule pilofiufculo fcabrido. Hort. Kew. p. 47.
Ex Floridâ. Forte varietas praecedentis. Collinfonia praecox; c. ferotina. Walt. fl. carol. 65. quid?

Explication des figures.

Tab. 11. COLLINSONE de Canada. (a, b) Fleur vue en deffous & en deffus. (c) S-moitié de la plante garnie de fleurs. (a) Calice entier. (e) Semence au fond du calice avec tous fes ovaires avortés. (g) Semence groffie. (f) Sa membrane interne en partie découverte. (h, h) Embryon mis à nud. (i) Cotyledons (ou lobes) féparés.

Explicatio iconum.

Tab. 11. COLLINSONIA Canadenfis. (a, b) Flos infra fupraque vifus. (c) Summitas plantæ floribus onufta. Fig. ex Linn in h. elif. (d) Calyx integer. (e) Semen intra calycem, cum truum germinibus abortivis. (g) Semen auctum. (f) Ejufdem membrana interna partim denudata. (h, h) Embryon denudatum. (i) Cotyledones feparatæ. Fig. ex D. Garta.

51. MORINE.

Caract. effent.

CALICE double: l'extérieur inférieur; l'intérieur fupérieur, bifide. Corolle tubuleufe; à limbe bilabié. Une femence couronnée par le calice intérieur.

Caract. nat.

Cal. double: l'extérieur inférieur, monophylle, cylindrique, à bord denté: Les dents fubulées droites, dont deux oppofées plus longues. L'intérieur fupérieur monophylle bifide: à découpures oppofées obtufes échancrées.
Cor. monopetale, irrégulière. Tube très long, un peu courbé, élargi dans fa partie fupérieure. Limbe bilabié, obtus: levre fupérieure à deux lobes; levre inférieure trilobée.
Etam. deux filamens, fétacés, rapprochés du ftyle. Anthères droites, en cœur, diftantes.

51. MORINA.

Charact. effent.

CALYX duplex: externus inferus; interius fuperus bifidus. Corolla tubulofa; limbo bilabiato. Semen unicum calyce interiore coronatum.

Charact. nat.

Cal. duplex: externus inferus, monophyllus, cylindricus; ore dentato: denticulis fubulatis erectis, duobus oppofitis longioribus. Interius fuperius monophyllus bifidus: laciniis oppofitis obtufis emarginatis.
Cor. monopetala, irregularis: tubus longiffimus, parum incurvatus, fuperne ampliatus. Limbus bilabiatus obtufus: labio fuperiore bilobo; inferiore trilobo.
Stam. filamenta duo, fetacea, ftylo approximata. Antheræ erectæ cordatæ diftantes.

K ij

76 DIANDRIE MONOGYNIE.

Pist. un ovaire globuleux, Inférieur. Un style filiforme, plus long que les étamines; stigmate en tête applatie.
Péric. aucun.
Sem. une seule, arrondie, couronnée par le calice intérieur.

Tableau des espèces.

344. MORINE de Perse. Dict.
Lieu nat. la Perse. ♃

Explication des figures.

Tab. 11. MORINA de Perse. (*a*) Fleur entière. (*b*) La même sans le calice extérieur. (*c*) Calice intérieur 1 pistil. (*d*) Calice extérieur séparé. (*e*) Calice extérieur coupé, laissant voir l'ovaire couronné par le calice intérieur. (*f*) Corolle séparée. (*g*) Semence comme lobée. (*h*) Portion de la tige, avec des feuilles & des fleurs verticillées.

53. ANCISTRE.

Caract. essent.

Calice à 4 barbes terminées par des crochets en croix. 4 pétales, stigmate multifide. Une semence recouverte par le calice épaissi.

Caract. nat.

Cal. monophylle, turbiné, adné à l'ovaire ayant 4 dents arisées, droites, terminées par 4 crochets renversés.
Cor. quatre pétales, ovales lancéolés, ouverts, égaux, cohérens à leur base.
Etam. deux filamens, capillaires, adnés à la base de la corolle, plus longs qu'elle. Anthères arr.
Pist. un ovaire semi-inférieur, oblong. Un style filiforme, de la longueur de la corolle. Stigmate pénicilliforme.
Péric. aucun. Semence recouverte par le calice épaissi & coriacé.
Sem. une seule, oblongue.

Tableau des espèces.

345. ANCISTRE argentine. Dict. t, p. 148.
A. à folioles cunéiformes, profondément dentées, blanches en-dessous; tête globuleuse.
Lieu nat. la Nouvelle Zélande.

346. ANCISTRE du Magellan. Dict. Suppl.
A. à folioles ovales incisées-pinnatifides; épi en tête globuleux.
Lieu nat. le Magellan.
β. Le même, à folioles plus larges, simplement dentées.

DIANDRIA MONOGYNIA.

Pist. germen globosum, inferum. Stylus filiformis staminibus longior. Stigma capitato-peltatum.
Peric. nullum.
Sem. unicum, subrotundam, calyce interiori coronatum.

Conspectus specierum.

344. MORINA Persica. T. 11.
E Persia. ♃

Explicatio iconum.

Tab. 11. MORINA Persica. (*a*) Flos integer. (*b*) Idem absque calyce externo. (*c*) Calyx interior 1 pistillum. (*d*) Calyx exterior separatus. (*e*) Calyx exterior excisus germen calyce interiore coronatum exhibens. (*f*) Corolla soluta. (*g*) Semen sublobatum. Fig. ut Tournef. (*h*) Pars caulis cum foliis & floribus verticillaris.

53. ANCISTRUM.

Charact. essent.

Calyx 4-aristatus; aristis terminatis glochidibus cruciatis. Pet. 4, stigma penicillatum. Semen 1, calyce incrassato tectum.

Charact. nat.

Cal. monophyllus, turbinatus, germini adnatus; quadridentatus: dentibus erectis aristatis, terminatis hamis 4 reversis.
Cor. petala quatuor, ovato-lanceolata, patentia, aequalia, basi cohaerentia.
Stam. filamenta duo, capillaria, fundo corollae adnata, corolla longiora. Antherae subrotundae.
Pist. germen semi-inferum, oblongum. Stylus filiformis, longitudine corollae. Stigma multipartitum, penicilliforme.
Peric. nullum. Semen calyce incrassato coriaceoque tectum.
Sem. unicum, oblongum.

Conspectus specierum.

345. ANCISTRUM anserinaefolium. T. 11, f. 1.
A. foliolis cuneiformibus profunde serratis subtus incanis; capitulo globoso.
E Nova Zelandia. A. decumbens. Garn. 183.

346. ANCISTRUM Magellanicum. T. 12, f. 2.
A. foliolis ovatis inciso-pinnatifidis, spica capitato globosa.
E Magellania. Commers.
α. Idem, foliolis latioribus serratis. Poterium humile. H. R.

547. ANCISTRE *luisante*. Dict. suppl.
A. à folioles très petites, partagées en deux, pointues, luisantes en-dessus; épi ovale; calices mutiques.
Lieu nat. les îles Malouines. ♃ *Folioles terminées par quelques poils.*

548. ANCISTRE *barbue*. Dict. suppl.
A. à folioles linéaires-subulées barbues au sommet, fleurs axillaires.
Lieu nat. Monte-Video. ♃ *Camarine pinnée.* Dict. n°. 5.

549. ANCISTRE *agrimonoïde*. Dict. suppl.
A. à folioles ovales-oblongues dentées velues, épis alongés, fruits hérissés de toutes parts.
Lieu nat. le Cap de Bonne-Espérance. ♃ *Les barbes ou pointes sétacées qui hérissent le fruit sont terminées par des crochets.*

54. FONTAINESE.

Caract. essent.

CALICE à 4 divisions. Deux pétales partagés en deux. Capsule supérieure, comprimée membraneuse, biloculaire.

Caract. nat.

Cal. petit, persistant, à quatre découpures obtuses.
Cor. deux pétales partagés en deux : à découpures oblongues ovales concaves plus grandes que le calice.
Etam. deux filamens filiformes, un peu plus longs que la corolle, insérés à ses onglets. Anthères oblongues à deux sillons.
Pist. un ovaire supérieur, ovale. Un style plus court que les étamines; deux stigmates aigus, courbes en-dedans.
Péric. une capsule presqu'ovale, comprimée-membraneuse, échancrée, biloculaire au centre (très-rarement à 3 loges & à 3 ailes).
Sem. solitaires, oblongues, presque cylindriques.
Peut-être que la cor. vraiment monopétale, est partagée en 4 parties, ayant 2 découpures plus profondes.

Tableau des espèces.

550. FONTAINESA *phillyréoïde*. Dict. suppl.
Lieu nat. la Syrie. ♄ *Arbrisseau d'environ 12 pieds; feuilles glabres. Le lilas du Japon, IV.), est peut-être du même genre.*

547. ANCISTRUM *lucidum*. T. 22. f. 3.
A. foliolis minimis bipartitis acutis superne nitidis, spica ovata, calycibus muticis.
Ex insula Falklandica. ♃ *Foliola interdum tripartita.*

548. ANCISTRUM *barbatum*.
A. foliolis lineari-subulatis apice barbatis, floribus axillaribus.
E Monte Video. Commers. Empetrum pinnatum. n. Dict.

549. ANCISTRUM *latebrosum*. T. 22. f. 4.
A. foliolis ovato-oblongis serratis villosis; spicis elongatis, fructibus undique echinatis.
E Cap. Bonæ Spei. ♃ *Anc. latebrosum. Gærtn. 164. Agrimonia decumbens L. f. Suppl. 251.*

54. FONTANESIA.

Charact. essent.

CALIX quadripartitus. Petala duo bipartita. Capsula supera compresso-membranacea bilocularis.

Charact. nat.

Cal. parvus, persistens, quadripartitus; laciniis obtusis.
Cor. petala duo, bipartita : laciniis oblongo-ovatis concavis calyce majoribus.
Stam. filamenta duo, filiformia, corolla sublongiora, ejusdem unguibus inserta. Antheræ oblongæ, bisulcæ.
Pist. germen superum, ovatum. Stylus staminibus brevior; stigmata duo, acuta, inflexa.
Peric. capsula subovata, compresso-membranacea, emarginata, centro bilocularis (rarissime 3-locularis, 3-alata).
Sem. solitaria, oblonga, subteres.
Charaer ex D. de la Billardière. An potius corolla 4 partita; laciniis 2 profundioribus. Genus affine Lilaci.

Conspectus specierum.

550. FONTANESIA *phillyreoides*. La Bill.
E Syria. ♄ *Frutex biorgyalis, &c. detectus à D. de la Billardière, qui ex eo novum genus instituit.*

Explication des fig.   *Explicatio iconum.*

Tab. 11. FONTAINEE *phillyreoide.* (a) Fleur entière. (b) Pétale séparé & grossi, avec une étamine insérée à la base. (c) Calice, profil, vue à la loupe. (d) Capsule entière. (e) La même coupée transversalement. (f) La même coupée dans sa longueur. (g) Semences séparées. (h) Branche chargée de fruits. (i) Rameau garni de fleurs.

Tab. 12 FONTANESIA *phillyreoides:* (q) Flos integer. (b) Petalum separatum & auctum, cum flamine basi i fermo. (c) Calyx, positione latere vitro inspecta. (d) Capsula integra. (e) Eadem transverse secta. (f) Eadem longitudinali ter disecta. (g) Semina solata. (h) Ramus fructifer. (i) Ramulus floribus onustus. *Fig. 11 icones non edita, nempe. à D. de la Biliardiere.*

DIGYNIE.   ## DIGYNIA.

55. FLOUVE.   ### 55. ANTHOXANTHUM.

Caract. essent.   *Charact. essent.*

CALICE bâle uniflore, bivalve. Cor. bâle bivalve; les valves chargées d'une barbe sur leur dos.

CALIX gluma uniflora, bivalvis. Cor. gluma bivalvi-, dorso valvarum aristato.

Caract. nat.   *Charact. nat.*

Cal. bâle uniflore, bivalve : à valves ovales-oblongues acuminées, concaves, inégales.

Cal. gluma a illora, bivalvis : valvis ovato-oblongis acuminatis concavis iæqualibus.

Cor. bâle bivalve, de la longueur de la valvule calicinale la plus petite : à valvules presqu'égales, obtuses, portant chacune une barbe sur le dos. En outre, deux petites écailles opposées embrassant la base des parties génitales.

Cor. gluma bivalvis, longitudine valvulæ minoris calycinæ : valvulis subæqualibus obtusis dorso aristatis præ erea. Spina in æ duæ oppositæ basin genitalium amplexantes.

Etam. deux filamens capillaires très-longs. Anthères oblongues, fourchues aux deux bouts.

Stam. filamenta duo, capillaria longissima. Antheræ oblongæ utrinque bifurcæ.

Pist. un ovaire supérieur, oblong. Deux styles, filiformes, un peu velus. Stigmates simples.

Pist. germen superum, oblongum. Styli duo, filiformes, villosuli, Stigmata simplicia.

Péric. aucun. La bâle florale enveloppe la semence.

Peric. nullum. Gluma corolæ semen includit.

Sem. une seule, légèrement cylindrique, acuminée aux deux bouts.

Sem. unicum, utrinque acuminatum teretiusculum.

Tableau des espèces.   *Conspectus specierum.*

351. FLOUVE *odorante.* Dict. n°. 1.
F. à épi ovale-oblong, fleurs un peu pédonculées plus longues que les barbes.
Lieu nat. les prés de l'Europe. ♉

351. ANTHOXANTHUM *odoratum.* T. 13:
A. spica ovato oblonga, flosculis subpedunculatis arista longioribus. L.
Ex Europæ pratis. ♉

351. FLOUVE *paniculée.* Dict. n°. 2.
F. à fleurs paniculées.
Lieu nat. l'Europe la plus australe.

352. ANTHOXANTHUM *paniculatum.*
A. floribus paniculatis. L.
Ex Europa austr. aliore.

353. FLOUVE *de l'Inde.* Dict. n°. 3.
F. à épi linéaire, fleurs sessiles plus courtes que les bâles.
Lieu nat. l'Inde.

353. ANTHOXANTHUM *indicum.*
A. spica lineari, flosculis sessilibus arista brevioribus. L.
Ex India.

354. FLOUVE *chevelue.* Dict. n°. 4.
F. à panicu e en épi cylindrique aristée, barbes longues lâches ouvertes.
Lieu nat. la Nouvelle Zélande.

354. ANTHOXANTHUM *crinitum.*
A. panicula spiræformi cylindrica aristata; aristis longis patentibus læin. L. f. Suppl. 90.
E Nova Zeelandia.

Explication des fig.

Tab. 23. FLOUVE *odorante*. (A) Epi resserré. (a) Epi un peu lâche, comme dans la floraison. (B, b) Bâle entière resserrée. (c, b) La même à valves ouvertes. (i) Bâle calicinale. (p, l) Bâle florale. (m, n, o) Bâle florale, examinée, pistil. (q) Pistil séparé. (v, f) Bâle fructifère. (r) semence.

Explicatio Iconum.

Tab. 23. ANTHOXANTHUM *odorum*. (A) Spica coarctata. (a) Spica latiuscula, ut in efflorescentia. (B, b) Gluma integra contracta. (c, b) Eadem valvulis patentibus. (i) Gluma calycina. (p, l) Gluma floralis. (m, n, o) Gluma floralis, stamina, pistillum. (q) Pistillum separatum. (v, f) Gluma fructifera. (r) Semen. Fig. 22 J. Millero (mediocris), & 12 J. Lewis (bona).

TRIGYNIE.
56. POIVRIER.

Caract. essent.

SPADICE amentiforme. Calice nul (1-phylle & à 3 dents, selon Mill.). Corolle nue. Baie monosperme.

Caract. nat.

Spadice très-simple, filiforme, couvert de fleurs.
Cal. nul, (cal. monophylle, urcéolé, un peu ventru, caduc, à bord divisé en trois dents. Mill. ill.)
Cor. nulle.
Etam. filamens nuls (deux filamens très courts, selon la fig. de Miller). Deux anthères opposées, arrondies; situées à la base de l'ovaire (une de chaque côté).
Pist. un ovaire supérieur, ovale, grand, Styles nuls. Trois stigmates sétacés, hispides.
Péric. baie arrondie, charnue, uniloculaire.
Sem. une seule, globuleuse.

Tableau des espèces.

355. POIVRIER *aromatique*. Dict.
P. à feuilles ovales, pointues, quinque nerves, glabres, pétioles très-simples; épis stériles inférieurement.
Lieu nat. le Malabar. ♄ Des 5 nervures de la feuille, 3 seulement partent de sa base. Les épis fructifères sont stériles vers leur base.

356. POIVRIER *sauvage*. Dict.
P. à feuilles un peu en cœur, obliques à leur base, à cinq nervures; épis fructifères, grêles & un peu lâches.
Lieu nat. l'Isle de France, le Malabar, les Philippines. ♄ On l'a pris à l'Isle de France pour le poivrier aromatique.

357. POIVRIER *bétel*. Dict.
P. à feuilles ovales, un peu oblongues, acuminées, à sept nervures, pétioles à deux dents.
Lieu nat. l'Inde. ♄

TRIGYNIA
56. PIPER.

Charact. essent.

SPADIX amentiformis. Calyx nullus (1-phyllus, ore 3 dentato Mill.) Corolla nulla. Bacca monosperma.

Charact. nat.

Spadix simplicissimus, filiform., flosculis tectus.
Cal. nullus, (cal. monophyllus, urceolatus, subventricosus, deciduus, ore tridentato. Mill. ill.)
Cor. nulla.
Stam. filamenta nulla) duo brevissima in ic. Mill.). Antheræ duæ, oppositæ, subrotundæ, ad basim germinis.
Pist. germen superum, ovatum, magnum. Styli nulli. Stigmata tria, setacea, hispida.
Peric. bacca subrotunda, carnosa, unilocularis.
Sem. unicum, globosum.

Conspectus specierum.

355. PIPER *aromaticum*. T. 23.
P. foliis ovatis acutis quinquenerviis glabris; petiolis simplicissimis; spicis inferne substerilibus.
E Malabaria. ♄ Piper nigrum. L. Nervi 3 è basi folii erumpunt; duo alii supra basim. Spicæ fructiferæ versus basim steriles.

356. PIPER *sylvestre*.
P. Foliis subcordatis basi obliquatis quinque nerviis, spicis fructiferis gracilibus laxiusculis.
Ex Insula Franciæ, Malabaria, Philippinis. ♄ nervi omnes è basi folii erumpunt. Flores dioici.

357. PIPER *bede*.
P. Foliis ovatis oblongiusculis acuminatis septem nerviis, petiolis bidentatis. L.
Ex Indis. ♄

358. POIVRIER à côtes saillantes. Diā.
P. à feuilles ovales un peu poinsues, scabres
en dessous: cinq nervures saillantes en dessous.
Lieu nat. les deux Indes.

359. POIVRIER plantain. Diā.
P. à feuilles ovales poinsues, quinque-nerves
lisses; épis solitaires; baies ovales coniques.
Lieu nat. St. Domingue, &c. ℔ Toutes les nerves partens de la base de la feuille.

β. il varie à feuilles presqu'en cœur.

360. POIVRIER aristoloche. Diā.
P. à feuilles en cœur poinsues, nervures vagues, tiges & pétioles un peu velus.
Lieu nat. l'Isle de France. Ses petioles sont les
uns fort courts, & les autres trois fois plus longs.

361. POIVRIER siriboa. DIā.
P. à feuilles presqu'en cœur ovales poinsues
quinquenerve, épis longs opposés aux feuilles.
Lieu nat. les Indes occidentales. épis plus longs
que les feuilles.

362. POIVRIER à grandes feuilles. Diā.
P. à feuilles en cœur, à neuf nervures, réti-
culées.
Lieu nat. les Indes. ℔

363. POIVRIER reticulé. Diā.
P. à feuilles en cœur, à sept nervures, réti-
culées.
Lieu nat. la Martinique.

364. POIVRIER moyen. Diā.
P. à feuilles ovales, plus rarement en cœur à
leur base, quinquenerves, réticulées; épis
grêles.
Lieu nat. . .

365. POIVRIER scabre. Diā.
P. à feuilles ovales-lancéolées, multinerves;
nervures alternes, scabres.
Lieu nat. St. Domingue, la Guadeloupe. feuilles grandes, à nervures hérissées de poils courts.
β. à feuilles plus étroites, très scabres.

366. POIVRIER à feuilles de citronnier. Diā.
P. à feuilles ovales-lancéolées lisses, nervures
alternes, épis épais plus courts que les feuilles.
Lieu nat. l'Isle de Cayenne. ℔ petioles & pédoncules courts.
β le même, à feuilles oblongues, plus étroites.
γ. — à feuilles oblongues, ridées.

---

358. PIPER malemiris.
P. Foliis ovatis aculeusculis subtus scabris:
nervis quinque subtus elevatis. L.

Ex utraque India. Lin.

358. PIPER plantagineum.
P. Foliis ovatis acutis quinquenervis lævibus, spicis solitariis, baccis ovato conicis.
E Domingo, &c. ℔ Indig ais fureau-plan-
tain, est piper. . . . Sloan Jam. hist. 1, t. 87,
f. 1, an piper amalago. L.
β. Variat foliis subcordatis.

360. PIPER aristolochioides.
P. foliis cordatis acutis, nervis vagis, caule
petiolisque subhirsutis.
Ex Insula Franciæ, petioli alii brevissimi, alii
triplo longiores. Conf. cum pipere longo. Lin.

361. PIPER siriboa.
P. foliis subcordato-ovatis acutis quinquener-
viis, spicis longis oppositifoliis.
Ex Indiis orientalibus. An p. siribos. Lin.

362. PIPER decumanum.
P. foliis cordatis novem nervis reticulatis. L.

Ex Indiis. ℔

363. PIPER reticulatum.
P. foliis cordatis septemnervis reticulatis. L.

E Martinica.

364. PIPER medium.
P. foliis ovatis, rarius basi cordatis, quinque
nervis reticulatis, spicis gracilibus. Jacq.
collect. vol. 1. p. 141. ic. rar. vol. 1.

365. PIPER scabrum.
P. foliis ovato-lanceolatis multinervis, nervis
alternis scabris.
E Domingo, Guadelupa. Piper . . . Sloan. Jam.
hist. t. T. 87, f. 1. An piper aduncum. L.
β. Id. foliis angustioribus valdè scabris. E Cayenna.

366. PIPER citrifolium.
P. foliis ovato-lanceolatis lævibus, nervis alternis, spicis crassis folio brevioribus.
E Cayenna. ℔ D. Stoupy. Jaborandi 4. Pis.
braf. 216.
β. Idem, foliis oblongis angustioribus. E Cayenna.
γ. Idem, foliis oblongis rugosis. E Cayenna.

366. POIVRIER

367. POIVRIER *ridé*. Dia.
P. velu , à feuilles ovales-lancéolées bullées ridées luifantes en deffus , nervures vagues.
Lieu nat. St.-Domingue ; Cayenne. ♄ *rameaux,
pétioles & nervures des feuilles velus.*

368. POIVRIER à *feuilles étroites*. Dia.
P. à feuilles linéaires pointues aux deux bouts
prefque feffiles, nervures vagues, épis très-
petits, ovales, latéraux.
Lieu nat. la Guianne. ♄ *Feuilles falciformes.
Petits rameaux légèrement velus. Epis à peine
plus grands , ou même auffi grands que des grains
de froment.*

369. POIVRIER *pédicellé*. Dia.
P. à feuilles ovales pointues obliques à leur
bafe , nervures vagues , fruits pedicellés.
Lieu nat. l'Ifle de France, l'Inde. ♄ *Epis latéraux , folitaires , pedonculés ; fleurs dioiques.*

370. POIVRIER *du Cap.* Dia.
P. à feuilles ovales nerveufes acuminées : ner-
vures velues.
Lieu nat. le Cap de Bonne-Efpérance.

371. POIVRIER *d'Othaïti.* Dia.
P. à feuilles en cœur multinerves petiolées ,
épis axillaires pedonculés nombreux.
Lieu nat. l'Ifle d'Othaïti.

372. POIVRIER à *ombelles.* Dia.
P. à feuilles en cœur arrondies pointues vel-
neufes , épis en ombelle.
Lieu nat. S. Domingue.

373. POIVRIER à *feuilles larges.* Dia.
P. à feuilles en cœur arrondies acuminées ,
épis geminés pedonculés latéraux.
Lieu nat. l'Ifle de France , dans les bois.

374. POIVRIER *double-épi,* Dia.
P. à feuilles ovales , épis geminés.
Lieu nat. les pays chauds de l'Amérique.

375. POIVRIER *ombiliqué.* Dia.
P. à feuilles ombiliquées orbiculées en cœur
obtufes ondées, épis en ombelle.
Lieu nat. les Antilles.

376. POIVRIER *tacheté.* Dia.
P. à feuilles ombliquées ovales.
Lieu nat. S. Domingue.

377. POIVRIER à *feuilles obtufes.* Dia.
P. à feuilles ovoïdes non-nerveufes un peu
charnues.
Lieu nat. les pays chauds de l'Amérique. Les
feuilles de la pl. de M. Jacquin ont les bords d'un
rouge livide.

Botanique. Tom. I.

367. PIPER *rugofum.*
P. hirfutum , follis ovato-lanceolatis bullato-
rugofis fopra nitidis , nervis vagis.
E Domingo.   ♄   *Jof. Mart. & è Cayenna.* D.
Stoupy. Ramuli petioli nerviqué foliorum hirfuti.

368. PIPER *angustifolium.*
P. follis linearibus utrinque acutis fubfeffilibus , nervis vagis , fpicis minimis ovatis lateralibus.
E Guiana. ♄ *Commumic. a D. Richard. Spica
grano tritici vix majores.*

369. PIPER *tuberba.*
P. follis ovatis acutis bafi oblëquis ; nervie
vagis , fructibus pedicellatis.
Ex Infula Franciæ (Stadman) & India (Sonnerat). ♄ *Flores dioici.*

370. PIPER *capenfe.*
P. follis ovatis nervofis acuminatis : nervis
villofis. L. F. Suppl. 90.
E Caphe Bonæ Spei.

371. PIPER *methyfticum.*
P. follis cordatis multinervis petiolatis , fpicis
axillaribus pedunculatis plurimis, L. f. Sup. 91.
Ex Infula Thaïti.

372. PIPER *umbellatum.*
P. follis cordatis fubrotundis acutis venofis ;
fpicis umbellatis. Lin.
E domingo.

373. PIPER *latifolium.*
P. follis cordatis fubrotundis acuminatis , fpicis
geminis pedunculatis lateralibus.
Ex infula Franciæ. D. Stadman.

374. PIPER *diflachyon.*
P. follis ovatis , fpicis conjugatis. L.
Ex America calidiore.

375. PIPER *peltatum.*
P. follis peltatis orbiculato-cordatis obtufis
repandis , fpicis umbellatis. Lin.
Ex Caribæis.

376. PIPER *maculofum.*
P. follis peltatis ovatis. L.
E Domingo.

377. PIPER *obtufifolium.*
P. follis obovatis enervis fubcarnofis.

Ex America calidiore. P. *clufiafolium.* Jacq.
collect. vol. 3. p. 209. ic, tat. vol. 1.

377. POIVRIER *acuminé*. Diã.
P. à feuilles lancéolées ovales nerveuses char-
nues.
Lieu nat. les pays chauds de l'Amérique.

· 379. POIVRIER *portulacoïde*. Diã.
P. à feuilles opposées ovales obtuses non nerveuses lisses des deux côtés ; épis axillaires &
terminaux.
Lieu nat. l'Isle de Bourbon, dans les bois. ☉
feuilles pétiolées.

380. POIVRIER *Poivtiflaque*. Diã.
P. à feuilles verticillées rhomboïdes ovales
très entières pétiolées trinerves pubescentes.

Lieu nat. la Jamaïque ⚥ Epis terminaux ,
droit , fasciculés 2 à 4 ensemble.

381. POIVRIER *élégant*. Diã.
P. à feuilles verticillées 3 à 5 , lancéolées,
trinerves , un peu velues , rougeâtres en
dessous, sur les bords & les nervures.
Lieu nat. L'Amérique méridionale ⚥ épis
grêles , solitaires aux aisselles , & terminaux
2 à 4 ensemble.

382. POIVRIER *étoilé*. Diã.
P. herbacé , à feuilles verticillées oblongues
acuminées trinerves. glabres , tige droite.

Lieu nat. La Jamaïque. ⚥ Epis grêles , axillaires & terminaux ; les terminaux viennent
plusieurs ensemble.

383. POIVRIER *transparent*. Diã.
P. à feuilles en cœur pétiolées alternes, tige
très tendre , transparente.
Lieu nat. Les pays chauds de l'Amérique ☉.

384. POIVRIER à *feuilles rondes*. Diã.
P. à feuilles orbiculées charnues pétiolées
solitaires , tige filiforme, rampante.
Lieu nat. Les pays chauds de l'Amérique.
feuilles petites , épis terminaux , solitaires.

385. POIVRIER nummulaire. Diã.
P. à feuilles irrégulièrement orbiculées presque sessiles alternes fréquentes , tige filiforme rampante ponctuée.
Lieu natal. L'Isle de Bourbon.

386. POIVRIER *alsinoïde*. Diã.
P. à feuilles ovales-oblongues pétiolées opposées quinquenerves en dessous , tige filiforme, épis courts axillaires.
Lieu nat. La Caroline méridionale.

378. PIPER *acuminatum*.
P. foliis lanceolato ovatis nervosis carnosis. L.

Ex America calidiore.

379. PIPER *portulacoïdes*.
P. foliis oppositis ovatis obtusis enerviis utrinque lævibus, Ipicis axillaribus & terminalibus.
Ex Insula Mauritiana in sylva. ☉ *Commerf.*
sequenti affinis.

380. PIPER polystachyon.
P. foliis verticillatis rhombeo-ovatis integerrimis petiolatis trinerviis pubescentibus. *Ait.*
hort. Kew. p. 49.
E Jamaica. ⚥ *Piper obtusfolium. Jacq. collect.*
1. *spica 3-4 , terminales , fasciculata.*

381. PIPER *blandum*.
P. foliis verticillato-ternis lanceolatis trinerviis villosulis subtus ad margines nervosque
rubentibus.
Ex America meridionali. ⚥ *P. blandum. Jacq.*
colleã. vol. 3. p. 211 , & ic. rar. vol. 1.

382. PIPER *stellatum*.
P. herbaceum , foliis verticillatis oblongis
acuminatis trinerviis glabris , caule erecto.
Swartz. prodr. 16.
E Jamaica. ⚥ *P. stellatum. Jacq. collect. vol. 3.*
p. 211. ic. rar. vol. 2. An variet. praecedentis.

383. PIPER *pellucidum*.
P. foliis cordatis petiolatis alternis , caule
tenerrimo pellucido.
Ex America calidiore. ☉

384. PIPER rotundifolium.
P. foliis orbiculatis carnosis petiolatis solita-
riis , caule filiformi repente.
Ex America calidiori. P. *nummularifolium.*
Swartz. prodr. 16.

385. PIPER *nummularium*.
P. foliis inaequaliter orbiculatis subsessilibus
alternis crebris , caule filiformi punctato repente.
Ex Insula Mauritiana. *Commerf.*

386. PIPER *alsinoides*.
P. foliis ovato-oblongis petiolatis oppositis
subtus quinquenervis , caule filiformi, Ipicis
brevibus axillaribus.
E Carolinia meridionali. D. *Frasèr.*

387. POIVRIER *ellptique*. Dict.
   P. à feuilles oppofées ovales-arrondies pétiolées fans nervures, épis terminaux.

388. POIVRIER *à trois feuilles*. Dict.
   P. à feuilles ternées arrondies.
   Lieu nat. L'Amérique équinoxiale.

389. POIVRIER *à quatre feuilles*. Dict.
   P. à feuilles quaternées cuneiformes fessiles.
   Lieu nat. L'Amérique méridionale.

390. POIVRIER *verticillé*. Dict.
   P. à feuilles verticillées ovales trinerves.
   Lieu nat. La Jamaïque. ⊙ *Ses feuilles font
   liffes des deux côtés : les inférieures font verticillées 3 à 3, les fup. font quaternées.*

391. POIVRIER *réfléchi*. Dict.
   P. à feuilles quaternées obtufes réfléchies,
   tige fillonnée.
   Lieu nat. Le Cap de Bonne-Efpérance.

Explication des fig.

Tab. 23. POIVRIER *aromatique* (*A*) Épi garni de
fleurs. (*a*) Fleur féparée. (*b*) Calice fendu longitudinalement, montrant les étamines & le piftil. (*c*) Étamines. (*d*) Piftil. (*e*) Calice. (*f*) Épi chargé de baies.
(*g*) Baie entière. (*h*) Baie avec fa tunique coupée
tranfverfalement. (*i*) Tunique féparée. (*l*, *m*) Semence féparée de fa tunique. (*o*) Partie de la plante
avec des feuilles & des épis fructifères.

Obf. Ce caractère des fleurs du Poivrier publié
par *Miller*, ne paroît connu que de lui feul. Auffi
nous doutons très-fort que les fleurs du Poivrier
aromatique aient un calice urcéolé de cette forte ;
nous croyons même, d'après l'examen fur le fec,
qu'elles n'ont aucun calice quelconque.

---

387. PIPER *ellipticum*.
   P. foliis oppofitis ovato-fubrotundis petiolatis enerviis, fpicis terminalibus.

388. PIPER *trifolium*.
   P. foliis ternis fubrotundis. L.
   En America æquinoxiali.

389. PIPER *quadrifolium*.
   P. foliis quaternis cuneiformibus feffilibus. L.
   Et America meridionali.

390. PIPER *verticillatum*.
   P. foliis verticillatis ovatis trinerviis. L.
   E Jamaica. ⊙ *folia utrinque lævia : inferiora
   verticillato-terna, fuperiora quaterna.*

391. PIPER *reflexum*.
   P. foliis quaternis obrufis reflexis, caule ful-
   cato. L. f. Suppl. p. 91.
   E Capite Bonæ Spei.

Explicatio iconum.

Tab. 23. PIPER *aromaticum*. (*A*) Spica florifera.
(*a*) Flos feparatus. (*b*) Calyx longitudinaliter fiffus fla-
mina & piftillum exhibens. (*c*) Stamina. (*d*) Piftillum.
(*e*) Calyx. (*F*) Spica baccis onufta. (*g*) Bacca integra.
(*h*) Bacca cum aptilla transfverfim feiffa. (*i*) ariilus feparatus. (*l*, *m*) Semen ex atillo exemtum. Fig. ex Mill.
Illuftr. (*o*) Pars plantæ cum foliis & fpicis fructiferis.
Ex Sicco.

Obf. His charaêter florum Piperis, quem in Lu-
zem edidit *Miller*, eidem autori folo videtur no-
tus. Idco valdè dubitamus utrum necine Piperis
aromatici calycem habeant fic urceolatum, Nobis
è contra fuadet examen ficci exemplaris, eos
effe nulla calyce cinctos.

ILLUSTRATION DES GENRES.

CLASSE III.

TRIANDRIE MONOGYNIE.

Fl. à trois étamines & un seul style.

Tableau des genres.	Conspectus generum:
57. VALERIANE.	**57. VALERIANA.**
Cal. à peine apparent. cor. 1-pétale, ayant une bosse d'un côté à sa base, supérieure. 1 sem.	*Cal. vix perspicuus, cor. 1-petala, basi hinc gibba, supera. sem. 1.*
58. OLAX.	**58. OLAX.**
Cal. entier. cor. infundibulif. 3-fide. 4 appendices à l'orifice de la cor.	*Cal. integer. cor. infundibulif. 3-fida. appendices 4 fauce corolla.*
59. TAMARINIER.	**59. TAMARINDUS.**
Cal. à 4 div. 3. pet. filamens des étam. réunis à leur base. gousse pulpeuse.	*Cal. 4-partitus. pet. 3. filamenta stam. basi connata. legumen pulposum.*
60. RUMPHE.	**60. RUMPHIA.**
Cal. 3-fide. 3 pet. drupe 3-loculaire.	*Cal. 3-fidus. pet. 3. drupa 3-locularis.*
61. VOUAPA.	**61. VOUAPA.**
Cal. 4-fide, à 2 bractées à sa base. 3 pet. gousse comprimée, 1 sperme.	*Cal. 4-fidus, basi 2. bracteatus. pet. 3. legumen compressum 1-spermum.*
62. OUTEL.	**62. OUTEA.**
Cal. à 5 dents, à 2 bractées à sa base. 5 pet. dont le supérieur-grand. 1 filam. stérile sous le pétale supérieure.	*Cal. 5-dentatus, basi 2-bracteatus. pet. 5. quorum supremum maximum. filament. sterile sub petala superiore.*
63. TONTEL.	**63. TONTELEA.**
Cal. 5-fide. 5 pet. urcéole staminifère environnant l'ov. baie à 4 sem.	*Cal. 5-fidus. pet. 5. urceolus staminifer germ. cingens. bacca 4-sperma.*
64. CAMELÉE.	**64. CNEORUM.**
Cal. à 3 dents. 3 pet. égaux. baie sèche, à 3 coques, & 3 sem.	*Cal. 3-dentatus. pet. 3. aqualia. bacca sicca, 3-cocca, 3-sperma.*
65. COMOCLADE.	**65. COMOCLADIA.**
Cal. à 3 div. 3 pet. drupe oblong : à noyau 1-sperme.	*Cal. 3-partitus. pet. 3. drupa oblonga : nucleo 1-spermo.*

66. BÉJUCO.	**66. HIPPOCRATEA.**
Cal. à 5 div. 5 pet. 5 caps. comprimées bivalves : à valves carinées.	*Cal. 5-partitus. Pet. 5. caps. 5. comprissa, 2 valves : valvis carinatis.*
67. FISSILIER.	**67. FISSILIA.**
Cal. entier. cor. tubuleuse, régul. à 5 décomp. dont 2 sont bifides. 5 filam. stériles, twix glandiformes.	*Cal. integer. Cor. tubulosa, régul. 2-partita : laciniis 2 bifidis. Filam. 5 sterilia. Nax glandiformia.*
68. MÉLOTRIE.	**68. MELOTHRIA.**
Cal. sup. 5-fide. cor. 5-pétale : à limbe en roue, baie 5 locul. polysperme.	*Cal. sup. 5-fidus. Cor. 5-petala : limbo rotata. Bacca 5-locul. polysperma.*
69. VILLIQUE.	**69. WILLICHIA.**
Cal. 4-fide. cor. en roue, 4 fide. Caps. sup. bilocal. polysperme.	*Cal. 4-fidus. Cor. rotata, 4-fida. Caps. sup. 2-locul. polysperma.*
70. ROTALE.	**70. ROTALA.**
Cal. tubuleux, à 5 dents. Cor. O. caps. 5-local polysperme.	*Cal. tubulosus, 5 dentatus. Cor. O. caps. 5-local. polysperma.*
71. ORTÉGIE.	**71. ORTEGIA.**
Cal. de 5 folioles. Cor. O. caps. 1-loculaire, 5 valve au sommet ; polysp.	*Cal. 5-phyllus. Cor. O. caps. 1-local. apice 5-valvis, polysperma.*
72. LÉFLINGE.	**72. LŒFLINGIA.**
Cal. 5-phylle : à folioles à 2 dents à leur base. 5 pet. très-petites. Caps. 1-local. 3-valve.	*Cal. 5-phyllus : foliolis basi 2-dentatis. Pet. 5 minima, Caps. 1-local. 3-valvis.*
73. POLICNÈME.	**73. POLYCNEMUM.**
Collet, à 2 bractées presqu'épineuses. Cal. 5-phyllt. Cor. O. caps. 1-sperme.	*Involucr. 2-bracteatum subspinosum. Cal. 5-phyllus. Cor. O. caps. 1-sperma.*
74. SAFRAN.	**74. CROCUS.**
Cor. tubuleuse. régul. à 6 divis. 5 stigm. roulés en cornet.	*Cor. tubulosa, aequalis, 6-partita. Stigm. 5. convoluta.*
75. CIPURE.	**75. CIPURA.**
Cor. à 6 pétales, deux 5 int. plus petits. Caps. inf. 3-local.	*Cor. 6-petala : pet. 5 interioribus minoribus. Caps. inf. 3-local.*
76. WITSENE.	**76. WISTENIA.**
Cor. tubuleuse, régul : à limbe droit, 6-fide. Stigm. très-court, 3-fide.	*Cor. tubulosa, aequalis : limbo 6-partito, erecto. Stigm. breviss. 3-fidum.*
77. IXIE.	**77. IXIA.**
Cor. tubuleuse : à limbe 6-fide, campanulé, régul. 5 stigm. simples.	*Cor. tubulosa: limbo 6 partito, campanulato aequali. Stigm. 3-simplicia.*
78. MORÉE.	**78. MORÆA.**
Cor. régul. à 6 divis. sans tube. Pét. ouverts ; 3 alternes plus petits.	*Cor. aequalis, 6-partita, absque tubo: pet. patentibus ; 3 altern. minoribus.*
79. GLAYEUL.	**79. GLADIOLUS.**
Cor. irrég. infundibulif. à limbe à 6 div. presque labié. Etam. ascendantes.	*Cor. inaequalis, infundibulif. limbo 6-partito sublingente. Stam. adscend.*

80. IRIS.

Cor. partagée en 6 pét. alternativement droits & réfléchis. 3 stigm. pétaliformes.

81. DILATRIS.

Cal. O. cor. sup. à 6 divis. velue en dehors. Caps. 3-locul. 3-sperme.

82. VANCHENDORF.

Cor. à 6 pét. irrég. inf. caps. 3-locul.

83. COMMELINE.

Cal. 3-phylle. 3 pét. onguiculés. 3 filam. stériles, portant des gl. en croix.

84. CALISE.

Cal. 3-phylle. 3 pét. anth. gemináes. Caps. 2-locul.

85. GLAIVANE.

Cal. O. cor. à 6 pét. inf. régul. caps. 3-locul. polysperme.

86. XYRIS.

Cal. glumacé, 3-valve. Cor. à 3 pét. staminif. à leur base. Caps. sup. polysp.

87. MAYAQUE.

Cal. 3-phylle. 3 pét. caps. sup. 3-valve, 6 sperme.

88. MAPANE.

Baie à 6 valves ombriquées dentées. Cor. O. 1 sem.

89. POMEREULE.

Baie turbinée, à 3 an 4 fl. 2-valve : à valv. 4 fides, arist. ailes sur le dos.

90. REMIRE.

Baie 2-valve, 1-flore. Cor. 2-valve, plus petite que le cal. 2 sem.

91. CHOIN.

Baie 2-valves, paléacées, ramassées. Cor. O. 1 sem. arrondit.

92. SCIRPE.

Paillettes glumacées embriq. de toute part. Cor. O. 1 sem. nue.

93. SOUCHET.

Paillettes glumacées embr. sur 2 rangées. Cor. O. 1 sem. nue.

94. KYLLINGE.

Cal. 2-valve, inégal, 1-flore. Cor. 2-valve, plus longue que le calice.

80. IRIS.

Cor. 6-partita : petalis altern. erectis, altern. reflexis. Stigm. 3. petaliformia.

81. DILATRIS.

Cal. O. cor. sup. 6-partita, extus hirsuta. Caps. 3-locul. 3-sperma.

82. WANCHENDORFIA.

Cor. 6-pet. inæqualis, inf. caps. 3-locul.

83. COMMELINA.

Cal. 3-phyllus. Pet. 3 unguiculata. Filam. 3. stérilia, glandulis cruciat. instructa.

84. CALLISIA.

Cal. 3-phyllus. Pet. 3. anth. gemina. caps. 2-locul.

85. XIPHIDIUM.

Cal. O. cor. 6-pet. inf. æqualis. Caps. 3-locul. polysperma.

86. XYRIS.

Cal. glumaceus, 3-valvis. Cor. 3 petala: pet. basi staminif. caps. sup. polysp.

87. MAYAQUE.

Cal. 3-phyllus. Pet. 3. caps. sup. 3-valvis, 6-sperma.

88. MAPANIA.

Gluma 6-valvis : valvulis imbric. dentatis. Cor. O. sem. 1.

89. POMEREULLA.

Gluma turbinata, 3 s. 4 flora, 2-valvis : valv. 4-fidis, dorso aristatis.

90. REMIREA.

Gluma 2 valvis, 1-flora. Cor. 2-valvis, calyce minor. sem. 1.

91. SCHŒNUS.

Gluma paleacea, 1-valvis, congesta. Cor. O. sem. 1 subrotundum.

92. SCIRPUS.

Gluma paleacea undiqui imbric. Cor. O. sem. 1. imberbe.

93. CYPERUS.

Gluma paleacea, distichè imbricata. Cor. O. sem. 1. nudum.

94. KYLLINGIA.

Cal. 2-valvis, inæqualis, 1-florus. Cor. 2-valvis, calyce longior.

95. FUIRÊNE.

Paillettes aristées, embriquées de toute part en épillets. Cal. O. cor. 3-valve : à valv. en cœur, aristées.

95. FUIRENA.

Palea aristata, in spiculas undique imbric: Cal. O. cor. 3-valvis : valv. obcordatis aristatis.

96. LINAIGRETTE.

Paillettes plumacées embriq. de toute part. Cor. O. 1 sçn. savoir, de poils très-longs.

96. ERIOPHORUM.

Gluma paleacea undiqud imbricata. Cor. O. sçm. 1. lana longiss. cinctum.

97. NARD.

Cal. O. cor. 1-valve.

97. NARDUS.

Cal. O. cor. 1-valvis.

98. ALVARDE.

Spathe 1-phylle. 1 corolles sur le même ovaire. Noix 1-loculi

98. LYGEUM.

Spatha 1-phylla. Corollæ binæ supra idem germen. Nux 1-locul.

DIGYNIE.

DIGYNIA.

99. BOBART.

Cal. embriqué. Cor. à tête 1-valve, supérieure.

99. BOBARTIA.

Cal. imbricatus. Cor. gluma 1-valvi, supera.

100. COQUELUCHIOLE.

Collér. 3-phylle, lasandib. crénelée, multif. cal. 1 valve. Cor. 1-valve.

100. CORNUCOPIÆ.

Involucr. 3-phyllum, infundibuli, crenatum, multif. cal. 1 valvis, cor. 1-valvis.

101. CANAMELLE.

Cal. garni de longs poils à l'extérieur.

101. SACCHARUM.

Lanugo longa intra calycem.

102. LAGURE.

Cal. à 2 barbes opp. velues. Cor. 3-valve : à valv. ext. aristée au sommet & sur le dos.

102. LAGURUS.

Cal. aristis 2 oppositis villosis. Cor. 2-valvis : valv. ext. apice dorsoque aristata.

103. ARISTIDE.

Cal. 2-valve. Cor. 1-valve : à 3 barbes terminales.

103. ARISTIDA.

Cal. 2-valvis. Cor. 1-valvis : aristis 3 terminalibus.

104. STIPE.

Cal. 2-valve. 1-flore. Cor. à valv. ext. terminée par une barbe articulée à sa base.

104. STIPA.

Cal. 2-valvis, 1-florus. Cor. valv. ext. arista terminali, basi articulata.

105. AGROSTIS.

Cal. 2-valve, 1-flore. Cor. 2-valve. Stig. velus longitudinalement.

105. AGROSTIS.

Cal. 2-valvis, 1-florus. Cor. 2-valvis. Stig. longitudinal. villosa.

106. ALPISTE.

Cal. 2-valve, carisé, régul. renfermant la corolle.

106. PHALARIS.

Cal. 2-valvis, corinatus, æqualis, corollam includens.

107. FLÉOLE.

Cal. 2-valve. fissile, linéaire, tronqué, à 2 pointes au sommet. Cor. incluse.

107. PHLEUM.

Cal. 2-valvis, fissilis, linearis, truncatus, apice 2-cuspidato. Cor. inclusa.

108. CRYPSIS.

Cal. 1 valve, fissile, lancéoll. Cor. 2-valve, plus longue que le cal.

108. CRYPSIS.

Cal. 1-valvis, fissilis lanceolatus, Cor. 2-valv. calice longior.

109. ASPERELLE.

Cal. O. cor. 2-valve : valves navicul. ciliées sur le dos.

110. VULPIN.

Cal. 2-valve, presque sessile. Cor. 1-valve.

111. PANIC.

Cal. 3-valve : à 3°. valvule très-petite.

112. PASPAL.

Rachis membr. unilatéral. Cal. 2-valve. Cor. 2-valve, presque égale au calice.

113. CANCHE.

Cal. 2-valve, 2-flore : sans l'interposition d'aucun rudiment de fl.

114. MÉLIQUE.

Cal. 2-valve, 2-flore. Un rudiment de fleur interposé.

115. DACTILE.

Cal. 2-valve, comprimé : l'une des valves plus longue que la fleur, carinée.

116. PATURIN.

Cal. 2-valve, multifl. épillet ovale : à valv. scarieuses sur les bords, un peu pointues.

117. BRIZE.

Cal. 2-valve, multifl. épillet distique : à valves presque cordées ventrues obtuses.

118. FÉTUQUE.

Cal. 2-valve, multifl. épillet oblong un peu cylindrique ; balles pointues.

119. BROME.

Cal. 2-valve, multifl. épillet oblong : valves aristées au-dessous du sommet.

120. ROSEAU.

Cal. 2-valve, uni. Fleurs environnées de poils.

121. CRÉTELLE.

Cal. 2-valve, multifl. bractée foliacée, subpectinée, unilatérale.

122. SESLÈRE.

Cal. 2-valve, submultifl. Cor. 2-valve : à valv. ext. à 3 dents.

123. ANTHISTIRE.

Cal. 3-valve, presque 3-flore : à valv. égales papilleuses pileuses.

109. ASPERELLA.

Cor. O. cor. 2 valvis : valv. navicularibus dorso ciliatis.

110. ALOPECURUS.

Cal. 2-valvis, subsessilis. Cor. 1-valvis.

111. PANICUM.

Cal. 3-valvis : valvula tertia minima.

112. PASPALUM.

Rachis membranacea unilat. Cal. 2-valvis. Cor. 2-valvis calyci subaequalis.

113. AIRA.

Cal. 2-valvis, 2-floras. Flosculi absque interjecto rudimento.

114. MELICA.

Cal. 2-valvis, 2-florus. Rudimentum floris inter flosculos.

115. DACTYLIS.

Cal. 2-valvis, compressus : altera valvula flosculo longiora, carinata.

116. POA.

Cal. 2-valvis, multifl. spicula ovata : valvulis marg. scariosa acutiusculis.

117. BRIZA.

Cal. 2-valvis, multifl. spicula disticha : valv. subcordatis ventricosis obtusis.

118. FESTUCA.

Cal. 2-valvis, multifl. spicula oblonga teretiuscula : glumis acutis.

119. BROMUS.

Cal. 2-valvis, multifl. spicula oblonga : valvis subapice aristatis.

120. ARUNDO.

Cal. 2-valvis, unilas. Flosculi lana cincti.

121. CYNOSURUS.

Cal. 2-valvis, multifl. bractea foliacea subpectinata, unilateralis.

122. SESLERIA.

Cal. 2-valvis submultifl. cor. 2-valvis : valvula ext. 3-dentata.

123. ANTHISTIRIA.

Cal. 3-valvis, sub. 3-florus : valvulis aequalibus, apice papillosopilosis.

124. AVENA.

124. AVOINE.

Cal. 2-valve, fubmultiflore. Barbe dorfale torfe.

125. ELEUSINE.

Cal. 2-valve, fub4-flore. Cor. 2-valve. Sem. recouverte d'une tunique membr.

126. ROTBOLLE.

Rachis articulé, un peu filamenx. Cal. 1-valve : à vetoule fimple ou partagée en deux.

127. YVRAIE.

Cal. 1-valve, fixe, multifl. Epillets appuyés contre le rachis par leur côté tranchant.

128. ELYME.

Calices 2-valves, fubmultiflores, ramaffés fur chaque dent de l'axe.

129. ORGE.

Calices 2-valves, unifores, prefque ternés fur chaque dent de l'axe.

130. SEIGLE.

Cal. 2 valve, 2-flore, folit. fur chaque dent de l'axe : à valv. oppofées, plus petites que les fleurs.

131. FROMENT.

Cal. 2-valve, multifl. folit. fur chaque dent de l'axe.

114. AVENA.

Cal. 2-valvis, fubmultiflorus. Arifta dorfali contorta.

115. ELEUSINE.

Cal. 2-valvis, fub4-florus. Cor. 2-valvis. Sem. Arillo membranaceo veftitum.

116. ROTTBOLLA.

Rachis articulata, fubfilamentofa. Cal. 1-valvis : valvula fimplici f. 2-partita.

117. LOLIUM.

Cal. 1-valvis, fixus, multifl. Spicula angulo rachi oppofta.

118. ELYMUS.

Calyces 2-valves : fubmultifl. aggregati in fingulo axis dente.

119. HORDEUM.

Calyces 2-valves, uniflori, fubterni in fingulo axis dente.

120. SECALE.

Cal. 2-valvis, 2-florus, folit. in fingulo axis dente : valv. oppofitis flofculis minoribus.

131. TRITICUM.

Cal. 1-valvis, multiflorus, folit. in fingulo axis dente.

132. JONCINELLE.

Cal. commun imbr. hemifph. multifl. 3 pet. caps. 3-loculaire.

133. TRIXIDE.

Cal. fup. à 3 divif. Cor. O. Drupe trigone, 3-locul. couronné.

134. MONTIE.

Cal. 2-phylle. Cor. 2-pétale, irrégul. capf. 1-local. 3-valve.

135. HOLOSTÉ.

Cal. 5 phylle. 5 pét. capf. 1-loculaire, s'ouvrant en fommet.

136. KÉNIGE.

Cal. 3-phylle. Cor. O. 1 fem. ovale, nue.

137. POLYCARPE.

Cal. 3-phylle. 5 pét. très-petite, échancrée. Capf. 1-loculaire, 3 valve.

138. DONATIE.

Cal. 3-phylle. 9 pét. ou environ, entiers, plus longs que le cal.

132. ERIOCAULON.

Cal. communis imbr. hemifph. multifl. pet. 3. capf. 3-locularis.

133. PROSERPINACA.

Cal. 3-partitus, fuperus. Cor. O. Drupa 3-quetra, 3-locul. coronata.

134. MONTIA.

Cal. 2-phyllus. Cor. 2-petala, irregul. capf. 1-locul. 4-valvis.

135. HOLOSTEUM.

Cal. 5 phyllus. Pet. 5. capf. 1 locularis, apice dehifcens.

136. KŒNIGIA.

Cal. 3-phyllus. Cor. O. fem. 1. ovatum, nudum.

137. POLYCARPON.

Cal. 3-phyllus. Pet. 5. minima, emarginata. Capf. 1-locul. 3-valvis.

138. DONATIA.

Cal. 3-phyllus. Pet. circit. 9, integra, calyce longiora.

139. **MOLUGINE.**   139. **MOLLUGO.**

Cal. de 5 folioles. Cor. O. capf. 3-loculaire, 3-valve.   *Cal. 5-phyllus. Cor. O. Capf. 3-locularis, 3 valvis.*

140. **MINUART.**   140. **MINUARTIA.**

Cal. de 5 folioles. Cor. O. Capf. 1-loculaire, 3-valve. Plusieurs sem.   *Cal. 5-phyllus. Cor. O. Capf. 1-locularis, 3-valvis. Sem. numalis.*

141. **QUÉRIE.**   141. **QUERIA.**

Cal. de 5 folioles. Cor. O. Caps. 1-loculaire, 3-valve; 1 sem.   *Cal. 5-phyllus. Cor. O. Capf. 1-locularis, 3-valvis. Sem. 1.*

142. **LEQUÉE.**   142. **LECHEA.**

Cal. 3 fylle. 3 pls. linéaires. Capf. 3-locul. 3-valve: ayant 3 autres valves intérieures. Sem. solit.   *Cal. 5-phyllus. Pet. 3, linearia. Capf. 3-locul. 3-valvis: valvis totidem aliis interioribus. Sem. solit.*

ILLUSTRATION DES GENRES.

CLASSE III.

TRIANDRIE MONOGYNIE.

17. VALERIANE.

Caraɔ. eſſent.

CALICE à peine perceptible. Cor. 1-pétale, ſupérieure, ayant à ſa baſe une gibboſité (ou un éperon). 1 ſemence.

Caraɔ. nat.

Cal. ſupérieur à peine perceptible, formé par un bord preſqu'entier, ou par 5 dents.

Cor. monopétale, tubuleuſe, un peu irrégulière : tube ayant au côté inférieur une gibboſité, quelquefois un éperon ; limbe quinquefide, à découpures obtuſes.

Etam. filamens ſouvent au nombre de trois, plus rarement moins ou quatre, ſubulées. Anthères arrondies.

Piſt. un ovaire inférieur. Un ſtyle filiforme, de la longueur des étamines. Stigmate un peu épais.

Péric. nul; ou capſule à deux ou trois loges.

Sem. ſolitaires, couronnées d'une aigrette, ou nues.

Tableau des eſpèces.

592 VALERIANE *rouge.* Diɔ.
V. à fleurs monandriques, à éperon, feuilles lancéolées trè-entières.
Lieu nat. La France & l'Europe auſtrale. ♃
β Elle varie à feuilles linéaires plus étroites.

593. VALERIANE *chauſſe-trape.* Diɔ.
V. à fleurs monandriques, feuilles pinnatifides.
Lieu nat. La Provence, le Portugal, &c. ⊙

TRIANDRIA MONOGYNIA.

17. VALERIANA.

Charaɔ. eſſcat.

CALYX vix perſpicuus. Cor. 1-petala, baſi hinc gibba, ſupera. Sem. 1.

Charɔɔ. nat.

Cal. ſuperus, vix perſpicuus; margo ſubintrger, aut quinquedentatus.

Cor. monopetala, tubuloſa, ſubirregularis : tubus à latere inferiori gibbus, interdum calcaratus. Limbus quinquefidus : laciniis obtuſis.

Stam. filamenta ſæpè tria, rarius pauciora vel quatuor, ſubulata. Antheræ ſubrotundæ.

Piſt. germen inferum. Stylus filiformis longitudine ſtaminum. Stigma craſſiuſculum.

Peric. nullum ; aut capſula bi ſ. trilocularis.

Sem. ſolitaria pappo coronata, aut nuda.

Conſpectus ſpecierum.

592. VALERIANA *rubra.* T. 24. f. 2.
V. floribus monandriis caudatis, foliis lanceolatis integerrimis. Lin.
E Gallia & Europa auſtrali. ♃
β. Variat foliis linearibus, anguſtioribus.

593. VALERIANA *calcitrapa.*
V. floribus monandris, foliis pinnatifidis. Lin
E Gallo provincia, Luſitania, &c. ⊙

Miij

394. VALERIANE corne d'abondance. Dict.
V. à fleurs diandriques, ringentes; feuilles ovales.
Lieu nat. L'Espagne, la Sicile, &c. ☉

395. VALERIANE dioïque. Dict.
V. à fleurs diandriques dioïques, feuilles pinnées à folioles très-entières.
Lieu nat. Les lieux marécageux de l'Europe. ♃

396. VALERIANE officinale. Dict.
V. à fleurs triandriques; toutes les feuilles pinnées.
Lieu nat. les bois & les lieux humides de l'Europe. ♃

397. VALERIANE d'Italie. Dict.
V. à feuilles triandriques, feuilles pinnées à folioles dentées: les radicales non divisées.
Lieu nat. les montagnes de l'Italie. ♃ On la cultive depuis long-tems au jardin du Roi.

398. VALERIANE des jardins. Dict.
V. à fleurs triandriques, feuilles pinnées à folioles simples: les radicales non divisées.
Lieu nat. l'Alsace, l'Allemagne. ♃

399. VALERIANE triptère. Dict.
V. à feuilles triandriques, feuilles radicales en cœur dentées: les caulinaires, à trois folioles ovales-oblongues.
Lieu nat. les montagnes de la France, la Suisse, l'Autriche. ♃

400. VALERIANE de montagne. Dict.
V. à fleurs triandriques, feuilles presqu'entières: les radicales ovales pétiolées; les caulinaires ovales-oblongues pointues.
Lieu nat. les montagnes de la France, de la Suisse, &c. ♃

401. VALERIANE tubéreuse. Dict.
V. à fleurs triandriques, feuilles radicales ovales-oblongues très-entières; les caulinaires pinnatifides, plus étroites.
Lieu nat. les montagnes de la France, l'Allemagne, &c. ♃ feuilles radicales souvent obtuses, un peu spatulées.

402. VALERIANE de roche. Dict.
V. à fleurs triandriques, feuilles un peu dentées: les radicales ovales; les caulinaires linéales lancéolées.
Lieu nat. les montagnes de l'Autriche, l'Italie, &c. ♃

403. VALERIANE celtique. Dict.
V. à fleurs triandriques, feuilles oblongues-

394. VALERIANA cornucopia.
V. floribus diandris ringentibus, foliis ovatis sessilibus. Lin.
Ex Hispania, Sicilia, &c. ☉

395. VALERIANA dioica.
V. floribus triandris dioicis, foliis pinnatis integerrimis. Lin.
Ex Europæ uliginosis. ♃

396. VALERIANA officinalis. T. 14, f. 1.
V. floribus triandris, foliis omnibus pinnatis. Lin.
Ex Europæ nemorosis paludosis. ♃

397. VALERIANA italica.
V. floribus triandris, foliis pinnatis dentatis: radicalibus indivisis.
Ex Alpibus Italiæ. ♃ V. tuberosa imperati. Barrel. ic. 825.

398. VALERIANA phu.
V. floribus triandris, foliis pinnatis integerrimis: radicalibus indivisis.
Ex Alsatia, Germania. ♃

399. VALERIANA tripteris.
V. floribus triandris, foliis radicalibus cordatis dentatis, caulinis ternatis ovato-oblongis.
Ex alpibus Galliæ, Helvetiæ, Austriæ. ♃

400. VALERIANA montana.
V. floribus triandris, foliis subintegerrimis: radicalibus petiolatis ovalibus, caulinis ovato-oblongis acutis.
Ex alpibus Galliæ, Helvetiæ, &c. ♃

401. VALERIANA tuberosa.
V. floribus triandris, foliis radicalibus ovato-oblongis integerrimis; caulinis pinnatifidis angustioribus.
Ex alpibus Galliæ, Germaniæ, &c. ♃ folia rad. sæpe obtusa, subspathulata.

402. VALERIANA saxatilis.
V. floribus triandris, foliis subdentatis: radicalibus ovatis; caulinis lineari-lanceolatis. Jacq.
Ex alpibus Austriæ, Italiæ, &c. ♃

403. VALERIANA celtica.
V. floribus triandris, foliis oblongo-ovatis

ovales obtufes très-entières, ombelles nombreufes & en grappe.
Lieu nat. les montagnes de la Suiffe, de l'Autriche, &c. ♃ *Étam. de la longueur de la corolle.*

404. VALERIANE *faliungae.* Dict.
V. à fleurs triandriques, feuilles oblongues-fpatulées prefque très-entières, ombelle en tête le plus fouvent folitaire.
Lieu nat. les montagnes du Piémont. ♃ *Ce n'eft peut être qu'une variété de la précédente. Les étam. font jaillantes hors de la corolle.*

405. VALERIANE *à longue grappe.* Dict.
V. à fleurs triandriques, feuilles radicales ovales : les caulinaires feffiles, en cœur, incifées prefque haftées.
Lieu nat. les montagnes de l'Autriche.

406. VALERIANE *des Pyrénées.* Dict.
V. à fleurs triandriques, feuilles caulinaires inférieures en cœur dentées pétiolées : les fupérieures à 3 folioles.
Lieu nat. les montagnes des Pyrénées. ♃

407. VALERIANE *grimpante.* Dict.
V. à fleurs triandriques, feuilles ternées, tige grimpante.
Lieu nat. l'Amér. méridio., près de Cumana.

408. VALERIANE *de Chine.* Dict.
V. à fleurs triandriques ; toutes les feuilles en cœur, finuées, lobées.
Lieu nat. la Chine.

409. VALERIANE *de Magellan.* Dict.
V. à feuilles fpatulées dentées, tiges fimples, pédoncules oppofés bifides, fruit prifmatique.
Lieu nat. le Magellan.

410. VALERIANE *mâche.* Dict.
V. à fleurs triandriques, tige dichotome, feuilles linéaires.
α. A fruit fimple. La m. douceue.
β. A calices enflés. La m. véficuleu'e.
γ. A fruit à 6 dents. La m. couronnée.
δ. A fruit à 12 dents. La m. difcoïde.
ε. Couronne de la fem. à 3 dents. La m. dentée.
ζ. Collerette environ. les fl. La m. rayonnée.
η. A feuilles inf. dentées : les fupérieures linéaires multifides ..... La m. naine.
Lieu nat. la France & l'Europe auftrale, dans les champs & les lieux cultivés. ⊙

---

obtufis integerrimis, umbellis pluribus racemofis.
Ex alpibus Helvetiæ, Auftriæ, &c. ♃
V. œhilea. Jacq. collect. vol. 1, p. 14 ;
t. 1.

404. VALERIANA *faliunca.* Allion.
V. floribus triandris, follis oblongo-fpathulatis fubintegerrimis, umbella capitata fæpius folitaria.
Ex alpibus Pedemontii. ♃ *Umbella interdum ternæ : lateralibus duabus pedunculatis oppofitis tertia terminali. Stamina exferta.*

405. VALERIANA *elongata.*
V. floribus triandris, follis radicalibus ovatis : caulinis cordatis feffilibus incifo - fubhaftatis.
Lin. acq. Auft. 3. t. 119.
Ex alpibus Auftriæ.

406. VALERIANA *pyrenaica.*
V. floribus triandris, foliis caulinis inferioribus cordatis dentatis petiolatis : fummis ternatis.
Ex alpibus Pyrenæis. ♃

407. VALERIANA *fcandens.*
V. floribus triandris, foliis ternatis, caule fcandente. Lin.
Ex America merid. propè Cumanam.

408. VALERIANA *Chinenfis.*
V. floribus triandris, foliis omnibus cordatis repando-lobatis. Lin. Burm. ind. t. 6. f. 3.
E China.

409. VALERIANA *Magellanica.*
V. foliis fpathulatis dentatis, caulibus fimplicibus, pedunculis oppofitis bifidis, fructu prifmatico.
E Magellania. *Commerf.*

410. VALERIANA *locufta.* T. 14, f. 3.
V. floribus triandris : caule dichotomo, foliis linearibus. Lin.
α. Fructu fimplici. V. l. olitoria.
β. Calycibus inflatis. V. l. veficaria.
γ. Fructu 6 dentato. V. l. coronata.
δ. Fructu 12-dentato. V. l. difcoidea.
ε. Seminis corona 3-dentata. V. l. dentata.
ζ. Involucro flores cingente. V. l. radiata.
η. Foliis imis dentatis : fummis linearibus multifidis ..... V. l. pumila.
Ex Gallia & Europa auftrali arvis & oleraceis. ⊙

411. VALERIANE *mixte*. Dià.
V. à fleurs triandriques, tige 4-fide, feuilles inf. bipinnatifides, sem. à aigrette plumeuse.
Lieu nat. Montpellier.

411. VALERIANA *mixta*.
V. floribus triandris, caule quadrifido, foliis imis bipinnatifidis, seminis pappo plumofo. L.
E Monfpelio.

412. VALERIANE *hériffée*. Dià.
V. à fleurs triandriques régulieres, feuilles dentées, fruit linéaire à 3 dents, dont l'extérieure est plus grande, recourbée.
Lieu nat. en Italie & à Montpellier, dans les lieux couverts. ⊙

412. VALERIANA *echinata*.
V. floribus triandris regularibus, foliis dentatis, fructu lineari tridentato : extimo majore recurvato. Lin.
Ex Italiæ & Monfpelii umbrosis. ⊙

413. VALERIANE *couchée*. Dià.
V. à fleurs tetrandriques; involucelles de 6 folioles & à 3 fleurs; feuilles entières.
Lieu nat. les montagnes de l'Italie. ♈

413. VALERIANA *fupina*.
V. floribus tetrandris, involucellis hexaphyllis trifloris, foliis integris. Lin. mant. 26.
Ex alpibus Italicis. ♈

414. VALERIANE *de Sibérie*. Dià.
V. à fleurs tetrandriques, feuilles pinnatifides, semences adnées à une écaille ovale.
Lieu nat. la Sibérie, dans les champs. ⊙

414. VALERIANA *Sibirica*. T. 14, f. 4.
V. floribus tetrandris, foliis pinnatifidis, seminibus paleæ ovali adnatis. Lin.
Ex Sibiriæ campis. ⊙

415. VALERIANE *velue*. Dià.
V. à fleurs tetrandriques régulieres, feuilles inférieures auriculées; les supérieures dentées velues.
Lieu nat. le Japon. Feuilles radicales à 3 lobes, dont le terminal est fort grand.

415. VALERIANA *villofa*.
V. floribus tetrandris æqualibus, foliis inferioribus auriculatis, superioribus dentatis villosis. Thumb. fl. jap 12,, t. 6.
E Japonia. Folia radicalia 3 loba : lobo terminali maximo.

Explication des fig.

Tab. 14, f. 1. VALERIANE *officinale*. (A) Partie fupérieure de la plante réduite, montrant l'inflorescence. (b, c) Fleur entière. (d) Semence.

Tab. 14, f. 2. VALERIANE *rouge*. (a) Partie fupérieure de la plante garnie de fleurs. (b) Fleur féparée. (c) Semence.

Tab. 14, f. 3. VALERIANE *mâche*. (a) Partie fupérieure de la plante avec fes feuilles & fes fleurs. (b, c) Fleur féparée, vue en deffus & par le côté.

Tab. 14, f. 4. VALERIANE *de Sibérie*. (A) Partie fupérieure de la plante. (b) Semence adnée à une écaille, vue en devant. (c) La même vue obliquement.

Explicatio iconum.

Tab. 24, f. 1. VALERIANA *officinalis*. (A) Pars fuperior plantæ ludta, infloreftentiam exhibens. (b, c) Flos integer. (d) Semen.

Tab. 14, f. 2. VALERIANA *rubra*. (a) Pars fuperior planiæ floribus onufta. (b) Flos feparatus. (c) Semen.

Tab. 14, f. 3. VALERIANA *locufta*. (a) Pars fuperior plantæ cum foliis & floribus. (b, c) Flos feparatus defuper & a latere vifus.

Tab. 14, f. 4. VALERIANA *Sibirica*. (A) Pars fuperior plantæ. (b) Semen paleæ adnatum antice vifum. (c) Idem oblique infpectatum.

38. OLAX.

38. OLAX.

Caract. effent.

CALICE entier. Cor. infundibuliforme, trifide, 4 Appendices à l'orifice de la corolle.

Charact. effent.

CALYX integer. Cor. infundibuliformis, trifida. Appendices 4, fauce corollæ.

Caract. nat.

Cal. monophyle, concave, fort court, très-entier.
Cor. monopétale, infundibuliforme: limbe trifide, obtus: la troifième découpure plus profonde.

Charact. nat.

Cal. monophyllus, concavus, breviffimus, integerrimus.
Cor. monopetala, infundibuliformis : limbus trifidus, obtusus : lacinia tertia profundior.

Etam. trois filamens fubulés, plus courts que la corolle. Anthères fimples.

* Quatre appendices arrondies, onguiculés, alternés avec les étamines, fitués à l'orifice de la corolle, & plus courts qu'elle.

Pift. un ovaire (fupérieur?) arrondi. Un ftyle filiforme, plus long que les étamines. Stigmate en tête.

Péric. ....

Sem. ....

Tableau des efpèces.

416. OLAX de Ceylan. Dict.
Lieu nat. l'ifle de Ceylan. ♄

39. TAMARINIER.

Caract. effent.

CALICE à 4 découpures. Trois pétales. Filam. des étam. connés à leur bafe. Gouffe pulpeufe.

Caract. nat.

Cal. divifé profondément en 4 découpures ovales poluues colorées caduques.

Cor. trois pétales, ovales-oblongs, ondulés, prefqu'égaux, montans, laiffant un efpace vuide pour le quatrième & inférieur (qui manque).

Etam. trois filamens fertiles, inférés enfemble dans la partie vuide du calice, fubulés arqués vers les pétales, & réunis inférieurement avec quelques filamens ftériles, très petits, interpofés. Anthères ovales.

Pift. un ovaire fupérieur, oblong, un peu pédicillé. Style fubulé, arqué. Stigmate un peu épais.

Péric. une gouffe oblongue, un peu comprimée, obtufe, ayant l'écorce double, & remplie de pulpe entre les deux écorces.

Sem. trois le plus fouvent, comprimées, anguleufes.

Tableau des efpèces.

417. TAMARINIER des Indes. Dict.
Lieu nat. l'Arabie, l'Inde, les pays chauds de l'Amérique. ♄

Explication des fig.

Tab. 25. TAMARINIER des Indes. (a) Rameau avec des feuilles & des fleurs. (b) Fleur féparée. (c) Pétale féparé. (d) Etamines. (e) Calice. Piftil. (f) Publ. (g) Gouffe entière. (h) La même coupée dans fa longueur. (i) Semence féparée.

Stam. filamenta tria, fubulata, corolla breviora. Antheræ fimplices.

* Appendices quatuor, fubrotundæ, unguiculatæ, ftaminibus alternæ, corolla breviores, in fauce corollæ.

Pift. germen (fuperum?) fubrotundum. Stylus filiformis, ftaminibus longior. Stigma capitatum.

Peric. ......

Sem. .....

Confpectus fpecierum.

416. OLAX Zeylanica. L.
Ex Zeylonia. ♄ Conf. cum fiffilia. gen. 67.

39. TAMARINDUS.

Charact. effent.

CALYX 4-partitus. Petala tria. Filamenta ftaminum bafi connata. Legumen pulpofum.

Charact. nat.

Cal. profunde quadripartitus? lacinlis ovatis acutis coloratis decidulis.

Cor. petala tria, ovato-oblonga, undulata, fubæqualia, adfcendentia, fpatium pro quarto & infimo vacuum relinquentia.

Stam. filamenta fertilia tria, in finu calicis vacuo fimul pofita, fubulata, arcuata verfus corollam, inferne connata cum filamentis fterilibus aliquot minimis interpofitis. Antheræ ovatæ.

Pift. germen fuperum, oblongum, fuppedicellatum. Stylus fubulatus adfcendens. Stigma craffiufculum.

Peric. legumen oblongum, fubcompreffum, obtufum, veftitum duplici cortice, inter utrumque pulpa.

Sem. tria fæpius, angulata, compreffa.

Confpectus fpecierum.

417. TAMARINDUS indica. L.
Ex Arabia, India, & America calidiore. ♄

Explicatio iconum.

Tab. 25. TAMARINDUS Indica. (a) Ramulus cum foliis & floribus. (b) Flos feparatus. (c) Petalum feparatum. (c) Calyx, piftillum. (f) Piftill'um. (g) Legumen integrum. (h) Idem longitudinaliter diffectum. (i) Semen folitum. Fig. fructificationis ex Tourn.

56 TRIANDRIE MONOGYNIE.

6o. RUMPHE.

Caraél. iffent.

CALICE trifide. Trois pétales. Drupe à 3 loges.

Caraél. nat.

Cal. monophylle, trifide, droit, perfiftant.
Cor. trois pétales oblongs, obtus, égaux.
Etam. trois filamens fubulés, de longueur des pétales. Anthères petites.
Pif. un ovaire fupérieur, arrondi. Un ftyle fubulé, de la longueur des étamines. Stigmate trigone.
Peric. drupe coriacé, turbiné, marqué de 3 fillons; à noix triloculaire.
Sem. folitaires.

Tableau des efpèces.

418. RUMPHE à feuilles de tilleul. Dict.
Lieu nat. l'Inde. ℔ Feuilles pétioles pédoncules & calices velus.

Explication des fig.

Tab. 25. RUMPHE à feuilles de Tilleul. (a) Partie d'un rameau avec des feuilles & des fleurs. (b) Fleur féparée. (c) Drupe entier. (d) Le même coupé tranfverfalement.

61. VOUAPA.

Caraél. effent.

CALICE à 4 divifions, ayant 2 bractées à fa bafe. Un feul pétale. Gouffe comprimée, monofperme.

Caraél. nat.

Cal. monophylle, urceolé, 4 fide; à découpures pointues.
Cor. un feul pétale, droit, ovale, obtus, onguiculé, attaché au fond du calice.
Etam. trois filamens, attachés au calice, & oppofés au pétale. Anthères petites à 2 loges.
Pif. un ovaire fupérieur, arrondi, pédicellé. Style filiforme. Stigmate obtus.
Peric. gouffe large, comprimée, obtufe uniloculaire, bivalve.
Sem. une feule, grande, arrondie, comprimée.

Tableau des efpèces.

419. VOUAPA conjugé. Dict.
V. à feuilles conjuguées, folioles, ovales-oblongues, obliques.

TRIANDRIA MONOGYNIA:

6o. RUMPHIA

Charaél. effent.

CALYX trifidus, petala urb. Drupa trilocularis.

Charaél. nat.

Cal. monophyllus, trifidus, erectus, perfiftens.
Cor. Petala tria oblonga, obtufa, æqualia.
Stam. filamenta tria, fubulata, longitudine petalorum. Antheræ parvæ.
Pif. germen fuperum, fubrotundum. Stylus fubulatus, longitudine ftaminum. Stigma trigonum.
Peric. drupa coriacea, turbinata; ulfulca 1 once trilocularis.
Sem. folitaria.

Confpectus fpecierum.

418. RUMPHIA tiliæfolia. T. 25.
Them-tani. Rheed. Mal. 4. t. 11. Rumphia amboinenfis. 2. L.
Ex India. ℔

Explicatio Iconum.

Tab. 25. RUMPHIA tilia folia. (a) Pars ramuli cum foliis & floribus. (b) Flos feparatus. (c) Drupa integra. (d) Eadem tranfverfim fecta. fig. 12 Rhed.

61. VOUAPA.

Charaél. effent.

CALYX 4-fidus, bafi bibracteatus. Petalum unicum. Legumen compreffum, 1 fpermum.

Charaél. nat.

Cal. monophyllus, urceolatus, 4 fidus; laciniis acutis.
Cor. Petalum unicum, erectum, ovatum, obtufum, unguiculatum, calycis fundo infertum.
Stam. filamenta tria, calyci inferta, petalo oppofita. Antheræ exiguæ, biloculares.
Pif. germen fuperum, fubrotundum, pedicellatum. Stylus filiformis. Stigma obtufum.
Peric. legumen latum, compreffum, obtufum, uniloculare, bivalve.
Sem. unicum, amplum, fubrotundum, compref.

Confpectus fpecierum.

419. VOUAPA bifolia. T. 26.
V. foliis conjugatis: foliolis ovato-oblongis, obliquatis. Vouapa bifolia. Aubl. Guian. 25.
Lieu nat.

Lieu nat. l'isle de Cayenne & la Guiane, dans les bois. ♄ *Ce genre a des rapports avec le* Pativoa.

Ex Cayennæ & Guianæ sylvis. ♄ *Affinis* pativoa.

419. VOUAPA *violet.* Dict.

V. à feuilles conjuguées: folioles ovales, acuminées, égales.
Lieu nat. les forêts de la Guiane ♄ *Son bois* est violet.

419. VOUAPA *violacea.*

V. foliis conjugatis: foliolis ovatis acuminatis æqualibus.
Ex sylvis Guianæ. ♄ *V. Simira. Aubl. guian.* 27. t. 8.

Explication des fig.

Tab. 16. VOUAPA *conjugal.* (a) Partie de rameau avec des feuilles & des fleurs. (b) Fleurs ouvertes, avec 2 bractées à sa base. On a représenté mal-à-propos une anthère au sommet du style. (c) Calice, pétale. (d) Pétale séparé. (e) Pistil.

Explicatio iconum.

Tab. 16. VOUAPA *bifolia* (a) Pars ramuli cum foliis & floribus. (b) Flos expansus, cum duabus bracteis. In apice styli antheram perperam delineavit pictor. (c) Calyx, petalum. (d) Petalum segregatum. (e) Pistillum. *Fig. ex Aubl.*

61. OUTEI.

Charact. essent.

CALYX à 5 dents, avec 2 bractées à sa base. 5 Pétales, dont le supérieur fort grand. Un filament stérile sous le pét. supérieur.

61. OUTEA.

Charact. essent.

CALYX 5-dentatus, basi bibracteatus. Petala 5, quorum superius maximum. Filamentum sterile sub petalo superiore.

Charact. nat.

Cal. monophylle, turbiné, à cinq dents, enveloppé de 2 bractées en collerette.
Cor. cinq pétales, inégaux. Le supérieur fort grand, droit, ovale, obtus, concave, onguiculé; les quatre inférieurs, petits, arrondis, attachés à l'orifice du calice.
Etam. quatre filaments attachés au calice. Un stérile, court, velu, attaché à la base du pétale supérieur; les trois autres fort longs, filiformes, anthérifères, insérés sous les petits pétales. Anthères oblongues, tetragones.
Pist. un ovaire supérieur, ovale-oblong, porté sur un long pédicule; un style filiforme; un stigmate obtus, concave.
Peric. une gousse. . . . .
Sem. . . . .

Charact. nat.

Cal. monophyllus, turbinatus, quinquedentatus, involucro diphyllo obvolutus.
Cor. petala quinque inæqualia. Superius maximum, erectum, ovatum, obtusum, concavum, unguiculatum; inferiora quatuor, parva, subrotunda, calycis fauci inserta.
Stam. filamenta quatuor, calyci inserta. Unum sterile, breve, villosum, sub petalo superiore. Tria longissima, filiformia, antherifera, sub petalis minoribus inserta. Antheræ oblongæ tetragonæ.
Pist. germen superum, ovato-oblongum, longè pedicellatum. Stylus filiformis. Stigma obtusum, concavum.
Peric. legumen. . . . .
Sem. . . . . .

Tableau des espèces.

420. OUTEI *de la Guiane.* Dict.

Lieu nat. les forêts de la Guiane. ♄ *Ce genre ne paroît pas devoir être confondu avec le précédent, comme l'a fait M. Schreber (sub ma-crolobii nomine).*

Conspectus specierum.

420. OUTEA *Guianensis.* T. 16.

Ex sylvis Guianæ. ♄ *O Guianensis. Aubl. Guian.* 29, t. 9, Arb.; *folia impari-pinnata, bijuga. Flores violacei, racemoso-spicati, axillares.*

Explication des fig.

Tab. 16. OUTEI *de la Guiane.* (a) Rameau avec des feuilles & des épis fleuris. (b) Fleur entière, épanouie (c) Calice, bractées, étamines, pistil, (d) Pétale supérieur; étamine stérile. (e) Calice avec ses 2 bractées.

Explicatio iconum.

Tab. 16. OUTEA *Guianensis.* (a) Ramulus cum foliis & spicis floridis. (b) Flos integer expansus. (c) Calyx, bracteæ, stamina, pistillum. (d) Petalum superius; stamen sterile. (e) Calyx cum bracteis duabus. *Fig. ex Aubl.*

63. TONTEL

Caraĉl. effens.

CALYX 5-fide. 5 Pétales. Godet ſtaminifère, environnant l'oraire. Baie à 4 ſemences.

Caraĉl. nat.

Cal. monophylle , urceolé , quinquefide , perſiſtant à découpures ovales pointues.

Cor. cinq pétales , ovales-arrondis , un peu plus longs que le calice , perſiſtant , inſérés ſous l'urceole ſtaminifère.

Etam. trois filamens , inſérés à la paroi interne de l'urceole , ouverts après la floraiſon. Anthères arrondies.

* Un urceole très entière , ſtaminifère , environnant l'ovaire.

Piſt. un ovaire ſupérieur , arrondi , environné par l'urcéole. Style court ; ſtigmate ſimple , obtus.

Peric. baie ſphérique , uniloculaire , contenue dans la corolle & le calice.

Sem. quatre.

Tableau des eſpèces.

421. TONTEL grimpant. Diĉl.
Lieu nat. les forêts de la Guiane. ♄ Ce genre ſe diſtingue principalement du bejuco par ſon fruit.

Explication des fig.

Tab. 16. TONTEL grimpant. (a) Sommité réduite d'un rameau préſentant des feuilles & des fleurs. (b) Fleurs épanouie , vue de face. (c) Calice ouvert , vu de face. (d, e) Fleur entière , vue de côté. (f) Urcéole , avec les étamines & le piſtil. (g) l'iſtil ſéparé. (h) Urcéole , examinés. (i) Baie. (l) Baie coupée en travers. On a oublié de repréſenter les 4 ſem. (m) Feuille ſéparée , & preſque de grandeur naturelle.

64. CAMELÉE

Caraĉl. effens.

CALICE à 3 dents. Trois pétales , égaux. Baie ſèche , à trois coques , & à trois ſemences.

Caraĉl. nat.

Cal. très-petit , à trois dents , perſiſtant.

Cor. trois pétales , oblongs , droits , égaux , trois fois plus longs que le calice.

Etam. trois filamens ſubulés , plus courts que les pétales. Anthères petites.

---

63. TONTELEA.

Charaĉl. effent.

CALYX 5-fidus. Petala 5. Urceolus ſtaminifer , germen cingens. Bacca 4 ſperma.

Charaĉl. nat.

Cal. monophyllus , urceolatus , quinquefidus , perſiſtens : laciniis ovatis acutis.

Cor. petala quinque , ovato-ſubrotunda , calyce paulo longiora , perſiſtentia , ſub urceolo ſtaminifero inſerta.

Stam. filamenta tria , urceoli parieti interno inſerta , poſt antheſim patentia. Antheræ ſubrotundæ.

* Urceolus integerrimus , ſtaminifer , germen cingens.

Piſt. germen ſuperum , ſubrotundum , urceolo cinĉlum.

Stylus brevis ; ſtigma ſimplex , obtuſum.

Peric. bacca ſphærica , unilocularis , calyce & corolla excepta.

Sem. quatuor.

Conſpeĉlus ſpecierum.

421. TONTELEA ſcandens. T. 16.
Ex ſylvis Guianæ. ♄ 1. Scandens. Aubl. p. 31 ; t. 10. Genus præcipuè differt ab hippocratea fruĉtu.

Explicatio iconum.

Tab. 16. TONTELEA ſcandens. (a) Summitas ramuli cum foliis & floribus reduĉta. (b) Flos expanſus , aperite viſus. (c) Calyx expanſus , aperitè viſus. (d, e) Flos integer à latere viſus. (f) Urceolus cum ſtaminibus & piſtillo. (g) Piſtillum ſeparatum. (h) Urceolus , ſtamina. (i) Bacca. (l) Eadem maniverié ſeĉta. (m) Folium ſeparatum , ſere magnitudine naturali. Fig. en Aubl.

64. CNEORUM.

Charaĉl. effent.

Cal. 3-dentatus. Petala 3 , æqualia. Bacca ſicca tricocca , 3 ſperma.

Charaĉl. natur.

Cal. minimus , tridentatus , perſiſtens.

Cor. petala tria , oblonga , ereĉta , æqualia ; calyce triplo longiora.

Stam. filamenta tria , ſubulata , corolla breviora. Antheræ parvæ.

TRIANDRIE MONOGYNIE

Pifl. un ovaire fupérieur, obtus , trigone. Un ftyle droit , de la longueur des étamines. Stigmate trifide.
Peric. baie sèche , dure , globuleufe trilobée , compofée de trois coques réunies , bilocu-laires , difpermes.
Sem. folitaires , pliés en deux.

Tableau des efpèces.

412. CAMELÉE à trois coques. Dict. p. 568.
Lieu nat. l'Espagne & la France auftrale, aux lieux pierreux. ♄

Explication des fig.

Tab. 17. CAMELIE à trois coques. (*a*) Partie de rameau. (*b*) Fleur féparée. (*c*) Corolle. (*d*) Un pétale. (*e*) Piftil. *Tournf.* (*f*) Fruit entier. (*g*) Coques féparées. (*h*) Coques dépouillées de leur écorce, & vues par leur face intérieure. (*i, l, o*) Les mêmes coupées transverfalement & longitudinalement. (*m, n*) Semences.

65. COMOCLADE.

Caract. effent.

CALICE à trois divifions. Trois pétales. Drupe oblong; à noyau , 1-fperme.

Caract. nat.

Cal. monophylle , ouvert , coloré , partagé en trois découpures arrondies.
Cor. trois pétales , arrondis ovales , pointus , planes , très-ouverts , un peu plus grands que le calice.
Etam. trois filamens fubulés , plus courts que la corolle. Anthères arrondies.
Pifl. un ovaire fupérieur, ovale. Style nul. Stigmate , fimple , obtus.
Peric. drupe oblong , un' peu courbé , obtus, marqué de trois points fupérieurement; noyau membraneux , de même figure.
Sem. une feule.

Tableau des efpèces.

423. COMOCLADE à feuilles entières. Dict. nº. 1.
C. à folioles entières, glabres des deux côtés.
Lieu nat. St-Domingue , la Jamaïque , &c. ♄
424. COMOCLADE à feuilles de houx. Dict. fuppl.
C. à folioles arrondies, à angles épineux , glabres des deux côtés.

TRIANDRIA MONOGYNIA. 99.

Pifl. germen fuperum , obtufum , trigonum. Stylus erectus, longitudine ftaminum. Stigma trifidum.
Peric. bacca ficca , dura, globofo-triloba , tri-cocca, coccis bilocularibus , difpermis.
Sem. folitaria , conduplicata. *Germ.*

Confpectus fpecierum.

421. CNEORUM, tricoccum. T. 17.
Ex Hifpania & Gallia merid. glareofis ♄

Explicatio iconum.

Tab. 17. CNEORUM *tricoccum.* (*a*) Pars ramuli. (*b*) Flos feparatus. (*c*) Corolla. (*d*) Petalum. (*e*) Piftillum. *Fig. ex Tournef.* At non bene depicta. (*f*) Fructus integer. (*g*) Cocca (drupa Gærtn.) feparata. (*h*) Cortex denudata à parte interiori fpectata. (*i, l, o*) Eadem transverfim & longitudinaliter fecta. (*m, n*) Semina. *Fig. ex D. Gærtn.*

65. COMOCLADIA.

Charact. effent.

CALYX 3-partitus. Petala 3. Drupa oblonga; nucleo 1-fpermo.

Charact. nat.

Cal. monophyllus, tripartitus , patens, colora-tus : laciniis fubrotundis.
Cor. petala tria , fubrotundo-ovata , acuta , plana, patentiffima, calyce paulo majora.
Stam. filamenta tria , fubulata , corolla breviora. Antheræ fubrotundæ.
Pifl. germen fuperum , ovatum. Stylus nullus. Stigma obtufum , fimplex.
Peric. drupa oblonga , fubcurva , obtufa , fuperne notata punctis tribus. Nux membrana-cea , figuræ drupæ.
Sem. unicum.

Confpectus fpecierum.

423. COMOCLADIA integrifolia. T. 17, f. 1.
C. foliolis integris utrinque glabris.
E Domingo, Jamaica , &c. ♄
424. COMOCLADIA ilicifolia. T. 17, f. 1.
C. foliolis fubrotundis angulato-fpinofis utrinque glabris.

N 1

Lieu nat. l'Isle Saint-Domingue. ♄ *Paniculis plus petites & plus étroites que dans la précédent.*

415. COMOCLADE *denté*. Dict. n°. 2.

C. à folioles ovales pointues dentées un peu épineuses velues en dessous.
Lieu nat. l'Amérique méridionale. ♄

β. *Le même à folioles glabres en-dessous, irré-gulières à leur base.*
Lieu nat. L'Inde.

Explication des figures.

Tab. 27. fig. 1. COMOCLADE *à feuilles entières.* (α) Fleur entière. (b) Calice. (c) Panicule. (d) Feuille réduite de sa grand. nat.
Tab. 27. fig. 2. COMOCLADE *à feuilles de houx.* (α) Bouton de fleur. (b, c) Fleur ouverte. (d) Calice. (e) Partie de Rameau.

66. BEJUCO.

Caract. essent.

CALICE à 5 divisions. 5 Pétales. 3 capsules comprimées, bivalves; à valves carinées.

Caract. nat.

Cal. monophylle très petit, quinquefide : à découpures arrondies très-ouvertes caduques.
Cor. cinq pétales ovales oblongs, obtus, concaves à leur sommet; à une ou deux fossettes.
Etam. trois filamens, subulés, dilatés & réunis inférieurement en une urcéole de la longueur des pétales. Anthères presque globuleuses, s'ouvrant transversalement en dessus.
Pist. un ovaire supérieur, ovale, caché dans l'urcéole des filamens. Style de la longueur des étamines. Stigmate obtus.
Péric. trois capsules, ovales, comprimées, bivalves, uniloculaires : à valves carinées, comprimées sur les côtés.
Sem. deux à cinq, ovales-oblongues, ailées d'un côté.

Tableau des espèces.

426. BEJUCO *en cœur.* Dict. suppl.
B. à feuilles ovales lancéolées dentées, capsules obcordées.
Lieu nat. l'Amérique mérid. ♄ *Voyez Bejgrampans.* Dict.

427. BEJUCO *ovale.* Dict. suppl.
B. à feuilles ovales légèrement dentées, capsules ovales très-entières.

E Domingo. ♄ *Jos. Mart. Comocladia vitaes-pidata. N. act. acad. Paris* 1784. P. 347. C. *Ilici folio Swartz. Prodr.* P. 17.

415. COMOCLADIA *dentata.*

C. foliolis ovatis acutis dentato - subspinosis subtus venosis & hirsutis.
Ex America meridionali. ♄

β. *Eadem, foliolis subtus glabris, basi inaequalibus. Ex India Sonnerat.*

Explicatio iconum.

Tab. 27. F. 1 COMOCLADIA *integrifolia.* (a) Flos integer. (b) Calyx. (c) Panicula. (d) Folium redactum. Fig. ex Sicco.
Tab. 27. f. 2. COMOCLADIA *ilicifolia.* (a) Gemma floris. (b, c) Flos expansus. (d) Calyx. (e) Pars ramuli. Fig. ex Sicco.

66. HIPPOCRATEA.

Charact. essent.

CALYX 5-partitus. Petala 5. Capsulae 3, compressae, bivalves; valvis carinatis.

Charact. nat.

Cal. monophyllus, minimus, quinquepartitus: laciniis rotundatis patentissimis deciduis.
Cor. petala quinque, ovato-oblonga, obtusa, apice concava; foveolis subgeminis.
Stam. filamenta tria, subulata, basi dilatata & in urceolum connata, longitudine petalorum. Antherae subglobosae, transversim supra hiantes.
Pist. germen superum, ovatum, urceolo filamentorum obtectum. Stylus longitudine staminum. Stigma obtusum.
Peric. capsulae tres, ovatae, compressae, bivalves, uniloculares : valvis carinatis lateribus compressis.
Sem. duo ad quinque, ovato-oblonga, hinc alata.

Conspectus specierum.

426. HIPPOCRATEA *obcordata.* T. 28, f. 1.
H. foliis ovato-lanceolatis serratis, capsulis obcordatis.
Ex America australi. ♄ Hippocratea Jacq. am. t. 9.

427. HIPPOCRATEA *ovata.* t. 28. f. 2.
H. foliis ovalibus leviter dentatis, capsulis ovalis integerrimis.

Lieu nat. l'Amérique ♄ communiqué par M.
Dupuis..

428. BEJUCO multiflore. Diâ. fuppl.
B. à feuilles larges ovales lisses très-entières ;
cymes nombreuses & multiflores.
Lieu nat. l'ifle de Cayenne. ♄ Pédoncules
glabres.

429. BEJUCO rude. Diâ. fuppl.
B. à feuilles ovales presque très-entières ;
velneufes & rudes en leur côté inférieur.
Lieu nat. l'ifle de Cayenne. ♄ Fl. plus grandes
que dans les autres efpèces.

430. BEJUCO du Sénégal. Diâ. fuppl.
B. à feuilles ovales, légèrement dentées, ra-
meaux ponctuées, fleurs verticillées.
Lieu nat. le Sénégal. ♄

431. BEJUCO de Madagafcar. Diâ. fuppl.
B. à feuilles ovales, poinuues, luifantes, prefque très-entières ; rameaux lépreux ; fleurs
verticillées.
Lieu nat. l'ifle de Madagafcar. ♄

Explication des figures.

Tab. 18, f. 1. BEJUCO en cœur. (a) Partie de rameau avec des feuilles & des fleurs. (b) Capfule entière. (c) Valve féparée de la capfule. (d) Semence
féparée.
Tab. 18, f. 2. BEJUCO ovale. (a) Sommité de rameau. (b) Fleur entière ouverte. (c) Urcéole diminui-
fère. (d, e) Calice. (f) Trois capfules attachées au
même réceptacle. (g) Capfule féparée, ouverte. (h)
Valve détachée laiffant voir une femence,

67. FISSILIER.

Caraâ. effent.

Calice entier. Cor. tubuleufe, régulière, fe
fendant en trois parties dont deux font bifides. 5 Filam. ftériles. Noix glandiforme.

Caraâ. nat.

Cal. monophylle, urcéolé, court, entier, perfiftant.
Cor. tubuleufe, paroiffant monopétale, régulière, beaucoup plus longue que le calice,
fe partageant en trois pétales droits connivens, dont deux font femi-bifides, & un
feul eft entier.
Etam. trois filamens anthérifères, fubulés, moins
longs que la corolle ; & cinq autres filamens
ftériles, alternes avec les filamens fertiles.
Anthères ovales.

Ex America merid. ♄ Cos. plum. ic 18. ex
D. Dupuis.

418. HIPPOCRATEA multiflora.
H. foliis lato-ovalibus lævibus integerrimis ;
cymis crebris multifloris.
E Cayenna. ♄ Communic. a D. Richard.

419. HIPPOCRATEA afpera.
H. foliis ovatis fubintegerrimis glabris : fubtus venofis & afperis.
E Cayenna. ♄ Communic. à D. Richard. fl.
aliis fpeciebus majores.

430. HIPPOCRATEA Senegalenfis.
H. foliis ovatis læviter dentatis, ramulis punc-
tatis, floribus verticillatis.
E Senegal. ♄ D. Rouffillon.

431. HIPPOCRATEA Madagafcarienfis.
H. foliis ovatis acutis nitidis fubintegerrimis ;
ramulis leprofis, floribus verticillatis.

Ex infula Madagafcariæ ♄ D. Jof. Marx.

Explicatio iconum,

Tab. 18, f. 1. HIPPOCRATEA abcordata. (a) Pars
ramuli cum foliis & floribus. (b) Capfula integra.
Vaiva's capfula foluta. (d) Semen feparatum. Fig. 18
D. Jof.
Tab. 18, f. 2. HIPPOCRATEA ovata. (a) Summitas ramuli. (b) Flos integer expanfus. (c) Urceolus
ftaminifer. (d, e) Calyx. (f) Capfulæ 3, ex eodem
receptaculo. (g) Capfula feparata dehifcens. (h) Valvula foluta femen exhibens. Fig. ex Plum. & ex Sicca.

67. FISSILIA.

Charaâ. effent.

Calyx integer. Cor. tubulofa, regularis, 3-par-
tita : laciniis duabus bifidis Filamenta 5 fterilia. Nux glandiformis.

Charaâ. nat.

Cal. monophyllus urceolatus, brevis integer,
perfiftens.
Cor. tubulofa, afpeâu 1-petala, calyce multò
longior, regularis, tripartita S. bifidis in tria
petala connivenria erecta ; quorum duo femi-
bifida ; unicum indivifum.
Stam. filamenta tria antherifera, fubulata, corolla breviora : alia quinque fterilia, cum filamentis fertilibus alterna. Antheræ ovatæ.

Pist. un ovaire supérieur, ovale. Style filiforme, de la longueur des étamines. Stigmate un peu épais, obtus.

Péric. noix glandiforme, étroitement enveloppée dans la plus grande partie de sa longueur, par le calice qui s'est allongé. & a pris la forme d'une cupule.

Sem. une seule.

Tableau des espèces.

431. FISSILIER des Perroquets. Dict. suppl.
Lieu nat. l'Isle de Bourbon. ♄ *Les perroquets sont friands de ses fruits.*

Explication des fig.

Tab. 21. FISSILIER des perroquets. (*a*) Petit rameau avec des feuilles & des fleurs. (*b*) Fleur séparée. (*c*) Corolle coupée dans sa longueur. (*d*) Calice, pistil. (*e, f*) Noix séparées.

68. MELOTRIE.

Caract. essent.

CALICE supérieur, 5 fide. Cor. 1 pétale, campanulée, à limbe en roue. Baie 3-loculaire, polysperme.

Caract. nat.

Cal. monophylle, campanulé, ventru, à 5 dents, supérieur, caduc.

Cor. monopétale. Tube campanulé de la longueur du calice, adné à sa paroi intérieure. Limbe à 5 divisions arrondies, ouvertes en roue.

Etam. trois filamens coniques, attachés au tube de la corolle, de même longueur que ce tube. Anthères didymes (sur deux filamens), arrondies, comprimées.

Pist. un ovaire inférieur, ovale-oblong, acuminé. Style cylindrique; trois stigmates oblongs un peu épais.

Péric. baie petite, ovale-oblongue, triloculaire.

Sem. plusieurs, oblongues, comprimées.

Tableau des espèces.

433. MELOTRIE pendante. Dict.
Lieu nat. l'Amérique. ☉ *Pédoncules filiformes uniflores.*

Explication des fig.

Tab. 23. MELOTRIE pendante. (*a*) Partie de la plante avec des fleurs & un fr. (*b*) Baie coupée en travers. (*c*) Sem.

TRIANDRIA MONOGYNIA.

Pist. germen superum, ovatum. Stylus filiformis, longitudine staminum. Stigma crassiusculum obtusum.

Peric. nux glandiformis, calyce elongato cupuliformi artè complexa, apice tantum nuda.

Sem. unicum.

Conspectus specierum.

432. FISSILIA psittacorum. T. 21.
Ex insula Mauritiana. ♄ *Fissilia.* Juss. Gen. p. 260. an olaci affinis?

Explicatio iconum.

Tab. 28. FISSILIA psittacorum. (*a*) Ramulus cum foliis & floribus. (*b*) Flos separatus. (*c*) Corolla longitud'naliter secta. (*d*) Calyx, pistillum. (*e, f*) Nuces separatæ. Fig. 21 Sicco.

68 MELOTHRIA.

Charact. essent.

CALYX superus, 5-fidus. Cor. 1-petala, campanulata: limbo rotato. Bacca 3-locularis polysperma.

Charact. nat.

Cal. monophyllus, campanulatus, ventricosus, quinquedentatus, superus deciduus.

Cor. monopetala. Tubus longitudine calycis, campanulatus, calyci adnatus. Limbus quinquepartitus: laciniis rotundatis, in rotam patentibus.

Stam. filamenta tria, conica, tubo corollæ inserta, ejusdem longitudine. Antheræ didymæ (in filamentis duobus), subrotundæ, compressæ.

Pist. germen inferum, ovato-oblongum, acuminatum. Stylus cylindricus; stigmata tria oblonga, crassiuscula.

Peric. Bacca parva, ovato-oblonga, trilocularis.

Sem. plura, oblonga, compressa.

Conspectus specierum.

433. MELOTHRIA pendula. T. 28.
Ex America. ☉ *Pedunculi filiformes, uniflori.*

Explicatio iconum.

Tab. 28. MELOTHRIA pendula. (*a*) Pars plantæ cum floribus & fructu. (*b*) Bacca transversé secta. (*c*) Semina. Fig. 22 Pluм.

69. VILLIQUE.

Caraét. essent.

CALICE 4 fide. Cor. en roue, quatre-fide. Capf. fupérieure, biloculaire, polyfperme.

Caraét. nat.

Cal. monophylle, quadrifide, perfiftant : à découpures ovales, polntues, ouvertes.
Cor. monopétale, en roue, une fois plus longue que le calice. Tube prefque nul. Limbe quadrifide, plane : à découpures arrondies, convexes.
Étam. trois filamens, Inférés dans les divifions du limbe (l'inférieure étant exceptée), & plus courts que lui. Anthères arrondies, bilo culaires.
Pift. un ovaire fupérieur, arrondi, comprimé. Style filiforme, de la longueur des étamines, incliné fur la divifion inférieure du limbe ; ftigmate obtus.
Peric. capfule arrondie, comprimée, tranchante fur les bords, biloculaire, bivalve : à cloifon oppofée aux valves. Placenta globuleux, formé de deux demi-fphères.
Sem. plufieurs arrondies, très-petites.

Tableau des efpèces.

434. VILLIQUE rampante. Diét.
　Lieu nat. le Mexique. ☉

70. ROTALE.

Caraét. essent.

CALICE tubuleux, à 3 dents. Cor. O. Capfule 3 loculaire, polyfperme.

Caraét. nat.

Cal. monophylle, tubuleux, membraneux, à trois dents, perfiftant.
Cor. nulle.
Étam. trois filamens capillaires, de la longueur du calice. Anthères arrondies.
Pift. un ovaire fupérieur, ovale. Un ftyle filiforme. Stigmate trifide.
Peric. capfule ovale, prefque trigone, triloculaire, trivalve, renfermée dans le calice.
Sem. nombreufes, arrondies.

---

69. VILLICHIA.

Charaét. essen.

CALYX 4-fidus. Cor. rotata, 4-fida. Capf. fupera, bilocularis, polyfperma.

Charaét. nat.

Cal. monophyllus, quadrifidus, perfiftens : laciniis ovalis acutis patentibus.
Cor. monopetala, rotata, calyce duplo longior. Tubus fubnullus. Limbus quadrifidus planus : laciniis fubrotundis convexis.
Stam. filamenta tria, limbi divifuris (excepta infima) inferta, eoque breviora. Antheræ fubrotundæ, biloculares.
Pift. germen fuperum, fubrotundum compreffum. Stylus filiformis, longitudine ftaminum, declinatus ad divifuram limbi infimam. Stigma obtufum.
Peric. capfula fubrotunda, compreffa, acie acuta, bilocularis bivalvis : diffepimento oppofito. Receptaculum feminum, globofum, ex hemifphæriis duabus.
Sem. plura, fubrotunda, minuta.

Confpeétus fpecierum.

434. WILLICHIA repens.
　E Mexico. ☉

70. ROTALA.

Charaét. essen.

CALYX tubulofus, 3-dentatus. Cor. O. capfula 3-locularis, polyfperma.

Charaét. nat.

Cal. monophyllus, tubulofus, membranaceus, tridentatus, perfiftens.
Cor. nulla.
Stam. filamenta tria, capillaria, longitudine calycis. Antheræ fubrotundæ.
Pift. germen fuperum, ovatum. Stylus filiformis, Stigma trifidum.
Peric. capfula ovata, fubtrigona, calyce inclufa, trilocularis, trivalvis.
Sem. plurima, fubrotunda.

Tableau des espèces.

431. ROTALE *verticillaire.* Dict.
Lieu nat. les Indes orientales. ⊙

71. ORTEGIE.

Caract. essent.

CALICE de 5 folioles. Cor. O. Capsule 1 loculaire, polysperme, trivalve au sommet.

Caract. nat.

Cal. de cinq folioles droites, ovales membraneuses sur les bords, persistantes.
Cor. nulle.
Etam. trois filamens, subulés, plus courts que le calice. Anthères oblongues, droites, comprimées.
Pist. un ovaire supérieur, ovale, trigone supérieurement. Style court. Stigmate trifide (en tête obtuse. L.).
Peric. capsule ovale, trigone supérieurement, uniloculaire, trivalve à son sommet.
Sem. nombreuses, très petites, oblongues, aiguës aux deux bouts.

Tableau des espèces.

436. ORTEGIE *d'Espagne.* Dict.
O. à fleurs presque verticillées, tige simple.
Lieu nat. l'Espagne. ♃

437. ORTEGIE *dichotome.* Dict.
O. à fleurs solitaires axillaires, tige dichotome.
Lieu nat. l'Italie. ♃

Explication des fig.

Tab. 29. ORTEGIE d'Espagne. (a) Partie de la tige avec ses rameaux latéraux, ses fleurs & ses feuilles. (b) Fleur grossie. (c) Examines, pistil.

71. LEFLINGE.

Caract. essent.

CALICE de 5 folioles ayant 2 dents à leur base, 5 Pétales très petits. Capsule 1 loculaire, 3 valve.

Caract. nat.

Cal. de cinq folioles lancéolées, acuminées, persistantes, ayant une petite dent de chaque côté à leur base.

---

431. ROTALA *verticillaris.*
Ex India orientali. ⊙

71. ORTEGIA.

Charact. essent.

CALYX 5 phyllus. Cor. O. Capsula 1-locularis, polyspermus, apice trivalvis.

Charact. nat.

Cal. pentaphyllus, erectus: foliolis ovalibus, marginibus membranaceis, persistens.
Cor. nulla.
Stam. filamenta tria, subulata, calyce breviora. Antheræ oblongæ erectæ compressæ.

Pist. germen superum, ovatum, supernè triquetrum. Stylus brevis. Stigma trifidum (capitato-obtusum. L.).
Peric. capsula ovata, supernè trigona, unilocularis, apice trivalvis.
Sem. plurima minutissima, oblonga, utrinque acuta.

Conspectus specierum.

436. ORTEGIA *Hispanica.* T. 29.
O. floribus subverticillatis, caule simplici. L.
Ex Hispania. ♃

437. ORTEGIA *dichotoma.*
O. floribus solitariis axillaribus, caule dichotomo. L.
Ex Italia. ♃

Explicatio iconum.

Tab. 29. ORTEGIA Hispanica. (a) Pars caulis, cum ramulis lateralibus floribus & foliis. (b) Flos auctus. (c) Stamina, pistillum. Fig. ex Dileu.

72. LŒFLINGIA.

Charact. essen.

CALYX 5 phyllus: foliolis basi 2-dentatis. Petala 5 minima. Capsula 1-locularis, 3 valvis.

Charact. nat.

Cal. pentaphyllus, erectus: foliolis lanceolatis basi utrinque denticulo notatis, acuminatis, persistentibus.

Cor.

TRIANDRIE MONOGYNIE.

Cor. cinq pétales très-petits, oblongs-ovales, connivens en boule.

Etam. trois filamens, de la longueur de la corolle. Anthères arrondies, didymes.

Pist. un ovaire supérieur, ovale, trigone. Style filiforme, un peu élargi supérieurement. Stigmate légèrement obtus.

Peric. capsule ovale, presque trigone, uniloculaire, trivalve.

Sem. nombreuses, ovales-oblongues.

Tableau des espèces.

431. LÉFLINGE d'Espagne. Dict.
Lieu nat. l'Espagne. ⊙

73. POLICNEME.

Caract. essent.

INVOLUCRE à 2 bractées presqu'épineuses. Cal. de 5 folioles. Cor. O. cap. 1-sperme.

Caract. nat.

Involucre diphylle, uniflore: à folioles lancéolées, membraneuses, à pointe spinuliforme, plus longues que le calice, très-ouvertes.

Cal. de cinq folioles ovales, mucronées, droites, persistantes.

Cor. nulle.

Etam. trois filamens, capillaires, plus courts que le calice. Anthères arrondies didymes.

Pist. un ovaire supérieur, arrondi. Style très-court, bifide. Stigmates obtus.

Peric. capsule ovale, marginée & un peu applatie au sommet, acuminée par le Style persistant, membraneuse, mince, ne s'ouvrant point.

Sem. une seule, réniforme, ponctuée.

Tableau des espèces.

439. POLICNEME des champs. Dict.
P. à tiges couchées, feuilles linéaires-subulées carinées mucronées, presque nues.
Lieu nat. la France, l'Allemagne, l'Italie, dans les champs. ⊙
a. le même? à feuilles tomenteuses, glauques; calices triphyles.

440. POLICNEME monandrique. Dict.
P. à tiges montantes, feuilles linéaires signés tomenteuse-blanchâtres, fleurs monandriques.
Lieu nat. la Sibérie.

Botanique. Tom. I.

TRIANDRIA MONOGYNIA. 105

Cor. petala quinque minima, oblongo ovata, in globum conniventia.

Stam. filamenta tria, longitudine corollæ. Antheræ subrotundæ, didymæ.

Pist. germen superum, ovatum, trigonum. Stylus filiformis, supernè paulo latior. Stigma obtusiusculum.

Peric. capsula ovata, subtrigona, unilocularis, trivalvis.

Sem. plurima, ovato-oblonga.

Conspectus specierum.

431. LŒFLINGIA Hispanica. T. 29.
Ex Hispania. ⊙

71. POLYCNEMUM.

Charact. essent.

INVOLUCRUM 2 bracteatum aristato-spinosum. Cal. 5-phyllus. Cor. O. capsula 1-sperma.

Charact. nat.

Involucrum diphyllum, uniflorum: foliolis lanceolatis, membranaceis, aristato spinulosis, calyce longioribus, patentissimis.

Cal. pentaphyllus: foliolis ovatis mucronatis erectis persistentibus.

Cor. nulla.

Stam. filamenta tria, capillaria, calyce breviora. Antheræ subrotundæ didymæ.

Pist. germen superum, subrotundum, Stylus brevissimus, bifidus. Stigmata obtusa.

Peric. capsula ovata, vertice planiusculo marginato, stylo persistente acuminata, membranacea, tenuis, non dehiscens.

Sem. unicum, reniforme, punctatum.

Conspectus specierum.

439. POLYCNEMUM arvense. T. 29.
P. caulibus procumbentibus, foliis lineari-subulatis carinatis mucronatis subnudis.
Ex Gallia, Germania, Italiæ arvis. ⊙
a. idem? Foliis tomentoso glaucis, calycibus triphyllis. Polycnemum triandrum. Pall. it. 1. tab. G. f. 2. & tab. II. f. 1.

440. POLYCNEMUM monandrum.
P. caulibus adscendentibus, foliis linearibus acutis incano-tomentosis, floribus monandris.
E Sibiria. P. monandrum. Pall. it. 1. tab. O f. 1.

O

441. POLICNEME à feuilles opposées. Dict.
P. à tiges droites, feuilles demi-cylindriques
tomenteuses glauques; les inférieures opposées, fleurs pentandriques.
Lieu nat. la Tartarie, vers la mer Caspienne. ☉

Explication des fig.

Tab. 29. POLICNEME des champs. (a) Plante entière
& presque de grandeur naturelle. Le graveur n'a point
exprimé les fleurs qui sont axillaires et sessiles. (b, c)
Calice avec les bractées divergentes, mal représentées.
(e) Étamines, pistil. (e) Pistil. (f, g) Capsule. (h)
Semence.

74. SAFRAN.

Caract. essent.

COR. tubuleuse, régulière, à 6 divisions. 3 Stigmates roulés en cornet.

Caract. nat.

Cal. nul. Spathe monophylle.
Cor. monopétale, tubuleuse, régulière. Tube
long, grêle. Limbe droit, partagé en six découpures ovales-oblongues.
Étam. trois filamens subulés, plus courts que la
corolle, insérés en son tube. Anthères sagittées.
Pist. un ovaire inférieur, arrondi. Un style filiforme, s'élevant à la hauteur des étamines.
Trois stigmates roulés en cornets, dentés,
en crête.
Peric. capsule ovale, trigone, triloculaire, trivalve.
Sem. plusieurs arrondies.

Tableau des espèces.

442. SAFRAN cultivé. Dict.
S. à étamines moins longues que le pistil,
style profondément trifide.
Lieu nat. l'Italie, la Sicile, le Levant. ℔ Fleurit
en automne. Cor. un peu violette.

443. SAFRAN jaune. Dict.
S. à étamines plus longues que le pistil; limbe
grand, presque de la longueur du tube.
Lieu nat. les montagnes de la Suisse. ℔ Espèce
constamment distincte. Elle fleurit au printemps.

444. SAFRAN printannier. Dict.
S. à étamines plus longues que le pistil,
limbe petit, beaucoup plus court que le tube.
Lieu nat. les montagnes de la Suisse, des Pyrénées, &c. ℔ Style très-légèrement trifide au
sommet.

TRIANDRIA MONOGYNIA.

441. POLYCNEMUM oppositifolium.
P. caulibus erectis, foliis semi-cylindricis tomentoso glaucis : inferioribus oppositis, floribus pentandriis.
E Tartaria, versus mare Caspicum. ☉ Pall.
it. 1. tab. H. f. 2.

Explicatio iconum.

Tab. 29. POLYCNEMUM arvense. (a) Planta integra
fere magnitudine naturali. Flores axillares sessiles non
expressit sculptor. (b, c) Calyx cum bracteis divaricatis male depictus. (d) Stamina, pistillum. (e) Pistil
(f, g,) Capsula. (h) Semen.

74. CROCUS.

Charact. essent.

COR. tubulosa, æqualis, 6-partita. Stigmata 3;
convoluta.

Charact. nat.

Cal. nullus, Spatha monophylla.
Cor. monopetala, tubulosa, æqualis. Tubus longus gracilis. Limbus sexpartitus erectus : laciniis ovato-oblongis.
Stam. filamenta tria, subulata, corolla breviora,
tubo inserta. Antheræ sagittatæ.
Pist. germen inferum, subrotundum. Stylus filiformis, altitudine staminum. Stigmata tria,
convoluta, serrato cristata.
Peric. capsula ovata, trigona, trilocularis, trivalvis.
Sem. plura, subrotunda.

Conspectus specierum.

442. CROCUS sativus. T. 30, f. 1.
C. staminibus pistillo brevioribus, stylo apice
profundè trifido.
Ex Italia, Sicilia, Oriente. ℔ Flores autumno.
Corolla subviolacea.

443. CROCUS luteus.
C. staminibus pistillo longioribus, limbo magno ferè longitudine tubi.
Ex alpibus Helveticis ℔ Species co-stans et
distincta. Flores verna.

444. CROCUS vernus. T. 30, f. 2.
C. staminibus pistillo longioribus, limbo parvo tubo multoties breviore.
Ex alpibus Helveticis, Pyrenæis, &c. ℔ Stylus apice brevissimè trifidus.

Explication des fig.

Tab. 30. fig. 1. SAFRAN *cultivé*. (*a*) Corolle coupée dans la longueur. (*b*) Stigmates. (*c*) Ovaire. (*d*) Le p'u'e entière. (*e*) La même coupée transversalement. (*f*) Racine à tubercules doublés, l'une posée sur l'autre. (*g*) Tubercule intérieure coupée en travers. Tab. 30. fig. 2. SAFRAN *printanier*.

Explicatio iconum.

Tab. 30. fig. 1. CROCUS, *sativus* (*a*) Corolla longitudinaliter secta. (*b*) Stigmata. (*c*) Germen. (*d*) Capsula integra. (*e*) Eadem transverse secta. (*f*) Radix tuberibus geminis super impositis. (*g*) Tuber interius transverse sectum. fig. 2a *Tournef.* Tab. 30. fig. 2. CROCUS *vernus*.

75. CIPURE.

Caract. essent.

Cor. de 6 pétales; 3 Intérieurs plus petits. Capsule inférieure 3-loculaire.

Caract. nat.

Cal. nul. Une spathe oblongue, membraneuse, concave, enveloppant chaque fleur.

Cor. partagée en six pétales tous réunis par leurs onglets: les trois extérieurs plus grands, ovales; les trois intérieurs trois fois plus petits, & alternes avec les extérieurs.

Etam. trois filamens, très courts, insérés à la base de la corolle. Anthères oblongues, droites.

Pist. un ovaire inférieur, oblong, trigone. Style épais, triangulaire. Trois stigmates petaliformes pointus.

Peric. Cap. oblongue, anguleuse, triloculaire.

Sem. Plusieurs, anguleuses.

75. CIPURA.

Charact. essent.

Cor. 6-petala: petalis 3 interioribus minoribus. Capsula infera 3-locularis.

Charact. nat.

Cal. nullus. Spatha oblonga, membranacea, concava, florem involvens.

Cor. sexpartita. Petala tria exteriora majora ovata. Tria interiora alterna, triplo minora. Omnia unguibus comata.

Stam. filamenta tria, brevissima, basi corollae inserta. Antherae oblongae erectae.

Pist. germen inferum, oblongum, trigonum. Stylus crassus, triangularis. Stigmata tria petaliformia acuta.

Peric. capsula oblonga, angulata, trilocularis.

Sem. plura, angulata.

Tableau des espèces.

445. CIPURE *des marais*. Dict. vol. 2 p. 71. *Lieu nat.* les prés humides de la Guiane.

Conspectus specierum.

445. CIPURA *paludosa.* T. 30. Ex Guianae pratis humidis. Cipura. Aubl. 38, t. 13.

Explication des fig.

Tab. 30. CIPURE *des marais*. (*a*) Bouton de fleur enfermé entre deux spathes. (*b*) Bouton de fleur, spathe. (*c*) Fleur épanouie. (*d*) Corolle vue en dessous. (*e*) Etamine. (*f*) Style, Stigmate. (*g*) Partie inférieure de la plante.

Explicatio iconum.

Tab. 30. CIPURA *paludosa*. (*a*) Spatha duae involventes florem non expansum. (*b*) Flos non expansus, spatha. (*c*) Flos expansus. (*d*) Corolla externe visa. (*e*) Stamen. (*f*) Stylus, Stigma. (*g*) Pars inferior plantae. *Fig. ex Aubl.*

76. WITSENE.

Caract. essent.

Cor. tubuleuse, régulière: à limbe droit, à six divisions. Stigmate très-légèrement trifide.

Caract. nat.

Cal. nul.

Cor. monopétale, tubuleuse, régulière. Tube cylindrique, se dilatant insensiblement. Limbe droit, à six découpures oblongues: les extérieures cotonneuses en dehors.

76. WITSENIA.

Charact. essent.

Cor. tubulosa aequalis: limbo 6-partito, erecto. Stigma brevissime trifidum.

Charact. nat.

Cal. nullus.

Cor. monopetala, tubulosa, aequalis. Tubus cylindricus sensim dilatatus. Limbus sexpartitus erectus: laciniis oblongis; exterioribus extus tomentosis.

O 2

Etam. Trois filamens, courts, insérés au sommet du tube. Anthères oblongues, droites.
Pist. un ovaire inférieur. Style filiforme, plus long que la corolle. Stigmate légérement trifide ; à découpures presque connivenres.
Péric. . . . .
Sem. . . . .

Tableau des espèces.

446. WITSENE d'Afrique.
Lieu nat. Le Cap de Bonne-Espérance. ♄
Ixie distique. Dict. n°. 2. p. 133. Ce genre diffère très peu des Ixies.

Explication des fig.

Tab. 50. WITSENE d'Afrique. (*a*) Partie de la plante avec des feuilles et des fleurs. (*b*) Corolle coupée dans sa longueur. (*c*) Style, stigmate. (*d*) Partie inférieure de la plante.

77. I X I E.

Caract. essent.

COR. tubuleuse : à limbe 6 6de, campanulé, régulier. 3 stigmates simples.

Caract. nat.

Cal. nul. Spathes bivalves, uniflores, attachées sous l'ovaire de la fleur qu'elles enveloppent.
Cor. monopétale, tubuleuse, supérieure, régulière : tube droit, presque filiforme ; limbe campanulé, partagé en six découpures ovale-oblongues.
Etam. trois filamens, subulés, libres, plus courts que la corolle, insérés en son tube près de son orifice. Anthères oblongues.
Pist. un ovaire inférieur, ovale, trigone. Style filiforme. Trois stigmates simples.
Péric. Capsule ovale, trigone, obtuse, triloculaire, trivalve.
Sem. Plusieurs, arrondies.

Tableau des espèces.

* Tige et rameaux feuillés.

447. IXIE ligneuse. Dict. n°. 1.
I. à tige ligneuse, rameuse ; feuilles linéaires, embriquées, distiques.
Lieu nat. Le Cap de Bonne Espérance. ♄

448. IXIE pyramidale. Dict. n°. 3.
I. à tige un peu rameuse ; feuilles linéaires,

Stam. filamenta tria, brevia, tubo supernè inserta. Antheræ oblongæ erectæ.
Pist. germen inferum. Stylus filiformis, corolla longior. Stigma leviter trifidum : laciniis subconniventibus.
Peric. . . . .
Sem. . . . .

Conspectus Specierum.

446. WITSENIA maura. T. 30.
E capite Bonæ Spei. ♄ *Wasenia. Thunb. nov. gen. p. 33, 34. Ixia disticha. Dict. p. 133. Genus non satis ab ixid distinctum.*

Explicatio iconum.

Tab. 30. Witsenia maura. (*a*) Pars plantæ, cum foliis et floribus. (*b*) Corolla longitudinaliter secta. (*c*) Stylus stigma. (*d*) Pars inferior plantæ. Fig. ex D. Thunb. et ex Sicio.

77. I X I A.

Charact. essent.

COR. tubulosa: limbo 6-partito, campanulato, æquali, stigmata 3, simplicia.

Charact. nat.

Cal. Nullus. Spathæ bivalves unifloræ, insexæ.
Cor. monopetala, tubulosa, supera, regularis: tubus rectus subfiliformis ; limbus campanulatus, sexpartitus : laciniis ovato oblongis.

Stam. filamenta tria, subulata, libera, corolla breviora, tubo propè orificium insexa. Antheræ longæ.
Pist. germen inferum, ovatum, trigonum. Stylus filiformis. Stigmata tria, simplicia.
Perit. capsula ovata, trigona, obtusa, trilocularis, trivalvis.
Sem. plura, rotundata.

Conspectus specierum.

* Caule ramique soliosis.

447. IXIA fruticosa. T. 31, f. 4.
I. caule fruticoso ramoso, foliis linearibus distichè imbricatis. Dict.
E capite Bonæ Spei. ♄

448. IXIA pyramidalis.
I. caule subramoso, foliis linearibus striatis dis-

striées, distiques très ouvertes: les supérieures plus larges, insensiblement plus courtes, spathacées.
Lieu nat. l'Isle-de-France.
β Variété moins élevée, du Cap de B. Esp.

449. IXIE de Magellan. Dict. n°. 5.
I. à tiges fasciculées, en touffe, très courtes, un peu rameuses; feuilles embriquées distiques, fleurs solitaires presque sessiles.
Lieu nat. le Magellan.

** Tige ou hampe plus courte que les feuilles.

450. IXIE antholyse. Dict. n°. 4.
I. à feuilles ensiformes distiques, plus longues que la tige, fleurs en grappe; trois pétales plus longs et plus ouverts.
Lieu nat. l'Afrique australe.

451. IXIE naine. Dict. n°. 6.
I. à hampes uniflores, feuilles lisses.
Lieu nat. le Cap de Bonne-Espérance.

452. IXIE bulbocode. Dict. n°. 7.
I. à hampe rameuse, rameaux uniflores, feuilles sillonnées, filiformes.
Lieu nat. l'Europe australe, le Cap de Bonne-Espérance. ♃

453. IXE campanulée. Dict. suppl.
I. à hampe très courte, pauciflore; corolle grande, campanulée, plus longue que la hampe, feuilles filiformes, striées.
Lieu nat. le Cap de Bonne Espérance. ♄

454. IXIE jaune. Dict. suppl.
I. à hampe feuillée, presque biflore, feuilles linéaires, canaliculées, striées, très-longues; style court.
Lieu nat. le Cap de Bonne-Espérance.

455. IXIE jaunâtre. Dict. n°. 8.
I. à feuilles sétacées, roulées sur les bords, plus longues que la hampe, qui est uniflore; spathe de la longueur du tube.
Lieu nat. le Cap de Bonne Espérance.

456. IXIE baffenc. Dict. n°. 9.
I. à hampe rameuse; fleurs unilatérales, feuilles sillonnées, droites.
Lieu nat. le Cap de Bonne-Espérance.

457. IXIE rouge bleue. Dict. suppl.
Feuilles ovales-oblongues, nerveuses, plissées, velues; hampe courte, fleurs à limbe en étoile de 2 couleurs.

tichis patentissimis: superioribus latioribus sensim brevioribus spathaceis. Dict.
Ex insula Franciae. Commers.
β. Varietas humilior, è Cap. B. Spei.

449. IXIA Magellanica.
I. caulibus fasciculato-cespitosis brevissimis subramosis, foliis distiche imbricatis, floribus solitariis subsessilibus.
E Magellania. Com.

** Caulis vel scapus foliis brevior.

450. IXIA antholyzaeformis.
I. foliis ensiformibus distichis caule longioribus, floribus racemosis: petalis tribus longioribus & patentioribus. Dict.
Ex Africa australi. Ab aliis valdè recedit.

451. IXIA minuta.
I. scapis unifloris, foliis laevibus. Thunb.
E Cap. Bonae Spei.

452. IXIA bulbocodium. T. 31, f. 1.
I. scapo ramoso, ramis unifloris, foliis sulcatis filiformibus. Dict.
Ex Europa australi, & Capite B. Spei. ♃
Jacq. collect. 3. & ic. rar.

453. IXIA campanulata.
I. scapo brevissimo pauciflore, corollis amplis campanulatis scapo longioribus, foliis filiformibus striatis.
E Cap. Bonae Spei. Ixia bulbocodium. Var. ♄ Dict.

454. IXIA flava.
I. scapo folioso subbifloro, foliis linearibus canaliculatis striatis longissimis, stylo brevi.
E Cap. B. Spei. Pet. interiora flava; ext. lu- teo-viridulis.

455. IXIA subulata.
I. foliis convolutis setaceis scapo unifloro longioribus, spatha tubi longitudine Dict.
E Cap. B. Spei.

456. IXIA humilis.
I. scapo ramoso, floribus secundis, foliis sulcatis erectis. Thunb. diff. de Ix. n°. 4.
E Cap. Bonae Spei.

457. IXIA rubro-cyanea. Jacq. col. v. 3. eric. rar. 2?
Folia ovato-oblonga nervoso-plicata hirsuta; scapus brevis; flores limbo stellato bicolore.

Lieu nat. le Cap de Bonne Espérance. *Fleurs alternes, pédonculées, en grappe simple, et non en plusieurs épis.*

468. IXIE *setacée.* Dict. n°. 10.
1. à feuilles linéaires, hampe en zig-zag, glabre.
Lieu nat. le Cap de Bonne-Espérance.

469. IXIE *fleur-de-seille.* Dict. n°. 11.
1. à feuilles ensiformes striées, épi alongé un peu en zig-zag, fleurs sessiles.
Lieu nat. le Cap de Bonne-Espérance.

470. IXIE *à barbes.* Dict. n°. 12.
1. à feuilles linéaires, spathes à dents terminées en filets setacés.
Lieu nat. le Cap de Bonne Espérance.

471. IXIE *pendante.* Dict. n°. 13.
1. à feuilles linéaires-ensiformes, tige paniculée, plusieurs grappes pendantes.
Lieu nat. le Cap de Bonne-Espérance.

472. IXIE *bulbifère.* Dict. n°. 14.
1. à feuilles linéaires ensiformes, aisselles bulbifères, spathes frangées par des déchirures setacées.
Lieu nat. le Cap de Bonne-Espérance. ♃

473. IXIE *frangée.* Dict. n°. 15.
1. à feuilles ensiformes, tige anguleuse, flexueuse, simple, spathes frangées en déchirures setacées.
Lieu nat. le Cap de Bonne-Espérance. ♃ *Fleurs très-grandes.*

474. IXIE *phalangère.* Dict. n°. 16.
1. à feuilles linéaires-ensiformes, tige à plusieurs épis, spathes très-courtes, fleurs non tachées.
Lieu nat. le Cap de Bonne Espérance. ♃

475. IXIE *tachée.* Dict. n°. 17.
1. à feuilles linéaires-ensiformes, tige le plus souvent simple, corolles tachées à leur base.
Lieu nat. le Cap de Bonne-Espérance. ♃
* *Elle varie beaucoup dans la couleur de ses fleurs, et quelquefois a plusieurs épis sur sa tige.*

476. IXIE *brûlée.* Dict. suppl.
1. à feuilles lancéolées nerveuses, fleurs alternes sessiles, tube plus court que les spathes, lames obtuses : les extérieures tachées & carinées à leur base.
Lieu nat. le Cap de Bonne Espérance. ♃

E capite Bonæ Spei. *Racemus simplex, non pro lysiachius.*

468. IXIA *setacea.*
1. foliis linearibus, scapo flexuoso glabro. Thumb. diss. n°. 12.
E Capite B. Spei.

469. IXIA *scillaris.*
1. foliis ensiformibus striatis, spica elongata subflexuosa floribus sessilibus. Dict.
E Capite Bonæ Spei.

470. IXIA *aristata.*
1. foliis linearibus, spathis aristato dentatis. Thumb. diss. n°. 13.
E Capite Bonæ Spei.

471. IXIA *pendula.*
1. foliis lineari-ensiformibus, caule paniculato, racemis pluribus pendulis. Thumb. diss. n°. 16.
E Capite B. Spei. *Caulis 4-pedalis.*

472. IXIA *bulbifera.*
1. foliis lineari ensiformibus, axillis bulbiferis, spathis setaceo-laceris. Dict.

E Capite Bonæ Spei. ♃

473. IXIA *fimbriata.*
1. foliis ensiformibus, caule angulato flexuoso simplici, spathis fimbriato-laceris. Dict.

E Capite B. Spei. ♃ *Differt ab. ixia aristata caule humiliore, floribus duplo vel triplo majoribus.*

474. IXIA *polystachia.*
1. foliis lineari-ensiformibus, caule polystachio, spathis brevissimis, floribus immaculatis. Dict.
E Cap. Bonæ Spei. ♃

475. IXIA *maculata.*
1. foliis lineari ensiformibus, caule subsimplici, corollis basi maculatis. Dict.
E Capite B. Spei. ♃ *Tubus spathis longior.*
* *Multum variat colore florum, & interdum scapo polystachio.*

476. IXIA *ustulata.*
1. foliis lanceolatis nervosis, floribus alterna sessilibus, tubo bracteis breviore, laminis obtusis : exterioribus basi maculatis carinatisque.
Ait Hort. Kew. p. 60.
E Capite B. Spei. ♃

477. IXIE à fleurs vertes. Dict. n°. 28.
I. à feuilles linéaires étroites striées, épi simple
très-long, spathes extérieures entières.
Lieu nat. le Cap de Bonne-Espérance. ⚥

478. IXIE cartilagineuse. Dict. n°. 29.
L à feuilles ensiformes nerveuses, à bords
cartilagineux, tige à plusieurs épis, tube 3
fois plus long que les spathes.
Lieu nat. le Cap de Bonne Espérance.

479. IXIE orangée. Dict. n°. 30.
I. à feuilles ensiformes, tige rameuse montante, fleurs en épi, corolles transparentes
et sans couleur à leur base.
Lieu nat. le Cap de Bonne Espérance. ⚥

480. IXIE pourpre. Dict. n°. 31.
I. à feuilles linéaires ensiformes courtes nerveuses, tige simple nue vers son sommet &
en épi.
Lieu nat. le Cap de Bonne-Espérance.

481. IXIE gladiolaire. Dict. n°. 32.
L à feuilles linéaires-ensiformes, fleurs sessiles
alternes; les trois pétales inférieurs ayant dans
leur milieu une écaille droite & en crête.
Lieu nat. le Cap de Bonne-Espérance. ⚥

482. IXIE lancéolé. Dict. n°. 33.
I. à feuilles ensiformes, fleurs unilatérales,
hampe simple en aig-zag.
Lieu nat. le Cap de Bonne-Espérance.

483. IXIE en faulx. Dict. n°. 34.
I. à feuilles ensiformes courbées en faulx
en-dehors, spathes obtuses striées verdâtres.
Lieu nat. le Cap de Bonne Espérance.

484. IXIE à feuilles courtes. Dict. n°. 35.
I. à feuilles ovales, unilatérales, découpures
du limbe plus courtes que le tube.
Lieu nat. le Cap de Bonne-Espérance.

485. IXIE à longues fleurs. Dict. n°. 36.
I. à feuilles linéaires striées, spathes membraneuses, tube des corolles très-long.
Lieu nat. le Cap de Bonne-Espérance. ⚥ Fleurs
sessiles ; tube long de deux pouces.

486. IXIE échancrée. Dict. n°. 37.
I. à feuilles linéaires, ayant une échancrure

477. IXIA viridiflora.
I. foliis linearibus angustis striatis, spica simplici longissima, spathis exterioribus indivisis.
E Capite B. Spei. ⚥ Spica pedalis etiam sesquipedalis.

478. IXIA cartilaginea.
I. foliis ensiformibus nervosis marginato cartilagineis, caule polystachio, tubo spathis triplo longiore. Dict.
E Capite Bonæ Spei.

479. IXIA crocata.
I. foliis ensiformibus, caule ramoso ascendente, floribus spicatis, corollis basi hialino
fenestratis. Dict.
E Capite Bonæ Spei. ⚥

480. IXIA purpurea.
I follis lineari-ensiformibus brevibus nervosis,
caule simplici superne nudo spicato. Dict.
E Cap. Bonæ Spei. Præcedenti valdè affinis.

481. IXIA gladiolaris.
I. foliis lineari-ensiformibus, floribus sessilibus alternis; petalis tribus inferioribus squamula erecta medio carinati.
E Capite Bonæ Spei. ⚥ Gladiolus cristatus.
Vogel. pl. rar, dec. 2, t. 24, f. 1. Conf. gladiolus
securiger. Hort. Kew.

482. IXIA lancea.
I. foliis ensiformibus, floribus secundis, scapo
simplici flexuoso. Tumb. diff. n°. 21.
E Capite Bonæ Spei.

483. IXIA falcata.
I. foliis ensiformibus reflexo falcatis, spathis
obtusis striatis viridibus. Dict.
E Capite Bonæ Spei.

484. IXIA excisa.
I. foliis ovatis secundis, limbi laciniis tubo
brevioribus Dict.
E Capite Bonæ Spei. Is. ex.ifa. Thunb. diff.
n°. 24, I. 2.

485. IXIA longiflora.
I. foliis linearibus striatis, spathis membrana-
ceis, tubo corollarum longissimo. Dict.
E Cap. Bonæ Spei. ⚥ An. ix. longiflora. Ait
Hort. Kew. n°. 9.

486. IXIA emarginata.
I. foliis linearibus uno latere exciso-emargi-
d'un

d'un côté, tige rameuse, tube beaucoup plus long que les spathes.
Lieu nat. le Cap de Bonne-Espérance.

Explication des fig.

Tab. 51. fig. 1. Ixia *bulbocode*. (*a*) Corolle. (*b*) Spathe intérieure. (*c*, *d*) Capsule.
Tab. 51. fig. 2. Ixia *odorante* à s. presque plane.

Tab. 51. fig. 3. Ixia *odorante*.
Tab. 51. fig. 4. Ixia *ligneuse*.

78. MORÉE.

Caract. essent.

Cor. régulière, partagée en 6 pétales, sans tube : pétales ouverts ; 3 alternes plus petits.

Caract. nat.

Cal. nul. Spathes bivalves.
Cor. régulière, très-profondément partagée en six pétales. Tube nul. Pétales ovales, ouverts, un peu connés à leur base; trois alternes un peu plus petits.
Etam. Trois filamens, libres, courts. Anthères oblongues.
Pist. un ovaire inférieur. Un style droit, plus court que la corolle. Trois stigmates diversifiés : simples ou bifides, ou multifides.
Peric. Capsule oblongue ou ovale, trigone, trivalve, triloculaire.
Sem. Nombreuses, arrondies.

Tableau des espèces.

487. MORÉE *iridiforme.* Dict.
M. à feuilles ensiformes; stigmates bifides pétaloïdes.
Lieu nat. Le Levant.

488. MORÉE *nerveuse.* Dict. suppl.
M. à feuilles ensiformes nerveuses, presque plissées, pointues aux 2 bouts, pédoncules rameux, spathes pluriflores.
Lieu nat. La Guadeloupe. ♃ *Bermudienne nerveuse.* Dict. n°. 3. *Depuis ayant eu occasion d'examiner cette plante, j'ai vu les fil. de ses étam. très-libres; ainsi, elle ne peut être une bermudienne.*

---

natis, caule ramoso, tubo spathis multoties longiore.
E Capite B. Spei. *An* Ixia *verrucosa.* Vogel. *pl. rar. dec.* 2, t. 24, f. 2.

Explicatio iconum.

Tab. 51. f. 1. Ixia *bulbocodium.* (*a*) Corolla. (*b*) Spatha interior. (*c*, *d*) Capsula. *Fig. ex Sicco.*
Tab. 51. fig. 2. Ixia *cinnamomea. Ex Sicco*, errore pictoris.
Tab. 51. fig. 3. Ixia *cinnamomea. Fig. ex D. Thunb.*
Tab. 51. fig. 4. Ixia *fruticosa. Fig. ex D. Thunb. & ex Sicco.*

78. MORÆA.

Charact. essent.

Cor. æqualis, 6-partita, absque tubo : petalis patentibus ; 3 alternis minoribus.

Charact. nat.

Cal. nullus. Spathæ bivalves.
Cor. æqualis, profundissimè sexpartita. Tubus nullus. Petala ovata, patentia, basi subconnata: tria alterna paulò minora.
Stam. filamenta tria, libera, brevia. Antheræ oblongæ.
Pist. germen inferum. Stylus erectus, corolla brevior. Stigmata tria, varia: simplicia, bifida, multifida.
Peric. capsula oblonga vel ovata, trigona, trivalvis, trilocularis.
Sem. plurima, subrotunda.

Conspectus specierum.

487. MORÆA *iridioides.* T. 51. f. 1.
M. foliis ensiformibus, stigmatibus bifidis petaloideis.
Ex Oriente. ♃

488. MORÆA *palmifolia.*
M. foliis ensiformibus nervosis subplicatis utrinque acutis, pedunculis ramosis, spathis plurifloris.
Sisyrinchium palmifolium. Lin. Cavan. diss. 6, t. 191, f. 1. Vogel. pl. rar. Suppl. t. 103. Sisyrinch. latifolium. Swartz.
E Guadelupa. ♃ *De Badier. Filamenta staminis distincta ut ipse observavi.*

489. MORÉE de Chine. Dict.
M. à feuilles ensiformes équitantes droites, panicule dichotome, fleurs pédonculées.
Lieu nat. l'Inde, la Chine, le Japon. ℞ Pétales cachetés.

489. MORÆA Chinensis. T. 31, f. 3.
M. foliis ensiformibus equitantibus erectis, panicula dichotoma, floribus pedunculatis.
Ex India, China, Japonia. ℞ Ixia Chinensis.

490. MORÉE unguiculaire. Dict.
M. à feuilles linéaires nerveuses, fleurs en épi sessiles, spathes obtuses, pétales à longs onglets.
Lieu nat. le Cap de Bonne-Espérance.

490. MORÆA unguicularis.
M. foliis linearibus nervosis, floribus spicatis sessilibus, spathis obtusis, petalis longè unguiculatis.
E Capite Bonæ Spei. Folia augusta binervia.

491. MORÉE demi-deuil. Dict.
M. à tige gladiée uni ou biflore, feuilles ensiformes; les inférieures presqu'en faulx, fleurs terminales.
Lieu nat. le Cap de Bonne-Espérance. ℞ Pétales obtus: les ext. plus grands, blancs, avec un peu de bleu vers leur sommet; les int. noirs & plus petits.

491. MORÆA lugens.
M. caule ancipiti uni f. bifloro, foliis ensiformibus: infimis subfalcatis, floribus terminalibus. L. f. suppl. p. 59.
E Capite Bonæ Spei. ℞ Moræa malabaric. Thunb. diss. nᵒ. 1. tab. 1.

492. MORÉE spirale.
M. à tige comprimée articulée multiflore, feuilles ensiformes droites, fleurs axillaires.
Lieu nat. le Cap de Bonne-Espérance. Stig. simple, velu.

492. MORÆA spiralis.
M. caule compresso articulato multifloro, foliis ensiformibus erectis, floribus axillaribus. L. f. suppl. 99.
E Capite B. Spei. Stigma simplex, villosum.

493. MORÉE bleue. Dict.
M. à tige cylindrique, feuilles distiques, têtes de fleurs alternes, spathes membraneuses entières.
Lieu nat. le Cap de Bonne-Espérance.

493. MORÆA cœrulea.
M. scapo tereti, foliis distichis, florum capitulis alternis, spathis membranacea integris. Thumb. diss. nᵒ. 15. t. 2.
E Cap. Bonæ Spei.

494. MORÉE barbue. Dict.
M. à tige gladiée, feuilles linéaires-ensiformes, fleurs en tête, spathes déchirées frangées barbues.
Lieu nat. le Cap de Bonne-Espérance. ℞ Fleurs bleues; stigm. simple.

494. MORÆA aristea.
M. caule ancipiti, foliis lineari ensiformibus, floribus capitatis, spathis laceris fimbriato-barbatis.
E Capite B. Spei. ℞ Ixia africana. L. Moræa Africana; Murr. aristea. Mart. Kiw. p. 67.

495. MORÉE polyanthe. Dict.
M. à tige très-rameuse, feuilles subulées glabres, pétales alternes plus petits, stigmates bifides.
Lieu nat. le Cap de Bonne-Espérance.

495. MORÆA polyanthos.
M. caule ramosissimo, foliis subulatis glabris, petalis alternis minoribus, stigmatibus bifidis. L. f. suppl. 99.
E Cap. B. Spei. Fl. caruleï.

496. MORÉE spathacée. Dict.
M. à feuilles cylindriques presque filiformes très longues, épis terminaux ramassés en ombelle, collerette diphylle.
Lieu nat. le Cap de Bonne-Espérance.

496. MORÆA spathacea. T. 31. f. 2.
M. foliis teretibus subfiliformibus prælongis, spicis aggregato umbellatis terminalibus, involucro diphyllo.
E Capite Bonæ Spei. M. Spathacea Thunb. diss. nᵒ. 11. t. 3.

497. MORÉE glaïée. Dict.
M. à tige nue comprimée, feuilles linéaires très-longues, épis fasciculés ternés presque latéraux.

497. MORÆA gladiata.
M. scapo nudo compresso, foliis linearibus longissimis, spicis fasciculatis ternis sublateralibus.

Lieu nat. le Cap de Bonne Ésperance. *Epis sessiles , embriqués de bractées embrassantes. Fleurs jaunes.*

498. MORÉE *corniculée.* Dict.
M. à tige oue , cylindrique, feuilles presque cylindriques très-longues , épis corniculés , comme paniculés latéraux.
Lieu nat. le Cap de Bonne-Ésperance.

499. MORÉE à *tige nat.* Dict.
M. à tige comprimée nue très glabre , spathe très-longue subulée , formée par la continuation de la tige , tête de fleurs latérale.
Lieu nat. le Cap de Bonne-Ésperance.

500. MORÉE *filiforme.*
M. à tige & feuilles comprimées , presque filiformes , fleur solitaire terminale.
Lieu nat. le Cap de Bonne-Ésperance.

501. MORÉE *effilée.* Dict.
M. à tige cylindrique rameuse effilée , feuilles très-étroites , fleurs solitaires éparses presque sessiles.
Lieu nat. le Cap de Bonne-Ésperance. *Fleurs jaunes.*

502. MORÉE *flexueuse.* Dict.
M. à tige cylindrique articulée un peu rameuse, feuilles planes lâches roulées en dehors, épi en zig-zag.
Lieu nat. le Cap de Bonne-Ésperance.

503. MORÉE *Irioïde.* Dict.
M. à tige comprimée , feuilles distiques nerveuses , fleurs en ombelles pédonculées.
Lieu nat. la Nouvelle-Zelande.

Explication des fig.

Tab. 51. fig. 1. MORÉE *iridiforme*. (*a*) Plante presqu'entière , plus petite que nature. (*b*) Fleur de grandeur naturelle. (*c*) Capsule s'ouvrant. (*d,e*) Semences. (*f*) Embryon.
Tab. 51. fig. 2. MORÉE *spathacée.*
Tab. 51. fig. 3. MORÉE *de Chine.* (*Fruit.*)

79. GLAYEUL,

Caract. essent.

COR. irrégulière , infundibuliforme : à limbe partagé en 6 découpures & presque bilabié.
Étam. montantes.

E Capite Bonæ Spei. Ixia gladiata L. f. *suppl.* 93.

498. MORÆA *corniculata.*
M. scapo tereti nudo , foliis subteretibus longissimis , spicis corniculatis sub paniculatis lateralibus.
E Cap. Bonæ Spei. *Sonner.* Fl. lused.

499. MORÆA *aphylla.* L. f.
M. scapo compresso nudo glaberrimo , spatha longissima subulata è scapo continuata , capitulo laterali.
E Capite Bonæ Spei. *M. aphylla. Thunb. diss.* n°. 9. t. 2.

500. MORÆA *filiformis.*
M. scapo foliisque compressis subfiliformibus, flore solitario terminali. *Thunb. diss.* n°. 10. t. 1.
E Capite Bonæ Spei.

501. MORÆA *virgata.*
M. caule tereti ramoso virgato , foliis angustissimis , floribus solitariis sparsis subsessilibus. .

E Capite Bonæ Spei. *Jacq. collect.* 3. p. 194. tc. tab. 2.

502. MORÆA *flexuosa.* L. f.
M. caule tereti articulato subramoso , foliis planis laxis revolutis , spica flexuosa. *Suppl.* 100.
E Capite Bonæ Spei. Fl. lused.

503. MORÆA *irioides.*
M. scapo compresso , foliis distichis nervosis ; florum umbellis pedunculari. *Thunb. diss.* n.. 7.
E Nova-Zelandia. *Non habet in prodromo D. Forster,*

Explicatio iconum.

Tab. 51. fig. 1. MORÆA *iridioides.* (*a*) Planta fere integra magnitudine naturali minor. (*b*) Flos magnitudine naturali. (*c*) Capsula dehiscens. (*d,e*) Semina, (*f*) Embryo. *Fig. ex Sloce & ex D. Gærn.*
Tab. 51. fig. 2. MORÆA *spathacea.*
Tab. 51. fig. 3. IXIA *chinensis.* (Fruct.) Ex D. Gærn.

79. GLADIOLUS.

Charact. essent.

COR. inæqualis infundibuliformis : limbo 6-partito sublingente. Stam. adscendentia.

Caract. nat.

Cal. nul. Spathes bivalves.
Cor. monopétale, Infundibuliforme : tube courbé, s'élargissant insensiblement ; limbe à fin divisions, irrégulier, presque bilabié.
Etam. Trois filamens filiformes, montans, insérés au tube. Anthères presque sagittées, vacillantes.
Pist. Un ovaire inférieur, trigone. Un style filiforme. Stigmate trifide.
Peric. Capsule ovale, obtuse, trigone, triloculaire, trivalve.
Sem. Nombreuses, glabres.

Tableau des espèces.

* Pl. glabres.

504. GLAYEUL d'Ethiopie.
G. à feuilles ensiformes, spathes plus courtes que le tube, lèvre supérieure des corolles fort longue & entière.
Lieu nat. l'Afrique. ♃ *Antholyse d'Ethiopie.* Dict. n°. 4.

505. GLAYEUL commun. Dict. n°. 1.
G. à feuilles ensiforme, fleurs distantes, spathes beaucoup plus longues que le tube.
Lieu nat. l'Europe australe. ♃

506. GLAYEUL de Perse.
G. à feuilles linéaires ensiformes, corolles à lèvre inférieure plus courte, ayant cinq lobes, dont les externes sont les plus larges.
Lieu nat. la Perse, le Cap de Bonne-Esp. ♃ *Antholyse de Perse.* Dict. n°. 3.

507. GLAYEUL à long tube.
G. à feuilles ensiformes, tube des corolles long courbé, spathes un peu courtes.
Lieu nat. le Cap de Bonne-Espérance. ♃

508. GLAYEUL étroit. Dict. n°. 18.
G. à feuilles linéaires, fleurs distantes, tube des corolles plus long que le limbe.

Lieu nat. l'Afrique. ♃

509. GLAYEUL à trois taches. Dict. n°. 19.
G. à feuilles linéaires-lancéolées, tube courbé à peine plus long que le limbe, trois pétales marqués d'une tache cordiforme.
Lieu nat. le Cap de Bonne-Espérance.

510. GLAYEUL à deux taches. Dict. n°. 10.
G. à feuilles linéaires fort étroites, pétales

Charact. nat.

Cal. Nullus. Spathæ bivalves.
Cor. Monopetala, infundibuliformis : tubus curvatus sensim dilatatus, limbus sexpartitus inæqualis subbilabiatus.
Stam. Filamenta tria filiformia adscendentia tubo inserta. Antheræ subsagittatæ versatiles.
Pist. Germen inferum, trigonum. Stylus filiformis. Stigma trifidum.
Peric. Capsula ovata, obtusa, trigona, trilocularis, trivalvis.
Sem. Plurima, glabra.

Conspectus specierum.

* Pl. glabra.

504. GLADIOLUS Æthiopicus. T. 31. f. 2.
G. foliis ensiformibus, spathis tubo brevioribus, corollarum labio superiore longissimo indiviso.

Ex Africa. ♃ *Antholysa Æthiopica.* L.

505. GLADIOLUS communis. T. 31. f. 1.
G. foliis ensiformibus, floribus distantibus, spathis tubo multoties longioribus.
Ex Europa australi. ♃

506. GLADIOLUS cunonia. Gærtn.
G. foliis lineari-ensiformibus, corollis labio inferiore breviore quinquepartito : lobis externis latioribus.
E Persia, Capite Bonæ Spei. ♃ *Antholysa cunonia.* Lin.

507. GLADIOLUS meriana.
G. foliis ensiformibus, corollarum tubo longo incurvato, spathis breviusculis.
E Capite Bonæ Spei. ♃ *Antholysa meriana.* L.

508. GLADIOLUS angustus.
G. foliis linearibus, floribus distantibus, corollarum tubo limbis longiore. Lin. Hort. cliff. t. 6.
Ex Africa. ♃

509. GLADIOLUS trimaculatus. T. 31. f. 3.
G. foliis lineari lanceolatis, tubo curvo limbo vix longiore, petalis tribus macula cordiformi inscripta. Dict.
E Capite Bonæ Spei.

510. GLADIOLUS bimaculatus.
G. foliis linearibus perangustis, petalis supe-

supérieurs plus courts, ouverts réfléchis : les latéraux des trois inférieurs plus étroits & tachés.
Lieu nat. le Cap de Bonne-Espérance.

floribus brevioribus patenti-reflexis : trium inferiorum lateralibus maculatis angustioribus.

Z Capite Bonæ Spei.

511. GLAYEUL *bigarré.* Dict. n°. 6.
G. à feuilles linéaires étroites sillonnées anguleuses, corolles campanulées, spathes obtuses de la longueur du tube.
Lieu nat. Le Cap de Bonne-Espérance. ♃ *Fl. unilatérales, jaunâtres, avec des points pourpres.*

511. GLADIOLUS *tristis.*
G. foliis linearibus angustis sulcato-angulosis, corollis campanulatis, spathis obtusis longitudine tubi.
E. Cap. B. Spei. ♃ *Fl. secundi, flavescentes cum punctis purpureis.*

511. GLAYEUL *ponctué.* Dict. suppl.
G. à feuilles linéaires, spathes pointues, pétales ponctués : les inférieurs plus longs & plus pointus.
Lieu nat. le Cap de Bonne-Espérance. *Fl. unilatérales d'un pourpre brun, ponctuées.*
b. Glayeul écarlate. Dict. n°. 21.

512. GLADIOLUS *punctatus.*
G. foliis linearibus, spathis acutis, petalis punctatis : inferioribus longioribus & acutioribus.
E Capite Bonæ Spei. *Fl. secundi, purpureo-fusci punctati.*
b Gladiolus puniceus. Dict. n°. 21.

513. GLAYEUL *ailé.* Dict. n°. 5.
G. à feuilles ensiformes, pétales latéraux très-larges.
Lieu nat. le Cap de Bonne Espérance. ♃

513. GLADIOLUS *alatus.*
G. foliis ensiformibus, petalis lateralibus latissimis. L.
E Capite Bonæ Spei. ♃

514. GLAYEUL *de montagne.* Dict. n°. 17.
G. à feuilles ensiformes nerveuses glabres, fleurs en épi, corolle ringente.
Lieu nat. le Cap de Bonne-Espérance. ♃

514. GLADIOLUS *montanus.*
G. foliis ensiformibus nervosis glabris, floribus spicatis, corolla ringente. L. f. suppl 95.
E Capite Bonæ Spei. ♃

515. GLAYEUL *bordé.* Dict. n°. 15.
G. à feuilles à bords cartilagineux multinerves, épi alongé, fleurs alternes penchées.

Lieu. nat. le Cap de Bonne-Espérance.

515. GLADIOLUS *marginatus.*
G. foliis cartilagineo-marginatis multinerviis spica elongata, floribus alternis nutantibus. L. f. suppl. 95.
E Capite Bonæ Spei.

516. GLAYEUL *graminé.* Dict. n°. 14.
G. à pétales lancéolés, acuminés par une pointe sétacée.
Lieu nat. le Cap de Bonne-Espérance.

516. GLADIOLUS *gramineus.*
G. petalis lanceolatis setaceo-acuminatis. L. f. suppl. 93.
E Capite Bonæ Spei. Lieg. collect. 1. 303. ic. tab. 2.

517. GLAYEUL *jaune.* Dict. n°. 13.
G. à feuilles linéaires étroites fort longues, fleurs en épi presqu'unilatérales jaunes, tube courbé plus court que la spathe.
Lieu nat. Madagascar.

517. GLADIOLUS *luteus.*
G. foliis linearibus angustis longissimis, floribus spica i. subsecundis luteis, tubo curvo spatha breviore.
E Madagascaria. *Commers.*

518. GLAYEUL *en jonc.* Dict. n°. 11.
G. à feuilles lancéolées, tige rameuse, fleurs unilatérales, style à six divisions.

Lieu nat. le Cap de Bonne Espérance.

518. GLADIOLUS *junceus.*
G. foliis lato lanceolatis, culmo ramoso, floribus secundis, stylo sexpartito. L. f. suppl. 94.
E Capite Bonæ Spei.

519. GLAYEUL *bractéolé.* Dict. n°. 12.
G. à feuilles roulées par les bords filiformes

519. GLADIOLUS *bracteolatus.*
G. foliis convolutis filiformi-subulatis, flo-

subulées , fleurs en épi , bractées alternes ovales , multinerves , renfermant les spathes.
Lieu nat. le Cap de Bonne-Espérance. ♃

510. GLAYEUL alopecuroïde. Dict. n°. 10.
G. à feuilles linéaires nerveuses, épi presque solitaire embriqué distique , spathes à bords écarleux.
Lieu nat. le Cap de Bonne - Espérance. ♃

511. GLAYEUL recourbé. Dict. n°. 8.
G. à feuilles ensiformes , pétales presqu'égaux lancéolés recourbés.
Lieu nat. le Cap de Bonne-Espérance. ♃

522. GLAYEUL ondulé. Dict. n°. 7.
G. à feuilles ensiformes , pétales presqu'égaux lancéolés ondulés.
Lieu nat. l'Ethiopie. ♃

523. GLAYEUL pyramidal. Dict. n°. 16.
G. à épi pyramidal fort long, lâche & un peu rameux intérieurement , fleurs grandes lilacées , style à trois divisions bifides.
Lieu nat. le Cap de Bonne-Espérance.

524. GLAYEUL marbré. Dict. n°. 11.
G. à feuilles ensiformes nerveuses glabres tachetées, fleurs distiques, style à six divisions.
Lieu nat. le Cap de Bonne Espérance.

525. GLAYEUL ventru. Dict. n°. 13.
G. à feuilles ensiformes nerveuses glabres , limbe ventru difforme , découpures du style membraneuses spatulées.
Lieu nat. le Cap de Bonne-Espérance.

526. GLAYEUL denticulé. Dict n°. 14.
G. à feuilles ensiformes obtuses à tranchant dorsal dentelé & décurrent, tige gladiée paniculée.
Lieu nat. le Cap de Bonne - Espérance.

527. GLAYEUL crépu. Dict. n°. 23.
G. à feuilles lancéolées crénelées ondulées , fl. unilatérales, deux épis, tube long filiforme.
Lieu nat. le Cap de Bonne- Espérance. ♃

** Pl. velus.

528. GLAYEUL tubiflore. Dict. n°. 26.
G. velu, à feuilles très-étroites nerveuses plus longues que la tige , spathes ensiformes distiques, tube très-long.
Lieu nat. le Cap de Bonne-Espérance.

---

ribus spicatis , bracteis alternis ovatibus multinerviis spathas includentibus. Dict.
E Capite Bonæ Spei. ♃ Antholyssa latidor. Suppl. 96.

510. GLADIOLUS alopecuroïdes. t. 31. f. 4.
G. foliis linearibus nervosis, spica subsolitaria imbricata disticha, spathis margine scariosis.
E Cap. Bonæ Spei. ♃ isia plantaginea. H.Kew.

521. GLADIOLUS recurvus.
G. foliis ensiformibus , petalis subæqualibus lanceolatis recurvatis. L. mant. 18.
E Capite Bonæ Spei. ♃

522. GLADIOLUS undulatus.
G. foliis ensiformibus , petalis subæqualibus lanceolatis undulatis.
Ex Æthiopia. ♃ Jacq. collect. 3. 256. ic. rar. 1.

523. GLADIOLUS pyramidalis.
G. spica pyramidali longissima basi laxa subramosa , floribus amplis liliaceis , stylis tripartito-bifidis.
E Capite Bonæ Spei. Spica sesquipedalis.

524. GLADIOLUS marmoratus.
G. foliis ensiformibus nervosis glabris maculosis , floribus distichis , stylo sexpartito.
E Capite Bonæ Spei.

525. GLADIOLUS ventricosus.
G. foliis ensiformibus nervosis glabris , limbo ventricoso difformi , still laciniis dilatatomembranaceis spathulatis.
E Capite Bonæ Spei. An gl. carneus. Jacq. collect. 2. ic. rar. 1.

526. GLADIOLUS denticulatus.
G. foliis ensiformibus obtusis carina denticulata decurrentibus , caule paniculato ancipiti. Dict.
E Cap. Bonæ Spei. Glad. anceps. L. f. suppl.

527. GLADIOLUS crispus.
G. foliis lanceolatis crenatis undulatis , floribus secundis , spicis duabus , tubo filiformi longo. L. f. suppl. 94.
E Cap. Bonæ Spei. ♃

** Pl. hirsuta.

528. GLADIOLUS tubi-florus.
G. hirsutus , foliis angustissimis nervosis caule longioribus , spathis ensiformibus distichis , tubo longissimo.
E Capite Bonæ Spei.

529. GLAYEUL à feuilles tireites.
G. velu, à feuilles très-étroites nerveuses plus longues que la tige, spathes alternes unilatérales, tube filiforme très long.
Lieu nat. le Cap de Bonne-Espérance. *Gl. plissé. Dict. n°. 4.*

530. GLAYEUL pubescent. Dict. suppl.
G. velu pubescent, à feuilles lanceolées plissées nerveuses, tige rameuse, spathes distiques plus courtes que le tube.
Lieu nat. le Cap de Bonne-Espérance.

531. GLAYEUL plissé. Dict. suppl.
G. velu, à feuilles oblongues lanceolées plissées nerveuses, tige simple, spathes plus courtes que le tube.
Lieu nat. le Cap de Bonne-Espérance. ♃ Ixie plissé. Dict.

532. GLAYEUL serré. Dict. suppl.
G. velu, à feuilles linéaires-lanceolées serrées plissées, grappe composée à la base, spathes un peu plus courtes que le tube.
Lieu nat. le Cap de Bonne Espérance.

533. GLAYEUL mucroné. Dict. suppl.
G. velu, à feuilles linéaires nerveuses, spathes plus longues que le tube, pétales échancrés & mucronés au sommet.
Lieu nat. le Cap de Bonne-Espérance.

534. GLAYEUL à feuilles larges. Dict. suppl.
G. velu, à feuilles lanceolées plissées nerveuses plus longues que la grappe, tube plus court que les spathes.
Lieu nat. l'Isle-de France.

535. GLAYEUL nerveux. Dict. n°. 5.
G. à feuilles ensiformes plissées nerveuses velues, plusieurs grappes alternes, tube plus court que les spathes.
Lieu nat. le Cap de Bonne Espérance. ♃

536. GLAYEUL sillonné. Dict. supp.
G. velu, à feuilles linéaires-ensiformes, fleurs ringentes montantes disposées sur des grappes unilatérales, étamines saillantes.
Lieu nat. le Cap de Bonne Espérance. *Antholise velue. Dict.*

537. GLAYEUL à grandes lèvres.
G. velu, à grappes latérales, lèvres de la corolle divergentes, orifice comprimé.
Lieu nat. le Cap de Bonne-Espérance. ♃ Antholise, n°. 1. Dict.

519. GLADIOLUS angustifolius.
G. hirsutus, foliis angustissimis nervosis caule longioribus, spathis alternis secundis, tubo filiformi longissimo.
E Cap. Bonæ Spei. *Gladiolus plicatus.* Dict. n°. 4.

530. GLADIOLUS pubescens.
G. hirsuto-pubescens, foliis lanceolatis plicatis nervosis, caule ramoso, spathis distichis tubo brevioribus.
E Cap. Bonæ Spei. *Ex D. le Vaillant.*

531. GLADIOLUS plicatus. Hort. Kew.
G. hirsutus, foliis oblongo-lanceolatis nervosis plicatis, caule simplici, spathis tubo brevioribus.
E Cap. Bonæ Spei. ♃ ixia plicata. Dict. n°. 13.

532. GLADIOLUS strictus.
G. villosus, foliis lineari-lanceolatis plicatis strictis, racemo basi composito, spathis tubo subbrevioribus.
E Cap. Bonæ Spei. *An gl. strictus. Hort. Kew. n°. 4.*
An gladiolus plicatus Angustifolius. Jacq. ic. var. vol. 2.

533. GLADIOLUS mucronatus.
G. hirsutus, foliis linearibus nervosis, spathis tubo longioribus, petalis apice emarginatis mucronatis.
E Cap. Bonæ Spei. *Fl. magni; racemus simplex.*

534. GLADIOLUS latifolius.
G. hirsutus, foliis lato-lanceolatis plicatis nervosis racemo longioribus, tubo spathis breviore.
Ex insula Franciæ. *Commers.*

535. GLADIOLUS nervosus.
G. foliis ensiformibus plicato-nervosis villosis, racemulis pluribus alternis, tubo spathis breviore.
E Capite Bonæ Spei. ♃

536. GLADIOLUS secatus.
G. hirsutus, foliis lineari-ensiformibus, floribus ringentibus adscendentibus in spicas secundas dispositis, staminibus exsertis.
E Cap. Bonæ Spei. *Antholyza hirsuta.* Dict. n°. 2.

537. GLADIOLUS ringens.
G. hirsutus, racemulis lateralibus, corollæ labiis divaricatis, fauce compressa.
E Cap. Bonæ Spei. ♃ *Antholisa ringens.* Dict.

338. GLAYEUL à épi. Dict. fuppl.
G. à tige fimple velue, fleurs embriquées en épi.
Lieu nat. le Cap de Bonne - Efpérance. Ses fleurs font petites comme celles du glayeul alopécuroïde ; mais leur épi eft plus court & nullement diftique.

Explication des fig.

Tab. 31. fig. 1. GLAYEUL *commun.* (*a b*) Corolle vue de côté & en devant. (*c*) Capfule entière. (*d*) La même coupée transverfalement. (*e*) Partie fupérieure de la plante. (*f*) Racine tubuleufe , tuniquée.
Tab. 31. fig. 3. GLAYEUL *d'Ethiopie.*
Tab. 31. fig. 2. GLAYEUL à *trois taches* (*a*) Fleurs féparées, ouvertes. (*b*) Partie fupérieure de la tige.
Tab. 31. fig. 4. GLAYEUL *alopécuroïde.*

80. I R I S.

Caract. effent.

Cor. partagée en 6 pièces, alternativement droites & réfléchies. 3 ftigmates pétaliformes.

Caract. nat.

Cal. nul. Spathes bivalves, diftinguant les fleurs.
Cor. inférieurement tubuleufe. Limbe fort grand, partagé en fix découpures ou pétales , dont trois alternes réfléchis, & trois autres alternes, redreffés , connivens.
Etam. Trois filamens fubulés, couchés fur les pétales réfléchis. Anthères oblongues, droites, comprimées.
Pift. ovaire inférieur , oblong. Style très-court. Trois ftigmates pétaliformes , oblongs , caminés en leur côté intérieur , fillonnés en dehors , couchés fur les étamines , bilabiés : lèvre intérieure plus grande & bifide ; l'extérieure très-courte.
Peric. Capfule oblongue, trigone, quelquefois hexagone, triloculaire , trivalve.
Sem. Nombreufes, affez groffes.

Tableau des efpèces.

* *A pétales réfléchis chargés d'une raie velue , longitudinale.*

    (A) *Feuilles enfiformes.*

339. IRIS *de Sufe.* Dict. n°. 1.
I. à corolle barbue, tige uniflore plus longue que les feuilles.
Lieu nat. le Levant. ♃ Fl. très-grande.

---

338. GLADIOLUS *fpicatus.*
G. caule fimplici villofo , floribus imbricato-fpicatis.
E Cap. Bonæ Spei. An glad. fpicatus. Lin ? flores perparvi ut in gladiolo alocupæroïde ; at fpica brevior , non difticha.

Explicatio iconum.

Tab. 31. fig. 3. GLADIOLUS *communis.* (*a , b*) Corolla à latere & antice vifa. (*c*) Capfula integra. (*d*) Eadem transverfe fciffa. (*e*) Pars fuperior plantæ. (*f*) Radix tuberofa tunicata. Fig. ex Tournef.
Tab. 31. fig. 2. GLADIOLUS *Æthiopicus.*
Tab. 31. fig. 2. GLADIOLUS *trimaculatus.* (*a*) Flos feparatus expanfus. (*b*) Pars fuperior caulis.
Tab. 31. fig. 4. GLADIOLUS *alopecuroïdes.* Fig. ex Sicco.

80. I R I S.

Charact. effent.

Cor. 6 partita : petalis alternis erectis , alternis reflexis. Stigmata 3 , petaliformia.

Charact. nat.

Cal. Nullus. Spathæ bivalves , flores diftinguentes.
Cor. Infernè tubulofa. Limbus maximus , fexpartitus : lacinis f. petalis tribus alternis reflexis , tribus alternis erectis conniventibus.
Stam. Filamenta tria fubulata , petalis reflexis incumbentia. Antheræ oblongæ rectæ de preffæ.
Pift. Germen inferum , oblongum. Stylus breviffimus. Stigmata tria , petaliformia, oblonga , intus carinata , extus fulcata , ftaminibus incumbentia , bilabiata : labium interius majus bifidum ; exterius breviffimum.
Peric. Capfula oblonga , trigona , interdum hexagona , trilocularis , trivalvis.
Sem. Plurima , magna.

Confpectus fpecierum.

* *Petalis reflexis lineâ villofâ longitudinali inftructis.*

    (A) *Folia enfiformia.*

339. IRIS *fufiana.*
I. corolla barbata , caule uniflore foliis longiore. L.
Ex Oriente. ♃ Flos maximus.

540. IRIS de Florence. Dict. n°. 1.
I. à corolles barbues, tige presque bislore & plus élevée que les feuilles.
Lieu nat. l'Europe australe. ♃

540. IRIS Florentina.
I. corollis barbatis, caule foliis altiore subbisloro, floribus sessilibus. L.
Ex Europa australi. ♃

541. IRIS germanique. Dict. n°. 3.
I. à corolles barbues, tige multiflore plus élevée que les feuilles, fleurs inférieures pedonculées.
Lieu nat. la France, l'Allemagne, &c. ♃

541. IRIS germanica.
I. corollis barbatis, caule foliis altiore multifloro, floribus inferioribus pedunculatis. L.
E Gallia, Germania, &c. ♃

542. IRIS à fleurs pâles. Dict. n°. 4.
I. à corolles barbues, tige multiflore plus élevée que les feuilles, spathes blanches.
Lieu nat. le Levant ? ♃

542. IRIS pallida.
I. corollis barbatis, caule foliis altiore multifloro, spathis albis.
Ex Oriente ? ♃ Colit. in H. R.

543. IRIS odeur de sureau. Dict. n°. 5.
I. à corolles barbues, tige multiflore plus élevée que les feuilles, pétales réfléchis planes; pétales droits, échancrés.
Lieu nat. l'Europe australe. ♃

543. IRIS sambucina.
I. corollis barbatis, caule foliis altiore multifloro, petalis deflexis planis : erectis emarginatis. L.
Ex Europa australi. ♃

544. IRIS jaune sale. Dict. n°. 6.
I. à corolles barbues, tige multiflore plus élevée que les feuilles, pétales droits échancrés, d'un jaune sale.
Lieu nat. l'Europe australe. ♃

544. IRIS squalens.
I. corollis barbatis, caule foliis altiore multifloro, petalis erectis emarginatis squallide flavis. Dict.
Ex Europa australi. ♃

545. IRIS panachée. Dict. n°. 7.
I. à corolles barbues, feuilles ridées, vertes pourprées à leur base, tige multiflore un peu plus haute que les feuilles.
Lieu nat. la Hongrie. ♃

545. IRIS variegata.
I. corollis barbatis, foliis rugosis viridibus basi purpureis, caule multifloro foliis subaltiore. Dict.
Ex Hungaria. ♃

546. IRIS de deux saisons. Dict. n°. 8.
I. à corolles barbues, tige presque trislore, plus longue que les feuilles, pétales violets.
Lieu nat. le Portugal. ♃

546. IRIS biflora.
I. corollis barbatis, caule subtrifloro foliis longiore, petalis violaceis. Dict.
E Lusitania. ♃

547. IRIS plissée. Dict. n°. 9.
I. à corolles barbues, tige multiflore plus élevée que les feuilles, pétales ondulés plissés : les droits plus élargis.
Lieu nat. . . . . ♃

547. IRIS plicata.
I. corollis barbatis, caule multifloro foliis altiore, petalis undulato-plicatis : erectis latioribus. Dict.
. . . . . ♃ Colitur in H. R.

548. IRIS d'Hollande. Dict. n°. 10.
I. à corolles barbues, tige trislore plus élevée que les feuilles, pétales ondulés repliés un peu échancrés.
Lieu nat. . . . . . ♃

548. IRIS Swertii.
I. corollis barbatis, caule trifloro foliis altiore, petalis undulatis replicatis subemarginatis. Dict.
. . . . . . ♃ Colitur in H. R.

549. IRIS à tige nue. Dict. n°. 11.
I. à corolles barbues, hampes nues presque ternées, presque multiflores, à peine de la longueur des feuilles, spathes vertes ventrues.
Lieu nat. . . . . ♃

549. IRIS nudicaulis.
I. corollis barbatis, scapis subternis nudis submultifloris vix longitudine foliorum, spathis ventricosis viridibus.
. . . . . . ♃ Colitur in H. R.

Botanique. Tome I.

Q

350. IRIS *apitata*. Dict. n°. 12.
I. barbue , à feuilles ensiformes glabres , tige
paniculée , comprimée.
Lieu nat. le Cap de Bonne-Espérance.

351. IRIS *dichotome*. Dict. n°. 13.
I. finement barbue , à tige cylindrique paniculée , plus longue que les feuilles , spathes
multiflores.
Lieu nat. la Sibérie , la Tartarie. ♃

352. IRIS à crêtes. Dict. suppl.
I. à corolles barbues , barbe en crête , tige
presqu'uniflore de la longueur des feuilles ,
ovaires trigones , pétales presqu'égaux.
Lieu nat. l'Amér. septent. ♃ *Les pétales extér.*
ont trois crêtes longitudinales , en place de barbe.

353. IRIS *jaunâtre*. Dict. n°. 14.
I. à corolles barbues, tige uniflore plus longue
que les feuilles , tube enfermé dans la spathe.
Lieu nat. la France , l'Allemagne. ♃

354. IRIS *naine*. Dict. n°. 15.
I. à corolles barbues, tige uniflore plus courte
que les feuilles , tube saillant.
Lieu nat. la France méridionale , l'Autriche ,
la Hongrie. ♃

355. IRIS *fluette*. Dict. n°. 16.
I. barbue , à feuilles ensiformes glabres , tige
uniflore , pétales oblongs pointus.
Lieu nat. le Cap de Bonne-Espérance.

356. IRIS *ciliée*. Dict. n°. 17.
I. barbue , à feuilles ensiformes ciliées.

Lieu nat. le Cap de Bonne Espérance.

(B) Feuilles linéaires.

357. IRIS *tripétale*. Dict. n°. 18.
I. barbue , à feuille linéaire plus longue que la
tige qui est uniflore , pétales alternes subulés.
Lieu nat. le Cap de Bonne-Espérance,

358. IRIS à trois pointes. Dict. n°. 19.
I. barbue , à feuille linéaire plus longue que la
tige qui est presque biflore , pétales alternes
trifides.
Lieu nat. le Cap de Bonne-Espérance..

359. IRIS *plumaire*. Dict. n°. 20.
I. barbue , à feuilles linéaires, tige multiflore,
stigmates sétacés multifides.
Lieu nat. le Cap de Bonne-Espérance. ♃

350. IRIS *compressa*.
I. barbata , foliis ensiformibus glabris , scapo
paniculato compresso. *Thunb. diss. n°. 11.*
E Capite Bonæ Spei.

351. IRIS *dichotoma*.
I. tenuissimè barbata , caule tereti paniculato
foliis longiore , spathis multifloris.

Ex Siberia, Tartaria. ♃

352. IRIS *cristata*.
I. corollis barbatis : barba cristata , caule subunifloro longitudine foliorum , germ inibus
trigonis , petalis subaequalibus. *Hort. Kew. 71.*
Ex America septent. ♃ *Petala ext. cristis ;*
longitudinalibus loco barbæ.

353. IRIS *lutescens*.
I. corollis barbatis , caule unifloro foliis lon-
giore , tubo in spatham incluso. Dict.
E Gallia, Germania. ♃

354. IRIS *pumila*.
I. corollis barbatis , caule unifloro foliis bre-
viore , tubo exerto. Dict.
Ex Gallia merid. , Austria, Hungaria. ♃

355. IRIS *minuta*.
I. barbata , foliis ensiformibus glabris , scapo
unifloro , petalis obl. acutis. *Thunb. diss. n°. 2.*
E Capite Bonæ Spei.

356. IRIS *ciliata*.
I. barbata , foliis ensiformibus ciliatis. *Thunb.*
diss. n°. 1.
E Capite Bonæ Spei.

(B) Folia linearia.

357. IRIS *tripetala*.
I. barbata , folio lineari longiori , scapo uni-
floro, petalis alternis subulatis. *Thunb. diss. n. 14.*
E Capite Bonæ Spei,

358. IRIS *tricuspis*.
I. barbata , folio lineari longiori , scapo subbifloro, petalis alternis trifidis. *Thunb. diss. n. 15.*

E Capite Bonæ Spei.

359. IRIS *plumaria*.
I. barbata , foliis linearibus , scapo multifloro,
stigmatibus setaceo-multifidis. *Thunb. diss. n. 16.*
E Cap. B. Spei. ♃ *Morea juncea & M. setacea. L.*

** *A pétales tous nuds ou sans barbe.*   ** *Petalis omnibus nudis f. imberbibus.*

(A) *Feuilles planes , linéaires ou ensiformes.*   (A) *Folia plana , linearia f. ensiformia.*

560. IRIS *des marais.* Dict. n°. 22.
I. sans barbe , à feuilles ensiformes , pétales
intérieurs plus petits que le stigmate.
Lieu nat. les étangs & les fossés aquatiques de
l'Europe. ♃

561. IRIS *fétide.* Dict. n°. 20.
I. sans barbe , tige uniangulaire presque plus
élevée que les feuilles , les plus petits pétales
ouverts.
Lieu nat. la France , l'Angl. , dans les bois. ♃

562. IRIS *des prés.* Dict. n°. 23.
I. sans barbe , à feuilles linéaires planes presque
droites , plus courtes que la tige qui est fistuleuse , ovaires trigones.
Lieu nat. les prés de la Suisse, de l'Allem., &c. ♃

563. IRIS *varié.* Dict. n°. 24.
I. sans barbe , à feuilles ensiformes molles
recourbées au sommet , tige cylindrique ,
ovaires presque trigones.
Lieu nat. la Virginie , la Pensylvanie. ♃

564. IRIS *de Virginie.* Dict. n°. 25.
I. sans barbe , à feuilles ensiformes recourbées
au sommet , tige glacée.
Lieu nat. la Virginie. ♃

565. IRIS *de la Martinique.* Dict. n°. 26.
I. sans barbe , à feuilles ensiformes , ovaires
trigones , pétales munis à leur base d'une
fossette glanduleuse.
Lieu nat. la Martinique.

566. IRIS *spatulée.* Dict. n°. 27.
I. sans barbe , feuilles ensiformes étroites
droites un peu plus courtes que la tige ,
spathes vertes, les plus grands pétales spatulés.
Lieu nat. la France australe , l'Allem. &c. ♃

567. IRIS *jaune-blanche.* Dict. n°. 28.
I. sans barbe , à feuilles unisormes droites ,
tige flexueuse un peu comprimée , spathes
vertes , ovaires à six angles.
Lieu nat. la Sibérie. ♃
β. La même un peu moins élevée.

568. IRIS *graminée.* Dict. n°. 29.
I. sans barbe , à feuilles linéaires étroites ,
dépassant les fleurs , tige comprimée , ovaires
sexangulaires.
Lieu nat. l'Autriche. ♃

---

560. IRIS *pseudo-acorus.* Dict.
I. imberbis , foliis ensiformibus , petalis inte-
rioribus stigmate minoribus. Dict.
Ex Europæ paludibus & fossis aquosis. ♃

561. IRIS *fœtida.* Dict.
I. imberbis , caule unianguloto foliis subaltiore , petalis minoribus patulis. Dict.

Ex Gallia & Angliæ sylvis. ♃

562. IRIS *pratensis.* T. 33. f. 4.
I. imberbis , foliis linearibus planis subereclis
caule fistuloso brevioribus , germinibus trigonis. Dict.
Ex Helvetiæ , Germaniæ , &c. pratis. ♃

563. IRIS *versicolor.*
I. imberbis , foliis ensiformibus mollibus apice
recurvis , caule tereti , germinibus subtri-
gonis.
E Virginia , Pensylvania. ♃

564. IRIS *Virginica.*
I. imberbis , foliis ensiformibus apice recurvis,
caule ancipiti.
E Virginia. ♃

565. IRIS *Martinicensis.*
I. imberbis , foliis ensiformibus , germinibus
trigonis , petalis basi foveolis glandulosis. Dict.

E Martinica.

566. IRIS *Spathulata.*
I. imberbis , foliis ensiformibus angustis erectis
caule subbrevioribus , spathis viridibus , petalis majoribus spathulatis. Dict.
E Gallia australi , Germania , &c. ♃

567. IRIS *ochroleuca.*
I. imberbis , foliis ensiformibus erectis , caule
flexuoso subcompress. , spathis viridibus , germinibus sexangularibus. Dict.
E Sibiria. ♃ β. I. halophyla pall. it.
β. Iris ochroleuca lin.

568. IRIS *graminea.*
I. imberbis , foliis linearibus angustis flores
superantibus , caule compresso , germinibus
sexangularibus.
Ex Austria. ♃

Q 2

569. IRIS *ventrue.* Dict. n°. 30.
I. fans barbe, feuilles linéaires étroites plus longues que la tige, fpathe ventrue, tube des corolles allongé.
Lieu nat. la Tartarie. ♃

570. IRIS. *printannière.* Dict. n°. 31.
I. fans barbe, à feuilles linéaires plus longues que la tige qui est uniflore, pétales presqu'égaux.
Lieu nat. la Virginie. ♃

571. IRIS *à petites ailes.* Dict. n°. 32.
L. fans barbe, à feuilles enfiformes, tube long filiforme, pétales intérieurs très-petits ouverts réfléchis.
Lieu nat. la Barbarie. ♃

572. IRIS *onguiculaire.* Dict. n°. 33.
I. fans barbe, à tube filiforme très-long, tous les pétales droits presqu'égaux.
Lieu nat. la Barbarie. ♃

573. IRIS *fpathacée.* Dict. n°. 34.
I. fans barbes, à feuilles enfiformes roides, hampe cylindrique biflore, fpathes très-longues.
Lieu nat. le Cap de Bonne-Efpérance.

574. IRIS *rameuse.* Dict. n°. 35.
I. fans barbe, à feuilles enfiformes, tige paniculée multiflore.
Lieu nat. le Cap de Bonne-Efpérance.

575. IRIS *œil-de-paon.* Dict. n°. 36.
I. fans barbe, à feuille linéaire velue, tige presqu'uniflore.
Lieu nat. le Cap de Bonne-Efpérance. Les filamens de fes étamines font réunis, comme dans les Bermud.ennes.

576. IRIS *papilionacée.* Dict. n°. 37.
I. fans barbe, à feuilles linéaires réfléchies velues.
Lieu nat. le Cap de Bonne-Efpérance.

577. IRIS *bitumineuse.* Dict. n°. 38.
I. fans barbe, à feuilles linéaires en fpirales, tige vifqueufe.
Lieu nat. le Cap de Bonne-Efpérance.

578. IRIS *vifqueufe.* Dict. n°. 39.
I. fans barbe, à feuilles linéaires planes, tige vifqueufe.
Lieu nat. le Cap de Bonne-Efpérance.

579. IRIS *crêpue.* Dict. n°. 40.
I. fans barbe, à feuilles linéaires glabres crêpues fur les bords, tige rameufe.
Lieu nat. le Cap de Bonne-Efpérance.

569. IRIS *ventricofa.*
I. imberbis, foliis linearibus anguftis caule longioribus, fpatha ventricofa, tubo corollarum elongato. Dict.
E. Tartaria. ♃ *Iris ventricofa. pall. it.*

570. IRIS *verna.*
I. imberbis, foliis linearibus fcapo uniflora longioribus, petalis fubæqualibus.
E Virginia. ♃

571. IRIS *microptera.*
I. imberbis, foliis enfiformibus, tubo longo filiformi, petalis interioribus minimis patentireflexis.
E Barbaria. ♃ *Iris alata.* D. Poiret. Voyag.

572. IRIS *unguicularis.*
I. imberbis, tubo filiformi longiffimo, petalis omnibus erectis fubæqualibus. *Pour. it.2 p.86.*
E Barbaria. ♃

573. IRIS *fpathacea.*
I. imberbis, foliis enfiformibus rigidis, fcapo tereti biflore, fpathis longiffimis. *Thunb. diff. n°.23.*
E Cap. Bonæ Spei.

574. IRIS *ramofa.*
I. imberbis, foliis enfiformibus, caule paniculato multifloro. *Thunb. d.ff. n°.24.*
E Cap. Bonæ Spei.

575. IRIS *pavonia.*
I. imberbis, follo lineari villofo, fcapo fubunifloro. *Thunb. diff. n°.15. t. 1.*
E Cap. Bonæ Spei. *Filamenta ftam. connata ut in Sifyrinchiis.*

576. IRIS *papilionacea.*
I. imberbis, foliis linearibus reflexis hirtis. *Thunb.*
E Cap. Bonæ Spei.

577. IRIS *bituminofa.*
I. imberbis, foliis linearibus fpiralibus, fcapo vifcofo. *Thunb. diff. n°.41. t. 1.*
E Cap. Bonæ Spei.

578. IRIS *vifcaria.*
I. imberbis, foliis linearibus planis, fcapo vifcofo. *Thunb. diff. n°.41.*
E Capite Bonæ Spei.

579. IRIS *crifpa.*
I. imberbis, foliis linearibus glabris margine crifpis, caule divifo.
E Cap. Bonæ Spei. *Thunb.*

580. IRIS *comestible.* Dict. n°. 41.
I. sans barbe, à feuille linéaire pendante glabre, tige glabre rameuse.
Lieu nat. le Cap de Bonne-Espérance.

581. IRIS *fleurs tristes.* Dict. n°. 41.
I. sans barbe, feuilles linéaires glabres, tige hérissée rameuse.
Lieu nat. le Cap de Bonne-Espérance.

582. IRIS *spathes-frangées.* Dict. n°. 43.
I. sans barbe, à feuilles linéaires, tige rameuse multiflore, spathes déchirées.
Lieu nat. le Cap de Bonne-Espérance.

(B) *F. canaliculées, jonciformes ou filiformes.*

583. IRIS *bulbeuse.* Dict. n°. 44.
I. sans barbe, feuilles canaliculées subulées plus courtes que la tige.
Lieu nat. l'Espagne, le Portugal. ♃

584. IRIS *feuille-de-jonc.* Dict. n°. 45.
I. sans barbe, à feuilles en jonc filiformes, tige multiflore, spathes mucronées.
Lieu nat. la Barbarie; *fleur jaune.*

585. IRIS *double bulbe.* Dict. n°. 46.
I. sans barbe, à feuilles canaliculées recourbées, bulbes géminés posés l'un sur l'autre.
Lieu nat. l'Esp., le Portugal, la Barbarie. ♃

586. IRIS *de Perse.* Dict. n°. 47.
I. sans barbe, à feuilles linéaires-subulées canaliculées pétales intérieurs très-petits, très-ouverts.
Lieu nat. la Perse. ♃

587. IRIS *feuilles-menues.* Dict. n°. 48.
I. sans barbe, à feuilles linéaires filiformes, tige biflore, tube filiforme.
Lieu nat. la Tartarie. ♃

588. IRIS *sétacée.* Dict. n°. 49.
I sans barbe, à feuille linéaire filiforme droite glabre, tige glabre (presqu') uniflore, spathes aiguës membraneuses.
Lieu nat. le Cap de Bonne-Espérance.

589. IRIS *jaune pourpre.* Dict. n°. 50.
I. sans barbe, à feuille filiforme linéaire droite glabre, tige glabre presqu'uniflore, spathes obtuses.
Lieu nat. le Cap de Bonne-Espérance.

590. IRIS *tubereuse.* Dict. n°. 51.
I. sans barbe, à feuilles linéaires canaliculées tétragones, pétales extérieures réfléchies au sommet.
Lieu nat. le Levant, l'Arabie. ♃

580. IRIS *edulis.*
I. imberbis, folio lineari pendulo glabro, scapo glabro ramoso. *Thunb. diss.* n°. 38.
E Cap. Bonæ Spei.

581. IRIS *tristis.*
I. imberbis foliis linearibus glabris, scapo hirto ramoso. *Thunb. diss.* no. 39.
E Cap. Bonæ Spei.

582. IRIS *lacera.*
I. imberbis, foliis linearibus, scapo ramoso multifloro, spathis laceris. Dict.
E Cap. B. Sp. *Iris polystachia.* Th. diss. n°. 40.

(B *Folia canaliculata, junciformia S. filiformia.*

583. IRIS *xiphium.*
I. imberbis, foliis canaliculato-subulatis caule brevioribus.
Ex Hispania, Lusitania. ♃

584. IRIS *juncea.*
I. imberbis, foliis junceis filiformibus, scapo unifl. spathis mucronatis. D. Poir. it. 2, p. 85.
E Barbaria. *Flos luteus.*

585. IRIS *sisyrinchium.*
I. imberbis, foliis canaliculatis recurvis, bulbis geminis superimpositis. Dict.
Ex Hispania, Lusitania, Barbaria. ♃

586. IRIS *persica.* t. 13. f. 3.
I. imberbis, foliis lineari subulatis canaliculatis, petalis interioribus minimis patentissimis. Dict.
E Persia. ♃

587. IRIS *tenuifolia.*
I. imberbis, foliis lineari-filiformibus, scapo bifloro, tubo filiformi.
E Tartaria. ♃ *Iris tenuifolia.* Pall. It. 3. t. c.

588. IRIS *setacea.*
I. imberbis, folio filiformi lineari erecto glabro, scapo glabro (sub) unifloro, spathis acutis membranaceis. *Thunb. diss.* n°. 19. t. 2.
E Cap. Bonæ Spei.

589. IRIS *Angusta.*
I. imberbis, folio filiformi lineari erecto glabro, scapo glabro subunifloro, spathis obtusis. *Thunb.* n°. 28.
E Cap. Bonæ Spei.

590. IRIS *tuberosa.*
I. imberbis, foliis linearibus canaliculatis tetragonis, petalis exterioribus apice reflexis Dict.
Ex Oriente, Arabia. ♃

Explication des fig.

Tab. 31. fig. 1. Iris jaune-sale. (a) Fleur entière.
(b) Etamine fixée sous une division de stigmate , &
couchée sur un pétale réfléchi. (c) Stigmates.

Tab. 33. fig. 2. Iris germanique. (a) Fleur entière.
(b) Capsule non divisée. (c) La même s'ouvrant par
son sommet. (d) La même coupée en travers.

Tab. 33. fig. 3. Iris de Perse. (a) Plante entière.
(b) Pétale extérieur. (c) Capsule. (d) La même coupée
transversalement. (e) Semences tuberculeuses. (f , g)
Les mêmes dépouillées de leur écorce spongieuse. (h)
Embryon.

Tab. 33. fig. 4. Iris des prés. (a) Capsule entière.
(b) La même ouverte à son sommet. (c) Une semence
séparée. (d , e , f) Semences diversement coupées.
(g) Embryon séparé & grossi.

Tab. 33. fig. 5. Capsule grosse de l'Iris graminée.

Explicatio iconum.

Tab. 33. fig. 1. Iris spuria. (a) Flos integer, (b)
Stamen sub stigmatis lacinia, incumbens petalo reflexo. (c) Stigmata. Fig. ex Tournf.

Tab. 33. fig. 2. Iris germanica. (a) Flos integer.
(b) Capsula indivisa. (c) Eadem apice dehiscens. (d)
Eadem transversim secta. Fig. ex Tournf.

Tab. 33. fig. 3. Iris Persica. (a) Planta integra. (b)
Petalum exterius. Fig. ex Sieca. (c) Capsula. (d) Eadem
transversim secta. (e) Semina tuberculata. (f , g) Eadem
denudata. (h) Embryo. Fig. ex D. Gærtn.

Tab. 33. fig. 4. Iris pratensis. (a) Capsula integra.
(b) Eadem apice dehiscens. (c) Semen separatum.
(d , e , f) Semina varie dissecta. (g) Embryo separatus &
auctus. Fig. ex D. Gærtn. Sub semina Iridis Sibirica.

Tab. 33. fig. 5. Capsula Iridis graminea aucta. Fig.
ex Tournf.

81. DILATRIS.

Caract. essent.

CAL. O. cor. supérieure , à 6 pétales velus en
dehors. Scap. 3-loculaire , 3-sperme.

Caract. nat.

Cal. nul.

Cor. supérieure , à 6 pétales ovales-lancéolées ,
concaves , égaux , droits , velus en dehors ,
persistans.

Etam. trois filamens filiformes , fertiles , plus
longue que la corolle (trois autres stériles &
fort courts , selon M. de Jussieu). Anthères
ovales lancéolées (une plus longue que les
autres , selon M. Bergius) , égales.

Pist. un ovaire inférieur. Style filiforme. Stigmate simple & obtus.

Peric. capsule globuleuse , velue , couronnée ,
triloculaire , trivalve.

Sem. solitaires , orbiculées , comprimées , glabres , situées perpendiculairement.

Tableau des espèces.

591. DILATRIS à ombelle. Did. n°. 1.
D. à pétales ovales ; corymbe en ombelle ,
très-velu.
Lieu nat. le Cap de Bonne-Espérance.

592. DILATRIS visqueuse. Dict. n°. 2.
D. à pétales linéaires ; corymbe en ombelle ,
velu , visqueux.
Lieu nat. le Cap de Bonne-Espérance.

81. DILATRIS.

Charact. essent.

Cal. O. cor. supera, 6-petala , extùs hirsuta.
Caps. 3-locularis , 3-sperma.

Charact. nat.

Cal. nullus.

Cor. supera , hexapetala : petala ovato-lanceolata , concava , æqualia , erecta , extùs hirsuta , persistentia.

Stam. filamenta tria , filiformia , fertilia , corolla longiora (tria alia sterilia , brevissima ,
ex d. Juss.). Antheræ ovato-lanceolatæ (una
cæteris longior ex Berg.) , æquales.

Pist. germen inferum. Stylus filiformis. Stigma
simplex , obtusum.

Peric. capsula globosa , hirsuta , coronata , trilocularis , trivalvis.

Sem. solitaria , orbiculata , compressa , glabra ,
perpendicularia.

Conspectus specierum.

591. DILATRIS umbellata.
D. petalis ovatis , corymbo fastigiato hirsuta.
I. f. suppl.
E Cap. Bonæ Spei.

592. DILATRIS viscosa. L. 54.
D. petalis linearibus , corymbo fastigiato vil-
loso viscoso. l. f. suppl. 101.
E Cap. Bonæ Spei.

593. DILATRIS *ixioïde*. DICT. n°. 3.
D. à panicule ovale velue , pétales ovales
barbus en dehors , étamines plus longues que
la corolle.
Lieu nat. le Cap de Bonne-Espérance.

594. DILATRIS *de Caroline*. DICT. suppl.
D. à pétales linéaires canaliculés velus en
dehors , panicule en corymbe , feuilles longues nues presque linéaires.
Lieu nat. la Caroline, *Panicule cotoneuse &*
blanchâtre.

Explication des fig.

Tab. 34. DILATRIS *visqueuse.* (*a*) Fleur séparée.
(*b*) Partie supérieure de la plante avec ses fleurs.
(*c*) Partie inférieure de la plante montrant les feuilles

Obs. Le genre *Argolasie* doit être rapporté à
l'Hexandrie.

81. VANCHENDORF.

Caract. essent.

Cor. à 6 pétales , irrégulière , inférieure. Capsule supérieure , à trois loges.

Caract. nat.

Cal. nul. Spathes bivalves.
Cor. à 6 pétales , irrégulière. Pétales oblongs ;
trois supérieurs plus redressés ; trois inférieurs ouverts.
Etam. trois filamens fertiles ; filiformes , inclinés , plus courts que la corolle ; deux ou trois
filamens stériles , très-courts , interposés entre
les filamens fertiles. Anthères couchées.
Pist. un ovaire supérieur , arrondi , trigone.
Style filiforme , incliné. Stigmate simple.
Peric. capsule supérieure , presqu'ovale , à trois
faces , à trois loges & trois valves.
Sem. solitaires , hérissées.

Tableau des espèces.

595. VANCHENDORF *thyrsiflore*. DICT.
V. à tige simple , fleurs disposées en thyrse.
Lieu nat. le Cap de Bonne-Espérance. ♃

596. VACHENDORF *paniculée*. DICT.
V. à feuilles ensiformes plissées , fleurs en
panicule.
Lieu nat. le Cap de Bonne-Espérance. ♃

597. VANCHENDORF *graminée*. DICT.
V. à tige velue à plusieurs épis , feuilles ensi-
formes canaliculées.
Lieu nat. le Cap de Bonne-Espérance.

---

593. DILATRIS *ixioïdes.*
D. panicula ovata villosa , petalis ovalibus
extus barbatis , staminibus corolla longioribus DICT.
E Cap. Bonæ Spei.

594. DILATRIS *Carolina.*
D. petalis linearibus canaliculatis extus villosis , panicula corymbosa , foliis longit nudis sublinearibus.
E Carolina. ♂ Frater. *Panicula incano-tomen-*
tosa.

Explicatio iconum.

Tab. 34. DILATRIS *viscosa.* (*a*) Flos separatus.
(*b*) Pars superior caulis cum floribus. (*c*) Pars inferior caulis folia exhibens. Fig. in Sicca.

Obs. Genus *Argolasia* ad Hexandriam refe-
rendum est.

81. WANCHENDORFIA.

Charact. essent.

Cor. 6-petala , inæqualis , infera. Capsula supera , 3-locularis.

Charact. nat.

Cal. nullus , spathæ bivalves.
Cor. hexapetala , inæqualis. Petala oblonga :
tribus superioribus erectioribus ; tribus inferioribus patulis.
Stam. si amenta tria , fertilia , filiformia , declinata , corolla breviora ; filamenta duo aut
tria , sterilia , brevissima , filamentis fertilibus
interposita. Antheræ incumbentes.
Pist. germ. superum , subrotundum , trigonum.
Stylus filiformis declinatus. Stigma simplex.
Peric. capsula supera , subovata , triquetra , trilocularis , trivalvis.
Sem. solitaria , hirta.

Conspectus specierum.

595. WANCHENDORFIA *thyrsiflora.* t. 34, f. 2
W. scapo simplici , flor. in thyrsum collectis.
E Cap. Bonæ Spei. ♃

596. WACHENDORFIA *paniculata.* t. 34. f. 1.
W. foliis ensiformibus plicatis floribus pani-
culatis. Burm.
E Cap. Bonæ Spei. Smith. ic. pict. 1.

597. WACHENDORFIA *graminifolia.*
W. caule polystachio hirsuto , foliis ensifor-
mibus canaliculatis. L. f. suppl. 101.
E Cap. Bonæ Spei.

Explication des fig.

Tab. 34. fig. 1. VACHENDORF *paniculé.* (a) Fleur séparée. (b) Panicule. (c) Partie de feuille.

Tab. 34. fig. 2. VACHENDORF *thyrsiflor.* (a) Sommité de la tige garnie de fleurs. (b) Deux capsules entières. (c) Capsule coupée par le milieu. (d, e) Semences. (f) Une semence coupée dans sa longueur.

83. COMMELINE.

Caract. essent.

CAL. de 3 folioles. 3 pétales onguiculés. 3 filamens stériles, portant des glandes en croix.

Caract. nat.

Cal. de trois folioles ovales & concaves.

Cor. trois pétales onguiculés, plus grands que le calice, alter. es avec ses folioles : quelquefois un seul plus petit.

Etam. trois filamens stériles, subulés, inclinés; trois autres filamens stériles, munis à leur sommet de glandes cruciformes. Anthères oblongues, vacillantes.

Pist. un ovaire supérieur, arrondi. Style subulé, roulé ou courbé en dehors. Stigmate simple.

Peric. capsule supérieure, nue, presque globuleuse, à trois sillons, trois loges, trois valves : quelquefois à deux loges & deux valves.

Sem. anguleuses, deux dans chaque loge.

Tableau des espèces.

* *Deux pétales plus grands ; le troisième petit.*

598. COMMELINE *commune.* Dict. n°. 1.
C. à corolles irrégulières, feuilles ovales-lancéolées pointues, tige glabre, rampante.
Lieu nat. l'Amérique. ☉

599. COMMELINE *d'Afrique.* Dict. no. 2.
C. à corolles irrégulières, feuilles lancéolées glabres, tige couchée.
Lieu nat. l'Afrique. ♃ *Fl. jaunes.*

600. COMMELINE *molle.* Dict. suppl.
C. à corolles irrégulières, feuilles ovales pétiolées velues, tige rampante.
Lieu nat. l'Amérique méridionale.

601. COMMELINE *du Bengale.* Dict. n°. 3.
C. à corolles irrégulières, feuilles ovales obtuses, tige rampante.
Lieu nat. le Bengale.

83. COMMELINA.

Charact. essent.

CAL. 3-phyllus. Pet. 3, unguiculata. Filamenta 3, sterilia, glandulis cruciatis instructa.

Charact. nat.

Cal. triphyllus : foliolis ovatis concavis.

Cor. petala tria, unguiculata, calyce majora, foliolis calycinis alterna : unico interdum minore.

Stam. filamenta tria, sterilia, subulata, declinata; filamenta tria alia sterilia, filamentis sterilibus superiora, apice glandulis cruciformibus instructa. Anth. oblongæ, versatiles.

Pist. germen superum, subrotundum. Stylus subulatus, revolutus. Stigma simplex.

Peric. capsula supera, nuda, subglebosa, trisulca, trilocularis, trivalvis : interdum bilocularis, bivalvis.

Sem. bina, angulata.

Conspectus specierum.

* *Petala duo majora ; tertio parvo.*

598. COMMELINA *communis.* t. 35, f. 1.
C. corollis inæqualibus, foliis ovato-lanceolatis acutis, caule repente glabro. L.
Ex America. ☉

599. COMMELINA *Africana.*
C. corollis inæqualibus, foliis lanceolatis glabris, caule decumbente. L.
Ex Africa. ♃ *Fl. lutei.*

600. COMMELINA *mollis.* J.
C. corollis inæqualibus, foliis ovatis petiolatis villosis, caule repente.
Ex Amer. merid. —Jacq. collect. 3. 135.ic. var.

601. COMMELINA *Bengalensis.*
C. corollis inæqualibus, foliis ovatis obtusis, caule repente. L.
E Bengala.

601.

601. COMMELINE *droite.* Dict. n°. 4.
C. à corolles irrégulières , feuilles ovales-
lancéolées , tige droite scabre très-simple.
Lieu nat. la Virginie. ♃

* * *Trois pétales presqu'égaux.*

603. COMMELINE *de Virginie.* Dict. n°. 5.
C. à corolles presque régulières , feuilles lancéolées , presque pétiolées , velues à l'entrée
de leur gaine , tiges droites.
Lieu nat. la Virginie. ♃

604. COMMELINE *hexandrique.* Dict. n°. 6.
C. à corolles presque régulières, fleurs hexan-
driques disp. en grappe.
Lieu nat. la Guiane. ♃

605. COMMELINE *tubéreuse.* Dict. n°. 7.
C. à corolles régulières, feuilles sessiles ovales-
lancéolées un peu ciliées.
Lieu nat. le Mexique. ♃

606. COMMELINE *barbue.* Dict. suppl.
C. à corolles presque régulières , feuilles
ovales sessiles, gaines barbues , tige rampante.
Lieu nat. l'Isle de Bourbon.

607. COMMELINE *à feuilles longues.* Dict. sup.
C. à corolles presque régulières, feuilles lan-
céolées linéaires , pédoncules un peu longs.
Lieu nat. l'Isle de Java.

608. COMMELINE *baccifère.* Dict. n°. 8.
C. à corolles régulières, pédoncules épaissies,
feuilles lancéolées, gaines velues sur les bords,
bractées géminées.
Lieu nat. l'Amérique mérid. ♃

609. COMMELINE *à gaine.* Dict. n°. 9.
C. à corolles régulières , feuilles linéaires ,
fleurs driandriques engain. par une collerette.
Lieu nat. les Indes orientales. ☉

610. COMMELINE *à fleurs nues.* Dict. n°. 10.
C. à corolles régulières , pédoncules capillaires, feuill. linéaires , collerette nulle, fleurs
driandriques.
Lieu nat. les Indes orientales. ☉

611. COMMELINE *à capuchons.* Dict. n°. 11.
C. à corolles régulières , feuilles ovales, col-
lerettes en capuchon turbinées.
Lieu nat. l'Inde.

612. COMMELINE *bractéolée.* Dict. n°. 12.
C. à corolles régulières , feuilles lancéolées-
linéaires ondulées presque crépues , pédoncules à bractéoles semi-vaginales.
Lieu nat. l'Inde. ☉

Botanique. Tom. I.

602. COMMELINA *erecta.*
C. corollis inæqualibus , foliis ovato-lanceo-
latis , caule erecto scabro simplicissimo. L.
E Virginia. ♃

* * *Petala 3 , subæqualia.*

603. COMMELINA *Virginica.*
C. corollis subæqualibus , foliis lanceolatis
subpetiolatis ore barbatis , caulibus erectis. L.

E Virginia. ♃

604. COMMELINA *hexandra.*
C. corollis subæqualibus , floribus hexandris
racemosis. Dict.
E Guiana. ♃ Aubl. t. 11.

605. COMMELINA *tuberosa.*
C. corollis æqualibus , foliis sessilibus ovato-
lanceolatis subciliatis. L.
E Mexico. ♃

606. COMMELINA *barbata.*
C. corollis subæqualibus ? foliis ovatis sessili-
bus , vaginis barbatis , caule repente.
Ex insula mauritiana. ♃

607. COMMELINA *longifolia.*
C. corollis subæqualibus , foliis lanceolato-
linearibus , pedunculis longiusculis.
Ex Java. *Commers.*

608. COMMELINA *canonia.* t. 35, f. 4.
C. corollis æqualibus , pedunculis incrassatis,
foliis lanceolatis : vaginis margine hirsutis ,
bracteis geminis. L.
Ex America meridionali. ♃

609. COMMELINA *vaginata.*
C. corollis æqualibus , foliis linearibus , flo-
ribus diandris involucro vaginata. L.
Ex India orientali. ☉

610. COMMELINA *nudiflora.*
C. corollis æqualibus , pedunculis capillaribus , foliis linearibus , involucro nullo, floribus diandris.
Ex Indiis orientalibus. ☉

611. COMMELINA *cucullata.*
C. corollis æqualibus , foliis ovatis , invo-
lucris cucullatis turbinatis. L.
Ex India.

612. COMMELINA *bracteolata.*
C. corollis æqualibus , foliis lanceolato-
linearibus undulatis subcrispis , pedunculis
paniculatis bracteolis semi-vaginalibus. Dict.
Ex India. ☉ *Sonnerat.*

Explication des fig.

Explicatio iconum.

Tab. 35. fig. 1. COMMELINE commune. (a) Partie supérieure de la tige. (b) Fleur séparée. (c) Fdraeens stériles avec leurs glandes en croix. (d) Capsule. (e,f) La même ouverte à son sommet. (g) La même coupée transversalement. (h) Valves écartées. (i) Semences dans leur situation nat. (l m, n, o, p) Semences. (q) Embryon.

Tab. 35. fig. 2. COMMELINE interrompue. (a A) Capsule biloveс. (b Cap ule p locul. coupée transver salement. (c, d) Valve supérieure vue en dedans & en dehors. (e, f. g) Semences. (h, i) Semences coupées. (l) Embryon grossi.

Tab. 35. fig. 3. COMMELINE d'Afrique. (a) Capsule entière. (b, c) La même ouverte, bivalve, uniloculaire. (d, e, f) Semences. (g) Une semence coupée. (h) Embryon.

Tab. 35. fig. 4. COMMELINE bractifère. (a) Calice, pétales. (b) Fruits en bas, fossiles, ramassés en tête. (c, d, e) Baies fausses, formées par la fleur qui s'est changée en un masque charnu, luculent, trilobé, qui cache la capsule. (f) Capsule est dite. (g) La même coupée en travers. (h) Semences. (i, l, m) Les mêmes coupées diversement.

84. CALLISE.

Caract. essent.

CAL. de 3 folioles.) pétales. Anthères geminées. Capf. biloculaire.

Caract. nat.

Cal. triphyle : à folioles linéaires - lancéolées casinées droites persistantes.

Cor. trois pétales lancéolés acuminés, droits, ouverts au sommet, de la longueur du calice.

Etam. trois filamens capillaires, plus longs que la corolle, dilatés à leur sommet en une lame arrondie. Anthères geminées, presque globuleuses, attachées au côté intérieur de la lame.

Pift. un ovaire supérieur, oblong, comprimé. Stile capillaire, de la longueur des étamines. Trois stigmates ouverts, pénicilliformes.

Peric. capsule ovale, comprimée, polinue, biloculaire, bivalve : à valvules opposées.

Sem. deux, arrondies.

Tableau des espèces.

613. CALLISE rampante. Dict. p. 563. C. à B. axillaires presque sessiles, tige glabre. Lieu. nat. l'Amérique méridionale. ⊙

614. CALLISE à ombellules. Dict. suppl. C. à umbellules pédonculées latérales & ter-

Tab. 35. fig. 1. COMMELINA communis. (a) Pars superior caulis. (b) Flos separatus. (c) Filamenta sterilia cum glandulis cruciatis. (d) Capfula. (e, f) Eadem apice dehiscens. (g) Eadem transverse sciffa. (h) Valvulae diductae. (i) Semina in situ naturali. (l, m, n, o, p) Semina. (q) Embryo. Fig. Fr. ex D. Garm.

Tab. 35. fig. 2. COMMELINA interrupta. (a A) Capfula bivalvis. (b) Capfula 3 locul. transversim sciffa. (e, d) Valvula superior interné & externé visa. (e, f, g) Semina. (h, i) Eadem dissecta. (l) Embryo. Fig. ex D. Garm.

Tab. 35. fig. 3. COMMELINA Africana. (a) Capfula integra. (b, c) Eadem dehiscens, bivalvis, milocularis. (d, e, f) Semina. (g) Semen dissectum. (h) Embryo. Fig. ex D. Garm.

Tab. 35. fig. 4. COMMELINA zanonia. (a) Calyx, petala. (b) Fructus baccati, sessiles, congesti in capitulum. (c, d, e) Baccae spuriae, formatae ex flore transformato in galeam carnam succulentam 3-lobam capsulam recelaxaniem. (f) Capfula integra. (g) Eadem transverse sciffa. (h) Semina. (i, l, m) Eadem varié dissecta. Fig. ex D. Garm.

84. CALLISIA.

Charall. essent.

Cal. 3-phyllus. Petala 3. Antherae geminae. Capf. 1-locularis.

Charall. nat.

Cal. triphyllus: foliolis lineari - lanceolatis carinatis erectis persistentibus.

Cor. petala tria lanceolata acuminata erecta apice patula calyci longitudine.

Stam. filamenta tria capillaria corolla longiora apice dilatata lamina subrotunda. Antherae geminae subglobosae laminis lateri interiori affixae.

Pift. germen superum, oblongum, compressum. Stylus capillaris longitudine staminum. Stigmata tria patentia penicilliformia.

Peric. capsula ovata, compressa, acuta, bilocularis, bivalvis : valvulis contrariis.

Sem. duo, subrotunda.

Confpectus Specierum.

613. CALLISIA repens. t. 35. f. 1. C. floribus axillaribus subsessilibus, caule lævi. Ex America meridionali. ⊙ Com. d. Richard.

614. CALLISIA umbellulata. T. 35. f. 2. C. umbellulis pedunculatis lateralibus & ter-

ninales, tige velue supérieurement ainsi que
les pédoncules.
Lieu nat. l'Amérique méridionale. *Fl. à deux
étamines.*

85. GLAIVANE.

Caract. essent.

CAL. o. cor. à 6 pétales, inférieure, régulière.
Capf. 3-loculaire, polyfperme.

Caract. nat.

Cal. nul.
Cor. 6 pétales, dont trois extérieurs plus grands,
verdâtres en dehors; trois intérieurs plus
petits, plus minces, colorés des deux côtés.
Etam. Trois filamens, opposés aux pétales intérieurs. Anthères ovales.
Pift. un ovaire supérieur, arrondi. Style filiforme. Stigmate trigone.
Peric. capfule ovale-arrondie, à trois fillons,
triloculaire.
Sem. nombreuses, arrondies.

Tableau des espèces.

615. GLAIVANE *blanchâtre.* Dict. fuppl.
G. à feuilles enfiformes glabres presqu'entières.
Fleur blanchâtre.
Lieu nat. la Martinique. ♃

616. GLAIVANE *bleue.* Dict. p. 731.
G. à feuilles enfiformes nerveuses denticu-
lées velues, fleur bleue.
Lieu nat. la Guiane. ♃

Explication des fig.

Tab. 36. GLAIVANE *bleue.* (a) Bouton de fleur.
(b) Fleur épanouie. (c) Pétale. (d, e) Etamines, pistil.
(f) Capfule coupée en travers. (g) Partie de la plante
plus petite que dans la nature.

86. XYRIS.

Caract. essent.

CAL. glumacé, 3-valve. 3 pétales flaminifères à
leur bafe. capf. supérieure, polysperme.

Caract. nat.

Cal. glumacé, trivalve: à valvules cartilagi-
neufes, concaves, l'extérieure quelquefois
plus grande.

---

minalibus, caule superne pedunculifque
villofis.
Ex America meridionali. *Communic. D:
Richard. flores diandri.*

85. XIPHIDIUM.

Caract. essent.

CAL. o. cor. 6. petala, infera, aequalia. capf.
3-locularis, polysperma.

Caract. nat.

Cal. nullus.
Cor. petala sex, quorum tria exteriora majora;
extus viridia; tria interiora minora, tenuio-
ra, utrinque colorata.
Stam. filamenta tria, petalis interioribus oppofita. Antherae ovatae.
Pift. germen fuperum, fubrotundum. Stylus
filiformis. Stygma trigonum.
Peric. capfula ovato-fubrotunda, trifulcata,
trilocularis.
Sem. plurima, fubrotunda.

Conspectus specierum.

615. XIPHIDIUM *albidum.*
X. foliis enfiformibus glabris fubintegerri-
mis, flore albido.
E Martinica. *Jof. mart. Iris xiphidium. loef. it.*

616. XIPHIDIUM *caeruleum.* t. 36.
X. foliis enfiformibus nervofis denticulatis
pilofis, flore caeruleo.
E Guiana. ♃ Aub. t. 11.

Explicatio iconum.

Tab. 36. XIPHIDIUM *caeruleum.* (a) Flos non expanfus. (b) Flos expanfus. (c) Petalum. (d, e) Stamina, pistillum. (f) Capfula transverfe fecta. (g) Pars
plantae, natura minor. *Fig. ex Aubl.*

86. XYRIS.

Charact. essent.

CAL. glumaceus, 3-valvis. Cor. 3-petala: petalis
bafi flaminiferis. Capf. supera, polysperma.

Charact. nat.

Cal. glumaceus, trivalvis; valvulis cartilagineis
concavis, extima interdum majore.

R 2

Cor. 3 pétales, planes, ouverts, plus grands que le calice, un peu crénelés, à onglets étroits.
Etam. trois filamens filiformes, plus courts que la corolle, attachés aux onglets des pétales. Anthères droites, oblongues.
Pist. un ovaire supérieur, arrondi : un seul stile. Stigmate trifide.
Peric. capf. arrondie, uniloculaire, (3-loculaire selon Lin.), s'ouvrant aux angles par une fente.
Sem. nombreuses, très petites.

Tableau des espèces.

617. XYRIS de l'Inde. Dict.
X. à tige multangulaire, tête ovale.
Lieu nat. l'Inde.

618. XYRIS gladié.
X. à tige comprimée biangulaire, tête presque globuleuse.
Lieu nat. l'Isle de Madagascar.
β. Le même ? à tête ovale ; de Cayenne.

619. XYRIS de la Caroline. Dict.
X. à tige comprimée, tête oblongue, un peu pointue.
Lieu nat. la Caroline méridionale.

620. XYRIS filiforme. Dict.
X. à tige filiforme comprimée, tête ovale très-petite.
Lieu nat. Siera-leona.

621. XYRIS bleue. Dict.
X. à tige comprimée, feuilles sétacées, fleur bleue.
Lieu nat. la Guiane dans les marais.

Explication des fig.

Tab. 36. fig. 1. XYRIS de l'Inde. (A) Tête laisière terminant la tige. (a) Tête fructifiée. (b) Valvule ... du calice vue en-dehors. (c) La même vue en-dedans, avec les deux autres valvules plus petites dans leur situation naturelle. (d) Les deux plus petites valvules du calice séparées. (e) Capsule accompagnée des deux plus petites valvules du calice. (f, f) Capsule s'ouvrant par des semes latérales. (g) La même coupée en travers. (h) Semences. (i) Une semence grossie dans sa longueur.
Tab. 36. fig. 2. XYRIS bleue. (a) Plante entière plus petite que nature. (b) Bouton de fleur. (c) Elle est cica't... ouverte. (d) Fleur épanouie. (e) Pétale. (cu...mine. (f) Etam. séparé. (g) Pistil.

87. MAYAQUE.

Carad. essent.

Cal. de 3 folioles. 3 pétales. Capf. supérieure, 3-valve, 6-sperme.

Cor. petala tria, plana, patentia, calyce majora; subcrenulata, unguibus angustis.
Stam. filamenta tria, filiformia, corolla breviora, unguibus petalorum inferta. Antheræ erectæ oblongæ.
Pist. germen superum, subrotundum. Stylus unicus. Stigma trifidum.
Peric. capfula subrotunda, unilocularis (trilocularis Lin.) ad angulos rima dehifcens. *Gærtn.*
Sem. plurima, minutiffima.

Conspectus specierum.

617. XYRIS indica. T. 36, f. 1.
X. culmo multangulari, capitulo ovato.
Ex India.

618. XYRIS anceps.
X. culmo compresso biangulari, capitulo subglobofo.
E. Madagascarica.
β. Eadem ? capitulo ovato. E Cayenna. Steupy.

619. XYRIS Caroliniana.
X. culmo compresso, capit. oblongo subacuto.
E Carolinia merid. D. Frafer.

620. XYRIS filiformis.
X. culmo filiformi compresso, capitulo ovato minimo.
E Siera-Leona. D. Smeathm.

621. XYRIS carulea. T. 36. f. 2.
X. culmo compresso, foliis fetaceis, flore cæruleo.
E Guiana, in paludibus. X. Amer. Aubl. t. 14.

Explicatio iconum.

Tab. 36. fig. 1. XYRIS indica. (A) Capitulum floriferum culmen terminans. (a) Capitulum fructiferum. (b) Valvula ex calyce a dusto fpectata. (c) Eadem intus visa cum valvulis duabus minoribus in situ naturali. (d) Valvulae duae minores calycis feparatae. (e) Capfula valvulis calycinis minoribus stipata. (f, f) Capfula rimis later. dehifcens. (g) Ead. transverse fcissa. (h) Semena. (i) Semen longitudinaliter fectum Fig. ex D, Gærtn.
Tab. 36. fig. 2. XYRIS carulea. (a) Planta integra natura minor. (b) Gemma floris. (c) Gemma calycina dehifcens. (d) Flos expansus. (e) Petalum. Stamen. (f) Stamen fegregatum. (g) Pistillum Fig. ex Aubl.

87. MAYACA.

Carad. essent.

Cal. 3-phyllus. Pet. 3: Capf. supera, 3-valvis, 6-sperma.

Caract. ess.

Cal. triphylle : à folioles linéaires - lancéolées aiguës ouvertes, persistantes.
Cor. trois pétales arrondis, concaves, ouverts, de la longueur du calice.
Etam. trois filam. capillaires. Anth. oblongues.
Pist. un ovaire supérieur, arrondi. Style filiforme. Stigmate trifide.
Peric. capsule globuleuse, acuminée par le style, uniloculaire, trivalve.
Sem. six, ovales, striées : deux attachées à chaque valvule ; l'une au-dessus de l'autre.

Tableau des espèces.

622. MAYAQUE *des rivières.* Dict.
Lieu nat. la Guiane.

Explication des fig.

Tab. 36. MAYAQUE *des rivières.* (a) Plante de grandeur naturelle. (b) Extrémité de la tige grossie. (c) Feuille grandie. (d) Bouton de fleur. Pédonc. muni de deux écailles à sa base. (e, f) Fleur épanouie, vue en-dehors & en-dedans. (g, h) Calice. (i) Etam. pistil. (l) Pistil (m, p) Capsule. (n) Pétale grandi. (o) Etam. grossies. (q, r) Capsule. ouverte. (s) Sem. grossie.

88. MAPANE.

Caract. essent.

BALLE à 6 valv. embriq. dentées. Cor. O. Sem. 1.

Caract. ess.

Cal. balle à six valves : valvules ovales-lancéolées, pointues, dentées, concaves, embriquées.
Cor. nulle.
Etam. trois filamens, plus longs que le calice. Anthères oblongues, tétragones.
Pist. un ovaire supérieur, ovale. Style de la longueur des étam. Trois stigmates sétacés.
Peric. nul.
Sem. une seule.

Tableau des espèces.

623. MAPANE *des forêts.* Dict.
Lieu nat. les forêts inondées de la Guiane. ♃

Explication des figures.

Tab. 37. MAPANE *des forêts.* (c) Tête de fleurs avec sa collerette de 3 folioles. (b) Collerette vue en-dessous. (c) Foliole de la collerette presque de grandeur naturelle. (d) Bouton de fleur. (e) Fleur épanouie. (f) Valvule du calice séparée, fort grandie. (g) Etamine. (h) Etamines, pistil.

Charact. ess.

Cal. triphyllus : foliolis lineari lanceolatis acutis patulis persistentibus.
Cor. petala tria, subrotunda, concava, patentia, longitudine calycis.
Stam. filamenta tria, capillar. Antheræ oblongæ.
Pist. germen superum, subrotundum. Stylus filiformis. Stigma trifidum.
Peric. capsula globosa, stylo acuminata, unilocularis, trivalvis.
Sem. sex, ovata, striata : duo singulæ valvulæ affixa ; unum supra alterum.

Conspectus specierum.

622. MAYACA *fluviatilis.* T. 36.
E Guiana. *M. Aubl.* t. 15.

Explicatio iconum.

Tab. 36. MAYACA *fluviatilis.* (a) Planta magnitudine naturali. (b) Extremitas caulis ampliata. (c) Folium ampliatum. (d) Gemma floris. Pedunc. ad basin squamulas. (e, f) Flos expansus, externè & internè visus. (g, h) Calyx. (i) Stam. pistillum. (l) Pistillum (m, p) Capsula. (o) Petalum auctum. (n) Stamina aucta. (q, r) Capsula. aperta. (s) Semen auctum. F. ex Aubl.

88. MAPANIA.

Charact. essent.

GLUMA 6-valvis : valvulis imbricatis dentatis. Cor. O. Sem. 1.

Charact. ess.

Cal. Gluma sexvalvis : valvulis ovato-lanceolatis acutis dentatis, concavis, imbricatis.
Cor. nulla.
Stam. Filamenta tria, calyce longiora. Antheræ oblongæ tetragonæ.
Pist. Germen superum, ovatum. Stylus longitudine staminum. Stigmata tria setacea.
Peric. Nullum.
Sem. unicum.

Conspectus specierum.

623. MAPANIA *sylvatica.* T. 37.
Ex Guianæ sylvis inundatis. ♃ *M. Aubl.* t. 17.

Explicatio iconum.

Tab. 37. MAPANIA *sylvatica.* (c) Florum capitulum, cum involucro 3-phyllo. (b) Involucrum infrà visum. (c) Foliolum involucri fere magnitudine naturali. (d) Flos dehiscens. (e) Flos expansus. (f) Valvula calycis separata, valdè aucta. (g) Stamen. (h) Stamina, pistillum. Fig. ex Aubl.

89. POMEREULLE.

Caraß. essent.

Bale turbiné, à trois ou quatre fleurs, bivalve: valvules 4-fides, à barbes sur le dos.

Caraß. nat.

Cal. Bâle turbinée, bivalve, à 3 ou 4 fleurs. Valvules cunéiformes, quadrifides au sommet: à découpures inégales, pointues, écartées orbiculairement, enveloppant les fleurs; les latérales plus grandes. Barbes dorsales droites, plus longues que les valvules.

Cor. bâle bivalve: à valvules inégales: l'extérieure plus grande, quadrifide, aristée: l'intérieure courte, ovale, entière, mutique.

Etam. Trois filamens très-courts. Anthères linéaires, de la longueur des valvules.

Pist. Ovaire supérieur, linéaire. Style simple. Deux stigmates velus sur le côté.

Péric. nul. La corolle contient la semence jusqu'à sa maturité; alors elle s'ouvre & la quitte.

Sem. Une seule, oblongue, plane en sa face interne, convexe à l'ext., très-glabre, luisante.

Tableau des espèces.

614. POMEREULLE, corne d'abondance. Dict. Lieu nat. l'Inde.

Explication des figures.

Tab. 17. POMEREULLE corne d'abondance. (a) Calice. (b) Corolle. (c) Partie de l'épi.

90. REMIRE.

Caraß. essent.

Bale 2-valve, 1-flore. Cor. 2-valve, plus petite que le calice. Une sem.

Caraß. nat.

Cal. bâle bivalve, uniflore: à valvules concaves, pointues, inégales.

Cor. bivalve, plus petite que le calice; à valvules minces, concaves, pointues, inégales.

Etam. trois filamens fort longs; anth. oblongues.

Pist. un ovaire supérieur, oblong, trigone. Style long; stigmates sétacés.

Péric. nul. la corolle enveloppe la semence.

Sem. une seule, trigone, recouverte par la corolle.

89. POMEREULLA.

Charact. essent.

Gluma turbinata; s. 4-flora, 2-valvis: valvulis 4-fidis, dorso aristatis.

Charact. nat.

Cal. gluma turbinata, bivalvis, tri-s. 4-flora. Valvulae cuneiformes, apice quadrifidae: laciniis inaequalibus acutis in orbem dilatatis, flosculos involventibus, lateralibus majoribus. Aristae dorsales, rectae, valvulis longiores.

Cor. gluma bivalvis: valvulis inaequalibus; exteriore majore, quadrifida, aristata; interiore brevi, ovata, indivisa, mutica.

Stam. filamenta tria, brevissima; antherae lineares longitudine valvularum.

Pist. germen superum, lineare. Stylus simplex. Stigmata duo, latere villosa.

Peric. nullum. Corolla semen ad maturitatem continet; tum dehiscit, illudque dimittit.

Sem. unicum, obl. latere interiore planum, exteriore convexum, pellucidum, glaberrimum.

Conspectus specierum.

614. POMEREULLA, cornucopia. T. 17. Ex India.

Explicatio iconum.

Tab. 17. POMEREULLA cornucopia. (a) Calyx. (b) Corolla. (c) Pars spicae. Fig. ex L. f. diff. xov. gram. gen.

90. REMIREA.

Charact. essent.

Gluma 2-valvis, 1-flora. Cor. 2-valvis, calyce minor. Sem. 1.

Caraß. nat.

Cal. gluma bivalvis, uniflora: valvulis concavis acutis inaequalibus.

Cor. bivalvis, calyce minor; valvulis tenuibus, acutis, concavis, inaequalibus.

Stam. filamenta tria longissima; antherae oblongae.

Pist. germen superum, oblongum, trigonum. Stylus longus. Stigmata tria, setacea.

Peric. nullum. Corolla semen obvestiens.

Sem. unicum, trigonum, corolla tectum.

Tableau des espèces.

614. REMIRE *maritime.* Dict.
Lieu nat. les lieux maritimes & sablonneux
de la Guiane. ⊥

Explication des fig.

Tab. 37 REMIRE *maritime.* (a) Fleur épanouie. (b)
Corolle, pistil. (c) Tige avec les feuilles & les fleurs.
(d) Racine.

91. CHOIN.

Charact. essent.

BALES univales, paleacées, ramassées. Cor. O.
semences arondies, solitaires entre les bâles.

Charact. nat.

Cal. bâles univales, paleacées, ramassées.
Cor. nulle.
Etam. trois filamens capillaires. Anthères oblon-
gues droites.
Pist. un ovaire supérieur, ovale, à trois faces.
Style setacé. Stigmate trifide.
Peric. nul.
Sem. solitaire, arrondie, située entre les bâles.

Tableau des espèces.

* Tous les épillets ou paquets de fleurs sessiles.

616. CHOIN noirâtre. Dict. n°. 3.
C. à tige nue cylindrique, tête ovale, à
collerette de deux folioles, dont une est
plus longue.
Lieu nat. les marais & les prés humides de
l'Europe. ⊥

627. CHOIN ferrugineux. Dict. n°. 4.
C. à tige nue cylindrique, épillet double,
valve la plus grande de la collerette égalant
l'épillet.
Lieu nat. l'Angleterre. ⊥

628. CHOIN brun. Dict. n°. 5.
C. à tige cylindrique, feuillée, épillets pres-
qu'en faisceaux, feuilles filiformes, canaliculées
Lieu nat. l'Espagne, l'Allem., l'Italie. &c. ⊥

629. CHOIN des Indes. Dict. n°. 9.
C. à tige nue cylindrique très-grêle, tête
petite noirâtre, collerette courte subulée,
presque triphylle.
Lieu nat. les Indes orientales.

630. CHOIN filiforme. Dict. supl.
C. à tige cylindrique filiforme nue, feuilles

Conspectus Specierum.

615. REMIREA *maritima.* T. 37.
È Guianæ locis maritimis arenosis. ⊥ Aubl.
1. 16.

Explicatio iconum.

Tab. 37. REMIREA *maritima.* (a) Flos expansus.
(b) Corolla, pistillum. (c) Caulis cum foliis & floribus. (d) Radix. Fig. ex Aubl. Affinis Killingia.

91. SCHŒNUS.

Charact. essent.

GLUMÆ 1-valves, paleaceæ, congestæ. Cor. o.
Sem. 1. Subrotundum, inter glumas.

Charact. nat.

Cal. glumæ univalves, paleaceæ, congestæ.
Cor. nulla.
Stam. filamenta tria, capillaria. Antheræ oblon-
gæ erectæ.
Pist. germ. superum, ovato-triquetrum. Stylus
setaceus, Stigma trifidum.
Peric. nullum.
Sem. unicum, subrotundum, inter glumas.

Conspectus Specierum.

* Spiculæ f. florum fasciculi omnes sessiles.

616. SCHŒNUS nigricans. T. 38. f. 1.
S. culmo tereti nudo, capitulo ovato, involucri diphylli valvula altera longiore. L.

Ex Europæ paludibus & pratis humidis. ⊥

617. SCHŒNUS ferrugineus.
S. culmo tereti nudo, spica duplici, involucri valvula majore spicam æquante. L.

Ex Anglia ⊥

618. SCHŒNUS fuscus.
S. culmo tereti folioso, spiculis subfascicu-
latis, foliis filiformibus canaliculatis. L.
Ex Hispania, Italia, Germania, &c. ⊥

619. SCHŒNUS Indicus.
S. culmo nudo tereti tenuissimo, capitulo
parvo nigricante, involucro brevi subulato
subtriphyllo.
Ex Indiis orientalibus.

630. SCHŒNUS filiformis.
S. culmo tereti filiformi nudo, foliis setaceis,

640. CHOIN *miliacé*. Diđ. fuppl.
C. à tige triangulaire feuillée , panicules
latérales & terminales , ₿. féparées pédicellées.
Lieu nat. la Caroline méridionale.

640. SCHŒNUS *miliaceus*.
S. culmo triquetro foliofo, paniculis latera-
libus & terminalibus, ₿of. diftinctis pedicellatis.
E Carolinia merid. *D. Frafer.*

641. CHOIN à *corymbe*. Diđ. fuppl.
C. à tige triangulaire feuillée , panicules corymbiformes latérales & terminales , épillets
cylindriques-fubulés.
Lieu nat. Surinam , l'ífle de Java.

641. SCHŒNUS *furinamenfis*. Rottb.
S. culmo triquetro foliofo , paniculis corymbofis lateralibus & terminalibus , fpiculis cy-
lindrico-fubulatis.
E Surinamo. Routb. & ex Java. *Commerf.*

642. CHOIN *corniculé* Diđ. fuppl.
C. à tige triang. feuillée, corymb. alternes com-
pofés très-lâches, épillets corniculés ariftés.
Lieu nat. la Floride , la Caroline.

642. SCHŒNUS *corniculatus*.
S. culmo triquetro fol.,corymb. alternis com-
pofitis laxiffimis , fpiculis corniculatis ariftatis.
E Florida , Carolinia.

643. CHOIN *axillaire*. Diđ. fuppl.
C. à tige triangulaite feuillée , corymbes très-
petits alternes axillaires , épillets ramaffés.
Lieu nat. la Caroline.

643. SCHŒNUS *axillaris*.
S. culmo triquetro foliofo , corymbi s minimis
alternis axillaribus , fpiculis confertis.
E Carolinia. *D. Frafer.*

644. CHOIN *de Virginie*. Diđ. nº. 14.
C. à tige triangulaire feuillée, ₿. en falfceau ,
feuilles planes , pédoncules latéraux geminés.
Lieu nat. la Virginie.

644. SCHŒNUS *glomeratus*.
S. culmo triquetro foliofo , ₿. fafciculatis , fo-
liis planis , pedunculis lateralibus geminis. L.
E Virginia.

645. CHOIN *brûlé*. Diđ. nº. 8.
C. à tige cylindrique feuillée , gaines brunes ,
épillets pedonculés ariftés ; ter fupér. geminés.
Lieu nat. le Cap de Bonne-Efpérance. ᚦ

645. SCHŒNUS *uftulatus*.
S. culmo tereti foliofo, vaginis fufcis , fpiculis
pedunculatis ariftatis : fuperioribus geminis.
E Capite Bonæ Spei. ᚦ

646. CHOIN *bromoïde*. Diđ. nº. 7.
C. à tige cylindrique feuillée , épillets pe-
donculés folitaires épais ariftés.
Lieu nat. le Cap de Bonne-Efpérance.

646. SCHŒNUS *bromoïdes*.
S. culmo tereti foliofo , fpiculis pedonculatis
folitariis craffis ariftatis.
E Capite Bonæ Spei.

Explication des fig.

Tab. 18. fig. 1. CHOIN *miirdére*. (a) Feuilles radi-
cales. (b) Sommité de la tige avec les fleurs en tête.
Tab. 18. fig. 2. CHOIN *marifque*. Tab. 18. fig. 3.
Fleur de Choin , *felon Linné*.

Explicatio iconum.

Tab. 18. fig. 1. SCHŒNUS *nigricans*. (a) Folia ra-
dicalia. (b) Summitas culmi cum ₿. capitulo. Fig. in Sitt.
Tab. 18. fig. 2. SCHŒNUS *marifcus*. Tab. 18. fig. 3.
Flor Schœni , *ex Lin. Amæn. acad.*

92. SCIRPE.

Caract. effent.

PAILLETTES glumacées , embriquées de toute
part. Cor. O. 1. femence nue.

Caract. nat.

Cal. épi embriqué de toute part ; écailles ovales
planes , courbées en-dedans, feparant les fleurs.
Cor. nulle.
Etam. trois filamens , devenant plus longs que
les écaille . Anthères oblongues.
Botanique. Tom. A

91. SCIRPUS.

Charact. effent.

GLUMA paleaceæ , undique imbricatæ. Cor. O.
femen imberbe.

Charact. nat.

Cal. Spica undique imbilcata : fquamis ovatis
plano-inflexis , flores diftinguentibus.
Cor. nulla.
Stam. Filamenta tria tandem (fquamis) longiora.
Antheræ oblongæ.
           S

Pist. un ovaire supérieur, très-petit. Style filiforme long. Trois stigmates capillaires.
Peric. nul.
Sem. une seule , ovale , trigone , nue , ou environnée de poils plus courts que le calice.

Tableau des espèces.

* Un seul épi.

647. SCIRPE à trois styls. Dict.
S. à tige cylindr. nue , épi cylindr. à écailles
lancéolées ayant leur base latérale membr.
Lieu nat. les Indes Orientales. ♉

648. SCIRPE en spirale. Dict.
S. à tige triangulaire presque nue , épi cylindrique terminal , écailles cunéiformes tronquées disp. en spirale.
Lieu nat. le Malabar.

649. SCIRPE géniculé. Dict.
S. à tige cylindr. nue , épi oblong terminal ,
écailles ovales convexes un peu carinées.
Lieu nat. Cayenne , la Jamaïque.

650. SCIRPE des marais. Dict.
S. à tige cylindr. nue , épi terminal ovale-
oblong un peu pointu , écailles lancéolées.
Lieu nat. les marais de l'Europe. ♉

651. SCIRPE filiforme. Dict.
S. à tige filiforme un peu anguleuse nue ,
épi terminal ovale, écailles obtuses.
Lieu nat. l'Amérique Septentrionale.

652. SCIRPE en tête.
S. à tige cylindrique nue sétiforme , épi
terminal presque globuleux.
Lieu nat. l'Amérique.

653. SCIRPE en épingle. Dict.
S. à tige cylindrique, nue sétiforme , épi
ovale terminal à deux valves : valves plus
courtes que l'épi.
Lieu nat. l'Eur. dans les fanges, les eaux vives.
* j'en possède des variétés du Brésil & du Pérou.

654. SCIRPE des gazons. Dict.
S. à tige nue striée, épi terminal bivalve
pauciflore, valves plus longues que l'épi.
Lieu nat. les gazons des marais ombragés
de l'Europe. ♉

655. SCIRPE flottant. Dict.
S. à tige feuillée foible , pedoncules alternes
nuds cylindriques , épis terminaux très-
petits pauciflores.
Lieu nat. la France, l'Angl. aux lieux humides.

Pist. Germen superum , minimum. Stylus filiformis longus. Stigmata tria capillaria.
Peric. nullum.
Sem. unicum, ovatum , triquetrum , nudum ,
vel villis calyce brevioribus cinctum.

Conspectus specierum.

* Spica unica.

647. SCIRPUS trigynus.
S. culmo nudo , spica cylindrica squa-
mis lanceolatis basi laterali membranacea. l.
En India orientali. ♉

648. SCIRPUS spiralis. Roxb.
S. culmo triquetro subnudo , spica cylindrica terminali , squamis cuneiformibus truncatis spiraliter dispositis.
E Malabaria.

649. SCIRPUS geniculatus.
S. culmo tereti nudo, spica oblonga terminali,
squamis ovalibus convexis subcarinatis.
E Cayenna , Jamaica. D. Stoupy.

650. SCIRPUS palustris. t. 38. f. 2.
S. culmo tereti nudo , spica terminali ovato-
oblonga subacuta, squamis lanceolatis. ♉
Ex Europæ paludibus. ♉

651. SCIRPUS filiformis.
S. culmo filiformi subangulato nudo , spica
terminali ovata , squamis obtusis.
Ex America septentrionali.

652. SCIRPUS capitatus.
S. culmo nudo setiformi , spica sub-
globosa terminali. l.
Ex America. Sc. Caribaus. Roxb.

653. SCIRPUS acicularis.
Sc. culmo tereti nudo setiformi , spica ovata
terminali bivalvi : valvulis spica brevioribus.

Ex Europa, In udis & aquis vivis.
* Varietates possideo è Brasilia, & Peru.

654. SCIRPUS caespitosus.
S. culmo nudo striato , spica terminali bivalvi paucifloro , valvulis spica longioribus,
ex Europæ paludibus cæspitosis sylvaticis. ♉

655. SCIRPUS fluitans.
S. caule folioso flaccido , pedunculis alternis
nudis teretibus , spicis terminalibus minimis
paucifloris.
Ex Gallia , Angliæ udis.

656. SCIRPE pigmé. Diâ.
S. à tige setiforme nue un peu anguleuse, épi terminal nud presqu'uniflore.
Lieu nat. les Indes orientales.

656. SCIRPUS pigmaeus.
S. culmo fetiformi nudo fubangulato, fpica terminali nuda fubuniflora.
Ex India orientali. *Miff.* a D. Thunb.

657. SCIRPE lappacée. Diâ.
S. à tige triangulaire presque nue, tête terminale folitaire ayant une collerette, bâles ftriées recourbées.
Lieu nat. l'Inde. *pl d'un pouce de haut.*

657. SCIRPUS lappaceus.
S. culmo triquetro fubnudo, capitulo terminali folitario involucrato, glumis ftriatis recurvis.

Ex India. *An var. fc. iarritati.* L

** *Epilets tous fessiles, & ramassés en un seul paquet.*

** *Spiculæ omnes fessiles, in fasciculo unico glomeratæ.*

658. SCIRPE rude. Diâ.
S. à tige triangulaire nue setacée, épillets ternés fessiles ovales fquarreux.
Lieu nat. les Indes orientales.

658. SCIRPUS fquarrofus. t. 58. f. 3.
S. culmo triquetro nudo fetaceo, fpicis ternis feffilibus ovatis fquarrofis. l. mant. 181.
Ex India orientali. Roub. n° 65.

659. SCIRPE de Micheli. Diâ.
S. à tige triangulaire nue, tête composée globuleuse, collerette longue polyphylle.
Lieu nat. l'Italie, la France.

659. SCIRPUS michelianus.
S. culmo triquetro nudo, capitulo globofo compofito, involucro polyphyllo longo.
Ex Italia, Gallia.

● 660. SCIRPE de Vhal. Diâ.
S. à tige triangulaire presque nue, épillets oblongs fasciculés en tête, collerette polyphylle fetacée fort longue.
Lieu nat. l'Espagne; *ressemble au cyperus pygmæus de Roub.*

660. SCIRPUS Vhalii.
S. culmo triquetro fubnudo, fpiculis oblongis fafciculato capitatis, involucro polyphillo fetaceo prælongo.
Ex Hispania. Commun. D. Vahl.

●

661. SCIRPE combé. Diâ.
S. à tige nue cylindrique, épillets fessiles glomerulés vers le milieu des tiges.
Lieu nat. dans les environs de Paris, aux lieux humides.

661. SCIRPUS fupinus.
S. culmo tereti nudo, fpicis feffilibus in medio culmo glomeratis. L.
In humidis, circa Parifios.

662. SCIRPE fetacé. Diâ.
S. à tige nue fetacée, épillets très-petits feffiles fitués au-deffous du fommet de la tige.
Lieu nat. l'Europe, dans les lieux humides & couverts. ☉

662. SCIRPUS fetaceus.
S. culmo nudo fetaceo, fpiculis minimis feffilibus fub apice culmi.
Ex Europæ humidis & umbrofis. ☉

663. SCIRPE pubefcent Diâ.
S. à tige triangulaire feuillée, épillets ovales ramaffés feffiles.
Lieu nat. la Barbarie.

663. SCIRPUS pubefcens.
S. culmo triquetro foliofo, fpiculis ovatis congeftis feffilibus pubefcentibus.
E Barbaria. Carex pubefcens. D. Poiret. it.

664. SCIRPE à trois épis. Diâ.
S. à tige nue fetacé, épillets ternés feffiles, collerette diphylle.
Lieu nat. le Cap de Bonne-Efpérance.

664. SCIRPUS triftachyos.
S. culmo nudo fetaceo, fpicis ternis feffilibus, involucro diphyllo. Roub. n° 64, t. 1, f. 4.
E Capite B. Spei.

665. SCIRPE argenté. Diâ.
S. à tiges fetacées triangulaires: collerette de quatre folioles fort longues, épis cylindriques nombreux ramaffés en tête.
Lieu nat. le Malabar.

665. SCIRPUS argenteus.
S. culmis fetaceis triquetris: involucro tetraphyllo longiffimo: fpicis cylindricis plurimis in capitulum glomeratis. Roub.
E Malabaria.

●

666. SCIRPE barbu. Dict.
S. à tiges fétacées triangulaires, gaines barbues à leur orifice, épillets faisceulés en tête
terminale.
Lieu nat. l'Inde. *Collet. courte, quelquefois nulle.*

667. SCIRPE de Sparman. Dict.
S. à tige anguleuse nue, épillets tern és fes-
siles nuds terminaux.
Lieu nat. l'Afrique.

668. SCIRPE du Sénégal. Dict.
S. à tige anguleuse presque nue, épillets ter-
minaux fessiles glomerulés garnis d'une collet.
Lieu nat. le Sénégal. *Epillets blancs.*

669. SCIRPE des Hottentots. Dict.
S. à tige triangulaire feuillée, tête globuleuse,
paillettes lancéolées hérissées.
Lieu nat. le Cap de Bonne Espérance.

670. SCIRPE antarctique. Dict.
S. à tige triangulaire nue, tête globuleuse
composée, collerette monophylle.
Lieu nat. le Cap de Bonne Espérance. ⚹

671. SCIRPE à grosse tête. Dict.
S. à tige triangulaire presque feuillée, épillets très-nombreux ramassés en une grosse
tête, collerette fort longue.
Lieu nat. Cayenne, Surinam.

672. SCIRPE mucroné. Dict.
S. à tige triangulaire nue acuminée, épillets
glomerulés fessiles latéraux.
Lieu nat. l'Europe & les deux Indes.

673. SCIRPE articulé. Dict.
S. à tige cylindrique presque nue semi-
articulée, tête glomerulée latérale.
Lieu nat. le Malabar.

674. SCIRPE austral. Dict.
S. à tige cylindrique nue, tête conglobée,
bractée réfléchie, feuilles canaliculées.
Lieu nat. l'Europe australe.

* * * Epillets ou paquets d'épillets pédonculés.

675. SCIRPE à têtes rondes. Dict.
S. à tige cylindrique nue, épis globuleux
pédonculés glomerulés, collerette diphylle
inégale mucronée.
Lieu nat. l'Europe australe. ⚹
β. Il varie à deux têtes, dont une fessile; & à une
seule tête.

666. SCIRPUS barbatus. L.
S. culmo setaceis triquetris, vaginis ore barbatis, spiculis fasciculato-capitatis terminalibus.

Ex india. *S. barbatus. Rottb.* n°. 68.

667. SCIRPUS sparmanni.
S. culmo angulato nudo, spicis terminalibus
ternis fessilibus nudis.
Ex Africa. *Sc. tripicatus. L. f. suppl.* 103.

668. SCIRPUS Senegalensis.
. S. culmo angulato subnudo, spiculis termi-
nalibus fessilibus glomeratis involucratis.
E Senegalo. *D. Roussillon.*

669. SCIRPUS Hottentotus. L.
S. culmo triquetro foliolo, capitulo globoso
composito, glumis lanceolatis hirtis.
E Capite Bonæ Spei.

670. SCIRPUS antarcticus.
S. culmo triquetro nudo, capitulo globoso
composito monophyllo.
E Cap. Bonæ Spei. ⚹

671. SCIRPUS cephalotes L.
S. culmo triquetro subfoliolo, spiculis numerosissimis in capitulum maximum glomeratis, involucro prælongo.
E Cayenna, Surinamo *Rottb.* t. 20.

672. SCIRPUS mucronatus.
S. culmo triangulo nudo acuminato, spicis
conglomeratis fessilibus lateralibus. L.
Ex Europa & Indiis utrisque.

673. SCIRPUS articulatus.
S. culmo tereti nudisculo semi-geniculato,
capitulo glomerato laterali. L. Rottb. n°. 70.
E Malabaria.

674. SCIRPUS australis.
S. culmo tereti nudo, capitulo conglobato,
bractea reflexa, foliis canaliculatis.
Ex Europa australi.

* * * Spicula vel spicularum fasciculi pedunculati.

675. SCIRPUS holoschœnus.
S. culmo tereti nudo, spicis subglobosis pedunculatis glomeratis involucro, diphyllo
inæquali mucronato.
Ex Europa australi. ⚹
β. Varias capitulis duobus, altero fessili; & capitulo unico.

676. SCIRPE *muriqué*. Dià.
S. à tige triangulaire feuillée, ombelle fimple,
têtes pédonc. prefque globuleufes hériffées.
Lieu nat. la Guiane.

677. SCIRPE *renverfé*. Dià.
S. à tige triangulaire, ombelle fimple : fleu-
retres des épillets renverfées.
Lieu nat. la Virginie. ℞. •

678. SCIRPE *trigone*. Dià.
S. à tige trigone nue, épillets prefque fufffiles
& pédoncules égalans la pointe.
Lieu nat. l'Europe auftrale.

679. SCIRPE *entremêlé*. Dià.
S. à tige trigone nue, ombelle fimple feuil-
lée, bâles fubulées recourbées.
Lieu nat. l'Inde.

680. SCIRPE *dipfacé*. Dià.
S. à tiges fetacées trigones, ombelle prefque
fimple à collerette fetacée plus petite, bâles
fubulées recourbées.
Lieu nat. l'Inde.

681. SCIRPE *à feuilles obtufes*.
S. à tige nue, ombelle petite prefque fimple,
feuilles courtes étroites glauques obtufes.
Lieu nat. l'Inde. Epillets ovales, petits.

682. SCIRPE *en cime*. Dià.
S. à tige nue grêle un peu comprimée,
ombelle ramaffée en cime compofée, nue,
paillettes obtufes.
Lieu nat. l'Ifle de Java.

683. SCIRPE *ombellaire*.
S. à tige nue, ombelle fimple terminale,
collerette bivalve, très-courte.
Lieu nat. . . . . .

684. SCIRPE *débile*. Dià.
S. à tige filiforme nue, ombelle fimple
appauvrie, collerette bivalve un peu ciliée
plus longue que l'ombelle.
Lieu nat. l'Amér. mérid. épill. un peu velus.

685. SCIRPE *des étangs*. Dià.
S. à tige cylindrique nue, ombelle com-
pofée prefque terminale, épillets ovales.
Lieu nat. l'Europe, dans les eaux ftagnantes. ℞

686. SCIRPE *bivalve*. Dià.
S. à tige nue un peu comprimée, ombelle
compofée term. collet. bivalve très-courte.
Lieu nat. Madagafcar. Epill. ovales.

676. SCIRPUS *muricatus*.
S. culmo triquetro foliofo, umbella fimplici,
capitulis pedunculatis fubglobofis muricatis.
E Guiana. D. Sioupy.

677. SCIRPUS *retrofractus*.
S. culmo triquetro, umbella fimplici: fpicu-
rum floículis retrofractis. L.
E Virginia. ℞

678. SCIRPUS *trigueter*.
S. culmo triquetro nudo, fpicis fubfeffilibus
pedunculatifque mucronem æquantibus. L.
Ex Europa auftrali.

679. SCIRPUS *intricatus*.
S. culmo triquetro nudo, umbella follofa
fimplici, glumis fubulatis recurvis.
Ex India orientali.

680. SCIRPUS *dipfaceus*.
S. culmis fetaceis triquetris, umbella fubfimplici involucro fetaceo majore, glumis
fubulatis recurvis.
Ex India. Juff. Sc. dipfaceus. Rottb. n°. 75.

681. SCIRPUS *obtufifolius*.
S. culmo nudo, umbella parva fubfimplici,
foliis brevibus angullis glaucis obtufis.
Ex India. fpicula ovatæ, parvæ.

682. SCIRPUS *cymofus*.
S. culmo nudo tenui fubcompr., umb. cymofa
congefta compofita, nuda, glumis obtufis.

Ex Java. Commrf.

683. SCIRPUS *umbellaris*.
S. culmo nudo, umbella terminali fimplici;
involucro bivalvi breviffimo.
L. n. . . . .

684. SCIRPUS *debilis*.
S. culmo filiformi nudo, umbella fimplici
depauperata, involucro bivalvi fubciliato
umbella longiore.
Ex America merid. Comm. s. d. Richard. an
S. ferrugineus. L.

685. SCIRPUS *lacuftris*.
S. culmo tereti nudo, umbella compofita
fubterminali, fpiculis ovatis.
Ex Europa, in aquis ftagnantibus. ℞

686. SCIRPUS *bivalvis*.
S. culmo nudo fubcompreffo, umbella termi-
nali compofita, involucro bivalvi breviffimo.
Ex Madagafcaria. D. Jos Mart.

687. SCIRPE de Caroline. Dict.
S. à tige nue, filiforme un peu trigone, ombelle composée, collerette diphylle un peu longue.
Lieu nat. la Caroline.

687. SCIRPUS Carolinianus.
S. culmo nudo subtriquetro filiformi, umbella composita, involucro diphyllo longiusculo.
E Carolinia D. Fraser.

688. SCIRPE dichotome. Dict.
S. à tige triangulaire nue, ombelle surcomposée, feuilles velues.
Lieu nat. l'Inde, l'Isle de France.

688. SCIRPUS dichotomus.
S. culmo triquetro nudo, umbella decomposita, foliis hirsutis.
Ex India, Insula Franciæ.

689. SCIRPE annuel. Dict.
S. à tige triangulaire nue à peine plus longue que les feuilles, ombelle composée feuillée termin.
Lieu nat. l'Italie.

689. SCIRPUS annuus.
S. culmo triquetro nudo foliis vix longiore; umbella composita foliosa terminali.
Ex Italia. S. annuus. Allion. fl. ped.

690. SCIRPE millet. Dict.
S. à tige triangulaire nue, ombelle surcomposée, épillets intermédiaires sessiles, collerette sétacée.
Lieu nat. l'Inde. Epillets très petits.

690. SCIRPUS miliaceus.
S. culmo triquetro nudo, umbella supradecomposita, spicis intermediis sessilibus, involucro setaceo. I.
Ex India. Rotth. t. 5. f. 2.

691. SCIRPE rouge-brun. Dict.
S. à tige triangulaire nue, ombelle composée lâche, épillets ovales rouge-brun.
Lieu nat. la Jamaïque, Cayenne.

691. SCIRPUS spadiceus.
S. culmo triquetro nudo, umbella composita laxa, spiculis ovatis spadiceis.
Ex Jamaica, Cayenna. Sloan. hist. 1.t.76. f. 2.

692. SCIRPE à gros épillets. Dict.
S. à tige triang. ombelle composée feuillée, épillets épais glomérulés sessiles.
Lieu nat. l'Europe, dans les fossés aquatiques. ⚇

692. SCIRPUS macrostachyos.
S. culmo triquetro, umbella composita foliosa; spiculis crassis glomeratis sessilibus.
Ex Eur. In fossis aquaticis. ⚇ S. maritimus. L.

693. SCIRPE glauque. Dict.
S. à tige triangulaire feuillée, ombelle composée un peu paniculée, épillets pédicellés.
Lieu nat. le Sénégal.

693. SCIRPUS glaucus.
S. culmo triquetro folioso, umbella composita subpaniculata, spiculis pedicellatis.
E Senegal. D. Roussillon. præced. affinis.

694. SCIRPE des bois. Dict.
S. à tige triangulaire feuillée, ombelle feuillée, pédoncules nuds surcomposés, épillets ramassés.

Lieu nat. les bois humides de l'Europe. ⚇

694. SCIRPUS sylvaticus. L. 58. f. 2.
S. culmo triquetro folioso, umbella foliacea, pedunculis nudis supradecompositis, spicis confertis. L.
Ex Europæ sylvis humentibus. ⚇

695. SCIRPE réticulé. Dict.
S. à tige gladiée nue rude, ombelle composée feuillée, folioles de la coller. réticulées à leur surface.
Lieu nat. la Caroline.

695. SCIRPUS reticulatus.
S. culmo gladiato nudo aspero, umbella composita foliacea, involucri foliis superficie reticulatis.
E Carolinia. D. Fraser.

696. SCIRPE visqueux. Dict.
S. à tige comprimée, ombelle composée feuillée, épillets en tête ovale, écailles striées sur le dos.

Lieu nat. la Jamaïque, Cayenne. ⚇ Il varie à feuilles canaliculées & à f. planes.

696. SCIRPUS viscosus.
S. culmo compresso, umbella composita foliosa, spiculis capitato-ovalibus, squamis dorso striatis.
E Jamaica, Cayenna. ⚇ Cyperus viscosus. Mart. Kew. 79. Variat. foliis canaliculatis & f. planis.

TRIANDRIE MONOGYNIE.　　　　　TRIANDRIA MONOGYNIA. 145

Explication des fig.　　　　　*Explicatio iconum.*

Tab. 38. fig. 1. SCIRPE *des marais.* Tab. 38. fig. 2.
SCIRPE *des bois.* (a) Panicule dépourvue mal-à propos des grandes folioles de la collerette. (b) Épillet
séparé & grossi. (c, d, e) Etamines & pist.3. (f, g)
Sem. ayant 4 poils courts à leur base.

Tab. 38. fig. 3. SCIRPE *rude.* Tab. 38. fig. 4. Fructification du Scirpe.

Tab. 38. fig. 1. SCIRPUS *palustris.* Tab. 38. fig. 1.
SCIRPUS *sylvaticus.* (a) Panicula folio'is majoribus in-
voluc'ri perperam denuda. (b) Spicula separata & aucta.
(c, d, e) Stamina & pistillum. (f, g) Semen villis 4
brevibus cinctum. *Fig. ex Leers.*

Tab. 38. fig. 3. SCIRPUS *squarrosus.* ibid. f. 4. Fructificatio Scirpi. *Ex Amœn. acad. Linn.*

93. SOUCHET.　　　　　93. CYPERUS.

Caract. essent.　　　　　*Charact. essent.*

PAILLETTES. glumacées embriquées sur deux
rangées, Cor. O. 1. sem. nue.

GLUMA paleaceæ distichè imbricatæ. Cor. O.
Sem. 1. nudum.

Caract. nat.　　　　　*Charact. nat.*

Cal. épi (ou épillet) embriqué sur deux rangées:
à écail. ovales, carinées, conv., disting. les fl.
Cor. nulle.
Etam. Trois filamens très-courts. Anthères
oblongues, sillonées.
Pist. un ovaire supérieur, très-petit. Style fili-
forme très long. Trois stigmates capillaires.
Peric. nul.
Sem. une seule, trigone, acuminée, nue.

Cal. Spica (L Spicula) distichè imbricata: squamis
ovatis carinatis convexis, fl. distinguentibus.
Cor. nulla.
Stam. Filamenta tria brevissima. Anth. oblongæ
sulcatæ.
Pist. germen superum, minimum. Stylus fili-
formis longissimus. Stigmata tria capillaria.
Peric. nullum.
Sem. unicum, triquetrum, acuminatum, nudum.

Tableau des espèces.　　　　　*Conspectus specierum.*

* *A tige cylindrique.*　　　　　* *Culmo tereti.*

697. SOUCHET *articulé.* Dict.
S. à tige cylindrique nue articulée, ombelle
composée nue.
Lieu nat. la Jamaïque. ♃
b. Le même d'ombellules paniculées, épillets une
fois plus longs. De l'Isle de Bourbon.

697. CYPERUS *articulatus.*
C. culmo tereti nudo articulato, umbella
composita nuda.
Ex Jamaica. ♃
b. Idem umbellulis paniculatis, spiculis duplo longioribus. Ex insi. Mauritiana.

698. SOUCHET *nain.* Dict.
S. à tige cylindrique nue, épillets au-dessous
du sommet.
Lieu nat. la Jamaïque, & l'Afrique.

698. CYPERUS *minimus.*
C. culmo tereti nudo, spicis sub apice. L.

Ex Jamaica, Africa.

699. SOUCHET *pigmé.* Dict.
S. à tige presque cylindrique nue à peine
d'un pouce, épillet sessile au-dessous du
sommet, écailles striées.
Lieu nat. le Cap de Bonne-Espérance.

699. CYPERUS *pygmeus.*
C. culmo teretiusculo nudo vix unciali, spica
sessili sub apice, squamis striatis.
E Cap. Bonæ Spei. An c. lateralis. Suppl. 102.

700. SOUCHET *délicat.* Dict.
S. à tige nue sétacée, épillets solitaires & ge-
minés sessiles.
Lieu nat. le Cap de Bonne-Espérance.

700. CYPERUS *tenellus.*
C. culmo nudo setaceo, spicis solitariis ge-
minisque sessilibus. Suppl. 103.
E Cap. Bonæ Spei.

701. SOUCHET *ponctué*. Dià.
S. à tige cylindrique nue garnie de gaîne à
fa bafe , épillets feffiles capités prolifères ,
écailles panachées par des points.
Lieu nat. le Cap de Bonne Efpérance.

702. SOUCHET *de Montel*. Dià.
S. à tige cylindrique , ombelle furcompofée,
feuillée à carène liffe.
Lieu nat. l'Inde ; naturalifé en Italie. ♂

703. SOUCHET *empené*. Dià.
S. à tige demi-cylindrique , ombelle furcompofée feuillée, épillets alternes ferrés en plu-
mes paucifiores.
Lieu nat. Java. *Epillets courts pointus.*

* * Tige triangulaire.

704. SOUCHET *à un épi*. Dià.
S. à tige triangulaire nue , épi fimple ovale
terminal ; écailles mucronées.
Lieu nat. l'Inde.

705. SOUCHET *liffe*. Dià.
S. à tige trigone nue , à tête d'épillets di-
phylle , écailles liffes.
Lieu nat. le Cap de Bonne-Efpérance. ♂

706. SOUCHET *compacte*. Dià.
S. à tige triangulaire nue , tête terminale pref-
que triphylle , écailles ftriées un peu obtufes.
Lieu nat. l'Ifle de Madagafcar.

707. SOUCHET *de Hongrie*. Dià.
S. à tige trigone couchée , épillets feffiles ra-
maffées prefqu'au nombre de quatre.
Lieu nat. la Hongrie , l'Efpagne. ☉

708. SOUCHET *fafciculé*. Dià.
S. à tige triangulaire , ombelle compofée faf-
ciculée capitée feuillée , épillets lin. polnus.
Lieu nat. la Barbarie.
β. *Le même ayant tous les épillets prefque feffiles.*
De l'Inde.

709. SOUCHET *jaunâtre*. Dià.
S. à tige triangulaire prefque nue , ombelle
compofée triphylle , épillets lancéolés.
Lieu nat. l'Europe. ♂

710. SOUCHET *brun*. Dià.
S. à tige triangulaire prefque nue , ombelle
compofée triphy. , épillets ramaffés linéaires.
Lieu nat. l'Europe. ☉

701. CYPERUS *punctatus*.
C. culmo tereti nudo bafi vaginato , fpiculis
feffilibus capitatis proliferis, fquamis punctato-
variegatis.
E Cap. Bonæ Spei.

702. CYPERUS *Montii*.
C. culmo tereti, um bella fupradecompofita,
foliis carina lævibus. L. f. fuppl. 102.
Ex India ; nunc indigena Italiæ. ♂

703. CYPERUS *pennatus*.
C. culmo femi-tereti , umbella fupradecompofita foliofa , fpiculis alternis contertis pen-
natis , paucifloris.
Ex Java. *Commerf.*

* * Culmo triquetro.

704. CYPERUS *monoftachyos*.
C. culmo triquetro nudo , fpica fimplici ovata
terminali : fquamis mucronatis. L.
Ex India. *Rottb.* t. 13. f. 3.

705. CYPERUS *lævigatus*.
C. culmo triquetro nudo , capitulo diphyllo ;
floribus lævigatis. L.
E Cap. B. Spei. ♂ *Rottb.* t. 16. f. 1.

706. CYPERUS *compactus*.
C. culmo triquetro nudo , capitulo terminali
fubtriphyllo , fquamis ftriatis obtufiufculis.
E Madagafcaria. *Commerf.* Spicula ovata compr.

707. CYPERUS *pannonicus*.
C. culmo triquetro decombente, fpiculis feffi-
libus aggregatis fubquaternis.
Ex Hungaria , Hifpania. ☉ *Spicula fufca.*

708. CYPERUS *fafcicularis*. T. 38. f. 2.
C. culmo triquetro , umbella compofita faf-
ciculato-capitata fol. fpiculis linearibus acutis.
E Barbaria. *D. Poiret.*
α. *Idem. Spiculis omnibus fubfeffilibus. Pluk.*
t. 416. f. 6.

707. CYPERUS *flavefcens*. T. 38. f. 2.
C. culmo triquetro fubnudo , umbella com-
pofita triphylla , fpiculis lanceolatis.
Ex Europa. ♂

710. CYPERUS *fufcus*.
C. culmo triquetro fubnudo , umbella com-
pofita triphylla , fpiculis confertis linearibus.
Ex Europa ☉

711. SOUCHET *long*.
S. à tige triangulaire feuillée, ombelle feuil-
lée furcompofée, pedoncules nuds, épillets alt.
Lieu nat. la France, l'Italie, l'Espagne. ♃

711. CYPERUS *longus*.
C. culmo triquetro foliofo, umbella fo'iofa
fupra decompofita, pedunc. nudis, fpicis alt.
E Gallia, Italia, Hifpania. ♃

711. SOUCHET *comeſtible*. Dict.
S. à tige triangulaire nue, ombelle feuillée
tubéroſités des racines ovales : à zones ombr.
Lieu nat. l'Italie, le Levant. ♃

712. CYPERUS *efculentus*.
C. culmo triquetro nudo, umbella foliofa ;
radicum tuberibus ovatis : zonis imbricatis. L.
Ex Italia, Oriente. ♃

713. SOUCHET *rond*. Dict.
S. à tige triangulaire nue, ombelle
compofée, épillets linéaires alternes.
Lieu nat. l'Inde, l'iſle de Java.
β. Le même à tige plus épaiſſe, épillets plus grands.

713. CYPERUS *rotundus*.
C. culmo triquetro fubnudo, umbella decompofita, fpicis alternis linearibus. L.
Ex India, Java. Comm. C. Rotth. n 14. f. 1.
a. Id. culmo craſſiore, fpiculis majoribus. C. pro-
cerus. Rotth. n°. 37.

714. SOUCHET *fquarreux*. Dict.
S. à tige triangulaire nue, ombelle feuillée
glomerulée, épillets ſtriées fquarreux.
Lieu nat. l'Aſie.

714. CYPERUS *fquarrofus*.
C. culmo triquetro nudo, umbella foliofa
glomerata; fpicis ſtriatis fquarrofis. L.
Ex Afia.

715. SOUCHET *luifant*. Dict.
S. à tige triangulaire nue, ombelle compofée
tétraphylle, épillets lancéolés luiſans ramaſſés
digités.
Lieu nat. l'Inde.

715. CYPERUS *nitidus*.
C. culmo triquetro nudo, umbella compofita
tetraphylla, fpiculis lanceolatis nitidis con-
geſto-digitatis.
Ex India. C. pumilus. Rotth. t. 9. f. 4.

716. SOUCHET *divergent*. Dict.
S. à tige triangulaire, ombelle compofée
ramaſſée preſque triphylle, épillets linéaires
applatis divergens.
Lieu nat. l'Inde.

716. CYPERUS *divaricatus*.
C. culmo triquetro, umbella compofita conferta fub-triphylla, fpiculis linearibus complanatis divaricatis.
Ex India. Sonnerat.

717. SOUCHET *fleuri-menus*. Dict.
S. à tige triangulaire, ombelle compofée
feuillée, épillets linéaires très étroites, aigus.
Lieu nat. l'Inde. Epillets alternes.

717. CYPERUS *tenuiflorus*.
C. culmo triquetro, umbella decompofita
foliofa, fpiculis linearibus acutis anguſtiſſimis.
Ex India. Rotth. t. 14. f. 1. Burm. Ind. t. 8. f. 1.

718. SOUCHET *ramaſſé*. Dict.
S. à tige triangulaire, ombelle furcompofée
ramaſſée feuillée, épillets menus pointus alter.
Lieu nat. l'Inde.

718. CYPERUS *confertus*.
C. culmo triquetro umbella decomp. con-
ferta foliofa, fpiculis tenuibus acutis alternis.
Ex India. Sonner.

719. SOUCHET *difforme*. Dict.
S. à tige triangulaire preſque nue, ombelle
diphylle, épillets linéaires glomerulés,
écailles obtuſes.
Lieu nat. l'Inde.

719. CYPERUS *difformis*.
C. culmo triquetro fubnudo, umbella diphylla;
fpicis linearibus glomeratis, fquamis obtuſis.
Ex India. Rotth. t. 9. f. 1. Plut. t. 377. f. 3. 9.

720. SOUCHET *paniculé*. Dict.
S. à tige triangulaire, ombelle furcompofée
triphylle, épillets linéaires, fleurs alt. diſtances
très-oiniées.
Lieu nat. l'Inde.

Botanique, Tome I.

720. CYPERUS *paniculoides*.
C. culmo triquetro, umbella decompofita
triphylla, fpiculis linearibus, floribus alternis
remotis obtuſiſſimis.
Ex India. Sonner. an. C. fruconii? Rotth. t. 9. f. 2.

721. SOUCHET *effilé.* Dict.
S. à tige un peu triangulaire, ombelle comp.
lég. glomerulée triphylle, feuilles effilées
étroites canaliculées.
Lieu nat. l'Isle de Java. *Casserette fort longue.*

721. CYPERUS *strictus.*
C. culmo subtriquetro, umbella composita
subglomerata triphylla, foliis strictis angustis
canaliculatis.
Ex Java. *Commerf. aff. C. conglomerato Rottb.*

722. SOUCHET *amoureux.* Dict.
S. à tige triangulaire nue, ombelle composée
feuillée, épillets glomerulés, écailles un
peu pointues.
Lieu nat. l'Amérique merid. ♃
* Il varie dans la grandeur de ses épillets.

722. CYPERUS *erugrostis.*
C. culmo triquetro nudo, umbella composita
foliosa, spiculis glomer. squamis acutiusculis.
Ex America merid. ♃ *C. compressus, Jacq.*
Hort. 3. t. 11.
* Variat magnitudine spicularum.

723. SOUCHET *comprimé.* Dict.
S. à tige triangulaire nue, ombelle presque
tétraphylle, épillets comprimés d'un verd
blanchâtre, écailles mucronées.
Lieu nat. les deux Indes.

723. CYPERUS *compressus.*
C. culmo triquetro nudo, umbella subtetra-
phylla, spiculis compressis è viridi albidis,
glumis mucronatis.
Ex utrisque Indiis. *Roab. t. 9. f. 3.*

724. SOUCHET *blanchâtre.* Dict.
S. à tige triangulaire, ombelle simple triphylle,
épillets glomerulés blanchâtres, écailles lisses.
Lieu nat. l'Inde.

724. CYPERUS *albidus.*
C. culmo triquetro, umbella simplici triphylla,
spiculis conglomeratis albidis, squamis lævib.
Ex India. *Sonner. aff. C. cruento Rottb.*

725. SOUCHET *de Malacca.* Dict.
S. à tige triangulaire, ombelle paniculée,
collerette très longue, épillets linéaires un
peu cylindriques, écailles obtuses.
Lieunat. la presqu'Isle de Malacca. *Panic. perlas.*

725. CYPERUS *Malaccensis.*
C. culmo triquetro, umbella paniculata, involucro longissimo, spiculis linearibus subteretibus, squamis obtusis.
Ex Malacca. *Sonner. An. Cyg. n°. 52. Rottb.*
exclus. synonymis.

726. SOUCHET *à épis grêles.* Dict.
S. à tige triangulaire nue, ombelle composée
feuillée, épillets cylind. subulés horisontaux.
Lieu nat. la Jamaïque, Cayenne. *Scrupy.*

726. CYPERUS *strigosus.*
C. culmo triquetro nudo, umbella composita
foliosa, spiculis tereti-subulatis horisontalibus.
Ex Jamaica, Cayenna. *Sloan. hist. 1. t. 74. f. 3.*

727. SOUCHET *à fleurs distantes.* Dict.
S. à tige triangulaire nue, ombelle feuillée
surcomposée, épillets alternes filiforma-
subulés, fleurs distantes.
Lieu nat. l'Inde, le Malabar.

727. CYPERUS *distans.*
C. culmo triquetro nudo, umbella foliosa
supradecomposita, spiculis alternis filiformi-
subulatis, flosculis distantibus.
Ex India, Malabaria. *Rottb. t. 10.*

728. SOUCHET *haspan.* Dict.
S. à tige triangulaire feuillée, ombelle sur-
composée, épillets en ombelle sessiles.
Lieu nat. l'Inde, l'Ethiopie. ♃

728. CYPERUS *haspan.*
C. culmo triquetro folioso, umbella suprade-
composita, spiculis umbellato sessilibus. Lin.
Ex India, Æthiopia. ♃

729. SOUCHET *iria.* Dict.
S. à tige triangulaire demi-nue, ombelle feuillée
surcomposée, épillets altern. à grains distincts.
Lieu nat. l'Inde, la Chine.

729. CYPERUS *iria.*
C. culmo triquetro semi-nudo, umbella fo-
liosa decomposita, spiculis alt., granis dist. L.
Ex India, China.

730. SOUCHET *lâche.* Dict.
S. à tige triangulaire nue, ombelle feuillée
très-lâche, épillets un peu ramassés rares squar.
Lieu nat. Cayenne, le Brésil. *Épillets verdâtres.*

730. CYPERUS *laxus.*
C. culmo triquetro nudo, umbella foliosa
laxissima, spiculis subaggregatis raris squarrosis.
E Cayenna, Brasilia. *Sloan. hist. 2. t. 75. f. 1.*

731. SOUCHET *flabelliforme*. Dict.
S. à tige trigone nue, collerette très-grande polyphylle ; à folioles alternes, pédoncules axillaires corymbifères.
Lieu nat. l'isle de Madag. *Coller. de 20 à 15 folioles planes inésst. alt. très-rapprochées entr'elles.*

732. SOUCHET d'Egypte. Dict.
S. à tige trigone nue, ombelle plus longue que les collerettes : rayons engainés à leur base, épillets subulés.
Lieu nat. l'Egypte, Madagascar.

733. SOUCHET prolifère. Dict.
S. à tige trigone nue, ombelle plus longue que la collerette, rayons très-nombreux, épillets très-petits, prolifères.
Lieu nat. l'isle de France. *Epillets ovales.*

734. SOUCHET à longs épis. Dict.
S. à tige triangulaire, ombelle composée fort ample, épillets linéaires arqués très-longs, écailles un peu obtuses.
Lieu nat. l'Afrique. *Epillets longs de 2 pouces.*

735. SOUCHET joncoïde. Dict.
S. à tige triangulaire, ombelle surcomposée presque nue, épillets petits ramassés dentés sur les côtés, écailles pointues.
Lieu nat..... Collerette diphylle, courte.

736. SOUCHET rouge-brun. Dict.
S. à tige triangulaire, ombelle glomerulée, collerette subulée presque triphylle, épillets ramassés, écailles obtuses.
Lieu nat.....

737. SOUCHET nud. Dict.
S. à tige triangulaire, à collerette presque nulle.

Lieu nat. le Cap de B. Espérance. ♄

738. SOUCHET polycéphale. Dict.
S. à tige triangulaire, ombelle polyphylle, têtes ovales pedonculées, épillets ramassés très-denses.
Lieu nat. l'Isle de Cayenne.

739. SOUCHET ligulaire. Dict.
S. à tige trigone, épillets de l'ombelle oblongs sessiles entête, collerettes très-longues dentées rudes au toucher.
Lieu nat. la Jamaïque, l'Afrique. *Ce n'est point l'Ira de Rhéede.*

740. SOUCHET alopecurïde. Dict.
S. à tige triangulaire, ombelle surcomposée,

731. CYPERUS *flabelliformis*. R.
C. culmo triquetro nudo, involucro maximo polyphyllo : foliolis alternis, pedunculis corymbiferis axillaribus.
Ex Madagascaria. Cyp. *alternifolius*, L. Cyp. *flab.* Rotb. n°. 57. t. 12. f. 1.

732. CYPERUS *papyrus*.
C. culmo triquetro nudo, umbella involucris longiore, radiis basi vaginatis, spiculis subulatis.
Ex Ægypto, Madagascaria.

733. CYPERUS *prolifer*.
C. culmo triquetro nudo, umbella involucro longiore, radiis numerosissimis, spiculis minimis proliferis.
Ex insula Franciæ. *Jos. Martin.*

734. CYPERUS *macrostachyos*.
C. culmo triquetro, umbella composita amplissima, spiculis linearibus arcuatis longissimis, glumis obtusiusculis.
Ex Africa. *spicula bipollicaris.*

735. CYPERUS *juncoïdes*.
C. culmo triquetro, umbella decomposita submuda, spiculis parvis aggregatis serrato-squarrosis, glumis acutis.
..... Sonnerat. *Panicula junci pilosi.*

736. CYPERUS *spadiceus*.
C. culmo triquetro, umbella glomerata, involucro subulato subtriphyllo, spiculis aggregatis, glumis obtusis.
..... Sonnerat.

737. CYPERUS *denudatus*.
C. culmo triquetro, involucro subnullo. L. f. suppl. 101.
E Cap. Bonæ-Spei. ♄

738. CYPERUS *polycephalus*.
C. culmo triquetro, umbella polyphylla, capitulis ovatis pedunculatis, spiculis densissimè congestis.
E Cayenna. D. Stoupy. Rotb. t. 13. f. 2.

739. CYPERUS *ligularis*.
C. culmo triquetro, umbella spiculis capitatis oblongis sessilibus, involucris longissimis serrato-asperis. Lin. Rotb. t. 11. f. 1.
Ex Jamaica, Africa.

740. CYPERUS *alopecuroïdes*.
C. culmo triquetro, umbella supradecom-

248 TRIANDRIE MONOGYNIE.

épis digités oblongs, épillets très-ramassés embriqués droits.
Lieu nat. l'Arabie, la Guinée. *Collerette poly-phylle, plus longue que l'ombelle.*

Explication des fig.

Tab. 38. fig. 1. SOUCHET *jaunâtre.* Feuilles mal représentées. Tab. 38. f. 2. SOUCHET *fasciculé.* L'ombelle composée, mais très-courte, n'est pas exprimées les feuilles sont mal rendues. Tab. 38. f. 3. Une fleur & un épillet de Souchet, d'après Linnée.

94. KYLLINGE.

Caract. essent.

CAL. 2-valve, inégal, 1-flore. COR. 2-valve, plus longue que le calice.

Caract. nat.

Fleurs embriquées en tête ou en épi.
Cal. bâle bivalv. à valves inég. lanceol. pointues concaves comprimées plus courtes que la cor.
Cor. bâle bivalve, plus longue que le calice : valves carinées inégales divergentes au sommet ; dont l'une plus grande, lancéolée, très-pointue, pliée en deux, embrasse le bord de l'autre qui est plus courte & plus étroite.
Etam. trois filamens subulés, planes. Anthères linéaires droites.
Pist. un ovaire supérieur, ovoïde, applati, renflé en l'un de ses bords. Style filiforme ; deux ou trois stigmates capillaires.
Peric. nul. Les valves de la corolle conservent la semence jusqu'à sa maturité.
Sem. oblongue, trigone, nue.

Tableau des espèces.

741. KYLLINGE *monocéphale.* Dict.
K. à tige triangulaire feuillée à sa base, tête globuleuse sessile, collerette sort longue 3 ou 4-phylle.
Lieu nat. Les Indes orientales.

742. KYLLINGE *à gaines.* Dict.
K. à tige garnie de gaines inférieurement, tête globuleuse sessile, collerette courte 3-phille. K. du Pérou. Dict.
Lieu nat. le Pérou, le Sénégal.

743. KYLLINGE *tricéphale.* Dict.
K. à têtes ternées glomerulées sessiles terminales.
Lieu nat. les Indes.

TRIANDRIA MONOGYNIA.

posita, spicis digitatis oblongis, spiculis confertissimis imbricatis, erectis. Roth. n° 30. t. 3. f. 2.
Ex Arabia, Guinea. *Roussillon. in uno specimine spicula nec erecta nec imbricata, sed patentes.*

Explicatio iconum.

Tab. 38. f. 1. CYPERUS *flavescens.* Folia malè depicta. Tab. 38. f. 2. CYPERUS *fascicularis.* Umbellam compositam at brevissimam non expressit pictor. Folia etiam mala. Tab. 38. f. 3. Flos & spicula Cyperi, ex Linnæo, in Amœn. acad.

94. KYLLINGIA.

Charact. essent.

CAL. 2-valvis, inæqualis, 1-florus. Cor. 2-valvis, calyce longior.

Charact. nat.

Flores in capitulum vel spicam imbricati.
Cal. gluma bivalvis : valvis inæqualibus lanceolatis acutis concavis compr. corolla brevior.
Cor. gluma bivalvis, calyce longior, compressa : valvis carinatis, inæqualibus, apice divaricatis ; quarum altera major, lanceolata, acutissima, complicata, marginem alterius amplectens ; altera brevior angustior.
Stam. filamenta tria, subulata, plana. Antheræ lineares erectæ.
Pist. germen superum, obovatum, complanatum, margine altero gibbum. Stylus filiformis ; stigmata duo vel tria capillaria.
Peric. nullum, glumæ corollinæ ad maturitatem Semen conservant.
Sem. oblongum triquetrum nudum.

Conspectus specierum.

741. KYLLINGIA *monocephala.* T. 38. f. 1.
K. culmo triquetro basi folioso, capitulo globoso sessili, involucro subtriphyllo longissimo.
Ex Indiis orientalibus.

742. KYLLINGIA *vaginata.*
K. culmo inferne vaginato, capitulo globoso sessili, involucro brevi triphyllo. K. Peruviana, Dict.
E Peru. Domb. E Senegal. *Roussillon.*

743. KYLLINGIA *triceps.* T. 38. f. 2.
K. capitulis terminalibus subternis glomeratis sessilibus. L.
Ex Indiis.

744. KYLLINGE *panicée*. Dict.
K. à ombelle terminale : épis séssiles & pédoncules cylindriques embriqués, coller. universelle presque de quatre folioles, & partielle nulle.
Lieu nat. l'Inde.

745. KYLLINGE *de Cayenne*. Dict. suppl.
K. à ombelle terminale : épis séssiles & pédoncules, fleurs réfléchies, collerette très-longue presque de huit folioles.
Lieu nat. l'Isle de Cay. *Epis ovales, rouss.*

746. KYLLINGE *à ombelle*. Dict.
K. à ombelle terminale : épis séssiles & pédoncules cylindriques squatreux, coller. universelle polyphylle, partielle triphylle.
Lieu nat. les Indes orientales.

747. KYLLINGE *incomplette*. Dict. suppl.
K. à tige triangulaire, ombelle composée feuillée, épis oblongs séssiles divergens en digitations.
Elle a le port du fouchet alopécuroïde.

Explication des fig.

Tab. 38. f. 1. KYLLINGE *monocéphale*. (a) Tige, collerette, tête de fleurs. (b) Feuilles radicales. Tab. 38. f. 2. KYLLINGE *tricéphale* (a) Têtes glomérulées. (b, c, d) Bâle du calice & bâle de la corolle. (e) Examens, pistil.

95. FUIRENE.

Caract. essent.

PAILLETTES aristées, embriquées de toute part en épillet. Cal. o. Cor. 3-valve : à valves en cœur, aristées.

Caract. nat.

Epillet ovale-oblong, embriqué de toute part : à écailles cunéiformes, tricarinées séparant les fleurs.
Cal. aucun.
Cor. bâle trivalve : à valves en cœur, membraneuses, tricariées, terminées par une barbe courbe.
Etam. trois filamens linéaires, insérés au réceptacle entre les valves de la corolle. Anthères linéaires, droites.
Pist. un ovaire supérieur, grand, trigone ; un style filiforme ; deux stigm. roulées en dehors.
Peric. aucun. la corolle fanée renferme la semence.
Sem. une seule, trigone, nue.

744. KYLLINGIA *panicea*.
K. umbella terminali : spicis sessilibus pedunculatisque cylindricis imbricatis, involucro universali subtetraphyllo, partiali nullo. L. f. suppl. 105.
Ex India.

745. KYLLINGIA *Cayennensis*.
K. umbella terminali : spicis sessilibus pedunculatisque, flosculis reflexis, involucro longissimo sub-octophyllo.
E Cayen. Stoupy. filam. membr. articulata.

746. KYLLINGIA *umbellata*.
K. umbella terminali : spicis sessilibus pedunculatisque cylindr. squarrosis, involucro universali polyph., partiali triph. L. f. suppl. 105.
Ex Indiis orientalibus.

747. KYLLINGIA *incompleta*. J.
K. culmo triquetro, umbella composita foliosa, spicis oblongis sessilibus divaricatodigitatis.
K. incompleta. Jacq. collect. v. 4. et. ic. rar. v. 2.

Explicatio Iconum.

Tab. 38. f. 1. KYLLINGIA *monocephala*. (a) Culmus, involucrum, capitulum. (b) Folia radicali. Tab. 38. f. 2. KYLLINGIA *triceps*. (a) Capitula glomerata. (b, c, d) Gluma calycina cum gluma corollina. (e) Stamina, pistillum. *Fig. ex Rottb.*

95. FUIRENA.

Charact. essent.

PALEA aristatæ, in spiculas undique imbricatæ. Cal. o. cor. 3-valvis : valv. obcordatis, aristatis.

Charact. nat.

Spicula oblongo-ovata, undique imbricata : squamis cuneiformibus, tricarinatis, flores distinguentibus.
Cal. nullus.
Cor. gluma trivalvis : valvulis obcordatis, membranaceis, tricarinatis, arista incurva terminatis.
Stam. filamenta tria, linearia, inter valvulas corollinas receptaculo inserta. Antheræ lineares erectæ.
Pist. germen superum, magnum, triquetrum. Stylus filiformis ; stigmata duo, revoluta.
Peric. nullum. corolla emarcida, semen includens.
Sem. unicum, triquetrum, nudum.

Tableau des espèces.

748. FUIRENE *paniculée*. Dict. p. 566.
F. à pédoncules rameux, panicules latérales & terminales.
Lieu nat. Surinam, Cayenne.

749. FUIRENE *glomerulée*. Dict. suppl.
F. à pédoncules non divisés, épillets ramassés par groupes sessiles & pédonculés.
Lieu nat. l'Isle de Madagascar.

Explication des fig.

Tab. 39. FUIRENE *paniculée.* (a) Fleur ouverte. (b) Fleur resserrée. (c) Ecaille de l'épillet. (d) Épillet. (e) Panicule. (f) Feuille.

96. LINAIGRETTE.

Caract. essent.

PAILLETTES glumacées embriquées de toute part en épillet ovale, Cor. o. t. Sem. environnée de poils très-longs.

Caract. nat.

Cal. épi ou épillet embriqué de toute part : à écailles ovales-oblongues, acuminées, membraneuses, scarieuses sur les bords, & qui séparent les fleurs.
Cor. nulle.
Etam. trois filamens capillaires. Anthères droites, oblongues.
Pist. un ovaire supérieur, ovale, très-petit. Un style filiforme, de la longueur de l'écaille calicinale. Trois stigmates plus longs que le style, velus, recourbés.
Péric. nul.
Sem. une seule, ovale, trigone, acuminée, environnée de poils fins, très-longs.

Tableau des espèces.

750. LINAIGRETTE *commune*. Dict. n°. 1.
L. à épis fructifères pédonculés un peu pendans, tige feuillée.
- *Lieu nat.* l'Europe, aux lieux marécageux. ⚥

751. LINAIGRETTE *à gaine*. Dict. n°. 2.
L. à tige munie de gaines, nue supérieurement; épi simple, droit, scarieux.
Lieu nat. l'Europe, aux lieux humides & montueux. ⚥

---

748. FUIRENA *paniculata*. T. 39.
F. pedunculis ramosis, paniculis lateralibus & terminalibus.
E Surinamo, Cayenna.

749. FUIRENA *glomerata*.
F. pedunculis indivisis, spiculis conglomeratis, glomerulis pedunculatis sessilibusque.
E Madagascaria. Commers.

Explicatio iconum.

Tab. 39. FUIRENA *paniculata.* (a) Flos expansus. (b) Flos connivens. (c) Squama spiculæ. (d) Spicula. (e) Panicula. (f) Folium. Fig. 10 Rœm.

96. ERIOPHORUM.

Charact. essent.

GLUMA paleaceæ undique imbricata in spiculam ovatam. Cor. o. Sem. 1. Lana longissima cinctum.

Charact. nat.

Cal. Spica s. spicula undique imbricata : squamis ovato-oblongis, acuminatis, membranaceis, margine scariosis, flores distinguentibus.
Cor. nulla.
Stam. filamenta tria capillaria. Antheræ erectæ oblongæ.
Pist. germen superum, ovatum, minimum. Stylus filiformis longitudine squamæ calycis. Stigmata tria, stylo longiora, villosa, reflexa.
Peric. nullum.
Sem. unicum, ovatum, triquetrum, acuminatum, villis longissimis cinctum.

Conspectus specierum.

750. ERIOPHORUM *polystachion*. T. 39. f. 1.
E. spicis fructiferis pedunculatis subpendulis culmo folioso.
Ex Europa, in uliginosis. ⚥

751. ERIOPHORUM *vaginatum*. T. 39. f. 2.
E. culmo vaginato superne nudo, spica simplici erecta scariosa. Dict.
Ex Europa, in humidis & montosis. ⚥

752. LINAIGRETTE *des Alpes*. Dict. n°. 3.
L. à tige trigone nue, feuilles filiformes-
subulées trigones, épi pauciflore, fruits à
poils rares.
Lieu nat. les montagnes de l'Europe. ♃

753. LINAIGRETTE *de Virginie*. Dict. n°. 4.
L. à tiges feuillées cylindriques, feuilles
planes, épi droit.
Lieu nat. la Virginie. ♃

754. LINAIGRETTE *cypéroïde*. Dict. n°. 5.
L. à tiges cylindriques feuillées, panicule
surcomposée prolifère; épillets presque ternés.
Lieu nat. l'Amérique septentrionale.

Explication des fig.

Tab. 39, f. 1. LINAIGRETTE *commune*. (a) Epillet
fleuri. (b) Fleur entière séparée. (c, d,) Ecaille de la
fleur & du fruit. (e) étamines, pistil. (g) Fruit. (h)
Semence séparée.

Tab. 39, f. 2. LINAIGRETTE *à gaîne*. Tab. 39, f. 3.
LINAIGRETTE *des Alpes*.

97. NARD.

Caract. essent.

CAL. o. cor. 2-valve.

Caract. nat.

CAL. nul.
COR. bivalve: valve extérieure lancéolée-
linéaire, longue, mucronée, embrassant la
plus petite; valve intérieure plus petite,
linéaire, mucronée.
Étam. trois filamens capillaires, plus courts que
la corolle, Anthères oblongues.
Pist. un ovaire supérieur, oblong, Un style
filiforme long pubescent; stigmate simple.
Péric. aucun. La corolle adhère à la semence
qu'elle enveloppe; & ne s'ouvre point.
Sem. une seule, couverte, linéaire-oblongue,
acuminée aux deux bouts, plus étroite supérieurement.

Tableau des espèces.

755. NARD *serré*. D.B.
N. à épi sétacé, droit, unilatérale.
Lieu nat. l'Europe, aux lieux stériles. ♃

756. NARD *aristé*. Dict.
N. à épi cylindrique-subulé articulé courbé,
fleurs munies de barbes.
Lieu nat. la France, l'Italie.

---

751. ERIOPHORUM *Alpinum*. T. 39, f. 3.
E. culmo triquetro nudo, foliis filiformi-
subulatis triquetris, spica pauciflora, papo
raro. Dict.
Ex Europæ *Alpibus*. ♃.

753. ERIOPHORUM *Virginicum*.
E. culmis foliosis teretibus, foliis planis,
spica erecta. L.
E Virginia. ♃

754. ERIOPHORUM *cyperinum*.
E. culmis teretibus foliosis, panicula supra
decomposita prolifera, spiculis subternis. L.
Ex America septentrionali.

Explicatio iconum.

Tab. 39. f. 1. ERIOPHORUM *polystachion*. (a) Spicula florida. (b) Flos integer separatus. (c, d) Squama
floris & fructus. (e) Stamina, pistillum. (g) Fructus.
(f) Semen solutum. Fig. ea Luers.

Tab. 39. f. 2. ERIOPHORUM *vaginatum*. Tab. 39.
f. 3. ERIOPHORUM *alpinum*.

97. NARDUS.

Charact. essent.

CAL. o. cor. 2-valvis.

Charact. nat.

CAL. nullus.
COR. bivalvis: valvula exterior lanceolato-linea-
ris, longa, mucronata, ventre amplectens
minorem; valvula, interior minor, linearis,
mucronata.
Stam. filamenta tria, capillaria, corolla breviora, Antheræ oblongæ.
Pist. germen superum oblongum, Stylus filiformis longus pubescens; stigma simplex.
Péric. nullum. Corolla adnascitur semini, nec
dehiscit.
Sem. unicum, tectum, lineari-oblongum, utrinque acuminatum, superne angustius.

Conspectus specierum.

755. NARDUS *stricta*. T. 39.
N. spica setacea, recta, secunda. L.
Ex Europa, locis sterilibus. ♃.

756. NARDUS *aristata*.
N. spica tereti-subulata articulata incurva,
floribus aristatis.
Ex Gallia, Italia.

757. NARD *l'Inde.* Dią.
N. à épi glacé, unilatéral, un peu courbé.
Lieu nat. l'Inde, près de Tranquebar.

758. NARD *de Saint-Thomas.* Dią.
N. à épi filiforme, droit, embriqué de chaque côté.
Lieu nat. l'Inde, sur le Mont de St.-Thomas.

759. NARD *cilié.* Dią.
N. à épi unilatéral, mutique : bâles striées sur le dos, blanches & ciliées sur les bords.
Lieu nat. l'Inde.

760. NARD *scorpioïde.*
N. à épi unilatéral, roulé en dehors, aristé; deux rangées de fleurs.
Lieu nat. l'Amérique.

Explication des fig.

Tab. 39. NARD *serré.* (a) Plante entière, un peu plus petite que nature. (b) Tige séparée, avec son épi. (c) Partie du rachis avec une fleur grossie. (d) Rachis mis à nud. (e) Fleur séparée. (f) Etamines, pistil. (g) Pistil. (h) Semence.

98. ALVARDE.

Carać. essent.

SPATHE 1-phylle. à corolles sur le même ovaire. noix 2-loculaire.

Carać. nat.

Cal. spathe monoph., ovale, pointue, concave, à bords roulés en dedans, biff., persistante.
Cor. géminées, adnées ou réunies à l'ovaire de chaque côté par leur base, ce qui les fait paroître supérieures. Chaque corolle est bivalve : la valve extérieure est convexe, oblongue, pointue, plus petite; la valve intér. est linéaire, étroite, bifide, une fois plus longue.
Etam. (à chaque fleur) trois filamens longs, un peu planes, très-minces. Anth. linéaires.
Pist. l'ovaire de chaque fleur réuni en un seul qui paroît inférieur, velu en dehors. Un style simple (composé peut-être de 2 styles réunis), un peu plane, long. Stigmate simple.
Peric. noix oblongue, très-velue, biloculaire, ne s'ouvrant point.
Sem. solitaires, linéaires-oblongues, convexes d'un côté, un peu planes de l'autre.

Tableau des espèces.

761. ALVARDE *spathacée.* Dią.
Lieu nat. l'Espagne.

757. NARDUS *Indica.*
N. spica setacea secunda subincurva. L. f.
Ex India, propè Tranquebarlam.

758. NARDUS *Thomæa.*
N. spica filiformi recta, utrinque imbricata: L. f. fupp.
Ex India, in monte Sancti Thomæ.

759. NARDUS *ciliata.*
N. spica secunda mutica : glumis dorso striatis, margine albo ciliato.
Ex India. *Sonnerat. ann. ciliaris.* L.

760. NARDUS *scorpioïdes.*
N. Spica secunda revoluta aristata; flosculis duplici serie.
Ex America. *Moris. sec.* 8. t. 13. fig. ult.

Explicatio Iconum.

Tab. 39. NARDUS *stricta.* (a) Planta integra, natura paulo minor. (b) Culmus separatus cum spica. (c) Pars rachidis cum flore aucto. (d) Rachis denudata. (e) Flos separatus. (f) Stamina, pistillum. (g) Pistillum. (h) Semen. *Fig. ex Leers.*

98. LYGEUM.

Charać. essens.

SPATHA 1-phylla. Corollæ binæ supra idem germen. nux 2-locularis.

Charać. nat.

Cal. spatha monophylla, convoluta, concava, ovata, acuta, bißora, persistens.
Cor. binæ, basi utrinque germini adnatæ f. coalitæ, indeque superæ videntur. corollulæ gluma bivalvis : valva exterior convexa, oblonga, acuta, minor; valva interior linearis, angusta, acuta, bifida, duplo longior.
Stam. (singulo flori) filamenta tria, tenuissima, planiuscula, longa. Antheræ lineares.
Pist. germen utriusque floris in unum coalitum, germen inferum mentiens, hirsutum. Stylus simplex (ex duobus coalitis forsè compositus?), planiusculus, longus. Stig. simplex.
Peric. nux oblonga, hirsutissima, bilocularis, non dehiscens.
Sem. solitaria, lineari-oblonga, hinc convexa; inde planiuscula.

Conspectus Specierum.

761. LYGEUM *spathaceum.* T. 39.
Ex Hispania. Lygeum spartum. L.

DIGYNIE.

| DIGYNIE. | DIGYNIA. |

99. BOBART.   99. BOBARTIA.

Caract. essent.   *Charact. essent.*

CAL. embriqué, 1-flore, cor. à bâse 2-valve, supérieure.   CAL. imbricatus, 1-florus, cor. gluma 2-valvi; supera.

Caract. nat.   *Charact. nat.*

Cal. uniflore, embriqué, à bâles nombreuses, cylindriques, dont les extérieures sont nombreuses, courtes, univalves; les intérieures égales, plus longues, bivalves; à valve extérieure très grande; l'intérieur linéaire, tronquée, de même longueur.

Cor. bâle bivalve, très mince, supérieure, marcescente, plus courte que le calice.

Etam. trois filamens, capillaires, très-courts. Anthères oblongues.

Pist. un ovaire presqu'inférieur, court. Deux styles, filiformes; stigmates simples.

Peric. nul. Les calices en tiennent lieu.

Sem. une seule, un peu oblongue.

Cal. uniflorus, imbricatus, glumis numerosis cylindricis; quarum exteriores plurinæ, breves, univalves; interiores æquales, longiores, bivalves: valvula exteriore maxima; interiore lineati, trunc. ejusdem longitudinis.

Cor. gluma bivalvis, tenuissima, calyce brevior; supera, marcescens,

Stam. filamenta tria, capillaria, brevissima. Antheræ oblongæ.

Pist. germen subinferum, breve. Styli duo filiformes; stigmata simplicia.

Peric. Nullum. Calyces immutati.

Sem. Unicum, oblongiusculum.

Tableau des espèces.   *Conspectus specierum.*

761. BOBART des Indes. Did. p. 431. Lieu nat. les Indes orientales.

761. BOBARTIA Indica. T. 40. Ex India. Fig. 1. ex Pluck. 1. 300. f. 7.

100. COQUELUCHIOLE.   100. CORNUCOPIÆ.

Caract. essent.   *Charact. essent.*

COLLERETTE 1-phylle, infundib. crénelée, multiflore. Cal. 2-valve. Cor. 1-valve.

INVOLUCR. 1-phyllum, infundibulif. crenatum, multiflorum. Cal. 2-valvis. Cor. 1-valv.

Caract. nat.   *Charact. nat.*

Collerette monophylle, infundibuliforme, multiflore; à bord crénelé, obtus, demi-ouvert.

Cal. bâle uniflore, bivalve; valves oblongues obtusément acuminées, égales.

Cor. univalve, très semblable par la figure, la grandeur, & la situation aux valves du calice.

Etam. trois filamens capillaires; anthères oblon.

Pist. un ovaire supérieur, turbiné. Deux styles capillaires; stygmates en vrille.

Peric. aucun. La corolle renferme la semence.

Sem. une seule, turbinée, convexe d'un côté, plane de l'autre.

Involucrum monophyllum, infundibuliforme, multifl.; ore crenato, obtulo, patenti erecto.

Cal. Gluma uniflora, bivalvis; valvulis oblongis obtuse acuminatis æqualibus.

Cor. univalvis, figura, magnitudine & situ, valvulis calycis simillima.

Stam. Filamenta tria, capillaria; antheræ obl.

Pist. Germen superum, turbinatum, styl. duo capillares; stigmata cirrhosa.

Peric. Nullum. Corolla semen includens.

Sem. unicum, turbinatum, hinc convexum; inde planum.

Tableau des espèces.   *Conspectus specierum.*

761. COQUELUCHIOLE de smyrne. Did. n°. 1. C, à épi mutique, collerette crénelée. Lieu nat. le levant, les env. de Smyrne. ☉

Botanique. Tom. I.

1. CORNUCOPIÆ cucullatum. T. 40. C, spica mutica; cuculo crenato. L. Ex Oriente, circa Smyrnam. ☉

V.

764. COQUELUCIIIOLE *alopécuroïde.* D. n°. 1.
C. à épi aristé, reçu dans un urcéole hémisphéri.
Lieu nat. l'Italie.

Explication des fig.

Tab. 40. COQUELUCHIOLE *de Smyrne.* (a) Fleur entière, séparée. (b) Collerette enveloppant les fleurs. (c) Partie supérieure de la plante.

101. C A N A M E L L E.

Caraã. essent.

CAL. garni de longs poils à l'extérieur.

Caraã. nat.

Cal. bâle bivalve, uniflore, quelquefois nulle : à valves oblongues-lancéolées acuminées concaves égales : environnées de longs poils à leur base.
Cor. bivalve, plus courte que le calice, un peu pointue, très délicate.
Etam. trois filamens capillaires, de la longueur de la corolle. Anthères un peu oblongues.
P.st. un ovaire supérieur, oblong. Deux styles : stigmates plumeux.
Peric. nul. La corolle enveloppe la semence.
Sem. une seule, oblongue.

Tableau des espèces.

765. CANAMELLE *officinale.* Diã. n°. 1.
C. à fleurs paniculées, feuilles planes.
Lieu nat. les 2 Indes; aux lieux inondées. ✷

766. CANAMELLE *spontanée.* Diã. n°. 2.
C. à fleurs paniculées, feuilles roulées en jonc.
Lieu nat. les lieux aquatiques du Malabar. ✷

767. CANAMELLE *de ravenne.* Diã. n°. 3.
C. à panicule lâche, ayant le rachis laineux, fleurs aristées.
Lieu nat. l'Italie, la France mérid. &c. ✷

768. CANAMELLE *de teneriffe.* Diã. n°. 4.
C. à feuilles subulées planes, fleurs paniculées mutiques, collerette pileuse nulle, calice très velu.
Lieu nat. l'Isle de Teneriffe.

759. CANAMELLE *cylindrique.* Diã. n°. 5.
C. à panicule en épi, soyeuse, composée de rameaux très-courts, fleurs mutiques.
Lieu nat. la France méridionale, l'Inde. ✷

TRIANDRIA DIGYNIA.

764. CORNUCOPIÆ *alopecuroïdes.*
C. spica aristata, cucullo hemisphærico recepta.
Ex Italia. *Urceolus spica margine integro.*

Explicatio iconum.

Tab. 40. CORNUCOPIÆ *cucullatum.* (a) Flos integer separatus. (b) Involucrum flores obvolvens. (c) Pars superior plantæ.

101. S A C C H A R U M.

Charaã. essent.

LANUGO longa extra calycem.

Charaã. nat.

Cal. gluma bivalvis, uniflora, interdum nulla : valvis oblongo-lanceolatis acuminatis concavis æqualibus : basi lanugine longa cinctis.
Cor. bivalvis, calyce brevior, acutiuscula tenerrima.
Stam. filamenta tria, capillaria, longitudine corollæ. Antheræ oblongiusculæ.
Pist. germen superum oblongum. Styli duo : stigmata plumosa.
Peric. nullum. Corolla semen involvit.
Sem. unicum, oblongum.

Conspectus specierum.

765. SACCHARUM *officinarum.* t. 40. f. 1.
S. floribus paniculatis, foliis plani.
Ex Indiis utriisque; locis inundatis. ✷

766. SACCHARUM *spontaneum.*
S. floribus paniculatis, foliis convolutis. L.
Ex Malabariæ aquosis. ✷

767. SACCHARUM *ravenna.*
S. panicula laxa rachi lanata, floribus aristatis. L.
Ex Italia, Gallia merid. &c. ✷

768. SACCHARUM *Teneriffæ.*
S. foliis subulatis planis, floribus paniculatis muticis, involucro piloso nullo, calyce villosissimo. Suppl.
Ex Teneriffa.

769. SACCHARUM *cylindricum.* t. 40. f. 2.
S. panicula spicata sericea ramulis brevissimis composita, floribus muticis. Diã.
Ex Gallia merid. India. ✷

770. CANAMELLE *rampante*. Dict. suppl.
C. à panicule étroite mutique, feuilles roulées subulées, tige rampante & stolonifère à sa base.
Lieu nat. Monte-Video. Cal. velu.

771. CANAMELLE *à épi*. Dict. n°. 6.
C. à fleurs en épi, feuilles ondulées.
Lieu nat. l'Inde. ⊙

772. CANAMELLE *panicée*. Dict. n°. 7.
C. à fleurs en épi, aristées; tige rameuse à plusieurs épis.
Lieu nat. les Indes orientales.

773. CANAMELLE *papifère*. Dict. suppl.
C. à panicule étroite en épi, bâles multifidesciliées à leur sommet, comme papifères.
Lieu nat. l'Amérique méridion. Cal. o. comme dans les deux précédentes.

Explication des fig.

Tab. 40. f. 1. CANAMELLE officinale. (a) Fleur séparée. (b) Panicule réduite. Tab. 40. f. 2. (a, b) CANAMELLE cylindrique. Tab. 40. f. 3. (a, b) CANAMELLE panicée.

101. LAGURE.

Caract. essent.

CAL. à 2 barbes opposées velus. Cor. 2-valve: à valve ext. aristée au sommet & sur le dos.

Caract. nat.

Cal. uniflore, bivalve; à valves longues linéaires très-grêles ouvertes, formant chacune une barbe velue qui les termine.
Cor. bivalve, plus épaisse que le calice. Valve extérieure plus longue, terminée par deux barbes droites, petites; la troisième barbe torse & coudée, étant insérée au milieu du dos de la même valve; valve intérieure petite acuminée.
Etam. 3 filamens capillaires. Anthères oblongues.
Pist. un ovaire supérieur, turbiné. Deux styles sétacés velus. Stigmates simples.
Péric. nul. La corolle adhère à la semence.
Sem. une seule, oblongue, couverte, aristée.

Tableau des espèces.

774. LAGURE *ovale*. Dict.
Lieu nat. la France australe, l'Italie, &c. ⊙

---

775. SACCHARUM *repens*.
S. panicula angustata mutica, foliis involuto-subulatis, culmo basi repente stolonifero.
E. Monte-video. Conters. Cal. villosus.

771. SACCHARUM *spicatum*.
S. floribus spicatis, foliis undulatis. L.
Ex India. ⊙ *perenis* Hort. kew. 85.

772. SACCHARUM *paniceum*. T. 40. f. 3.
S. floribus spicatis aristatis, culmo ramoso polystachio.
Ex Indiis orientalibus. Cal. O.

773. SACCHARUM *papiferum*.
S. panicula angustata subspicata, glumis superne multifido-ciliatis quasi papiferis.
Ex Amer. merid. Communic. aD Richard. An genus proprium.

Explicatio iconum.

Tab. 40. f. 1. SACCHARUM officinarum. (a) Flos separatus. (b) Panicula reducta, re Sinea. Tab. 40. f. 2. (a, b) SACCHARUM cylindricum. Tab. 40. f. 3. (a, b) SACCHARUM paniceum. Fig. ex Sicco.

101. LAGURUS.

Charact. essent.

CAL. aristis 2 oppositis villosis. Cor. 2-valvis: valvula ext. apice dorsoque aristata.

Charact. nat.

Cal. uniflorus, bivalvis; valvulis longis linearibus parvis tenuissimis, desinentibus singulis in aristam villosam.
Cor. bivalvis, calyce crassior. Valvula exterior longior, terminata aristis duabus parvis rectis; arista tertia e medio dorso valvula ejusdem, reflexo-torta. Valvula interiore parva acuminata.
Stam. filamenta tria capillaria. Antheræ oblongæ.
Pist. german superum turbinatum. Styli duo setacei villosi. Stigmata simplicia.
Peric. nullum. Corolla semini adnascitur.
Sem. Solitarium, oblongum, tectum, aristatum.

Conspectus specierum.

774. LAGURUS *ovatus*. T. 41.
Ex Gallia austr. Italia, &c. ⊙

V 2

103. ARISTIDE.

Caraĉt. essent.

CAL. 2-valve. Cor. 1-valve : à trois barbes terminales.

Caraĉt. nat.

Cal. bâle uniflore, bivalve : à valves linéaires-subulées inégales.
Cor. bâle univalve, connivente longitudinalement, velue à sa bâse : à trois barbes terminales.
Etam. trois filam. capillaires. Anth. oblongues.
Pist. un ovaire supérieur, turbiné. Deux styles capillaires ; stigmates velus.
Peric. nul. la bâle connivente enveloppant la semence, s'ouvre, & s'en sépare.
Sem. une seule, filiforme, de la longueur de la corolle, nue.

Tableau des espèces.

775. ARISTIDE de l'Ascension. Dic. n°. 1.
A. à panicule rameuse oblongue étroite, bâles éparses presque filiformes.
Lieu nat. l'Isle de l'Ascension, &c. &c.
β La même à bâles & barbes plus courtes. Des Antilles ; communiquée par M. Richard.

776. ARISTIDE d'Amérique. Dict. n°. 2.
A. à rameaux de la panicule très-simples, épis alternes.
Lieu nat. l'Amérique.

777. ARISTIDE capillacée. Dict. suppl.
A. bassette, à panicule composée capillacée ; barbes lisses, divergentes.
Lieu nat. l'Amérique mérid. port d'un agrostis.

778. ARISTIDE plumeuse. Dict. n°. 3.
A. à barbe intermédiaire laineuse, tige barbue aux articulations.
Lieu nat. le Levant, la Barbarie.

779. ARISTIDE en roseau. Dict. n°. 4.
A. paniculée, à barbe intermédiaire plus longue lisse.
Lieu nat. l'Inde.

780. ARISTIDE géante. Dict. n°. 5.
A. à panicule alongée lâche unilatérale, calices uniflores, barbet de la corolle presque égales droites.
Lieu nat. l'Isle de Ténériffe.

103. ARISTIDA.

Charaĉt. essent.

CAL. 2-valvis. Cor. 1-valvo, aristis 3 terminalibus.

Charaĉt. nat.

Cal. gluma uniflora, bivalvis : valvulis lineari-subularia inæqualibus.
Cor. gluma univalvis, longitudinaliter connivens, basi hirsuta : aristis tribus terminalibus.
Stam. filamenta tria, capillaria. Anth. oblongæ.
Pist. germen superum, turbinatum. Styli duo, capillares ; stigmata villosa.
Peric. nullum. gluma connivens, semen involvens, dehiscit, dimitit.
Sem. unicum, filiforme, longitudine corollæ ; nudum.

Conspectus specierum.

775. ARISTIDA Adscentionis. L.
A. panicula ramosa oblonga angustata, glumis sparsis subfiliformibus.
Ex insula Adscentionis, &c.
. Eadem glumis aristisque brevioribus. gramen...
Sloan. jam. hist. 1. T. 2, fig. 3, 6.

776. ARISTIDA Americana.
A. paniculæ ramis simplicissimis, spicis alternis. L.
Ex America.

777. ARISTIDA capillacea. R.
A. humilis panicula composita capillacea, aristis lævibus divaricatis.
Ex America merid. Communic. à D. Richard.

778. ARISTIDA plumosa. T. 41, f. 1.
A. arista intermedia longiore lanata, culmis ad genicula barbatis.
Ex oriente, Barbaria. Com. D. Desfontaines.

779. ARISTIDA arundinacea.
A. paniculata, arista intermedia longiore lævi. L.
Ex India. Cal. subquinqueflorus.

780. ARISTIDA gigantea.
A. panicula elongata effusa secunda, calycibus unifloris, aristis corollinis subæqualibus rectis. L. f.
E Teneriffa.

781. ARISTIDE *stipi rme*. Dict. suppl.
A. à pa. icule compofée capillacée lâche, ca-
lices uniflores, barbe trifide life fort longue.
Lieu nat. le Sénégal.

782. ARISTIDE hérifonne. Dict. n°. 6.
A. a panicule divergente très-ouverte, fleurs
glabres très-fimples, barbes droites divergentes.
Lieu nat. le Malabar.

Obs. *voyez Ariftide n°. 62, & 63, dans les obf.
de M. Retzius, faft. 4.*

Explication des fig.

Tab. 45. f. 1. ARISTIDE *plumofe.* (a) Bl'e fuperée.
(b) Partie fupérieure de la plante. (c) Partie inf. de
la tige dont le prolonge n'a pas exprimé les articul. velues.

Tab. 41. f. 2. Fleur d'Ariftide, d'après Linné.

781. ARISTIDA *stipoides.*
A. panicula compofita effufa capillacea,
calycibus unifloris, arifta trifida prælonga lævi.
E Senegal. D. *Rouffillon. Panicula ftipæ juncea.*

782. ARISTIDA *hyftrix.*
A. panicula divaricata patentiffima, flofculis
fimpliciffimis glabr. arifta recta divaricata. L. f.
E Malabaria.

Obs. Conf. Ariftidas n°. 62. & 63. in obf.
Retzii faft. 4.

Explicatio iconum.

Tab. 45. f. 1. ARISTIDA *plumofa.* (a) Gluma feparata.
(b) Pars fuperior plantæ. (c) Pars inferior cujus capita
articulos villofos non expreffit pictor.

Tab. 45. f. 2. Flos Ariftidæ, ex Lin. diam. excl.

104. STIPE.

Caract. effent.

Cal. a-valve, 1-flore. Cor. à valve ext. terminée par une barbe articulée à fa bafe.

Caract. nat.

Cal. bâle uniflore, bivalve, acuminée.
Cor. bivalve; valve extérieure terminée par une
barbe longue tortillée articulée à fa bafe; valve
inférieure linéaire unique.
Etam. trois filamens capillaires; anthères linéaires.
Pift. un ovaire fupérieur, oblong. Deux ftyles
velus, réunis à leur bafe; ftigmates pubefcens.
Peric. nul, bâle adhérente à la femence.
Sem. une feule, oblongue, couverte.

Tableau des efpèces.

104. STIPA.

Charact. effent.

Cal. 2-valvis, 1-florus. Cor. valvula ext. arifta
terminali, bafi articulata.

Charact. nat.

Cal. gluma uniflora, bivalvis, acuminata.
Cor. bivalvis; valvula exterior apice terminata
arifta longa tortili, bafi articulata; valvula
interior linearis mutica.
Stam. filamenta tria, capillaria; Antheræ lineares.
Pift. germen fuperum, oblongum. Styli duo,
hiffuti, bafi uniti; ftigmata pubefcentia.
Peric. nullum, Gluma femini adnata.
Sem. unicum, oblongum, tectum.

Confpectus fpecierum.

783. STIPE empenné. Dict.
St. à barbes très-longues velues plumeufes.
Lieu nat. la France, l'Allemagne, &c. ⚥

784. STIPE jonciné. Dict.
St à barbes nues courbées en divers fens, calyces
blanchâtres plus longs que la femence.
Lieu nat. la France, l'Allemagne. ⚥

785. STIPE d'Ukraine. Dict.
St. à barbes nues droites, calices rouffâtres
plus longs que la femence.
Lieu nat. l'Ukraine.

786. STIPE ariftelle. Dict.
St. à barbes nues droites à peine une fois plus
longues que le calice, ovaires binées.
Lieu nat. ....

783. STIPA *pennata.* T. 41. f. 1.
S. ariftis longiffimis lanato-plumofis.
Ex Gallia, Germania, &c. ⚥

784. STIPA *juncea.*
S. ariftis nudis varie flexis, calycibus albidis
femine longioribus.
Ex Gallia, Germania. ⚥

785. STIPA *Ukranenfs.*
S. ariftis nudis rectis, calycibus fubruffis
femine longioribus.
Ex Ukrania. *Tiefa, Guttard. mem. v. 1 t. 1. 2.*

786. STIPA *ariftella.*
S. ariftis nuda recta calyce vix dupla longio-
ribus, germinibus lanata. L.
Ex.... Gouan. ill. p. 4.

787. STIPE de *Sibérie*. Dict.
S. paniculée, à barbes nues une fois plus longues que le calyce, semences laineuses.
Lieu nat. la Sibérie.

788. STIPE *tenace*. Dict.
S. à barbes velues intérieurement, panicule en épi, feuilles filiformes.
Lieu nat. l'Espagne. ♃ *Le vrai sparte.*

789. STIPE *élancée*. Dict.
S. à panicule alongée étroite, ayant les pédoncules articulés très-resserrés, barbes nues flexueuses.
Lieu nat. la Caroline.

790. STIPE *capillaire*. Dict.
S. à panicule capillacée éparse, calice trois fois plus court que la corolle, barbes nues.
Lieu nat. la Caroline.

791. STIPE *avenacé*. Dict.
S. à barbes nues, calices de même longueur que les semences.
Lieu nat. la Virginie.

792. STIPE *membraneux*. Dict.
S. à pédoncules propres dilatés membraneux.
Lieu nat. l'Espagne.

793. STIPE à *faisceaux*. Dict.
S. à barbes nues, bractées barbues à leur base, fleurs sessiles fasciculées.
Lieu nat. l'Inde.

794. STIPE *panicoïde*.
S. à panicule étroite pauciflore, barbes nues trois fois plus longues que le cal. Sem. lenticul.
Lieu nat. Monte-Video. *Feuilles sétacées.*

795. STIPE à *épi*. Dict.
S. à barbes demi-nues, fleurs en épi.
Lieu nat. le Cap de Bonne Espérance. ♃

Explication des fig.

Tab. 41. f. 1. STIPE *empenné*. (a) Fleur ouverte & grossie. (b) Semence avec sa barbe plumeuse.

Tab. 41. f. 2. STIPE *tenace*. (a) Fleur séparée. (b) Panicule réduite.

105. AGROSTIS.

Caract. essent.

CAL. 1-valve, 1-flore. cor. 2-valve. Stigmates velus longitudinalement.

---

787. STIPA *sibirica*.
S. paniculata, aristis nudis calyce duplo longioribus, seminibus lanatis.
E Sibiria. *Avena Sibirica.* L.

788. STIPA *tenacissima*. T. 41. f. 2.
S. aristis basi pilosis, panicula spicata, foliis filiformibus.
Ex Hispania. ♃ *Arista basi comosa.*

789. STIPA *stricta*.
S. panicula elongata angustata: pedunculis articulatis strictissimis, aristis nudis subflexuosis.

E Carolinia. *Ex D. Fraser. Facies andropog.*

790. STIPA *capillaris*.
S. panicula capillacea effusa, calyce corolla triplo breviore, aristis nudis.
E Carolinia. *D. Fraser.*

791. STIPA *avenacea*.
S. aristis nudis, calycibus semen aequantibus. L.

E Virginia.

792. STIPA *membranacea*.
S. pedicellis dilatatis membranaceis. L.
Ex Hispania.

793. STIPA *arguens*.
S. aristis nudis, bracteis basi barbatis, flosculis sessilibus fasciculatis. L.
Ex India.

794. STIPA *panicoïdes*.
S. panicula angustata pauciflora, aristis nudis calyce triplo longioribus, semine lenticulari.
E Monte Video. *Commerf.* (*Ex herb. D. Thoin.*)

795. STIPA *spicata*.
S. aristis semi-nudis, fl. spicatis. L. f. suppl.
E Capite Bonæ Spei. ♃

Explicatio iconum.

Tab. 41. f. 1. STIPA *pennata*. (a) Flos expansus & amplificatus. (b) Semen cum arista plumosa.

Tab. 41. f. 2. STIPA *tenacissima*. (a) Flos separatus. (b) Panicula reducta.

105. AGROSTIS.

Charact. essent.

CAL. 2 valvis, 1-florus. cor. 2-valvis. Stigmata longitudinaliter villosa.

Caraĉl. nat.

Cal. Bâle uniflore , bivalve , acuminée.
Cor. bivalve , acuminée : une valve plus grande
que l'autre.
Etam. Trois filamens , capillaires , plus longs
que la corolle. Anth. fourchues aux extrémités.
Pist. un ovaire fupérieur , arrondi. Deux ftyles
réfléchis , velus. Stig. velus longitudinalement.
Peric. nul. La corolle adhère à la femence & ne
s'ouvre point.
Sem. une feule , arrondie, acuminée aux extrêm.

Tableau des efpèces.

* *Fleurs munies de barbes & difpofées en panicule.*

796. AGROSTIS des champs. Dict. n°. 1.
A. à pétale extérieur muni d'une barbe droite
très-longue , panicule ouverte.
Lieu nat. l'Europe , dans les champs. ☉

797. AGROSTIS interrompu. Dict. n°. 2.
A. à pétale extérieur muni d'une barbe , pa-
nicule amincie reflerrée interrompue.
Lieu nat. la France , l'Allemagne , &c. ☉

798. AGROSTIS miliacé. Dict. n°. 3.
A. à pétale extérieur muni d'une barbe termi-
nale , droite , médiocre.
Lieu nat. la France auftrale , l'Espagne. ♃

799. AGROSTIS bromoïde. Dict. n°. 4.
A. à panicule fimple étroite , corolle pubef-
cente : barbe droite plus longue que le calice.
Lieu nat. Montpellier. ♃

800. AGROSTIS auftrale. Dict. n°. 5.
A. à panicule prefqu'en épi , femences ovales
pubefcentes : barbe de la longueur du calice.
Lieu nat. le Portugal.

801. AGROSTIS en rofeau. Dict. n°. 6.
A. à panicule oblongue , pétala extérieur
velu à fa bafe , & muni d'une barbe torfe
plus longue que le calice.
Lieu nat. l'Europe. ♃

802. AGROSTIS argenté. Dict. n°. 7.
A. à panicule épaiffe , pétale extérieur entière-
ment velu , avec une barbe au fommet ,
tige rameufe.
Lieu nat. les montagnes de la France , la
Suiffe , &c. ♃

Charaĉl. nat.

Cal. Gluma uniflora , bivalvis , acuminata.
Cor. bivalvis , acuminata : valvula altera majore.
Stam. Filamenta tria , capillaria , corolla longiora.
Antheræ furcatæ.
Pist. Germen fuperum , fubrotundum. Styli duo ,
reflexi , villofi; ftigmata longitudinaliter villofa.
Peric. Nullum. Corolla adnata femini , nec
dehifcens.
Sem. unic. fubrotundum , utrinque acuminatum:

Confpectus fpecierum.

* *Flores arifati , paniculati.*

796. AGROSTIS fpica venti. T. 41. f. 1.
A. petalo exteriore ariftareĉta ftriĉta longiffima;
panicula patula. L.
Ex Europa , inter fegetes. ☉

797. AGROSTIS interrupta.
A. petalo exteriore ariftato, panicula attenuata
coarĉtata interrupta. L.
Ex Gallia, Germania , &c. ☉ Var. prac?

798. AGROSTIS miliacea.
A. petalo exteriori arifta terminali reĉta ftriĉta
mediocri. L.
Ex Gallia auftrali , Hifpania. ♃

799. AGROSTIS bromoides.
A. panicula fimplici anguftata , corolla pubef-
cente : arifta reĉta calyce longiore. L.
E Monfpelio. ♃ Conf. cum ftipa Sibirica.

800. AGROSTIS auftralis.
A. panicula fubfpicata , feminibus ovatis pu-
befcentibus : arifta longitudine calycis. L.
E Lufitania.

801. AGROSTIS arundinacea.
A. panicula oblonga , petalo exteriore bafi
villofo ariftaque torta calyce longiore. L.

Ex Europa. ♃

802. AGROSTIS calamagroftis.
A. panicula incraffata , petalo exteriore toto
lanato apice ariftato , culmo ramofo. L.

Ex alpibus Gallia, Helvetia , &c. ♃

803. AGROSTIS *tardif*. Dict. n°. 8.
A. à panicule munie de fleurs oblongues mu-
cronées, tige couverte de feuilles très-courtes.
Lieu nat. Véronne.

803. AGROSTIS *serotina*.
A. panicula flosculis oblongis mucronatis ;
culmo obtecto foliis breviſſimis. L.
E Verona.

804. AGROSTIS *rouge*. Dict. n°. 9.
A. à rameaux fleuris de la panicule très-
ouverts, pétale extérieur glabre, barbe terminale torse recourbée.
Lieu nat. l'Angleterre, la Snède.

804. AGROSTIS *rubra*.
A. paniculæ parte florente patentiſſima, petalo exteriore glabro, arista terminali tortili
recurva. L.
Ex Anglia, Suecia.

805. AGROSTIS *des montagnes*. Dict. n°. 11.
A. à panicule petite un peu étroite, calice
coloré plus long que la cor., feuilles sétacées.
Lieu nat. les montagnes de l'Auvergne, de
la Suiſſe, &c. ♃

805. AGROSTIS *alpina*.
A. panicula parva subangustata, calyce colo-
rato corolla longiore, foliis setaceis.
Ex alpibus Arvernicis, Helveticis, &c. ♃
A dorsalis.

806. AGROSTIS *genouillé*. Dict. n°. 10.
A. à calices alongés, barbe dorsale des pétales recourbée, tiges couchées un peu rams.
Lieu nat. les pâturages un peu humides de
l'Europe. ♃

806. AGROSTIS *canina*.
A. calycibus elongatis, petalorum arista dor-
sali recurva, culmis prostratis subramosis. L.
Ex Europæ pascuis humidiusculis. ♃

807. AGROSTIS *de Magellan*. Dict. suppl.
A. à calices velus une fois plus longs que la
corolle, barbe du pétale extérieur un peu
longue recourbée.
Lieu nat. le Magellan, Panicule oblongue.

807. AGROSTIS *Magellanica*.
A. calycibus hirsutis corolla duplo longioribus, petali exterioris arista recurva longiuscula.
E Magellania. *Commers.*

808. AGROSTIS *à fruits noirs*. Dict. t°. 17.
A. à panicule très lâche, calices glabres d'un
verd blanchâtre plus longs que la corolle,
barbe terminale.
Lieu nat. la Provence. ♃

808. AGROSTIS *melanosperma*.
A. panicula laxiſſima, calycibus lævibus ex
viridi albidis corolla longioribus, arista terminali.
E Gallo-Provincia. ♃ *Milium paradoxum.* L.

809. AGROSTIS *en épi*. Dict. n°. 11.
A. à panicule en épi, fleurs à deux barbes,
corolles velues.
Lieu nat. l'Iſle de Ténériffe.

809. AGROSTIS *spicæformis*.
A. panicula spicæformi, flosculis biaristatis,
corollis hirsutis. L. f. suppl.
E Teneriffa.

810. AGROSTIS *velu*. Dict. n°. 13.
A. à panicule en épi, tige & feuilles velues,
bâles des corolles bifides au sommet & munies
d'une barbe sur le dos.
Lieu nat. l'Iſle de Ténériffe.

810. AGROSTIS *hirsuta*.
A. panicula subspicata, caule foliisque hirsutis, corollinis glumis dorso aristatis apice
bifidis. L. f. suppl.
E Teneriffa.

811. AGROSTIS *panicé*. Dict. n°. 14.
A. à panicule en épi, fleurs subulées un peu
luisantes munies d'un petit nœud à leur base,
barbes droites courtes.
Lieu nat. la France méridionale. ☉

811. AGROSTIS *panicea*.
A. panicula spicata, flosculis subularibus subni-
tidis, basi nodulo instructis, aristis rectis brevibus.
E Gallia australi. ☉ *Mil. Indig.* L.

812. AGROSTIS *alopécuroïde*. Dict. suppl.
A. à panicule composée presqu'en épi, bâles
calicinales munies de barbes plus longues
que celles des corolles.
Lieu nat. la France & l'Europe australe. ☉

812. AGROSTIS *alopecuroïdes*.
A. panicula composita subspicata, glumis calycinis longius aristatis.

Ex Gallia & Europa australi. ☉ *Aloper. mons-*
peliensis & paniceus. L.

813.

813. AGROSTIS *du Cap.* Dict. n°. 15.
A. à panicule capillaire, calices acuminées, corolles terminées par une barbe courbée.
Lieu nat. le Cap de Bonne-Espérance.

** *Fleurs sans barbes ; & disposées en panicule.*

814. AGROSTIS *corne-d'abondance.* Dict. supp.
A. à panicule lâche mutique, calices pointus plus longs que la corolle, pédoncules scabres.
Lieu nat. la Caroline.

815. AGROSTIS *épars.* Dict. n°. 21.
A. à panicule lâche, fleurs éparses mutiques, calices glabres un peu obtus.
Lieu nat. l'Europe, dans les bois. ♃.

816. AGROSTIS *traçant.* Dict. n°. 22.
A. à rameaux de la panicule courts mutiques un peu ramassés, tige géniculée rampante.
L. nat. l'Europe, aux endroits sabloneux. ♃

817. AGROSTIS *piquant* Dict. n°. 23.
A. à panicule petite ramassée presqu'ovale, feuilles roulées en leurs bords, tiges rameuses rampantes.
Lieu nat. les environs de Narbonne, dans les sables. ♃

818. AGROSTIS *en jonc.* Dict. n°. 31.
A. à panicule petite presqu'en épi, feuilles distiques roulées en jonc, racines rampantes.
Lieu nat. l'Inde, l'Isle de France. *Les fleurs sont en tout semblables à celles de la précédente.*

819. AGROSTIS *maritime.* Dict. n°. 32.
A. à panicule en épi ayant des rameaux très-courts, calices mutiques lisses égaux.
Lieu nat. les sables maritimes près de Narbonne.

820. AGROSTIS *des rives.* Dict. supp.
A. à panicule resserrée presqu'en épi, calices inégaux, gaines des feuilles barbues.
Lieu nat. l'Amérique mérid.
♃.. *La même à rameaux de la panicule plus longs. Du Sénégal.*

821. AGROSTIS *pyramidale.* Dict. supp.
A. à panicule ouverte petite pyramidale, calices plus longs que la corolle, gaines pileuses à leur orifice.
Lieu nat. l'Amérique mérid.

822. AGROSTIS *capillaire.* Dict. n°. 24.
A. à panicule capillaire ouverte, calices pointus colorés presqu'égaux, fleurs muties.
Lieu nat. les pâturages secs de l'Europe. ♃
Botanique. Tom. I.

813. AGROSTIS *Capensis.*
A. panicula capillari, calycibus acuminatis; corollis arista terminali curva. L. *sub milio.*
E Cap. Bonæ Spei.

** *Flores mutici ; paniculati.*

814. AGROSTIS *cornucopiæ.*
A. panicula laxa mutica, calycibus acutis corolla longioribus, pedunculis scabris.
E Carolinia. *cornucopia perennans.* Walt. 74.

815. AGROSTIS *effusa.*
A. panicula laxa, floribus dispersis muticis, calycibus obtusiusculis lævibus.
Ex Europæ nemoribus. ♃. *Milium effusum.* L.

816. AGROSTIS *stolonifera.* L.
A. paniculæ ramulis brevibus muticis subconfertis, culmo geniculato repente.
Ex Europa, locis arenosis. ♃

817. AGROSTIS *pungens.*
A. panicula parva conferta subovata, foliis convolutis pungentibus, culmo ramoso repente.
Ex arenosis, circa Narbonam. ♃. *Scheb.* t. 17, f. 3.

818. AGROSTIS *juncea.* T. 41, f. 1.
A. panicula parva subspicata, foliis convoluto-junceis bifariis, radice repente.
Ex India, insula Franciæ. *A. matrella.* L. *forti varietas præcedentis.*

819. AGROSTIS *marbina.*
A. panicula spicata ramulis brevissimis, calycibus muticis lævibus æqualibus.
Ex arenosis maritimis circa Narbonam.

820. AGROSTIS *littoralis.*
A. panicula contracta subspicata, calycibus inæqualibus, vaginis foliorum barbatis.
Ex Amer. merid. *Communis.* à D. *Richard,*
β. *Eadem ramis paniculæ longioribus.* E Senegal. *Communis.* à D. *Roussillon.*

821. AGROSTIS *pyramidata.*
A. panicula patente parva pyramidata, calicibus corolla longioribus, vaginis ore pilosis.
Ex Amer. merid. *Communis.* à D. *Richard.*

822. AGROSTIS *capillaris.*
A. panicula capillari patente, calycibus acutis coloratis subæqualibus, flosculis muticis,
Ex Europa pascuis siccis. ♃

X

823. AGROSTIS *des bois*. Dict. n°. 25.
A. à panicule: resserrée mutiques , calices
égaux : plus courts que la corolle avant la
floraison , & une fois plus longs ensuite.
Lieu nat. l'Angleterre , &c. dans les bois.

823. AGROSTIS *Sylvatica*.
A. panicula contracta mutica, calycibus æqualibus : virgineis corolla brevioribus , secun-
d.iis duplo longioribus. L.
Ex Anglia , &c. in *sylvis.*

824. AGROSTIS *blanc*. Dict. n°. 26.
A. à panicule lâche, calices mutiques égaux,
tige rampante.
Lieu nat. les bois de l'Europe.

824. AGROSTIS *alba*.
A. panicula laxa , calycibus muticis æqua-
b-us , culmo repente. L.
Ex Europæ aemoribus. *Conf. cum a. stolonifera.*

825. AGROSTIS *cinna*.
A. à panicule oblongue resserrée , bâles très-
pointues tige rameuse droite.
Lieu nat. l'Amérique. ♉ *Cinna.* Dict. 2,
p. 10. & *agrostis du Mexique* , n°. 19.

825. AGROSTIS *cinna*.
A. panicula oblonga contracta, glumis acutissimis , culmo ramoso erecto.
Ex America. ♉ *Cinna.* Lin. & forte etiam
agrostis Mexicana ejusd.

826. AGROSTIS *alongé*. Dict. suppl.
A. à panicule resserrée alongée mutique :
rameaux alternes très - rapprochés de l'axe,
bâles lisses inégales.
Lieu nat. l'Amérique mérid. les Antilles ; panicule étroite, longue d'un pied à un pied & demi.

826. AGROSTIS *elongata*.
A. panicula contracta elongata mutica ; ra-
mulis alternis strictissimis glumis lævibus inæ-
qualibus.
Ex Amer. merid. *A. indica.* L. a. *tenacissima.*
Jac. collect. 2 , p. 85. ic. rar. a. *purpurascens.*
Swartz.

827. AGROSTIS *tenace*. Dict. n°. 33.
A. à panicule resserrée filiforme, fleurs mu-
tiques linéaires , valves parallèles.
Lieu nat. les Indes orientales. ♉

827. AGROSTIS *tenacissima*.
A. panicula contracta filiformi , floribus mu-
ticis linearibus, valvulis parallelis. L. f. suppl.
Ex India orientali. ♉

828. AGROSTIS *panicoïde*. Dict. suppl.
A. à panicules oblongues mutiques glabres,
calices très - courts , tige couchée très-ram.
L. nat.... *Sem. grosses , considérés , luisantes.*

828. AGROSTIS *panicoïdes*.
A. paniculis oblongis muticis lævibus , caly-
cibus brevissimis, culmo reclinato ramosissimo.
— Cult. in hort. reg. *Culmi genital. fol. glabra.*

829. AGROSTIS *de Virginie*. Dict. suppl.
A. à panicule alongée resserrée mutique ;
à rameaux courts , feuilles à bords roulés
en dedans subulées.
Lieu nat. la Virginie , la Caroline.

829. AGROSTIS *Virginica*.
A. panicula elongata contracta mutica ; ramulis numerosis brevibus , foliis involuto-
subulatis.
E Virginia , Carolina. *Fraser. A. Virginia.* L?

830. AGROSTIS *nain*. Dict. n°. 27.
A. à panicule mutique unilatérale , tiges
fasciculées droites.
Lieu nat. l'Europe. ♉

830. AGROSTIS *pumila*.
A. panicula mutica secunda , culmis fasci-
culatis erectis. L.
Ex Europa. ♉

* * * *Fleurs en épi. Un seul épi , ou plusieurs.*

* * * *Flores spicati. Spica unica , vel spicæ plures.*

831. AGROSTIS *filiforme*. Dict. n°. 28.
A. à épi mutique filiforme un peu en grappe ,
fleurs alternes, calice coloré.
L. nat. la France , l'Allem. &c. ⊙ *Fl. en Mars.*

831. AGROSTIS *minima*.
A. spica subracemosa mutica filiformi , flos-
culis alternis , calyce colorato.
E Gallia , Germania. &c. ⊙ Floret Martio.

832. AGROSTIS *verticillé*. Dict. n°. 20.
A. à épis très-nombreux presque verticillés,
fl. géminées ciliées mutiq. l'une d'elles sessile.
Lieu nat. l'Inde, l'Isle de France. *Le Vétivert.*

832. AGROSTIS *verticillata*.
A. spicis numerosissimis subverticillatis , flori-
bus geminis ciliato-muticis, altero sessili.
Ex India, Inf. Franciæ. *Phalaris zizanoïdes.* L?

833. AGROSTIS *punaife.*
A à grappes digitées, valve extérieure des calices ciliée. *Agrostis digitl.* Dict. n° 19.
Lieu nat. le Malabar.

834. AGROSTIS *à rayons.* Dict. n°. 18.
A. à épis presque quinés, en croix, velus à leur base; valves petaloïdes aristées.
Lieu nat. la Jamaïque.

835. AGROSTIS. *en croix.* Dict. suppl.
A à épis quaternés, en croix, glabres à leur base; valves petaloïdes aristées.
Lieu nat. la Jamaïque.

Explication des fig.

Tab. 41. f. 1. AGROSTIS *des champs.* (a) Panicule ouverte. (b b) Fleur entière. (c , e , ꞓ) Corolle. (f ,g) Etamines, pistil. (i , l) Semence.
Tab. 41. f. 2. AGROSTIS *en jonc.*

106. A L P I S T E.

Caract. essent.

CAL. 2-valve, cariné, égal, renfermant la cor.

Caract. nat.

CaL. bâle uniflore, bivalve, comprimée: valves naviculaires, carinées, égales.
Cor bivalve, plus petite que le calice: valves oblongues concaves pointues inégales.
Etam. trois filamens capillaires, plus courts que le calice: anthères oblongues.
Pist. un ovaire supérieur, arrondi. Deux styles, capillaires; stigmates velus.
Peric. aucun, la corolle est adhérente à la semence & ne la quitte point.
Sem. une seule, arrondie-ovale, acuminée, couverte, glabre.

Tableau des espèces.

836. ALPISTE *de Canarie.* Dict. n°. 1.
A. à panicules presqu'ovale spiciforme, bâles carinées.
Lieu nat. les Isles Canaries, l'Europe australe. ☉

837. ALPISTE *bulbeuse.* Dict. n°. 2.
A à panicule cylindrique, bâles carinées.
Lieu nat. le Levant.

838. ALPISTE *pubescente.* Dict. n°. 3.
A. à épi ovale-cylindrique, bâles mutiques ciliées, tige rameuse pubescente.
Lieu nat. la Provence. ☉ *Les Fl. ont quelquefois des barbes courtes.*

831. AGROSTIS *cimicina.*
A. racemis digitatis, calycum valvula exteriore ciliata. Lin. *Sub milio.*
Ex Malabaria.

834. AGROSTIS *radiata.*
A. spicis subquinis cruciatis basi villosis, valvulis petaloïdeis aristatis. L.
Ex Jamaica.

835. AGROSTIS *cruciata.*
A. spicis quaternis cruciatis basi glabris, valvulis petaloïdeis aristatis. L.
Ex Jamaica.

Explicatio Iconum.

Tab. 41. f. 1. AGROSTIS *spica versi.* (a) Panicula expansa. (b , b) Flos integer. (c , d , e) Corolla. (f, g) Stamina, pistillum. (i , l) Semen.
Tab. 41. f. 2. AGROSTIS *juncea.*

106. P H A L A R I S.

Charact. essent.

CAL. 2-valvis, carinatus, æqualis, cor. includens.

Charact. nat.

Cal. gluma uniflora, bivalvis, compressa: valvulis navicularibus, æqualibus carinatis.
Cor. bivalvis, calyce minor: valvis oblongis concavis acutis inæqualibus.
Stam. filamenta tria, capillaria, calyce breviora: antheræ oblongæ.
Pist. germen superum, subrotundum. Styli duo, capillares; stigmata villosa.
Peric. nullum. Corolla adnascitur, semini; nec dehiscit.
Sem. unicum, sedum, glabrum, subrotundo-ovatum, acuminatum.

Conspectus specierum.

836. PHALARIS *Canariensis.* Tab. 42.
Ph. panicula subovata spiciformi, glumis carinatis. L.
E Canariis, Europa antiali. ☉

837. PHALARIS *bulbosa.*
Ph. panicula cylindrica, glumis carinatis. L.
Ex Oriente. *Conf. cum ph. nodos.*d.

838. PHALARIS *pubescens.*
Ph. spica ovato-cylindrica, glumis ciliatis muticis, culmo ramoso pubescente.
E Gallo provincia. ☉ *Phleum Gerardi.* Allion. fl. ped. n°. 2155.

X 2

839. ALPISTE *noueuſt.* n°. 4.
A. à panicule oblongue , feuilles roidet.
Lieu nat: l'Europe auſtrale.

840. ALPISTE *aquatique.* Dict. n°. 5.
A. à panicule ovale-oblongue ſpiciforme ,
bâles carinées lancéolées.
Lieu nat. l'Italie , l'Egypte. ✿

841. ALPISTE *phléoïde.* Dict. n° 6.
A. à panicule cylindrique ſpiciforme rameuſe
à ſa baſe , bâles étroites un peu ciliées à
deux pointes.
Lieu nat. l'Europe.

842. ALPISTE *utriculée.* Dict. n°. 8.
A. à épi ovale muni de barbes , gaîne de la
feuille ſupérieure en forme de ſpathe.
Lieu nat. l'Italie. ⊙

843. ALPISTE *rongée.* Dict. n°. 9.
A. à panicule ſpiciforme étroite & comme
rongée à ſa baſe , calices aigus , fleurs inférieures avortées.
Lieu nat. le Portugal, le Levant. ⊙

844. ALPISTE *en roſeau.* Dict. n°. 10.
A. à panicule oblongue pyramidale , bâles un
peu ramaſſées , calice nerveux.
Lieu nat. l'Europe. ✿ *β. Il varie à f. panachées.*

845. ALPISTE *lunetiere.* Dict. n°. 11.
A. à panicule linéaire unilatérale , calices
preſqu'uniflores comprimés ſemi-orbiculés
naviculaires.
Lieu nat. la Sibérie, la Ruſſie. ⊙ *Calices uniflores, plus rarement biflores.*

846. ALPISTE *dentée.* Dict. n°. 14.
A. à épi cylindrique , bâles mutiques velues
carinées : carène dentée , à dents globuleuſes
au ſommet.
Lieu nat. l'Afrique.

847. ALPISTE *ſemi-verticillée.* Dict. n°. 15.
A. à rameaux de la panicule ſemi-verticillés ,
épillets mutiques ciliés , feuilles glabres.
Lieu nat. l'Egypte.

848. ALPISTE *diſtique.* n° 16.
A. à panicule ovale mutique , feuilles diſtiques
à bords roulés en-dedans , tige ram. rampante.
Lieu nat. l'Egypte, aux endroits ſablonneux.

849. ALPISTE *velouté.* Dict. n° 18.
A. à épis alternes filiformes , tige & feuilles
très velues.

TRIANDRIA DIGYNIA.

839. PHALARIS *nodoſ:*
Ph. panicula oblonga , foliis rigentibus. L.
Ex Europa auſtrali. *Spica mutica.*

840. PHALARIS *aquatica.*
Ph. panicula ovato oblonga ſpiciformi ;
glumii carinatis lanceolatis. L.
Ex Italia, Ægypto. ✿

841. PHALARIS *phleoïdes.*
Ph. panicula cylindrica ſpiciformi baſi ramoſa ;
glumis anguſtis ſubciliatis bicuſpidatis.

Ex Europa.

842. PHALARIS *utriculata.*
Ph. ſpica ovata ariſtata , vagina ſupremâ folii
ſpathiformi.
Ex Italia. ⊙ *Scap. delic. faſc.* 1. t. 11.

843. PHALARIS *praemorſa.*
Ph. panicula ſpiciformi baſi anguſtata ſubprae-
morſa , calycibus acutiſſimis , floſculis inferioribus abortivis.
E Luſitania, Oriente. ⊙ *Ph. paradoxa.* L.

844. PHALARIS *arundinacea.*
Ph. panicula oblonga pyramydata , glumis
ſubcongeſtis , calyce nervoſo.
Ex Europa. ✿ *β. Variat foliis variegatis.*

845. PHALARIS *eruceformis.*
Ph. panicula lineari ſecunda , calicybus ſub-
uniflotis compr. ſemi-orbiculatis navicularibus.

E Sibiria, Ruſſia. ⊙ *Perperam cynoſuri ſpecies
in H. Kew.*

846. PHALARIS *dentata.*
Ph. ſpica cylindrica , glumis muticis hirſutis
carinatis : carina dentata , dentibus apice
globoſis. L. f.
Ex Africa.

847. PHALARIS *ſemi-verticillata.*
Ph. paniculæ ramis ſemi-verticillatis , ſpiculis
muticis ciliatis , foliis glabris. Forsk.
Ex Ægypto.

848. PHALARIS *diſticha.*
Ph. panicula ovata mutica , foliis diſtichis in-
volutis , culmo ramoſo repente. Forsk.
Ex Ægypto, in arenoſis.

849. PHALARIS *velutina.*
Ph. ſpicis alternis filiformibus , culmo foliisque villoſiſſimis, Forsk.

850. ALPISTE *hérissée*. Did. 1°. 21.
A. à épi cylindrique, fleurs géminées, calice fructifère, hérissé de piquans.
Lieu nat. le Levant.

Explication des fig.

Tab. 41. ALPISTE *de Canarie*. (a , b) Fleur entière. (c) Calice. (d) Corolle. (e) Etamines. (f, g) Pistil. (b) Calice fructifère. (i) Semence couverte. (l) Semence en partie découverte. (m , p) Semence nue. (n , o) Valves du calice & de la corolle désunies.

Tab. 42. f. 2. Fleur de l'Alpiste, d'après Lin.

107. FLÉOLE

Caract. essent.

CAL. 2-valve, sessile, linéaire, tronqué, à 2 pointes au sommet. Cor. enfermée.

Caract. nat.

Cal. bâle uniflore, bivalve, oblongue, comprimée, à deux pointes au sommet : valves droites, concaves, comprimées, embrassantes, égales, tronquée, à sommet de la carène mucr.
Cor. bivalve, plus courte que le calice.
Etam. trois filamens, capillaires ; anthères oblongues, fourchues aux extrémités.
Pist. un ovaire supérieur, arrondi. Deux styles capillaires ; stigmates plumeux.
Péric. nul. Le calice & la corolle renf. la semence.
Sem. une seule, arrondie.

Tableau des espèces.

851. FLÉOLE *des prés*. Did. n°. 1.
F. à épi cylindrique très long cilié, tige droite.

Lieu nat. les prés de l'Europe. ♃

852. FLÉOLE *noueuse*. Did. n°. 2.
F. à épi cylindrique cilié, tige geniculée ascendante, racine bulbeuse.
Lieu nat. l'Europe, sur le bord des chemins. ♃

853. FLÉOLE *des Alpes*. Did. n°. 3.
F. à épi ovale cylindrique presque noirâtre, calices à dents longues & plumeuses.
Lieu nat. les montagnes de la France, de la Suisse, &c. ♃

854. FLÉOLE *rude*.
F. à épi cylindrique glabre composé à sa base, bâles à dents courtes, tige droite un peu rameuse.
Lieu le Dauph., &c. *alpiste rude*. Did. n°. ♃

850. PHALARIS *muricata*.
Ph. spica cylindrica, floribus geminatis, calyce fructifero aculeato-muricato. Forsk.
Ex Oriente.

Explicatio iconum.

Tab. 41. PHALARIS *Canariensis*. (a , b) Flos integer. (c) Calyx. (d Corolla. (e) Stamina. (f, g) Pistillum. (h) Calyx fructifer. (i) Semen tectum. (l) Semen partim denudatum. (m , p) Semen nudum. (n o) Valvulæ calycinæ & corollinæ disjunctæ. Fig. ex bot.

Ibid. f. 2. Flos Phalaridis, ex Lin.

107. PHLEUM

Charact. essent.

CAL. 2-valvis, sessilis, linearis, truncatus, apice 2-cuspidato. Cor. inclusa.

Charact. nat.

Cal. gluma uniflora, bivalvis, oblonga, compressa, apice bicuspide dehiscens : valvulis rectis, concavis, compressis, amplexantibus, æqualibus, truncatis, carinæ apice mucronatis.
Cor. bivalvis, calyce brevior.
Stam. filamenta tria, capillaria ; antheræ oblongæ, bifurcatæ.
Pist. germen superum, subrotundum. Styli duo capillares ; stigmata plumosa.
Péric. nullum. Calyx & corolla includentis semen.
Sem. unicum, subrotundum.

Conspectus specierum.

851. PHLEUM *pratense*. T. 42.
Ph. spica cylindrica longissima ciliata ; culmo erecto.
Ex Europæ pratis. ♃

852. PHLEUM *nodosum*.
Ph. spica cylindrica ciliata, culmo geniculato adscendente, radice bulbosa.
Ex Europa, ad oras viarum. ♃

853. PHLEUM *Alpinum*.
P. spica ovato-cylindracea subnigricante, glumarum dentibus longis plumosis.
Ex Alpibus galliæ, Helvetiæ, &c. ♃

854. PHLEUM *asperum*.
P. spica cylindrica glabra basi composita, glumarum dentibus brevibus, culmo erecto subramoso.
E Delphinatu, &c. *Phalaris aspera*. Did.

Explication des figures.

Tab. 42. FLÉOLE *des prés.* (*a* , *a*) Fleur ouverte. (*b*) Calice. (*c*) Corolle. (*d*, *e*) Etamines , pistil. (*f*, *g* , *h*) Bâles fructifères. (*i* , *l*) Semence séparée.

108. C R Y P S I S.

Caract. essent.

CAL. 2-valve , sessile , lancéolé. Cor. 2-valve, plus longue que le calice.

Caract. nat.

CAL. bâle uniflore, bivalve : à valves oblongues-lancéolées, un peu planes, légèrement inég.
Cor. bivalve , plus longue que le calice : à valves lancéolées , muriques , un peu inégales.
Etam. trois filamens (quelquefois deux) capillaires , plus longs que la corolle. Anthères oblongues.
Pist. un ovaire supérieur , oblong. Deux styles capillaires ; stigmates plumeux.
Peric. aucun. La corolle renferme la semence.
Sem. une seule , ovale , pointue.

Tableau des espèces.

855. CRYPSIS *schænoïde.*
C. à épis ovoïdes glabres enveloppés à leur base par les gaines des feuilles , tiges rameuses couchées.
Lieu nat. l'Italie, la France australe. ⊙ *Fléole schænoïde.* Dict. n°. 5.

856. CRYPSIS *piquante.*
C. à épis en tête hémisphérique , glabres , enveloppés par des gaines mucronées presque piquantes , tiges rameuses.
Lieu nat. l'Italie , la France australe. ⊙ *Fléole piquante.* n°. 6.

857. CRYPSIS *des sables.*
C. à épi ovale-cylindrique rétréci aux deux bouts , bâles pointues ciliées , tige un peu rameuse.
Lieu nat. les sables maritimes de l'Europe. ⊙ *Fléoles des sables.* Dict. n°. 4.

109. A S P É R E L L E.

Caract. essent.

CAL. O. Cor. 2 val : valves naviculaires ciliées.

Caract. nat.

Cal. nul.

Explicatio iconum.

Tab. 42. PHLEUM *pratense.* (*a* , *a*) Flos expansus (*b*) Calyx. (*c*) Corolla (*d*, *e*) Stamina , pistillum. (*f* , *g* , *h*) Gluma fructifera. (*i* , *l*) Semen separatum. *Fig. ex Mill.*

108. C R Y P S I S.

Charact. essent.

CAL. 2-valvis , sessilis , lanceolatus. Cor. 2-valvis , calyce longior.

Charact. nat.

Cal. gluma uniflora , bivalvis : valvulis oblongo-lanceolatis planiusculis subinæqualibus.
Cor. bivalvis , calyce longior : valvulis lanceolatis muricis subinæqualibus.
Stam. filamenta tria (interdum duo) , capillaria, corolla longiora. Antheræ oblongæ.

Pist. germen superum , oblongum. Styli duo ; capillares ; stigmata plumosa.
Peric. nullum. Corolla semen includens.
Sem. unicum , ovatum , acutum.

Conspectus specierum.

855. CRYPSIS *schænoïdes.* T. 42, f. 1.
C. spicis obovatis glabris bali vagina foliacea cinctis , caulibus ramulis procumbentibus.
Ex Italia , Galliis australi. ⊙ *Phleum schænoides.* Dict. *Cry. sis... A. Hort. kew.*

856. CRYPSIS *aculeata.* T. 42 , f. 2.
C. spicis capitato - hemisphæricis , glabris, vaginis mucronatis subpungentibus cinctis ; caulibus ramosis.
Ex Italia , Gallia austral ⊙ *Crypsis aculeata.* (a) *Hort. kew.*

857. CRYPSIS *arenaria.*
C. spica ovato-cylindrica utrinque attenuata ; glumis acutis ciliatis , culmo subramoso.
Ex Europæ arenis maritimis. ⊙ *Affinitas nulla cum phleoide ; ergo non est ejusd. variet. ut videtur in horto kewensi.*

109. A S P E R E L L A.

Charact. nat.

CAL. O. Cor. 2-valvis : val. navicularibus ciliatis.

Charact. essent.

Cal. nullus.

Cor. bâle bivalve ; à valves naviculaires concaves comprimées ciliées presqu'égales ; l'extérieure plus large.
Etam. trois filamens , capillaires , plus courts
que la corolle ; anthères oblongues.
Pist. un ovaire supérieur , ovale , comprimé :
deux styles capillaires, courts ; stig. plumeux.
Peric. nul. la corolle renferme la femence.
Sem. une feule , ovale , comprimée.

Cor. gluma bivalvis : valvulis navicularibus
concavis compressis ciliatis subæqualibus ;
exteriore latiore.
Stam. filamenta tria , capillaria , corolla bre-
viora ; antheræ oblongæ.
Pist germen superum , ovatum , compressum.
Styli duo , capillares ; stigmata plumosa.
Peric. nullum. Corolla semen includit.
Sem. unicum , ovatum , compressum.

Tableau des espèces.

Conspectus specierum.

858. ASPÉRELLE oryzoïde.
A. panicule lâche, carène des bâles ciliées.
Lieu nat. La France , l'Italie , &c. aux lieux
humides. *Alpiste Aspérelle.* Dict. n°. 15.

858. ASPERELLA oryzoïdes.
A. panicula effusa , glumarum carinis ciliatis.
F. Gallia , Italia , &c. in humidis. *Phalaris
oryzoides.* L. *lcersia oryzoides.* Swartz.

859. ASPÉRELLE digitaire. Dict. suppl.
A. à épis linéaires quaternés presque digités ,
bâles applaties mutiques frangées sur les bords.
Lieu nat. l'Amérique méridionale.

859. ASPERELLA digitaria.
A. spicis linearibus quaternis subdigitatis ;
glumis complanatis muticis ad latera fimbriatis.
Ex America merid. *Commun. à D. Richard.*

110. VULPIN.

110. ALOPECURUS.

Caract. essent.

Charact. essent.

CAL. 2-valve, presque frêle. Cor. univalve.

CAL. 2-valvis , subfestilis. Cor. 2-valvis.

Caract. nat.

Charact. nat.

Cal. bâle uniflore , bivalve : à valves ovales-
lancéolées, concaves , comprimées , égales,
connées à leur base.
Cor. univalve : valve ovale-lancéolée , concave , à bords réunis inférieurement , plus
courte que le calice ; une barbe géniculée ,
du double plus longue, & insérée sur le dos
de la valve vers sa base.
Etam. trois filamens , capillaires. Anthères fourchues aux deux bouts.
Pist. un ovaire supérieur , arrondi : deux styles
capillaires, plus longs que le calice ; stig. velus.
Peric. aucun. La corolle enveloppe la semence.
Sem. une feule , ovale , couverte.

Cal. gluma uniflora , bivalvis : valvulis ovato-
lanceolatis , concavis , compressis , æqualli-
bus , basi connatis.
Cor. univalvis : valvula ovato-lanceolata concava , marginibus basi connatis , calyce
paulo brevior. Arista duplo longior , geniculata , dorso valvulæ versus basin inserta.
Stam. filamenta tria , capillaria. Antheræ utrinque bifurcatæ.
Pist. germen superum , subrotundum. Styli duo ;
capillares , calyce longiores ; stigmata villosa.
Peric. nullum. Corolla semen obvestiens.
Sem. unicum , ovatum , tectum.

Tableau des espèces.

Conspectus specierum.

860. VULPIN de l'Inde. Dict.
V. à épi cylindrique , involucelles sétacées
fasciculées biflores , pédoncules velus.
Lieu nat. l'Inde. *Cette plante paroît congénère
de la houque à épi de notre Dict. & semble avoir
des rapports avec la variété I de cette houque.*

860. ALOPECURUS indicus.
A. spica tereti , involucellis setaceis fasciculatis bifloris , pedunculis villosis. L.
Ex India. *An potius hu'd species ? Conf. cum
holco spicato, var. I Diction. nostri, cui videtur
admodum affinis.*

861. VULPIN des prés Dict.
V. à tige droite, épi ovale-cylindrique mollet velu aristé, bâles ciliées.
Lieu nat. les prés de l'Europe. ♃

862. VULPIN de Magellan. Dict.
V. à tige droite, épi ovale-cylindre très-velu aristé, gaine supérieure sans feuille.
Lieu nat. le Magellan.

863. VULPIN soyeux. Dict.
V. à tige droite, nue supérieurement ; épi ovale-cylindrique très-velu aristé.
Lieu nat. l'Allemagne. S'il n'est pas constamment distinct, il est plutôt variété du V. des prés que du V. bulbeux.

864 VULPIN des champs. Dict.
V. à tige droite, épi cylindrique grêle aristé, bâles lisses.
Lieu nat. les champs & les lieux cultivés de l'Europe. ☉

865. VULPIN bulbeux.
V. à tige coudée aux articulations inférieures, épi cylindre. petit lisse aristé. racine bulbeuse.
Lieu nat. la France, l'Angleterre, &c.

866. VULPIN genouillé. Dict.
V. à tige couchée, coudée aux articulations ; épi cylindrique, barbes à peine apparentes.
Lieu nat. l'Europe, dans les marais & les fossés aquatiques. ♃

867. VULPIN en tête. Dict.
V. à tige presque droite, épi en tête ovale velu aristé, racine tubéreuse.
Lieu nat. la France, sur le sommet des montagnes. ♃ Epi presque comme dans le cyexus. Echinatus, mais plus petit.

868. VULPIN hordiforme. Dict.
V. à grappe simple, fl. environnées de barbes.
Lieu nat. l'Inde. Cette plante paroit avoir des rapports avec le Panic glauque. Le synon. de Pluk. qu'on y a joins ne lui appartient pas.

Explication des fig.

Tab. 41. VULPIN des prés. (a, b) Fleur fermée. (c) La même ouverte. (d) Corolle, étamines pistil. (e) Corolle. (f) Etamines. (g) Calice. (i, l, m) Pistil. (n, o, p) Bâles fructifères ; semence séparée.

111. PANIC.

Caract. essent.

CAL. 3-valve: à troisième valve très-petite

861. ALOPECURUS pratensis. T. 41.
A. culmo erecto, spica ovato-cylindrica molli villosa aristata, glumis ciliatis.
Ex Europæ pratis. ♃

862. ALOCUPERUS Magellanicus.
A. culmo erecto, spica ovato cylindrica hirsutissima aristua, vagina superiore aphylla.
E Magellania. Commers.

863. ALOPECURUS sericeus.
A. culmo erecto superne nudo, spica ovato-cylindrica villosissima aristata.
E Germania A. sericeus. gœern. p. 1, t. 3; f. 2. An varietas a. pratensis ?

864. ALOPECURUS agrestis.
A. culmo erecto, spica cylindracea gracili aristata, glumis lævibus.
Ex Europæ arvis & oleraceis. ☉

865. ALOPECURUS bulbosus.
A. culmo geniculis inferioribus infracto ; spica cylindracea parva levi aristata, bulbosa radice.
E Gallia, Anglia, &c.

866. ALOPECURUS geniculatus.
A. culmo reclinato geniculis infracto, spica cylindrica, aristis vix perspicuis.
Ex Europa, in paludibus & fossis aquosis. ♃

867. ALOPECURUS capitatus.
A. culmo suberecto, spica capitato-ovata villosa aristata, tuberosa radice.
E Gallia, in Alpium jugis. ♃ Phleum...; Gerard. prov. p. 78. n°. 4.

868. ALOPECURUS hordeiformis.
A. racemo simplici, fl. aristis circumvallatis. L.
Ex India. An hujus generis, cum corolla bivalvis ex Linnæo?
Synon. Plukenetii ad saccharum spicatum pertinet.

Explicatio iconum.

Tab. 41. ALOPECURUS pratensis. (a, b) Flos inferus. (c) Idem expansus. (d) Corolla, stamina, pistillum. (e) Corolla. (f) Stamina. (g) Calyx. (i, l, m) Pistillum. (n, o, p) Glumæ fructiferæ; semen separatum. Fig. ut Mill.

111. PANICUM.

Charact. essent.

CAL. 3-valvis: valvula tertia minima.

Caract.

Caract. nat.

Cal. bâle uniflore, trivalve : à valves presqu'ovales ; la troisième (que plusieurs prennent pour une fleur neutre) fort petite, située derrière l'une des 2 autres.

Cor. bivalve : à valves presqu'ovales ; l'une plus petite & plus plane.

Etam. trois filamens capillaires, un peu courts. Anthères oblongues.

Pist. un ovaire supérieur, arrondi ; deux styles capillaires ; stigmates plumeux.

Peric. aucun. La corolle adhère à la semence & ne s'en separe point.

Sem. une seule, couverte, arrondie, un peu applatie d'un côté.

Tableau des espèces.

* Fleurs en épi. Un seul épi, ou plusieurs.

869. PANIC glauque. Diét.
P. à épi cylindrique jaunâtre, involucelles sétacées fasciculées biflores, sem. ridées transversalement.
Lieu nat. l'Europe, les Indes orient. ☉

870. PANIC verd. Diét.
P. à épi cylindrique presque composé, entier, involucelles sétacées non accrochantes.
Lieu nat. l'Europe. ☉
β. Le même à épi plus court, presqu'ovale.

871. PANIC rude. Diét.
p. à épi presque composé, ayant à la base de petites grappes lâches un peu longues, involucelles sétacées accrochantes.
Lieu nat. l'Europe. ☉

872. PANIC cultivé. Diét.
P. à épi composé, épillets ramassés entremêlés de filets sétacés, pedoncules velus.
Lieu nat. les Indes. ☉
a Il varie à épi blanc, ou d'un rouge violet, à filets courts, même presque nuls, quelquefois un peu longs.

873. PANIC violet. Diét.
P. à épi simple cylindrique violet, involucelles sétacées uniflores, valves calycinales presqu'égales.
Lieu nat. Le Sénégal.

874. PANIC alopecuroide. Diét.
P. à épi cylindrique simple rougeâtre, involucelles sétacées, uniflores, ciliées & plumeuses inférieurement.
Lieu nat. Le Brésil. Cal. glabre. Tige ram. élevée.

Botanique, Tom. I.

Charact. nat.

Cal. gluma uniflora, trivalvis : valvulis subovatis ; tertia (flosculus neuter quorumdam) minima, a tergo alterius posita.

Cor. bivalvis : valvulis subovatis ; altera minor ; planior.

Stam. Filamenta tria, capillaria, breviuscula. Antheræ oblongæ.

Pist. Germen superum, subrotundum. Styli duo capillares ; stigmata plumosa.

Peric. nullum. Corolla adnascitur semini, nec dehiscit.

Sem. unicum, tectum, subrotundum, inde planiusculum.

Conspectus specierum.

* Flores spicati. Spica unica, s. multiplex.

869. PANICUM glaucum.
P. spica tereti subflavida, involucellis bifloris fasciculato-setosis, seminibus transver. rugosis.

Ex Europa, Indiis orientalibus. ☉

870. PANICUM viride.
P. spica tereti subcomposita, indivisa, involucellis setosis minutis.
Ex Europa. ☉
β. Idem spica breviore, subovata.

871. PANICUM verticillatum. T. 43. f. 1:
P. spica subcomposita, racemulis infimis laxis longiusculis, involucellis setosis retrorsum asp.

Ex Europa. ☉

872. PANICUM italicum.
P. spica composita, spiculis glomeratis setis immixtis, pedunculis hirsutis. L.
Ex Indiis. ☉
β. Variat spica alba, vel rubro-violacea, setis brevibus, etiam subnullis, interdum longiusculis.

873. PANICUM violaceum.
P. spica simplici tereti violacea, involucellis setosis unifloris, valvulis calyc. subæqualibus.
E Senegal. Ex D. Roussillon.

874. PANICUM alopecuros.
P. spica tereti simplici rubente, involucellis setosis unifloris, inferne ciliato plumosis.
E Brasilia. Commers. Cal glaber ; valv. tertia non vidi. An. P. polystachion. L.

Y

875. PANIC *hordeoïde*. Dict.
P. à épi alongé cylindrique grêle blanchâtre, involucelles sétacées glabres uniflores, tige à plusieurs épis.
Lieu nat. Siera-Leona. *Je n'ai pas vû la 5°. valv. du cal.*

876. PANIC à *petit épi*. Dict.
P. à épi linéaire petit nud, bâles striées ventrues alternes pedicellées.
Lieu nat. l'Inde. *Tige filiforme.*

877. PANIC à *trois barbes*. Dict.
P. à épis alt. mutinû sessiles, toutes les valves calicinales aristées: barbe ext. très-longue.
Lieu nat. l'Inde, naturalisé en Italie.
ß Le même à épis serrés contre la tige, fleurs une fois plus petites. De l'Isle de France.

878. PANIC *setaire*. Dict.
P. à épis alternes très-courts sessiles à peine triflores, calices aristés: barbe ext. très-longue.
Lieu nat. l'Amér. méridionale.

879. PANIC *bromoïde*. Dict.
P. à épis alternes velus sessiles, calices aristés, involucelles sétacées, feuilles courtes.
Lieu nat. l'Isle de France.

880. PANIC *loliacé*. Dict.
P. à épis alternes longs sessiles, fleurs distiques géminées, écartées; calices munis de barbes.
Lieu nat. les Philippines. *Feuilles larges.*

881. PANIC *colonien*. Dict.
P. à épis alternes mutiques sessiles, bâles ovales mucronées scabres par des poils courts.
Lieu nat. les terreins cultivés des Indes. ☉
ß Il varie à tige plus élevée, & à tige rameuse.

882. PANIC *brizoïde*. Dict.
P. à épis alternes mutiques sessiles serrés contre la tige, bâles ovales mucr. très-glabres.
Lieu nat. l'Inde. *Bâles blanchâtres.*

883. PANIC *granulaire*. Dict.
P. à épis alternes mutiques droits sessiles, bâles lisses presque globuleuses, tige rameuse.
Lieu nat. l'isle de France. *Très-diff. du Manisuris.*

884. PANIC à *deux épis*. Dict.
P. à deux épis alternes glabres, fleurs unilatérales, tige pileuse à son sommet.
Lieu nat. l'Inde.
A. le même à quatre épis. Isle de Fr. Commerf.

---

875. PANICUM *hordeoïdes*.
P. spica elongata tereti tenui albicante, involucellis setosis glabris uniß. culmo polystachio.
E Siera-Leona. *Smeathm. valv. 5. calyc. non vidi.*

876. PANICUM *microstachyon*.
P. spica. lineari parva nuda, glumis striatis ventricosis alternis pedicellatis.
Ex Indis, *Sonner. An P. curvatum, L.*

877. PANICUM *hirtellum*.
P. spicis alternis multifloris sessilibus, valvulis calycinis omnibus aristatis: extima longissima.
Ex India, nunc in Italia.
ß. Idem spicis culmo adpressis, flosculis duplo minoribus. Ex Ins. Franciæ.

878. PANICUM *setarium*.
P. spicis alternis brevissimis subtrifloris sessilibus, cal. aristatis: arista extima longissima.
Ex Amer. merid. Commun. *a D. Richard.*

879. PANICUM *bromoïdes*.
P. spicis alternis hirsutis sessilibus, calycibus aristatis, involucellis setosis, foliis brevibus.
Ex ins. Franciæ. *Commerf.*

880. PANICUM *loliaceum*.
P. spicis alternis longis sessilibus, floribus distichis geminis remotis, calycibus aristatis. *An P. compositum, L.*
E Philippinis. *Commerf. aff. Panico hirtello.*

881. PANICUM *colonum*.
P. spicis alternis muticis sessilibus, glomis ovatis mucronatis piloso-scabris.
Ex Indiarum cultis. ☉ *Gluma fusco purp.*
ß. Variat culmo elatiore, & culmo ramoso.

882. PANICUM *brizoides*.
P. spicis alternis muticis appressis sessilibus; glumis ovatis mucronatis glaberrimis.
Ex India. *Facies paspali.*

883. PANICUM *granulare*.
P. spicis alternis muticis erectis sessilibus; glumis lævibus subglobosis, culmo ramoso.
Ex ins. Franciæ. *Commerf.*

884. PANICUM *distachyon*. T. 43. f. 2.
P. spicis geminis alternis lævibus, floribus secundis, culmo superne piloso.
Ex India. *Flores subtlaevati.*
ß. Idem spicis quatuor. — Ex insula Franciæ.

835. PANIC couché. Diâ.
P. à épis presqu'en grappes linéaires alternes,
tige soit longue ou peu rameuse rampante.
Lieu nat. les Antilles.#*Vulg. le cens pour cens.*
A. le même à denes du rachis garnis de quelques
poils séracet.

886. PANIC squarreux. Diâ.
P. à épis linéaires alternes presqu'en faisceau,
calices subulés scabres: à troisième valve obtuse.
Lieu nat. l'Inde. Fl. toutes sessiles.

887. PANIC pied-de-coq. Diâ.
P. à épis alternes & geminés épais squarreux,
bâles hispides aristées, rachis anguleux.
Lieu nat. l'Europe.
A. Il varie à épi presque sans barbes.

888. PANIC scabre. Diâ.
P. à épis alternes épais presq'onilité faux scabres,
bâles aristées hispides, rachis tuberculeux.
Lieu nat. le Sénégal.

889. PANIC hispidule.
P. à épis alternes unilatéraux un peu divisés,
bâles aristées hispidules, rachis légèrement
comprimé.
Lieu nat. l'Inde.

890. PANIC barbu. Diâ.
P. à épis alternes un peu divisés, bâles glabres
striées à peine aristées, rachis & gaînes des
feuilles barbus.
Lieu nat. l'Ifle de France.

891. PANIC pyramidale. Diâ.
P. à épis alternes nombreux en pyramide,
bâles mutiques presque lisses, feuilles glauques.
Lieu nat. le Sénégal. Bâles courtes, blanchâtres.

892. PANIC plissé. Diâ.
P. à épis alternes écartés mutiques courts,
corolles ridées, feuilles plissées & sillonnées.
Lieu nat. l'Ifle de France ? Cal. glab. verd, serv.

893. PANIC en queue. Diâ.
P. à grappe en queue, ayant des épis alternes
insensiblement plus petits, rachis setifère,
bâles lisses mutiques.
Lieu nat. le Bréfil, l'ifle de Cayenne.

* * Fleurs en panicule.

894. PANIC brun-rougeâtre. Diâ.
P. à grappes linéaires effilées, bâles en massue,
poils sous les divisions de la panicule.
Lieu nat. les Antilles. Bâles un peu nerveuses.

---

885. PANICUM proftratum.
P. spicis subracemosis linearibus alternis,
culmo prælongo subramoso repente.
Ex Insulis Caribæis. An P. grossarium. L.
a. Id. rachcos densubus setigeris. E China. Soaner.

886. PANICUM squarrosum.
P. spicis linearibus alternis subfasciculatis,
calycibus subularis scabris: valv. tertia obtusa.
Ex India. Sonner. Andropog. squarrosum. L. C.

887. PANICUM crus galli.
P. spicis alternis conjugatisque crassis squarrosis, glumis hispidis aristatis, rachi angulato.
Ex Europa. ☉
a. Variat spicii submuricis.

888. PANICUM scabrum.
P. spicis alternis crassis subfecundis scabris;
glumis aristatis hispidis, rachi tuberculato.
E Senegal. D. Roussillon.

889. PANICUM hispidulum.
P. spicis alternis secundis subdivisis, glumis
subaristatis hispidulis, rachi compressiusculo.

Ex India. —Sonner. An P. crus corvi. L.

890. PANICUM barbatum.
P. spicis alternis subdivisis, glumis glabris
striatis subaristatis, rachi vaginisque foliorum
barbatis.
Ex Insula Franciæ.

891. PANICUM pyramidale.
P. spicis alternis numerosis pyramidatis, glumis muticis sublævibus, foliis glaucis.
E Senegal. D. Roussillon. Variat gl. lævibus &
subpubescentibus.

892. PANICUM plicatum.
P. spicis alternis remotis muticis brevibus;
corollis rugosis, foliis plicato-sulcatis.
Ex Insula Franciæ ? Species distinctissima.

893. PANICUM caudatum.
P. racemo caudato: spicis alternis sensim minoribus, rachi setifera, glumis lævibus muticis.

E Brasilio. Commersf. & Cayenna. D. Richard.

* * Flores paniculati.

894. PANICUM fusco-rutens.
P. racemis linearibus virgatis, glumis clavatis,
pilis subpaniculæ divisuris.
Ex Inf. Caribæis. — Sloan. hist. 1. 1. 72. f. 1.
Y 2

895. PANIC *agrostidiforme*. Dia. -
P. à grappes linéaires serrées très - glabres,
bâles ovales-oblongues un peu obtuses lisses.
Lieu nat. l'Amer. mérid. *Bâles fort petites.*

896. PANIC , queue de rat. Dia.
P. à panicule linéaire très-longue : grappes
latérales très - courtes serrées, bâles pointues.
Lieu nat. l'Amérique mérid. *Bâles glabres.*

897. PANIC *strié*. Dia.
P. à panicule oblongue, bâles un peu grandes
glabres vertes élégament striées.
Lieu nat. la Caroline.

898. PANIC *effilé*. Dia.
P. à panicule effilée, bâles acuminées gla-
bres : l'extérieure ouverte.
L. nat. la Virginie. *Panic. fort long. fl. rares.*

899. PANIC *luisant*. Dia.
P. à panicule rameuse un peu violette, bâles
obtuses striées bispidules, semence luisante.
Lieu nat. la Caroline.

900. PANIC *dichotome*. Dia.
P. à panicules simples, tige rameuse dicho-
tome.
Lieu nat. la Virginie.

901. PANIC *rameux*. Dia.
P. à rameaux de la panicule simples, fleurs
presque ternées : l'inférieure presque sessile,
tige rameuse.
Lieu nat. les Indes.

902. PANIC de Numidie. Dia.
P. à rameaux de la panicule presque simples
en grappe lâches , bâles ovales - pointues,
pistils colorés.
Lieu nat. la Numidie.

903. PANIC *coloré*. Dia.
P. à panicule ouverte , bâles ovales , étamines & pistils colorés, tige rameuse.
Lieu nat. l'Espagne , l'Egypte. ☉
β. Le même à tige plus élevée. Bon fourage.

904. PANIC *millet*. Dia.
P. à panicule lâche foible, gaines des feuilles
hérissées, bâles mucronées nerveuses.
Lieu nat. l'Inde. ☉ *Le millet commun.*

905. PANIC *lisse*. Dia.
P. à panicule lâche un peu foible , bâles
oblongues lisses, gaines des feuilles glabres.
Lieu nat. Saint Domingue , l'Isle de France.
β. Le même à bâles obscurément striées.

895. PANICUM *agrostidiforme*.
P. racemis linearibus strictis glaberrimis, glu-
mis ovato-oblongis obtusiusculis lævibus.
Ex Amer. merid. *Communic. A. D. Richard.*

896. PANICUM *myuros*.
P. panicula lineari longissima : racemulis la-
teralibus brevissimis strictis , glumis acutis.
Ex America merid. *Comm. à D. Richard.*

897. PANICUM *striatum*.
P. panicula oblonga , glumis majusculis gla-
bris viridibus pulchrè striatis.
E Carolinia. *Com. D. fraser.*

898. PANICUM *virgatum*.
P. panicula virgata , glumis acuminatis lævi-
bus : extima dehiscente. L.
E Virginia. *Panicula prælonga. fl. rari.*

899. PANICUM *nitidum*.
P. panicula ramosa subviolacea, glumis obtu-
sis striatis hispidulis , semine nitido.
E Carolinia. *Com. D. fraser.*

900. PANICUM *dichotomum*.
P. paniculis simplicibus , culmo ramoso di-
chotomo. L.
E Virginia.

901. PANICUM *ramosum*.
P. panicula ramis simplicibus , fl. subternis :
inferiore subsessili , culmo ramoso. L.

Ex Indiis.

902. PANICUM *Numidianum*.
P. panicula ramis subsimplicibus racemosis
laxis , glumis ovato-acutis lævibus , pistillis
coloratis.
Ex Numidia. *Com. D. Poiret.*

903. PANICUM *coloratum*.
P. panicula patente , glumis ovatis , staminibus pistillisque coloratis , culmo ramoso.
Ex Hispania , Ægypto. ☉
β. Idem culmo altiore. Ex Abyssinia.

904. PANICUM *miliaceum*.
P. panicula laxa flaccida , foliorum vaginis
hirsis , glumis mucronatis nervosis. L.
Ex India. ☉ *Variat colore seminum.*

905. PANICUM *læve*.
P. panicula laxa subflaccida , glumis oblongis lævibus , foliorum vaginis glabris.
E Domingo , Insul. Franc. *Cal. interdum 4-valv.*
β. Idem glumis obscurè striatis. Ex India.

906. PANIC *miliaire*. Dict.
P. à panicule lâche un peu foîble, bâles un peu ramaffées aiguës ftrices, gaines glabres.
Lieu nat. l'Inde.

907. PANIC *capillaire*. Dict.
P. à panicule capillaire ouverte dans fa partie fupér. bâles acuminées, gaines hériffées.
Lieu nat. la Virginie. ☉

908. PANIC *de Cayenne*. Dict.
P. à panicule oblongue ouverte : à rameaux divergens, gaines velues, tige rameufe.
Lieu nat. l'Ifle de Cayenne.

909. PANIC *capillacé*. Dict.
P. à panicule capillacée ouverte, bâles obtufes très-petites, feuilles larges dont la bafe & la gaine font ciliées.
Lieu nat. l'Amérique mérid. *Calices uniſt.*

910. PANIC *délicat*. Dict.
P. très-glabre, à panicule petite ouverte, bâles obtufes courbées, tige rameufe filiforme.
Lieu nat. Siera-Leona. *Valv. calic. égales.*

911. PANIC *des garçons*. Dict.
P. à panicule capillaire lâche rameufe, bâles rares acuminées, tige filiforme.
Lieu nat. l'Amér. mérid. *F. velues en dedans.*

912. PANIC *à petites feuilles*. Dict.
P. à panicule petite ouverte, bâles obtufes, tige filiforme, fenilles velues très petites.
Lieu nat. L'Amér. mérid. *Tige ram. génic.*

913. PANIC *pâle*. Dict.
P. à panicule compofée ovale, à rameaux droits ramaffés, bâles ovales pointues, feuilles ovales lancéolées, gaines à bords ciliés.

Lieu nat. la Jamaïque, &c. *Bâles verdâtres.*

914. PANIC *ventru*. Dict.
P. à panicule rameufe, bâles ventrues obtufes nerv. prefqu'hifpides, tige rampante à fa bafe.
Lieu nat. l'Inde. *Panicule petite.*

915. PANIC *velu*. Dict.
P. à panicule en grappe fort petite, ayant fes rameaux alternes courts, cal. & ped. velur.
Lieu nat. l'Inde.

916. PANIC *difforme*. Dict.
P. à panicule comp. capil. ouverte, femences geminées, feuilles arundinacées très-glabres.
Lieu nat. l'Amer. mérid. Je n'ai point vu les fl.

906. PANICUM *miliare*.
P. panicula laxa fubflaccida, glumis fubconfertis acutis ftriatis, vaginis glabris.
Ex India. *Sonnerat.*

907. PANICUM *capillare*.
P. panicula capillari fupernè expanfâ, glumis acuminatis, vaginis hirtis.
E Virginia. ☉

908. PANICUM *Cayennenſt*.
P. panicula oblonga patente : ramis divaricatis; vaginis hirfutis, culmo ramofo.
E Cayenna. *D. Stoupy, affinis praced.*

909. PANICUM *capillaceum*.
P. panicula capillacea patente, glumis obtufis minimis, foliis latis bafi vaginifque ciliatis.

Ex Amer. merid. *Gram. floan.* 1 , t. 71 , f. 3;

910. PANICUM *tenellum*.
P. glaberrimum, panicula parva patente; glumis obtufis curvatis, culmo ramofo filiformi.
E Siera-Leona. *Smeathm. plm.* T. 92, f. 8?

911. PANICUM *caſpicium*.
P. panicula capillari laxè ramofa, glumis raris acuminatis, culmo filiformi.
Ex Amer. merid. communic. *D. Richard.*

912. PANICUM *parvifolium*.
P. panicula parva patente, glumis obtufis; culmo filiformi, foliis minimis villofis.
Ex Amer. merid. Communic. *D. Richard.*

913. PANICUM *pallens*.
P. panicula compofita ovata: ramis confertis erectis, glumis ovatis acutis, foliis ovatolanceolatis, vaginis margine ciliatis. *P. pallens. Swartz. prodr.*
E Jamaica, &c. Com. *D. Rich.*

914. PANICUM *ventricofum*.
P. panicula ramofa, glumis ventricofis obtufis nervofis fubhifpidis, culmo bafi repente.
Ex India. Sonnerat. conf. cum P. curvato. L.

915. PANICUM *villofum*.
P. panicula racemofa minima; ramulis alternis brevibus, calycibus pedunculifque villofis.
Ex India. *Sonnerat.*

916. PANICUM *difporum*.
P. panicula compofita capillari patente, feminibus geminis, fol. arundinaceis glaberrimis.
Ex Amer. merid. Com. *D. Richard.*

917. PANIC biflore. Dict.
P. à panicule capillaire flexueuse, fleurs geminées , gaines ciliées longitudinalement.
Lieu nat. l'Isle de France. Tige ram. panicule
médiocre. La cal. n'a pas univalve.

911. PANIC divergent. Dict.
P. à panicules courtes mutiques, tige très-
rameuse très-divergente, pedicules biflores:
l'un plus court.
Lieu nat. la Jamaïque.

919. PANIC à larges feuilles. Dict.
P. à panicules ayant les grappes latérales
simples, feuilles ovales-lancéolées velues aux
bords de leur gaine.
Lieu nat. l'Amérique. ♄

910. PANIC. arborescent. Dict.
P. très-rameux, à feuilles ovales-oblongues
acuminées.
Lieu nat. les Indes orientales. ♄

911. PANIC gluineux. Dict.
P. à panicule composée ouverte : rameaux
flexueux, hâles ovales visqueuses assez grandes,
tige un peu rameuse.
Lieu nat. l'Amerique mérid. l'Isle de France.
Il paroit avoir des rapports avec le précédent.

Obs. Voyez plusieurs autres esp. dans les obs. de M.
Retzius, & dans le prodr. de M. Swartz.

Explication des figures.

Tab. 41. fig. 1. PANIC rude. (m) Partie de la tige
avec l'épi. Par erreur de signature, les fig. suivantes
prises de Loere, telles que (a, b) Fleurs séparées ; (c, c)
Etamines , pistil ; (d, e, i) Semence ; & ces dernières
telles que (f) Bâle fermée ; (g, g) Bâle ouverte ;
(h, h) Semence ; sont celles a du Panic glauque,
& celles-li du Panic verd.

Tab. 41. fig. 2. PANIC à deux épis. Tab. 41. f. 3.
PANIC gluineux. Tab. 41. fig. 4. Fleur de Panic
gluiné pour exemple par Linné.

112. PASPALE.

Caract. essent.

Rachis membraneux, unilatéral. Cal. 2-valve,
1-flore. Cor. 2-valve presqu'égale au calice.

Caract. nat.

Cal. receptacle commun linéaire, un peu
plane, membraneux, unilatérale. Bâle uniflore, bivalve ; à valves presqu'égales, ovales
ou arrondies.

917. PANICUM biflorum.
P. panicula capillari flexuosa, floribus geminis , vaginis longitudinaliter ciliatis.
Ex insula Franciæ. An P. brevifolium. L. Cal.
1-valvis ; valv. inserioribus deficientibus.

918. PANICUM divaricatum.
P. paniculis brevibus muticis , culmo ramosissimo divaricatissimo , pedicellis bifloris : altero breviore. L.
E Jamaica. Pedicelli bifidi , altero ramulo brev.

919. PANICUM latifolium.
P. panicula racemis lateralibus simplicibus ,
foliis ovato-lanceolatis collo pilosis. L.
Ex Amer. ♂ Cult. in H. Reg.

920. PANICUM arborescens.
P. ramosissimum , foliis ovato-oblongis acu-
minatis. L.
Ex Indiis orientalibus. ♀

921. PANICUM glutinosum. T. 41. f. 3.
P. panic. comp. patente : ramis flexuosis, glumis
ovatis viscosis majusculis, culmo subramoso.

Ex Amer. merid. Insula Franciæ. An P. glutinosum, Swartz. prodr. 14.

Obs. Vide plures alias spec. in observ. Retzii ,
fasc. 3 & 4, & in prodromo. D. Swartz.

Explicatio Iconum.

Tab. 41. f. 1. PANICUM verticillatum. (m) Pars
culmi cum spica. Fig. ex Sicao. Pictoris errore , fig. se-
quentes ex Loesso desumpta, (a , b) Flores separati ;
(c, e) Stamina , pistillum. (d , e, i) Semina ; m &
posteriores, (f) Glume e'visa ; (g , g) Gluma aperta ;
(h , h) Semen , sunt hæ Panici glauci. Illæ vero
Panici viridis.

Tab. 41. fig. 2. PANICUM distachion. Fig. ex Sicao.
Tab. 41. fig. 3. PANICUM glutinosum. Ectem in
Sicao. Tab. 41. fig. 4. Flos Panici, ex Lin. dman. acad.

112. PASPALUM.

Charact. essent.

Rachis membranacea, unilateralis. Cal. 2-val-
vis, 1 florus. Cor. 1-valvis, calyci subæqualis.

Charact. nat.

Cal. receptaculum commune lineare, planiusculum, membranaceum, unilaterale : gluma uniflora, bivalvis : valvulis subæqualibus , ovatis
vel rotundatis.

Cor. bivalve, presqu'égale au calice : à valves concaves; l'intérieure plus plane.

Etam. trois filamens, capillaires, de la longueur de la bâle. Anthères ovales.

Pist. un ovaire supérieur, arrondi. Deux styles capillaires, de la longueur de la fleur. Stigmates pénicilliformes, velus, colorés.

Péric. nul. Les bâles persistantes renferment la semence.

Sem. une seule, arrondie, un peu applatie d'un côté, convexe de l'autre.

Observ. Ce genre est très-voisin du Panis & de l'Agrostis. Il diffère du premier par son calice bivalve, & du second par son rachis (ou axe) unilatéral, plus ou moins membraneux. On le distingue de l'Eleusine par son calice uniflore.

Cor. bivalvis, calyci subæqualis : valvulis concavis; interiore planiore.

Stam. filamenta tria, capillaria, longitudine glumæ. Antheræ ovatæ.

Pist. germen superum, subrotundum. Styli duo capillares, longitudine floris. Stigmata penidilliformia, pilosa, colorata.

Péric. nul. Glumæ persistentes semen includunt.

Sem. unicum, subrotundum, hinc planius, culum, indè convexum.

Observ. genus Panico & Agrostidi proximum. A Panice differt calyce bivalvi, & ab Agrostide rachi unilaterali submembranacea. Distinguitur ab Eleusine calyce unifloro.

Tableau des espèces.

911. PASPALE penché. Dict.
P. à un seul épi penché, fleurs alternes elliptiques compr. d'un côté glabres, feuille velue.
Lieu nat. l'Amér. mérid. Bâles pédicellées.

913. PASPALE pileux. Dict.
P. à épi solitaire, fleurs elliptiques alternes ramassées, rachis pileux, feuilles très-velues.
Lieu nat. Les pays chauds de l'Amer. Épi long.

914. PASPALE cilié. Dict.
P. à deux épis, fleurs presqu'orbiculaires compr. pileuses ciliées sur à rangées sessiles.
Lieu nat. les pays chauds de l'Amer.

915. PASPALE distique. Dict.
P. à deux épis, dont un sessile; fl. acuminées.
Lieu nat. la Jamaïque.

916. PASPALE de Coromandel. Dict.
P. à épis alternes sessiles, fleurs orbiculaires glabres sur deux rangées, rachis semi-septifère.
Lieu nat. l'Inde. Feuilles glabres.

917. PASPALE de Commerson. Dict.
P. à trois épis : l'inférieur pédonculé, fleurs orbiculaires glabres sur à rangées, gaînes à orifice pileux:
Lieu nat. l'Isle de France.

918. PASPALE lentifère. Dict.
P. à épis alternes sessiles, fleurs comprimées lenticulaires glabres presque sur à rangées.
Lieu nat. la Caroline. Feuilles glabres.

Conspectus Specierum.

911. PASPALUM natans.
P. spica unica nutante, flosculis alternis ellipticis hinc compressis glabris, folio villoso.
Ex America merid. Communic. D. Richard.

913. PASPALUM pilosum.
P. spica solitaria, flosculis ellipticis alternis confertis, rachi pilosa, foliis villosissimis.
Ex America calidiore. Comm. D. Richard.

914. PASPALUM ciliatum.
P. spicis duabus, floribus suborbiculatis compressis piloso-ciliatis bifariis sessilibus.
Ex America calidiore. Comm. D. Richard.

915. PASPALUM distichum.
P. spicis duabus : altera sessili; fl. acuminatis.
E Jamaica. Conf. T. 41. f. 3.

916. PASPALUM Coromandelianum.
P. spicis alternis sessilibus, floribus orbiculatis bifariis glabris, rachi semi-sepalifera.
Ex India. Sonnerat. An P. scrobiculatum. L.

917. PASPALUM Commersonii. T. 43. f. 2.
P. spicis ternis : infima pedunculata, floribus orbiculatis glabris bifariis, vaginis ore pilosis.

Ex Insula Franciæ. Commers.

918. PASPALUM lentiferum.
P. spicis alternis sessilibus, floribus compressis lentisformibus glabris subtrifariis.
E Carolinia. D. Fraser.

929. PASPALE serré. Dict.
P. à épis nombreux alternes sessiles serrés
contre la tige, fleurs ovales acuminées sur
deux rangées.
Lieu nat. l'Amérique mérid. Pl. glabre.

929. PASPALUM appressum. R.
P. spicis pluribus sessilibus alternis culmo
appressis, floribus ovatis acuminatis bifariis.

Ex America merid. Con. D. Richard.

930. PASPALE velu. Dict.
P. à épis alternes unilatéraux, rachis velu;
fleurs sur 2 rangées, alternes unilatérales.
Lieu nat. le Japon. Épis au nombre de 3 ou 4.

930. PASPALUM villosum.
P. spicis alternis secundis, rachi hirsuta;
floribus duplici ordine alternis secundis. Thunb.
E Japonia. Tunb. Jap. 45. t. 8.

931. PASPALE lâche. Dict.
P. à épis alternes lâches: les inférieurs pédonculés, fleurs ovales pedicellées géminées.
*Lieu nat. l'Amer. mérid. Épis grêles, distans;
rachis étroit, flexueux.*

931. PASPALUM laxum.
P. spicis alternis laxis: inferioribus pedun-
culatis, floribus ovatis pedicellatis geminis.
Ex America merid. Comm. D. Richard. An
P. virgatum. L. excluso Sloani synonymo.

932. PASPALE capillaire. Dict.
P. à épis filiformes géminés ou ternés, pédon-
cules capillaires, fleurs ovales-oblongues alter.
Lieu nat. l'Amer. mérid. Bâtes glabres.

932. PASPALUM capillare.
P. spicis geminis terni-ve filiformibus, ped.
capillaribus , flor. ovato-oblongis alternis.
Ex America merid. Comm. D. Richard.

933. PASPALE à grappe. Dict.
P. à épis très-nombreux presque verticillés
ouverts un peu courts, bâles ovales plissées
& crêpues sur les bords.
*Lieu nat. le Pérou. Bâtes acuminées, disp.
sur 2 rangées. 40 à 50 épis formant une grappe.*

933. PASPALUM racemosum.
P. spicis numerosissimis subverticillatis breviusculis patentibus , glumis ovatis lateribus
plicato crispis.
E Peru. Com. D. bourelou. gluma acuminata,
bifaria. Spica 40 ad ;o in racem. digesta.

934. PASPALE à quatre rangées. Dict.
P. à épis nombreux droits presqu'en panicule , bâles ovales sur 3 ou 4 rangées,
rachis pileux.
*Lieu nat. Monte-Video. Il paroît diff. du P.
virgatum & du P. paniculatum de Linné.*

934. PASPALUM quadrifarium.
P. spicis plurimis erectis subpaniculatis, glumis ovatis 3 f. 4 fariis, rachi pilosa.
E Monte-Video. Commerf. Sloan. 1. t. 69;
f. 2. gluma acutiuscula. An P. virgatum. Jacq.
coll. 1. 112. ic. rar. 1.

935. PASPALE bicorne. Dict.
P. à deux épis longs presque filiformes,
fleurs alternes sessiles, corolles velues.
Lieu nat. l'Inde. Cal. glabre.

935. PASPALUM bicorne.
P. spicis geminis longis subfiliformibus, flos-
culis alternis sessilibus, corollis hirsutis.
Ex India. Sonnerat. gluma oblonga.

936. PASPALE à trois épis. Dict.
P. à épis ternés presque digités filiformes,
fleurs alternes sessiles oblongues.
Lieu nat. l'Amér. mérid.

936. PASPALUM tristachyon.
P. spicis ternis subdigitatis filiformibus, flos-
culis sessilibus alternis oblongis.
Ex America merid. Commune. D. Richard.

937. PASPALE dactyle. Dict.
P. à épis presque digités linéaires ouverts,
fleurs solitaires , tiges rampantes.
Lieu nat. l'Europe australe. ♉

937. PASPALUM dactylon.
P. spicis subdigitatis linearibus patentibus ,
floribus solitariis, culmis repentibus.
Ex Europa australi. ♉ Panicum dactylon. L.

938. PASPALE sanguin.
P. à épis presque digités fasciculés linéaires,
fleurs géminées: l'une d'elles sessile.
Lieu nat. l'Europe , les Indes. ☉
β. Le même à épis plus nombreux droits.

938. PASPALUM sanguinale.
P. spicis subdigitatis fasciculatis linearibus ;
floribus geminis : altero sessili.
Ex Europa & Indiis. ☉ Panicum sanguinale. L.
β. Idem spicis numerosorib. erectis. P. filif. Jacq.

939.

939. PASPALE en ombelle. Dict.
- P. à épis linéaires digités en ombelle, fleurs comprimées, pointues sessiles, tige rampante.
Lieu nat. l'Inde, l'Isle de France.

940. PASPALE membraneux. Dict.
P. à épis alternes sessiles, rachis membraneux cymbiforme, fleurs très-velues sur a rangées.
Lieu nat. Le Pérou. ♃ Fl. musique; cor. glabre.

Explication des fig.

Tab. 45. fig. 1. PASPALE de Commerson. Fig. 2.
♦ PASPALE membraneux. Fig. 3. Fructification du Paspale, d'après Linné.

113. CANCHE.

Caract. essent.

CAL. 2-valve, 2-flore. Aucun corps particulier interposé entre les fleurs.

Caract. nat.

Cal. bâle biflore, bivalve : à valves ovales-lancéolées pointues presqu'égales.
Cor. bivalve, mutique, ou aristée à sa base.
Etam. trois filamens capillaires, de la longueur de la fleur. Anthères oblongues, fourchues aux 2 bouts.
Pist. un ovaire supérieur, ovale. Deux styles sétacés, stigmates pubescens.
Peric. aucun. La corolle renferme la semence.
Sem. une seule, presqu'ovale, couverte.

Tableau des espèces.

**Fleurs mutiques.*

941. CANCHE arondinacée. Dict. n°. 1.
C. à panicule oblongue unilatérale mutique embriquée, feuilles planes.
Lieu nat. le Levant.

942. CANCHE capillacée. Dict. suppl.
C. à panicule capillacée éparse très-grande, fl. mutiques plus longues que le calice : l'une d'elles pédicellée.
Lieu nat. la Caroline.

943. CANCHE naine. Dict. n°. 2.
C. à panicule lâche un peu en cime, très-rameuse, fleurs mutiques.
Lieu nat. l'Espagne. ☉
Botanique. Tome I.

939. PASPALUM umbellatum.
P. spicis linearibus digitato-umbellatis, flosculis compr. acutis sessilibus, culmo repente.
Ex India, Insula Franciæ.

940. PASPALUM membranaceum. T. 45. f. 2.
P. spicis alternis sessilibus, rachi membranacea cymbiformi, floribus bifariis hirsutissimis.
E Peru. ♃ H. R. Fl. mutici; cor. glabra.

Explicatio iconum.

Tab. 45. fig. 1. PASPALUM Commersonii. Fig. 2. PASPALUM membranaceum. Fig. 3. Fructificatio paspali, ex Lin. Amœn. acad.

113. AIRA.

Charact. essent.

CAL. 2-valvis, 2-florus. Flosculi absque interjecto rudimento.

Charact. nat.

Cal. gluma biflora, bivalvis : valvulis ovato-lanceolatis acutis subæqualibus.
Cor. bivalvis, mutica, aut e basi aristata.
Stam. filamenta tria, capillaria, longitudine floris. Antheræ oblongæ, utrinque furcatæ.
Pist. germen superum, ovatum. Styli duo setacei; stigmata pubescentia.
Peric. nullum. Corolla semen includit.
Sem. unicum, subovatum, tectum.

Conspectus specierum.

**Flores mutici.*

941. AIRA arundinacea.
A. panicula oblonga secunda mutica imbricata, foliis planis. L.
Ex Oriente.

942. AIRA capillacea.
A. panicula capillacea effusa maxima, flosculis muticis calyce longioribus : altero pedicellato.

E Carolina. D. Fraser.

943. AIRA minuta.
A. panicula laxa subfastigiata ramosissima, flosculis muticis. L.
Ex Hispania. ☉

Z

944. CANCHE *aquatique*. Dict. n°. 4.
C. à panicule ouverte, fleurs mutiques gla-
bres plus longues que le calice, feuilles planes.
Lieu nat. l'Europe, aux lieux aqualiques. ♃

944. AIRA *aquatica*.
A. panicula patente, floribus muticis lævibus
calyce longioribus, foliis planis. L.
Ex Europæ locis aquosis. ♃

** *Fleurs munies de barbes.*

** *Flores aristati.*

945. CANCHE *en épi*. Dict. n°. 5.
C. à feuilles planes, panicule en épi, fleurs
aristées sur leurs dos; barbe reflechie plus lâche.
Lieu nat. les mont. de la Suisse, la Laponie. ♃

945. AIRA *subspicata*.
A. foliis planis, panicula spicata, flosculis
medio aristatis; arista reflexa laxiore. L.
Ex Alpibus Helvetiæ, Laponiæ. ♃

946. CANCHE *élevée*. Dict. n°. 6.
C. à feuilles planes striées rudes, panicule
lâche luisante, barbes à peine saillantes.
L. n. les bois & les prés couverts de l'Europe. ♃
β. Elle varie à feuilles roulées & subulées.

946. AIRA *altissima*.
A. foliis planis striatis asperis, panicula effusa
splendente, aristis vix flores superantibus.
Ex Europæ sylvis & pratis umbrosis. ♃
β. Variat foliis involuto subulatis.

947. CANCHE *flexueuse*. Dict. 7.
C. à feuilles sétacées, tiges presque nues,
panicule divergente, pédoncules flexueux.
Lieu nat. l'Europe, aux lieux secs, mont. ♃

947. AIRA *flexuosa*.
A. foliis setaceis, culmis subnudis, panicula
divaricata, pedunculis flexuosis. L.
Ex Europæ siccis & alpinis.

948. CANCHE *des Alpes*. Dict. n° 8.
C. à feuilles subulées, panicule dense, fleurs
velues à leur base & aristées: barbe courte.
Lieu nat. les Alpes de la Laponie, l'Allem.

948. AIRA *Alpina*.
A. foliis subulatis, panicula densa, flosculis
basi pilosis aristatis, arista brevi. L.
Ex Alpibus Laponiæ, è Germania.

949. CANCHE *blanchâtre*. Dict. n° 9.
C. à feuilles sétacées: la sup. presque spathacée,
barbe fort courte épaisse supérieurement.
Lieu nat. la France, &c. aux lieux sabl. ☉

949. AIRA *canescens*.
A. foliis setaceis: summo subspathaceo, arista
brevi superne crassiore.
E Gallia, &c. locis arenosis. ☉   F. glauca.

950. CANCHE *précoce* Dict. n°. 10.
C. à feuilles sétacées vertes, panicule petite
presqu'en épi, barbes saillantes.
Lieu nat. l'Europe, aux lieux sabl. & hum.

950. AIRA *præcox*.
A. foliis setaceis viridibus, panicula parva
subspicata, aristis exsertis.
Ex Europæ locis arenosis & humidis. ☉

951. CANCHE *œilletée*. Dict. n°. 11.
C. à feuilles sétacées, panicule divergente,
fleurs aristées distantes.
Lieu nat. les lieux secs & pierreux de l'Europe. ☉

951. AIRA *Caryophyllea*. T. 44.
A. foliis setaceis, panicula divaricata, floribus
aristatis distantibus. L.
Ex Europæ glareosis. ☉

952. CANCHE *velue*. Dict. n°. 12.
C. à feuilles subulées, panicule alongée
étroite, fleurs plus grandes velues aristées:
barbe droite courte.
Lieu nat. le Cap de Bonne-Espérance.

952. AIRA *villosa*.
A. foliis subulatis, panicula elongata angusta;
flosculis sesqui-alteris hirtis aristatis: arista
recta brevi. L. s.
E Capite B. Spei.

Explication des fig.

Explicatio iconum.

Tab. 44. CANCHE œilletée. (a) Bâle biflore. (c) La
même ouverte. (b) Calice de a bâle. (d) Fleur sétacée,
ouverte. (e) C. velue. (f, g) Etamines, pistil. (h) Bâle
fructifère. (i) Semence. (Fig. 2.) Fructification de
la Canche, selon Linné.

Tab. 44. AIRA caryophyllea. (a) Gluma biflora.
(c) Eadem aperta. (b) Calyx alteræ. (d) Flos separatus,
expansus. (e) C. villosa. (f, g) Stamina, pistillum. (h)
Gluma fructifera. (i) Semen. Fig. in Mill. (l) Planta
integra. (Fig. 2.) Fem. Aira. La Lin, Amœn. acad.

114 MELIQUE

Caraâ. eſſent.

CAL. 1-valve, 2-flore. Une ébauche de fl. ou un corps particulier interposé entre les fleurs.

Caraâ. nat.

Cal. bâle biflore, bivalve: à valves ovales concaves preſqu'égales.

Cor. bivalve: à valves ovales: l'une concave, l'autre plane & plus petite.

* Un corps particulier, comme turbiné, pédicellé, ſitné entre les fleurs.

Etam. trois filamens capillaires, de la longueur de la fleur. Amhères oblongues, ſourchues aux a bouts.

Piſt. un ovaire ſupérieur, ovoïde. Deux ſtyles ſétacés, nuds à leur baſe. Stigmates obl. velus.

Peric. aucun. La cor. renferme la ſem. & la quitte.

Sem. une ſeule, ovale, ſillonnée d'un côté.

Tableau des eſpèces.

953. MELIQUE *ciliée*. Dicl.
M. à fleurs en épi, fleur inférieure ayant le pétale extérieur cilié.
Lieu nat. l'Europe, aux lieux ſtériles & pier. ♃

954. MELIQUE *papilionacée*. Dicl.
M. à panicule en épi, l'une des valves du calice très-grande colorée transparente.
Lieu nat. le Bréſil. *Commerſ. herb.*

955. MELIQUE *de Sibérie*. Dicl.
M. à panic. en épi, bâ es ram., feuilles planes.
Lieu nat. la Sibérie. ♃ *Eſp. très-diſt. de la ſuiv.*

956. MELIQUE *pyramidale*. Dicl.
M. à panicule ouverte pyramidale, bâles rares, feuilles roulées.
Lieu nat. l'Eur. auſtrale. ♃ *Cor. glabres, ſtriées.*
β. Il varie à corolles un peu velues.

957. MELIQUE *penchée*. Dicl.
M. à panicule lâche foible un peu penchée, feuilles à gaines mucronées à leur orifice.
L. n. les bois & les lieux ombragés de l'Eur. ♃

958. MELIQUE *de montagne*. Dicl.
M. à panicule ſerrée en épi unilatérale ayant des rameaux très-courts, gaines mutiques à leur orifice.
L. n. les lieux montueux & couverts de l'Eur.

114. MELICA.

Charaâ. eſſent.

CAL. 1-valvis, 2-florus. Rudimentum floris inter floſculos.

Charaâ. nat.

Cal. Gluma biflora, bivalvis: valvulis ovatis concavis ſubæqualibus.

Cor. bivalvis: valvulæ ovatæ: altera concava, altera plana, minore.

* Corpuſculum inter floſculos, ſubturbinatum, pedicellatum.

Stam. Filamenta tria, capillaria, longitudine floris. Antheræ oblongæ, utrinque furcatæ.

Piſt. germen ſuperum, obovatum. Styli duo; ſetacei, baſi nudi. Stigmata oblonga, plumoſa.

Peric. nullum. Corolla includit ſemen, dimittit.

Sem. unicum, ovatum, altero latere ſulcatum.

Conſpectus ſpecierum.

953. MELICA *ciliata*.
M. floribus ſpicatis, floſculi inferioris petalo exteriore ciliato.
Ex Europæ locis ſterilibus & ſaxoſis. ♃

954. MELICA *papilionacea*.
M. panicula ſpicata, calycis valvula altera maxima colorata pellucida.
E Braſilia. *Arduin. ſpec. 1. t. 6.*

955. MELICA *Sibirica*.
M. panic. ſpicata, glumis confertis, folliſplanis.
E Sibiria. ♃ *Melica. gmel. fib. 1. n°. 30. t. 20.*

956. MELICA *pyramidalis*. Fl. fr.
M. panicula patente pyramidali, glumis raris, foliis convolutis. *An Melica minuta. Lin.*
Ex Eur. auſtr. ♃ *Moriſ ſec. 8. t. 7. f. 51.*
β. *Var. cor. ſubvillofis. M. gmel. fib. 1. t. 19. f. 1.*

957. MELICA *nutans*. T. 44.
M. panicula laxa debili ſubnutante; vaginis foliorum ore mucronatis.
Ex Europæ ſylvis & umbroſis. ♃

958. MELICA *montana*.
M. panicula ſtricta ſpicata ſecunda: ramulis breviſſimis, vaginis ore muticis.
Ex Europa montibus umbroſis. ♃

Z 2

959. MELIQUE *embriquée*. Dict.
ML à épi embriqué comprimé unilatéral.
Lieu nat. le Cap de Bonne-Espérance.

959. MELICA *falx.*
M. spica secunda compressa imbricata. L. f.
E Capite Bonæ Spei.

960. MELIQUE *bleue*. Dict.
Ml. à panicule alongée serrée bleuâtre, fleurs
cylindriques-pointues saillantes hors du calice.
Lieu nat. les prés humides de l'Europe. ꝛ

960. MELICA *cærulea.*
M. panicula elongata coarctata cærulescente,
flosculis tereti acutis exsertis.
Ex Europæ pascuis humidis. ꝛ

Explication des fig.

Tab. 44. fig. 1. MELIQUE *penchée.* (*a*) Bâle séparée.
(*b*) Calice. (*c*, *d*, *e*, *f*, *g*.) Corolle, étamines, pistil,
(*h*, *i*) Bâle fructifère, semence. (*k*) Feuille, panicule.
Les bâles sont trop penchées dans cette fig. Tab. 44. fig. 2.
Fructification de la Mélique, selon Linné.

Explicatio iconum.

Tab. 44. fig. 1. MELICA *nutans.* (*a*) Gluma septata. (*b*) Calyx. (*c*, *d*, *e*, *f*) Corolla, stamina, pistillum. (*h*, *i*) Gluma fructifera, semen. Fig. in Mill. (*l*) Folium, panicula. Gluma nimis cernua. Tab. 44. f. 2. Fructificatio Melicæ, ex Lin. Aman. acad.

115. DACTILE.

Charact. essent.

CAL. 2-valve, comprimé : l'une des valves carinée & plus longue que la fleur.

Caroll. nat.

Cal. Bâle multiflore (quelquefois uniflore),
bivalve, comprimée : à valves concaves carinées ; l'une plus longue que l'autre.
Cor. bivalve : à valves concaves pointues mucronées inégales.
Etam. trois filamens capillaires, plus longs que
la corolle. Anthères oblongues à fourchues.
Pist. un ovaire supérieur, ovale. Deux styles capillaires : stigmates plumeux.
Peric. nul, la corolle renferme la semence & la
quitte.
Sem. une seule, ovale-oblongue, sillonnée
d'un côté.

115. DACTYLIS.

Charact. essens.

CAL. 2-valvis, compressus : altera valvula carinata flosculo longiore.

Charact. nat.

Cal. gluma multiflora (interdum uniflora),
bivalvis, compressa : valvulis concavis carinatis ; altera longiore.
Cor. bivalvis : valvulis concavis acutis mucronatis inæqualibus.
Stam. filamenta tria, capillaria, corolla longiora. Antheræ oblongæ bifurcæ.
Pist. germen superum, ovatum. Styli duo,
capillares : stigmata plumosa.
Peric. nullum, Corolla semen includens, de-
mittens.
Sem. unicum, ovato-oblongum, hinc sulcatum.

Tableau des espèces.

961. DACTILE *de Virginie.* Dict. t°. 1.
D. à épis linéaires épars droits nombreux,
fleurs embriquées unilatérales.
Lieu nat. la Virginie, la Caroline. ꝛ

Conspectus specierum.

961. DACTYLIS *cynosuroides.*
D. spicis linearibus sparsis erectis numerosis,
floribus imbricatis secundis.
E Virginia, Carolina. ꝛ Cal. 1-flor.

962. DACTILE *fasciculé.* Dict. suppl.
D. à épis linéaires droits fasciculés presque
digités, fleurs distinq. serrées contre le rachis.
L. nat. les pays chauds de l'Am. cal. 1-flores.

962. DACTYLIS *fasciculata.*
D. spicis linearibus erectis fasciculatis subdi-
gitatis, floribus distichis rachi appressis.
Ex America calid. Communic. D. Richard.

963. DACTILE *pelotonné.* Dict. n°. 1.
D. à panicule glomerulée unilatérale.
Lieu nat. les prés de l'Europe. ꝛ

963. DACTYLIS *glomerata.* T. 44. f. 1.
D. panicula secunda glomerata. L.
Ex Europæ pratis. ꝛ

564. DACTILE *cilié*. Dict. n°. 3.
D. à épi en tête unilatérale, calices triflores,
tige rampante.
Lieu nat. le Cap de Bonne-Espérance.

965. DACTILE *lagopoïde*.
D. à épis composés ovales pubescens, feuilles
roulées subulées, tige rampante rameuse.
Lieu nat. l'Inde. ♃

966. DACTILE *capité*. Dict. n°. 5.
D. à épis en tête, lisses, tige couchée, rameuse.
Lieu nat. le Cap de Bonne-Espérance. ♃

Explication des fig.

Tab. 44. f. 1. DACTILE *pelotonné*. (*a*) Bâle séparée,
bifl: re. (*b*) Calice. (*c*) Fleur séparée. (*d*) Corolle.
(*e*, *f*) Etamines, pistil. (*g*, *h*, *i*) Bâle fructifère,
semence. (*l*) Sommité de la plante avec sa panicule.

Tab. 44. f. 2. DACTILE *lagopoïde*. Tab. 44. f. 3.
(*a*, *b*) Fructification du Dactile, *selon Linné*.

116. PATURIN.

Caract. essent.

CAL. à 2-valve, multifl. épillet distique : à valves
scarieuses sur les bords, & un peu pointues.

Caract. nat.

Cal. bâle multiflore, bivalve, mutique, comprenant des fleurs ramassées en un épillet dis-
ti, ne ovale ou oblong : à valves ovales, un
peu pointues.
Cor. blv. valves ovales, conc. un peu pointues,
plus longues que le cal. à bords scarieux.
Etam. trois filamens capillaires. Anthères fourchues aux 2 bouts.
Pist. un ovaire supérieur, arrondi. Deux styles
réfléchis, velus ; stigmates semblables.
Peric. nul. La corolle adhère à la sem. & ne la
quitte point.
Sem. une seule, oblongue, acuminée, comprimée, couverte.

Tableau des espèces.

* à 2 à 5 fleurs dans les épillets.

967. PATURIN des prés. Dict.
P. à panicule diffuse ouverte, épillets un
peu larges, ayant 4 ou 5 fleurs, f. planes,
tige droite.
Lieu nat. les prés de l'Europe. ♃
*A. Le même à épillets 3 ou 4-flores, feuilles un
peu p'us étroites.*

964. DACTYLIS *ciliaris*.
D. spica capitata secunda, calycibus trifloris,
caule repente. L.
E Cap. Bonæ Spei.

965. DACTYLIS *lagopoïdes*. T. 44, f. 2.
D. spicis compositis ovatis pubescentib, foliis
convoluto-subulatis, culmo prostrato ramoso.
Ex India. ♃

966. DACTYLIS *capitata*.
D. spicis capitatis lævibus, culmo prostrato
ramoso. L. f.
E Cap. Bonæ Spel. ♃

Explicatio iconum.

Tab. 44. f. 1. DACTYLIS *glomerata*. (*a*) Gluma separata biflora. (*b*) Calyx. (*c*) Flos separatus. (*d*) Corolla. (*e*, *f*) Stamina, pistillum. (*g*, *h*, *i*) Gluma
fructifera, semen. F. ex M.(*l*) Summitas pl. cum panic.

Tab. 44. f. 2. DACTYLIS *lagopoïdes*. Tab. 44. f. 3.
(*a*, *b*) Fructificatio Dactylis, *ex Lin. Amœn. acad.*

116. POA.

Charact. essent.

CAL. 2 valvis, mutifl. spicula disticha : valvulis
margine scariosis, acutiusculis.

Charact. nat.

Cal. gluma multiflora; bivalvis, mutica, flores
in spiculam disticham ovatam f. oblongam
colligens : valvulis ovatis, acutiusculis.

Cor. 2-valvis : valvulæ ovatæ, concavæ, acu-
tiusculæ, cal. paulo longiores, marg. scariosæ.
Stam. filamenta tria, capillaria. Anthæ bifurcatæ.

Pist. germen supernum, subrotundum. Styli duo,
reflexi, villosi ; stigmata similia.
Peric. nullum. Corolla adnascitur semini,
nec demittit.
Sem. unicum, oblongum, acuminatum, compressum, tectum.

Conspectus specierum.

* Flosculi 2 ad 5 in spiculis.

967. POA *pratensis*.
P. panicula diffusa patente, spiculis 4 f. 5-
floris latiusculis, foliis planis, caule erecto.
Ex Europæ pratis. ♃
*A. Eadem spiculis 3 f. 4-floris, foliis paulo angus-
tioribus. P. trivialis. L.*

968. PATURIN *à feuilles étroites*. Did.
P. à panicule diffuse un peu étroite, épillets trifloren, feuilles étroites roulées fur les bords, tige droite.
Lieu nat. les prés fecs de l'Europe. ♃

969. PATURIN *annuel.* Did.
P. à panicule diffuse ouverte, épillets presque 4-fores, tige oblique comprimée.
Lieu nat. l'Europe, le long des chem. ⊙

970. PATURIN *bulbeux.* Did.
P. à panicule ouverte presqu'unilatérale, épillets ovales 4-flores : bâles membraneuses fur les bords.
Lieu nat. les pâturages mont. de l'Europe. ♃
β. *Le même à bâles vivipares.*

971. PATURIN *des Alpes.* Did.
P. à panicule petite un peu ramaffée ; épillets à 4 ou 5 fleurs, un peu larges, tachetés de pourpre.
Lieu nat. les montagnes de l'Europe. ♃

972. PATURIN *panaché.* Did.
P. à panicule oblongue contractée ; épillets à 3 ou 4 fleurs, un peu cylindriques, tachetés de pourpre.
Lieu nat. les mont. de l'Auvergne.

973. PATURIN *festucoïde.* Did.
P. à panicule alongée étroite interrompue, épillets presque quinqueflores, fl. gla. diftantes.
Lieu nat.... *panicule verte. Fl. pointues.*

974. PATURIN *pectiné.* Did.
P. à panicule en épi luifante, bâles ouvertes pectinées presque 5-fl. tige velue fupérieur.
Lieu nat...., *bâles liffes, luifantes, mutiques.*

975. PATURIN *à crête.* Did.
P. à panicule en épi, calices un peu peluex presque 4-flores plus longs que leur pedoncule, pétales aristées.
Lieu nat. la France, &c. aux lieux fecs. ♃

976. PATURIN *phléoïde.* Did.
P. à épi cylindrique non divisé, bâles presque feffiles à 2 ou 3 fleurs velues un peu aiffées.
Lieu nat. la France auftrale. ⊙ *Tiges de 4 ou 5 pouces. Feuilles velues.*

977. PATURIN *luifant.* Did.
P. panicule en épi un peu rameux & interrompu à fa base, épillets bifl. luifans mutiques.
Lieu nat. la France, aux lieux fecs & mon.

968. POA *anguftifolia.*
P. panicula diffufa fubanguftata, fpiculis trifloris, foliis anguftis involutis, culmo erecto.
Ex Europæ pratis ficcis. ♃

969. POA *annua.* T. 45. f. 3.
P. panicula diffufa patente, fpiculis fubquadrifloris, culmo obliquo compreffo.
Ex Europa, ad vias. ⊙

970. POA *bulbofa.*
P. panicula patente fubfecunda, fpiculis ovatis quadrifloris ; glumis margine membranaceis.
Ex Europæ pafcuis montofis. ♃
β. *Eadem glumis viviparis.*

971. POA *alpina.*
P. panicula parva fubglomerata ; fpiculis 4 f. 5 floris latiufculis purpureo-maculofis.
Ex Europæ alpibus. ♃ *An var. præcedentis.*

972. POA *variegata.*
P. panicula oblonga contracta, fpiculis 3. f. 4-floris teretiufculis purpureo-maculofis.
Ex alpibus Arveniæ. *Folia involuta.*

973. POA *festucoides.*
P. panicula elongata angufta interrupta, fpiculis fubquinquefl. flofculis glabris diftantibus.
.... Communic. D. Pourret. Conf. cum P. fpicata.

974. POA *pectinata.* T. 45. f. 4.
P. panicula fpicata nitida, glumis patulis pectinatis fubquinquefl. culmo fuperné villofo.
.... gluma læves albida nitida mutica.

975. POA *criftata.*
P. panicula fpicata, calycibus fubpilofis fubquadrifloris pedunculo longioribus, petalis ariftatis. L.
Ex ficcis Galliæ, &c. ♃

976. POA *phleoides.*
P. fpica teretí indivifa, glumis fubfeffilibus 2 f. 3-floris villofis fubariftatis.
Ex Gallia auftrali. ⊙ *An Poa... Gerard. prov. P. 92. n°. 13. Folia villofa.*

977. POA *nitida.*
P. panicula fpicata bafi interrupta fubramofa ; fpiculis bifloris nitidis muticis.
Ex Galliæ ficcis & montofis. Leers, T. 5. f. 6.

978. PATURIN *pyramidal.* Dict.
P. à panicule pyramidale, bâles lisses luisantes mutiques triflores, gaines velues pubescentes.
Lieu nat. .... Panicule ouverte & lâche inf.

979. PATURIN *distant.* Dict.
P. à rameaux de la panicule un peu divisés, épillets 5 flores, fleurs distantes obtuses.
Lieu nat. l'Autriche.

980. PATURIN à *épi.* Dict.
P. à panic. en épi, fleurs subulées, fl. distantes.
Lieu nat. le Portugal.

981. PATURIN *divergent.*
P. à rameaux de la panicule d'vergens, épillets presque quadriflores, fleurs écartées, cal. très court.
Lieu nat. la France austr.

982. PATURIN *des bois.* Dict.
P. à panicule lâche capillaire, épillets la plupart biflores rares acuminés, tige foible.
Lieu nat. les bois de l'Europe. ♃

983. PATURIN d'*Abyssinie.* Dict.
P. à panicule lâche capillaire penchée, bâles lisses à 4 ou 5 fleurs, feuilles étroites un peu roulées.
Lieu nat. l'Abyssinie. ☉ *Vulg.* le Tef.

984. PATURIN *strié.* Dict.
P. à panicule diffuse capillaire, épillets à environ cinq fleurs, corolles fortement striées.
Lieu nat. la Virg. la Carol. Bon fourage.

985. PATURIN *lâche.* Dict.
P. à panicule lâche verticillée à la base, épillets rares à environ 5 fl. Corolles lisses.
Lieu nat. la Virginie F. glabres.

986. PATURIN *capillaire.*
P. à panicule lâche très-ouverte capillaire, feuilles plieuses, tige très rameuse.
Lieu nat. la Virginie, le Canada.

** S'x fleurs ou davantage dans la plupart des épillets.

987. PATURIN *aquatique.* Dict.
P. à panicule diffuse, épillets de 6 à 7 fleurs corolles striées, tige fort haute.
Lieu nat. l'Europe, sur le bord des étangs. ♃

988. PATURIN *des sables.* Dict.
P. à panicule rameuse, épillets un peu cylin-

978. POA *pyramidata.*
P. panicula pyramidali, glumis lævibus nitida muticis triflloris, vaginis villoso pubescentibus.
...Cult. in H. R. a, p. cristata distinctiss. spec.

979. POA *distans.*
P. paniculæ ramis subdivisis, spiculis quinque-floris : flosculis distantibus obtusis. L.
En Austria.

980. POA *spicata.*
P. panicula spicata, floribus subulatis, flosculis remotis. L.
E Lusitania.

981. POA *divaricata.*
P. panicula divaricata, spiculis subquadrifl. flosculis remotis, calyce brevissimo.
E Gallia austral. Gouan. ill. t. a. f. 1.

982. POA *nemoralis.*
P. panicula diffusa laxa capillari, spiculis subbifloris raris acuminatis, caule debili.
En Europæ nemoribus. ♃

983. POA *abyssinica.*
P. panicula laxa capillari notante, glumis lævibus 4 f. 5 fl. foliis angustis subconvolutis.

En Abyssinia. ☉ D. Bruce.

984. POA *striata.*
P. panicula diffusa capillari, spiculis glabris subquinquefloris, corollis exquisitè striatis.
E Virginia, Carol. Cal. brevis. F. glabra.

985. POA *laxa.*
P. panicula laxa basi verticillata, spiculis raris subquinquefloris, corollis lævibus.
E Virginia. An Poa flava. L.

986. POA *Capillaris.*
P. panicula laxa patentissima capillari, foliis pilosis, culmo ramosissimo. L.
E Virginia, Canada.

** Flosculi sex f. plures in plerisque spiculis.

987. POA *aquatica.*
P. panicula diffusa, spiculis 6 ad 9-floris, corollis striatis, culmo altissimo.
En Europa, ad ripas stagnorum. ♃

988. POA *arenaria.*
P. panicula ramosa, spiculis teretiusculis sex-

driques à 6 fleurs , bâles obtuses lisses membraneuses sur les bords.
Lieu nat. les sables marit. de l'Europe. ♉
β. *Le même à feuilles étroites roulées , épillets plus grêles.*

989. PATURIN comprimé. Diâ.
P. à panicule resserrée , épillets un peu roides presqu'à six fleurs, tige comprimée montante.
Lieu nat. l'Eur. aux lieux secs & sur les mon. ☉

990. PATURIN duret.
P. à panicule lancéolée un peu rameuse roide unilatérale , ram. alternes, épll. presqu' à 8 fl.
Lieu nat. les lieux secs de l'Europe. ☉

991. PATURIN amoureux. Diâ.
P. à panicule oblongue lâche, pédoncules filiformes , épillets dentés bruns à env. 9 fl.
Lieu nat. l'Europe australe. ☉ *Bâles lisses.*

992. PATURIN rougeâtre. Diâ.
P. à panicule petite ouverte , épillets obtus à 18 fleurs, bâles lisses très-serrées.
Lieu nat. l'Inde. *Epillets comprimés.*

993. PATURIN subunilatéral. Diâ.
P. à panicule oblongue lâche, épillets linéaires pointus multiflores : ceux des rameaux latéraux tournés en dehors.
Lieu nat. la Chine. *Ep. glabres de 15 à 30 fl.*
β *le même à épillets plus petits. De l'Inde. Sonn.*

994. PATURIN délicat. Diâ.
P. à panicule oblongue lâche capillaire un peu pileuse, épillets très-petits à 6 fl. Cor. un peu ciliées.
Lieu nat. l'Inde. *Epillets verdâtres.*
β. *Le même à ép. pourpre-brun , un peu plus gr.*

995. PATURIN visqueux. Diâ.
P. à panicule rameuse étroite un peu dense, épillets presqu'à dix fleurs , cor. obtuses nerveuses légèrement ciliées.
Lieu nat. l'Inde. *Il a des rapports avec le précéd.*

996. PATURIN cilié. Diâ.
P. à panicule étroite contractée rougeâtre , épillets presqu'à dix fleurs , corolles pileuses ciliées.
Lieu nat. l'Amér. mérid. l'Isle de Bourb. ☉

997. PATURIN du Pérou. Diâ.
P. à panicule en épi dense , épillets à environ six fleurs, cor. un peu pointues , feuill. pll.
Lieu nat. le Pérou. ☉ *Tiges de 4 à 5 pouces.*

floris , glumis obtusis lævibus margine membranaceis.
Ex Europæ maritimis arenosis. ♉
α. *Eadem foliis angustis convolutis , spiculis gracilioribus.*

989. POA compressa.
P. panicula coarctata , spiculis rigidulis subsexfloris , culmo compresso adscendente.
Ex Eur. ficcis, murîs. ☉ *Spicula sept 5 fl.*

990. POA rigida.
P. panicula lanceolata subramosa secunda rigida , ramulis alternis , spiculis suboctofloris.
Ex Europæ ficcis. ☉

991. POA eragrostis.
P. panicula oblonga laxa, pedunculis filiformib. spiculis serratis subnovemfl. fuscescentib.
Ex Europa australi. ☉ *Glumæ læves.*

992. POA rubens. T. 45. f. 1.
P. panicula parva patente, spiculis octodecimfloris obtusis , glumis lævibus confertissimis.
Ex India. Sonner. *An. P. amabilis. L.*

993. POA subsecunda.
P. panicula oblonga laxa , spiculis linearibus acutis multifloris : lateralibus extrorsum versis.

E China. D. Sonn. *Spicula glab. flosc. 15 30.*
β. *Ead. spic. minorib. Ex Ind. (Pluk. t. 190. f. 3.)*

994. POA tenella.
P. panicula oblonga laxa capillari subpilosa ; spiculis minimis sexfloris , corollis subciliatis.

Ex India. *Sonner. Spicula virid. ut in brit. vir.*
β. *Eadem spiculis purpureo-fuscis, paulo maj.*

995. POA viscosa.
P. panicula ramosa angusta densiuscula , spiculis subdecemfloris , corollis obtusis nervosis subciliatis.
Ex India. D. Sonner. *An p. viscosa. Retz.*

996. POA ciliaris.
P. panicula angusta contracta purpurascente , spiculis subdecemfloris, corollis piloso-ciliatis.

Ex Amer. merid. & insula Borb. ☉ *Jacq. ic.*

997. POA Peruviana.
P. panicula densè spicata , spiculis subsexfloris , corollis acutiusculis , foliis pilosis.
E Peru. H. K. Jac. coll. 1. p. 107 & ic. tab. 1.

998. PATURIN des rives. Dict.
P. à panicule en épi dense , épil. de 6 fleurs ,
feuilles roulées courtes , tige rampante.
Lieu nat. la France australe. ♃ *Epillets pref-*
que fiffiles ; feuilles roides , un peu piquantes.

999. PATURIN interrompu. Dict.
P. à panicule longue étroite interrompue ,
épil. glabres presqu'à fix fl. , bâles très-petites.
Lieu nat... (l'Inde ou le Cap.) *très-belle espèce.*

1000. PATURIN festérioïde. Dict.
P. à panicule ramassée en un épi ovale, épillets
à fix fleurs un peu velus d'un blanc bleuâtre.
Lieu nat. l'Italie. ♃ *Notre plante semble être*
une variété de celle de MM. Allioni & Jacquin,
fes feuilles étant plus courtes , & les pédoncules
un peu plus longs.

1001. PATURIN hypnoïde. Dict.
P. à épillets linéaires presque fessiles ramassés
fort longs à presque 50 fleurs , tige rameuse
très-courte.
Lieu nat. l'Amér. métid. *Espèce très-singulière.*

1002. PATURIN écailleux. Dict.
P. à plusieurs panicules distantes , épillets
linéaires-lancéolés à environ 15 fleurs, valve s
Intérieures des corolles persiflantes.
Lieu nat. Siera-Leona ? *Panicules inf. axil.*

1003. PATURIN rude. Dict.
P. à panicule très-rameuse ouverte , pédoncules rudes , épillets à 10 fleurs , gaine des
feuilles velues antérieurement.
Lieu nat.... Tiges rameuses ; épillets pourp.

1004. PATURIN de Madagascar. Dict.
P. à panicule ram. lâche très-ouverte, épillets
presqu'à 10 fleurs , gaines nues , tige simple.
L. nat. l'Isle de Madagas. *Epillets verdâtres.*

1005. PATURIN tremblant. Dict.
P. à panicule très-rameuse capil, ouverte ,
épillets linéaires glabres à environ 30 fleurs.
Lieu nat. le Sénégal. *Très-belle espèce.*

1006. PATURIN fissile. Dict.
P. à épillets linéaires fessiles droits , fleurs
nombreuses , tige droite.
Lieu nat. l'Inde. Pluk. t. 191. f. 1.

1007. PATURIN brizoïde. Dict.
P. à panicule en grappe, épillets ovales com-
primés à 8 ou 9 fleurs , tige comprimée.
Lieu nat. l'Afrique.

998. POA littoralis. t. 45. f. 5.
P. panicula densè spicata , spiculis sexfloris ,
foliis convolutis brevibus , culmo repente.
E Gallia australi. Gouan. fl. monfp. 470. *An*
potius tritici species ?

999. POA interrupta.
P. panicula longa angusta interrupta , spiculis
glabris subsexfloris , glumis minutissimis.
Ex.... D. Sonnerat.

1000. POA festerioïdes.
P. panicula in spicam ovatam glomerata ,
spiculis sexfloris subhirsutis albo-cærulescen-
tibus.
Ex Italia. ♃ Comm. D. Vhal. P. festeroïdes.
Allion. fl. ped. n°. 2206, t. 91 , f. 1. P. disticha.
Jacq. misc. 1. 94. it. var. 1.

1001. POA hypnoïdes.
P. spiculis linearibus subfessilibus confertis
longissimis sub30 floris , culmo brevissimo
ramoso.
Ex America merid. Comm. D. Richard.

1002. POA squamata.
P. paniculis pluribus remotis , spiculis lineari-
lanceolatis sub15-floris , corollæ. valv. inter.
persistentibus.
E Siera Leona! Smeathm. An P. prolif. Swartz.

1003. POA aspera.
P. panicula ramosissima patentissima , pedunculis asperis , spiculis 10 floris , vaginis foliorum anticè hirsutis. Jacq. hort. 3. t. 56.
.... H. R. Culmi ramosi. Spicul. purpuræ

1004. POA Madagascarienfis.
P. panicula ramosa laxa patentissima , spiculis
sub10 floris , vaginis nudis , culmo simplici.
Ex insula Madagascariæ. D. Jof. Martin.

1005. POA tremula.
P. panicula ramosissima capillari patente , spi-
culis linearibus glabris sub30-floris
E Senegal. D. Roussillon. Pulcherr. spec.

1006. POA fiffilis.
P. spiculis linearibus fessilibus erectis , flofculis
numerosis , culmo erecto.
Ex India. Burm. fl. ind. t. 11. f. 3.

1007. POA brizoïdes.
P. spiculis racemosa , spiculis ovatis com-
pressis 8 f. 9-floris , culmo compresso. L. F.
Ex Africa.

1008. PATURIN *ponctué*. Dict.
P. à panicule diffuse, épillets à 12 fleurs:
corolles diaphanes lisses avec un point brun
intérieurement.
Lieu nat. le Malabar.

1008. POA *punctata*.
P. panicula diffusa, spiculis 12-floris: floribus
diaphanis lævibus puncto imus fusco. L. F.

E Malabaria.

1009. PATURIN *glutineux*. Dict.
P. à panicule ouverte, épillets un peu velus
glutineux presqu'à 9 fleurs, tige simple, feuilles
un peu pilleuses.
Lieu nat. la Jamaïque.

1009. POA *glutinosa*.
P. panicula patente stricta, spiculis subg-
floris, hirsutiusculis glutinosis, culmo simplici, foliis subpilosis. *Swartz. prodr.*
E Jamaica. — *Sloan.* 1. 114. t. 71. f. 2.

1010. PATURIN du *Japon*. Dict.
P. à panicule ouverte capillaire, épillets à
7 fleurs glabres ainsi que les feuilles, tige
rameuse.
Lieu nat. le Japon.

1010. POA *Japonica*.
P. panicula patula capillari, spiculis 7-floris
foliisque glabris, culmo ramoso. *Thunb.
Jap.* 51.
E Japonia.

Explication des fig.

Tab. 45. f. 1. Fructification du Paturin, d'après Linn.
(a) Épillet. (b) Fleur séparée. Tab. 45. f. 2. PATURIN
rougeâtre. Tab. 45. f. 3. PATURIN *annuel*. (a) Calice,
avec le rachis nud. (b) Épillet. (c, d) Corolle.
(e, f, g, h) Étamines, pistil. (i) Semence. (l) Plante
presqu'entière.

Tab. 45. f. 4. PATURIN *pâlôuâ*. — Tab. 45. f. 3.
PATURIN *des rives*.

Explicatio iconum.

Tab. 45. f. 1. Fructificatio POA. Ex Lin. Amœn.
acad. (a) Spicula. (b) Flos separatus. Tab. 45. f. 2.
POA *rubens*. Tab. 45. f. 3. POA *annua*. (a) Calyx
cum rachi denudata. (b) Spicula. (c, d) Corolla.
(e, f, g, h) Stamina, pistillum. (i) Semen. Fig. ca
D. Loir. (l) Planta fere integra.

Tab. 45. f. 4. POA *pâlustris*. — Tab. 45. f. 3
POA *fluviatilis*.

117. BRIZE.

Caract. essent.

CAL. 2 valves, multiflore. épillet distique: à
valves un peu en cœur ventrues.

Caract. nat.

CAL. bâle multiflore, bivalve, mutique, comprenant des fleurs r-massives en un épillet distique presqu'en cœur: à valves concaves le
plus souvent obtuses.
COR. bivalve: à valve inférieure plus petite &
plus plane.
ÉTAM. Trois filamens capillaires. Anthères obl.
fourchues aux deux bouts.
PIST. un ovaire supérieur, arrondi. Deux styles,
capillaires, ouverts; stigmates plumeux.
PÉRIC. nul. La corolle renferme la sem., s'ouvre,
& la quitte.
SEM. une seule, arrondie, comprimée.

OBS. Les Brizes ne sont pas assez distinguées des
Paturins, & peuvent à peine constituer un
genre particulier.

117. BRIZA.

Charact. essent.

CAL. 2-valvis, multiflorus. Spicula disticha:
valv.[a] subcordatis ventricosis.

Charact. nat.

CAL. gluma multiflora, bivalvis, mutica, flores
in spiculam disticham subcordatam colligens:
valvulis concavis sæpius obtusis.
COR. bivalvis: valvula inferiore minore &
planiore.
STAM. Filamenta tria, capillaria. Antheræ obl.
bifurcatæ.
PIST. Germen superum, subrotundum. Styli duo,
capillares, patentes; stigmata plumosa.
PÉRIC. Nullum. Corolla continet semen, dehiscit,
demittit.
SEM. unicum; subrotundum, compressum.

OBS. Briza omnes à pois non satis distincta, &
proprium genus constituere vix possunt.

Tableau des espèces.   *Conspectus specierum.*

1011. BRIZE *verdâtre.* Dict. n°. 2.
B. à épillets triangulaires, ayant environ 7
fleurs, calice plus long que les fleurs, feuille
fup. presque spathacée.
Lieu nat. l'Eur. auftr. ☉
a. Brize à petite panicule. Dict. n°. 1.

1011. BRIZA *virens.*
B. spiculis triangulis subseptemfloris, calyce
flosculis longiore, folio supremo subspathaceo,

Ex Europa australi. ☉
a. Briza minor. Dict. n°. 1.

1011. BRIZE *tremblante.* Dict. n°. 3.
B. à épillets ovales à env. 7 fleurs, calice pref-
que plus court que les fl. , tige nue supér.
Lieu nat. l'Europe, dans les prés secs. ♃

1012. BRIZA *media.* T. 45. f. 1.
B. spiculis ovatis subseptemfloris, calyce flof-
culis subbreviore, culmo superne nudo.
Ex Europæ pratis siccis. ♃

1013. BRIZE *à gros épillets.* Dict. n°. 3.
B. à panicule simple, épillets en cœur ovales
rares penchés ayant presque 13 fleurs.
Lieu nat. l'Europe australe. ☉

1013. BRIZA *maxima.* T. 45. f. 1.
B. panicula simplici, spiculis cordato-ovali-
bus raris cernuis subquindecimfloris.
Ex Europa australi. ☉

1014. BRIZE *rouge.*
B. à panicule presque simple, épillets en
cœur-ovales droits ayant 9 fleurs, bâles rouges
fur les bords.
Lieu nat. l'Inde. Cor. un peu velues fup.

1014. BRIZA *rubra.*
B. panicula subsimplici, spiculis cordato-
ovalibus erectis novemfloris, gluma margine
rubris.
Ex India. Sommer. Br. max. var. γ. Dict.

1015. BRIZE *droite.* Dict. suppl.
B. à panicule presqu'en épi, épillets ovales
droits à env. 9 fl. , cor. un peu pointues, lisses.
Lieu nat. Monte-Video. Feuilles canalic.

1015. BRIZA *erecta.*
B. panicula subspicata, spiculis ovatis erectis
subnovemfloris, cor. acutiusculis lævibus.
E Monte-Video. Commerf. Gluma albida.

1016. BRIZE *subariftée.* Dict. suppl.
B. à panicule resserrée, épillets ovales droits
à sept fleurs, cor. mucronées presqu'ariftées.
Lieu nat. Monte-Video.

1016. BRIZA *subariftata.*
B. panicula coarctata, spiculis ovatis erectis
septemfloris, cor. mucronatis subariftatis.
E Monte-Video. Commerf. Spicul. virid.

1017. BRIZE *amourettes.* Dict. n°. 4.
B. à panicule oblongue, épil. ovales-lancéolés
comprimés multiflores, côtés des bâles munis
d'une nervure.
Lieu nat. la France, l'Europe auftr. ☉

1017. BRIZA *eragroftis.*
B. panicula oblonga, spiculis ovato-lanceolatis compressis multifloris, glumarum lateribus uninervosis.
Ex Gallia, Eur. auftr. ☉ *Var. A Dict. deleatur.*

1018. BRIZE *de Caroline.* Dict. n°. 6.
B. à épillets ovales comprimés multiflores,
panicule ample terminale.
Lieu nat. la Caroline. Epill. à bords tranchans.

1018. BRIZA *Caroliniana.* T. 45. f. 3.
B. spiculis ovatis compressis multifloris, pa-
nicula ampla terminali. Dict.
E Carolinia. Uniola paniculata. L.

1019. BRIZE *empenné.* Dict. n°. 7.
B. presqu'en épi, à grappes pinnées embri-
quées en-dessous.
Lieu nat. l'Egypte.

1019. BRIZA *bipennata.*
B. subspicata, racemis pinnatis subtus imbri-
catis.
Ex Ægypto.

1020. BRIZE *mucronée.* Dict. n°. 8.
B. à épi diftique, épillets ovales, calices
presqu'ariftés.
Lieu nat. l'Inde. Epill. alt. presque sess. à env. 7 fl.

1020. BRIZA *mucronata.*
B. spica diftichâ, spiculis ovatis, calycibus
subariftatis.
Ex India. Spicula alt. subsess. suby-flora.

A 2 2

1021. BRIZE en épi. Dič. n°. 9.
B. presqu'en épi, épillets à 4 fleurs, feuilles roulées roides.
Lieu nat. l'Amér. septentr. aux lieux marit.

1021. BRIZA spicata.
B. subspicata, spiculis quadrifloris, foliis involutis rigidis.
Ex maritimis Americæ borealis.

Explication des fig.

Tab. 45. fig. 1. BRIZA tremblante. (a) Epillet grossi. mauvaise fig. (b) Calice. (c, d) Corolle, étamines. (e, f, g, h) Pistil, semence. (i) Partie sup. de la tige, avec la panicule.

Tab. 45. fig. 2. BRIZE à gros épillets. Tab. 45. f. 3. BRIZE de Caroline.

Explicatio iconum.

Tab. 45. f. 1. BRIZA media. (a) Spicula vulta. lcm mala. (b) Calyx. (c, d) Corolla, stamina. (e, f, g, h) Pistillum, semen. Fig. ex Mill. (i) Pars superior culmi, cum panicula.

Tab. 45. fig. 2. BRIZA maxima. Tab. 45. f. 3. BRIZA Caroliniana.

118. FÉTUQUE.

Charact. essent.

Cal. 2-valve, multiflore. Epillet obl. un peu cylindrique: à bâles pointues.

Charact. nat.

Cal. Bâle multiflore, bivalve, comprenant des fleurs ramassées en un épillet oblong, un peu cylindrique: à valves subulées, acuminées, légèrement inégales.
Cor. bivalve: à valves inégales, acuminées; l'extérieure plus longue, concave, mucronée, le plus souvent aristée.
Etam. trois filamens capillaires, plus courts que la cor. Anthères oblongues.
Pist. un ovaire sup. turbiné. Deux styles contus, velus, ouverts; stigmates simples.
Peris. nul. La corolle étroitement fermée, adhère à la semence, & ne s'ouvre point.
Sem. une seule, oblongue, pointue aux deux bouts, couverte, marquée d'un sillon longitud.

Tableau des espèces.

* Bâles aristées ou presqu'aristées.

1021. FÉTUQUE ovine. Dič. n°. 1.
F. à panicule resserrée, épillets droits presqu'à cinq fleurs aristés, feuilles sétacées.
Lieu nat. l'Europe, aux lieux secs.

1023. FÉTUQUE rougeâtre. Dič. n°. 3.
F. à panicule unilatérale scabre, épillets à 6 fleurs aristés: fleur termin. musique, tige demi cylindrique.
Lieu nat. l'Europe, aux lieux secs & stériles.
β. Fétuque noirâtre. Dič. n°. 9.

118. FESTUCA.

Charact. essent.

Cal. 2-valvis, multiflorus. Spicula oblonga teretiuscula: glumis acutis.

Charact. nat.

Cal. gluma multiflora, bivalvis, flosculos in spiculam oblongam teretiusculam continens; valvulis subulatis acuminatis subinæqualibus.
Cor. bivalvis: valvulis inæqualibus acuminatis; exteriore longiore, concava, mucronata, sæpius aristata.
Stam. Filamenta tria, capillaria, corolla breviora. Antheræ oblongæ.
Pist. germen superum, turbinatum, styli duo, breves, patentes, villosi; stigmata simplicia.
Peris. nullum. Corolla adstricte clausa, adnascitur semini, nec dehiscit.
Sem. unicum, oblongum, utrinque acutum, tectum, sulco longitudinali notatum.

Conspectus Specierum.

* Gluma aristata f. subaristata.

1021. FESTUCA ovina.
F. panicula coarctata, spiculis erectis subquinquefloris aristatis, foliis setaceis.
Ex Europæ siccis. Var. β. Dič. deleatur.

1023. FESTUCA rubra.
F. panicula secunda scabra, spiculis sexfloris aristatis: flosculo ultimo musico, culmo semitereti. L.
Ex Europæ sterilibus, siccis.
β. Festuca nigrescens. Dič.

1014. FÉTUQUE *heterophylle*. Dict. n°. 2.
F. à panicule unilatérale un peu lâche, épillets verdâtres aristés à env. 5 fleurs, feuilles radicales capillacées : les caulinaires plus larges.
Lieu nat. la France, dans les bois & les lieux couverts. ♃

1015. FÉTUQUE *queue-de-rat*. Dict. n°. 11.
F. à panicule longue serrée presqu'en épi penchée, calices aigus à valv. inégales, fleurs scabres à barbes fort longues.
Lieu nat. l'Eur., sur les murs, sur l. sablon. ☉

1016. FÉTUQUE *bromoïde*. Dict. n°. 11.
F. à panicule droite unilatérale un peu lâche, épillets glabres, fleurs à barbes fort longues.
Lieu nat. l'Eur., aux l. pierreux, sablonneux. ☉

1017. FÉTUQUE *à un épi*. Dict. n°. 13.
F. à épillet solitaire terminal, barbes longues, feuilles ciliées sur les bords.
Lieu nat. la Barbarie. ☉ Quelquefois il y a 2 ép.

1018. FÉTUQUE *de Magellan*. Dict. n°. 14.
F. à panicule unilatérale serrée presqu'en épi, épillets violet-brun à environ 6 fleurs, feuilles rad. sétacées.
Lieu nat. le Magellan.

1019. FÉTUQUE *durète*. Dict. n°. 4.
F. à panicule unilatérale oblongue serrée, épillets presqu'à 4 fl. lisses à barbes courtes, feuilles pliées & roulées en-dedans.
Lieu nat. la France, aux lieux secs. ♃
p. Le même à feuilles sétacées de la long. de la tige.

1030. FÉTUQUE *fasciculaire*. Dict. suppl.
F. à épis linéaires alternes ramassés en faisceau, épillets sessiles alt. presqu'à 6 fleurs, ayant des barbes courtes.
Lieu nat. l'Amér. mérid. Tige ram.

1031. FÉTUQUE *effilée*.
F. à épis alternes grêles, épillets pourprés arist. presqu'à 6 fleurs, les dernières fleurs presque mutiques.
Lieu nat. l'isle de Saint-Domingue. ♃ Crételle effilée. Dict. n°. 13.

1032. FÉTUQUE *de S.-Domingue*. D. fl. suppl.
F. à épis alternes filiformes, épillets blanchâtres presqu'à 5 fleurs toutes aristées.
Lieu nat. l'isle de S.-Domingue. Ep. de 3 à 5 fl.

1014. FESTUCA *heterophylla*.
F. panicula secunda laxiuscula, spiculis viridantibus subquinquefloris aristatis, foliis radicalibus capillaceis : caulinis latioribus.
Ex Galliæ nemorosis & umbrosis. ♃

1025. FESTUCA *myuros*.
F. panicula longa stricta subspicata mutante; calycibus acutis inæquivalvibus, flosculis scabris longissimè aristatis.
Ex Eur. muris, locis arenosis. ☉ Leers. t. 5. f. 5.

1016. FESTUCA *bromoides*. T. 46. f. 4.
F. panicula erecta secunda laxiuscula, spiculis lævibus, flosculis longissimè aristatis.
Ex Europæ glareosis, arenosis. ☉ Aff. præced.
conf. Bromus ambiguus. Cyrill. t. 2.

1027. FESTUCA *monostachyos*.
F. spicula unica terminali, aristis longis, foliis margine ciliatis.
E Barbaria. ☉ D. Poiret. It. 2. p. 98.

1018. FESTUCA *Magellanica*.
F. panicula secunda sticta subspicata, spiculis violaceo-fuscis aristatis subsenfloris, fol. radicalibus setaceis.
E Magellania. Commerf.

1029. FESTUCA *duriuscula*.
F. panicula secunda oblonga sticta, spiculis subquadrifloris lævibus breviter aristatis, foliis complicato-involutis.
Ex Galliæ siccis. ♃ Culmi 4 f. 5-pollicares.
b. Ead. foliis setaceis caulis longitudine. F. hall. helv. n°. 1439.

1030. FESTUCA *fascicularis*.
F. spicis linearibus alternis conferto-fasciculatis, spiculis sessilibus alternis subsexfl. breviter aristatis.
Ex Amer. merid. Comm. D. Richard.

1031. FESTUCA *virgata*.
F. spicis alternis gracilibus, spiculis purpurascentibus subsenfloris aristatis : flosculis ultimis submuticis.
Ex inf. Domingi. ♃ Cynosurus virgatus. L.
Sloan. jam. 1. t. 70. f. 1.

1032. FESTUCA *Domingensis*.
F. spicis alternis filiformibus, spiculis albidis subquinquefloris : flosculis omnibus aristatis.
Ex inf. Domingi. Jacq. pic. 2. p. 363. ic. rar. 1.

1033. FÉTUQUE *des buissons*. Dict. n°. 5. b.
F. à panicule spiciforme lâche & ouverte à
 sa base , épillets à env. 5 fleurs aristés pubescens blanchâtres.
Lieu nat. l'Auvergne. F. *filiformes , glabr.*

1033. FESTUCA *dumetorum.*
F. panicula spiciformi basi laxa patente , spiculis subquinquefloris aristatis tricano-pubes-
 centibus.
Ex Arvernia. *Fol. filiform. An* F. *dumetorum.* L

1034. FÉTUQUE *glauque*. Dict. n°. 6.
F. à panicule serrée spiciforme, épillets lisses
 presqu'à cinq fleurs aristés , feuilles rad.
 roulées sétacées.
Lieu nat. la France auffr. l'Auvergne. ♃

1034. FESTUCA *glauca*. T. 46. f. 3.
F. panicula stricta spiciformi , spiculis lævibus
 subquinquefloris aristatis , foliis rad. involuto-
 setaceis.
Ex Gallia auftr. Arvenia. ♃

1035. FÉTUQUE *à crêtes*. Dict. n°. 23.
F. à panicule en épi , lobée; épillets ovales ,
 larges, velus , à fix fleurs.
Lieu nat. le Portugal.

1035. FESTUCA *cristata.*
F. panicula spicata lobata , spiculis ovatis
 latis sexfloris hirsutis. L.
E Lusitania. *An spicula aristata.*

1036. FÉTUQUE *phalaroïde*. Dict. suppl.
F. à épi court dense lobé unilatéral , épillets
 à 2 ou 3 fl. velus , munis de barbes courtes.
Lieu nat. la France australe.

1036. FESTUCA *phalaroides.*
F. spica brevi densa lobata secunda , spiculis
 2 f. 3 floris hirsutis breviter aristatis.
Ex Gallia australi. *Aff. dact. glomerata.*

1037. FÉTUQUE *port de canche*. Dict. n°. 24.
F. à panicule petite serrée droite: épillets cyl.
 pédicellés un peu luisans 3-flor. à barb. courtes.
Lieu nat. les montagnes de l'Auvergne.

1037. FESTUCA *airoides.*
F. panicula parva stricta erecta , spiculis te-
 retibus pedicellatis nitidulis 3-fl. brev. aristatis.
Ex montibus Arveniæ. Culm. 3 f. 4 pollicaris.

1038. FÉTUQUE *pauciflore*. Dict. n°. 23.
F. à panicule ouverte , épillets scabres aristés
 presqu'à 4 fleurs, feuilles velues.
Lieu nat. le Japon.

1038. FESTUCA *pauciflora*. Th.
F. panicula patula , spiculis subquadrifloris
 aristatis scabris , foliis villosis. *Thunb.*
E Japonia.

1039. FÉTUQUE *chétive*. Dict. n°. 16.
F. à panicule resserrée ; bâles aristées scabres ,
 tige geniculée.
Lieu nat. le Japon.

1039. FESTUCA *misera*. Th.
F. panicula coarctata , glumis aristatis scabris ,
 culmo geniculato. *Thunb.*
E Japonia.

1040. FÉTUQUE *élevée*. Dict. n°. 20.
F. à panicule lâche un peu unilatérale , épillets
 cylindriques-lancéolés lisses presque mutiques;
 valv. pointues scarieuses sur les bords.
Lieu nat. les prés de l'Europe. ♃

1040. FESTUCA *elatior.*
F. panicula subsecunda laxa , spiculis tereti-
 lanceolatis submuticis lævibus , valv. acutis
 margine scariosis. *Dict.*
Ex Europæ pratis. ♃

1041. FÉTUQUE *bâles-d'ivroie*. Dict. n°. 19.
F. à panicule rameuse longue étroite , épillets
 comprimés presqu'à 8 fl.; bâles les unes aristées,
 les autres mutiques.
Lieu nat. la France australe.

1041. FESTUCA *loliacea.*
F panicula ramosa longa angusta , spiculis
 compressis suboctofloris : glumis aliis aristatis,
 aliis muticis.
Ex Gallia australi. *Aff. præcedenti , sed dist.*

1042. FÉTUQUE *piquante*. Dict. n°. 16.
F. à grappe simple , épillets alternes presque
 sessiles cylindriques, feuilles roulées aiguës
 piquantes.
Lieu nat. les lieux marit. de la Fr. australe. ♃

1042. FESTUCA *phœnicoides.*
F. racemo indiviso , spiculis alternis subsessilibus teretibus , foliis involutis mucronato-
 pungentibus. L.
Ex Galliæ austr. maritimis. ♃

** Bâles mutiques.

** Gluma mutica.

1043. FÉTUQUE *triticoïde*. D Ω. suppl.
F. à grappe en épi un peu ram, serrée, épil.
de 5 à 9 fl. mutiques lisses, f. roulées subulées.
Lieu nat. la Caroline.

1043. FESTUCA *triticoïdes*.
F. racemo spicato subramoso stricto, spiculis
5-9-fl. mut. lævibus, foliis involuto-subulatis.
E Carolinia. D. Frater.

1044. FÉTUQUE *filiforme*. Dict. suppl.
F. à épis épars nombreux filiformes, épillets
sessiles très-petits mutiques à env. deux fl.
Lieu nat. l'Amér. mérid. Ep. rarement 3 flores.

1044. FESTUCA *filiformis*.
F. spicis sparsis plurimis filiformibus, spiculis
sessilibus minimis muticis subbifloris.
Ex Amer. merid. Comm. D. Richard.

1045. FÉTUQUE *rampante*. Dict. n°. 7.
F. à rameaux de la panicule simples, épillets
presque sessiles mutiques à six fleurs.
Lieu nat. l'Arabie, la Palestine. ♃

1045. FESTUCA *repaatrix*. L.
F. paniculæ ramis simplicibus, spiculis sub-
sessilibus muticis sexfloris.
Ex Arabia, Palæstina. ♃

1046. FÉTUQUE *de Palestine*. Dict. n°. 18.
F. à panicule droite rameuse, épillets sessiles
carinés mutiques.
Lieu nat. la Palestine.

1046. FESTUCA *fusca*. L.
F. panicula erecta ramosa, spiculis sessilibus
carinatis muticis.
E Palæstina. Spicula 16-24-flora.

1047. FÉTUQUE *inclinée*. Dict. n°. 21.
F. à panicule droite un peu simple, épillets
d'env 4 fleurs : les frodifères penchés, calice
plus long que les fleurs.
Lieu nat. les pât. secs de l'Europe. ♃

1047. FESTUCA *decumbens*.
F. panicula erecta simpliusculo, spiculis sub-
4-floris nutantibus, calyce flosculis majore.
Ex Europæ pascuis siccis. ♃ Culm. suberect.

1048. FÉTUQUE *calicinale*. Dict. n°. 22.
F. à panicule resserrée, épillets linéaires, calice plus long que les fleurs, feuilles barbues
à la base.
Lieu nat. l'Espagne. ⊙

1048. FESTUCA *calycina*. T. 46. f. 5.
F. panicula coarctata, spiculis linearibus,
calyce flosculis longiore, foliis basi barbatis. L.
Ex Hispania. ⊙ Glum. marg. scariosa albida.

1049. FÉTUQUE *flottante*. Dict. n°. 17.
F. à panicule rameuse, épillets cylindriques
mutiques serrés, bâles obtuses striées à bord
scarieux.
Lieu nat. les fossés aquat. de l'Europe. ♃

1049. FESTUCA *fluitans*.
F. panicula ramosa, spiculis teretibus stricta
muticis, glumis obtusis striatis margine
scariosis.
Ex Europæ fossis aquosis. ♃

1050. FÉTUQUE *à grandes fl.* Dict. suppl.
F. à panicule simple droite ; épillets en petit
nombre, à sept fleurs, cor. pointues distantes.
Lieu nat. la Caroline.

1050. FESTUCA *grandiflora*.
F. panicula simplici erecta, spiculis perpaucis
subseptemfloris, flosculis acutis distantibus.
E Carolinia. Frater.

1051. FÉTUQUE *dorée*. Dict. n°. 8.
F. à panicule un peu resserrée lisse d'un jaune
roussâtre, épillets comprimés mutiques à env.
4 fleurs.
Lieu nat. la France, dans les prés des mont.

1051. FESTUCA *aurea*.
F. panicula subcontracta lævigata aureo-rufa,
spiculis compressis muticis subquadrifloris.
E Gallia, in pascuis alpium. F. spadicea. L. ?

1052. FÉTUQUE *des sables*. Dict. suppl.
F. à panicule resserrée en épi, épillets comprimés droits trislores, glumes pointus.
Lieu nat. le Magellan, dans les sables maud.
a. Fénuqet en éventail. Dict. n°. 15.

1052. FESTUCA *arenaria*.
F. panicula coarctata spiciformi, spiculis compressis erectis triflori-, glumis acutis.
E Magellania, in arenis maritimis. Commerf.
a. Festuca flabellata. Dict. n°. 15.

1053. FÉTUQUE de *Buenos-Ayres*. Dict. suppl.
F. à panicule oblongue étroite un peu luisante, épillets triflores, bâles pointues légèrement velues.
Lieu nat. Buenos-Ayres.

1053. FESTUCA *bonariensis*.
F. paniculaoblonga angusta subnitida, spiculis trifloris, glumis acutis villosiusculis.

E Bonaria. *Commers.*

1054. FÉTUQUE *capillacée*. Dict. suppl.
F. à panicule étroite presqu'unilatérale, épillets à environ 4 fl. tige lisse filiforme, feuilles capillaires.
L. n. les bois & les pât. ombragés de l'Eur. ♃
β. la même à épillets 5-flores, violet-brun. Dans les pât. secs.

1054. FESTUCA *capillata*. Fl. fr.
F. panicula angusta subsecunda, spiculis subquadrifloris, culmo lævi tiliformi, foliis capillaribus.
Ex Europæ pascuis umbrosis & nemorosis. ♃
β. Ead. spicul s 5 floris, violaceo fuscis. F. Amethystina. L. In pasc. siccis.

Explication des fig.

Tab. 46. f. 2. FÉTUQUE *ovine*. (*a*) Épillet. (*b*) Fleur séparée. (*c*) Calice du l'épillet. (*d*, *e*) Étamines ; pistil, écaillés de la fl. (*f*, *g*) Ovaire, corolle fracturée. (*h*) Partie supérieure de la tige, avec la panicule.
Tab. 46. f. 3. FÉTUQUE *glauque*. Tab. 46. f. 4. FÉTUQUE *bromoïde*. Tab. 46. f. 5. FÉTUQUE *callacéide*. Tab. 46. f. 1. Épillet de Fétuque, d'après Lin.

Explicatio Iconum.

Tab. 46. f. 2. FESTUCA *ovina*. (*a*) Spicula. (*b*) Flos separatus. (*c*) Calyx spiculæ. (*d*, *e*) Stamina, pistillum, squamulæ floris. (*f*, *g*) Germen, corolla fracturae. F. ex Lerv. (*h*) Pars superior culmi, cum panicula.
Tab. 46. f. 3. FESTUCA *glauca*. Ibid. F. 4. FESTUCA *bromoïdes*. Ibid. f. 5. FESTUCA *calycina*. Ibid. f. 1. Spicula festucæ, ex Linn. Amœn. acad.

119. BROME.

Caract. essent.

CAL. 2-valve, multiflore. Épillet oblong : valves aristées au-dessus du sommet.

119. BROMUS.

Charact. essent.

CAL. 2-valvis, multiflorus. Spicula oblonga, valvulis sub apice aristatis.

Caract. nat.

Cal. bâle multiflore, bivalve, comprenant des fleurs ramassées en un épillet oblong ; distique ou cylindrique) : à valves ovales-oblongues acuminées mutiques inégales.
Cor. bivalve : valve extérieure plus grande, concave, bifide au sommet, au-dessous duquel naît une barbe droite ; valve intérieure lancéolée, petite, mutique.
Étam. trois filamens capillaires, plus courts que la corolle, anthères oblongues.
Pist. un ovaire sup. turbiné. Deux styles courts, ouverts, velus ; stigmates simples.
Péric. nul. La cor. fermée, adhère à la semence & ne s'ouvre point.
Sem. une seule, oblongue, couverte, convexe d'un côté, sillonnée de l'autre.

Charact. nat.

Cal. Gluma multiflora, bivalvis, flosculos in spiculam oblongam (disticham f. teretem) coll gens: valvulis ovato-oblongis acuminatis muticis inæqualibus.
Cor. bivalvis : valvula exterior major, concava, apice bifida ; aristam rectam infra apicem emittens ; valvula interior lanceolata parva mutica.
Stam. Filamenta tria, capillaria, corolla brev. antheræ oblongæ.
Pist. germen superum, turbinatum. Styli duo, breves, patentes, villosi ; stig. simplicia.
Péric. nullum. Cor. clausa, semini adnata, nec dehiscens.
Sem. unicum, oblongum, tectum, hinc convexum, inde sulcatum.

Tableau des espèces.

1055. BROME *mollis*.
B. à panicule un peu droite, épillets ovales pubescens ; barbes droites, feuilles chargées de poils fort doux.
L. n. l'Eur., sur les bords des chemins, &c. ⊙

Conspectus specierum.

1055. BROMUS *mollis*. T. 46. f. 1.
B. panicula erectiuscula, spiculis ovatis pubescentibus ; aristis rectis, fol. mollissimo villosis.
Ex Eur. ad margines viarum, &c. ⊙ Seq. affinis.
1056.

1056. BROME _feglin._ Dict. n°. 1. (_a. a_)
B. à panicule un peu penchée, épillets ovales-oblongs comprimés nuds ; barbes droites, fem. écartées.
Lieu nat. l'Europe, dans les champs. ☉

1057. BROME _du Japon._ Dict. suppl.
B. à panicule ouverte rameuse, épillets obl. glabres, barbes divergentes.
Lieu nat. le Japon. ☉

1058. BROME _à barbes divergentes._ Dict. n°. 2.
B. à panicule simple, un peu penchée, épillets ovales : barbes divergentes.
Lieu nat. l'Eur. aust., dans les lieux secs. ☉
p. Le même plus élevé, à bâles velues.

1059. BROME _cathartique._ Dict. n°. 3.
B. à panicule penchée crêpue, feuilles nues des deux côtés, gaînes pileuses, bâles velues.
Lieu nat. le Canada. ♈

1060. BROME _brizoïde._ Dict. suppl.
B. à panicule droite, épillets ovales glabres aristés, corolles dilatées auriculées & membraneuses supérieurement.
Lieu nat. Monte-Video.

1061. BROME _mutique._ Dict. suppl.
B. à panicule droite, épillets un peu cylindriques subulés, presque mutiques.
Lieu nat. l'Allemagne.

1062. BROME _des buissons._ Dict. n°. 5.
B. à panicule rameuse penchée, épillets oblongs velus aristés presqu'à 10 fleurs, tige fort haute.
Lieu nat. l'Europe, dans les lieux couverts, les buissons, les haies. ☉ _Tiges de 4 à 6 pieds._
F. velues. Panic. lâche.

1063. BROME _à petits épillets._ Dict. n°. 9.
B. à panicule en grappe penchée, épillets menus glabres quadriflores presque plus courtes que les barbes.
Lieu nat. les collines ombragées & les haies de l'Europe. ♈ _Tige à peine de 3 pieds._

1064. BROME _des champs._ Dict. suppl.
B. à panicule rameuse presqu'en corymbe, bâles glabres à 6 fl. à barbes longues, f. velues.
Lieu nat. la France, dans les champs. ♈
Esp. distincte : moyenne entre la précéd. & la suiv.

1065. BROME _épillets-droits._ Dict. n°. 10.
B. à panicule droite presque simple, épillets oblongs à 9 fleurs, barbes droites plus courtes que les bâles.
Lieu nat. les prés secs, les champs de l'Eur. ♈
Botanique. Tom. I.

1056. BROMUS _secalinus._ T. 46. C 1.
B. panicula subnutante, spiculis ovato-oblongis compressis nudis : aristis rectis, seminibus distinctis.
Ex Europæ agris. ☉ _Spicula 9-flora._

1057. BROMUS _Japonicus._
B. panicula patente ramosa, spiculis oblongis glabris, aristis divaricatis. _Thunb. Jap._ 51.
E Japonia. ☉

1058. BROMUS _squarrosus._
B. panicula simplici subnutante, spiculis ovatis : aristis divaricatis.
Ex Europæ austr. siccis. ☉
p. Idem elatior, glumis villosis. L.

1059. BROMUS _purgans._ L.
B. panicula nutante crispa, foliis utrinque nudis, vaginis pilosis, glumis villosis. L.
E Canada. ♈

1060. BROMUS _brizoïdes._
B. panicula erecta, spiculis ovatis glabris aristatis, corollis superne dilatato - auriculatis membranaceis.
E Monte-Video. _Commerf._

1061. BROMUS _inermis._
B. panicula erecta, spiculis subteretibus subulatis nudis submuticis. L.
E Germania. _Descript. distinuaveri excludatur._

1062. BROMUS _dumetorum._ Fl. fr.
B. panicula ramosa nutante, spiculis oblongis villosis aristatis subdecemfl., culmo prealto.
Ex Europæ umbrosis, dumetis & sepibus. ☉
B. asper. L. f. suppl. B. nemoralis. Huds. a. p. 51.
B. montanus. Pollich. n°. 116.

1063. BROMUS _strigosus._
B. panicula racemosa nutante, spiculis strigosis glabris quadrifloris aristis subbrevioribus.
Ex Europæ collibus umbrosis & sepibus. ♈
B. giganteus. L. _Culmus vix 3 pedalis._

1064. BROMUS _arvensis._
B. panicula ramosa subcorymbosa, glumis lævibus sexfloris longius aristatis, folio villoso.
E Gallia, in arvis. ♈ _Bromus... Leer._ 1. 10.
f. 1. Exclusa nomine. Fest. Rudb. rel. q. p. 15.

1065. BROMUS _pratensis._
B. panicula erecta subsimplici, spiculis oblongis novemfloris, aristis rectis gluma brevioribus.
Ex Europæ pratis siccis & arvis.

B b

1066. BROME *cilié.* Dict. n°. 6.
B. à panicule penchée, feuilles un peu pileuses de chaque côté, ainsi que les gaines, bâles ciliées.
Lieu nat. le Canada. ♃

1066. BROMUS *ciliatus.*
B. panicula nutante, foliis utrinque vaginisque subpilosis, glumis ciliatis. L.

E Canada. ♃ *Spicula 1 flora.*

1067. BROME *stérile.* Dict. n°. 7. (a)
B. à panicule un peu penchée, épillets très-grands oblongs comprimés à env. 7 fleurs, barbes longues terminales.
Lieu nat. les bords des chemins & des champs de l'Europe australe. ☉

1067. BROMUS *sterilis.*
B. panicula subnutante, spiculis maximis oblongis compressis subseptemfloris, aristis longis terminalibus.
Ex Europæ austr. marginibus viarum & agrorum. ☉

1068. BROME *des toits.*
B. à panicule un peu penchée, épillets linéaires velus presqu'à 5 fleurs, barbes longues terminales.
Lieu nat. l'Europe, sur les toits, les murs, les collines sèches. ♂ *Bâles blanches & scarieuses sur les bords, comme dans la préced.*

1068. BROMUS *tectorum.*
B. panicula subnutante, spiculis linearibus villosis subquinquefloris, aristis longis terminalibus.
Ex Europæ tectis murisque & collibus siccis. ♂ *Vix à præced. diff. at minor, hirsutior, & spicula angustiores.*

1069. BROME *grenaillé.* Dict. n°. 8.
B. à panicule droite, fleurs distantes, péd. anguleux, tige couchée jusqu'à l'articulation.
Lieu nat. le Portugal.

1069. BROMUS *geniculatus.*
B. panicula erecta, flosculis distantibus, pedunc. angulatis, culmo genu procumbente. L.
E Lusitania.

1070. BROME *triflore.* Dict. n°. 15.
B. à panicule ouverte, épillets à env. 3 fleurs.
Lieu nat. l'Allemagne, dans les bois.

1070. BROMUS *triflorus.* L.
B. panicula patente, spiculis subtrifloris.
E Germaniæ nemoribus.

1071. BROME *avenacé.* Dict. suppl.
B. à panicule resserrée presque simple, épillets droits, glabres à 3 ou 4 fleurs, aristés.
Lieu nat. .... *Barbes droites, presque term.*

1071. BROMUS *avenaceus.*
B. panicula coarctata subsimplici, spiculis erectis, glabris, 3 f. 4 floris, aristatis.
.... *Facies av. pratensis; at arista non dorsales.*

1072. BROME *stipoïde.*
B. à panicule droite ovale-pyramidale, épillets glabres presque 4-flores, pédoncules épaissis & dilatés vers leur sommet.
Lieu nat. l'Espagne. ☉ *Brome ... Dict. n°. 16.*

1072. BROMUS *stipoides.*
B. panicula erecta ovato-pyramidata, spiculis glabris subquadrifloris, pedicellis supernè dilatato incrassatis.
Ex Hispania. ☉ *Br. incrassatus. Dict. n°. 16.*

1073. BROME *dilaté.* Dict. n°. 13.
B. à panicule droite, épillets pédonculés oblongs dilatés supérieurement presqu'à 6 fl. barbes divergentes.
Lieu nat. l'Espagne. *Epillets un peu velus.*

1073. BROMUS *dilatatus.*
B. panicula erecta, spiculis pedunculatis oblongis supernè dilatatis subsexfloris, aristis divaricatis.
Ex Hispania. An B. madritensis. L.

1074. BROME *en balais.* Dict. n°. 11.
B. à panicule en faisceau, épillets presque sessiles glabres, barbes ouvertes.
Lieu nat. l'Espagne.

1074. BROMUS *scoparius.*
B. panicula fasciculata, spiculis subsessilibus glabris, aristis patulis. L.
Ex Hispania.

1075. BROME *rougeâtre.* Dict. n°. 11.
B. à panicule en faisceau, épillets presque sessiles velus, barbes droites.
Lieu nat. l'Espagne.

1075. DROMUS *rubens.*
B. panicula fasciculata, spiculis subsessilibus villosis; aristis erectis. L.
Ex Hispania.

1076. BROME à épi roide. Dict. n°. 14.
B. à panicule en épi, épillets presque sessiles
droits pubescens à environ 4 fleurs.
Lieu nat. le Portugal.

1077. BROME hordeiforme. Dict. suppl.
B. à panicule en épi, épillets presque sessiles
droits serrés glabres à env. 4 fleurs, dont la
dernière est stérile.
Lieu nat. l'Italie. Valv. ext. du calic. fort grande.

1078. BROME à crête. Dict. n°. 20.
B. à épillets sessiles, comprimés, embriqués
sur deux côtés opposés.
Lieu nat. la Sibérie, la Tartarie. ♃

1079. BROME à épis plats. Dict. n°. 11.
B. à 3 ou 4 épillets sessiles droits roides com-
primés, bâles ciliées sur les bords.
Lieu nat. l'Eur. austr. ☉ Fl. aristées.

1080. BROME rameux. Dict. n°. 17.
B. à tige rameuse inférieurement, épillets
sessiles en très-petits nombre, à barbes très
courtes, feuilles roulées subulées.
Lieu nat. l'Europe australe, la Barbarie. ♃

1081. BROME corniculé. Dict. n°. 18.
B. à épillets alt. presque sessiles cylindriques
à barbes courtes; feuille plane.
Lieu nat. l'Eur. aux l. secs & sur les collines. ♃

1082. BROME des bois. Dict. n°. 19.
B. à épillets sessiles alt. presque cylindriques
droits velus, barbes de la longueur des glumes.
Lieu nat. la France, dans les bois. ♃

Explication des fig.

Tab. 46. f. 1. BROME mollet. (La panicule.) F. 2.
BROME septié. (2 épillets séparés.) F. 3. Épillet de
Brome, d'après Lisné.

120. ROSEAU.

Caract. essent.

CAL. 2-valve, nud (1 flore ou multifl.). Fleurs
environnées de poils.

Caract. nat.

Cal. bâle uniflore ou multiflore, bivalve : à valves
oblongues pointues musiques, inégales,

1076. BROMUS rigens.
B. panicula spicata, spiculis subsessilibus erec-
tis pubescentibus subquadrifloris. L.
B. Lusitania.

1077. BROMUS hordeiformis.
B. panicula spicata, spiculis subsessilibus erectis strictis glabris subquadrifloris : flosculo ultimo sterili.
Ex Italia. D. Vahl. Facies hordei murini. An satis
dist. a praced.

1078. BROMUS cristatus.
B. spiculis disticha imbricatis sessilibus depressis.
L. Amœn. acad. 1. 331.
E Sibiria, Tartaria. ♃ Cur non 1ri1ici spec. ut
etiam sequens?

1079. BROMUS platystachyos.
B. spiculis ternis quaternisve erectis com-
pressis rigidis sessilibus, glumis margine ciliata.
Ex Europa austral. ☉ B. distachyos. L.

1080. BROMUS ramosus.
B. culmo basi ramosa, spiculis sessilibus perpaucis brevissime aristatis, foliis involuto-
subulatis.
Ex Europa austral, Barbaria. ♃ Pluk. 1. 331
f. 1. Sequenti valdi affinis.

1081. BROMUS pinnatus.
B. spiculis alternis subsessilibus teretibus bre-
viter aristatis; folio plano.
Ex Europa siccis & collibus. ♃

1082. BROMUS sylvaticus.
B. spiculis sessilibus subteretibus alternis erec-
tis villosis, aristis glumarum longitudine.
E Galliæ sylvis. ♃ Folia hirsuta.

Explicatio iconum.

Tab. 46. f. 1. BROMUS mollis. (Panicula.) F. 2
BROMOS secalinus. (Spicula a seorsum.) F. 3. Spicula Bromi, Ex Linn. Amœn. acad.

120. ARUNDO.

Charact. essent.

CAL. 2-valvis, nudus (1 florus f. multifl.). flosculi lana cincti.

Charact. nat.

Cal. gluma uni-vel multiflora, bivalvis : valvulis oblongis acutis muticis inæqualibus.

Bb 1

Cor. bivalve : valves de la longueur du calice, oblongues , acuminées, de la base de laquelle naissent des poils presqu'aussi longs que la fl.
Etam. Trois filamens capillaires ; anthères fourchues aux deux bouts.
Pist. un ovaire supérieur, oblong. Deux styles capillaires, réfléchis, velus ; stigmates simples.
Peric. nul. La corolle adhère à la sem. & ne s'ouvre point.
Sem. une seule, oblongue, acuminée, munie de longs poils à sa base.

Cor. bivalvis : valvulæ longitudine calych ; oblongæ, acuminatæ, è quarum basi lanugo longitudine fere floris assurgit.
Stam. filamenta tria, capillaria ; antheræ utrinque furcatæ.
Pist. germen superum, oblongum. Styli duo capillares, reflexi, villosi ; stigmata simplicia.
Peric. nullum. Corolla adnascitur semini nec dehiscit.
Sem. unicum, oblongum, acuminatum, basi pappo longo insitudum.

Tableau des espèces.   *Conspectus specierum.*

1083. ROSEAU *commun.* Diâ.
R. à calices presque 3-flores , plus courts que les fleurs, panicule lâche d'un pourpre noirâtre.
Lieu nat. l'Europe, dans les étangs, les fossés égaux.

1083. ARUNDO *phragmites.* T. 46.
A. calycibus subquinquefloris , flosculis brevioribus; panicula laxa spadiceo fusca.
Ex Europæ lacubus & fossis aquosis. ♃

1084. ROSEAU *cultivé.* Diâ.
R. à calices presque quinqueflores , aussi longs que les fleurs ; panicule oblongue diffuse d'un jaune pourpré.
Lieu nat. l'Italie , la Provence , &c. ♃

1084. ARUNDO *donax.*
A. calycibus subquinquefloris longitudine flosculorum; panicula oblonga diffusa luteo-purpurascente.
Ex Italia, Galloprov. , &c. ♃ *Culmi subfruticosi.*

1085. ROSEAU *bisflore.* Diâ.
R. à calices biflores plus courts que les fleurs; panicule alongée , feuilles rudes.
Lieu nat. l'Italie , la Barbarie. *Cor. plus grands que dans le précéd. mucronée.*

1085. ARUNDO *biflora.*
A. calycibus bifloris flosculis brevioribus; panicula elongata , foliis asperis.
Ex Italia, Barbaria. D. Vasl. culm. 4 f. 5. pedes les. Panicula flavescens.

1086. ROSEAU *plumeux.* Diâ.
R. à calices uniflores , baies subulées sétacées , panicule oblongue resserrée lobée d'un verd noirâtre.
Lieu nat. l'Europe, dans les prés marécageux & couv. ♃
β. Le même plus petit. (Les bois des mons.)

1086. ARUNDO *calamagrostis.*
A. calycibus unifloris , glumis subulato setaceis , panicula oblonga contracta lobata è viridi nigrescente.
Ex Europæ pratis paludosis & umbrosis. ♃
β. Ead. minor. A. Epigejos. Lin.

1087. ROSEAU *à perites fleurs.* Diâ.
R. à calices unifl. acuminés , panicule droite dense jaunâtre, gaines pileuses à leur orifice.
Lieu nat. la Barbarie. Pan. du R. cultivé.

1087. ARUNDO *mitrantha.*
A. calycibus unifloris acuminatis , panicula erecta densa flavescente , vaginis ore pilosis.
E Barbaria. Comm. D. Desfontaines.

1088. ROSEAU *bicolor.* Diâ.
R. à calices uniflores scarieux en leurs bords, panicule étroite droite , f. glabres roulées.
Lieu nat. la Barbarie. Cal. mucronés , violets , bordés de blanc.

1088. ARUNDO *bicolor.*
A. calycibus unifloris ore scariosis, panicula angusta erecta, foliis glabris convolutis.
E Barbaria. A. bicolor. Poiret. voyag. 2. p. 104. Cal. flosculo longior.

1089. ROSEAU *des sables.* Diâ.
R. à calices uniflores, panicule en épi, feuilles droites glauques roulées aiguës piquantes.
Lieu nat. les sables marit. de l'Europe. ♃

1089. ARUNDO *arenaria.*
A. calycibus unifloris , panicula spicata , foliis erectis glaucis involutis mucronato pungentib.
Ex Europæ areais maritimis. ♃

TRIANDRIE DIGYNIE.

1090. ROSEAU *diſtique*. Diſt.
R. à tige droite feuillée, feuilles diſtiques,
panicule reſſerrée, calices triflores.
Lieu nat. l'Inde.

1091. ROSEAU *barba*. Diſt.
R. à calices uniflores nuds beaucoup plus
courts que la fleur qui eſt fubulée, & velue
en-dedans, panicule unilatérale penchée.
Lieu nat. l'Inde. Cal. & cor. nuds en dehors.

III. CRÊTELLE.

Caraſt. eſſent.

Cal. 2-valve, multiflore. Bractée follacée, fub-
pectinée, unilatérale.

Caract. nat.

Cal. bâle multifl. bivalve : à valves linéaires acuminées prefqu'égales. Bractée pectinée ou
pinnée fous chaque bâle.
Cor. bivalve, plus longne que le calice : valves
inégales, prefqu'ariſtées.
Etam. Trois filamens capillaires; anthères
oblongues.
Piſt. un ovaire ſupérieur, turbiné. Deux ſtyles
velus; ſtigmates ſimples.
Peric. nul. La cor. contient la fem. & la quitte.

Sem. une feule, ovale, ſillonnée d'un côté.

Tableau des eſpèces.

1092. CRÊTELLE *des prés*. Diſt. n°. 1.
C. à épi unilatéral mutique, bractées alternes
diſtiques pinnées pectinées.
Lieu nat. l'Europe, dans les prés. ♉
β. Le même à épi plus denſe courbé, bractées
très-nombreuſes imbriquées. L.n. la Barbarie.

1093. CRÊTELLE *hériſſée*. Diſt. n°. 2.
C. à grappe courte glomerulée unilatérale
ariſtée, bractées pinnées à paillettes.
Lieu nat. l'Europe auſtrale, le Levant. ☉

1094. CRÊTELLE *dorée*. Diſt. n°. 6.
C. à panicule en grappe; bractées pedicellées
fafciculées mutiques, en forme d'épillets,
épillets prefque triflores ariſtés.
Lieu nat. l'Europe anſtrale, le Levant. ☉
Grappe unilat. Bractée & épillets prefquependans.

TRIANDRIA DIGYNIA. 197

1090. ARUNDO *bifaria*.
A. culmo erecto follofo, foliis bifariis, pa-
nicula coarctata, calycibus triflaris. Reſp. obſ. 4.
Ex India.

1091. ARUNDO *barba*.
A. calycibus uniflotis nudis flore fubulato
intus lanato multo brevioribus, panicula fecunda nutante. Reſp. obſ. 4.
Ex India. An hujus gen. an potius agroſt. Spec.

III. CYNOSURUS.

Charaſt. eſſent.

Cal. 2 valvis, multiflorus. Bractea foliacea, fub-
pectinata, unilateralis.

Charaſt. nat.

Cal. gluma multiflora, bivalvis : valvulis linearibus acuminatis fubæqualibus. Bractea pectinata aut pinnata, glumis fubjecta.
Cor. bivalvis, calyce longior : valvulis inæqualibus fubariſtatis.
Stam. Filamenta tria capillaria; antheræ oblongæ.
Piſt. germen ſuperum, turbinatum. Styli duo,
villoſi; ſtigmata ſimplicia.
Peric. nullum. Corolla femen includit, &
dimittit.

Sem. unicum, ovatum, altero latere fulcatum.

Conſpectus ſpecierum.

1091. CYNOSURUS *criſtatus*. T. 47. L. 1.
C. ſpica fecunda mutica, bracteis alternis diſtichis pinnato-pectinatis.
Ex Europæ pratis. ♉
β. Id. ſpica denfior incurva, bracteis numeroſiſſi-
mis imbricatis. C. polybracteatus. Pont. voy. 97.

1093. CYNOSURUS *echinatus*. T. 47. f. 2.
C. racemo brevi glomerato fecundo ariſtato,
bracteis pinnato-paleaceis.
Ex Europa auſtrali, Oriente. ☉

1094. CYNOSURUS *aureus*.
C. panicula racemofa; bracteis pedicellatis
fafciculatis muticis ſpiculæ formibus, ſpiculis
fubtriſloris ariſtatis.
Ex Europa auſtrali, Oriente. ☉ Bract. pinnato-
paleacea, paleis obtufis concavis alternis.

Explication des fig.

Tab. 47. f. 3. CRÉVELLE *des prés.* (*a , l*) Bractée &
épillet , d'après Linné. (*b*) Epillet devant la bractée.
(*c , d*) Calice , bractée. (*e , f , g*) Corolle , étamines , pistil. (*h , i , k*) Bâle fructifère , semences. (*m*)
Partie supérieure de la tige avec l'épi.

Tab. 47. f. 2. CRÉVELLE *hérissée.* (*a , b , c*) Bractée partagée en 2 ou 3 parties. (*d*) Corolle contenant
la femence. (*e , f*) Semence vue antérieurement &
postérieurement. (*g*) La même coupée transversalement.
(*h*) Embryon. (*i*) Partie supérieure de la tige , avec
la grappe.

iii. SESLERE.

Caract. essent.

CAL. 2-valves , submultiflore. Cor. 2-valve : à
valve ext. à 3 dents.

Caract. nat.

Cal. bâle bivalve , biflore ou triflore : valves acuminées , presqu'égales.
Cor. bivalve : valve extérieure plus grande ,
concave , à 3 dents mucronées au sommet :
l'intérieure plus petite , terminée par 2 dents.
Etam. trois filaments capillaires ; anthères oblongues , fourchues aux 2 bouts.
Pist. un ovaire supérieur, ovale, très-petit. Deux
styles, velus ; stigmates simples.
Peric. nul. La corolle contient la semence.
Sem. une seule, oblongue.

Tableau des espèces.

1095. SESLERE *bleuâtre.* Dict.
S. à épi ovale-cylindrique, épillets presque
triflores , munis de barbes courtes.
Lieu nat. les pâturages humides & mont. de
l'Europe. ℔ Fleurit de très-bonne heure.

1096. SESLERE *à tête ronde.* Dict.
S. à épi arrondi inerme collecé, épillets à
env. deux fleurs.
Lieu nat. l'Italie. Tiges simples , hautes de 4 à 3
pouces , sans nœud , nues sup.

1097. SESLERE *hérissée.* Dict.
S. à épi arrondi hérissé collecé, épillets presque quinqueflores : fleurs aristées.
Lieu nat. la Barbarie. Tiges de 5 à 7 pouces ,
ayant un nœud inf.

Tab. 47. fig. 1. CYNOSURUS *cristatus.* (*a , l*) Bractea & spicula , ex Linn. Amœn. acad. (*b*) Spicula ante
bracteam. (*c , d*) Calyx , bractea. (*e , f , g*) Corolla ,
Stamina , pistillum. (*h , i , k*) Gluma fructifera , femina.
Fig. ex Mill. (*m*) Pars superior culmi , cum spica.

Tab. 47. f. 2. CYNOSURUS *echinatus.* (*a , b , c*)
Bractea 2 f. 3 partita. (*d*) Corolla femine prægnans.
(*e , f*) Semen antice posticeque spectatum. (*g*) Sem.
transversè sectum. (*h*) Embryon. Fig. ex D. Gorten. (*i*)
Pars superior culmi , cum racemo.

iii. SESLERIA.

Charact. essent.

CAL. 2-valvis , submultiflorus. Cor. 2 valvis :
valvula ext. 3-dentata.

Charact. nat.

Cal. gluma bivalvis, bifl. f. triflora : valvulis acuminatis subæqualibus.
Cor. bivalvis : valvula exterior major , concava ,
apice dentibus 3 mucronatis : interior minor ,
apice bidentata.
Stam. Filamenta tria , capillaria ; antheræ oblongæ , utrinque bifurcatæ.
Pist. germen superum ovatum minimum. Styli
duo , villosi ; stigmata simplicia.
Peric. nullum. Corolla continet semen.
Sem. unicum , oblongum.

Conspectus specierum.

1095. SESLERIA *cærulea.* T. 47. f. 1.
S. spica ovato cylindrica, spiculis subtrifloris
breviter aristatis.
Ex Europæ pascuis humidis & montosis. ℔
Cynosurus cæruleus, L. Sesleria. Arduin. 2.
t. 6. f. 3. 4. 5.

1096. SESLERIA *sphærocephala.*
S. spica subrotunda inermi involucrata , spiculis subbifloris.
Ex Italia. Sesleria. Arduin. 2. t. 7. Cynos. sphæ-
rocephalus. Jacq. misc. 2. 71. & ic. rar. 1.

1097. SESLERIA *echinata.* T. 47. f. 2.
S. spica subrotunda echinata involucrata ;
spiculis subquinquefloris : flosculis aristatis.
E Barbaria. Comm. D. Desfontaines.

123. **ANTHISTIRE.**

Caraĉt. eſſent.

CAL. 4-valve, preſque 3-flore : à valves égales, papilleuſes pileuſes.

Caraĉt. nat.

Cal. bâle quadrivalve, triflore ou quadriflore : valves égales, oblongues, planes, un peu obtuſes, droites, papilleuſes au ſommet : à papilles pileuſes.
  * Une fleur hermaphrodite ſeſſile ; & 2 ou 3 fleurs mâles pédicellées, dans le même calice.
Cor. bivalve : à valves lancéolées pointues mutiques, inégales.
Etam. Trois filamens, courts, filiformes ; anth. oblongues, droites.
Piſt. un ovaire ſupérieur, oblong, de la baſe duquel naît une barbe torſe. Deux ſtyles : ſtigmates en maſſue, pileux.
Peric. nul. Le calice fermé garantit la ſemence.
Sem. une ſeule, oblongue, glabre, marquée d'un ſillon.

Tableau des eſpèces.

124. **AVOINE.**

Caraĉt. eſſent.

CAL. 2-valve, multiflore, barbe dorſale torſe.

Caraĉt. nat.

Cal. bâle multiflore (2-8 fleurs), bivalve : à valves lancéolées, pointues, concaves, mutiques, grandes, preſqu'égales.
Cor. bivalve : à valve extérieure plus grande, plus dure, un peu cylindrique, preſque ventrue, acuminée, & qui porte ſur ſon dos une barbe géniculée, torſe en ſpirale.
Etam. trois filamens capillaires. Amhéres oblongues, fourchues.
Piſt. un ovaire ſupérieur, obtus. Deux ſtyles refléchis, pileux ; ſtigmates ſimples.
Peric. nul. La corolle fermée adhère à la ſem. & ne s'ouvre point.
Sem. une ſeule, couverte, oblongue, pointue aux deux bouts, marquée d'un ſillon longitudinal.

123. **ANTHISTIRIA.**

Charaĉt. eſſent.

CAL. 4-valvis, ſub 3 floris : valvulis æqualibus apice papilloſo-piloſis.

Charaĉt. nat.

Cal. gluma quadrivalvis, triflora ſ. quadriflora: valvulæ æquales, oblongæ, planæ, obtuſiuſculæ, erectæ, apice papilloſæ: papillis piloſis.
  * floſculus hermaphroditus ſeſſilis ; floſculi maſculi pedicellati, 2 ſ. 3, in eodem calyce.
Cor. bivalvis : valvulis lanceolatis acutis muticis inæqualibus.
Stam. Filamenta tria, brevia, filiformia ; antheræ oblongæ erectæ.
Piſt. germen ſuperum, oblongum, è cujus baſi arista torta. Styli duo : ſtigmata clavata, piloſa.
Peric. nullum. Calyx clauſus ſem. fovet.
Sem. unicum, oblongum, glabrum, ſulco exaratum.

Conſpectus Specierum.

124. **AVENA.**

Charaĉt. eſſent.

CAL. 2-valvis, multiflorus, Ariſta dorſali contorta.

Charaĉt. nat.

Cal. gluma multiflora (2-8 flora), bivalvis : valvulis lanceolatis acutis concavis muticis magnis ſubæqualibus.
Cor. bivalvis: valvula exterior major, durior, tereriuſcula, ſubventricoſa, acuminata, è dorſo ariſtam geniculatam, ſpiraliter intortam, emittens.
Stam. Filamenta tria, capillaria. Antheræ obl. bifurcatæ.
Piſt. germen ſuperum, obtuſum. Styli duo, reflexi, piloſi ; ſtigmata ſimplicia.
Peric. nullum. Corolla clauſa ſemini adnaſcitur nec dehiſcit.
Sem. unicum, tectum, oblongum, utrinque acuminatum, ſulco longitudinali notatum.

Tableau des espèces.

Conspectus specierum.

1099. AVOINE cultivée. Dict. n°. 1.
A. paniculée, calices dispermes, semences
lisses, dont une aristée.
(*a*) à semence noire.
(*b*) à semence blanche.
Lieu nat. l'île de Jean Fernandès. ☉

1099. AVENA sativa.
A. paniculata, calycibus dispermis, seminibus lævibus: altero aristato. L.
(*a*) Semine nigro.
b. Semine albo.
Ex insula Juan Fernandez. ☉

1100. AVOINE nue. Dict. n°. 2.
A. paniculée, calices triflores, fleurs saillantes
hors du calice, pétales aristées sur le dos;
troisième fleur mutique.
Lieu nat. .... ☉

1100. AVENA nuda.
A. paniculata, calycibus trifloris, flosculis
calycem excedentibus, petalis dorso aristatis:
tertio flosculo mutico.
Loc. .... ☉

1101. AVOINE folletue. Dict. n°. 3.
A. paniculée, calices 3 ou 5-flores; fleurs
extérieures aristées & velues à leur base, les
inférieures mutiques.
(*a*) Calices triflores; la dernière fleur mutique.
(*b*) Calices 5 flores; les 3 fl. int. mutiques.
Lieu nat. la France, la Barbarie. ☉

1101. AVENA fatua.
A. paniculata, calycibus 3 f. 5-floris: flosculis exterioribus aristatis basique pilosis; interioribus muticis.
(*a*) Calyces triflori: flosc. ultimo mutico.
(*b*) Calyces 5-flori; flosc. 3 int. muticis.
Ex Gallia, Barbaria. ☉

1102. AVOINE de Pensylvanie. Dict. n°. 7.
A. à panicule amincie, calices biflores, semences velues, barbes une fois plus longues
que le calice.
Lieu nat. la Pensylvanie. ☉

1102. AVENA Pensylvanica.
A. paniculata attenuata, calycibus bifloris, seminibus villosis, aristis calyce duplo longioribus.
E Pensylvania. ☉

1103. AVOINE fromentale. Dict. n°. 4.
A. paniculée, calices biflores; fleur hermaphrodite munie d'une barbe courte, fleur
mâle à barbe plus longue.
Lieu nat. les prés de l'Europe.

1103. AVENA elatior.
A. paniculata, calycibus bifloris; flosculo hermaphrodito submutico (breviter aristato), masculo (longius) aristato. L.
Ex Europæ pratis. ♃

1104. AVOINE striée. Dict. n°. 5.
A. paniculée, calices biflores, fleurs aristées
velues à leur base, feuilles roulées striées
en leur face int.
Lieu nat. les mont. du Dauphiné. ♃ *Tiges presque de 4 pieds, Gaînes à aristes velu.*

1104. AVENA striata.
A. paniculata, calycibus bifloris, flosculis
aristatis basi villosis, foliis involutis imus striatis.
Ex montibus Delphinatûs. ♃ *Culmi subquadripedales, vagina ore villosa.*

1105. AVOINE stipiforme. Dict. n°. 6.
A. paniculée, calices biflores, barbes une
fois plus longue que la semence.
Lieu nat. le Cap de Bonne-Espérance.

1105. AVENA stipiformis.
A. paniculata, calycibus bifloris, aristis semine duplo longioribus.
E Capite Bonæ Spei.

1106. AVOINE calicinale. Dict. suppl.
A. paniculée, calices biflores une fois plus
longs que les fleurs. Cor. aristées, pédoncules
capillaires.
Lieu nat. le Cap de Bonne-Espérance.

1106. AVENA calycina.
A. paniculata, calycibus bifloris flosculis duplo longioribus, corollis aristatis, pedunculis capillaribus.
E Capite Bonæ Spei.

1107. AVOINE *distique*. Diô. n°. 14.
A. baûerre, à panicule étrohe, épillets 2 ou
3-flores, polis de la longueur des fleurs,
feuilles distiques ouvertes.
Lieu nat. les mont. du Dauphiné, de la Suiffe. ♈

1108. AVOINE *du Cap*. Diô. n°. 18.
A. panicule refferrée, calices biflores fubulés,
corolle pubefcente, barbe Intermédiaire
torfe courbée.
Lieu nat. le Cap de Bonne-Efpérance.

1109. AVOINE *lupuline*. Diô. n°. 20.
A. à panicule refferrée ovale, calices triflores
lancéolés, corolles velues, bâles bifubulées,
barbe Intermédiaire réfléchie. *Calices longs.*
Lieu nat. le Cap de Bonne-Efpérance.

1110. AVOINE *pourpre*. Diô. n°. 9.
A. à panicule refferrée, calices triflores,
ovales, corolles velues : bâle ext. bifide,
barbe terminale courbée.
Lieu nat. la Martinique.

1111. AVOINE *hifpide*. Diô. fuppl.
A. à panicule fimple, calices triflores pileux,
bâles fubulées.
L. n. le Cap de Bonne-Efpérance. *Epil. bromif.*

1112. AVOINE *pubefcente*. Diô. n°. ♈
A. prefqu'en épi, calices luifans prefqu'à 3
fleurs, receptacle long pileux, f. planes pubefcentes.
Lieu nat. l'Europe, dans les prés des mont. ♈

1113. AVOINE *fubulée*. Diô. fuppl.
A. à panicule prefque fimple, pourpre-jau-
nâtre, calices prefque triflores auffi longs que
les fleurs, feuilles roulées fibulées.
Lieu nat. les mont. de la Suiffe, du Dauphiné.
Feuilles prefque féracies, veloutées fur leur gaine.

1114. AVOINE *jaunâtre*. Diô. n°. 11.
A. à panicule oblongue, compofée d'un verd
jaunâtre ; épillets triflores, fleurs toutes ariftées plus longues que le calice.
Lieu nat. les prés fecs de l'Eur. ♈ *Epil. petits.*

1115. AVOINE *nerveufe*. Diô. fuppl.
A. à panicule lâche pauciflore, calices biflores
ftriés par des côtes nerveufes, fl. fcabres fu-
périeurement fubulées à 2 barbes.
Lieu nat. la France auftrale, l'Allemagne. ⊙
Barbes dorfales, grandes, torfes.

Botaniq. Tome I.

1107. AVENA *difticha*.
A. humilis, panicula angufta, fpiculis 2 f.
3-floris ; piiis longitudine flofculorum, foliis
diftiche patentibus.
Ex alpibus Delphinatûs, Helvetiae. ♈ *Spic.*
nitida.

1108. AVENA *Capenfis*.
A. panicula coarctata, calycibus bifloris fubulatis, corolla pubefcente, arifta intermedia
torsili curva. L. f. 112.
E Cap. B. Spei. *Pan. fubfpicata.*

1109. AVENA *lupulina*.
A. panicula coarctata ovata, calycibus trifloris lanceolatis, corollis villofis, gluma exteriori bifubulata, arifta intermedia reflexa. L. f.
E Capite Bonae Spei. *Spica ovata laxa.*

1110. AVENA *purpurea*.
A. panicula coarctata, calycibus trifloris ovatis, corollis villofis : gluma exteriori bifida,
arifta terminali inflexa.
E Martinica.

1111. AVENA *hifpida*.
A. panicula fimplici, calycibus triflotis pilofis,
glumis fubulatis.
E Capite B. Spei. — *A. Hifpida L. f. fuppl.*

1112. AVENA *pubefcens*.
A. fubfpicata, calycibus fubtrifloris nitidis ;
receptaculo longo pilofo, foliis planis pubefcentibus.
Ex Europae pratis montanis. ♈

1113. AVENA *fubulata*.
A. panicula vix compofita purpureo-flavef-
cente, calycibus fubtrifloris flofculos aequan-
tibus, foliis involuto-fubulatis.
Ex alpibus Helvetiae, Delphinatûs. *Avena.*
Hall. helv. n°. 1488. An av. fefquitertia. L.

1114. AVENA *flavefcens*.
A. panicula oblonga compofita viridi-flavef-
cente, fpiculis trifloris, flofculis omnibus
ariftatis calycem fuperantibus.
Ex Europae pratis ficcis. ♈ *Spicula parva.*

1115. AVENA *nervofa*.
A. panicula laxa pauciflora, calycibus bifflo-
ris coftato-ftriatis, flofculis fuperné fcabris
fubulato-bifetofis.
Ex Gallia auftrali, Germania. ⊙ *Avena dubia.*
Leers, n°. 89. t. 9. f. 3.

C c

1116. AVOINE *bigarrée.* Diâ. n°. 13.
A. à panicule presqu'en épi luisante, épillets
à env. 5 fleurs bigarrés, feuilles planes un peu
obtuses.
Lieu nat. les mont. de l'Auvergne. ♃

1117. AVOINE *paniché.*
A. à panicule resserrée, épillets glabres lui-
sans presque sessiles, barbes dorsales droites.
Lieu nat. l'Esp. ⊙, *A. de Léssing. D.â. n°. 8.*

1118. AVOINE *naine.* Diâ. suppl.
A. à panicule resserrée, épillets à 5 ou 6 fl.
à or. velues aristées sous le som. ; barbe droite.
Lieu nat. l Esp. Elle a des rap. avec la précéd.

1119. AVOINE *des prés.* Diâ. n°. 15.
A. à panicule presqu'en épi, épillets lisses,
sessiles & pédonculés à env. 5 fleurs, bâles
scarieuses au sommet.
Lieu nat. les prés. secs & mont. de l'Europe.

1120. AVOINE *à épi.* Diâ. n°. 16.
A. en épi, calices à six fleurs, plus long que
les fleurettes; pétale extérieur arisié & fourchu
au sommet.
Lieu nat. la Pensylvanie.

1121. AVOINE *fragile.* Diâ. n°. 17.
A. à épi long simple, épillets sessiles alternes
à env. 4 fleurs plus longues que le calice.
Lieu nat. le Dauphiné, la Provence, dans les
champs. ⊙

Explication des fig.

Tab. 47. L. 1. Fructification de l'Avoine, d'après
Linné. (Epillets à fleure ouvert.)

Tab. 47. fig. 2. AVOINE *cultivée.* (a, b, c, d)
Epillet, étamine, pistil, semence. (1) Partie supérieure
de la tige avec la panicule.

125. ELEUSINE

Caract. essent.

EPILLETS situés sur un rachis unilatéral. Cal.
2-valve, multiflore. Semence tuniquée.

Caract. nat.

Cal. rachis unilatéral, portant des épil. nombreux.

1116. AVENA *versicolor.*
A. panicula subspicata nitente, spiculis subquinquefloris versicoloribus, foliis planis
obtusiusculis.
Ex montibus Arvenis. ♃ *Hall. helv. n°.* 1500.

1117. AVENA *panicea.*
A. panicula contracta, spiculis subquadrifl.-
ris glabris nitidis subsessilibus, aristis dorsa-
libus rectis.
Ex Hispania. ⊙ *Av. lusitigiana.* H. R.

1118. AVENA *pumila.*
A. panicula contracta, spiculis 5 f. 6-floris,
flosculis hirsutis subapice aristatis : arista recta.
Ex Hisp. Cors. D. Cavandles. Culmi 2-pollic.

1119. AVENA *pratensis.*
A. panicula subspicata, spiculis lævibus sessilibus pedunculatisque subquinquefloris, glumis apice scariosis.
Ex Europæ pratis siccis & montosis.

1120. AVENA *spicata.*
A. spicata, calycibus sexfloris flosculis longioribus; petalo exteriore apice aristato sul-
catoque.
E Pensylvania.

1121. AVENA *fragilis.*
A. spica longa simplici, spiculis sessilibus
alternis subquadrifl., flosc. calyce longioribus.
Ex arvis Delphinatus, Galloprovinciæ. ⊙
Barrel. 90 f.

Explicatio iconum.

Tab. 47. f. 1. Fructificatio Avenæ, ex Lin. Amœn.
acad. (Spiculis 3-floris patens).

Tab. 47. f. 2. AVENA *sativa.* (a, b, c, d) Spicula,
stamen, pistillum, semen. F.g. ex Tournef. maia. (1)
Pars superior culmi cum panicula.

125. ELEUSINE

Charact. essent.

SPICULÆ rachi unilaterali impositæ. Cal. 2-
valvis, multiflorus. Sem. arillatum.

Charact. nat.

Cal. Rachis unilateralis spiculas plures sustinens.

Bâle multiflore (1 à 5-fleurs), bivalve : à valves lancéolées, carinées, comprimées, un peu inégales.
Cor. bivalve : à valves inégales, concaves, comprimées, mutiques.
Etam. trois filamens capillaires. Anthères obl.
Pist. un ovaire supérieur, arrondi. Deux styles ouverts; stigmates simples.
Peric. nul. La corolle enveloppe la semence, s'ouvre & la quitte.
Sem. une seule, presque globuleuse, nue, recouverte d'une tunique membraneuse.

Tableau des espèces.

1122. ÉLEUSINE à épis larges. T. 48. f. 1.
E. à épis digités fasciculés épais un peu courbés, épillets quadriflores, tige droite comprimée.
Lieu nat. les Indes orient. ⊙ Crételle. Dict. n°. 7.

1123. ÉLEUSINE à trois épis.
E. à épis ternés épais obtus droits, épillets unilatéraux sessiles serrés presque 4-flores.
Lieu nat. Monte Video. Crételle. Dict. n°. 10.

1124. ÉLEUSINE des Indes. Tab. 48. f. 3.
E. à épis linéaires digités, épillets presque quadriflores, tige comprimée, couchée, noueuse à sa base.
Lieu nat. les deux Indes. ⊙ Crételle. Dict. n°. 9.

1125. ÉLEUSINE en croix.
E. à épis quaternés très-ouverts en croix, calices bistores mucronés, tige geniculée.
Lieu nat. les deux Indes ⊙ Crételle. Dict. n°. 8.

1126. ÉLEUSINE pectinée.
E. à épis linéaires, comme pectinés, alternes, disposés en grappe; épillets triflores, plus courts que le calice, qui est mucroné.
Lieu nat. les Indes orient. Crételle pectinée. Dict. n°. 12. Calices presqu'aristés.

1127. ÉLEUSINE à épi roide.
E. à épillets alternes sessiles roides triflores, bâles striées, obtuses, glabres.
Lieu nat. l'Eur. austr. ⊙ Crételle. Dict. n°. 4.

1118 ÉLEUSINE d'Espagne.
E. à épi unilatérale roide; épillets sessiles, sur deux rangées, quinqueflores, bâles pointues.
Lieu nat. l'Espagne. ⊙ Crételle. Dict. n°. 3.

Gluma multiflora (1-5-flora), bivalvi : valvulis lanceolatis carinatis compressis subinæqualibus.
Cor. bivalvis : valvulis inæqualibus concavis compressis muticis.
Stam. Filamenta tria, capillaria. Antheræ obl.
Pist. germen superum, subrotundum. Styli duo patentes; stigmata simplicia.
Peric. nullum. Corolla semen obvolvit, dehiscit & dimittit.
Sem. unicum, subglobosum, nudum, arillo membranaceo vestitum.

Conspectus Specierum.

1122. ELEUSINE coracana. Gærtn.
E. spicis digitato-fasciculatis crassis subincurvis, spiculis quadrifloris, culmo erecto compresso.
Ex Indiis orient. ⊙ Cynosurus coracanus. L.

1123. ELEUSINE tristachyos.
E. spicis ternatis crassis obtusis erectis, spiculis secundis sessilibus appressis subquadrifloris.
E Monte Video. Cynosurus tristachyos. Dict.

1124. ELEUSINE Indica. Gærtn.
E. spicis linearibus digitatis, spiculis subquadrifloris, culmo compresso declinato basi nodoso.
Ex Indiis utrisque. ⊙ Cynosurus indicus. L.

1125. ELEUSINE cruciata. Tab. 48. f. 2.
E. spicis quaternis cruciatis patentissimis, calycibus bifloris mucronatis, culmo geniculato.
Ex Indiis utrisque. ⊙ Cynosurus Ægyptius. L.

1126. ELEUSINE pectinata.
E. spicis linearibus subpectinatis alternis in racemum digestis; spiculis trifloris calyce mucronato brevioribus.
Ex Indiis orientalibus. Cynosurus pectinatus.
Huic forté affinis Rottboella. n°. 17. Reg. fasc. 3.

1127. ELEUSINE dura.
E. spiculis alternis sessilibus rigidis trifloris, gluma striatis obtusis lævibus.
Ex Europa australi. ⊙ Cynosurus durus. L.

1118. ELEUSINE lima.
E. spica secunda rigida, spiculis sessilibus bifariis subquinquefloris, glumis acutis.

Ex Hispania. ⊙ Cynosurus lima. L.

204 TRIANDRIE DIGYNIE.

TRIANDRIA DIGYNIA.

Explication des fig.

Tab. 48. f. 1. ELEUSINE à *épis larges*. (*a*) Épillets attachés aux côtés du rachis (*b b*,) Corolle avec le pistil. (*c*) Semence recouverte de sa tunique. (*d*) La même après la tunique coupée transversalement. (*e f, g*) Semence dépouillée de sa tunique, & coupée transversal ment. (*h*) Embryon. (*i*) Partie supérieure de la tige terminée par ses épis.
Tab. 48. f. 2. ELEUSINE en croix. Tab. 48. f. 3. ELEUSINE des Indes.

Explicatio iconum.

Tab. 48. f. 1. ELEUSINE *coracana*. (*a*) Spicula racheos lateribus adfixa. (*b*, *b*) Corolla cum pistillo. (*c*) Semen arillo vestitum. (*d*) Idem arillo transversè sect. (*e*, *f*, *g*) Semen denudatum, & ejusdem sectio transversalis. (*h*) Embryo. Fig. ex D. Gartn. (*i*) Pars suprema culmi spicis terminata.
Tab. 48. f. 2. ELEUSINE *cruciata*. Tab. 48. f. 3. ELEUSINE *Indica*. Fig. ex Sieca.

116. ROTTBOLLE.

Caract. essent.

RACHIS articulé, un peu flexueux. Cal. 1. valve : à valve simple ou partagée en deux.

Caract. nat.

Cal. rachis linéaire un peu flexueux articulé, ayant des cavités oblongues au-dessus de ses articulations. Fleurs solitaires ou plusieurs ensemble, contenues dans les excavations du rachis.
Bâle univalve : à valve cartilagineuse, ovale-oblongue, plane, simple ou partagée en deux.
Cor. bivalve : à valves lancéolées pointues membraneuses plus courtes que le calice.
Etam. trois filamens capillaires. Anthères linéaires, fourchues aux deux bouts.
Pist. un ovaire supérieur, oblong-linéaire. Deux styles filiformes. Stigmates plumeux ou penicilliformes.
Peric. nul; mais les cavités de chaque articulation contiennent la semence qui ne tombe point malgré sa maturité, jusqu'à ce que le rachis se détache par articulation.
Sem. une seule, oblongue-linéaire.

Tableau des espèces.

1129. ROTTBOLLE *courbée*, Dict.
R. à épi cylindrique subulé, valve calicinale, pointue, serrée partagée en deux.
Lieu nat. la France & l'Eur. aust. ☉

1130. ROTTBOLLE *à faisceaux*. Dict.
R. à épis cylindriques-subulés fasciculés, valve calicinale partagée en deux, tige à art. très-nombreuses.
Lieu nat. la Barbarie. Esp. très-distincte.

116. ROTTBOLLA.

Charact. essent.

RACHIS articulata, subflexuosa. Cal. 1-valvis: valvula simplici f. 2 partita.

Charact. nat.

Cal. rachis linealis subflexuosa articulata, cavitatibus oblongis supra articulos insculpta. Flores solitarii f. plures racheos cavitatibus inclusi.
Gluma univalvis: valvula cartilaginea, ovato-oblonga, plana, simplici f. biparita.
Cor. bivalvis: valvulis lanceolatis acutis membranaceis calyce brevioribus.
Stam. Filamenta tria, capillaria. Antheræ lineares, utrinque furcatæ.
Pist. germen superum, oblongo-lineare. Styli duo, filiformes. Stigmata plumosa f. penicilliformia.
Peric. nullum; nisi sinus articuli calycis gluma clausi semen maturum non caducum continentes, usque rachis per articulos discedat.
Sem. unicum, oblongo-lineare.

Conspectus specierum.

1129. ROTTBOLLA *incurvata*. T. 48. f. 2.
R. spica tereti subulata, gluma calycina subulata adpressa biparita. L f.
Ex Gallia & Europa aust. ☉ Ægil. incurv. L

1130. ROTTBOLLA *fasciculata*.
R. spicis tereti subulatis sub-fasciculatis, calycis gluma biparita, culmo geniculis creberrimis.
E Barbaria. Rottb. altissima. D. Poiret. it. 105.

1131. **ROTTBOLLE** à corymbes. Dict.
R. à épis ramassés latéraux filiformes, fl. sur
2 rangées, ouvertes; f. ciliées à leur base.
Lieu nat. les Indes orient. Valve cal. simple.

1131. **ROTTBOLLA** corymbos.
R. spicis aggregatis lateralibus. filiformibus,
flosc. bifariis patentibus, foliis basi ciliatis. L. f.
Ex Indiis orient. Ægylops exaltata. L.

1132. **ROTTBOLLE** élevée. Dict.
R. à épi cylindrique-filiforme, par-tout garni
de fl. bâles ovales obtuses, gaines ponctuée-
velues.
Lieu nat. les Indes.

1132. **ROTTBOLLA** exaltata.
R. spica tereti-filiformi undique flosculosa,
glumis ovatis obtusis, vaginis punctato-hirsutis.

Ex Indiis. L. f. suppl. 114.

* * Esp. à reporter au Panic.

** Spec. ad Panicum amandanda.

1133. **ROTTBOLLE** fromentacée. Dict.
R. à épi un peu comprimé unilatéral, fleurs
ramassées aux excav. du rachis, f. obtuse plane.
L. n. l'Inde, aux lieux sablonneux. J'ai oublié
cette pl. & la suiv. en faisant l'exp. des Panics.

1133. **ROTTBOLLA** dimidiata. T. 48. f. 1. a.
R. spica subcompressa secunda, flosculis ad
sinus racheos aggregatis, folio obtuso plano.
Ex India, in arenosis. Calyx cujusque flosc. trivalvis: valv. tertia breviss. obtusa.

1134. **ROTTBOLLE** tripsacoïde. Dict.
R. à épi un peu comprimé unilatéral, fl. solitaires aux exc. du rachis, f. poinues, roulées.
Lieu nat. Sier-Leona. La fig. citée prise de la
diss. de L. f. rend assez l'épi de cette esp.

1134. **ROTTBOLLA** tripsacoïdes. T. 48. f. 1. b.
R. spica subcompressa secunda, flosculis ad
sinus racheos solitariis, folio acuto convoluto.
E Siera Leona. Smeatum. An R. compressa. L. f.
suppl. 114. Cal. ut. in præced.

127. YVRAIE.

Caract. essent.

Cal. 1-valve, fixe, multiflore, épillets appuyés
contre le rachis par leur côté tranchant.

127. LOLIUM.

Charact. essent.

Cal. 1-valvis, fixus, multifl. Spicula angulo
rachi appressæ.

Caract. nat.

Cal. rachis linéaire, un peu flexueux. Épillets
alternes, sessiles, distiques, multiflores,
appuyés contre le rachis par leur angle.
Bâle calicinale univalve, subulée, persistante,
opposée au rachis.
Cor. bivalve: à valves lancéolées, acuminées,
concaves, inégales.
Etam. trois filamens capillaires, plus courts que
la corolle. Anthères oblongues.
Pist. un ovalre supérieur, turbiné. Deux styles
capillaires, plumeux. Stigmates simples.
Peric. nul. La corolle contient la semence, s'ouvre & la quitte.
Sem. une seule, oblongue, convexe d'un côté,
applatie & sillonnée de l'autre.

Charact. nat.

Cal. rachis linearis, subflexuosa. Spiculæ alternæ,
sessiles, distichæ, multiflorae, angulo rachi
appressæ.
Gluma calycina univalvis, rachi opposita, subulata, persistens.
Cor. bivalvis: valvulis lanceolatis acuminatis
concavis inæqualibus.
Stam. Filamenta tria, capillaria, corolla breviora. Antheræ oblongæ.
Pist. germen superum, turbinatum. Styli duo
capillares, plumosi. Stigmata simplicia.
Peric. nullum. Cor. fovet semen, dehiscit,
demittit.
Sem. unicum, oblongum, hinc convexum,
indè sulcato-planum.

Tableau des espèces.

Conspectus specierum.

1135. **YVRAIE** vivace. Dict.
Y. à épi sans barbe, épil. comprimés multifl.
L. n. l'Eur. le long des chem. ♈ Le Rai-grass.

1135. **LOLIUM** perenne. T. 48. f. 1.
L. spica mutica, spiculis compressis multifl. L.
Ex Europa, ad vias. ♈ Spicula 7 f. 9 flora.

1116. YVRAIE *multiflore.* Dict.
Y. à épi muni de barbes courtes, épillets comprimés trois fois aussi longs que le calice à env. 18 fleurs.
Lieu nat. la France, parmi les bleds.

1117. YVRAIE *annuelle.* Dict.
Y. à épi muni de barbes, épillets comprimés presqu'à six fleurs, de la longueur du calice.
Lieu nat. l'Europe, parmi les bleds. ☉

Obs. Le Lolium distachyon de Linné ayant ses balles naist. dais être rapporté à un autre genre. Nous croyons que c'est la même plante que notre Paspale bicorne.

1116. LOLIUM *multiflorum.* Fl. fr. 1186.
L. spica breviter aristata, spiculis compressis subodododeclariloris calyce triplo longioribus.

Ex Gallia, inter segetes. *An var. præcedentis.* L.

1117. LOLIUM *temulentum.* T. 48. f. 1.
L. spica aristata, spiculis compressis subfenfloris calycem æquantibus.
Ex Europa, inter segetes. ☉

Obs. Lolium distachyon Linnai ad aliud genus amandari debet, cum calyces sine unisflori. Forté n:n differt a paspalo nostro bicorni.

Explication des fig.

Tab. 48. fig. 1. YVRAIE *vivace.* (*a*) Partie du rachis avec 3 épillets, & le calice (*b*) dépourvu d'épillet (*c*) Fleur séparée. (*d*, *e*, *f*) Etamines, pistil, écailles. (*g*, *h*, *i*) Corolle, semence. (*l*) Partie de la tige avec l'épi.

Tab. 48. f. 2. YVRAIE *annuelle.* (*a*) Fleur séparée, ouverte. (*b*, *c*) Corolle, stylet, barbe de pétale extérieur. (*d*) Partie de la tige avec l'épi.

Explicatio iconum.

Tab. 48. f. 1. LOLIUM *perenne.* (*a*) Pars rachreos cum spiculis tribus, & calyce (*b*) absque spicula. (*c*) Flos separatus. (*d*, *e*, *f*) Stamina, pistillum, squamæ. (*g*, *h*, *i*) Corolla, semen. *Fig. en Lears.* (*l*) Pars culmi cum spica.

Tab. 48. f. 2. LOLIUM *temulentum.* (*a*) Flos separatus, expansus. (*b*, *c*) Corolla, stylus, arista petali exterioris. (*d*) Pars culmi, cum spica.

118. ELYME.

Caract. essent.

CALICES 2 valves, submultiflores, ramassées sur chaque dent de l'axe.

Caract. nat.

Cal. réceptacle commun alongé, denté, portant des épillets sessiles. Epillets au nombre de deux (ou trois) sur chaque dent du réceptacle.
Bâle tétraphyle, à deux épillets: chaque épillet accompagné de deux foliolas subulées.
Cor. bivalve: valve extérieure plus grande acuminée, aristée; l'intérieure plane.
Etam. trois filamens capillaires, très-courts. Anthères oblongues.
Pist. un ovaire supérieur, turbiné. Deux styles, divergens, pileux; stigmates simples.
Peric. nul. La corolle enveloppe la semence.
Sem. une seule, oblongue, couverte.

Tableau des espèces.

1138. ELYME *des sables.* Dict. n°. 1.
E. à épi droit serré mutique tomenteux blanchâtre, épillets biflores presque plus longs que le calice qui est pubescent.
Lieu nat. les sables marit. de l'Europe. ♃

118. ELYMUS.

Charact. essent.

CALICES 2-valves, submultiflori, aggregati in singulo axis dente.

Charact. nat.

Cal. receptaculum commune elongatum, dentatum spiculas sessiles ferens. Spiculæ duæ (f. tres) in singulo receptaculi dente.
Gluma tetraphylla, distachya: foliolis duobus subulatis singulæ spiculæ subjectis.
Cor. bivalvis: valvula exterior major acuminata aristata; interior plana.
Stam. Filamenta tria, capillaria, brevissima. Antheræ oblongæ.
Pist. germen superum, turbinatum. Styli duo, divaricati, pilosi; stigmata simplicia.
Peric. nullum. Corolla semen involvens.
Sem. unicum, oblongum, tectum.

Conspectus Specierum.

1138. ELYMUS *arenarius.*
E. spica erecta arcta mutica tomentosa canescente, spiculis subbifloris calyce pubescente sublongioribus.
Ex Europæ arenis marit. ♃ *Fol. glauca.*

1139. ELYME à grappe. Dict. suppl.
E. à épi en grappe pyramidale droite, épillets presqu'à 5 fleurs velus lâches, plus courts que le calice qui est glabre.
Lieu nat. la Sibérie. ♃ Tige de 4 à 5 pieds.
Epi stérile à son sommet, quelquef. rameux.

1140. ELYME de Sibérie. Dict. n°. 2.
E. à épi pendant serré, épillets géminés plus longs que le calice.
Lieu nat. la Sibérie. ♃

1141. ELYME de Canada. Dict. n°. 3.
E. à épi penché lâche, épillets velus; les Inf. trois ensemble, barbes soit longues.
Lieu nat. le Canada.

1142. ELYME de Virginie. Dict. n°. 4.
E. à épi droit aristé, épillets glabres trisflores, collerette striée.
Lieu nat. la Virginie. ♃

1143. ELYME pauciflore. Dict. suppl.
E. à épi court droit pauciflore, calices uniflores, barbes très-longues.
Lieu nat....

1144. ELYME d'Europe. Dict. n°. 5.
E. à épi droit (arillé); épillets bisflores de la longueur de la collerette.
Lieu nat. la France, l'Allemagne, &c. ♃

1145. ELYME flast. Dict. n°. 6.
E. à épi pendant, fleurs géminées.
Lieu nat. la Sibérie.

1146. ELYME tête de meduse. Dict. n°. 7.
E. à épillets bisflores, collerettes sétacées très-ouvertes.
Lieu nat. le Portugal, l'Espagne.

1147. ELYME hérissonne. Dict. n°. 8.
E. à épi droit; épillets sans collerette, ouverts.
Lieu nat. la Virginie. ♃ Epillets lâches, aristés.

Explication des fig.

Tab. 49. f. 1. Fructification de l'Elyme, d'après Lind. (a, a) Collerettes subulées. (b, b) Epillets.
Tab. 49. f. 2. ELYME d'Europe. (a, a) Epillets avec leurs collerettes. (b, b) Partie sup. de la tige avec l'épi.

229. ORGE.

Caract. essent.

CALICES 2-valves, uniflores, presque ternés sur chaque dent de l'axe.

1139. ELYMUS racemosus.
E. spica racemoso-pyramidata erecta, spiculis subquinquefloris lanis villosis calyce glabro brevioribus.
Ex Sibiria. ♃ Hort. Reg. Flosculi masculi. An triticum. n°. 56. Gmel. sib. 1. t. 25. ic. mala.

1140. ELYMUS Sibiricus.
E. spica pendula arcta, spiculis binatis calyce longioribus. L.
E Sibiria. ♃ Spicula aristata.

1141. ELYMUS Canadensis.
E. spica nutante patula, spiculis villosis: Inferioribus ternatis, aristis longissimis. Dict.
E Canada. ♃

1142. ELYMUS Virginicus.
E. spica erecta aristata, spiculis glabris trisfloris, involucro striato.
E Virginia. ♃

1143. ELYMUS pauciflorus.
E. spica brevi erecta pauciflora, calycibus unifloris, aristis longissimis.
N..... Ex H. R. Tr. an.

1144. ELYMUS Europaeus. T. 49. f. 2.
E. spica erecta (arillata); spiculis bisfloris involucro aequalibus. L.
E Gallia, Germania, &c. ♃ Spica hord. marini.

1145. ELYMUS tener.
E. spica pendula, flosculis geminih. L. f. suppl.
E Sibiria. Flosculi aristati.

1146. ELYMUS caput medusa.
E. spiculis bisfloris, involucris setaceis patentissimis. L.
Ex Hispania, Lusitania.

1147. ELYMUS hystrix.
E. spica erecta, spiculis involucro destituta patentibus.
E Virginia. ♃ Spiculae laxa, aristata

Explicatio iconum.

Tab. 49. f. 1. Fructificatio Elymi, ex Lin. (a, a) Involucra subulata. (b, b) Spiculae. Tab. 49. f. 2. ELYMUS Europaeus. (a, a) Spiculae cum involucris. (b, b) Pars superior culmi cum spica.

119. HORDEUM.

Charact. essent.

CALICES 2-valves, uniflori, subterni in singulo axis dente.

Caraĉt. nat.

Cal. réceptacle commun alongé, denté, portant des épillets seſſiles. Epillets uniflores, au nombre de trois ſur chaque dent du récept.
Bâle (ou collerette) hexaphylle, triflore : à folioles linéaires-ſubulées, diſtantes, diſp. par paires.
Cor. biv. valv. extérieure ovale-acuminée, ventrue, un peu ang., plus longue que le calice, ſe terminant par une barbe longue; l'intérieure plus petite, lancéolée, plane, mutique.
Etam. trois filamens capillaires, plus courts que la corolle ; anthères oblongues.
Piſt. un ovaire ſupérieur, ovale-turbiné. Deux ſtyles velus ; ſtigmates ſemblables.
Peric. nul. la corolle renferme la ſemence & ne s'ouvre point.
Sem. une ſeule, oblongue, ventrue, anguleuse, couverte, acuminée aux 2 bouts, ayant d'un côté un ſillon longitudinal.

Tableau des eſpèces.

1148. ORGE commun. Diĉt.
O. à fleurs toutes hermaphrodites ariſtées ; deux rangées plus droites.
Lieu nat. la Ruſſie ? ☉

1149. ORGE hexaſtique. Diĉt.
O. à fleurs toutes hermaphrodites ariſtées, ſemences diſpoſées ſur 6 rangs.
Lieu nat. .... Epi court, épais.

1150. ORGE diſtique. Diĉt.
O. à fleurs latérales mâles ſans barbes, ſemences angulaires embriquées diſtiques.
Lieu nat. la Tartarie, vers le fleuve Samara.
β. Le même à ſemences nues.

1151. ORGE large-épi. Diĉt.
O. à fleurs latérales mâles ſans barbes, ſemences angulaires ouvertes, enveloppées. ☉
Lieu nat. la Ruſſie ? ☉ Vulg. Le Riẓ d'Allem.

1152. ORGE cilié. Diĉt.
O. à fleurs toutes fertiles ariſtées, collerettes pileuſes & ciliées à leur baſe ; poils faſciculés.
Lieu nat. l'Italie. F. velues, courtes. Peut-être n'eſt-il pas le même que l'Hord. bulboſum de Linné.

1153. ORGE tubéreux. Diĉt.
O. à fleurs latérales mâles ſans barbes, collerettes ſétacées liſſes.
Lieu nat. l'Angleterre. Rac. tubéreuſe, noueuſe.

Charaĉt. nat.

Cal. receptaculum commune elongatum dentatum ſpiculas ſeſſiles ferens. Spiculæ unifloræ, tres in ſingulo receptaculi dente.
Gluma (f. Involucrum) hexaphyl'a, triflora : foliolis lineari-ſubulatis, diſtantibus, per paria digeſtis.
Cor. bivalvis : valvula exterior ovato acuminata, ventricoſa, ſubangulata, calyce longint, deſinens in ariſtam longam ; interior minor, lanceolata, plana, mutica.
Stam. Filamenta tria capillaria corolla breviora; antheræ oblongæ.
Piſt. germen ſuperum, ovato-turbinatum. Styli duo, villoſi ; ſtigmata ſimilia.
Peric. nullum. Corolla ſemen includit, nec dehiſcit.
Sem. unicum, oblongum, ventricoſum, angulatum, teĉtum, utrinque acuminatum, hinc ſulco longitudinali notatum.

Conſpeĉtus ſpecierum.

1148. HORDEUM vulgare.
H. floſculis omnibus hermaphroditis ariſtatis : ordinibus duobus ereĉtioribus.
E Ruſſia ? ☉

1149. HORDEUM hexaſtichum.
H. floſculis omnibus hermaphroditis ariſtatis, ſeminibus ſexfariam poſitis. L.
N.... Spica brevis, craſſa.

1150. HORDEUM diſtichon.
H. floſculis lateralibus maſculis muticis; ſeminibus angularibus imbricatis diſtichis.
E Tartaria, ad fluvium Samara. ☉
β. Idem ſeminibus decorticatis.

1151. HORDEUM zeocriton.
H. floſculis lateralibus maſculis muticis, ſeminibus angularibus patentibus corticatis. L.
E Ruſſia ? ☉ Semina alba.

1152. HORDEUM ciliatum.
H. floſculis omnibus fertilibus ariſtatis, involucris baſi piloſa-ciliatis : pilis faſciculatis.
Ex Italia. Comm. D. Vahl. Gramen... Barrel. ic. 112. f. 1. Involucra ſenotra.

1153. HORDEUM nodoſum.
H. floſculis lateralibus maſculis muticis, involucellis ſetaceis lævibus. L.
Ex Anglia. Radix tuberibus nodoſa.

1154.

TRIANDRIE DIGYNIE.

1154. ORGE _des murs._ Did.
O. à fleurs latérales mâles ariftées, collerettes intermédiaires alliées.
Lieu nat. l'Europe, aux lieux Incultes. ☉

1155. ORGE _feglin._ Did.
O. à fleurs latérales mâles ariftées, collerettes fétacées fcabres; barbes courtes.
Lieu nat. la France, dans les prés. _Epi grêle._

1156. ORGE _maritime._ Did.
O. à fleurs toutes ariftées, collerettes pedicellées, fétacées, glabres, un peu ouvertes.
Lieu nat. la France auftrale, aux lieux marit.

1157. ORGE _à longues barbes._ Did.
O. à barbes & colleret. fétacées très longues.
Lieu nat. Smyrne.

Explication des figures.

Tab. 49. fig. (a) Caractère de l'Orge, d'après Lin. favoir, le rachis ou receptacle (f) en partie nud, trois fl. unt (b) fur la même dent du rachis, avec les collerettes fétacées à leur bafe. (a, d, e, g) Fleur féparée, femence, & épi de l'Orge (commun ?) Fig. prifes dans Tournef.

150. SEIGLE.

Caract. effent.

CAL. à valve, 2-flore, folitaire fur chaque dent de l'axe; valves opp. plus petites que les fleurs.

Caract. nat.

Cal. receptacle commun alongé, denté, portant des épillets feffiles. Epillets biflores, folitaires fur chaque dent de l'axe.
Bale diphylle, biflore; à follioles oppofées, droites, linéaires-acuminées, plus petites que les fleurs.
Cor. bivalve: valve extérieur plus rolde, ventrue, acuminée, comprimée, ciliée fur la carène, fe terminant par une barbe longue; v. Intérieure plane, lancéolée, mutique.
Etam. trois filamens capillaires, pendans hors de la fleur. Anthères oblongues, fourchues.
Pift. un ovaire fupérieur, turbiné. Deux ftyles velus; ftigmates fimples.
Peric. nul. La corolle contient la femence, & la quitte.
Sem. une feule, oblongue, prefque cylindrique, nue, acuminée par un bout.

Botanique, Tom. A

TRIANDRIA DIGYNIA. 109

1154. HORDEUM _murinum._
H. flofculis lateralibus mafculis ariftatis, involucris intermediis ciliatis. L.
_Ex_ Europæ ruderatis. ☉ _Invol. fetacea._

1155. HORDEUM _fecalinum._ Fl. fr.
H. flofculis lateralibus mafculis ariftatis, involucris fetaceis fcabris; ariftis brevibus.
E. Galliæ pratis. Vaill. Parif. t. 17. f. 6.

1156. HORDEUM _maritimum._
H. flofculis omnibus ariftatis, involucris pedicellatis fetaceis lævibus patentibufculis.
E Galliæ auftralis maritimis. D. Pautret.

1157. HORDEUM _jubatum._
H. ariftis involucrisque fetaceis longiffimis. L.
E Smyrna. Elim. orinitus. Schreb. gr. t. 24. f. 1.

Explicatio iconum.

Tab. 49. fig. (a) Character Hordei, ex Lin. la Amæn. acad. Scilicet, rachis (f) Partim denudata, flofculi ; (b) ex eodem dente racheos, cum involucellis ad bafim fini. (a, d, e, g) Flos feparatus, femen, & fpica Hordei (vulgaris ?) Ex Tournef. fortio.

150. SECALE.

Charact. effent.

CAL. 2-valvis, 2 florus, folitarius In fingulo axis dente: valvulis o pp. flofculis minoribus.

Charact. nat.

Cal. receptaculum commune elongatum, dentatum, fpiculas feffiles ferens. Spiculæ biflore, fulitariæ in fingulo receptaculi dente.
Gluma diphylla, biflora: foliolis oppofitis, erectis, lineari-acuminatis, flofculis minoribus.
Cor. bivalvis: valvula exterior rigidior, ventricofa, acuminata, compreffa, carinata ciliata, definens in ariftam longam ; v. interior plana, lanceolata, mutica.
Stam. filamenta tria, capillaria, extra florem pendula. Antheræ oblongæ, furcatæ.
Pift. germen fuperum, turbinatum. Styli duo villofi; ftigmata fimplicia.
Peric. nullum. Corolla fovens femen, dehifcit, demittit.
Sem. unicum, oblongum, fubcylindricum, nudum, acuminatum.

Dd

Tableau des espèces.

1158. SEIGLE commun. Dict.
S. à bâles ciliées scabres.
Lieu nat. l'île de Candie ? ☉ *Barbes longues.*

1159. SEIGLE velu. Dict.
S. à bâles ciliées velues, écailles calicinales cunéiformes.
Lieu nat. l'Europe australe, le Levant.

1160. SEIGLE hérissé. Dict.
S. à épi court ovale distique, fleurs très-velues à barbes courtes.
Lieu nat. l'Espagne. Epi petit, distique, hérissé de poils. Barbes plus courtes que les fl.

1161. SEIGLE de Candie. Dict.
S. à bâles ciliées en arrière.
Lieu nat. l'île de Candie.

Explication des fig.

Tab. 49. SEIGLE commun. (a a) Bâles calicinales. (b b) Fleurs épanouies. (c) Rachis en partie nud. (d) Epillet bifide séparé, ouvert. (e) Le même à fleurs fermées. (f, g) Pistil, étamine. (h) Semence. (i) Epi entier.

131. FROMENT.

Caract. essent.

CAL. à valve, multiflore, solitaire sur chaque dent de l'axe.

Caract. nat.

Cal. réceptacle commun alongé (rarement divisé), denté, portant des épillets sessiles. Epillets multiflores (3-15 fl.), solitaires sur chaque dent du réceptacle.
Bâle bivalve, multiflore : à valves opposées, ovales ou lancéolées, concaves.
Cor. bivalve, presqu'égale : valve extérieure ventrue, obtuse avec une pointe, aristée ou mutique; v. Intérieure plus mince, un peu plane.
Etam. trois filaments capillaires, anthères obl. fourchues aux deux bouts.
Pist. un ovaire supérieur, turbiné. Deux styles capillaires, ouverts; stigmates plumeux.
Péric. nul. La corolle contient la semence, s'ouvre & la quitte.
Sem. une seule, ovale, un peu obtuse, convexe d'un côté, sillonnée de l'autre.

Conspectus Specierum.

1158. SECALE cereale. T. 49.
S. glumarum ciliis scabris. L.
E Creta ? ☉ *Spica aristata subs-pollicaris.*

1159. SECALE villosum.
S. glumarum ciliis villosis, squamis calycinis cuneiformibus.
Ex Europa australi, Oriente.

1160. SECALE hirtum.
S. spica brevi ovata disticha, flosculis villosissimis breviter aristatis.
Ex Hispania. *Commun. D. Vahl pro S. villoso. An potius S. orientale Lin. Spica parva ut in tritico prostrata.*

1161. SECALE Creticum.
S. glumis extrorsum ciliatis. L.
E Creta.

Explicatio Iconum.

Tab. 49. SECALE cereale. (a a) Gluma calycina. (b b) Flosculi expansi. (c) Rachis partim denudata. Fig. ex Lin. Amœn. acad. (d) Spicula biflora, separata, expansa. (e) Eadem flosculis clausis. (f g) Pistillum, stamen. (h) Semen. (i) Spica. Fig. ex Tournef.

131. TRITICUM.

Charact. essens.

CAL. 2-valvis, multiflorus, solitarius in singulo axis dente.

Charact. nat.

Cal. receptaculum commune elongatum (raro divisum), dentatum, spiculas sessiles ferens. Spiculæ multiflora (3-15 fl.), solitariæ in singulo dente receptaculi.
Gluma bivalvis, multiflora : valvulis oppositis, ovatis vel lanceolatis, concavis.
Cor. bivalvis, subæqualis : valvula exterior ventricosa, obtusa cum acumine, aristata vel mutica; v. Interior tenuior, planiuscula.
Stam. filamenta tria, capillaria, antheræ obl. bifurcatæ.
Pist. germen superum, turbinatum. Styli duo, capillares, patentes; stigmata plumosa.
Peric. nullum. Corolla semen fovet, dehiscit; demittit.
Sem. unicum, ovatum, obtusiusculum, hinc convexum, inde sulcatum.

1161. FROMENT *cultivé.* Dict. n°. 1.
F. à épi simple, calices quadriflores ventrus embriqués.

Voyez dans notre dictionnaire les variétés & sous-variétés de cette espèce précieuse.

Lieu nat. l'Asie ? ☉ *On le cultive dans toute l'Eur., & dans plusieurs autres parties du monde.*

1162. TRITICUM *sativum.* T. 49. f. 1 ; 2.
T. spica simplici, calycibus quadrifloris ventricosis imbricatis. Dict.

Tr. aestivum, Tr. hybernum, & Tr. turgidum. L.

Ex Asia ? ☉ *Colitur in totam Europam & in plures alias mundi partes.*

1163. FROMENT *rameux.* Dict. n°. 2.
F. à épi rameux, calices triflores ventrus velus à leur base ramassés, fleurs aristées.
Lieu nat. l'Egypte ? ☉ *Vulg. bled de miracle.*

1163. TRITICUM *compositum.*
T. spica composita, calycibus trifloris ventricosis basi villosis confertis, floribus aristatis.
Ex Egypto ? ☉ *Culmi farcti. Spica crassa lobata.*

1164. FROMENT *de Pologne.* Dict. n°. 3.
F. à calices subbiflores striés très-longs pubescens sur les bords; fleurs à longues barbes.
Lieu nat. .... ☉ *Sem. alongés.*

1164. TRITICUM *Polonicum.*
T. calycibus subbifloris longissimis striatis glauca margine pubescentib. flor. longè aristatis
L. n... ☉ *Spec. const. distincta.*

1165. FROMENT *épautre.* Dict. n°. 4.
F. à calices subquadriflores coriaces tronqués mucronés, deux fl. fertiles, bâles persistantes.
Lieu nat. la Perse, vers Hamadan ☉

1165. TRITICUM *spelta.*
T. calycibus subquadrifloris cartilagineis truncato mucronatis, flosculis duobus fertilibus, glumis persistentibus.
L. Persia, versus Hamadan. ☉ *A. michaux.*

1166. FROMENT *loculer.* Dict. n°. 5.
F. à épi distique comprimé aristé, calices subtriflores, à trois dents au sommet, une seule fleur fertile.
Lieu nat. ... ♂ *Il varie à bâles lisses & à b. pub.*

1166. TRITICUM *monococcum.*
T. spica disticha compressa aristata, calycibus subtrifloris apice tridentatis, flosculo unico fertili.
L. n... ♂ *Varias glumis laev. & gl. pubesc.*

1167. FROMENT *couché.* Dict. n°. 6.
F. à épi ovale comprimé distique, épillets subbiflores très-mucronés, tiges couchées montantes.
Lieu nat. l'Asie, la Sibérie. ☉ *Epi très-court.*

1167. TRITICUM *prostratum.*
T. spica ovata compressa disticha, spiculis subtrifloris arguté mucronatis, culmis prostrato-adscendentibus.
Ex Asia, Sibiria. ☉ *Fl. vix aristati.*

1168. FROMENT *délicat.* Dict. n°. 7.
F. à épi filiforme très-simple unilatéral, épillets subquadriflores sessiles.
Lieu nat. la France, &c. ☉ *Il varie à fl. aristées & à fl. muriques.*

1168. TRITICUM *tenellum.*
T. spica filiformi simplicissima secunda, spiculis subquadrifloris sessilibus.
Ex Gallia, &c. ☉ *Varias flosculis aristatis & flosculis muticis.*

1169. FROMENT *unilatéral.* Dict. n°. 8.
F. à épi rameux à la base, épillets subquadrifl. mutiques alternes : les supérieurs distans.
Lieu nat. la France, l'Angleterre, &c. ☉

1169. TRITICUM *unilaterale.*
T. spica basi ramosa, spiculis subquadrifloris muticis alternis: superioribus distantibus.
Ex Gallia, Anglia, &c. ☉

1170. FROMENT *maritime.* Dict. n°. 9.
F. à épi rameux paniculé, épillets multiflores presque linéaires maigres mutiques divergens.
Lieu nat. la France australe, l'Italie, &c. ☉

1170. TRITICUM *maritimum.*
T. spica ramoso-paniculata, spiculis multifloris sublinearibus strigosis muticis divaricatis.
Ex Gallia australi, Italia, &c. ☉

1171. FROMENT *brizoïde*. Dict. n°. 10.
F. à épi distique presque simple, épillets multiflores lancéolés comprimés mutiques roides
sessiles.
Lieu nat. l'Italie, la Barbarie. ⊙

** *Espèces vivaces.*

1172. FROMENT *du Pérou*. Dict. suppl.
F. à épillets à dix fleurs mutiques ramassés
presqu'en épi, tige rameuse rampante.
Lieu nat. le Pérou, dans les eaux stagnantes ♃

1173. FROMENT *j aciforme*. Dict. n°. 11.
F. glauque, à épillets quinqueflores alternes
sessiles, calices tronqués.
Lieu nat. la France, l'Europe australe. ♃
β. *Le même plus élevé, à f. planes, épil. aristés.*

1174. FROMENT *rampant*. Dict. n°. 12.
F. à calices aigus presque quinqueflores, f.
velues supérieurement, racines articulées
rampantes.
L. n. l'Eur., aux l. cultivés. ♃ *Le Chiendent.*
β. *Le même à fl. munies de barbes courtes.*

1175. FROMENT *embriqué*. Dict. suppl.
F. à épillets serrés embriqués mutiques quin-
queflores, calice mucroné.
Lieu nat. .... Epi ayant env. 50 épillets.

1176. FROMENT *des haies*. Dict. n°. 13.
F. à calices aigus quinqueflores, barbes plus
longues que les épillets, racines fibreuses.
Lieu nat. l'Eur. dans les haies, les buissons. ♃

Explication des fig.

Tab. 49. FROMENT *cultivé*. Fig. 1. F. *cultivé ma-
rique.* (a) Epi miter, à fleurs se mêle. (b) Le même
à deux épanouies. (c, d, e) Rachis nud portant
un épillet (f) dans sa partie moyenne. (g) Un épil'a
séparé. (h) Etamine, (H) Pistil. (i) Semence. Fig. 1.
F. n. *cultivé barbu.*

132. JONCINELLE.

Caract. essent.

CAL. commun, hémisphérique, embriqué, multiflore. 3 ou 6 pétales. Caps. 3-loculaire.

Caract. nat.

Cal. commun embriqué, hémisphérique, com-

1171. TRITICUM *brizoïdes*.
T. spica disticha subsimplici, spiculis multifloris lanceolatis compressis muticis rigidis
sessilibus.
Ex Italia, Barbaria. ⊙ *Tr. uniloïdes.* H. Krw.

** *Perennia.*

1172. TRITICUM *peruvianum*.
T. spiculis decemfloris muticis confertis sub-
spicatis, culmo ramoso repente.
E Peru, in aquis stagnantibus. ♃

1173. TRITICUM *junceum*.
T. glaucum, spiculis quinquefloris alternis
sessilibus, calycibus truncatis.
Ex Gallia, Europa austral. ♃
β. *Idem elatius, foliis planis, spiculis aristatis.*

1174. TRITICUM *repens*.
T. calycibus acutis subquinquefloris, foliis
superne hirsutis, radicibus articulosis repentibus.
Ex Europæ cultis. ♃ *Flosc. muticl.*
β. *Idem flosculis breviter aristatis.*

1175. TRITICUM *imbricatum*.
T. spiculis confertis imbricatis muticis quin-
quefloris, calyce mucronato.
L. n. .... H. R. An var. præcedentis.

1176. TRITICUM *sepium*.
T. calycibus acutis quinquefloris, aristis spi-
cula longioribus, radicibus fibrosis. Dict.
Ex Eur. sepibus, dumetis. ♃ *Etym. caninus.* L.

Explicatio iconum.

Tab. 49. TRITICUM *sativum*. Fig. 1. T. *sativum
muticum.* (a) Spica integra, floribus clausis. (b) Eadem
floribus expansis. (c, d, e) Rachis denudata, in
medio (f) Spiculifera. (g) Spicula separata. (h) Stamen. (H) Pistullum. i) Semen. Fig. 2. Tr. *sativum
aristatum.* Fig. ex Tournef.

132. ERIOCAULON.

Charact. essent.

CAL. communis, hemisphæricus, imbricatus;
multiflorus. Pet. 3 ℓ 6 capf. 3 locularis.

Charact. nat.

Cal. communis, hemisphæricus, imbricatus;

prenent plufieurs fleurs (quelquefois monoïques), ramaffées fur un receptacle commun chargé de paillettes ; à écailles lancéolées , égales , perfiftantes.

Cor. trois ou fix pétales prefque lancéolés , obtus , onguiculés , égaux , velus en-dehors.

Etam. trois filamens (*felon Linné*), ou fix (*felon nous*), capillaires, plus courts que la corolle. Anthères ovales.

Pift. un ovaire fupérieur, prefque globuleux , trigone. Trois ftyles capillaires; ftigm. fimples.

Peric. capf. un peu globuleufe, trigone , trilocul.

Sem. folitaires, ovales-arrondies.

Tableau des efpèces.

1177. JONCINELLE *fétacée.* Dict. nº. 1.
J. à tige très-menue, munie d'une gaîne à fa bafe; f. fétacées.
Lieu nat. l'Inde, aux l. aquatiques.

1178. JONCINELLE *naine.* Dict. nº. 1.
J. à tiges fétacées, feuilles enfiformes, tête très-petite , calice fcarieux.
Lieu nat. l'Inde. *Tige d'un pouce & demi.*

1179. JONCINELLE *cannelée.* Dict. nº. 3.
J. à tige nue cannelée , feuilles enfiformes droites glabres , tête convexe.
Lieu nat. les Indes orientales.

1180. JONCINELLE *rampante.* Dict. nº. 4.
J. à fouches un peu rameufes feuillées rampantes ; hampes nues , feuilles enfiformes, ferrées, recourbées.
Lieu nat. l'ifle de Bourbon.

1181. JONCINELLE *comprimée.* Dict. nº. 5.
J. à tige comprimée finement ftriée , calice argenté , tête applatie & cotonneufe en-deffus.
Lieu nat. la Caroline.

1182. JONCINELLE *décangulaire.* Dict. nº. 6.
J. à tige ftriée fort longue , feuilles enfiformes courtes couchées , tête globuleufe.
Lieu nat. la Caroline, la Virginie.

1183. JONCINELLE *pubefcente.* Dict. nº. 8.
J. à tige un peu velue , feuilles enfiformes pubefcentes très-grandes, tête applatie & cotonneufe.
Lieu nat. l'ifle de Madagafcar. *F. larges d'un demi-pouce.*

flofculos plures (*interdum monoïcos*) , receptaculo paleaceo receptos colligens : fquamis lanceolatis æqualibus perfiftentibus.

Cor. petala tria f. fex fublanceolata , obtufa, unguiculata , æqualia, extus villofa.

Stam. filamenta tria (*ex Linnæo*), vel fex (Dict. (*p. 174*) , capillaria, corolla breviora. Antheræ ovatæ.

Pift. germen fuperum , fubglobofum , trigonum. Styli tres, capillares ; ftigmata fimplicia.

Peric. capfula fubglobofa , trigona , trilocularis.

Sem. folitaria , ovato-fubrotunda.

Confpectus fpecierum.

1177. ERIOCAULON *fetaceum.*
E. culmo tenuiffimo, bafi vaginato; foliis fetaceis.
Ex India, in aquofis.

1178. ERIOCAULON *minimum.*
E. culmis fetaceis, foliis enfiformibus, capitulo minimo, calyce fcarhofo.
Ex India. *Burm.* Ind. t. 9. f. 4.

1179. ERIOCAULON *ftriatum.* T. 50. f. 1.
E. culmo nudo ftriato , foliis enfiformibus erectis glabris, capitulo convexo.
Ex Indiis orientalibus.

1180. ERIOCAULON *repens.* T. 50. f. 2.
E. furculis fubramofis foliofis reprentibus; fcapis nudis , foliis confertis enfiformibus recurvis.
Ex infula Borbonæ.

1181. ERIOCAULON *compreffum.*
E. culmo compreffo tenuiter ftriato, calyce argenteo , capitulo fuperné plano tomentofo.
E Carolinia.

1182. ERIOCAULON *decangulare.*
E. culmo ftriato longiffimo, foliis enfiformibus brevibus proftratis, capitulo globofo. *Dict.*
E Carolinia, Virginia.

1183. ERIOCAULON *pubefcens.*
E. fcapo fubvillofo , foliis enfiformibus pubefcentibus maximis , capitulo plano tomentofo.
Ex inf. Madagafcariæ. *Fol. latitudine ferme pollicaria.*

1184. JONCINELLE *fasticulée*. Dict. n° 9.
J. à souche courte, feuillée; feuilles ouvertes;
hampes nombreuses, pileuses, fasciculées.
Lieu nat. la Guiane.

1184. ERIOCAULON *fasciculatum*. T. 50. f. 3.
E. surculo brevi foliofo, foliis patentibus,
scapis plurimis fasciculatis pilosis.
E Guiana.

1185. JONCINELLE *à ombelle*. Dict. n°. 10.
J. à tige nue ombellifère, collerette poly-
phylle, rayons inégaux fort longs.
Lieu nat. la Guiane.

1185. ERIOCAULON *umbellatum*. T.
E. caule nudo umbellifero, involucro poly-
phyllo, radiis inæqualibus longissimis.
E Guiana.

* Scirpoïdes. Esp. douteuses.

* Scirpoïdes. Species dubia.

1186. JONCINELLE *triangulaire*. Dict. n°. 11.
J. à tige triangulaire, feuilles ensiformes,
tête ovale velue.
Lieu nat. le Brésil.

1186. ERIOCAULON *triangulare*. L.
E. culmo triangulari, foliis ensiformibus, ca-
pitulo ovato (villoso).
E Brasilia. *Breyn. cent. t. 50.*

1187. JONCINELLE *rouge-brun*. Dict. n°. 11.
J. à tige très-menue fort longue un peu
striée, feuilles sétacées, tête ovale, lisse,
rouge-brun.
Lieu nat. Siera-Leona.

1187. ERIOCAUCON *spadiceum*.
E. culmo tenuissimo longissimo substriato,
foliis setaceis, caphulo ovato spadiceo lævi.

E Siera-Leona. *Smeathm.*

133. TRIXIDE.

Caract. essent.

CAL. supérieur, à 3 division. Cor. O. drupe
3-gone, 3-locul. couronné.

133. PORSERPINACA.

Charact. essent.

CAL. 3-partitus, superus. Cor. O. drupa triquetra, 3-locularis, coronata.

Caract. nat.

CAL. supérieur, partagé en trois folioles droites,
acuminées, persistantes.
Cor. nulle.
Etam. trois filamens subulés, de la longueur du
calice. Anthères didymes, obl. pointues.
Pist. un ovaire inférieur, trigone, fort grand.
Style nul. Trois stigmates pubescens, de la
longueur des étamines.
Péric. Drupe sec, inférieur, ovale, trigone,
couronné par le calice, triloculaire.
Sem. solitaires, oblongues.

Charact. nat.

CAL. tripartitus, superus: foliolis erectis acumi-
natis persistentibus
Cor. nulla.
Stam. filamenta tria, subulata, longitudine ca-
lycis. Antheræ didymæ oblongæ acutæ.
Pist. germen inferum, triquetrum, (maximum.
Stylus nullus. Stigmata tria pubescentia, lon-
gitudine staminum.
Péric. Drupa exsucca, infera, ovata, triquetra,
calyce coronata, trilocularis.
Sem. solitaria, oblonga.

Tableau des espèces.

Conspectus specierum.

1188. TRIXIDE *des marais*. Dict.
T. à feuilles lancéolées dentées : les inf.
pinnatifides.
Lieu nat. les marais de la Virginie.

1188. PROSERPINACA *palustris*.
P. foliis lanceolatis serratis : infimis pin-
natifidis.
Ex Virginiæ paludibus.

1189. TRIXIDE *pectinée*. Dict.
T. à feuilles toutes pinnées, pectinées.
Lieu nat. l'Amér. septu. *Pl. aquat.*

1189. PROSERPINACA *pectinata*. T. 50. f. 1.
P. foliis omnibus pinnato pectinatis.
Ex Amer. septentr. *Culta in H. D. le Monnier.*

Explication des fig.   *Explicatio iconum.*

Tab. 50. f. 1. TRINIDE *prôtiale.* Tab. 50. f. 2. TRINIDE *des marais.* (*a, a*) Drupe entier. (*b, b*) Même coupé transversalement. (*c, c*) Forme des semences. (*d, d*) Semence coupée transversalement & longitudinalement. (*f*) Embryon séparé.

Tab. 50. f. 1. PROSERPINACA *prôtiata.* Tab. 50. f. 2. PROSERPINACA *palustris.* (*a, a*) Drupa integra. (*b, b*) Eadem transversè scissa. (*c, c*) Seminum forma. (*d, d*) Semen transversè & longitudinaliter lectum. (*f*) Embryo separatus. Fig. ex D. Gasta.

134. MONTIE.

Caract. essent.

CAL. 1-phylle. Cor. 1-pétale, irrégulière. Capf. 1-loculaire, 3-valve.

Caract. nat.

Cal. diphylle : à folioles ovales, concaves, obtuses, droites, persistantes.
Cor. monopétale, partagée en cinq découpures, dont trois alternes sont plus petites & staminifères.
Etam. trois filamens capillaires, attachés à la corolle. Anthères petites.
Pist. un ovaire supérieur, turbiné. Trois styles velus, ouverts. Stigmates simples.
Peric. Capfule turbinée, obtuse, couverte, uniloculaire, trivalve.
Sem. arrondies, au nombre de trois.

Tableau des espèces.

1190. MONTIE *des fontaines.*
Lieu nat. l'Europe, dans les lieux fangeux & aquatiques. ☉

Explication des fig.

Tab. 50. MONTIE *des fontaines.* (*a, b*) Fleur entière. (*c*) Calice, pistil. (*d, e*) Capfule. (*f, g*) Semences. (*h*) Plante entière.

134. MONTIA.

Charact. essent.

CAL. 2 phyllus. Cor. 1-petala irregularis. Capf. 1-locularis, 3 valvis.

Charact. nat.

Cal. diphyllus : foliolis ovatis concavis obtufis, erectis persistentibus.
Cor. monopetala, quinquepartita : laciniis tribus alternis minoribus, staminiferis.
Stam. filamenta tria, capillaria, corollae inferta: Antherae parvae.
Pist. germen superum, turbinatum. Styli tres, villofi, patentes. Stigmata simplicia.
Peris. Capfula turbinata, obtufa, tecta, unilocularis, trivalvis.
Sem. tria, subrotunda.

Conspectus specierum.

1190. MONTIA *fontana.* T. 50.
Ex Europa uliginofis & aquofis. ☉

Explicatio iconum.

Tab. 50. MONTIA *fontana.* (*a, b*) Flos integer. (*c*) Calyx, pistillum. (*d, e*) Capfula. (*f, g*) Semina. (*h*) Planta integra. Fig. ex Vaill.

135. HOLOSTÉ.

Caract. essent.

CAL. de 5 folioles. 5 pétales. Capf. 1-loculaire, s'ouvrant au sommet.

Caract. nat.

Cal. de 5 folioles ovales, persistantes.
Cor. Cinq pétales, partagés en deux (quelquefois 3-fides ou à 3 dents), obtus, égaux.
Etam. trois filamens (plus rarement 5), plus courts que la corolle. Anthères arrondies.
Pist. un ovaire supérieur, arrondi. Trois styles filiformes : stigmates un peu obtus.

135. HOLOSTEUM.

Charact. essent.

CAL. 5-phyllus. Pet. 5. capf. 1-locularis, apice dehifcens.

Charact. nat.

Cal. pentaphyllus : foliolis ovatis persistentibus.
Cor. petala quinque, bipartita (interdum trifida C tridentata), obtufa, aequalia.
Stam. filamenta tria (rarius 5), corolla breviora, Antherae fubrotundae.
Pist. germen superum, fubrotundum. Styli tres, filiformes; stigmata obtufufcula.

Peric. Capfule uniloculaire, un peu cylindrique, s'ouvrant au fommet.
Sem. nombreufes, arrondies.
Obs. Ce genre eft à peine diftingué des *Morgelines.*

Tableau des efpèces.

1191. HOLOSTÉE *à ombelle.*
II. à feuilles oblongues-lancéolées feffiles, fleurs en ombelle.
Lieu nat. l'Europe, fur les murs. ☉

1192. HOLOSTÉE *en cœur.*
H. à feuilles orbiculaires obcordées, pédoncules axillaires.

136. KÉNIGE.

Caraft. effent.

CAL. 3-phylle. Cor. O. 1. fem. ovale, nue.

Caraft. nat.

Cal. triphylle : à folioles ovales concaves perfiftantes.
Cor. nulle.
Etam. trois filamens capillaires, plus courts que le calice. Anthères arrondies.
Pift. un ovaire fupérieur, ovale. Styles nuls; trois ftigmates (fouvent deux) velus, rapprochés, colorés.
Peric. nul.
Sem. une feule, ovale, nue, de la longueur du calice.

Tableau des efpèces.

1193. KÉNIGE *d'Iflande.* Dict. 3. p. 147.
Lieu nat. l'Iflande.

137. POLYCARPE

Caraft. effent.

CAL. de 5 folioles, 5 pét. très-petits, échancrés. Capf. 1-loculaire, 3 valve.

Caraft. nat.

Cal. de cinq folioles ovales, concaves, carinées, mucronées, perfiftantes.
Cor. cinq pétales, très petits, oblongs, obtus, échancrés, perfiftans.
Etam. trois filamens filiformes, de moitié plus courts que le calice. Anthères ovales.

Peric. capfula uniloculatis, fubcylindrica, apice dehifcens.
Sem. plurima, fubrotunda.
Obs. Genus ab *Alfine* vix diftinctum.

Confpectus fpecierum.

1191. HOLOSTEUM *umbellatum.* T. 51. f. 1.
H. foliis oblongo-lanceolatis feffilibus, floribus umbellatis. ☉
Ex Europæ *muris.* ☉

1191. HOLOSTEUM *cordatum.* T. 51. f. 1.
H. foliis orbiculatis fubcordatis, pedunculis axillaribus.

136. KOENIGIA.

Charact. effent.

CAL. 3-phyllus. Cor. O. fem. 1. ovatum, nudum.

Charact. nat.

Cal. triphyllus : foliolis ovatis concavis perfiftentibus.
Cor. nulla.
Stam. filamenta tria, capillaria. Calyce breviora. Antheræ fubrotundæ.
Pift. germen fuperum, ovatum. Styli nulli; ftigmata tria (fæpe duo), approximata villofa colorata.
Peric. nullum.
Sem. unicum, ovatum, nudum, longitudine calycis.

Confpectus fpecierum.

1193. KOENIGIA *Iflandica.* T. 51.
Ex Iflandia.

137. POLYCARPON.

Charact. effent.

CAL. 5-phyllus. Pet. 5. minima, emarginata. Capf. 1-locularis, 3-valvis.

Charact. nat.

Cal. pentaphyllus : foliolis ovatis concavis carinatis mucronatis perfiftentibus.
Cor. petala quinque, minima, oblonga, obtufa, emarginata, perfiftentia.
Stam. filamenta tria, fi iformia, calyce dimidio breviora. Antheræ ovatæ.

Pift.

Pist. un ovaire supérieur , ovale. Trois styles très-courts ; stigmates obtus.
Péric. Capsule ovale , uniloculaire , trivalve.
Sem. nombreuses , ovales.

Pist. Germen superum , ovatum. Styli tres , brevissimi ; stigmata obtusa.
Peric. Capsula ovata , uniloculari s, trivalvis.
Sem. Plurima , ovata.

Tableau des espèces.

1194. POLYCARPE *tétraphylle.* Dict.
Lieu nat. La France australe , l'Italie. ⊙

Conspectus specierum.

1194. POLYCARPON *tetraphyllum.* T. 51.
E Gallia australi , Italia. ⊙.

Explication des fig.

Tab. 51. POLYCARPE *tétraphylle.* (a , a) Fleur entière. (b , b) Calice. (c) Foliole du calice. (d) Pétales, étamines. (e) Pistil. (f) Capsule entière. (g) La même tronquée. (h) La même ouverte , montrant les semences. (i) Partie de la plante montrant les feuilles & les fleurs.

Explicatio iconum.

Tab. 51. POLYCARPON *tetraphyllum.* (a , a) Flos integer. (b , b) Calyx. (c) Foliolum calycis. (d) Petala, stamina , (e) Pistillum. (f) Capsula integra. (g) Eadem truncata. (h) Eadem aperta , semina exhibens. Fig. ea Mill. (i) Pars plantæ folia floresque ostendens. Ex Sicre.

138. DONATIE.   ## 138. DONATIA.

Caract. essent.

CAL. 3-phylle. 9 pét. ou environ, entiers , plus longs que le calice.

Charact. essent.

CAL. 3-phyllus. Pet. circit. 9. integra, calyce longiora.

Caract. nat.

Cal. triphylle : à folioles subulées, courtes, distantes.
Cor. Neuf pétales (ou environ) linéaires-obl. ouverts, une fois plus longs que le calice.
Etam. Trois filamens filiformes , plus courts que la corolle. Anthères presque globuleuses , didymes.
Pist. Un ovaire (supérieur ?) très-petit. Trois styles filiformes ; stigmates un peu obtus.
Péric. . . . . .
Sem. . . . . .

Charact. nat.

Cal. triphyllus : foliolis subulatis brevibus remotis.
Cor. petala novem (circiter) lineari-oblonga , calyce duplo longiora , patentia.
Stam. Filamenta tria , filiformia , corolla breviora. Antheræ subglobosæ didymæ.
Pist. Germen (superum ?) minimum. Styli tres , filiformes ; stigmata obtusiuscula.
Peric. . . . . .
Sem. . . . . .

Tableau des espèces.

1195. DONATIE de *Magellan.* Dict. suppl.
D. à tiges hautes de 2 à 3 pouces, couv. de feuilles embriquées.
Lieu nat. le Magellan.

Conspectus specierum.

1195. DONATIA *Magellanica.* T. 51.
D. Forst. gen. t. 5. Polycarpon Magellanicum. L. f. suppl. 115.
E Magellania. Genus a polycarpo diversiss.

Explication des fig.

Tab. 51. DONATIE de *Magellan.* (a) Fleur vue de côté. (b) Foliole du calice. (c , d) Fleur ouverte. (e) Pétale. (f) Etamine. (g) Style. (h) Plante entière.

Explicatio iconum.

Tab. 51. DONATIA *Magellanica.* (a) Flos à latere visus. (b) Foliolum calycis. (c , d) Flos expansus. (e) Petalum (f) Stamen (g) Stylus. Fig. ea D. Forst. (h) Planta integra. Ex Sicre.

139. MOLUGINE.

Caract. essent.

CAL. de 5 folioles. Cor. O. Capf. 3-loculaire, 3-valve.

Caract. nat.

CAL. de 5 folioles oblongues, colorées intérieurement, perfiſtantes.
Cor. nulle.
Etam. Trois filamens sétacés, plus courts que le calice. Anthères simples.
Pist. Un ovaire supérieur, à 3 sillons. Trois ſtyles très-courts ; ſtigmates obtus.
Peric. Capſule ovale, triloculaire, trivalve.
Sem. nombreuses, réniformes.

Tableau des espèces.

1196. MOLUGINE à feuilles oppofées. Diɑ.
M. à feuilles oppofées lancéolées, rameaux alternes, pédoncules latéraux, ramaſſés, uniflores.
Lieu nat. l'iſle de Ceylan.

1197. MOLUGINE à grappe. Diɑ.
M. à feuilles prefque quaternées, lancéolées, fleurs en grappe, tige anguleuse.
Lieu nat. L'Inde. Pluk. T. 332, f. 4.

1198. MOLUGINE à cinq feuilles. Diɑ.
M. à cinq feuilles ovoïdes égales, fleurs paniculées.
Lieu nat. l'iſle de Ceylan.

1199. MOLUGINE verticillée. Diɑ.
M. à feuilles verticillées, linéaires-cunéiformes, inégales, tige prefque dichotome couchée, pédoncules uniflores.
Lieu nat. La Virginie. ☉

Explication des figures.

Tab. 51. MOLUGINE verticillée. (a) Fleur vûe de côté. (b) La même ouverte & vûe en-deſſus. (c) Calice vû en deſſous. (d) Etamines. (e, f) Piſtil. g) Capſul. entière. (h, i) La même & vûes tranſverſal. mens & à valves ouvertes. (l, m) Semences. (n) Partie de la plante.

---

139. MOLLUGO.

Charact. essens.

CAL. 5-phyllus. Cor. O. Capf. 3-locularis, 3-valvis.

Charact. nat.

CAL. pentaphyllus : foliolis oblongis, introrfum coloratis, perfiſtentibus.
Cor. nulla.
Stam. Filamenta tria, fetacea, calyce breviora. Antheræ fimplices.
Pist. Germen superum, ovatum, 3-fulcatum. Styli tres, breviſſimi ; ſtigmata obtuſa.
Peric. Capſula ovata, trilocularis, trivalvis.
Sem. numerofa, reniformia.

Conspectus ſpecierum.

1196. MOLLUGO oppoſitifolia.
M. foliis oppoſitis lanceolatis, ramis alternis, pedunculis lateralibus confertis unifloris. L.

Ex Infula Zeylonæ.

1197. MOLLUGO racemofa.
M. foliis fubquaternis lanceolatis, floribus racemofis, caule angulato.
Ex Indla. Sonnerat. An. M. ſtricta. L.

1198. MOLLUGO pentaphylla.
M. foliis quinis obovatis æqualibus, floribus paniculatis. L.
E Zeylona.

1199. MOLLUGO verticillata. T. 52.
M. foliis verticillatis lineari-cuneatis acutis inæqualibus, caule fubdichotomo, decumbente ; pedunculis unifloris.
E Virginia. ☉

Explicatio iconum.

Tab. 52. MOLLUGO verticillata. (a) Flos à latere ſpectatus. (b) Idem expanſus, ſuperne vifus. (c) Calyx poſtice ſpectatus. (d) Stamina. (e, f) Piſtillum. (g) Capfula integra. (h, i) Eadem tranſverſe fciſſa & valvis patentibus. (l, m) Semina. Fig. ex Mill. (n) Pars plantæ. Ex Sicco.

140. MINUART.

Caract. essent.

CAL. de 5. folioles. Cor. O. Capf. 1-loculaire, 3-valve. Plufieurs fem.

Caract. nat.

Cal. penta;hylle, droit, allongé : à folioles fubulées, un peu roides, perfiftantes.
Cor. nulle.
Etam. Trois filamens capillaires, courts. Anth. arrondies.
Pift. Un ovaire fupérieur, trigone. Trois ftyles courts ; ftigmates un peu épais.
Péric. Capfule oblongue, triangulaire, beaucoup plus courte que le calice, unilocul. trivalve.
Sem. Plufieurs, arrondies, comprimées.

Tableau des efpèces.

★200. MINUART *dichotome.* Dict.
M. à fleurs ramaffées en tête dichotome.
Lieu nat. L'Efpagne. ⊙ Pl. à peine à. d'un pouce & demi.

★201. MINUART *des champs.* Dict.
M. à fl. terminales (alternes) plus longues que les bractées.
Lieu nat. L'Efpagne. ⊙

★202. MINUART *de montagne.* Dict.
M. à fleurs latérales alternes, plus courtes que les bractées.
Lieu nat. L'Efpagne. ⊙

141. QUÉRIE.

Caract. essent.

CAL. de 5 folioles. Cor. O. Capf. 1-loculaire, 3-valve. 1. fem.

Caract. nat.

Cal. penta;hylle, droit : à folioles oblongues, pointues, perfiftantes ; les ext. recourbées.
Cor. nulle.

140. MINUARTIA.

Charact. essent.

CAL. 5-phyllus. Cor. O. Capf. 1-locularis, 3-valvis. Sem. nonnulla.

Charact. nat.

Cal. pentaphyllus, erectus, longus : foliolis fubulatis rigidiufculis, perfiftentibus.
Cor. nulla.
Stam. filamenta tria, capillaria, brevia. Anth. fubrotundæ.
Pift. Germen fuperum, trigonum. Styli tres, breves ; ftigmata craffiufcula.
Peric. Capfula oblonga, triangularis, calyce longe brevior, unilocularis, trivalvis.
Sem. Nonnulla, fubrotunda, cumpreffa.

Confpectus fpecierum.

1200. MINUARTIA *dichotoma.*
M. floribus confertis dichotomis. L.
Ex Hifpania. ⊙ Pl. vix fefquipollicaris.

1201. MINUARTIA *campeftris.*
M. floribus terminalibus (alternis) bracteis longioribus. L.
Ex Hifpania. ⊙

1202. MINUARTIA *montana.* T. 52.
M. floribus lateralibus alternis bracteis brevioribus. L.
Ex Hifp. ⊙ Fol. connata, nervofa, fubciliata.

141. QUERIA.

Charact. essent.

CAL. 5-phyllus. Cor. O. Capf. 1-locularis, 3-valvis. Sem. 1.

Charact. nat.

Cal. pentaphyllus, erectus : foliolis oblongis acutis perfiftentibus ; ext. recurvatis.
Cor. nulla.

E e 2

Etam. Trois filamens capillaires, courts. Anthères arrondies.

Pist. Un ovaire supérieur, ovale. Trois styles de la longueur des étamines; stigmates simples.

Péric. Capsule arrondie, uniloculaire, trivalve.

Sem. Une seule.

Obs. Ce genre ne paroît suffisamment distingué du précéd. puisqu'il n'en diffère que par le nombre des semences.

Tableau des espèces.

1203. QUÉRIE d'Espagne. Dict.
Q. à fleurs ramassées.
Lieu nat. L'Espagne. ☉ *Bractées crochues au sommet.*

1204. QUÉRIE de Canada. Dict.
Q. à fleurs solitaires, tige dichotome.
Lieu nat. Le Canada, la Virginie. ♃

142. LEQUÉE.

Caract. essent.

CAL. 3-phylle. 3 pét. linéaires. Capf. 3-locul. 3-val. : ayant 3 autres valv. intérieures. Sem. solit.

Caract. nat.

Cal. 3-phylle : à folioles ovales, concaves, très-ouvertes, persistantes.

Cor. Trois pétales linéaires, concaves, plus étroits que le calice, & presque plus longs que lui.

Etam. Trois filamens (quelquefois 4, 5.), capillaires, plus longs que la corolle. Anth. arrondies.

Pist. Un ovaire supérieur, ovale. Style nul. Trois stigmates plumeux, divergens.

Péric. Capsule ovale, trigone, triloculaire, trivalve : à autant d'autres valves internes, conniventes vers les extérieures.

Sem. solitaires, ovales, anguleuses en leur côté int.

Stam. Filamenta tria, capillaria, brevia. Anth. subrotundæ.

Pist. Germen superum, ovatum. Styli tres, longitudine staminum; stigmata simplicia.

Peric. Capsula subrotunda, unilocularis, trivalvis.

Sem. unicum.

Obs. Genus hoc à præcedenti non videtur satis distinctum, cum numero seminum tantum differat.

Conspectus specierum.

1203. QUERIA Hispanica. T. 52.
Q. floribus consertis. L.
Ex Hispania. ☉ *Facies sclerianthi. Bracteæ apice uncinatæ.*

1204. QUERIA Canadensis.
Q. floribus solitariis, caule dichotomo. L.
E Canada, Virginia. ♃

142. LECHEA.

Charact. essent.

CAL. 3-phyllus. Petala 3, linearia. Capf. 3-locul. 3-valvis : valvis totidem interioribus. Sem. solit.

Charact. nat.

Cal. 3-phyllus : foliolis ovatis, concavis, pertenuissimis, persistentibus.

Cor. petala tria, linearia, calyce angustiora, sublongiora, concava.

Stam. Filamenta tria (interdum 4, 5.) capillaria, corolla longiora. Antheræ subrotundæ.

Pist. Germen superum, ovatum. Stylus nullus. Stigmata tria, plumosa, divaricata.

Peric. Capsula ovata, triquetra, trilocularis, trivalvis: valvis totidem aliis interioribus, versus exteriores conniventibus.

Sem. solitaria, ovata, introrsum angulata.

1205. **LEQUÉE** à *panicules*. Dict.
L. à feuilles linéaires-lancéolées, fleurs en
panicule.
Lieu nat. Le Canada. ♃

1205. **LECHEA** *minor*. T. 52. f. 1.
L. foliis lineari-lanceolatis, floribus panicu-
latis. L.
E Canada. ♃

1206. **LEQUÉE** *latériflore*. Dict.
L. à feuilles ovales-lancéolées, fleurs latérales vagues.
Lieu nat. Le Canada. *Elle a 4 étamines, dont
2 supérieures rapprochées.*

1206. **LECHEA** *major*. T. 52. f. 2.
L. foliis ovato-lanceolatis, floribus lateralibus
vagis. L.
E Canada. *Stam. 4 : horum 2 superiora approximata.*

ILLUSTRATION DES GENRES.

CLASSE IV.

TÉTRANDRIE MONOGYNIE.	TETRANDRIA MONOGYNIA.
Tableau des genres.	*Conspectus generum.*

243. PROTÉ.

Fl. agrégées. Cal. propr. O. Cor. partagée en 4 pet. connivens, caervis int. fous leur sommet. Ét. m. attachées dans le cavité des pet. Caiff. 1-sperme, né s'ouvrant point.

243. PROTEA.

Fl. aggregati. Cal. propr. O. Cor. 4-partita: pet. conniventes int. infra top et extrorfis, &c. Stam. petalorum cavitati inferta. Caiff. non dehiscens, 1-sperma.

244. BANKSIE.

Fl. agrégées. Cor. tubuleuse à sa base, 4-fide: à découp. ext. roulées int. fous leur sommet. Anth. sessiles, dans l. cav. des pet. Cas. 2-valve, 1-sperme.

244. BANKSIA.

Fl. aggregati. Cor. basi tubulosa, 4-fida: laciniis intus subapice recurvatis. Anth. in cavitate pet. sessiles. Caiff. 2-valvis, 1-sperma.

245. ROUPALE.

Cal. O. Cor. partagée en 4 pet. enroulés int. dans leur part. sup. Étam. attachées dans la cav. des pet. Péric. 1-sperme.

245. ROUPALA.

Cal. O. cor. 4-partita: petalis intus superne convolutis. Stam. cavitati petalorum inferta. Peric. 1-sperma.

246. EMBOTHRION.

Cal. O. Cor. tubuleuse inf. 4-fide: à découp. dilatés & enroulés au sommet. Étam. attachées dans la cav. des pet. Follicule renfm. plus. cylindr. polysperme.

246. EMBOTHRIUM.

Cal. O. Cor. inferne tubulofa. 4-fida: laciniis apice dilatato-convolutis. Stam. cavitati petalorum inferta. Folliculus subteres, polyspermus.

247. GLOBULAIRE.

Fl. agrégées. Cal. commun polyphylle: col. propre tubuleux, 5-fide. Cor. 1-pétale, irrégulière. 1. sem. sup. nue, renf. dans le cal.

247. GLOBULARIA.

Fl. aggregata. Cal. communis polyphyllus: proprius tubulatus, 5-fidus. Cor. 1 petalis, irregularis. Sm. 1. superna, nudam, calyce inclusam.

248. CARDERE.

Fl. agrégées. Cal. commun polyphylle: col. propre supérieur. Récept. chargé de paillettes.

248. DIPSACUS.

Fl. aggregati. Cal. communis polyphyllus: proprius superus. Receptaculo paleaceo.

249. SCABIEUSE.

Fl. agrégées. Cal. commun polyphylle: col. propre double, supérieur. Récept. chargé de paill. ou nud.

249. SCABIOSA.

Fl. aggregati. Cal. comm. polyphyllus: proprius duplex, superus. Recept. paleaceum f. nudum.

250. KNAUTIE.

Fl. agrégées. Cal. com. cylindr. polyphylle, pauciflore: cal. propre sup. simple, Recept. nud.

250. KNAUTIA.

Fl. aggregati. Cal. commune cylindricus, polyphyllus, pauciflorus: proprius sup. simplex, Recept. nudum.

151. ALLIONE.	**151. ALLIONIA.**
Fl. aggrégées. Cal. commun trifore : cal. propr. supérieur, à peine perceptt. Corollules irrégul. Sem. nues.	*Fl. aggregati. Cal. communis triforus : proprius superus, obsoletus. Corollula irregularis. Sem. nuda.*
152. OPERCULAIRE.	**152. OPERCULARIA.**
Fl. aggrégées. Cal. commun 1-phylle, bordé de 7 à 9 dents, ferme par un récept commun florifère en dessus, semi-nifère en dessous, caduc.	*Fl. aggregati. Cal. communis 1-phyllus, 7-9-dentatus, claufus receptaculo comm. supra florifero, infra semini-gero, deciduo.*

      * *Rubiacées 4-androïques.*   * *Rubiacea 4-andra.*

153. CEPHALANTHE.	**153. CEPHALANTHUS.**
Fl. aggrégées, assemblées à un récept. globuleux. Cal. propr. sup. à 4 dents. Cor. tubuleuse. Capf. à 2 en 4 loges qu. se séparent.	*Fl. aggregati, receptaculo globo affixi. Cal. proprius sup. 4-dentatus. Cor. tubulosa. Capsula 2 f. 4-locularis, partibilis.*
154. EVÉ.	**154. EVEA.**
Fl. aggrégées. Cal. commun polyph. ayant 4 folioles ex-térieures plus larges : cal. propre super. à 4 dents. Cor. infundib.	*Fl. aggregati. Cal. communis polyphyllus : foliolis 4 ex-terioribus latioribus. Proprius sup. 4-dentatus. Cor. in-fundib.*
155. CARPHALE.	**155. CARPHALEA.**
Cal. supérieur, tétraphyle. Cor. tubuleuse. Capf. couronnée par le calice, 2-locul. polysp.	*Cal. superus, tetraphyllus. Cor. tubulosa. Capsula calyce coronata, 2-locularis, polysp.*
156. KNOXIE.	**156. KNOXIA.**
Cal. supérieur, à 4 dents. Cor. infundib. Capf. 2-locul. se partageant en 2 parties, attachées sup. à un axe filif. Sem. solit.	*Cal. superus, 4-dentatus. Cor. infundibulif. Capf. 2-locul. 2-partibilis : fegmentis axi filiformi supra annexis. Sem. folit.*
157. GAILLET.	**157. GALLIUM.**
Cal. sup. très-petit ou à peine perceptible, à 4 dents. Cor. en roue. 2 sem. arrondies.	*Cal. sup. minimus vel obsoletus, 4-dentatus. Cor. rotata. Sem. 2, subrotunda.*
158. GARANCE.	**158. RUBIA.**
Cal. sup. très-petit, à 4 dents. Cor. campanulée. 2 baies 1-sperme.	*Cal. sup. minimus, 4-dentatus, Cor. campanulata. Bacca 2, 1-sperma.*
159. ASPERULE.	**159. ASPERULA.**
Cal. sup. très-petit, à 4 dents. Cor. infundibulif. 4-fide. 2 capf. globuleuses.	*Cal. sup. minimus, 4 dentatus. Cor. infundibuliformis, 4-fida. Capf. 2, globosa.*
160. SHERARDE.	**160. SHERARDIA.**
Cal. sup. à 4 dents Cor. infundibulif. 4-fide, 2 sem. cou-ronnées par le calice.	*Cal. sup. 4-dentatus. Cor. infundibulif. 4-fida. Sem. 2. Calyce coronata.*

161. CRUCIANELLE.

Caller. de 2 ou 3 folioles. Cal. O. Cor. tubuleuse, filif. supérieure. 2. sem. oblongues, nuds.

161. CRUCIANELLA.

Involucr. 2 f. 3-phyllum. Cal. O. Cor. tubulosa, filiformis, supero. Sem. 2, oblonga nuda.

162. HEDYOTE.

Cal. sup. à 4 dents. Cor. infundibulif. Caps. globuleuse didyme, couronnée, 2-local. polysp. s'ouvrant au sommet par une fente transversale.

162. HEDYOTIS.

Cal. sup. 4-dentatus. Cor. infundibilif. Caps. globoso-didyma, coronata, 2 locul. polyspermo, apice rima transversali dehiscens.

163. SPERMACOCE.

Cal. sup. à 4 dents. Cor. infundibulif. Caps. couronnée, 2-local. 2-sperme.

163. SPERMACOCE.

Cal. sup. 4-dentatus. Cor. infundibulif. Caps. coronata, 2-local. 2-sperma.

164. ERNODÉE.

Cal. sup. 4-fide. Cor. infundibulif. Baie 2-local. 2-sperme.

164. ERNODEA.

Cal. sup. 4-fidus. Cor. infundibilif. Bacca 2-loc. 2-sperma.

165. DIODE.

Cal. sup. 2-phylle. Cor. infundib. 4-fide, velus en-dedans. Caps. couronnée, 2-local. 2-sperme.

165. DIODIA.

Cal. sup. 2-phyllus. Cor. infundib. 4-fida, intus hirsuta. Caps. coronata, 2-local. 2-sperma.

166. FARAMIER.

Cal. sup. à 4 dents. Cor. tubuleuse : à limbe 4-fide. Caps. 2-local. polysperma.

166. FARAMEA.

Cal. sup. 4-dentatus. Cor. tubulosa : limbo 4-fido. Caps. 2-local. polysperma.

167. MITCHELLE.

Corolles 1-pétales, supérieures, au nombre de 2 sur le même ovaire. 4 stigm. Baie didyme, 4-sperme.

167. MITCHELLA.

Corolla 1-petala, supera, bina eidem germini. Stigm. 4. Bacca didyma, 4-sperma.

168. COCCOCIPSILE.

Cal. sup. 4 fide. Cor. infundibulif. à 4 lobes. Caps. enflée, couronnée, 2-local. polysp.

168. COCCOCIPSILUM.

Cal. sup. 4-fidus. Cor. infundibilif. 4-loba. Caps. inflata, coronata, 2-local. polysp.

169. NACIBE.

Cal. sup. à 8 div. Cor. infundibulif. à limbe 4-fide, velu intérieurement. Caps. couronnée, 2-local. polysp. Sem. orbiculaires, ailées.

169. NACIBEA.

Cal. sup. 8-fidus. Cor. infundibulif. Limbo 4-partito intus hirto. Caps. coronata, 2-local. polysp. Sem. orbiculata, alata.

170. TONTANE.

Cal. sup. 4 fide. Cor. infundibulif. Baie couronnée, 2-local. polysperma, se partageant en deux.

170. TONTANEA.

Cal. sup. 4-fidus. Cor. infundibulif. Bacca coronata, 2-local. 2-partibilis, polysperma.

171. COUSSARI.

Cal. sup. à 5 dents. Cor. à tube court, à limbe 4-fide. Baie 1-sperme.

171. COUSSAREA.

Cal. sup. 5-dentatus. Cor. tubo brevi, limbo 4-fido. Bacca 1-sperma.

172. SIDERODRE.

Cal. sup. très petit, à 4 dents. Cor. tubuleuse : à limbe 4-fide. Baie sèche, 2-locul. 2-sperme.

172. SIDERODENDRUM.

Cal. sup. minimus, 4-dentatus. Cor. tubulosa : limbo 4-fido. Bacca ficca, 2-local. 2-sperma.

173. PATABÉE.

Fl. en tête, séparées par des feuilles. Cal. sup. à 4 dents. Cor. tubuleuse, 4-fide. Fruit....

173. PATABEA.

Fl. capitati, paleis diftincti. Cal. sup. 4-dentatus, Cor. tubulosa, 4-fido. Fructus....

174. MALANI.

Cal. sup. très petit, à 4 dents. Cor. 1-pétale : à limbe 4-fide. Drupe à noyau 2-loc. 2-sperme.

174. MALANEA.

Cal. sup. minimus, 4-dentatus. Cor. 1-petala : limbo 4-fido. Drupa nuce 2-locul. 2-sperma.

175. IXORE.

Cal. sup. très-petit, à 4 dents. Cor. tubuleuse. Anth. à l'orifice. Baie 2-local. 2-sperme.

175. IXORA.

Cal. sup. minimus, 4-dentatus. Cor. tubulosa. Antheræ ad faucem. Bacca 2-loc. 2-sperma.

176. LYGISTE.

Cal. sup. à 4 dents. Cor. tubuleuse : à limbe à 4 lobes. Baie 4-local. 4-sperme.

176. LYGISTUM.

Cal. sup. 4-dentatus. Cor. tubulosa : limbo 4-lobo. Bacca 4-local. 4-sperma.

177. FERNEL.

Cal. sup. 4-fide. Cor. 1-pétale , 4-fide. Baie couronnée, 2-local. polysperme.

177. FERNELIA.

Cal. sup. 4-fidus. Cor. 1-petala , 4-fide. Bacca coronata, 2-local. polysperma.

178. CATESBÉE.

Cal. sup. très-petit, à 4 dents. Cor. tubuleuse, très-longue. Baie 2-local. polysperme.

178. CATESBÆA.

Cal. sup. minimus, 4-dentatus. Cor. tubulosa , longiffima. Bacca 2-local. polysperma.

179. MYONIME.

Cal. sup. presqu'entier. Cor. 1-pétale, 4-fide. Baie sèche, 4-local. 4-sperme.

179. MYONIMA.

Cal. sup. subinteger. Cor. 1-petala , 4-fide. Bacca ficca , 4-local. 4-sperma.

180. PYROSTRE.

Cal. sup. très-petit , à 4 dents. Cor. 1-pétale , semi-quadrifide. Baie sèche , toruleuse , 8-local. sem. solit.

180. PYROSTRIA.

Cal. sup. minim. 4-dentatus. Cor. 1-petala , semi-quadrifida. Bacca ficca , torulosa , 8-local. sem. solit.

181. PERAME.

Fl. en tête , séparées par des feuilles. Cal. à 4, div. Cor. tubuleuse, inférieure , à limbe 4-fide. 1 ou 4 sem. nues.

181. PERAMA.

Fl. capitati, paleis diftincti. Cal. 4-partitus. Cor. tubulosa , infera ; limbo 4-fido. Sem 1. f. 4. nuda.

182. BULEGE.

Cal. 4-fide. Cor. 1-pétale , 4-fide. Capf. septirieure , 2-local. polysperme.
Botanique. Tom. I.

182. BUDLEIA.

Cal. 4-fidus. Cor. 1-petala , 4-fide. Capf. supera , 2-local. polysperma.

183. CALLICARPE.

Cal. 4-fide. Cor. 1-pétale, 4-fide. Etam. saillantes. Baie à 4 sem.

183. CALLICARPA.

Cal. 4-fidus. Cor. 1-petala, 4-fida. Stam. exserta. Bacca 4 sperma.

184. ÆGYPHILE.

Cal. à 4 dents. Cor. tubuleuse, 4-fide. Baie à 2 ou 4 semences, enveloppée par le cal.

184. ÆGYPHILA.

Cal. 4-dentatus. Cor. tubulosa, 4-fida. Bacca 2 s. 4-sperma : Calyce obvoluta.

185. NIGRINE.

Cal. O. un pétale en écaille, 5-lobé, attaché en côté de l'ovaire, Anth. sessiles, adnées imbricativement au pétale. Baie 1-sperme.

185. NIGRINA.

Cal. O. petalum squamiforme, 5-lobum. lateri germinis affixum. Anth. sessiles petalo imbl. adnata Bacca 1-sperma.

186. CURTIS.

Cal. partagé en 4 déco. partes, 4 pétales. Drupe supérieur, arrondie : à min à 4 ou 5 loges.

186. CURTISIA.

Cal. 4-partitus. Pet. 4. Drupa supero, subrotunda : untlco 4-5-loculari.

187. NUXIER.

Cal. 4-fide. Cor. 1-pétale, 4-fide. Etam. à l'orifice de la cor. Stig. tronqué. Caps. charnue, 2-sperme.

187. NUXIA.

Cal. 4-fidus. Cor. 1-petala, 4-fida. Stam. ad fauces corol'a. Stig. truncatum. Caps. carnosa 2-sperma.

188. POLYPREME.

Cal. de 4 folioles. Cor. 4-fide, en rone : à lobes en cœur. Caps. comprimée, 2-loculaire, polysperme.

188. POLYPREMUM.

Cal. 4-phyllus. Cor. 4-fida, rotata : labis abcordatis. Caps. compressa, 2-locul. polysperma.

189. POUTERIER.

Cal. partagé en quatre. Cor. ovale, 4-fide : à faux munis d'un fil. Stigm. 4-fide. Caps. 4-valve, 4-sperme.

189. POUTERIA.

Cal. 4-partitus. Cor. ovata, 4-fida : fructus 1-setosis. Stigm. 4-fidum. Caps. 4-valvis, 4-sperma.

190. MAYEPE.

Cal. 4-fide, 4 pét. concaves à leur base, se terminant en un filet. Etam. contenues dans la cavité des pétales, Drupe 1-sperme.

190. MAYEPEA.

Cal. 4-fidus. Petala 4, basi concava, in filamentum desinentia. Stam. in petalorum cavitate recondita. Drupa 1-sperma.

191. CHALEF.

Cal. sup. campanulé, 4-fide. Cor. O. drupe 1-sperme.

191. ELÆAGNUS.

Cal. sup. campanulatus, 4-fidus. Cor. O. Drupa 1-sperma.

192. GONOCARPE.

Cal. sup. 4-fide. Cor. O. Drupe couronné, 8-geus, 1-sperme.

192. GONOCARPUS.

Cal. sup. 4-fidus. Cor. O. Drupa coronata, 8-gona, 1-sperma.

193. FUSAN.

Cal. sup. 4-fide. Cor. O. 4 stigmates. Drupe 1-sperme.

193. FUSANUS.

Cal. sup. 4-fidus. Cor. O. Stigmata 4. Drupa 1-sperma.

194. CORNOUILLER.

Cal. fup. à 4 dents. 4 pétales. 1 ftigm. Drupe à noyau 2-loculaire.

194. CORNUS.

Cal. fup. 4-dentatus. Petala 4. Stigma 1. Drupa nucleo 2-loculari.

195. SAMARA.

Cal. partagé en 4. 4 pétales renflés à leur bafe. Etamines inférées dans la bafe des pét. Stigm. infundibuliforme. Drupe 1-fperme.

195. SAMARA.

Cal. 4-partitus. Petala 4, bafi larvenofa. Stamina bafi petalorum inmerfa. Stigma infundibuliforme. Drupa 1-fperma.

196. SANTALIN.

Cal. urcéolé, 4 fide. Cor. O. 4 écailles à l'entrée du calice. Stigm. obtufement 3-lobé. Bais couronnée, 3-loculaire.

196. SIRIUM.

Cal. urceolatus, 4-fidus. Cor. O. Squama 4 faure calycis. Stigma obtusé 3-lobum, Bacca coronata, 3-locularis.

197. MACOUCOU.

Cal. partagé en 4. Cor. inf. en roue, à 4 lobes. Style O. ftig. fimple.

197. MACOUCOA.

Cal. 4-partitus. Cor. inf. rotata, 4-loba. Stylus O. Stigm. fimplex.

198. ROUSSEAU.

Cal. 4-phylle. Cor. inf. campanulée, 4-fide. Bais pyramidale, 4-angulaire, polyfperme.

198. ROUSSEA.

Cal. 4-phyllus. Cor. inf. campanulata, 4-fida. Bacca pyramidata, 4-angularis, polyfperma.

199. MACRE.

Cal. fup. partagé en 4. Cor. à 4 pétales. Noix à (2 ou 4) épines corniformes, 1-locul. 1-fperme.

199. TRAPA.

Cal. fup. 4-partitus. Cor. 4-petala. Nux fpinis (2 f. 4) corniformibus, 1-locul. 1-fperma.

200. HYDROPHYLACE.

Cal. fup. partagé en 4. Cor. infundibulif. Bais enflée, angul. 2-locul. 2-fperme.

200. HYDROPHILAX.

Cal. fup. 4-partitus. Cor. infundibuliformis. Bacca inflata, conflato-angulata, 2-locul. 2-fperma.

201. HARTOGE.

Cal. inf. 4 ou 5-fide. 4 pétales ouverts. Drupe ovale, 2-fperme.

201. HARTOGIA.

Cal. inf. 4 f. 5-fidus. cor. 4-petala, patens. Drupa ovata, 2-fperma.

202. MYGINDE.

Cal. inf. partagé en 4. Cor. à 4 pétales. Caff. glabuleufe, 1-fperme.

202. MYGINDA.

Cal. inf. 4-partitus. Cor. 4-petala. Capf. glabofa, 1-fperma.

203. COMETE.

Collerette 4-phyll., 3-flore. Cal. 4-phyll. Cor. O. Caff. à 3 coques.

203. COMETES.

Involucr. 4-phyllum, 3-florum. Cal. 4-phyllus. Cor. O. capf. 3-cocca.

204. SKIMME.

Cal. partagé en 4, perfiftant. 4 pét. concaves. Bais fupér. ombiliquée, 4-fperme.

204. SKIMMIA.

Cal. 4-partitus, perfiftens. Petala 4, concava. Bacca fupera, umbilicata, 4-fperma.

205. OTHÈRE.

Cal. partagé en 4, perfiftant. 4 pétales, planes. Stigm. feffile. capfule ?

206. ORIXE.

Cal. partagé en 4. Quatre pet. lancéolés. 1 ftyle. Stigm. en tête. Capfule ?

207. AMMANE.

Cal. campanulé, ftrié, à 8 dents. 4-pétales (quelquefois autant), attachés au calice. Capf. fup. 4-local.

208. ISNARDE.

Cal. campanulé, 4-fide. Cor. O. Capf. 4-local. env. par le cal.

209. LUDUIGE.

Cal. fup. partagé en 4. Cor. à 4 pétales. Capf. 4-gone, couronnée, 4-local. polyfperme.

210. STRUTHIOLE.

Cal. 1-phylle. Cor. tubuleufe, à limbe 4-fide. 8 écailles à l'orif. de la corolle. Baie sèche, 1-fperme.

211. BLAIRIE.

Cal. partagé en 4. Cor. 4-fide. Etam. attachées au réceptacle. Capf. 4-local. polyfperme.

212. SARCOCOLIER.

Cal. 1-phylle. Cor. campanulle, 4-fide. Stigm. à 4 lobes. Capf. 4-local. 4-valve, à 8 femences.

213. SIPHONANTE.

Cal. à 5 divifions. Cor. infundibulif. très-longue : à limbe petit, 4-fide. 4 baies 1-fperm. fupérieures.

214. HOUSTONE.

Cal. 4-fide. Cor. infundibulif. 4-fide. Capf. fupérieure, 2-locelaire.

215. COUTOUBÉE.

Cal. 4-fide. Cor. 1-pétale, 4-fide. 4 écailles en capuchon ftaminiferes. Stigm. à 2 lames. Capf. 2-valve, polyfperme.

---

205. OTHERA.

Cal. 4-partitus, perfiftens. Petala 4, plana. Stigm. feffile. Capfula ?

206. ORIXA.

Cal. 4-partitus. Petala 4, lanceolata. Stylus 1, ftigm. capitatum. Capfula ?

207. AMMANNIA.

Cal. campanulatus, ftriatus, 8-dentatus. Petala 4 (interdum O), calyci inferta. Capf. fup. 4-local.

208. ISNARDIA.

Cal. campanulatus, 4-fidus. Cor. O. Capf. 4-local. calyce cincta.

209. LUDWIGIA.

Cal. fup. 4-partitus. Cor. 4-petala. Capf. 4-gona, coronata, 4-local. polyfperma.

210. STRUTHIOLA.

Cal. 1-phyllus. Cor. tubulofa, limbo 4-fido. Squama 8, ad faucem corollae. Bacca exfucca, 1-fperma.

211. BLŒRIA.

Cal. 4-partitus. Cor. 4-fida. Stam. receptaculo inferta. Capf. 4-local. polyfperma.

212. PENŒA.

Cal. 1-phyllus. Cor. campanulata, 4-fida. Stigm. 4-labrum. Capf. 4-local. 4-valvis, 8-fperma.

213. SIPHONANTHUS.

Cal. 5-partitus. Cor. infundibulif. longiffima : limbo parvo, 4-fido. Bacca 4, 1-fperma fupera.

214. HOUSTONIA.

Cal. 4-fidus. Cor. infundibulif. 4-fida. Capf. fupera, 2-locularis.

215. COUTOUBEA.

Cal. 4-fidus. Cor. 1-petala, 4-fida. Squama 4 corollata, ftaminifera. Stigma 2-lamellatum. Capf. 2-valvis, polyfperma.

116. GENTIANELLE

Cal. 4-phylla. Cor. 4-fida : à tube globuleux. Capf. à 2 filums , 1-local. polyfp. s'ouvrant au fommet.

116. EXACUM.

Cal. 4-phyllus. Cor. 4-fida : tubo globofa. Capf. 2-falca , 1-local. polyfperma, apice dehifcens.

117. TACHL

Cal. tubuleux , à 5 dents. Cor. tubulofa : à orifice un peu dilaté , à limbe 5-fida. 5 glandes environnant la bafe de l'ovaire. Capf. 1-local.

117. TACHIA.

Cal. tubulofus , 5-dentatus. Cor. tubulofa : fauce fubdilatat : limbo 5-fida. Glandula 5 , germinis bafin cingens. Capf. 1-local.

118. ROUHAMON.

Cal. court , portagé en 4. Cor. infundibulif. 4-fide , velue en-dedans. Capf. 1-local. 1-fperme.

118. ROUHAMON.

Cal. brevis , 4-partitus. Cor. infundibulif. 4-fida , intùs villofa. Capf. 1-local. 1-fperma.

119. SALVADORE.

Cal. 4-fida. Cor. O. Baie 1-fperme. Sem. enveloppée d'une tunique.

119. SALVADORA.

Cal. 4-fidus. Cor. O. Bacca 1-fperma. Sem. arillo veftitum.

220. RIVINE.

Cal. partagé en 4. Cor. O. Baie 1-fperme : à femences fcabre.

220. RIVINA.

Cal. 4-partitus. Cor. O. Bacca 1-fperma : feminc fcabro.

221. ACÈNE.

Cal. 4-phylla. Cor. de 4 pétales. Baie sèche , inf. 1-fperme , hériffée de pointes renverfées.

221. ACÆNA.

Cal. 4-phyllus. Cor. 4-petala. Bacca ficca , infera , 1-fperma , retrorfum echinata.

222. KRAMÈRE.

Cal. 4-phylle. Cor. de 4 pétales inégaux. Baie sèche , feper. hériffée , 1-fperme.

222. KRAMERIA.

Cal. 4-phyllus. Cor. 4-petala , inaqualis. Bacca ficca , feper , echinata , 1-fperma.

223. VITERINGE.

Cal. à 4 dents. Cor. prefque campanulée ; à ud. uredulé , ayant 4 hoffettes. Peric. fup. 2-loculaire.

223. WITHERINGIA.

Cal. 4-dentatus. Cor. fubcampanulata : tubo urceolato, 4-gibbo. Peric. fup. 2-loculare.

224. AQUART.

Cal. campanull. Cor. en roue : à découp. linéaire. Baie polyfperme.

224. AQUARTIA.

Cal. campanulatus. Cor. rotata : laciniis linearibus. Bacca polyfperma.

225. ÉPIMÈDE.

Cal. 4-phylle , caduc. 4 pét. oppofés au calice. 4 cornets irréguliers , foudés entre les pét. & les étam. Silicule polyfperme.

225. EPIMEDIUM.

Cal. 4-phyllus , caducus. Petala 4 , caly. i oppofita. Cyathi 4 , irregulares petalis & ftaminibus interpofiti. Silicula polyfperma.

226. CENTENILLE.

Cal. 4-fide. Cor. en roue , 4-fide. Capf. 1-local. polyfperme, s'ouvrant en travers.

226. CENTUNCULUS.

Cal. 4-fidus. Cor. rotata , 4-fida. Capf. circumfciffa , 1-local. polyfperma.

227. DORSTÈNE.

Récep. commun 1-phylle, charnu, recouvert de fl. (mo-noïques?) sessiles. Semences fol. enfoncées dans la pulpe du réceptacle.

227. DORSTENIA.

Receptacul. commune 1-phyllum, carnosum, floribus sessi-bus (monoicis?) aëtum. Semina fol. pulpæ receptaculi immersa.

228. ACHIT.

Cal. presqu'entier, 4. pétales. Baie 1 f. 2-sperme, env. à sa base par le calice.

228. CISSUS.

Cal. subinteger. Petala 4. Bacca 1 f. 2-sperma, basi calyce cincta.

229. FAGARIER.

Cal. 4 ou 5-fide, 4 ou 5-pétales. Caps. (simple ou multiple) 2-valve, 1-sperme.

229. FAGARA.

Cal. 4 f. 5-fidus. Petala 4 f. 5. Caps. (simplex aut multi-plex) bivalvis, 1-sperma.

230. PTELÉ.

Cal. partagé en 4. Cor. à 4 pétales. Caps. super. 2-local. 2-sperme, à ailes membraneuses.

230. PTELEA.

Cal. 4-particus. Cor. 4-petala. Capsula supera, 2-local. membranaceo-alata, 2-sperma.

231. SPILMANE.

Cal. 5-fide. Cor. hypocratériforme ? à limbe 5-fide. Stigm. recourbé en crochet. Drupe à noyau 2-localaire.

231. SPIELMANNIA.

Cal. 5-fidus. Cor. hypocrateriformis ? limbo 5-fido. Stigma uncinato-refractum. Drupa nucleo 2-locul.

232. SCOPAIRE.

Cal. partagé en 4. Cor. en rose., 4-fide. Caps. 2-local. 2-valve. polysperme.

232. SCOPARIA.

Cal. 4-partitus. Cor. rosea, 4-fida. Caps. bivalc. 2-valvis, polysperma.

233. PLANTAIN.

Cal. 4-fide. Cor. 4-fide : à limbe réfléchi. Etam. très-longues. Caps. 2-local. s'ouvr. transversalement.

233. PLANTAGO.

Cal. 4-fidus. Cor. 4-fida : limbo reflexo. Stamina longissima. Caps. 2-locul. circumscissa.

234. SANGSORBE.

Cal. supérieur, 4-fide, ayant deux écailles à sa base. Cor. O. Caps. 1 ou 2-localaire.

234. SANGUISORBA.

Cal. superus, 4-fidus, basi 2-squamosus. Cor. O. Caps. 1 f. 2-locularis.

235. EMPLÈVRE.

Cal. 4-fide. Cor. O. Style latéral. Caps. leguminiforme, comprimée en aile supérieurement, s'ouvrant d'un côté. 1 sem. contenue dans une tunique.

235. EMPLEURUM.

Cal. 4-fidus. Cor. O. Stylus lateralis. Caps. leguminiformis, supra compresso-alata, latere dehiscens. Sem. 1. aril-latum.

236. CAMPHRÉE.

Cal. urcéolé, 4-fide : à découp. alt. plus grandes. Cor. O. Etam. saillantes. Caps. 1-sperme.

236. CAMPHOROSMA.

Cal. urceolatus, 4-fidus : laciniis alt. majoribus. Cor. O. Stam. exserta. Caps. 1-sperma.

237. ALCHIMILLE.

Cal. à 8 découp. alternativ. grandes & petites. Cor. O. 1. sem. envelop. par le calice.

237. ALCHEMILLA.

Cal. 8-fidus : laciniis alt. minoribus. Cor. O. sem. 1. Ca-lyce vestitum.

DIGYNIE.	**DYGINIA.**

238. PERCEPIER.

Cal. à 8 découp. dont 4 alt. très-petites. 2 femenecis coroll. par le calice.

238. APHANES.

Cal. 8-fidus: laciniis alt. minimis. Semina 2, calyce vestita.

239. CRUZITE.

Cal. 4-phylle, ayant 3-bractées à l'ext. Cor. O. 1. Sem. s'enveloppe par le cal.

239. CRUZITA.

Cal. 4-phyllus, externâ 3-bracteatus. Cor. O. fem. 1. Calyce vestitum.

240. BUFONE.

Cal. de 4 folioles. 4 pétales. Caps. 1-local. 2-valv. 2-sperme.

240. BUFONIA.

Cal. 4-phyllus. Cor. 4-petala. Caps. 1-local. 2-valvis, 2-sperma.

241. GALOPINE.

Cal. O. Cor. 4-fide. 2 semences nues.

241. GALOPINA.

Cal. O. Cor. 4-fida. Semina 2, nuda.

242. GOMOSIE.

Cal. O. Cor. supér. infundibulif. 4-fide. Baie 2-local. 2-sperme.

242. GOMOSIA.

Cal. O. Cor. supera, infundibulif. 4-fida. Bacca 2-local. 2-sperma.

243. HAMAMELIS.

Cal. 4-fide, muni de 2 écailles en-dehors. 4 pétales Galéaires. Noix 2-corne, 2-loculaire.

243. HAMAMELIS.

Cal. 4-fidus, extus 2-squamosus. Petala 4, linearia. Nux 2-cornis, 2-locularis.

244. PAGAMIER.

Cal. à 4 dents. Cor. 1-pétale: à limbe 4-fide, velu. Baie sup. 2-loculaire: à 2 officin., aussi 2-loculaires.

244. PAGAMEA.

Cal. 4-dentatus. Cor. 1-petala: limbo 4-fido, villoso. Bacca supera, 2-local. officin. 2, 2-locularibus.

245. CUSCUTE.

Cal. 4 ou 5-fide. Cor. 1-pétale, 4 ou 5-fide. Ecailles 2-fides à la base des stamines. Caps. 2-loculaire.

245. CUSCUTA.

Cal. 4 f. 5-fidus. Cor. 1-petala, 4 f. 5-fida. Squama 2-fida ad basin staminum. Caps. 2-locularis.

246. HYPÉCOON.

Cal. 2-phylle. 4 pétales, dont 2 ext. plus larges & 3-fides. Silique articulée.

246. HYPECOUM.

Cal. 2-phyllus. petala 4: exterioribus 2 latioribus, 3-fidis. Siliqua articulata.

TÉTRAGYNIE.	**TETRAGYNIA.**

247. HOUX.

Cal. à 4 dents. Cor. en roue, partagée en 4. Style O. Baie 4-sperme.

247. ILEX.

Cal. 4-dentatus. Cor. rotata, 4-partita. Stylus O. Bacca 4-sperma.

248. COLDÈNE.

Cal. partagé en 4. Cor. infundibulif. 4 enf. mucronées, réunies, 1-spermes.

248. COLDENIA.

Cal. 4-partitus. Cor. infundibulif. Caps. 4, mucronata, coalmente, 1-sperma.

249. P O T A M O T.

Cal. 4-phylle, cadue. Cor. O. 4 ovaires. Styles O. 4 semences nues.

250. R U P P I E.

Cal. 2-valve, cadue. Cor. O. 4 ovaires, presque sessiles.
4 semences pédisellées.

251. S A G I N E.

Cal. 4-phylle. 4-pétales. Caps. 1-locul. 4-valve, polysperme.

252. T I L L É E.

Cal. à 3 ou 4 divisions. 3 ou 4 pét. réguliers. 3 ou 4 caps.
polyspermes.

249. P O T A M O G E T O N.

Cal. 4-phyllus, davidnus. Cor. O. Germina 4. Styli O.
Semina 4, nuda.

250. R U P P I A.

Cal. 2-valvis, davidnus. Cor. O. Germina 4, subsessilia.
Sem. 4, pedicellata.

251. S A G I N A.

Cal. 4-phyllus. Pet. 4. Caps. 1-locul. 4-valvis, polysperme.

252. T I L L Œ A.

Cal. 3-4-partitus. Petala 3 s. 4. aequalia. Caps. 3 s. 4.
polyspermus.

ILLUSTRATION DES GENRES.

CLASSE IV.

TÉTRANDRIE MONOGYNIE.

143. PROTÉ.

Caract. essent.

FLEURS agrégées. Cal. propr. O. Cor. partagée en 4 pétales connivens, excavés int. sous leur sommet. Etam. attachées dans la cavité des pétales. Caps. 1-sperme, ne s'ouvrant point.

Caract. nat.

Cal. commun, le plus souvent embriqué: à écailles persistantes. Cal. propr. nul.
Cor. presque monopétale, velue en-dehors, se partageant en quatre: pétales connivens en tube, ayant int. une fossette sous leur sommet.
Etam. Quatre filamens très-courts, insérés dans la fossette des pétales: anthères oblongues.
Pist. Un ovaire supérieur, oblong. Un style long, filiforme: stigmate en massue.
Péric. Calice commun, durci, ressemblant le plus souvent à un cône, contenant les semences ou les capsules. Capsules arrondies, solitaires, 1-spermes, ne s'ouvrant point. Récept. commun nud, velu, ou à écailles.

Tableau des espèces.

* Feuilles très-entières: larges ou un peu élargies.

1207. PROTÉ en cœur. Dict.
P. à feuilles en cœur alternes nues sessiles, tête radicale.
L. n. Le Cap de Bonne-Esp. ♄ Jos. Martin.

1208. PROTÉ nain. Dict.
P. à feuilles oblongues, obtuses, plus étroites à leur base, tige très-courte, uniflore.
L. n. Le Cap de Bonne-Espérance. ♄.
Botanique. Tom. I.

TETRANDRIA MONOGYNIA.

143. PROTEA.

Charact. essent.

FLORES aggregati. Cal. propr. O. Cor. 4-partita: petalis conniventibus intùs subapice excavatis. Stam. petalorum cavitati inserta. Caps. non dehiscens, 1-sperma.

Charact. nat.

Cal. communis saepius imbricatus: squamis persistentibus. Cal. proprius nullus.
Cor. submonopetala, extus villosa, quadripartita: petalis in tubum conniventibus, intùs subapice fovea insculptis.
Stam. Filamenta quatuor brevissima, foveolae petalorum inserta: antherae oblongae.
Pist. Germen superum, oblongum. Stylus longus, filiformis: stigma clavatum.
Péric. Calyx communis induratus, saepiùs strobilum simulans, semina aut capsulas fovens. Capsulae subrotundae, solitariae, 1-spermae, non dehiscentes. Recept. commune nudum, villosum, vel paleaceum.

Conspectus specierum.

* Folia integerrima: lata vel latiuscula.

1207. PROTEA cordata.
P. foliis cordatis alternis nudis sessilibus, capitulo radicali.
E Cap. B. Spei. Pr. cordata. Thunb. diss. t. 5.

1208. PROTEA nana.
P. foliis oblongis obtusis, basi angustioribus caule brevissimo unifloro.
E Cap. B. Spei. ♄ Pr. acaulis. L. Th. n°. 48.
G g

1209. PROTÉ *cynaroïde*. Diſt.
P. à feuilles ovales-arrondies pétiolées glabres, tête folitaire.
L. n. Le Cap de Bonne-Eſpérance. ♄

1210. PROTÉ à *grandes fleurs*. Diſt.
P. à feuilles oblongues - ſpatulées veineuſes lâches : les ſupérieures velues, tête hémiſphérique, ram. glabres.
L. n. Le Cap de Bonne-Eſpérance. ♄

1211. PROTÉ à *longues fleurs*. Diſt.
P. à feuilles ovales-elliptiques nues embriquées, preſque ſeſſiles, rameaux velus, tête obl.
L. n. Le Cap de Bonne-Eſpérance. ♄

1212. PROTÉ *veineux*. Diſt.
P. à feuilles ovales nues veineuſes embriquées, ram. velus, pluſieurs têtes preſque terminales.
L. n. Le Cap de B. Eſp. ♄

1213. PROTÉ *axillaire*. Diſt.
P. à feuilles ovales-pointues embriquées, preſque glabres, fl. latérales, calices écarlates.
L. n. Le Cap de B. Eſp. ♄

1214. PROTÉ *lauréole*. Diſt.
P. à feuilles elliptiques-oblongues glabres veineuſes, tête terminale, env. de feuilles, fl. très-petites.
L. n. Le Cap. de B. Eſp. ♄ *Joſ. Martin.*

1215. PROTÉ *arqué*. Diſt.
P. à feuilles ſpatulées arquées lâches liſſes, rameaux prolifères glabres, têtes folitaires.
L. n. Le Cap de B. Eſp. ♄
β. Le même ? à rameaux & bord des f. velus.

1216. PROTÉ *pubeſcent*. Diſt.
P. à feuilles elliptiques pubeſcentes, rameaux velus, têtes hériſſées, preſque ramaſſées.
L. n. Le Cap de B. Eſp. ♄

1217. PROTÉ *concave*. Diſt.
P. à feuilles ovales concaves embriquées preſque ſeſſiles, rameaux un peu velus, têtes ramaſſées.
L. n. Le Cap. de B. Eſpérance. ♄

1209. PROTEA *cynaroides*.
P. foliis ovato-ſubrotundis petiolatis glabris, capitulo ſolitario.
E Cap. B. Spei. ♄ *Caulis brevis erectus.*

1210. PROTEA *grandiflora*.
P. foliis oblongo-ſpathulatis venoſis laxis : ſupremis villoſis, capitulo hemiſpherico, ramis glabris.
E Cap. B. Spei. ♄ *Boerh. t. 183?*

1211. PROTEA *longiflora*.
P. foliis ovato-ellipticis nudis imbricatis ſubſeſſilibus, ramis villoſis, capitulo oblongo.
E Cap. B. Spei. ♄ *Boerh. t. 199?*

1212. PROTEA *venoſa*.
P. foliis ovatis nudis venoſis imbricatis, ramis villoſis, capitulis pluribus ſubterminalibus.
E Cap. B. Spei. ♄

1213. PROTEA *hirta*.
P. foliis ovato-acutis imbricatis ſubnudis, floribus lateralibus, calycibus coccineis.
E Cap. Bonæ Spei. ♄

1214. PROTEA *laureola*.
P. foliis elliptico-oblongis nudis venoſis, capitulo terminali foliis obvallato, floribus uniminis.
E Cap. B. Spei. ♄ *An p. Strobilina.*

1215. PROTEA *arcuata*.
P. foliis ſpathulatis arcuatis laxis lævibus, ramis glabris proliferis, capitulis ſolitariis.
E Cap. B. Spei. ♄ *Boerh. t. 201.*
β. *Eadem ? ramis margineque foliorum villoſis.*

1216. PROTEA *pubers*.
P. foliis ellipticis imbricatis pubeſcentibus, ramis villoſis, capitulis hirtis ſubaggregatis.
E Cap. B. Spei. ♄ *Fol. pollice breviora.*

1217. PROTEA *concava*.
P. foliis ovalibus concavis imbricatis ſubſeſſilibus, ramis villoſiuſculis, capitulis aggregatis.

E Cap. B. Spei. ♄ *Aff. ſequenti. Folia ſemipol.*

1218. PROTÉ *spatulé*. Did.
P. à feuilles ovales-rhomboïdales concaves,
un peu striées pétiolées, têtes ramassées.
L. n. Le Cap de Bonne-Espérance. ħ

1219. PROTÉ *dichotome*. Did.
P. à feuilles ovales-oblongues, planes un peu
velues, rameaux dichotomes grêles, têtes
env. de feuilles.
L. n. Le Cap de Bonne-Espérance. ħ

1220. PROTÉ à *petites fleurs*. Did.
P. à feuilles lancéolées : les plus jeunes un
peu tomenteuses, tige très-rameuse, têtes très-
petites, presque cylindriques.
L. n. Le Cap de Bonne-Espérance. ħ

1221. PROTÉ *divergens*. Did.
.P. à feuilles ovales obtuses velues ouvertes,
rameaux divergens, têtes terminales.
L. n. Le Cap de B. Espérance. ħ *F. petites*.

1222. PROTÉ *embriqué*. Did.
P. à feuilles lancéolées glabres striées embriquées, tête terminale.
L. n. le Cap de Bonne-Espérance. ħ *Cal.
velu, cilié*.

1223. PROTÉ *levisan*. Did.
P. à feuilles spatulées glabres, têtes hémi-
sphériques velues, à collerette courte.
L. n. Le Cap de B. Esp. ħ

1224. PROTÉ *calice-court*. Did.
P. à feuilles ovales-lancéolées glabres, calleuses au sommet, tête ovale, cor. velues
filiformes.
L. n. le Cap de B. Espérance. ħ

1225. PROTÉ *bordé*. Did.
P. à feuilles linéaires-lancéolées nues veineuses : à bord cartilagineux, un peu pubescent, cal. hémisph. glabre.
L. n. Le Cap de B. Espérance. ħ

1226. PROTÉ à *crête*. Did.
P. à feuilles linéaires pointues, glabres, bor-
dées, écailles calicinales int. très-longues,
noires & cotonneuses supérieurement.
L. n. Le Cap de B. Espérance. ħ (*Herb. de
M. Thouin.*)

1218. PROTEA *spathulata*.
P. foliis ovato-rhomboideis subftriatis con-
cavis petiolatis, capitulis aggregatis.
E Cap. B. Spei. ħ Thunb. n°. 58. t. 5.

1219. PROTEA *dichotoma*.
P. foliis ovato-oblongis planis fubhirfutis,
ramis dichotomis gracilibus, capitulis foliis
obvallatis.
E Cap. B. Spei. ħ

1220. PROTEA *parviflora*.
P. foliis lanceolatis : junioribus fubtomentofis, caule ramofiffimo, capitulis minimis teretiufculis.
E Cap. B. Spei. ħ Thunb. n°. 40. t. 4.

1221. PROTEA *divaricata*.
P. foliis ovatis obtufis hirfutis patentibus,
ramis divaricatis, capitulis terminalibus.
E Cap. B. Spei. ħ Berg. cap. 19.

1222. PROTEA *imbricata*.
P. foliis lanceolatis glabris ftriatis imbricatis,
capitulo terminali. Thunb. n°. 45. t. 5.
E Cap. B. Spei. ħ . Cal. villofus ciliatus.

1223. PROTEA *levisanus*.
P. foliis fpathulatis glabris, capitulis hemi-
fphæricis villofis breviter involucratis.
E Capite Bonæ Spei. ħ Folia perparva.

1224. PROTEA *totta*.
P. foliis ovato-lanceolat's glabris, apice callofis, capitulo ovato, corollis villofis filiformibus.
E Cap. Bonæ Spei. ħ

1225. PROTEA *marginata*.
P. foliis lineari-lanceolatis nudis venofis : margine cartilagineo fubpubefcente, calyce he-
mifphærico glabro.
E Cap. B. Spei. ħ

1226. PROTEA *criftata*.
P. foliis linearibus acutis glabris marginatis,
calycinis fquamis interioribus longiffimis fuperne tomentofo-nigris.
E Cap. B. Spei. ħ Boerh. t. 188.

1227. PROTÉ *couronné*. Diñ.
P. à feuilles linéaires-lancéolées presque glabres , écailles caficinales inf. plus longues ,
dilatées en spatule & barbues à leur sommet.
L. n. Le Cap de B. Esp. ♄ .

1227. PROTEA *coronata*.
P. foliis lineari-lanceolatis fubnudis , calycinis
squamis interioribus longioribus apice dilatato-
spathulatis barbatis.
E Cap. B. Spel. ♄ *Boerh. t. 186 & forte* 189.

1228. PROTÉ *barbu*. Diñ.
P. à feuilles oblongues-ovales obtuses nues,
cal. grand : à écailles int. barbues au sommet.
L. n. Le Cap de B. Esp. ♄ *F. larges de
a d 3 pouces.*

1228. PROTEA *barbata*.
P. foliis oblongo-ovalibus obtufis nudis , ca-
lyce magno : squamis interioribus apice
barbatis.
E Cap. B. Spei. ♄ *Boerh. t. 185.* (*Herb. D.
Thouin.*)

1229. PROTÉ *mellifère*.
P. à feuilles linéaires-oblongues rétrécies in-
férieurement , cal. long, résineux : à écailles
inf. très-petites.
L. n. Le Cap de B. Espérance. ♄ (*Herb. de
M. Thouin.*)

1229. PROTEA *mellifera*.
P. foliis lineari-oblongis infernè anguftatis ,
calyce longo refinofo : squamis inferioribus
minimis.
E Cap. B. Spei. ♄ *Boerh. t. 187.*

1230. PROTÉ *rampant*. Diñ.
P. à feuilles linéaires obtuses rétrécies infé-
rieurement , tige très-courte, racine rampante.
L. n. Le Cap de B. Esp. ♄ *Cal. glabre.*

1230. PROTEA *repens*.
P. foliis linearibus obtufis infernè angustatis ,
caule breviffimo, radice repente.
E Cap. B. Spei. ♄ *Boerh. t. 190.*

1231. PROTÉ *scolyme*. Diñ.
P. à feuilles linéaires mucronées rétrécies
à leur base , tête presque globuleuse , terminale, dépassée par les rameaux stériles.
L. n. Le Cap de B. Esp. ♄ *Jof. Martin.*

1231. PROTEA *scolymus*.
P. foliis linearibus mucronatis bafi attenuatis ,
capitulo fubglobofo terminali ramis sterilibus
fuperato.
E Cap. B. Spei. ♄ *Fol. conferta, nuda.*

1232. PROTÉ *globulaire*. Diñ.
P. à feuilles linéaires un peu obt. calleuses
au sommet , têtes globuleuses , tomenteuses,
collées , terminales.
L. n. Le Cap. de B. Esp. ♄ *Jof. Martin.*

1232. PROTEA *globularia*. T. 53 , f. 2.
P. foliis linearibus obtufiufculis apice callofis,
capitulo globofo tomenfofo fubinvolucratis
terminalibus.
E Cap. B. Spei. ♄ *An P. torta. Thunb. n° 31.*

1233. PROTÉ *blanc*. Diñ.
P. à f. linéaires , obt. tomenteuses, foyeuses.
L. n. Le Cap de Bonne-Espérance.

1233. PROTEA *alba*.
P. foliis linearibus obtufis fericeo-tomentofis.
E Cap. B. Spei. *Thunb. n°. 32.*

1234. PROTÉ *soyeux*. Diñ.
P. à feuilles lancéolées foyeuses , rameaux
filiformes, tige couchée.
L. n. Le Cap de B. Esp. *F. de la long. de l'ongle.*

1234. PROTEA *sericea*.
P. foliis lanceolatis fericeis, ramis filiformi-
bus, caule decumbente. *Thunb. n° 46.*
E Cap. B. Spei. *Folia unguicularia.*

1235. PROTÉ *feuilles de saule*. Diñ.
P. à feuilles linéaires - lancéolées pointues
foyeuses, tête term. collectée , bractées un peu
colorées.
L. n. Le Cap de B. Esp. ♄

1235. PROTEA *faligna*.
P. foliis lineari-lanceolatis acutis fericeis,
capitulo terminali involucrato, bracteis fub-
coloratis.
E Cap. B. Spei. ♄

1236. PROTÉ *argenté*. Dia.
P à feuilles lancéolées argentées tomenteuses
ciliées , tige en arbre , têtes globuleuses.
L. n. Le Cap de B. Esp. ♄ *l'arbre d'argent.*

1237. PROTÉ *conique*. Dia.
P. à feuilles linéaires-lancéolées , tête conique
tomenteuse , collerette courte lanugineuse
colorée.
L. n. Le Cap de B. Espérance. ♄ *Sonner.*

1238. PROTÉ *conifère*. Dia.
P. à feuilles linéaires - lancéolées pointues
glabres , tête terminale colletée , bract. plus
larges que les feuilles.
L. n. Le Cap de B. Esp. ♄ *Boerh. t.* 197 ?

1239. PROTÉ *pâle*. Dia.
P. à feuilles linéaires - lancéolées pointues
glabres , tête terminale glabre colletée , bract.
semblables aux feuilles.
L. n. Le Cap de B. Esp. ♄ *Tête ovale , petite.*
b. Le même à feuilles plus étroites.

1240. PROTÉ *camelée*. Dia.
P. à feuilles lancéolées , un peu obtuses , rétrécies à leur base , nues ; têtes term. glabr.
colletées.
L. n. Le Cap de B. Espérance. ♄ *Sonner.*

1241. PROTÉ *linéaire*. Dia.
P. à feuilles linéaires rétrécies inférieurement ,
tête terminale sans bractées tomenteuses.
L. n. Le Cap de B. Esp. *Stylus fort longs.*

1242. PROTÉ *à ombelles*. Dia.
P. à feuilles linéaires rétrécies inférieurement ,
rameaux sup. presqu'en ombelle , bract. pinnatifides.
L. n. Le Cap de Bonne-Espérance.

1243. PROTÉ *aulacé*. Dia.
P. à feuilles linéaires un peu obtuses rétrécies
inférieurement , fleurs en grappe , sans calice.
L. n. Le Cap de B. Esp. *Pl. glabre.*

** *Feuilles très-entières : filiformes ou subulées.*

1244. PROTÉ *à feuilles de Pin*. Dia.
P. à feuilles filiformes canaliculées ; fleurs en
grappes , glabres , sans calice.
L. n. Le Cap de B. Esp. ♄ *Pl. glabre.*

1236. PROTEA *argentea*. T. 53, f. 1.
P. foliis lanceolatis argenteo-tomentosis ci-
liatis, caule arboreo, capitulis glob. *Th.* n° 48.
E Cap. B. Spei. ♄ *Folia nitidissima.*

1237. PROTEA *conica*.
P. foliis lineari-lanceolatis , capitulo conico
tomentoso , involucro brevi lanuginoso colorato.
E Cap. B. Spei. ♄

1238. PROTEA *conifera*.
P. foliis lineari-lanceolatis acutis nudis , capitulo terminali involucrato , bracteis foliis
latioribus.
EC. B. Sp. ♄ *Inv. magnum , facie ferecarthami.*

1239. PROTEA *pallens*.
P. foliis lineari-lanceolatis acutis nudis , capitulo terminali glabro involucrato , bracteis
foliis similibus.
E Cap. Bonæ Spei. ♄ *Boerh. t.* 200.
β. Eadem foliis angustioribus. Boerh. t. 203 ?

1240. PROTEA *chamelæa*.
P. foliis lanceolatis obtusiusculis basi attenuatis nudis, capitulis terminalibus glabris involucratis.
E Cap. B. Spei. ♄ *Bryn. cent. t.* 9 ?

1241. PROTEA *linearis*.
P. foliis lineari-lanceolatis attenuatis, capitulo
terminali aphyllo tomentoso.
E Cap. B. Spei. *Thunb.* n°. 35. t. 4.

1242. PROTEA *umbellata*.
P. foliis linearibus infernè attenuatis , ramis
superioribus subumbellatis , bracteis pinnatifidis.
E Cap. B. Spei. *Thunb.* n°. 34.

1243. PROTEA *aulacea*.
P. foliis linearibus obtusiusculis infernè atte-
nuatis , floribus racemosis ecalyculatis.
E Cap. B. Spei. ♄ *Thunb.* n°. 33. t. 2.

* * *Folia integerrima : filiformia vel subulata.*

1244. PROTEA *pinifolia*.
P. foliis filiformibus canaliculatis , floribus
racemosis ecalyculatis glabris.
E Cap. B. Spei. ♄ *An dioica ?*

1245. PROTÉ *bractéolé*. Diả.
P. à feuilles filiformes canaliculées , tête terminale , bractées multifides.
L. n. Le Cap de B. Efpérance. ♄

1245. PROTEA *bracteata*.
P. foliis filiformi-canaliculatis , capitulo terminali, bracteis multifidis. *Thunb. n°. 24. t. 1.*
E Cap. B. Spei. ♄ *Flores ecalyculati.*

1246. PROTÉ *à feuilles courbes*. Diả.
P. à feuilles filiformes glabres courbées endedans , têtes en grap. fpiciformes tomenteufes.
L. n. Le Cap de B. Efp. ♄

1246. PROTEA *incurva*.
P. foliis filiformibus incurvis glabris , capitulis racemofo-fpicatis tomentofis. *Thunb. n°. 22. t. 3.*
E Cap. B. S;ei. ♄

1247. PROTÉ *en queue*. Diả.
P. à feuilles filiformes hériffées , têtes en épi prefque feffiles.
L. n. Le Cap de B. Efpérance. ♄

1247. PROTEA *caudata*.
P. foliis filiformibus hirtis , capitulis fubfeffilibus fpicatis. *Thunb. n°. 23. t. 2.*
E Cap. B. Spei. ♄ *Spica villofa digitata.*

1248. PROTÉ *à grappe*. Diả.
P. à feuilles filiformes , fleurs en grappe tomenteufes, calices uniflores.
L. n. Le Cap de B. Efp. ♄

1248. PROTEA *racemofa*.
P. foliis filiformibus , floribus racemofis tomentofis , calycibus unifloris.
E Cap. B. Spei. ♄ *Berg. cap. 23.*

1249. PROTÉ *laineux*. Diả.
P. à feuilles linéaires-fubulées trigones ferrées, tête terminale laineufe.
L. n. Le Cap. de B. Efpérance.

1249. PROTEA *lanata*.
P. foliis lineari-fubulatis triquetris adpreffis , capitulo terminali lanato.
E Cap. B. Spei. *Thunb. n°. 30. t. 3.*

1250. PROTÉ *à corymbes*. Diả.
P. à feuilles linéaires-fubulées ferrées, branches effilées , rameaux courts prefque vertic. en corymbe.
L. n. Le Cap de B. Efp. ♄ *Feuilles glabres.*

1250. PROTEA *corymbofa*.
P. foliis lineari-fubulatis ad.reffis , ramis elongatis , ramulis brevibus fubverticillatis corymbofis.
E Cap. B. Spei. ♄ *Thunb. n°. 28. t. 2.*

1251. PROTÉ *rofacé*. Diả.
P. à feuilles linéaires-fubulées , têtes terminales , calice rofacé , coloré , ouvert.
L. n. Le Cap de B. Efp. ♄ *Trìs-belle efp.*

1251. PROTEA *rofacea*.
P. foliis lineari-fubulatis , capitulis terminalibus , calyce rofaceo colorato patente.
E Cap. B. Spei. ♄ *P. nana. Thunb. n°. 29.*

1252. PROTÉ *pourpre*. Diả.
P. à feuilles filiformes recourbées un peu courtes, rameaux pileux fup. têtes petites , velues , tomenteufes.
L. n. Le Cap de B. Efp. ♄ *Têtes folis.*

1252. PROTEA *purpurea*.
P. foliis filiformibus recurvis breviufculis , ramulis fuperne pilofis capitulis parvis villofo-tomentofis.
E Cap. B. Spei. ♄ *Stæura chryfocoma cernua.*

1253. PROTÉ *prolifère*. Diả.
P. à f. fubul. ferrées , tige effilée prolifère.

L. n. Le Cap. de B. Efpérance. ♄

1253. PROTEA *prolifera*.
P. foliis fubulatis adpreffis, caule prolifero virgato.
E Cap. B. Spei. ♄ *Thunb. n°. 27. t. 4.*

1254. PROTÉ *chevelu*. Diả.
P. à feuilles inf. filiformes , les fupérieures lancéolées ; tête terminale
L. n. Le Cap de B. Efp. ♄ *Pl. glabre.*

1254. PROTEA *comofa*.
P. foliis inferioribus filiformibus , fuperioribus lanceolatis ; capitulo terminali. *Th.*
E Cap. B. Spei. ♄ *Thunb. n°. 25.*

* * * *Feuilles dentées.*   * * *Folia dentata.*

1255. PROTÉ *hétérophylle*. Dict.
P. à feuilles lancéolées rétrécies inf. entières
& à trois dents, tige couchée.
L. n. Le Cap de Bonne-Espérance. ♄

1256. PROTÉ *hypophylle*. Dict.
P. à feuilles linéaires-lancéolées obtuses uni-
latérales à trois dents, tige couchée.
L. n., Le Cap de Bonne-Espérance.

1257. PROTÉ *tomenteux*. Dict.
P. à feuilles (linéaires) tomenteuses à trois
dents.
L. n. Le Cap de B. Esp. *Tête terminale.*

1258. PROTÉ *cucullé*. Dict.
P. à feuilles presque linéaires ayant 3 callo-
sités au sommet; fl. latérales sessiles.
L. n. Le Cap de Bonne-Espérance. ♄
β. *Le même à feuilles plus larges, linguiformes,
velues sur les bords.*

1259. PROTÉ *couvert*. Dict.
P. à feuilles ovales-oblongues glabres obtuses
à trois dents, tête terminale.
L. n. Le Cap de B. Esp. ♄ *Jos. Martin. F.
droites, embriquées.*

1260. PROTÉ *conocarpe*. Dict.
P. à feuilles oblongues ovales à cinq dents au
sommet, tête velue terminale.
L. n. Le Cap de B. Esp. ♄

* * * * *Feuilles pinnées ou multifides : à découp.
filiformes.*

1261. PROTÉ *couché*. Dict.
P. à feuilles trifides filiformes, tige couchée.
L. n. Le Cap de Bonne-Espérance. ♄

1262. PROTÉ *montant*. Dict.
P. à feuilles partagées en 3 parties multifides
filif. unilatérales, péd. écailleux, ram. montans.
L. n. Le Cap. de B. Esp. ♄ *V. n°. 1268.*

1263. PROTÉ *cyanoïde*. Dict.
P. à feuilles partagées en 3 parties multif.

1255. PROTEA *heterophylla*.
P. foliis lanceolatis inferne attenuatis triden-
tatis integrisque, caule decumbente.
E Cap. B. Sp. ♄ *Thunb. n°. 19. Aff. sequenti.*

1256. PROTEA *hypophylla*.
P. foliis lineari-lanceolatis obtusis tridentatis
secundis, caule decumbente.
E Cap. B. Spei. ♄ *Boerh. t. 198.*

1257. PROTEA *tomentosa*.
P. foliis (linearibus) tridentatis tomen-
tosis. *Th.*
E Cap. B. Spel. *Thunb. n°. 18.*

1258. PROTEA *cucullata*.
P. foliis sublinearibus apice tricallosis, floribus lateralibus sessilibus.
E Cap. B. Spei. ♄ *Boerh. t. 206.*
β. *Eadem ? foliis latioribus lingua-formibus,
margine villosis. Boerh. t. 205.*

1259. PROTEA *vestita*.
P. foliis ovato-oblongis glabris obtusis tridentatis, capitulo terminali.
E Cap. B. Spei. ♄ *An p. elliptica. Thunb.
affinis sequenti.*

1260. PROTEA *conocarpa*. T. 53. f. 3.
P. foliis oblongo-ovalibus apice quinqueden-
tatis, capitulo villoso terminali.
E Cap. B. Spei. ♄ *Boerh. t. 196.*

* * * * *Folia pinnata f. multifida : laciniis
filiformibus.*

1261. PROTEA *decumbens*.
P. foliis trifidis filiformibus, caule decumbente.
E Cap. B. Spei. ♄ *Thunb. n°. 1. 1. 1.]*

1262. PROTEA *ascendens*. ·
P. foliis bipartito-multifidis filiformibus se-
cundis, ped. squamosis, ram. ascendentibus.
E Cap. B. Spei. ♄ *Folia glabra.*

1263. PROTEA *cyanoides*.
P. foliis tripartito-multifidis filiformibus, ca-

filiformes, têtes laineuses, presque solitaires,
tige droite.
L. n. Le Cap de B. Esp. ♄

1264. PROTÉ *pédonculé*. Dist.
P. à feuilles bipinnées filiformes hérissées,
têtes presque globuleuses, pédonculées, solit.
L. n. Le Cap de B. Esp. ♄ *Foliation interromp.*

1265. PROTÉ *villeux*. Dist.
P. à feuilles bipinnées filiformes villeuses,
têtes solit. sessiles.
L. n. Le Cap de B. Esp. ♄ *Foliation non
interr. têtes terminales..*

1266. PROTÉ *glomérulé*. Dist.
P. à feuilles multifides filiformes, têtes pédonculées, ramassées en corymbe, sessile,
calice tomenteux.
L. n. Le Cap de B. Esp. ♄ *Feuilles glabres.*

1267. PROTÉ *thyrsoïde*. Dist.
P. à feuilles multifides filiformes, têtes pédonculées disposées en thyrse pédonculé,
calice glabre.
L. n. Le Cap de B. Esp. ♄ *Feuilles glabres.*

1268. PROTÉ *abrotanoïde*. Dist.
P. à feuilles multifides filiformes hérissées,
têtes pédonculées, ramassées en corymbe.
L. n. Le Cap de B. Esp. ♄ *Péd. & cal. velus.*

1269. PROTÉ *lagopède*. Dist.
P. à feuilles bipinnées filiformes, têtes en épi
ramassées.
L. n. Le Cap de B. Espérance. ♄

1270. PROTÉ *à épi*. Dist.
P. à feuilles bipinnées, filiformes; têtes en
épi séparées.
L. n. Le Cap de Bonne-Espérance. ♄

1271. PROTÉ *à bouquet*. Dist.
P. à feuilles multifides & trifides filiformes,
têtes terminales, environnées de bract. colorées.
L. n. Le Cap de B. Esp. *Bract. lancéolées.*

1272. PROTÉ *alopécuroïde*. Dist.
P. à feuilles inférieures bipinnées, filiformes;

capitulis lanatis subsolitariis, caule erecto.
E Cap. B. Spei. ♄ *Pluk. t. 345. f. 6.*

1264. PROTEA *pedunculata*.
P. foliis bi; innatis filiformibus hirtis, capi-
tulis subglobosis pedunculatis solitariis.
E Cap. B. Spei. ♄ *An p. sphærocephala. L.*

1265. PROTEA *villosa*.
P. foliis bi; innatis filiformibus villosis, capi-
tulis solitariis sessilibus.
E Cap. B. Spei. ♄ *Capitula terminalia. An
P. phylicoides. Thunb. n°. 9.*

1266. PROTEA *glomerata*.
P. foliis multifidis filiformibus, capitulis pedunculatis in corymbum sessilem glomeratis,
calyce tomentoso.
E Cap. B. Spei. ♄ *Burm. afr. t. 99. f. 2 ?*

1267. PROTEA *thyrsoides*.
P. foliis multifidis filiformibus, capitulis pedunculatis in thyrsum pedunculatum dispositis,
calyce glabro.
E Cap. B. Spei. ♄ *P. glomerata. Th. a°. 8 ?*

1268. PROTEA *serraria*.
P. foliis multifidis filiformibus hirtis, capi-
tulis pedunculatis subcorymbosis congestis.
E Cap. B. Spei. ♄ *Pedunculi calycesque hirti.*

1269. PROTEA *lagopus*.
P. foliis bipinnatis filiformibus, capitulis spi-
catis aggregatis. *Thunb. n°. 10.*
E Cap. B. Spei. ♄ *Spica densa villosa.*

1270. PROTEA *spicata*.
P. foliis bipinnatis filiformibus, capitulis spi-
catis distinctis. *Thunb. a°. 11.*
E Cap. B. Spei. ♄

1271. PROTEA *florida*.
P. foliis multifidis trifidisque filiformibus, ca-
pitulis terminalibus bract. coloratis obvallatis.
E Cap. B. Spei. *Thunb. a°. 2. t. 1.*

1272. PROTEA *alopecuroides*.
P. foliis inferioribus multifidis filiformibus;

les sup. plus larges trifides & entières, épi terminal.
L. n. Le Cap de B. Esp. ♄ Jos. Martin.

1273. PROTÉ sceptre. Dict.
P. à feuilles inférieures multifides filiformes, les sup. cuneiformes presque tronquées obscurément trilobées; épi terminal.
L. n. Le Cap de B. Esp. ♄ Sonnerat. Esp. voisine, mais très-distinguée de la précéd.

Explication des fig.

Tab. 55. f. 1. P. argenté. (a) Corolle partagée en 4, & enveloppant la capsule par sa base. (b) Capsule nue, avec le style. (c) La même coupée en travers. (d) Situation de la sem. dans la capsule. (e) Semence. féparée. (f, g) Embryon mis à nud; cotyledons féparés. (h) Cône fruct. naissant. (i) Le même tout à fait développé.

Tab. 55. f. 2. PROTÉ globulaire.

Tab. 55. f. 3. PROTÉ conocarpe. (A, a) Corolle non épanouie, & fendue longitudinalement. (b) La même partagée en 4. (c) Ovaire, style, stigmate. (e) Fleurs ramassées en une tête velue. (e) Rameau garni de feuilles & de fleurs.

144. BANKSIE

Caract. essent.

Fl. aggrégées. Cor. tubuleuse à sa base, 4-fide: à découp. excavées int. fous leur sommet. Anth. sessiles dans la cav. des pétales. Capsule 2-valve, 2-sperme.

Caract. nat.

Cal. récept. commun écailleux, couvert de fl. ressemblant à un cône. Cal. propre nul (inf. 4-fide, selon M. Gærtn.)?
Cor. monopétale. Tube cylindrique, très-court. Limbe très-long, partagé en 4 découpures linéaires, lancéolées à leur sommet, qui est creusé int. par une fossette.
Etam. Filamens nuls. 4 anthères, lancéolées, sessiles dans la fossette des découp. de la cor.
Pist. Un ovaire supérieur, très-petit. Style filiforme, roide, plus long que la corolle. Stigmate pyramidale, pointu.
Peric. Capsule ovale ou globuleuse, ligneuse, bivalve, unilocul. ou biloculaire, disperme.

Botanique. Tom. I.

superioribus latioribus trifidis integrisque, spica terminali.
E Cap. B. Sp. ♄ An P. scepterum. Th. n° 12.

1273. PROTEA scepterum.
P. foliis inferioribus multifidis filiformibus, superioribus cuneiformibus subtruncatis obsolete trilobis; spica terminali.
E Cap. B. Spei. ♄ P. scepterum gustuvianum. Sparm. act. Stock. 1777. 53. t. 1.

Explicatio iconum.

Tab. 55. f. 1. PROTEA argentea. (a) Corolla 4-partita basi capsulam vestiens. (b) Capsula denudata, cum stylo. (c) Eadem transversè secta. (d) Seminis in capsula situs. (e) Idem separatum. (f, g) Embryo denudatus; cotyledones separati. Fig. ... D. Gærn. (h) Strobilus fructifer junior (i) Idem perfectus.

Tab. 55. f. 2. PROTEA globularia.

Tab. 55. f. 3. PROTEA conocarpa. (A, a) Corolla imperf. & longitudinaliter fissa. (b) Eadem 4-partita. (c) Germen, stylus, stigma. (d) Flores in capitulum villosum aggregati. (e) Ramus foliis floribusque onustus. Ex Sicra.

144. BANKSIA

Charact. essent.

Fl. aggregati. Cor. basi tubulosa, 4-fida: laciniis intus sub apice excavatis. Antheræ in cavitate petalorum sessiles. Capsula 2-valvis, 2-sperma.

Charact. nat.

Cal. recept. commune squamosum, flosculis tectum, strobilum simulans. Cal. proprius nullus (inf. 4-fidus. Gærn.)?
Cor. monopetala. Tubus cylindraceus, brevissimus. Limbus longissimus, quadripartitus: laciniis linearibus, apice lanceolatis, interno foveola excavatis.
Stam. Filamenta nulla. Antheræ 4, lanceolatæ, in foveola laciniarum corollæ sessiles.
Pist. Germen superum, minutum. Stylus filiformis, rigidus, corolla longior. Stigma pyramidatum, acutum.
Peric. Capsula ovata f. globosa, lignosa, bivalvis, unilocularis f. bilocularis. disperma.

H h

Sem. Deux, ovoïdes, convexes d'un côté, applaties de l'autre, terminées par une aile membr. très-grande.

Sem. Duo, obovata, hinc convexa, inde plana, ala membranacea maxima terminata.

Tableau des espèces.

Conspectus specierum.

1274. BANCSIE *ferrée.* Dict. n°. 1.
B. à feuilles linéaires rétrécies en pétiole, régulièrement en scie, tronquées au sommet, avec une pointe.
L. *n.* La Nouv.-Hollande. ♄ *F. réticulées en-dessous.*

1274. BANKSIA *serrata.* T. 54. f. 1.
B. foliis linearibus in petiolum attenuatis æqualiter serratis apice truncatis cum mucrone.
L. f. suppl. 126.
E Nova Hollandia. ♄ *B. conchifera. Gærtn.*

1275. BANCSIE *à feuilles entières.* Dict. n°. 2.
B. à feuilles cunéiformes très-entières, blanch. & cotonneuses en-dessous.
L. *n.* La Nouvelle-Hollande.

1275. BANKSIA *integrifolia.* T. 54. 2.
B. foliis cuneiformibus integerrimis subtus tomentoso-albis. L. f. suppl. 127.
E Nova Hollandia. *B. spicata. Gærtn.*

1276. BANSIE *à feuilles de bruyère.* Dict. n°. 3.
B. à feuilles rapprochées, glabres, en paillettes, tronquées & échancrées au sommet.
L. *n.* La Nouvelle-Hollande.

1276. BANKSIA *ericæfolia.*
B. foliis approximatis acerosis truncato-emarginatis glabris. L. f. suppl. 127.
E Nova Hollandia.

1277. BANCSIE *dentée.* Dict. n°. 4.
B. à feuilles oblongues rétrécies en pétiole courbées flexueuses dentées blanches en-dessous; dents terminées par une épinule.
L. *n.* La Nouvelle-Hollande.

1277. BANKSIA *dentata.*
B. foliis oblongis in petiolum attenuatis curvis flexuosis dentatis subtus albis: dentibus spinula terminatis. L. f. suppl. 127.
E Nova Hollandia.

1278. BANCSIE *pyriforme.* Dict. suppl.
B. à capsule unilocul. pyriforme très-grande.
L. *n.* La Nouv.-Hollande? *Caps.* très-épaisse.

1278. BANKSIA *pyriformis.* T. 54. f. 4.
B. capsula uniloculari pyriformi maxima.
E Nova Hollandia? *B. pyriformis. Gærtn.*

1279. BANCSIE *dactyloïde.* Dict. suppl.
B. à capsules latérales ramassées uniloculaires.
L. *n.* La Nouv.-Hollande? *Caps. ovale-globul.*

1279. BANKSIA *dactyloides.* T. 54. f. 3.
B. capsulis lateralibus aggregatis unilocularibus.
E Nova Hollandia? *B. dactyloides. Gærtn.*

1280. BANCSIE *musculiforme.* Dict. suppl.
B. à feuilles obtuses très-entières, capsules uniloculaires muriquées.
L. *n.* Les Moluques. ♄ *Caps. ovale-conique, difforme, hérissée de tubercules.*

1280. BANKSIA *musculiformis.* Gærtn.
B. foliis obtusis integerrimis, capsulis muricatis unilocularibus.
E Moluccis. ♄ *Fructus musculiformis. Rumph. amb. 2. p. 184, 185. t. 60.*

Explication des figures.

Explicatio iconum.

Tab. 54. f. 1. BANCSIE *ferrée.* (a) Chaton presque globuleux, couvert de fleurs & de fruits. (b, B) leur séparée: découpure de la corolle avec la fossette anthérifère. (c) Capsule entière. (d) La même s'ouvrant par le côté. (e) Cloison de la capsule. (f) Semence. (g) Cotylédons ou lobes.

Tab. 54. f. 1. BANKSIA *ferrata.* (a) Amentum subglobosum floribus fructibusque tectum. (b B) l'os separatus; lacinia corollæ cum foveola anthérifera. (c) Capsula integra. (d) Eadem latere dehiscens. (e) Dissepimentum capsulæ. (f) Semen. (g) Cotyledones. Fig. cæD. Gærtn.

Tab. 54. f. 2. Banesia à feuilles entières. (a) Fleurs & fruits disposés sur un chaton cylindrique. (b) Capsule entière. (c) La même s'ouvrant par le sommet. (d, e) Cloison de la capsule. (f) Semence. Voyez de plus grands détails dans l'ouvrage même de G.

Tab. 54. f. 3. Banesia dactyloïde. (a) Fruits ramassés au milieu des rameaux. (b) Capsule coupée longitudinalement, montrant sa loge excentrique. (c) Semences. (d) Embryon.

Tab. 54. f. 4 Banesia pyriforme. (a) Capsule entière s'ouvrant longitudinalement par le côté inférieur. (b) La même coupée transversalement. (c) Semence entière. (d) Amande tronquée. (e) Lobes ou cotylédons séparés.

Tab. 54. f. 2. Banksia integrifolia. (a) Flores fructusque in amentum cylindricum digesti. (b) Capsula integra. (c) Eadem apice dehiscens. (d, e) Dissepimentum capsulæ. (f) Semen. Fig. ex D. Gærtn.

Tab. 54. f. 3. Banksia dactyloïdes. (a) Fructus in mediis ramis aggregati. (b) Capsula longitudinaliter scissa, loculamentum excentricum exhibens. (c) Semina. (d) Embryo.

Tab. 54. f. 4. Banksia pyriformis. (a) Capsula integra, latere inferiore longitudinaliter dehiscens. (b) Eadem transverse scissa. (c) Semen integrum. (d) Nucleus truncatus. (e) Cotyledones separatæ. Fig. ex D. Gærtn.

145. ROUPALE.

Caract. essent.

CAL. O. Cor. partagée en 4 pét. excavés int. dans leur partie supérieure. Etam. attachées dans la cav. des pétales. Péric. 1-sperme.

Caract. nat.

Cal. nul.
Cor. partagée en 4 pét. linéaires-spatulées, obtus, concaves int. à leur som. staminifères, caduces.
Etam. Quatre filamens très-courts, attachés aux pétales. Anthères oblongues, contenues dans la cavité des pétales dans la fl. fermée, droites dans la cor. ouverte.
Pist. Un ovaire supérieur, ovale, velu. Style filiforme, un peu en massue au sommet. Stigm. presqu'ovale.
Péric. . . . . . uniloculaire.
Sem. Une seule.

Tableau des espèces.

1281. ROUPALE de montagne. Diff.
R. à feuilles simples ovales acuminées pliées en deux, grappes longues axillaires.
L. n. La Guiane. ♄ (Aubl. Guian. t. 32.)

1282. ROUPALE pinné. Diff.
R. à feuilles pinnées presqu'à 3 paires : folioles ovales, grappes leg. tomenteuses comme terminales.
L. n. La Guiane. ♄ Fol. glabres, veineuses en-dessous.

145. ROUPALA.

Charac. essent.

CAL. O. Cor. 4-partita : petalis intùs supernè excavatis. Stam. cavitati petalorum inserta. Peric. 1-spermum.

Charac. nat.

Cal. nullus.
Cor. quadripartita : petalis lineari-spathulatis, obt. apice intùs concavis, staminiferis, deciduis.
Stam. Filamenta quatuor, brevissima, petalis inserta. Antheræ oblongæ, flore clauso in cavitate petali recondita, corolla expansâ erectæ.
Pist. Germen superum, ovatum, villosum. Stylus filiformis, apice subclavatus. Stigma subovatum.
Peric. . . . . . uniloculare.
Sem. unicum.

Conspectus specierum.

1281. ROUPALA montana. T. 55.
R. foliis simplicibus ovatis acuminatis complicato-canaliculatis, racemis longis axillaribus.
E Guiana. ♄ Communic. D. Richard.

1282. ROUPALA pinnata.
R. foliis pinnatis subtrijugis : foliolis ovatis, racemis brevissimè tomentosis subterminalibus.
E Guiana. ♄ Communic. D. Richard.

Explication des fig.

Tab. 55. ROUPALE *de montagne.* (*a*) Fleurs grenuidées fermées. (*b*) Fleur épanouie. (*c*, *d*) Pétal séparé, staminifere. (*e*) Étamine (mauv. fig.). (*f*) Pistil de à fleur. (*g*) Ovaire coupé transversalement. (*h*) Sommité d'un rameau garni de fleurs.
(*i*) Feuille séparée.

Explicatio iconum.

Tab. 55. ROUPALA *montana.* (*a*) Flores geminati, clausi. (*b*) Flos expansus. (*c*, *d*) Petalum segregatum, staminifer. (*e*) Stamen (Fig. mala.). (*f*) Pistillum duorum floriculorum. (*g*) Germen transverse sectum. Fig. *cn* Aubl. (*h*) Summitas ramuli cum floribus. (*i*) Folium separatum. Fig. *cn* Sicco.

146. EMBOTHRION.

Caract. essent.

CAL. O. Cor. tubuleuse inf. 4-fide : à décou. pures dilatées & encavées au sommet. Étam. attachées dans la cavité des pétales. Follic. presque cylindr. polysperme.

Caract. nat.

Cal. nul.
Cor. monopétale, tubuleuse à sa base, s'ouvrant irrégulièrement, & se partageant en quatre découpures linéaires, obtuses, dilatées, concaves & staminifères au sommet, roulées en dehors après la fécondation.
Étam. Quatre filamens très-courts, insérés dans la fossette des pétales. Anthères presqu'en cœur ou oblongues, un peu grandes.
Pist. Un ovaire supérieur, linéaire, un peu courbé, légèrement pédiculé, environné à sa base par une écaille tronquée obliquement ; style filiforme, stigmate un peu épais.
Péric. Follicule oblong, un peu cylindrique, en forme de silique, s'ouvrant longitudinalement d'un côté, uniloculaire, polysperme.
Sem. Plusieurs (4 ou 5), ovales, comprimées, munies d'un côté d'une aile membraneuse.

Tableau des espèces.

1283. EMBOTHRION *à grandes fl.* Dict. n° 1.
E. à grappes longues terminales, corolles fendues d'un côté & à 4 lobes au sommet, follicule stylifère, stigmate dilaté.
L. n. Le Pérou. ♄ *Stigm. en trompe d'éléph.*

1284. EMBOTHRION *écarlate.* Dict. n° 2.
E. à grappes courtes terminales & axillaires, corolles quadrifides, follicule stylifère, stigmate simple.
L. n. Le détroit de Magellan. ♄ *F. blanchâtres en-dessous.*

146. EMBOTHRIUM.

Charact. essent.

CAL. O. Cor. inferne tubulosa, 4-fida : laciniis apice dilatato-excavatis. Stam. cavitati petalorum inserta. Folliculus subteres, polyspermus.

Charact. nat.

Cal. nullus.
Cor. monopetala, basi tubulosa, inæqualiter dehiscens, quadripartita : laciniis linearibus obtusis, apice dilatatis concavis staminiferis ; post fæcundationem revolutis.
Stam. Filamenta quatuor, brevissima, cavitati petalorum inserta. Antheræ subcordatæ s. oblongæ, majusculæ.
Pist. Germen superum, lineare, incurvum, subpedicellatum, squama oblique truncata basi cinctum ; stylus filiformis; stigma crassiusculum.
Peric. Folliculus oblongus, subteres, siliquæformis, hinc longitudinaliter dehiscens, unilocularis, polyspermus.
Sem. Plura (4 f. 5), ovata, compressa, imagine altero membrana alata.

Conspectus Specierum.

1283. EMBOTHRIUM *grandiflorum.*
E. thyrsis longis terminalibus, corollis uno latere fissis apice quadrilobis, folliculo stylifero, stigmate dilatato.
E Peru. ♄ *Joseph. Juss.*

1284. EMBOTHRIUM *coccineum.* T. 55. f. 2.
E. thyrsis brevibus terminalibus axillaribusque, corollis quadrifidis, folliculo stylifero, stigmate simplici.
E Freto Magellanico. ♄ *Fol. subtus albida.*

1285. EMBOTHRION à *ombelles.* Dict. n° 3.
E. à ombelles axillaires très-simples pédonculées, feuilles oblongues fans veines, anthères fessiles.
L. n. La Nouvelle-Calédonie. ♄ *Fl. petites.*

1285. EMBOTHRIUM *umbellatum.* T. 55. f. 1.
E. umbellis axillaribus simpliciffimis pedunculatis, foliis oblongis avenis, antheris fessilibus. L. f. *suppl.*
E Nova Caledonia. ♄ *Foll. fubteretes acumin.*

1286. EMBOTHRION *velu.* Dict. n°. 4.
E. à feuilles en cœur-ovales un peu dentées,
grappes courtes, pédoncules & ram. velus.
L. n. Le Pérou. ♄ *Follic. pédiculés, mutiques.*

1286. EMBOTHRIUM *hirfutum.*
E. foliis cordato-ovalibus fubdentatis, race-
mulis brevibus, pedunculis ramulifque villofis.
E Peru. ♄ *Casas. Domb. Herb.*

Explication des fig.

Explicatio iconum.

Tab. 55. f. 1. EMBOTHRION à *ombelles.* (a) Fleur
de grandeur naturelle. (b) Sommet d'un pétal avec
l'anthère dans fa cavité, plus grand que nature. (c)
Anthère féparée. (d) Piftil grandi. (e) follicule de
grandeur naturelle. (f) Le même ouvert, n'ayant
plus fes graines.

Tab. 55. f. 1. EMBOTHRIUM *umbellatum.* (a) Flos
magnitudine naturali, (b) Apex petali cum anthera
in fcrobiculo, magnitudine aucta. (c) Anthera foluta.
(d) Piftillum auctum. (e) Folliculus magnitudine naturali. (f) Idem effartus. *Fig. ex Forft.*

Tab. 55. f. 1. EMBOTHRION *fcarlate.* (a) Fleurs épanouie, de grandeur naturelle. (b) Un pétal avec l'é-
tamine dans fa cavité, plus grand que nature. (c)
(Piftil. (d) Feuille environnant la bafe de l'ovaire.
(e) Follicule mucroné à fon fommet, de grandeur naturelle. (f) Sommité d'un rameau garnie de feuilles
& de fleurs.

Tab. 55. f. 2. EMBOTHRIUM *coccineum.* (a) Flos
expanfus, magnitudine naturali. (b) Petalum cum ftamine in fcrobiculo, magnitudine aucta. (c) Piftillum
(d) Squama germinis bafin cingens. Fig. ex Forft. Gen.
(e) Folliculus apice mucronatus, magnitudine naturali. (f) Summitas ramuli foliis floribusque onulta.
Ex Herbario.

147. GLOBULAIRE.

147. GLOBULARIA.

Caract. effent.

Charact. effent.

Fl. agrégées. Cal. commun polyphylle : cal.
propre tubuleux, 5-fide. Cor. 1-pétale, irrégulière. 1. fem. fup. nue, enf. dans le cal.

Fl. aggregati. Cal. communis polyphyllus :
proprius tubulosus, 5-fidus. Cor. 1-petala,
irregularis. Sem. 1. fup. nudum, cal. inclufum.

Caract. nat.

Charact. nat.

Fleurs ramaffées en tête globuleufe, fur un
récept. commun, garni de paillettes.
Cal. commun polyphylle, prefqu'embriqué,
à écailles plus courtes que les fleurs. Cal.
propre monophylle, tubuleux, quinquefide, perfiftant, à déc. aiguës.
Cor. monopétale, tubuleufe à fa bafe. Limbe
irrégulier, comme labié, partagé en 3 ou 5
découpures : à lèvre fup. plus courte, partagée en deux (quelquefois nulle) ; lèvre inf.
plus grande, à 3 découpures égales.
Étam. Quatre filamens, de la longueur de la
Corolle, attachés à fon tube. Anthères libres.
Pift. Un ovaire fupérieur, ovale. Style fimple,
de la longueur des étamines. Stigmate obtus
ou bifide.

Flores aggregati in capitulum globofum fupra
recept. commune paleaceum.
Cal. communis polyphyllus, fubimbricatus,
fquamis flofculis brevioribus. Cal. proprius
monophyllus, tubulatus, quinquefidus, acutus, perfiftens.
Cor. monopetala, bafi tubulofa. Limbus inæqualis, fubbilabiatus, 3 f. 5-partitus : labio fuperiore breviore, bipartito (interdum nullo);
labio inferiore laciniis tribus majoribus æqualibus.
Stam. Filamenta quatuor, longitudine corollæ,
tubo inferta. Antheræ diftinctæ.
Pift. Germen fuperum, ovatum, Stylus fimplex,
longitudine ftaminum. Stigma obtufum f.
bifidum.

Péric. nul. Calice propre connivent, contenant la semence.
Sem. une seule, ovale, nue, superieure.

Péric. nullum. Calyx proprius connivens, includens semen.
Sem. unicum, ovatum, nudum, superum.

Tableau des espèces.

Conspectus specierum.

1287. GLOBULAIRE *commune.* Diâ. n°. 1.
G. à tige herbacée feuillée, feuilles radicales pétiolées oroïdes presque sans dents : les caulinaires lancéolées.
L. n. Les lieux pierreux de l'Europe. ⴵ

1287. GLOBULARIA *vulgaris.*
G. caule herbaceo folioso, foliis radicalibus petiolatis obovatis subedentatis ; caulinis lanceolatis.
Ex Europæ petrosis. ⴵ

1288. GLOBULAIRE à f. de lin. Diâ. n° 2.
G. à tige herbacée feuillée, feuilles radicales spatulées roides à 3 dents au sommet : les caulinaires étroites linéaires-lancéolées acuminées.
L. n. L'Espagne. ⴵ

1288. GLOBULARIA *linifolia.*
G. caule herbaceo folioso, foliis radicalibus spathulatis rigidis apice tridentatis : caulinis angustis lineari-lanceolatis acuminatis.
Ex Hispania. ⴵ

1289. GLOBULAIRE *épineuse.* Diâ. n° 3.
G. à feuilles radicales à crenelures épineuses, les caulinaires très-entières mucronées.
L. n. L'Espagne. ⴵ

1289. GLOBULARIA *spinosa.*
G. foliis radicalibus crenato-aculeatis, caulinis integerrimis mucronatis. L.
Ex Hispania. ⴵ

1290. GLOBULAIRE f. en cœur. Diâ. n° 4.
G. à tige presque nue, rejets stériles rampans feuillés, feuilles en cœur cuneiformes.
L. n. Les montagnes de l'Europe. ⴵ

1290. GLOBULARIA *cordifolia.* T. 56. f. 2.
G. caule submudo, surculis sterilibus repentibus foliosis, foliis cordato-cuneiformibus.
Ex Europæ montibus. ⴵ

1291. GLOBULAIRE *naine.* Diâ. n° 5.
G. à tiges nues très-courtes, feuilles ovales-spatulées très-entières.
L. n. Les Pyrénées. ♄

1291. GLOBULARIA *nana.*
G. scapis nudis brevissimis, foliis ovato-spathulatis integerrimis.
In Pyrenæis. ♄

1292. GLOBULAIRE à tige nue. Diâ. n° 6.
G. à tige nue, feuilles presque très-entières oblongues-spatulées.
L. n. Les montagnes de la France austr. la Suisse, &c. ⴵ

1292. GLOBULARIA *nudicaulis.*
G. caule nudo, foliis subintegerrimis oblongo-spathulatis.
E Galliæ austr. Helvetiæ, &c. montibus. ⴵ

1293. GLOBULAIRE du Levant. Diâ. n°. 7.
G. à tige presque nue, têtes alternes sessiles, feuilles lancéolées-ovales entières.
L. n. La Natolie.

1293. GLOBULARIA *orientalis.*
G. caule submudo, capitulis alternis sessilibus, foliis lanceolato-ovatis integris. L.
E Natolia.

1294. GLOBULAIRE f. de saules. Diâ. n° 9.
G. à tige ligneuse, feuilles lancéolées-linéaires très-entières, têtes axillaires solitaires presque sessiles.
L. n. Les Canaries. ♄

1294. GLOBULARIA *salicina.*
G. caule fruticoso, foliis lanceolato-linearibus integerrimis, capitulis axillaribus subsessilibus solitariis.
E Canariis. ♄ Sloan. Jam. hist. 1. tab. 5. f. 3.

1295. GLOBULAIRE *turbith.* Dict. n°. 8.
G. à tige ligneuse, feuilles lancéolées à trois
dents & entières.
L. n. L'Europe austr. sur les rochers & les
lieux pierreux. ♄

Explication des fig.

Tab. 36. f. 1. GLOBULAIRE *commune.* (*a, a*) Tête de
fleurs vue en-dessus & en-dessous. (*b, c, d*) Corolle,
étamines. (*e, f*) Calice de la fleur. (*g, i*) Réceptacle
commun découvert. (*h*) Tête dans sa maturité. (*i*)
Calice propre contenant la semence. (*m*) La même
ouvert. (*n*) Semence séparée. (*o, p*) La même coupée en travers & dans sa longueur. (*q*) Embryon séparé.

Tab. 36. f. 2. GLOBULAIRE *feuilles en cœur.*

148. CARDERE.

Caract. essent.

Fl. agrégées. Cal. commun polyphylle : cal.
propre supérieur. Récept. conique, garni de
paillettes.

Caract. nat. .

Cal. Réceptacle commun conique, garni de
paillettes, couvert de fleurs. Cal. commun
polyphylle : à folioles lâches, persistantes,
plus longues que les fleurs. Cal. propre supérieur, à peine apparent.

Cor. monopétale, tubuleuse : à limbe quadrifide,
droit ; ayant la déc. ext. un peu plus grande.

Etam. Quatre filamens, capillaires, plus longs
que la corolle, attachés au tube. Anthères
horizontales.

Pist. Un ovaire inférieur. Un style filiforme,
de la longueur de la corolle. Stigmate simple.
Péric. nul.

Sem. solitaires, oblongues, tétragones, couronnées par le rebord calicinal, séparées par
les paillettes du réce; tacle.

Tableau des espèces.

1296. CARDERE *à foullon.* Dict. n°. 1.
C. à feuilles sessiles dentées.
L. n. L'Europe, le long des chemins. ♂
b. La même à paillettes courbées au sommet.
C. cultivée.

1295. GLOBULARIA *alypum.*
G. caule fruticoso, foliis lanceolatis triden-
tis integrisque. L.
Ex Europa australi, ad rupes & saxosa. ♄

Explicatio iconum.

Tab. 36. f. 1. GLOBULARIA *vulgaris* (*a, a*) Capitulum florigerum superne subtusque visum. (*b, c, d*)
Corolla, stamina. (*e, f*) Calyx floris. (*g, i*) Receptaculum commune denudatum. (*h*) Capitulum maturum. (*i*) Calyx proprius semen fovens. (*m*) Idem
apertus. (*n*) Semen solitum. (*o, p*) Idem dissectum.
(*q*) Embryo separatus. Fig. ex Tournef. & Garss.

Tab. 36. f. 2. GLOBULARIA *cordifolia.*

148. DIPSACUS.

Charact. essent.

Fl. aggregati. Cal. communis polyphyllus : proprius superus. Recept. conicum paleaceum.

Charact. nat.

Cal. receptaculum commune conicum paleaceum
flosculis tectum. Cal. communis polyphyllus :
foliolis persistentibus laxis flosculis longioribus. Cal. proprius superus, vix manifestus.

Cor. monopetala, tubulosa : limbo quadrifido,
erecto ; lacinia exteriore paulo majore.

Stam. Filamenta quatuor, capillaria, corolla
longiora, tubo inserta. Antheræ incumbentes.

Pist. Germen inferum, Stylus filiformis, longitudine corollæ. Stigma simplex.
Péric. nullum.

Sem. solitaria, oblonga, tetragona, margine
calycino coronata, paleis receptaculi separata.

Conspectus specierum.

1296. DIPSACUS *fullonum.*
D. foliis sessilibus serratis. L.
Ex Euro a, ad vias. ♂
b. Idem paleis apice recurvis. D. *sativus.* t. 36. f. 2.

1297. CARDÈRE *laciniée*. Dict. n° 2.
C. à feuilles connées pinnatifides-laciniées.
L. n. L'Allemagne. ♂

1298. CARDÈRE *velue*. Dict.
C. à feuilles pétiolées appendiculées.
L. n. L'Eur. le long des haies & des fossés. ♂

Explication des fig.

Tab. 56. f. 1. CARDÈRE à foullon (cultivée). (a)
Tête entière dans sa maturité. (b) Fleurette séparée
avec une paillette du réceptacle. (c) Ovaire séparé.

Tab. 56. f. 2. CARDÈRE *laciniée*. (a) Fleurette entière, séparée. (b) Pistil. (c) Corolle coupée dans
sa longueur. (d) Semence couronnée par le calice
propre & grossie. (e) La même à couronne séparée.

149. SCABIEUSE.

Caract. essent.

FL. agrégées. Cal. commun polyphylle ; cal.
propre double, supérieur. Récept. convexe,
chargé de paillettes ou nud.

Caract. nat.

Cal. Réceptale commun, convexe, chargé de
paillettes ou nud, & couvert de fleurs. Cal.
commun, polyphylle, ouvert, persistant :
à folioles sur diverses rangées, environnant
le réceptacle.
C. propre double, l'un & l'autre supérieur.
L'extérieur plus court, membraneux, plissé,
persistant. L'intérieur partagé en cinq déc. subulées, capillacées.
Cor. monopétale, tubuleuse, semi 4-fide ou
5-fide, régulière ou irrégulière.
Etam. Quatre filamens, subulés, capillaires,
foibles. Anthères oblongues, horisontales.
Pist. Un ovaire inférieur, environné par une
gaine propre, en forme de petit calice. Style
filiforme de la longueur de la corolle. Stigm.
échancré.
Péric. nul.
Sem. solitaires, ovales-oblongues, diversement
couronnées par les calices propres.

1297. DIPSACUS *laciniatus*. T. 56. f. 2.
D. foliis connatis pinnatifido-laciniatis.
E Germania. ♂

1298. DIPSACUS *pilosus*.
D. foliis petiolatis appendiculatis. L.
Ex Europa, ad sepes, & fossas. ♂

Explicatio iconum.

Tab. 56. f. 1. DIPSACUS *fullonum* (sativus.) (a) Capitulum integrum maturum. (b) Flosculus separatus cum
palea receptaculi. (c) Germen solutum. *Fig. ex Tournef.*

Tab. 56. f. 2. DIPSACUS *laciniatus*. (a) Flosculus
integer separatus. (b) Pistillum. (c) Corolla longitudinaliter dissecta. (d) Semen calyce proprio coronatum
& auctum. (e) Idem corona soluti. *Fig. ex Mill.* (f)
Pars superior plantæ. *Fig. ex Moris.*

149. SCABIOSA.

Charact. essent.

FL. aggregati. Cal. communis polyphyllus ;
propr.us duplex, superus. Recept. convexum,
paleaceum f. nudum.

Charact. nat.

Cal. Receptaculum commune convexum, paleaceum f. nudum, flosculis obtectum. Cal.
communis polyphyllus, patens, persistens :
foliolis seriebus variis receptaculum cingen-
tibus.
C. Proprius duplex, uterque superus. Exterior
brevior, membranaceus, plicatus, persistens.
Interior quinquepartitus : laciniis subulato-ca-
pillaceis.
Cor. monopetala, tubulosa, semi 4-f. 5-fida,
æqualis f. inæqualis.
Stam. Filamenta quatuor, subulato-capillaria,
debilia. Antheræ oblongæ incumbentes.
Pist. Germen inferum, propria vagina involutum tanquam calycula. Stylus filiformis, longitudine corollæ. Stigma emarginatum.
Peric. nullum.
Sem. solitaria, ovato-oblonga, calycibus propriis
varie coronata.

Tableau

Tableau des espèces.

* *Corolles quadrifides.*

1299. SCABIEUSE des Alpes. Dift.
S. à corollules quadrifides régulières, calices
embriqués, feuilles pinnées : à folioles lancéolées dentées.
L. n Les Alpes de la Suiffe, de l'Italie, &c ♉

1300. SCABIEUSE roide. Dift.
S. à corollules quadrifides pref que radiées,
calices embriqués obtus, feuilles lancéolées-
ovales, dentées, auriculées.
L. n. L'Afrique. ♄ *Feuilles dures, vertes.*

1301. SCABIEUSE de Tranfylvanie. Dift.
S. à corollules quadrifides prefqu'égales,
calices & paillettes ariftées, feuilles radicales
en lyre : les caulinaires pinnatifides.
L. n. La Tranfylvanie. ☉

1302. SCABIEUSE de Sibérie. Dift.
S. à corollules quadrifides égales, calices
embriqués ariftés, feuilles lancéolées, plus
courtes que les pédoncules.
L. n. La Sibérie. ☉ *Tige trichot. au fommet.*

1303. SCABIEUSE dichotome. Dift.
S. à corollules quadrifides égales, calices em-
briqués ariftés, tige dichotome, fleurs prefque
feffiles dans les bifurcations.
L. n..... ☉ F. lancéolées, prefque très-entières.
Calices oval.s-cylindriques.

1304. SCABIEUSE blanche. Dift.
S. à corollules quadrifides prefqu'égales,
écailles calicinales obtufes embriquées, feuilles
pinnatifides.
L. n. La France auftr. la Carniole. ♉

1305. SCABIEUSE fuccife. Dift.
S. à corollules quadrifides égales, tige prefque fimple pauciflore, feuilles lancéolées
ovales.
L. n. L'Europe, dans les bois & les prés
humides. ♉

1306. SCABIEUSE dentée. Dift.
S. à corollules quadrifides, radiantes, feuilles
Botanique. Tome I.

Confpectus fpecierum.

* *Corolla quadrifida.*

1299. SCABIOSA alpina.
S. corollulis quadrifidis æqualibus, calycibus
imbricatis, foliis pinnatis : foliolis lanceolatis ferratis.
Ex Alpibus Helveticis, Italicis, &c. ♉

1300. SCABIOSA rigida.
S. corollulis quadrifidis fubradiantibus, calycibus imbricatis obtufis, foliis lanceolato-
ovatis ferratis auriculatis.
Ex Æthiopia. ♄ Fol. dura, viridia.

1301. SCABIOSA Tranfylvanica.
S. corollulis quadrifidis fubæqualibus, calycibus paleifque ariftatis, foliis radicalibus
lyratis : caulinis pinnatifidis. L.
E Tranfylvania. ☉

1302. SCABIOSA Sibirica.
S. corollulis quadrifidis æqualibus, calycibus
imbricatis ariftatis, foliis lanceolatis pedunculis brevioribus.
E Sibiria. ☉ Caulis apice trichotomus.

1303. SCABIOSA dichotoma.
S. corollulis quadrifidis æqualibus, caly-
cibus imbricatis ariftatis, caule dichotomo,
floribus in dichotomiis fubfeffilibus.
.... ☉ Foliis lanceolata fubintegerr. An f.
Syriaca. Lin.

1304. SCABIOSA leucantha.
S. corollulis quadrifidis fubæqualibus, fquamis calycinis obtufis imbricatis, foliis pinnatifidis.
E Gallia auftrali, Carniolia. ♉

1305. SCABIOSA fuccifa.
S. corollulis quadrifidis æqualibus, caule
fubfimplici paucifloro, foliis lanceolato-ovatis.

Ex Europa, in fylvis ac pratis humidis. ♉

1306. SCABIOSA ferrata.
S. corollulis quadrifidis radiantibus, foliis in-

Ii

non divifées: les inf. pétiolées ovales-poinmues
en fcie : les fup. lancéolées.
L. n. La France aufle, dans les champs. *Cal.
plus court que les fleurs.*

divifie : inferioribus petiolatis ovato-acutis
ferratis ; fuperioribus lanceolatis.
E Gallia auftrali, in arvis. *An f. integrifolia.* L. *Affin. praced.*

1307. SCABIEUSE des bois. Dift.
S. à corollules quadrifides prefque radiantes,
feuilles toutes non divifées ovales-oblongues
dentées, tige hifpide.
L. n. La France, l'Allemagne, &c. ♃ *F.
larges, prefque connées comme dans la Cardère.*

1307. SCABIOSA fylvatica.
S. corollulis quadrifidis fubradiantibus, foliis
omnibus indivifis ovato-oblongis ferratis,
caule hifpido.
E Gallia, Germania, &c. ♃ *Folia lata,
connata feri inftar dipfaci.*

1308. SCABIEUSE de Tartarie. Dift.
S. à corollules quadrifides radiantes, tige
hifpide, feuilles ; innatif. à déc. prefqu'embr.
L. n. La Tartarie. ♂

1308. SCABIOSA Tataria.
S. corollulis quadrifidis radiantibus, caule hif-
pido, foliis ; innatifidis; laciniis fubimbricatis.
E Tartaria. ♂

1309. SCABIEUSE des champs. Dift.
S. à corollules quadrifides radiantes, feuilles
pinnatifides à lobes diftans, tige hifpide.
L. n. L'Europe, dans les champs. ♃

1309. SCABIOSA arvenfis.
S. corollulis quadrifidis radiantibus, foliis
; innatifidis : lobis diftantibus, caule hifpido.
Ex Europa, in arvis. ♃

1310. SCABIEUSE en lyre. Dift.
S. à corollules quadrifides radiantes, feuilles
inf. en lyre obtufes crénelées, les fupérieures
lancéolées, feffiles.
L. n. .... ☉ *Corolles couleur de chair.*

1310. SCABIOSA lyrata.
S. corollulis quadrifidis radiantibus, foliis
inferioribus lyratis obtufis crenatis; fuperioribus lanceolatis-feffilibus.
..... ☉ *An f. amplexicaulis.* L.

1311. SCABIEUSE divergente. Dift.
S. à corollules quadrifides égales, calice
commun mono;phylle, feuilles fubbipinnées.
L. n. La Barbarie. Ram. & pid. très-divergens.

1311. SCABIOSA divaricata.
S. corollulis quadrifidis æqualibus, calyce
communi monophyllo, foliis fubbi; innatis.
E Barbaria. D. Desfontaines. *Fl. albi.*

1312. SCABIEUSE centauroïde. Dift.
S. à corollules quadrifides prefqu'égales, f. radicales très-entières ; les caulinaires décurfi-
vement pinnées, calice embriqué.
L. n. Les alpes de la Provence, &c. ♃ *Fl.
d'un blanc jaunâtre. Tige de 4 pieds.*

1312. SCABIOSA centauroides.
S. corollulis quadrifidis fubæqualibus, foliis
radicalibus integerrimis, caulinis decurfive-
pinnatis, calyce imbricato.
Es alpibus Galloprovinciæ, &c. ♃ *Fl.
ochroleuci. Recept. paleaceum.*

1313. SCABIEUSE de Hacquet. Dift.
S. à corollules quadrifides prefque radiantes,
feuilles inférieures ; innatifides, calice embr.
L. n. Le Carniole. Tige de 6 pouces, unifl.

1313. SCABIOSA Hacquetii.
S. corollulis quadrifidis fubradiantibus, foliis
inferioribus innatifidis, calyce imbricato.
E Carniolia. S. trenta. Hacq. carn. 13. t. 4. 1.

1314. SCABIEUSE verbenacée. Dift.
S. à corollules quadrifides égales, calices embriqués : écailles obtufes, feuilles oblongues
dentées, & prefque ; innatifides à leur bafe.
L. n. Le Cap de Bonne-Efpérance. Tige fimple,
velue.

1314. SCABIOSA verbenacea.
S. corollulis quadrifidis æqualibus, calycibus
imbricatis : fquamis obtufis, foliis oblongis
dentatis bafique fub; innatifidis.
E Cap. Bonæ Spei. Suaveur. *An f. attenuata.* L. f.

1315. SCABIEUSE *scabre*. Dict.
S. à corollules quadrifides, égales, calices
embriqués obtus, feuilles presque bipinnées
scabres un peu roides.
L. n. Le Cap de Bonne-Espérance.

　　　* * *Corolles quinquefides.*

1316. SCABIEUSE *de Gramont*. Dict.
S. à corollules quinquefides radiantes, calices
courts, feuilles caul. bipinnées filiformes.
L. n. La France australe. ♃

1317. SCADIEUSE *columbaire*. Dict.
S. à corollules quinquefides radiantes, feuilles
radicales ovales crénelées; les caulinaires pinnées sétacées.
L. n. L'Europe, aux lieux montueux. ♃

1318. SCABIEUSE *luisante*. Dict.
S. à corollules quinquefides radiantes, feuilles
rad. lancéolées en scie; les caulinaires pinnées subfiliformes.
L. n. La France, aux l. montagneux & ombragés. ♃ *Ce n'est peut-être qu'une var. de la
précédente.*

1319. SCABIEUSE *cendrée*. Dict.
S. à corollules quinquefides radiantes, calice
court, feuilles pinnées tomenteuses cendrées.
L. n. Les Pyrénées. ♃ *F. lanugineuses.*

1320. SCABIEUSE *jaunâtre*. Dict.
S. à corollules quinquefides radiantes, feuilles
subbipinnées linéaires.
L. n. La France austr. l'Allemagne. ♂

1321. SCABIEUSE *sétifère*. Dict.
S. à corollules quinquefides radiantes, calice
court, feuilles pinnées: les inf. ovales-spatulées.
L. n. . . . . . Fl. blanches, à disque très-convexe.

1322. ●●●ABIEUSE *de Sicile*. Dict.
S. à corollules quinquefides égales, plus
courtes que le cal. f. en lyre pinnatifides.
L. n. La Sicile. ☉ *Cal. commun grand, en
étoile.*

1323. SCABIEUSE *argentée*. Dict.
S. à corollules quinquefides radiantes, feuilles

1315. SCABIOSA *scabra*.
S. corollulis quadrifidis æqualibus, calycibus
imbricatis obtusis, foliis subbipinnatis scabris
rigidiusculis. L. f.
E Cap. B. Spei.

　　　* * *Corollæ quinquefidæ.*

1316. SCABIOSA *gramuntia*.
S. corollulis quinquefidis radiantibus, caly-
cibus brev. f. caulinis bipinnatis filiformibus.
E Gallia australi. ♃

1317. SCABIOSA *columbaria*.
S. corollulis quinquefidis radiantibus, foliis
radicalibus ovatis crenatis; caulinis pinnatis
setaceis. L.
Ex Europæ montosis. ♃

1318. SCABIOSA *lucida*.
S. corollulis quinquefidis radiantibus, foliis
radicalibus lanceolatis serratis; caulinis pinnatis subfiliformibus,
Ex Gallia montibus umbrosis. ♃ *S. lucida
Villars. pl. du Dauph.* n°. 7. *Forst. var.
præced.*

1319. SCABIOSA *cinerea*.
S. corollulis quinquefidis radiantibus, calyce
brevi, foliis pinnatis cinereo-tomentosis.
E Pyrenæis. ♃ *S. Cinerea. La Peyrouse. mss.*

1320. SCABIOSA *ochroleuca*.
S. corollulis quinquefidis radiantibus, foliis
subbipinnatis linearibus.
E Gallia australi, Germania, ♂

1321. SCABIOSA *setifera*.
S. corollulis quinquefidis radiantibus, calyce
brevi, l. pinnatis: inferiorib. ovato-spathulatis.
. . . . . *Fl. albi, disco subconico setifero.*

1322. SCABIOSA *sicula*.
S. corollulis quinquefidis æqualibus calyce
brevioribus, foliis lyrato-pinnatifidis. L.
E Sicilia. ☉ *Cal. comm. stellatus, flosc.
longior.*

1323. SCABIOSA *argentea*.
S. corollulis quinquefidis radiantibus, foliis

pinnatifides : à découpures linéaires, pédoncules très-longs.
L. n. Le Levant. ♃ Fl. blanche, bleuâtre à sa circonférence.

pinnatifidis : laciniis linearibus, pedunculis longissimis.
Ex Oriente. ♃ Cal. corolla longior.

1324. SCABIEUSE des veuves. Diff.
S. à corollules quinquefides radiantes, feuilles découpées, réceptacle commun subulé.
L. n. L'Inde ? ☉ Fl. odorantes, d'un pourpre noirâtre.
β. Elle varie à cor. d'un pourpre pâle.

1324. SCABIOSA atropurpurea.
S. corollulis quinquefidis radiantibus, foliis diffectis, receptaculis florum fubulatis. L.
Ex India ? ☉ Fl. odorati atro-purpuri.

. Variat corollis pallidè purpureis.

1325. SCABIEUSE de Montpellier. Diff.
S. à corollules quinquefides égales, plus courtes que le calice, toutes les feuilles pinnées ciliées.
L. n. Montpellier ?

1325. SCABIOSA Monspeliensis.
S. corollulis quinquefidis æqualibus calyce brevioribus, f. omnibus pinnatis ciliatis Jacq.
E Monspelio ? Affinis f. fuculæ.

1326. SCABIEUSE maritime. Diff.
S. à corollules quinquefides radiantes plus courtes que le calice, feuilles pinnées : les sup. linéaires.
L. n. La Sicile, la France auftrale ? ☉

1326. SCABIOSA maritima.
S. corollulis quinquefidis radiantibus calyce brevioribus, foliis pinnatis : summis linearibus. L.
E Sibilia, Gallia auftrali ? ☉ Cal. imbricatus.

1327. SCABIEUSE d'Ifet. Diff.
S. à corollules quinquefides radiantes, plus longues que le cal. feuilles bipinnées linéaires.
L. n. La Sibérie. Eft-elle différente de la S. de Gramont ?

1327. SCABIOSA Ifetenfis.
S. corollulis quinquefidis radiantibus calyce longioribus, foliis bipinnatis linearibus. L.
E Sibiria. (Gmel. fib. 2. p. 214. t. 88. f. 1.)

1328. SCABIEUSE étoilée. Diff.
S. à corollules quinquefides radiantes, feuilles découpées, récept. communs arrondis.
L. n. L'Espagne. ☉ Aigrette extr. grande, fcarieufe, en roue, très-belle.

1328. SCABIOSA stellata.
S. corollulis quinquefidis radiantibus, foliis diffectis, receptaculis florum fubrotundis. L.
Ex Hifpania. ☉ Fol. supernè dilatata serrata ; infernè pinnatifida.

1329. SCABIEUSE prolifère. Diff.
S. à corollules quinquefides radiantes, fl. presque fessiles, tige prolifère, feuilles non divisées.
L. n. l'Egypte. ☉

1329. SCABIOSA prolifera.
S. corollulis quinquefidis radiantibus, flor. fubfessilibus, caule prolifero, foliis indivifis. L.
Ex Ægypto. ☉

1330. SCABIEUSE d'Afrique. Diff.
S. à corollules quinquefides égales, feuilles fimples incifées, tige fruticuleuse.
L. n. L'Afrique. ♄ F. inf. longues.

1330. SCABIOSA Africana.
S. corollulis quinquefidis æqualibus, foliis fimplicibus incifis, caule fruticofo.
Ex Africa. ♄ Fol. inf. longa.

1331. SCABIEUSE à tige nue. Diff.
S. à corollules quinquefides presque radiantes, tige nue uniflore, feuilles pinnées ; pinnatifides pileufes.
L. n. Le Cap de B. Espérance. Cal. court.

1331. SCABIOSA nudicaulis.
S. corollulis quinquefidis fubradiantibus, caule nudo unifloro, foliis pinnato - laciniatis pilofis.
E Cap. B. Spei. Sonnerat. An f. pumila. L.

1332. SCABIEUSE *de crète*. Did.
S. à corollules quinquefides radiantes, feuilles lancéolées presque très-entières, tige ligneuse.
L. *s*. L'ille de Candie. ħ

1333. SCABIEUSE *graminée*. Did.
S. à corollules quinquefides radiantes, feuilles linéaires-lancéolées très-entières, tige herbacée.
L. *s*. Les Alpes de la Fr. austr. l'Italie, &c. ♃

1334. SCABIEUSE *de Palestine*. Did.
S. à corollules quinquefides radiantes : à découpures toutes tridées, feuilles non-divisées un peu dentées : les supérieures pinnatifides.
L. *s*. La Palestine, ♃

1335. SCABIEUSE à *aigrette*. Did.
S. à corollules quinquefides inégales, tige herbacée, feuilles découpées très-menu, sem. aristées & à aigrette plumeuse.
L. *s*. L'ille de Candie. ☉ *Feuilles subbipinnées.*

1336. SCABIEUSE *pétrocéphale*. Did.
S. à corollules quinquefides, tige couchée fruitiqueuse, feuilles laciniées velues, aigrette plumeuse.
L. *s*. La Grèce? ħ

Explication des fig.

Tab. 17. f. 1. SCABIEUSE des champs (*a*, *b*) Fleur vue en-dessus & en-dessous. (c) Calice commun, réceptacle. (*d*, *e*, *f*) Ileurettes séparées, (*g*, *h*) Calice propre couronnant l'ovaire. (*i*, *l*) Semences.

Tab. 17. f. 2. SCABIEUSE feuille. (*a*, *b*) Fleur vue en-dessus & en-dessous (e) Calice commun. (*d*, *e*, *f*) Ileurettes séparées, & involucre ou gaine de l'ovaire. (*g*, *h*) Semence montrant son calice extérieur membraneux. (i) Etoile sétacée & pédicellée du calice intérieur. (*l*, *m*) Semence prise avant sa maturité.

150. KNAUTIE.

Caract. essent.

Fl. agrégées. Cal. commun cylindrique, polyphylle, pauciflore : cal. propre sup. simple. Récept. nud.

1332. SCABIOSA *cretica*.
S. corollulis quinquefidis radiantibus, foliis lanceolatis subintegerrimis, caule fruticoso.
E Creta. ħ *Cal. flosculis brevior.*

1333. SCABIOSA *graminifolia*.
S. corollulis quinquefidis radiantibus, foliis lineari-lanc. integerrimis, caule herbaceo. L.
Ex alpibus Galliæ austr. Italiæ, &c. ♃

1334. SCABIOSA *Palestina*.
S. corollulis quinquefidis radiantibus : laciniis omnibus trifidis, foliis indivisis subserratis : summis basi pinnatifidis. L.
E Palæstina. ♃

1335. SCABIOSA *papposa*.
S. corollulis quinquefidis inæqualibus, caule herbaceo, foliis tenuiter dissectis, seminibus aristatis plumosoque papposis.
E Creta. ☉ *Caulis erectus.*

1336. SCABIOSA *pterocephala*.
S. corollulis quinquefidis, caule procumbente fruticoso, foliis laciniatis hirsutis, pappo plumoso. L.
E Græcia? ħ

Explicatio iconum.

Tab. 17. f. 1. SCABIOSA arvensis. (*a*, *b*) Flos supra infraque visus. (c) Calyx communis, receptaculum. (*d*, *e*, *f*) Flosculi separati. (*g*, *h*) Calyx proprius germen coronans. (*i*, *l*) Semina. Fig. ex Tournef-

Tab. 17. f. 2. SCABIOSA prolata. (*a*, *b*) Flos supra infraque visus (c) Calyx communis. (*d*, *e*, *f*) Flosculi separati, cum involucro f. vagina germinis. (*g*, *h*) Semen calycem exteriorem membranaceum exhibens. (i) Stella setacea pedicellaque calycis interioris. (*l*, *m*) Semen immaturum. Fig. ex Tournef.

150. KNAUTIA.

Charact. essent.

Fl. aggregati. Cal. communis cylindricus polyphyllus, pauciflorus : proprius superus, simplex. Recept. nudum.

Caract. nat.

Cal. commun cylindrique, simple, polyphylle, pauciflore; à folioles linéaires-subulées, droites, conniventes.

Cal. propre supérieur, simple, très-petit.

Cor. monopétale, irrégulière. Tube de la longueur du calice. Limbe irrégulier, quadrifide; à découpure extérieure plus grande.

Etam. Quatre filamens, plus longs que le tube de la corolle. Anthères oblongues, horisontales.

Pist. Un ovaire inférieur. Sytle filiforme, de la longueur des étamines. Stigmate bifide.

Périe. nul.

Sem. solitaires, oblongues, tétragones, couronnées par un calycule presqu'en aigrette.

Recept. commun très-petit, nud.

Tableau des espèces.

1337. KNAUTIE du Levant.
K. à feuilles inférieures pinnatifides un peu pointues, tige paniculée; env. 5 fleurettes.
L. n. Le Levant. ☉ Tige trichotome, paniculée, lâche.

1338. KNAUTIE propontique.
K. à feuilles inf. en lyre obtuses crénelées, tige médiocrement divisée; env. 10 fleurettes.
L. n. Le Levant. ♂ K. du Levant. Diss. n° 1.

1339. KNAUTIE de Palestine. Diss. n°. 3.
K. à feuilles entières, calices de 6 folioles, semences à aigrette.
L. n. La Palestine. ☉

1340. KNAUTIE plumeuse. Diss. n°. 4.
K. à feuilles sup. pinnées, calices de dix folioles, semences à aigrette.
L. n. Le Levant. ☉

Explication des fig.

Tab. 58. KNAUTIE propontique. (a) Calice commun. (b) Fleuron entier. (c) Le même ouvert d'un côté. (d) Pistil. (e) Semence non développée. (f) Partie supérieure de la plante.

Charact. nat.

Cal. communis cylindricus, simplex, polyphyllus, pauciflorus; foliolis lineari-subulatis erectis conniventibus.

Cal. proprius superus, minimus, simplex.

Cor. monopetala, inæqualis. Tubus longitudine calycis. Limbus inæqualis, quadrifidus; lacinia exteriore majore.

Stam. Filamenta quatuor, tubo corollæ longiora. Antheræ oblongæ, incumbentes.

Pist. Germen inferum. Stylus filiformis, longitudine staminum. Stigma bifidum.

Peric. nullum.

Sem. solitaria, oblonga, tetragona, calyculo subpapposo coronata.

Recept. commune, minimum, nudum.

Conspectus specierum.

1337. KNAUTIA orientalis.
K. foliis inferioribus pinnatifidis acutiusculis, caule paniculato, flosculis subquinis.
Ex Oriente. ☉ Caulis sequenti altior & remissior.

1338. KNAUTIA propontica. T. 58.
K. foliis inferioribus lyratis obtusis crenatis, caule parce diviso, flosculis subdenis.
Ex Oriente. ♂ Till. pis. s. 48.

1339. KNAUTIA Palæstina.
K. foliis integris, calycibus hexaphyllis, seminibus papposis. L.
E Palæstina. ☉

1340. KNAUTIA plumosa.
K. foliis superioribus pinnatis, calycibus decaphyllis, seminibus papposis. L.
Ex Oriente. ☉

Explicatio iconum.

Tab. 58. KNAUTIA propontica. (a) Calyx communis. (b) Flosculus integer. (c) Idem dissectus. (d) Pistillum. (e) Semen immaturum. (f) Pars superior plantæ.

151 ALLIONE.   151. ALLIONIA.

Caract. essent.

Fl. agrégées. Cal. commun triflore; cal. propre supérieur, peu apparent. Corolles irrégulières. Semences nues.

Charact. essent.

Fl. aggregati. Cal. communis triflorus; proprius superus obsoletus. Corollæ irregulares. Semina nuda.

Caract. nat.

Cal. commun simple, triflore, partagé en 3 ou 5 parties ovales pointues. Cal. propre supérieur apparent.
Cor. (propre) monopétale, infundibuliforme. Limbe irrégulier, presque quadrifide, prolongé par le côté extérieur.
Etam. Quatre filamens sétacés, attachés à la base de la corolle, à peine aussi longs qu'elle. Anthères arrondies.
Pist. Un ovaire inférieur, ovale. Style sétacé, plus long que les étamines. Stigmate en tête.
Péric aucun. Le calice contient les semences.
Sem. solit. obl. anguleuses, dénuées, nues.

Charact. nat.

Cal. communis simplex, triflorus, 3 l. 5-partitus: laciniis ovatis acutis. Cal. proprius superus, obsoletus.
Cor. (propria) monopetala, infundibuliformis. Limbus inæqualis, subquadrifidus, è latere externo productus.
Stam. Filamenta quatuor setacea, basi corollæ inserta, vix longitudine corollæ. Antheræ subrotundæ.
Pist. Germen inferum, ovatum. Stylus setaceus, staminibus longior. Stigma capitatum.
Peric. Nullum. Calyx semina fovens.
Sem. solit. oblonga, angulata, subdenata, nuda.

Tableau des espèces.   *Conspectus specierum.*

1341. ALLIONE *violette*. Dict. n°. 1.
A. à feuilles en cœur, calices quinquefides.
L. n. L'Amér. mérid. Tige droite.

1341. ALLIONIA *violacea*.
A. foliis cordatis, calycibus quinquefidis.
Ex Amer. meridionali. Caulis erectus.

1342. ALLIONE *incarnate*. Dict. n°. 2.
A. à feuilles ovale obliques, cal. triphylles.
L. n. L'Amér. mérid. Tiges couchées.

1342. ALLIONIA *incarnata*. T. 58.
A. foliis oblique ovatis, calycibus triphyllis.
Ex Amer. merid. L'Hérit. stirp. 4. t. 31.

Explication des fig.   *Explicatio iconum.*

Tab. 58. ALLIONE *incarnata*. (a, b) Fleur entière, vue en devant & par derrière. (c) Foliole du calice. (d) Elles dépourvues du calice. (e, f) Corollules. Manivelle fig. (g) Etamine grosse. (h, i) Pistil. (l) Fruit. (m) Semence.

Tab. 58. ALLIONIA *incarnata*. (a, b) Flos integer, antice & postice visus. (c) Foliolum calycis. (d) Flos avulso calyce. (e, f) Corollulæ. Fig. quatr. (g) Stamen auctum. (h, i) Pistillum. (l) Fructus. (m) Semen. Fig. ex D. l'Hérit.

152. OPERCULAIRE.   152. OPERCULARIA.

Caract. essent.

Fl. agrégées. Cal. commun 1-phylle, bordé de 6 à 9 dents, fermé par un récept. commun florifère en-dessus, séminifère en-dessous, caduc.

Charact. essent.

Fl. aggregati. Cal. communis 1-phyllus, 6-9-dentatus, clausus receptaculo communi supra florifero, infra seminigero, deciduo.

Caraã. nat.

Cal. commun monophylle , persistant , de 3 à
6 fleurs , campanulé, découpé en 6 à 9 dents
pointues & inégales. *Cal.* propre nul.
Cor. monopétale , infundibuliforme : à limbe
quadri ou quinquefide, droit.
Etam. Quatre filamens, inséré au réceptacle.
Anthères séparées.
Pist. Ovaire inférieur, enfoncé dans le réceptacle. Style filiforme. Stigmate bifide.
Péric. nul.
Sem. solitaires, convexes d'un côté , sillonnées
de l'autre.
Récept. commun, caduc, plane en-dessus, fer-
mant l'ouverture du calice au-dessous de ses
dents ; prolongé inférieurement en pyramide
anguleuse : ses angles formant des cloisons
qui partagent la cavité du calice en autant de
loge qu'il y a de semences.

Tableau des espèces.

1343. OPERCULAIRE à ombelles. Dict.
O. à calices en ombelle , triflores.
L. n. La Nouv. Hol. *Fleurettes* 1-andriques.

1344. OPERCULAIRE rude. Dict.
O. à calices ramassés en tête , à env. 6 fl.
L. n. La Nouv. Zélande.

Explication des fig.

Tab. 58. f. 1. OPERCULAIRE à ombelles. (a) Ombelle fructifère. (b) Calice formé par l'opercule. (c)
Le même coupé verticalement. (d) Corolles posées
sur l'opercule & semences attachées à sa partie inférieure. (e, f) Opercule ou récept. commun séparé.
(g, h) Semences. (i, l) Les mêmes coupées transversalement & dans leur longueur. (m) Embryon
séparé & grossi.

Tab. 58. f. 2. OPERCULAIRE rude. (a) Calices ramassés en tête. (b) Calice séparé. (c) Le même coupé
& vu en dedans. (d) Réceptacle vu en-dessus &
en-dessous. (e, f) Semences. (g, h) Les mêmes coupées transversalement & dans leur longueur.

153. CÉPHALANTHE.

Caraã. essens.

Fl. agrégées, attachées à un récept. globuleux.
Cal. propre sup. à 4 dents. Cor. tubuleuse.
Caps. à 2 ou 4 loges, qui se séparent.

TETRANDRIA MONOGYNIÆ.

Charaã. nat.

Cal. communis monophyllus , persistens , 3-6-
florus , campanulatus , 6-9-dentatus : dentibus
acutis inæqualibus. *Cal.* proprius nullus.
Cor. monopetala , infundibuliformis : limbo
quadri f. quinquefido erecto.
Stam. Filamenta quatuor , receptaculo inserta.
Antheræ distinctæ.
Pist. Germen inferum , receptaculo immersum.
Stylus filiformis. Stigma bifidum.
Peric. nullum.
Sem. solitaria , hinc convexa , indè sulcata.

Recept. commune , supra planum , aperturam
calycis infra dentes obturans ; infra pyramidatum , sulcato-angulatum : angulis in dissepimenta producti, quibus cavitas calycis in
loculamenta (seminum numero æqualia) di-
viditur ; deciduum.

Conspectus Specierum.

1343. OPERCULARIA umbellata. T. 58. f. 1.
O. calycibus umbellatis trifloris.
E Nova Hollandiâ. Gærtn. p. 112. t. 24.

1344. OPERCULARIA aspera. T. 58. f. 2.
O. calycibus congesto-capitatis, subsexfloris.
E Nova Zelandiâ. Gærtn. ibid.

Explicatio iconum.

Tab. 58. f. 1. OPERCULARIA umbellata. (a) Umbella frugifera. (b) Calyx operculo clausus (c). Idem
verticaliter sectus. (d) Corollulæ operculo insidentes
& semina eidem inferne adnata. (e, f) Operculum
f. receptaculum commune separatum. (g, h) Semina
(i, l) Eadem transverse & longitudinaliter secta.
(m) Embryo separatus & auctus. Fig. ex D. Gærtn.

Tab. 58. f. 2. OPERCULARIA aspera. (a) Calyces
in capitulum congesti. (b) Calyx separatus. (c) Idem
dissectus & inavne visus. (d) Receptaculum supra infraque visum. (e, f) Semina (g, h) Eadem transe-
verso & longitudinaliter secta. Fig. ex D. Gærtn.

153. CEPHALANTHUS.

Charaã. essens.

Fl. aggregati , receptaculo globoso affixi. Cal.
proprius sup. 4-dentatus. Cor. tubulosa.
Caps. 2 f. 4-locularis , 2 f. 4-partibilis.

Caraã.

Caract. nat.

Cal. commun nul ; réceptacle couvert de fleurs disposées en tête globuleuse. *Cal.* propre supérieur, petit, monophylle, anguleux, à 4 dents.

Cor. monopétale, infundibuliforme. Tube grêle, plus long que le calice. Limbe quadrifide, pointu.

Etam. Quatre filamens, attachés à la corolle, plus courts que son limbe. Anth. globuleuses.

Pist. Ovaire inférieur. Style plus long que la corolle. Stigmate globuleux.

Péric. Capsule inférieure, en pyramide renversée, à 2 ou 4 loges, se partageant en 2 ou 4 parties ; à loges 1-spermes.

Sem. solitaires, oblongues.

Caract. nat.

Cal. communis nullus : receptaculum flosculos plures in capitulum globosum colligens. *Cal.* proprius, superus, parvus, monophyllus, angulatus, quadridentatus.

Cor. monopetala, infundibuliformis. Tubus gracilis, calyce longior. Limbus quadrifidus acutus.

Stam. Filamenta quatuor, corollæ inserta, limbo breviora. Antheræ globosæ.

Pist. Germen inferum. Stylus corolla longior. Stigma globosum.

Peric. Capsula infera, inversè pyramidata, 2 f. 4-locularis, 2 f. 4-partibilis ; loculis 1-spermis.

Sem. solitaria, oblonga.

Tableau des espèces.

Conspectus specierum.

1345. CÉPHALANTHE d'Amér. Dict. n° 1. C. à feuilles opposées ou ternées, têtes pédonculées terminales.

L. n. L'Amérique sept. ħ

1345. CEPHALANTHUS *occidentalis*. T. 59. C. foliis oppositis ternatisve, capitulis pedunculatis terminalibus.

Ex America septentr. ħ *Garra. t.* 86.

Explication des fig.

Tab. 59. CÉPHALANTHE d'Amérique. (a) Fleur entière. (b) Corolle coupée longitudinalement. (c, d) Capsule entière & partagée en deux. (e) Sommité de la plante. (f, g) Têtes garnies de fleurs. (h) Réceptacle commun.

Explicatio iconum.

Tab. 59. CEPHALANTHUS Occidentalis. (a) Flos integer. (b) Corolla longitudinaliter secta. (c, d) Capsula integra & bipartita. (e) Summitas plantæ. (f, g) Capitula floribus onusta. (h) Receptaculum commune.

154. ÉVÉ.

154. EVEA.

Caract. essent.

Fl. agregées. Cal. commun polyphylle, à 4 folioles extérieures plus larges. Cal. propre sup. à 4 dents. Cor. infundibuliforme.

Caract. essent.

Fl. aggregati. Cal. communis polyphyllus ; foliolis 4 exterioribus latioribus. Cal. proprius sup. 4-dentatus. Cor. infundibuliformis.

Caract. nat.

Cal. commun involucriforme, polyphylle : à folioles intérieures plus petites & plus étroites ; les extérieures plus larges & au nombre de quatre. Cal. propre supérieur, très-court, à 4 dents.

Cor. monopétale, infundibuliforme ; tube cylindrique, élargi au sommet. Limbe quadrifide ; à lobes pointus.

Etam. Quatre filamens très-courts, attachés à la base du tube. Ambères linéaires, droites.

Botanique. Tom. I.

Charact. nat.

Cal. communis involucriformis - polyphyllus : foliolis interioribus minoribus & angustioribus ; exterioribus quatuor latioribus. Cal. proprius superus, brevissimus, quadridentatus.

Cor. monopetala, infundibuliformis ; tubus cylindraceus, supra ampliatus. Limbus quadrifidus ; lobis acutis.

Stam. Filamenta quatuor, brevissima, basi tubi inferta. Antheræ lineares, erectæ.

K k

Pist. Un ovaire inférieur , ovale. Style court. Stigmate à deux lobes.
Péric . . . . .
Sem . . . .

Tableau des espèces.

1346. EVÉ *de la Guiane.* Dict. p. 399.
E. à têtes axillaires portées sur des péd. très-courts.
L. n. Les Bois de la Guiane. ♄ *Arbrisseau.*

Explication des figures.

Tab. 59. EVÉ *de la Guiane.* (a) Tête séparée & vue en-dessus. (b) Fleur entière. (c) Calice propre. (d) Corolle coupée dans sa longueur. (e) Pistil. (f, g) Ovaire couronné par le calice. (h) Partie de la plante, montrant les feuilles & les fleurs.

155. CARPHALE.

Caract. essent.

CAL. supérieur , 4-phylle, scarieux. Cor. tubuleuse. Caps. couronnée par le calice, 2-locul. polysperme.

Caract. nat.

Cal. supérieur , tétraphylle : à folioles ovales , scarieuses, veineuses, persistantes.
Cor. infundibuliforme; à tube long , grêle , ventru supérieurement , velu dans l'intérieur. Limbe 4-fide , à lobes pointus.
Etam. Quatre filamens très-courts , attachés au tube. Anthères linéaires , droites.
Pist. Un ovaire inférieur. Style sétacé, plus long que la corolle. Stigmate bifide.
Peric. Capsule couronnée par le calice , biloculaire , bivalve , polysperme : à cloison opp. aux valves , & qui se partage en deux.
Sem . . . . .

Tableau des espèces.

1347. CARPHALE *de Madagascar.* Dict. suppl.
C. à feuilles opp. linéaires-lancéolées, corymb. glomerulé.
L. n. L'isle de Madag. ♄ *Arbrisseau.*

Pist. Germen inferum , ovatum. Stylus brevis. Stigma bilobum.
Peric . . . . .
Sem . . . .

Conspectus specierum.

1346. EVEA *Guianensis.* T. 59.
E. capitulis axillaribus brevissime pedunculatis.
E Guianæ sylvis. ♄ *Aff. topogamex.*

Explicatio iconum.

Tab. 59. EVEA *Guianensis.* (a) Capitulum separatum supra spectatum. (b) Flos integer. (c) Calyx proprius. (d) Corolla longitudinaliter secta. (e) Pistillum. (f, g) Germen calyce coronatum. (h) Pars plantæ foliis floresque exhibens. *Fig. ex Aubl.*

155. CARPHALEA.

Charact. essent.

CAL. superus , 4-phyllus , scariosus. Cor. tubulosa. Capsula calyce coronata, 2 locularis, polysperma.

Charact. nat.

Cal. superus , tetraphyllus : foliolis ovatis venosis scariosis persistentibus.
Cor. infundibuliformis ; tubo longo, gracili, supernè ventricoso , intus hirsuto. Limbus quadrifidus : lobis acutis.
Stam. Filamenta quatuor , brevissima , tubo inserta. Antheræ lineares , erectæ.
Pist. Germen inferum. Stylus setaceus, corolla longior. Stigma bifidum.
Peric. Capsula calyce coronata , bilocularis , bivalvis , polysperma : dissepimento valvis opposito, bipartibili.
Sem . . . .

Conspectus specierum.

1347. CARPHALEA *Madagascariensis.* T. 59.
C. foliis oppositis lineari-lanceolatis, corymbo glomerato.
Ex Insula Madag. ♄ *Carphalea. Juss.* 198.

Explication des fig.   *Explicatio iconum.*

Tab. 19. CARPHALE de Madagascar. (a , b , c) Rameaux (les plus vieux nuds , les plus jeunes feuillés) de grandeur naturelle. (d) Cyme corymbiforme , glomerulée. (e) Bouton de fleur. (f) Fleur épanouie. (g) Corolle coupée dans sa longueur. (h) Ovaire couronné par le calice.

Tab. 19. CARPHALEA Madagascariensis. (a , b , c) Ramuli (vetustiores nodi , juniores foliosi) naturali magnitudine. (d) Cyma corymbiformis glomerata. (e) Flos non expansus. (f) Idem expansus. (g) Corolla longitudinaliter secta. (h) Germen calyce coronatum.

156. K N O X I E.

156. K N O X I A.

Caract. essent.   *Charact. essent.*

CAL. supérieur, à 4 dents. Cor. infundibuliforme. Caps. 2-loculaire, se partageant en 2 parties attachées sup. à un axe filif. Sem. solit.

CAL. superus, 4-dentatus. Cor. infundibuliformis. Caps. 2-locularis , 2 partibilis : segmentis axi filiformi supra annexis. Sem. solit.

Caract. nat.   *Charact. nat.*

Cal. supérieur, très-court, à quatre dents.
Cor. monopétale , infundibuliforme. Tube plus long que le calice. Limbe régulier, partagé en quatre.
Etam. Quatre filamens capillaires , attachés à la corolle. Anthères oblongues.
Pist. Ovaire inférieur ; style filiforme , de la longueur des étamines. Deux stigmates.
Péric. Capsule inférieure , ovale , biloculaire , se partageant en deux parties monospermes , applaties en leur face interne , convexes-anguleuses en-dehors , & attachées sup. à un axe filiforme.
Sem. solitaires.

Cal. superus, brevissimus , quadridentatus.
Cor. monopetala , infundibuliformis. Tubus calyce longior. Limbus æqualis , quadripartitus.
Stam. Filamenta quatuor , capillaria , corollæ inserta. Antheræ oblongæ.
Pist. Germen inferum. Stylus filiformis , longitudine staminum. Stigmata duo.
Péric. Capsula infera , ovata , bilocularis , bipartibilis : segmentis monospermis , internè planis , extus convexo-angulatis , axi filiformi supra annexis.
Sem. solitaria.

Tableau des espèces.   *Conspectus specierum.*

1348. KNOXIE de Ceylan. Dict. 3. p. p. 369.
K. à fleurs en épi presqu'en grappe , calice irrégulier.
L. n. L'île de Ceylan.

1348. KNOXIA Zeylanica. T. 59. f. 1.
K. floribus spicato - racemosis , calyce inæquali.
Ex inf. Zeylonæ. Burm. ind. t. 13. 2.

1349. KNOXIE pourpre. Dict. suppl.
K. à fleurs presqu'en corymbe , calice régulier.
L. n. La Virginie.

1349. KNOXIA purpurea.
K. floribus subcorymbosis , calyce æquali.
E Virginia. Houstonia purpurea. Lin.

1350. KNOXIE roide.
L. n. L'île de Ceylan. Port & fleurs inconnus.

1350. KNOXIA stricta. T. 59. f. 2.
Ex inf. Zeylonæ. Garm. p. 122. t. 25.

Explication des fig.   *Explicatio iconum.*

Tab. 19. F. 1. KNOXIE de Ceylan. Tab. 19. f. 2. KNOXIE roide. (a) Fruit entier. (b) Le même se par-

Tab. 59. f. 1. KNOXIA Zeylanica. Fig. ex Burm. Tab. 59. f. 2. KNOXIA stricta. (a) Fructus integer. (b) Idem

K k 2

tigeant & se séparant de l'axe. (e) Le même coupé transversalement. (4) Segment du fruit s'ouvrant en trois parties à son sommet. 3) Semence séparée. (f, g) La même coupée en travers & dans sa longueur. (h) Embryon.

ab xal dehiscens. (c) Idem transversè sectus. (d) Capsulæ segmentum apice trifarium dehiscens. (e) Semen separatum. (f, g) Idem transversè & longitudinaliter dissectum. (h) Embryo. Fig. ex D. Gærtn.

157. GAILLET.

Caract. essent.

CAL. supérieur, à peine perceptible, ou très-petit, à 4 dents. Cor. en roue. 2 coques arrondies.

Caract. nat.

Cal. supérieur, à peine apparent, ou très-petit, à 4 dents.
Cor. monopétale, en roue, partagée en 4 découpures pointues ; à tube nul.
Etam. Quatre filamens subulées, plus courts que la corolle. Anthères ovales.
Pist. Ovaire inférieur, didyme. Style semi-bifide, de la longueur des étamines. Stigmates globuleux.
Péric. Deux petites coques (ou capsules), arrondies, connées.
Sem. Deux, semi-globuleuses, jointes ensemble.

Tableau des espèces.

* Verticilles à feuilles quaternées.

1351. GAILLET feuilles-de-garance. Dict. n° 1.
G. à feuilles quaternées lancéolées trinerves scabres en-dessous, tige droite, fruits glabres.
L. n. L'Europe australe. ✿

1352. GAILLET articulé. Dict. suppl.
G. à feuilles quaternées ovales trinerves scabres, tige montante : articulations noueuses.
L. n. Le Levant. ✿ Panicule glomerulée.

1353. GAILLET boréal. Dict. n° 2.
G. à feuilles quaternées linéaires-lancéolées trinerves glabres, fruits subhispides.
L. n. Les prés & les monts de l'Europe. ✿

1354. GAILLET à feuilles obrondes. Dict. n° 7.
G. à feuilles quaternées ovales-arrondies trinerves ciliées, panicule lâche, fruits hispides.
L. n. Les monts de la France, la Suisse, &c.

157. GALIUM.

Charact. essent.

CAL. superus, obsoletus, vel minimus, 4-dentatus. Cor. rotata. Cocc. 2, subrotundæ.

Charact. nat.

Cal. superus, obsoletus, vel minimus, quadridentatus.
Cor. monopetala, rotata, quadripartita, acuta : tubo nullo.
Stam. Filamenta quatuor, subulata, corolla breviora. Antheræ ovatæ.
Pist. Germen inferum, didymum. Stylus semibifidus, longitudine staminum. Stigmata globosa.
Péric. Cocculæ (s. capsulæ) duæ, subrotundæ, coalitæ.
Sem. Duo, semi-globosa, coalita.

Conspectus specierum.

* Verticilli foliis quaternis.

1351. GALIUM rubioides.
G. foliis quaternis lanceolatis trinerviis subtus scabris, caule erecto, fructibus glabris.
Ex Europa australi. ✿

1352. GALIUM articulatum.
G. foliis quaternis ovatis trinerviis scabris, caule ascendente : articulis nodosis.
Ex Oriente. ✿ G. rubioides. Var. θ. Dict.

1353. GALIUM boreale.
G. foliis quaternis lineari-lanceolatis trinerviis glabris, fructibus subhispidis.
Ex Europæ pratis & moribus. ✿

1354. GALIUM rotundifolium.
G. foliis quaternis ovato-rotundatis trinerviis ciliatis, panicula laxa, fructibus hispidis.
Ex alpibus Galliæ, Helvetiæ, &c.

1355. GAILLET trifide. Dict. n°. 5.
G. à feuilles quaternées linéaires, tige couchée scabre, corolles trifides.
L. n. Le Danemarck, le Canada.

1356. GAILLET des Bermudes. Dict. n° 6.
G. à feuilles quaternées, rameaux très-ramifiés, fruit presque lanugineux.
L. n. La Virginie. Feuilles ovales.

1357. GAILLET des marais. Dict. n°. 7.
G. à feuilles quaternées ovoïdes inégales, tiges diffuses.
L. n. Les lieux marécageux de l'Europe. ♃
β. Le même plus grand, à feuilles presque quinées.

1358. GAILLET hérissé. Dict. n° 27.
G. à feuilles subquaternées lancéolées hérissées, tiges diffuses, fl. axill. presque sessiles.
L. n. Monte-Video. Commerf.

1359. GAILLET éricoïde. Dict. n° 26.
G. à feuilles subquaternées lancéolées hispides roulées sur les bords, fruits hérissés axillaires presque sessiles.
L. n. Monte-Video. Commerf. Aiguilles prolif.

1360. GAILLET lanugineux. Dict. suppl.
G. à feuilles subquaternées lancéolées nues, tiges lanugineuses, pédoncules uniflores axill.
L. n. L'Inde. Feuilles & fruits glabres.

* * Verticilles à 5 feuilles ou davantage. (Fl. blanches.)

1361. GAILLET blanc. Dict. n°. 8.
G. à 8 feuilles ovales-linéaires presque dentées très-ouvertes, tige foible, ram. ouverts.
L. n. L'Europe. ♃

1362. GAILLET des bois. Dict. n° 9.
G. à env. 8 feuilles elliptiques-lancéolées scabres sur les bords, tige presque cylindrique noueuse, panicule capillaire.
L. n. Les bois de l'Eur. ♃ F. un peu larges.

1363. GAILLET feuilles-de-lin. Dict. n°. 10.
G. à env. 7 feuilles linéaires-lancéolées lisses, tige droite, pédoncules paniculés capillaires.
L. n. L'Italie. ♃ Feuilles longues.

1355. GALIUM trifidum.
G. foliis quaternis linearibus, caule procumbente scabro, corollis trifidis. L.
E Dania, Canada.

1356. GALIUM Bermudianum.
G. foliis quaternis, ramis ramosissimis, fructu sublanuginoso.
E Virginia. Pluk. t. 248. f. 6.

1357. GALIUM palustre.
G. foliis quaternis obovatis inæqualibus, caulibus diffusis. L.
Ex Europa uliginosa. ♃
β. Idem majus, foliis subquinis.

1358. GALIUM hirtum.
G. foliis subquaternis lanceolatis binis, caulibus diffusis, floribus axillaribus subsessilibus.
E Monte Video. An valantia hypocarpa. L.

1359. GALIUM ericoides.
G. foliis subquaternis lanceolatis hispidis margine revolutis, fructibus echinatis axillaribus subsessilibus.
E Monte-Video. Caules prostrati diffusi.

1360. GALIUM lanuginosum.
G. foliis subquaternis lanceolatis nudis, caulibus lanuginosis, pedunculis unifl. axill.
Ex India. Sonnerat.

* * Verticilli foliis quinis pluribusve : (Flores albi.)

1361. GALIUM mollugo.
G. foliis octonis ovato-linearibus subserratis patentissimis, caule flaccido, ramis patentibus.
Ex Europa. ♃

1362. GALIUM sylvaticum.
G. foliis suboctonis elliptico-lanceolatis margine scabris, caule subtereti nodoso, panicula capillari.
Ex Europæ sylvis. ♃ F. latiuscula.

1363. GALIUM linifolium.
G. foliis subseptenis lineari-lanceolatis lævibus, caule erecto, ped. paniculatis capillaribus.
Ex Italia. ♃ Caulis teres ; ramis tetragoni.

1364. GAILLET glauque. Dict. n° 11.
G. à env. 8 feuilles linéaires mucronées canaliculées en-dessous, tige lisse, fleurs un peu
campanulées.
L. n. La France austr. la Suisse, &c. ⚥

1365. GAILLET à ombelles. Dict. n° 12.
G. à env. 7 feuilles linéaires-lancéolées mucronées, tiges ascendantes, fl. presqu'en
ombelle.
L. n. La France, aux l. montagneux.

1366. GAILLET couché. Dict. n° 13.
G. à env. 6 feuilles linéaires-lancéolées, fortement mucronées un peu âpres, tiges couchées, très-rameuses.
L. n. La France, &c.

1367. GAILLET muscoïde. Dict. n° 14.
G. à six feuilles linéaires très-aiguës droites
un peu luisantes, fleurs axill. solitaires presque sessiles.
L. n. Les Pyrénées.

1368. GAILLET nain. Dict. n°. 15.
G. à six ou sept feuilles linéaires-sétacées lisses
à deux sillons en-dessous, fl. pédonculées
presqu'en ombelle.
L. n. Les Pyrénées.

1369. GAILLET à gazons. Dict. suppl.
G. à env. sept feuilles linéaires-subulées aristées, pédoncules uniflores courts presqu'en
ombelle.
L. n. Les montagnes de la France. Tige de
2 à 3 pouces.

1370. GAILLET de roche. Dict. n° 16.
G. à six feuilles ovoïdes obtuses, tige très-
ram. couchée.
L. n. Les mont. de la France, &c. ⚥

1371. GAILLET divergent. Dict. n°. 17.
G. à env. sept feuilles linéaires hispides, tige
paniculée sup. par des rameaux dichotomes,
divergens & capillaires.
L. n. Les lieux pierreux & sabl. de la France.

1372. GAILLET de Provence. Dict. n° 18.
G. à six ou huit feuilles linéaires roïdes scabres
sur les bords, panicules petites terminales.
L. n. La France auste. l'Italie. ⚥

1364. GALIUM glaucum.
G. foliis suboctonis linearibus mucronatis
subtus canaliculatis, caule lævi, floribus subcampanulatis.
E Gallia austr. Helvetia, &c. ⚥

1365. GALIUM umbellatum.
G. foliis subseptenis lineari-lanceolatis mucronatis, caulibus ascendentibus, floribus
subumbellatis.
E Gallia, in montosis.

1366. GALIUM supinum.
G. foliis subsenis lineari-lanceolatis exquisite
mucronatis subaspris, caulibus prostratis
ramosissimis.
E Gallia, &c.

1367. GALIUM muscoides.
G. foliis senis linearibus acutissimis erectis ni-
tidulis, flor. axillaribus foliariis subsessilibus.
In Pyrenæis. G. Pyrenaicum. Gouan. Ill.

1368. GALIUM pumilum. T. 60. f. 2.
G. foliis senis septenisve lineari-setaceis subtus bisulcatis lævibus, floribus pedunculatis
subumbellatis.
E Pyrenæis.

1369. GALIUM cespitosum.
G. foliis subseptenis lineari-subulatis aristatis,
pedunculis unifloris brevibus subumbellatis.
E Galliæ montibus. Præcedenti affinis.

1370. GALIUM saxatile.
G. foliis senis obovatis obtusis, caule ra-
mosissimo procumbente. L.
E Galliæ montibus, &c.

1371. GALIUM divaricatum.
G. foliis subseptenis linearibus hispidis, caule
superne ramis capillaribus dichotomis & divaricatis paniculato.
E Galliæ petrosis & arenosis.

1372. GALIUM Provinciale.
G. foliis senis octonisve linearibus rigidis mar-
gine scabris, paniculis parvis terminalibus.
E Gallia australi, Italia. ⚥

1373. GAILLET *mucroné*. Dict. n° 19.
G. velu inférieurement, à env. huit feuilles
fpinuleufes au fommet, péd. rameux courts
capillaires, corolles ariftées mucronées.
L. n. Les mont. de la France auftrale.

1374. GAILLET *accrochant*. Dict. n° 20.
G. à huit feuilles lancéolées, fcabres & accrochantes fur les carènes, artic. velues, fruits
hifpides.
L. n. L'Eur. dans les haies. ☉ *Le Grateron.*

1375. GAILLET *bâtard*. Dict. n°. 21.
G. à fix ou fept feuilles lancéolées fcabres:
accrochantes fur leur côte, fruit glabre.
L. n. L'Europe, dans les champs. ☉.

(*Fl. jaunes ou rougeâtres.*)

1376 GAILLET *jaune*. Dict. n° 22.
G. à huit feuilles linéaires fort étroites roulées par les bords; pédoncules courts en
grappes prefqu'en épi.
L. n. L'Europe. ♃

1377. GAILLET *rouge*. Dict. n° 23.
G. à env. fix feuilles linéaires étroites fcabres
fur les bords, tige paniculée fup. pédoncules
uniflores.
L. n. La France auftrale, l'Italie.

1378. GAILLET *maritime*. Dict. n° 24.
G. à cinq ou fix feuilles lancéolées hériffées
de poils, pédoncules unifl. axil. fruits velus.
L. n. L'Europe auftrale, le Levant.

1379. GAILLET *velu*. Dict. n°. 25.
G à huit feuilles linéaires-lancéolées velues
réfléchies, fl. en grappes fpiciformes, pédoncules divifés très-courts hériffés de poils.
L. n. L'Efpagne. ♃

1380. GAILLET *de Tunis*. Dict. n° 28.
G. à lain ou dix feuilles linéaire-fétacées
roulées par les bords prefque glabres, fleurs
paniculées, pédoncules & ovaires hériffés de
poils.
L. n. La Barbarie.

1381. GAILLET *grec*. Dict. n° 29.
G. hériffé, à env. fix feuilles linéaires-lancéo-
lées, tiges ligneufes.
L. a. L'ifle de Candie, &c. ♄

1373. GALIUM *mucronatum*.
G. inferne hirtum; foliis fuboctonis apice fpi-
nulofis, pedunculis ramofis brevibus capillaribus, corollis ariftato-mucronatis.
Ex alpibus Galliæ auftralis. *G. obliquum. Vill?*

1374. GALIUM *aparine*.
G. foliis octonis lanceolatis : carinis-fcabris
retrorfum aculeatis, geniculis villofis, fructibus hifpidis. L.
Ex Europæ fepibus. ☉ *Fl. laterales.*

1375. GALIUM *fpurium*.
G. foliis fenis lanceolatis fcabris :
carinis retrorfum aculeatis, fructu glabro.
Ex Europæ arvis. ☉

(*Fl. lutei vel rubelli.*)

1376. GALIUM *verum*.
G. foliis octonis linearibus peranguftis margine revolutis, pedunculis brevibus racemofo-fpicatis.
Ex Europa. ♃

1377. GALIUM *rubrum*.
G. foliis fubfenis linearibus anguftis margine
fcabris, caule fuperne paniculato, pedunculis
unifloris.
E Gallia auftrali, Italia.

1378. GALIUM *maritimum*.
G. foliis quinis lanceolatis villofo-hir-
tis, ped. unifl. axillaribus, fructibus villofis.
Ex Europa auftrali, Oriente.

1379. GALIUM *villofum*.
G. foliis octonis lineari-lanceolatis villofis
reflexis, floribus racemofo-fpicatis, pedunculis divifis breviffimis villofo-hirtis.
Ex Hifpania. ♃ *Barrel. ic. 81.*

1380. GALIUM *Tunetanum*.
G. foliis octonis denisve lineari-fetaceis margine revolutis glabriufculis, floribus paniculatis, pedunculis germinibusque hirtis.

E Barbaria.

1381. GALIUM *græcum*.
G. hirtum, foliis fubfenis lineari-lanceolatis,
caulibus lignofis. L.
E Creta, &c. ♄

1382. GAILLET. *parisien.* Diâ. n°. 30.
G. à env. six feuilles linéaires-lancéolées scabres sur les bords, tiges accrochantes, fruits glabres, panicules terminales.
L. n. La France, l'Angleterre, &c.

1382. GALIUM *parisiense.*
G. foliis subsenis lineari-lanceolatis margine scabris, caulibus retrorsum aculeatis, fructibus glabris, paniculis terminalibus.
E Gallia, Anglia, &c.

1383. GAILLET *sétacé.* Diâ. n° 31.
G. à six ou sept feuilles linéaires très-étroites, tige lisse, fruits hispides.
L. n. L'Espagne. *Tiges de 3 pouces.*

1383. GALIUM *setaceum.*
G. foliis senis septenisve linearibus angustissimis, caule lævi, fructibus hispidis.
Ex Hispania. *Caules 3-pollicares.*

1384. GAILLET à gros fruits. Diâ. n° 32.
G. à cinq feuilles lancéolées-elliptiques acuminées, ombelles très-petites sessiles.
L. n. L'Europe australe. *Pl. d'un pouce & demi.*

1384. GALIUM *megalospermum.*
G. foliis quinis lanceolato-ellipticis acuminatis, umbellis minimis sessilibus.
Ex Europa australi. *Pl. sesquipollicaris.*

Observ. Outre les espèces mentionnées ci-dessus, je passe sous silence plusieurs autres plantes aussi de ce genre, mais qui ne me paroissent pas constituer des espèces distinctes, quoiqu'on aient dit certains auteurs, qui ont essayé de les distinguer.

Observ. Præter supra memoratas species plures alias plantas prætermitto quas ad genus Galium equidem pertinent, sed distinctas species nequaquam constituere videntur, quidquid de his quidam autores statuerim.

Explication des fig.

Explicatio iconum.

Tab. 60. fig. 1. Fructification du Gaillet, d'après Miller. (a, b) Fleur entière. (c) Corolle. (d) Examinée. (e) Pistil. (f, g) Capsules. (h) Semences.
Tab. 60. f. 2. GAILLET nain. Tab. 60. f. 3. GAILLET aparine. (a, b) Fleur. (c, d, e) Capsules, sem.

Tab. 60. fig. 1. Fructificatio Galii, ex Millero. (a, b) Flos integer. (c) Corolla. (d) Examen. (e) Pistillum. (f, g) Capsula. (h) Semina.
Tab. 60. f. 2. GALIUM pumilum. Tab. 60. f. 3. GALIUM aparine (a, b) Flos. (c, d, e) Capsula, semen. Fig. ex Tournef.

158. GARANCE.

Caract. essent.

Cal. supérieur, très-petit, à 4 dents. Cor. campanulée. 2 baies 1-spermes.

Caract. nat.

Cal. supérieur, très-petit, à 4 dents.
Cor. monopétale, campanulée, à 4 ou 5 divisions, ovales-pointues, ouvertes.
Etam. Quatre filamens subulés, plus courts que la corolle. Anthères simples.
Pist. Ovaire inférieur, turbiné-globuleux, didyme. Style bifide supér. Stigmates capités.

Péric. Deux baies globuleuses, connées, glabres.
Sem. solitaires, arrondies, ombiliquées.

158. RUBIA.

Charact. essent.

Cal. superus, minimus, 4-dentatus. Cor. campanulata. Baccæ 2, 1-spermæ.

Charact. nat.

Cal. superus, minimus, quadridentatus.
Cor. monopetala, campanulata, 4 f. 5-partita: laciniis ovato-acutis, patentibus.
Stam. Filamenta quatuor, subulata, corolla breviora. Antheræ simplices.
Pist. Germen inferum, turbinato-globosum, didymum. Stylus superne bifidus. Stigmata capitata.

Peric. Baccæ duæ, globosæ, coalitæ, glabræ.
Sem. solitaria, subrotunda, umbilicata.

Tableau

Tableau des espèces.

1385. GARANCE *des teinturiers*. Dict. n° 1.
G. à cinq feuilles lancéolées très-rudes sur les
bords & leur carène, tige munie d'aspérités.
L. n. L'Europe australe. ♃

1386. GARANCE *luisante*. Dict. n° 2.
G. à feuilles quaternées ovales-elliptiques acu-
minées luisantes, tiges persistantes.
L. n. L'île Majorque, la Barbarie. ♄

1387. GARANCE à *feuilles étroites*. Dict. n° 3.
G. à quatre ou cinq feuilles linéaires pointues
très-scabres, tiges diffuses persistantes.
L. n. L'île Minorque, Gibraltar. ♄

1388. GARANCE *fruticueuse*. Dict. suppl.
G. à env. six feuilles lancéolées-elliptiques
scabres sur les bords & la carène, tige frutescente.
L. n. Les îles Canaries. ♄ Tige de 4 à 5 pieds.

1389. GARANCE *lisse*. Dict. suppl.
G. à environ huit feuilles linéaires-lancéolées
mucronées lisse, tiges sans aspérités.
L. n. La Barbarie.F. à bords roulés en-dessous.

1390. GARANCE à *feuilles en cœur*. Dict. n°. 4.
G. à feuilles subquaternées en cœur oblongues
pétiolées trinerves scabres & dessus & sur les
bords.
L. n. La Sibérie, la Chine. ♃ Tige herbacée.

Explication des fig.

Tab. 60. f. 1. GARANCE *des teinturiers*. (a, b)
Fleur entière. (c) Corolle séparée. (d) Ovaire. (e)
2 baies jointes ensemble. (f) Une baie séparée. (g, h)
Sem. Fig. d'après Tournef. (i) Sommité de la plante.

Tab. 60. f. 2. GARANCE à *feuilles étroites*.

159. ASPERULE.

Caract. essent.

CAL. supérieur, très-petit, à 4 dents. Cor. infundibuliforme. Deux caps. globuleuses, non-
couronnées.

Botanique. Tome I.

Conspectus specierum.

1385. RUBIA *tinctorum*. T. 60. f. 1.
R. foliis quinis fenique lanceolatis margine
& carina asperrimis, caule aculeato.
Ex Europa australi. ♃.

1386. RUBIA *lucida*.
R. foliis quaternis ovato-ellipticis acuminatis
lucidis, caulibus perennantibus.
E Majorca, Barbaria. ♄

1387. RUBIA *angustifolia*. T. 60. f. 2.
R. foliis quaternis quinifve linearibus acutis
scaberrimis, caulibus diffusis perennantibus.
E Minorca, Gibraltaria. ♄

1388. RUBIA *fruticosa*.
R. foliis subfenis lanceolato-ellipticis margine
carinaque scabris, caule frutescente.
E Canariis. ♄ R. *fruticosa* Jacq coll 1 p.
71. & ic. rar.

1389. RUBIA *lævis*.
R. foliis subodonis lineari-lanceolatis mucro-
natis lævibus, caule lævigaro.
E Barbaria. R. *lævis*. D. Poiret. Voy. x. p. 111.

1390. RUBIA *cordifolia*.
R. foliis subquaternis cordato-oblongis petiolatis trinerviis supernè marginibusque scabris.

E Sibiria, China. ♃ Pallas it. vol 3. tab. I. f. 1.

Explicatio iconum.

Tab. 60. f. 1. RUBIA *tinctorum*. (a, b) Flos integer. (c) Corolla separata. (d) Germen. (e) Baccæ duæ
coalitæ. f) Bacca unica soluta. (g, h) Semina. Fig.
ex Tournef. (i) Summitas plantæ.

Tab. 60. f. 2. RUBIA *angustifolia*.

159. APERULA.

Charact. essens.

CAL. superus, minimus, 4-dentatus. Cor. infundibuliformis. Caps. duæ, globosæ, non
coronatæ.

Ll

Caract. nat.

Cal. supérieur, très-petit, à quatre dents.
Cor. monopétale, infundibuliforme. Tube presque cylindrique. Limbe partagé en quatre.
Etam. Quatre filamens, attachés vers le sommet du tube. Anthères simples.
Pist. Ovaire inférieur, arrondi, didyme. Style filiforme, bifide supérieurement. Stigmates capités.
Péric. Deux capsules globuleuses, réunies, non couronnées.
Sem. solitaires, arrondies.

Charact. nat.

Cal. superus, minimus, quadridentatus.
Cor. monopetala, infundibuliformis. Tubus cylindraceus. Limbus quadripartitus.
Stam. Filamenta quatuor, ad apicem tubi inserta. Antheræ simplices.
Pist. Germen inferum, subrotundum, didymum. Stylus filiformis, superne bifidus. Stigmata capitata.
Peric. Capsulæ duæ, globosæ, coalitæ, non coronatæ.
Sem. solitaria, subrotunda.

　　　　Tableau des espèces.　　　　　　　　　*Conspectus specierum.*

1391. ASPERULE *odorante.* Dict. n°. 1.
　A. à huit feuilles lancéolées, faisceaux de fleurs pédonculés.
　L. *n.* L'Eur. dans les bois, les lieux couv. ℞

1391. ASPERULA *odorata.* T. 61.
　A. foliis octonis lanceolatis, florum fasciculis pedunculatis. L.
　Ex Europæ sylvis & umbrosis. ℞

1392. ASPERULE *des champs.* Dict. n°. 2.
　A. à six feuilles, fleurs terminales sessiles, ramassées.
　L. *n.* L'Eur. dans les champs. ☉ *Fl. bleues.*

1392. ASPERULA *arvensis.*
　A. foliis senis, floribus terminalibus sessilibus aggregatis. L.
　Ex Europæ arvis. ☉ *Fl. cærulei.*

1393. ASPERULE *trinerve.* Dict. n° 3.
　A. à feuilles quaternées ovales-lancéolées trinerves, fl. fasciculées terminales.
　L. *n.* Les montagnes de la Suisse, l'Italie. ℞

1393. ASPERULA *taurina.*
　A. foliis quaternis ovato-lanceolatis trinervis, floribus fasciculatis terminalibus.
　Ex alpibus Helvetiæ, Italiæ. ℞

1394. ASPERULE *lisse.* Dict. n°. 7.
　A. à feuilles quaternées elliptiques presque lisses sans nervures, pédoncules courts, fruits à peine scabres.
　L. *n.* L'Europe australe. ℞

1394. ASPERULA *lævigata.*
　A. foliis quaternis ellipticis enerviis læviusculis, pedunculis brevibus, fructibus subscabris.
　Ex Eur. australi. ℞ *Dist. a galio rotundifolio.*

1395. ASPERULE *à feuilles épaisses.* Dict. n°. 4.
　A. à feuilles quaternées oblongues obtuses pubescentes roulées en leurs bords.
　L. *n.* Le Levant, l'île de Candie. ℞

1395. ASPERULA *crassifolia.*
　A. foliis quaternis oblongis lateribus revolutis obtusiusculis pubescentibus. L.
　Ex oriente, Creta. ℞

1396. ASPERULE *rubéole.* Dict. n°. 5.
　A. à feuilles linéaires : les inférieures six à six ; les intermédiaires quaternées, tige foible, fl. ramassées par faisceaux.
　L. *n.* Les collines & les lieux secs de l'Eur. ℞

1396. ASPERULA *tinctoria.*
　A. foliis linearibus : inferioribus senis, intermediis quaternis, caule flacido, floribus fasciculatim congestis.
　Ex Europæ collibus & siccis. ℞

1397. ASPERULE *de roche.* Dict. n° 6.
　A. à environ six feuilles linéaires, tige très-rameuse, fl. ram. fasciculées, tube filiforme.
　L. *n.* La France australe, l'Espagne. ℞

1397. ASPERULA *saxatilis.*
　A. foliis subsenis linearibus, caule ramosissimo, floribus congesto-fasciculatis, tubo filiformi.
　E Gallia austr. Hispania. ℞ *Allion. t. 77. f. 3 ?*

1398. ASPERULE *barbue*. Did. n° 9.
A. à feuilles linéaires un peu charnues ; les inf.
quaternées , fleurs subternées ariftées.
L. n. L'Europe auftrale.

Explication des fig.

Tab. 61. ASPERULE *odorata*. (a) Fleur entière.
(b) Corolle coupée & ouverte. (c, d) Panicule fructifère. (e) Plante de grandeur naturelle.

160. SHERARDE.

Carad. effent.

CAL. fupérieur, à 4 dents. Cor. infundibuliforme,
4-fide. Fruit 2-fperme, couronné par le calice.

Charad. nat.

Cal. fupérieur, à 4 dents , perfiftant.
Cor. monopétale , infundibuliforme , tube prefque cylindr. long. Limbe partagé en quatre.
Etam. Quatre filamens fitués au fommet du
tube. Anthères fimples.
Pift. Ovaire inférieur , oblong , didyme. Style
filiforme , bifide fupérieurement. Stigmates
capités.
Peric. Fruit (capfule ou baie) oblong , dif
perme , couronné , fe partageant en deux.
Sem. folitaires , oblongues , couronnées par des
pointes calicinales, convexes d'un côté, planes
de 'autre.

Tableau des efpèces.

1399. SHERARDE *des champs*. Did.
S. à feuilles toutes verticillées, env. fix en-
femble , fl. fafciculées en ombelle terminales.
L. n. L'Europe, dans les champs. ☉ *Fl. bleues.*

1400. SHERARDE *des murs*. Did.
S. à feuilles florales géminées oppofées , fl.
géminées.
L. n. L'Italie, le Levant. ☉ *Buxb. cent. 2.
t. 30. f. 2.*

1401. SHERARDE *fétide*. Did.
S. à feuilles oppofées , linéaires-lancéolées ,
tige ligneuse, cimes corymbiformes terminales.
L. n. la Calabre, le Levant. ♄ *Baie oblongue,
rouge, couronnée , peu fuccul. fe partageant
en deux.*

1398 ASPERULA *ariftata*.
A. foliis linearibus fubcarnofis : inferioribus
quaternis, floribus fubternis ariftatis. L. f.
Ex Europa auftrali.

Explicatio iconum.

Tab. 61. ASPERULA *odorata*. (a) Flos integer. (b.
Corolla fciffa & aperta. (c , d) Panicula fructigera)
(e) Planta magnitudine naturali.

160. SHERARDIA.

Charad. effent.

CAL. fuperus, 4-dentatus. Cor. infundibuliformis, 4-fida. Fructus difpermus, cal. coronatus.

Charad. nat.

Cal. fuperus, quadridentatus , perfiftens.
Cor. monopetala, infundibuliformis, Tubus cylin-
draceus , longus. Limbus quadripartitus.
Stam. Filamenta quatuor , ad apicem tubi pofita.
Antheræ fimplices.
Pift. Germen inferum , oblongum , didymum.
Stylus filiformis , fuperne bifidus. Stigmata
capitata.
Peric. Fructus (capfula f. bacca) oblongus , dif-
permus , coronatus , bipartibilis.
Sem. folitaria , oblonga , apice acuminibus cali-
cinis coronata , hinc convexa , inde plana.

Confpectus fpecierum.

1399. SHERARDIA *arvenfis*. T. 61.
S. foliis omnibus verticillatis fubfenis , flori-
bus fafciculato-umbellatis terminalibus.
Fл Europæ arvis. ☉ *Fl. cærulei.*

1400. SHERARDIA *muralis*.
S. foliis floralibus binis oppofitis , binis
floribus. L.
Ex Italia, Oriente. ☉ *Forte potius valantia
fpec.*

1401. SHERARDIA *fætida*.
S. foliis oppofitis lineari-lanceolatis , caule fru-
ticofo , cymis corymbofis terminalibus.
E Calabria, Oriente. ♄ *Afperula calabr. s.
L. f. Suppl. 120. & hujus did. n° 8. L'H
Stirp. 65. t. 32. Pericar fætidiffima. cy-i
raf. 1. l.*

L l .7

1402. SHERARDE *frutiqueuse*. Dict.
S. à feuilles quaternées égales, tige ligneuse,
fleurs axillaires.
L. n. L'île de l'ascension. ♄ Fl. blanches.

Explication des fig.

Tab. 61. SHERARDE *des champs*. (a) Fleur entière.
(b) Corolle séparée. (c) Fruits terminaux, environnés
par un verticille de feuillets. (d, e) Semences séparées.
(f) Semence coupée transversalement. (g) Situation
naturelle de l'embryon.

161. CRUCIANELLE

Caract. essent.

COLLER. de 2 ou 3 folioles. Cal. O. Cor. tubuleuse, filiforme, supérieure. 2 caps. obl. nues.

Caract. nat.

Collerette propre de 2 ou 3 folioles linéaires-
lancéolées, carinulées, acuminées, conniventes, comprimées.
Cal. propre, nul.
Cor. monopétale, infundibuliforme. Tube filiforme. Limbe 4 ou 5-fide : à découp. acuminées, courbées en-dedans.
Etam. Quatre (ou cinq) filamens placés à l'orifice du tube. Anthères simples.
Pist. Ovaire inférieur, ovale, comprimé. Style
filiforme, bifide. Stigmates obtus ou capités.
Péric. Deux capsules qui ne s'ouvrent point,
réunies, nues.
Sem. solitaires, oblongues.

Tableau des espèces.

1403. CRUCIANELLE à f. étroites. Dict. n° 1.
C. droite, à six feuilles linéaires, fl. en épi.
L. n. La France australe. ☉

1404. CRUCIANELLE à f. larges. Dict. n° 2.
C. couchée, à feuilles quaternées lancéolées,
fleurs en épi.
L. n. La France austr. l'île de Candie. ☉

1405. CRUCIANELLE de Montpel. Dict. n° 3.
C. couchée, à feuilles aiguës : les caulinaires
quaternées ovales : les raméales linéaires, fl.
en épi.
L. n. La France austr. l'Italie, &c. ☉

1402. SHERARDIA *fruticosa*.
S. foliis quaternis æqualibus, caule fruticoso,
floribus axillaribus.
Ex insula adscensionis. ♄ S. *fruticosa*. Lin.

Explicatio iconum.

Tab. 61. SHERARDIA *arvensis*. (a) Flos integer. (b)
Corolla separata. (c) Fructus terminales foliorum verticillo cincti. (d, e) Semina separata. (f) Semen transverse sectum. (g) Embryo in situ naturali. Fig. fructus
ex D. Gæsa.

161. CRUCIANELLA

Charact. essent.

INVOLUCR. 2 l. 3-phyllum. Cal. O. Cor. tubulosa, filiformis, supera. C2 l. 2, obl. nudæ.

Charact. nat.

Involucrum proprium 2 l. 3-phyllum; foliolis
lineari-lanceolatis carinulatis acuminatis conn-
niventi-compressis.
Cal. proprius, nullus.
Cor. monopetala, infundibuliformis. Tubus fili-
formis. Limbus 4 l. 5 fidus : laciniis acumina-
tis inflexis.
Stam. Filamenta quatuor (l. quinque) in ore
tubi posita. Antheræ simplices.
Pist. Germen inferum, ovatum, compressum.
Stylus filif. bifidus. Stigm. obtusa, l. capitata.
Peric. Capsulæ duæ, non dehiscentes, con-
natæ, nudæ.
Sem. solitaria, oblonga.

Conspectus specierum.

1403. CRUCIANELLA *angustifolia*. T. 61.
C. erecta, foliis senis linearibus, fl. spicatis. L.
E Gallia australi. ☉

1404. CRUCIANELLA *latifolia*.
C. procumbens, foliis quaternis lanceolatis,
floribus spicatis.
E Gallia australi, Creta. ☉

1405. CRUCIANELLA *Monspeliaca*.
C. procumbens, foliis acutis : caulinis quaternis ovatis : ramis linearibus, floribus spicatis.

E Gallia australi, Italia, &c. ☉

1406. CRUCIANELLE *maritime*. Dict. n° 4.
C. couchée sousligneuse, à feuilles quaternées mucronées, fl. opposées quinquefides.
L. n. La France austr. l'Italie, &c. ♄

1407. CRUCIANELLE *d'Égypte*. Dict. n° 5.
C. à feuilles quaternées presque linéaires, fleurs en épi quinquefides.
L. n. L'Egypte. ☉

1408. CRUCIANELLE *étalée*. Dict. n° 6.
C. diffuse, à feuilles six à six, fleurs éparses.
L. n. L'Espagne. ☉

1409. CRUCIANELLE *ciliée*. Dict. n° 7.
C. à feuilles quaternées & géminées linéaires carinées, bractées ciliées en épi lâche, fruits couverts par-tout de tubercules.
L. n. Le Levant. ☉ *Tiges diffuses, de 6 pouces.*

1410. CRUCIANELLE *capitée*. Dict. suppl.
C. couchée sousligneuse, à six feuilles presque linéaires, fleurs capitées quinquefides.
L. n. Sur le Liban. ♄ *Fl. noirâtres.*

Explication des fig.

Tab. 61. CRUCIANELLE à *feuilles étroites*. (a) Fleur avec sa collerette propre. (b) Collerette 2-phylle. (c) Fleur sans collerette. (d, e) Collerette renfermant la capsule. (f, g) Capsule vue sur le dos & sur son côté int. qui est sillonné. (h) La même coupée en travers. (i) Situation naturelle de l'embryon. (l) Partie supérieure de la plante.

162. HÉDYOTE.

Caract. essent.

CAL. supérieur, à 4 dents. Cor. infundibuliforme. Caps. globuleuse-didyme, couronnée, 2-loculaire, polysperme, s'ouvrant au sommet par une fente transversale.

Caract. nat.

Cal. supérieur, persistant, à quatre dents pointues ou subulées.
Cor. monopétale, infundibuliforme : à limbe quadrifide, pointu.
Etam. Quatre filamens attachés au tube de la corolle, non saillans. Anthères arrondies.

1406. CRUCIANELLA *maritima*.
C. procumbens suffruticosa, foliis quaternis mucronatis, floribus oppositis quinquefidis.
E Gallia australi, Italia, &c. ♄

1407. CRUCIANELLA *Ægyptiaca*.
C. foliis quaternis sublinearibus, floribus spicatis quinquefidis. L.
Ex Ægypto. ☉

1408. CRUCIANELLA *patula*,
C. diffusa, foliis senis, floribus sparsis. L.
Ex Hispania. ☉

1409. CRUCIANELLA *ciliata*.
C. foliis quaternis binisque linearibus carinatis, bracteis ciliatis laxe spicatis, fructibus tuberculis undique tectis.
Ex Oriente. ☉ *Caules diffusi, semi-pedales.*

1410. CRUCIANELLA *capitata*.
C. procumbens suffruticosa, foliis senis sublinearibus, floribus capitatis quinquefidis.
E Libano. ♄ *La Billard. ic. pl. rar. dec. t. p. 12.*

Explicatio iconum.

Tab. 61. CRUCIANELLA *angustifolia*. (a) Flos cum involucro proprio. (b) Involucrum 2-phyllum. (c) Flos absque involucro. Fg. 12 Tournef. (d, e) Involucrum capsulam continens. (f, g) Capsula dorso & ventre spectata. (h) Eadem transverse secta. (i) Embryo in situ naturali. Fig. 12 D. Gæra. (l) Pars superior plantæ.

162. HEDYOTIS.

Charact. essent.

CAL. superus, 4-dentatus. Cor. infundibuliformis. Caps. globoso-didyma, coronata, 2-locularis, polysperma, apice rima transversali dehiscens.

Charact. nat.

Cal. superus, persistens, quadridentatus. Dentibus acutis vel subulatis.
Cor. monopetala, infundibuliformis : limbo quadrifido, acuto.
Stam. Filamenta quatuor, tubo corollæ inserta, inclusa. Antheræ subrotundæ.

Pist. Ovaire Inférieur, arrondi. Style simple, de la longueur des étamines ; stigmate bifide, obtus.

Péric. Capsule globuleuse-didyme, couronnée par le calice, biloculaire, s'ouvrant au sommet par une fente transversale.

Sem. nombreuses, petites, anguleuses, ou un peu scabres par des points saillans.

OBSERV. Nous réunissons ici les Oldenlandes & les Hédyotes de Linné, parce qu'elles nous paroissent véritablement congénères.

Tableau des espèces.

1411. HÉDYOTE *frutiqueuse.* Dict. n° 1.
H. à feuilles lancéolées pétiolées, corymbes terminaux garnis de collerette.
L. n. L'isle de Ceylan. ℏ

1412. HÉDYOTE *paniculée.* Dict. n° 2.
H. à feuilles lancéolées pétiolées, panicule branchue, β. glomerulées, corolles barbues intérieurement.
L. n. L'isle de Java. *Cor. profondiment 4-fida*

1413. HÉDYOTE *nerveuse.* Dict. n° 3.
H. à feuilles ovales-lancéolées nerveuses, tige velue, fleurs axillaires sessiles ramassées.
L. n. L'île de Java & de Ceylan. *Caps. très-petites.*

1414. HÉDYOTE *velue.* Dict. n° 4.
A. à feuilles ovales, tiges velues couchées, aisselles pauciflores.
L. n. L'Inde. *Esp. très-dist. de la précid.*

1415. HÉDYOTE *capitée.* Dict. n° 5.
H. à feuilles ovales-lancéolées nerveuses, stipules sétacées, têtes pédonculées axillaires.
L. n. Les Indes orientales.

1416. HÉDYOTE *à grappes.* Dict. n° 6.
H. à feuilles lancéolées, grappes paniculées pauciflores axillaires & terminales.
L. n. L'Inde.
β. *Elle varie à f. obtuses.*

1417. HÉDYOTE *herbacée.* Dict. n° 7.
H. à feuilles linéaires-lancéolées, tiges dichotomes paniculées, pédoncules opposés simples axillaires.

Pist. Germen Inferum, subrotundum. Stylus simplex longitudine staminum; stigma bifidum, obtusum.

Peric. Capsula globoso-didyma, calyce coronata, biloculari, apice rima transversali dehiscente.

Sem. numerosa, parva, angulata vel punctis elevatis subscabra.

OBSERV. Huc Oldenlandias & Hedyotides Linnæi conjungimus ; nobis enim videntur omnino congeneres.

Conspectus Specierum.

1411. HEDYOTIS *fruticosa.* T. 62. f. 1.
H. foliis lanceolatis petiolatis, corymbis terminalibus involucratis. L.
Ex insula Zeylonæ. ℏ *Hanc non vidi.*

1412. HEDYOTIS *paniculata.*
H. foliis lanceolatis petiolatis, panicula brachiata, floribus glomeratis, corollis interne barbatis.
Ex Java. *Cor. profunda 4 fida.*

1413. HEDYOTIS *nervosa.*
H. foliis ovato-lanceolatis nervosis, caule hirsuto, floribus axillaribus sessilibus congestis.
Ex Java, Zeylona. *An H. auricularia.* L.

1414. HEDYOTIS *hirsuta.*
H. foliis ovatis, caulibus hirsutis procumbentibus, axillis paucifloris.
Ex India. *Rheed. mal.* 10. t. 32.

1415. HEDYOTIS *capitata.*
H. foliis ovato-lanceolatis nervosis, stipulis setaceis, capitulis pedunculatis axillaribus.
Ex Indiis orientalibus.

1416. HEDYOTIS *racemosa.* T. 62. f. 2.
H. foliis lanceolatis, racemis paniculatis paucifloris axillaribus & terminalibus.
Ex India. *An Old. paniculata.* L.
β. *Variat foliis obtusis.*

1417. HEDYOTIS *herbacea.*
H. foliis lineari-lanceolatis, caulibus dichotomo-paniculatis, pedunculis oppositis axillaribus simplicibus.

L. n. L'Inde, l'ifle de Ceylan. *Pl. glabre*, à port des Oldenlandes de Linné.

Ex India, Zeylona. *S. hangonom-pulli. Rheed. mal.* 10, *t* 23. *H. herbacea. Meerburg. t.* 2.

1418. HEDYOTE *graminée*. Dict. n° 8.
H. à feuilles linéaires, tige couchée, panicule en grappe unilatérale, péd. fe tournant vers le foleil.
L. n. Les Indes orientales. ♈

1418. HEDYOTIS *graminifolia*.
H. foliis linearibus, caule decumbente, panicula racemofa fecunda, pedunculis folitiquis. L. f.
Ex Indiis orientalibus. ♈

1419. HÉDYOTE *naine*. Dict. n° 9.
H. à feuilles ovales pointues, fl. alternes pédonculées.
L. n. L'Inde. ⊙ *Péd. latéraux, de la longueur des feuilles.*

1419. HEDYOTIS *pumila*.
H. foliis ovatis acutis, floribus alternis pedunculatis.
Ex India. ⊙ *Ped. laterales, longitudine foliorum.*

1420. HÉDYOTE *maritime*. Dict. n° 10.
H. à feuilles ovales obtufes, fleurs oppofées feffiles.
L. n. Les Indes orientales.
β. La même? à tiges & capf. légèrement hifpides.

1420. HEDYOTIS *maritima*.
H. foliis ovalibus obtufis, floribus oppofitis fefiilibus.
Ex Indiis orientalibus.
β. Eadem? cauliculis capfulifque fubhifpidis.

1421. HÉDYOTE *hifpide*. Dict. n° 11.
H. à feuilles linéaires-lancéolées, fl. verticillées.
L. n. La Chine. F. & cat. hifpides.

1421. HEDYOTIS *hifpida*.
H. foliis lineari-lanceolatis, fl. verticillatis.
E China. *H. hifpida. Retz. obf.* 4. *p.* 23.

1422. HÉDYOTE *ferpoline*. Dict. fuppl.
H. à feuilles ovales, ftipules connées vaginantes ciliées, fl. ramaffées fefiiles terminales.
L. n. La Guadeloupe. *Tiges diffufes, de* 5 *à* 6 *p.*

1422. HEDYOTIS *ferpyllacea*.
H. foliis ovatis, ftipulis connato-vaginantibus ciliatis, fl. congeftis fefiilibus terminalibus.
E Guadelupa. *Communic. D. Richard.*

1423. HÉDYOTE *verticillée*. Dict. fuppl.
H. à feuilles étroites-lancéolées, fleurs verticillées fefiles axillaires, ftipules fétigères.
L. n. L'Inde, l'ifle de France. *Commerf.*

1423. HEDYOTIS *verticillata*.
H foliis anguflo-lanceolatis, floribus verticillatis fefiilibus axillaribus, ftipulis fetigeris.
Ex India, infula Franciæ. *Old. verticillata. L.*

1424. HÉDYOTE *rampante*. Dict. fuppl.
H. à feuilles lancéolées, fleurs axillaires folitaires prefque fefiles, capfules hifpides.
L. n. L'Inde. *Elle diffère de l'Hed. naine, par fes fl. lancéolées.*

1424. HEDYOTIS *repens*.
H. foliis lanceolatis, floribus axillaribus folitariis fubfefiilibus, capfulis hifpidis.
Ex India. *Oldenlandia repens. L.*

1425. HÉDYOTE *du Cap*. Dict. fuppl.
H. à feuilles linéaires aiguës, pédoncules uniflores axillaires.
L. n. Le Cap de B. Efpérance.

1425. HEDYOTIS *Capenfis*.
H. foliis linearibus acutis, pedunculis uni-floris axillaribus.
E Capite B. Spei. *Oldenlandia Capenfis. L. f.*

1426. HÉDYOTE *uniflore*. Dict. fuppl.
H. à feuilles prefqu'ovales pointues, pédoncules latéraux très-fimples, fruits hériffés.
L. n. La Virginie, la Jamaïque.

1426. HEDYOTIS *uniflora*.
H. foliis fubovatis acutis, pedunculis fimpliciffimis lateralibus, fructibus hirtis.
Ex Virginia, Jamaica. *Oldenlandia uniflora. L.*

TETRANDRIA MONOGYNIA.

1427. HÉDYOTE *biflore*, Dict. suppl.
H. à feuilles linéaires-lancéolées, pédoncules
subbiflores axillaires, presqu'aussi longs que
les feuilles.
L. n. L'Inde. ⊙ *Sonnerat.*

1428. HÉDYOTE à *corymbes* Dict. suppl.
H. à feuilles linéaires-lancéolées, pédoncules
multiflores axillaires, ombelles laches à env.
4 fleurs.
L. n. L'Amér. mérid. ⊙ *Tiges couchées, ra-*
meuses, longues de 6 pouces. Fl. blanches.

1429. HÉDYOTE à *ombelles.* Dict. suppl.
H. à feuilles linéaires repliées sur les bords,
pédoncules multiflores axillaires, ombelles
glomérulées.
L. n. L'Inde. ⊕ *Ombelles très-petites.*

1430. HÉDYOTE *sperguleuse.* Dict. suppl.
H. à feuilles linéaires, tige droite branchue,
pédoncules en grappes terminales.
L. n. L'Inde. ⊕ (*Pluk. t, 332. f. 2.*)

1431. HÉDYOTE à *longues fl.* Dict. suppl.
H. à feuilles ovales-lancéolées velues ner-
veuses, pédoncules subtrifides, tige frutescente.
L. n. La Martinique. ♄ *Communiquée par*
M. Richard.

1432. HÉDYOTE de *roche.* Dict. suppl.
H. à feuilles sur 4 rangs subulées canaliculées,
fleurs sessiles axillaires, corolles velues, tube
courbé.
L. n. L'isle de Cuba, la Jamaïque, &c. ♄

Explication des fig.

Tab. 61. HÉDYOTE à *corymbes* (sous le nom d'oldé-
lande). (*a*) Capsule entière. (*b, c*) La même coupée
transversalement & longitudinalement. (*d, D*) Semences séparées. (*e, f*) Section transversale & longitudinale de la semence. (*g*) Sommité de la plante
montrant l'inflorescence.

Tab. 61. f. 1. HÉDYOTE *frutiqueuse.* Tab. 61. f. 2.
HÉDYOTE à *grappes.* Tab. 61. f. 3. HÉDYOTE *herbacée.*
(*a*) Capsule entière, (*b, c*) La même coupée en travers & dans sa longueur. (*d, d*) Semences séparées.
(*e, f*) Section transversale & longitudinale de la
semence.

1427. HEDYOTIS *biflora.*
H. foliis lineari-lanceolatis, pedunculis sub-
bifloris axillaribus foliis subæquantibus.
Ex India. ⊙ *Oldenlandia biflora.* L.

1428. HEDYOTIS *corymbosa.*
H. foliis lineari-lanceolatis, pedunculis mul-
tifloris axillaribus, umbellis laxis subquadri-
floris.
Ex Amer. merid ⊙ *Oldenlandia corymbosa.*
L. *Et hujus operis. t. 61.*

1429. HEDYOTIS *umbellata.*
H. foliis linearibus margine replicatis, pedunculis multifloris axillaribus, umbellis glomeratis.
Ex India. ⊕ *Sonner. Oldenlandia umbellata.* L.

1430. HEDYOTIS *stricta.*
H. foliis linearibus, caule erecto brachiato,
pedunculis racemosis terminalibus
Ex India. ⊕ *Sonner. Oldenl. stricta.* L.

1431. HEDYOTIS *longiflora.*
H. foliis ovato-lanceolatis villosis nervosis,
pedunculis subtrifidis, caule frutescente.
E Martinica. ♄ *An rondeletia pilosa. Swartz,*
p. 41.

1432. HEDYOTIS *rupestris.*
H. foliis quadrifariis subulatis canaliculatis,
floribus sessilibus axillaribus, corollis villosis,
tubo curvo. *Swart. p. 29.*
E Cuba, Jamaica, &c. ♄ *Swar. hist. t. 1. 202. f. 1.*

Explicatio iconum.

Tab. 61. HEDYOTIS *corymbosa* (sub nomine oldé-
landiæ). (*a*) Carsula integra. (*b, c*) Eadem transversa
& longitudinaliter secta. (*d, D*) Semina separata.
(*e, f*) Semina sectio transversalis & longitudinalis.
Fig. in D. Gærtn. (*g*) Summitas plantæ inflorescentiam
exhibens.

Tab. 61. f. 1. HEDYOTIS *fruticosa.* Tab. 61. f. 2.
HEDYOTIS *racemosa.* Tab. 61. f. 3. HEDYOTIS *herba-*
cea. (*a*) Capsula integra. (*b, c*) Eadem transversa &
longitudinaliter secta. (*d, d*) Semina separata. (*e, f*)
Sem. sectio transversalis & longitudinalis. Fig. ex
D. Gærtn.

163

163. SPERMACOCE.

Caraâ. effent.

Cal. fupérieur à 4 dents. Cor. infundibuliforme.
Capf. couronnée. 2 loculaire, 2-fperme.

Caraâ. nat.

Cal. fupérieur, petit, perfiftant, à 4 dents.
Cor. monopétale, infundibuliforme. Tube
cylindrique, plus long que le calice. Limbe
partagé en quatre dec. ouvertes.
Etam. Quatre filamens attachés au tube de la
corolle. Anthères ovales.
Pift. Ovaire inférieur, arrondi, un peu comprimé. Style filiforme, bifide au fommet.
Stigmates fimples.
Péric. Capfule inférieure, couronnée par le
calice, biloculaire.
Sem. folitaires, ovales, convexes d'un côté, un
peu concaves de l'autre : à bords roulés en-
dedans.

Tableau des efpèces.

1433. SPERMACOCE *fcabre.* Dict.
S. à feuilles lancéolées prefque pétiolé : fcabres en-deffus, tige glabre, fleurs fubverticillées axillaires.
L. n. L'Amér. ☉ Capf. hériffée : fem. glabres.

1434. SPERMACOCE *verticillé.* Dict.
S. à feuilles linéaires-lancéolées glabres,
aiffelles feuillées, verticilles denfes globuleux.
L. n. La Jamaïque, l'Afrique. ♄

1435. SPERMACOCE *liffe.* Dict.
S. glabre, à feuilles lancéolées prefque pétiolées, fl. feffiles fubverticillées, cal. liffes.
L. n. Saint-Domingue. Jofeph Martin. Plante
glabre; capf. obtufes.

1436. SPERMACOCE à nœuds diftans. Dict.
S. à feuilles linéaires-lancéolées plus courtes
que les autres nœuds, fl. par verticilles denfes
& diftans.
L. n. Saint-Domingue. Jofeph Martin.
Botanique, Tom. I.

163. SPERMACOCE.

Charaâ. effent.

Cal. fuperus. 4-dentatus. Cor. infundibuliformis. Caf f. coronata, 2-locularis, 2-fperma.

Charaâ. nat.

Cal. fuperus, parvus, quadridentatus, perfiftens.
Cor. monopetala, infundibuliformis. Tubus cy-
lindraceus, calyce longior. Limbus quadripar-
titus, patens.
Stam. Filamenta quatuor, tubo corollæ inferta.
Antheræ ovatæ.
Pift. Germen inferum, fubrotundum, fubcom-
preffum. Stylus filiformis, fupernè bifidus.
Stigmata fimplicia.
Peric. Capfula infera, calyce coronata, bilocu-
laris.
Sem. folitaria, ovata, hinc convexa, inde
fubconcava: marginibus convolutis.

Confpeâus fpecierum.

1433. SPERMACOCE *tenuior.* T. 62. f. 1.
S. foliis lanceolatis fubpetiolatis fuprafcabris,
caule glabro, floribus fubverticillatis axillaribus.
En Amer. ☉ Capf. hirta : fem. glabra.

1434. SPERMACOCE *verticillata.*
S. foliis lineari-lanceolatis glabris, axillis fo-
liofis, verticillis denfis globofis.
En Jamaica, Africa. ♄ Pluk. t. 58. f. 6.

1435. SPERMACOCE *lævis.*
S. glabra, foliis lanceolatis fubpetiolatis,
flor. feffilibus fubverticillatis, ca. f. lævibus.
E Domingo. Habitus fperm. tenuioris, appa-
rine, &c. Sloan. Hift. 1. t. 94. f. 2.

1436. SPERMACOCE *remota.*
S. foliis lineari-lanceolatis internodiis brevioribus, floribus denfè verticillatis, verticillis
diftantibus.
E Domingo. Capfula hirta.

M m

1437. SPERMACOCE barbue. Dict.
S. couchée, scabre, feuilles lancéolées velues, stipules ciliées, barbues; aisselles pauciflores.
L. n. Saint-Domingue. Joseph Martin.

1437. SPERMACOCE barbata.
S. procumbens scabra, foliis lanceolatis villosis, stipulis ciliato-barbatis, axillis paucifl.
E Domingo. Stip. ciliis prælongis.

1438. SPERMACOCE hérissée.
S. scabre, à feuilles oblongues : les sup. quaternées, fleurs verticillées.
L. n. La Jamaïque. ☉

1438. SPERMACOCE hirta.
S. scabra, foliis oblongis : summis quaternis, floribus verticillatis. L.
E Jamaica. ☉

1439. SPERMACOCE hispide. Dict.
S. hispide, à feuilles ovoïdes ondulées, aisselles pauciflores.
L. n. L'Inde, l'Isle de Ceylan. ☉ Sonnerat. Pl. hispide sur toutes ses parties.

1439. SPERMACOCE hispida.
S. hispida, foliis obovatis undulatis, axillis pauciforis.
Ex India, Zeylona. ☉ Galeopsis.... Burm. Zeyl. t. 10. f. 3.

1440. SPERMACOCE articulaire.
S. à feuilles elliptiques un peu obtuses légèrement scabres.
L. n. L'Inde. ☉ Rameaux effilés, couchés; fleurs blanches, à corolle étroite.

1440. SPERMACOCE auricularis.
S. foliis ellipticis obtusiusculis subscabris. L. f. suppl. 119.
Ex India. ☉ Synonymum Rumphii huc relatum, ad hedyotidem verticillatam pertinet.

1441. SPERMACOCE à feuilles larges. Dict.
S. glabre jaunâtre, à feuilles ovales, tige droite, quadrangulaire, stipules & calices velus.
L. n. La Guiane. Communiqué par M. Stoupy.

1441. SPERMACOCE latifolia. T. 62. f. 2.
S. glabra flavescens, foliis ovatis, caule erecto quadrangulari, stipulis calycibusque villosis.
E Guiana. Aubl. Guian. T. 19.

1442. SPERMACOCE rude. Dict.
S. hérissée de poils, à feuilles étroites lancéolées rudes sessiles, verticilles multiflores.
L. n. L'Isle de Cayenne. Comm. par M. Stoupy.

1442. SPERMACOCE aspera.
S. villoso-hirta, foliis angusto-lanceolatis asperis sessilibus, verticillis multifloris.
Ex insula Cayennæ. Aubl. tab. 22. f. 6.

1443. SPERMACOCE à feuilles longues. Dict.
S. glabre, à feuilles oblongues-lancéolées pointues presque pétiolées, verticilles denses multiflores.
L. n. L'Amér. mérid. Comm. par M. Richard. Tiges longues; f. pâles, presque de 4 pouces.

1443. SPERMACOCE longifolia.
S. glabra, foliis oblongo-lanceolatis acutis subpetiolatis, verticillis densis multifloris.

Ex Amer. merid. An sp. longifolia. Aubl. t. 21. Caules longi; folia pallida, sub 4-pollicaria.

1444. SPERMACOCE étalée. Dict.
S. glabre, à feuilles ovales pointues, tige rameuse ordinairement couchée.
L. n. La Guiane. Feuilles petites, fl. axillaires, sessiles.

1444. SPERMACOCE prostrata.
S. glabra, foliis ovatis acutis, caule ramoso subprostrato.
E Guiana. Aubl. t. 20. f. 3. Caulis interdum erectus.

1445. SPERMACOCE radicante. Dict.
S. à feuilles lancéolées-oblongues glabres, tiges rameuses couchées radicantes à chaque nœud.
L. n. La Guiane. ♃ Fl. très-petites.

1445. SPERMACOCE radicans.
S. foliis lanceolato-oblongis glabris, caulibus ramosis prostratis ad nodos radicantibus.

E Guiana. ♃ Aubl. t. 20. f. 4.

1446. SPERMACOCE *hexangulaire*. Dict.
S. à feuilles ovales pétiolées, tige flexueuse
hexangulaire, fleurs terminales.
L. n. La Guiane.

1447. SPERMACOCE *à corymbes*. Dict.
S. couchée, à feuilles linéaires, corymbes la-
téraux pédonculés.
L. n. L'Inde.

1448. SPERMACOCE *de Sumatra*. Dict.
S. hispide, feuilles lancéolées, corymbes
terminaux dichotomes.
L. n. Sumatra. Tige herbacée, tomenteuse.

1449. SPERMACOCE *spinuleuse*. Dict.
S. souligneuse, à feuilles linéaires ciliées par
des spinules.
L. n. L'Amér. Fl. blanches, sessiles, axillaires.

Explication des fig.

Tab. 62. F. 1, SPERMACOCE *fœtra*. (a) Capsule entière. (b) La même ouverte. (c) La même coupée en
travers. (e) Partie de la même, montrant une loge
fermée. (e, f) Semences séparées, vues par le dos &
par leur face interne. (g, h) Les mêmes coupées en
travers & longitudinalement. (i) Sommité de la plante.

Tab. 62. f. 2. SPERMACOCE *à feuilles larges*. (a, a)
Bouton de fleur & fleur ouverte. (b, c) corolle entière & coupée dans sa longueur. (d) Étamine. (e) Pistil. (f, f, h) Capsule. (i, l) Semences. (m) Sommité
de la plante. (n) Partie de la tige.

164. ERNODÉE.

Caract. essent.

CAL. supérieur, 4-fide. Cor. infundibuliforme.
Baie 2-loculaire, 2-sperme.

Caract. nat.

Cal. supér. quadrifide : à dec. droites, pointues.
Cor. monopétale, infundibuliforme. Tube cylindrique, plus long que le calice. Limbe
quadrifide ouvert.
Étam. Quatre filamens presque plus longs que
la corolle, attachés vers la base du tube.
Anthères sagittées.
Pist. Ovaire inférieur. Style sétacé, de la longueur des étamines, bifide au sommet. Stigmates simples.

1446. SPERMACOCE *hexangularis*.
S. foliis ovatis petiolatis, caule flexuoso
hexangulari, floribus terminalibus.
E Guiana. Aubl. t. 22. f. 8.

1447. SPERMACOCE *corymbosa*. L.
S. procumbens, foliis linearibus, corymbis
lateralibus pedunculatis. Lin.
Ex India.

1448. SPERMACOCE *Sumatrensis*.
S. hispida, foliis lanceolatis, corymbis termi-
nalibus dichotomis. Retz. fasc. 4. n° 68.
E Sumatra. Caulis herbaceus, tomentosus, &c.

1449. SPERMACOCE *spinulosa*.
S. suffruticosa, foliis linearibus spinulis ci-
liatis. L.
Ex America. Folia nervis obliquè striata.

Explicatio iconum.

Tab. 62. f. 1. SPERMACOCE *tenuior*. (a) Capsula integra. (b) Eadem dehiscens. (c) Ejus sectio transversalis. (d) Pars ejusdem, loculamentum clausum exhibens.
(e, f) Semina soluta, dorso ventreque spectata. (g, h)
Eadem transversè & longitudinaliter dissecta. (i) Summitas plantæ. Fig. ex D. Garin.

Tab. 62. f. 2. SPERMACOCE *latifolia*. (a, a) Flos
non expansus & expansus. (b, c) Corolla integra &
longitudinaliter scissa. (d) Stamen. (e) Pist. (f, g, h)
Capsula. (i, l) Semina. (m) Summitas plantæ. (n)
Pars caulis. Fig. ex Aubl.

164. ERNODEA.

Charact. essent.

CAL. superus, 4-fidus. Cor. infundibuliformis.
Bacca 2-locularis, 2-sperma.

Charact. nat.

Cal. superus, quadrifidus : laciniis erectis acutis.
Cor. monopetala, infundibuliformis. Tubus cylindraceus, calyce longior. Limbus quadrifidus patens.
Stam. Filamenta quatuor, corolla sublongiora,
ı versus basim tubi inserta. Antheræ sagittatæ.
Pist. Germen inferum. Stylus setaceus longitudine staminum, apice bifidus. Stigm. simplicia.

Péric. Baie arrondie , biloculaire.
Sem. solitaires.

Péric. Bacca subrotunda , bilocularis.
Sem. f litaria.

Tableau des espèces.

Conspectus specierum.

1450. ERNODÉE *littorale.* Dict. suppl.
E. à feuilles lancéolées quinquenerves , fleurs sessiles.
L. n. La Jamaïque , les Antilles. ♄ *Comm. par M. Rich. Arbuste ram., diffus , glabre.*

1450. ERNODEA *littoralis.*
E. foliis lanceolatis quinquenerviis , floribus sessilibus.
Ex Jamaica , insulis Caribæis. ♄ *E. littoralis. Swartz. prodr. p. 29. Thymalæa, &c. Sloan. h. 2. t. 189. f. 1, 2.*

1451. ERNODÉE *piquante.* Dict. suppl.
E. à feuilles lancéolées , roides, multinerves, mucronées , piquantes; fleurs pédonculées.
L. n. L'Am. mér. ♄ *Comm. par M. de Jussieu.*

1451. ERNODEA *pungens.*
E. foliis lanceolatis rigidis multinerviis mucronato-pungentibus , floribus pedunculatis.
Ex Amer. merid. ♄ *Calyces 5-fidi.*

165. DIODE.

Charact. essent.

Cal. supérieur , subdiphylle, persistant. Cor. infundibuliforme , 4-fide , velue en-dedans. Caps. couronnée , 2-loculaire , 2-sperme.

165. DIODIA.

Charact. essent.

Cal. superus , sub 2-phyllus persistens. Cor. infundibuliformis , 4-fida , intus hirsuta. Caps. coronata , 2-locularis , 2-sperma.

Charact. nat.

Cal. supérieur , 2-phylle , quelquefois 4-phylle , à deux folioles ovales - lancéolées , plus grandes, persistantes.
Cor. monopétale , infundibuliforme. Tube cylindrique, grêle , à peine plus long que le calice. Limbe velu en-dedans, partagé en quatre découpures lancéolées très-ouvertes.
Etam. Quatre filamens , sétacés, attachés vers le sommet du tube. Anthères linéaires.
Pist. Ovaire inférieur, ovale , un peu comprimé. Style filiforme , de la longueur des étamines. Stigmate bifide.
Péric. Capsule ovale , sillonnée , couronnée par le calice , biloculaire , se partageant en deux.
Sem. solitaires, ovales-oblongues , glabres , convexes d'un côté, planes de l'autre avec 2 sillons.

Charact. nat.

Cal. superus , 2-phyllus , interdum 4-phyllus ; foliolis duobus ovato-lanceolatis , majoribus , persistentibus.
Cor. monopetala , infundibuliformis. Tubus cylindricus , gracilis , calyce vix longior: Limbus quadripartitus , interne hirsutus : laciniis lanceolatis patentissimis.
Stam. Filamenta quatuor , setacea , versus apicem tubi inserta. Antheræ lineares.
Pist. Germen inferum , ovatum , subcompressum. Stylus filiformis , longitudine staminum. Stigma bifidum.
Péric. Capsula ovata , sulcata , calyce coronata , bilocularis , bipartibilis.
Sem. solitaria , ovato-oblonga , glabra , hinc convexa , inde plana cum sulcis duobus.

Tableau des espèces.

Conspectus specierum.

1452. DIODE *de Virginie.* Dict. 2. p. 282.
D. à tige herbacée couchée rougeâtre , feuilles lancéolées , fl. axillaires solit. sessiles.

L. n. La Virginie. ⚥ *Fl. blanches.*

1452. DIODIA *Virginica.* T. 63.
D. caulibus herbaceis prostratis purpurascentibus , foliis lanceolatis , floribus axillaribus solitariis sessilibus.
E Virginia. ⚥ *Flores albi. Jacq. ic. rar. 1.*

Voy. plusieurs autres esp. dans le Prodr. de M. Swartz. p. 29.

Explication des fig.

Tab. 61. DIODE de Virginie. (a) Partie de la plante chargée de feuilles & de fleurs. (b) Fleur entière. (c) Corolle séparée, vue postérieurement. (d, e) Capsule entière & partagée en deux. (f) La même coupée en travers. (g, h) Semences vues par le dos & en leur côté interne. (i, l) Les mêmes coupées transversalement & dans leur longueur. (m) Embryon séparé.

166. FARAMIER.

Caract. essent.

CAL. supérieur, à 4 dents. Cor. tubuleuse, à limbe 4-fide. Caps. 2-loculaire, polysperme.

Caract. nat.

Cal. supérieur, très-court, à 4 dents.
Cor. monopétale, infundibuliforme. Tube plus long que le calice, cylindrique. Limbe quadrifide : à découpures lancéolées, pointues, ouvertes.
Etam. Quatre filamens courts, attachés au tube vers sa base. Anthères linéaires, droites.
Pist. Ovaire inférieur, arrondi. Style filiforme, de la longueur du tube. Stigmate à deux lobes oblongs, un peu connivens.
Péric. Capsule charnue, globuleuse, ombiliquée au sommet, biloculaire.
Sem. en petit nombre, un peu anguleuses.

Tableau des espèces.

1453. FARAMIER à bouquets. Dict. 2. p. 450.
F. à feuilles ovales-oblongues acuminées, pédoncules terminaux nuds ternés corymbyferés.
L. n. Les forêts de la Guiane ♄ Aubl. t. 40. f. 1.

1454. FARAMIER sessiliflore. Dict. n°. 2.
F. à feuilles ovales pointues, corymbes terminaux sessiles, entourés de bractées.
L. n. Les forêts de la Guiane. ♄ Aubl. t. 40. f. 2.

Explication des fig.

Tab. 61. FARAMIER à bouquets. (a) Fleur séparée. (b) Corolle ouverte. (c) La même non épanouie. (d) Etamine. (e) Pistil. (f) Calice. (g) Partie de la plante montrant les feuilles & l'inflorescence.

Vide plures alias species in prodromo Swar. iii. p. 29.

Explicatio iconum.

Tab. 61. DIODIA Virginica. (a) Pars plantae foliis floribusque onusta. (b) Flos integer. (c) Corolla separata podice visa. (d, e) Capsula integra & bipartita. (f) Eadem transversè secta. (g, h) Semina dorso & ventre spectata. (i, l) Eorum sectio transversalis & longitudinalis. (m) Embryo separatus. Fig. ex D. Garsa.

166 FARAMEA.

Charact. essent.

CAL. superus, 4-dentatus. Cor. tubulosa; limbo 4-fido. Caps. 2 locularis, polysperma.

Charact. nat.

Cal. superus, brevissimus, quadridentatus.
Cor. monopetala, infundibuliformis. Tubus calyce longior, cylindraceus. Limbus quadrifidus: laciniis lanceolatis acutis patentibus.
Stam. Filamenta quatuor, brevia, tubo versus basim inserta. Antherae lineares, erectae.
Pist. Germen inferum, subrotundum. Stylus filiformis, longitudine tubi. Stigma bilobum, lobis oblongis subconniventibus.
Peric. Capsula carnosa, globosa, apice umbilicata, bilocularis.
Sem. pauca, subangulata.

Conspectus specierum.

1453. FARAMEA corymbosa. T. 61.
F. foliis ovato-oblongis acuminatis, pedunculis terminalibus ternis nudis corymbiferis.
E sylvis Guianae. ♄ Comm. D. Richard.

1454. FARAMEA sessiliflora.
F. foliis ovatis acutis, corymbis terminalibus sessilibus bracteis obovallatis.
E sylvis Guianae. ♄ Fl. albi, fragrantes.

Explicatio iconum.

Tab. 61. FARAMEA corymbosa. (a) Flos separatus. (b) Corolla aperta. (c) Eadem non expansa. (d) Stamen. (e) Pistillum. (f) Calyx. (g) Pars plantae foliis & inflorescentiam exhibens. Fig. ex Aubl.

167. MITCHELLE.

Caract. essent.

COROLLES 1-pétales, supérieures, géminées sur le même ovaire. 4 stigmates. Baie didyme, 4-sperme.

Caract. nat.

Cal. Fleurs géminées, posées sur le même ovaire. Deux calices distincts, supérieurs, droits, à cinq dents, persistans.
Cor. monopétale, infundibulif. Tube cylindrique. Limbe quadrifide, ouvert, velu en-dedans.

Etam. Quatre filamens courts, sétacés, attachés au tube. Anth. oblongues, à peine saillantes.
Pist. Ovaire inférieur, orbiculé, didyme, formé de 2 ov. réunis. Style filiforme, de la long. de la corolle. Quatre stigmates oblongs.
Péric. Baie glob., didyme, à ombilics séparés.
Sem. Quatre, comprimées, calleuses.

Tableau des espèces.

1455. MITCHELLE rampante. Dict.
L. n. La Caroline, la Virginie. ♃ Tiges un peu fruticuleuses, rampantes, F. opposées, pétiolées, ovales-arrondies.

Explication des fig.

Tab. 63. MITCHELLE rampante. (a) Fl. non épanouie. (b) Corolle ouverte. (c) Etamine. (d) Style, Stigmates. (e) Calice. (f) Baie. (g) Plante de grandeur naturelle. (h) Fleurs épanouies.

168. COCCOCIPSILE.

Caract. essent.

CAL. supérieur, 4-fide. Cor. infundibuliforme. Caps. enfl. couronnée, 2-locul, polysperme.

Caract. nat.

Cal. supérieur, quadrifide, persistant; à découpures linéaires-lancéolées, droites.
Cor. monopétale, infundibuliforme. Tube un peu plus long que le calice. Limbe quadrifide; à découpures ovales demi-ouvertes.

---

167. MITCHELLA.

Charact. essent.

COROLLÆ 1-petalæ, superæ, binæ eidem germini. Stigm. 4. Bacca didyma, 4-sperma.

Charact. nat.

Cal. flores bini eidem germini insidentes. Calyces duo distincti, superi, erecti, quinquedentati, persistentes.
Cor. monopetala, infundibuliformis. Tubus cylindricus. Limbus quadripartitus, patens, intus hirsutus.

Stam. Filamenta quatuor, brevia, setacea, tubo inserta. Antheræ oblongæ, vix exsertæ.
Pist. Germen inferum, orbiculatum, didymum, duobus commune. Stylus filiformis, longitudine corollæ. Stigmata quatuor, oblonga.
Peric. Bacca globosa, didyma, disjunctis umbilicis.
Sem. Quatuor, compressa, callosa.

Conspectus specierum.

1455. MITCHELLA repens. T. 63.
E Carolinia, Virginia. ♃ Caules subfruticulosi, repentes. Folia opposita, petiolata, ovato-subrotunda.

Explicatio iconum.

Tab. 63. MITCHELLA repens. (a) Flos non expansus. (b) Corolla aperta. (c) Stamen. (d) Stylus, Stigmata. (e) Calyx. (f) Bacca. (g) Planta magnitudine naturali. (h) Flores expansi.

168. COCCOCIPSILUM.]

Charact. essent.

CAL. superus, 4-fidus. Cor. infundibuliformis. Caps. inflata, coronata, 2-locul. polysperma.

Charact. nat.

Cal. superus, quadrifidus, persistens; laciniis lineari-lanceolatis, erectis.
Cor. monopetala, infundibuliformis. Tubus calyce paulo longior. Limbus quadrifidus; laciniis ovatis semi-patentibus.

Etam. Quatre filamens courts, attachés au tube. Anthères oblongues, droites.

Pist. ovaire inférieur, arrondi. Style de la longueur de la corolle, bifide sup. Stigm. obl.

Péric. Capsule succulente, enflée, couronnée par le calice, biloculaire.

Sem. nombreuses, petites, comprimées, attachées à la cloison.

Tableau des espèces.

1456. COCCOCIPSILE *herbacé.* Dict. 2.p. 56. C. à tige rampante à sa base, feuilles ovales, cimes axillaires presque sessiles. *L. n.* La Jamaïque. *Brown, t. 6. f. 2.*

1457. COCCOCIPSILE *effilée.* Dict. suppl. C. à tiges effilées, feuilles acuminées, cimes pédonculées latérales ; pédoncules plus longs que les pétioles. *L. n.* L'Amér. mérid. *Comm. par M. Richard.*

Explication des fig.

Tab. 64. COCCOCIPSILE *herbacé.* (*a*) Fl. non épanouie. (*b*) Fleur entière épanouie. (*c*) Calice. (*d*) Corolle ouverte. (*e*) Style, stigmates. (*f*) Capsule entière. (*g*) La même coupée transversalement. (*h*) Semences. (*i*) Plante entière.

169. N A C I B E.

Caract. essent.

CAL. supérieur, à 8 découpures. Cor. infundibuliforme : à limbe velu en-dedans. Caps. couronnée, 2-loculaire, polysperme. Sem. orbiculaires, ailées.

Caract. nat.

Cal. supér. persistant, à huit découp. pointues.

Cor. monopétale, infundibuliforme. Tube cylindrique, plus long que le calice. Limbe partagé en 4 découp. ovales, velues en-dedans.

Etam. Quatre filamens sétacés, courts, attachés au tube de la corolle. Anthères linéaires.

Pist. Ovaire inférieur, turbiné, comprimé. Style filiforme, de la longueur du tube, bifide au sommet. Stigmates un peu épais, obtus.

Péric. Capsule turbinée, comprimée, couronnée par les dents calicinales, biloculaire, se partageant en deux.

Stam. Filamenta quatuor, brevia, tubo inserta. Antheræ oblongæ erectæ.

Pist. Germen inferum, subrotundum. Stylus longitudine cor. superne bifidus, Stigm. obl.

Péric. Capsula succulenta, inflata, calyce coronata, bilocularis.

Sem. plurima, parva, compressa, dissepimento affixa.

Conspectus specierum.

1456. COCCOCIPSILUM *herbaceum.* T. 64. C. caule basi repente, foliis ovatis, cymis axillaribus subsessilibus. E Jamaica. C. *repens. Swartz. prodr.* 31.

1457. COCCOCIPSILUM *virgatum.* C. caulibus virgatis, foliis acuminatis, cymis lateralibus pedunculatis ; pedunculis petiolo longioribus. Ex Am. merid. *An nacibea alba. Aubl. t. 37. f. 2.*

Explicatio iconum.

Tab. 64. COCCOCIPSILUM *herbaceum.* (*a*) Flos non expansus. (*b*) Flos integer expansus. (*c*) Calyx. (*d*) Corolla aperta. (*e*) Stylus, stigmata. (*f*) Capsula integra. (*g*) Eadem transverse scissa. (*h*) Semina. (*i*) Planta integra. *Fig. ex D. Brown.*

169. N A C I B Æ A

Charact. essent.

CAL. superus, 8-fidus. Cor. infundibuliformis ; limbo intus hirsuto. Caps. coronata, 2-locularis, polysperma. Sem. orbiculata, alata.

Charact. nat.

Cal. superus, persistens, octofidus : laciniis acutis.

Cor. monopetala, infundibuliformis. Tubus cylindraceus, calyce longior. Limbus quadripartitus : laciniis ovatis, intus hirsutis.

Stam. Filamenta quatuor, setacea, brevia, tubo corollæ inserta. Antheræ lineares.

Pist. Germen inferum, turbinatum, compressum. Stylus filiformis, longitudine tubi, apice bifidus. Stigmata crassiuscula obtusa.

Péric. Capsula turbinata, compressa, dentibus calycinis coronata, bilocularis, bipartibilis.

Sem. Plusieurs, planes, orbicul. ailées par un bord membraneux, & attachées à la cloison.

Tableau des espèces.

1458. NACIBE rouge. Dict.
N. à tige sarmenteuse presque grimpante, feuilles glabres, limbe des corolles écarlate.
L. a. La Guiane.

1459. NACIBE reclinée. Dict.
N. à tige foible, reclinée, feuilles pubescentes en-dessous, corolles blanches.
L. a. Le Mexique. ☉ *Pétioles & pédonc. velus.*

Explication des fig.

Tab. 64. NACIBE rouge (a) Fleur entière. (b) Corolle ouverte. (c) Calice. (d) Style. (e) Capsule. (f) Semences attachées au placenta qui forme la cloison.

170. TONTANE.

Caract. essent.

CAL. supérieur, 4-fide. Cor. infundibuliforme. Baie couronnée, 2-loculaire, se part. en deux, polysperme.

Caract. nat.

Cal. supérieur, turbiné, quadrifide : à découpures pointues.
Cor. Mono-pétale, infundibuliforme : tube plus long que le cal. limbe quadrifide, à lobes aigus.
Etam. Quatre filamens insérés à l'orifice de la corolle. Anthères arrondies, saillantes.
Pist. Ovaire inférieur, arrondi. Style filiforme, bifide supérieurement. Stigmates obtus.
Péric. Baie ovale, couronnée par le calice, biloculaire, se partage en deux.
Sem. nombreuses, arrondies, convexes, bordées, attachées à la cloison.

Tableau des espèces.

1460. TONTANE de la Guiane. Dict.
L. a. Les bois de la Guiane. *Pl. herbacée, rampante. Péd. axillaires, multiflores.*

Sem. Plura, plana, orbiculata, margine membranaceo alata, dissepimento adnexa.

Conspectus specierum.

1458. NACIBÆA coccinea. T. 64.
N. caule sarmentoso subscandente, foliis glabris, limbo corollarum coccineo.
E Guiana. *Aubl. t. 37. f. 1.*

1459. NACIBÆA reclinata.
N. caule debili reclinato, foliis subtus pubescentibus, corollis albis.
E Mexico. ☉ *Manettia reclinata.* Lin.

Explicatio iconum.

Tab. 64. NACIBÆA coccinea. (a) Flos integer. (b) Corolla aperta. (c) Calyx, stylus. d) Capsula. (e) Semina receptaculo seminali f. dissepimento adnexa. *Fig. ex Aubl.*

170. TONTANEA.

Charact. essent.

CAL. superus, 4-fidus. Cor. infundibuliformis. Bacca coronata, 2-locularis, 2-partibilis, polysperma.

Charact. nat.

Cal. superus, turbinatus, quadrifidus: laciniis acutis.
Cor. monopetala, infundibuliformis; tubus calyce longior; limbus quadrifidus: lobis acutis.
Stam. Filamenta quatuor, fauci corollæ inserta. Antheræ subrotundæ, exsertæ.
Pist. Germen inferum, subrotundum. Stylus filiformis, superne bifidus. Stigmata obtusa.
Peric. Bacca ovata, calyce coronata, bilocularis, bipartibilis.
Sem. Plurima, subrotunda, convexa, marginata, dissepimento affixa.

Conspectus specierum.

1460. TONTANEA Guianensis. T. 64.
Ex Guianæ sylvia (*Aubl. t. 42.*) Hujus congener fuerim.... *Brown. Jam. p.* 144.

Explication

Explication des fig.

Explicatio iconum.

Tab. 64. TONTANE *de la Guiane.* (*a*) Fleur entière. (*b*) Corolle ouverte. (*c*) Calice, ftyle. (*d*) Calice. (*e*, *f*) Baie. (*g*, *h*) la même coupée en travers avec une loge féparée. (*i*) Partie de la plante.

Tab. 64. TONTANEA *Guianenfis.* (*a*) Flos integer. (*b*) Corolla aperta. (*c*) Calyx, ftylus. (*d*) Calyx. (*e*, *f*) Bacca. (*g*, *h*) Eadem transverfe fecta, cum loculo feputo. (*i*) Pars plantæ. *Fig. ex Aubl.*

171. COUSSARI.

Caract. effent.

CAL. fupérieur à 5 dents. Cor. à tube court, à limbe 4-fide. Baie à noyau fubs-fperme.

Caract. nat.

Cal. fupérieur, monophylle, à cinq dents.
Cor. monopétale, à tube court ; à limbe quadri-fide ; lobes oblongs, pointus, ouverts.
Etam. Quatre filamens attachés au tube de la corolle. Anthères oblongues, faillantes.
Pift. Ovaire inférieur, arrondi. Style fétacé. Stigmate à 4 ou 5 divifions.
Péric. Baie ovale-globuleufe, ombiliquée (unilocul, monof. Aubl.) ; à noyau fubs-locul. *Sem.* folitaires.

Tableau des efpèces.

1461. COUSSARI *violet.* Dict. 2. p. 161.
C. à feuilles ovales-acuminées, fleurs feffiles.
L. n. Les forêts de la Guiane. ♄ *Il varie à fl. 5-fides & 5-andriques.*

1462. COUSSARI *écailleux.* Dict. fuppl.
C. à feuilles-ovales-oblongues, cimes écailleufes axillaires, calices prefque cylindriques.
L. n. Les Antilles. ♄ *Pédoncules chargés d'écailles connées & ftipulaires.*

Explication des figures.

Tab. 65. COUSSARI *violet.* (*a*) Fleur entière. (*b*) Calice, ftyle. (*c*) Baie entière. (*d*) La même à noyau en partie découvert. (*e*) Partie de la plante. Aublet a reprèfenté mal à propos les fleurs & les fruits pédonculés.

172. SIDÉRODE.

Caract. effent.

CAL. fupérieur, très-petit, à 4 dents. Cor. tu-

Botanique. Tom. I.

171. COUSSAREA.

Charact. effent.

CAL. fuperus, 5-dentatus. Cor. tubo brevi, limbo 4-fido. Bacca nucleo fubs-fpermo.

Charact. nat.

Cal. fuperus, monophyllus, quinquedentatus.
Cor. monopetala, tubo brevi ; limbo quadrifido ; lobis oblongis acutis patentibus.
Stam. Filamenta quatuor, tubo corollæ inferta. Antheræ oblongæ exfertæ.
Pift. Germen inferum, fubrotundum, Stylus fetaceus. Stigma 4 f. 5-fidum.
Peric. Bacca ovato-globofa, umbilicata (unilocul, 1-fperma. Aubl.) ; nucleo fubs-locul. *Sem.* folitaria.

Confpectus Specierum.

1461. COUSSAREA *violacea.* T. 65.
C. foliis ovatis acuminatis, floribus feffilibus.
Ex fylvis Guianæ. ♄ Aubl. t. 38. Comm. D. Richard, Variat floribus 5-fidis, 5-andris.

1462. COUSSAREA *fquamofa.*
C. foliis ovato-oblongis, cymis fquamofis axillaribus, calycibus fubcylindricis.
Ex Caribœis. ♄ Surinaham. Fructificatio ulterius examinanda.

Explicatio iconum.

Tab. 65. COUSSAREA *violacea.* (*a*) Flos integer. (*b*) Calyx, ftylus. (*c*) Bacca integra. (*d*) Eadem nucleo partim denudato. (*e*) Pars plantæ. *Fig. ex Aubl. qui flores fructufque perperam pedunculatos pinguntur.*

172. SIDERODENDRUM.

Charact. effent.

CAL. fuperus, minimus, 4-dentatus. Cor. tubu-

N 2

buleuse : à limbe 4-fide. Baie sèche, 2-loculaire, 2-sperme.

Caract. nat.

Cal. supérieur ; très-petit , monophylle , à 4 dents.
Cor. monopétale , infundibuliforme. Tube cylindrique , un peu courbé. Limbe quadrifide , à découpures oblongues , obtuses , planes , réfléchies , plus courtes que le tube.
Etam. Quatre filamens très-courts, insérés au-dessous des divisions du limbe. Anthères oblongues , droites.
Pist. Ovaire inférieur , arrondi. Style filiforme , de la longueur du tube de la corolle. Stigmate oblong , obtus , un peu épais.
Péric. Baie sèche , globuleuse , ombiliquée , biloculaire.
Sem. solitaires , convexes d'un côté , planes de l'autre.

Tableau des espèces.

1463. SIDÉRODE bois-de-fer. Dict.
  L. n. La Martinique. ♄ *Sideroxyloides. Jacq. Amer.* 19. *Siderodendrum. Schreb. gen.*

173. PATABÉE.

Caract. essent.

Fl. en tête , séparées par des écailles. Cal. supérieur , à 4 dents. Cor. tubuleuse , 4-fide. Fruit. . . .

Caract. nat.

Cal. supérieur , monophylle , à quatre dents.
Cor. monopétale , infundibuliforme. Tube plus long que le calice. Limbe quadrifide ; à lobes oblongs , pointus.
Etam. Quatre filamens très-courts , attachés au sommet du tube. Anthères oblongues.
Pist. Ovaire inférieur. Style filiforme , bifide au sommet. Stigmates obtus.
Péric. . . . .
Sem. . . . . .

Tableau des espèces.

1464. PATABÉE rouge. Dict.
  L. a. Les bois de la Guiane. ♄

---

losa : limbo 4-fido. Bacca sicca, 2-locularis, 2-sperma.

Charact. nat.

Cal. superus , minimus , monophyllus , quadridentatus.
Cor. monopetala , infundibuliformis. Tubus cylindraceus , subincurvus. Limbus quadrifidus : laciniis oblongis , obtusis , planis , reflexis , tubo brevioribus.
Stam. Filamenta quatuor , brevissima , infra divisuras limbi inserta. Antheræ oblongæ erectæ.
Pist. Germen inferum , subrotundum. Stylus filiformis , longitudine tubi corollæ. Stigma oblongum obtusum , crassiusculum.
Peric. Bacca sicca , globosa , umbilicata , bilocularis.
Sem. solitaria , hinc convexa , inde plana.

Conspectus specierum.

1463. SIDERODENDRUM ferreum.
  E Martinica. ♄ *Affinis Ixore , & forte hujus congener.* Comm. D. Richard.

173. PATABEA.

Charact. essent.

Fl. capitati , paleis distincti. Cal. superus , 4-dentatus. Cor. tubulosa , 4-fida. Fructus. . .

Charact. nat.

Cal. superus , monophyllus , quadridentatus.
Cor. monopetala , infundibuliformis. Tubus calyce longior. Limbus quadrifidus : lobis oblongis , acutis.
Stam. Filamenta quatuor , brevissima , tubo ad faucem inserta. Antheræ oblongæ.
Pist. Germen inferum. Stylus filiformis , apice bifidus. Stigmata obtusa.
Peric. . . . .
Sem. . . . .

Conspectus specierum.

1464. PATABEA coccinea. T. 65.
  E sylvis Guianæ. ♄ *Aubl. t.* 43.

TETRANDRIA MONOGYNIA. 285

Explicatio iconum.

Tab. 65. PATABA *supr.* (*a*) Fleur entière, avec une écaille à la base du calice. (*b*) Corolle. (*c*) Corolle ouverte. (*d*) Calice avec une écaille. Style, fftgm. (*e*) Partie sup. de la plante.

Tab. 65. PATABEA *enixus.* (*a*) Flos integer, cum fquamula ad bafin calycis. (*b*) Corolla. (*c*) Corolla aperta. (*d*) Calyx cum fquamula. Stylus, ftigmata. (*e*) Pars fuperior plantæ. *Fig. ex Aubl.*

174. MALANI.

Caract. effent.

CAL. fupérieur, très-petit, à 4 dents. Cor. 1-pétale : à limbe 4-fide. Drupe à noyau 2-loculaire, 2 fperme.

Caract. nat.

Cal. fupérieur, très-petit, à 4 dents.
Cor. monopétale. Tube court. Limbe quadrifide : à lobes ovales, ouverts.
Stam. Quatre filamens, attachés au fommet du tube. Anthères arrondies ou oblongues.
Pift. Ovaire inférieur, arrondi. Style filiforme, bifide au fommet. Stigmates obtus.
Peric. Drupe ovale, couronné : à noyau bi-loculaire.
Sem. folitaires, oblongues.

Tableau des efpèces.

1465. MALANI *verticillé.* Dict.
M. à feuilles ovoïdes-acuminés, verticillées trois à trois : pédonc. axillaires, fourchus au fommet.
L. n. L'ifle de France. ♄ *Bois de louffeau.*

1466. MALANI *bifurqué.* Dict.
M. à feuilles ovales pointues aux deux bouts prefque nues, péd. fourchus au fommet, fleurs unilatérales.
L. n. Les Antilles ? ♄

1467. MALANI *luifant.* Dict.
M. à feuilles ovales luifantes très-glabres : pédoncules dichotomes.
L. n. Les Antilles. ♄

1468. MALANI *farmenteux.* Dict.
M. à feuilles ovales ridées cotonneufes en-deffous, grappes axil. compofées alongées.
L. n. La Guiane. ♄ *Cor. bleuâtre.*

174. MALANEA.

Charact. effent.

CAL. fuperus, minimus, 4-dentatus. Cor. 1-petala : limbo 4-fido. Drupa nucleo 2-locu-lari, 2-fperma.

Charact. nat.

Cal. fuperus, minimus, quadridentatus,
Cor. monopetala. Tubus brevis. Limbus quadrifidus : lobis ovatis patentibus.
Stam. Filamenta quatuor, tubo ad faucem infertus. Antheræ fubrotundæ vel oblongæ.
Pift. Germen inferum, fubrotundum. Stylus filiformis, apice bifidus. Stigmata obtufa.
Peric. Drupa ovata, coronata : nucleo bilo-culari.
Sem. folitaria, oblonga.

Confpectus fpecierum.

1465. MALANEA *verticillata.* T. 66. f. 1.
M. foliis obovato-acuminatis, ternatim verticillatis ; pedunculis axillaribus apice bi-furcatis.
Ex infula Franciæ. ♄

1466. MALANEA *bifurcata.*
M. foliis ovatis utrinque acutis fubnudis, pedunculis apice bifurcatis, flor. unilateralibus.

Ex infulis Caribæis ? ♄

1467. MALANEA *nitida.*
M. foliis ovatis nitidis glaberrimis, pedun-culis dichotomis.
Ex inf. Caribæis. ♄

1468. MALANEA *farmenrofa.* T. 66. f. 2.
M. foliis ovatis rugofis fubtus tomentofis : racemis axillaribus compofitis elongatis.
Ex Guiana. ♄ *Aubl. T. 41.*

Explication des fig.

Explicatio iconum.

Tab. 66. f. 1. MALANI *verticillé.* (a) Fleur entière. (b) Style , Stigmate. (c) Drupe. (d) La même coupe en travers. (e) Partie sup. d'un rameau avec ses fruits. (f) Pédoncule floriferè séparé.

Tab. 66. f. 1. MALANEA *verticillata.* (a) Flos integer. (b) Stylus, Stigmata. (c) Drupa. (d) Eadem transverse secta. (e) Pars superior ramuli cum fructibus. (f) Pedunculus florifer separatus. Ex Dicen.

Tab. 66. f. 2. MALANE *sarmenteux.* (a) Fleur non épanouie. (b) Fleur épanouie. (c) Corolle vue en dessus. (d) Calice. (e) Corolle ouverte , étamines. (f) Étamines , pistil. (g) Drupe entière. (h) La même coupé transversalement , montrant une sem. à demi découverte. (i) Sem. séparée. (l) Sommité d'un ram.

Tab. 66. f. 2. MALANEA *sarmentosa.* (a) Flos non expansus. (b) Flos expansus. (c) Corolla superne visa. (d) Calyx. (e) Corolla aperta. Stamina. (f) Pistillum. (g) Drupa integra. (h) Eadem transversim secta, semen semi-denudatum exhibens. (i) Semen separatum. (l) Summitas ramuli. Fig. ex Aubl.

175. IXORE.

175. IXORA.

Caract. essent.

Charact. essent.

CAL. supérieur , très-petit, à 4 dents. Cor. tubuleuse. Anthères à l'orifice. Baie 2-loculaire , 2-sperme.

CAL. superus , minimus, 4-dentatus. Cor. tubulosa. Antheræ ad faucem. Bacca 2-locularis , 2-sperma.

Caract. nat.

Charact. nat.

Cal. supérieur , très-petit , à quatre dents , droit. *Cor.* monopétale , infundibuliforme. Tube cylindrique , long , grêle. Limbe quadrifide , plane , plus court que le tube. *Étam.* Quatre filamens très courts , insérés à l'orifice de la corolle. Anthères oblongues. *Pist.* Ovaire inférieur , arrondi. Style filiforme , de la longueur du tube. Stigmate bifide. *Péric.* Baie arrondie , couronnée ou ombiliquée, biloculaire (à *cloison perforée*. G.) *Sem.* solitaires (*deux dans chaque loge*. Lin.), ovales-arrondies , convexes en-dehors, planes & un peu concaves en leur face interne.

Cal. superus, minimus, quadridentatus , erectus. *Cor.* monopetala , infundibuliformis. Tubus cylindricus, longus , tenuis. Limbus quadrifidus , planus , tubo brevior. *Stam.* Filamenta quatuor , brevissima , fauci corollæ inserta. Antheræ oblongæ. *Pist.* Germen inferum , subrotundum. Stylus filiformis , longitudine tubi. Stigma bifidum. *Péric.* Bacca subrotunda, coronata vel umbilicata, bilocularis. (*Dissepimento perforato*. G.) *Sem.* solitaria (*bina in singulo loculo.* Lin.), ovato-rotundata , externe convexa , interna facie plano-concava.

Tableau des espèces.

Conspectus specierum.

1469. IXORE *écarlate*. Dict. 3. p. 343. 1. à feuilles ovales , en cœur à leur base , presqu'amplexicaules , fleurs fasciculées , déc. de la corolle lancéolées. *L. n.* L'Inde. ♄ Tube grêle , très-long.

1469. IXORA *coccinea*. T. 66. f. 1. 1. foliis ovatis basi cordatis subamplexicaulibus , floribus fasciculatis , laciniis corollæ lanceolatis. Ex India. ♄ Gærtn. 117. t. 25.

1470. IXORE *lancéolé*. Dict. n° 2. 1. à feuilles presque lancéolées rétrécies à leur base , fleurs fasciculées , déc. de la corolle lancéolées. *L. n.* Les Indes orientales. ♄

1470. IXORA *lanceolata*. 1. foliis sublanceolatis basi angustatis , floribus fasciculatis , laciniis corollæ lanceolatis. Ex Indiis orientalibus.

2471. IXORE *blanche*. Dict. suppl.
I. à feuilles ovoïdes obtuses, cîmes subfasciculées pauciflores.
L. n. L'Inde. ♄ *Sonnerat.*

1472. IXORE *de Chine*. Dict. n° 3.
I. à feuilles ovales pointues aux deux bouts pétiolées, fleurs fasciculées, déc. de la corolle ovoïdes.
L. n. La Chine, l'isle de Java. ♄

1473. IXORE à *petites fleurs*. Dict. suppl.
I. à feuilles ovales-lancéolées en cœur à leur base, cîmes paniculées, tube plus court que le limbe.
L. n. L'Inde, l'isle de France. ♄ *Stadman.*

1474. IXORE *paniculé*. Dict. n° 4.
I. à feuilles ovales-oblongues } étiolées, fleurs en cîme paniculée, style très-long.
L. n. L'Inde. ♄ *Sonnerat.*

IXORE à *feuilles étroites*. Dict. *
I. à feuilles étroites-lancéolées, cîme composée ; édonculée terminale.
L. n. L'Inde. ♄

1475. IXORE *épineux*. Dict. n° 5.
I. à épines opposées, feuilles ovales ridées, édoncules subtriflores axillaires.
L. n. L'Amér. merid. ♄ *Drupe à noyau a-loc.*

OBS. *Voy. les Ixores n°. 3 & 4 dans le Prodr. de M. Swartz.*

Explication des fig.

Tab. 66. f. 1. Ixore *écarlate*. (a) Corolle ouverte. (b) Etamine. (c) Pistil. (d) Calice couronnant l'ovaire. (e, f) Baie couronnée par les bords du calice. (g, h) La même coupée en travers & longitudinalement. (i, l) Semences vues de chaque côté. (m) Semence coupée en travers. (n, o) Embryon découvert & séparé. (p) Sommité d'un rameau.

Tab. 66. f. 2. Ixore à *petites fleurs*.

176. LYGISTE.

Caract. essent.

CAL. supér. à 4 dents. Cor. tubuleuse : à limbe à 4 lobes, presque régulier. Baie à 4 semences.

2471. IXORA *alba*.
I. foliis obovatis obtusis, cimis subfasciculatis paucifloris.
Ex India. ♄ *Schettialbum. Pluck. t. 109. f. 2.*

1472. IXORA *Chinensis*.
I. foliis ovatis utrinque acutis petiolatis, floribus fasciculatis, laciniis corollae obovatis.
E China, Java. ♄ *Rumph. 4. t. 47.*

1473. IXORA *parviflora*. T. 66. f. 2.
I. foliis ovato-lanceolatis basi cordatis, cymis paniculatis, tubo limbo breviore.
Ex India, inf. Franciæ. ♄ *Rhéed. 10. t. 57.*

1474. IXORA *paniculata*.
I. foliis ovato-oblongis petiolatis, floribus cymoso-paniculatis, stylo longissimo.
Ex India. ♄ *Pavetta, Lin. Rhéed. 5. t. 10.*

IXORA *angustifolia*. *
I. foliis angusto-lanceolatis, cyma composita pedunculata terminali.
Ex India. ♄ *Pavetta, Burm. fl. ind. t. 13. f. 3.*

1475. IXORA *spinosa*.
I. spinis oppositis, foliis ovatis rugosis, pedunculis subtrifloris axillaribus.
Ex Amer. merid. ♄ *Chomelia, Jacq. Amer.*

OBS. *Consf. Ixoras n° 3. & 4 in prodr. Swartzii.*

Explicatio iconum.

Tab. 66. f. 1. Ixora *coccinea*. (a) Corolla aperta. (b) Stamen. (c) Pistillum. (d) Calyx germen coronans. (e, f) Bacca calycis denticulis coronata. (g, h) Eadem transverse & longitudinaliter secta. (i, l) Semina utroque latere spectata. (m) Semen transverse sectum. (n, o) Embryo seminis denudatus & separatus. Fig. fruct. in D. Gærtn. (p) Summitas ramuli.

Tab. 66. f. 2. Ixora *parviflora*.

176. LYGISTUM.

Charact. essent.

CAL. superus, 4-dentatus. Cor. tubulosa : limbo 4-lobo, subæquali. Bacca 4-sperma.

CaraEt. nat.

Cal. fupérieur, perfiftant, quadrifide, à déc.
poinmes.
Cor. monopétale, infundibuliforme. Tube plus
long que le calice. Limbe quadrifide : à lobes
obtus, un peu inégaux.
Etam. Quatre filamens attachés au tube de
la corolle. Anthères oblongues.
Pift. Ovaire inférieur, arrondi. Style filiforme,
bifide fupérieurement. Stigmates aigus.
Péric. Baie prefque globuleufe, couronnée, biloculaire. (4-locul. felon Brown.)
Sem. geminées, ovales-oblongues.

Charact. nat.

Cal. fuperus, perfiftens, quadrifidus : laciniis
acutis.
Cor. monopetala, infundibuliformis. Tubus ca-
lyce longior. Limbus quadrifidus : lobis obtufis
fubinæqualibus.
Stam. Filamenta quatuor, tubo corollæ inferta.
Antheræ oblongæ.
Pift. Germen inferum, fubrotundum. Stylus
filiformis, fuperne bifidus. Stigmata acuta.
Peric. Bacca fubglobofa, coronata, bilocularis
(4-locularis ex Brown.)
Sem. bina, ovato-oblonga.

Tableau des efpéces.

Confpectus fpecierum.

1476. LYGISTE *axillaire.* Dict. fuppl.
L. glabre, à feuilles ovales velneufes, tige
flexueufe prefque volubile, petites grappes
axillaires.
L. a. La Jamaïque. ♄ Grappes axill. paucifl.
Baie à 4 loges & 4 fem. felon Browne.

1476. LYGISTUM *axillare.*
L. glabrum, foliis ovatis venofis, caule fluxuo-
fo fubvolubili, racemulis axillaribus.

Ex Jamaica. ♄ Brown. t. 3. f. 2. & hujus op.
tab. 67. fub fenel. fig. 2.

1477. LYGISTE *à épi.* Dict.
L. velu, à feuilles ovales-oblongues acuminées, grappe fpiciforme terminale, corolles
velues.
L. a. Les Antilles. ♄ Cal. fup. 4-fide. 4 étamines. Stipules comme dans les rubiacées.

1477. LYGISTUM *fpicatum.*
L. hirfutum, foliis ovato-oblongis acuminatis, racemo fpicato terminali, corollis
hirfutis.
Ex Caribæis. An barleria hirfuta. Jacq. obf.
a. tab. 32. & justicia hirfuta ejufd. pl. Am. p. 4.

177. FERNEL.

177. FERNELIA.

Caract. effent.

Cal. fupérieur, 4-fide. Cor. 1-pétale, 4-fide.
Baie couronnée, 2-loculaire, polyfperme.

Charact. effent.

Cal. fuperus, 4-fidus. Cor. 1-petala, 4-fida.
Bacca coronata, 2-locularis, polyfperma.

Caract. nat.

Cal. fupérieur, monophylle, quadrifide : à dé-
coupures pointues.
Cor. monopétale, plus longue que le calice.
Tube court. Limbe quadrifide : à déc. ovales.
Etam. Quatre filamens courts, inférés au tube.
Anthères oblongues.
Pift. Ovaire inférieur. Style fétacé, de la lon-
gueur de la corolle. Stigmate bifide.
Péric. Baie globuleufe ou ovale, couronnée
par le calice, biloculaire. Cloifon perforée
dans fon milieu.
Sem. Plufieurs, ovales, un peu comprimées.

Charact. nat.

Cal. fuperus, monophyllus, quadrifidus : laci-
niis acutis.
Cor. monopetala, calyce longior. Tubus brevis.
Limbus quadrifidus : laciniis ovatis.
Stam. Filamenta quatuor, brevia, tubo inferta.
Antheræ oblongæ.
Pift. Germen inferum. Stylus fetaceus, longitu-
dine corollæ. Stigma bifidum.
Peric. Bacca globofa f. ovata, calyce coronata,
bilocularis. Diffepimentum medio perforatum.
Sem. Plura, ovata, compreffufcula.

Tableau des espèces.　　*Conspectus specierum.*

1478. FERNEL à *feuilles de buis.* Dict.
F. à découpures des corolles obtuses : baies pisiformes.
L. n. L'Isle de France. ♄ *F. petites. Baies globuleuses.*

1478. FERNELIA *buxifolia.*
F. laciniis corollarum obtusis, baccis pisiformibus.
Ex ins. Franciæ. ♄ *Folia parva, Bacca globosa.*

1479. FERNEL *ovaide.* Dict. suppl.
F. à découp. des cor. pointues , baies ovales.
L. n. L'Isle de France. ♄ *Le bois de ronds.*

1479. FERNELIA *odorata.* T. 67. f. 1.
F. laciniis corollarum acutis, baccis ovalibus.
Ex ins. Franciæ. ♄ *Stadman. Bacca ovata.*

Explication des fig.　　*Explicatio iconum.*

Tab. 67. f. 1. FERNEL *ovaide.* (*a*) Fleur non épanouie. (*b*) Fleur entière épanouie. (*c*) Corolle séparée. (*d*) La même ouverte. (*e*,*f*) Etamines, pistil. (*g*) Baie entière. (*h*) La même coupée transversalement. (*i*) Partie de la plante montrant les feuilles & les fleurs.

Tab. 67. f. 1. FERNELIA *odorata.* (*a*) Flos non expansus. (*b*) Flos integer expansus. (*c*) Corolla separata. (*d*) Eadem aperta. (*e*,*f*) Stamen, pistillum. (*g*) Bacca integra. (*h*) Eadem transversa secta. (*i*) Pars plantæ folia floresque exhibens.

Tab. 67. f. 2. (Sans Fernel) LYCIETTE *axillaire.* (*a*) Fleur entière. (*b*) Corolle ouverte dans sa longueur. (*c*,*d*) Etamine, pistil. (*e*) Calice , style. (*f*) Baie entière. (*g*,*h*,*i*) La même coupée diversement. (*l*) Sommité de la plante.

Tab. 67. f. 2. (sub *Fernelia.*) LYCIUM *axillare.* (*a*) Flos integer. (*b*) Corolla longitudinaliter aperta. (*c*,*d*) Stamen, pistillum. (*e*) Calyx. Stylus. (*f*) Bacca integra. (*g*,*h*,*i*) Eadem varie secta. (*l*) Summitas plantæ. Fig. ex Browne.

178. CATESBÉE.

Charact. essent.

CAL. supérieur, très-petit, à 4 dents. Cor. tubuleuse, très-longue. Baie 2-loculaire, polysperme.

178. CATESBÆA.

Charact. essent.

CAL. superus , minimus, 4-dentatus. Cor. tubulosa, longissima. Bacca 2-locularis, polysperma.

Charact. nat.

CAL. supér. très-petit, persistant, à quatre dents pointues.
COR. monopétale , infundibuliforme. Tube très-long , droit , insensiblement plus épais dans sa partie supérieure. Limbe quadrifide , beaucoup plus court que le tube.
ÉTAM. Quatre filamens sétacés, longs , insérés à la base du tube. Anthères oblongues, droites, presque plus longues que la corolle.
PIST. Ovaire inférieur, arrondi. Style filiforme, de la longueur de la corolle. Stigmate simple.
PÉRIC. Baie ovale , couronnée , biloculaire.
SEM. Plusieurs , anguleuses.

Charact. nat.

CAL. superus, minimus, persistens , quadridentatus : dentibus acutis.
COR. monopetala , infundibuliformis. Tubus longissimus erectus, superne sensim crassior. Limbus quadrifidus tubo multoties brevior.
STAM. Filamenta quatuor, setacea , longa, basi tubi inserta. Antheræ oblongæ , erectæ, corolla fere longiores.
PIST. Germen inferum, subrotundum. Stylus filiformis, longitudine corollæ. Stigm. simplex.
PERIC. Bacca ovata , coronata , bilocularis.
SEM. Plura , angulata.

Tableau des espèces.

1480. CATESBÉE à *longues fleurs.*
C. à corolles ayant le tube très-long, baies ovales.
F. n. L'isle de la Providence. ♄ *Cat. épineuse.* Dict.

1481. CATESBÉE à *petites fleurs.* Dict. suppl.
C. à corolles ayant le tube tétragone un peu court, baies arrondies.
L. n. Saint-Domingue, la Jamaique. *Feuilles très-petites.*

Explication des fig.

Tab. 67. f. 1. CATESBÉE à *longues fleurs.* (*a*, *b*) Fleurs entieres. (*c*) Corolle ouverte. (*d*) Etamine. (*e*) Pistil. (*f*) Capsule entiere. (*g, h, i*) La même coupée. (*l*) Semences séparées.

Tab. 67. f. 2. CATESBÉE à *petites fleurs.*

179. MYONIME.

Caract. essent.

CAL. supérieur, presqu'entier. Cor. 1-pétale, 4-fide. Baie sèche, 4-locul. 4-sperme.

Caract. nat.

CAL. supérieur, très-petit, presqu'entier.
COR. monopétale : à tube court ; limbe à quatre divisions obtuses.
ÉTAM. Quatre filamens attachés à la corolle. Anthères oblongues, saillantes.
PIST. Ovaire inférieur, arrondi. Style simple. Stigmate un peu épais.
PÉRIC. Baie sèche, globuleuse, déprimé, quadriloculaire.
SEM. solitaires, concaves d'un côté, convexes de l'autre.

Tableau des espèces.

1482. MYONIME ovoïde. Dict.
M. à feuilles ovoïdes obtuses, baie obtusément 4-gones.
L. n. L'isle de Bourbon.

1483. MYONIME *feuilles de myrthe.* Dict.
M. à feuilles lancéolées-ovales pointues, baies sphériques.
L. n. L'isle de France. ♄

Conspectus Specierum.

1480. CATESBÆA *longiflora.* 1. 67. f. 1.
C. corollis tubo longissimo, baccis ovalibus Swartz.
Ex inf. Providentiæ. ♄ *Cat. spinosa.* Lin.

1481. CATESBÆA *parviflora.*
C. corollis tubo tetragono abbreviato, baccis subrotundis. Swartz. Prodr.
E Domingo, Jamaica. ♄ *Comm. Jos. Martin.*

Explicatio iconum.

Tab. 67. f. 1. CATESBÆA *longiflora.* (*a*, *b*) Flores integri. (*c*) Corolla aperta. (*d*) Stamen. (*e*) Pistillum. (*f*) Capsula integra. (*g, h, i*) Eadem dissecta. (*l*) Semina separata. Fig. ex Catesb.

Tab. 67. f. 2. CATESBÆA *parviflora.* (Icon. ined.)

179. MYONIMA.

Charact. essent.

CAL. superus, subinteger. Cor. 1-petala, 4-fida. Bacca sicca, 4-locul. 4-sperma.

Charact. nat.

CAL. superus, minimus, subinteger.
COR. monopetala : tubo brevi ; limbo quadripartito, obtuso.
STAM. Filamenta quatuor, corollæ inserta. Antheræ oblongæ exsertæ.
PIST. Germen inferum, subrotundum. Stylus simplex. Stigma crassiusculum.
PERIC. Bacca sicca, globosa, depressa, quadrilocularis.
SEM. solitaria, hinc concava, inde convexa.

Conspectus Specierum.

1482. MYONIMA *obovata.* T. 68. f. 1.
M. foliis obovatis obtusis, baccis obtusè tetragonis.
Ex insula Borbonica. ♄

1483. MYONIMA *myrtifolia.* T. 68. f. 2.
M. foliis lanceolato-ovatis acutis, baccis sphæricis.
Ex inf. Franciæ. ♄ *Commersoni.*

180. PYROSTRE. | 180. PYROSTRIA.

Caract. essent.

CAL. supérieur, très-petit, à 4 dents. Cor. semi-quadrifide. Baie sèche, toruleuse, à huit loges.

Caract. nat.

Cal. supérieur, très-court, à 4 dents.

Cor. monopétale, presque campanulée, velue en-dedans, semi-quinquefide : à découpures pointues.

Etam. Quatre filamens très-courts, attachés à la corolle. Anthères ovales-pointues, droites, non saillantes.

Pist. Ovaire inférieur, un peu turbiné. Style court. Stigmate en tête.

Péric. Baie sèche, pyriforme, toruleuse, à huit loges.

Sem. solitaires.

Tableau des espèces.

1494. PYROSTRE oléoïde. Dist.
L. n. L'isle de Bourbon. ♄ Arbrisseau à f. opposées, glabres, &c.

Explication des fig.

Tab. 68. PYROSTRE oléoïde. (a) Sommité d'un rameau florifère. (b) Fleur. (c) Fruit vu de côté. (d, e) Le même vu en-dessus & en-dessous. (f) Le même coupé transversalement.

Charact. essent.

CAL. superus, minimus, 4-dentatus. Cor. semiquadrifida. Bacca sicca, torulosa, 8-locularis.

Charact. nat.

Cal. superus, brevissimus, 4-dentatus.

Cor. monopetala, subcampanulata, intus hirsuta, semi-quinquefida : laciniis acutis.

Stam. Filamenta quatuor, brevissima, corollæ inserta. Antheræ ovato-acutæ, erectæ, inclusæ.

Pist. Germen inferum, subturbinatum. Stylus brevis. Stigma capitatum.

Peric. Bacca sicca, pyriformis, torulosa, octo-locularis.

Sem. solitaria.

Conspectus specierum.

1494. PYROSTRIA oleoides. T. 68.
Ex ins. Borboniæ. ♄ Commers. Pyrostria Juss. gen. p. 206.

Explicatio iconum.

Tab. 68. PYROSTRIA oleoides. (a) Summitas ramuli florisferi. (b) Flores. (c) Fructus à latere spectatus. (d, e) Idem supernè infràque visus. (f) Idem transversè sectus. (loca mala.)

---

181. PÉRAME. | 181. PERAMA.

Caract. essent.

FL. en tête, séparées par des écailles. Cal. partagé en 4. Cor. tubuleuse, inférieure ; à limbe 4-fide. 2 ou 4 sem. nues.

Caract. nat.

Cal. partagé en quatre folioles ovales, pointues, velues en-dehors.

Cor. monopétale, tubuleuse, régulière : tube cylindrique. Limbe partagé en 4 lobes obtus.

Botanique. Tom. I.

Charact. essent.

FL. capitati, paleis distincti. Cal. 4-partitus. Cor. tubulosa, infera; limbo 4-fido. Sem. 2 f. 4 nuda.

Charact. nat.

Cal. quadripartitus : foliolis ovatis acutis extus villosis.

Cor. monopetala, tubulosa, æqualis. Tubus cylindricus. Limbus quadripartitus; lobis obtusis.

O o

Etam. Quatre filamens de la longueur de la corolle, attachés au tube, alternes, avec les lobes du limbe. Anthères arrondies.

Pist. Ovaire supérieur, ovale, marqué d'un sillon de chaque côté. Style filiforme. Stigmate aigu.

Péric. nul.

Sem. Deux ou quatre, nues, très-petites.

Tableau des espèces.

1485. PÉRAME *velue.* Dict.

L. n. Les lieux humides & sablonneux de la Guiane.

Explication des fig.

Tab. 68. PÉRAME *velue.* (a) Corolle entière. (b) La même ouverte. (c) Calice, pédoncule, écaille. (d) Etamine. (e) Pistil.

182 BULÉGE.

Caract. essent.

CAL. 4-fide. Cor. subtubuleuse, 4 fide. Etam. non saillantes. Caps. 2-loculaire, polysperme.

Caract. nat.

Cal. petit, quadrifide, droit, persistant.

Cor. monopétale, presque campanulée ou tubuleuse, plus grande que le calice. Limbe quadrifide, court.

Etam. Quatre filamens, très-courts, attachés au tube de la corolle. Anthères simples, non saillantes.

Pist. Ovaire supérieur, ovale. Style simple, plus court que la corolle. Stigmate obtus.

Péric. Capsule ovale ou arrondie, à deux sillons, biloculaire, bivalve.

Sem. nombr. très-petites, presque scobiformes.

Tableau des espèces.

* Corolles subcampanulées.

1486. BULÉGE d'Amérique. Dict. n° 1.

B. à feuilles ovales dentées, épis paniculés terminaux.

L. n. Les Antilles. ♄ Feuilles tomenteuses en dessous.

Stam. Filamenta quatuor, longitudine corollæ, tubo inserta, limbi lobis alterna. Antheræ subrotundæ.

Pist. Germen superum, ovatum, utrinque sulcatum. Stylus filiformis. Stigma acutum.

Peric. nullum.

Sem. Duo l. quatuor, nuda, minima. *Juss. Gen.*

Conspectus specierum.

1485. VERAMA *hirsuta.* T. 68.

E Guianæ locis humidis & arenosis. Aubl. T. 18.

Explicatio iconum.

Tab. 68. PERAMA *hirsuta.* (a) Corolla integra. (b) Eadem aperta. (c) Calyx, pedunculus, squamula. (d) Stamen. (e) Pistillum. *Fig. ex Aubl.*

182. BUDLEIA.

Charact. essent.

CAL. 4-fidus. Cor. subtubulosa, 4-fida. Stam. inclusa. Caps. 2-locularis, polysperma.

Charact. nat.

Cal. parvus, quadrifidus, erectus, persistens.

Cor. monopetala, subcampanulata vel tubulosa, calyce major. Limbus quadrifidus, brevis.

Stam. Filamenta quatuor, brevissima, tubo corollæ inserta. Antheræ simplices, non exsertæ.

Pist. Germen superum, ovatum. Stylus simplex, corolla brevior. Stigma obtusum.

Peric. Capsula ovata aut subrotunda, bisulca, bilocularis, bivalvis.

Sem. numerosa, minima, subscobiformia.

Conspectus specierum.

* Corollæ subcampanulatæ.

1486. BUDLEIA *Americana.*

B. foliis ovatis serratis, spicis paniculatis terminalibus.

Ex ins. Caribæis. ♄ *Sloan. Jam. hist.* 2. t. 173. f. 1.

1487. BULÈGE *occidentale.* Dict. n° 2.
B. à feuilles lancéolées acuminées légèrement
dentées, épis interrompus presque paniculés.
L. n. L'Amérique méridionale. ♄ *F. opposées.*

1487. BUDLEIA *occidentalis.*
B. foliis lanceolatis acuminatis læviter serratis,
spicis interruptis subpaniculatis.
Ex America merid. ♄ *Folia subtus tomentosa.*

1488. BULÈGE à *f. de bétoine.* Dict. suppl.
B. à feuilles ovales, oblongues crenulées très-
ridées, épis interrompus paniculés.
L. n. L'Amér. mérid. ♄ *Fl. sessiles, glomerulées, toment.*

1488. BUDLEIA *betonicæfolia.*
B. foliis ovato-oblongis crenulatis rugosissimis, spicis interruptis paniculatis.
Ex Amer. merid. ♄ *Jos. Juss. fol. petiolata,
obtusa.*

1489. BULÈGE *thyrsoïde.* Dict. suppl.
B. à feuilles lancéolées-linéaires dentées sessiles,
grappe en épi terminale.
L. n. Monte-Video. ♄ *Arbrisseau d'env. 5
pieds. Grappe dense, tomenteuse.*

1489. BUDLEIA *thyrsoides.*
B. foliis lanceolato-linearibus serratis sessilibus, racemo spicato terminali.
E Monte-Video. ♄ *Commers. Fol. angusta
erecta subtus tomentosa. Caps. tomentosa.*

1490. BULÈGE *effilée.* Dict.
B. à feuilles linéaires obtuses, obscurément
dentées, rameaux droits effilés, grappes
terminales.
L. n. Le Cap de B. Esp. ♄ *F. bordées de dents
rares peu remarquables.*

1490. BUDLEIA *virgata.*
B. foliis linearibus obtusis obscuré dentatis,
ramis virgatis erectis, racemis terminalibus.

E Cap. B. Spei. ♄ *Fol. lavandulæ : superiora
sensim minora.*

1491. BULÈGE à *f. de Saule.* Dict. suppl.
B. à feuilles oblongues-lancéolées un peu dentées, pétiolées, blanches & tomenteuses en-
dessous, épis grêles terminaux.
L. n. L'Inde. ♄ *Caps. petites, très-glabres.*

1491. BUDLEIA *salicina.*
B. foliis oblongo-lanceolatis subdentatis petiolatis subtus albo-tomentosis, spicis gracilibus terminalibus.
Ex India. ♄ *Juss. herb. Fl. non vidi.*

1492. BULÈGE *volubile.* Dict. suppl.
B. à feuilles linéaires aiguës très-entières, tige
volubile, cimes axillaires, tomenteuses, ferrugineuses.
L. n. L'isle de Bourbon. ♄ *Cor. courte, prof. div.*

1492. BUDLEIA *volubilis.*
B. foliis linearibus acutis integerrimis, caule
volubili, cymis axillaribus tomentoso-ferrugineis.
Ex ins. Borbonica. ♄ *Commers.*

1493. BULÈGE à *fl. en boule.* Dict. n° 3.
B. à feuilles lancéolées acuminées crenelées
tomenteuses en-dessous, têtes globuleuses.
L. n. Le Chili. ♄ *Fl. d'un jaune orangé,
ramassées en boules pédunc. terminales.*

1493. BUDLEIA *globosa.* T. 69. f. 2.
B. foliis lanceolatis acuminatis crenulatis subtus tomentosis, capitulis globosis.
E Chili. ♄ *Hop. in act. harlem. vol. 20, p.
417, t. 11. B. capitata. Jacq. collect. 2. (?
t. ras. 2.*

* *Corolles infundibuliformes.*

* *Corolla infundibuliformis:*

1494. BULÈGE *de Madagascar.* Dict. n° 4.
B. à feuilles lancéolées pétiolées entières to-
menteuses en-dessous, fl. en grappes terminales.
L. a. L'isle de Madagascar. ♄

1494. BUDLEIA *Madagascariensis.* T. 69. f. 2.
B. foliis lanceolatis integris petiolatis subtus
tomentosis, floribus racemosis terminalibus.
Ex ins. Madagasc. ♄

1495. BULÈGE à feuilles de fauge. Dict. n° 6.
B. à feuilles ovales-lancéolées crénelées, ridées presque sessiles, grappes composées.
L. n. Le Cap de B. Esp. ♄

1495. BUDLEIA salvifolia.
B. foliis ovato-lanceolatis crenulatis rugosis subsessilibus ; racemis compositis.
E Capite B. Spei. ♄ Lantana salvifolia. L.

1496. BULÈGE d'Inde. Dict. n° 5.
B. à feuilles ovales entières pétiolées, corymbes axillaires très-courts, tomenteux ferrugineux.
L. n. Les isles de Java, de Fr. & de Madag. ♄

1496. BUDLEIA Indica.
B. foliis ovatis integris petiolatis , corymbis axillaribus brevissimis tomentoso-ferrugineis.
Ex Java, insf. Franciæ & Madagasc. ♄

Explication des fig.

Tab. 69. f. 1. BULÈGE occidentale. (a) Fleur entière. (b) Calice. (c) Corolle ouverte. (d) Capsule. (e) La même coupée transversalement. (f) La même ouverte. (g) Valve séparée. (h) Semences. (i, l) Les mêmes découpées.

Tab. 69. f. 2. BULÈGE à fleur en boule. Tab. 69. f. 3. BULÈGE de Madagascar.

Explicatio iconum.

Tab. 69. f. 1. BUDLEIA occidentalis. (a) Flos integer. (b)Calyx. (c) Corolla aperta. Fig. ea Houst. relip. ad budleiam Americ. pertinentes. (d) Capsula. (e) Fadem transverse secta. (f) Fadem dehiscens. (g) Valvula separata. (h) Semina. (i, l) Eadem dissecta.

Tab. 69. f. 2. BUDLEIA globosa. Ibid. f. 3. BUDLEIA Madagascariensis.

183. CALLICARPE

183. CALLICARPA

Caract. essent.

CAL. 4-fide. Cor. 1-pétale , 4-fide. Etam. filiformes. Baie à 4 semences.

Charact. essent.

CAL. 4-fidus. Cor. 1-petala , 4-fida. Stam. exserta. Bacca 4-sperma.

Caract. nat.

Cal. monophylle , campanulé, à bord quadrifide.
Cor. monopétale, tubuleuse , courte. Limbe quadrifide , obtus.
Etam. Quatre filaments plus longs que la corolle. Anthères ovales.
Pist. Ovaire supérieur , arrondi. Style filiforme. Stigmates un peu épais , obtus.
Péric. Baie globuleuse , petite , glabre.
Sem. Quatre, obl. un peu comprimées , calleuses.

Charact. nat.

Cal. monophyllus, campanulatus; ore quadrifido;
Cor. monopetala, tubulosa , brevis. Limbus quadrifidus , obtusus.
Stam. Filamenta quatuor , corolla longiora. Antheræ ovatæ.
Pist. Germen superum , subrotundum. Stylus filiformis. Stigma crassiusculum , obtusum.
Peric. Bacca globosa , parva , glabra.
Sem. Quatuor, oblonga, subcompressa , callosa.

Tableau des espèces.

Conspectus specierum.

1497. CALLICARPE d'Amérique. Dict. n° 1.
C. à feuilles ovales pointues dentées tomenteuses en-dessous , baies glomérulées.
L. n. La Caroline. ♄

1497. CALLICARPA Americana. T. 69. f. 1.
C. foliis ovatis acutis serratis subtus tomentosis , baccis glomeratis.
F. Carolinia. ♄ Pluk. t. 136. f. 3.

1498. CALLICARPE cotonneux. Dict. n° 2.
C. à feuilles ovales-lancéolées dentées blanches & tomenteuses en-dessous , baies séparées très-petites.
L. n. L'isle de Java, la Chine. ♄ Sonnerat.

1498. CALLICARPA tomentosa.
C. foliis ovato-lanceolatis serratis subtus tomentoso-albis, baccis minimis distinctis.
Ex Java, China. ♄ Pluk. t. 450. f. 1.

1459. CALLICARPE à f. longues. Dict. n° 3.
C. à feuilles longues lancéolées, un peu dentées, vertes des deux côtés, cimes axill. un peu lâches.
L. n. L-a env de Malaca. ♄ Sonnerat. Il paroît très-différent du C. jap. de M. Thunberg.

1500. CALLICARPE laineux.
C. à feuilles ovales très-entières tomenteuses en-dessous, rameaux, pétioles & péd. laineux.
L. n. L'Inde. ♄ Agnanthe à fl. en corymbe. Dict. n°. 1. F. ovales acuminées. Cimes axill.

1501. CALLICARPE paniculé. Dict. n° 4.
C. à feuilles lancéolées très-entières tomenteuses en-dessous, panicule en cime terminale.
L. n. Le Cap de B.Espérance. ♄ Feuilles opp.

Explication des fig.

Tab. 69. f. 1. CALLICARPE d'Amérique. (a) Fleur séparée. (b) Baie. (c) Semences. (d) Baies glomerulées. (e) Partie sup. d'un rameau.

Tab. 69. f. 2. CALLICARPE à feuilles longues. (e) Fleur séparée. (b) Sommité d'un rameau.

1499. CALLICARPA longifolia. T. 69. f. 2.
C. foliis longis lanceolatis subdentatis utrinque viridibus, cymis axillaribus laxiusculis.
Circà urbem Malacam. ♄ Fol. 8-pollicaris. Pl. distinctiss. à Callic. Japonica Thunbergii.

1500. CALLICARPA lanata.
C. foliis ovatis integerrimis subtus tomentosis, ramulis petiolis pedunculisque lanatis.
Ex India. ♄ Cornutia corymbosa. N. Dict. n° 1. An tomex. Lin. spec. pl. 2, p. 172.

1501. CALLICARPA paniculata.
C. foliis lanceolatis integerrimis subtus tomentosis, panicula cymosa terminali.
E Cap. B. Spei. ♄ An scoparia arborea. L. f.

Explicatio iconum.

Tab. 69. f. 1. CALLICARPA Americana. (a) Flos separatus. (b) Bacca. (c) Semina. (d) Baccæ glomeratæ. (e) Pars superior ramuli.

Tab. 69. f. 2. CALLICARPA longifolia. (e) Flos separatus. (b) Summitas ramuli.

184. ÆGIPHILE.

Caract. essent.

Cal. à 4 dents Cor. tubuleuse, 4-fide. Style semi-bifide. Baie à 2 ou 4 semences.

Caract. nat.

Cal. monophylle, court, campanulé, à 4 dents.
Cor. monopétale, hypocratériforme. Tube presque cylindrique, plus long & plus étroit que le calice. Limbe quadrifide, plane régulier, à découp. oblongues.
Etam. Quatre filamens capillaires, attachés à l'orifice du tube. Anthères arron'ées.
Pist. Ovaire supérieur, arrondi, Style capillaire, profondément bifide. Stigmates simples.
Péric. Baie arrondie ou ovale, environnée inf. par le calice, biloculaire.
Sem. solitaires ou deux ensemble.

Tableau des espèces.

1502. ÆGIPHILE de la Martinique. Dict. p. 46.
Æ. glabre, à fleurs en panicule lâche,
L. n. La Martinique. ♄ Fl. blanches.

184. ÆGIPHILA.

Charact. essent.

Cal. 4-dentatus. Cor. tubulosa, 4-fida. Stylus semi-bifidus. Bacca 2 f. 4-sperma.

Charact. nat.

Cal. monoph. brevis, campanulatus, quadridens.
Cor. monopetala, hypocrateriformis. Tubus cylindraceus, calyce longior & angustior. Limbus quadrifidus planus æqualis: laciniis obl.
Stam. Filamenta quatuor, capillaria, ori tubi inserta. Antheræ subrotundæ.
Pist. Germen superum, subrotundum. Stylus capillaris, profundè bifidus. Stigmata simplicia.
Peric. Bacca subrotunda vel ovata, calyce persistente cincta, bilocularis.
Sem. solitaria f. bina.

Conspectus specierum.

1502. ÆGIPHILA Martinicensis. T. 70. f. 1.
Æ. glabra, floribus laxè paniculatis,
E Martinica. ♄ Fl. albi.

TETRANDRIA MONOGYNIA.

1503. ÆGIPHILE *arborescent*. Dict. suppl.
Æ. glabre, à fleurs glomerulées.
L. *n.* La Guiane. ♄ *Fl. blanches.*

1504. ÆGIPHILE *velu*. Dict. suppl.
Æ. velu, à feuilles blanches en-deſſous.
L. *n.* L'iſle de Cayenne. ♄ *Fl. verdâtres.*

1505. ÆGIPHILE *jaune*. Dict. suppl.
Æ. glabre, à fleurs glomerulées axillaires,
corolles jaunes.
L. *n.* La Guiane. ♄ *Baie jaune, à loges
2-ſpermes.*

Explication des fig.

Tab. 70. f. 1. ÆGIPHILE de la Martinique. (a) Fleur
non épanouie. (b) Fleur entière épanouie. (c) Calice.
(d) Etamina ſéparée. (e) Corolle ouverte. (f, g) Piſtil.
(h) Sommité d'un rameau garni de f. & de fl.

Tab. 70. f. 2. ÆGIPHILE velu. (a, b, c) Calice,
corolle. (d, e) Corolle ouverte, étamines, piſtil.
(f, g) Capſule enveloppée du calice; la même nue.
(h) Sommité d'un rameau.

Tab. 70. f. 3. ÆGIPHILE jaune. (a, b, c) Fleur entière, corolle, piſtil. (d, e) Baie enveloppée du calice & ſéparée. (f, g) La même coupée en travers;
ſemence. (h) Sommité d'un rameau.

1503. ÆGIPHILA *arborescens.*
Æ. glabra, floribus glomeratis.
E Guiana. ♄ *Manabea arborescens. Aubl. 1. 24.*

1504. ÆGIPHILA *villosa.* T. 70. f. 2.
Æ. villosa, foliis subtus incanis.
Ex inſ. Cay. ♄ *Manabea villosa. Aubl. 1. 23.*

1505. ÆGIPHILA *lutea.* T. 70. f. 3.
Æ. glabra, floribus glomeratis axillaribus,
corollis flavis.
E Guiana. ♄ *Manabea lævis. Aubl. 1. 25.*

Explicatio iconum.

Tab. 70. f. 1. ÆGIPHILA Martinicaſis. (a) Flos non
expanſus. (b) Flos integer expanſus. (c) Calyx. (d)
Stamen ſeparatum. (e) Corolla aperta. (f, g) Piſtillum. (h) Summitas ram. Fig. cu D. foeg. obſ. & ex Sieru.

Tab. 70. f. 2. ÆGIPHILA villosa. (a, b, c) Calyx, corolla. (d, e) Corolla aperta, stamina, piſtillum. (f, g) Capſula calyce veſtita; eadem denudata.
(h) Summitas ramuli. Fig. ex Aubl.

Tab. 70. f. 3. ÆGIPHILA lutea. (a, b, c) Flos integer, corolla, piſtillum. (d, e) Bacca calyce veſtita
& denudata. (f, g) Eadem transverſè ſecta; ſemen.
(h) Summitas ramuli. Fig. ex Aubl.

185. NIGRINE.

Caract. eſſent.

CAL. O. un pétale en écaille, 3-lobé, attaché
au côté de l'ovaire. Anth. ſeſſiles, adnées intérieurement au pétale. Baie 1-ſperme.

Caract. nat.

Cal. nul.
Cor. Un pétal ſquamiforme, ovale-arrondi, tri-
lobé, concave, convexe en-dehors, demi-
ſupérieur, attaché au côté extérieur de l'ovaire.
Etam. Filamens nuls. Quatre anthères, ovales-
oblongues, ſeſſiles, adnées intérieurement
vers les bords au pétale.
Piſt. Ovaire ſemi-ſupérieur, ovale. Style nul.
Stigmate en tête, preſque bilobé.
Péric. Baie ovale, un peu mucronée au ſommet,
transparente à la baſe: uniloculaire.
Sem. Une ſeule, arrondie.

185. NIGRINA.

Charact. eſſent.

CAL. O. petalum ſquamiforme, 3-lobum, lateri
germinis affixum. Antheræ ſeſſiles, petalo intus adnatæ. Bacca 1-ſperma.

Charact. nat.

Cal. nullus.
Cor. petalum ſquamiforme, ovato-ſubrotundum;
trilobum, concavum, extus convexum, ſemi-ſuperum, lateri exteriori germinis affixum.
Stam. Filamenta nulla. Antheræ quatuor, ovato-oblongæ, ſeſſiles, petalo intus verſus margines adnatæ.
Piſt. Germen ſemi-ſuperum, ovatum. Stylus
nullus. Stigma capitatum, ſubbilobum.
Peric. Bacca ovalis, apice ſubmucronata, baſi
pellucida, unilocularis.
Sem. unicum, ſubrotundum.

Tableau des espèces.

1506. NIGRINE *spicifere.* Dict.
L. n. La Chine. ♄ Petit arbuste glabre , à ram.
& feuilles opposés. Epis en panicules terminales.

Explication des fig.

Tab. 71. NIGRINE *spicifere.* (a) Portion d'épi
munie d'une fleur. (b , c) Fleur vue en-dedans &
en-dehors. (d) Pétale vu en sa face interne. (g) Le
même vu à l'extérieur. (e , f) Pistil. (h , i) Baie. (l)
Semence. (m) rameau séparé.

186. CURTIS.

Caract. essent.

CAL. partagé en quatre. 4 pét. Drupe supérieur ,
arrondi : à noyau 4 ou 5-loculaire.

Caract. nat.

Cal. monophylle , partagé en quatre : à découpures ovales pointues.
Cor. Quatre pétales ovales, obtus , sessiles , plus
longs que le calice.
Etam. Quatre filamens insérés au réceptacle ,
subulés , plus courts que les pétales. Anth.
ovales.
Pist. Ovaire supérieur , ovale, Style subulé , de
la longueur des étam. Stigmate 4 ou 5-fide.
Péric. Drupe arrondi , succulent, glabre.
Sem. Noyau presque rond , osseux , à quatre ou
cinq loges ; amandes solitaires , oblongues.

Tableau des espèces.

1507. CURTIS d'Afrique. Dict. suppl.
L. n. Le Cap de B. Esp. ♄ Arbre . . . F. simples,
opposées , pétiolées , dentées.

187. NUXIER.

Caract. essent.

CAL. 4-fide. Cor. 1-pétale , 4-fide. Etam. à l'o-
rifice de la corolle. Stigm. tronqué. Caps. charnue , 2-sperme.

Caract. nat.

Cal. monophylle , turbiné , campanulé , droit :
à bord quadrifide.

1506. NIGRINA *spicifera.* T. 71.
Ex China. ♄ *Nigrina.* Thunb. Fl. Jap. 63.
Chloranthus. Swartz. L'Hérit. sert. angl. Affi-
nis visco.

Explicatio iconum.

Tab. 71. NIGRINA *spicifera.* (a) Sectio spicæ flore
onusta. (b , c) Flos internè & externè visus. (d) Petalum introrsum. (g) Idem extrorsum. (e , f) Pistillum (h , i) Bacca. (l) Semen. (m) Ramulus separatus.
Fig. ex D. l'Hérit.

186. CURTISIA.

Charact. essent.

CAL. 4-partitus. Pet. 4. Drupa supera subrotunda; nucleo 4 f. 5-loculari.

Charact. nat.

Cal. monophyllus , quadripartitus : laciniis ovatis acutis.
Cor. petala quatuor , ovata , obtusa , sessilia ,
calyce longiora.
Stam. Filamenta quatuor , receptaculo inserta ,
subulata, petalis breviora. Antheræ ovatæ.
Pist. Germen superum , ovatum. Stylus subulatus , longitudine staminum. Stigma 4 f. 5-
fidum.
Peric. Drupa subglobosa , succulenta , glabra.
Sem. Nux subrotunda , ossea , quadri-vel quinque locularis : nuclei solitarii , oblongi. Aic.

Conspectus specierum.

1507. CURTISIA *faginea.* T. 71.
E Cap. B. S. ei. ♄ *Sideroxylon* . . . Burm. Afr.
235. t. 82. Hort. Kew. 162.

187. NUXIA.

Charact. essent.

CAL. 4-fidus. Cor. 1-petala , 4-fida. Stam. ad faucem corollæ. Stigma truncatum. Caps. carnosa , 2-sperma.

Charact. nat.

Cal. monophyllus , turbinatus , campanulatus ,
erectus : ore quadrifido.

Cor. monopétale, presqu'infundibuliforme. Tube court, un peu plus long que le calice. Limbe quadrifide : à découp. ovales, réfléchies.

Etam. Quatre filaments courts, attachés à l'orif. de la corolle. Anthères ovales, didymes.

Pist. Ovaire supérieur, ovale, pubescent. Style simple, de la long. de la cor. Stigma. tronqué.

Péric. Capsule ovale... disperme.
Sem. ....

Tableau des espèces.

1508. NUXIER *verticillé.* DER.
L. n. L'isle de France. ꝉ Arbre.... F. verticillées, 3 ou 4 ensemble. Sem. arillées. Stadm.

Explication des fig.

Tab. 71. NUXIER *verticillé.* (a) Fleur entière. (b) Calice. (c) Corolle ouverte. (d) Calice ouvert. pistil. (e) Examen. (f) Pistil séparé. (g) Sommité d'un rameau.

188 POLYPRÈME.

Caract. essent.

CAL. de 4 folioles. Cor. en roue, 4-fide : à lobes en cœur. Caps. comprimée, 2-loculaire, polysperme.

Caract. nat.

Cal. tétraphylle, persistant : à folioles lancéolées, carinées, colorées en-dedans.

Cor. monopétale, en roue. Limbe quadrifide : à lobes en cœur, de la long. du calice.

Etam. Quatre filaments très-courts, attachés à l'orifice de la corolle. Anth. arrondies.

Pist. Ovaire supérieur, obcordé. Style court, persistant. Stigmate tronqué.

Péric. Capsule ovale, comprimée & échancrée au sommet, biloculaire, bivalve : à cloison opposée aux valves.

Sem. nombreuses, anguleuses.

Tableau des espèces.

1509. POLYPRÈME Dia.
L. n. La Caroline, la Virginie ☉.

Cor. monopetala, subinfundibuliformis. Tubus brevis, calyce paulo longior. Limbus quadrifidus : laciniis ovatis reflexis.

Stam. Filamenta quatuor, brevia, fauci corollæ inserta. Antheræ ovatæ, didynæ.

Pist. Germen superum, ovatum, pubescens; stylus simplex, longitudine corollæ. Stigma truncatum.

Peric. Capsula ovata... disperma.
Sem. .

Conspectus Specierum.

1508. NUXIA *verticillata.* T. 71.
E. ins Franciæ. ꝉ Arbor. Affinis Ægiphilæ. At. diff. stylo. Stigmate, & forte fructu.

Explicatio iconum.

Tab. 71. NUXIA *verticillata.* (a) Flos integer. (b) Calyx. (c) Corolla aperta. (d) Calyx apertus, pistillum. (e) Stamen. (f) Pistillum separatum. (g) Summitas ramuli. Ex Sisto.

188 POLYPREMUM

Charact. essent.

CAL. 4-phyllus. Cor. 4-fida, rotata : lobis obcordatis. Caps. compressa, 2-locularis, polysperma.

Charact. nat.

Cal. tetraphyllus, persistens : foliolis lanceolatis carinatis interne coloratis.

Cor. monopetala, rotata. Limbus quadrifidus : lobis obcordatis, longitudine calycis.

Stam. Filamenta quatuor, brevissima, in fauce corollæ. Antheræ subrotundæ.

Pist. Germen superum, obcordatum. Stylus brevis, persistens. Stigma truncatum.

Peric. Capsula ovata, apice compressa, emarginata, bilocularis, bivalvis ; dissepimento valvis contrario.

Sem. numerosa, angulata.

Conspectus Specierum.

1509. POLYPREMUM *procumbens.* T. 71.
E Carolina, Virginia. ☉.

Explicatio

Explication des fig.

Tab. 71. POLYPRIMI *conchle*. (*a*) Capfule environnée du calice. (*b*) La même nue. (*c*, *d*) La même coupée dans fa longueur & en travers. (*e*) Semences. (*f*) Semence coupée travers Calessenot. (*g*) Embryon. (*h*, *h*) Partie de la plante.

Explicatio iconum.

Tab. 71. POLYPREMUM *procumbens*. (*a*) Capfula calyce veftita. (*b*) Ead. denudata. (*c*, *d*) Ead. longitudinaliter & tranfverfe fciffa. (*e*) Semina. (*f*) Semen tranfverfe fectum. (*g*) Embryo. Fig. ex Gærtn. (*h*, *h*) Pars plantæ. Ex Gærtn. & Perfu.

189. POUTÉRIER.

Carað. effent.

CAL. partagé en quatre. Cor. ovale, 4-fide : à fimus munis d'un filet. Stigm. 4-fide. Capf. 4-valve, 4-fperme.

Carað. nat.

Cal. partagé en quatre, perfiftant : à découp. ovales, pointues, concaves.

Cor. monopétale, ovale. Tube court. Limbe quadrifide : à dents ovales, pointues, entre lefquelles eft un filet droit.

Etam. Quatre filamens courts, attachés à la bafe du tube de la corolle. Anthères en cœur.

Pift. Ovaire fupérieur, ovale, velu. Style tétragone, court. Stigmate à 4 pointes.

Piric. Capfule ovale, épaiffe, fillonnée, couverte de poils roides, quadrivalve : chaque valve contenant int. une femence.

Sem. oblongues, convexes en-dehors, anguleufes en dedans, & enveloppées chacune d'une tunique colorée.

Tableau des efpèces.

1510. POUTÉRIER de la Guiane. Diff. *L. n.* Les forêts de la Guiane. ♄ *Fl. axill. ou latérales ; pédoncules courts.*

Explication des fig.

Tab. 72. POUTÉRIER de la Guiane. (*a*) Fleur non épanouie. (*b*, *c*) Calice. (*d*) Découp. du calice. (*e*) Fl. épanouie. (*f*) Corolle. (*g*) Etamine. (*h*) Piftil. (*i*) Capfule. (*l*) Capfule ouverte. (*m*) Semence. (*n*) Partie de la plante, montrant les feuilles & les fleurs.

190. MAYEPE.

Carað. effens.

CAL. 4-fide, 4 pét. concaves à leur bafe, fe ter-

189. POUTERIA.

Charað. effent.

CAL. 4-partitus. Cor. ovata, 4-fida : finubus fetofis. Stigm. 4-fidum. Capf. 4-valv. 4-fperm.

Charað. nat.

Cal. quadripartitus, perfiftens : laciniis ovatis acutis concavis.

Cor. monopetala, ovata. Tubus brevis. Limbus quadrifidus : dentibus ovatis, acutis, inter quos feta erecta.

Stam. Filamenta quatuor, brevia, tubo corollæ ad bafim inferta. Antheræ cordatæ.

Pift. Germen fuperum, ovatum, villofum. Stylus tetragonus, brevis. Stigma quadricufpidatum.

Peric. Capfula ovata, fulcata, craffa, pilis rigidis tecta, quadrivalvis : fingulis valvulis imius femine inftrudis.

Sem. oblonga, extus convexa, intus angulata, arillo colorato involuta.

Confpectus fpecierum.

1510. POUTERIA Guianenfis. T. 72. Ex fylvis Guianæ. ♄ *Aubl. t. 33. An huic affinis Labatia. Swartz.*

Explicatio iconum.

Tab. 72. POUTERIA Guianenfis. (*a*) Flos non expanfus. (*b*, *c*) Calyx. (*d*) Laciniæ calycis. (*e*) Flos expanfus. (*f*) Corolla. (*g*) Stamen. (*h*) Piftillum. (*i*) Capfula. (*l*) Eadem dehifcens. (*m*) Semen. (*n*) Pars plantæ, foliis florefque exhibens. Fig. ex Aubl.

190. MAYEPEA.

Charað. effent.

CAL. 4-fidus. Pet. 4 Bafi concava, in filamen-

minant en un filet. Etam. contenues dans la cavité des pétales. Drupe 1-sperme.

Carað. nat.

Cal. quadr., ouvert : à découp. ovales, pointues.
Cor. Quatre pétales, ovales, concaves, se terminant en un filet, insérés entre les div. du cal.
Etam. Quatre filamens très-courts, attachés aux onglets des pétales. Anthères oblongues, contenues dans la cavité des pétales.
Pist. Ovaire supérieur, ovale. Style nul. Stigmate un peu épais, concave.
Péric. Drupe en forme d'olive, succulent, uniloc.
Sem. Noyau ovale, ligneux, monosperme.

Tableau des espèces.

Explication des fig.

Tab. 72. MAYEPE *de la Guiane.* (*a*) Fl. non épanouie. (*b*) La même épanouie. (*c*) Calice, pistil. (*d*) Pétale, étamine. (*e*) Etam (*f*) Drupe. (*g*) La même coupé transversalement. (*h*) Semence ayant les lobes écartés. (*i*) Partie de la plante.

191. CHALEF.

Carað. essent.

CAL. supérieur, campanulé, 4-fide. Cor. O. Drupe 1-sperme.

Carað. nat.

Cal. sup., monophylle, campanulé, quadrifide, scabre en dehors, coloré en-dedans, caduc.
Cor. nulle.
Etam. Quatre filamens, très-courts, attachés au calice au-dessus de ses divisions. Anthères oblongues, horisontales.
Pist. Ovaire inférieur, arrondi. Style simple, courbé. Stigmate obtus.
Péric. Drupe ovale, obtus, marqué d'un point au sommet.
Sem. Noyau oblong, obtus, monosperme.

---

tum definentia. Stam. in petalorum cavitate recondita. Drupa 1-sperma.

Charað. nat.

Cal. quadrifidus, patens : laciniis ovalis acutis.
Cor. petala quatuor, ovata, concava, in filamentum definentia, intra divisuras cal. inserta.
Stam. Filamenta quatuor brevissima, ungui petalorum inserta. Antheræ oblongæ, in cavitate petalorum reconditæ.
Pist. Germen superum, ovatum. Stylus nullus. Stigma crassiusculum, concavum.
Peric. Drupa olivæformis, succulenta, unilocul.
Sem. Nux ovata, lignosa, monosperma.

Conspectus specierum.

Explicatio iconum.

Tab. 72. MAYEPEA *Guianensis.* (*a*) Flos non expansus. (*b*) Idem expansus. (*c*) Calyx, pistillum. (*d*) Petalum, stamen. (*e* Stamina. (*f*) Drupa (*g*) Eadem transversè secta. (*h*) Semen lobis disjunctis. (*i*) Pars plantæ. *Fig. ex Aubl.*

191. ELÆAGNUS.

Charað. essent.

CAL. superus, campanulatus, 4-fidus. Cor. O. drupa 1-sperma.

Charað. nat.

Cal. sup., monoph. campanulatus, quadrifidus, externè scaber, internè coloratus, deciduus.
Cor. nulla.
Stam. Filamenta quatuor, brevissima, infrà divisuras calyci inserta. Antheræ oblongæ, incumbentes.
Pist. Germen inferum, subrotundum. Stylus simplex, curvus. Stigma obtusum.
Peric. Drupa ovata, obtusa, apice puncto notata.
Sem. Nux oblonga, obtusa, monosperma.

Tableau des espèces.   *Conspectus specierum.*

1512. CHALEF à *feuilles étroites.* Dict. n° 1.
C. à feuilles lancéolées.
L. n. L'Europe aust., la Bohême, le Levant. ♄

1512. ELÆAGNUS *angustifolia.* T. 73. f. 1.
E. foliis lanceolatis. L.
Ex Europa austral, Bohemia, Oriente. *Pallas. Fl. ross. 1. t. 2.*

1513. CHALEF *du Levant.*
C. à feuilles oblongues, ovales, opaques.
L. n. Le Levant. ♄ *Peut-être n'est-il qu'une var. du suiv.*

1513. ELÆAGNUS *orientalis.*
E. foliis oblongis ovatis opacis. L.
Ex Oriente. ♄ *Forté varietas sequentis Pallas. fl. Ross. 1. t. 5.*

1514. CHALEF *épineux.*
C. à feuilles elliptiques, base des rameaux épineuse.
L. n. L'Égypte, la Syrie. ♄ *Feuilles vertes en-dessus, & argentées en-dessous.*

1514. ELÆAGNUS *spinosa.*
E. foliis ellipticis, basi ramulorum spinosa.
Ex Ægypto, Syria. ♄ *Fol. supernè viridia, subtus argentea.*

1515. CHALEF à *feuilles larges.* Dict. n° 2.
C. inerme, à feuilles ovales tachetées.
L. n. L'isle de Ceylan. ♄ *F. tachetées en-dessus de lignes d'un rouge noirâtre.*

1515. ELÆAGNUS *latifolia.* T. 73. f. 2.
E. inermis, foliis ovatis maculatis.
E. Zeylona. ♄ *Fol. lineis atro-rubentibus supernè notata.*

1516. CHALEF *crêpu.* Dict. suppl.
C. inerme, à feuilles lancéolées-oblongues, obtuses ondulées, fleurs solitaires.
L. n. Le Japon. ♄

1516. ELÆAGNUS *crispa.*
E. inermis, foliis lanceolato-oblongis obtusis undulatis, floribus solitariis. Th.
Ex Japonia. ♄ *Thunb. fl. Jap. 66.*

1517. CHALEF *multiflore.* Dict. suppl.
C. inerme, à feuilles ovoïdes obtuses, fleurs axillaires ramassées, pédoncules plus longs que les fleurs.
L. n. Le Japon. ♄

1517. ELÆAGNUS *multiflora.*
E. inermis, foliis obovatis obtusis, floribus axillaribus aggregatis, pedunculis flore longioribus. Th.
Ex Japonia. ♄ *Th. fl. jap. 66.*

1518. CHALEF à *ombelles.* Dict. suppl.
C. inerme, à feuilles ovoïdes obtuses, fleurs axillaires ramassées, pédoncules plus courts que les fleurs.
L. n. Le Japon. ♄ *Est-il vraiment dist. du précédent ?*

1518. ELÆAGNUS *umbellata.*
E. inermis, foliis obovatis obtusis, floribus axillaribus aggregatis, pedunculis flore brevioribus. Th.
Ex Japonia. ♄ *Thunb. fl. Jap. 66. & 14.*

1519. CHALEF *glabre.* Dict. suppl.
C. inerme, à feuilles ovales-oblongues acuminées, fleurs axillaires presque solitaires.
L. n. Le Japon. ♄ *Péd. plus court que la fl.*

1519. ELÆAGNUS *glabra.*
E. inermis, foliis ovato-oblongis acuminatis, floribus axillaribus subsolitariis. Th.
Ex Japonia. ♄ *Thunb. fl. Jap. 67.*

1520. CHALEF à *grandes feuilles.* Dict. suppl.
C. inerme, à feuilles arrondies-ov argentées.
L. n. Le Japon. ♄ *Karai. Kæmpf. p. 789.*

1520. ELÆAGNUS *macrophylla.*
E. inermis, f. rotundato-ovatis argenteis. Th.
Ex Japonia. ♄ *Thunb. fl. Jap. 67.*

1521. CHALEF *piquant.* Dict. suppl.
C. à rameaux spinescens, feuilles oblongues ondulées, fleurs geminées axillaires.
L. n. Le Japon. ♄ *Sinu-Kocai. Kempf. p.* 789.

OBS. Les différences spécifiques qu'on a établies à l'égard des pl. de ce genre font inconvenables ou insuffisantes, ou ces mêmes plantes ne font la plupart que des variétés les unes des autres.

Explication des fig.

Tab. 73. f. 1. CHALEF *à feuilles étroites.* (*a* , *b*) Fl. entière. (*c*) Calice ouvert. (*d*) Etamine. (*e*) Style. (*f*) Drupe entier. (*g*) Le même ayant le noyau en partie découvert. (*h*) Noyau féparé. (*i*) Le même coupé. (*l*) Semence. (*m*) Rameau florifère.

Tab. 73. f. 2. CHALEF *à feuilles larges.*

192. GONOCARPE.

Caract. essent.

CAL. supérieur, 4-fide. Cor. nulle. Drupe couronné, 8-gone, 1-sperme.

Caract. nat.

Cal. supérieur, quadrifide, persistant.
Cor. nulle.
Etam. Quatre filam. attachés au calice. Anth...
Pist. Ovaire inférieur. Un seul style. Stigmate...
Péric. Drupe presque globuleux, octogone, couronné par le calice, uniloculaire.
Sem. Une seule.

Tableau des espèces.

1522. GONOCARPE *à petites fl.* Dict. p. 770.
L. n. Le Japon. ☉

• 193. FUSAN.

Caract. essent.

CAL. supérieur, 4-fide. Cor. O. 4 stigmates.
Drupe 1-sperme.

Caract. nat.

Cal. supérieur, monophylle, turbiné, quadrifide: à découp. ovales, un peu concaves.

1521. ELÆAGNUS *pungens.*
E. ramulis spinescentibus, foliis oblongis undulatis, floribus axillaribus binis. *Th.*
Ex Japonia. *Thunb. Jap.* 68.

OBS. Vel harumce plantarum differentias specificas à notis aut incongruis aut insufficientibus autores deduxerunt; vel ipsamet plantæ à se invicem non differunt nisi quatenis varietates.

Explicatio iconum.

Tab. 73. f. 1. ELÆAGNUS *angustifolia.* (*a* , *b*) Flos integer. (*c*) Calyx apertus. (*d*) Stamen. (*e*) Stylus. (*f*) Drupa integra. (*g*) Eadem nucleo partim denudato. (*h*) Nucleus separatus. (*i*) Idem dissectus. (*l*) Semen. (*m*) Ramulus florifer.

Tab. 73. f. 2. ELÆAGNUS *latifolia.* Fig. ex Burm.

192. GONOCARPUS.

Charact. essent.

CAL. sup. 4-fidus. Cor. nulla. Drupa coronata, 8-gona, 1-sperma.

Charact. nat.

Cal. superus, quadrifidus, persistens.
Cor. nulla.
Stam. Filamenta quatuor, calyci inserta. Anth...
Pist. Germen inferum. Stylus unicus. Stigma...
Peric. Drupa subglobosa, octogona, calyce coronata, unilocularis.
Sem. Unicum.

Conspectus specierum.

1522. GONOCARPUS *micranthus.* T. 73.
Ex Japonia. ☉

193. FUSANUS.

Charact. essent.

CAL. superus, 4-fidus. Cor. O. Stigmata 4.
Drupa 1-sperma.

Charact. nat.

Cal. superus, monophyllus, turbinatus, quadrifidus: laciniis ovatis, concaviusculis.

Cor. nulle.
Etam. Quatre filamens, courts, attachés au calice vers la base. Anthères arrondies.
Pist. Ovaire inférieur, style presque nul. Quatre stigmates cruciformes, obtus.
Péric. Drupe ovale, non couronné, ombiliqué au sommet, uniloculaire.
Sem. Une seule.

Obs. Plusieurs fl. sont mâles ou stériles.

Tableau des espèces.

1523. FUSAN comprimé.
L. n. Le Cap de B. Espérance. ♄ Fusain du Cap. Dict. n° 6. p. 574.

Explication des figures.

Tab. 73. FUSAN comprimé. (a, b) Fleur stérile ou mâle. (c) Fleur fertile. (d) Drupe entier. (e) Rameau séparé.

194 CORNOUILLER.

Caract. essent.

CAL. supérieur, à 4 dents. 4 pét. 1 stigmate. Drupe à noyau biloculaire.

Caract. nat.

Cal. supérieur, très-petit, caduc, à quatre dents.
Cor. Quatre pétales, sessiles, lancéolés, pointus, très-ouverts.
Etam. Quatre filamens subulés, droits. Anthères ovales.
Pist. Ovaire inférieur, arrondi, couronné d'un disque en forme d'opercule. Style filiforme, de la longueur de la corolle. Stigmate obtus.
Péric. Drupe arrondi, ombiliqué, succulent.
Sem. Noyau ovale, un peu strié, biloculaire: à loges monospermes.

Tableau des espèces.

* Fl. en ombelle, munie d'une collor. de 4 folioles.

1524 CORNOUILLER mâle. Dict. n° 1.
C. en arbre, à fl. paroissant avant les feuilles, collerette égale aux ombelles.
L. n. L'Europe. ♄ Fl. jaunâtres.

Cor. nulla.
Stam. Filamenta quatuor, brevia, calyci versus basim inserta. Antheræ subrotundæ.
Pist. Germen inferum. Stylus submullus. Stigmata quatuor, cruciformia, obtusa.
Peric. Drupa ovata, non coronata, apice umbilicata, unilocularis.
Sem. unicum.

Obs. Flores plures masculi s. steriles.

Conspectus Specierum.

1523. FUSANUS compressus. T. 73.
E Cap. B. Sei. ♄ Evonymus Capœon. Dict. n° 6. p. 574.

Explicatio iconum.

Tab. 73. FUSANUS compressus. (a, b) Flos sterilis s. masculus. (c) Flos sterilis. (d) Drupa integra. (e) Ramus separatus. Fig. ex Berg. & ex Sicca.

194 CORNUS.

Charact. essent.

CAL. superus, 4-dentatus. Pet. 4. Stigm. 1. Drupa nucleo biloculari.

Charact. nat.

Cal. superus, minimus, quadridentatus, deciduus.
Cor. Petala quatuor, sessilia, lanceolata, acuta, patentissima.
Stam. Filamenta quatuor, subulata, erecta. Antheræ ovatæ.
Pist. Germen inferum, subrotundum, disco operculiformi coronatum. Stylus filiformis, longitudine corollæ. Stigma obtusum.
Peric. Drupa subrotunda, umbilicata, succulenta.
Sem. Nux, ovata, substriata, bilocularis: loculis monospermis.

Conspectus Specierum.

* Fl. ombellati, involucro 4-phyllo cincti.

1524 CORNUS masculus. T. 74. f. 1.
C. arborea, floribus ante folia erumpentibus, involucro umbellis æquali.
Ex Eur. ♄ Umbellæ minimæ; invol. 4-phyllo.

1525. CORNOUILLER à fleurs. Dict. n° 2.
C. en arbre, à collerette très-grande colorée : à folioles presqu'en cœur.
L. n. La Virginie. ♄

1526. CORNOUILLER du Japon. Dict. n° 3.
C. en arbre, à ombelles plus grandes que leur collerette, feuilles dentées.
L. n. Le Japon. ♄ Il paroît être d'un genre différent.

1527. CORNOUILLER de Suède. Dict. n° 4.
C. herbacé, à tiges munies de 2 rameaux.
L. n. La Suède, la Russie. &c. ♈ Petite pl. herbacée.

1528. CORNOUILLER de Canada. Dict. n° 5.
C. herbacé, à rameaux (presque) nuls.
L. n. L'Amér. septentr. ♈ Petite pl. herbacée, ayant comme la précéd. des omb. terminales, à collerettes colorées, plus grandes que les ombelles.

＊ ＊ Fleurs en cime ; à collerette nulle.

1529. CORNOUILLER sanguin. Dict. n° 6.
C. arborescent, à cimes nues, fruit noir, feuilles vertes des 2 côtés.
L. n. L'Europe. ♄

1530. CORNOUILLER blanc. Dict. n° 7.
C. arborescent, à cimes nues, fruit blanc ; feuilles larges, ovales, blanchâtres en-dessous.
L. n. L'Amér. septr. la Sibérie. ♄

1531. CORNOUILLER ridé. Dict. n° 8.
C. arborescent, à cimes à 2 bractées, feuilles ovales-arrondies, acuminées, ridées, glauques & pubescentes en-dessous.
L. n. L'Amér. septentr. ♄ Bract. sétacées.

1532. CORNOUILLER élancé. Dict. n° 11.
C. arborescent, à cimes nues convexes, anthères bleuâtres, rameaux élancés, feuilles glabres des deux côtés.
L. n. L'Amér. sept. ♄ Fruit bleuâtre.

1533. CORNOUILLER à fr. bleus. Dict. n° 12.
C. fruitiqueux, à cimes planes un peu velues, fruits bleus, nerv. des f. velues & ferrugineuses.
L. n. L'Amér. sept. ♄ Le disque des fl. devient promptement d'un rouge vif & même pourpr.

1525. CORNUS florida.
C. arborea, involucro maximo colorato : foliolis obcordatis.
E Virginia. ♄

1526. CORNUS Japonica.
C. arborea, umbellis involucrum superantibus, foliis serratis. Th.
Ex Japonia. ♄ Th. fl. Jap. 63.

1527. CORNUS Suecica.
C. herbacea, ramis binis. Lin.
Ex Suecia, Russia, &c. ♈ Varietas sequentis ?

1528. CORNUS Canadensis.
C. herbacea, ramis (sub) nullis. Lin.
Ex Amer. septent, ♈ Caules fructiferi apice ramulis instruuntur. C. Canadensis. L'Herit. Diff. de Corn. tab. 1.

＊ ＊ Flores cymosi ; involucro nullo.

1529. CORNUS sanguinea. T. 74. f. 1.
C. arborea, cymis nudis, fructu nigro; foliis utrinque viridibus.
Ex Europa. ♄ Rami hyeme ruberrimi.

1530. CORNUS alba.
C. arborea, cymis nudis, fructu albo; foliis lato-ovatis subtus albicantibus.
Ex Amer. septent., Sibiria. ♄

1531. CORNUS rugosa.
C. arborea, cymis bibracteatis, foliis ovato-subrotundis acuminatis rugosis subtus glaucis & pubescentibus.
Ex Amer. septent. ♄ C. circinata. L'H. t. 3.

1532. CORNUS stricta.
C. arborea, cymis nudis convexis, antheris cærulescentibus, ramis strictis, foliis utrinque nudis.
Ex Amer. septent. ♄ L'Herit. t. 4.

1533. CORNUS cærulea.
C. fruticosa, cymis planis subvillosa, fructibus cæruleis, sol, nervis villoso-ferrugineis.
Ex Amer. sept. ♄ C. amomum. Vogel. ic. ran t. 101. C. sericea. L'Herit. t. 2.

1534. CORNOUILLER à grappes. Dict. n° 10.
C. frutiqueux, à cimes paniculées en grappe,
feuilles ovales-lancéolées glauques en-deffous :
les plus jeunes purpurescentes.
L. n. L'Amér. fept. ♃ *Fl. difp. prefque comme
dans le fureau à grappes.*

1534. CORNUS racemofa.
C. fruticofa, cymis paniculato-racemofis,
foliis ovato-lanceolatis fubtus glaucis : junioribus purpurafcentibus.
Ex Amer. fept. ♃ *C. paniculata.* L'Herit.
t. 5. Drupa alba.

1535. CORNOUILLER à f. alt. Dict. n° 9.
C. frutiqueux, à tige en corymbe au fommet
par des rameaux étendus de tous côtés,
feuilles alternes.
L. n. L'Amér. fept. ♃

1535. CORNUS alternifolia.
C. fruticofa, caule ramis undique verfus apicem
corymbofo, foliis alternis.
Ex Amer. fept. ♃ *L'Herit.* t. 6.

Explication des fig.

Explicatio iconum.

Tab. 74. f. 1. CORNOUILLER mâle. (a) Fl. féparée.
(b) Calice, piftil. (c) Drupe entier. (d) Le même coupé. (e) Noyau féparé. (f) Le même coupé tranfverfalement. (g, h) Semences. (i) Rameau florifère. (l)
Rameau garni de feuilles & de fruits.

Tab. 74. f. 1. CORNUS mafcula. (a) Flos feparatus.
(b) Calyx, piftillum. (c) Drupa integra. (d) Eadem
diffecta. (e) Nucleus feparatus. (f) Idem tranfverfim
fectus. (g, h) Semina. (i) Ramulus florifer. (l)
Ramulus foliis fructibufque onuftus. Fig. fruct. ex
D. Gartn.

Tab. 74. f. 2. CORNOUILLER fanguin. (a) Drupe
ayant le noyau en partie découvert. (b) Noyau mis à
nud. (c) Le même coupé en travers. (d, e, f) Semence
coupée & entière, montrant la fituation de l'embryon.
(g) Embryon féparé. (h) Cime fructifère.

Tab. 74. f. 2. CORNUS fanguinea. (a) Drupa nucleo partim denudato. (b) Nucleus denudatus. (c)
Idem tranfverfe fectus. (d, e, f) Semen diffectum
& integrum, cum embryonis fitu. (g) Embryo feparatus. Fig. ex D. Gartn. (h) Cyma fructifera.

195. SAMARA.

195. SAMARA.

Caract. effent.

Charact. effent.

CAL. partagé en 4 folioles. 4 pét. creufés à leur
bafe. Etam. attachées aux pét. Drupe 1-fperme.

CAL. 4-partitus. Pet. 4, bafi lacunofa. Stam.
petalis inferta. Drupa 1-fperma.

Caract. nat.

Charact. nat.

Cal. très-petit, perfiftant, partagé en 4 folioles
pointues.
Cor. Quatre pétales, ovales, feffiles, y aura à
leur bafe une foffette longitudinale.
Etam. Quatre filaments, fétacés, longs, oppo-
fés aux pét. inférés dans la foffette de leur bafe.
Anthères en cœur.
Pift. Ovaire fupérieur, ovale, plus court que
la corolle, fe terminant en un ftyle plus long,
cylindrique. Stigmate infundibuliforme.
Péric. Drupe arrondi.
Sem. folitaire.

Cal. quadripartitus, minimus, perfiftens: folio-
lis acutis.
Cor. petala quatuor, ovata, feffilia, bafi lacuna
longitudinali.
Stam. Filamenta quatuor, fetacea, longa, pe-
talis oppofita, lacunæ immerfa. Antheræ fub-
cordatæ.
Pift. Germen fuperum, ovatum, corolla brevius,
definens in ftylum cylindricum, longiorem.
Stigma infundibuliforme.
Peric. Drupa fubrotunda.
Sem. folitarium.

Tableau des efpèces.

Confpectus fpecierum.

1536. SAMARA des Indes. Dict.
L. n. Les Indes orient. ♃ Arbre à f. oppofées,
fleuriffant au-deffous des feuilles.

1536. SAMARA Leta. t. 74.
Ex Ind. orient. ♃ Cornus, &c. Burm. Zyl.
t. 31. Fl. infra folia.

* SAMARA du Cap. Fl. à 5 étam.

* SAMARA pentandra. Hort. Kew.

196. SANTALIN.

Caract. essent.

CAL. urcéolé, quadrifide. Cor. O. 4-écailles à l'entrée du calice. Stigm. à 3 lobes. Baie couronnée, 3-loculaire.

Caract. nat.

Cal. monophylle, urcéolé, persistant, semi-quadrifide : à découp. ovales, pointues, ouvertes. *Cor.* nulle.

Quatre écailles, ovoïdes, un peu épaisses, barbues, couronnant l'entrée du cal. alternes, avec ses divisions.

Etam. Quatre filamens, filiformes, pileux en dehors, insérés au calice, alternes avec les écailles. Anth. ovales.

Pist. Ovaire inférieur, couronné d'un disque convexe. Style filiforme, de la long. de l'étam. Stigmate trifide : à lobes courts, obtus.

Péric. Baie ovoïde, couronnée, triloculaire. *Sem.* . . .

Tableau des espèces.

1537. SANTALIN *feuilles de myrte.* Dict. *L. n.* Les Indes orient. ♄ *Rameaux, feuilles, pédoncules & calices glabres.*

197. MACOUCOU.

Caract. essent.

CAL. partagé en quatre. Cor. inférieure, en roue, à 4 lobes. Style O. Stigm. simple.

Caract. nat.

Cal. petit, partagé en quatre découp. ovales, pointues.

Cor. monopétale, en roue. Limbe quadrifide : à lobes arrondis.

Etam. Quatre filamens, attachés entre les divisions de la corolle. Anthères ovales.

Pist. Ovaire supérieur, ovale-conique. Style nul. Stigmate obtus.

Péric. . . . .
Sem. . . . .

---

196. SIRIUM.

Charact. essent.

CAL. urceolatus, quadrifidus. Cor. O. squamæ 4, fauce calycis. Stigma 3-lobum. Bacca coronata, 3 locularia.

Charact. nat.

Cal. monophyllus, urceolatus, persistens, semi-quadrifidus : laciniis ovatis acutis patentibus. *Cor.* nulla.

Squamæ quatuor, obovatæ, crassiusculæ, subbarbatæ, faucem calycis coronantes, laciniis ejusd. alternæ.

Stam. Filamenta quatuor, filiformia, deorsum pilosa, calyci inserta, squamis alterna. Antheræ ovatæ.

Pist. Germen inferum, disco convexo coronatum. Stylus filiformis, longitudine staminum. Stigma trifidum : lobis brevibus obtusis.

Peric. Bacca obovata, coronata, trilocularia. *Sem.* . . . .

Conspectus specierum.

1537. SIRIUM *myrtifolium.* T. 74. Ex India orient. ♄ *S. myrtifolium* Lin. & fantalum album ejusd. Communic. D. Banks.

197. MACOUCOA.

Charact. essent.

CAL. 4-partitus. Cor. infera, rotata, 4-loba. Stylus O. Stigm. simplex.

Charact. nat.

Cal. parvus, quadripartitus : laciniis ovatis acutis.

Cor. monopetala, rotata. Limbus quadrifidus : lobis subrotundis.

Stam. Filamenta quatuor, intra divisuras corollæ. Antheræ ovatæ.

Pist. Germen superum, ovato-conicum. Stylus nullus. Stigma obtusum.

Peric. . . .
Sem. . . .

Tableau

Tableau des espèces.

1538. MACOUCOU *de la Guiane.* Diff.
L. n. Les forêts de la Guiane. ħ *Il paroît
diff. du Houx par le stigmate.*

Explication des fig.

Tab. 75. MACOUCOU *de la Guiane.* (a) Bouton
de fleur. (b, c) Fleur vue en-dessus & en-dessous.
(d) Corolle vue en-dessous. (e) Etamine. (f) Calice.
(g) Pistil. (h) Rameau garni de fleurs.

198. ROUSSEAU.

Caract. essent.

CAL. partagé en quatre. Cor. campanulée, quadrifide. Baie sup. pyramidale, 4-angulaire,
polysperme.

Caract. nat.

Cal. partagé en quatre découp. lingulées, pointues, réfléchies.
Cor. monopétale, campanulée : tube ventru à
sa base. Limbe quadrifide : à découp. linéaires,
pointues, roulées en-dehors.
Etam. Quatre filamens linéaires, dilatés, droits,
une fois plus longs que la corolle. Anthères
petites, sagittées.
Pist. Ovaire supérieur, pyramidal, tétragone,
se terminant en un style épais, persistant. Stigmate obtus, infundibuliforme.
Péric. Baie pyramidale, tétragone, à écorce
dure, uniloculaire ?
Sem. très-nombreuses, lenticulaires, nichées
dans une pulpe.

Tableau des espèces.

1539. ROUSSEAU *de Bourbon.* Diff.
L. n. L'isle de Bourbon. ħ

Explication des fig.

Tab. 75. ROUSSEAU *de Bourbon.* (a) Fleur entière.
(b) Etamine. (c) Calice, pistil. (d) Stigmate grossi. (e)
Fruit coupé transversalement. (f) Semences. (g)
Rameau.
Botanique. Tome I.

Conspectus specierum.

1538. MACOUCOA *Guianensis.* T. 75.
Ex sylvis Guianæ. ħ *Aubl. t. 34. Ab ilice
stigmate distinguitur.*

Explicatio iconum.

Tab. 75. MACOUCOA *Guianensis.* (a) Flos non
expansus. (b, c) Flos supra infraque visus. (d) Corolla inferius visa. (e) Stamen. (f) Calyx. (g) Pistillum. (h) Ramus florifer. Fig. ex Aubl.

198. ROUSSEA.

Charact. essent.

CAL. 4-partitus. Cor. campanulata, quadrifida.
Bacca supera, pyramidata, 4-angularis, polysperma.

Charact. nat.

Cal. quadripartitus : laciniis lingulatis, acutis,
reflexis.
Cor. monopetala, campanulata : tubus basi ventricosus. Limbus quadrifidus : laciniis linearibus, acutis, revolutis.
Stam. Filamenta quatuor, linearia, dilatata, erecta,
corollâ duplo longiora. Antheræ parvæ sagittatæ.
Pist. Germen superum, pyramidatum, tetragonum, desinens in stylum crassum, persistens.
Stigma obtusum, infundibuliforme.
Peric. Bacca pyramidata, tetragona, corticata,
unilocularis ?
Sem. numerosissima, lenticularia, nidulantia.

Conspectus specierum.

1539. ROUSSEA *simplex.* T. 75.
Ex insl. Mauritiæ. ħ *Smith. pl. ic. fasc. 1. t. 6.*

Explicatio iconum.

Tab. 75. ROUSSEA *simplex.* (a) Flos integer. (b)
Stamen. (c) Calyx, pistillum. (d) Stigma auctum. (e)
Fructus transversâ sectus. (f) Semina. (g) Ramulus.
Fig. ex D. Smith.

199. MACRE.

Caract. essent.

CAL. supérieur, partagé en 4. Cor. à 4 pétales.
Noix à (2 ou 4) épines corniformes; 1-
locul. 1-sperme.

Caract. nat.

Cal. supérieur, partagé en quatre : à folioles
persistantes, s'endurcissant en épines adhérentes
au fruit.
Cor. Quatre pétales, ovoïdes, plus grands que
le calice.
Etam. Quatre filamens, de la longueur du calice.
Anthères simples.
Pist. Ovaire inférieur, ovale (*bilocul.* selon
M. Gært.). Style simple, de la longueur du
calice. Stigmate en tête, échancré.
Péric. Noix coriacée, dure, subturbinée, mu-
nie latéralement de 2 ou 4 épines un peu
arquées, uniloculaires.
Sem. Une seule, grande, charnue.

Tableau des espèces.

1540. MACRE *flottante.* Dict.
M. à noix quadricornes.
L. a. L'Eur. austr. & l'Asie, dans les étangs. ☉

1541. MACRE *à deux cornes.* Dict.
M. à noix bicornes.
L. n. La Chine.

Explication des fig.

Tab. 75. MACRE *flottante.* (*a*) Fleur entière. (*b*, *d*)
Calice. (*c*) Pétale. (*e*) Noix entière. (*f*, *f*) Ovaire biloculaire avant sa maturité. (*g*) Noix uniloculaire,
ouverte dans sa longueur. (*h*) Semence dépouillée de
son écorce. (*i*, *l*) Semence diversement coupée.
(*m*, *n*) Radicule. (*o*) Rosette des feuilles flottantes
sur les eaux.

200. HYDROPHYLACE.

Caract. essent.

CAL. supérieur, partagé en 4. Cor. infundibuliforme. Baie sèche, anguleuse, 2-loculaire,
4-sperme.

199. TRAPA.

Charact. essent.

CAL. superus. 4-partitus. Cor. 4 petala. Nux
spinis (2 f. 4) corniformibus; 1-locularis,
1-sperma.

Charact. nat.

Cal. superus, quadripartitus : foliolis persisten-
tibus, in spinas fructu adhærentes indu-
ratis.
Cor. Petala quatuor : obovata, calyce majora.
Stam. Filamenta quatuor, longitudine calycis.
Antheræ simplices.
Pist. Germen inferum, ovatum, (*biloculare.*
Gærtn.). Stylus simplex, longitudine calycis.
Stigma capitatum, emarginatum.
Peric. Nux coriacea, dura, subturbinata, spinis
2 f. 4 subarcuatis lateraliter armata, unilo-
cularis.
Sem. unicum, grande, carnosum.

Conspectus specierum.

1540. TRAPA *natans.* T. 75.
T. nucibus quadricornibus.
Ex Europæ australi Asiæque stagnis. ☉

1541. TRAPA *bicornis.*
T. nucibus bicornibus. L. f. suppl.
E China. Gærtn. t. 98.

Explicatio iconum.

Tab. 75. TRAPA *natans.* (*a*) Flos integer. (*b*, *d*)
Calyx. (*c*) Petalum. (*e*) Nux integra. Fig. ex Tourn.
(*f*, *f*) Germen immaturum biloculare. (*g*) Nux unilocularis, longitudinaliter aperta. (*h*) Semen decorticatum. (*i*, *l*) Semen varie sectum (*m*, *n*) Radicula.
Fig. ex D. Gærn. (*o*) Foliorum rosula supra aquas
natans.

200. HYDROPHYLAX.

Charact. essent.

CAL. superus, 4-partitus. Cor. infundibuliformis.
Bacca exsucca, costato-angulata, 2-locularis,
2-sperma.

Caract. nat.

Cal. supérieur, persistant, monophylle, droit, partagé en quatre : à découp. ovales, pointues, bordées, un peu charnues.
Cor. monopétale, infundibuliforme. Tube plus long que le calice. Limbe anguleux, quadrifide, barbu à l'orifice : à découp. ovales, roulées en-dehors.
Etam. Quatre filamens, inférés au tube, droits, plus longs que la corolle. Anthères presque hastées.
Pist. Ovaire inférieur, oblong. Style filiforme, courbé. Stigmate bifide.
Péric. Baie sèche, oblongue-ovale, un peu comprimée, angulaire, couronnée, bilocul.
Sem. solitaires, oblongues, amincies supérieurement, convexes d'un côté, marquée de l'autre par 2 sillons.

Tableau des espèces.

1542. HYDROPHYLACE marit. Dist. 3. 256. *L. n.* L'Inde. ♃ *Herbe rampante, à f. opposées.*

Explication des fig.

Tab. 76. HYDROPHYLACE maritime. (a) Baie entière. (b) La même coupée transversalement. (c, d) Semence vue des 2 côtés. (e) Semence coupée en travers. (f) Situation de l'embryon. (g) Embryon séparé.

201. HARTOGE.

Caract. essent.

CAL. 4-fide. Cor. à 4 pétales ouverts, Drupe supérieur, ovale, 2-sperme.

Caract. nat.

Cal. monophylle, quadrifide (5-fide selon M. Th.) à découpures courtes, pointues.
Cor. Quatre pétales ovales, plus grands que le calice, ouverts.
Etam. Quatre filamens, courts, inférés à la base de l'ovaire. Anthères ovales, sillonnées.
Pist. Ovaire supérieur, ovale. Style simple, subulé. Stigmate pointu.
Péric. Drupe sec, ovale, glabre, légèrement scabre.
Sem. Noyau un peu charnu, disperme,

Charact. nat.

Cal. superus, persistens, monophyllus, erectus, quadripartitus : laciniis ovatis, acutis marginatis, subcarnosis.
Cor. monopetala, infundibuliformis. Tubus calyce longior. Limbus angulatus, quadrifidus, fauce barbata : laciniis ovatis revolutis.
Stam. Filamenta quatuor, tubo inserta, erecta, corolla longiora. Antherae subhastatae.
Pist. Germen inferum, oblongum. Stylus filiformis, curvatus. Stigma bifidum.
Peric. Bacca exsucca, oblongo-ovata, compressiuscula, costato-angulata, coronata, biloc.
Sem. solitaria, oblonga, sursum attenuata, hinc convexa, inde duobus sulcis exarata.

Conspectus specierum.

1542. HYDROPHYLAX maritima. T. 76. Ex Indiis. ♃ *Surissuranceps.* Gaertn. t. 25.

Explicatio iconum.

Tab. 76. HYDROPHYLAX maritima. (a) Bacca integra. (b) Eadem transverse secta. (c, d) Seminis latus utrumque. (e) Semen dissectum. (f) Situs embryonis. (g) Embryo separatus. Fig. ex Gaertn.

201. HARTOGIA.

Charact. essent.

CAL. 4-fidus. Cor. 4-petala, patens. Drupa supera, ovata, 2-sperma.

Charact. nat.

Cal. monophyllus, quadrifidus (5-fidus. Th) laciniis brevibus acutis.
Cor. Petala quatuor, ovata, calyce majora, patentia.
Stam. Filamenta quatuor, brevia, basi germinis inserta. Antherae ovatae, sulcatae.
Pist. Germen superum, ovatum. Stylus simplex, subulatus. Stigma acutum.
Peric. Drupa exsucca, ovata, glabra, scabriuscula.
Sem. Nux subcarnosa, disperma.

Tableau des espèces.

Conspectus specierum.

1543. HARTOGE *du Cap.* Dict. 3. p. 77.
L. n. Le Cap. de B. Esp. ♄ Le G. *schrebera*
mentionné dans l'obs. doit être supprimé.

1543. HARTOGIA *Capensis.* T. 76.
E Cap. B. Spei. ♄ L *f. suppl. p. 128.* Thunb.
nov. gen. p. 87. Frutex glaber.

Explication des fig.

Explicatio iconum.

Tab. 76. HARTOGE *du Cap.* (a) Bouton de fleur.
(b) Fleur entière épanouie. (c, d, e) Calice, étamines. (f) Rameau florifère. (g) Autre rameau garni
de fruits.

Tab. 76. HARTOGIA *Capensis.* (a) Flos non expansus. (b) Flos integer expansus. (c, d, e) Calyx,
stamina. (f) Ramus florifer. (g) Ramus alter, fructibus onustus. Fig. ex D. Thunb. & ex Sicca.

202. MYGINDE.

202. MYGINDA.

Charact. essent.

Charact. essent.

CAL. inférieur, partagé en 4. COR. à 4 pétales.
Capsule globuleuse, 1-sperme.

CAL. inferus, 4-partitus. COR. 4-petala. Caps.
globosa, 1 sperma.

Charact. nat.

Charact. nat.

Cal. très-petit, persistant, partagé en quatre.

Cor. Quatre pétales, arrondis, planes, très-ouv.

Étam. Quatre filamens, subulés, plus courte
que la corolle. Anthères arrondies.

Pist. Ovaire supérieur, arrondi. Style court.
Stigmate bifide ou quadrifide.

Péric. Drupe globuleux, de la grosseur d'un
pois; uniloculaire.

Sem. Noyau ovale, monosperme.

Cal. minimus, quadripartitus, persistens.

Cor. Pet. quatuor, subrotunda, plana, patentissima.

Stam. Filamenta quatuor, subulata, corolla
breviora. Antheræ subrotundæ.

Pist. Germen superum, subrotundum. Stylus
brevis. Stigma bifidum vel quadrifidum.

Péric. Drupa globosa, pisi magnitudine, unilocularis.

Sem. Nux ovata, monosperma.

Tableau des espèces.

Conspectus specierum.

1544. MYGINDE *diurétique.* Dict.
M. à feuilles ovales-pointues, dentées, presque
sessiles.
L. a. L'Amérique méridionale. ♄

1544. MYGINDA *uragoga.* T. 76.
M. foliis ovato-acutis serratis subsessilibus.

Ex Amer. merid. ♄ Jacq. Amer. p. 24. t. 16.

1545. MYGINDE *ovale.* Dict.
M. à feuilles ovales dentées un peu pétiolées,
pédoncules dichotomes en cime ombelliforme.
L. n. La Jamaïque. ♄

1545. MYGINDA *rhacoma.*
M. foliis ovatis dentatis subpetiolatis, pedun-
culis dichotomis cymoso-umbellatis.
Ex Jam. ♄ Crossopetalum. Brown. t. 17. f. 1.

1546. MYGINDE *arrondi.* Dict.
M. à feuilles ovales - arrondies, crénelées,
pétiolées, pédoncules axillaires presque simples, pauciflores.
L. n. Les Antilles. ♄ F. presque rondes, pâles
& pubescentes en-dessous.

1546. MYGINDA *rotundata.*
M. foliis ovato-subrotundis crenatis petiolatis,
pedunculis axillaribus subsimplicibus paucis.

Ex insl. Caribæis. ♄ Comm. D. Richard.

203. COMÈTE.

Caraȸ. essent.

COLLER. 4-phylle , 3-flore. CaL 4-phylle. Cor.
O. Capsule à 3 coques.

Caraȸ. nat.

Collerette tétraphylle , triflore (à fl. sessiles) :
à folioles oblongues , égales, ciliées, hispides.
Cal. tétraphylle : à folioles oblongues , égales ,
de la longueur de la collerette.
Cor. nulle.
Étam. Quatre filamens capillaires , de la lon-
gueur du calice. Anthères arrondies.
Pist. Ovaire supérieur , arrondi. Style filiforme.
Stigmate trifide.
Péric. Capsule à trois coques.
Sem. solitaires.

Tableau des espèces.

1547. COMÈTE des Indes. Dict. suppl.
L. n. Les Indes orientales. ☉

204. SKIMME.

Caraȸ. essent.

CAL. partagé en 4 , persistant , 4 pétales concaves. Baie supérieure , ombiliquée, 4-sperme.

Caraȸ. nat.

Cal. très-petit , persistant , partagé en quatre dé-
coupures ovales , pointues.
Cor. Quatre pétales , ovales , concaves , fort
petits.
Étam. Quatre filamens , très-courts. Anthères. . .
Pist. Ovaire supérieur , un seul style. Stigmate. . .
Péric. Baie ovale , ombiliquée , marquée de 4
sillons , subquadrivalve , pleine d'une pulpe
farineuse.
Sem. Quatre , obl. , un peu trigones , blanches.

Tableau des espèces.

1548. SKIMME du Japon. Dict.
L. à. Le Japon. ♄ Le cal. est quelquefois à 5
divisions.

---

203. COMETES.

Charaȸ. essent.

INVOLUCR. 4-phyllum , 3-florum. CaL 4-phyl-
lus. Cor. O. Caps. 3-cocca.

Charaȸ. nat.

Involucrum tetraphyllum , triflorum (floribus
sessilibus) fol. obl. æqualibus ciliato-hispidis.
Cal. tetraphyllus : foliolis oblongis æqualibus
longitudine involucri.
Cor. nulla.
Stam. Filamenta quatuor , capillaria , longitudine
calycis. Antheræ subrotundæ.
Pist. Germen superum , subrotundum. Stylus fi-
liformis. Stigma trifidum.
Peric. Capsula tricocca.
Sem. solitaria.

Conspectus specierum.

1547. COMETES alterniflora. T. 76.
Ex Ind. oriem. ☉ Burm. Ind. t. 15. f. 5.

204. SKIMMIA.

Charaȸ. essent.

CAL. 4-partitus , persistens. Pet. 4 , concava.
Bacca supera , umbilicata, 4-sperma.

Charaȸ. nat.

Cal. minimus , persistens , quadripartitus : laci-
niis ovatis , acutis.
Cor. Petala quatuor , ovata , concava , minuta.
Stam. Filamenta quatuor , brevissima. Antheræ. . .
Pist. Germen superum. Stylus unicus. Stigma. . .
Peric. Bacca ovata, umbilicata , obsolete sulcata ,
subquadrivalvis , intus farinaceo-pulposa.
Sem. Quatuor , oblonga , subtrigona , alba.

Conspectus specierum.

1548. SKIMMIA Japonica. Thunb. n° 9.
E Japonia. ♄ Kæmpf. reliq. ic. t. 5.

205. OTHÈRE, & Oriza. 206.

Caract. essent.

CAL. partagé en quatre. 4 pétales. Ovaire supérieur. Capsule?

Caract. nat.

Cal. monophylle, partagé en 4 découp. ovales.
Cor. Quatre pétales, planes, ouverts.
Etam. Quatre filamens, plus courts que la corolle, insérés à la base des pétales. Anthères didymes ou globuleuses.
Pist. Ovaire supérieur. Style plus court que les pétales, ou nul. Stigmate simple, obtus.
Péric. Capsule?
Sem...

Tableau des espèces.

1549. OTHÈRE du Japon. Dict.
O. à fleurs ramassées pédonculées; style nul.
L. n. Le Japon. ♄ Pétales ovales.

1550. OTHÈRE à grappes. Dict.
O. à fleurs en grappes, munies d'un style.
L. n. Le Japon. ♄ Pétales lancéolés.

207. AMMANE.

Caract. essent.

CAL. campanulé, strié, à 8 dents. 4 pétales (quelquefois aucuns), attachés au calice. Caps. supérieure, 4-loculaire.

Caract. nat.

Cal. monophylle, persistant, campanulé, strié, plissé, à huit dents.
Cor. Quatre pétales (quelquefois aucuns), ovales, ouverts, insérés au calice.
Etam. Quatre filamens, sétacés, de la longueur du calice, auquel ils sont attachés. Anthères didymes.
Pist. Ovaire supérieur, presqu'ovale, grand. Style simple, très-court. Stigmate en tête.
Péric. Capsule arrondie, quadriloculaire, recouverte par le calice.
Sem. nombreuses, petites.

TETRANDRIA MONOGYNIA.

205. OTHERA', & Oriza. 206.

Charact. essent.

CAL. 4-partitus. Petala 4. Germen superum. Capsula?

Charact. nat.

Cal. monophyllus, quadripartitus: laciniis ovatis.
Cor. petala quatuor, plana, patentia.
Stam. Filamenta quatuor, basi infima petalorum inserta, corolla breviora. Antheræ didymæ s. globosæ.
Pist. Germen superum. Stylus petalis brevior, vel nullus. Stigma simplex, obtusum.
Peric. Capsula?
Sem...

Conspectus specierum.

1549. OTHERA Japonica,
O. flor. aggregatis pedunculatis. Stylo nullo.
E Japonia. ♄ Thunb. nov. gen. 56.

1550. OTHERA oriza.
O. floribus racemosis, stylo unico.
E Japonia. ♄ Oriza Jap. Thunb. n°. 9. 57.

207. AMMANNIA.

Charact. essent.

CAL. campanulatus, striatus, 8-dentatus. Petala 4 (interdum nulla), calyci inserta. Caps. supera, 4-locularia.

Charact. nat.

Cal. monophyllus, persistens, campanulatus, plicato-striatus, octodentatus.
Cor. Petala quatuor (interdum nulla), ovata, patentia, calyci inserta.
Stam. Filamenta quatuor, setacea, longitudine calycis, cui inserta. Antheræ didymæ.
Pist. Germen superum, subovatum, magnum. Stylus simplex, brevissimus. Stigma capitatum.
Peric. Capsula subrotunda, quadrilocularis, calyce obtecta.
Sem. numerosa, parva.

Tableau des espèces.   *Conspectus specierum.*

1551. AMMANE *à feuilles larges.*
A. à feuilles semi-amplexicaules, tige tétragone rameuse, fleurs sessiles subternées.
L. *n.* Les Antilles. ☉
β. La même à fl. solitaires.

1551. AMMANNIA *latifolia.*
A. foliis semi-amplexicaulibus, caule tetragono ramoso, floribus sessilibus subternis.
Ex inf. Caribæis. ☉ *Gærtn. t.* 111.
β. Eadem, floribus solitariis. Tab. 77. *f.* 1.

1552. AMMANE *pourpre.*
A. à feuilles étroites auriculées à leur base semi-amplexicaules, rameaux effilés, pédoncules triflores.
L. *n.* La Virginie, la Caroline.

1552. AMMANNIA *purpurea.*
A. foliis angustis basi auriculatis semi-amplexicaulibus, ramis virgatis, pedunculis trifloris.
E Virginia, Carolinia. *A. ramosior. Lin.* ?

1553. AMMANE *du Sénégal.* Dict. suppl.
A. à feuilles sessiles un peu auriculées à leur base, fl. pédicellées ramassées, calice à quatre dents.
L. *n.* Le Sénégal. ☉ *Pl. glabre, très-ram.*

1553. AMMANNIA *Senegalensis.* T. 77. f. 2.
A. foliis sessilibus basi subauriculatis, floribus pedicellatis aggregatis, calyce quadridentato.
E Senegal. ☉ *D. Roussillon. Affin. sequenti* ?

1554. AMMANE *verticillée.* Dict. n° 3.
A. à feuilles presque sessiles lancéolées, fl. ramassées, verticillées sessiles, calice à quatre dents.
L. *n.* L'Italie. ☉ *Caps. unil. selon M. Arduini.*

1554. AMMANNIA *verticillata.* T. 77. f. 3.
A. foliis subsessilibus lanceolatis, floribus congesto-verticillatis sessilibus, calyce quadridentato.
Ex Italia. ☉ *Cornelia verticillata. Ard. 2. t. 1.*

1555. AMMANE *des Indes.* Dict. suppl.
A. à feuilles linéaires sessiles décurrentes, ombelles axillaires très-courtes, calice à quatre dents.
L. *n.* L'Inde. Fl. 4-andriques. La caps. m'a paru unilocul. avec un placenta central.

1555. AMMANNIA *Indica.*
A. foliis linearibus sessilibus decurrentibus, umbellis axillaribus brevissimis, calyce quadridentato.
Ex India. *D. Sonnerat. conf. Pluk. t.* 357. *f.* 5, & *Burm. fl. ind. t.* 15. *f.* 3.

1556. AMMANE *octandrique.* Dict. suppl.
A. à feuilles amplexicaules linéaires lancéolées, fleurs octandriques pétaligères.
L. *n.* Les Indes orientales. *Tige droite, élevée, branchue.*

1556. AMMANNIA *octandra.*
A. foliis amplexicaulibus lineari-lanceolatis, floribus petaloideis octandris.
·Ex India orient. *Linn. f. suppl.* 127. *conf. cum Amm. sanguinolenta Swartz. pr.* 33.

OBS. Il faut rapporter au genre *Proserpinaca*, l'*Ammannia pinnatifida* de *Linné fils*.

OBS. *Ammannia pinnatifida* (L. f. suppl. 127.). Ad *Proserpinacam* referenda est.

208. ISNARDE.

Caract. essent.

CAL. campanulé, 4-fide. Cor. O. Caps. 4-loculaire, environné par le calice.

208. ISNARDIA.

Charact. essent.

CAL. campanulatus, 4 fidus. Cor. O. Caps. 4-locularis, calyce cincta.

Caract. nat.

Cal. campanulé, semi-quadrifide : à découpures pointues, ouvertes.
Cor. nulle.
Etam. Quatre filamens, insérés à la partie moyenne du calice. Anthères simples.
Pist. Ovaire presqu'inférieur. Style simple, plus long que les étamines. Stigmate un peu é. ais.
Péric. Capf. enveloppée par le calice, tétragone inf. quadriloculaire.
Sem. oblongues, en petit nombre.

Tableau des espèces.

1557. ISNARDE *des marais.* Dict. 3. p. 313.
L. n. La France, l'Asie & l'Amér., aux lieux aquatiques. ⊙

209. LUDUIGE.

Caract. essent.

CAL. supérieur, partagé en 4. Cor. à 4 pétales. Capf. 4-gone, couronnée, 4-loculaire, polysperme.

Caract. nat.

Cal. supérieur, monophylle, persistant, partagé en quatre découp. lancéolées, très-ouvertes, de la longueur de la corolle.
Cor. Quatre pétales, obcordés, planes, très-ouverts, égaux.
Etam. Quatre filamens subulés, droits, courts. Anthères oblongues, droites.
Pist. Ovaire inférieur, tétragone. Style cylindrique, de la longueur des étamines. Stigmate capité, obscurément tétragone.
Péric. Capfule tétragone, obtufe, couronnée par le calice, quadriloculaire, s'ouvrant par le sommet.
Sem. nombreuses, petites.

Tableau des espèces.

1558. LUDUIGE *à feuilles alternes.* Dict. n° 1.
L. glabre, à feuilles alt. lancéolées, pédoncules unifl. axillaires, tigedroite, anguleuse.
L. n. La Virginie. ⊙

Charact. nat.

Cal. campanulatus, semi-quadrifidus : laciniis acutis patentibus.
Cor. nulla.
Stam. Filamenta quatuor, è medio calycis enata. Antheræ simplices.
Pist. Germen subinferum. Stylus simplex, staminibus longior. Stigma crassiusculum.
Peric. Capfula calyce vestita, tetragona, quadrilocularis.
Sem. Pauca, oblonga.

Conspectus specierum.

1557. ISNARDIA *palustris.* T. 77.
In Gallia, Asiæ & Americæ, aquosis. ⊙

209. LUDWIGIA.

Charact. essent.

CAL. superus, 4 partitus. Cor. 4-petala. Capf. 4-gona, coronata, 4-locularis, polysperma.

Charact. nat.

Cal. superus, monophyllus, quadripartitus, persistens ; laciniis lanceolatis, patentissimis, longitudine corollæ.
Cor. Petala quatuor, obcordata, plana, patentissima, æqualia.
Stam. Filamenta quatuor, subulata, erecta, brevia. Antheræ oblongæ erectæ.
Pist. Germen inferum, tetragonum. Stylus cylindricus, longitudine staminum. Stigma obfoletè tetragonum capitatum.
Peric. Capfula tetragona, obtufa ; calyce coronata, quadrilocularis, apice dehiscens.
Sem. numerofa, parva.

Conspectus specierum.

1558. LUDWIGIA. *alternifolia.* T. 77.
L. glabra, foliis alternis lanceolatis, pedunculis unifloris axil., caule erecto angulofo.
E Virginia. ⊙

1559.

TÉTRANDRIE MONOGYNIE.
TETRANDRIA MONOGYNIA. 335

1559. LUDUIGE *velue*. Dict. n° 2.
L. à feuilles alt. lancéolées, fleurs axillaires folitaires, presque sessiles; tige cylindrique, diffuse.
L. n. La Caroline. *Toute la pl. est velue.*

1559. LUDWIGIA *hirsuta*.
L. foliis alternis lanceolatis, floribus axillaribus foliariis subsessilibus; caule tereti diffuso.
E Carolina. *Frafer.*

1560. LUDUIGE *jussioide*. Dict. n° 3.
L. frutescent glabre, à feuilles alt. linéaires-lancéolées: fleurs axillaires folitaires, ovaire très-long.
L. n. L'isle de France. ♄

1560. LUDWIGIA *jussiaoides*.
L. frutescens glabra, foliis alternis lineari-lanceolatis, floribus axillaribus foliariis; germine longissimo.
Ex insula Franciae. ♄

1561. LUDUIGE *à feuilles opposées*. Dict. n° 4.
L. à feuilles opposées lancéolées, tige diffuse.
L. n. Les Indes orientales. ♃

1561. LUDWIGIA *oppositifolia*.
L. foliis opp. lanceolatis, caule diffuso. *Lin:*
Ex Ind. orientalibus. ♃

1562. LUDUIGE *triflore*. Dict. n° 5.
L. à feuilles opposées lancéolées, tige droite.
L. n. Les Indes orientales. ☉

1562. LUDWIGIA *triflora*.
L. foliis oppositis lanceolatis, caule erecto.
Ex Ind. orient. ☉ *L. erigua. L.*

Explication des fig.

Tab. 77. LUDUIGE *à feuilles alternes*. (a) Capsule entière. (b) La même coupée transversalement. (c) Coupe longitudinale de la même. (d) Semences séparées. (e) Sem. coupée en travers. (f) Embr. séparé.

Explicatio iconum.

Tab. 77. LUDWIGIA *alternifolia*. (a) Capsula integra. (b) Eadem transverse secta. (c) Ejusdem sectio longitudinalis. (d) Semina foliata. (e) Semen transverse sectum. (f) Embryo separatus. *Fig. ex D. Gera.*

210. STRUTHIOLE.

Caract. essent.

CAL. 2-phylle. Cor. tubuleuse, à limbe 4-fide. 8 écailles à l'orifice de la corolle. Baie sèche, 1-sperme.

Caract. nat.

Cal. 2-phylle: à folioles linéaires pointues, opposées, droites.
Cor. monopétale, infundibuliforme. Tube filiforme, alongé. Limbe quadrifide, plus court que le tube, ouvert.
Huit écailles, ovales, obtuses, pileuses à leur base, insérées à l'orifice du tube.
Etam. Quatre filaments très-courts, enfermés dans le tube. Anthères oblongues.
Pist. Ovaire supérieur, ovale. Style filiforme, de la long. du tube. Stigmate en tête.
Péric. Baie sèche, ovale, uniloculaire.
Sem. une seule, un peu pointue.
Botanique, Tome I.

210. STRUTHIOLA.

Charact. essent.

CAL. 2-phyllus. Cor. tubulosa, limbo 4-fido. Squamæ 8, ad faucem corollæ. Bacca exsucca, 1-sperma.

Charact. nat.

Cal. 2-phyllus: foliis linearibus, acutis, oppofitis, erectis.
Cor. monopetala, infundibuliformis. Tubus filiformis, elongatus. Limbus quadripartitus, tubo brevior, patens.
Squamæ octo, ovatæ, obtufæ, bafi pilofæ, ori tubi insertæ.
Stam. Filamenta quatuor, breviffima, intra tubum occultata. Antheræ oblongæ.
Pist. Germen superum, ovatum. Stylus filiformis, longitudine tubi. Stigma capitatum.
Peric. Bacca exsucca, ovata, unilocularis.
Sem. unicum, acutiusculum.

R r

Explication des fig.   *Explicatio iconum.*

Tab. 78. Struthiola à *longues fleurs.* (*a*) Fleur entière. (*b*) Calice. (*c*) Corolle ouverte. (*d*) Étamines. (*e*) 4 écailles bifides, à l'entrée du tube. (*f*) Rameau florifère.

Tab. 78. Struthiola *longiflora.* (*a*) Flos integer. (*b*) Calyx. (*c*) Corolla aperta. *d* Stamina. (*e*) Squamæ 4 bifidæ ori tubi. (*f*) Ramus florifer. *k.* non *bona.*

211. B L A I R I E.   211. B L Æ R I A.

Caract. essent.   *Charact. essent.*

Cal. partagé en 4. Cor. 4-fide. Étam. attachées au réceptacle. Caps. 4-loculaire, polysperme.

Cal. 4-partitus. Cor. 4-fida. Stam. receptaculo inserta. Caps. 4-locularis, polysperma.

Caract. nat.   *Charact. nat.*

Cal. partagé en quatre folioles linéaires, droites, persistantes.
Cor. monopétale, campanulée. Tube un peu cylindrique, de la longueur du calice. Limbe petit, quadrifide : à découp. ovales, réfléchies.
Étam. Quatre filamens sétacés, attachés au réceptacle. Anth. obl., droites, échancrées.
Pist. Ovaire supérieur, tétragone, court. Style sétacé, plus long que la corolle. Stigmate obtus.
Péric. Capsule obtuse, quadrangulaire, quadriloculaire, s'ouvrant par les angles.
Sem. Plusieurs, arrondies.

Cal. quadripartitus : foliolis linearibus, erectis, persistentibus.
Cor. mono, etala, campanulata. Tubus cylindraceus, longitudine calycis. Limbus parvus, quadrifidus : laciniis ovatis, reflexis.
Stam. Filamenta quatuor, setacea, receptaculo inserta. Anth. oblongæ, erectæ, emarginatæ.
Pist. Germen superum, tetragonum, breve. Stylus setaceus, cor. longior. Stigma obtusum.
Péric. Capsula obtusa, quadrangularis, quadrilocularis, angulis dehiscens.
Sem. Plura, subrotunda.

Tableau des espèces.   *Conspectus specierum.*

1571. BLAIRIE *éricoïde.* Dict. n° 1.
B. à fl. capitées, cor. campanulées : feuilles quaternées, embriquées, pileuses, scabres.
L. a. Le Cap de B. Espérance. ♄

1571. BLÆRIA *ericoides.*
B. floribus capitatis, corollis campanulatis: foliis quaternis imbricatis pilofo-scabris.
E Cap. B. Spei. ♄ *Anth. exsertæ, muticæ.*

1572. BLAIRIE *articulée.* Dict. n° 3.
B. à têtes hérissées, pileuses, corolles cylindriques, anthères saillantes, noirâtres, bifides.
L. n. Le Cap de B. Esp. ♄ *F. petites, quaternées, ovales-oblongues, scabres.*

1572. BLÆRIA *articulata.* T. 78.
B. capitulis pilofo-hirtis, corollis cylindricis, antheris exsertis bipartitis nigris.
E Cap. B. Spei. ♄ *Erica eriocephala hujus Dict. n° 78. Synon. bergii excludatur.*

1573. BLAIRIE *ciliée.* Dict. n° 2.
B. à fleurs-en tête, calices ciliés.
L. a. Le Cap de B. Esp. ♄ *Étam. non saill.*

1573. BLÆRIA *ciliaris.*
B. floribus capitatis, calycibus ciliatis. L. f.
E Capite B. Spei. ♄ *Stam. inclusa.*

1574. BLAIRIE *pourprée.* Dict. n° 4.
B. à étamines bifides incluses, cor. oblongues, droites, fl. terminales, ramassées, pédonculées.
L. a. Le Cap de B. Espérance.

1574. BLÆRIA *purpurea.*
B. staminibus inclusis bipartitis, corollis oblongis rectis, floribus terminalibus aggregatis pedunculatis. L. f.
E Capite Bonæ Spei.

1575. BLAIRIE naine. Diß. n° 5.
B. à fl. éparfes, corolles infundibuliformes.

·L. n. Le Cap de B. Efpérance. ♄

* BLAIRIE. (mouffrufe) à anthères mutiques
presque faillantes, calices monophylles pileux,
cor. campanulées , pileufes au fommet , fleurs
axillaires , ftigmates peltés.

212. SARCOCOLIER.

Caraß. effent.

CAL. 2-phylle. Cor. campanulée, 4-fide. Stigmate à 4 lobes. Capf. 4-loculaire , à 8 fem.

Caraß. naß.

Cal. diphylle : à folioles oppofées , ovalet-lan-
céolées , concaves , égales , caduques , plus
courtes que la corolle.
Cor. monopétale, campanulée. Limbe quadrifide,
ouvert, plus court que le tube: à déc. pointurs.
Etam. Quatre filamens , fubulés , très-courts ,
droits , inférés au tube de la corolle. Anthères
droites , en cœur.
Pifl. Ovaire fupérieur , ovale , tétragone. Style
filiforme , tétragone. Stigmate à quatre lobes.
Périe. Capfule tétragone , munie du ftyle , quadriloculaire, quadrivalve.
Sem. geminées , oblongues , obtufes.

Tableau des espèces.

1576. SARCOCOLIER réfineux. Diß.
S. à feuilles ovales embriquées fur quatre
rangs, calices glutineux , ciliés , plus grands
que les feuilles.
L. n. Le Cap de B. Efp. ♄ Sonneras.

1577. SARCOCOLIER mucroné. Diß.
S. à feuilles en cœur acuminées , fleurs ra-
maffées aux fommités des rameaux.
L. n. Le Cap de B. Efp. ♄

1578. SARCOCOLIER marginé. Diß.
S. à feuilles en cœur marginées, fl. latérales.

L. n. Le Cap de Bonne-Efpérance. ♄

1575. BLÆRIA pusilla.
B. floribus fparfis , corollis infundibulifor-
mibus. L.
E Capite Bonæ Spei. ♄

* BLÆRIA (muscofa) antheris muticis fub-
exfertis , calycibus monophyllis pilofis , corollis campanulatis fupernè pilofis , floribus
axillaribus , ftigmatibus peltatis. Ait. Hort.
Kew.

212. PENÆA.

Charaß. effens.

CAL. 2-phyllus. Cor. campanulata , 4-fida.
Stigma 4-lobum. Capf. 4-locularis, 8-fperma.

Charaß. nat.

Cal. diphyllus : foliolis oppofitis , ovato-lanceolatis , concavis , æqualibus , corolla brevioribus , deciduis.
Cor. monopetala , campanulata. Limbus quadrifidus , patulus , tubo brevior : laciniis acutis.
Stam. Filamenta quatuor , fubulata , breviffima , erecta , tubo corollæ inferta. Antheræ
erectæ fubcordatæ.
Pifl. Germen fuperum , ovatum , tetragonum.
Stylus filif. , tetragonus. Stigma quadrilobum.
Perie. Capfula tetragona , ftylo inftructa , qua-
driloculatis, quadrivalvis.
Sem. bina, oblonga, obtufa.

Confpectus Specierum.

1576. PENÆA farcocolla. T. 78. f. 2.
P. foliis ovatis quadrifariam imbricatis , calycibus glutinofis ciliatis folio majoribus.

E Cap. B. Sp. ♄ Hab. hyperici Mexicani. L. f.

1577. PENÆA mucronata.
P. foliis cordatis acuminatis , floribus ad api-
ces ramulorum congeftis.
E Cap. B. Spei. ♄ Meerburg. t. 51. f. 3.

1578. PENÆA marginata.
P. foliis cordatis marginatis , floribus latera-
libus.
E Cap. B. Spei. ♄

1579. SARCOCOLIER *bruni*. Dict.
S. à feuilles rhomboïdes-ovales, bractées en
coin , pointues , colorées.
L. *n*. Le Cap de Bonne-Espérance. ♄

1580. SARCOCOLIER *écailleux*. Dict.
S. à f.rhomboïdes-cunéiformes charnues.
L. *n*. Le Cap de Bonne Espérance. ♄

1581. SARCOCOLIER *camelé*. Dict.
S. à feuilles linéaires-lancéolées, un peu lâches,
fl. ramassées en tête , bract. plus petites que
les feuilles.
L. *q*. Le Cap de B. Espérance. ♄ *Sonnerat*.

* *Sarcocolier (à longues fleurs) à feuilles rhomboïdes pointues, fleurs quadrifides pourprées ,
tube très-long.*

Explication des fig.

Tab. 78. f. 1, SARCOCOLIER *bruni*. (*a*) Fleur entière. (*b*) Corolle séparée. (*c*) La même ouverte. (*n*)
Pistil. (*e*) Rameau garni de feuilles & de fleurs.
Tab. 78. f. 2. SARCOCOLIER *écailleux*. (*a*) Fleur
séparée. (*b*) Rameau feuillé & fleuri.

213. SIPHONANTE.

Caract. essent.

CAL. partagé en cinq. Cor. infundib. très-longue;
à limbe petit , 4-fide. 4 baies supérieures,
1-spermes.

Caract. nat.

Cal. monophylle , partagé en 5 , persistant.
Cor. monopétale , infundibuliforme. Tube fili-
forme , très-long, très-étroit. Limbe petit ,
quadrifide (irrégulier ?) ouvert.
Etam. Quatre filamens, plus longs que le limbe
de la corolle. Anthères oblongues.
Pist. Ovaire supérieur, très-court , quadrifide.
Style filiforme , de la longueur des étamines,
recourbé au sommet. Stigmate simple.
Péric. Quatre baies arrondies, situées dans un
calice ouvert.
Sem. solitaires, arrondies.

1579. PENÆA *fucata*. T. 78. f. 1.
P. foliis rhombeo-ovatis : bracteis cuneatis,
acutis, coloratis.
E Cap. B. Spei. ♄ *Fl. fasciculati terminales*.

1580. PENÆA *squamosa*.
P. foliis rhombeo-cuneiformibus carnosis. L.
E Cap. B. Spei. *Hort. Kew. add.*

1581. PENÆA *cneorum*.
P. foliis lineari-lanceolatis laxiusculis , floribus congesto-capitatis , bracteis foliis minoribus.
E Cap. B. Spei. ♄ *P. cneorum. Meerburg. t.
51. f. 2.*

* *Penæa (longiflora) foliis rhomboidais acutis ,
floribus quadrifidis purpureis , tubo longissimo.
Meerburg. T. 51. f. 1.*

Explicatio iconum.

Tab. 78. f. 1. PENÆA *fucata*. (*a*) Flos integer. (*b*)
Corolla separata. (*c*) Fadem aperta. (*d*) Pistillum. (*e*)
Ramus foliis floribusque onustus.
Tab. 78. f. 2. PENÆA *squamosa*. (*a*) Flos separatus.
(*b*) Ramus foliosus & floriter.

213. SIPHONANTHUS.

Charact. essent.

CAL. 5-partitus. Cor. infundibuliformis , longissimus : limbo parvo, 4-fido. Baccæ 4 , 1-
spermæ , superæ.

Charact. nat.

Cal. monophyllus, quinquepartitus, persistens.
Cor. monopetala , infundibuliformis. Tubus filiformis longissimus , angustissimus. Limbus
parvus, quadripartitus (inæqualis ?) , patens.
Stam. Filamenta quatuor , corollæ limbo longiora. Antheræ oblongæ.
Pist. Germen superum , brevissimum , quadrifidum. Stylus filiformis , longitudine staminum , apice recurvato. Stigma simplex.
Peric. Baccæ quatuor , intra calycem patulum,
subrotundæ.
Sem. solitaria, subrotunda.

Tableau des espèces.

1582. SIPHONANTE *des Indes.* Dict.
L. n. Les Indes orientales. *Tige herbacée.* F.
verticillée 3 à 3. Ombelles pédonculées, axillaires. *Le limbe de la cor. paroît plus vrai dans
la fig. 2 que dans la fig. 1.*

Explication des fig.

Tab. 79. f. 1. SIPHONANTE *des Indes.* (a) Fleur
entière. (b, c) Calice fructifere, baies. (d) Semences.
(e) Sommité de la plante. (f) Feuille séparée.

Tab. 79. f. 2. C'est peut-être une autre & une
meilleure figure du Siph. des Indes ; mais peut-être
auffi appartient-elle à une espèce différente.

214 HOUSTONE.

Caract. essent.

CAL. 4-fide. Cor. infundibulif. 4-fide. Capf.
supérieure, 2-loculaire.

Caract. nat.

Cal. monophylle, quadrifide, droit, très-petit,
persistant.
Cor. monopétale, infundibuliforme. Tube long,
presque cylindrique. Limbe ouvert, partagé
en 4 découpures obtuses.
Etam. Quatre filamens, très-petits, insérés à la
base du tube. Anthères droites, simples.
Pist. Ovaire supérieur, arrondi, comprimé.
Style court, simple. Stigmate bifide.
Péric. Capsule arrondie, didyme, comprimée
vers son sommet, bilocul. bivalve, s'ouvrant
en-dessus transversalement : à valves opp. à
la cloison.
Sem. en petit nombre (3 ou 4), petites, ovales,
adhér. à la cloison.

Tableau des espèces.

1583. HOUSTONE *à fl. bleues.* Dict. 3. p. 144.
H. à tiges filiformes, fleurs solitaires.
L. n. La Virginie. ♀

Conspectus specierum.

1582. SIPHONANTHUS *Indica.* T. 79. f. 1.
Ex Indiis orientalibus. *Siphonanthus.* Amm.
Act. petrop. 1736. p. 214. t. 15. *Lysimachii
species,* Pison. bons. 159. *Clerodendro vel volkumeria affinis?*

Explicatio iconum.

Tab. 79. f. 1. SIPHONANTHUS *Indica.* (a) Flos integer.
(b, c) Calyx fructifer, baccæ. (d) Semina.
(e) Summitas plantæ. (f) Folium separatum. Fig. ex
Amm.
Tab. 79. f. 2. Forte altera & melior icon Siphonanthi
Indici, ci forte ad aliam speciem pertinet. Fig. ex
iconibus ineditis. D.

214 HOUSTONIA.

Charact. essent.

CAL. 4-fidus. Cor. infundibulif. 4-fida. Capf.
supera, 2-locularis.

Charact. nat.

Cal. monophyllus, quadrifidus, erectus, minimus, persistens.
Cor. monopetala, infundibuliformis. Tubus cylindraceus, longus. Limbus quadripartitus,
patens : laciniis obtusis.
Stam. Filamenta quatuor, minima, basi tubi
inserta. Antheræ erectæ, simplices.
Pist. Germen superum, subrotundum, compressum. Stylus brevis, simplex. Stigma bifidum.
Péric. Capsula subrotunda, didyma, supernè
compressa, bilocularis, bivalvis, supra transversè dehiscens : valvulis dissepimento oppositis.
Sem. pauca (3-4), parva, ovata, dissep. adhærentia.

Conspectus specierum.

1583. HOUSTONIA *cærulea.* T. 79. f. 1.
H. caulibus filiformibus, floribus solitariis.
Ex Virginia. ♀ *Folia internodiis multoties
breviora.*

1584. HOUSTONE à longues f. Dict. suppl.
H. à fleurs en faisceau, pédicellées.
L. n.... Les f. paroissent longues & étroites.

1584. HOUSTONIA longifolia. T. 79. f. 2.
H. floribus fasciculatis pedicellatis.
Ex.... H. longifolia. Gærtn. 226. t. 49 f. 8.

Explication des fig.

Tab. 79. f. 1. Houstone à fl. bleues. (a) Corolle
séparée. (b) Calice. (c) Corolle ouverte. (d) Caps.
dépourvue de calice. (e) Plante de grandeur naturelle
Tab. 79. f. 2. Houstone à longues feuilles. (a, A)
Capsule env. par le calice. (b) La même nue. (c)
La même se partageant en deux. (d) Section transversale de la même. (e) Une loge séparée. (f) Semences. (g, h) Sem. découpées. (i) Embryon séparé
& fort grossi.

Explicatio iconum.

Tab. 79. f. 1. Houstonia cærulea. (a) Corolla
separata. (b) Calyx. (c) Corolla aperta. (d) Capsula
dempto calyce. (e) Planta magn. naturali. Ex Sicco.
Tab. 79. f. 2. Houstonia longifolia. (a, A) Capsula calyce vestita. (b) Eadem denudata. (c) Eadem
bipartita. (d) Ejusdem sectio transversalis. (e) Loculamentum separatum. (f) Semina. (g, h) Eadem
dissecta. (i) Embryo separatus & Insigniter auctus.
Fig. ex D. Gærtn.

215. COUTOUBÉE.

215. COUTOUBEA.

Caract. essent.

Charact. essent.

CAL. 4-fide. Cor. 1-pétale, 4-fide. 4 écailles
en capuchon, staminifères. Stigm. à 2
lames. Caps. 2-valve, polysperme.

CAL. 4-fidus. Cor. 1-petala, 4-fid. Squamæ 4,
cucullatæ, staminiferæ. Stigm. 2-lamellatum.
Caps. 2-valvis, polysperma.

Caract. nat.

Charact. nat.

Cal. monophylle, partagé en 4 découpures
oblongues, pointues.
Cor. monopétale, hypocratériforme. Tube à
peine plus long que le calice. Limbe quadrifide : à lobes oblongs, pointus.
    Quatre écailles en capuchon, staminifères,
insérées au tube de la corolle.
Etam. Quatre filamens, courts, insérés sur les
écailles en capuchon. Anthères sagittées.
Pist. Ovaire supérieur, ovale-oblong. Style de
la longueur de la corolle. Stigmate à 2 lames.
Péric. Capsule ovale (uniloculaire?), bivalve.
Sem. nombreuses, très-petites, attachées à un
placenta.

Cal. monophyllus, quadripartitus: laciniis oblongis acutis.
Cor. monopetala, hypocrateriformis. Tubus calyce vix longior. Limbus quadrifidus : lobis
oblongis acutis.
    Squamæ 4, cucullatæ, staminiferæ, tubo
corollæ insertæ.
Stam. Filamenta quatuor, brevia, squamis cucullatis inserta. Antheræ sagittatæ.
Pist. Germen superum, ovato-oblongum. Stylus
longitudine corollæ. Stigma bilamellatum.
Peric. Capsula ovata (unilocularis?), bivalvis.
Sem. numerosa, minutissima, placentæ affixa.

Tableau des espèces.

Conspectus specierum.

1585. COUTOUBÉE blanche. Dict. n° 1.
C. à tige presque simple, fleurs sessiles, en
épi, verticillées quatre à quatre.
L. n. La Guiane. Communiq. par M. Stoupy.

1585. COUTOUBEA alba.
C. caule subsimplici, floribus sessilibus spica-
tis verticillato-quaternis.
E Guiana. Fl. albi. Aubl. Guian. t. 27.

1586. COUTOUBÉE purpurine. Dict n° 2.
C. à tige rameuse, fleurs pédicellées, oppo-
sées, axillaires.
L. n. La Guiane. Comm. par M. Stoupy.

1586. COUTOUBEA purpurea.
C. caule ramoso, floribus pedicellatis oppo-
sitis axillaribus.
E Guiana. Fl. purpurei. Aubl. t. 28.

Explication des fig.

Tab. 79. COUTOUBEE *blanche.* (*a*) Bractées qui soutiennent le calice. (*b*) Calice avec ses bractées. (*c*) Bouton de fleur. (*d*) Fleur entière épanouie. (*e* , *f*) Corolle entière & ouverte. (*g*) Étamine. (*h*) Pistil. (*i*) Capsule entière. (*l* , *m*) La même ouverte & coupée en travers. (*n*) Partie sup. de la plante. Mann. fg.

Explicatio iconum.

Tab. 79. COUTOUBEA *alba.* (*a*) Bractex quæ sustinent calycem. (*b*) Calyx cum bracteis. (*c*) Flos non expansus. (*d*) Flos integer , expansus. (*e* , *f*) Corolla integra & aperta. (*g*) Stamen. (*h*) Pistillum. (*i*) Capsula integra. (*l* , *m*) Eadem aperta , & transversim secta. (*n*) Pars superior plantæ. Fig. ex Aubl.

216. GENTIANELLE.

Caract. essent.

CAL. 4-phylle. Cor. 4-fide : à tube globuleux. Caps. à 2 sillons , 2-loculaire , polysp, s'ouvrant au sommet.

Caract. nat.

Cal. anguleux , tétraphylle : à folioles ovales, carinées , droites , persistantes.

Cor. monopétale , hypocratériforme. Tube globuleux, de la longueur du calice. Limbe partagé en quatre découp. obtuses , ouvertes.

Étam. Quatre filamens , filiformes , insérés au tube. Anthères oblongues.

Pist. Ovaire supérieur , arrondi , remplissant le tube. Style filiforme , de la longueur de la corolle. Stigmate à 2 lobes.

Péric. Capsule arrondie ou ovale , un peu comprimée, à 2 sillons , biloculaire , s'ouvrant par le sommet.

Sem. nombreuses, striées, attachées à un placenta central.

Tableau des espèces.

1587. GENTIANELLE *blanchâtre.* Dict. n° 1.
G. à feuilles un peu décurrentes , étamines saillantes.
L. n. Le Cap de Bonne-Espérance. ☉

1588. GENTIANELLE *dorée.* Dict. n° 2.
G. à feuilles sessiles , étamines saillantes.
L. n. Le Cap de B. Espérance. ☉ *Pl. de 2 à 4 pouces.*

1589. GENTIANELLE *en cœur.* Dict. n° 3.
G. à fleurs quinquefides , folioles calicinales en cœur , striées.
L. n. Le Cap de B. Espérance. ☉

216. EXACUM.

Charact. essent.

CAL. 4-phyllus. Cor. 4-fida ; tubo globoso: Caps. 2-sulca , 2-locularis , polysperma, apice dehiscens.

Charact. nat.

Cal. angulatus , tetraphyllus : foliolis ovatis : carinatis , erectis , persistentibus.

Cor. monopetala , hypocrateriformis. Tubus globosus, longitudine calycis. Limbus quadripartitus: laciniis obtusis , patentibus.

Stam. Filamenta quatuor , filiformia , tubo inserta. Antheræ oblongæ.

Pist. Germen superum , subrotundum , tubum implens. Stylus filiformis , erectus, longitudine corollæ. Stigma bilobum.

Peric. Capsula subrotunda vel ovata , subcompressa, bisulca , bilocularis , apice dehiscens.

Sem. numerosa, striata, receptaculo centrali affixa.

Conspectus specierum.

1587. EXACUM *albens.*
E. foliis subdecurrentibus , staminibus exsertis.
E Capite Bonæ Spei. ☉

1588. EXACUM *aureum.* T. 80. f. 2.
E. foliis sessilibus , staminibus exsertis. L. f.
E Capite Bonæ Spei. ☉ *Fl. parvi , lutei , cymosi.*

1589. EXACUM *cordatum.*
E. floribus quinquefidis , calycis foliolis cordatis striatis. L. f.
E Capite Bonæ Spei. ☉

1590.

1590. GENTIANELLE *pourprée*. Dict. n° 4.
G. à fleurs quadrifides, calices quadrangu-
laires, feuilles sessiles, oblongues, aiguës.
L. n. La Guiane ☉ *Communiq. par M. Stoupy.*
A. *La même ? à feuilles plus étroites.*

1591. GENTIANELLE *violette*. Dict. n° 5.
G. à limbe des corolles quadrifide, pointu;
tige presque filiforme, feuilles très-petites.
L. n. La Guiane. ☉

1592. GENTIANELLE *ponctuée*. Dict. n° 6.
G. à feuilles oblongues, trinerves, ponctuées,
ayant des pétioles très-courts; étam. saill.
L. n. L'Inde. F. *ayant des points glanduleux.*

Explication des fig.

Tab. 80. f. 1. GENTIANELLE *pourprée*. (*a*) Fleur
non épanouie. (*b*) Calice. (*c*) Corolle ouverte. (*d*)
Étamine. (*e*) Pistil. (*f*, *g*) Stigmates. (*h*) Partie de
la plante.
Tab. 80. f. 2. GENTIANELLE *dorée*. (*a*) Bouton de
fleur. (*b*) Calice. (*c*) Corolle fermée. (*d*, *e*, *f*) Corolle
ouverte. (*g*) Étamine. (*h*, *i*) Pistil.

217. TACHI.

Caract. essent.

CAL. tubuleux, à 5 dents. Cor. tubuleuse : à
limbe 5-fide. 5 glandes environnant la base de
l'ovaire. Caps. à 2 loges.

Caract. nat.

CAL. monophylle, oblong, tubuleux, à cinq
dents pointues, droites.
COR. monopétale, tubuleuse, un peu dilatée à
son orifice. Limbe 5-fide : à découp. ovales,
pointues, récourbées.
Cinq glandes, petites, environnant la base
de l'ovaire.
ÉTAM. Quatre filamens, filiformes, attachés à
la partie inférieure du tube, & plus longs que
lui. Anthères oblongues, droites.
PIST. Ovaire supérieur, oblong, Style filiforme,
plus long que les étamines. Stigmate à 2 lames.
PÉRIC. Capsule oblongue, biloculaire, bivalve,
recouverte par le calice.
SEM. nombreuses, très-petites, visqueuses, adhérentes à la cloison.

Botanique. Tome I.

1590. EXACUM *purpureum*. T. 80. f. 1.
E. floribus quadrifidis, calycibus quadrangu-
laribus, foliis sessilibus oblongis acutis.
E Guiana. ☉ *Aubl. t. 26. f. 4.*
A. *Id ? foliis angustioribus. Bryn. cent. t. 47.*

1591. EXACUM *violaceum.*
E. corollarum limbo quadrifido acuto, caule
subfiliformi, foliis minimis.
E Guiana. ☉ *Aubl. t. 26. f. 2.*

1592. EXACUM *punctatum.*
E. foliis brevissimè petiolatis oblongis, tri-
nerviis punctatis, staminibus exsertis. L. f.
Ex India. *Corolla cærulescens.*

Explicatio iconum.

Tab. 80. f. 1. EXACUM *purpureum*. (*a*) Flos non expansus. (*b*) Calyx. (*c*) Corolla aperta. (*d*) Stamen. (*e*)
Pistillum. (*f*, *g*) Stigmata. (*h*) Pars plantæ. *Fig. ex
Aubl.*
Tab. 80. f. 2. EXACUM *aureum*. (*a*) Flos non expansus. (*b*) Calyx. (*c*) Corolla clausa. (*d*, *e*, *f*) Corolla aperta. (*g*) Stamen. (*h*, *i*) Pistillum.

217. TACHIA

Charact. essent.

CAL. tubulosus, 5-dentatus. Cor. tubulosa :
limbo 5-fido. Glandulæ 5 germinis basim
cingentes. Caps. 2-locularis.

Charact. nat.

CAL. monophyllus, oblongus, tubulosus, quinquedentatus : denticulis acutis erectis.
COR. monopetala, tubulosa, fauce subinflata.
Limbus quinquefidus : laciniis ovatis, acutis,
revolutis.
Glandulæ quinque, parvæ, germinis basim
cingentes.
STAM. Filamenta quatuor, filiformia, tubo infernè inserta, eoque longiora. Anth. oblongæ,
erectæ.
PIST. Germen superum, oblongum. Stylus filiformis staminibus longior. Stig. bilamellatum.
PERIC. Capsula oblonga, bilocularis, bivalvis,
calyce tecta.
SEM. numerosa, minima, viscida, dissepimento
adhærentia.

Tableau des espèces.

1593. TACHI *de la Guiane.* Dict.
L. n. Les forêts de la Guiane. ♄ *Arbriss. fl.*
jaunes.

Explication des fig.

Tab. 80. TACHI *de la Guiane.* (*a*) Calice. (*b*) Corolle entière. (*c*) Tube de la corolle ouvert, étamines. (*d*) Pistil. (*e*) Capsule séparée du calice. (*f*) Capsule ouverte. (*g*) Partie de rameau.

Conspectus specierum.

1593. TACHIA *Guianensis.* T. 80.
E Guianæ sylvis. ♄ Aubl. 75. t. 29.

Explicatio iconum.

Tab. 80. TACHIA *Guianensis.* (*a*) Calyx. (*b*) Corolla integra. (*c*) Tubus corollæ apertus, stamina. (*d*) Pistillum. (*e*) Capsula à calyce segregata. (*f*) Capsula aperta. (*g*) Pars ramuli. Fig. ex Aubl.

218. ROUHAMON.

Caract. essent.

CAL. court, partagé en 4. Cor. infundibulif. 4-fide, velue en-dedans. Caps. 1-loculaire, 2-sperme.

Caract. nat.

Cal. monophylle, très-court, partagé en quatre découp. pointues, ayant 2 écailles à sa base.
Cor. monopétale, infundibuliforme. Tube cylindrique. Limbe quadrifide, velu en-dedans: à découp. pointues.
Etam. Quatre filamens capillaires, velus à leur base, attachés au tube de la cor. Anthères oblongues.
Pist. Ovaire supérieur, ovale, velu. Style simple, de la longueur de la corolle. Stig. obtus.
Péric. Capsule orbiculée, uniloculaire, à écorce cassante.
Sem. Deux, semi-orbiculées, planes d'un côté, convexes de l'autre.

218. ROUHAMON.

Charact. essens.

CAL. brevis, 4-partitus. Cor. infundibulif. 4-fida, intus villosa. Capf. 1-locularis, 2-sperma.

Charact. nat.

Cal. monophyllus, brevissimus, quadripartitus, laciniis acutis. Ad ejus basim squamulæ duæ.
Cor. monopetala, infundibuliformis. Tubus cylindricus. Limbus quadrifidus intus villosus; laciniis acutis.
Stam. Filamenta quatuor, capillaria, basi villosa, tubo corollæ inserta. Antheræ oblongæ.
Pist. Germen superum, ovatum, villosum. Stylus simplex, longitudine cor. Stigma obtusum.
Peric. Capsula orbiculata, unilocularis, cortice fragili.
Sem. Duo, semi-orbiculata, hinc plana, inde convexa.

Tableau des espèces.

1594. ROUHAMON *de la Guiane.* Dict.
L. n. La Guiane. ♄ *Arbrisseau.* Fl. axillaires.

Explication des figures.

Tab. 81. ROUHAMON *de la Guiane.* (*a*, *b*) Fleur entière. (*c* Pistil. (*d*) Capsule. (*e*) Semence. (*f*) Partie de rameau.

Conspectus specierum.

1594. ROUHAMON *Guianensis.* T. 81.
Ex Guiana. ♄ Aubl. 93. t. 36.

Explicatio iconum.

Tab. 81. ROUHAMON *Guianensis.* (*a*, *b*) Flos integer. (*c*) Pistillum. (*d* Capsula. (*e*) Semen. (*f*) Pars ramuli. Fig. ex Aubl.

219. SALVADORE.

Caract. essent.

CAL. 4-fide. Cor. 4-fide. Baie 1-sperme. Semence enveloppée d'une tunique.

219. SALVADORA.

Charact. essens.

CAL. 4-fide. Cor. 4-fida. Bacca 1-sperma. Semen arillo tectum.

Caraſt. nat.

Cal. monophylle , court , quadrifide : à découpures ovales , un peu obtuses.
Cor. monopétale , persiſtante , profond. quadrifide : à découp. roulées en-dehors.
Etam. Quatre filamens , droits , de la longueur de la corolle. Anthères arrondies.
Piſt. Ovaire supérieur , arrondi. Style court. Stigmate simple , obtus , ombilique.
Péric. Baie globuleuse , uniloculaire.
Sem. Une seule , sphérique , envel. d'une tunique calleuse.

Tableau des espèces.

1595. SALVADORE *de Perse.* Dict.
L *a.* La Perle , l'Inde orientale. ♄ *Sonnerat.*
Arbriſſeau glabre à ram. & feuilles oppoſés.

Explication des fig.

Tab. 81. SALVADORE *de Perse.* (*a*) Fleur épanouie.
(*b*) Corolle ouverte. (*c*) Pistil. (*d*) Rameau florifère.

220. RIVINE.

Caraſt. eſſent.

CAL. partagé en 4. Cor. O. Baie 1-sperme : à semence scabre.

Caraſt. nat.

Cal. partagé en quatre , coloré , persiſtant : à folioles ovales , obtuses.
Cor. nulle.
Etam. Quatre à douze filamens , un peu plus courts que le calice , persiſtans. Anthères petites , arrondies ou ovales.
Piſt. Ovaire supérieur , grand , arrondi. Style très-court. Stigmate obtus.
Péric. Baie globuleuse , posée sur un calice réfléchi , uniloculaire.
Sem. Une seule , arrondie , scabre.

Tableau des espèces.

1596. RIVINE *pubescente.* Dict.
R. à fleurs tétrandriques , feuilles ovales pubescentes.

Charaſt. nat.

Cal. monophyllus , brevis , quadrifidus : laciniis ovatis , obtusiusculis.
Cor. monopetala , persiſtens , profundè quadrifida : laciniis revolutis.
Stam. Filamenta quatuor , erecta , longitudine corollæ. Antheræ subrotundæ.
Piſt. Germen superum , subrotundum. Stylus brevis. Stigma simplex , obtusum , umbilicatum.
Peric. Bacca globosa , unilocularis.
Sem. unicum , sphæricum , arillo calloso vestitum.

Conspectus specierum.

1595. SALVADORA *Persica.* T. 81.
Ex Perfia , India orientali. ♄ *Embelia groſſularia. Rætz. obs. 4. p. 24.*

Explicatio iconum.

Tab. 81. SALVADORA *Persica.* (*a*) Flos expansus.
(*b*) Corolla aperta. (*c*) Pistillum. (*d*) Ramus florifer.
Ex Sicca.

220. RIVINA.

Charaſt. eſſent.

CAL. 4-partitus. Cor. O. Bacca 1-sperma ; semine scabro.

Charaſt. nat.

Cal. quadripartitus , coloratus , persiſtens : foliolis ovatis , obtuſis.
Cor. nulla.
Stam. Filamenta quatuor ad duodecim , calyce subbreviora , persiſtentia. Antheræ parvæ subrotundæ vel ovatæ.
Piſt. Germen superum , magnum , subrotundum. Stylus breviſſimus. Stigma obtuſum.
Peric. Bacca globosa , calyci reflexo insidens , unilocularis.
Sem. unicum , subrotundum , scabrum.

Conspectus specierum.

1596. RIVINA *humilis.* T. 81. f. 1.
R. floribus tetrandris , foliis ovatis pubescentibus. L.

L. n. Les Antilles. ♄ La style est décurrent d'un côté sur l'ovaire ; mais il part de son sommet. Stigma, en plateau membraneux.

1597. RIVINE glabre. Dict.
R. à fleurs tétrandriques, feuilles ovales, lisses.
L. n. Les Antilles. ♄

1598. RIVINE à feuilles larges. Dict.
R. à fleurs tétrandriques d'un pourpre brun, baies sèches, feuilles larges, ovales, lisses.
L. n. L'Isle de Madag. Tige herb. fistuleuse.

1599. RIVINE dodécandre. Dict.
R. à grappes simples, disp. en corymbe ; fleurs dodécandriques.
L. n. Les pays chauds de l'Am. ♄ F. glabrus.

Explication des fig.

Tab. 81. f. 1. Rivine rubescente. (a) Baies en grappes penchées. (b) Baie ayant sa graine en partie découverte. (c) Semence séparée. (d) Sem. dépouillée de sa peau. (e) La même coupée en travers. (f, g) Embryon. (h) Rameau florifère.
Tab. 81. f. 2. Rivine glabre.

221. ACÈNE.

Caract. essent.

CAL. 4-phylle. Cor. O. Baie sèche, inférieure, 1-sperme, hérissée de pointes renversées.

Caract. nat.

Cal. tétraphylle ; à folioles ovales, concaves, égales, persistantes.
Cor. nulle.
Étam. Quatre filamens, égaux, médiocres, opposés au calice, Anthères quadrangulaires, didynies, droites.
Pist. Ovaire inférieur, ovoïde, hispide. Style très-petit, courbé d'un côté. Stigmate membraneux, multifide, un peu épais, coloré.
Péric. Baie sèche, ovoïde, hérissée de pointes renversées, uniloculaire.
Sem. Une seule.

Tableau des espèces.

1600. ACÈNE du Mexique. Dict. 1. p. 25.
L. n. Le Mexique. ♄ Arbuste tétranneux.

Ex Ins. Caribæis. ♄ Gærtn. 375. t. 77. f. 9. Stylus supra germen uno latere decurrit, ut primus observavit D. Richard.

1597. RIVINA lævis. T. 81. f. 1.
R. floribus tetrandris, foliis ovatis lævibus.
Ex ins. Caribæis. ♄

1598. RIVINA latifolia.
R. floribus tetrandris ; purpureo-fuscis, baccis siccis, foliis lato-ovatis lævibus.
Ex ins. Madagascariæ. Joseph Martin.

1599. RIVINA dodecandra. Jacq.
R. racemis simplicibus corymbosis, floribus dodecandris.
Ex America calidiore. ♄ R. octandra. L.

Explicatio iconum.

Tab. 81. f. 1. Rivina humilis. (a) Baccæ in racemis cernuis. (b) Bacca semine parvim denudato. (c) Semen separatum. (d) Semen decorticatum. (e) Idem transversè sectum. (f, g) Embryo. Fig. ut supra. (h) Ramus florifer.
Tab. 81. f. 2. Rivina lævis.

221. ACÆNA.

Charact. essent.

CAL. 4-phyllus. Cor. O. Bacca sicca, infera, 1-sperma, retrorsum echinata.

Charact. nat.

Cal. tetraphyllus: foliolis ovalis, concavis, æqualibus, persistentibus.
Cor. nulla.
Stam. Filamenta quatuor, æqualia, mediocria, calyci opposita. Antheræ quadrangulares, didynæ crectæ.
Pist. Germen inferum, obovatum, hispidum. Stylus minimus, hinc inflexus. Stigma membranula multifida, crassiuscula, colorata.
Peric. Bacca sicca, obovata, echinata spinis retrorsis, unilocularis.
Sem. unicum.

Conspectus specierum.

1600. ACÆNA elongata.
Ex Mexico. ♄ Brodea 2 fulgerana. Forsk.

Feuilles éparses, pinnées, engaînées à leur base. Folioles linéaires, pubesc. en-dessous, barbues au sommet.

affinis ancistro. Conf. cum ancistro barbato. n° 348.

222. KRAMÉRE.

Caract. essent.

CAL. 4-phylle. Cor. à 4 pétales inégaux. Baie sèche, supérieure, hérissée, 1-sperme.

Caract. nat.

Cal. tétraphylle : à folioles (oblongues-ovales, pointues) velues en-dehors.

Cor. Quatre pétales, arrondis, inégaux : deux supérieurs onguiculés ; deux inférieurs sessiles, plus courts.

Étam. Quatre filamens inégaux : deux supérieurs rapprochés, deux latéraux écartés, plus longs. Anthères petites, percées au sommet.

Pist. Ovaire supérieur, ovale. Style subulé, montant, de la longueur des étamines. Stigmate pointu.

Péric. Baie sèche, globuleuse, uniloculaire, hérissée de tous côtés de poils roides & renversés.

Sem. Une seule, ovale, glabre, dure.

222. KRAMERIA

Charact. essent.

Cal. 4-phyllus. Cor. 4-petala, inæqualis. Bacca sicca, supera, echinata.

Charact. nat.

Cal. tetraphyllus : foliolis (oblongo-ovatis, acutis) extus villosis.

Cor. Petala quatuor, subrotunda, inæqualia : duo superiora unguiculata ; duo inferiora sessilia, breviora.

Stam. Filamenta quatuor, inæqualia : duo superiora approximata, duo lateralia remota, longiora. Antheræ parvæ, apice perforatæ.

Pist. Germen superum, ovatum. Stylus subulatus, ascendens, staminum longitudine. Stigma acutum.

Peric. Bacca sicca, globosa, unilocularis, echinata undique pilis rigidis recurvam spectantibus.

Sem. unicum, ovatum, glabrum, durum. *Vide Juss. Gen. p. 425.*

Tableau des espèces.

Conspectus specierum.

223. VITÉRINGE.

Caract. essent.

CAL. à 4 dents. Cor. presque campanulée : à tube urcéolé, ayant 4 bosses. Baie sup. 2-loculaire.

Caract. nat.

Cal. monophylle, très-court, obscurément à quatre dents, persistant.

Cor. monopétale, subcampanulée. Tube urcéolé, presque globuleux, obtusément rétrogène par 4 bosses. Limbe partagé en 4 découpures lancéolées, pointues, recourbées.

223. WITHERINGIA.

Charact. essent.

Cal. 4-dentatus. Cor. subcampanulata : tubo urceolato, 4-gibbo. Bacca supera, 2-locularis.

Charact. nat.

Cal. monophyllus, brevissimus, obsolete quadridentatus, persistens.

Cor. monopetala, subcampanulata. Tubus urceolatus subglobosus, gibbis quatuor obtuse retrorsum. Limbus quadripartitus : laciniis lanceolatis acutis recurvis.

Etam. Quatre filamens droits, un peu cylindriques, velus & adnés à la cor. inférieurement. Anthères ovales, conniventes, s'ouvrant
par les côtés.

Piff. Ovaire supérieur, ovale. Style filiforme,
un peu plus long que les étamines. Stigmate
capité.

Péri. Baie.... biloculaire.

Sem. nombreuses, attachées à un récept. div.
en deux.

Tableau des espèces.

1602. VITERINGE *folanacée*. Did.
L. n. L'Amérique méridionale. ♃

Explication des fig.

Tab. 82. VITERINGE *folanacée.* (*a*, *b*) Fleur vue
ant. & postérieurement. (*c*) Corolle vue postérieurement. (*d*) La même ouverte. (*e*) Etamine. (*f*) Piftil.
(*g*) Sommité de la plante.

224. AQUART.

Caroll. essent.

CAL. campanulé. Cor. en roue : à découpures linéaires. Baie polysperme.

Caroll. nat.

Cal. monophylle, persistant, campanulé, à quatre
lobes, dont 2 opposés sont plus grands.

Cor. monopétale, en roue. Tube très-court. Limbe
quadrifide, à découp. linéaires, très-ouvertes.

Etam. Quatre filamens courts. Anthères linéaires,
très-grandes, droites.

Piff. Ovaire supérieur, ovale. Style filiforme,
incliné, de la long. de la corolle. Stigmate
simple.

Péric. Baie globuleuse, uniloculaire.

Sem. nombreuses, comprimées.

Tableau des espèces.

1603. AQUART *tomenteux.*
A. à feuilles très-cotonneuses ondées, piquans,
épars, tournés en arrière.
L. n. L'Amér. mérid. ♄ *Aq. épineux.* Dict.
1, f, 217.

Stam. Filamenta quatuor, erecta, teretiuscula,
infernè tubo corollæ adnata villosaque. Antheræ ovatæ, conniventes, lateribus dehiscentes.

Piff. Germen superum, ovatum. Stylus filiformis,
staminibus paulo longior. Stigma capitatum.

Peric. Bacca....bilocularis.

Sem. numerosa, receptaculo bipartito inferta.

Conspectus specierum.

1602. WITHERINGIA *folanacea.* T. 82.
Ex Amer. merid. ♃ L'Hérit. sert. angl. t. 1.

Explicatio iconum.

Tab. 82. WITHERINGIA *folanacea.* (*a*, *b*) Flos anticè posticeque visus. (*c*) Corolla posticè spectata. (*d*)
Eadem aperta. (*e*) Stamen. (*f*) Pistillum. (*g*) Summitas
plantæ. *Fig. ex D. l'Hérit.*

224. AQUARTIA.

Charact. essent.

CAL. campanulatus. Cor. rotata : laciniis linearibus. Bacca polysperma.

Charact. nat.

Cal. monophyllus, persistens, campanulatus,
quadrilobus: lobis duobus oppositis majoribus.

Cor. monop. rotata: tubus brevissimus. Limbus
quadrifidus; laciniis linearibus patentissimis.

Stam. Filamenta quatuor, brevia. Antheræ lineares, maximæ, erectæ.

Piff. Germen superum, ovatum. Stylus filiformis, declinatus, longitudine corollæ. Stigma
simplex.

Peric. Bacca globosa, unilocularis.

Sem. plurima, compressa.

Conspectus specierum.

1603. AQUARTIA *tomentosa.* T. 82. t. 1.
A. foliis densè tomentosis repandis, aculeis
sparsis retrorsum versis.
Ex America merid. *Aq. aculeata.* Lin. Jacq.

1604. AQUART à *petites feuilles*. Dict. suppl.
A. à feuilles très-petites, entières, presque
nues ; piquans, subgéminés, ouverts.
L. n. Saint-Domingue. ħ *Arbriss. épineux &
très-rameux, F. verdâtres, à peine plus grandes
que celles du Serpolet.*

Explication des fig.

Tab. 81. f. 1. AQUART *tomineux*. (*a*) Fleur épanouie, (*b*) Calice fructifère.
Tab. 82. f. 2. AQUART à *petites feuilles*, (*a*) Bouton
de fleur. (*b*) Fleur entière, épanouie. (*c*) Calice.
(*d*) Découpure de la corolle. (*e*) Etamine. (*f*) Pistil.
(*g*) Partie de la plante.

225. EPIMÈDE.

Caract. essent.

CAL. 4-phylle, caduc. 4 pétales opp. au calice.
4 cornets irréguliers, situés entre les pét. &
les étamines. Silicule polysperme.

Caract. nat.

Cal. tétraphylle : à folioles ovales, concaves,
colorées, ouvertes, caduques.
Cor. Quatre pétales, ovales, obtus, concaves,
opposés aux folioles du calice, & un peu
moins longs qu'elles.
Quatre cornets, irréguliers, situés entre les
pétales & les étamines.
Etam. Quatre filamens subulés, serrés contre
le style. Anth. oblongues, droites, bilocul.
Pist. Ovaire supérieur, oblong. Style plus court
que l'ovaire, & de la longueur des étamines.
Stigmate simple.
Péric. Silicule oblongue, acuminée, uniloculaire, bivalve.
Sem. nombreuses, oblongues.

Tableau des espèces.

1605. EPIMÈDE *des Alpes*. Dict. 2, p. 376.
L. n. Les montagnes de la France, l'Italie,
aux lieux couverts. ⚘

Explication des fig.

Tab. 83. EPIMÈDE *des Alpes*. (*a*, *b*) Fleur vue

1604. AQUARTIA *microphylla*. T. 82. f. 2.
A. foliis minimis integris subnudis ; aculeis
subgeminatis patentibus.
E. Domingo. ħ *Joseph. Martin. Frutex ra-
mosissimus, solano lycioidei habitu simillimus.*

Explicatio iconum.

Tab. 81. f. 1. AQUARTIA *tomentosa*. (*a*) Flos expansus. (*b*) Calyx fructifer. Fig. ex D. Jacq. & ex Sicco.
Tab. 82. f. 2. AQUARTIA *microphylla*. (*a*) Flos
nondum expansus. (*b*) Flos integer, expansus. (*c*) Calyx.
(*d*) Lacinia corollæ. (*e*) Stamen. (*f*) Pistillum. (*g*)
Pars plantæ. Fig. ex Sicco.

225. EPIMEDIUM.

Charact. essent.

CAL. 4-phyllus, caducus. pet. 4, calyci opposita. Cyathi 4, irregulares, petalis & staminibus interpositi. Silicula polysperma.

Charact. nat.

Cal. tetraphyllus : foliolis ovatis, concavis, coloratis, patentibus, deciduis.
Cor. Petala quatuor, ovata, obtusa, concava,
foliolis calycinis opposita, eisque paulo breviora.
Cyathi quatuor, irregulares, petalis & staminibus interpositi.
Stam. Filamenta quatuor, subulata, stylum pre-
mentia. Anth. oblongæ, erectæ, biloculares.
Pist. Germen superum, oblongum. Stylus
germine brevior, longitudine staminum. Stigma simplex.
Peric. Silicula oblonga, acuminata, unilocularis, bivalvis.
Sem. Plurima, oblonga.

Conspectus specierum.

1605. EPIMEDIUM *Alpinum*. T. 83.
Ex alpibus Galliæ, Italiæ ; in umbrosis. ⚘

Explicatio iconum.

Tab. 83. EPIMEDIUM *Alpinum*. (*a*, *b*) Flos totus

antérieurement & par derriere. (c) Cornet de la fleur. (d) Pistil. (e) Silicule entiere. (f) La même ouverte. (g) Plante un peu moins grande que nature.

posticeque visus. (c) Cyathus floris. (d) Pistillum. (e) Silicula integra. (f) Eadem dehiscens. (g) Planta magnitudine naturali paulo minor.

226. CENTENILLE.

Caract. essent.

CAL. 4-fide. Cor. en roue, 4-fide. Caps. 1-loculaire, polysperme, s'ouvrant en travers.

Caract. nat.

Cal. quadrifide, ouvert, persistant : à découp. lancéolées, pointues.

Cor. monopétale, en roue. Tube court, un peu globuleux. Limbe quadrifide : à découp. ovales, ouvertes.

Etam. Quatre filamens, de la longueur de la corolle. Anthères simples.

Pist. Ovaire supérieur, arrondi, enfermé dans le tube de la corolle. Style filiforme, persistant. Stigmate simple.

Péric. Capsule globuleuse, unilocul. s'ouvrant transversalement.

Tableau des espèces.

1606. CENTENILLE *bassette,* Dict. 1. p. 677. L. *n.* La France, &c. ⊙ *Pl. à peine h. d'un pouce & demi.*

Explication des figures:

Tab. 81. CENTENILLE *bassette.* (a) Calice. (b) Corolle. (c) Pistil. (d) Capsule ouverte. (e) Semences. (f) Plante entiere. (g) Feuille séparée.

227. DORSTÈNE.

Caract. essent.

RÉCEPT. commun 1-phylle, charnu, couvert de fleurs (monoïques) sessiles. Sem. solitaires, enfoncées dans la pulpe du réceptacle.

Caract. nat.

Cal. réceptacle commun monophylle, étendu, plane, charnu ou fongueux, couvert de fleurs nombreuses, serrées, sessiles (monoïques.)

226. CENTUNCULUS.

Charact. essent.

CAL. 4-fidus. Cor. rotata, 4-fida. Caps. circumscissa, 1-locularis, polysperma.

Charact. nat.

Cal. quadrifidus, patens, persistens : laciniis lanceolatis acutis.

Cor. monopetala, rotata. Tubus brevis subglobosus. Limbus quadripartitus : laciniis ovatis patentibus.

Stam. Filamenta quatuor, longitudine corollæ. Antheræ simplices.

Pist. Germen superum, subrotundum, intra tubum corollæ. Stylus filiformis, persistens. Stigma simplex.

Peric. Capsula globosa, unilocularis, circumscissa.

Conspectus specierum.

1606. CENTUNCULUS *minimus.* T. 87. Ex Gallia, &c. ⊙ *Pl. vix sesquipollicaris.*

Explicatio iconum.

Tab. 81. CENTUNCULUS *minimus.* (a) Calyx. (b) Corolla. (c) Pistillum. (d) Capsula dehiscens. (e) Semina. (f) Planta integra. (g) Folium separatum.

227. DORSTENIA.

Charact. essent.

RECEPT. commune 1-phyllum, carnosum, floribus sessilibus (monoicis) tectum. Sem. solitaria, pulpæ receptaculi immersa.

Charact. nat.

Cal. receptaculum commune monophyllum, expansum, planum, carnosum f. fungosum, flosculis numerosis confertis sessilibus (monoicis) tectum.

Cal.

Cal. propre subquadrangulaire, creuse en fossette alvéolaire, enfoncé dans la substance du réceptacle, & cohérent avec elle.
Cor. nulle.

Etam. (dans les fl. mâles) Deux ou quatre filamens très-courts, quelquefois nuls. Anth. ovales.

Pist. (dans les fl. femelles.) Ovaire supérieur, arrondi, courtement pédicellé. Style capillaire, semi-bifide. Stigmates simples.

Péric. nul.

Sem. solitaires, ovales, acuminées, couvertes d'une tunique membraneuse, subbivalve.

Obs. Les semences dans leur maturité sont lancées au loin avec élasticité par le réceptacle. Ce g. a des rapports avec la Gunnera, le Piper, le Proseris, &c.

. *Tableau des espèces.*

* *A tige nulle.*

1607. DORSTÈNE *feuilles de berce.* Dict. n° 5.
D. à hampes radicales, feuilles pinnatifides-palmées, dentées, récept. quadrangulaires.
L. n. L'Amér. mérid. ♃

1608. DORSTÈNE *feuilles de gouet.* Dict. n° 4.
D. à hampes radicales ; feuilles en cœur, sagittées, ondulées, presque dentées, très-grandes ; réceptacle ovales.
L. n. Le Brésil. *Elle varie à f. laciniées.*

1609. DORSTÈNE *du Brésil.* Dict. n° 3.
D. à hampes radicales, feuilles en cœur, ovales, obtuses, crénelées, récept. orbiculaires.
L. n. Le Brésil, le Magellan. *Caa-apia, maregr.*

1610. DORSTÈNE *feuilles en cœur.* Dict. n° 2.
D. à hampes subradicales, feuilles en cœur, pointues, sinuées, dentées, récept. orbiculaires.
L. n. L'Amér. mérid. ♃

* * *A tige feuillée.*

1611. DORSTÈNE *myoïde.* Dict. suppl.
D. à tige épaisse, tuberculeuse, feuillée en
Botanique. Tome I.

Cal. proprius subquadrangularis, in foveam excavatus, receptaculi substantia immersus, cumque ea coalitus.
Cor. nulla.

Stam. (in masculis) Filamenta duo f. quatuor brevissima, interdum nulla. Antheræ ovatæ.

Pist. (in femineis.) Germen superum, subrotundum, breviter pedicellatum. Stylus capillaris, semi-bifidus. Stigmata simplicia.

Peric. nullum.

Sem. solitaria, ovata, acuminata, arillo membranaceo subbivalvi tecta.

Obs. Semina matura a receptaculo elastice disjiciuntur. Vide D. Jacq. collect. 3. p. 201 & 202. Affinis gunneræ, piperi, proeridi, &c.

Conspectus specierum.

* *Caule nullo.*

1607. DORSTENIA *contrayerva.* T. 83. f. 1.
D. scapis radicatis, foliis pinnatifido-palmatis serratis, receptaculis quadrangulis.
Ex America merid. ♃ *Jacq. col. 3 & ic. rar.*

1608. DORSTENIA *arifolia.* T. 83. f. 2.
D. scapis radicatis, foliis cordato-sagittatis undulatis subdentatis maximis, receptaculis ovalibus.
E Brasilia. *Dombey. Varias fol. laciniatis.*

1609. DORSTENIA *Brasiliensis.*
D. scapis radicatis, foliis cordato-ovalibus obtusis crenulatis, receptaculis orbicularibus.
E Brasilia, Magellania. *Commers.*

1610. DORSTENIA *cordifolia.*
D. scapis subradicatis, foliis cordatis acutis sinuato-dentatis, receptaculis orbicularibus.
Ex Amer. merid. ♃ *D. cordifolia. Swartz. 34.*

* * *Caule folioso.*

1611. DORSTENIA *radiata.*
D. caule crasso tuberculoso apice folioso,
T t

fommes ; feuilles lancéolées, ondulées ; récept. rayonnés.
L. z. L'Arabie. Pl. laiteufe, à feuilles éparfes.

Obs. 1. Le Dorftène caulefcente (Dict. n° 1.)
fera dans cet ouvrage mentionnée parmi les
Procris. Voyez ce genre dans la Monoécie
4-andrie.
2. L'Elatoftème de M. F. a de grands rapports
avec ce genre.

228. A C H I T.

Caract. effent.

Cal. prefqu'entier. 4 pétales. Baie à une ou deux
fem. environnée à fa bafe par le calice.

Caract. nat.

Cal. monophylle, court, prefqu'entier, ou obfcurément à quatre dents.
Cor. Quatre pétales, ovales-oblongs, lég. concaves, un peu ouverts.
Difque ou rebord ftaminiftre, entourant
l'ovaire.
Etam. Quatre filaments, de la longueur de la
corolle, insérés au difque. Anthères arrondies.
Pift. Ovaire fupérieur, arrondi, rétus. Style
de la longueur des étamines. Stigmate fimple,
aigu.
Péric. Baie arrondi ou didyme, rétufe, liffe,
env. à fa bafe par le calice.
Sem. Une feule ou deux (très-rar. 3 ou 4),
offeufes, arrondies, un peu anguleuses.

Tableau des espèces.

* Feuilles fimples.

1612. ACHIT feuilles de vigne. Dict. n° 1.
A. à feuilles en cœur onnées, dentées, ve-
lues en-deffous.
L. n. L'Inde. ħ Sonnerat.

1613. ACHIT tomenteux. Dict. fuppl.
A. à feuilles fub. entagon s, obtufément
dentées, tomenteufes & ferrugineufes en-
deffous.
L. n. L'ifle de Bourbon. ħ Commerf.

---

foliis lanceolatis undulatis, recepuculis ra-
diatis. Dict.
Ex Arab. Kofaria. Forsk. Ægypt. p. 164. t. 20.

Obs. 1. Dorftenia caulefcens Linnaei ad proxi-
dem hujus operis (bohemeriam Swartzii) referenda eft.

2. Huic generi valdè affinis elatoftema Forsk.
n° 9.

228. C I S S U S.

Charact. effent.

Cal. fubinteger. Pet. 4. Bacca 1 f. 2-fperma,
bafi calyce cincta.

Charact. nat.

Cal. monophyllus, brevis, fubinteger, vel obfoletè quadridentatus.
Cor. Petala quatuor, ovato oblonga, fubconcava, patentiufcula.
Difcus f. margo ftaminifer, germen cingens.

Stam. Filamenta quatuor, longitudine corollæ,
difco inferta. Antheræ fubrotundæ.
Pift. Germen fuperum, fubrotundum, retufum.
Stylus longitudine ftaminum. Sigma fimplex,
acutum.
Peric. Bacca rotunda f. didyma, retufa, lævis,
bafi calyce cincta.
Sem. unicum vel duo (rariff. 3 f. 4), offea,
fubrotunda, fubangulata.

Confpectus Specierum.

* Folia fimplicia.

1612. CISSUS vitiginea.
C. foliis cordatis re, ando-dentatis fubtus vil-
lofis.
Ex India ħ Pluk. t. 357. f. 2.

1613. CISSUS tomentofa.
C. foliis fub. entaginis, obtusè dentatis, fub-
tus tomentofo-ferrugineis.
Ex inf. Borbonix. ħ Folia bafi fubtruncata.

1614. ACHIT *anguleux*. Dict. suppl.
A. à feuilles subpentagones , angulcufes , lo-
bées , crénelées , tomenteules en-deſſous.
L. n. Les Indes orientales. *Sonnerat.*

1614. CISSUS *angulata*.
C. foliis fubpentagonis angulato-lobatis cre-
nulatis fubtus tomentofis.
Ex Indiis orientalibus.

1615. ACHIT *à feuilles rondes*. Dict. suppl.
A. à feuilles en cœur arrondies , dentées ,
glabres.
L. a. L'Arabie. *Feuilles charnues , concaves
ou pliées en deux. Fr. 1-fperme.*

1615. CISSUS *rotundifolia*.
C. foliis cordato-fubrotundis dentatis glabris.

Ex Arabia. *Solanthus rotundifolius. Forsk.
Ægypt. p. 36. ic. tab. 4.*

1616. ACHIT *feuilles en cœur*. Dict. n° 2.
A. à feuilles en cœur presque très-entières.
L. n. L'Amérique. ♃ F. veloutées en-deſſous.

1616. CISSUS *cordifolia*.
C. foliis cordatis fubintegerrimis.
Ex America. ♃ *Burm. Amer. t. 259. f. 3.*

1617. ACHIT *ficyoïde*. Dict. suppl.
A. à feuilles en cœur dentées , liſſes des 2
côtés : dents mucronées.
L. n. La Jamaïque. ♃ F. *tendres , fucculentes.*

1617. CISSUS *ficyoides*. T. 84. f. 1.
C. foliis cordatis ferratis utrinque lævibus :
dentibus mucronatis.
Ex Jamaica. ♃ *Jacq. Amer. t. 15.*

1618. ACHIT *à feuilles larges*. Dict. n° 3.
A. à feuilles en cœur , acuminées , nerveuſes ,
à dents fétacées ; nervures un peu velues.
L. n. L'Inde , Madagaſcar. *F. grandes , caca-
lioïdes.*

1618. CISSUS *latifolia*.
C. foliis cordatis acuminatis fetaceo-dentatis
nervofis , nervis fubhirfutis.
Ex India , Madagaſcaria. *Rheed. vol. 7. t. 11.*

1619. ACHIT *ovale*. Dict. suppl.
A. à feuilles ovales , acuminées , liſſes des deux
côtés , bordées de dents rares.
L. n. La Guadeloupe. *Esp. très-diſt. de l'Achit
ficyoïde.*

1619. CISSUS *ovata*.
C. foliis ovatis acuminatis rariter dentatis
utrinque lævibus.
Ex Guadelupa. *D. Badier. Ciſſus. Brown.
t. 4. f. 1, 2.*

1620. ACHIT *blanchâtre*. Dict. suppl.
A. à feuilles ovales-oblongues , obliques ,
denticulées, un peu tomenteuſes, blanchâtres.
L. n. Le Pérou. (*Herbier de M. Thouin.*)

1620. CISSUS *canefcens*.
C. foliis ovato-oblongis obliquis denticulatis
fubtomentofis canefcentibus.
E Peru. *Dombey. Aff. præcedenti foliorum forma.*

1621. ACHIT *quadrangulaire*. Dict. n° 4.
A. à feuilles fubdeltoïdes dentées , glabres ;
tige tétragone , articulée , charnue.
L. n. Les Indes orientales. ♃

1621. CISSUS *quadrangularis*.
C. foliis fubdeltoideis ferrato dentatis nudis ,
caule tetragono articulato carnofo.
Ex Indiis orientalibus. ♃

    * * *Feuilles compoſées.*

    * * *Folia compoſita.*

1622. ACHIT *acide*. Dict. n° 5.
A. à feuilles ternées : fol. ovoïdes , glabres ,
charnues , inciſées.
L. n. Les pays chauds de l'Amérique. ♄

1622. CISSUS *acida*.
C. foliis ternatis obovatis glabris carnofis
inciſis. Lin.
Ex America calidiore. ♄ *Pluk. t. 152. f. 2.*

1623. ACHIT *ailé*. Dict. n° 6.
A. à feuilles ternées : folioles velues , den-
telées , rameaux à angles membraneux.
L. n. La Jamaïque. ♃

1623. CISSUS *alata*.
C. foliis ternatis : foliolis hirfutis denticula-
tis , ramis membranaceo-angulatis.
Ex Jamaica. ♃ *C. alatus. Jacq. C. trifoliata. Li*

T t 2

1624. ACHIT *cendré*. Diٰt. fuppl.
. A. à feuilles ternées : folioles pubefcentes
dentées, les lat prefqu'en cœur, pétioles cylindriques.
L. n. Les Indes orientales. Sonnerat.

1624. CISSUS *cinerea*.
C. foliis ternatis : foliolis pubefcentibus dentatis; lateralibus fubcordatis, petiolis teretibus.
Ex Indiis orientalibus. *Tota planta pubefcens,*
cinerea.

1625. ACHIT *feuilles obtufes*. Diٰt. n° 7.
A. à feuilles ternées : folioles ovoïdes, ob-
tufes, dentées, pubefcentes.
L. n. L'Inde. *Efp. très-diٰt. de la précéd.*

1625. CISSUS *obtufifolia*.
C. foliis ternatis : foliolis obovatis obtufis
dentatis pubefcentibus.
Ex India. Sonnerat.

1626. ACHIT *charnu*. Diٰt. n° 11.
A. à feuilles ternées : folioles ovales-poin-
tues, dentées, glabres, racine épaiffe.
L. n. L'Inde.

1626. CISSUS *carnofa*.
C. foliis ternatis : foliolis ovato-acutis ferra-
tis nudis, radice craffa.
Ex India. Tsjori-valli. Rheed. vol. 7. t. 9.

1627. ACHIT *digité* Diٰt. fuppl.
A à feuilles digitées, ovales, en fcie : les
inf. quinées, les fup à trois folioles.
L. n. L'Arabie. *Il a des rapports avec l'Hedera*
quinquefolia de Linné.

1627. CISSUS *digitata*.
C. foliis digitatis ovatis ferratis : inferioribus
quinatis ; fuperioribus ternatis.
En Arabia. Selanthus digitatus. Forsk. agypt.
p. 35. & ic. tab. 3.

1628. ACHIT *pédiaire*. Diٰt. n° 10.
A. à feuilles pédiaires enneaphylles : folioles
ov. lanc, un peu dentées, pubefc. en-deffous.
L. n. L'Inde. Sonnerat. Baies n-4-fpermes.

1628. CISSUS *pedata*.
C. foliis pedatis enneaphyllis : foliolis ovato-
lanceolatis fubdentatis fubtus pubefcentibus.
Ex Ind. Belusta-tsjori-valli. Rheed. 7. t. 10.

1629. ACHIT *oriental*. Diٰt. fuppl.
A. à feuilles fubbipinnées : folioles ovales
dentées, tige frutefcente.
L. n. Le Levant. ♄ Découvert par M. A.
Michaux. Tige droite; rameaux pourprés ;
f. glabres.

1629. CISSUS *orientalis*. T. 84. f. 2.
C. foliis fubbipinnatis : foliolis ovatis ferratis,
caule frutefcente.
Ex Oriente. ♄ Facies vit. arborea ; at major,
foliis minus compofitis, foliolis latioribus.

1630. ACHIT *connivens*. Diٰt. fuppl.
A. à feuilles fubbipinnées : folioles ovales,
un peu obtufes, légèrement dentées ; pétales
connivens.
L. n. L'ifle de Madagafcar. (Herb. de M.
Thouin.) *Folioles plus petites & moins nombr.*
que dans la précédente.

1630. CISSUS *connivens*.
C. foliis fubbipinnatis : foliolis ovatis obtufiufculis fubdentatis, petalis conniventibus.

Ex inf. Madagafcariæ. Commerf. Affinis praecedenti ; at diٰtincta videtur.

1631. ACHIT *mappou*. Diٰt. fuppl.
A. à feuilles fubbipinnées, liffes : folioles
ovales très-entières.
L. n. L'ifle de France. *Vulg. le Mappou.*

1631. CISSUS *mappia*.
C. foliis fubbipinnatis lævibus : foliolis ova-
tis integerrimis.
Ex inf. Franciæ. Commerf. Fl. non vidi.

Explication des fig.

Explicatio iconum.

Tab. 84. f. 1. ACHIT *fcyoïde*. (a, b) Fleur entière. (c) Calice. (d) Fruit naiffant. (e) Rameau. *Il eٰt*
reprefenté trop droit.

Tab. 84. f. 1. CISSUS *fcyoïdes*. (a, b) Flos integer. (c) Calyx. (d) Fructus junior. (e) Ramus. Fig. ex
D. Jacq.

Tab. 84. f. 2. Acinit *oriental*. (*a*) Fruit non développé : il est didyme dans sa maturation. (*b*) Fleur épanouie. (*c*) Sommité d'un rameau.

229. FAGARIER.

Caract. essent.

CAL. 4 ou 5-fide. 4 ou 5 pétales. Caps. (simple
ou multiple) 2-valve, 1-sperme.

Caract. nat.

Cal. quadrifide ou quinquefide, petit, persistant : à folioles concaves.

Cor. Quatre ou cinq pétales, un peu oblongs,
concaves, ouverts.

Etam. Quatre ou cinq filaments, quelquefois plus
longs que la corolle. Anthères ovales.

Pist. Ovaire supérieur, simple ou multiple. Style
filiforme. Stigmate subbilobé.

Péric. Une capsule (ou 2 à 5 capsules) presque
globuleuse, uniloculaire, bivalve.

Sem. Une seule, arrondie, luisante.

*Obs. Ce genre a des rapports avec le clavalier;
mais il en est distingué par la corolle de ses fl.*

Tableau des espèces.

2632. FAGARIER f. de Jasmin. Dict. n° 1.
 F. à feuilles pinnées, ayant les articulations
 inermes; folioles ovales, légèrement crénelées.
 L. n. La Jamaïque. ♄
 β. Le même, à folioles ent. échancrées au sommet.

2633. FAGARIER à petites feuilles. Dict. n° 2.
 F. à feuilles pinnées, ayant les artic. munies
 en-dessous de piquans; folioles oblongues,
 obtuses.
 L. n. Saint-Domingue. ♄

2634. FAGARIER du Japon. Dict. n° 3.
 F. à feuilles pinnées, inermes; folioles ovales,
 crénelées.
 L. n. Le Japon. ♄ Caps. La plupart géminées.

2635. FAGARIER d'Avicenne Dict. n° 4.
 F. à feuilles pinnées, inermes; folioles lancéolées, presque très-entières, glabres des
 deux côtés.
 L. n. La Chine. ♄ Fol. pétiol. Caps. géminées.

Tab. 84. f. 2. Acinus *orientalis*. (*a*) Fructus juniors
didymus est in maturatione. (*b*) Flos expansus. (*c*)
Summitas ramuli, ex sicca.

229. FAGARA.

Charact. essent.

CAL. 4 f. 5-fidus. Pet. 4 f. 5. Caps. (simplex
aut multiplex) 2-valvis, 1-sperma.

Charact. nat.

Cal. quadrifidus f. quinquefidus : parvus, persistens : foliolis concavis.

Cor. Petala quatuor f. quinque, oblongiuscula,
concava, patentia.

Stam. Filamenta quatuor f. quinque, corolla
interdum longiora. Antheræ ovatæ.

Pist. Germen superum, simplex f. multiplex.
Stylus filiformis. Stigma subbilobum.

Peric. Capsula unica (seu capsulæ 2 ad 5);
subglobosa, unilocularis, bivalvis.

Sem. unicum, subrotundum, nitidum.

*Obs. Genus affine Zanthoxyllo; at differt flo-
ribus corolla instructis.*

Conspectus specierum.

2632. FAGARA *pterota*. T. 84.
 F. foliis innatifidis, pinnarum articulis inermibus : foliolis ovalibus obsoletè crenulatis.
 Ex Jamaica. ♄
 β. Eadem, foliolis integris, apice emarginatis.

2633. FAGARA *tragodes*.
 F. foliis pinnatis : pinnarum articulis subtus
 aculeatis; foliolis oblongis obtusis.

 E Domingo. ♄ *Jacq. Amer. t. 14*

2634. FAGARA *piperita*.
 F. foliis pinnatis inermibus, foliolis ovalis
 crenatis.
 Ex Japonia. ♄ *Kæmpf. aman. 893.*

2635. FAGARA *Avicennæ*.
 F. foliis pinnatis inermibus; foliolis lanceolatis subintegerrimis utrinque glabris.

 E China. ♄ *Incarville.*

1636. FAGARIER *hétérophylle*. Dict. n° 5.
F. à feuilles pinnées : celles des jeunes pieds
fort longues, à piquans fins & à environ 40
paires ; celles des vieux pieds plus larges,
inermes, & à env. 4 paires.
L. n. L'Isle de Bourbon. ♃ *Cal. 5-fide ; 5*
pét. 5 étamines. Macquerie, Commerf.

1637. FAGARIER *du Sénégal*. Dict. n° 6.
F. à feuilles pinnées : pétioles & côtes des
folioles munis de piquans, fleurs 5-fides
dioïques.
L. n. Le Sénégal. ♃ *Folioles obtufes.*

1638. FAGARIER *pimpinelloïde*. Dict. suppl.
F. à feuilles pinnées, paires nombreuses :
folioles abrondes, acuminées, luisantes ;
pétioles & côtes à piquans.
L. n. Saint-Domingue. ♃ *Cal. 5-fide ; 5 pet.*
3 ovaires. Corymbe term.

1639. FAGARIER *de la Martiniq*. Dict. suppl.
F. à feuilles pinnées, munies de piquans :
folioles oblongues très-entières, alternes,
stigmate pelté.
L. n. La Martinique. ♃ *Cal. 5-fide ; 5 petales.*
Ovaire turbiné ; style court ; stigm. en plateau.

1640. FAGARIER *f. de Frêne*. Dict. suppl.
F. à feuilles pinnées, munies de piquans :
fol. opposées, obliques, dentées ; panicule
terminale.
L. n. La Caroline. ♃ *Cal. 5-fide ; 5 pét. à*
styles. Fl. herbacées.

1641. FAGARIER *de la Guiane*. Dict. n° 7.
F. à feuilles pinnées, inermes ; folioles op-
posées, panicule terminale, env. cinq capf.
L. n. Les forêts de la Guiane. ♃

1642. FAGARIER *à trois feuilles*. Dict. n° 9.
F. à feuilles ternées, opposées : folioles ovales-
lancéolées, très-entières : panicules courtes,
latérales.
L. n. Les isles Philippines. ♃ *Ampacus an-*
gustifolius. Rumph. amb. 2, p. 188. t. 62.

1643. FAGARIER *monophylle*. Dict. suppl.
F. à feuilles simples, ovales, pétiolées,
inermes, à points transparens ; fleurs pentandriques.

1636. FAGARA *heterophylla*.
F. foliis pinnatis : junioris arboris longiffimis aculeolis fub40-jugis ; arboris adultæ
latioribus inermibus fub4-jugis.

Ex infula Mauritiana. ♃ *Capf. folit. membra-*
nula feminifera feptum mentiens.

1637. FAGARA *Zanthoxyloïdes*.
F. foliis pinnatis : petiolis cotifque foliolarum
aculeatis, floribus quinquefidis dioicis.

E Senegal. ♃ *Comm. D. Rouffillon.*

1638. FAGARA *pimpinelloïdes*.
F. foliis pinnatis multijugis : foliolis fubro-
tundo-acuminatis, nitidis ; petiolis coftaque
aculeatis.
E Domingo. ♃ *Comm. D. Jof. Martin. Conf.*
Sloan. Hift. 2. t. 174. f. 3, 4.

1639. FAGARA *Martinicenfis*.
F. foliis pinnatis aculeatis : foliolis oblongis
integerrimis, alternis ; ftigmate peltato.

E Martinica. ♃ *Comm. D. Jof. Martin. Flores*
dioici ? Panicula brevis terminalis.

1640. FAGARA *Fraxinifolia*.
F. foliis pinnatis aculeatis : foliolis oppofitis obliquis ferratis, panicula terminali.

E Carolina. ♃ *An Zantbox. fraxinifolium*.
Walt. fl. carol. n° 394.

1641. FAGARA *Guianenfis*.
F. foliis pinnatis inermibus : foliolis oppo-
fitis ; panicula terminali, capfulis fubquinis.
Ex Guianæ fylvis. ♃ *F. pentandra. Aubl. t. 30.*

1642. FAGARA *trypbylla*.
F. foliis oppofitis ternatis : foliolis ovato-lanceolatis, integerrimis ; paniculis brevibus,
lateralibus.
Ex Philipp. ♃ *An Fagara evodia. Forft. prodr*
n° 54. Et Evodia hortenfis. Forft. gen. p. 14.

1643. FAGARA *monophylla*.
F. foliis fimplicibus ovatis petiolatis punctato-
pellucidis inermibus ; floribus pentandris.

L. x. Les Antilles, ♄ Arbre aromat. à tronc hérissé de gros tubercules épineux. L'éc. teint en jaune.

Ex inſ. Caribæis? ♄ Communicavit D. Richard. Fl. paniculati, 3-gyni. Pluk. t. 239 ? f. 5 ?

* FAGARIER (trifolié) à feuilles ternées : folioles ovoïdes presqu'échancrées, entières, luisantes, ponctuées en-dessous. De la Dominique.

* FAGARA (trifoliata) foliis ternatis, foliolis obovatis, subemarginatis, integris nitidis, subtus punctatis. Swartz. prodr. 33.

* FAGARIER (échancré) à feuilles pinnées : folioles ovales, échancrées, veineuses; grappes composées, terminales; fleurs triandriques. Sloan. h. a. t. 164. f. 4.

* FAGARA (emarginata) foliis pinnatis : foliolis ovatis, emarginatis, venosis : racemis terminalibus compositis, floribus triandris. Swartz. Ibid.

* FAGARIER (épineux.) à feuilles pinnées, sessiles, ovales, acuminées, épineuses en-dessous, ainsi que les rameaux, fleurs tétrandriques. De la Jamaïque.

* FAGARA (spinosa) foliis pinnatis sessilibus, ovatis, acuminatis, subtus ramisque spinosis, floribus triandris. Swartz. Ibid.

* FAGARIER (acuminé) à feuilles pinnées : folioles entières : elliptiques, acum. luisantes, coriaces; fl. triandriques, en cime. De la Jamaïque.

* FAGARA (acuminata) foliis pinnatis : foliolis integris, elliptticis acuminatis nitidis coriaceis; floribus cymosis triandris. Swartz. Ibid.

Explication des fig.

Explicatio iconum.

Tab. 84. FAGARIER f. dejesmin. (a, b) Fleur non épanouie. (c, d) Fleur ouverte. (e, f) Etamine, pistil. (g) Partie d'un rameau (h, i, l, m, &c.) Fruit du Fagarier du Japon. Tiré de l'ouvrage de Gærn.

Tab. 84. FAGARA pervia. (a, b) Flos non expansus. (c, d) Flos expansus. (e, f) Stamen, pist. Fig. in D. Brown. (g) Pars ramuli. (h, i, l, m &c.) Fructus fagaræ japonicæ. Ex Gærn.

230. PTELÉ.

Caract. essent.

230. PTELEA.

Charact. essent.

CAL. partagé en 4. Cor. à 4 pétales. Caps. supérieure, 2-loculaire, 2-sperme, à ailes membraneuses.

CAL. 4-partitus. Cor. 4-petala. Caps. supera, 2-locularis, membranaceo-alata, 2-sperma.

Caract. nat.

Charact. nat.

Cal. petit, caduc, partagé en 4 découpures.
Cor. Quatre pétales oblongs, plus grands que le calice, ouverts.
Etam. Quatre filamens, subulés, droits, un peu planes à la base, presque de la longueur de la corolle. Anthères ovales.
Pist. Ovaire supérieur, ovale, comprimé. Style court. Deux stigmates obtus, connivens.
Peric. Capsule comprimée, ailée par un bord ample & membraneux, biloculaire.

Cal. Parvus, quadripartitus, deciduus.
Cor. Petala quatuor, oblonga, calyce majora, patentia.
Stam. Filamenta quatuor, subulata, erecta, basi planiuscula, longitudine ferè corollæ. Antheræ ovatæ.
Pist. Germen superum, ovatum, compressum. Stylus brevis Stigmata duo obtusa conniventia.
Peric. Capsula compressa, margine amplo membranaceoque alata, bilocularis.

Sem. solitaires, oblongues, amincies supérieurement.

Tableau des espèces.

1644. PTELÉ à trois feuilles. Dict.
P. à feuilles ternées.
L. n. La Virginie. ♄ Fr. quelquefois à 3 ailes.

1645. PTELÉ monophylle. Dict.
P. à feuilles simples, lancéolées-ovales, presque sessiles, fruits à trois ailes.
L. n. La Caroline. ♄ Feuilles entières, glabres. Fruits presque comme ceux des Ormilles.

Explication des fig.

Tab. 84. PTELÉ à 3 feuilles. (a) Bouton de fleur. (b) Fleur ouverte vue en-dessus. (c) Calice, étamines. (d) Étamine séparée. (e) Pistil. (f) Capsule entière. (g) La même ouverte dans sa longueur. (h) Section transversale de la même. (i) Semence. (l) Amande; (m, n) La même coupée en travers & longitudinalement. (o) Sommité d'un rameau.

231. SPILMANE.

Caract. essens.

Cal. 5-fide. Cor. hypocratériforme: à limbe 5-fide. Stigm. recourbé en crochet. Drupe à noyau 2-loculaire.

Caract. nat.

Cal. monophylle, droit, persistant, quinque-fide: à découp. linéaires-subulées, presqu'égales.
Cor. monopétale, hypocratériforme. Tube presque cylindrique, un peu globuleux à la base, barbu à son orifice. Limbe quinquefide, presque régulier: à découp. oblongues, tronquées, planes, ouvertes.
Etam. Quatre filaments, courts, insérés au tube de la corolle, égaux. Anthères ovales, non saillantes.
Pist. Ovaire supérieur, arrondi. Style court. Stigmate en crochet.
Peric. Drupe globuleux: à noyau biloculaire.
Sem. solitaires, oblongues.

Sem. solitaria, oblonga, sursum attenuata.

Conspectus specierum.

1644. PTELEA trifoliata.
P. foliis ternatis. L.
E Virginia. ♄ Vogel pl. rar. t. 9. Germ. 49.

1645. PTELEA monophylla.
P. foliis simplicibus, lanceolato-ovatis subsessilibus; fructibus trialatis.
E Carolina. ♄ Fraser. Flores non vidi. Racemi terminales.

Explicatio iconum.

Tab. 84. PTELEA trifoliata. (a) Flos non expansus. (b) Flos expansus superne visus. (c) Calyx, stamina. (d) Stamen separatum. (e) Pistillum. (f) Capsula integra. (g) Eadem longitudinaliter aperta. (h) Ejusdem sectio transversalis. (i) Semen. (l) Nucleus. (m, n) Idem transverse & longitudinaliter sectus. Fig. fructus in D. Gærtn. (o) Summitas ramuli.

231. SPIELMANNIA.

Charact. essent.

Cal. 5-fidus. Cor. hypocrateriformis: limbo 5-fido. Stigma uncinato-retractum. Drupa nucleo 2-loculari.

Charact. nat.

Cal. monophyllus, erectus, persistens, quinque-fidus, laciniis lineari-subulatis subaequalibus.
Cor. monopetala, hypocrateriformis. Tubus cylindraceus, basi subglobosus, ore barbato. Limbus quinquefidus, subaequalis: laciniis oblongis truncatis planis patentibus.
Stam. Filamenta quatuor, brevia, tubo corollae inserta, aequalia. Antherae ovatae, inclusae.
Pist. Germen superum, subrotundum. Stylus brevis. Stigma uncinatum.
Peric. Drupa globosa: nucleo biloculari.
Sem. solitaria, oblonga.

Tableau

Tableau des espèces.

Conspectus specierum.

2646. SPILMANE d'Afrique. Diĉt.
L. a. L'Alti que. ◯ Feuilles fup. alternes.

1646. SPIELMANNIA *Africana.* T. 85.
Ex Africa. ♭ Lantana *Africana.* L.

Explication des fig.

Explicatio iconum.

Tab 85. SPILMANE *d'Afrique.* (1) Calice. (b) Corolle. (c) la même ouverte. (d) piftil. (e) Rameau
garni de fleurs.

Tab. 85. SPIELMANNIA *Africana.* (a) Calyx. (b)
Corolla. (c) eadem aperta. (d) Piftillum. (e) Ramus
floricus. Ex Sims.

232. SCOPAIRE.

232. SCOPARIA.

Caraĉt. effent.

Charaĉt. effens.

CAL. partagé en 4. Cor. en roue, 4-fide. Capf.
2-loculaire, 2 valve, polyfperme.

CAL. 4-partitus. Cor. rotata, 4-fida. Capf. 2-
locularis, 2-valvis, polyfperma.

Caraĉt. nat.

Charaĉt. nat.

Cal. monoph., quadrifide : à découp. pointues.

Cal. monophyllus, quadrifidus: laciniis acutis.

Cor. mono, éta e, en roue, ouverte, à orifice
velu. Tube très-court. Limbe, artagé en quatre
découp. obtufes, égales.

Cor. monopetala, rotata, fauce barbata.
Tubus breviffimus. Limbus quadripartitus:
laciniis obtufis, æquabibus.

Etam. Quatre filamens fubulés, égaux, plus
courts que la corolle. Anthères arrondies.

Stam. Filamenta quatuor, fubulata, æqualia,
corolla breviora. Antheræ fubrotundæ.

Pift. Ovaire fupérieur, conique. Style fubulé,
de la longueur de la corolle. Stigmate aigu.

Pift. Germen fuperum, conicum. Stylus fubulatus, longitudine corollæ. Stigma acutum.

Péric. Capfule ovale-globuleufe, à deux filtons,
biloculaire, bivalve ; à cloifon parallèle aux
valves.

Peric. Capfula ovato-globofa, bifulca, bilocularis, bivalvis : diffepimento valvis parallelo.

Sem. nombreufes, oblongues-ovales.

Sem. plurima, oblongo-ovata.

Tableau des espèces.

Conspectus specierum.

3647. SCOPAIRE à trois feuilles. Diĉt.
S. à feuilles ternées, fleurs é Joncuiées.
L. n. La Jamaïque, les Antilles. ◯

1647. SCOPARIA *dulcis.* T. 85.
S. foliis ternis, floribus paniculatis. L.
Ex Jamaica, inf. Caribæis. ◯

1648. SCOPAIRE *couchée.* Diĉt.
S. à feuilles quaternées, fleurs feffiles.
L. n. Les pays chauds de l'Amérique. ◯

1648. SCOPARIA *procumbens.*
S. foliis quaternis, floribus feffilibus. Jacq.
Ex America calidiore. ◯

* SCOPAIRE (*arborée*) à feuilles lancéolées
alternes, très-entières ; corymbe furcom, o-
fée, dichotome. ♭ Du Cap de B. Efp. V. *Callicarpe.* n°

* SCOPARIA (*arborea*) foliis lanceolatis
alternis integerrimis, corymbo fupradecom-
pofito dichotomo. L. f. fuppl. 123. ♭ E Cap.
B. Spei.

Explication des fig.

Explicatio iconum.

Tab. 85. SCOPAIRE à trois feuilles. (a) Fleur entière. (b) Calice. (c) Corolle vue poftérieurement.

Tab. 85. SCOPARIA *dulcis.* (a) Flos integer. (b)
Calyx. (c) Corolla poftice vifa. (d) Fatuus fupexus

(d) La même vue en-dessus. (e) La même ouverte. (f) Pistil. (g) Sommité de la glande. (h, i) Capsule entière & un peu ouverte. (l) La même coupée transversalement. (m) La même ouverte, montrant sa cloison. (n) Semences. (o) Une sem. coupée dans sa longueur.

spectata. (e) Eadem aperta. (f) Pistillum. (g) Summitas plantæ. Ex Sicco. (h, i) Capsula integra & dehiscens. (l) Eadem transversè secta. (m) Eadem aperta, dissepimentum exhibens. (n) Semina. (o) Semen longitudinaliter sectum. Fig. 12 Caria.

233. PLANTAIN.

Caract. essent.

Cal. 4-fide. Cor. 4-fide : à limbe réfléchi. Etamines fort longues. Capf. 2.loculaire, s'ouvrant transversalement.

Caract. nat.

Cal. quadrifide, droit, persistant, très court.
Cor. monopétale, persistante, marcescente. Tube cylindrique - globuleux. Limbe quadrifide : à découpures ovales, pointues, réfléchies.
Etam. Quatre filamens, capillaires, droits, fort longs. Anthères un peu oblongues, comprimées, horisontales.
Pist. Ovaire supérieur, ovale. Style filiforme, plus court que les étamines. Stigmate simple.
Péric. Capsule ovale, biloculaire, s'ouvr. transversalement : à cloison libre dans la maturité.
Sem. Plusieurs, ou solitaires, oblongues.

Tableau des espèces.

* A hampe nue.

1649. PLANTAIN en cœur. Diff.
P. à feuilles en cœur très-larges, un peu dentées, glabres ; épi fort long : à fl. embriquées.
L. n. Le Canada. (de l'herb. de M. de Jussieu.)

1650. PLANTAIN commun. Diff.
P. à feuilles ovales un peu dentées, presque glabres, hampe cylindrique ; épi oblong, embriqué.
L. n. L'Europe. ♃ 6 à 9 fem. dans les loges de la capf.
β. La même à épi comme feuillée par les bractées.

1651. PLANTAIN sinué. Diff.
P. à feuilles ovales, sinuées, dentées, pres-

233. PLANTAGO.

Charact. essent.

Cal. 4-fidus. Cor. 4-fida : limbo reflexo. Stamina longissima. Capf. 2-locularis, circumscissa.

Charact. nat.

Cal. quadrifidus, erectus, persistens brevissimus.
Cor. monopetala, persistens, marcescens. Tubus cylindraceo - globosus. Limbus quadrifidus : laciniis ovatis acutis reflexis.
Stam. Filamenta quatuor, capillaria, erecta, longissima. Antheræ oblongiusculæ, compressæ, incumbentes.
Pist. Germen superum, ovatum. Stylus filiformis, staminibus brevior. Stigma simplex.
Peric. Capsula ovata, bilocularis, circumscissa : dissepimento per maturitatem libero.
Sem. Plura, vel solitaria, oblonga.

Conspectus specierum.

* Scapo nudo.

1649. PLANTAGO cordata.
P. foliis cordatis latissimis subdentatis glabris, spica prælonga : flosculis imbricatis.

E Canada. Pl. Canadensis. II. R.

1650. PLANTAGO major. T. 85.
P. foliis ovatis subdentatis glabriusculis, scapo tereti, spica oblonga, imbricata.

Ex Europa. ♃ Gærtn. t. 51.

β. Eadem spica bracteis subfoliosa.

1651. PLANTAGO sinuata.
P. foliis ovatis sinuato-dentatis glabriusculis,

que glabres ; épi cylindrique , embriqué ;
capſules rétuſes.
L. n. L'iſle de Bourbon. *Hampe cylindr. longue.*

1652. PLANTAIN *creſpu.* Diô.
P. à feuilles ovales , ſinuées , dentées , ondulées , liſſes , un peu charnues ; hampes
très-courtes , capſules globuleuſes.
*L. n. . . . . Hampes cylindr. , à peine d'un pouce
de long. Epi long d'un pouce & demi ; fleurs
embriquées.*

1653. PLANTAIN *d'Aſie.* Diô.
P. à feuilles ovales un peu dentées , glabres ;
hampe anguleuſe , épi long ; à fleurs diſtantes.
L. n. La Sibérie , la Chine. ☉

1654. PLANTAIN *en cornet.* Diô.
P. à feuilles ovales , concaves en cornet ,
pubeſc. en-deſſous ; épi cylindr. embriqué ;
hampe très-haute.
L. n. La Sibérie. ♃ *Plant. maxima. Cornus.
Canad.* 163.

1655. PLANTAIN *moyen.* Diô.
P. à feuilles ovales-lancéolées , pubeſcentes ;
épi cylindrique ; hampe cylindrique.
L. n. L'Europe. ♃ *Feuilles entières.*

1656. PLANTAIN *de Virginie.* Diô.
P. à feuilles ovales , dentées , pu-
beſcentes ; épi grêle ; à fleurs écartées.
L. n. La Virginie. ☉
β. *Le même ? à épi glabre , très-long. De la
Caroline.*

1657. PLANTAIN *auſtral.*
P. à feuilles ovales-lancéolées , preſque péti-
olées , entières , très-glabres , épi cylindrique.
L. n. Buenos-Ayres.

1658. PLANTAIN *à haute tige.* Diô.
P. à feuilles lancéolées , dentées , dentées , glabres ; épi oblong-cylindrique ; hampe
anguleuſe.
L. n. L'Italie. ♃ *Tige de 2 à 3 pieds.*

1659. PLANTAIN *lancéolé.* Diô.
P. à feuilles lancéolées ; épi ovale , glabre ;
hampe anguleuſe.
L. n. L'Europe. ♃ *Epi en tête , brun.*

spica cylindrica imbricata , capſulis retuſa.

Ex inf. Mauritiana. *Commerſ.*

1652. PLANTAGO *criſpa.*
P. foliis ovatis , ſinuato-dentatis undulatis ,
ſubcarnoſis lævibus , ſcapis breviſſimis ;
capſulis globoſis.
*L. n. . . . . Pl. criſpa, Boſc. ad. ſociet. nat. Spica
craſſa, brevis ; flores imbricati; ſtylus incluſus.*

1653. PLANTAGO *Aſiatica.*
P. foliis ovatis , ſubdentatis , glabris ; ſcapo
angulato , ſpica longa ; floſculis diſtinctis.
Ex Sibiria , China. ☉ *Gmel. ſib.* 4. t. 36.

1654. PLANTAGO *cucullata.*
P. foliis ovatis , concavo-cucullatis , fubtus
pubeſcentibus ; ſpica cylindrica imbricata ;
ſcapo altiſſimo.
Ex Sibiria. ♃ *Gmel. Sib.* 4. t. 35. *Jacq. ic. rar.
vol,* 1.

1655. PLANTAGO *media.*
P. foliis ovato-lanceolatis , pubeſcentibus ;
ſpica cylindrica ; ſcapo tereti. L.
Ex Europa. ♃ *Folia integra.*

1656. PLANTAGO *Virginica.*
P. foliis lanceolato-ovatis dentatis pubeſcentibus , ſpica gracili ; floribus remotis.
Ex Virginia. ☉
β. *Eadem ? ſpica glabra , longiſſima. E Carolinia.*

1657. PLANTAGO *auſtralis.*
P. foliis ovato-lanceolatis , ſubpetiolatis inte-
gris glaberrimis ; ſpica cylindrica.
Ex Buenos-Ayres. *Commerſ.*

1658. PLANTAGO *altiſſima.*
P. foliis lanceolatis , quinquenerviis , dentatis ,
glabris ; ſpica oblongo-cylindrica ; ſcapo
angulato.
Ex Italia. ♃ *Jacq. obſ.* 4. t. 83.

1659. PLANTAGO *lanceolata.*
P. foliis lanceolatis ; ſpica ſubovata nuda ;
ſcapo angulato. L.
Ex Europa. ♃ *Capſ. loculis 1-ſpermis.*

1660. PLANTAIN argenté. Dict.
P. à feuilles étroites-lancéolées, velues &
soyeuses des deux côtes ; épi ovale, velu.
L. n. Les mont. de la France australe. ♈

1661. PLANTAIN lagopide. Dict.
P. à feuilles lancéolées, un peu dentelées ;
épi ovale, velu ; hampe cylindrique.
L. n. La France & l'Europe australe. ♈

1662. PLANTAIN de Portugal. Dict.
P. à feuilles larges-lancéolées, 3 ou 5-nerves
dentées, un peu pileuses ; hampe anguleuse,
épi oblong, velu.
L. n. L'Espagne. ♈ Feuilles presque glabres.

1663. PLANTAIN blanchâtre. Dict.
P. à feuilles linéaires-lancéolées, entières,
velues ; épi cylindrique, interrompu à sa
base ; tige cylindrique.
L. n. La France australe, l'Espagne. ♈
θ. Le même à fl. la plupart fort écartées.

1664. PLANTAIN tomenteux. Dict.
P. à feuilles ovales, tomenteuses ; hampe fillonné ; épi cylindrique,
L. n. Monte-Video. Commerf.
θ. Le même à feuilles ovales-lancéolées.

1665. PLANTAIN pileux. Dict.
P. hérissé de poils, à feuilles linéaires-lancéolées ; épi obl. , épais ; à bractées acuminées.
L. n. La France austr. ☉ Hampe cylindr. F.
entières. Toute la plante très-pileuse.

1666. PLANTAIN de Crète. Dict.
P. à feuilles linéaires ; hampe cylindr. très-
courte, laineuse ; épi arrondi, penché.
L. n. L'isle de Candie. Petite pl. toute lanugineuse.

1667. PLANTAIN holosté. Dict.
P. velu, à feuilles linéaires, presque très-en-
tières; hampe cylindrique; épi oblong, serré,
lanugineux.
L. n. L'Espagne , le Portugal (Herb. de
M. Juffieu.)

1668. PLANTAIN pygmé. Dict.
P. velu, à feuilles linéaires, très-entières ;

1660. PLANTAGO argentea.
P. foliis angusto-lanceolatis, utrinque villosis
sericeis ; spica ovata, villosa.
Ex Gallia austr. montibus. ♈ Gerard. Pr. t. 12.

1661. PLANTAGO lagopus.
P. foliis lanceolatis , subdenticulatis ; spica
ovata hirsuta ; scapo tereti.
Ex Gallia & Europa australi. ♈

1662. PLANTAGO Lusitanica.
P. foliis lato-lanceolatis , 3 L. 5-nerviis ,
dentatis, subpilosis; scapo angulato ; spica
oblonga , hirsuta.
Ex Hispania. ♈ Praecedenti valdè affinis.

1663. PLANTAGO albicans.
P. foliis lineari-lanceolatis, integris villosis;
spica cylindrica basi interrupta; scapo tereti.
E Gallia austr. Hispania. ♈ Forsk. Aegypt.
31. n° 4.
θ. Eadem floribus plerisque remotissimis.

1664. PLANTAGO tomentosa.
P. foliis ovatis, tomentosis; scapo sulcato;
spica cylindrica.
E Monte-Video. Fl. spinaliter subverticillati.
θ. Eadem foliis ovato-lanceolatis.

1665. PLANTAGO pilosa.
P. piloso-hirta ; foliis lineari-lanceolatis; spica
oblonga , crassa: bracteis acuminatis.
E Gallia australi. ☉ D. Pourret. Lomatopod.
Criticum aliud. Cluf. Hist. 2. p. 112.

1666. PLANTAGO Cretica.
P. foliis linearibus ; scapo tereti brevissimo
lanato ; spica subrotunda nutante.
E Creta. D. Michaux. Spica parva lanu-
ginosa.

1667. PLANTAGO holostea.
P. villosa, foliis linearibus subintegerrimis ;
scapo tereti; spica oblonga , densa, lanu-
ginosa.
Ex Hispania, Lusitania. Holost. plantagini si-
mile. J. B.

1668. PLANTAGO pygmaea.
P. villosa , foliis linearibus integerrimis ;

hampe plus courte que les f. ; épi capité,
lanugineux.
L. n.... (Herb. de M. de Jussieu.)

scapo foliis breviore ; spica capitata lanu-
ginosa.
L. n...... Pl. pollicaris.

1669. PLANTAIN villeux. Diet.
P. à feuilles linéaires, rétrécies vers leur
base ; épi lanugineux ; à bractées plus longues
que les fleurs.
L. n.... Hampe villeufe, à peine plus longue
que les feuilles.

1669. PLANTAGO villofa.
P. foliis linearibus, basi angustatis ; spica la-
nuginosa : bracteis flosculo longioribus.
.... (Ex herb. Juff.) Spicæ pollicares laxiuf-
cula.

1670. PLANTAIN de montagne. Diet.
P. à feuilles linéaires, pileuses ; hampe cy-
lindr. velue ; épi ovale, villeux.
L. n. Les mont. de la Suisse ? (Herb. de
M. Descrousseaux.)

1670. PLANTAGO montana.
P. foliis linearibus, pilosis ; scapo tereti hir-
futo ; spica ovata ; villosa.
Ex alp. Helvetiæ ? Pl. angustifolia alpina.
J. B.

1671. PLANTAIN des Alpes. Diet.
P. à feuilles linéaires - lancéolées, un peu
épaisses, presque glabres ; hampe velue, cylindrique ; épi oblong.
L. n. Les montagnes de l'Europe. ♃ Bract.
grandes, brunes.

1671. PLANTAGO Alpina.
P. foliis linearibus, crassiusculis,
subnudis ; scapo tereti hirsuto ; spica oblonga.
Ex Europæ alpibus. ♃ Aff. pl. lanceolatæ,
sed diff.

1672. PLANTAIN charnu. Diet.
P. à feuilles lancéolées-linéaires, concaves,
succulentes, pubescentes ; hampe cylindr.,
velue.
L. n. Le Cap de B. Esp. F. presque distiques.

1672. PLANTAGO carnosa.
P. foliis lanceolato-linearibus, concavis, suc-
culentis, pubescentibus ; scapo tereti hirsuto.
E Cap. Bonæ Spei. Spica oblonga compacta.

1673. PLANTAIN maritime. Diet.
P. à feuilles demi-cylindriques très-entières,
laineuses à leur base ; hampe cylindrique.
L. n. Les rives marit. de l'Eur. ♃ F. glabres.

1673. PLANTAGO maritima.
P. foliis semi-cylindricis, integerrimis, basi
lanatis ; scapo tereti. L.
Ex Europæ littoribus marit. ♃ Spica oblonga.

1674. PLANTAIN écarté. Diet.
P. à feuilles linéaires-lancéolées, entières,
nues, laineuses à leur base ; épis longs, glabres ;
fleurs écartées.
L. n. Le Cap de B. Espérance.

1674. PLANTAGO remota.
P. foliis lineari-lanceolatis, integris, nudis,
basi lanatis ; spicis longis glabris ; floribus
remotis.
E Cap. B. Spei. Sonnerat.

1675. PLANTAIN en scie. Diet.
P. à feuilles linéaires-lancéolées, 5-nerves,
dentées en scie ; hampe cylindrique.
L. n. L'Italie, la Barbarie. ♃ Epi cylindrique.

1675. PLANTAGO ferraria,
P. foliis lineari-lanceolatis, quinque nerviis,
dentato-ferratis ; scapo tereti.
Ex Italia, Barbaria. ♃ Folia rariter pilosa.

1676. PLANTAIN grêle. Diet.
P. à feuilles lancéolées, à dents de scie, presque nues ; épi grêle, très-glabre.
L. n. La Barbarie. Il a beaucoup de rapports
avec le précédent.

1676. PLANTAGO gracilis.
P. foliis lanceolatis, ferratis, subnudis ; spica
gracili glaberrima,
E Barbaria. Poiret. Voyag. en Barbarie. 2.
p. 115.

1677. PLANTAIN grosse-racine. Dict.
P. à feuilles spatulées, dentées en scie supérieurement; hampe cylindr. velue; épi cylindr.
L. n. La Sicile, la Barb. Boer. fic. t. 15. f. 2.

1678. PLANTAIN corne-de-cerf. Dict.
P. à feuilles linéaires, dentées, hispides ; hampes cylindriques, ascendantes.
L. n. L'Europe, aux lieux pierreux. ☉
β. Le même à f. bipinnatifides ; épis fort longs.
γ. Le même ? à dents des f. plus petites & plus nombreuses.

1679. PLANTAIN alopécuroïde. Dict.
P. à feuilles linéaires, étroites, hispides, à dents rares ; hampe cylindr. droite, fort longue.
L. n. La Numidie. La pl. a l'aspect & l'épi de l'Alopecurus agrestis.

1680. PLANTAIN f. de scorsonère. Dict.
P. à feuilles linéaires, nerveuses, nues; hampe cylindrique; épi cylindrique, glabre.
L. n. Le Levant. (Herb. de M. de Juss.)

1681. PLANTAIN scirpoïde. Dict.
P. à feuilles linéaires, très-longues, 3-nerves, nues ; hampe cylindrique ; épi ovale.
L. n. ... (Herb. de M. de Jussieu.)

1682. PLANTAIN queue de souris. Dict.
P. à feuilles linéaires-lancéolées, 3 nerves, glabres ; hampe cylindrique, un peu pileuse; épi presque cylindrique.
L. n. Monte-Video. Commers. Epi glabre.

1683. PLANTAIN joncoïde. Dict.
P. à feuilles linéaires, étroites, nues, avec quelques dents ; hampe cylindr., pubescente ; épi ovale-oblong.
L. n. Le Magellan. Commers.

1684. PLANTAIN pauciflore. Dict.
P. à feuilles linéaires, lisses, un peu dentées ; épi ovale, glabre, pauciflore.
L. n. Le Magellan. Commers. Epi de 3 à 5 fl.
. le même à touffes plus courtes presque d'un pouce.

1685. PLANTAIN graminé. Dict.
P. à feuilles linéaires, presque nues, ayant

1677. PLANTAGO macrorhiza.
P. foliis spathulatis superne serratis ; scapo tereti hirsuto ; spica cylindrica.
E Sicilia , Barb. Point. Voy. en B. 2. p. 114.

1678. PLANTAGO coronopus.
P. foliis linearibus, pinnato-dentatis, hispidis; scapis teretibus ascendentibus.
Ex Europæ glareosa. ☉
β. Eadem foliis bipinnatifidis ; spicis prælongis.
γ. Eadem ? dentibus foliorum minoribus crebrioribus. Pluk. t. 103. f. 5.

1679. PLANTAGO alopecuroides.
P. foliis linearibus, angustis, rariter dentatis , hispidis ; scapo tereti, erecto, prælongo.

Ex Numidia. D. Point. Præcedentis forté varietas. Habitus & spica Alopecuri agrestis.

1680. PLANTAGO scorzoneræfolia.
P. foliis linearibus, nervosis, nudis ; scapo tereti; spica cylindrica, glabra.
Ex Oriente. Tournef. Cor. 5. fol. busi lanata.

1681. PLANTAGO scirpoides,
P. foliis linearibus, longissimis, 3-nerviis, nudis ; scapo tereti; spica ovata.
.... Folia acutiss. integra dodrantalia.

1682. PLANTAGO myosuros,
P. foliis lineari-lanceolatis, 3 nerviis, glabris; scapo tereti subpiloso; spica cylindracea.
E Monte-Video. Planta 4-uncialis, habitu myosuri.

1683. PLANTAGO juncoides,
P. foliis linearibus, angustis, nudis, subdentatis ; scapo tereti pubescente; spica ovato-oblonga.
F. Magellania. Fol. carnosula ; spica fusca brevis.

1684. PLANTAGO pauciflora.
P. foliis linearibus, lævibus, subdentatis ; spica ovata, glabra, pauciflora.
É. Magellania. Spica 3-5-flora.
β. Eadem cespitibus brevioribus subuncialibus.

1685. PLANTAGO graminea.
P. foliis linearibus, subnudis, remotissimé

quelques dents très-distantes ; hampe cylindrique, velue ; épis cylindriques.
L. n. La France & l'Eur. auſtrale. ♉ *Il eſt très-diff. du Plantain maritime.*

dentatis ; ſcapo tereti hirſuto ; ſpicis cylindricis.
E Gallia & Europa auſtrali. ♉ *Plantago anguſtifolia. Dod. pempt.* 108.

1686. PLANTAIN *ſerpentine.* Dict.
' P. à feuilles linéaires , étroites , canaliculées, un peu velues; épi cylindr; bractées ſubulées, plus longues que la corolle.
L. a. L'Eſp. *Communiq. par M. Cavanilles.*

1686. PLANTAGO *ſerpentina.*
P. foliis linearibus , anguſtis , canaliculatis, ſubhirſutis , ſpica cylindrica , bracteis ſubulatis corolla longioribus.
Ex Hiſpania. *An P. recurvata.*

1687. PLANTAIN *ſubulé.* Dict.
P. à feuilles filiformes , ſubulées , ſtriées, un peu velues ; épi oblong ; bractées ovales, plus courtes que la corolle.
L. n. Les ſables marit. de l'Europe auſtrale. ♉

1687. PLANTAGO *ſubulata.*
P. foliis filiformi-ſubulatis , ſtriatis , ſubhirſutis ; ſpica oblonga ; bracteis ovatis corolla brevioribus.
Ex Europæ auſtralis maritimis arenoſis. ♉

1688. PLANTAIN *de l'iſtinge.*
P. à feuilles linéaires , un peu dentées ; hampe cylindrique ; épi ovale : à bractées carinées , membraneuſes.
L. n. L'Eſpagne. ⊙

1688. PLANTAGO *loeſlingii.*
P. foliis linearibus , ſubdentatis ; ſcapo tereti ; ſpica ovata ; bracteis carinatis , membranaceis.
Ex Hiſpania. ⊙

* * *A tige rameuſe.*

* * *Caule ramoſo.*

1689. PLANTAIN *pucier.* Dict.
P. à tige rameuſe , herbacée ; feuilles un peu dentées , recourbées ; têtes non-feuillées.
L. n. La France , l'Europe auſtrale. ⊙

1689. PLANTAGO *pſyllium.*
P. caule ramoſo , herbaceo ; foliis ſubdentatis , recurvatis , capitulis aphyllis. L.
Ex Gallia , Europa auſtrali. ⊙

1690. PLANTAIN *de l'Inde.*
P. à tige rameuſe, herbacée ; feuilles très-entières , réfléchies; têtes feuillées.
L. n. L'Egypte , l'Aſie. ⊙

1690. PLANTAGO *Indica.*
P. caule ramoſo , herbaceo ; foliis integerrimis , reflexis ; capitulis folioſis. L.
Ex Ægypto, Aſia. ⊙

1691. PLANTAIN *ſouligneux.* Dict.
P. à tige rameuſe , feuilles très-entières , filiformes , preſque droites ; têtes quelquefois feuillées.
L. n. La France méridionale , l'Italie. ♄

1691. PLANTAGO *cynops.*
P. caule ramoſo ſuffruticoſo ; foliis integerrimis , filiformibus , ſtrictis ; capitulis ſubfoliatis.
E Gallia auſtr. , Italia. ♄

1692. PLANTAIN *de Barbarie.* Dict.
P. à tige un peu rameuſe , feuillée ; feuilles linéaires-lancéol., dentées; têtes non feuillées.
L. n. La Sicile , la Barbarie.

1692. PLANTAGO *Afra.*
P. caule ſubramoſo , folioſo ; foliis lineari-lanceolatis , dentatis ; capitulis aphyllis.
Ex Sicilia , Barbaria.

1693. PLANTAIN *ſquarreux.* Dict.
P. à tige rameuſe , herbacée ; feuilles linéaires , très-entières ; têtes alongées , feuillées , ſquarreuſes.
L. n. L'Egypte. ⊙

1693. PLANTAGO *ſquarroſa.*
P. caule ramoſo , herbaceo ; foliis linearibus integerrimis ; capitulis elongatis , folioſo-ſquarroſis.
Ex Ægyp. ⊙ *P. Ægyp. Jacq. col.* 1. *p.* 45.

* PLANTAIN (*fleur*) à tige rameuse, herbacée ; feuilles très-entières, charnues ; rameaux lisses. ☉ *L'Europe australe.*

Explication des fig.

Tab. 85. PLANTAIN *commun.* (*a*) Fleur entière. (*b*) Calice. (*c*) Corolle. (*d*) La même ouverte. (*e*) Feuille radicale. (*f*) Épi en fleur. (*f*) Partie inférieure de l'épi fructifère. *g*) Capsule entière. (*h*) La même ouverte, avec sa cloison. (*i*) La même coupée transversalement. (*l*) Semences. (*m, n*) Semences coupées. (*o*) Embryon séparé.

234. SANGSORBE.

Caract. essent.

CAL. supérieur, 4-fide, ayant 2 écailles à sa base. Cor. O. Caps. à 1 ou 2 loges.

Caract. nat.

Cal. supérieur, monophylle, profondément quadrifide : à découp. ovales. Deux écailles opp. pointues, situées à la base du calice.
Cor. nulle.
Étam. Quatre filamens, filiformes, dilatés insensiblement vers leur sommet, plus longs que le calice. Anthères arrondies.
Pist. Ovaire inférieur, tétragone. Style filiforme, plus court que les étamines. Stigmate obtus.
Péric. Capsule dure, turbinée-ovale, tétragone, à une ou deux loges.
Sem. Solitaires, arrondies-coniques.

Ce g. a des rapp. considé. avec la Pimprenelle & l'Ancistre.

Tableau des espèces.

1694. SANGSORBE *officinale.* Dict.
S. à é. is ovales.
L. n. L'Europe, dans les prés secs. ♃

1695. SANGSORBE *moyenne.* Dict.
S. à ép. is ovales-cylindriques ; étamines plus longues que la corolle.
L. n. Le Canada. ♃

1696. SANGSORBE à *longs* épis. Dict.
S. à épis très-longs ; étamines trois fois plus longues que la corolle.
L. n. Le Canada. ♃ Épi de 5 à 6 pouces.

* PLANTAGO (*pumila*) caule ramoso herbaceo ; foliis integerrimis, carnosis ; ramis laevibus. L. f. suppl. 125. ☉

Explicatio iconum.

Tab. 85. PLANTAGO *major.* *a*) Flos integer. (*b*) Calyx. (*c*) Corolla. (*d*) Eadem aperta. (*e*) Folium radicale. (*f*) Spica florida. Fig. *ex* Mill. (*f*) Pars inferior spicae fructiferae. *g*) Capsula integra. (*h*) Eadem dehiscens cum dissepimento. (*i*) Eadem transvers. (*l*) Semina. (*m, n*) Semina dissecta. (*o*) Embryo separatus. Fig. fruct. ex Gaertn.

234. SANGUISORBA.

Charact. essent.

CAL. superus, 4-fidus, basi 2-squamosus. Cor. O. Caps. 1 f. 2-locularis.

Charact. nat.

Cal. superus, monophyllus, profunde quadrifidus : laciniis ovatis. Squamae duae, oppositae, acutae, ad basin calycis.
Cor. nulla.
Stam. Filamenta quatuor, filiformia, superne sensim dilatata, calyce longiora. Antherae subrotundae.
Pist. Germen inferum, tetragonum. Stylus filiformis, staminibus brevior. Stigma obtusum.
Peric. Capsula dura, turbinato-ovata, tetragona, uni f. bilocularis.
Sem. Solitaria, subrotundo-conica.

Poterio ancistroque valde affinis.

Conspectus specierum.

1694. SANGUISORBA *officinalis.* T. 85;
S. spicis ovatis.
Ex Euro; ae pratis siccis ♃

1695. SANGUISORBA *media.*
S. spicis ovato-cylindricis, staminibus corolla longioribus
E Canada. ♃ Moris. sec. 8 t. 18. f. 1.

1696. SANGUISORBA *canadensis.*
S. spicis longissimis ; staminibus corolla triplo longioribus.
E Canada. ♃ Cornut. Canad. 174.
Explication

Explication des figures.

Tab. 85. Sanguisorba officinale. (a) Fleur entière.
(b) Ecailles calicinales. (c) Calice séparé. (d) Le même
ouvert, étaminées. (e) Pistil. (f, g) Capsule. (h) Semences. (i) Partie supérieure de la plante. (l) Feuille
radicale.

235. EMPLÈVRE.

Caract. essent.

CAL. 4-fide. Cor. O. Style latérale. Capf. légu-
miniforme, comprimée en aile supérieurement. Une seule sem. tuniquée.

Caract. nat.

Cal. petit, turbiné, monophylle, à quatre lobes,
glanduleux, persistant.
Cor. nulle.
Étam. Quatre filaments, subulés, plus longs que
le calice. Anthères ovales, glanduleuses à
leur sommet.
Pist. Ovaire supérieur, oblong, comprimé, se
terminant en aile à son sommet. Style latéral,
un peu cylindre. Stigmate simple.
Péric. Capsule oblongue, comprimée, légu-
miniforme, terminée sup. par une aile foliacée, uniloc., s'ouvrant par le côté.
Sem. Une seule, oblongue-ovale, luisante, contenue dans une tunique coriace, bivalve.
On observe quelques fleurs mâles parmi les
hermaphrodites.

Tableau des espèces.

1697. EMPLÈVRE dentelé. Dict. 2. p. 356.
L. n. Le Cap de B. Espérance. ♄

Explication des fig.

Tab. 86. Emplèvre dentelé. (a) Fleur stérile ou
mâle. (b) Calice. (c) Fleur hermaphrodite. (d) Capsule entière. (e) Tunique, ayant ses valves séparées.
(f) Semence. (g) Rameau fleuri & fructifère.

236. CAMPHRÉE.

Caract. essent.

CAL. urcéolé, 4-fide: à découp, alt. plus grandes.
Cor. O. Étam. saillantes. Caps. 1-sperme.

Botanique. Tome I.

Explicatio iconum.

Tab. 85. Sanguisorba officinalis. (a) Flos integer.
(b) Squamæ calycinæ. (c) Calyx separatus. (d) Idem
apertus; stamina. (e) Pistillum. (f, g) Capsula. (h)
Semina. Fig. ex Mill. (i) Pars superior plantæ. (l) Folium radicale.

235. EMPLEURUM.

Charact. essent.

CAL. 4-fidus. Cor. O. Stylus lateralis. Capf.
leguminiformis, supra compresso-alata, semen unicum arillatum.

Charact. nat.

Cal. parvus, turbinatus, monophyllus, quadrilobus, punctato-glandulosus, persistens.
Cor. nulla.
Stam. Filamenta quatuor, subulata, calyce longiora. Antheræ ovatæ, apice glandulosæ.
Pist. Germen superum, oblongum, compressum, apice definens in alam. Stylus lateralis,
cylindraceus. Stigma simplex.
Peric. Capsula oblonga, compressa, leguminiformis, superne foliaceo-alata, unilocularis,
latere dehiscens.
Sem. unicum, oblongo-ovatum, nitidum, arillo
coriaceo bivalvi inclusum.
Flores aliqui masculi observantur inter her-
maphr.

Conspectus specierum.

1697. EMPLEURUM serrulatum. T. 86.
E. Cap. Bonæ Spei. ♄

Explicatio iconum.

Tab. 86. Empleurum serrulatum. (a) Flos sterilis
f. masculus. (b) Calyx. (c) Flos hermaphroditus. (d)
Capsula integra. (e) Arillus; valvulis separatis. (f)
Semen. (g) Ramus floridus & fructifer. Ex Sicco.

236. CAMPHOROSMA.

Charact. essent.

CAL. urceolatus, 4-fidus: laciniis alt. majoribus.
Cor. O. Stam. exserta: Caps. 1-sperma.

X x

Caraĉt. nat.

Cal. urcéolé, femi-quadrifide, comprimé, perfiflant : à découp. pointues, alt. plus grandes.
Cor. nulle.
Etam. Quatre filamens filiformes, égaux, plus longs que le calice. Anth. ovales.
Pifl. Ovaire fupérieur, ovale, comprimé. Style filiforme, femi-bifide. Stigmates aigus.
Péric. Capfule uniloculaire, s'ouvrant fup. recouverte par le calice.
Sem. Une feule, ovale, comprimée, luifante.

Charaĉt. nat.

Cal. urceolatus, femi-quadrifidus, compreffus, perfiflens : laciniis acutis, alternis majoribus.
Cor. nulla.
Stam. Filamenta quatuor, filiformia, æqualia ; calyce longiora. Antheræ ovatæ.
Pifl. Germen fuperum, ovatum, compreffum. Stylus filiformis femi-bifidus. Stigmata acuta.
Peric. Capfula unilocularis, fuperne defifcens, calyce tecta.
Sem. unicum, ovale, compreffum, nitidum.

Tableau des efpèces.

Confpeĉtus fpecierum.

1698. CAMPHRÉE *de Montpellier.* Diĉt. t. 591.
C. à feuilles linéaires-fubulées, velues ; fleurs glomerulées, axillaires.
L. n. La France auftrale, l'Efpagne, &c. ♄

1698. CAMPHOROSMA *Monfpeliaca.* T. 86.
C. foliis lineari-fubulatis, villofis ; floribus glomeratis axillaribus.
Ex Gallia auftrali, Hifpania, &c. ♄

1699. CAMPHRÉE *aiguë.* Diĉt. n° 2.
C. à feuilles fubulées, roides, glabres.
L. n. L'Italie. ♃

1699. CAMPHOROSMA *acuta.*
C. foliis fubulatis, rigidis, glabris. L.
Ex Italia. ♃

1700. CAMPHRÉE *glabre.* Diĉt. n° 3.
C. à feuilles linéaires, un peu trigones, glabres, inermes.
L. n..... n'eft point dans Haller.

1700. CAMPHOROSMA *glabra.*
C. foliis linearibus, fubtriquetris, glabris, Inermibus.
Ex..... Habitus polycnemi.

1701. CAMPHRÉE *à paillettes.* Diĉt. n° 5.
C. frutiqueufe, à rameaux fpiciformes, pileux, garnis de paillettes.
L. n. Le Cap de Bonne-Efpérance. ♄

1701. CAMPHOROSMA *paleacea.*
C. fruticofa, ramis fpicæformibus, paleaceis, pilofis. L. f.
E Cap. Bonæ Spei. ♄

237. ALCHIMILLE.

237. ALCHEMILLA.

Caraĉt. effent.

CAL. 8-fide : à découp. alt. grandes & petites.
Cor. O. 1. Sem. envel. par le calice.

Charaĉt. effent.

CAL. 8-fidus : laciniis alt. minoribus. Cor. O.
Sem. 1. Calyce vellitum.

Caraĉt. nat.

Cal. monophylle, prefque campanulé, perfiflant : à bord ouvert, oĉto-fide ; à découp. alt. plus petites.
Cor. nulle.
Etam. Quatre filamens très-petits, droits, fubulés, inférés fur le bord du calice. Anthéres arrondies.

Charaĉt. nat.

Cal. monophyllus, fubcampanulatus, perfiflens ; ore patulo oĉto-fido ; laciniis alternis minoribus.
Cor. nulla.
Stam. Filamenta quatuor, minima, ereĉta, fubulata, ori calycis impofita. Antheræ fubrotundæ.

Pist. Ovaire supérieur, ovale. Style filiforme, inséré à la base de l'ovaire. Stigmate globuleux.
Peric. Nul. Le collet du cal. se ferme, & contient la semence.
Sem. Une seule, elliptique, **comprimée.**

Pist. Germen superum, ovatum. Stylus filifor, ad basin germinis insertus. Stig. globosum.
Peric. Nullum. Calycis collum clauditur, & semen includit.
Sem. unicum, **ellipticum, compressum.**

Tableau des espèces.   *Conspectus specierum.*

1702. ALCHIMILLE *commune.* Diss. 1. p. 77.
A. à feuilles lobées, nues des deux côtés; tige glabre; fleurs pédicellées.
L. n. Les pâturages de l'Europe. ♃

1702. ALCHEMILLA *vulgaris.* T. 86. f. 1.
A. foliis lobatis utrinque nudis, caule glabro; floribus pedicellatis.
Ex Europæ pascuis. ♃

1703. ALCHIMILLE *pubescente.* Diss. suppl.
A. à feuilles lobées, pubescentes en-dessous; tige villeuse; fleurs pédicellées.
L. n. Les mont. de l'Est. ♃ *Const. diff. de la précédente.*

1703. ALCHEMILLA *pubescens.*
A. foliis lobatis subtus pubescentibus, caule villoso; floribus pedicellatis.
Ex Europæ montanis. ♃ *Alch. hybrida. Lin.*

1704. ALCHIMILLE *du Cap.* Diss. suppl.
A. villeuse, à feuilles entières; fleurs sessiles, glomérulées.
L. a. Le Cap **de B. Esp. Sonnerat.** *F. petites, articulaires.*

1704. ALCHEMILLA *Capensis.* T. 86. f. 2.
A. villosi, foliis crenatis; floribus sessilibus, glomeratis.
E. Capite Bonæ Spei. *Fol. fibrinylis Europææ.*

1705. ALCHIMILLE *argentée.* Diss. n° 2.
A. à feuilles digitées, dentées, soyeuses & argentées en-dessous.
L. n. Les mont. de l'Eur. ♃ *Très-jolie plante.*

1705. ALCHEMILLA *argentea.*
A. foliis digitatis, serratis, subtus sericeo-argenteis.
Ex alpibus Europæ. ♃ *A. alpina. L.*

1706. ALCHIMILLE *quinte-feuille.* Diss. n° 3.
A. à feuilles quinées ou ternées: folioles multifides, un peu ciliées.
L. n. Les mont. du Dauph. & de la Suisse. ♃

1706. ALCHEMILLA *pentaphyllea.*
A. foliis quinatis ternatisve: foliolis multifidis, subciliatis.
Ex alpibus Delph. & Helv. ♃

1707. ALCHIMILLE *aphanoïde.* Diss. suppl.
A. à feuilles multifides; tige droite.
L. n. La Nouvelle-Grenade. ⊙

1707. ALCHEMILLA *aphanoïdes.*
A. foliis multipartitis, caule erecto. *L. f.*
E. Nova Grenada. ⊙ *L. f. suppl. 129.*

* *Alchimille (monandrique) à f. partagées en 3 parties trifides; fl. monandriques, ramassées, axillaires. Espèce un douteuse?*

* *Alchemilla (monandria) foliis tripartito-trifidis; floribus monandris, confertis, axillaribus. Svartz. Pr. 38.*

DIGYNIE

238. PERCEPIER.

Caract. essent.

DIGYNIA.

238. APHANES.

Charact. essent.

Cal. 8-fide: 4 déc. alt. très-petites. Cor. O. 2 fem. envel. par le calice.

Cal. 8-fidus: laciniis alt. minimis. Cor. O. Sem. 2, calyce vestita.

X x 2

Carat. nat.

Cal. monophylle , tubuleux , perfiftant : à bord à 8 déc. , dont 4 alternes très-petites.
Cor. nulle.
Etam. Quatre filamens , fubulés , très-petits , attachés au bord du calice. Anthères arrondies.
Pift. Deux ovaires , ovales , réunis. Styles filiformes , inférés à la bafe des ovaires. Stigmates fimples.
Péric. nul. Le calice connivent par fon bord , renferme les femences.
Sem. Deux , ovales , acuminées , glabres (quelquefois cependant il en avorte une.)

Charact. nat.

Cal. monophyllus , tubulatus , perfiftens : ore 8-fido ; laciniis alternis minimis.
Cor. nulla.
Stam. Filamenta quatuor fubulata, minima , ori calycis impofita. Antheræ fubrotundæ.
Pift. Germina duo, ovata , coalita. Styli filiformes , ad bafim germinum inferti. Stigmata fimplicia.
Peric. nullum. Calyx ore connivens, femina includit.
Sem. Duo , ovata , acuminata , glabra (uno tamen interdum abortivo.)

Tableau des efpèces.

Confpectus fpecierum.

1708. PERCEPIER *des champs.* Dict.
L. n. l'Europe. ☉ *Alchimilla des champs.* Dict. n°. 4.

1708. APHANES *arvenfis.* T. 87.
Ex Europa. ☉ *Alchimilla arvenfis. N. Dict.* 1. p. 78.

Explication des fig.

Explicatio iconum.

Tab. 87. PERCEPIER *des champs.* (a) Fleur féparée fort groffe. (b) La même ayant le calice ouvert. (c) Etamine féparée. (d) Piftil. (e , f) Calice fructifère, entier & ouvert. (g) Semences. (h , i) Cal. fructif. entier & coupé. (l , m) Sem. entière & coupée tranfverfalement. (n) Amande de la femence. (o) Embryon. (p) Plante entière. d'après le fec.

Tab. 87. APHANES *arvenfis.* (a) Flos feparatus infigniter auctus. (b) Idem calyce aperto. (c) Stamen feparatum. (d) Piftillum. (e , f) Calyx fructifer , integer & apertus. (g) Semina. Fig. ex Mill. (h , i) Cal. fructif. integer & diffectus. (l , m) Semen integrum & tranfverfe fectum. (n) Nucleus feminis. (o) Embryo. Fig. ex Gærtn. (p) Planta integra.

239. CRUZITE.

239. CRUZITA.

Carat. effent.

Charact. effent.

Cal. 4-phylle , ayant 3 bract. à l'extérieur. Cor. O. 1. Sem. enveloppée par le calice.

Cal. 4-phyllus , externè 3-bracteatus. Cor. O. Sem. 1. Calyce veftitum.

Carat. nat.

Charact. nat.

Cal. tétraphylle , perfiftant : à folioles ovales , concaves , dont 2 int. ont le bord trèsmince , lacéré.
Trois bractées ou écailles à la bafe du calice ; l'antérieure linéaire , pointue ; les lat. ovales , concaves.
Cor. nulle.
Etam. Quatre filamens , capillaires , un peu plus courts que le calice. Anth. pet.
Pift. Ovaire fupérieur , ovale , obtus , comprimé. Style très-court , partagé en deux branches ouvertes. Stigmates fimples.

Cal. tetraphyllus , perfiftens : foliolis ovatis , concavis : interioribus duobus margine tenuiffimo lacero.
Bracteæ f. fquamæ tres ad bafim calycis. Anterior linearis acuta ; laterales ovatæ concavæ.
Cor. nulla.
Stam. Filamenta quatuor , capillaria , calyce paulo breviora. Antheræ parvæ.
Pift. Germen fuperum , ovatum , obtufum , compreffum. Stylus breviffimus , bipartitus ; laciniis patentibus. Stigmata fimplicia.

Péris. Nul. Le calice conniv. tombe avec la semence.
Sem. une seule, ovale, recouv. par le calice.

Péric. nullum. Calyx connivens, cum semine deciduus.
Sem. unicum, ovatum, calyce vestitum.

Tableau des espèces.

1709. CRUZITE d'Amérique. Dict. 2. p. 218.
L. a. l'Amérique mérid. *F. opposées, lancéolées.*

Conspectus Specierum.

1709. CRUZITA Americana.
Ex America merid. *Cruzita. Loefl. it. p. 236.*

240. BUFONE.

240. BUFONIA.

Caract. essent.

Charact. essent.

Cal. 4-phylle. Cor. de 4 pétales. Caps. 1-loculaire, 2-valve, 2-sperme.

Cal. 4-phyllus. Cor. 4-petala. Caps. 1-locularis, 2-valvis, 2-sperma.

Caract. nat.

Charact. nat.

Cal. tétraphylle, droit, persistant ; à folioles subulées, carinées, membraneuses sur les bords.
Cor. Quatre pétales ovales, échancrés, droits, égaux, plus courts que le calice.
Etam. Quatre filamens, égaux, de la longueur de l'ovaire. Anthères didymes.
Pist. Ovaire supérieur, ovale, comprimé. Deux styles, de la longueur des étamines. Stigmates simples.
Péric. Capsule ovale, un peu comprimée, uniloculaire, bivalve.
Sem. Deux ovales, comprimées, convexes d'un côté, un peu scabres.

Cal. tetraphyllus, erectus, persistens : foliolis subulatis, carinatis, marginibus membranaceis.
Cor. Petala quatuor, ovalia, emarginata, erecta, aequalia, calyce breviora.
Stam. Filamenta quatuor, aequalia, longitudine germinis. Antherae didymae.
Pist. Germen superum, ovatum, compressum. Styli duo, longitudine staminum. Stigmata simplicia.
Peric. Capsula ovata, subcompressa, unilocularis, bivalvis.
Sem. Duo, ovalia, compressa, hinc convexa, scabriuscula.

Tableau des espèces.

1710. BUFONE annuelle.
B. à tige paniculée ; fleurs latérales & terminales ; calices striés.
L. a. La France austr. ☉ B. à f. menues. Dict.

1711. BUFONE vivace.
B. à tig's rameuses & florifères au sommet ; folioles calicinales, scarieuses sur les bords.
L. a. La Fr. austr. ♃ B. à f. menues, Dict. var. β

Conspectus Specierum.

1710. BUFONIA tenuifolia. T. 87. f. 1.
B. caule paniculato ; floribus lateralibus terminalibusque ; calycibus striatis.
Ex Gallia australi. ☉

1711. BUFONIA perennis. T. 87. f. 2.
B. caulibus apice ramosis & floriferis ; calycinis foliolis, margine scariosis.
E Gallia austr. ♃ B. perennis. D. Pourret. p. 13.

Explication des fig.

Tab. 87. f. 1. BUFONIA annuelle. mauv. fig. (a, b) Fleur entière. (c) Pétal. (d) Calice, étamines. (e) Pistil, étamine. (f) Calice fructifère. (g) Capsule entière. (h) La même ouverte. (i) Semences.
Tab. 87. f. 2. BUFONIA vivace.

Explicatio iconum.

Tab. 87. f. 1. BUFONIA annua. Icon mala. (a, b) Flos integer. (c) Petalum. (d) Calyx, Stamina. (e) Pistillum, Stamen. (f) Calyx fructifer. (g) Capsula integra. (h) Eadem aperta. (i) Semina. Fig. ex Mill.
Tab. 87. f. 2. BUFONIA perennis.

350 TÉTRANDRIE DIGYNIE.

241. G A L O P I N E.

Caract. essent.

CAL. O. Cor. 4-fide. Deux femences nues.

Caract. nat.

Cal. (entier , non faillant. *Juff.*) Nul. *Thunb.*

Cor. monopétale, fupérieure, quadrifide : à découp. roulées en-dehors.

Etam. Quatre filamens capillaires , longs. Anthères oblongues , droites.

Pift. Ovaire inférieur. Deux ftyles , un peu plus courts que les étamines. Stigmates fimples.

Péric. nul.

Sem. geminées, nues, prefque globul. muriquées.

Tableau des efpeces.

1712. GALOPINE circéoïde. Dict. fuppl. *L. n.* Le Cap de B. Efp. ☉ *Feuilles oppofées?*

242. H A M A M É L I S.

Caract. essent.

CAL. 4-fide, muni de 2 écailles en dehors. 4 pétales linéaires. Noix 2-corne, 2-loculaire.

Caract. nat.

Cal. Collerette triphylle , triflore : à deux folioles int. plus petites, obtufes; la troifième extérieure , plus grande, lancéolée.

Cal. propre tétraphylle : à folioles oblongues , obtufes, égales. Deux écailles courtes , oppofées, fituées à la bafe du calice.

Cor. Quatre pétales linéaires , obtus , fort longs, égaux , roulées en-dehors.

Quatre écailles tronquées , adnées à la bafe des pétales.

Etam. Quatre filamens linéaires, plus courts que le calice. Anthères arrondies , bilobées.

Pift. Ovaire fupérieur , ovale , velu , fe terminant en deux ftyles de la longueur des étamines. Stigmates capités.

TETRANDRIA DIGYNIA.

241. G A L O P I N A.

Charact. essent.

CAL. O. Cor. 4-fida. Sem. duo , nuda.

Charact. nat.

Cal. (integer , non prominens. *Juff.*) Nullus. *Thunb.*

Cor. monopetala , fupera, quadrifida : laciniis revolutis.

Stam. Filamenta quatuor , capillaria , longa. Antheræ oblongæ, erectæ.

Pift. Germen inferum. Styli duo , ftaminibus paulo breviores. Stigmata fimplicia.

Peric. nullum.

Sem. bina , nuda, fubglobofa , muricata.

Confpectus fpecierum.

1712. GALOPINA circæoides. E Cap. B. Spei. ☉ *Thunb. nov. gen. 1, p. 3.*

242. H A M A M E L I S.

Charact. essent.

CAL. 4-fidus , extus 2-fquamofus. Pet. 4. linearia. Nux 2-cornis , 2-locularis.

Charact. nat.

Cal. involucrum triphyllum : triflorum : foliolis interioribus duobus minoribus , obtufis ; tertio extimo majori, lanceolato.

Cal. propius tetraphyllus : foliolis oblongis , obtufis, æqualibus. Squamæ duæ breves, oppofitæ, ad bafim calycis.

Cor. Petala quatuor , linearia, obtufa , longiffima , æqualia, revoluta.

Squamæ quatuor , truncatæ , bafi petalorum adnatæ.

Stam. Filamenta quatuor , linearia , calyce breviora. Antheræ fubrotundæ , bilobæ.

Pift. Germen fuperum , ovatum; villofum , definens in ftylos duos longitudine ftaminum. Stigmata capitata.

Péric. Capfule coriace., à demie enveloppée par la bafe perf. du calice, didyme, bicorne, biloculaire, bivalve, s'ouvrant par le fommet.
Sem. folitaires, oblongues, luifantes.

OBS. *Les fleurs manquent quelquefois de pétales, & font mono ̈iques ou dio ̈iques par avortement.*

Tableau des efpèces.

1713. HAMAMELIS *de Virginie.* Dict. 3. p. 68. *L. n.* L'Amérique fept. ♄

Explication des fig.

Tab. 88. HAMAMELIS *de Virginie.* (a, b) Fleurs environnées par la collerette. (c) Calice avec fes écailles. (d) Fleur entière. (e) Etamines, écailles des pétales, piftil. (f) Piftil groffi, avec une etamine & une écaille. (g, h) Capfule entière. (i, l) La même coupée dans fa longueur & en travers. (m) Semences.

243. GOMOSIE.

Caract. effent.

CAL. O. Cor. fupér. infundibulif., 4-fide. Baie 2-loculaire, 2-fperme.

Caract. nat.

Cal. nul, fi ce n'eft un rebord prefqu'entier, couronnant l'ovaire.
Cor. monopétale, infundibuliforme. Tube court, s'élargiffant inferf. Limbe quadrifide: à découpures pointues, réfléchies.
Etam. Quatre filamens, filiformes, égaux, inférés à la bafe de la corolle. Anth. oblongues, droites.
Pift. Ovaire inférieur, ovale, un peu comprimé. Deux ftyles filiformes, connés à leur bafe, de la longueur des étamines. Stigmates fimples, divergens.
Péric. Baie globuleufe, ombiliquée par un point, glabre, biloculaire.
Sem. folitaires, planes d'un côté, convexes de l'autre.

Tableau des efpèces.

1714. GOMOSIE *de Grenade.* Dict. 2. p. 789. *L. n.* La Nouv. Grenade, aux l. humides. ☉ *Tiges couch. Baies rouges, de la groff. d'un pois.*

Péric. Capfula coriacea, calycis bafi perfiftente femi-cincta, didyma, bicornis, bilocularis, bivalvis, apice dehifcens.
Sem. folitaria, oblonga, nitida.

OBS. *Petala interdum nulla, & flores abortu mono ̈ici aut divifi. Juff.*

Confpectus fpecierum.

1713. HAMAMELIS *Virginica.* T. 88. Ex Amer. fept. ♄

Explicatio iconum.

Tab. 88. HAMAMELIS *Virginica.* (a, b) Flores involucro cincti. (c) Calyx cum fquamis. (d) Flos integer. (e) Stamina, fquamæ petalorum, piftillum. (f) Piftillum auctum, cum ftamine & fquama. (g, h) Capfula integra. (i, l) Eadem longitudinaliter & tranfverfè fecta. (m) Semina. Fig. ex Mill.

243. GOMOSIA.

Charact. effent.

CAL. O. Cor. fupera, infundibulif. 4-fida. Bacca 2-locul. 2-fperma.

Charact. nat.

Cal. nullus, nifi margo fubinteger germen coronans.
Cor. monopetala, infundibuliformis. Tubus brevis, fenfim ampliatus. Limbus quadrifidus: laciniis acutis reflexis.
Stam. Filamenta quatuor, filiformia, æqualia, bafi corollæ inferta. Antheræ oblongæ, erectæ.
Pift. Germen inferum, ovale, fubcompreffum. Styli duo, filiformes, bafi connati, longitudine ftaminum. Stigmata fimplicia, divaricata.
Peric. Bacca globofa, puncto umbilicata, glabra, bilocularis.
Sem. folitaria, hinc plana, inde convexa.

Confpectus fpecierum.

1714. GOMOSIA *Granadenfis.* T. 87. Ex Nova Granada, in humidis. ☉ *Nertera depreffa. Gærtn. t. 26. Smith. ic. fafc. 2. t. 28.*

Explication des fig.

Tab. 87. GOMOZIE *de Grenade*. (*a*) Fleur entière.
(*b*) Etamine. (*c*) Baie. (*d*) La même coupée transversalement. (*e*) Semences. (*f*, *g*) Les mêmes grossies
& diversement coupées. (*h*) Embryon séparé. (*i*)
Rameau florifère. (*l*) Autre rameau garni de fruits.

Explicatio iconum.

Tab. 8-. GOMOZIA *Grenadensis*. (*a*) Flos integer.
(*b*) Stamen. (*c*) Bacca. (*d*) Eadem transverse secta. (*e*)
Semina. (*f*, *g*) Eadem aucta & varie dissecta. (*h*)
Embryo separatus. (*i*) Ramus florifer. (*l*) Ramus
alter, fructibus onustus. Fig. ex Garz. & Smith.

244. P A G A M I E R.

Caract. essent.

CAL. à 4 dents. Cor. 4-fide, velue intérieurement. Baie sup. 2-loculaire : à 2 osselets aussi
2-loculaires.

Caract. nat.

Cal. monophylle, quadrifide, droit ; à base persistante.
Cor. monopétale, urcéolée. Tube court. Limbe
plus long que le tube : à découp. oblongues,
obtuses, velues en-dedans.
Etam. Quatre filamens, très-courts, insérés à
l'orifice du tube. Anthères arrondies.
Pist. Ovaire supérieur, arrondi. Deux styles.
Stigmates aigus.
Péric. Baie subglobuleuse, rétuse, env. à sa
base par le cal. tronqué, biloculaire.
Sem. Deux osselets convexes d'un côté, planes
de l'autre, biloculaire.

Tableau des espèces.

171*8*. PAGAMIER *de la Guiane*. Dist.
L. n. La Guiane. ♄ Communiq. par MM. Richard & Jos. Martin.

Explication des fig.

Tab. 88. PAGAMIER *de la Guiane* (*a*) Corolle. (*b*)
la même ouverte. (*c*) Pistil. (*d*) Rameau florifère.
Mauvais détails.

245. C U S C U T E.

Caract. essent.

CAL. 4 ou 5-fide. Cor. 1-pétale, 4 ou 5-fide.
Écailles 2-fides à la base des étamines. Caps.
2-loculaire,

244. P A G A M E A.

Charact. essent.

CAL. 4-dentatus. Cor. 4-fida, intus villosa. Bacca
supera, 2-locularis : osiculis 2, bilocularibus.

Charact. nat.

Cal. monophyllus, quadrifidus, erectus : basi
persistente.
Cor. monopetala, urceolata. Tubus brevis. Limbus tubo longior, quadrifidus : laciniis oblongis obtusis intus villosis.
Stam. Filamenta quatuor, brevissima, fauci tubi
inserta. Antheræ subrotundæ.
Pist. Germen superum, subrotundum. Stylo
duo. Stigmata acuta.
Péric. Bacca subglobosa, retusa, basi calyce
truncato cincta.
Sem. Osicula duo, hinc convexa, inde plana,
bilocularia.

Conspectus specierum.

1715. PAGAMEA *Guianensis*. T. 88.
F. Guiana. ♄ Aubl. t. 44. Stipulæ 2, acuminatæ,
basi vaginantes, deciduæ. Aff. Garzn. t. 167.

Explicatio iconum.

Tab. 88. PAGAMEA *Guianensis*. (*a*) Corolla. (*b*)
Eadem aperta. (*c*) Pistillum. (*d*) Ramus florifer. Fig.
ex Aubl. Male.

245. C U S C U T A.

Charact. essent.

CAL. 4 f. 5-fidus. Cor. 1-petala, 4 f. 5-fida;
Squamæ 2-fidæ ad basin staminum. Caps. 2-
locularis,

Corol.

Caract. nat.

Cal. monophylle, turbiné, quadri ou quinquefide, charnu à fa bafe.

Cor. monopétale, ovale ou prefque campanulée, un peu plus longue que le calice : à bord
quadri ou quinquefide.
4 ou 5 écailles bifides, adnées à la corolle
à la bafe des étamines.

Étam. 4 ou 5 filamens fubulés, de la longueur
du calice. Anthères arrondies.

Pift. Ovaire fupérieur, globuleux. Deux ftyles,
droits, courts. Stigmates fimples.

Péric. Capfule globuleufe, recouverte inf. par
le calice charnu, s'ouvrant tranfverfalement,
biloculaire.

Sem. géminées, prefque globuleufes.

Tableau des efpèces.

1716. CUSCUTE d'Europe. Diã. 2. p. 229.
  C. à fleurs feffiles, le plus fouvent quadrifides.
  L. n. L'Europe. ☉ *Parafite des pl.*

1717. CUSCUTE épithyme.
  C. à fleurs feffiles, quinquefides, env. de
  bradées.
  L. n. L'Europe. *C. d'Europe. Var. b. Diã.*

1718. CUSCUTE de Chine. Diã. n° 2.
  C. à fleurs paniculées, quinquefides, calice
  anguleux : de la longueur de la corolle.
  L. n. La Chine. ☉ *Pédonc. rameux.*

1719. CUSCUTE d'Amérique. Diã. n° 3.
  C. à fleurs pédonculées, quinquefides ; corolle
  tubuleufe : à limbe petit, ouvert.
  L. n. L'Amérique.

Explication des fig.

  Tab. 88. CUSCUTE d'Europe. (a) Fleur entière. (b)
Calice. (c) Corolle ouverte. (d) Piftil. (e) Capfule enveloppée par le calice. (f) La même féparée du calice. (g) La même ouverte. (b) Semences (i) Capfule entière. (l) La même coupée. (m) Semences vues
dans leur fituation. (n, o) Semences féparées. (p, q)
Capfule ouverte. (r, s) Embryon. (t, u) Herbe filiforme, nue, avec fes têtes feffiles.

Botanique. Tome I.

Charaã. nat.

Cal. monophyllus, turbinatus, quadri f. quinquefidus, bafi carnofus.

Cor. monopetala, ovata vel fubcampanulata,
calyce paulo longior : ore quadri f. quinquefido.
Squamæ 4 f. 5, bifidæ, ad bafim ftaminum
corollæ adnatæ.

Stam. Filamenta 4 f. 5, fubulata, longitudine
calycis. Antheræ fubrotundæ.

Pift. Germen fuperum, globofum. Styli duo,
erecti, breves. Stigmata fimplicia.

Peric. Capfula globofa, calyce carnofo infernè
veftita, circumfciffa, bilocularis.

Sem. gemina, fubglobofa.

Confpeãus fpecierum.

1716. CUSCUTA Europæa. T. 88.
  C. floribus feffilibus, fæpius quadrifidis.
  Ex Europa. ☉ *Plantarum parafitica.*

1717. CUSCUTA epithymum.
  C. floribus feffilibus, quinquefidis, bracteis
  obvallatis.
  Ex Eur. ☉ *An fuff. diftincta à præcedenti.*

1718. CUSCUTA Chinenfis.
  C. floribus paniculatis, quinquefidis ; calyce
  angulofo longitudine corollæ. Diã.
  E China. ☉ *Pedunculi ramofi.*

1719. CUSCUTA Americana.
  C. floribus pedunculatis, quinquefidis ; co-
  rolla tubulofa : limbo parvo patente.
  Ex America.

Explicatio iconum.

  Tab. 88. CUSCUTA Europæa. (a) Flos integer. (b)
Calyx. (c) Corolla aperta. (d) Piftillum. (e) Capfula
calyce veftita. (f) Eadem à calyce fegregata. (g)
Eadem aperta. (b) Semina. Fig. 12 Nifil. (i) Capfula integra. (l) Eadem diffecta. (m) Semina in
fitu. (n, o) Semina foluta. (p, q) Capfula dehifcens.
(r, s) Embryo. Fig. ex Gærn. (v, u) Herba filiformis nuda, cum capfulis feffilibus, lateralibus.

X y

246. HYPECOON.

Caraƈl. essent.

CAL. 2-phylle. 4 pétale , dont 2 ext. plus larges, 3-fides. Silique articulée.

Caraƈl. nat.

Cal. petit , diphylle : à folioles opp. ovales, pointues , droites , caduques.

Cor. Quatre pétales : deux extérieurs plus larges, obtus , à trois lobes ; deux int. alternes avec les autres , semi-trifides.

Etam. Quatre filamens fubulés , droits, recouverts par la découpure moyenne des pét. intérieurs. Anthères oblongues, droites.

Piſt. Ovaire supérieur , oblong , presque cylindrique. Deux styles très-courts. Stigmates pointus.

Péric. Silique alongée , un peu articulée.

Sem. folitaires dans chaque art. de la silique.

Tableau des espèces.

1720. HYPÉCOON *couchi.* Diƈt. 3. p. 160. H. à filiques arquées, comprimées, articulées. *L. a.* L'Europe auftrale , le Levant. ⊙

1721. HYPÉCOON *pendant.* Diƈt. n° 2. H. à filiques inclinées , cylindriques , à peine articulées. *L. n.* La France auftrale , l'Espagne , &c. ⊙

1722. HYPÉCOON *droit.* Diƈt. n° 3. H. à filiques droites, cylindriques, toruleuses. *L. n.* La Sibérie , la Chine.

Explication des fig.

Tab. 83. HYPECOON *couchi.* (a) Pétales , piſtil. (b , c , d) Pétales féparés. (e , f) Piſtil , calice. (g) Silique entière. (h , i) Articulations féparées. (k) Semence. (l) Plante entière.

---

246. HYPECOUM.

Charaƈl. essent.

CAL. 2-phyllus. Pet 4 : exterioribus 2 latioribus, 3-fidis. Siliqua articulata.

Charaƈl. nat.

Cal. diphyllus , parvus : foliolis oppositis , ovatis , acutis , erectis , deciduis.

Cor. Petala quatuor : duo exteriora , latiora , obtufa, triloba; duo interiora cumext. alterna, femi-trifida.

Stam. Filamenta quatuor , fubulata , erecta , lacinia media petalorum intimorum tecta. Antheræ oblongæ , erectæ.

Piſt. Germen superum , oblongum , cylindraceum. Styli duo , brevissimi. Stigmata acuta.

Peric. Siliqua longa , fubarticulata.

Sem. folitaria in fingulo articulo filiquæ.

Confpeƈlus fpecierum.

1720. HYPECOUM *procumbens.* T. 88. H. filiquis arcuatis compressis articulatis. Ex Europa auftr. , Oriente. ⊙

1721. HYPECOUM *pendulum.* H. filiquis cernuis teretibus vix articulatis.

Ex Gallia auftr. , Hifpania, &c. ⊙

1722. HYPECOUM *erectum.* H. filiquis erectis , teretibus , torulofis. Ex Sibiria , China.

Explicatio iconum.

Tab. 83. HYPECOUM *procumbens.* (a) Petala , piſtillum. (b , c , d) Petala feparata. (e , f) Piſtillum , calyx. (g) Siliqua integra. (h , i) Articula foluta. (k ,) Semen. (l) Planta integra.

TÉTRAGÝNIE.   TETRAGYNIA.

247. HOUX.   247. ILEX.

Caract. essent.   *Charact. essens.*

CAL. à 4 dents. Cor. en roue, part. en 4. Style O. Baie 4-sperme.

CAL. 4-dentatus. Cor. rotata, 4-partita. Stylus O. Bacca 4-sperma.

Caract. nat.   *Charact. nat.*

Cal. très-petit, à 4 dents, persistant.
Cor. monopétale, en roue, partagé en quatre : à découp. ovales, arrondies, concaves, ouvertes.
Etam. Quatre filamens, subulés, plus courts que la corolle. Anthères ovales-arrondies.
Pist. Ovaire supérieur, arrondi. Style nul. Quatre stigmates obtus.
Péric. Baie arrondie, lisse, tétrasperme.
Sem. oblongues, un peu ridées, cornées, gibbeuses d'un côté, anguleuses de l'autre, uniloculaires.

Cal. minimus, quadridentatus, persistens.
Cor. monopetala, rotata, quadripartita : laciniis ovatis, rotundatis, concavis, patentibus.
Stam. Filamenta quatuor, subulata, corolla breviora. Antheræ ovato-subrotundæ.
Pist. Germen superum, subrotundum. Stylus nullus. Stigmata quatuor, obtusa.
Peric. Bacca subrotunda, lævis, tetrasperma.
Sem. oblonga, subrugosa, cornea, hinc gibba, inde angulata, unilocularia.

Tableau des espèces.   *Conspectus specierum.*

1723. HOUX commun. Dict. 3. p. 145.
H. à feuilles ovales, pointues, épineuses, luisantes, ondulées ; fleurs axillaires, presqu'en ombelle.
L. n. L'Europe, dans les bois. ♄

1723. ILEX *aquifolium.* T. 89.
I. foliis ovatis, acutis, spinolis, nitidis, undulatis ; floribus axillaribus, subumbellatis.
H. Kew.
Ex Europa, in sylvis. ♄

1724. HOUX de Madère. Dict. n° 2.
H. à feuilles ovales-obrondes, planes, dentées, inermes ; aisselles pauciflores.
L. n. L'isle Madère. ♄

1724. ILEX *Maderiensis.*
I. foliis ovato-subrotundis, planis, dentatis, inermibus ; axillis paucifloris.
Ex Madera. ♄ *An ilex perado. H. Kew.*

1725. HOUX à fleurs lâches. Dict. n° 3.
H. à feuilles sinuées, dentées, un peu épineuses ; stip. subulées ; pédonc. rameux, épars au-dessus des aisselles.
L. n. La Caroline. ♄

1725. ILEX *laxiflora.*
I. foliis ovatis, sinuato-dentatis, subspinosis ; stipulis subulatis ; pedunculis ramosis, supra axillas sparsis.
E Carolinia. ♄ *An Ilex opaca. H. Kew.*

1726. HOUX prinoïde. Dict. suppl.
H. à feuilles elliptiques-lancéolées, pointues, dentées, caduques : à dents nutiques.
L. n. La Virginie, la Caroline. ♄

1726. ILEX *prinoïdes.*
I. foliis elliptico-lanceolatis, acutis, serratis, deciduis : serraturis muticis. H. Kew.
Ex Virginia, Carolinia. ♄

1727. HOUX à feuilles de laurier. Dict. n° 4.
H. à feuilles ovales-lancéolées, planes, à dents

1727. ILEX *cassine.*
I. foliis ovato-lanceolatis, planis, rariter

rares, acuminées; panicules courtes, latérales
L. n. La Caroline. ♄
β. *Le même à feuilles oblongues-lancéolées.*

1728. HOUX *feuilles de romarin.* Dict. suppl.
H. à feuilles linéaires, pointues, à demi rares,
à bord réfléchi; cimes courtes, latérales.
L. n. La Caroline. ♄ *Arbuste d'un pied &
demi.*

1729. HOUX *d'été.* Dict. n° 5.
H. à feuilles ovales-elliptiques, planes, crénelées supérieurement: à crénelures inter.
péd. simples.
L. n. L'isle de Madère ? ♄

1730. HOUX *ligustrin.* Dict. suppl.
H. à feuilles ovales-cunéiformes, obtuses,
dentées, inermes; péd. divisés, courts, axill.
L. n. .... ♄ *Il a des rapports avec le précédent.*

1731. HOUX *de la Floride.* Dict. suppl.
H. à feuilles elliptiques, un peu obtuses, crénelées; ombelles latérales, très-courtes.
L. n. La Floride, la Caroline mérid. ♄ Fraser. *Feuilles petites, alternes.*

1732. HOUX *feuilles de myrte.* Dict. suppl.
H. à feuilles ovales, pointues aux deux bouts,
très-entières; fl. dioïques, fasciculées, latérales.
L. n. Les Antilles. ♄ Comm. *par MM. Jos.
Martin & Richard.*

1733. HOUX *de Madagascar.* Dict. n° 6.
H. à feuilles ovales, pointues, dentées, épineuses; pédoncules uniflores; baies ovales,
dispermes.
L. n. L'isle de Madagascar. ♄ *Je n'ai pas
vu ses fleurs.*

1734. HOUX *feuilles en coin.* Dict. n° 7.
H. à feuilles cunéiformes, à trois pointes.
L. n. L'Amérique méridionale; ♄

* HOUX (*d'Asie*) à feuilles larges-Lancéolées,
obtuses, très-entières. ♄ L'*Inde.*

Explication des fig.

arguteque serratis; panic. brev., lateralibus.
E Carolina. ♄
β. *Eadem foliis oblongo-lanceolatis.*

1728. ILEX *rosmarinifolia.*
I. foliis linearibus, acutis, rariter dentatis,
margine reflexo; cymis brevibus, lateralibus.
E Carolina. ♄ *Ilex cassine, var.* γ. Dict.

1729. ILEX *æstivalis.*
I. foliis ovato-ellipticis, planis, supernè crenatis: crenis mucronatis; pedunculis simplicibus.
Ex Madera? ♄ *An prinos lucidus.* H. Kew.

1730. ILEX *ligustrina.*
I. foliis ovato-cuneiformibus, obtusis, den-
tatis, inermibus; ped. divisis, brevibus, axill.
Ex.... ♄ *I. ligustrina.* Jacq. ic. rar. v. 2.

1731. ILEX *Floridana.*
I. foliis ellipticis, obtusiusculis, crenatis,
umbellis lateralibus brevissimis.
Ex Florida, Carolinia merid. ♄ *An I. vomi-
toria.* H. Kew.

1732. ILEX *myrtifolia.*
I. foliis ovatis, utrinque acutis integerrimis;
floribus dioicis, fasciculatis, lateralibus.
Ex ins. Cribræa. ♄ *Arbor mediocris, foliis
& inflorescentia sideroxyli.*

1733. ILEX *Madagascariensis.*
I. foliis ovatis, acutis, dentato-spinosis; pedunculis unifloris; baccis ovatis, dispermis.
Ex Madagascaria. ♄ Commers. *An genus
proprium.*

1734. ILEX *cuneifolia.*
I. foliis cuneiformibus, tricuspidatis. L.
Ex Amer. merid.

* ILEX (*Asiatica*) foliis lato - lanceolatis,
obtusis, integerrimis.

Explicatio iconum.

248. COLDÈNE.   248. COLDENIA.

Caraɛ̃. effent.   *Charaɛ̃. effert.*

Cal. partagé en 4. Cor. infundib. 4 capfules, mucronées, réunies, 1-fpermes.   Cal. 4-partitus. Cor. infundibulif. Capfulæ 4, mucronatæ, cordunatæ, 1-fpermæ.

Caraɛ̃. nat.   *Charaɛ̃. nat.*

Cal. partagé en quatre : à folioles lancéolées, droites, de la longueur de la corolle.   Cal. quadripartitus : foliolis lanceolatis, erectis, longitudine corollæ.

Cor. monopétale, infundibuliforme ; à limbe ouvert, obtus.   Cor. monopetala, infundibuliformis : limbo patulo obtufo.

Etam. Quatre filamens, insérés au tube. Anthères arrondies.   Stam. Filamenta quatuor, tubo inferta. Antheræ fubrotundæ.

Pift. Quatre ovaires, ovales. Quatre ftyles. Stigmates fimples.   Pift. Germina quatuor, ovata. Styli quatuor (unicus. Juff. Gærtn.). Stigmata fimplicia.

Péric. Quatre noix ou coques mucronées, à écorce fongueufe, réunies par leur côté intérieur.   Peric. Nuces quatuor, mucronatæ, cortice fungofo, latere interiore coadunatæ.

Sem. folitaires, acuminées.   Sem. folitaria, acuminata.

Tableau des efpèces.   *Confp:ɛus fpecierum.*

1735. COLDÈNE couchée. Diɛ̃. 2. p. 64. L. n. L'Inde. ☉   1735. COLDENIA procumbens. T. 89. En Indiâ. ☉

Explication des fig.   *Explicatio iconum.*

Tab. 89. COLDENE couchée. (a) Fruit entier. (b) Le même coupé transverfalement. (c) Coques féparées. (d, e) Coques coupées en travers & longitudinalement (f) Situation de l'embryon. (g, h) Cotyledons neufs & disjoints.   Tab. 89. COLDENIA procumbens. (a) Fructus integer. (b) Idem transverfe fectus. (c) Coccæ feparatæ. (d, e) Coccæ transverfim & longitudinaliter diffectæ. (f) Embryonis fitus. (g, h) Cotyledones junctæ & deductæ. Fig. ex Gærtn.

249. POTAMOT.   249. POTAMOGETON.

Caraɛ̃. effent.   *Charaɛ̃. effent.*

Cal. 4-phylle ; caduc. Cor. O. 4 ovaires. Styles O. 4 femences nues.   Cal. 4-phyllus, deciduus. Cor. O. Germina 4. Styli O. Semina 4, nuda.

Caraɛ̃. nat.   *Charaɛ̃. nat.*

Cal. tétraphylle : à folioles arrondies, concaves, onguiculées, droites, caduques.   Cal. tetraphyllus : foliolis fubrotundis, concavis, unguiculatis, erectis, deciduis.

Cor. nulle.   Cor. nulla.

Etam. Quatre filamens, planes, très-courts. Anthères didymes, courtes.   Stam. Filamenta quatuor, plana, breviffima. Antheræ dydimæ, breves.

Pift. Quatre ovaires, ovales-acuminés. Styles nuls. Stigmates obtus.

Pif. Germina quatuor, ovato-acuminata. Styli nulli. Stigmata obtusa.

Péric. Aucun.

Peric. nullum.

Sem. Quatre, arrondies, acuminées, gibbeuses d'un côté, comprimées & anguleuses de l'autre.

Sem. Quatuor, subrotunda, acuminata, hine gibba, inde compressa angulataque.

Tableau des espèces.

Conspectus specierum.

1736. POTAMOT *flottant.* Dict.
P. à feuilles oblongues-ovales, pétiolées, flottantes.
L. n. L'Europe, dans les étangs.
β. *Le même, à feuilles ovales-lancéolées.*
γ. *Le même, fort petit ; à feuilles ovales, plus courtes que les pétioles.*

1736. POTAMOGETON *natans.* T. 89.
P. foliis oblongo-ovatis ; petiolatis, natantibus.
Ex Europæ stagnis.
β. *Idem, foliis ovato-lanceolatis.*
γ. *Idem ? minimum ; foliis ovatis, petiolo brevioribus.*

1737. POTAMOT *perfolié.* Dict.
P. à feuilles en cœur, amplexicaules.
L. n. L'Europe, dans les étangs & les rivières.

1737. POTAMOGETON *perfoliatum.*
P. foliis cordatis, amplexicaulibus.
Ex Europæ stagnis & fluviis. Ped. longi.

1738. POTAMOT *serré.* Dict.
P. à feuilles ovales, acuminées, opposées, serrées ; tiges dichotomes ; épi quadriflore.
L. n. La France, &c. *Feuilles sessiles, ondulées.*

1738. POTAMOGETOM *densum.*
P. foliis ovatis, acuminatis, oppositis, confertis ; caulibus dichotomis; spica quadriflora.
Ex Gallia, &c. *Ped. brevissimi, ex dichotomis.*

1739. POTAMOT *luisant.* Dict.
P. à feuilles lancéolées, planes, se terminant en pétioles courts.
L. n. L'Eur. dans les lacs, les étangs, &c.

1739. POTAMOGETON *lucens.*
P. foliis lanceolatis, planis, in petiolos breves desinentibus.
Ex Europæ lacubus, stagnis, &c.

1740. POTAMOT *crépu.* Dict.
P. à feuilles lancéolées-linéaires, ondulées, denticulées, sessiles.
L. n. Les fossés aquatiques de l'Europe.
Feuilles alternes.

1740. POTAMOGETON *crispum.*
P. foliis lanceolato-linearibus, undulatis, serrulatis, sessilibus.
Ex Europæ fossis aquosis. Lob. ic. 286.

1741. POTAMOT *comprimé.* Dict.
P. à feuilles linéaires, planes, obtuses ; tige comprimée.
L. n. Les fossés aquat. de l'Europe.

1741. POTAMOGETON *compressum.*
P. foliis linearibus, planis, obtusis ; caule compresso.
Ex Europæ fossis aquosis.

1742. POTAMOT *pectiné.* Dict.
P. à feuilles setacées, parallèles, rapprochées ; tige dichotome.
L. n. Les fossés aquatiques & les rivières de l'Europe.

1742. POTAMOGETON *pectinatum.*
P. foliis setaceis, parallelis, approximatis ; caule dichotomo.
Ex Europæ fossis aquosis, & fluviis.

1743. POTAMOT *graminé.* Dić.
P. à feuilles linéaires, planes, étroites, la
plupart oppofées ; épis frudiferes courts,
un peu épais.
L. n. Les foffés aquat. de l'Europe. ♃

1743. POTAMOGETON *gramineum.*
P. foliis linearibus, planis, anguftis, fuboppofitis ; fpicis frudiferis brevibus, craffiufculis.
Ex Eur. foffis aquofis. ♃ *Raj. angl.* 3. *t.* 4. *f.* 3.

1744. POTAMOT *fluct.* Dić.
P. à feuilles linéaires-fétacées, oppofées &
alternes, diftantes ; épis frudif. interrompus.
L. n. Les marais de l'Europe. ♃

1744 POTAMOGETON *pufillum.*
P. foliis lineari-fetaceis, oppofitis, alternifque remotis ; fpicis frudiferis interruptis.
Ex Europ. ♃ paludibus. ♃

Explication des fig.

Explicatio iconum.

Tab. 89. POTAMOT *fluct.* (*a, b*) Fleurs entières. (c) Fleur ouverte, avec fes étamines féparées. (d) Folioles du calice. (e) Piftil. (f) Fruit. (g) Semence féparée. (h) Epi fleuri. (i) La même frudifiere. *Mauv. fig.* (k) Sommité de la plante.

Tab. 89. POTAMOGETON *natans.* (*a, b*) Flores Integri. (c) Flos apertus, cum ftaminibus feparatis. (a) Foliolum calycis. (e) Piftillum. (f) Fructus. (g) Semen feparatum. (h) Spica florida. (i) Idem fructifer. *Male.* (k) Summitas plantæ. *Fig. frudif. Ex Mill.*

250. RUPPIE.

Carad. effent.

CAL. 2-valve, caduc. Cor. O. 4 ovaires prefque feffiles. 4 fem. pédicellées.

Carad. nat.

Cal. bivalve, caduc : à folioles ovales, concaves, oppofées.
Cor. nulle.
Etam. Aucuns filamens. Quatre anthères feffiles, égales, arrondies, didymes.
Piſt. Quatre ovaires prefque feffiles, ovales-coniques, conivens. Styles nuls. Stigm. obtus.
Péric. nul.
Sem. Quatre, nuds, ovales-coniques, un peu obliques, pédicellées : pédicules filiformes, le plus fouvent plus longs que le fruit.

Tableau des efpèces.

1745. RUPPIE *maritime.* Dić.
L. n. L'Europe, aux l. maritimes. ⊙

250. RUPPIA.

Charad. effent.

CAL. 2-valvis, deciduus. Cor. O. Germina 4, fubfeffilia. Sem. 4, pedicellata.

Charad. nat.

Cal. bivalvis, deciduus : foliolis ovatis, concavis, oppofitis.
Cor. nulla.
Stam. Filamenta nulla. Antheræ quatuor, feffiles, æquales, fubrotundæ, didymæ.
Piſt. Germina quatuor, fubfeffilia, ovato conica, conniventia. Styli nulli. Stigmata obtufa.
Peric. nullum.
Sem. Quatuor, nuda, ovato conica, fubobliqua, pedicellata : pedicellis filiformibus, fructu plerumque longioribus.

Confpectus fpecierum.

1745. RUPPIA *maritima.* T. 90.
Ex Eur. maritimis. ⊙ *Mich. gen. t.* 35.

Explication des fig.

Explicatio iconum.

Tab. 90. RUPPIE *maritime.* (a) Epi en fleur. (b) Fleur ouverte. (c) Calice. (d) Etamines, piftil ; le calice étant ôté. (e) Etamines. (f) Ovaires. (g) Semences pédicellées. (h) Semence féparée. (i) Sommité de la plante.

Tab. 90. RUPPIA *maritima.* (a) Spica florida. (b) Flos apertus. (c) Calyx. (d) Stamina, piftillum ; dento calyce. (e) Stamina. (f) Germina. (g) Semina pedicellata. (h) Semen feparatum. (i) Summitas plantæ. *Fig. ex Mill. & Mich.*

251. SAGINE.

Caractè. essent.

CAL. 4-phylle. 4 pétales. Capf. 1-loculaire, 4-valve, polyfperme.

Caractè. nat.

Cal. tétraphylle : à folioles ovales, concaves, très-ouvertes, perfiflantes.

Cor. Quatre pétales, ovales, plus courts que le calice, ouverts.

Etam. Quatre filamens, capillaires. Anthères arrondies.

Pist. Ovaire supérieur, presque globuleux. Quatre ftyles fubolés, recourbés, pubefcens. Stigmates fimples.

Péric. Capfule ovale, env. par le calice ouvert, uniloculaire, quadrivalve.

Sem. nombreufes, très petites, attachées à un placenta central.

Tableau des espèces.

1746. SAGINE couchée. Diff.
S. à rameaux couchés.
L. n. L'Eur., fur les murs, les chemins, &c.

1747. SAGINE apétale. Diff.
S. à tige presque droite, dichotome, un peu pubefcente ; fleurs fans pétales.
L. n. L'Italie, &c. ☉

1748. SAGINE droite.
S. à tige droite, prefqu'uniflore.
L. n. La France, &c. ☉

1749. SAGINE de Virginie. Diff.
S. à tige droite ; fleurs oppofées.
L. n. La Virginie, parmi les mouffes.

Explication des fig.

Tab. 90. SAGINE couchée. (a) Fleur entière. (b) Pétales. (c) Calice, piftil. (A) Capfule dépourvue du calice. (f) La même ouverte. (g) Récept. des femences. (h) Semences. (i) Pl. entière.

251. SAGINA.

Charact. essent.

CAL. 4-phyllus. Petala 4 Capf. 1-locularis, 4-valvis, polyfperma.

Charact. nat.

Cal. tetraphyllus : foliolis ovatis, concavis, patentiffimis, perfiflentibus.

Cor. Petala quatuor, ovata, calyce breviora, patentia.

Stam. Filamenta quatuor, capillaria. Antheræ fubrotundæ.

Pist. Germen fuperum, fubglobofum. Styli quatuor, fubulati, recurvi, pubefcentes. Sugmata fimplicia.

Peric. Capfula ovata, calyce paulo cincta, uniloculari, quadrivalvis.

Sem. numerofa, minima, receptaculo centrali affixa.

Conspectus specierum.

1746. SAGINA procumbens. T. 90.
S. ramis procumbentibus. L.
Ex Europa, ad muros, vias, &c.

1747. SAGINA apetala.
S. caule erectiufculo, dichotomo, fubpubefcente ; floribus apetalis.
Ex Italia, &c. ☉ Var. præcedentis ?

1748. SAGINA erecta.
S. caule erecto, fubunifloro. L.
Ex Gallia, &c. ☉ Acced. ad holoft. umbellat.

1749. SAGINA Virginica.
S. caule erecto, floribus oppofitis, L.
Ex Virginia, inter mufcos. Styli O.

Explicatio iconum.

Tab. 90. SAGINA procumbens. (a) Flos integer. (b) Petala. (c) Calyx, piftillum. (A) Capfula, demto calyce. (f) Eadem aperta. (g) Recept. feminum. (h) Semina. (i) Planta integra.

352.

252. TILLÉE　　　　252. TILLÆA.

Charact. essent.　　　　*Charact. essent.*

CAL. à 3 ou 4 divisions. 3 ou 4 pétales égaux. 3 ou 4 capf. polyspermes.

CAL. 3 f. 4-partitus. Petala 3 f. 4, æqualia. Capf. 3 f. 4, polyspermæ.

Charact. nat.　　　　*Charact. nat.*

Cal. partagé en trois ou en quatre : à découpures ovales, pointues, ouvertes.

Cor. Trois ou quatre pétales, ovales-pointus, planes, un peu plus courts que le calice.

Etam. Trois ou quatre filamens, plus courts que la corolle. Anthères arrondies.

Pist. Trois ou quatre ovaires, se terminant en styles courts. Stigmates obtus.

Péric. Trois ou quatre capsules, ovales-oblongues, acuminées, uniloculaires, s'ouvrant longitudinalement par leur côté intérieur.

Sem. géminées, ovales.

Cal. tri f. quadripartitus : laciniis ovatis, acutis patentibus.

Cor. Petala tria f. quatuor, ovato-acuta, plana, calyce subbreviora.

Stam. Filamenta tria f. quatuor, corolla breviora. Antheræ subrotundæ.

Pist. Germina tria f. quatuor, desinentia in stylos breves. Stigmata simplicia.

Péric. Capsulæ tres f. quatuor, ovato-oblongæ, acuminatæ, uniloculares, latere interiore longitudinaliter dehiscentes.

Sem. bina, ovata.

Tableau des espèces.　　　　### *Conspectus specierum.*

1750. TILLÉE *aquatique.* Dist.
　T. droite, dichotome, à fleurs pédonculées, solitaires, quadrifides.
　L. n. L'Europe, aux lieux inondés. ☉

1750. TILLÆA *aquatica.* T. 90. f. 1.
　T. erecta, dichotoma ; floribus pedunculatis, solitariis, quadrifidis.
　Ex Europæ inundatis. ☉ *Vaill.* t. 10. f. 2.

1751. TILLÉE *moussette.* Dist.
　T. couchée, à fleurs ramassées, presque sessiles, trifides.
　L. n. La France, &c. parmi les mousses. ☉ *Pl. très-petite, qui devient rouge.*

1751. TILLÆA *muscosa.* T. 90. f. 2.
　T. procumbens ; floribus trifidis, aggregatis subsessilibus.
　Ex Gallia, &c. Inter muscos. ☉ *Pl. minima, rubens.*

1752. TILLÉE *persoliée.* Dist.
　T. à feuilles persoliées, ovales ; corymbes terminaux ; fleurs quadrifides.
　L. n. Le Cap de Bonne-Espérance.

1752. TILLÆA *persoliata.*
　T. foliis persoliatis, ovatis ; corymbis terminalibus ; floribus quadrifidis. L. f.
　E Capite Bonæ Spei. *An crassula glomerata,* Dist. n° 20.

1753. TILLÉE *du Cap.* Dist.
　T. à feuilles un peu oblongues ; fleurs quadrifides.
　L. n. Le Cap de Bonne-Espérance.

1753. TILLÆA *Capensis.*
　T. foliis oblongiusculis ; floribus quadrifidis. L. f.
　E Cap. B. Spei. *Caulis pollicaris dichotomus.*

Explication des fig.

Tab. 90. f. 1. TILLIT *aquatique*. (*a* , *b*) Fleurs séparées. (*c*) Calice fructifère. (*d*) Semences. (*e*) Plante entière.

Tab. 90. f. 2. TILLIT *mousseuse*. (*a* , *b*) Fleur entiere. (*c*) Calice. (*d*) Petales. (*e*) Etamines. (*f*) Pistil. (*g*, *h*) Capsules. (*i*) Semences. (*l*) Plante entiere, de grandeur naturelle.

Explicatio iconum.

Tab. 90. f. 1. TILLÆA *aquatica*. (*a* , *b*) Flores separati. (*c*) Calyx fructifer. (*d*) Semina. (*e*) Planta integra. *F.g. ex Vaill.*

Tab. 90. f. 2. TILLÆA *muscosa*. (*a* , *b*) Flos integer. (*c*) Calyx. (*d*) Petala. (*e*) Stamina. (*f*) Pistillum (*g*, *h*) Capsula. (*i*) Semina. *Fig. ex Mill.* (*l*) Planta int. naturali magnitudine.

ILLUSTRATION DES GENRES.

CLASSE V.

PENTANDRIE MONOGYNIE.

Tableau des genres.

253. HELIOTROPE.

Cor. hypocratériforme, 5-fide, ayant des dents interposées: orifice nud.

254. MYOSOTE.

Cor. hypocratériforme, 5-fide, échancrée: orifice fermé par des écailles convexes.

255. GREMIL.

Cor. infundibulif. à orifice nud, étroit. Sem. luisantes, ou glabres.

256. CYNOGLOSSE.

Cor. infundibulif. à orifice fermé par des écailles. Sem. comprimées, attachées au style par leur côté int.

257. BUGLOSE.

Cor. infundibulif. à 5 lobes : orifice fermé par des écailles. Sem. creusées à leur base.

258. LYCOPSIDE.

Cor. infundibulif. à tube courbé : orifice fermé par des écailles.

259. PULMONAIRE.

Cor. infundibulif. à orifice nud. Cal. inf. 5-gone.

260. ONOSME.

Cor. campanulée, à orifice nud. Sem. lisses.

PENTANDRIA MONOGYNIA.

Conspectus generum.

253. HELIOTROPIUM.

Cor. hypocrateriformis, 5-fida, interjectis dentibus ; fauce nuda.

254. MYOSOTIS.

Cor. hypocrateriformis, 5-fida, emarginata: fauce clausa fornicibus.

255. LITHOSPERMUM.

Cor. infundibulif. fauce perforata, nuda. Sem. nitida aut glabra.

256. CYNOGLOSSUM.

Cor. infundibulif. fauce clausa fornicibus. Sem. depressa, interiore latere stylo affixa.

257. ANCHUSA.

Cor. infundibulif. 5-loba: fauce clausa fornicibus. Sem. basi insculpta.

258. LYCOPSIS.

Cor. infundibulif. tubo incurvato : fauce clausa fornicibus.

259. PULMONARIA.

Cor. infundibulif. fauce nuda. Cal. inferal 5-gonus.

260. ONOSMA.

Cor. campanulata, fauce nuda. Sem. laevia.

Z z 2

261. CONSOUDE.

Limbe de la corolle tubulé-ventru : orifice fermé par des écailles lancéolées, connivantes.

261. SYMPHYTUM.

Cor. limbus tubuloso-ventricosus : fauce clausa squamis lanceolatis, conniventibus.

262. BOURRACHE.

Cor. en roue, à limbe ouvert, pointu : orifice fermé par des écailles.

262. BORAGO.

Cor. rotata : limbo patente acuto : fauce squamis clausa.

263. RAPETTE:

Cal. irrégulier. Cor. à orifice fermé par des écailles. Sem. couvertes par un cal. comprimé.

263. ASPERUGO.

Cal. inaequalis. Cor. fauce squamis clausa. Sem. calyce compressæ tectæ.

264. VIPERINE.

Cor. irrégulière : à orifice nud.

264. ECHIUM.

Cor. irregularis : fauce nuda.

265. ARGUSE.

Cor. infundibulif. à orifice nud. Baie subéreuse, se partageant en 4 parties difformes.

265. MESSERSCHMIDIA.

Cor. infundibulf. fauce nuda. Bacca suberosa, 4-partibilis e singula disperma.

266. PITTONE.

Cor. infundibulif. à tube glab. à sa base. Baie comme perforée par quelques pores, ayant 2 ou 4 osselets, 1-l-culaires.

266. TOURNEFORTIA.

Cor. infundibulif. Tubo basi globoso. Bacca poris aliquot subperforata, 2 f 4-pyrena : osculis 1-locularibus.

267. MONJOLI.

Cal. 5-fide. Cor. tubuleuse. Drupe à noyau, 2-loculaire.

267. VARRONIA.

Cal. 5 fidus. Cor. tubulosa. Drupa nucleo 4 loculari.

268. MENAIS.

Cal. 5-lytle. Cor. hy: ocratérif. Baie à 4 loges. Sem. folit.

268. MENAIS.

Cal. 5-phyllus. Cor. hypocrateriformis. Bacca 4-locul. Sem. solitaria.

269. SEBESTIER.

Cor. infundibulif. Style dichotome. Drupe 1 ou 4-loculaire. Sem. solit.

269. CORDIA.

Cor. infundibulif. Stylus dichotomus. Drupa 2 f. 4-loculoris. Sem. solitaria.

270. PATAGONULE.

Cor. en roue. Style dichotome. Cal. fructifère, très-grand.

270. PATAGONULA.

Cor. rotata. Stylus dichotomus. Cal. fructifer. maximus.

271. CABRILLET.

Cor. tubuleuse. S. gmate échancré. Baie 2-loculaire. Sem. solitaires, 2-loculaires.

271. EHRETIA.

Cor. tubulosa. Stigma emarginatum. Bacca 2-locularis. Sem. solitaria, 2-locularia.

272. HYDROPHYLLE.

Cor. campanulée, filandre int. par 5 stries mellifères. Capf. 2.valve, 1.loculaire, 4 sperma.

272. HYDROPHYLLUM.

Cor. campanulata, intrad striis 5 mellifariis sulcata. Capf. 2-valvis, 1.locularis, 4 sperma.

273. ELLISE.

Cor. infundibulif. étroite. Capf. 2.loculaire, 2.valve. Loges 2.spermes: une semence sur l'autre.

273. ELLISIA.

Cor. infundibulif. angusta. Capf. 2.locularis, 2.valvis. Loculi bispermi: semina non supra alterum.

274. NOLANE.

Cor. campanulée, Style entre les ovaires. 5 sem. bossif. 2.loculaires.

274. NOLANA.

Cor. campanulata. Stylus inter germina, Sem. 5 baccata, 2.locularia.

275. PRIMEVÈRE.

Cor. hypocraterif. à tube plus long que le collet: orifice ouvert.

275. PRIMULA.

Cor. hypocraterif. Tubo calyce longiore: fauce pervia.

276. ANDROSACE.

Cor. hypocraterif. à tube plus court que le calice: orifice resserré, subglanduleux.

276. ANDROSACE.

Cor. hypocraterif. Tubo calyce breviore: fauce coarctata, subglandulosa.

277. CORTUSE.

Cor. en roue, à orifice ouvert. Capf. à 2 fillons, 1.locul.

277. CORTUSA.

Cor. rotata, fauce pervia. Capf. 2.sulca, 1.locularie.

278. SOLDANELLE.

Cor. campanulée, lacérée-multifide. Capf. 1.loculaire, multivalve au sommet.

278. SOLDANELLA.

Cor. campanulata. lacero-multifida. Capf. 1.locularis, apice multivalvis.

279. GYROSELLE.

Cor. en roue, réfléchie. Etam. hors du tube.

279. DODECATHEON.

Cor. rotata, reflexa. Stamina extra tubum.

280. CYCLAME.

Cor. en roue, réfléchie. Etam. dans le tube.

280. CYCLAMEN.

Cor. rotata, reflexa. Stamina intra tubum.

281. HOTTONE.

Cor. hypocraterif. à tube court. Etamines inf. au tube. Capf. 1.oculaire.

281. HOTTONIA.

Cor. hypocraterif. Tubo brevi. Stamina tubo impofita. Capf. 1.locularia.

282. MÉNIANTHE.

Cor. 5 fide, velue ou ciliée. Capf. 2.loculaire, 2.valve, à placenta latéraux.

282. MENYANTHES.

Cor. 5 fida, hirfura f. cillata. Capf. 2.locularis, 2.valvis: placentis lateralibus.

283. LISIMAQUE.

Cor. en roue, 5.fide. Capf. globuleuse, 2.loculaire, à 10 valves.

283. LYSIMACHIA.

Cor. rotata, 5.fida. Capf. globofa, 2.locularis, 10.valvis.

184. MOURON.

Cor. en roue, à 5 lobes. Caps. 1-loculaire, s'ouvrant en travers.

184. ANAGALLIS.

Cor. rotata, 5-loba. Caps. 1-locularis, circumscissa.

185. SAMOLE.

Cor. hypocratérif. à 5 lobes. 5 feuillets recouvrans les étamines. Caps. 1-loculaire, femi-inférieure.

185. SAMOLUS.

Cor. hypocraterif. 5-loba. Squamulæ 5, stamina munientes. Caps. 1-locularis, semi-infera.

186. PONGATI.

Cal. inférieur, 1-fide. Cor. 5-fide, plus petite que le calice. Caps. compr. 2-local. s'ouvr. en travers.

186. PONGATIUM.

Cal. inferus, 5-fidus, Cor. 5-fida, calyce minor. Caps. compressa, 2-locularis, circumscissa.

187. DORENE.

Cal. 5-fide. Cor. 1-pétale, 5-fide. Stigm. déhonoré. Caps. supérieure, 1 loculaire.

187. DORÆNA.

Cal. 5-fidus. Cor. 1-petala, 5 fida. Stigm. emarginatum. Caps. supera, 1-locularis.

188. BACOPE.

Cal. partagé en cinq, irrégulier. Cor. en roue : à tube staminifère. Caps. 1 local. polysperme.

188. BACOPA.

Cal. 5-partitus, inæqualis. Cor. rotata : tubo staminifero. Caps. 1-locularis, polysperma.

189. BASSOVE.

Cal. 5-fide. Cor. en roue. Baie sup. polysperme : à faces bordées d'une membrane.

189. BASSOVIA.

Cal. 5-fidus. Cor. rotata. Bacca supera, polysperma : seminibus membrana marginatis.

190. DIAPENZE.

Cal. 5-phylle, embriqué ext. par 3 folioles. Cor. hypocratérif. Caps. 3-loculaire.

190. DIAPENSIA.

Cal. 5-phyllus, extus imbricatus foliolis 3. Cor. hypocrateriformis. Caps. 3-locularis.

191. CORIS.

Cal. ventru, à dents presqu'épineuses. Cor. 1-pétale, irrégulière. Caps. à 5 valves, enfermée dans le calice.

191. CORIS.

Cal. ventricosus : dentibus subspinosis. Cor. 1-petala, inegularis. Caps. 5 valvis, calyce inclusa.

192. MOUROUCOU.

Cal. 5-fide, connivent. Cor. hypocratériforme. Stigm. à 2 lames. Caps. à 2 ou 3 loges 1-spermes.

192. MOUROUCOA.

Cal. 5-fidus, connivens. Cor. hypocrateriformis. Stigm. 2-lamellatum. Caps. 2 s. 3-locularis : loculis 1-spermis.

193. RETZIE.

Cor. cylindrique, velue en-dehors, à limbe court. Stigm. 2-f.-e. Caps. 2-loculaire.

193. RETZIA.

Cor. cylindrica, extus villosa : limbo brevi. Stigm. 2-fidum. Caps. 2-locularis.

194. ENDRACH.

Cal. persistant. Cor. urcéolée, velue en-dehors. Etam. saillantes. Caps. ligneuse, substipitée, 2-loculaire.

194. HUMBERTIA.

Cal. persistens. Cor. urceolata, extus hirsuta. Stam. exserta. Caps. lignosa, substipitata, 2-locularis.

295. LISERON.

Cal. partagé en cinq. Cor. campanulée, plissée. 2 stigmates. Caps. 2-loculaire : à loges subdisspermes.

295. CONVOLVULUS.

Cal. 5-partitus. Cor. campanulata, plicata. Stigmata 2. Caps. 2 locularis : loculis subdispermis.

296. QUAMOCLIT.

Cor. infundib. ou campanulée. Stigm. en tête, globuleuse. Caps. 3 locul.

296. IPOMEA.

Cor. infundibulif. aut campanulata. Stigm. capitato-globosum. Caps. 3-locularis.

297. NICTAGE.

Cal. 5-fide. Cor. infundibulif. inféricure, resserrée au-dessus de l'ovaire. 1 sem. globuleuse, recouverte par la base de la corolle.

297. MIRABILIS.

Cal. 5-fidus. Cor. infundibuliformis, infera, supra germen coarctata. Sem. 1. globosum, bass corolla tectum.

298. ABRONE.

Cal. O. Cor. inférieure, hypocratérif. resserrée au-dessus de l'ovaire. 1. sem. à cinq angles, recouv. par la base, endurcie de la corolle.

298. ABRONIA.

Cal. O. Cor. infera, hypocrateris. supra germen coarctata. Sem. 1. quinquangulare, corolla bass indurata tectum.

299. DENTELAIRE.

Cal. tubuleux, scabre par des poils glanduleus. Cor. infundibulif. Stigm. 5-fide. Caps. 1-sperme, couv. par le cal.

299. PLUMBAGO.

Cal. tubulosus, pilis glanduliferis scaber. Cor. infundibulif. Stigm. 5-fidum. Caps. 1-sperma, calyce vestita.

300. VEIGELE.

Cal. 5-phylle. Cor. infundibulif. Style fort. de la base de l'ovaire. Stigm. pelté.

300. WEIGELA.

Cal. 5-phyllus. Cor. infundibuliformis. Stylus è bass germinis. Stigm. peltatum.

301. POLEMOINE.

Cor. 5-pétale, en roue. Etam. à fil. dilaté à à leur base. Caps. 3-loculaire. Sem. anguleuses.

301. POLEMONIUM.

Cor. 5-petala, rotata. Stamina filamentis bass dilatatis. Caps. 3-locularis. Sem. angulata.

302. CANTU.

Cor. 5-pétale, infundibulif. Etam. à filam. égaux. Caps. 3-loculaire. Sem. ailées.

302. CANTUA.

Cor. 5-petala, infundibuliformis. Stam. filamentis aequalibus. Caps. 3-locularis. Sem. alata.

303. SPIGELE.

Cor. infundibulif. Stigm. simple. Caps. didyme, 2-loculaire, polysperme.

303. SPIGELIA.

Cor. infundibulif. Stigm. simplex. Caps. didyma, 2-locularis, polysperma.

304. OPHIORIZE.

Cor. infundibulif. 2 stigmates. Caps. 2-lobée, 2-loculaire, polysperme.

304. OPHIORRIZA.

Cor. infundibuliformis. Stigmata 2. Caps. 2-loba, 2-locularis, polysperma.

305. LISIANTHE.

Cor. infundibulif. à tube un peu ventru. Stigm. à 2 lames. Caps. 2-loculaire, 2-valve, à bords des valv. roulés en-dedans.

305. LISIANTHUS.

Cor. infundibulif. Tubo subventricoso. Stigm. 2 lamellatum. Caps. 2-locul. 2-valve : valvularum marginibus revolutis.

318. LICIET.

Cal. court, à 5 ou 4 dents. Cor. rotuleuse. Etam. insérées sur leur base. Baie à locul. polysperme.

319. CESTREAU.

Cal. court, à 5 dents. Cor. tubuleuse. Etam. glabres, dont une ou deux plus longues. Baie à deux loges, polysperme.

320. NICOTIANE.

Cor. infundibulif. régulière, 5-fide. Etam. inclinées. Capsule 2-loculaire.

321. STRAMOINE.

Cal. tubuleux, anguleux. Cor. infundibulif. plissée. Caps. 4 loculaire.

322. TRIGUÈRE.

Cor. campanulée, irrégulière. Godet staminifère, à 5 dents. Baie sèche, 5-loculaire.

323. JABOROSE.

Cal. court. Cor. tubuleuse, 5-fide. Filamens plans, attachés au fond de tube. Anth. ovales.

324. BELLADONE.

Cor. campanulée, 5 fide. Etam. distantes. Baie 2-loculaire, posée sur le calice.

325. MORELLE.

Cor. en roue. Anthères presque réunies, s'ouvr. au sommet par 2 trous. Baie 2-loculaire.

326. PIMENT.

Cor. en roue. Baie coriace-sèche, sèche, à 2 ou 3 loges.

327. COQUERET.

Cor. en roue. Etam. connivences. Baie 2-loculaire, recouverte par le calice enflé.

328. JUSQUIAME.

Cor. infundibulif. irrégulière, à 5 lobes. Etam. inclinées. Caps. recouverte, 2 loculaire.

318. LYCIUM.

Cal. bref, à 5 f. 5 denticul. Cor. tubuleuse. Stamina base villeuse. Baie 2-loculaire, polysperme.

319. CESTRUM.

Cal. bref, 5-dentatus. Cor. tubulosa. Stam. glabra, cum denticulo in medio. Baca 2-locul. polysperma.

320. NICOTIANA.

Cor. infundibulif. regularis, 5-fida. Stam. inclinata. Caps. 2-locularis.

321. DATURA.

Cal. tubuli-for. angulatus. Cor. infundibulif. plicata. Caps. sub-4-locularis.

322. TRIGUERA.

Cor. campanulata, irregularis. Lycisbus staminifer, 5-dentatus. Bacca sicca, 5-locularis.

323. JABOROSA.

Cal. brevis. Cor. tubulosa, 5-fida. Filamenta plana, fauce tubi inserta. Antera ovata.

324. ATROPA.

Cor. campanulata, 5-fida. Stam. distantia. Bacca 2-locularis, 2-f. infera.

325. SOLANUM.

Cor. rotata. Anthera subcoalita, apice poro gemino dehiscentes. Bacca 2-locularis.

326. CAPSICUM.

Cor. rotata. Bacca coriacea, exsucca, 2 f. 3 locularis.

327. PHYSALIS.

Cor. rotata. Stam. conniventia. Bacca 2-locularis, calyce inflato tecta.

328. HYOSCYAMUS.

Cor. infundibuliformis, inaequalis, 5-loba. Stam. inclinata. Caps. operculata, 2-locularis.

A a 2

329. MOLÈNE.

Cor. en roue, presqu' régul. Filam. barbus. Caps. 2-loculaire, polysperme.

329. VERBASCUM.

Cor. rotata , subæqualis. Filam. barbata. Caps. 2-locularis , polysperma.

330. CALAC.

Cal. court. Cor. infundibulif. 5-fide. Baie 2-loculaire.

330. CARISSA.

Cal. brevis. Cor. infundibulif. 5-fida. Bacca 2-locularis.

331. GYNOPOGON.

Cal. 5-fide , persistant. Cor. infundibulif. ventrue sous l'orifice , velue int. Baie pédicellée , à noyau subbiloculaire.

331. GYNOPOGON.

Cal. 5-fidus, persistens. Cor. infundibulif. sub-fauce ventricosa , intus villosa. Bacca pedicellata : nucleo subbiloculari.

332. DENTELLE.

Cal. supérieur. Cor. infundibulif. 5-fide : à découp. à 3 dents. Caps. couronnée , 2-loculaire.

332. DENTELLA.

Cal. superus. Cor. infundibulif. 5-fida : laciniis 3-dentatis. Caps. coronata , 2-locularis.

333. VOMIQUE.

Cor. tubuleuse , 5-fide. Baie 'coriquense , 1-loculaire ,polysperme.

333. STRYCHNOS.

Cor. tubulosa, 5-fida. Bacca corticosa, 1-locularis , polysperma.

334. COQUEMOLLIER.

Cor. campanulée , courte , à 5 lobes. Caps. globuleuse , corticeuse , 1-loculaire, polysperme, un peu pulpeuse int.

334. THEOPHRASTA.

Cor. campanulata, brevis, 5-loba. Caps. globosa, corticosa, 1-locularis , polysperma, intus subpulposa.

335. ANASSER.

Cor. urcéolée , à 5 lobes, velue int. Stigm. didyme. Caps. oblongue , 2-valve , 2-loculaire.

335. ANASSER.

Cor. urceolata , 5-loba, intus villosa. Stigm. dydimum. Caps. oblonga , 2 valvis, 2-locularis.

336. ARGAN.

Cal. 5-fide. Cor. presqu'en roue , 5-fide, 5 écailles alternes avec les div. de la corolle. Drupe sub-monosperma.

336. SIDEROXYLUM.

Cal. 5 fidus. Cor. sub-rotata , 5-fida. Squama 5 cum laciniis petali alterna. Drupa submonosperma.

337. CAIMITIER.

Cal. 5-fide. Cor. campanulée , 5-fide : à limbe ouvert. Baie : 1-10 séménées.

337. CHRYSOPHYLLUM.

Cal. 5-fidus. Cor. campanulata , 5-fida : limbo patente. Bacca : seminibus 1-10.

338. JACQUINIER.

Cal. 5-phylle , persistant. Cor. 10-fide. Baie 1-sperme.

338. JACQUINIA.

Cal. 5-phyllus , persistens. Cor. 10-fida. Bacca 1-sperma.

339. ROPOURIER.

Cor. 5-fide. Cor. en roue , à 5-lobes. Baie 4-loculaire , polysperme.

339. ROPOUREA.

Cal. 5-fidus. Cor. rotata , 5-loba. Bacca 4-locularis , polysperma.

340. RAPANE.

Cal. 5-fide. Cor. en roue , à 5 lobes. Baie 1-sperme.

340. RAPANEA.

Cal. 5-fidus. Cor. rotata , 5-loba. Bacca 1-sperma.

340. MYRSINE.

Cal. partitus in 5. Cor. semi-5-fida. Stigmate laciniato. Baccæ. Bacc. 5-sperma.

341. CALIGNI.

Cal. cyathiformis, 5 5-dens. Cor. O. Drupa ob-formis
4-divis; 5 sosym 5-sperma.

342. TAPURE.

Cal. 6-fid. Cor. 5-plicat, ringens. Evam, inæqual. Stigm.
3 5 fidus.

343. SCHOPFIE.

Cal. turbid 5-gossus, semi-superus, 5-5 dent. Cor. cam-
panulæ 5-fidus inf. 5 , 5-fid. Drupa 3 locular.

344. CAMPANULE.

Cor. campanula. Filamen dilatis & convivens à tot basi.
Stigm. 5 fida. Caps. infferior, 5 poris fur les côtes
pot ses tenet.

345. ROELLE.

Cor. infundibuli à limbo 5-fid. Filamen dilatis à tot
basi. Stigm. 2 fida. Caps. inf. 2-locular.

346. RAPONCULE.

Cor. en rout. 5-partite 5 5 æcoap. Fusiaires. Caps. inferieure, à 2 ou 5 loges.

347. SEVOLA.

Cor. infundibuliformes à tube fendu d'un côté, longitu-
dinalem. Limbo latéral, 5 fid. Drupa inferieure 5-anguli
2-locularis.

348. DEFFORGE.

Cal. inclinat, 5 fid. 5 pétales. Stigm. 2 5 lobes. Caps.
semi-inferieure, convenus sur le style, 2-locul. poly-
sperm.

349. PAYROLE.

Cal. inferieur, 5-partite, ouvert en robe, réfléchis au
sommet. Stigm. 2 5 lobes. Petit. 2-bivaluité.

350. TRACHELE.

Cor. infundibuliforme. Stigm. globulosa. Caps. inferieure,
5-locular.

345. MYRSINE.

Cal. 5-partitus. Cor. semi-5-fida. Stigma latigerum, confor-
mus. Bacca semi-sperma.

341. LYCANIA.

Cor. cyathiformis, 5-dentata. Cor. O. Drupa oleaformis ;
acutus 5-sperma.

342. TAPURA.

Cal. 6-fidus. Cor. 5-petala, ringens. Stam. inæqualia.
Stigm. 5 fissum.

343. SCHOPFIA.

Cal. turbinato-angulosus, 5-dens, semi-superus. Cor. campanulata, basi 5-plicata. Stigm. 3-fidum. Drupa 3-locul.

344. CAMPANULA.

Cor. campanulata. Filam. basi dilatata, convivencia. Stigm.
5 fissum. Caps. infera, foraminibus lateraliter dehiscens.

345. ROELLA.

Cor. infundibulif. Limbo 5-fido, Filamenta basi dilatata.
Stigm. 2 fissum. Caps. infera, 2-locularis.

346. PHYTEUMA.

Cor. rotata, segmentis lineolis lateralibus. Caps. infera ;
2 f. 3-locularis.

347. SCAVOLA.

Cor. infundibuliformis, tubo hinc longitudinaliter fisso ;
limbo laterali, 5-fido. Drupa infera ; nucleo 2-loculare

348. DEFFORGIA.

Cal. quinquenatus, 5-fidus. Petala 5. Stigm. 2-lobum. Caps.
femi-infera, Stylo coronata ; 2-locularis, polysperma.

349. PAYROLA.

Cal. inferus, 5-partitus. Petala 5, in robam convinvencia ;
apice reflexa. Stigm. 2-lobum. Perica 2-locular.

350. TRACHELIUM.

Cor. infundibuliformis. Stigma globosum. Caps. infera ;
3-locularis.

352. KUNIE.

Fleur composée, flosculeuse. Sem. solitaires. Aigrette plumeuse. Recept. nud.

352. KHUNIA.

Flos compositus, flosculosus. Sem. solitaria: pappo plumoso. Recept. nudum.

353. CONOCARPE.

Cal. supérieur, à 5 divisions. Cor. O. Capsules nombreuses, 1-spermes, art. à un axe commun, emariq. en tête.

353. CONOCARPUS.

Cal. superus, 5-partitus. Cor. O. Capsula plurima, 1-sperma, axi communi affixa, in conum imbricata.

354. BRUNIE.

Fl. agrégées. Cal. supérieur, à 5 divisions. 5 pétales onguiculés. Capf. très petites, à 1 loculaires.

354. BRUNIA.

Fl. aggregati. Cal. superus, 5-partitus. Petala 5, unguiculata. Capsula minima, 1-locularis.

355. PHYLIQUE.

Cal. supérieur, à 5 divisions. 5 pétales très-petits. Capf. à 5 coques. Semences solitaires.

355. PHYLICA.

Cal. superus, 5-partitus. Petala 5, minima. Capf. infera, 5 cocca: seminibus solitariis.

356. DIOSMA.

Cal. 5-phylle. 5 pétales. Disque 5 fide, env. l'ovaire. 3 à 5 capsules réunies. Semences à tuniques.

356. DIOSMA.

Cal. 5-phyllus. Petala 5. Discus 5-fidus, germen cingens. Capf. 3-5, coalitis. Semina arillata.

357. NERPRUN.

Cal. urcéolé, 4 ou 5-fide. 4 ou 5 pétales très-petits, recouvr. les étamines. Baie à 3 ou 4 semences.

357. RHAMNUS.

Cal. urceolatus. 4 f. 5-fidus. Petala 4 f. 5, minima, stamina muniensia. Bacca 3 f. 4-sperma.

358. CÉANOTE.

Cal. 5-fide. 5 pétales onguiculés enfoncés en cuillerons. Capf. 3-coque, 3-sperme.

358. CEANOTHUS.

Cal. 5-fidus. Petala 5, unguiculata, fornicato saccata. Capsula 3-cocca, 3-sperma.

359. COLLETIER.

Cal. urcéolé, 5-fide: ayant int. 5 pile ou écailles. Stigma à 3 lobes. Capf. 3-coque, 4 sperme.

359. COLLETIA.

Cal. urceolatus, 5-fidus: intùs plicis 5 squami formibus. Stigma 3-lobum. Capf. 3-cocca, 4-sperma.

360. CASSINE.

Cal. à 5 divisions. 5 pétales. Style court. 3 stigmates. Baie sèche, 3-loaul. 3 sperme.

360. CASSINE.

Cal. 5-partitus. Petala 5. Stylus brevis. Stigmata 3. Bacca, exsucca, 3-locularis, 3-sperma.

361. FUSAIN.

Cal. ouvert, en partie couvert par un disque plane. 4 ou 5 pét. Capf. 4 ou 5-gone, à 4 ou 5 loges. Sem. tuniquées.

361. EVONYMUS.

Cal. patens, disco plano partim tectus. Petala 4 f. 5. Capf. 4 f. 5-gona. 4 f. 5-locularis. Sem. arillata.

362. HOVENE.

Cal. 5-fide. 5 pétales, roulées en-dedans. Stigma, 3 fide. Capf. 3-loculaire, 3-sperme.

362. HOVENIA.

Cal. 5-fidus. Petala 5, convoluta. Stigma 3-fidum. Capf. 3-locularis, 3-sperma.

163. VENANA.

Cal. supérieur, à 5 lobes. 5 pétales. Filets membraneux qui naissent du réceptacle. Stigmate subtrigone.

163. VENANA.

Cal. inferus, 5-lobus. Petala 5. Seta plurima è receptaculo. Stigma sub-3-gonum.

164. POLYCARDE.

Col. à 5 lobes, 5 pétales. Corf. coriace, à 3, 4 ou 5 loges : à autant de valves semi-septifères. Semences demi-tuniquées à l'ombilic.

164. POLYCARDIA.

Col. 5-lobus. Petala 5. Capf. coriacea, 3, 4, 5. valvulis e valvis semidimidiatis fupoliferis. Semina dimidiata femitunicata.

165. OLIVETIER.

Cal. partagé en 5. 5 pétales. Drupe oval : à noyau 2-loculaire.

165. ELÆODENDRUM.

Cal. 5-partitus. Petala 5. Drupa ovata : nucleo 2-loculari.

166. BLADIE.

Cor. en rose, partagée en 5. Baie fup. 5-sperme. Sem. triquêtre.

166. BLADHIA.

Cor. rosacea, 5-partita. Bacca fupera, 5-sperma. Sem. triquetra.

167. EUPARE.

Cal. 5-phylle, 5-12 pétales. Baie fupérieure, pédilée, à 1 loculaire, polysperme.

167. EUPAREA.

Cal. 5-phyllus. Petala 5-12. Bacca fupera, 1-locularis, polysperma.

168. GENIOSTOME.

Cal. 5-fide. Cor. infundibuliforme, à 5 lobes à oreillon nudo. Stigmate. Capf. Superum, 2-locularis, polysperme.

168. GENIOSTOMA.

Cal. 5-fidus. Cor. infundibuliformis, 5-fida. Bacca fupera, 2-locularis. Capf. Superum, 2-locularis, polysperma.

169. RIBELIER.

Cal. 5-fide. 5-pétales. Baie fupérieure : à 1 ou 2 femences.

169. EMBELIA.

Cal. 5-fidus. Petala 5. Bacca fupera, 1 f. 2-sperma.

170. PORAQUEBE.

Col. à 5 dents. Cor. partagée en 5 : 5 étamines, opposées au divisions, insérées au disque, ayant leur connexe épaissie vers l'intérieur, dorsifère 2-sperme. Ovaire 5-figmatisé.

170. PORAQUEBA.

Cal. 5-dentatus. Cor. 5-partita. Stamina 5 laciniis oppofita, fupra connexa, incrassata intus, quoque apophysis. Ovarium 5-stigmatosum.

171. RINORE.

Cal. partagé en 5, en pétales : les intérieures plus petites. 5-app. aux extérieures, stigmate obtus.

171. RINOREA.

Cal. 5-partitus. Petala 5 : interioribus minora, exterioribus appofita. Stigma obtufum.

172. RIANE.

Cal. partagé en 5, 10 pétales : les extérieures plus grandes, intérieures à leur base, avec les ant. Conf. oblongue, à 1 local. polysp.

172. RIANA.

Cal. 5-partitus. Petala 10 : exteriora majora, basi intro, cum antheris. Capf. oblonga, 1-locularis, polysp.

173. RUISCHE.

Cal. 5-phylle, ayant à sa base un ovale, en dessous. 5-pétales, réfléchis. Style O. Baie fupérieure.

173. RUYSCHIA.

Cal. 5-phyllus, scutulo claviculato infra. Petala 5, reflexa. Stylus O. Bacca fupera.

374. ANGUILLAIRE.

Cal. persist. partagé en 5. Cor. 1-pétale, 5-fide. Baie sèche, 1-loculaire, 1-sperme.

374. ANGUILLARIA.

Cal. 5-partitus, persistens. Cor. 1-petala, 5-fida. Bacca exsucca, 1-locularis, 1-sperma.

375. THEK.

Cal. semi-5-fide. Cor. infundibuliforme : à tube court, Drupe subglobuleuse, sec, spongieux, dans un calice en vessie : à noyau 4-loculaire.

375. THEKA.

Cal. semi 5-fidus. Cor. infundibuliformis : tubo brevi, Drupa subglobosa, sicca, spongiosa, intra calycem vesicarium : nucleo 4-loculari.

376. CEDREL.

Cal. très-petit, à 5 dents. 5 pétales, adhôrés intérieurement à un récept. élevé. Caps. ligneuse, 5-loculaire, 5-valve, s'ouvrant par son sommet. Sem. ailées.

376. CEDRELA.

Cal. minimus, 5-dentatus. Petala 5, infernè receptaculo elevato adnata. Caps. lignosa, 5-locularis, 5-valvis, apice dehiscens. Sem. alata.

377. MANGUIER.

Cal. 5-fide. 5 pétales. Drupe en baie subdaiforme : à noyau 1-sperme, filamenteux en-dehors.

377. MANGIFERA.

Cal. 5-fidus. Petala 5. Drupa baccata, subreniformis : nuce 1-sperma, extùs filamentosa.

378. HIRTELLE.

Cal. réfléchi, 5 pétales. Etam. très-longues. Style latéral. Baie 1-sperme.

378. HIRTELLA.

Cal. reflexus. Petala 5. Stam. longissima. Stylus lateralis. Bacca 1-sperma.

379. AQUILICE.

Cal. 5-fide. 5 pétales. Urcéole à 5 lobes, fleuriistère ins. Baie globuleuse-aplatie, tordeuse, sub5-sperme.

379. AQUILICIA.

Cal. 5-fidus. Petala 5. Urceolus 5-lobus, intùs fleminifer. Bacca glabro-depressa, tortuosa; sub5-sperma.

380. TODDALI.

Cal. à 5 dents, 5 pétales. Stigm. tronqué. Baie sèche, sub-5-loculaire.

380. TODDALIA.

Cal. 5-dentatus. Pet. 5. Stigma truncatum. Bacca sicca, sub-5-locularis.

381. BUTNÈRE.

Cal. 5-fide. 5 pétales arqués, 5-lobés au sommet : à lobe moyen alongé en languette filiforme. Caps. à 5 coques, muriquée.

381. BUTTNERIA.

Cal. 5-fidus. Petala 5, arcuata, apice 5-loba : lobo medio in ligulam filiformem producto. Caps. 5-cocca, muricata.

382. SAUVAGESE.

Cal. 5-phylle. Cor. à 5 pétales, 5-cuillée, env. à l'extérieur de cils glandulifères. Caps. 1-loculaire, 5-valve.

382. SAUVAGESIA.

Cal. 5-phyllus. Cor. 5-petala. Squamula 5, extus ciliis glanduliferis cinctæ. Caps. 1-locularis, 5-valvis.

383. GLAUCE.

Cal. campanulé, à 5 lobes. Cor. O. Caps. 1-loculaire, 5-valve, 5-sperme.

383. GLAUX.

Cal. campanulatus, 5-lobus. Cor. O. Caps. 1-locularis, 5-valvis, 5-sperma.

384. RORIDULE.

Cal. 5-phylle, 5 pétales. Anthères à base sétoïsiformes. Caps. 5-loculaire.

384. RORIDULA.

Cal. 5-phyllus. Petala 5. Antheræ basi setiformes. Caps. 5-locularis.

385. THÉSION.

Cal. supérieur 1-phylle, 4 ou 5-fide. Cor. O. Caps. coriace, 1-sperme, ne s'ouvrant point.

385. THESIUM.

Cal. superus, 1-phyllus, 4 s. 5-fidus. Cor. O. Caps. coriacea, 1-sperma, non dehiscens.

386. QUINCHAMALI.

Cal. inférieur, globuleux, à 5 dents. Cor. supérieure, tubuleuse. Sem. inf. recouv. par le calice.

386. QUINCHAMALIUM.

Cal. infrus, globosus, 5-dentatus. Cor. supera, tubulosa. Sem. inf. calyce tectum.

387. LAGOCIE

Ombelle simple : à collerette sub5-phylle ; involucelles 4-phylles, capillacées-rameuses. Cal. 5-phylle, capillacé-multifide. 1 sem. couronnée par le calice.

387. LAGOECIA:

Umbella simplex : involucro sub5-phyllo ; involucellis 4-phyllis, capillaceo-ramosis. Cal. 5-phyllus, capillaceo-multifidus. Sem. 1. Calyce coronatum.

388. PITTOSPORE.

Cal. 5-phylle, caduc. 5 pétales : à onglets conniventes en tube urcéolé. Caps. sub5-loculaire : à sem. converties d'une pulpe résineuse.

388. PITTOSPORUM.

Cal. 5-phyllus, deciduus. Petala 5 : unguibus in tubum urceolatum conniventibus. Caps. sub5-locularis : seminibus pulpa resinosa tectis.

389. CORYNOCARPE.

Cal. 5-phylle. 5 pétales, 5 écailles alt. avec les pétales, glandulif. à leur base.

389. CORYNOCARPUS.

Cal. 5-phyllus. Petala 5, Squamulæ 5, petalis alterna, basi glandulifera.

390. MANGLE.

Cal. inférieur, 5-fide. 5 pétales. Caps. oblongue, couroncée, 1-sperme.

390. MANGLE.

Cal. superus, 5-fidus. Petala 5. Caps. oblonga, coronata, 1-sperma.

391. EGICÈRE.

Cal. inf. persistant, 5-fide. 5 pétales. Caps. oblongue, arquée, 1-sperme.

391. ÆGICERAS.

Cal. inf. 5-fidus, persistens. Pet. 5. Caps. oblonga, arcuata, 1-sperma.

392. CARPODET.

Cal. semi-sup. à 5 dents. 5 pétales. Stigmate en tête applati. Baie glob. annulée au milieu, 5-loculaire.

392. CARPODETUS.

Cal. semi-superus, 5-dentatus. Petala 5. Stigma capitatum depressum. Bacca globosa, medio annulata, 5-locularis.

393. MÈSIER.

Cal. partagé en 5, persistant. 5 pétales. 5 drupes, ovales-réniformes, 1-loculaires, 1 sperme.

393. MEESIA.

Cal. 5-partitus, persistens. Petala 5. Drupæ 5, ovato-reniformes, 1-loculares, 1-spermæ.

394. LOPHANTE.

Cal. 5-fide. 5 pétales, onguiculés. Fruit supérieur, velu, 1-sperme.

394. LOPHANTUS.

Cal. 5-fidus. Petala 5, unguiculata. Fructus superus, villosus, 1-spermus.

395. JONGE

Cal. sup. partagé en 5, 5 pétales. Stigm. globuleux. Caps. couronnée, sub-1-loculaire.

395. JUNGIA.

Cal. superus, 5-partitus. Petala 5. Stigma globosum. Caps. coronata, sub-1-locularis.

396. CLAYTONE.

Cal. 2-valve. 5 pétales. Stigmate 3-fide. Capf. 1-loculaire, 3-valve, 3-sperme.

396. CLAYTONIA.

Cal. 2-valvis. Petala 5. Stigma 3-fidum. Capf. 1-locularis, 3-valvis, 3-sperma.

397. GRONOVE.

5 pétales, & les étamines attachées un calice campanulé. Baie seche, inf. 1-sperme.

397. GRONOVIA.

Petala 5 & stamina calyci campanulato insera. Bacca sicca, infera, 1-sperma.

398. VIGNE.

Cal. très-petit, à 5 dents. 5 pétales, cohérens à leur sommet. Baie sup. sub-5-sperme.

398. VITIS.

Cal. minimus, 5-dentatus. Petala 5, apice cohærentia. Bacca sup. sub5-sperma.

399. LIERRE.

Cal. semi-supérieur, à 5 dents. 5 pétales. Baie couronnée, 5-sperme.

399. HEDERA.

Cal. semi-superus, 5-dentatus. Petala 5, Bacca coronata, 5-sperma.

400. GROSEILLER.

Cal. supérieur, semi-5-fide, 5 pétales attachés un calice. Style 2-fide. Baie polysperme.

400. RIBES.

Cal. superus, semi-5-fidus. Petala 5 calyci insera. Stylus 2-fidus. Bacca polysperma.

401. PLECTROINE.

Cal. turbiné, à 5 dents. 5 pét. attachés à l'orifice du calice. Baie inférieure, 2-sperme.

401. PLECTRONIA.

Cal. turbinatus, 5-dentatus. Petala 5, calycis fauci inserta. Bacca infera, 2-sperma.

402. ITÉ.

Cal. court, 5-fide. 5 pétales. Capf. macronée, 2-loculaire, polysperme.

402. ITEA.

Cal. brevis, 5-fidus. Petala 5. Capf. mucronata, 2-locularis, polysperma.

403. BIHAL.

Cal. O. Cor. supérieure, bilabiée : à lèvre inf. simple; la sup. partagée en 3. 1 stigmate. Capf. 3-loculaire, 3-sperme.

403. HELICONIA.

Cal. O. Cor. supera, bilabiata: labio inf. simplici; superiore 3-partito. Stigm. 1. Capf. 3-locularis, 3-sperma.

404. STRELITZ.

Cal. 3-phylle. Cor. supérieure, partagée en 5 : à 2 découp. plus grandes, renfermant les 3 étamines. 3 stigmates. Capf. 3-loculaire, polysperme.

404. STRELITZIA.

Cal. 3-phyllus. Cor. supera, 5-partita : laciniis 2 majoribus subtus basilaribus. Stigmata 3. Capf. 3-locularis, polysperma.

405. VOGELE.

Cal. 5-phylle: à 5 folioles fendues en deux, ordrelées & fléonnées transv. Cor. tubuleuse, 5-fide. Stigm. 5-fide.

405. VOGELIA.

Cal. 5-phyllus: foliolis complicatis, transversim cristato-sulcatis. Cor. tubulosa, plicata. Stigm. 5-fidum.

406. BELLON.

Cal. 5-fide. Cor. en roue. Capf. inf. pointue par les dents calicinales connivantes. 1-loculaire, polysperme.

406. BELLONIA.

Cal. 5-fidus, Cor. rotata. Capf. infera, laciniis calycinis conniventibus rostrata, 1-locularis, polysperma.

407. **CHEVREFEUILLE.**

Cal. supérieur, à 5 dents. Cor. 1-pétale, irrégulière. Baie ombiliquée, polysperme.

408. **TRIOSTE.**

Cal. supérieur, 5-fide, de la longueur de la corolle. Cor. 1-pétale, presqu'égal. Baie couronnée, 3-loculaire, 3-sperme.

Rubiacées.

409. **CANEPHORE.**

Cal. commun multiflore. Cal. propre sup. 5-fide. Cor. campanulée. C. & f. couronnée, 2-loculaire.

410. **SIPANE.**

Cal. partagé en 5. Cor. infundibulif. à 5 lobes. Caps. couronnée, 2-local. polysp. se part. en deux.

411. **SERISSE.**

Cal. supérieur, 5-fide. Cor. infundibulif. à orifice velu. Style 2-fide.

412. **TAPOGOME.**

Fl. en tête, à involucre. Cor. tubuleuse. Baie inf. anguleuse, 2-sperme. Rec. à palilettes.

413. **NAUCLÉ.**

Fl. ramassées en tête globuleuse. Cor. tubuleuse, 5-fide. Caps. inf. 2-loculaire, polysperme.

414. **MORINDE.**

Fl. ramassées à récept. globuleux. Cor. supérieur, infundibulif. Baies ramassées, anguleuses, 4-loculaires.

415. **GUETTARD.**

Cal. court, presqu'entier. Cor. infundibulif. Drupe inf. à 5 ou 6 semences.

416. **AZIER.**

Cal. à 5 dents. Cor. tubuleuse. Baie inf. striée, 5-loculaire, 5-sperme.

417. **HAMEL.**

Cor. tubuleuse, 5-fide. Stigmate obtus. Baie inf. à 5 loges polyspermes.

---

407. **LONICERA.**

Cal. superus, 5-dentatus. Cor. 1-petala, irregularis. Bacca umbilicata, polysperma.

408. **TRIOSTEUM.**

Cal. superus, 5-fidus, longitudine corollæ. Cor. 1-petala, subæqualis. Bacca coronata, 3-locularis, 3-sperma.

Rubiaceæ.

409. **CANEPHORA.**

Cal. communis multiflorus. Cal. propr. superus, 5-fidus. Cor. campanulata. C. & f. coronata, 2-locularis.

410. **SIPANEA.**

Cal. 5-partitus. Cor. infundibulif. 5-loba. Caps. coronata, 2-locularis, 2-partibilis, polysperma.

411. **SERISSA.**

Cal. superus, 5-fidus. Cor. infundibulif. Faux villosa. Stylus 2-fidus.

412. **TAPOGOMA.**

Fl. capitati, involucrati. Cor. tubulosa. Bacca inf. angulata, 2-sperma. Recept. paleaceum.

413. **NAUCLEA.**

Fl. in capitulum globosum collecti. Cor. tubulosa, 5-fida. Caps. inf. 2-locularis, polysperma.

414. **MORINDA,**

Fl. aggregati in recept. globoso. Cor. supera, infundibulif. Baccæ aggregatæ, angulatæ, 4-loculares.

415. **GUETTARDA.**

Cal. brevis, subintegr. Cor. infundibulif. Drupa inf. 5 f. 6-sperma.

416. **NONATELIA.**

Cal. 5-dentatus. Cor. tubulosa. Bacca infera, striata, 5 locularis, 5-sperma.

417. **HAMELIA.**

Cor. tubulosa, 5-fida. Stigma obtusum. Bacca inf. 5-locularis, polysperma.

418. GRATGAL.

Cor. tubuleuse , 5-fide. Anthères presque sessiles à l'orifice.
Baie inf. couronnée , 2-locataire , polysperme.

418. RANDIA.

Cor. tubulosa , 5-fida. Antheræ fauci subsessiles. Bacca inf.
corticosa, 2-locularis , polysperma.

419. MUSSENDA.

Cor. infundibulif. 5-fide. Anth. non saillantes. Baie sèche ,
inf. 2-locataire, polysperme. à récep. séminifere, divisant
les loges.

419. MUSSÆNDA.

Cor. infundibulif. 5-fida. Antheræ inclusæ. Bacca sicca , inf.
2-locularis, polysperma : receptaculo seminifero loculos
bipertiente.

420. GARDÈNE.

Cor. infundibuliforme : à limbe ample, tord avant son épa-
nouissement. Baie inf. à 1 ou 2 loges polyspermes.

420. GARDENIA.

Cor. infundibulif. : limbo amplo, ante explicationem contorto:
Bacca inf. 1 s. 2-locularis , polysperma.

421. MACROCNEME.

Cor. campanulée , à 5 lobes. Caps. inférieure , 2-loculaire.
Sem. embriquées.

421. MACROCNEMUM.

Cor. campanulata , 5-loba. Caps. infera , 2-locularis. Sem.
imbricata.

422. VANGUIER.

Cal. à 5 dents. Cor. campanulée , 5-fide. velue intérieurement. Baie pomiforme, ombiliquée, 5-loculaire , 5-sperme.

422. VANGUERIA.

Cal. 5-dentatus. Cor. campanulata , 5-fida, intus villosa.
Bacca pomiformis , umbilicata , 5-locularis . 5-sperma.

423. ÉRITHAL.

Cal. à 5 dents. Cor. partagée en 5 à tube fort court. Baie
inf. striée , 10-locul. 10-sperme.

423. ERITHALIS.

Cal. 5-dentatus. Cor. 5-partita : tubo brevissimo. Bacca
inf. striata, 10-locularis, 10-sperma.

* PATIME.

Cal. supérieur , 5-gone , presqu'entier. Cor. .... Etam ...
Baie couronnée , sub5-loculaire , polysperme.

* PATIMA.

Cal. superus , 5-gonus, subinteger. Cor. ..... Stam ...:
Bacca coronata, sub5-locularis, polysperma.

424. CAFFEYER.

Cal. très-court. Cor. infundibulif. 5-fide. Etam. saillantes.
. Baie inférieure, 2-sperme: à sem. enveloppés.

424. COFFEA.

Cal. brevissimus. Cor. infundibulif. 5-fida. Stam. exsera.
Bacca infera , 2-sperma : sem. arillatis.

425. CIOCOQUE.

Cal. à 5 dents. Cor. infundibulif. à limbe 5-fide , réfléchi.
Baie couronnée, comp. 2-sperme.

425. CHIOCOCCA.

Cal. 5-dentatus. Cor. infundibulif. : limbo 5-fido , reflexo.
Bacca coronata, compressa , 2-sperma.

426. PSYCOTRE.

Cal. à 5 dents. Cor. tubuleuse , un peu courbée. Baie couronnée , sèche , 2-loculaire , 2-sperme.

426. PSYCHOTRIA.

Cal. 5-dentatus. Cor. tubulosa, subincurva. Bacca coronata
exsucca, 2-locularis, 2-sperma.

427. RONDELET.

Cor. infundibulif. à 5 lobes. Caps. arrondie , couronnée, 2-
loculaire, polysperme.

427. RONDELETIA.

Cor. infundibulif. 5-loba. Caps. subrotunda , coronata , 2-lo-
laris ; polysperma.

418. PORTLAND.

Cal. supérieur, 5-phylle. Cor. infundibulif. ou mass.e. Carf. 5-gone, rétufe, couronnée par le calice, 2-locul. polysp.

418. PORTLANDIA.

Cal. superus, 5-phyllus. Cor. clavato-infundibulif. Cps. 5-gona, retufa, calyce coronata, 2-localaris, polysperma.

419. POSOQUERE.

Cal. supérieur, 5-fide. Cor. tubuleuse, très-longue, velue à fon orifice. Stigm. 5-fide. Baie couronnée, 1-local. polysp.

419. POSOQUERIA.

Cal. superus, 5-fidus. Cor. tubulofa, longiffima, fauce villofa. Stigma 5-fidum. Bacca coronata, 1-localaris, polysp.

420. TOCOYENNE.

Cal. supérieur, à 5 dents. Cor. tubuleuse, très-longue, dilatée fous le limbe. Style épaissi au fommet. Baie charnue, couronnée, 2-loculaire, polysperme.

420. YOCOYENNA.

Cal. superus, 5-dentatus. Cor. tubulofa, longiffima, fub-limbo dilatata. Stylus apice incraffatus. Bacca carnofa, coronata, 2-localaris, polysperma.

421. QUINQUINA.

Cal. supérieur, à 5 dents. Cor. tubuleuse, Carf. oblongue, couronnée, 2-local. fe partageant en deux. Sem. à bord en aîle, embriquées.

421. CINCHONA.

Cal. superus, 5-dentatus. Cor. tubalofa. Capf. oblonga, coronata, 2-localaris, 2-partibilis. Sem. marginato-alata, imbricata.

422. SABICE.

Cal. supérieur, part. en 5. Cor. infundibulif. Stigm. part. en 5. Baie couronnée, 5-loculaire, polysperme.

422. SABICEA.

Cal. superus, 5-partitus. Cor. infundibulif. Stigm. 5-partitum. Bacca coronata, 5-localaris, polysperma.

423. BERTIERE.

Cal. à 5 dents. Cor. à tube court : à orifice velu. Baie inf. globuleuse, à côtes, 2-loculaire, polysperme.

423. BERTIERA.

Cal. 5-dentatus. Cor. tubo brevi : ore villofo. Bacca infera, globofa, coftata, 2-localaris, polysperma.

424. PÉDERE.

Cal. à 5 dents. Cor. infundibulif. velue ins. Style part. en deux. Baie couronnée, fragile, 2-fperme.

424. PEDERIA.

Cal. 5-dentatus. Cor. infundibulif. intus hirfuta. Stylus 2-partitus. Bacca coronata, fragilis. 2-fperma.

425. DANAIDE.

Cal. à 5 dents. Cor. infundibulif. à orifice velu. Style 2-fide au fommet. Capf. ombiliquée, 2-loculaire, 2-valve, polysperme.

425. DANAIS.

Cal. 5-dentatus. Cor. infundibulif. Fauce villofa. Stylus apice 2-fidus. Capf. umbilicata, 2-localaris, 2-valvis, polysperma.

426. RONABE.

Cal. à 5 dents. Cor. infundibulif. Stigm. 2-fide. Baie inf. ombiliquée, striée, 2-fperme.

426. RONABEA.

Cal. 5-dentatus. Cor. infundibulif. Stigm. 2-fidum. Bacca inf. umbilicata, striata, 2-fperma.

*......

*......

427. GARTNERE.

Cal. inférieur, lâche, ayant 2 bractées à fa base. Cor. 5-fide. Baie fup. 2-fperme.

427. GÆRTNERA.

Cal. inferus, laxus, bafi 2-bracteatus. Cor. 5-fida. Bacca fup. 2-fperma.

428. FAGRÉ.

Cal. campanulé, à 5 dents. Cor. infundibulif. Stigm. pelté. Baie charnue, 2-loculaire. Sem. globuleufes.

428. FAGRÆA.

Cal. campanulatus, 5-dentatus. Cor. infundibulif. Stigma peltatum. Bacca carnofa, 2-localaris. Sem. globofa.

Dbb 2

439. CAROXYLE.

Cal. part. en 5, garni ext. de 2 bractées. Cor. O. 5 écailles conniventes, inf. au calice. 1 sem. ovo. d'une tunique.

440. CADELARI.

Cal. 5-phylle. Cor. O. 5 écailles frangées au som. alternes avec les étamines réunies en tube à leur base. Caps. 1-sperme.

441. PARONIQUE.

Cal. 5-phylle, à folioles voûtées en-dedans au sommet, couronnées en-dehors. Cor. O. 5 écailles linéaires, alt. avec les étam. Caps. à 5 valves, 1-sperme.

442. PASSEVELOURS.

Cal. 5-phylle, garnie ext. de 2 ou 3 écailles. Cor. O. étam. connées en cupule à leur base. Caps. s'ouvr. en travers, polysperme.

443. AMARANTHINE.

Cal. 5-phylle, garni ext. de 2 ou 3 écailles inégales. Cor. O. Filaments des étamines réunis en un tube à 5 dents. Caps. 1-sperme, s'ouvr. en travers.

444. PORANE.

Cal. part. en 5. Cor. campanulée. Style 2-fide. stigmates obtus. Péric. 2-valve.

445. SCHREBERE.

Cal. ouvert. 5 pétales, pliées en deux à leur base. Filam. insérés sur un aréole chair enveloppant l'ovaire. Drupe sup. à noyau semi-biloculaire.

446. PACOURIER.

Cor. hypocratériforme à 5 limbe tors, part. en 5. stigm. à 2 pointes. baie grande, pyriforme, 2-loculaire, polysperme.

447. AMBELANIER.

Cor. hypocratériforme à 5 limbe tors, part. en 5. stigmates à deux pointes. Caps. oval. oblongue, charnue, 2-loculaire, polysperme.

448. AHOUAI.

Cal. part. en 5. Cor. infundibuliforme. 5-fide. tordue. Drupe subdisperme.

449. TABERNE.

Cor. infundibuliforme: à limbe tors, part. en 5. 2 follic. divergens, sem. plongées dans une pulpe.

439. CAROXYLON.

Cal. 5-partitus, extus 2-bracteatus. Cor. O. 5 squamae conniventes, calyci insertae. Sem. 1. Tunica vestitum.

440. ACHYRANTHES.

Cal. 5-phyllus. Cor. O. Squama 5, apice fimbriata, staminibus alternae, basi in tubum connata. Caps. 1-sperma.

441. PARONICHIA.

Cal. 5-phyllus : foliolis apice intus fornicatis, extus coronatis. Cor. O. Squamula 5 lineares cum staminibus alterna. Caps. 5-valvis. 1-sperma.

442. CELOSIA.

Cal. 5-phyllus, extus 2 s. 3-squamosus. Cor. O. Stamina basi in cupulam connata. Caps. circumscissa, polysperma.

443. GOMPHRENA.

Cal. 5-phyllus, extus squamis 2 s. 3 inaequalibus, inaequatus. Cor. O. Filamenta staminum in tubum 5-dentatum connata. Caps. circumscissa, 1-sperma.

444. PORANA.

Cal. 5-partitus. Cor. campanulata. Stylus 2-fidus. Stigmata obtusa. Pericarp. 2-valve.

445. SCHREBERA.

Cal. patens. Pet. 5, basi conduplicata. Filamenta ex annulo carnoso germen cingente. Drupa superna, nucleo semi-biloculari.

446. PACOURIA.

Cor. hypocrateriformis limbo contorto, 5-partito. Stigma 2-cuspidatum. Bacca magna, pyriformis, 2-locul. polysp.

447. AMBELANIA.

Cor. hypocrateriformis: limbo contorto 5-partito. Stigma 2-cuspidatum. Caps. ovato-oblonga, carnosa, 2-locularis, polysperma.

448. CERBERA.

Cal. 5-partitus. Cor. infundibulif. 5-fida, contorta. Drupa subdisperma.

449. TABERNAEMONTANA.

Cor. infundibulif. limbo contorto, 5-partito. Folliculi 2, divaricati. Semina pulpa immersa.

450. ORELIE.

Cor. infundibuliforme. Capf. échiole, 2-loculoire, polyfp. Sem. à bord membraneux.

450. ALLAMANDA.

Cor. infundibuliformis. Capf. echinata, 1-locularis, polyfperma. Sem. margine membranacea.

451. RAUVOLFE.

Cal. à 5 dents. Cor. infundibulif. Drupe fubglobuleux, 2-fperme.

451. RAUVOLFIA.

Cal. 5-dentatus. Cor. infundibuliformis. Drupa fubgloboſa, 2-ſperma.

452. PERVENCHE.

Cor. hypocraterif. à orifice 5-gone. 2 folliculos, droits, cylindriques. Sem. nues.

452. VINCA.

Cor. hypocraterif. fauce 5-gona. Folliculi 2, teretes, erecti. Sem. nuda.

453. FRANCHIPANIER.

Cor. infundibulif. à limbe part. en 5. 2 follicules, alongés. Sem. ailés.

453. PLUMERIA.

Cor. infundibulif. Limbo 5-partito. Folliculi 2, longi, reflexi. Sem. alata.

454. CAMERIER.

Cor. infundibulif. à tube ventru du fommet & à la bafe. 2 follicules divergens, comprimées, fub-5-lobées. Sem. ailées.

454. CAMERARIA.

Cor. infundibulif. Tubo baſi apice que ventricoſo. Folliculi 2, divaricati, comp. reff. fub-5-loſi. S.m. alata.

455. LAUROSE.

Cor. infundibuliforme : à orifice couronné par des appendices frangées. 2 follicules longs, droits. Sem. à aigrette.

455. NERIUM.

Cor. infundibuliformis: fauce appendiciis lacuris coronata. Folliculi 2, longi, erecti. Sem. pappoſa.

456. EGHITE.

Cor. infundibulif. : à orifice nud. 2 follicules longs. Sem. à aigrette.

456. ÉCHITES.

Cor. infundibulif. fauce nuda. Folliculi 2, longi. Sem. papoſa.

DIGYNIE.

DIGYNIA.

457. ASCLEPIADE.

Cor. en roue, le plus fouvent réfléchie. 5 cornets auricula. droits. Etam. opp. aux cornets. 10 tubes corniformes, fortant de chaque côté des loges des antheres, & fe réunissant par paires à 5 corpuſcules bruns. 2 follicules. Sem. à a grette.

457. ASCLEPIAS.

Cor. rotata, fepius reflexa. Cuculli 5, auriculati, erecti. ſtamina exculta oppoſita. Tubuli 10, corniformes, à lobulis antherarum utrinque enati, corpuſculis 5 fuſcis per paria connexi. Folliculi 2. Sem. pappoſa.

458. PERGULAIRE.

Cor. hypocrateriformes ; à limbe part. en 5. Anthères fagittées, mucronées. 2 follicules fcabres. Sem. à aigrette.

458. PERGULARIA.

Cor. hypocrateriformis : limbo 5-partito. Anthera fagittata, mucronata. Folliculi 2. fcabri. Sem. pappoſa.

459. APOCIN.

Cor. campanulée. 5 corpuſcules alt. avec les étamines. 2 follicules, longs. fem. à aigrette.

459. APOCYNUM.

Cor. campanulata. Corpuſcula 5 ; cum ſtaminibus alterna. Folliculi 2, longi. Sem. pappoſa.

460. PÉRIPLOQUE.

Cor. en roue. Urcéole tri-co... fil., produiſant 5 filets. 2 follic. oblongs. Sem. à aigrette.

460. PERIPLOCA.

C... rotata. Urceolus breviffimus, 5-fidus, fetas 5 ... Folliculi 2, oblongi. S.m. pappoſa.

460. CYNANQUE.

Cor. en roue. Urcéole plus court que la cor. 5-fide, lacinié. env. s'orifice. 2 follicules, oblongs. Sem. à aigrette.

460. CYNANCHUM.

Cor. rotata. Urceolus corolla brevior, 5-fidus, lacerus, faucem ambiens. Folliculi 2, oblongi. Sem. pappofa.

461. STAPELE.

Cor. en roue. Opercule en étoile, double, couvrant les part. génitales: l'un & l'autre 5-phylle: à folioles 2 au 5-fides au fom. 2 foll. Sem. à aigrette.

461. STAPELIA.

Cor. rotata. Operculum stellatum, duplex, genitalia tegens, utrumque 5-phyllum: foliolis apice 2 f. 5-fidis. follic. 2. Sem. pappofa.

462. CÉROPEGE.

Cor. uréolée tubulofe, ventrue à fa bafe: à limbe prefque conniv. 2 follic. Sem. à aigrette.

462. CEROPEGIA.

Cor. urceolato-tubulofa, bafi ventricofa: limbo fubconnivente. Folliculi 2. Sem. pappofi.

464. MATELÉ.

Cor. en roue. Anth. réunies en une tête 5-gone. 2 follicule (l'autre avortant), 5-gone. Sem. crenelées en leur bord.

464. MATELEA.

Cor. rotata. Antheræ in capitulum 5-gonum conjunctæ. Foll. 2 (altero obvertico), 5-gonus. Sem. margine crenata.

465. MELODIN.

Cor. hypocratériforme; à limbe tors. Couronne 5-fide, lacerée, env. l'orifice. Baie charnue, globuleuſe, 2-loculaire, polyſperme.

465. MELODINUS.

Cor. hypocrateriformis; limbo contorto. Corona 5-fida, lacera, faucem ambiens. Bacca carnofa, globofa, 2-locularis, polyfperma.

466. HERNIAIRE.

Cal. partagé en 5. Cor. O. 5 filam. ſtériles, alt. avec les étamines. Caiſ. 1-ſperme.

466. HERNIARIA.

Cal. 5-partitus. Cor. O. Filamenta 5 fterilia, cum ftaminibus alterna. Capf. 1-fperma.

467. ANSERINE.

Cal. partagé en 5. Cor. O. Sem. fupérieure, recouv. par le cal. 5-gone.

467. CHENOPODIUN.

Cal. 5 partitus. Cor. O. Sem. I. fuperum, calyce 5-gono clauſoque tectum.

468. SOUDE.

Cal. partagé en 5. Cor. O. 1 fem. entournée recouv. par le cal. en coſſ.

468. SALSOLA.

Cal. 5-partitus. Cor. O. fem. 1. Cochleatum, calyce capfæ lari tectum.

469. ANREDRE.

Cal. partagé en 2: à lobes carinés fur le dos. Cor. O. fem. recouv. par le cal. comprimé, à 2 ailes.

469. ANREDERA.

Cal. 2-partitus: lobis dorfo carinatis. Cor. O. fem. 1. tectum, calyce compreffo, 2-alato.

470. BETTE.

Cal. pert. en 5. Cor. O. 1 fem. réniforme, entoil. par la bafe charnue du calice.

470. BETA.

Cal. 5-partitus. Cor. O. Sem. 1. reniforme, bafi carnofa calycis involutum.

471. MICROTEÉ.

Cal. pert. en 5. Cor. O. Drupe ſec, échiné, 1-ſperme.

471. MICROTEUM.

Cal. 5-partitus. Cor. O. Drupa ficca, echinata, 1-fperma.

472. BOSÉ.

Cal. 5-phylle. Cor. O. Drupe 1-ſperme.

472. BOSEA.

Cal. 5-phyllus. Cor. O. Drupa 1-fperma.

473. A N A B A S E.	**473. A N A B A S I S.**
Cal. 3-phylle, 5 pétales, crès-petits. Baie 1-sperme, recouv. par le calice.	*Cal. 3-phyllus. Petala 5, minima. Bacca 1-sperma, calyce tecta.*
474. C R E S S E.	**474. C R E S S A.**
Cal. part. en 5. Cor. hypocratériforme : b tube court, Capf. 2-valve, 1-sperme.	*Cal. 5-partitus. Cor. hypocrateriformis : tubo brevi. Capf. 2-valvis, 1-sperma.*
475. V A H L E.	**475. V A H L I A.**
Cal. supérieur, 5-fide. 5 pétales. Capf. couronnée, 1-loculaire, 2-valve, polysperme.	*Cal. superus, 5-fidus. Petala 5. Capf. coronata, 1-locularis, 2-valvis, polysperma.*
476. S T E R I F E.	**476. S T E R I F A.**
Cal. partagé en 5. Cor. infundibulif. 5-fide. Stigm. peltlo. à capf. 1-sperme.	*Cal. 5-partitus. Cor. infundibulif. 5-fida. Stigma peltata. Capf. 1. 1-sperma.*
477. D I C H O N D R E.	**477. D I C H O N D R A.**
Cal. 5-phylle. Cor. en roue, partagée en 5. Capf. à 2 coques.	*Cal. 5-phyllus. Cor. rotata, 5-partita. Capf. 2-cocca.*
478. C O U T A R D E.	**478. H Y D R O L E A.**
Cal. part. en 5. Cor. en roue, à 5 lobes. Filamens en cœur à la base Capf. 2-loculaire, 2-valve.	*Cal. 5-partitus. Cor. rotata, 5-loba. Filamenta baſi cordata. Capf. 2-locularis, 2-valvis.*
479. N A M A.	**479. N A M A.**
Cal. part. en 5. Cor. tubuleuse, 5-fide. Capf. oblongue, 2-locul. 2-valve, polysperme.	*Cal. 5-partitus. Cor. tubulofa, 5-fida. Capf. oblonga, 2-locularis, 2-valvis, polysperma.*
480. H E U C H E R E.	**480. H E U C H E R A.**
Cal. semi-supérieur, à 5 dents. 5 pétales. Capf. 2-cornue, 2-loculaire, s'ouvrant entre les ſtyles.	*Cal. femi-ſuperus, 5-dentatus. Petala 5. Capf. 2-roſtris; 2-locularis, inter ſtylos dehiſcens.*
481. I U I U B I E R.	**481. Z I Z I P H U S.**
Cal. ouvert, 5-fide. 5-pétales. Difque orbiculaire, env. le piſtil. Drupe à noyau 2-loculaire.	*Cal. patens, 5-fidus. Petala 5. Diſcus orbicularis, piſtillum ambiens. Drupa nucleo 2-loculari.*
482. O R M E.	**482. U L M U S.**
Cal. campanulé, 5-fide. Cor. O. Capf. comprimée, membraneuſe, 1-sperme.	*Cal. campanulatus, 5-fidus. Cor. O. Capf. compreſſo-membranacea, 1-sperma.*
483. V E L E Z E.	**483. V E L E Z I A.**
Cal. filiforme, à 5 dents. 5 pét. onguiculés. Capf. cylindrique, 1-loculaire.	*Cal. filiformis, 5 dentatus. Pet. 5, unguiculata. Capf. cylindrica, 1-locularis.*

484. PHYLLIS.

Cal. trèsparti, à 5dts. Cor. part. en 5. Capf. inférieure, 2-loculaire, fi part. en deux. Sem. folitaires.

484. PHYLLIS.

Cal. minimus, 5-fidus. Cor. 5-partita. Capf. infera, 2-locularis, 2-partibilis; fem. folitaria.

485. COPROSME.

Cal. trèsparti, à 5 dents. Cor. infundib, Stylus longs. Baie inférieure, 2-fperme.

485. COPROSMA.

Cal. minimus, 5-dentatus. Cor. infundib, Styli longi. Bacca infera, 2-fperma.

486. CUSSONE.

Cal. fupérieur, tronqué, à 5 dents obfcures. 5 pétales. Fruit couronné 2-loculaire. Sem. folitaires.

486. CUSSONIA.

Cal. fuperus, truncatus, fub5-dentatus. Petala 5. Fruct. coronatus, 2-locularis. Sem. folitaria.

487. PANICAUT.

Fleurs en tête collasiv. Récep. paléacé. Fruit couronné, fi part. en deux.

487. ERYNGIUM.

Flores capitati, involucrati. Recep. paleaceum. Fruct. coronatus, 2-partibilis.

438. HYDROCOTE.

Ombelle le plus fouvens fimple, Pét. entiers, Fruit didyme, comprimé. Sem. fem.-orbiculaires.

488. HYDROCOTYLE.

Umbella fæpius fimplex. Pet. integra, Fruct. didymus, compreffus. Sem. femi-orbiculata.

489. AZORELLE.

Ombelle fimple. Cal. à 5 dents, Pét. entiers, Fruit prefque globuleux, couronné, fi part. en deux.

489. AZORELLA.

Umbella fimplex. Cal. 5-dentatus. Pet. integra, Fruct. fub-globofus, coronatus, 2-partibilis.

490. BUPLEVRE.

Involucelles fub5-phylles, plus grandes que les ombellules. Pét. entiers, roulés en-dedans. Fr. ovale, nue four.

490. BUPLEVRUM.

Involucella umbellulis majora, fub5-phylla. Pet. integra, involuta. Fructus ovatus, non coronatus.

491. EXACANTHE.

Collorette épineufe, Involucelles dimidiées : à rayons inégaux. Fl. toutes hermaphrodites : pét. égaux, à fem, nues.

491. EXOACANTHA.

Involucrum f-inofum. Involucella dimidiata : radiis inæqualibus. Fl. omnes hermaphroditi: pet. æquales, fem. 1, nuda.

492. ECHINOPHORE.

Collorette fub5-phylle Involucelles turbinées, 1-phylles, fub5-fides. Fl. latérales mâles : celle du centre hermaphrodite, 1 fem, enfoncée dans l'invol.

492. ECHINOPHORA.

Involucrum fub5-phyllum. Involucella turbinata 1-phylla, fub5-fida. Fl. laterales mafculi : centrali hermaphrodito, Sem. 1. Involucello fummerfum.

493. SANICLE.

Ombellules rum, en tête : à fleurs centrales avortées. Fruit ovale, fcabre ou muriqué.

493. SANICULA.

Umbellulæ confertæ-capitatæ ; floribus centralibus abortivis, Fruct. ovatus, fcaber aut muricatus.

494. ASTRANCE.

Involucelles polyphylles : à folioles linéaires-lancéolées ; colortes, égales, en forme de rayons. Fl. nombreufes avortantes. Fruit ovale, couronné ; à côtes ridées, fcabres,

494. ASTRANTIA.

Involucella polyphylla : foliolis lineari-lanceolatis coloratis æqualibus radiiformibus. Flores plurimi abortientes, Fructus ovatus, coronatus ; coftis rugofo-fcabris.

495.

495. CAUCALIDE.

Collerettes à folioles entières. Corolles rayonnées : à pétales pliés en cœur ; les extérieurs plus grands. Fruit muriqué.

495. CAUCALIS.

Involucra foliolis integris. Corolla radiata : petalis inflexo-cordatis ; exterioribus majoribus. Fructus muricatus.

496. CAROTTE.

Collerettes à folioles pinnatifides. Corolles rayonnées ; pétales pliés en cœur ; les extérieurs plus grands. Fruit hérissé en muriqué.

496. DAUCUS.

Involucra foliolis pinnatifidis. Corolla radiata , petalis inflexo-cordatis : exterioribus majoribus. Fructus echinatus aut muricatus.

497. TORDILE.

Collerettes à folioles entières. Corolles rayonnées ; les extérieurs irrégulières. Sem. orbiculées : comprimées , entourées d'un bord épais & crénelé.

497. TORDYLIUM.

Involucra foliolis indivisis. Corolla radiata : exterioribus inæqualibus. Sem. orbiculata , compressa , margine incrassato crenulatoque cincta.

498. ARTÉDIE.

Collerettes à folioles pinnatifides. Corolles rayonnées. Fleurs du disque mâles. Fruit comprimé : à bord entouré de lobes membraneux , scarieux.

498. ARTEDIA.

Involucra foliolis pinnatifidis. Corolla radiata. Flores disci mascula. Fructus compressus : margine lobis membranaceo-scariosis cincto.

499. AMMI.

Collerette à folioles pinnatifides. Corolles rayonnées. Fruit lisse.

499. AMMI.

Involucrum foliolis pinnatifidis. Corolla radiata. Fructus levis.

500. CUMIN.

Collerettes sub5-phylles : à folioles simples & trifides. Fruit ovale, strié , hispidale.

500. CUMINUM.

Involucra sub5-phylla : foliolis simplicibus & trifidis. Fructus ovatus , striatus , hispidulus.

501. BUBON.

Collerette sub5-phylle. Involucelles polyphylles. Fruit ovale , strié , velu.

501. BUBON.

Involucrum sub5-phyllum. Involucella polyphylla. Fruit. ovatus , striatus , villosus.

502. ATHAMANTHE.

Collerettes polyphylles. Pétales pliés en cœur. Fruit ovale-oblong , strié , velu.

502. ATHAMANTA.

Involucra polyphylla. Petala inflexo-emarginata. Fructus ovato-oblongus , striatus , villosus.

503. CIGUE.

Collerettes sub5-phylles. Pét. pliés en cœur. Fruit globuleux , ovale : à côtes ondulées , crénelées.

503. CICUTA.

Involucra sub5-phylla. Petala inflexo-cordata. Fruct. globulosus : costis undulato-crenatis.

504. CICUTAIRE.

Collerette O. Involucelles ; en 5-phylles. Fruit presqu'ovale ; fillonné.

504. CICUTARIA.

Involucrum O. Involucella 5. f. 5-phylla. Fructus subovatus , sulcatus.

305. ÆTHUSE.

Collerette O. Involucelles d'un côté, sub-triphylles, fort longues. Fruit subglobuleux, strié.

305. ÆTHUSA.

Involucrum O. Involucella dimidiata sub-triphylla, prælonga. Fruct. subglobosus, striatus.

316. PERSIL.

Collerettes O, ou à peu d folioles. Pét. égaux, courbés en-dedans. Fruit ovale, strié.

306. APIUM.

Involucra O, aut paucifolia. Pet. æqualia, inflexa. Fruct. ovatus striatus.

307. CORIANDRE.

Collerette presque nulle. Involucelles dimidilées. Corolles rayonnées, celles de la circonférence à pét. inégaux, Fruit sphérique.

307. CORIANDRIUM.

Involucrum subnullum. Involucella dimidiata. Corolla radiata; petalis in radio inæqualibus. Fruct. sphæricus.

308. BACILE.

Collerettes polyphylles. Pétales presqu'égaux. Fruit ovale, lisse, un peu strié.

308. CRITHMUM.

Involucra polyphylla. Petala subæqualia. Fruct. ovalis, levis substriatus.

309. TERRENOIX.

Collerettes à peu de folioles. Corolles uniformes. Fruit ovale.

309. BUNIUM.

Involucra paucifolia. Corolla uniformes. Fruct. ovatus.

310. BERLE.

Collerettes polyphylles. Pét. presqu'égaux. Fruit ovale-oblong, strié.

310. SIUM.

Involucra polyphylla. Pet. subæqualia. Fruct. ovato-oblongus, striatus.

311. ANGÉLIQUE.

Collerette à peu de folioles. Involucelles polyphylles. Corolles uniformes. Fruit ovale-arrondi, solide, anguleux.

311. ANGELICA.

Involucrum paucifolium. Involucella polyphylla. Corolla uniformes. Fruct. ovato-subrotundus, solidus, angulatus.

312. LIVECHE.

Collerettes subpolyphylles, membraneuses. Corolles uniformes. Fruit ovale-oblong, à côtes anguleuses & profondes.

312. LIGUSTICUM.

Involucra subpolyphylla, membranacea. Corolla uniformes. Fruct. ovato-oblongus, costato-angulatus.

313. IMPERATOIRE.

Collerette O. Pétales presqu'égaux. Fruit comprimé, à 3 côtes de chaque côté dans son milieu, à bord en aile membraneuse.

313. IMPERATORIA.

Involucrum O. Petala subæqualia. Fructus compressus; medio utrinque 3-costatus, margine membranaceo-alatus.

314. LASER.

Collerettes polyphylles. Pét. presqu'égaux, courbés en-dedans. Fruit oblong, à 8 angles membr. & ailés.

314. LASERPITIUM.

Involucra polyphylla. Pet. subæqualia, inflexa. Fruct. oblongus, angulis 8, membranaceo-alatis.

315. SELIN.

Collerette subpolyphylle. Corolles uniformes. Fruit comprimé, strié de chaque côté dans son milieu.

315. SELINUM.

Involucrum subpolyphyllum. Corolla uniformis. Fruct. compressus, utrinque medio striatus.

316. BERCE.

Collerette à peu de folioles; caduque. Involucelles polyphylles. Corolles expansées. Pét. ptits, échancrés; ceux de la circonf. inégaux. Fruit ellipique; comprimé.

316. HERACLEUM.

Involucrum paucifolium, caducum. Involucella calyphylla. Corolla radiata; petala inflexo-emarginata; in radio inæqualia. Fruct. ellipticus, compressus.

317. CERFEUILLE.

Collerette O. Involucelles sous-phylles. Pét. inégaux. Fruit oblong subulé; ou sans d'arbreux.

317. CHÆROPHYLLUM.

Involucrum O. Involucella subpolyphylla. Petala inæqualia; fructus oblongo-subulatus, rostratus.

318. SESELI.

Collerette O. Involucelles subpolyphylles. Pét. courbés en dedans; presqu'égaux. Fruit ovale, strié.

318. SESELI.

Involucrum O. Involucella subpolyphylla. Pet. inflexa, subæqualia. Fructus ovatus striatus.

319. OENANTHE.

Fleurs disformes; celles du disque plus petites, stériles. Fruit strié, couronné par les calices & les styles.

319. OENANTHE.

Flores difformes, disci minores, steriles. Fruct. striatus, calyce pistilloque coronatus.

320. BOUCAGE.

Collerettes O. Pétales courbés en-dedans, presqu'égaux. Fruit ovale-oblong.

320. PIMPINELLA.

Involucra O. Petala inflexa, subæqualia. Fruct. ovato-oblongus.

321. ANETH.

Collerettes O. Pétales courbés, roulés en-dedans. Fruit presqu'ovale, comprimé, strié.

321. ANETHUM.

Involucra O. Petala incurva, involuta. Fructus subovatus, compressus, striatus.

322. MACERON.

Collerette le plus souvent O. Pét. aminci, courbés endedans. Fruit globuleux-ovale, anguleux.

322. SMYRNIUM.

Involucra sæpe O. Pet. acuminata, incurva. Fruct. globoso-ovatus, angulatus.

323. ARMARINTHE.

Collerette subpolyphylle. Pét. lancéolés, égaux. Fruit subovale, sillonné, à sommet ferrugineux.

323. CACHRYS.

Involucra subpolyphylla. Pet. lanceolata, æqualia. Fructus suberosus, sulcatus; vertice ferrugino.

324. FERULE.

Collerette le plus souvent O. Involucelles polyphylles. Ombellet globuleuses. Fruit ovale, comprimé & strié de chaque côté.

324. FERULA.

Involucrum sæpius O. Involucella polyphylla. Umbellæ globosæ. Fruct. ovalis compressus, striis utrinque tribus.

Ccc 2

515. THAPSIE.

Collerette O. Pét. lancéolée, courbée en-dedans. Fruit aplati, garni sur les bords d'ailes menues.

516. PANAIS.

Collet. le plus souvent O. Pét. entiers, courbés en-dedans. Fruit elliptique, comprimé, applati.

TRIGYNIE.

527. SUMAC.

Cal. partagé en 5. Cinq pétales. Baie ou drupe sec, 1-sperme.

528. ANACARDE.

Cal. 5 fol. 5 pétales. Noix posée à cœur. 1-sperme, posée sur un gros grain, charnu.

529. TACHIBOTE.

Cal. partagé en 5. 5 pétales. Styl. O. Caps. superieure, 5-gone, 5-loculaire, 5-valve, polysperme.

530. SPATHELIER.

Cal. 5-phylle. 5 pétales. Style O. Caps. 5-gone à 5 ailes, 5-loculaire, 5 5 sperme.

531. OCHROXYLE.

Cal. 5-parti, 5 fils. 5 pétales. Glande annulaire. Sub-5-lobée. 5 caps. rapprochées, 2-loculaires, 2 5 semence.

532. STAPHILIER.

Cal. partagé en 5. 5 pétales. Caps. enflée, soudées, 2 semen. globuleuse, avec une cicatrice.

533. PALIURE.

Cal. ouvert, 5 fils. 5 pétales. Disque orbiculaire couv. le vaisl. Drupe sec, 3 loculaire, entouré d'une aile membraneuse, orbiculaire.

534. VIORNE.

Cal. 5-phare, 5 5 dents. Cor. 5 fid. Baie 1-sperme.

---

515. THAPSIA.

Involucra O. Petala lanceolata, incurva. Fruit. oblongus, alis emarginato-mutica ad latera cinctus.

516. PASTINACA.

Involucra saepius O. Pet. integra, involuta. Fructus ellipticus, compressus, planus.

TRIGYNIA.

527. RHUS.

Cal. 5-partitus. Petala 5. Bacca vel drupa sicca, 1-sperma.

518. ANACARDIUM.

Cal. 5-fidus. Petala 5. Nux subcordata. 1-sperma, receptaculo grosso carnoso insidens.

530. TACHIBOTA.

Cal. 5 partitus. Petala 5. Styl. O. Caps. supera, 5-gona, 5-locularis, 5-valvis, polysperma.

530. SPATHELIA.

Cal. 5-phyllus Petala 5. Stylus O. Caps. 5-gona, 5-alata, 5-locularis, 5 sperma.

531. OCHROXYLON.

Cal. 5-fidus. Petala 5. Glandula annularis, sub-5-loba. Caps. 5 5, approximatae, 2-loculares, 2-sperma.

532. STAPHYLEA.

Cal. 5-partitus. Petala 5. Caps. inflata connatae. Sem. 2 globosa cum cicatrice.

533. PALIURUS.

Cal. patens, 5-fidus. Petala 5. Discus orbicularis pistillum ambiens. Drupa sicca, 3-locularis, ala membranacea orbiculari cincta.

534. VIBURNUM.

Cal. superus, 5-dentatus. Cor. 5-fida. Bacca 1-sperma.

335. SUREAU.

Cal. supérieur, à 5 dents. Cor. 5-fide. Baie 3-sperme.

131. SAMBUCUS.

Cal. superus, 5-dentatus. Cor. 5-fida. Bacca 3-sperma.

336. TURNERE.

Cal. infundibuliforme : à limbe 5-fide, 5 pétales attachés au calice. Stigmates multifides. Caps. supérieure, 1-locul. 3-valve.

336. TURNERA.

Cal. infundibulif. Limbo 5-fido. Petala 5, calyci inserta. Stigmata multifida. Caps. supera, 1-locularis, 3-valvis.

337. SAGONE.

Cal. partagé en 5. Cor. campanulée, 5-fide. Anthères 2-fides en 2 bouts. Caps. s'ouvrant en travers, 3-locul. polysperme.

117. SAGONEA.

Cal. 5-partitus. Cor. campanulata, 5-fida. Antheræ usque ad 2-fidæ. Caps. circumscissa, 3-locularis, polysperma.

338. TAMARIS.

Cal. 5-fide. 5-pétales. Caps. 1-loculaire, 3-valve. Sem. 2 aigrettes.

338. TAMARIX.

Cal. 5-partitus. Petala 5. Caps. 1-locularis, 3-valvis. Semina papposa.

339. CORRIGIOLE.

Cal. 5-phylle : à feuil. membr. sur les bords, 5 pétales, 5 fermées, 1-sperme.

139. CORRIGIOLA.

Cal. 5-phyllus : foliolis margine membranaceis. Petala 5. Semina 1, sesquasortum.

340. TELEPHE.

Cal. 5-phylle, 5-pétales. Caps. 5-gone, 3-valve, 1-loculaire, polysperme.

140. TELEPHIUM.

Cal. 5-phyllus. Petala 5. Caps. 5-gona, 3-valvis, 1-locularis, polysperma.

341. PHARNACE.

Cal. 5-phylle. Cor. O. Caps. 3-loculaire, polysperme.

141. PHARNACEUM.

Cal. 5-phyllus. Cor. O. Caps. 3-locularis, polysperma.

342. MORGELINE.

Cal. 5-phylle. 5 pétales. Caps. 1-loculaire, 3-valve.

142. ALSINE.

Cal. 5-phyllus. Petala 5. Caps. 1-locularis, 3-valvis.

343. DRYPIS.

Cal. tubuleux, à 5 dents. 5 pétales. Caps. s'ouvrant transversalement, 1-sperme.

143. DRYPIS.

Cal. tubulosus, 5-dentatus. Petala 5. Caps. circumscissa, 1-sperma.

344. SAROTHRE.

Cal. 5 feuil. 5-pétales. Caps. oblongue, 1-loculaire, 3-valve.

144. SAROTHRA.

Cal. 5 folia. Petala 5. Caps. oblonga, 1-locularis, 3-valvis.

345. BASELLE.

Cal. intérieur, 5-phylle : à 2 divis. trispermes. Cor. O. 1 sem. osseuse, par le calice en dessus.

145. BASELLA.

Cal. interiore, 5-phyllus : sub imbr. magnitudinis. Cor. O. Sem. 1. Calyce baccato inclusum.

TÉTRAGYNIE.

146. LISEROLLE.

Cal. 5-phylle. Cor. presqu'en roue, 5-fide. Caps. 4-loculaire. Sem. solitaires.

147. PARNASSIE.

Cal. partagé en 5. 5 pétales. 5 écailles presqu'en cœur, ciliées : à cils globuliferes.

PENTAGYNIE.

548. ARALIE.

Cal. supérieur, à 5 dents. 5 pétales. Baie couronnée, à 5 semences.

549. GOUPI.

Cal. à 5 dents. 5 pétales munis au sommet d'une languette pendante. Baie à 5 filons, 1-local. sub5 sperma.

550. COMMERSON.

Cal. 5-fide. 5 pétales, dilatés à leur base de chaque côté par un lobe rentrant. Tube part. en 10, entre les étamines. Caps. hérissée, 5 loculaire.

551. MAHERNE.

Cal. 5-fide. 5 pétales. Filam. dilatés dans le milieu en un tubere. en cœur renversé. Caps. 5-loculaire.

552. LIN.

Cal. 5-phylle. 5 pétales, onguiculés. Caps. à 10 valves, 10 loges. Sem. solitaires.

553. STATICE.

Cal. 1-phyll. entier : à limbe plissé, scarieux. 5 pétales : à ongles staminiferes. Caps. 1-sperme.

554. CRASSULE.

Cal. partagé en 5. 5 pétales. 5 écailles à la base des ovaires. 5 capsules, polyspermes.

555. ROSSOLIS.

Cal. 5-fide. 5 pétales. Caps. 1-loculaire, à env. 5 valves au sommet. Sem. nombreuses.

PENTANDRIA PENTAGYNIA.

TETRAGYNIA.

146. EVOLVULUS.

Cal. 5-phyllus. Cor. subrotata, 5-fida. Caps. 4-localaris. Sem. solitaria.

147. PARNASSIA.

Cal. 5-partitus. Petala 5. Squama 5. subcordata, ciliata: ciliis globaliferis. Caps. 5-valvis.

PENTAGYNIA

548. ARALIA

Cal. superus, 5-dentatus. Petala 5. Bacca coronata, 5-sperma.

549. GOUPIA.

Cal. 5-dentatus. Petala 5, ad apicem ligula pendente aucta. Bacca 5 sulcata, 1-locularis, sub5-sperma.

550. COMMERSONIA.

Cal. 5-fidus. Petala 5, basi utrinque lobo instar dilatata. Tubus 10-partitus intra stamina. Caps. echinata, 5-localaris.

551. MAHERNIA.

Cal. 5-fidus. Petala 5. Filam. medio dilatata in tuberculum obcordatum. Caps. 5 locularis.

552. LINUM.

Cal. 5-phyllus. Petala 5, unguiculata. Caps. 10-valvis, 10-locularis. Sem. solitaria.

553. STATICE.

Cal. 1-phyllus, integer: limbo plicato scarioso. Petala 5 : unguibus staminiferis. Caps. 1-sperma.

554. CRASSULA.

Cal. 5-partitus. Petala 5. Squama 5, ad basim germinum. Capsula 5, polysperma.

555. DROSERA.

Cal. 5-fidus. Petala 5. Caps. 1-locularis, apice sub5-valvis. Sem. plurima.

156. ALDROVANDE.

Cal. 5-fide. 5 pétales. Caps. 1-loculaire, 5 valve, 10-sperme.

157. SIBBALDE.

Cal. 10-fide. 5 pétales. attachés au calice. Styles fixés du côté des ovaires. 5 sem.

158. GISEQUE.

Cal. 5-phylle. Cor. O. 5 Caps. rapprochées, arrondies, 1-spermes.

POLYGYNIE.

159. SCHEFFLERE.

Cal. supérieur, à 5 dents. 5 pétales. Caps. globuleuse-déprimée, total. à 8 ou 10 loges.

160. RATONCULE.

Cal. 5-phylle: à folioles prol. en queue sous l'insertion. 5 pétales: à onglet tubuleux. Sem. nombreuses, comiquées.

156. ALDROVANDA.

C. l. 5 fidus. Petala 5. Caps. 1-locularis, 5-valvis, 10-sperma.

157. SIBBALDIA.

Cal. 10 fidus. Petala 5, calyci inserta. Styli à latere germinum. Sem. 5.

158. GISEKIA.

Cal. 5-phyllus. Cor. O. Caps. 5. approximata, subrotunda, 1-sperma.

POLYGYNIA.

159. SCHEFFLERA.

Cal. superus, 5-dentatus. Petala 5. Caps. globofo-depressa, tortulosa, 8 f. 10-locularis.

160. MYOSURUS.

Cal. 5-phyllus: foliolis infrà inferiorum caudatis. Petala 5: ungue tubulosa. Sem. numerosa, corticata.

ILLUSTRATION DES GENRES.

CLASSE V.

253. HÉLIOTROPE.

Caract. essent.

Cor. hypocrateriforme, 5-fide, avec des dents ou des plis interposés : à orifice nud.

Caract. nat.

Cal. 1-phylle, quinquefide, persistant.
Cor. monopétale, hypocratériforme. Tube de la longueur du calice ; à orifice nud. Limbe plane, obtus, semi-quinquefide : à cinq découp. plus petites, interposées.
Étam. Cinq filamens, très-courts, attachés au tube. Anthères petites, oblongues, situées à l'orifice.
Pist. Quatre ovaires. Style filiforme, de la longueur des étamines. Stigmate échancré.
Péric. nul. Le calice contient les semences.
Sem. Quatre, ovales, acuminées.

Tableau des espèces.

1754. HÉLIOTROPE du Pérou. Dict. n°. 1.
H. à tige frutescente, feuilles lancéolées, ovales, ridées ; épis nombreux, rappr. presqu'en corymbe.
L. n. le Pérou. ♄ Fl. à od. de vanille.

1755. HÉLIOTROPE à f. d'ormin. Dict. n° 2.
H. à feuilles en cœur-ovales, pointues, très-ridées, épis solitaires, fruits bifides.
L. n. Les deux Indes. ☉ Fr. anguleux.

253. HELIOTROPIUM.

Charact. essent.

Cor. hypocrateriformis, 5-fida, interjectis dentibus aut plicis : fauce nuda.

Charact. nat.

Cal. 1-phyllus, quinquefidus, persistens.
Cor. monopetala, hypocrateriformis. Tubus longitudine calycis ; fauce nuda. Limbus planus, semi-quinquefidus, obtusus : laciniis minoribus quinque interjectis.
Stam. Filamenta quinque, brevissima, tubo inserta. Antheræ parvæ, oblongæ, ad faucem.
Pist. Germina quatuor. Stylus filiformis, longitudine staminum. Stigma emarginatum.
Peric. nullum. Calyx semina fovet.
Sem. quatuor, ovata, acuminata.

Conspectus Specierum.

1754. HELIOTROPIUM *Peruvianum*.
H. caule frutescente, foliis lanceolato-ovatis rugosis ; spicis numerosis aggregato-corymbosis.
E. Peru. ♄ Fl. vanillam spirant.

1755. HELIOTROPIUM *parviflorum*.
H. foliis cordato-ovatis, acutis rugosissimis, spicis solitariis, fructibus bifidis.
Ex utrisque Indiis. ☉ Fr. angulati.

1756.

1756. HÉLIOTROPE à petites fl. Dict. n°. 3.
H. à feuilles ovales, un peu ridées, opp. &
alternes ; épis souvent géminés.
L. n. L'Amérique. ⊙

1757. HÉLIOTROPE basses. Dict. suppl.
H. à feuilles ovales-lancéolées, velues ; é,.is
solitaires, latéraux.
L. n. les Antilles. ⊙ H. de la Jamaïque. Dict.

1758. HÉLIOTROPE commun. Dict. n°. 4.
H. à feuilles ovales, un peu tom. molles,
tige droite, épis géminés.
L. n. L'Europe. ⊙ Fl. blanches.

1759. HÉLIOTROPE couché. Dict. n°. 5.
H. à feuilles ovales, tomenteuses, molles ;
tiges couchées ; épis petits, presque latéraux.
L. n. L'Europe australe. ⊙

1760. HÉLIOTROPE de Malabar. Dict. suppl.
H. à feuilles ovales, tomenteuses, plissée ;
épis presque solitaires ; calices séparés, très-
velus.
L. n. l'Inde. Sonnerat. Reeq. fasc. 4. n. 73.

1761. HÉLIOTROPE. de Perse. Dict. n°. 9.
H. à feuilles linéaires-lancéolées, velues,
recourbées ; tige frutescente ; épis feuillés,
terminaux.
L. n. La Perse.

1762. HÉLIOTROPE de Ceylan. Dict. n°. 8.
H. à feuilles linéaires, velues en-dessous, à
bords recourbés ; tige frutescente, paniculée ;
épis filiformes.
L. n. l'Inde. ♭ Sonnerat. Fl. distantes.

1763. HÉLIOTR. de Coromandel. Dict. suppl.
H. à feuilles ovoïdes, velues, entières ; épis
simples & géminés ; semences ponctuées.
L. n. L'Inde. Retz. ovalifolium. Forsk.

1764. HÉLIOTROPE ondulé. Dict. suppl.
H. à feuilles lancéolées, hispides, à bords re-
courbés, ondulés ; épis géminés ; cor. velues,
tige couchée.
L. n. l'Arabie. Lithosp. hispidum. Forsk. p. 38.
Botanique. Tome I.

1756. HELIOTROPIUM parviflorum.
H. foliis ovatis, rugosiusculis, oppositis al-
ternisque ; spicis subconjugatis.
Ex America. ⊙

1757. HELIOTROPIUM humile.
H. foliis ovato-lanceolatis villosis ; spicis so-
litariis lateralibus.
Ex ins. Carib. ⊙ H. Dict. n. 6. Quoad. descr.

1758. HELIOTROPIUM Europ. T. 91. f. 1.
H. foliis ovatis, subtomentosis mollibus,
caule erecto ; spicis conjugatis.
Ex Europa. ⊙ Fl. albi.

1759. HELIOTROPIUM supinum.
H. foliis ovatis, tomentosis, mollibus ; cau-
libus prostratis ; spicis parvis sublateralibus.
Ex Europa australi. ⊙

1760. HELIOTROPIUM Malabaricum.
H. foliis ovalibus, tomentosis, plicatis ; spicis
subsolitariis ; calycibus distinctis villosissimis.

Ex India. Burm. Ind. t. 26. f. 1.

1761. HELIOTROPIUM Persicum.
H. foliis lineari-lanceolatis, villosis recurvatis ; caule fruticoso ; spicis foliosis terminalibus.
E Persia. Burm. Ind. t. 19. f. 1.

1762. HELIOTROPIUM Zeylanicum.
H. foliis linearibus, subtus villosis margine
revolutis, caule fruticoso paniculato ; spicis
filiformibus.
Ex India. ♭ Burm. Ind. t. 16, f. 2.

1763. HELIOTROPIUM Coromandelianum.
H. foliis obovatis, villosis, integris ; spicis
simplicibus conjugatisque ; seminibus punctatis.
Ex India. Retz. fasc. 2. n. 9. Vahl. symb. 13.

1764. HELIOTROPIUM undulatum.
H. foliis lanceolatis, hispidis, margine re-
volutis undulatis ; spicis conjugatis ; corollis
villosis, caule procumbente.
Ex Arabia. Vahl. symb. p. 13.
Ddd

1765. HÉLIOTROPE *rayé*. Dict. fuppl.
Il à feuilles elliptiques, pétiolées, velues,
à bords recourbés, non ondulés; épis geminés; tige couchée.
L. n. L'Arabie. *Lithofp.Heliotropioïdes. Forsk.*

1766. HÉLIOTROPE *frutiqueux*.
H. à feuilles linéaires-lancéolées, pileuses, à
bords recourbés; épis folit. feffiles; tige lign.
L. n. Les Antilles. ♄ Dict. n°. 6. *Supprim.
la defer.*

1767. HÉLIOTROPE *glauque*. Dict. n°. 7.
Il, à feuilles lancéolées-linéaires, glabres, fans
veines; épis geminés.
L. n. les pays chauds de l'Amérique, aux l.
maritimes. ☉

1768. HÉLIOTROPE *oriental*. Dict. n°. 10.
H. à feuilles linéaires, glabres, fans veines;
fleurs éparfes, latérales.
L. n. l'Afie. ☉

1769. HÉLIOTROPE *graphaloïde*. Dict. n° 11.
H. à feuilles lin. obtufes, tomem. foyeufes;
épis à fl. denfes, unilatérales; tige frutefcente.
L. n. les Antilles, la Jamaïque. ♄

* HÉLIOTROPE (*baccifèra*) à tige frutefcente
couchée; feuilles oblongues, hifpides, à bords
recourbés. Dict.

* HÉLIOTROPE (*fcabre*) à feuilles lancéolées, fcabres; tige rameufe, diffufe; fleurs
ramaffées.

* HÉLIOTROPE (*marioïde*) à feuilles lancéolées, hifpides; tiges couchées, fruticuleufes;
épis fimples, alternes.

HÉLIOTROPE (*inondé*) à feuilles oblongues,
obtufes, velues; épis quaternés, droits; tige
frutefcente. Les Antilles.

254 MYOSOTE.

Caract. effas.

Cor. hypocratériforme, 5-fide, échancrée:
orifice fermé par des écailles convexes.

1765. HELIOTROPIUM *lineatum*.
H. foliis ellipticis, petiolatis, villofis, margine revolutis planis; fpicis conjugatis, caule
procumbente.
Ex Arabia. Vahl. fymb. p. 13.

1766. HELIOTROPIUM *fruticofum*.
H. foliis lineari-lanceolatis, pilofis, margine
revolutis; fpicis folitariis feffilibus; caule fruticofo.
Ex inf. Caribæis. ♄ *Comm. D. Richard.*

1767. HELIOTR. *curaffavicum*. T. 91. f. 2.
H. foliis lanceolato-linearibus, glabris avenis; fpicis conjugatis.
Ex Amer. calid. maritimis. ☉

1768. HELIOTROPIUM *orientale*.
H. foliis linearibus, glabris, aveniis; floribus fparfis lateralibus.
Ex Afia. ☉

1769. HELIOTROPIUM *graphalodes*.
H. foliis linearibus obtufis, tomentofo-fericeis;
fpic. flor. denfis fecundis, caule frutefcente.
Ex inf. Caribæis, Jamaica. ♄

* HELIOTROPIUM (*bacciferum*) caule frutefcente proftrato.; foliis oblongis, hifpidis,
margine reflexis, *Forsk. p.* 38.

* HELIOTROPIUM (*fcabrum*) foliis lanceolatis ftrigofis, caule ramofo diffufo, fl. congeftis. *Rttg.* 2.

* HELIOTROPIUM (*marifolium*) foliis lanceolatis, hifpidis; caulibus procumbentibus
fruticulofis; fpicis fimplicibus alt. *Rttg. fafc.* 2.

* HELIOTROPIUM (*inundatum*) foliis oblongis, obtufis hirfutis; fpicis quaternis erectis,
caule frutefcente. *Swartz. pr.* 40.

254. MYOSOTIS.

Charact. effent.

Cor. hypocrateriformis, 5-fida, emarginata:
fauce claufa fornicibus.

Caract. nat.

Cal. femi-quinquefide, oblong, droit, perfiftant.
Cor. monopétale, hypocratériforme. Tube court, cylindrice. Limbe plane, femi-quinquefide : à découp. obtufes & échancrées. Orifice fermé par cinq écailles convexes, conniventes.
Étam. Cinq filamens très-courts, enfermés dans le tube. Anthères fort petites, couvertes.
Pift. Quatre ovaires. Style filiforme, de la longueur du tube. Stigmate obtus.
Péric. nul. Le calice grandi, cont. les femences.
Sem. Quatre, ovales, acuminées, glabres ou hériffées.

Charact. nat:

Cal. femi-quinquefidus, obl. erectus, perfiftens.
Cor. monopetala, hypocrateriformis. Tubus cylindraceus brevis. Limbus planus femi-quinquefidus : laciniis obtufis emarginatis. Faux claufa fquamulis quinque conv. conniventibus.
Stam. Filamenta quinque, tubo inclufa, breviffima. Antheræ minimæ tectæ.
Pift. Germina quatuor. Stylus filiformis, longitudine tubi. Stigma obtufum.
Péric. nullum. Calyx major, femina fovens.
Sem. Quatuor, ovata, acuminata, glabra aut echinata.

Tableau des effets.

* *Semences nues.*

Confpectus fpecierum.

* *Semina nuda.*

2770. MYOSOTE *des marais.* Dict.
M. à femences liffes, calices un peu obtus, égalam le tube de la corolle ; feuilles lancéolées, prefque nues.
L. n. les marais de l'Europe. ♃

2770. MYOSOTIS *paluftris.*
M. feminibus lævibus, calycibus obtufiufculis corollæ tubum æquantibus ; foliis lanceolatis fubnudis.
Ex Europæ paludibus. ♃

2771. MYOSOTE *des champs.* Dict.
M. à femences liffes, calices poinus, velus, plus longs que le tube de la corolle ; feuilles ovales-oblongues, velues.
L. n. l'Europe, dans les champs. ☉

2771. MYOSOTIS *arvenfis.*
M. feminibus lævibus, calycibus acutis hirfutis tubo corollæ longioribus ; foliis ovatooblongis villofis.
Ex Europæ arvis. ☉ *Racemi laxi, prælongi.*

2772. MYOSOTE *des rochers.* Dict.
M. à femences liffes, feuilles linéaires, pileufes, foyeufes ; grappes courtes, droites.
L. n. la Sibérie. ♃ Com. par M. Patrin.

2772. MYOSOTIS *rupeftris.*
M. feminibus lævibus, foliis linearibus pilofofericeis, racemis brevibus erectis.
E Sibiria. ♃ Pall. it. 3. tab. E. f. 3.

2773. MYOSOTE *frutiqueux.* Dict.
M. à femences liffes, tige glabre, ligneufe.
L. n. le Cap de Bonne-Efpérance. ♄

2773. MYOSOTIS *fruticofa.*
M. feminibus lævibus, caule fruticofo lævi.
E Cap. B. Spei. ♄

2774. MYOSOTE *à fleurs jaunes.* Dict.
M. à femences nues, feuilles linéaires-lancéolées, hifpides ; grappes feuillées.
L. n. l'Europe auftrale. ☉

2774. MYOSOTIS *apula.*
M. feminibus nudis, foliis lineari-lanceolatis hifpidis, racemis foliofis.
Ex Europa auftrali. ☉

* * *Semences denfées ou échinées.*

* * *Semina denfata vel echinata.*

2775. MYOSOTE *lappule* Dict.
M. à fem. muriq. par des pointes à crochets ;

2775. MYOSOTIS *lappula.* t. 91.
M. feminibus aculeis glochidibus muricatis,

Ddd2

feuilles lancéolées - oblongues , pileufes , grappes droites.
L. n. l'Europe. ☉

1776. MYOSOTE de Virginie. Diff.
M. à fem. hériffées de pointes à crochets ;
feuilles ovales-lancéolées; grappes divergentes.
L. n. la Virginie. ☉ Grappes courtes.

1777. MYOSOTE de Bourbon. Diff.
M. à fem. hériffées de pointes à crochets;
feuilles linéaires-lancéolées fort longues, presque nues
L. n. l'isle de Bourbon. Rameaux lâches.

1778. MYOSOTE cynogloffe. Diff.
M. à fem. déprimées-concaves, muriquées en rayons par des pointes à crochets; feuilles oblongues, hispides; fleurs axillaires.
L. n. Le Cap de Bonne-Efpérance.

1779. MYOSOTE échinophore. Diff.
M. à fem. oblongues, muriquées en-dehors, & fur les bords par des pointes à crochets : à disque concave, f. oblongues, pileufes.
L. n. la Sibérie. ☉ Voyez Retz. fafc. 2. n° 10.

1780. MYOSTE nain. Diff.
M. à bords des fem. dentés, feuilles ovales, pileufes, lanugineufes; grappe pauciflore, terminale.
L. n. le fommet des Alpes. ♃ Pl. naine, odorante. Cor. à orif. jaune, & à limbe grand, d'un beau bleu.

* MYOSOTE (pectinée. à fem. tronquées, couronnées par des épines droites & fétacées; feuilles pileufes; grappes terminales.

* MYOSOTE (fpatulée) à fem. liffes; feuilles fpatulées, hispides; pédoncules axillaires, folitaires, uniflores.

255. GREMIL.

Caract. effent.

CAL. partagé en 5. Cor. infundibulif. à orifice nud, étroit. Sem. luifantes ou glabres.

---

foliis lanceolato-oblongis , pilofis; racemis erectis.
Ex Europa. ☉

1776. MYOSOTIS Virginiana.
M. feminibus aculeis glochidibus echinatis ;
foliis ovato-lanceolatis, racemis divaricatis.
E Virginia. ☉ Racemis breves.

1777. MYOSOTIS Borbonica.
M. feminibus aculeis glochidibus echinatis,
foliis lineari-lanceolatis longiffimis, fubnudis.

Ex infula Borbon.æ. Commerf. herb.

1778. MYOSOTIS cynogloffoides.
M. feminibus depreffo-concavis, aculeis glochidibus radiatim muricatis; foliis oblongis hifp.idis; floribus axillaribus.
E Cap. B. Spei. D. Sonnerat.

1779. MYOSOTIS echinophora.
M. feminibus oblongis, aculeis glochidibus extus margineque muricatis: disco concavo; foliis oblongis, pilofis.
E Sibiria. ☉ Pall. it. 3. tab. ii. f. 1.

1780. MYOSOTIS nana.
M. feminum marginibus ferratis; foliis ovatis pilofo-lanuginofis; racemo paucifloro terminali.
E jugis alpinum. ♃ M. terglovenfis. Hacq. pl. carn. 12. t. 2. f. 6. M. nana. vill. delph. n. p. 459.

* MYOSOTIS (pectinata) feminibus truncatis, fpinis fetaceis erectifque coronatis; foliis pilofis; racemis term. Pall. It. 3. tab. E. f. 4.

* MYOSOTIS (fpathulata) feminibus lævibus; foliis fpathulatis hifp.idis; pedunculis axillaribus, folitariis unifl. Forfk. fl. auftr. n° 62.

255. LITHOSPERMUM.

Charact. effent.

CAL. 5-partitus. Cor. infundibulif. Fauce perforata, nuda. Sem. nitida aut glabra.

Caract. nat.

Cal. partagé en cinq , persistant : à découp. linéaires-subulées , carinées , droites.

Cor. monopétale , infundibulif. de la longueur du calice. Tube cylindracé. Limbe semi-quinquefide, obtus , droit. Orifice étroit , nud.

Etam. Cinq filamens très - courts. Anthères oblongues à l'orifice de la corolle.

Pist. Quatre ovaires. Style filiforme , de la longueur du tube. Stigmate obtus , bifide.

Péric. Nul. Le calice ouvert contient les sem.

Sem. Quatre , ovales-acuminées , osseuses , luisantes ou glabres.

Tableau des espèces.

1781. GREMIL. *officinal.* Dict. n°. 1.
G. à sem. lisses ; corolles dépassant à peine le calice ; feuilles lancéolées.
L. n. L'Europe. ♃

1782. GREMIL. *des champs.* Dict. n° 2.
G. à semences ridées ; corolles dépassant à peine le calice.
L. n. l'Europe , dans les champs. ⊙

1783. GREMIL. *de Virginie.* Dict. n°. 4.
G. à feuilles subovales , nerveuses ; corolles acuminées.
L. n. la Virginie.

1784. GREMIL. *de Caroline.* Dict. suppl.
G. à semences lisses ; corolles obtuses , une fois plus longues que le calice ; feuilles ovales-oblongues.
L. n. la Caroline. Fl. axill. folit.

1785. GREMIL. *à fl. jaunes.* Dict. n°. 5.
G. à feuilles lancéolées , pubescentes , visqueuses ; épis feuillés ; bractées en cœur amplexicaules.
L. n. le Levant. ⊙

1786. GREMIL. *violet.* Dict. n°. 4.
G. à rameaux stériles rampans ; corolles dépassant de beaucoup le calice.
L. n. L'Europe. ♃ Ram. florifères droits.

Charact. nat.

Cal. quinquepartitus , persistens : laciniis lineari-subulatis carinatis erectis.

Cor. monopetala , infundibuliformis , longitudine cal. Tubus cylindr. Limbus semiquinque-fidus, obtusus , erectus. Faux perforata , nuda.

Stam. Filamenta quinque brevissima. Antheræ oblongæ , in fauce corollæ.

Pist. Germina quatuor. Stylus filiformis , longitudine tubi. Stigma obtusum , bifidum.

Peric. Nullum. Calyx patulus. Sem. continens.

Sem. Quatuor, ovato-acuminata , ossea , nitida aut glabra.

Conspectus specierum.

1781. LITHOSPERMUM *officinale.* T. 91.
L. seminibus lævibus ; corollis vix calycem superantibus; foliis lanceolatis. L.
Ex Europa. ♃

1782. LITHOSPERMUM *arvense.*
L. seminibus rugosis ; corollis vix calycem superantibus. L.
Ex Europa arvis. ⊙ *F. lineari-lanceolata.*

1783. LITHOSPERMUM *Virginianum.*
L. foliis subovatis , nervosis ; corollis acuminatis.
E Virginia.

1784. LITHOSPERMUM *Carolinianum.*
L. seminibus lævibus ; corollis obtusis , calyce duplo longioribus; foliis ovato-oblongis.
E Carolinia. D. Fraser. Fl. albido-luteoli.

1785. LITHOSPERMUM *orientale.*
L. foliis lanceolatis , viscido-pubescentibus ; spicis foliosis , bracteis cordatis amplexicaulibus.
Ex Oriente. ⊙

1786. LITHOSPERMUM *purpuro-cæruleum.*
L. ramis sterilibus , repentibus ; corollis calycem multoties superantibus.
Ex Europa. ♃ Rami floriferi erecti.

1787. GREMIL *ligneux*. Dict. n° 6.
G. ligneux, à feuilles linéaires, hispides, recourbées sur les bords ; corolles dépassant le calice.
L. n. L'Europe australe. ♄

1737. LITHOSPERMUM *fruticosum*.
L. fruticosum, foliis linearibus, hispidis, margine revolutis; corollis calycem superantibus.
Ex Europa auftr. ♄ *Fl. purpuro-violacei.*

1788. GREMIL à *petites fleurs*. Dict. n° 7.
G. à feuilles linéaires-lancéolées, à poils rudes; corolles filiformes.
L. n. L'Egypte. ☉ *Cor. bleues.*

1788. LITHOSPERMUM *tenuiflorum*.
L. foliis lineari-lanceolatis strigosis ; corollis filiformibus. L. f.
Ex Ægypto. ☉ *Cor. cærulea.*

1789. GREMIL *disperme*. Dict. n° 8.
G. velu, à fem. geminées ; calices ouverts.
L. n. l'Espagne. ☉
b. Le même ? à une semence.

1789. LITHOSPERMUM *dispermum*.
L. hirsutum, seminibus duobus, cal. patentibus.
Ex Hispania. ☉
b. Idem ? semine unico. Lith. retortum. Pall.

1790. GREMIL. à *4 stigmates*. Dict. n°. 9.
G. à feuilles lancéolées, velues ; fleurs unilatérales en épi terminaux ; stigmate 4-fide.
L. n. l'Egypte. *Cor. violette.*

1790. LITHOSPERMUM *tetrastigma*.
L. foliis lanceolatis, hirfutis ; floribus in spicis terminalibus fecundis ; ftigmate quadrifido.
Ex Ægypto. *Amelia. Forsk. 62.*

1791. GREMIL *calleux*. Dict. suppl.
G. à feuilles lancéolées-linéaires, hispides, à verrues calleuses ; tige fous-ligneuse, hispide.
L. n. l'Egypte. ♄ *Tube de la corolle velu.*

1791. LITHOSPERMUM *callofum*.
L. fol. lanceol. linearibus, callofo-verrucofis hispidis; caule fuffruticofo hispido. *Vahl symb.*
Ex Ægypto. ♄ *Lith. angustifolium. Forsk.*

1792. GREMIL *cilié*. Dict. suppl.
G. à feuilles ovales, blanches, à bords calleux, ciliées; tige fous-ligneuse, muriquée, hispide.
L. n. l'Egypte. ♄ *Cor. violette. Epi latéral.*

1792. LITHOSPERMUM *ciliatum*.
L. foliis ovatis, incanis, margine callofis, ciliatis; caule fuffruticofo, muricato, hispido. *Vahl. symb.*
Ex Ægypto. ♄ *Forsk. p. 39. n°. 26.*

* GREMIL (*digyne*) à feuilles ovales, réfléchies fur les bords ; semences velues. ♄

* LITHOSPERMUM (*digynum*) foliis ov. margine refl. feminibus vill. *Forsk. p. 40. n°. 28.* ♄

* GREMIL (*incane*) à semences rudes ; épis terminaux, compofés, ferrés; feuilles linéaires, velues. ♄

* LITHOSPERMUM (*incanum*) feminibus afperis: fpicis terminalibus comp. ofitis coar dtatis; foliis linearibus vill. *Forst. fl. auftr. n°. 63.* ♄

Explication des fig.

Tab. 91. GREMIL offinal. (*a*) Fleur entière. (*b*) Corolle féparée. (*c*, *d*) Calice. (*e*, *f*, *g*) Semences dans le calice. (*f*, *e*, *m*, *n*) Semences féparées. (*i*) Semence coupée transversalement.

Explicatio iconum.

Tab. 91. LITHOSPERMUM officinale. (*a*) Flos integer (*b*) Corolla feparata. (*c*, *d*) Calyx. (*e*, *h*, *g*) Semina intra calycem. (*f*, *i*, *m*, *n*) Semina feparata. (*i*) Semen tranfverfè fectum. *Fig. en Turneef.*

256. CYNOGLOSSE.

Caract. essent.

COR. infundibulif. à orifice fermé par des écailles conv. Sem. comprimées, att. au ftyle par leur côté intérieur.

256. CYNOGLOSSUM.

Charact. essent.

COR. infundibuliformis: fauce claufa fornicibus. Sem. depressa ; interiore latere ftylo ultra.

Caract. nat.

Cal. part. en cinq, oblong, pointu, perfiflant.
Cor. monopétale, infundibuliforme. Tube plus court que le calice. Limbe femiquinquefide, obtus. Orifice fermé par cinq écailles convexes, prefque conniv.
Etam. Cinq filamens très-courts, att. à l'entrée de la corolle. Anthères arrondies.
Pift. Quatre ovaires. Style fubulé, perfiflant. Stigmate échancré.
Péric. nul.
Sem. Quatre, tuniquées, arrondies, comprimées ou concaves, le plus fouvent fcabres, attachées au flyle par leur côté intérieur.

Charact. nat.

Cal. quinquepartitus, obl. acutus, perfiflens.
Cor. monopetala, infundibuliformis. Tubus calyce brevior. Limbus femiquinquefidus obtufus. Faux claufa fquamulis quinque convexis, fubconniventibus.
Stam. Filamenta quinque breviffima, in fauce corollæ. Antheræ fubrotundæ.
Pift. Germina quatuor. Stylus fubulatus, perfiftens. Stigma emarginatum.
Peric. nullum.
Sem. Quatuor, arillata, fubrotunda, depreffa aut concava, fæpius fcabra, latere interiore flylo affixa.

Tableau des efpèces.

Confpectus fpecierum.

1793. CYNOGLOSSE *officinale*. Dict. nº 1.
C. à étamines plus courtes que la corolle; feuilles larges-lancéolées, tomenteufes, feffiles.
L. n. l'Europe. ⊙

1793. CYNOGLOSSUM *officinale*. T. 92. f. 1.
C. ftaminibus corolla brevioribus; foliis lato-lanceolatis, tomentofis, feffilibus.
En Europa. ⊙

1794. CYNOGLOSSE *amplexicaule*. Dict. fuppl.
C. à limbe des corolles élargi, panaché; feuilles oblongues, amplexicaules, pubefcentes: les fup. prefqu'en cœur.
L. n. le Levant? ♂ Cult. à Paris en 1788? &c.
Fl. agréablement veinées de pourpre.

1794. CYNOGLOSSUM *amplexicaule*.
C. corollarum limbo dilatato, variegato; foliis oblongis, amplexicaulibus pubefcentibus: fuperioribus fubcordatis.
En Oriente? ♂ Cynogl. creticum. 2. Clus. an C. pictum. Hort. Kew. 179.

1795. CYNOGLOSSE *de montagne*. Dict. nº 2.
C. à étam. plus courtes que la corolle; feuilles vertes, un peu rudes: les radicales pétiolées; les caulinaires diftantes, feffiles.
L. n. les mont. de l'Europe. ⊙

1795. CYNOGLOSSUM *montanum*.
C. ftaminibus corolla brevioribus; foliis viridibus fubafperis: radicalibus petiolatis; caulinis remotis feffilibus.
En Europæ montibus. ⊙

1796. CYNOGLOSSE *de l'Apennin*. Dict. nº 3.
C. à étam. un peu plus longues que la corolle; calices velus; feuilles rad. ovales, pétiolées, très-grandes.
L. n. les mont. de l'Apennin. ⊙ F. molles, pubefcentes.

1796. CYNOGLOSSUM *Apenninum*.
C. ftaminibus corolla fublongioribus; calycibus villofis; foliis radicalibus, ovatis, petiolatis maximis.
En alpibus Apenninis. ⊙ F. mollis, pubefc.

1797. CYNOGLOSSE *de Virginie*. Dict. nº 4.
C. à feuilles fpatulées, lancéolées, luifantes, trinerves à leur bafe; bractée des péd. amplexicaule.
L. n. la Virginie. ⊙

1797. CYNOGLOSSUM *Virginicum*.
C. foliis fpatulato-lanceolatis, lucidis, bafi trinerviis; bractea pedunculorum amplexicauli. L.
En Virginia. ⊙

1798. CYNOGLOSSE *argentée*. Dict. n°. 5.
C. à calices tomenteux , plus courts que la
corolle ; étam. enfermées ; feuilles étroites-
spatulées , très-molles , tomenteuses , presque
soyeuses.
L. n. le Levant. ♂

1799. CYNOGLOSSE *échancrée*. Dict. suppl.
C. à corolles plus longues que les calices :
à limbe obtus , échancré ; feuilles étroites-
lancéolées , villeuses.
L. n. le Levant. *Decoup. du limbe un peu
échancrées ; anth. incluses ; style saillant.*

1800. CYNOGLOSSE *crêtelée*. Dict. n° 7.
C. à feuilles linéaires-lancéolées , pileuses ,
rudes; semences entourées par un bord membr.
& en crête , en forme de bassin.
L. n. le Levant. *Fl. petites.*

1801. CYNOGLOSSE à *fr. glabres*. Dict. n° 6.
C. à feuilles lancéolées-ovales, un peu glabres;
calices tomenteux ; semences lisses
L. n. la Sibérie. ♃ *Limbe pointu.*

1802. CYNOGLOSSE *laineuse*. Dict. n° 8.
C. à calices tomenteux , laineux ; limbe de
cor. pointu profondément 5-fide ; grappes
penchées.
L. n, le Levant. *F. radic. fort longues , pubesc.*

1803. CYNOGLOSSE *latériflore*. Dict. n°. 10.
C. à feuilles linéaires , pointues , étroites , pi-
leuses ; fleurs latérales , folit. presque sessiles.
L. n. le Pérou. *De M. Dombey.*

1804. CYNOGLOSSE *du Japon*. Dict. n° 9.
C. à feuilles obl. velues; tiges couchées.
L. n. le Japon. ☉

1805. CYNOGLOSSE à f. *de Grenil.* Dict. n° 14.
C. à feuilles oblongues, pileuses , scabres : les
caulinaires plus étroites , sessiles ; semences
ombiliquées , ridées , sillonnées , glabres.
L. à l'Egypte , la Syrie. ♃ *F. radicales en
spatule lancéolée. Fl. bleues,*

1806. CYNOGLOSSE à f. *de lin.* Dict. n° 13.
C. à feuilles linéaires-lancéolées , glauques ,
scabres sur les bords; grappes longues, droites,
subpaniculées.
L. n. le Portugal. ☉ *Sem. en corbeille.*

1798. CYNOGLOSSUM *cheirifolium.*
C. calycibus tomentosis , corolla brevioribus,
staminibus inclusis ; foliis angusto-spatulatis,
mollissimis , tomentoso-sericeis.

Ex Oriente. ♂

1799. CYNOGLOSSUM *emarginatum.*
C. corollis calyce longioribus : limbo obtuso
emarginato ; folia angusto-lanceolata, villosa.

Ex Oriente. *C. orientale minus , flore campanulato cæruleo. Tournef. Cor. 7.*

1800. CYNOGLOSSUM *cristatum.*
C. foliis lineari-lanceolatis, pilosis , asperis ;
seminibus margine membranaceo cristatoque
pelvis instar cinctis.
Ex Oriente. β *Moris. sec. 11. t. 30. f. 7.*

1801 CYNOGLOSSUM *lævigatum.* T. 92. f. 3.
C. foliis lanceolato-ovatis , glabriusculis ; ca-
lycibus tomentosis , seminibus lævibus.
É Sibiria. ♃ *Rinderà. Pall. It. 1. 4. 1. fig. 1, 2.*

1802. CYNOGLOSSUM *lanatum.*
C. calycibus tomentoso-lanatis , corollarum
limbo acuto profundè 5 - fido ; racemulis
cernuis.
Ex Oriente. *Fol. rad. prælonga , pubesc.*

1803. CYNOGLOSSUM *laterifl.* T. 92. f. 2.
C. foliis linearibus , acutis , angustis , pilosis ;
floribus lateralibus , solitariis , subsessilibus.
E Peru. *S. depressa , radiatim cristata.*

1804. CYNOGLOSSUM *Japonicum.*
C. foliis oblongis , villosis , caulibus prostratis
E Japonia. ☉ *Thunb. Jap. 81.*

1805. CYNOGLOSSUM *lithospermifolium.*
C. foliis oblongis , pilosis , scabris : caulinis
angustioribus sessilibus, seminibus umbilicatis
rugoso-sulcatis , glabris.
L. n. Ex Ægypto , Syria. ♃ *C. myosotoides.
La Billardiere. Ic. rar. dec. 2. t. 2.*

1806. CYNOGLOSSUM *linifolium.*
C. foliis lineari-lanceolatis , glaucis , margine
scabris ; racemis longis , erectis , subpaniculatis.
E Lusitania. ☉ *Sem. calathiformia.*

1807. CYNOGLOSSE *de Portugal*. Dict. n° 12.
C. à feuilles lancéolées, presque lisses; grappes pauciflores, très-courtes.
L. *n*. le Portugal. ☉ *Calices argentés.*

1807. CYNOGLOSSUM *Lusitanicum*.
C. foliis lanceolatis, sublævibus; racemis paucifloris, brevissimis. Dict.
E Lusitania. ☉ *Calyces argentei.*

1808. CYNOGLOSSE *printannière*. Dict. n° 11.
C. à feuilles radicales, presqu'en cœur, pétiolées: les caulinaires ovales; rejets rampans.
L. *n*. l'Europe australe. ♃ *Fl. bleues.*

1808. CYNOGLOSSUM *omphalodes*.
C. foliis radicalibus, subcordatis, petiolatis: caulinis ovatis, flosculosis repentibus.
Ex Europa australi. ♃ *Fl. cærulei.*

* CYNOGLOSSE (*scorpioïde*) à tige couchée; feuilles lancéolées, scabres; pédoncules axill. uniflores; semences ombiliquées, glabres.

* CYNOGLOSSUM (*scorpioides*) caule prostrato; foliis lanceolatis, scabris; pedunculis axillaribus, unifloris; seminibus umbilicatis, glabris. *Jacq. collect.* 2. p. 3.

Explication des fig.

Tab. 91. f. 1. CYNOGLOSSE *officinale*. (*a*) Fl. séparée. (*b*) Corolle. (*c*) Calice. (*d*) Calice ouvert, pistill. (*e*) Calice fructifère. (*f*) le même, avec le récept des semences. (*g*) Semences séparées, enfermées dans leur tunique. (*h*) Tunique séparée. (*i*) Semence mise à nud. (*l*) Sommité de la plante.
Tab. 91. f. 1. CYNOGLOSSE *latérifore*. Tab. 91. f. 1. CYNOGLOSSE à f. glabres, (*a*) Fruit entier. (*b*) Semences tronquées attachées au réceptacle. (*c*, *d*) Semences vues en-devant & postérieurement. (*e*, *f*) Les mêmes dépouillées de leur tunique. (*g*) Embryon. (*h*) Feuille radicale.

Explicatio iconum.

Tab. 91. f. 1. CYNOGLOSSUM *officinale*. (*a*) Flos separatus. (*b*) Corolla. (*c*) Calyx. (*d*) Calyx apertus, pistillum. (*e*) Calyx fructifer. (*f*) Idem cum recept. seminum. (*g*) Semina soluta, arillo inclusa. (*h*) Arillus separatus. (*i*) Semen denudatum. *Fig. ex Tournef.* (*l*) Summitas plantæ.
Tab. 91. f. 1. CYNOGLOSSUM *laterifloum*. Tab. 91. f. 1. CYNOGLOSSUM *lævigatum*. (*a*) Fructus integer. (*b*) Semina truncata, in receptaculo hærentia. (*c*, *d*) Semina antice posticeque spectata. (*e*, *f*) Eadem denudata. (*g*) Embryo. *Fig. ex tierra*. (*h*) Folium radicale.

257. BUGLOSE.

* Carad. essent.

Cor. infundibulif. à 5 lobes: orifice fermé par des écailles. Sem. creusées à leur base.

Carad. nat.

Cal. part. en cinq, oblong, cylindr. pointu, persistant.
Cor. monopétale, infundibuliforme. Tube cylindrique, droit, de la longueur du calice. Limbe à cinq lobes, obtus. Orifice fermé par des écailles convexes, conniventes.
Etam. Cinq filamens, très-courts; à l'orifice de la corolle. Anthères ovales, recouvertes par les écailles.
Pist. Quatre ovalets. Style filiforme, de la longueur des étamines. Stigmate obtus, échancré.
Péric. nul. Calice droit, cont. les semences.
Sem. Quatre, un peu oblongues, obtuses, gibbeuses, creusées à leur base.

Botanique. Tome I.

257. ANCHUSA.

* Charad. essent.

Cor. infundibulif. 5-loba: fauce clausa fornicibus. Sem. basi insculpta.

Charad. nat.

Cal. quinquepartitus, oblongus, teres, acutus, persistens.
Cor. monopetala, infundibuliformis. Tubus cylindraceus, rectus, longitudine calycis. Limbus quinquelobus, obtusus. Faux clausa squamulis quinque convexis, conniventibus.
Stam. Filamenta quinque brevissima, in fauce corollæ. Antheræ ovatæ, squamulis tectæ.
Pist. Germina quatuor. Stylus filiformis, longitudine staminum. Stigma obt. emarginatum.
Peric. nullum. Calyx erectus, sem. continens.
Sem. quatuor, oblongiuscula, obtusa, gibba, basi insculpta.

Ecc

Tableau des espèces.   *Conspectus specierum.*

1809. BUGLOSE *officinale*. Dict. n°. 1.
B. à feuilles lancéolées : les sup. plus larges
à leur base, presqu'amplexicaules.
L. *n.* l'Europe. ♃
β. Buglosi à f. étroites. Dict. n°. 2.

1809. ANCHUSA *officinalis*, T. 92.
A. foliis lanceolatis : superioribus basi latioribus, subamplexicaulibus.
Ex Europa. ♃ *A. Italica. Vogel. t. 28.*
β. Anchusa angustifolia. Dict. n°. 2.

1810. BUGLOSE à *épis*. Dict. suppl.
B. à épis presque nuds, geminés ; calices
ovales, quinquefides.
L. *a.* L'Europe austr. le Levant. ♃ *Zanon.
Hist. 57. t. 39. f. entières.*

1810. ANCHUSA *spicata*.
A. spicis subnudis, geminatis ; calycibus ovatis, quinquefidis.
Ex Europa australi, Oriente. ♃ *An A. angustifolia* ? *L. fol. integra.*

1811. BUGLOSE *ondulée*. Dict. n°. 3.
B. rude, à feuilles linéaires, dentées ; pédicelles plus petits que les bractées ; calices
frudifères, renflés.
L. *a.* l'Espagne, le Portugal. ♃

1811. ANCHUSA *undulata.*
A. strigosa, foliis linearibus, dentatis ; pedicellis bracteis minoribus ; calycibus frudiferis, inflatis.
Ex Hispania, Lusitania. ♃

1812. BUGLOSE *teignante*. Dict. n°. 4.
B. tomenteuse ; feuilles lancéolées, obtuses ;
étamines plus courtes que la corolle.
L. *a.* la France australe. ♃

1812. ANCHUSA *tinctoria.*
A. tomentosa ; foliis lanceolatis obtusis ; staminibus corolla brevioribus.
E Gallia australi. ♃

1813. BUGLOSE *laineuse*. Dict. n°. 5.
B. à feuilles tomenteuses, blanchâtres, un peu
obtuses ; cal. laineux ; étam. presque plus
longues que la cor.
L. *n.* l'Espagne, la Barbarie.

1813. ANCHUSA *lanata.*
A. foliis tomentoso-incanis, obtusiusculis ; calycibus lanatis ; staminibus corolla sublongioribus.
Ex Hispania, Barbaria. *Folia cynogl. cheirifol.* ●

1814. BUGLOSE *de Virginie*. Dict. n°. 6.
B. à fleurs éparses, tiges glabres.
L. *a.* la Virginie. ♃ *Fl. jaunes.*

1814. ANCHUSA *Virginica.*
A. floribus sparsis, caule glabro. Lin.
Ex Virginia. ♃ *Conf. cum lithosp. Carolinianae*

1815. BUGLOSE à *larges feuilles*. Dict. n°. 7.
B. à feuilles ovales-pointues, pétiolées ; pédoncules diphylles, capités.
L. *a.* l'Espagne, l'Angleterre. ♃

1815. ANCHUSA *sempervirens.*
A. foliis ovato-acutis, petiolatis ; pedunculis diphyllis, capitatis.
Ex Hispania, Anglia. ♃

1816. BUGLOSE à *grandes feuilles*.
B. à feuilles rad. très-grandes ; tige foible ;
calice subpentaphylle ; bractées linéaires, fort
petites.
L. *n.* l'Afrique ? *Lycopside à grandes feuilles.*
Dict. n°. 7.

1816. ANCHUSA *macrophylla.*
A. foliis radicalibus maximis ; caule debili ;
calyce subpentaphyllo, bracteis linearibus minutis.
Ex Africa ? *An Anchusa paniculata. Hort.
Kew.*

1817. BUGLOSE à *longues f.* Dict. n°. 8.
B. à feuilles longues, linguiformes, plus

1817. ANCHUSA *longifolia.*
A. foliis longis, linguiformibus, apice basi-

larges ru fommet & à la bafe; épis petits, nuds,
fubpaniculés.
L. n. l'Italie ?

1818. BUGLOSE *en gaxon*. Dict. n°. 9.
B. naine, prefqu'acaule, en touffe, feuilles
linéaires, velues, très-étroites.
L. a. l'ifle de Candie. ⚥

1819. BUGLOSE *verruqueufe*. Dict. n°. 10.
B. à feuilles ovales-lancéolées, verruqueufes,
très-rudes ; fleurs latérales, alternes, pédonculées, d'un jaune pâle.
L. n. l'Egypte. ☉ *Anchufa flava. Forsk.*

1820. BUGLOSE *perlée*. Dict. n°. 11.
B. rameufe couchée ; feuilles ovales-oblongues, un peu dentées, verruqueufes; épis
feuillés, terminaux.
L. n. l'ifle de Candie. ☉ *Fl. bleues, panachées.*

1821. BUGLOSE *hériffée*. Dict. n°. 12.
B. hériffée de filets blancs, prefqu'en épine ;
cal. part. en 5 parties, plus courts que la cor.
L. n. .... *Fl. bleuâtres.*

1822. BUGLOSE *des rochers*. Dict. fuppl.
B. très-pileufe, à feuilles linéaires-lancéolées:
fleurs éparfes, axillaires, prefque feffiles, à
long tube.
L. n. la Sibérie. *Fl. d'un pourpre bleuâtre.*

\# BUGLOSE (*hifpida*) à pédoncules axillaires,
courts; tige hifpide par des poils renverfés;
feuilles inférieures, pétiolées.

\# BUGLOSE (*fpinocarpe*) à fl. petites, blanc.
5 écailles convexes, au-deffus des anthères.

\# BUGLOSE (à *graines ridées*) à graines ovales-
oblongues, trigones, ridées en réfeau.

Explication des fig.

Tab. 91. Buglose officinale. (a) Fleur entière.
(b) Corolle féparée. (c) La même ouverte. (d, e, f, g)
Ecaille de la corolle ; étamine. (h, i) Calice, piftil.
(l) Sommité de la plante.

---

que latioribus ; fpicis parvis, nudis. fubpaniculatis.
Ex Italia ?

1818. ANCHUSA *cefpitofa*.
A. pumila, fubacaulis, cefpitofa ; foliis li-
nearibus, hirfutis, anguftiffimis.
E. Creta. ⚥

1819. ANCHUSA *verrucofa*.
A. foliis ovato-lanceolatis, verrucofis, fcaberrimis ; floribus lateralibus, alternis, pedunculatis, pallide luteis.
Ex Ægypto. ☉ *Afperugo Ægyptiaca, L.*

1820. ANCHUSA *perlata*.
A. ramofa decumbens ; foliis ovato-oblongis,
fubdentatis, verrucofis ; fpicis foliofis, terminalibus.
Ex Candia. ☉ *Lycopfis variegata, L.*

1821. ANCHUSA *echinata*.
A. fetis candidis fubfpinofis, echinata ; ca-
lycibus quinquepartitis, corolla brevioribus.
Ex .... *Folia lanceolata, feffilia.*

1822. ANCHUSA *fixatilis*.
A. pilofiffima ; foliis lineari-lanceolatis ; floribus fparfis, axillaribus, fubfeffilibus, longe
tubulofis.
E Sibiria. *Pall. it. 3. tab. F. f. 1.*

\# ANCHUSA (*hifpida*) pedunculis axillaribus, brevibus ; caule retrorfum hifpido ; foliis inferioribus petiolatis. *Forsk. p. 40.*

\# ANCHUSA (*fpinocarpos*) floribus parvis,
albis; fornicibus 5, fupra anth. *Forsk. p. 41.*

\# ANCHUSA (*amœna*) feminibus ovato-oblongis, triquetris, rugofo-reticulatis. *Gært. 1. 62.*

Explicatio iconum.

Tab. 91. Anchusa officinalis (a) Flos integer. (b)
Corolla feparata. (c) Eadem aperta. (d, e, f, g) Squa-
mula corollæ ; ftamen. (h, i) Calyx, piftillum. (l)
Summitas plantæ.

E e e

258. LYCOPSIDE.

Caraſt. eſſent.

Cor. infundibuliforme : à tube courbé ; orifice fermé par des écailles.

Caraſt. nat.

Cal. partagé en cinq , perſiſtant : à découpures oblongues , pointues.

Cor. monopétale , infundibulif. Tube courbé. Limbe ſemi-quinquefide , obtus. Orifice fermé par cinq écailles convexes , connivextes.

Etam. Cinq filamens , très-petits , ſitués à la courbure du tube de la corolle. Anthères petites , ovales.

Piſt. Quatre ovaires. Style filiforme. Stigmate obtus , bifide.

Péric. Aucun. Le cal. contient les ſemences.

Sem. Quatre, un peu oblongues.

Tableau des eſpèces.

1823. LYCOPSIDE *véſiculaire* Dict. n°. 1.
L. à bractées ovales-pointues ; corolle ſaillante ; calices fructifères , enflés , penchés , décangulaires.
L. n. l'Europe auſtrale. ⊙

1824. LYCOPSIDE *noirâtre.* Dict. n°. 2.
L. à bractées lancéolées; calices enflés , pentagones , plus longs que la cor. fruit penché.
L. n. le Levant ? ♂

1825. LYCOPSIDE *brune.* Dict. n°. 3.
L. à tige droite ; feuilles très-entières ; cor. ſaillante ; calices fructifères , enflés , pendans.
L. n. l'Allemagne , &c. ♃

1826. LYCOPSIDE *des champs.* Dict. n°. 4.
L. à feuilles lancéolées , hiſpides ; calices floriſtères , droits.
L. n. les champs de l'Europe. ⊙

1827. LYCOPSIDE *du Levant.* Dict. n°. 5.
L. à feuilles ovales , très-entières , ſcabres ; calices droits.
L. n. le Levant. ⊙

258. LYCOPSIS.

Charaſt. eſſent.

Cor. infundibuliformis : tubo incurvato ; fauce clauſa fornieibus.

Charaſt. nat.

Cal. quinquepartitus , perſiſtens : laciniis oblongis , acutis.

Cor. monopetala , infundibulif. Tubus curvatoflexus. Limbus ſemiquinquefidus , obt. Faux clauſa, ſquam. quinque conv. conniventibus.

Stam. Filamenta quinque , minima , ad flexuram tubi corollæ. Antheræ parvæ , ovatæ.

Piſt. Germina quatuor. Stylus filiformis. Stigma obtuſum , bifidum.

Peric. nullum. Calyx ſemina fovens.

Sem. Quatuor , oblongiuſcula.

Conſpeſtus ſpecierum.

1823. LYCOPSIS *veſicaria.*
L. bracteis ovato-acutis ; corolla exſerta ; calycibus fructuum , inflatis , cernuis , decemangularibus.
Ex Europa auſtrali. ⊙

1824. LYCOPSIS *nigricans.*
L. bracteis lanceolatis ; calycibus inflatis , pentagonis cor. longioribus ; fructu cernuo.
Ex Oriente ? ♂

1825. LYCOPSIS *pulla.*
L. caule erecto ; foliis integerrimis ; corolla exſerta ; cal. fructeſcentibus, inflatis, pendulis.
Ex Germania , &c. ♃

1826. LYCOPSIS *arvenſis.* T. 92.
L. foliis lanceolatis , hiſpidis ; calycibus floreſcentibus , erectis.
Ex Europæ arvis. ⊙

1827. LYCOPSIS *orientalis.*
L. foliis ovatis , integerrimis , ſcabris ; calycibus erectis. *Lin.*
Ex Oriente. ⊙

2828. LYCOPSIDE *jaune*. Dict. n°. 6.
L. à bractées ovales-acuminées; corolle jaune,
saillante ; calices fructifères , enflés , anguleux,
semi-quinquefides.
L. n. l'Afrique ?

1829. LYCOPSIDE *échioide*. Dict. n°. 8.
L. à feuilles lancéolées , velues ; tige très-ra-
meuse , droite ; fleurs unilatérales , sessiles.
L. n. le Levant. ♃ Fl. jaunes ; cor. longue.

* LYCOPSIDE (*de Virginie*) à feuilles linéaires lancéolées , ramassées , molles , tomenteuses ; tige droite.

Explication des fig.

Tab. 91. LYCOPSIDE *des champs*. (a) Fleur séparée.
(b) Calice. (c) Corolle. (d, e) La même ouverte.
(f) Écaille de l'orifice de la corolle. (g) Pistil. (h)
Calice fructifère. (i) Semences séparées.

259. PULMONAIRE.

Caract. essent.

Cor. infundibuliforme : à orifice nud , ouvert.
Cal. inférieurement 5-gone.

Caract. nat.

Cal. monophylle , quinquefide , 5-gone à sa base,
persistant.
Cor. monopétale , infundibuliforme. Tube cylindracé. Limbe semi-quinquefide , obtus,
demi-ouvert. Orifice ouvert.
Etam. Cinq filamens très-courts , à l'orifice de
la corolle. Anthères droites, conniventes.
Pist. Quatre ovaires. Style filiforme. Stigmate
échancré.
Péric. Nul. Le calice contient les semences.
Sem. Quatre , arrondies , obtuses.

Tableau des espèces.

* Calice de la longueur du tube de la corolle.

2830. PULMONAIRE *élancée*. Dict.
P. à f. velues : les radicales ovales-lancéolées.
L. n. l'Europe , dans les bois. ♃

1828. LYCOPSIS *lutea*.
L. bracteis ovato-acuminatis ; corolla lutea ,
exserta ; calycibus fructescentibus , inflatis ,
angulosis , semi-quinquefidis.
Ex Africa ? Affin. lithosp. orientali.

1829. LYCOPSIS *echioides*.
L. foliis lanceolatis , hirsutis ; caule ramosissi-
mo, erecto ; floribus secundis , sessilibus.
Ex Oriente. ♃ Buxb. cent. 1. t. 1.

* LYCOPSIS (*Virginica*) foliis lineari-lanceolatis , confertis , tomentosis , mollibus , caule
erecto. L.

Explicatio iconum.

Tab. 91. LYCOPSIS *arvensis*. (a) Flos separatus.
(b) Calyx. (c) Corolla. (d, e) Eadem aperta. (f)
Squamula faucis corollæ. (g) Pistillum. (h) Calyx fructifer. (i) Semina separata. Fig. ex Mill.

259. PULMONARIA.

Charact. essent.

Cor. infundibuliformis : fauce nuda, pervia.
Cal. inferne 5-gonus.

Charact. nat.

Cal. monophyllus , quinquefidus, basi 5-gonus ,
persistens.
Cor. monopetala , infundibuliformis. Tubus cylindraceus. Limbus semiquinquefidus , obtusus, erecto-patens. Faux pervia.
Stam. Filamenta quinque, brevissima , in fauce
corollæ. Antheræ erectæ , conniventes.
Pist. Germina quatuor. Stylus filiformis. Stigma
emarginatum.
Peric. Nullum. Calyx semina fovens.
Sem. Quatuor , subrotunda , obtusa.

Conspectus specierum.

* Calyx longitudine tubi corollæ.

1830. PULMONARIA *angustifolia*.
P. foliis hirsutis : radicalibus ovato-lanceolatis.
Ex Europæ nemoribus. ♃

1831. PULMONAIRE *officinale*. Dict.
P. à feuilles velues ; les radicales presqu'en cœur.
L. *n.* les bois de l'Europe. ♃

1832. PULMONAIRE *sousligneuse*. Dict.
P. à feuilles linéaires, scabres ; calices subulés , partagés en cinq.
L. *n.* les mont. de l'Italie ♄ *Pluk. t. 42 f. 7.*

* * *Calice plus court que le tube de la corolle.*

1833. PULMONAIRE *de Virginie*. Dict.
P. glabre , à feuilles oblongues - ovales , obtuses.
L. *n.* la Virginie. ♃ *Tube de la cor. plus long que le limbe.*

1834. PULMONAIRE *de Sibérie*. Dict.
P. glabre , à feuilles radicales en cœur , pointues.
L. *n.* la Sibérie. ♃ *Tube à peine plus long que le limbe.*

1835. PULMONAIRE *maritime*. Dict.
P. glauque , à feuilles ovales , ayant des points calleux ; tige rameuse , couchée.
L. *n.* les riv. de l'Angleterre & de l'Europe sept. ☉

* PULMONAIRE (*paniculée*) à calices courts, hispides, part. en cinq ; feuilles ovales-obl. acuminées , un peu pileuses. (*de la baie d'Hudson.*)

Explication des fig.

Tab. 91. PULMONAIRE *officinale*. (a) Fleur entière. (b) Calice. (c) Corolle ouverte. (d) Etamine. (e) Pistil. (f, g) Semences. (b) Sommité de la tige. (i) Feuille radicale.

260. ONOSME,

Caract. essent.

Cor. campanulée ; à orifice nud , ouvert. Sem. lisses.

Caract. nat.

Cal. partagé en cinq ; à découp. lancéolées , droites, persistantes.

1831. PULMONARIA *officinalis*. T. 93.
P. foliis hirsutis : radicalibus subcordatis.
Ex Europæ nemoribus. ♃

1832. PULMONARIA *suffruticosa*.
P. foliis linearibus, scabris ; calycibus subulatis , quinquepartitis
Ex alp. Italiæ. ♄ *Affin. lithosp. suffruticoso ?*

* * *Calyx tubo corollæ brevior.*

1833. PULMONARIA *Virginica*.
P. glabra , foliis oblongo - ovalibus , obtusiusculis.
Ex Virginia. ♃ *Tubus corollæ limbo longior.*

1834. PULMONARIA *Sibirica*.
P. glabra , foliis radicalibus cordatis acutis.
Ex Sibiria. ♃ *Tubus cor. vix limbo longior.*

1835. PULMONARIA *maritima*.
P. glauca , foliis ovatis , calloso-punctatis ; caule ramoso, procumbente.
Ex Angliæ & Europæ bor. littoribus. ☉

* PULMONARIA (*paniculata*) calycibus abbreviatis , quinquepartitis , hispidis ; foliis ovato-oblongis , acuminatis , pilosiusculis. *Hort. Kew. p. 181.*

Explicatio iconum.

Tab. 91. PULMONARIA *officinalis*. (a) Flos integer. (b) Calyx. (c) Corolla aperta. (d) Stamen. (e) Pistillum. (f, g) Semina. (b) Summitas caulis. (i) Folium radicale.

260. ONOSMA.

Charact. essent.

Cor. campanulata ; fauce nuda, pervia. Sem. lævia.

Charact. nat.

Cal. quinquepartitus : laciniis lanceolatis, erectis, persistentibus.

Cor. monopétale, campanulée, presqu'infundibuliforme. Tube court. Limbe tubuleux-ventru : à bord à cinq dents. Orifice nud, ouvert.

Etam. Cinq filamens subulés, très-courts. Anthères sagittées, droites.

Pist. Quatre ovaires. Style filiforme. Stigmate obtus.

Péric. nul. Le calice contient les semences.

Sem. Quatre, ov. lisses, luisantes, gemmacées.

Cor. monopetala, campanulata, subinfundibuliformis. Tubus brevis. Limbus tubuloso-ventricosus : ore quinquedentato. Faux nuda, pervia.

Stam. Filamenta quinque subulata, brevissima. Antheræ sagittatæ, erectæ.

Pist. Germina quatuor. Stylus filiformis. Stigma obtusum.

Peric. nullum. Calyx femina fovet.

Sem. Quatuor, ovata, lævia, nitida, lapidea.

Tableau des espèces.

1836. ONOSME de Sibérie. Dict.
O. à tiges simples ; feuilles lancéol. linéaires, pileuses, hispides ; grappe penchée.
L. n. la Sibérie. Communiq. par M. Patrin.

1837. ONOSME frutescent. Dict.
O. à tige frutescente, rameuse : feuilles lancéolées, hispides ; fruits pendans.
L. n. le Levant. ♄

1838. ONOSME échioïde. Dict.
O. à tige rameuse supérieurement ; feuilles lancéolées linéaires, hispides : fruits droits.
L. n. l'Europe australe. ♃

1839. ONOSME à petites fleurs. Dict.
O. à tige rameuse, presque glabre ; feuilles ovales-lancéolées, blanchâtres en r dessous ; fl. paniculées.
L. n. la Sibérie. ☉

1840. ONOSME gigantesque.
O. à tige rameuse, très-élevée ; feuilles obl. lancéolées, scabres ; calices très-pileux.
L. n. le Levant. Tige de 3 à 4 pieds.

Conspectus specierum.

1836. ONOSMA Sibirica.
O. caulibus simplicibus ; foliis lanceolato-linearibus, piloso-hispidis ; racemo cernuo.
E Sibiria. *An* O. simplicissima, L.

1837. ONOSMA frutescens.
O. caule frutescente, ramoso ; foliis lanceolatis hispidis ; fructibus pendulis.
Ex Oriente. ♄ *An* O. orientalis. L.

1838. ONOSMA echioides. T. 93.
O. caule superne ramoso ; foliis lanceolato-linearibus hispidis ; fructibus erectis.
Ex Europa australi. ♃

1839. ONOSMA micranthos.
O. caule ramoso subglabro ; foliis ovato-lanceolatis, subtus incanis ; floribus paniculatis.
E Sibiria. ☉ Pall. it. 2. p. 734. tab. L.

1840. ONOSMA gigantea.
O. caule ramoso, altissimo ; foliis oblongo-lanceolatis, scabris ; calycibus pilosissimis.
Ex Oriente. D. Michaux.

Explication des fig.

Tab. 93. ONOSME échioïde. (a) Corolle ouverte. (b) Calice, pistil. (f) Sommité de la tige. (m) Feuille radicale. — (c, d) Calice fructifère de l'Onosme simple. (e, f) Semences. (g, h) Semences coupées. (i) Semence dépouillée de son écorce.

Explicatio iconum.

Tab. 93. ONOSMA echioides. (a) Cor. aperta. (b) Cal. pist. (f) Summitas caulis. (m) Folium radicale. — (c, d) Calyx fructifer onosmæ simplicis. (e, f) Semina. (g, h) Semina dissecta. (i) Semen decorticatum. fig. ex D. Gærin.

261. CONSOUDE

Caract. essent.

261. SYMPHYTUM.

Charact. essent.

Cor. infundibuliforme, ventrue supérieurement : à orifice fermé par des écailles lanc. conniv.

Cor. infundibuliformis, superne ventricosa : fauce clausa squamis lanceol. conniventibus.

Carað. nat.

Cal. partagé en cinq, droit, pointu, pentagone, perfiflant.

Cor. monopétale, infundibuliforme, ventrue fupérieurement : à orifice fermé par des écuilles lancéolées, fiſtuleuſes, conniventes, en cône. Limbe petit, ouvert, à cinq dents.

Étam. Cinq filamens, courts, fitués fous les éc. de la corolle. Anth. oblongues, pointues, droites, recouvertes.

Piſt. Quatre ovaires. Style filiforme, Stigmate fimple.

Péric. Aucun. Le calice contient les ſemences.

Sem. Quatre, gibbeuſes, excavées à leur baſe, conniventes par leurs ſommets.

Charaĉt. nat.

Cal. quinquepartitus, erectus; acutus, pentagonus, perfiflens.

Cor. monopetala, infundibuliformis, fupernè ventricofa : fauce clauſa ſquamis lanceol. fiſtulofis, in conum connivemibus. Limbus quinquedentatus, parvus, patens.

Stam. Filamenta quinque, brevia, ſquamis corollæ ſubjecta. Antheræ oblongæ, acutæ, erectæ, tectæ.

Piſt. Germina quatuor. Stylus filiformis. Stigma fimplex.

Péric. nullum. Calyx femina fovens.

Sem. Quatuor, gibba, bafi excavata, apicibus conniventia

Tableau des eſpèces.

1841. CONSOUDE *officinale.* Did. n°. 1.
C. à feuilles ovales-lancéolées, décurrentes.
L. n. l'Europe, dans les prés. ♃

1842. CONSOUDE *tubéreuſe.* Did. n°. 2.
C. à feuilles ſemi-décurrentes; racine blanche.
L. n. l'Europe auſtrale, l'Autriche. ♃

1843. CONSOUDE *du levant.* Did. n°. 3.
C. à feuilles ovales, un peu pétiolées.
L. n. le Levant. ♃
ß. la même ? à feuilles en cœur; les inférieures à longs pétioles.

* CONSOUDE (*unilatérale*) à feuilles ſemi-amplexicaules, lancéolées, laineuſes; fleurs en grappe. *J. F. Gmel.*

* CONSOUDE (*royale*) à feuilles lancéolées, ſeſſiles, laineuſes; fleurs chevelues. *J. f. Gmel.*

Conſpectus Specierum.

1841. SYMPHYTUM *officinale.* T. 93.
S. foliis ovato-lanceolatis, decurrentibus.
Ex Europæ pratis. ♃ *Radix nigra.*

1842. SYMPHYTUM *tuberoſum.*
S. foliis ſemi-decurrentibus; radice alba.
Ex Europa auſtrali, Auſtria. ♃

1843. SYMPHYTUM *orientale.*
S. foliis ovatis, fubpetiolatis. L.
Ex oriente. ♃ *Buxb. cent. V. t. 58.*
ß. Idem ? Foliis cordatis; inferioribus longè petiolatis. Tournef. It. 1. t. 524

* SYMPHYTUM (*ſecundum*) foliis ſemi-amplexicaulibus, lanceolatis, lanatis; floribus racemofis. *Gmel. It. 3. t. 36. f. a.*

* SYMPHYTUM (*regium*) foliis lanceolatis, ſeſſilibus, lanatis; floribus comofis. *Gmel. it. 3. t. 36. f. 1.*

Explication des fig.

Tab. 93. CONSOUDE *officinale.* (*a*) Fleur entière. (*b*) Calice. (*c*) Corolle. (*d*) Écuilles conniventes en cône, dans le tube de la corolle. (*e*) Corolle ouverte. (*f*) Étamine avec une écaille de la corolle. (*g*) Piſtil. (*h, i*) Semences dans le calice. (*l, m*) Semences ſéparées vues poſtérieurement & antérieurement. (*n*) Semence coupée. (*o*) Embryon mis à nud.

Explicatio iconum.

Tab. 93. SYMPHYTUM *officinale.* (*a*) Flos integer. (*b*) Calyx. (*c*) Corolla. (*d*) Squamæ in conum conniventes, intra tubum corollæ. (*e*) Corolla aperta. (*f*) Stamen cum fquama corollæ. (*g*) Piſtillum. Fig. ut Mill. (*h, i*) Semina intra calycem. (*l, m*) Semina ſeparata poſtice anticeque viſa. (*n*) Semen diſſectum. (*o*) Embryo denudatus. *Fig.fructus in D. Gorn.*

262. MELINET.

Caract. essent.

Cor. tubulée-ventrue, à 5 dents : orifice nud, ouvert. 2 petites noix obtuses, 2-loculaires, 2-spermes.

Caract. nat.

Cal. partagé en cinq : à découp. oblongues, égales, persistantes.
Cor. monopétale, tubuleuse-campanulée. Limbe à cinq dents. Orifice nud, ouvert.
Etam. Cinq filamens très-courts, attachés au tube. Anthères oblongues, pointues, droites.
Pist. Ovaire partagé en quatre. Style filiforme, de la long. des étamines. Stigmate simple.
Peric. Nul ? le calice contient les semences.
Sem. Deux petites noix, osseuses, tronquées à leur base, biloculaires, 2-spermes.

Tableau des espèces.

1844. MELINET fleurs obtuses. Dict. n°. 1.
M. à feuilles amplexicaules; corolles un peu obtuses, ouvertes.
L. n. l'Europe australe, &c. ☉
β. la même ? à fleurs jaunes.

1845. MELINET fleurs pointues. Dict. n°. 2.
M. à feuilles amplexicaules, entières; cor. pointues, fermées.
L. n. l'Europe australe. ♂

Explication des figures.

Tab. 93. MELINET fleurs obtuses. (a) Fleur séparée. (b) Calice. (c) Corolle ouverte. (d) Calice, pistil. (e) Fruit dans sa situation naturelle. (f) Noix vue intérieurement & postérieurement. (g, h) La même coupée transversalement & longitudinalement. (i) Semences. (l) Semence coupée en travers. (m) Embryon séparé. (n) Partie supérieure de la tige.

263. BOURRACHE.

Caract. essent.

Cor. en roue : à limbe ouvert, pointu. Orifice serré par des écailles.
Botanique. Tome I.

---

262. CERINTHE.

Charact. essent.

Cor. tubulato-ventricosa, 5-dentata : fauce nuda, pervia. Nuculæ 2, obtusæ, 2-loculares, 2-spermæ.

Charact. nat.

Cal. quinquepartitus : laciniis oblongis, æqualibus, persistentibus.
Cor. monopetala, tubulato-campanulata. Limbus quinquedentatus. Faux nuda, pervia.
Stam. Filamenta quinque, brevissima, tubo inserta. Antheræ oblongæ, acutæ, erectæ.
Pist. Germen quadripartitum. Stylus filiformis, longitudine staminum. Stigma simplex.
Peric. Nullum ? Calyx semina fovet.
Sem. Nuculæ duæ, osseæ, basi truncatæ, biloculares, 2-spermæ.

Conspectus specierum.

1844. CERINTHE major. T. 93.
C. foliis amplexicaulibus; corollis obtusiusculis, patulis.
Ex Europa australi, &c. ☉
β. Eadem flavo flore.

1845. CERINTHE minor.
C. foliis amplexicaulibus, integris; corollis acutis, clausis.
Ex Europa australi. ♂

Explicatio iconum:

Tab. 93. CERINTHE major. (a) Flos integer. (b) Calyx. (c) Corolla aperta. (d) Calyx, pistillum. (e) Fructus in situ naturali. (f) Nucula à parte ventrali dorsalique spectata. (g, h) Eadem transversè longitudinalitèrque secta. (i) Semina. (l) Semen transversè sectum. (m) Embryo separatus. Fruct. ex Gaertn. (n) Pars superior caulis.

263. BORAGO.

Charact. essent.

Cor. rotata : limbo patente acuto. Faux squamis clausa.

F f f

Caraff. nat.

Cal. partagé en cinq, perfiſtant.
Cor. monopétale, en roue. Tube plus court que
le calice. Limbe plane, en roue, partagé
en cinq découp. pointues. Orifice couronné
d'écailles fiſtuleuſes.
Etam. Cinq filamens ſubulés, connivens. Anth.
oblongues, attachées à la partie moyenne
inférieure des filamens.
Piſt. Quatre ovaires. Style filiforme, plus long
que les étamines. Stigmate ſimple.
Péric. Aucun. Le calice contient les ſemences.
Sem. Quatre, arrondies, ovales, ridées.

Charaff. nat.

Cal. quinquepartitus, perſiſtens.
Cor. monopetala, rotata. Tubus calyce brevior.
Limbus planus, rotatus, quinquepartitus,
acutus. Faux ſquamis fiſtuloſis coronata.
Stam. Filamenta quinque, ſubulata, conniven-
tia. Antheræ oblongæ, filamentorum lateri
interiori in medio affixæ.
Piſt. Germina quatuor. Stylus filiformis, ſta-
minibus longior. Stigma ſimplex.
Peric. Nullum. Calyx ſemina continens.
Sem. Quatuor, ſubrotundo-ovalis, rugoſa.

Tableau des eſpèces.

Conſpectus ſpecierum.

1846. BOURRACHE *commune*. Dict. n°. 1.
B. à feuilles ovales, pétiolées, toutes alternes;
calices ouverts.
L. n. les potagers de l'Europe. ☉

1846. BORAGO *officinalis*.
B. foliis ovatis, petiolatis, omnibus alternis;
calycibus patentibus.
Ex Europæ oleraceis. ☉

1847. BOURRACHE *à longues f.* Dict. ſuppl.
B. à feuilles linéaires-lancéolées, ſeſſiles, alt.
calices très-velus à la baſe.
L. n. la Barbarie.

1847. BORAGO *longifolia*.
B. foliis lineari-lanceolatis, ſeſſilibus, alternis;
calycibus baſi hirſutiſſimis. P.
E Barbaria. *Poir. Voy. en Barb.* 2. *p.* 119.

1848. BOURRACHE *des Indes*. Dict. n°. 2.
B. à feuilles raméales oppoſées, amplexicaules;
pédoncules uniflores; calice auriculé.
L. n. les Indes orientales. ☉

1848. BORAGO *Indica*.
B. foliis rameis oppoſitis, amplexicaulibus;
pedunculis unifloris; calyce auriculato.
Ex Indiis orientalibus. ☉

1849. BOURRACHE *de Ceylan*. Dict. n°. 4.
B. à feuilles raméales alternes, ſeſſiles; pé-
doncules uniflores; calices non auriculés.
L. n. l'Inde orientale. ☉

1849. BORAGO *Zeylanica*.
B. foliis rameis alternis, ſeſſilibus; pedun-
culis unifloris; calycibus inauritis.
Ex India orient. ☉ *Fol. caulina oppoſita.*

1850. BOURRACHE *d'Afrique*, Dict. n°. 3.
B. à feuilles oppoſées, pétiolées; pédoncules
multiflores.
L. n. l'Afrique. ☉ *Pl. verruqueuſe, hiſpide*.

1850. BORAGO *Africana*.
B. foliis oppoſitis, petiolatis, ovatis; pe-
dunculis multifloris. L.
Ex Africa. ☉ *Pl. verrucoſa, hiſpida.*

1851. BOURRACHE *du Levant*. Dict. n°. 5.
B. à feuilles en cœur pétiolées; pédoncules
multiflores; étamines ſaillantes, velues.
L. n. le Levant. ♂

1851. BORAGO *orientalis*.
B. foliis cordatis petiolatis; pedunculis mul-
tifloris; ſtaminibus exſertis, villoſis.
Ex Oriente. ♂ *Buxb. cent.* 5. *t.* 30.

Explication des fig.

Tab. 94. f. 1. BOURRACHE *commune.* (a) Fleur entière. (b) Calice. (c) Corolle. (d) Ecailles de la fleur, étamines. (e) Pistil. (f) Calice fructifère. (g, h) Semences.
Tab. 94. f. 2. BOURRACHE *des Indes.* (a) Calice fructif. fermé. (b) Le même coupé. (c, d) Semences. (e) Semence coupée. (f) La même dépouillée de son écorce. (g) Embryon.

264. RAPETTE.

Caract. essent.

CAL. irrégulier. Cor. à orifice fermé par des écailles. Sem. couvertes par le cal. comprimé.

Caract. nat.

Cal. monophylle, quinquefide, droit, persistant: à dents inégales.
Cor. monopétale, infundibuliforme. Tube cylindracé, fort court. Limbe semi-quinquefide, obtus. Orifice fermé par cinq écailles convexes, conniventes.
Etam. Cinq filamens très-courts. Anthères un peu oblongues, couvertes.
Pist. Quatre ovaires, comprimés. Style court. Stigmate obtus.
Péric. Aucun. Le calice fort grandi, comprimé, contient les semences.
Sem. Quatre, oblongues, comprimées, écartées par paires.

Tableau des espèces.

• 1852. RAPETTE *couchée.* Diſſ.
L. a. les lieux incultes de l'Europe. ☉

Explication des fig.

Tab. 94. RAPETTE *couchée.* (a) Fleur séparée. (b) Corolle. (c) La même ouverte. (d, e) Calice vu de côté (f) Le même ouvert. (g, h) Calice fructifère. (i) Semences séparées. (l) Partie supérieure de la tige.

265. VIPERINE.

Caract. essent.

Cor. irrégulière: à orifice nud.

Explicatio iconum.

Tab. 94. f. 1. BORAGO *officinalis.* (a) Flos integer. (b) Calyx. (c) Corolla. (d) Squamæ floris, stamina. (e) Pistillum. (f) Calyx fructifer. (g, h) Semina.
Tab. 94. f. 2. BORAGO *Indica.* (a) Calyx fructifer clausus. (b) Idem dissectus. (c, d) Semina. (e) Semen dissectum. (f) Idem decorticatum. (g) Embryo. Fig. 12 D. Gatta.

264. ASPERUGO.

Charact. essent.

CAL. inæqualis. Cor. fauce squamis clausa. Sem. calyce compresso tecta.

Charact. nat.

Cal. monophyllus, quinquefidus, erectus, persistens: dentibus inæqualibus.
Cor. monopetala, infundibuliformis. Tubus cylindraceus, brevissimus. Limbus semi-quinquefidus, obtusus. Faux clausa, squamulis quinque, convexis, conniventibus.
Stam. Filamenta quinque, brevissima. Antheræ oblongiusculæ, tectæ.
Pist. Germina quatuor, compressa. Stylus brevis. Stigma obtusum.
Peric. Nullum. Calyx maximus, compressus, semina fovens.
Sem. Quatuor, oblonga, compressa, per paria distantia.

Conspectus specierum.

1852. ASPERUGO *procumbens.* T. 94.
Ex Europæ ruderatis. ☉

Explicatio iconum.

Tab. 94. ASPERUGO *procumbens.* (a) Flos separatus. (b) Corolla. (c) Eadem aperta. (d, e) Calyx à latere visus. (f) Idem apertus. (g, h) Calyx fructifer. (i) Semina separata. Fig. ex Tournef. (l) Pars superior caulis.

265. ECHIUM.

Charact. essent.

Cor. irregularis: fauce nuda.

Caract. nat.

Cal. partagé en cinq, persistant ; à découpures pointues, droites.

Cor. monopétale, presqu'infundibuliforme. Tube court. Limbe campanulé, oblique, quinquefide, obtus : à découp. inégales. Orifice nud, ouvert.

Etam. Cinq filamens subulés, irréguliers, souvent plus longs que la corolle. Anthéres oblongues, couchées.

Pist. Quatre ovaires. Style filiforme, de la longueur des étamines. Stigmate bifide.

Péric. Aucun. Le calice durci, contient les semences.

Sem. Quatre, arrondies, acuminées obliquement.

Tableau des espèces.

* A tige herbacée.

1853. VIPERINE commune. Diā.
V. à tige tuberculeuse, hispide ; feuilles caulinaires, lancéolées, hispides ; fleurs en épi, latérales.
L. n. l'Europe, le long des chemins. ♂

1854. VIPERINE âpre. Diā.
V. à tige rameuse, très-pileuse ; corolles plus longues que le calice ; étamines saillantes.
L. n. l'Europe austr. ♃ Pl. très-piquante.

1855. VIPERINE alongée. Diā.
V. à tige droite, pileuse, en épi fort long ; corolles dé. assant à peine le calice ; étamines saillantes.
L. n. .... Fl. blanches, petites, sessiles.

1856. VIPERINE à f. étroites. Diā.
V. à tiges simples, hispides ; feuilles linéaires ; corolle une fois p. us. longue que le calice.
L. n. l'Espagne.

1857. VIPERINE de Crète. Diā.
V. à tiges presque couchées ; feuilles sup. plus larges à leur base ; calices fructifères, distans.
L. n. le Levant. ⊙ Cor. à tube court.

Charact. nat.

Cal. quinquepartitus, persistens ; laciniis erectis, acutis.

Cor. monopetala, subinfundibuliformis. Tubus brevis. Limbus campanulatus, obliquus, quinquefidus, obtusus : laciniis inæqualibus. Faux nuda, pervia.

Stam. Filamenta quinque, subulata, inæqualia, sæpè corolla longiora. Antheræ oblongæ, incumbentes.

Pist. Germina quatuor. Stylus filiformis, longitudine staminum. Stigma bifidum.

Peric. Nullum. Calyx rigidior, semina fovens.

Sem. Quatuor, subrotunda, obliquè acuminata.

Conspectus specierum.

* Caule herbaceo.

1853. ECHIUM vulgare. T. 94. f. 1.
E. caule tuberculato hispido ; foliis caulinis, lanceolatis, hispidis ; floribus spicatis, lateralibus. L.
Ex Europa ad vias. ♂ Stylus pilosus.

1854. ECHIUM asperrimum.
E. caule ramoso, pilosissimo ; corollis calyce longioribus ; staminibus exsertis.
Ex Europa, australi. ♃ E. italicum. L?

1855. ECHIUM elongatum.
E. caule erecto, piloso, longissime spicato ; corollis vix calycem superantibus ; staminibus exsertis.
...... Fl. albi, parvi, sessiles.

1856. ECHIUM angustifolium.
E. caulibus simplicibus, hispidis ; foliis linearibus ; corollis calyce duplo longioribus.
Ex Hisp. ania. Conf. Burrel. ic. n°. 10, 1.

1857. ECHIUM Creticum.
E. caulibus subprocumbentibus ; foliis superioribus, b. . atic ibus ; calycibus fructescentibus, r.. . tis.
Ex Oriente. ⊙ Fl. caerulco violacei, majusculi.

1858. VIPERINE *feuilles de plantin.* Dict.
V. à feuilles radicales ovales , pétiolées,
rayées ; corolles plus grandes que le calice.
L. n. l'Europe auftrale. ☉ *Cor. grandes, à
tube court.*

1858. ECHIUM *plantagineum.*
E. foliis radicalibus ovatis , lineatis , petio-
latis ; corollis calyce majoribus.
Ex Europa auftr. ☉ *Affinis præcedenti.*

1859. VIPERINE *orientale.* Dict.
V. à tige rameufe ; feuilles caulinaires ov.
lancéolées , feffiles ; étam. plus courtes que
la corolle.
L. n. le Levant. *Fleurs grandes ; calice long.*

1859. ECHIUM *orientale.*
E. caule ramofo ; foliis caulinis ovato-lanceolatis , feffilibus ; ftaminibus corolla brevioribus.
Ex Or. *Tourn. Cor. vol. 2. p. 248. Trew. rar. 1?*

1860. VIPERINE *auftrale.* Dict.
V. à feuilles caulinaires , ovales , retrécies
aux deux bouts ; étam. auffi longues que la
corolle.
L. n. l'Europe auftrale ? *V. Barrel. ic. 1912 ?*

1860. ECHIUM *auftrale.*
E. foliis caulinis , ovatis , utrinque attenuatis,
ftaminibus corollam æquantibus.
Ex Europa auftrali ? *E. Lufitanicum ?*

1861. VIPERINE *à gros épis.* Dict.
V. à tiges très-fimples ; épi compact terminal ;
calices abondamment laineux.
L. n. le Cap de Bonne-Efpérance. *Sonnerat.*

1861. ECHIUM *fpicatum.*
E. caulibus fimpliciffimis; fpica compacta ter-
minali ; calycibus denfe lanatis.
E. Cap. B. Spei. *E. fpicatum. L. f. fuppl.* 132.

1862. VIPERINE *argentée.* Dict.
V. à feuilles lancéolées , pointues , ciliées,
velues , blanchâtres; fleurs axillaires.
L. n. le Cap de Borne-Efpérance. *Sonnerat.*

1862. ECHIUM *argenteum.*
E. foliis lanceolatis , acutis , ciliatis , hirfuto-
albidis ; floribus axillaribus.
E. Cap. B. Spei. *Pluk. t. 341. f. 8.*

** *A Tige ligneufe.*

** *Caule fruticofo.*

1863. VIPERINE *liffe.* Dict.
V. à tige ligneufe, liffe; feuilles lancéolées ,
glabres des deux côtés , fcabres & ciliées fur
les bords ; corolles prefque régulières.
L. n. le Cap de B. Efpérance. ♄

1863. ECHIUM *lævigatum.*
E. caule fruticofo lævi ; foliis lanceolatis ,
utrinque glabris, margine ciliato-fcabris ; corollis fubæqualibus.
E Cap. B.Spei. ♄ *E. glaucophyllum. Jacq.*

1864. VIPERINE *en faulx.* Dict.
V. à tige fruticueufe : feuilles linéaires-lancéolées , en faulx , un ; eu charnues , prefque
glabres : les fup. & les calices velus.
L. n. le Cap de Bonne-Efpérance. ♄ *Sonnerat.*

1864. ECHIUM *falcatum.*
E. caule fruticulofo ; foliis lineari-lanceolatis ,
falcatis , carnofulis , fubnudis : fupremis calycibusque villofis.
E. Cap. B. Spei. ♄ *præcedenti affinis;*

1865. VIPERINE *fruticueufe.* Dict.
V. à tige fruticueufe ; feuilles lancéolées , rétrécies vers leur bafe , velues des deux côtés ,
non veineufes : étamines plus courtes que la
corolle.
L. a. le Cap de Bonne Efpérance. ♄

1865. ECHIUM *fruticofum.*
E. caule fruticofo ; foliis lanceolatis , bafi
attenuatis, avennis utrinque villofis: ftaminibus
corolla brevioribus.
E Cap. B. Spei. ♄ *Pluk. t. 341. f. 7.*

1866. VIPERINE *blanchâtre*. Dict.

V. à tige ligneuse ; feuilles lancéolées, nerveuses , villeuses , soyeuses ; rameaux tomenteux, blanchâtres: grappe composée ,
terminale.

L. *n.* l'isle de Madère. ♄ *Grappes longues ,*
thyrsoïdes.

1866. ECHIUM *candicans*. T. 94. f. 2.

E. caule fruticoso ; foliis lanceolatis , nervosis , villoso-sericeis ; ramis tomentoso-incanis : racemo composito terminali.

Ex ins. Maderæ. ♄ *Jacq. coll.* t. 44. & 10.

1867. VIPERINE *gigantesque*. Dict.

V. à tige frutiqueuse ; feuilles linéaires-lancéolées , pileuses : à poils très-courts ; thyrse
terminal ; bractées & calices à poils piquans,

L. *n.* les Canaries. ♄

1867. ECHIUM *giganteum*.

E. caule fruticoso ; foliis lineari-lanceolatis ,
pilosis : pilis brevissimis ; thyrso terminali ;
bracteis calycibusque strigosis.

Ex Canariis. ♄

1868. VIPERINE *roide*. Dict.

V. à tige frutiqueuse , roide , rameuse , hispide supérieurement : feuilles oblongues ,
lancéolées , pétiolées ; épis rameux , terminaux.

L. *n.* les isles Canaries. ♄ *Etam. saillantes.*

1868. ECHIUM *strictum*.

E. caule fruticoso , stricto , ramoso , superne
hispido ; foliis oblongo-lanceolatis, petiolatis;
spicis ramosis terminalibus.

Ex ins. Canariensibus. ♄ *Stam. exserta.*

1869. VIPERINE *capitée*. Dict.

V. à tige ligneuse , rameuse ; feuilles lancéolées , pileuses , scabres ; fleurs presque régul.
en corymbe, capité.

L. *n.* le Cap de B. Espérance. ♄

β. Elle varie à plusieurs corymbes plus lâches.

1869. ECHIUM *capitatum*.

E. caule lignoso ramoso ; foliis lanceolatis ,
pilosis ; floribus subæqualibus , co-
rymboso-capitatis.

E Cap. B. Spei. ♄ *Fl. parvi.*

β. Variat corymbis pluribus laxioribus.

Explication des fig.

Tab. 94. f. 1. VIPERINE *communis*. (*a*) Fleur séparée & grossie. (*b*) Calice ouvert. (*c*) Calice fructifère. (*d*) Semences. (*e*) Partie supérieure de la tige
avec ses épis latéraux.

Pl. 94. f. 2. VIPERINE *blanchâtre*. (*a*) Fleur entière.
(*b*) Corolle ouverte. (*c*) Etamine séparée. (*d*) Calice.
(*e*) Grappe thyrsiforme. (*f*) Feuille séparée.

Explicatio iconum.

Tab. 94. f. 1. ECHIUM *vulgare*. (*a*) Flos separatus
& auctus. (*b*) Calyx apertus. (*c*) Calyx fructifer. (*d*)
Semina. Fig. *ex Tournef.* (*e*) Pars superior caulis,
cum spicis lateralibus.

Tab. 94. f. 2. ECHIUM *candicans*. (*a*) Flos integer.
(*b*) Corolla aperta. (*c*) Stamen separatum. (*d*) Calyx.
(*e*) Racemus thyrsiformis. (*f*) Folium separatum.

266. A R G U S E.

Caract. essent.

Cor. infundibuliforme : à orifice nud. Baie subéreuse , se partageant en 2 parties dispermes.

Caract. nat.

Cal. monophylle , partagé en cinq découp. presque linéaires , pointues.

266. MESSERSCHMIDIA.

Charact. essent.

Cor. infundibuliformis : fauce nuda. Bacca suberosa , 2-partibilis : singulo dispermo.

Charact. nat.

Cal. monophyllus , quinquepartitus : laciniis
sublinearibus , acutis.

Cor. monopétale , infundibuliforme. Tube cylindrique , plus long que le calice , un peu
globuleux à fa bafe. Limbe quinquefide , plus
court que le tube. Orifice nud.

Etam. Cinq filamens , très-petits , inférés dans
la partie inf. du tube. Anthères poinrues ,
droites , inclufes.

Pift. Ovaire fupérieur , prefqu'ovale. Style cylindr. très-court , perfiftant. Stigmate en tête.

Péric. Baie sèche fubéreufe , globuleufe , fe partageant en deux.

Sem. Deux offelets , arrondis , convexes en-
dehors , un peu applatis en-dedans , trilo-
culaires (à loge du milieu ftérile) , difpermes.

Cor. monopetala , infundibuliformis. Tubus cylindricus , calyce longior , bafi fubglobofus.
Limbus quinquefidus , tubo brevior. Faux
nudi.

Stam. Filamenta quinque , minuta , in inferiore
tubi parte. Antheræ acutæ , erectæ , inclufæ.

Pift. Germen superum , fubovatum. Stylus cylindr. breviffimus , perfiftens. Stig. capitatum.

Peric. Bacca exfucca , fuberofa , globofa , bipartibilis.

Sem. Off*cula duo , fubrotunda , extus convexa ,
intus planiufcula , trilocularia (loculo intermedio fterili) , difperma. *Gærtn. t. 109.*

Tableau des espèces.   *Confpectus fpecierum.*

1870. ARGUSE *de Tartarie.*. Dict. 1. p. 249.
A. à tige herbacée ; feuilles fessiles ; corolles
infundibuliformes.
L. n. la Sibérie , la Tartarie. ♃

1870. MESSERSCHMIDIA *argufia.* T. 95.
M. caule herbaceo ; foliis feffilibus ; corollis
infundibuliformibus.
E Sibiria , Tartaria. ♃

1871. ARGUSE *frutiqueufe.* Dict. fuppl.
A. à tige ligneufe ; feuilles pétiolées , ovales-
lancéolées ; corolles hypocratériformes.
L. n. les illes Canaries. ♄

1871. MESSERSCHMIDIA *fruticofa*
M. caule fruticofo ; foliis petiolatis , ovato-
lanceolatis ; corollis hypocrateriformibus.
Ex inf. Canarienfibus. ♄ *L. f. fuppl.* 132.

1872. ARGUSE *à f. étroites.* Dict. fuppl.
A. à tige ligneufe ; feuilles pétiolées , étroites ,
linéaires-lancéolées.
L. n. les Canaries. ♄ *Elle reffemble tout à fait
à la préc. par fon port & par fes fl. mais fes f.
font confl. différentes.*

1872. MESSERSCHMIDIA *anguftifolia.*
M. caule fruticofo ; foliis petiolatis , anguftis ,
lineari-lanceolatis.
Ex Canariis. ♄ *Habitu floribusque præcedenti
fimillima , fed foliis conftanter differt. An
varietas ?*

Explication des fig.   *Explicatio iconum.*

Pl. 95. ARGUSE *de Tartarie.* (*a*) Fleur entière.
(*b*) Corolle féparée. (*c*) La même ouverte. (*d*) Partie
fup. de la tige garnie de fleurs.

Tab. 95. MESSERSCHMIDIA *argufa.* (*a*) Flos integer. (*b*) Corolla feparata. (*c*) Eadem aperta. (*d*) Pars
fuperior caulis floribus onufta.

267. PITTONE.

Caract. effent.

267. TOURNEFORTIA.

Charact. effent.

COR. infundibuliforme : à tube globuleux à fa
bafe. Baie comme perforée par quelques pores,
ayant 2 ou 4 offelets , 2-loculaires.

COR. infundibuliformis : tubo bafi globofo. Bacca
poris aliquot fubperforata , 2 f. 4-pyrena ;
offculis 2-locularibus.

Caract. nat.

Cal. petit , persistant , partagé en cinq découpures , pointues.

Cor. monopétale , infundibuliforme. Tube cylindrique , globuleux à la base. Limbe semi-quinquefide , ouvert : à découp. acuminées , horizontales, gibbeuses dans leur milieu.

Etam. Cinq filamens subulés , insérés au tube. Anthères acuminées , conniv. à l'orifice du tube.

Pist. Ovaire supérieur , globuleux. Style simple , en massue. Stigmate entier

Péric. Baie pulpeuse , globuleuse - déprimée , comme perforée par quelques pores , ayant 2 ou 4 osselets.

Sem. Osselets ovales-coniques , biloculaires : à sem. solitaires dans chaque loge.

Charact. nat.

Cal. parvus , persistens , quinquepartitus : laciniis acutis.

Cor. monopetala , infundibuliformis. Tubus cylindricus , basi globosus. Limbus semiquinquefidus , patens : laciniis acuminatis horizontalibus, medio gibbis.

Stam. Filamenta quinque , subulata , tubo inserta. Antheræ acuminatæ , in fauce corollæ, conniventes.

Pist. Germen superum , globosum. Stylus simplex , clavatus. Stigma integrum.

Péric. Bacca pulposa , globoso-depressa , poris aliquot subperforata , 2 s. 4-pyrena.

Sem. Ossicula ovato-conica , bilocularia : seminibus in singulo loculo solitariis.

Tableau des espèces.

Conspectus specierum.

1873. PITTONE *velue*. Dict.
P. à feuilles ovales , pétiolées; tige , pétioles & pedoncules velus; épis très-rameux.
L. n. les Antilles. ♄ *Sloan. hist.* 2. t. 212. f. 1.
β. *La même moins velue; à épis plus courts.*

1874. PITTONE *à grandes feuilles*. Dict.
P. à feuilles ovales-lancéolées , nues , très-grandes; pédoncules rameux; épis fort longs, pendans.
L. n. Saint-Domingue. ♄ *C'est le Tournefortia fœtidissima & le T. cymosa de Linné.*

1875. PITTONE *lisse*. Dict.
P. à feuilles ovales , pétiolées , lisses de chaque côté ; épis rameux , en cime , fort courts.
L. n. la Guadeloupe. ♄

1876. PITTONE *tachetée*. Dict.
P. à feuilles ovales , acuminées , pétiolées; glabres des deux côtés; épis fort rameux , pendans.
L. n. les pays chauds de l'Amér. ♄ *Fr jaunes.*

1877. PITTONE *sarmenteuse*. Dict.
P. à feuilles ovales-oblongues , pointues , pétiolées; épis ram. très-courts ; tige grimpante.
L. n. l'Isle de France. ♄ *Sonnerat. Jos. Martin.*
F. un peu velues.

1873. TOURNEFORTIA *hirsutissima*.
T. foliis ovatis , petiolatis ; caule petiolis pedunculisque hirsutis ; spicis ramosissimis.
Ex inf. Caribæis. ♄ *Plum. ic.* 229.
β. *Eadem minus hirsuta , spicis brevioribus.*

1874. TOURNEFORTIA *macrophylla*.
T. foliis ovato-lanceolatis , nudis , maximis ; pedunculis ramosis; spicis prælongis , pendulis.
F. Domingo. ♄ *Plum. ic.* 230. *Sloan.* 2. t. 212. f. 2. *Jacq. collid.* 1. p. 96.

1875. TOURNEFORTIA *lævigata*.
T. foliis ovatis , petiolatis , utrinque lævibus; spicis ramosis , cymosis , brevissimis.
E. Guadelupa. ♄ *D. Badier.*

1876. TOURNEFORTIA *maculata*.
T. foliis ovatis , acuminatis , petiolatis , utrinque glabris ; spicis ramosissimis , pendulis.

Ex Amer. calidiore. ♄ *Jacq. Amer.* 47.

1877. TOURNEFORTIA *sarmentosa*.
T. foliis ovato-oblongis , acutis , petiolatis ; spicis ramosis , brevissimis ; caule scandente.
Ex inf. Franciæ. ♄ *Flore conferti , hirsuti , gemino ordine ad spicas dispositi.*

1878.

1878. PITTONE *arborescente.* Diſt.
P. à feuilles ovales-lancéolées, pétiolées : les plus jeunes fubtomenteufes; épis rameux, très-courts; tige arborefcente.
L. n. l'Inde. ♄ *Sonnerat.*

1879. PITTONE *argentée.* Diſt.
P. à feuilles oblongues-ovales, obtufes, tomenteufes & foyeufes de chaque côté; épis compofés, terminaux.
L. n. l'ifle de France. ♄ *Le veloutier.*

1880. PITTONE *blanchâtre.* Diſt.
P. à feuilles prefque lancéolées, pétiolées, ondulées, blanchâtres en-deſſous; épis ram. lâches, terminaux.
L. n. Saint-Domingue. ♄ *Jof. Martin. Fl. petites, diſtantes entr'elles.*

1881. PITTONE *volubile.* Diſt.
P. ovales, acuminées, pétiolées, prefque glabres; pétioles réfléchis; tige volubile.
L. n. Saint-Domingue. ♄

1882. PITTONE *ferrugineufe.* Diſt.
P. à feuilles prefqu'en cœur, pointues, velues en-deſſous; tige fubvolubile; rameaux très-velus.
L. n. Saint-Domingue. ♄ *Péd. rameux; épis fort courts.*

1883. PITTONE *fcabre.* Diſt.
P. à feuilles oblongues, pétiolées, très-fcabres, réfléchies; péd. rameux, terminaux; baies coniques.
L. n. Saint-Domingue. ♄

1884. PITTONE *buglofſoide.* Diſt.
P. à feuilles lancéolées, fefſiles; épis fimples, recourbés, latéraux.
L. n. les pays chauds de l'Amérique.

1885. PITTONE *bifide.* Diſt.
P. à feuilles ovales, glabres, pétiolées; pédoncules bifides, axillaires; épis divergens.
L. n. l'ifle de France. ♄

Explication des fig.

Tab. 95. f. 1. Fructification de la Pittone, d'après Plumier. (2) Fleur entiere, fortement groſſie. (3) Co-Botanique. Tome I.

1878. TOURNEFORTIA *arborefcens.*
T. foliis ovato-lanceolatis, petiolatis : junioribus fubtomentofis; fpicis ramofis, breviſſimis; caule arborefcente.
Ex India. ♄

1879. TOURNEFORTIA *argentea.*
T. foliis oblongo-ovalibus, obtufis, utrinque tomentofo-fericeis; fpicis compofitis, terminalibus.
Ex inf. Franciæ. ♄ *L. f. fuppl.* 133.

1880. TOURNEFORTIA *incana.* T. 95. f. 3.
T. foliis fublanceolatis, petiolatis, undulatis, fubtus incanis; fpicis ramofis, laxis, terminalibus.
E Domingo. ♄ *An T. fuffruticofa. L. exclufo fynonymo Sloanei.*

1881. TOURNEFORTIA *volubilis.* T. 95. f. 2.
T. foliis ovatis, acuminatis, petiolatis, fubglabris; petiolis reflexis; caule volubili.
E Domingo. ♄ *Bucca retufa.*

1882. TOURNEFORTIA *ferruginea.*
T. foliis fubcordatis, acutis, fubtus villofis; caule fubvolubili; ramulis hirfutiſſimis.
E Domingo. ♄ *Præcedenti valdè affinis.*

1883. TOURNEFORTIA *fcabra.*
T. foliis oblongis, petiolatis, fcaberrimis, reflexis; pedunculis ramofis, terminalibus; baccis conicis.
E Domingo. ♄ *Jof. Martin.*

1884. TOURNEFORTIA *humilis.*
T. foliis lanceolatis, fefſilibus; fpicis fimplicibus, recurvis, lateralibus. L.
Ex Amer. calidiore. ♄ *Folia fcabra.*

1885. TOURNEFORTIA *bifida.*
T. foliis ovatis, glabris, petiolatis; pedunculis bifidis, axillaribus; fpicis divaricatis.
Ex inf. Franciæ. ♄ *Commerf. herb.*

Explicatio iconum.

Tab. 95. f. 1. Fructificatio Tournefortiæ, Ex Plumiero. (2) Flos integer, infigniter auctus. (3) Corolla.

G g g

rolle féparée. (r)Calice, piftil. (d , e) Calice fructifere. (f) Baie entière. (g) La même coupée en travers. (h) Semences féparées.
Pl. 95. f. 2. PITTONIA *volubile*. (a) Baie entière.
(b) La même coupée. (c) Offelets féparés. (d , e)
Offelets coupés transverfalement & longitudinalement.
(f) Semences. (g) Semence coupée transverfalement.
(h) Embryon mis à nud. (i) Rameau garni de fleurs.
Pl. 95. f. 3. PITTONE *blanchâtre*.

268. MONJOLI.

Caract. effent.

CAL. 5-fide. Cor. tubuleufe. Drupe à noyau,
4-loculaire.

Caract. nat.

Cal. monophylle, un peu tubulé, à cinq dents,
perfiftant.
Cor. monopétale, tubuleufe, plus longue que
le calice. Limbe quinquefide, ouvert.
Etam. Cinq filamens, de la longueur de la corolle. Anthères oblongues, couchées.
Pift. Ovaire fupérieur, ovale. Style filiforme,
de la longueur de la corolle. Quatre ftigmates
fétacés.
Péric. Drupe ovale, uniloc. enfermé dans le
calice.
Sem. Noyau arrondi, quadriloculaire.

Tableau des efpèces.

1886. MONJOLI *à grandes fleurs*. Dict.
M. à feuilles ovales, dentées ; épis compofés,
courts ; corolles hypocratériformes.
L. n. Saint-Domingue. ♄ Jof. Martin. Epis
divifés en 2 ou 3 rameaux ; pétioles tortus, à
bafe fpin-fcente.

1887. MONJOLI *polycéphale*. Dict.
M. à feuilles ovales-lancéolées, dentées ; pédoncules latéraux ; épis globuleux.
L. n. l'Amérique. ♄ Il varie à pédoncules
rameux.

1888. MONJOLI *ferrugineux*. Dict.
M. à feuilles ovales, dentées, tomenteufes
en-deffous; pédoncules latéraux; épis oblongs.
L. n. l'Amérique. ♄ Cult. à Paris.

féparata. (c) Calyx, piftillum. (d , e) Calyx fructifer. (f) Bacca integra. (g) Eadem transverse fciffa.
(h) Semina feparata.
Tab. 95. f. 2. TOURNEFORTIA *mirabilis*. (a) Bacca
integra. (b)Eadem diffecta. (c)Officula feparata. (d , e)
Officula transverfim & longitudinaliter fecta. (f) Semina. (g) Semen transverfe fectum. (h) Embryo
denudatus. Fig. ult Gerta. (i) Ramus florifer.
Tab. 95. f. 3. TOURNEFORTIA *incana*.

268. VARRONIA.

Charact. effent.

CAL. 5-fidus. Cor. tubulofi. Drupa nucleo 4-
loculari.

Charact. nat.

Cal. monophyllus, fubtubulatus, quinquede-
tatus, perfiftens.
Cor. monopetala, tubulofa, calyce longior.
Limbus quinquefidus, patens.
Stam. Filamenta quinque, longitudine corollæ.
Antheræ oblongæ, incumbentes.
Pift. Germen fuperum, ovatum. Stylus filifor-
mis, longitudine corollæ. Stigmata quatuor,
fetacea.
Peric. Drupa ovata, unilocularis, calyce in-
clufa.
Sem. Nux fubrotunda, quadrilocularis.

Confpectus Specierum.

1886. VARRONIA *mirabiloides*.
V. foliis ovatis, ferratis ; fpicis compofitis,
brevibus ; corollis hypocrateriformibus.
E Domingo. ♄ Tournefortia ferrata. Lin. V.
mirabiloides. Jacq. Amer. t. 33.

1887. VARRONIA *polycephala*.
V. foliis ovato-lanceolatis, ferratis ; pedun-
culis lateralibus ; fpicis globofis.
Ex America. ♄ Pluk. t. 328. f. 5?

1888. VARRONIA *ferruginea*.
V. foliis ovatis, dentatis, fubtus tomentofis ;
pedunculis lateralibus ; fpicis oblongis.
Ex America. ♄ Folia fuboppofita.

1889. MONJOLI globuleux. Dict.
M. à feuilles ovales-lancéolées, dentées ; épis globuleux, hispides, pédoncules, subaxillaires.
L. n. les Antilles. ♄ Diffort-il du V. bullata de Linné.
β. Le même à épis presque sessiles. V. lineata Lin. ?

1890. MONJOLI de la Martinique. Dict.
M. à feuilles acuminées, dentées ; épis oblongs, terminaux.
L. n. la Martinique. ♄
β. Le même ? à feuilles obscurément dentées à peine pointues.

1891. MONJOLI de Curaçao. Dict.
M. à feuilles lancéolées ; épis oblongs, presque terminaux.
L. n. l'Amérique mérid. ♄ Très-distinct du précédent.

1892. MONJOLI tomenteux. Dict.
M. à feuilles ovales, dentées, tomenteuses ; épis épais, obtus, presque panic. terminaux.
L. n. .... ♄ Calices tomenteux.

1893. MONJOLI à fr. blancs. Dict.
M. à feuilles en cœur ; fleurs en cimes.
L. n. l'Amérique. ♄

Explication des fig.

Tab. 95. MONJOLI globuleux Var. (a) Fleur entière. (b) Corolle séparée. (c) La même ouverte. (d) Étamine. (e. f) Pistil. (g) Drupe. (h) Le même compl. (i) Noyau séparé. (l) Rameau fleuri.

1889. VARRONIA globosa.
V. foliis ovato-lanceolatis, serratis ; spicis globosis, hispidis, pedunculatis, subaxillaribus.
Ex Caribæis. ♄ Sloan. 2. t. 194. f. 2.
β. Eadem spicis subsessilibus. Varr. Brow. t. 13. f. 2.

1890. VARRONIA Martinicensis.
V. foliis ovatis, subacuminatis, serratis ; spicis oblongis terminalibus.
E Martinica. ♄ Jacq. Amer. t. 32.
δ. Eadem ? foliis obsolete dentatis, vix acutis.

1891. VARRONIA Curassavica.
V. foliis lanceolatis ; spicis oblongis, subterminalibus.
Ex America mérid. ♄ Folia angusta. Spicæ longæ.

1892. VARRONIA tomentosa.
V. foliis ovatis, serratis, tomentosis ; spicis crassis, obtusis, subpaniculatis, terminalibus.
...... ♄ Ex herb. Jussiæi.

1893. VARRONIA alba.
V. foliis cordatis ; floribus cymosis. L.
Ex America. ♄ Comm. Hort. 1. t. 80.

Explicatio iconam.

Tab. 95. VARRONIA globosa. Var. (a) Flos integer. (b) Corolla separata. (c) Eadem aperta. (d) Stamen. (e. f) Pistillum. (g) Drupa. (h) Eadem dissecta. (i) Nucleus separatus. (l) Ram. floridus. fig. ex Brown.

269. MENAIS.

Caract. essent.

CAL. 3-phylle. Cor. hypocratériforme. Baie 4-loculaire. Sem. solitaires.

Caract. nat.

Cal. triphylle : à folioles concaves, acuminées, petites, lâches, persiflantes.
Cor. monopétale, hypocratériforme. Tube cylindrique, plus long que le calice. Limbe plane, partagé en cinq découp. arrondies.
Étam. Cinq filamens très-courts, insérés au tube. Anthères subulées, à l'orifice de la corolle.

269. MENAIS.

Charact. essent.

CAL. 3 phyllus. Cor. hypocrateriformis. Bacca 4-locularis. Sem. solitaria.

Charact. nat.

Cal. triphyllus : foliolis concavis, acuminatis, parvis, laxis, persistentibus.
Cor. monopetala, hypocrateriformis. Tubus cylindricus, calyce longior. Limbus planus, quinquepartitus : laciniis rotundatis.
Stam. Filamenta quinque, brevissima, tubo inserta. Antheræ subulatæ, ad faucem corollæ.

Pifl. Ovaire (fupérieur ?) arrondi. Style filiforme , de la longueur du tube. Deux ftigmates oblongs.
Péric. Baie globuleufe , à quatre loges.
Sem. Solitaires , prefqu'ovales , pointues d'un
côté.

Pifl. Germen (fuperum ?) fubrotundum. Stylus
filiformis longitudine tubi. Stigmata duo ,
oblonga.
Péric. Bacca globofa , quadrilocularis.
Sem. Solitaria , fubovata , indè acuta.

Tableau des efpèces.　　　　　*Confpectus fpecierum.*

1894. MENAIS d'*Amérique*. Diā.
J. n. l'Amérique méridionale. ♄

1894. MENAIS *topiaria.*
Ex Amer. merid. ♄ *Folia alt. ovata , integra.*

270. SEBESTIER.　　　270. CORDIA.

Caraā. effent.　　　　　*Charaā. effent.*

Cor. infundibuliforme. Style dichotome. Drupe
à 2 ou 4 loges. Sem. folitaires.

Cor. infundibuliformis. Stylus dichotomus.
Drupa 2 f. 4-locularis. Sem. folitaria.

Caraā. nat.　　　　　*Charaā. nat.*

Cal. monophylle , prefque tubulé , quinquefide ,
perfiftant.
Cor. monopétale , infundibuliforme. Tube de la
longueur du calice. Limbe campanulé , quinquefide (quelquefois 6 ou 8-fide) ; à découp.
un peu obtufes , ouvertes.
Etam. Cinq filamens , fubulés , attachés au tube.
Anthères oblongues.
Pifl. Ovaire fupérieur , arrondi , acuminé. Style
de la longueur des étamines, bifide fupérieurement : à découp. fourchues. Stigmates obtus.
Péric. Drupe globuleufe ou ovale , acuminé.
Noyau fillonné ou parfemé de foffettes , à
deux ou quatre loges , dont certaines quelquefois avortent.
Sem. Solitaires , ovales , acuminées au fommet.

Cal. monophyllus , fubtubulatus , quinquefidus ,
perfiftens.
Cor. monopetala , infundibuliformis. Tubus longitudine calycis. Limbus campanulatus , quinquefidus (interdùm 6-8-fidus) : laciniis obtufiufculis , patentibus.
Stam. Filamenta quinque, fubulata , tubo inferta.
Antheræ oblongæ.
Pifl. Germen fuperum, fubrotundum, acuminatum. Stylus longitudine ftaminum , fupernè
bifidus : laciniis bifidis. Stigmata obtufa.
Péric. Drupa globofa f. ovata , acuminata. Nux
fulcata vel fcrobiculata, bi f. quadrilocularis :
culis quibufdam interdùm abortivis.
Sem. Solitaria , ovata , apice acuminata.

Tableau des efpèces.　　　　　*Confpectus fpecierum.*

1895. SEBESTIER *officinal*. Diā.
S. à feuilles ovales , un peu pointues , inéga-
lement dentées ; calice liffe , fubcylindrique.
L. n. les Indes orientales. ♄ *Rheed.* 4. t. 37.

1895. CORDIA *officinalis*. t. 96. f. 3.
C. foliis ovatis , acutiufculis , fupernè inæ-
qualiter ferratis ; calyce fubcylindrico , lævi.
Ex Ind. orient. ♄ *Commel. Hort.* 1. t. 74

1896. SEBESTIER d'*Afrique*. Diā.
S. à feuilles arrondies-ovales , entières ; panicule terminale ; calices turbinés ; drupe à
noyau trigone.
L. n. l'Afrique. ♄ *Wanzey. Bruce ; voyage
en Abyff.* vol. 5. tab. 17.

1896. CORDIA *Africana.*
C. foliis fubrotundo-ovalibus , integris ; panicula terminali ; calycibus turbinatis ; drupa
nucleo triquetro.
Ex Africa. ♄ *Lippi herb. apud. D. Juff. An
febeftena alpini ?*

1897. SEBESTIER *jaune*. Dict.
S. à feuilles ovales, obtuses, crénelées, supérieurement; corymbes lat. & terminaux : calices à dix stries.
L. n. le Pérou. ♄ *Calices cylindr. striés, blanchâtres. Cor. jaune, infundib. 6 où 8-fide.*

1897. CORDIA *lutea*.
C. foliis ovatis, obtusis, supernè crenatis; corymbis lateralibus terminalibusque; calycibus decem striatis.
E Peru. ♄ *Pavonia lutea. Dombey herb. apud D. Juss. An Cordia myxa Linnæi synonymia exclusa?*

1898. SEBESTIER *à grandes fleurs*. Dict.
S. à feuilles ovales, légèrement ondées, scabres; calice cylindrique, plus court que le tube.
L. n. Saint-Domingue. ♄ *Jos. Martin.*

1898. CORDIA *sebestena*. T. 96. f. 1.
C. foliis ovatis, subrepandis, scabris : calyce cylindrico, tubo breviore.
E Domingo. ♄ *Folia subrotundo-ovata, sub crenata.*

1899. SEBESTIER *en cœur*. Dict.
S. à feuilles presqu'en cœur, entières, lisses en-dessus; calice cylindrique.
L. n. les isles Prassin. ♄

1899. CORDIA *subcordata*.
C. foliis subcordatis, integris, supernè lævibus; calyce cylindrico.
Ex insulis Praliniis. ♄ *Commers. herb.*

1900. SEBESTIER *de Saint-Domingue*. Dict.
S. à feuilles ovales, entières, rudes, blanchâtres en-dessous; panicule terminale; calices cylindriques.
L. n. Saint-Domingue. ♄

1900. CORDIA *Domingensis*.
C. foliis ovatis, integris, asperis, subtus albicantibus; panicula terminali; calycibus cylindricis.
E Domingo. ♄ (*Ex herb. Jussiæi.*)

1901. SEBESTIER *à grandes feuilles*.
S. à feuilles ovales-oblongues, velues, veineuses, très-grandes; grappes en corymbe; calice cyathiforme.
L. n. Saint-Domingue, la Jamaïque. ♄

1901. CORDIA *macrophylla*.
C. foliis ovato-oblongis, villosis, venosis, maximis; racemis corymbosis; calyce cyathiformi.
E Domingo, Jamaica. ♄

1902. SEBESTIER *rabrilles*. Dict.
S. à feuilles oblongues-ovales, pointues à la base, très-entières; panicules lat. plus courtes que les feuilles.
L. n. Saint-Domingue. ♄ *Jos. Martin. Feuilles veineuses, presque glabres. Fl. petites.*

1902. CORDIA *alnœoides*.
C. foliis oblongo-ovatis, basi acutis, integerrimis; paniculis lateralibus, foliis brevioribus.
E. Domingo. ♄ *Sloan. 2. t. 203. f. 2. An. C. collococca Lin. sed folia non cordata.*

1903. SEBESTIER *verbenacé*. Dict.
S. à feuilles lancéolées-ovales, très-entières; panicule terminale; calices tomenteux, à dix stries.
L. n. la Jamaïque. ♄

1903. CORDIA *gerascanthus*. T. 96. f. 2.
C. foliis lanceolato-ovatis, integerrimis; panicula terminali; calycibus tomentosis, decem striatis.
Ex Jamaica. ♄

1904. SEBESTIER *spinescent*. Dict.
S. à feuilles ovales, pointues, dentées, scabres; étioles subspinescens.
L. n. l'Inde orientale. ♄

1904. CORDIA *spinescens*.
C. foliis ovatis, acutis, serratis, scabris; petiolis subspinescentibus.
Ex India orientali. ♄

1905. SEBESTIER *noueux*. Diff.
S. à feuilles subternées, ovales-oblongues, acuminées ; rameaux noueux, hiſp idcs ; cal. barbu.
L. a. la Guiane. ♄ *Com. par M. Richard.*

1905. CORDIA *nodosa*.
C. foliis subternis, ovato-oblongis, acuminatis ; ramulis nodoſis, hiſpidis ; calyce barbato.
Ex Guiana. ♄ *C. collococcus. Aubl. t. 86.*

1906. SEBESTIER *nerveux*. Diff.
S. à feuilles alternes & oppoſées, ovales-oblongues, acuminées, nerveuſes ; corymbes courts ; bractées subulées.
L. n. la Guiane. ♄ *Comm. par M. Richard.*

1906. CORDIA *nervosa*.
C. foliis alternis, oppoſitiſque ovato-oblongis, acuminatis nervoſis ; corymbo brevi ; bracteis subulatis.
Ex Guiana? ♄ *Fol. magna, nuda, subtus nerv.*

1907. SEBESTIER *farmenteux*. Diff.
S. à feuilles ovales-oblongues, acuminées, nues, très-entières ; grappes latérales ; drupes obtus.
L. n. Cayenne. ♄ *Il a des rapports avec le précédent.*

1907. CORDIA *farmentosa*.
C. foliis ovato-oblongis, acuminatis, nudis, integerrimis ; racemis lateralibus ; drupis obtuſis.
E Cayenna. ♄ *C. flavescens. Aubl. t. 89.*

1908. SEBESTIER *tétraphylle*. Diff.
S. à feuilles verticellées, quaternées, ovales, rétrécies à leur baſe ; corymbes latéraux.
L. n. la Guiane. ♄ *Drupe 1-sperme.*

1908. CORDIA *tetraphylla*.
C. foliis verticillato-quaternis, ovatis, baſi anguſtatis ; corymbis lateralibus.
Ex Guiana. ♄ *Aubl. t. 88.*

1909. SEBESTIER *tétrandrique*. Diff.
S. à feuilles ovales, preſqu'en cœur à la baſe, rudes en-deſſous ; corymbe terminal ; fleurs 4-fides.
L. n. les bois de la Guiane. ♄

1909. CORDIA *tetrandra*.
C. foliis ovatis, baſi subcordatis, subtus aſperis ; corymbo terminali ; floribus quadrifidis.
Ex ſylvis Guianæ. ♄ *Aubl. t. 87.*

1910. SEBESTIER *élevé*. Diff.
S. à feuilles ovales, pointues à la baſe, rudes ; corymbe terminal ; fleurs 5-fides.
L. n. la Guiane. ♄ *Comm. par M. Richard.*

1910. CORDIA *exaltata*.
C. foliis ovatis, baſi acutis, aſperis ; corymbo terminali ; floribus quinquefidis.
Ex Guiana. ♄ *Arbor excelſa.*

1911. SEBESTIER *velu*. Diff.
S. à feuilles en cœur acuminées, velues ; grappes compoſées.
L. n. la Guiane. ♄ *Ram. & péd. velus.*

1911. CORDIA *toqueve*.
C. foliis cordatis, acuminatis, villoſis ; racemis compoſitis.
Ex Guiana. ♄ *Aubl. t. 90.*

1912. SEBESTIER *liſſe*. Diff.
S. à feuilles ovales, veineuſes, luiſantes ; panicules latérales ; étant. velues inférieurement.
L. n. les Antilles? ♄ *Comm. par M. Richard. Corolle de l'Ehretia tinifolia.*

1912. CORDIA *Lævigata*.
C. foliis ovatis, venoſis, nitidis ; paniculis lateralibus ; ſtaminibus infernè villoſis.
Ex Caribæis ? ♄ *Corolla hypocrateriſ. vel sub-campanulata.*

1913. SEBESTIER *d'Inde*. Diff.
S. à feuilles ovales, pétiolées, nues ; fleurs paniculées ; tube des corolles non ſaillant.
L. n. l'Inde. ♄ *Drupe à noyau 2-loculaire.*

1913. CORDIA *Indica*.
C. foliis ovatis, petiolatis, nudis ; floribus paniculatis ; tubo corollarum incluſo.
Ex India. ♄ *Sonnerat.*

1914. SEBESTIER de Chine. Dict.
S. à feuilles oblongues, obtuses, velues aux aisselles des nervures ; panicules plus courtes que les feuilles.
L. n. la Chine. ♄ Sonnerat.

* **SEBESTIER** (rude) à feuilles ovales, acuminées, rudes ; fleurs ridées, en cime. L. n. L'isle de Tongatabu.

* S'BESTIER (dichotome) à feuilles oblongues-ovales, à peine crénelées ; corymbes dichotomes. L. n. la nouvelle Calédoine.

Explication des fig.

Pl. 96. fig. 1. SEBESTIER à gr. fleurs. (a) Fleur entière. (b) Corolle séparée. (c) Calice ouvert, laissant voir le pistil. (d) Pistil séparé. (e) Drupe entier. (f) Le même à noyau découvert. (g) Noyau. (h) Le même coupé en travers. (i) Semence.
Pl. 96. f. 2. SEBESTIER rude. (a) Corolle séparée. (b) La même ouverte. (c) Pistil. (d) Calice. (e) Fruit non mûr, coupé. (f) Rameau fleuri.

Pl. 96. f. 3. SEBESTIER officinal. (a) Drupe entier. (b) Le même à noyau découvert. (c) Noyau coupé en travers. (d, e) Semence vue de chaque côté. (f) L'embryon mis à nud. (g) Le même coupé transversalement.

271. PATAGONULE.

Caract. essent.

COR. en roue. Style dichotome. Cal. fructifère, très-grand.

Caract. nat.

Cal. très-petit ; à cinq dents, persistant.
Cor. monopétale, en roue. Tube presque nul. Limbe plane, à 5 divisions ovales, pointues.
Etam. Cinq filamens, de la longueur de la corolle. Anthères simples.
Pist. Ovaire supérieur, ovale, pointu. Style persistant, filiforme, semi-litide : à découpures bifides. Stigmates simples.
Péric. Capsule? ovale, acuminée, posée sur un calice devenu très-grand, à découp. oblongues, échancrées.
Sem.....

1914. CORDIA Sinensis.
C. foliis oblongis, obtusis, ad axillas nervorum villosis ; paniculis foliis brevioribus.
E China. ♄ Flores praecedentis. Fol. angustiora.

* CORDIA (aspera) foliis ovatis, acuminatis asperis, floribus cymosis, rugosis. Forst. fl. austr. n°. 109.

* CORDIA (dichotoma) foliis oblongo-ovatis, vix crenatis ; corymbis dichotomis. Forst. fl. austr. n°. 110.

Explicatio Iconum.

Tab. 96. fig. 1. CORDIA sebestena. (a) Flos integer. (b) Corolla separata. (c) Calyx apertus, pistillum exhibens. (d) Pistillum separatum. (e) Drupa integra. (f) Eadem nucleo denudato. (g) Nucleus. (h) Idem transversim sectus. (i) Semen.
Tab. 96. f. 2. CORDIA grossefana. (a) Corolla separata. (b) Eadem aperta. (c) Pistillum. (d) Calyx. (e) Fructus immaturus dissectus. Fig. en D. Brown. (f) Ramus florifer.
Tab. 96. f. 3. CORDIA officinalis. (a) Drupa integra. (b) Eadem nucleo denudato. (c) Nucleus transverse sectus. (d, e) Semen utroque latere spectatum. (f) Embryo denudatus. (g) Idem transversim sectus. Fig. en Garta.

271. PATAGONULA.

Charact. essent.

COR. rotata. Stylus dichotomus. Cal. fructifer maximus.

Charact. nat.

Cal. minimus, quinquedentatus, persistens.
Cor. monopetala, rotata. Tubus vix ullus. Limbus planus; quinquepartitus: laciniis ovatis, acutis.
Stam. Filamenta quinque, longitudine corollae. Antherae simplices.
Pist. Germen superum, ovatum, acutum. Stylus filiformis, persistens, semibifidus ; laciniis bifidis. Stigmata simplicia.
Peric. Capsula? ovata, acuminata, insidens calyci maximo, laciniis oblongis, emarginatis.
Sem.....

Tableau des espèces.

1915. PATAGONULE *d'Amérique.* Dict.
L. *n.* L'Amérique méridionale. ♄ *C'est le*
Cordia patagonula de l'Hort. Kew. p. 259. *n°* 4.

Explication des fig.

Pl. 96. PATAGONULE *d'Amérique.* (*a*, *b*, *c d*) Ca
lice, corolle, étamines. (*e*) Pistil. (*f*) Calice fructifère. (*g*) Rameau chargé de fleurs.

272. CABRILLET.

Caract. essent.

Cor. tubuleuse. Stigmate échancré. Baie 2 loculaire. Sem. solitaires, 2-loculaires.

Caract. nat.

Cal. monophylle, campanulé, semi-quinquefide,
très-petit, persistant.
Cor. monopétale, infundibuliforme. Tube plus
long que le calice. Limbe quinquefide : à déc.
ovales.
Etam. Cinq filamens, subulés, insérés au tube,
de la longueur de la corolle. Anth. arrondies.
Pist. Ovaire supérieur, arrondi. Style filiforme.
Stigmate échancré ou bifide.
Péris. Baie arrondie, biloculaire.
Sem. Solitaires, osseuses, biloculaires.

Tableau des espèces.

1916. CABRILLET *feuilles-de-thin.* Dict. n° 1.
C. à feuilles oblongues-ovales, très-entières,
glabres ; fleurs paniculées.
L. *n.* la Jamaïque. ♄

1917. CABRILLET *épineux.* Dict. n°. 2.
C. à feuilles oblongues-ovales, obtuses, luisantes ; épines égaillées, courtes ; grappe en
corymbe.
L. l'Amérique mérid. ♄ *Baies rouges.*

1918. CABRILLET *bâtard.* Dict. n°. 3.
C. à feuilles ovales, très-entières, glabres ;
fleurs presqu'en corymbe ; calices glabres.
L. *n.* les Antilles. ♄

Conspectus specierum.

1915. PATAGONULA *Americana.* T. 96.
Ex America merid. ♄ Dill. elth. t. 216. f.
293. A cordiis diff. calyce fruct. & fere fructu.

Explicatio iconum.

Tab. 96. PATAGONULA *Americana.* (*a*, *b*, *c*, *d*)
Calyx, corolla, stamina. (*e* Pistillum. (*f*) Calyx
fructifer. (*g*) Ramulus flor. onustus. *Fig. ex Dillen.*

272. EHRETIA.

Charact. essent.

Cor. tubulosa. Stigma emarginatum. Bacca 2-
locularis. Sem. solitaria, 2-locularia.

Charact. nat.

Cal. monophyllus, campanulatus, semi-quinquefidus, minimus, persistens.
Cor. monopetala, infundibuliformis. Tubus calyce longior. Limbus quinquefidus : laciniis
subovatis.
Stam. Filamenta quinque, subulata, tubo inserta, longitudine corollæ. Anth. subrotundæ.
Pist. Germen superum, subrotundum. Stylus
filiformis. Stigma emarginatum f. bifidum.
Peric. Bacca subrotunda, 2 locularis.
Sem. solitaria, ossea, bilocularia.

Conspectus specierum.

1916. EHRETIA *tinifolia.*
E. foliis oblongo-ovatis, integerrimis, gla-
bris ; floribus paniculatis.
Ex Jamaica. ♄ Brown. t. 16. f. 1.

1917. EHRETIA *spinosa.*
E. foliis oblongo-ovatis, obtusis, nitidis ; spinis crassis brevibus ; racemis corymbosis.

Ex Amer. merid. ♄ Jacq. Amer. t. 80. f. 18.

1918. EHRETIA *bourreria.*
E. foliis ovatis, integerrimis, lævibus ; flo-
ribus sub-corymbosis ; calycibus glabris.
Ex Caribæis. ♄ Brown. t. 15. f. 2.

1919.

1919. CABRILLET *tomenteux.* Dict. fuppl.
C. à feuilles ovales, fcabres en-deffus, tomenteufes en-deffous ; tube des corolles une fois plus long que le calice.
L. n. Saint-Domingue. ♄ *Jofeph Martin.*

1919. EHRETIA *tomentofa.*
E. foliis ovatis, fuperné fcabris, fubtus tomentofis ; tubo corollarum calyce duplo longiore.
E. Domingo. ♄ *Staen. 2. tab. 204. f. 1.*

1920. CABRILLET à *fruits fecs.* Dict. n°. 4.
C. à feuilles ovales, très-glabres, réfléchies par les bords ; baies fèches, tétragones.
L. n. l'Amérique mérid. ♄

1920. EHRETIA *exfucca.*
E. foliis ovatis, glaberrimis, margine reflexis ; baccis exfuccis tetragonis.
Ex America merid. ♄

1921. CABRILLET à *longs pétioles.* Dict. n°. 5.
C. à feuilles ovales, entières, à longs pétioles ; corymbes pédonculées, axillaires ; corolles campanulées.
L. n. l'ifle de France. ♄ *J'ai, le premier, déterminé & publié cette efpèce.*

1921. EHRETIA *petiolaris.*
E. foliis ovatis, integris, longè petiolatis ; corymbis pedunculatis, axillaribus ; corollis campanulatis.
Ex infula Franciæ. ♄ E. *internodis.* L'Herit. *Stirp. 3. tab. 24.*

1922. CABRILLET à *petites f.* Dict. fuppl.
C. à feuilles cunéiformes, obtufes, fcabres & ponctuées en-deffus ; péd. courts, axillaires, fubuniflores.
L. n. l'Inde. ♄ *Sonnerat.*

1922. EHRETIA *microphylla.*
E. foliis cuneiformibus, obtufis, fuperné fcabris, punctatis ; pedunculis brevibus, axillaribus, fubunifloris.
Ex India. ♄ *Plut. tab. 31. fig. 1.*

* **CABRILLET** (*effilé*) à feuilles oblongues, entières, fcabres en-deffus ; rameaux filiformes ; fleurs terminales, éparfes ; calices velus.

* **EHRETIA** (*virgata*) foliis oblongis, integris, fuperné fcabris ; ramis filiformibus ; floribus terminalibus, fparfis ; calycibus hirfutis. *Swartz. prodr. 47.*

Explication des fig.

Pl. 96. CABRILLET *feuilles de thia.* (a) Fleur vue en-deffus. (b) Corolle ouverte. (c) Etamine. (d) Calice, ftyle. (e) Piftil féparé. (f.) Baie. (g) La même tronquée. (h) La même part. en deux. (i) Semence. (l) Panicule.

Explicatio iconum.

Tab. 96. EHRETIA *unifolia.* (a) Flos fuperné fpectatus. (b) Corolla aperta. (c) Stamen. (d) Calyx, ftylus. (e) Piftillum. (f) Bacca. (g) Eadem truncata. (h) Eadem bipartita. (i) Semen. (l) Panicula. *Fig. ex D. Brown.*

273. HYDROPHYLLE.

Caract. effent.

Cor. campanulée, fillonnée int. par 5 ftries mellifères. Capf. 2-valve, 1-locul. 4-fperme.

Caract. nat.

Cal. partagé en cinq, à peine plus court que la corolle, perfiftant : à découp. fubulées.

Cor. monopétale, campanulée, quinquefide, fillonnée int. par 5 ftries mellifères : à déc. obtufes, demi-ouvertes.

273. HYDROPHYLLUM.

Charact. effent.

Cor. campanulata, interné ftriis 5 melliferis fulcata. Capf. 2-valvis, 1-locularis, 4-fperma.

Charact. nat.

Cal. quinquepartitus, corolla vix brevior, perfiftens : laciniis fubulatis.

Cor. monopetala, campanulata, quinquefida, intus fulcata ftriis 5 melliferis : laciniis obtufis, erecto-patulis.

Etam. Cinq filamens, subulés, plus longs que la corolle. Anthères oblongues, couchées.

Pist. Ovaire supérieur, ovale, acuminé. Style subulé, de la longueur des étamines. Stigmate bifide, pointu.

Péric. Capsule globuleuse, uniloculaire, bivalve, tunniquée : à tunique un peu charnue, 4-sperme.

Sem. Subglobuleuses, très-finement réticulées.

Stam. Filamenta quinque, subulata, corolla longiora. Antheræ oblongæ, incumbentes.

Pist. Germen superum, ovatum, acuminatum. Stylus subulatus, longitudine staminum. Stigma bifidum, acutum.

Péris. Capsula globosa, unilocularis, bivalvis, arillata : arillo subcarnoso, tetrasperno.

Sem. Subglobosa, tenuissimè reticulata.

Tableau des espèces.

1923. HYDROPH. *de Virginie.* Dict. n°. 1.
H. à feuilles pinnées, pinnatifides ; folioles incisées, dentées ; pédoncules plus longs que les pétioles.
L. n. la Virginie. ♃

1924. HYDROPH. *de Magellan.* Dict. suppl.
H. à feuilles pinnées ; folioles entières, ondulées : la terminale plus grande ; cal. tomenteux.
L. n. le Magellan. *Jal. d'Hist. nat. n°. 10 t. 19.*

1925. HYDROPH. *anguleuse.* Dict. n°. 2.
H. à feuilles palmées, lobées, anguleuses, dentées ; pédonc. plus courts que les pétioles.
L. n. le Canada. ♃

Conspectus specierum,

1923. HYDROPH. *Virginicum.* T. 97. f. 1.
H. foliis pinnatis, pinnatifidis ; foliolis inciso-serratis ; pedunculis petiolo longioribus.

Ex Virginia. ♃ *Calyces hispidi.*

1924. HYDROPHYLLUM. *Magellanicum.*
H. foliis pinnatis ; foliolis integris, undulatis : terminali majore ; calycibus tomentosis.
Ex Magellania. *Heliotrop Commerf. herb.*

1925. HYDROPH. *Canadense.* T. 97. f. 2.
H. foliis palmato-lobatis, angulosis, serratis ; pedunculis petiolo brevioribus.
Ex Canada. ♃

Explication des fig.

Pl. 97. f. 1. HYDROPHYLLE *de Virginie.* (a) Fleur entières. (b) Corolle séparée. (c) La même ouverte. (d) Calice, pistil. (e) Pistil séparé. (f) Calice fructifère. (g) Capsule s'ouvrant. (h) La même ouverte. (i) Tunique entière. ( ) La même coupée transversalement.) Semence. (l) Tige florifère.
Pl. 97. f. 2. HYDROPHYLLE *anguleuse.*

Explicatio iconum.

Tab. 97. f. 1. HYDROPHYLLUM *Virginicum.* (a) Flores integri. (b) Corolla separata. (c) Eadem aperta. (d) Calyx, pistillum. (e) Pistillum separatum. (f) Calyx fructifer. (g) Capsula dehiscens. (h) Eadem aperta. (i) Arillus integer. ( ) Idem transversè sectum. ( ) Semen. (l) Caulis florifer.
Tab. 97. f. 2. HYDROPHYLLUM *Canadense.*

274. ELLISE.

Carad. essent.

Cor. infundib. étroite. Caps. 2-loculaire, 2-valve. Loges 2-spermes ; une semence au-dessus de l'autre.

Carad. nat.

Cal. monophylle, partagé en cinq, persistant : à découp. quintuel.

274. ELLISIA.

Charad. essent.

Cor. infundibulif. angusta. Caps. 2-locularis, 2-valvis. Loculi 2-spermi ; semine uno supra alterum.

Charad. nat.

Cal. monophyllus, quinquepartitus, persistens : laciniis acutis.

Cor. monopétale, infundibuliforme, plus petite que le calice: à limbe 5-fide, ponctué int.

Etam. Cinq filamens, plus courts que le tube. Anthères arrondies.

Pift. Ovaire supérieur, arrondi. Style court. Stigmate bifide.

Péric. Capfule scrotiforme, coriace, hispide, bivalve, biloculaire, posée fur un calice alors très-grand & en étoile.

Sem. géminées, globuleuses, noires, chagrinées; mais situées l'une au-deffus de l'autre, & à peine séparée par une cloifon tranfverfe.

Tableau des especes.

1926. ELLISE de Virginie. Dist. p. 352. L. n. la Virginie. ⊙

Explication des fig.

Pl. 97. Ellise de Virginie. (a) Fleur entière. (b) Corolle. (c) La même ouverte. (d, e) Calice, pistil. (f) Calice fructifère. (g) Capfule.

275. NOLANE.

Caract. essent.

Cor. campanulée. Style entre les ovaires. 5 drupes ramassées, subz-loculaires.

Caract. nat.

Cal. monophylle, turbiné à la base, pentagone, partagé en cinq: à découp. prefqu'en cœur, pointues, perfistantes.

Cor. monopétale, campanulée, plissée, ouverte, obscurémem à 5 lobes, une fois plus grande que le calice.

Etam. Cinq filamens subulés, droits, égaux, plus courts que la corolle. Anthères ovales.

Pift. Cinq ovaires, arrondis. Style entre les ov. cylindrique, droit, de la longueur des étam. Stigmate en tête.

Péric. Cinq drupes un peu charnus, ovales-acuminées, à 3 ou 4 loges, situées fur le fond du calice.

Sem. folitaires, arrondies, un peu comprimées, roffelées, très-finement ponctuées.

Cor. monopetala, infundibuliformis, calyce minor: limbo quinquefido, intus punctato.

Stam. Filamenta quinque, tubo breviora. Antheræ subrotundæ.

Pift. Germen superum, subrotundum. Stylus brevis. Stigma bifidum.

Peric. Capfula scrotiformis, coriacea, hifpida, bivalvis, bilocularis, calyci tum maximo stellato insidens.

Sem. Bina, globosa, nigra, excavato-punctata: fed femine altero fupra alterum, vix diftinctis diffepimento tranfverfali.

Confpectus Specierum.

1926. ELLISIA nyctelea. T. 97. Ex Virginia. ⊙

Explicatio iconum.

Tab. 97. Ellisia nyctelea. (a) Flos integer. (b) Corolla. (c) Eadem aperta. (d, e) Calyx, piftillum. (f) Calyx fructifer. (g) Capfula.

275. NOLANA.

Charact. essent.

Cor. campanulata. Stylus inter germina. Drupæ 5, congregatæ, sub3-loculares,

Charact. nat.

Cal. monophyllus, basi turbinatus, pentagonus, quinquepartitus: laciniis subcordatis, acutis, persistentibus.

Cor. monopetala, campanulata, plicata, patens, subquinqueloba, calyce duplo major.

Stam. Filamenta quinque, fubulata, erecta, æqualia, corolla breviora. Antheræ ovatæ.

Pift. Germina quinque, fubrotunda. Stylus inter germina, cylindricus, rectus, longitudine ftaminum. Stigma capitatum.

Peric. Drupæ quinque, fubcarnofæ, ovato-acuminatæ, 3 f. 4-loculares, calycis fundo insidentes.

Sem. Solitaria, fubrotunda, compreffiufcula, rostellata, minutiffimè punctata.

Tableau des espèces.

1927. NOLANE *étalée*. Dict.
L. *n*. le Pérou. ☉ *Fleurs bleues.*

Explication des fig.

Pl. 97. NOLANE *étalée.* (*a*) Bouton de fleur. (*b B*)
Corolle entière. (*c*) La même ouverte. (*d*) Etamine.
(*e*) Pistil. (*f*) Ovaires. (*g*) Fruit avant sa maturité.
(*h*) Rameau garni de fleurs.

276. PRIMEVÈRE.

Caract. essent.

Cor. hypocratérif. à tube plus long que le calice : orifice ouvert, Capf. 1-locul. à 10 dents.

Caract. nat.

Cal. monophylle, tubuleux, pentagone, à cinq
dents, perfistant, droit.
Cor. monopétale, hypocratériforme. Tube cylindracé, plus long que le calice. Limbe ouvert, femi-quinquefide : à découp. en cœur,
échancrées. Orifice ouvert.
Etam. Cinq filamens très-courts, fitués dans le
col de la corolle. Anthères acuminées, droites,
conniventes, incluſes.
Pist. Ovaire fupérieur, globuleux. Style filiforme, de la longueur du calice. Stigmate
globuleux.
Peric. Capfule ovale, recouverte par le calice,
uniloculaire, s'ouvrant au fommet par dix
dents.
Sem. nombreuſes ; arrondies, attachées à un placenta, libre, central.

Tableau des espèces.

1928. PRIMEVÈRE *officinale.* Dict.
P. à feuilles preſqu'en cœur, ridées, dentées ;
hampes à ombelles ; limbe des corolles plus
court que le calice.
L. *n*. Les prés de l'Europe. ♃ *Fl. jaunes,*
odorantes.

ρ. La même plus élevée, à fl. plus pâles,
inodores.

PENTANDRIA MONOGYNIA.

Conspectus specierum.

1927. NOLANA *prostrata*, T. 97.
E Peru. ☉ *Lin. fil. dec. 1. t. 2. Garcin. t. 132.*

Explicatio iconum.

Tab. 97. NOLANA *prostrata.* (*a*) Flos imperfec.
(*B b*) Corolla integra. (*c*) Eadem aperta. (*d*) Stamen.
(*e*) Pistillum. (*f*) Germina. (*g*) Fructus immaturus.
(*h*) Ramulus floribus onuſtus.

276. PRIMULA.

Charact. essent.

Cor. hypocraterif. Tubo calyce longiore :
fauce pervia. Capf. 1-locularis, 10-dentata.

Charact. nat.

Cal. monophyllus, tubulatus, pentagonus, quinquedentatus, erectus, perfiſtens.
Cor. monopetala, hypocrateriformis. Tubus
cylindraceus, calyce longior. Limbus patens,
femi-quinquefidus : laciniis obcordatis, emarginatis. Faux pervia.
Stam. Filamenta quinque, breviſſima, intus collum corollæ. Antheræ acuminatæ, erectæ,
conniventes, incluſæ.
Pist. Germen fuperum, globoſum. Stylus filiformis, longitudine calycis. Stigma globoſum.
Peric. Capfula ovata, calyce tecta, unilocularis,
apice dentibus decem dehiſcens.
Sem. numeroſa, fubrotunda, receptaculo centrali libero affixa.

Conspectus specierum.

1928. PRIMULA *officinalis.* T. 98. f. 2.
P. foliis fubcordatis, rugoſis, dentatis ; ſcapis umbellatis ; corollarum limbo calyce
breviore.
Ex Europæ pratis. ♃ *Fl. lutei, odorati.*

s. Eadem elatior, floribus pallidioribus,
inodoris.

1929. PRIMEVÈRE à *grandes fleurs*. Dict.
P. à feuilles dentées, ridées ; ombelles fub-
radicales ; limbe des cor. plane, fort large.
L. n. les bois de l'Europe. ꝝ *Fl. d'un jaune
pâle.*
θ. La même à *fleurs purpurines. Le Levant.*
γ. La même à *hampe ombellifère.*

1929. PRIMULA *grandiflora.*
P. foliis dentatis, rugosis ; umbellis subradi-
calibus ; corollarum limbo plano, latissimo.
Ex Europæ sylvis. ꝝ *P. grandiflora. Fl.
gallis.*
β. *Eadem floribus purpureis. In hortis culta.*
γ. *Ead. scapo umbell. An P. calycantha, Ret ꝝ.*

1930. PRIMEVÈRE *farineuse*. Dict.
P. à feuilles oblongues-spatulées, dentées,
glabres, farineuses en-dessous ; découp. du
limbe profondément échancrées.
L. n. les mont. de l'Eur. ꝝ *Cal. farineux.*

1930. PRIMULA *farinosa.* T. 98. f. 4.
P. foliis oblongo-spathulatis, dentatis, glabris, subtus farinosis ; limbi laciniis profundè
emarginatis.
Ex Europæ alpinis. ꝝ *Fl. rubri.*

1931. PRIMEVÈRE à *oreillettes*. Dict.
P. à feuilles oblongues-spatulées, dentées,
vertes de chaque côté ; folioles de la coll. auriculées à leur base.
L. n. le Levant. *Feuilles glabres, fl. bleues.*

1931. PRIMULA *auriculata.*
P. foliis oblongo-spathulatis, dentatis, utrinque viridibus ; involucri foliolis basi auriculatis.
Ex Oriente. *Scapus apice farinosus.*

1932. PRIMEVÈRE *nivale*. Dict.
P. à feuilles oblongues, dentées, très-glabres;
collerette monophylle, subquinquefide.
L. n. la Sibérie. ꝝ *Coll. à découp. subulées.*

1932. PRIMULA *nivalis.*
P. foliis oblongis dentatis, glaberrimis ; in-
volucro monophyllo, subquinquefido.
E Sib. ꝝ *P. nivalis. Pall. it. 3. p. 723. s. C. a.*

1933. PRIMEVÈRE *verticillée*. Dict.
P. à feuilles lancéolées-ovales, dentées, farineuses en-dessous; fl. verticillées, tubuleuses;
cal. court.
L. n. l'Arabie. *Cal. & cor. presque comme dans
le Siphonanthus. Cor. jaune.*

1933. PRIMULA *verticillata.*
P. foliis lanceolato-ovatis, serratis, subtus farinosis; flor. verticillatis, tubulosis; cal. brevi.
Ex Arabia. *Forsk. p. 42. Vahl. symbol. 15.
t. 5. Pedicelli calycesque farinosi.*

1934. PRIMEVÈRE *auricule*. Dict.
P. à feuilles glabres, charnues, dentées ; ca-
lice court, farineux.
L. n. les mont. de la Fr. de la Suisse, &c. ꝝ
L'oreille d'ours.

1934. PRIMULA *auricula.*
P. foliis glabris, carnosis, dentatis ; calyce
brevi, farinoso.
Ex alpibus Gallicis, Helveticis, &c. *Multum
variat florum colore.*

1935. PRIMEVÈRE *jaune*. Dict.
P. à feuilles spatulées-arrondies, glabres, très
entières ; calice court, un peu farineux.
L. n. les mont. de la Suisse & de la France. ꝝ
Reynier.

1935. PRIMULA *lutea.*
P. foliis spathulato-subrotundis, glabris, in-
tegerrimis; calyce brevi, subfarinoso.
Ex alpibus Helveticis & Galliæ. ꝝ *P. lutea.
Vill. p. 468.*

1936. PRIMEVÈRE *crénelée*. Dict.
P à feuilles glabres des deux côtés, crenelées,
farineuses sur les bords; calice fort court.
L. n. mont. du Dauphiné. ꝝ *Esp. petite,
très-*

1936. PRIMULA *crenata.* T. 98. f. 3.
P. foliis utrinque glabris, crenatis, margine
farinosis; calyce brevissimo.
Ex alpibus Delph. ꝝ *Fl. amœnissimè purpurei.*

1937. PRIMEVÈRE *velue*. Dict.
P. à feuilles fpatulées-ovales, dentées, vifqueufes, pubefcentes ; hampe velue, à peine plus longue que les feuilles.
L. n. les mont. de la Suiffe. ♀ Feuilles, hampe & calices chargés de poils, vifqueux, & d'un verd brun. Fleurs rouges ; cal. plus court que le tube.

1937. PRIMULA *villosa*.
P. foliis fpathulato-ovatis, dentatis, vifcofo-pubefcentibus ; fcapo villofo, foliis vix longiore.
Ex alpibus Helveticis. ♀ P. hall. helv. n°. 613. P. hirfuta. allion. P. vifcofa. Vill. 467. P. pubefcens. Jacq. mifc. 1. t. 18. f. 2 ?

1938. PRIMEVÈRE *naine*. Dict.
P. à feuilles cuneiformes, dentées, luifantes, velues ; hampes prefqu'uniflores.
L. n. les Alpes de la Suiffe, &c. Elle a des rapports avec la précédente.

1938. PRIMULA *minima*.
P. foliis cuneiformibus, dentatis, nitidis, hirfutis ; fcapis fubuniflloris. L.
Ex alpibus Helvetiae, &c. Jacq. obf. 1. t. 14.

1939. PRIMEVÈRE *glutineufe*. Dict.
P. à feuilles lanceolée, glutinufes ; collerette de la longueur des fleurs, feffiles.
L. n. les mont. de la Carinthie. ♀ F. glabres, dentées.

1939. PRIMULA *glutinofa*.
P. foliis lanceolatis, glutinofis ; involucro longitudine florum, feffilium. L. fuppl. 133.
Ex alpibus Carinthiae. ♀ Jacq. auftr. 5. app. t. 46.

1940. PRIMEVÈRE *feuilles de Cortufe*. Dict.
P. à feuilles pétiolées, en cœur, un peu lobées, crènelées.
L. n. la Sibérie. Plante pileufe ; fl. rouges.

1940. PRIMULA *cortufoides*.
P. foliis petiolatis, cordatis, fublobatis, crenatis. .
E Sibiria. Gmel. fib. 4. p. 85. t. 45.

1941. PRIMEVÈRE *à f. entières*. Dict.
P. à feuilles oblongues, très-entières, ciliées ; calices tubuleux , obtus.
L. a. les mont. de la France, la Suiffe , &c. ♀

1941. PRIMULA *integrifolia*.
P. foliis · blongis, integerrimis, ciliatis ; calycibus tubulofis, obtufis.
Ex alpibus Gall., Helvetiae, &c. ♀

1942. PRIMEVÈRE *aizoïde*. Dict.
P. à feuilles linéaires, poinues, très-entières, en touffe ; fleurs folitaires, feffile.
L. n. les mont. de la Fr. , la Suiffe , &c. ♀ Fl. jaunes.

1942. PRIMULA *vitaliana*,
P. foliis linearibus, acutis, integerrimis, cefpitofis; floribus folitariis, feffilibus.
Ex alpibus Galliae, Helvetiae, &c. ♀ Fl. lutei.

Explication des fig.

Pl. 98. f. 1. Fructification de la Primevère, d'après Tournefort. (a) Fleur de la Primevère à gr. fleurs. (B) Corolle de la même. (c) Calice de la même. (b) Corolle de la Primevère officinale. (c) Calice féparé. (d) Calice ouvert ; piftil. (e) Capfule. (f) Récept. des femences (g) Semences. (h, i) Calice fructifere, entier & ouvert. (l) Capfule s'ouvrant. (m) La même coupée , montrant le réceptacle des femences. (n, o) Semences féparées. (p, q) Semences coupées.
Pl. 98. f. 2. PRIMEVERE officinale. Pl. 98. f. 3. PRIMEVERE crénelée. Pl. 98. f. 4. PRIMEVERE farineufe.

Explicatio iconum.

Tab. 98. f. 1. Fructificatio Primulae ex Tournefortio. (a) Flos Primulae grandiflorae. (B) Corolla ejusdem. (c) Calyx ejusdem. (b) Corolla Primulae officinalis. (c) Calyx feparatus. (d) Calyx apertus ; piftillum. (e) Capfula. (f) Recept. feminum. (g) Semina. Tournef. (h, i) Calyx fructifer , integer & apertus ex Germ. (l) Capfula dehifcens. (m) Eadem diffecta, receptaculum feminum exhibens. (n, o) Semina feparata. (p, q) Semina diffecta.
Tab. 98. f. 2. PRIMULA officinalis. Tab. 98. f. 3. PRIMULA crenata. Tab. 98. f. 4. PRIMULA farinofa.

277. ANDROSACE.

Caraâ. effent.

Cor. hypocratériforme : à tube plus court que
le calice. Orifice refferré, fubglanduleux.

Caraâ. nat.

Cal. monophylle, campanulé, pentagone, quinquefide, droit, perfiftant.
Cor. monopétale, hypocratériforme. Tube ovale,
plus court que le calice. Limbe plane, partagé en cinq : à découp. obtufes : orifice refler-
ré, comme glanduleux.
Etam. Cinq filamens, très-courts, dans le tube
de la corolle. Anthères non faillantes.
Piff. Ovaire fupérieur, globuleux. Style filiforme,
très-court. Stigmate globuleux, inclus.
Péric. Capfule globuleufe, pofée fur le calice,
uniloculaire, s'ouvrant au fommet par cinq
dents.
Sem. Plufieurs, arrondies, légèrement convexes
d'un côté, obf. anguleufes de l'autre, fcabres
par des points faillans, attachées à un placenta
libre, central.

Tableau des efpèces.

* Fleurs en ombelle.

1943. ANDROSACE large collerette. Diâ. nº 1.
H. à feuilles ovales, dentées ; folioles de la
collerette très-larges ; corolles plus courtes
que le calice.
L. a. les champs de l'Europe auftrale. ⊙

1944. ANDROSACE alongée. Diâ. nº 2.
A. à feuilles un peu dentées ; pédicules très-
longs ; corolles plus courtes que le calice.
L. a. l'Europe. ⊙ Les rayons de l'omb. de-
viennent très-longs.

1945. ANDROSACE feptentrionale. Diâ. nº 3.
A. à feuilles lancéolées, dentées, prefque glabres ; calices anguleux, nuds, plus courts
que la corolle.
L. a. les mont. fept. de l'Europe. ⊙

---

277. ANDROSACE.

Charaâ. effent.

Cor. hypocrateriformis ; tubo calyce breviore.
Faux coarâata, fubglandulofa.

Charaâ. nat.

Cal. monophyllus, campanulatus, pentagonus,
quinquefidus, erectus, perfiftens.
Cor. monopetala, hypocrateriformis. Tubus
ovatus, calyce brevior. Limbus quinqueparti-
titus, planus : laciniis obtufis. Faux coarâata,
fubglandulofa.
Stam. Filamenta quinque, breviffima, intra tubum corollæ. Antheræ inclufæ.
Piff. Germen fuperum, globofum. Stylus filiformis, breviffimus. Stigma globofum, inclufum.
Peric. Capfula globofa, calyci infidens, unilocularis, apice dentibus quinque dehifcens.
Sem. Plura, fubrotunda, hinc læviter convexa,
inde obfoletè angulata, punâis elevatis fcabra,
receptaculo centrali libero affixa.

Confpeâus fpecierum.

* Flores umbellati.

1943. ANDROSACE maxima, T. 98, f. 1.
A. foliis ovatis, dentatis ; involucri foliolis
latiffimis ; corollis calyce minoribus.

Ex Europæ auftr. arvis. ⊙

1944. ANDROSACE elongata.
A. foliis fubdentatis ; pedicellis longiffimis ;
corollis calyce brevioribus.
Ex Europa. ⊙ Jacq. obf. 2. t. 19.

1945. ANDROSACE feptentr. T. 98. f. 2.
A. foliis lanceolatis, dentatis, fubglabris ; calycibus angulatis, nudis, corolla brevioribus.

Ex Europæ fept. alpibus. ⊙ Fl. albi.

1946. ANDROSACE *velut.* Dict. n°. 4.
A. à feuilles linéaires-lancéolées, très-entières,
pileuses ; pédoncules presque plus courts que
la collerette ; calices velus.
L. n. les Alpes de la France, la Suisse , &c. ☘
*Petite pl. pileuse : cor. blanche , à orif. jaune
ou rougeâtre.*

1946. ANDROSACE *villosa.*
A. foliis lineari - lanceolatis , integerrimis ,
pilosis ; pedicellis involucro subbrevioribus ;
calycibus villosis.
Ex alpibus Galliæ , Helvetiæ , &c. *Jacq. coll.*
1. 1. 12. f. 3. Bona.

1947. ANDROSACE *blanche.* Dict. suppl.
A. pileuse , blanchâtre ; à feuilles lancéolées ,
très-petites , soyeuses , en touffes-glomerulées ;
péd. plus longs que la coll.
L. n. la Sibérie. *Comm. par M. Patrin.*

1947. ANDROSACE *incana.*
A. piloso-incana ; foliis lanceolatis , minimis ,
sericeis , glomerato-cespitosis ; pedicellis involucro longioribus.
E Sibiria. *An andr. Gmel. sib. 4. p. 82. n. 27.*

1948. ANDROSACE *lactée.* Dict. n°. 5.
A. à feuilles lancéolées-ovales , hispides sur les
bords ; hampe à poils rameux , très-courts ;
péd. plus longs que la collerette.
L. n. les mont. de la France, la Suisse , &c. ☘

1948. ANDROSACE *lactea.*
A. foliis lanceolato-ovatis , margine hispidis ;
scapo pilis ramosis , brevissimis ; pedicellis involucro longioribus.
Ex alp. Gall. Helv. &c. ☘ *A. obtusifol. Allion.*

1949. ANDROSACE *pauciflore.* Dict. suppl.
A. à feuilles linéaires-subulées , glabres ; pé-
doncules subgeminés , de la longueur de la
hampe ; div. de la cor. échancrées.
L. n. les mont. de la France , la Suisse, &c. ☘
Hall. n°. 622.

1949. ANDROSACE *pauciflora.*
A. foliis lineari-subulatis , glabris ; pedunculis
subbinis , longitudine scapi ; segmentis co-
rollæ emarginatis.
Ex alpibus Gall , Helvetiæ , &c. ☘ *Vill. pl.
Delph. t. 15.*

1950. ANDROSACE *carnée.* Dict. n°. 6.
A. à feuilles subulées , obsc. ciliées sur les
bords ; ombelle de la long. de la collerette.
L. n. les mont. de la Fr. , la Suisse. ☘ *Fl. rouges.*

1950. ANDROSACE *carnea.*
A. foliis subulatis , margine obsoletè ciliatis ;
umbella involucrum æquante.
Ex alpibus Gall. , Helv. ☘ *Hall. n°619. t. 17.*

 * * *Fleurs solitaires.*   * * *Flores solitarii.*

1951. ANDROSACE *embriqué.* Dict. n°. 7.
A. à feuilles oblongues-ovales , tomenteuses ,
très-denf. embriquées ; fl. terminales , sessiles.
L. n. les mont. de la Suisse , &c. ☘

1951 ANDROSACE *imbricata.* T. 98. f. 4.
A. foliis oblongo-ovatibus , tomentosis , den-
sissimè imbricatis; flor. terminalibus, sessilibus.
Ex alp. Helv. , &c. ☘ *Aretia Helvetica. L.*

1952. ANDROSACE *des Alpes.* Dict. n°. 8.
A. à feuilles oblongues-ovales , à duvet courts
fleurs pédonculées ; calice pubescent.
L. n. les mont. du Dauph. , de la Suisse , ☘ *Fl.
axillaires.*

1952. ANDROSACE *Alpina.* T. 98. f. 3.
A. foliis oblongo-ovatis , breviter villosis ;
floribus pedunculatis ; calyce pubescente.
Ex alpibus Delph. , Helvetiæ. ☘ *Aretia alpina. L.*

1953. ANDROSACE *des Pyrénées.* Dict. suppl.
A. à feuilles linéaires , carinées en-dessous ,
ciliées , hispides ; fleurs pédonculées ; calice
glabre.
L. n. les Pyrénées. *Comm. par M. Picot de la
Peyrousi,*

1953. ANDROSACE *Pyrenaica.*
A. foliis linearibus , subtus carinatis , ciliato-
hispidis ; floribus pedunculatis; calyce glabro.

Ex Pyrenæis. *Pedunculi semi-pollicares.*

Explication

Explication des fig.　　　　**Explicatio iconum.**

Pl. 98. f. 1. ANDROSACE *lacte collecte*. (*A*, *e*)
Fleur entière grosse. (*b*) Corolle séparée. (*c*) Ovaire
dans la corolle. (*d*, *e*, *f*) Calice fructifère.
Pl. 98. f. 2. ANDROSACE *septentrionale*. (*a*) Capsule
avec le calice. (*b*) Récept. des sem. mis à découvert.
(*c*) Semences séparées. (*d*, *e*) Semences coupées,
montrant l'embryon.
Pl. 99. f. 3. ANDROSACE *des Alpes*. Pl. 98. f. 4.
ANDROSACE *imbriquée*.

Tab. 98. f. 1. ANDROSACE *maxima*. (*A*, *e*) Flos
integer auctus. (*b*) Corolla separata. (*c*) Germen
intra corollam. (*d*, *e*, *f*) Cal. fructifer. Fig. ea Faum.
Tab. 98. f. 2. ANDROSACE *septentrionalis*. (*a*)
Capsula cum calyce. (*b*) Recept. seminum dem datum. (*c*) Semina separata. (*d*, *e*) Semina dissecta,
embryonem exhib. Fig. ea Germ.
Tab. 98. f. 3. ANDROSACE *Alpina*. (ea Pl.99.)
Tab. 98. f. 4. ANDROSACE *imbricata*, id.

278. CORTUSE.

Caract. essent.

COR. presqu'en roue, à orifice ouvert. Capf.
à 2 sillons, 1-loculaire.

Caract. nat.

Cal. petit, quinquefide, persistant : à découp.
pointues.
Cor. monopétale, en roue-campanulée. Tube
court. Limbe partagé en cinq, plus amp. le
que le tube : à découp. ovales. Orifice ouvert.
Etam. Cinq filamens, très-courts, attachés au
tube. Anthères oblongues, droites, à l'orifice.
Pist. Ovaire supérieur, ovale. Style filiforme,
plus long que la corolle. Stigmate simple.
Péric. Capsule ovale-oblongue, marquée d'un
sillon de chaque côté, uniloculaire, bivalve :
à valves subdivisées au sommet.
Sem. nombreuses, arrondies, un peu anguleuses,
ponctuées, att. à un récept. cylindrique,
libre, central?

278. CORTUSA.

Charact. essent.

COR. subrotata, fauce pervia. Capf. 2 sulca :
1-locularis.

Charact. nat.

Cal. parvus, quinquefidus, persistens : laciniis
acutis.
Cor. monopetala, rotato-campanulata. Tubus
brevis. Limbus quinquepartitus, tubo am-
plior, laciniis ovalis. Faux pervia.
Stam. Filamenta quinque, brevissima, tubo affixa.
Antheræ oblongæ, erectæ, ad faucem.
Pist. Germen superum, ovatum. Stylus filiformis, corolla longior. Stigma simplex.
Peric. Capsula ovato-oblonga, utrinque sulco
impressa, unilocularis, bivalvis : valvulis apice
subbifidis.
Sem. numerosa, rotundata, subangulata, punctata, receptaculo cylindrico libero centrali
affixa.

Tableau des espèces.　　　　**Conspectus specierum.**

1954. CORTUSE *de mathiole*. Dict. n°. 1.
C. à calices plus courts que la corolle.
L. n. les mont. de l'Autriche, &c. 🜊

1954. CORTUSA *matthioli*. T. 99. f. 1.
C. calycibus corolla brevioribus. L.
Ex alpibus Auftriæ, &c. 🜊 *Jacq. ic. rar.* 1.

1955. CORTUSE *de Gmelin*. Dict. n°. 2.
C. à calices plus longs que la corolle.
L. n. la Sibérie. 🜊 *Corolle blanches.*

1955. CORTUSA *Gmelini*. T. 99. f. 2.
C. calycibus corollam excedentibus. L.
Ex Sibiria. 🜊

Explication des figures.　　　　**Explicatio iconum.**

Pl. 99. f. 1. CORTUSE *de mathiole*. (*a*) Capsule entière. (*b*) La même ouverte. (*c*) La même coupée.
Botanique. Tome I.

Tab. 99. f. 1. CORTUSA *matthioli*. (*a*) Capsula
integra. (*b*) Eadem dehiscens. (*c*) Ejus sectio transversa.

Iii

en travers. (d) Placenta mis à découvert. (e) Semences. (f, g, h) Les mêmes coupées diversement. (i)
Plante entière.

Pl. 99. f. 1. CORTUSE de Gmelin. (a, A) Capsule
dans un calice campanulé. (b) La même coupée dans
sa longueur. (c) Semences. (d, e) Les mêmes coupées. (f) Plante entière.

279. SOLDANELLE.

Caract. essent.

COR. campanulée, lacérée-multifide. Capf. 1-
loculaire, multivalve au sommet.

Caract. nat.

Cal. part. en cinq, plus court que la cor. persistant : à découp. lancéolées.
Cor. monopétale, campanulée, élargie insensiblement, droite ; à bord lacéré-multifide,
pointu.
Etam. Cinq filamens, subulés ; anthères sagittées.
Pist. Ovaire supérieur, arrondi. Style filiforme,
persistant. Stigmate simple.
Péric. Capsule oblongue, cylindrique, striée,
obliq. uniloculaire, s'ouvrant au sommet par
beaucoup de dents.
Sem. nombreuses, très-petites, acuminées.

Tableau des espèces.

1956. SOLDANELLE des Alpes. Dict.
L. n. les mont. de la France, la Suisse, &c. ⸸

Explication des fig.

Pl. 99. SOLDANELLE des Alpes. (a) Fleur entière.
(b) Corolle séparée. (c) Calice, pistil. (d) Pistil séparé. (e, f) Capsule entière & ouverte. (g) La même
coupée. (h) Plante entière.

280. GYROSELLE.

Caract. essent.

COR. en rour, réfléchie. Etam. hors du tube.
Capf. oblongue, 1-loculaire.

(e) Receptaculum seminum denudatum. (e) Semina.
(f, g, h) Eadem varie dissecta. Fig. ex Gorta. (i)
Pl. integra.

Tab. 99. f. 1. CORTUSA Gmelini. (a, A) Capsula calyce campanulato excepta. (b) Eadem longitudinaliter scissa. (c) Semina. (d, e) Eadem dissecta.
Fig. ex Gorta. (f) Pl. integra. Fig. ex Gmel.

279. SOLDANELLA.

Charact. essent.

COR. campanulatus, lacero-multifida. Capf. 1-
locularis, apice multivalvis.

Charact. nat.

Cal. quinquepartitus, corolla brevior, persif-
tens : laciniis lanceolatis.
Cor. monopetala, campanulata, sensim ampliata,
recta : ore lacero-multifido, acuto.
Stam. Filamenta quinque, subulata. Anth. sagittatae.
Pist. Germen superum, subrotundum. Stylus
filiformis, persistens. Stigma simplex.
Peric. Capsula, oblonga, teres, oblique striata,
unilocularis, apice dentibus multis debiscens.
Sem. numerosa, minima, acuminata.

Conspectus specierum.

1956. SOLDANELLA Alpina. T. 99.
Ex alpibus Galliae, Helvetiae, &c. ⸸

Explicatio iconum.

Tab. 99. SOLDANELLA Alpina. (a) Flos integer.
(b) Corolla separata. (c) Calyx, pistillum. (d) Pistillum
separatum. (e, f) Capsula integra, & debiscens. (g)
Eadem dissecta. (h) Pl. integra.

280. DODECATHEON.

Charact. essent.

COR. rotata, reflexa. Stam. extra tubum. Capf.
oblonga, 1-locularis.

Caračt. nat.　　　　　　　　　　　*Charačt. nat.*

Cal. monophylle, femi-quinquefide, perfiſtant : à découp. réfléchies.

Cal. monophyllus, femi-quinquefidus, perfiſtens : laciniis reflexis.

Cor. monopétale, en roue. Tube plus court que le calice. Limbe partagé en cinq découpures longues, lancéolées, réfléchies.

Cor. monopetala, rotata. Tubus calyce brevior. Limbus quinquepartitus : laciniis longis, lanceolatis, reflexis.

Etam. Cinq filamens, très-courts, attachés au tube. Anthères linéaires, pointues, fſillames, conniventes.

Stam. Filamenta quinque, breviſſima, tubo inferta. Antheræ lineares, acutæ, exſertæ, conniventes.

Piſt. Ovaire ſupérieur, conique. Style filiforme, plus long que les étamines. Stigmate ſimple.

Piſt. Germen fuperum, conicum. Stylus filiformis, ſtaminibus longior. Stigma ſimplex.

Péric. Capſule oblongue, preſque cylindrique, uniloculaire, s'ouvrant au ſommet par cinq dents.

Peric. Capſula oblonga, fubcylindrica, unilocularis, apice dentibus quinque dehiſcens.

Sem. nombreuſes, petites, ovales-arrondies. Placenta en coloane, central, libre.

Sem. numeroſa, parva, ovato--rotundata; Receptaculum columnare, centrale, liberum.

Tableau des eſpèces.　　　　　　　*Conſpectus ſpecierum.*

1957. GYROSELLE de Virginie. Diď. 5. p. 63. *L. n.* La Virginie. ♃ *Fl. purpurines.*

1957. DODECATHEON *meadia.* T. 99. Ex Virginia. ♃ *Fl. purpureL*

Explication des fig.　　　　　　　*Explicatio iconum.*

Fl. 99. GYROSELLE *de Virginie.* (a) Capſule entière. (b) La même ouverte. (c, d) La même coupée tranſverſalement & dans ſa longueur. (e) Semences. (f, g) Les mêmes coupées en divers ſens. (h) Embryon ſéparé.

Tab. 99. DODECATHEON *meadia.* (e) Capſula integra. (b) Eadem dehiſcens. (c, d) Eadem tranſverſim & longitudinaliter ſciſſa. (e) Semina. (f, g) Eadem diſſecta. (h) Embryo ſeparatus. Fig. ex Garin.

281. CYCLAME.　　　　## 281. CYCLAMEN.

Caračt. eſſent.　　　　　　　　　*Charačt. eſſent.*

COR. en roue, réfléchie. Etam. dans le tube. Baie globuleuſe, 1-loculaire.

COR. rotata, reflexa. Stamina intra tubum. Bacca globoſa, 1-locularis.

Caraďt. nat.　　　　　　　　　　*Charačt. nat.*

Cal. monophylle, campanulé, ſemi-quinque-fide ; à découp. ovales-pointues.

Cal. monophyllus, campanulatus, femi-quinquefidus ; laciniis ovato-acutis.

Cor. monopétale, en roue. Tube très-court, preſque globuleux. Limbe fort grand, réfléchi en-deſſus, partagé en cinq découp. linéaires-lancéolées. Orifice du tube ſaillant.

Cor. monopetala, rotata. Tubus breviſſimus, fubglobofus. Limbus maximus, furfum reflexus, quinquepartitus : laciniis lineari-lanceolatis. Os tubi prominens.

Etam. Cinq filamens, très-petits, enfermés dans le tube. Anth. droites, pointues, conniv. à l'entrée du tube.

Stam. Filamenta quinque, minima, tubo incluſa. Antheræ rectæ, acutæ, ori tubi conniventes.

Pist. Ovaire supérieur, arrondi. Style filiforme, droit, plus long que les étamines. Stigmate pointu.

Péric. Baie capsulaire, globuleuse, uniloculaire, s'ouvrant au sommet en cinq parties.

Sem. nombreuses, ovoïdes, anguleuses, attachées autour d'un placenta ovoïde, libre.

Tableau des espèces.

1958. CYCLAME d'Europe. Dict. n°. 1.
C. à corolle rétroflexe ; feuilles en cœur presqu'orbiculaires, dentées.
L. n. les lieux ombragés de l'Europe. ♃

1959. CYCLAME à feuilles rondes. Dict. suppl.
C. à corolle rétroflexe ; feuilles orbiculaires, très-entières.
L. n. l'Europe australe. ♃ *Munt. fig. 144.*

1960. CYCLAME feuilles de lierre. Dict. suppl.
C. à corolle rétroflexe ; feuilles en cœur, anguleuses, denticulées.
L. n. l'Italie. ♃

1961. CYCLAME des Indes. Dict. n°. 2.
C. à limbe de la corolle incliné.
L. n. l'isle de Ceylan. ♃

Explication des fig.

Pl. 100. Fructification du Cyclame, d'après Tournefort. (*1*) Fleur entière. (*2*) Corolle à limbe ouvert. (*3*) Calice, pistil. (*4*) Baie entière. (*5*) La même coupée transversalement. (*f*) Réceptacle des semences.

282. HOTTONE.

Caract. essent.

COR. hypocratériforme : à tube court. Étam. insérées au tube. Caps. 1-loculaire.

Caract. nat.

CAL. monophylle, partagé en cinq, persistant : à découp. linéaires, demi-ouvertes.
Cor. monopétale, hypocratériforme. Tube court, à peine de la longueur du calice. Limbe plane, quinquéfide, à découp. ovales-oblongues.

PENTANDRIA MONOGYNIA.

Pist. Germen superum, subrotundum. Stylus filiformis, rectus, staminibus longior. Stigma acutum.

Peric. Bacca capsularis, globosa, unilocularis, apice quinquefariam dehiscens.

Sem. Plurima, subovata, angulata, receptaculo subovato, libero, affixa.

Conspectus specierum.

1958. CYCLAMEN Europæum.
C. corolla retroflexa ; foliis cordatis, sub-orbiculatis, dentatis.
In Europæ umbrosis. ♃

1959. CYCLAMEN coum. Ait.
C. corolla retroflexa ; foliis orbiculatis, integerrimis. *Hort. Kew.*
In Europa australi. ♃ *Curt. magaz. 4.*

1960. CYCLAMEN hederæfolium.
C. corolla retroflexa ; foliis cordatis angulatis, denticulatis. *Hort. Kew.*
In Italia. ♃ *Munting. fig. 148. inferius.*

1961. CYCLAMEN Indicum.
C. corolla limbo mutans.
In Zeylona. ♃ *Folia cordata, crenata. L.*

Explicatio iconum.

Tab. 100. Fructificatio Cyclaminis, ex Tournefortio. (*1*) Flos integer. (*2*) Corolla limbo patente. (*3*) Calyx, pistillum (*4*) Bacca integra (*5*) Eadem transversim scissa. (*f*) Receptaculum seminum.

282. HOTTONIA.

Charact. essent.

COR. hypocrateriformis : tubo brevi. Stam. tubo imposita. Caps. 1-locularis.

Charact. nat.

CAL. monophyllus, quinquepartitus, persistens : laciniis linearibus, erecto-patulis.
Cor. monopetala, hypocrateriformis. Tubus brevis, vix longitudine calycis. Limbus planus, quinquefidus ; laciniis ovato-oblongis.

Etam. Cinq filamens, fubulés, courts, droits, oppofés aux déc. de la corolle, attachés au fommet du tube. Anthères oblongues.

Pift. Ovaire fupérieur, globuleux. Style de la longueur du tube. Stigmate globuleux.

Péric. Capfule globuleufe, acuminée, uniloculaire, pofée fur le calice.

Sem. nombreufes, globuleufes. Placenta arrondi, grand, central.

Stam. Filamenta quinque, fubulata, brevia, erecta, laciniis corollæ oppofita, tubo fuperimpofita. Antheræ oblongæ.

Pift. Germen fuperum, globofum. Stylus longitudine tubi. Stigma globofum.

Peris. Capfula globofa, acuminata, unilocularis, calyci impofita.

Sem. plurima, globofa. Receptaculum fubrotundum, magnum, centrale.

Tableau des efpèces.

Confpectus fpecierum.

1962. HOTTONE *aquatique.* Dict. n°. 1.
H. à tige florifère nue: pédonc. verticillés.
L. n. les foffés aquatiques de l'Europe. ⚥

1962. HOTTONIA *paluftris.* T. 100.
H. caule florifero nudo; ped. verticillatis.
Ex Europæ foffis aquofis. ⚥

1963. HOTTONE *de l'Inde.* Dict. n°. 2.
H. à tige florifère feuillée; pédoncules folitaires, axillaires.
L. n. l'Inde. (*Vue sèche.*)

1963. HOTTONIA *Indica.*
H. caule florifero foliofo; pedunculis folitariis, axillaribus.
Ex India. *Vera hujus generis fpecies.*

Explication des fig.

Explicatio iconum.

Pl. 100. HOTTONE *aquatique.* (a) Calice. (b) Fleur entière. (c) Corolle féparée. (d) Etamines. (e) Piftil. (f) Capfule entière. (g) La même coupée en travers. (h) Récept. des femences. (i) Semence. (k) Tige florifère.

Tab. 100. HOTTONIA *paluftris.* (a) Calyx. (b) Flos integer. (c) Corolla feparata. (d) Stamina. (e) Piftillum. (f) Capfula integra. (g) Eadem tranfverfim fecta. (h) Recept. feminum. (i) Semen. Fig. en Mill. (k) Caulis florifer.

283. MENIANTHE.

Caract. effent.

Cor. 5-fide, velue ou ciliée. Capf. 1-loculaire, 2-valve: à placenta latéraux.

283. MENYANTHES.

Charact. effent.

Cor. 5-fida, hirfuta f. ciliata. Capf. 1-locularis, 2-valvis: placentis lateralibus.

Caract. nat.

Cal. monophylle, part. en cinq, droit, perfiftant.

Cor. monopétale, infundibuliforme, ou prefqu'en roue. Tube court, cylindracé. Limbe fendu en 5 au-delà de moitié; à découpures ouvertes, velues ou ciliées.

Etam. Cinq filamens fubulés, courts. Anthères droites, pointues, bilidæ à la bafe.

Pift. Ovaire fupérieur, conique. Style cylindracé. Stigmate bifide, comprimé.

Péric. Capfule ovale, envir. à la bafe par le calice, uniloculaire, bivalve.

Charact. nat.

Cal. monoph. quinquepartitus, erectus, perfiftens.

Cor. monopetala, infundibuliformis vel fubrotata. Tubus brevis, cylindraceus. Limbus ultra medium quinquefidus: laciniis patentibus, hirfutis f. ciliatis.

Stam. Filamenta quinque, fubulata, brevia. Antheræ, erectæ, acutæ, bafi bifidæ.

Pift. Germen fuperum, conicum. Stylus cylindraceus. Stigma bifidum, compreffum.

Péric. Capfula ovata, bafi calyce cincta, unilocularis, bivalvis.

Sem. nombreuses, ovales, comprimées, petites, attachées à des placenta latéraux.

Tableau des espèces.

1964. MENIANTHE *flottant*. Dict. n°. 1.
M. à feuilles en cœur, arrondies, très-entières; découp. de la corolle dentées, ciliées sur les bords.
L. n. les fossés aquatiques de l'Europe. ♃

1965. MENIANTHE *des Indes*. Dict. n°. 2.
M. à feuilles en cœur, subpeltées, obscurément crénelées; pétioles florifères; corolles velues int.
L. n. les Indes. Fl. blanchâtres.

1966. MENIANTHE *orbiculé*.
M. à feuilles orbiculées, crénelées, peltées, florifères dans leur centre; fl. ramassées, presque sessiles.
L. n. l'int. de l'Afrique. De M. le Vaillant.

1967. MENIANTHE *ovale*. Dict. n°. 3.
M. à feuilles ovales, à longs pétioles; hampe nue, paniculée sup. par des pédoncules lâches, uniflores.
L. n. le Cap de B. Espérance. ♃

1968. MENIANTHE *trifolié*. Dict. n°. 4.
M. à feuilles ternées.
L. n. les marais de l'Europe. ♃

Explication des fig.

Pl. 100. f. 1. MENIANTHE *trifolié*. (a, a) Fleur entière. (b) Corolle. (c) Calice, pistil. (d) Pistil séparé. (e) Capsule. (f) La même tronquée. (g) La même ouverte. (h) Sem. séparée. (i) Feuille rad. & hampe florifère.
Pl. 100. f. 2. MENIANTHE *flottant*. (a) Calice. (b) Fleur entière. (c, d) Corolle vue en-dessous & en-dessus. (e) Etamines. (f) Pistil. (g) Capsule entière. (h) La même coupée transversalement. (i) Semence coupée. Grosse.

284. LISIMAQUE.

Caract. essent.

COR. en roue, 5-fide. Caps. globuleuse, 1-loculaire, à 10 valves,

---

Sem. Plurima, ovata, compressa, exigua, placentis lateralibus affixa.

Conspectus specierum.

1964. MENYANTH. *nymphoides*. T. 100. f. 2.
M. foliis cordato-subrotundis, integerrimis; corollæ laciniis margine dentato-ciliatis.
Ex Europæ fossis aquosis. ♃ Fl. lutei.

1965. MENYANTHES *Indica*.
M. foliis cordatis, subpeltatis, obsoletè crenatis; petiolis floriferis; corollis internè pilosis.
Ex Indiis. Rheed. mal. 11, t. 28.

1966. MENYANTHES *orbiculata*.
M. foliis orbiculatis, crenatis, peltatis, centro floriferis; floribus congestis, subsessilibus.
Ex Africa int. Fl. non extricavi.

1967. MENYANTHES *ovata*.
M. foliis ovatis, longè petiolatis; scapo nudo, supernè pedunculis laxis, unifloris, paniculato.
E Cap. Bonæ Spei. ♃ Facies alisma.

1968. MENYANTHES *trifoliata*. T. 100. f. 1.
M. foliis ternatis. L.
Ex Euro; æ paludosis. ♃

Explicatio iconum.

Tab. 100. f. 1. MENYANTHES *trifoliata*. (a, a) Flos integer. (b) Corolla. (c) Calyx, pistillum. (d) Pistillum separatum. (e) Capsula. (f) Eadem truncata. (g) Eadem dehiscens. (h) Semen separatum. Fig. ex Tournef. (i) Fol. & scapus florifer.
Tab. 100. f. 2. MENYANTHES *nymphoides*. (a) Calyx. (b) Flos integer. (c, d) Corolla intra supraque spectata. (e) Stamina. (f) Pistillum. (g) Capsula integra. (h) Eadem transversè secta. (i) Semen insignitum sectum. Fig. ex Mill.

284. LYSIMACHIA.

Charact. essent.

COR. rotata, 5-fida. Caps. globosa, 1 locularis, 10-valvis.

Caract. nat.

Cal. partagé en cinq, droit, pointu, persistant.
Cor. monopétale, en roue. Tube presque nul. Limbe plane, partagé en 5 découp. ovales-oblongues.
Etam. Cinq filamens, subulés, opposés aux découp. de la cor. Anth. acuminées.
Pist. Ovaire supérieur, arrondi. Style filiforme, de la longueur des étamines. Stigmate obtus.
Péric. Capsule globuleuse, uniloculaire, à cinq ou dix valves.
Sem. nombreuses, anguleuses. Placenta globuleux, ponctué, libre, central.

Tableau des espèces.

* *Pédoncules multiflores.*

1969. LISIMAQUE *vulgaire.* Dict. n°. 1.
L. paniculée; grappes terminales.
L. n. l'Europe, le long des ruisseaux. ♃ Fl. jaunes.

1970. LISIMAQUE *feuilles de saule.* Dict. n°. 2.
L. à grappes en épi, terminales; pétales obtus; feuilles linéaires-lancéolées, sessiles.
L. n. l'Espagne. ♃ F. glauques. Fl. blanches.

1971. LISIMAQUE *noir-pourpre.* Dict. n°. 3.
L. à épis terminaux; pétales lancéolés; étamines plus longues que la corolle.
L. n. le Levant. ☉ Fl. sessiles, purpurines.

1972. LISIMAQUE *orientale.* Dict. n°. 4.
L. à grappes terminales; étamines plus courtes que la cor.; feuilles lancéolées, un peu pétiolées.
L. n. le Levant. ♂ Fl. pédicellées, à pét. obtus.

1973. LISIMAQUE *thyrsiflore.* Dict. n°. 6.
L. à grappes latérales, pédonculé-s, ramassées en tête; feuilles linéaires-lancéolées, sessiles.
L. n. les lieux marécageux de l'Europe. ♃

1974. LISIMAQUE *à grappe.* Dict. n° 5.
L. à grappe lâche, terminale; étales lancéolés, ouverts; étam. plus courtes que la cor.
L. n. la Caroline. *Fraser.*

Charact. nat.

Cal. quinquepartitus, acutus, erectus, persistens.
Cor. monopetala, rotata. Tubus subnullus. Limbus quinquepartitus, planus, laciniis ovato-oblongis.
Stam. Filamenta quinque, subulata, laciniis corollæ opposita. Antheræ acuminatæ.
Pist. Germen superum, subrorundum. Stylus filif. longitudine staminum. Stigma obtusum.
Péric. Capsula globosa, unilocularis, quinque s. decemvalvis.
Sem. plurima, angulata. Receptaculum globosum, punctatum, centrale, liberum.

Conspectus specierum.

* *Pedunculi multiflori.*

1969. LYSIMACHIA *vulgaris.* T. 101. f. 1.
L. paniculata: racemis terminalibus. L.
Ex Europa, ad ripas. ♃ Fl. lutei.

1970. LYSIMACHIA *ephemerum.*
L. racemis spicatis, terminalibus; petalis obtusis; foliis lineari-lanceolatis, sessilibus.
Ex Hispania. ♃ Fol. glauca. Fl. albi.

1971. LYSIMACHIA *atro-purpurea.*
L. spicis terminalibus; petalis lanceolatis; staminibus corolla longioribus.
Ex Oriente ☉ Fl. sessiles, purpurei.

1972. LYSIMACHIA *orientalis.*
L. racemis terminalibus, staminibus corolla brevioribus; foliis lanceolatis, subpetiolatis.
Ex Oriente. ♂ Fl. pedicellati; petalis obtusis.

1973. LYSIMACHIA *thyrsiflora.*
L. racemis lateralibus, pedunculatis, glomerato-capitatis; foliis lineari-lanceol., sessilibus.
Ex Europæ paludibus. ♃ Fl. minimi.

1974. LYSIMACHIA *racemosa.*
L. racemo laxo, terminali; petalis lanceolatis, patulis; staminibus corolla brevioribus.
E Carolinia, Pluk. 1. 428. f. 4.

* * *Pédoncules uniflores.*   * * *Pedunculi uniflori.*

1975. LISIMAQUE *à quatre feuilles.* Dict. n° 7.
L. à feuilles quaternées, ovales-pointues, ponctuées, ; resque sessiles ; péd. filiformes, quaternées, uniflores.
L. n. l'Amér. sept. *F. parsem. de points oblongs.*

1975. LYSIMACHIA *quadrifolia.* T. 101. f. 2.
L. foliis quaternis, ovato-acutis, punctatis, subsessilibus ; pedunculis filiformibus, quaternis, unifloris.
Ex Amer. septent. Fol. punctis oblongis.

1976. LISIMAQUE *ciliée.* Dict. n°. 8.
L. à feuilles ; resqu'en cœur, ovales-pointues, pétiolées, fans points; pétioles ciliés ; péd. uniflores.
L. n. l'Amér. fept. ☿ Fort diff. de la précéd.

1976. LYSIMACHIA *ciliata.*
L. foliis subcordato-ovatis, acutis, petiolatis, inpunctatis ; petiolis ciliatis ; pedunculis unifloris.
Ex Amer. fept. ☿ A. præced. diftinctiffima.

1977. LISIMAQUE *feuilles étroites.* Dict. Suppl.
L. à feuilles linéaires, ciliées à la base, sessiles, pédoncules uniflores ; corolles plus courtes que le calice.
L. n. la Caroline. *F. inf. ovales, inf-courtes.*

1977. LYSIMACHIA *angustifolia.*
L. foliis linearibus, bafi ciliatis, fessilibus ; pedunculis unifloris ; corollis calyce brevioribus.
E Carolinia. D. Frafer.

1978. LISIMAQUE *ponctuée.* Dict. n°. 9.
L. à feuilles opposées ou quaternées, lancéolées, ponctuées, presque sessiles ; péd. uniflores, un peu courts.
L. n. la Hollande, &c. ☿ Points arrondis.

1978. LYSIMACHIA *punctata.*
L. foliis oppositis quaternisve, lanceolatis, punctatis, fubfessilibus ; pedunculis unifloris, breviusculis.
Ex Hollandia, &c. ☿ Puncta fubrotunda.

1979. LISIMAQUE *polygame.* Dict. n°. 10.
L. à tige droite, subuliforme ; pédonc. uniflores ; calices mucronés, dépassant la corolle.
L. n. la France, &c.⊙ Pl. haute de 2 à 3 pouces.

1979. LYSIMACHIA *linum-ftellatum.*
L. caule erecto, fubuliformi; pedunculis unifloris ; cal. mucronatis, cor. fuperantibus.
Ex Gall. &c. ⊙ In pl. fytv. caules fimplices.

1980. LISIMAQUE *de Bourbon.* Dict. n°. 11.
L. à feuilles éparses, spatulées, ponctuées ; tige droite ; pédonc. uniflores, axillaires.
L. n. l'isle de Bourbon. Commerf.

1980. LYSIMACHIA *mauritiana.*
L. foliis fparfis, fpatulatis, punctatis ; caule erecto ; pedunculis unifloris, axillaribus.
Ex infula mauritia. Capf. 5-valvis.

1981. LISIMAQUE *des bois.* Dict. n°. 12.
L. à feuilles ovales, pointues; tige couchée ; pédoncules de la longueur des feuilles.
L. n. les bois de la France, &c. ☿

1981. LYSIMACHIA *nemorum.*
L. foliis ovatis, acutis ; caule procumbente ; pedunculis longitudine foliorum.
Ex nemoribus Galliæ, &c. ☿

1982. LISIMAQUE *monnoyère.* Dict. n°. 13.
L. à feuilles ovales-arrondies ; tige rampante : pédoncules plus courts que les feuilles.
L. n. l'Europe, dans les prés humides. ☿

1982. LYSIMACHIA *nummularia.*
L. foliis ovato-rotundatis; caule repente ; pedunculis folio brevioribus.
Ex Europæ pratis humidis. ☿

✶ LISIMAQUE (*du Japon*) à feuilles presqu'en cœur, fleurs axillaires ; pédoncules plus courts que les fleurs. Thunb.

✶ LYSIMACHIA (*Japonica*) foliis fubcordatis ; floribus axillaribus ; pedunculis folio brevioribus. Thunb. Fl. Jap. 83. Fl. fupp. 1291.
    ✶ LISIMAQUE

* LISIMAQUE (*décurrente*) à grappes simples, terminales ; divisions de la corolle obtuses ; étamines plus longues que la corolle. *De l'isle Tanna.*

* LYSIMACHIA (*decurrens*) racemis simplicibus, terminalibus ; corollæ segmentis obtusis ; staminibus corolla longioribus. *Forst. austr. n°. 65.*

Explication des fig.

Explicatio iconum.

Pl. 101. fig. 1. LISIMAQUE *vulgaire.* (*a*) Fleur entière. (*b*) Corolle séparée. (*c*) Calice. (*d*) Etamines. (*e*, *f*) Capsule entière. (*g*) La même coupée transversalement. (*h*, *i*) La même ouverte. (*l*) Semence séparée & grossie. (*m*) Sommité de la tige.

Pl. 101. fig. 1. LISIMAQUS à *quatre feuilles.* (*a*, *a*) Capsule entière. (*b*) La même coupée. (*c*) Valves ouvertes. (*d*) Réceptacle des semences mis à découvert. (*e* Semences séparées. (*f*, *g*) Les mêmes coupées. (*h*) Partie supérieure de la tige.

Tab. 101. f. 1. LYSIMACHIA *vulgaris.* (*a*) Flos integer. (*b*) Corolla separata. (*c*) Calyx. (*d*) Stamina. (*e*, *f*) Capsula integra. (*g*) Eadem transversim secta. (*h*, *i*) Eadem dehiscens. (*l*) Semen separatum & auctum. *Fig. ex Mill.* (*m*) Summitas caulis.

Tab. 101. fig. 2. LYSIMACHIA *quadrifolia.* (*a*, *a*) Capsula integra. (*b*) Eadem dissecta. (*c*) Valvulæ dehiscentes. (*d* Recept. seminum denudatum. (*e*) Semina separata. (*f*, *g*) Eadem dissecta. *Fig. ex Gars.* (*h*) Pars sup caulis.

285. MOURON.

Caract. essent.

Cor. en roue, à 5 lobes. Caps. 1-loculaire, s'ouvrant en travers.

Caract. nat.

Cal. partagé en cinq, pointu, persistant : à découp. carinées.

Cor. monopétale, en roue. Tube nul. Limbe plane, partagé en cinq : à décou . & ses arrondies, unies ensemble ; à leur base.

Etam. Cinq filamens droits, plus courts que la corolle, velus intérieurement. Anth. plus qu'en cœur.

Pist. Ovaire supérieur, globuleux. Style filiforme, léger. inclus. Stigmate en tête.

Péric. Capsule globuleuse, uniloculaire, mucronée, au le style, s'ouvrant en travers.

Sem. nombreuses, ovales, trigones, scabres. attachées à un récep. globul. libre & arrondi.

285. ANAGALLIS.

Charact. essent.

Cor. rotata, 5-loba. Caps. 1-locularis, circumscissa.

Charact. nat.

Cal. quinquepartitus, acutus, persistens : laciniis carinatis.

Cor. monopetala, rotata. Tubus nullus. Limbus planus, quinque partitus : laciniis ovato-subrotundis, basi connexis.

Stam. Filamenta quinque, erecta, corolla breviora, interné hirtuta. Antheræ subcordatæ.

Pist. Germen superum, globosum. Stylus filiformis, lævis : inclusus. Stigma capitatum.

Peric. Capsula globosa, unilocularis, stylo mucronata, circumscissa.

Sem. plurima, ovata, trigona, scabra. receptaculo globulo, alveolato, libero que cincta.

Tableau des espèces.

Conspectus specierum.

1583. MOURON *rouge.* Diad.

M. à feuilles ovales, pointues, plus courte que les pédoncules ; fleurs écarlates.

L. n. l'Europe, dans les champs. ⊙ Tiges couchées.

1983. ANAGALLIS *phœnicea.*

A. foliis ovato-acutis, pedunculo brevioribus ; floribus coccineis.

En Europe arvis. ⊙ Caules procumbentes.

1984. MOURON *bleu.* Dict.
M. à feuilles ovales-pointues, nerveuses, de
la longueur des péd.; fleurs bleues.
L. n. les lieux cult. de l'Europe. ⊙

1985. MOURON *à feuilles larges.*
M. à feuilles presqu'en cœur, nerveuses,
amplexicaules; tige comprimée.
L. a. l'Espagne. ⊙ Fl. bleues.

1986. MOURON *à feuilles étroites.* Dict.
M. à feuilles linéaires-lancéolees, plus étroites
à la base; tige droite.
L. a. l'Italie. ⊙ Fl. bleues, grandes.

1987. MOURON *feuilles de lin.* Dict.
M. à feuilles linéaires; tige droite.
L. a. le Portugal. ⊙

1988. MOURON *verticillé.* Dict.
M. à feuilles lancéolées: les caulinaires ver-
ticillées, réfléchies; tige droite.
L. a. l'Italie. ⊙ Barrel. ic. 584.

1989. MOURON *délicat.* Dict.
M. à feuilles ovales-arrondies, subacuminées,
pétiolées; tige filiforme, rampante.
L. n. la France, aux lieux humides, &c. ⚥

* **MOURON** (*nain*) à tige droite; feuilles
arrondies, pointues, sessiles. De la Jamaïque.

Explication des fig.

Pl. 101. MOURON *rouge.* (*a*) Fleur entière grossie.
(*b*) Corolle vue par-dessus. (*c*) La même vue co-
tre-flut. (*d* , *e*) Calice, pistil. (*f*) Capsule ouverte.
(*g*) Réceptacle des semences mis à découvert. (*h*) Semences figurées. (*i* , *l*) Les mêmes coupées diversement.

286. SAMOLE.

Caract. essent.

Cor. hypocratériforme, à 5 lobes 5 écailles
recouvrant les étamines. Caps. 1-loculaire,
semi-inférieure.

1984. ANAGALLIS *cærulea.*
A. foliis ovato-acutis, nervosis, longitudine
pedunculorum; floribus cæruleis.
Ex Europæ cultis. ⊙ Caules erectiusc.

1985. ANAGALLIS *latifolia.*
A. foliis subcordatis, nervosis, amplexicau-
libus; caule compresso.
Ex Hispania. ⊙ Præcedenti valdè affinis.

1986. ANAGALLIS *monelli.*
A. foliis lineari-lanceolatis, basi angustiori-
bus; caule erecto.
Ex Italia. ⊙

1987. ANAGALLIS *linifolia.*
A. foliis linearibus; caule erecto.
Ex Lusitania. ⊙ Fol. intermediis longiora.

1988. ANAGALLIS *verticillata.*
A. foliis lanceolatis: caulinis verticillatis, re-
flexis: caule erecto.
Ex Italia. ⊙ Allion. Fl. pedem. t. 85. f. 4.

1989. ANAGALLIS *tenella.*
A. foliis ovato-subrotundis, subacuminatis,
petiolatis; caule filiformi, repente.
Ex Gallia, &c. in humidis. ⚥

* **ANAGALLIS** (*pumila*) caule erecto; foliis
subrotundis, acutis, sessilibus. Swartz. pr. 40.

Explicatio iconum.

Tab. 101. ANAGALLIS *phœnicea.* (*a*) Flos integer
auctus. (*b*) Corolla infra spectata. (*c*) Eadem desuper
conspecta. (*d* , *e*) Calyx, pistillum. Fig. ex Mill. (*f*)
Capsula dehiscens. (*g*) Recept. seminum denudatum.
(*h*) Semina soluta. (*i* , *l*) Eadem dissecta. Fig. ex
Garn.

286. SAMOLUS.

Charact. essens.

Cor. hypocrateriformis, 5-loba. Squamulæ 5,
Stamina munientes. Caps. 1-locularis, semi-
infera.

Caract. nat.

Cal. partagé en cinq, demi-supérieur, obtus à la base; à découp. droites, persistantes.

Cor. monopétale, hypocratériforme. Tube très-court, de la longueur du calice. Limbe plane, part. en cinq, obtus: écailles très-courtes, situées à la base des sinus du limbe.

Étam. Cinq filamens, courts, recouverts par les écailles de la corolle. Anthères conniv. couvertes.

Pist. Ovaire semi-inférieur. Style filiforme, de la longueur des étamines. Stigmate capité.

Péric. Capsule demi-inférieure, ovale, env. par le calice, uniloculaire, semi-quinquevalve.

Sem. nombreuses, menues, angulaires, attachées à un placenta globuleux, libre & pédicellé.

Tableau des espèces.

*590. SAMOLE aquatique. Did.
L. α. l'Europe, aux lieux aquatiques. ♂*

Explication des fig.

Pl. 101. SAMOLE aquatique. (a) Fleur entière grossie. (b, c, d) Corolle, écailles, étamines. (e, f) Calice, pistil. (g) Capsule entourée par le calice. (h) Dents du calice coupées. (i) Capsule coupée transversalement. (l) La même coupée dans sa longueur, montrant le réceptacle des semences. (m) Semences séparées. (n, x) Semence coupée en travers & longitudinalement. (p) Partie supérieure de la tige.

287. PONGATI.

Caract. essent.

Cal. inférieur, 5-fide. Cor. 5-fide, plus petite que le calice. Caps. compr. à-locul. s'ouvrant en travers.

Caract. nat.

Cal. inférieur, urcéolé, quinquefide, persistant; à découp. demi-ovales-concurrentes.

Cor. monopétale, plus petite que le calice, quinquefide.

Charact. nat.

Cal. quinquepartitus, semi-superus, basi obtusus: laciniis erectis, persistentibus.

Cor. monopetala, hypocrateriformis. Tubus brevissimus, longitudine calycis. Limbus planus, quinquepartitus, obtusis: squamulae brevissimae; ad basin sinus limbi.

Stam. Filamenta quinque, brevia, squamulis corollae munita. Antherae conniventes, tectae.

Pist. Germen semi-inferum. Stylus filiformis, longitudine staminum. Stigma capitatum.

Peric. Capsula semi-infera, ovata, calyce-cincta, unilocularis, semi-quinquevalvis.

Sem. plurima, exigua, angulara, receptaculo globoso pedicellato liberoque affixa.

Conspectus specierum.

*590. SAMOLUS valerandi. T. 101.
Ex Europa aquosis. ♂*

Explicatio iconum.

Tab. 101. SAMOLUS valerandi. (a) Flos integer auctus. (b, c, d) Corolla, squamae, stamina. (e, f) Calyx, pistillum. Fig. ex Mill. (g) Capsula calyce tecta. (h) Calycis dentes resecti. (i) Capsula transverse scissa. (l) Ejusdem sectio longitudinalis, receptaculum seminum exhibens. (m) Semina separata. (n, x) Semen transversim & longitudinaliter sectum. Fig. ex Gærtn. (p) Pars superior caulis.

287. PONGATIUM.

Charact. essent.

Cal. inferus, 5-fidus. Cor. 5-fida, calyce minor. Caps. compressa, 2-locularis, circumscissa.

Charact. nat.

Cal. inferus, urceolatus, quinquefidus; persistens: laciniis semi-ovatis, conniventibus.

Cor. monopetala, calyce minor, quinquefida.

Kkk

Etam. Cinq filamens très-courts, attachés à la base de la corolle. Anthères didymes, incluses.

Pift. Ovaire supérieur, orbiculé, comprimé. Style court. Stigmate en tête.

Péric. Capsule turbinée, comprimée, biloculaire, s'ouvrant transversalement : à réceptacles des semences attachées à la cloison de chaque côté.

Sem. nombreuses, très-petites, presque cylindr.

Stam. Filamenta quinque, breviffima, basi corollæ inserta. Antheræ didymæ, inclusæ.

Pift. Germen superum, orbiculatum, depreffum. Stylus brevis. Stigma capitatum.

Peric. Capsula turbinata, compreffa, circumsciffa, bilocularis : receptaculis seminiferis, diffepimento utrinque affixis.

Sem. numerosa, minutiffima, subteretia.

Tableau des espèces.

Conspectus Specierum.

1991. PONGATI des *Indes.* Dict.
L. n. l'Inde. ☉ Pl. glabre, à feuilles simples, alternes & à épis terminaux, verdâtres. Elle paroît avoir des rapports avec les plantains.

1991. PONGATIUM *Indicum:*
Ex India. ☉ *Sonnerat. Pongatium. Juff. gen.* 423. *Sphenoclea. Gærtn. t. 24. Gæran. pongati. Retz. obf. fasc. 6. n°. 27. Pongati. Rheed. mal. XI. t. 24.*

288. DORÈNE.

Caract. effent.

Caz. 5-fide. Cor. 1 pétale, 5-fide. Stigm. échancré. Capf. supérieure, 1-loculaire.

Caract. nat.

Cal. monophylle, quinquefide, plus court que la corolle, à découp. ovales, concaves.

Cor. monopétale, presqu'en roue. Limbe quinquefide : à découp. ovales, obtuses, droites.

Etam. Cinq filamens, très-courts, attachés au tube de la corolle. Anthères oblongues, subtétragones, incluses.

Pift. Ovaire supérieur, conique, glabre. Style de la long. de la corolle. Stigmate tronqué, échancré.

Péric. Capsule ovale, pointue, uniloculaire.

Sem. nombreuses.

288. DORÆNA.

Charact. effent.

Cal. 5-fidus. Cor. 1-petala, 5-fida Stigma emarginatum. Capf. supera, 1-locularis.

Charact. nat.

Cal. monophyllus, quinquefidus, corolla brevior : laciniis ovatis, concavis.

Cor. monopetala, subrotata. Limbus quinquefidus : laciniis ovatis, obtusis, erectis.

Stam. Filamenta quinque, breviffima, tubo corollæ inserta. Antheræ oblongæ, subtetragonæ, inclusæ.

Pift. Germen superum, conicum, glabrum. Stylus longitudine corollæ. Stigma truncatum, emarginatum.

Peric. Capsula ovata, acuta, unilocularis.

Sem. plurima.

Tableau des espèces.

Conspectus specierum,

1992. DORÈNE du *Japon.* Dict. 2. p. 310.
L. n. le Japon. ♄ Arbre à feuilles alternes.

1992. DORÆNA *Japonica.*
E Japonia. ♄ *Arbor, f. alternis.*

289. BACOPE.

Caract. effent.

Cal. partagé en cinq, irrégulier. Cor. en roue : à tube staminifère. Capf. 1-loculaire, polysp.

289. BACOPA.

Charact. effent.

Cal. 5-partitus, inæqualis. Cor. rotata : tubo staminifero. Capf. 1-locularis, polyspermia.

Caraɫl. nat.

Cal. monophylle, partagé en cinq, irrégulier : à deux découp. oppolées, oblongues, concaves, pointues ; deux inférieures ovales, pointues, réfléchies ; une fup. plus large, arrondie, ondulée.

Cor. monopétale, en roue. Tube court, dilaté vers l'orifice. Limbe partagé en cinq découp. ovales-oblongues, obtuses, égales, ouvertes.

Etam. Cinq filamens, attachés au tube de la corolle. Anthères fagittées.

Pift. Ovaire demi-fupérieur, ovale, un peu comprimé. Style court. Stigmate en tête.

Périe. Capfule membraneufe, adnée au calice inférieurement, uniloculaire.

Sem. nombreufes, très-petites.

Charaɫl. nat.

Cal. monophyllus, quinquepartitus, inæqualis : laciniis duabus oppofitis, oblongis, concavis, acutis ; duabus inferioribus, ovatis, acutis, deflexis ; unicâ fuperiore latiore, fubrotunda, undulata.

Cor. monopetala, rotata. Tubus brevis, verfus orificium dilatatus. Limbus quinquepartitus : laciniis ov.-obl. obtufis, æqualibus patentibus.

Stam. Filamenta quinque, tubo corollæ inferta. Antheræ fagittatæ.

Pift. Germen femi-fuperum, ovatum, fubcompreffum. Stylus brevis. Stigma capitatum.

Peric. Capfula membranacea, inferne calyci adnata, uniloculariae.

Sem. plurima, minutiffima.

Tableau des efpèces.

Confpeɫlus fpecierum.

1993. BACOPE *aquatique.* Diɫl. 1. p. 348. L. n. l'ifle de Cayenne. *Herbe à f. oppofées.*

1993. BACOPA *aquatica.* T. 102. E Cayenna. *Aubl. Guian.* 128. t. 49.

Explication des fig.

Explicatio iconum.

Pl. 102. BACOPE *aquatique.* (*a*) Fleur entière, demi-ouverte ; pédonc. à deux bractées. (*b*) Fleur ouverte. (*c*) Corolle ouverte, étamines. (*d*) Calice, piftil. (*e*) Corolle vue en deffous. (*f*) Etamine. (*g*) Piftil. (*h*) Partie de la tige.

Tab. 102. BACOPA *aquatica.* (*a*) Flos integer, dehifcens ; pedunculo bibracteato. (*b*) Flos expanfus. (*c*) Corolla aperta, ftamina. (*d*) Calyx, piftillum. (*e*) Corolla inferne vifa. (*f*) Stamen. (*g*) Piftillum. (*h*) Pars caulis. *Fig. ex Aubl.*

290. BASSOVE.

Caraɫl. effent.

CAL. 5-fide. Cor. en roue. Baie ovale, noduleufe : à fem. bordées d'une membrane.

290. BASSOVIA.

Charaɫl. effent.

CAL. 5-fidus. Cor. rotata. Bacca ovata, nodulofa : feminibus membranâ marginatis.

Caraɫl. nat.

Cal. monophylle, perfiftant, partagé en cinq découpures ovales, pointues.

Cor. monopétale, en roue. Tube très-court. Limbe quinquefide, ouvert : à découp. ovales, pointues, plus grandes que le calice.

Etam. Cinq filamens, courts, attachés au tube de la corolle, & oppofés à fes divifions. Anth. ovales.

Charaɫl. nat.

Cal. monophyllus, perfiftens, quinquepartitus : laciniis ovatis, acutis.

Cor. monopetala, rotata. Tubus breviffimus. Limbus quinquefidus, patens : laciniis ovatis, acutis, calyce majoribus.

Stam. Filamenta quinque, tubo corollæ inferta, ejufque laciniis oppofita, brevia. Antheræ ovatæ.

292. CORIS.

Caract. essent.

CAL. ventru : à dents presqu'épineuses. Cor. 1-pétale, irrégulière. Caps. à 5 valves, enfermées dans le calice.

Caract. nat.

Cal. monophylle, ventru, persistant, à cinq dents au sommet, couronné ext. par cinq pointes, presqu'épineuses.
Cor. monopétale, irrégulière. Tube cylindracé, de la longueur du calice. Limbe plane, partagé en cinq découp. oblongues, obtuses, échancrées, inégales.
Etam. Cinq filamens sétacés, inclinés, un peu plus courts que la corolle. Auth. arrondies.
Pist. Ovaire supérieur, arrondi. Style filiforme, de la longueur des étamines. Stigmate simple.
Péric. Capsule globuleuse, située au fond du calice, uniloculaire, à 5 valves.
Sem. nombreuses, ovoides, petites.

Tableau des espèces.

1996. CORIS de Montpellier. Diff. 2. p. 110.
L. n. les lieux sabl. & marit. de l'Eur. austr. ☉

Explication des fig.

Pl. 101. CORIS de Montpellier. (a) Fleur entière. (b) Corolle séparée. (c) Calice. (d) Le même ouvert. (e) Pistil. (f) Capsule entière. (g) La même ouverte. (h) Semences.

293. MOUROUCOU.

Caract. essent.

CAL. 5-fide, connivent. Cor. hypocratériforme. Stigm. à 2 lames. Caps. à 2 ou 3 loges, 1-spermes.

Caract. nat.

Cal. monophylle, turbiné, coloré, persistant, quinquefide, à découp. arrondies.

292. CORIS.

Charact. essent.

CAL. ventricosus : dentibus subspinosis. Cor. 1-petala, irregularis. Caps. 5-valvis, calyce inclusa.

Charact. nat.

Cal. monophyllus, ventricosus, persistens, apice quinquedentatus, extùs coronatus setis quinis subspinosis.
Cor. monopetala, irregularis. Tubus longitudine calycis, cylindraceus. Limbus planus, quinquepartitus : laciniis oblongis, obtusis, emarginatis, inæqualibus.
Stam. Filamenta quinque, setacea, declinata, corolla subbreviora. Antheræ subrotundæ.
Pist. Germen superum, subrotundum, Stylus filif. longitudine staminum. Stigma simplex.
Peric. Capsula globosa, in fundo calycis posita, unilocularis, quinquevalvis.
Sem. plurima, subovata, parva.

Conspectus specierum.

1996. CORIS Monspeliensis. T. 102.
Ex Europæ austr. arenosis marit. ☉

Explicatio iconum.

Tab. 101. CORIS Monspeliensis. (a) Flos integer. (b) Corolla separata. (c) Calyx. (d) Idem apertus. (e) Pistillum. (f) Capsula integra. (g) Eadem dehiscens. (h) Semina. Fig. ex Tournef.

293. MURUCOA.

Charact. essent.

CAL. 5-fidus, connivens. Cor. hypocrateriformis. Stigma 2-lamellatum. Caps. 2 s. 3-locularis : loculis 1-spermis.

Charact. nat.

Cal. monophyllus, turbinatus, coloratus, persistens, quinquefidus : laciniis subrotundis.

Cor. ono, étale, hypocratériforme. Tube court.
Limbe quin-ju.lu.e : à lobes amples arrondis,
ouverts.

Etam. Cinq filamens, attachés à l'orifice du
tube, opposés aux lobes. Anthères oblongues,
couchées.

Pist. Ovaire supérieur, conique. Style long.
Stigmat. à deux lames.

Peric. Capsule ovale, pointue, coriace, fibreuse,
couverte à sa base par le calice, à 2 ou 3 loges.

Sem solitaires, oblongues, planes en leur face
interne, convexes sur le dos.

Tableau des espèces.

1997. MOUROUCOU violet. Diā.
L. n. les forêts de la Guiane. ♄

Explication des fig.

Pl. 102. Mouroucou violet (a) Calice. (b) Corolle, étamines, Styl. (c) Capsule. (d, e) Semences.

294. RETZIE.

Caraḍ. essent.

Cor. cylindrique, velue en-dehors: à limbe court.
Stigm. 2-fid. Cap. f. à 2 loges.

Caraḍ. nat.

Cal. monophylle, quinquefide : à découp. lancéolées, droites, inégales.

Cor. mono. étale, tube velue, cylindrique, velue
en-dehors. Limbe court, quinquefide : à découp. ures ovales, obtuses, concaves, droites,
très-velues au sommet.

Etam. Cinq filamens, très-court, attaché au
sommet du tube. Anthères présup. en cœur.

Pist. Ovaire supérieur, petit, conique. Style
filiforme, plus long que la cor. Stigmate
bifide.

Péric. Capsule oblongue, pointue, à 2 sillons,
deux loges, deux valves.

Sem. plusieurs, très-petites.

Tableau des espèces.

1998. RETZIE du Cap. Diā.
L. n. les mont. du Cap de B. Espérance. ♄

Cor monopetala, hypocrateriformis. Tubus brevis. Limbus quinquefidus : lobis amplis, subrotundis, patentibus.

Stam. Filamenta quinque, fauci tubi inserta,
lobis opposita. Antheræ oblongæ, incumbentes.

Pist. Germen superum, conicum. Stylus longus. Stigma bilamellatum.

Peric. Capsula ovata, acuta, coriacea, fibrosa,
basi calyce tecta, bi vel trilocularis.

Sem. solitaria, oblonga, intus plana, extus
convexa.

Conspectus Specierum.

1997. MURUCOA violacea. T. 103.
In sylvis Guianæ. ♄ Aubl. t. 54.

Explicatio iconum.

Tab. 103. Mourucou violacea. (a) Calyx. (b) Corolla, stamina, Stylus. (c) Capsula. (d, e) Semina.
Fig. ex Aubl.

294. RETZIA.

Charaḍ. essent.

Cor cylindrica, extus villosa : limbo brevi.
Stigma bifidum. Cap. f. bilocularis.

Charaḍ. nat.

Cal. mono, hyllus, quinquefidus : laciniis lanceolatis, erectis, inæquabus.

Cor. mono, etala, tubulosa, cylindrica, extus
villosa. Limbus brevis, quinquefidus: laciniis ovatis, obtusis, concavis, erectis, apice
hirsutissimis.

Stam. Filamenta quinque, brevissima, apici tubi
inferta. Antheræ subcordatæ.

Pist. Germen superum, parvum, conicum.
Stylus filiformis, corolla longior. Stigma
bifidum.

Peric. Capsula oblonga, acuta, bisulcata, bilocularis, bivalvis.

Sem. plura, minuta.

Conspectus Specierum.

1998. RETZIA Capensis. T. 103.
E Capitis Bonæ Spei montibus. ♄

Explicatio

Explication des fig.

Pl. 103. RETZIE du Cap. (a) Fleur entière. (b) Corolle ouverte. (c) Calice ouvert, pistil. (d) Etam. (e) Pistil. (f) Rameau fleuri.

295. ENDRACH.

Caract. eſſent.

CAL. perſiſtant. Cor. urcéolée, velue en-dehors. Etam. ſaillantes. Capſ. ligneuſe, ſubſtipitée, 2-loculaire.

Caract. nat.

Cal. pentaphylle, coriace, perſiſtant: à folioles arrondies, deux plus extérieures.

Cor. monopétale, urcéolée, preſque campanulée, pliſſée, velue en-dehors, légèrement à cinq lobes: à lobes courts, obtus, droits.

Etam. Cinq filamens, ſubulés, une fois plus longs que la corolle, attachés à ſa baſe, un peu arqués. Anthères en cœur-oblongues.

Piſt. Ovaire ſupérieur, arrondi, velu. Style filiforme, de la longueur des étamines, courbé. Stigmate obtus.

Péric. Capſule ovale-globuleuſe, ligneuſe, un peu pédiculée, ombiliquée à ſa baſe, biloculaire.

Sem. geminées, ovales-trigones, concaves à la baſe.

Tableau des eſpèces.

1999. ENDRACH *de Madagaſ.* Dict. 2. 356. *L. n.* Madag. ♄ *Arbre. Feuilles éparſes, ramaſſées aux extrémités des rameaux. Péd. axill. uniflores.*

Explication des fig.

Pl. 103. ENDRACH *de Madagaſcar.* (A) Fleur entière. (a) Corolle ouverte, étamines. (b) Calice, piſtil. (c) Piſtil ſéparé. (d) Capſule. (e) La même vue en-deſſous. (f) Calice, pédicule de la capſule.

296. LISERON.

Caract. eſſent.

CAL. partagé en cinq. Cor. campanulée, pliſſée. 2 ſtigmates. Capſ. 2-loculaire: à loges ſubdiſpermes.

Explicatio iconum.

Tab 103. RETZIA *Capenſis.* (a) Flos integer. (b) Corolla aperta. (c) Calyx apertus, piſtillum. (d) Stamina. (e) Piſtillum. (f) Ramus floriſer.

295. HUMBERTIA.

Charact. eſſent.

CAL. perſiſtens. Cor. urceolata, extùs hirſuta. Stam. exſerta. Capſ. lignoſa, ſubſtipitata, 2-locularis.

Charact. nat.

Cal. pentaphyllus, coriaceus, perſiſtens: foliolis ſubrotundis; duobus exterioribus.

Cor. monopetala, urceolata, ſubcampanulata, plicata, extùs hirſuta, obſoletè quinqueloba: lobis brevibus, obtuſis, erectis.

Stam. Filamenta quinque, ſubulata, corolla duplo longiora, imæ corollæ affixa, ſubarcuata. Antheræ cordato-oblongæ.

Piſt. Germen ſuperum, ſubrotundum, hirſutum. Stylus filiformis, longitudine ſtaminum, incurvum. Stigma obtuſum.

Peric. Capſula ovato-globoſa, lignoſa, ſubſtipitata, baſi umbilicata, bilocularis.

Sem. bina, ovato-trigona, baſi concava.

Conſpectus ſpecierum.

1999. HUMBERTIA *Madagaſcarienſis.* T. 103. Ex Madagaſcaria. ♄ *Thouinia ſpectabilis. Smith. ic. t. 7. Endrachium Juſſ. gen.* 133. *Smithia. Gmel. Syſt. nat.* 2. *p.* 388.

Explicatio iconum.

Tab. 103. HUMBERTIA *Madagaſcarienſis.* (A) Flos integer. (a) Corolla aperta, ſtamina. (b) Calyx, piſtillum. (c) Piſtillum ſeparatum. (d) Capſula. (e) Eadem infra ſpectata. (f) Calyx, ſtipes capſulæ.

296. CONVOLVULUS.

Charact. eſſent.

CAL. 5-partitus. Cor. campanulata, plicata. Stigmata 2. Capſ. 2-locularis: loculis ſubdiſpermis.

Caract. nat.

Cal. partagé en cinq, connivent, perfiftant : à
découp. ovaires-oblongues.
Cor. monopétale, campanulée, (quelquefois
infundibuliforme), plissée, à limbe ouvert,
obtus, obfcurément à cinq lobes.
Etam Cinq filamens fubulés, plus courts que
la corolle, rapprochés à la bafe. Anthères
ovales, comprimées.
Pift. Ovaire fupérieur, arrondi, Style filiforme.
Deux ftigmates oblongs.
Péric. Capfule entourée par le calice, arrondie,
biloculaire.
Sem. geminées, arrondies.

Caract. nat.

Cal. quinquepartitus, connivens, perfiftens :
laciniis ovato-oblongis.
Cor. monopetala, campanulata (interdum infundibuliformis), plicata; limbo patente, obtufo, obfolete quinquelobo.
Stam. Filamenta quinque, fubulata, corolla
breviora, bafi approximata. Antheræ ovatæ,
compreffæ.
Pift. Germen fuperum, fubrotundum. Stylus
filiformis. Stigmata duo, oblonga.
Peric. Capfula calyce obvoluta, fubrotunda,
bilocularis.
Sem. bina, fubrotunda.

Tableau des espèces.

* *Pédoncules uniflores.*

Confpectus Specierum.

* *Pedunculi uniflori.*

2000. LISERON des haies. Dict. nº. 1.
L. à feuilles fagittées, tronquées poftérieurement; péd. tétragones, bractées en cœur,
plus grandes que le calice.
L. n. l'Europe, dans les haies. ♃

2000. CONVOLVULUS fepium. T 104. f. 1.
C. foliis fagittatis, poftice truncatis; pedunculis tetragonis; bracteis cordatis, calyce
majoribus.
Ex Europæ fepibus. ♃ Flores albi.

2001. LISERON des champs. Dict. nº. 2.
L. à feuilles fagittées à pointues poftérieure-
ment; bractées fubulées, éloignées du calice.
L. n. l'Europe, dans les champs. ♃

2001. CONVOLVULUS arvenfis.
C. foliis fagittatis, poftice acutis; bracteis
fubulatis à calyce remotis.
Ex Europæ agris. ♃ Fl. fæpe rofei f. purpurei.

2002. LISERON auriculé Dict. nº. 3.
L. à feuilles linéaires, haftées, acuminées,
à oreillettes entières; tige volubile.
L. n. l'Europe auftrale, l'Afie, &c. Var. de
la précédente?

2002. CONVOLVULUS auriculatus.
C. foliis linearibus, haftato-acuminatis, auriculis integris; caule volubili.
Ex Europa auftraii, Afia, &c, Pluk. t. 24.
f. 3.

2003. LISERON de Sicile. Dict. nº. 4.
L. à feuilles en cœur-ovales, bractées lan-
céolées; pédonc. plus longs que les pétioles.
L. n. la Sicile. ☉ Fl. bleues, petites.

2003. CONVOLVULUS Siculus.
C. foliis cordato-ovatis, bracteis lanceolatis;
pedunculis petiolo longioribus.
Ex Sicilia. ☉ Fl. cærulei, parvi.

2004. LISERON denticulé. Dict. nº. 5.
L. à feuilles en cœur, liffes : à oreilletes
reunies en-dehors d'une petite dent; péd.
uniflores; calice court.
L. n. les iftes Sechelles. Commerf. herb.

2004. CONVOLVULUS denticulatus.
C. foliis cordatis, lævibus; auriculis demi-
culo extrorfum notatis; pedunculis unifloris; calyce brevi.
Ex inf. Indiæ Sechellæ dictis.

2005. LISERON *du Japon.* Dict. n°. 6.
L. à feuilles hastées, lancéolées : à lobes
lat. munis d'une dent ; péd. uniflores ; tige
volubile.
L. n. le Japon. *Pédonc. plus courtes que les f.*

2005. CONVOLVULUS *Japonicus.*
C. foliis haſtatis , lanceolatis ; lobis lateralibus unidentatis ; pedunculis unifloris ; caule volubili.
Ex Japonia. *Thunb. fl. Jap.* 85.

2006. LISERON *sans bractées.* Dict. n°. 7.
L. à feuilles en cœur , fagittées, obtuses poſtérieurement ; péd fans bractées , plus courtes
que les pétioles.
L. n. . . . . *Fl. blanches , petites.*

2006. CONVOLVULUS *ebracteatus.*
C. foliis cordato-fagittatis , poſticè obtuſis ; pedunculis petiolo brevioribus , ebracteatis.
Ex . . . . *In horto paris. cult.*

2007. LISERON *à fl. blanches.* Dict. n°. 8.
L. à feuilles en cœur , acuminées ; pédonc.
munis de bractées , plus courts que les pétioles.
L. n. les pays chauds de l'Amérique. ☉ *Je
doute qu'il soit suff. dist. du précédent.*

2007. CONVOLVULUS *leucanthus.*
C. foliis cordatis, acuminatis; pedunculis bracteatis , petiolo brevioribus.
Ex America calidiore. ☉ *Ipomœa leucantha. Jacq. collect.* 2. *& ic. rar.*

2008. LISERON *fruticuleux.* Dict. n°. 9.
L. à feuilles linéaires-lancéolées , un peu en
cœur à la base , à pétioles courts ; f. denses
sur les ram. fleuris.
L. n. les Canaries. ♄ *Collignon.*

2008. CONVOLVULUS *fruticulofus.*
C. foliis lineari-lanceolatis , baſi fubcordatis , petiolis brevibus ; ramis floriferis confertè foliofis.
E Canariis. ♄ *Caules volub. Fol. angufta.*

2009. LISERON *sagitté.* Dict. n°. 10.
L. à feuilles linéaires , hastées, acuminées ;
calices fagittés.
L. n. l'ifle de Madagafcar. *Pl. glabre.*

2009. CONVOLVULUS *medium.*
C. foliis linearibus , haſtato-acuminatis ; calycibus fagittatis.
Ex Madagafcaria. *Commerf.*

2010. LISERON *hasté.* Dict. n°. 11.
L. à feuilles linéaires , hastées , acuminées ;
oreillettes dentées; folioles calicinales fimples
L. n. l'Inde. *Sonnerat.*

2010. CONVOLVULUS *haſtatus.*
C. foliis linearibus , haſtato-acuminatis ; auriculis dentatis ; foliolis calycinis fimplicibus.
Ex India. *Rheed. mal.* 11. t. 55.

2011. LISERON *à trois dents.* Dict. n°. 12.
L. à feuilles cunéiformes à 3 pointes ; base
élargie , dentée ; ; édoncules uniflores.
L. n. les Indes orientales. ☉

2011. CONVOLVULUS *tridentatus.*
C. foliis cuneiformibus , tricufpidatis ; baſi dilatata , dentatis ; pedunculis unifloris. *Aut.*
Ex Ind. orientalibus. ☉ *Evolv. tridentatus.* L.

2012. LISERON *jalap.* Dict. n°. 13.
L. à feuilles difformes : les inf. prefqu'en cœur ,
triangulaires ; les fup. ovales-lancéolées ; tige
volubile.
L. n. le Mexique. ♉ *Le Jalap des boutiques.*

2012. CONVOLVULUS *jalapa.* T. 104. f. 2.
C. foliis difformibus ; inferioribus fubcordatis , triangularibus ; fuperioribus ovato-lanceolatis ; caule volubili.
E Mexico. ♉

2013. LISERON *à grandes fleurs.* Dict. n°. 14.
L. à feuilles en cœur , pointues , à longs pétioles ; pédonc. courts, uniflores ; corolle
grande, infundibuliforme.
L. n. la Martinique. ♉ *Fl. blanche.*

2013. CONVOLVULUS *grandiflorus.*
C. foliis cordatis , acutis , longè petiolatis ; pedunculis brevibus , unifloris ; corolla ampla infundibuliformi.
E Martinica. ♉ *Jacq. hort.* 3. t. 69.

2014. LISERON *de Java*. Dict. n°. 15.
L. à feuilles en cœur, non divisées; tige subpubescente: pédoncules épaissis, uniflores;
calices glabres.
L. n. l'isle de Java. ☉ *Cor. blanche, à fond
pourpre brun.*

2014. CONVOLVULUS *obscurus*.
C. foliis cordatis, indivisis; caule subpubescente; pedunculis incrassatis, unifloris;
calycibus glabris.
Ex Java. ☉ *Dill. Elth. t. 83. f.95.*

2015. LISERON *trinerve*. Dict. n°. 16.
L. à feuilles en cœur, oblongues, glabres,
trinerves; tige volubile, cylindrique; péd.
uniflores.
L. n. le Japon. *Feuilles opposées. Seroit-ce ne
échites ?*

2015. CONVOLVULUS *trinervis*.
C. foliis cordatis, oblongis, glabris, trinerviis; caule volubili tereti; pedunculo unifloris. TA..
Ex Japonia. *Thunb. Fl. Jap. 85.*

2016. LISERON *feuilles de Saules*. Dict. n° 17.
L. à feuilles lancéolées, dentées, à pétioles
courts; calice anguleux.
L. n. Saint-Domingue.

2016. CONVOLVULUS *salicifolius*.
C. foliis lanceolatis, serratis, breviter petio-
latis; calyce angulato.
E Domingo.

2017. LISERON *uniflore*. Dict. n°. 18.
L. à tige volubile; feuilles lancéolées; pé-
doncules uniflores, deux bractées ovales.
L. n. l'isle de Java. *Pédoncules courts.*

2017. CONVOLVULUS *uniflorus*.
C. caule volubili; foliis lanceolatis; pedun-
culis unifloris; bracteis duabus ovatis. B.
Ex Java. *Burm. Fl. ind. t. 20. f. 2.*

2018. LISERON *luisant*. Dict. n°. 19.
L. à feuilles ovales, luisantes, blanches &
soyeuses en-dessous; pédonc. uniflores, plus
courts que les pétioles.
L. n. l'Inde, les Philippines.

2018. CONVOLVULUS *nitidus*.
C. foliis ovalibus, nitidis, subtus albo-seri-
ceis; pedunculis unifloris, petiolo brevioribus.
Ex Indis, Philippinis.

2019. LISERON *feuilles de tilleul*. Dict. n°. 20.
L. frutiqueux, à feuilles en cœur, arrondies,
les plus jeunes un peu tomenteuses; fleur &
fruit fort grands.
L. n. l'isle de France. ♄

2019. CONVOLVULUS *tiliæfolius*.
C. fruticosus, foliis cordatis, rotundatis;
junioribus subtomentosis; flore, fructuque
maximis.
Ex insula Franciæ. ♄ *Commerf.*

2020. LISERON *feuilles d'ansérine*. Dict. n°. 21.
L. velu, à feuilles ovales, dentées, sinuées;
fleurs solitaires, presque sessiles.
L. n ..... *Bractées filiformes. Cor. étroites.*

2020. CONVOLVULUS *chenopodiodes*.
C. villosus, foliis ovatis, serrato-sinuatis;
floribus solitariis, subsessilibus.
Ex ...... (*In herb. D. Juss.*)

2021. LISERON *de Dillen*. Dict. n°. 22.
L. à feuilles en cœur, entières & à trois lobes;
fleurs solitaires, presque sessiles.
L. n. l'Afrique ? ☉ *Fl. bleue, à fond blanchâtre.*

2021. CONVOLVULUS *dillenii*.
C. foliis cordatis, integris trilobisque; flori-
bus solitariis, subsessilibus.
Ex Africa ? ☉ *Dill. Elth. t. 81. f. 93.*

2022. LISERON *découpé*. Dict. n°. 23.
L. à feuilles palmées, glabres, partagées en
sept digitations, dentées, sinuées; tige pileuse; péd. uniflores.
L. n. l'Amérique. ☉ *Cor. blanche.*

2022. CONVOLVULUS *dissectus*.
C. foliis palmatis, septempartitis, dentato-
sinuatis, glabris; caule piloso; pedunculis
unifloris.
Ex America. ☉ *Jacq. obs. 2. t. 28.*

2023. LISERON à *gros fruits*. Dict. n°. 24.
L. à feuilles palmées, pédiaires, part. en
cinq; pédoncules uniflores.
L. *n.* la Martinique. *Fl. purpurine.*

2024. LISERON *tuberculeux*. Dict. n°. 25.
L. à feuilles digitées, subpédiaires, part. en
sept, glabres; pétioles rudes, tuberculeux;
péd. uniflores.
L. *n.* Monte-Video. ♃

2025. LISERON *stipulé*. Dict. n°. 26.
L. à feuilles palmées, pinnatifides-dentées;
pédoncules comprimées, uniflores; calice
muriqué.
L. *n.* le Levant. *Fl. blanches, petites.*

2026. LISERON *lacinié*. Dict. n°. 27.
L. à feuilles découpées tres-menu, subbipinnées; péd. uniflores; calice du fruit presque glabre.
L. *n.* Monte-Video. *Fl. velue, pileuse.*

2027. LISERON *des rives*. Dict. n°. 28.
L. à feuilles oblongues, lobées, palmées;
pédoncules uniflores; tige rampante.
L. *n.* les Antilles. *Cor. blanche.*

2028. LISERON *de la Martinique*. Dict. n° 29.
L. à feuilles elliptiques, glabres; pédoncules
unifl. plus longs que les feuilles; tige rampante.
L. *n.* la Martinique. *Fl. blanches.*

2029. LISERON *rampant*. Dict. n°. 30.
L. à feuilles oblongues, obs. sagittées, entières postérieurement; tige rampante; péd.
uniflores.
L. *n.* les lieux marit. de l'Amérique. ♃

2030. LISERON *feuilles étroites*. Dict. n°. 32.
L. à feuilles linéaires, un peu obtuses, oreil-
lées à la base, presque sessiles; fleurs solit.
jaunes.
L. *n.* la Guinée. *Cor. infundib. Capf. 2-locul.*

2031. LISERON *horizontal*. Dict. n°. 33.
L. filiforme, presque droit; feuilles linéaires-
mucronées; péd. très-ouverts, plus longs que
les feuilles.
L. *n.* la Caroline.

2023. CONVOLVULUS *macrocarpus*.
C. foliis palmato-pedatis, quinquepartitis;
pedunculis unifloris.
E Martinica. *Burm. amer. t. 91. f. 1.*

2024. CONVOLVULUS *tuberculatus*.
C. foliis digitatis, subpedatis, septempartitis, lævibus; petiolis tuberculato asperis;
pedunculis unifloris.
E Monte-Video. ♃ *Fl. purpureo-violacei.*

2025. CONVOLVULUS *stipulatus*.
C. foliis palmatis, pinnatifido-serratis; pedun-
culis compressis, unifloris; calyce muricato.
Ex Oriente. *Barrel. ic. 319.*

2026. CONVOLVULUS *laciniatus*.
C. foliis teniter laciniatis, subbipinnatis;
pedunculis unifloris; calyce fructus nudiusculo.
E Monte Video. *Commerf. Var. cal. hirfutiff.*

2027. CONVOLVULUS *littoralis*.
C. foliis oblongis, lobato-palmatis; pedun-
culis unifloris; caule repente.
Ex inf. Caribæis. *Burm. Amer. t. 90. f. 2.*

2028. CONVOLVULUS *Martinicensis*.
C. foliis ellipticis, glabris; pedunculis uni-
floris, folio longioribus; caule repente.
E Martinica. *Jacq. Amer. t. 17.*

2029. CONVOLVULUS *repens*.
C. foliis oblongis, obtuse sagittatis, postice
integris; caule repente; pedunculis unifloris.
Ex Americæ maritimis. ♃ *Plum. Amer. t. 105.*

2030. CONVOLVULUS *angustifolius*.
C. foliis linearibus, obtusiusculis, basi au-
riculatis, sub-sessilibus; flore solitario, luteo.
Ex Guinea. *Ipomœa angustif. Jacq. Ic. rar.*

2031. CONVOLVULUS *patens*.
C. filiformis, suberectus; foliis linearibus,
mucronatis; pedunculis patentissimis, folio
longioribus.
Ex Carolina. *Fraſer.*

2032. LISERON *onagroide*. Dict. n°. 34.
L. frutiqueux, droit; feuilles linéaires, blanchâtres; péd. axillaires, folitaires, uniflores, bractéifères; calices glabres.
L. a. le Cap de B. Ef; érance. ♄ *Col. lancéolés.*

2033. LISERON *tricolor.* Dict. n°. 35.
L. à feuilles lancéolées-ovales, fubvilleufes; tiges mortantes; pédoncules un peu longs, uniflores; calice pileux.
I. a. l'Efpagne, &c. ☉ *Fl. bleues, à fond blanc & jaune.*

2034. LISERON *pentapetaloide*. Dict. n°. 36.
L. à feuilles lancéolées, obtuses; péd. uniflores, plus courts que les feuilles; calice nud, fcarieux.
L. n. l'Italie, &c. ☉ *Convolv. humilis. Jacq?*

2035. LISERON *épineux*. Dict. n°. 37.
L. frutiqueux, droit; feuilles lancéolées, foyeufes; rameaux florifères, épineux.
L. a. la Ruffie. ♄ *Comm. par M. Patrin.*

2036. LISERON *dorycne*. Dict. n°. 38.
L. à tige frutiqueufe, paniculée; feuilles prefque linéaires, foyeufes; calices obtus, prefque glabres.
L. a. le Levant. ♄ *Fl. feffiles dans les bif. & au fommet des rameaux.*

2037. LISERON *de Perfe.* Dict. n°. 39.
L. à feuilles ovales, tomenteufes; pédoncules uniflores.
L. a. la Perfe. ♄

2038. LISERON *d'amman.* Dict. n°. 40.
L. foyeux, à feuilles linéaires; pédonc. axillaires, uniflores, à longues bractées; calice pointu.
L. a. la Sibérie. Comm. par M. Patrin.

2039. LISERON *feuilles de lavande.* Dict. n°41.
L. à feuilles linéaires-lancéolées, retrécies à la bafe; tige prefque fimple; péd. plus courts que les feuilles.
L. a. l'Efpagne. ♄

2032. CONVOLVULUS *anotheroides.*
C. fruticofus, erectus; foliis linearibus, canefcentibus; pedunculis axillaribus, folitariis, bracteatis, unifloris; calycibus glabris.
E Cap. B. Spei. ♄ *Lin. f. fuppl.* 137.

2033. CONVOLVULUS *tricolor.*
C. foliis lanceolato-ovatis, fubvillofis; caulibus afcendentibus; pedunculis longiufculis, unifloris; calyce pilofo.
Ex Hif; ania, &c. ☉ *Fl. cyanei; fundo albo luteoque.*

2034. CONVOLVULUS *pentapetaloides.*
C. foliis lanceolatis, obtufis; pedunculis unifloris, folio brevioribus; calyce nudo, fcariofo.
Ex Italia, &c. ☉ *Cor. vix femiquinquefida.*

2035. CONVOLVULUS *fpinofus.*
C. fruticofus erectus; foliis lanceolatis, fericeis; ramis floriferis, fpinofis.
Ex Ruffia. ♄ *Pall. it. 2. tab. m.*

2036. CONVOLVULUS *dorycnium.*
C. caule fruticofo, paniculato; foliis fublinearibus, fericeis; calycibus nudiufculis, obtufis.
Ex Oriente. ♄ *Fl. feffiles in dichot. & apicibus ramorum.*

2037. CONVOLVULUS *Perficus.*
C. foliis ovalibus, tomentofis; pedunculis unifloris.
Ex Perfia. ♄ *Gmel, It. 3. t. 7.*

2038. CONVOLVULUS *ammanii.*
C. fericeus, foliis linearibus; pedunculis axillaribus, unifloris, longè bracteatis; calyce acuto.
E Sibiria. *Pl. fericeo-argentea.*

2039. CONVOLVULUS *fpicæfolius.*
C. foliis lineari-lanceolatis, bafi angustatis; caule fublimplici; pedunculis folio brevioribus.
Ex Hifpania. ♄ *Barrel. Ic. 311.*

2040. LISERON *foldanella*. Dict. n°. 42.
L. à feuilles réniformes, à longs pétioles : bractées couvrant le calice.
L. *n*. les lieux marit. de la France, l'Efp., l'Angleterre, &c. ⊙

2041. LISERON *ftolonifère*. Dict. n°. 43.
L. traînant, à feuilles oblongues - ovales, réni+, échancrées à la bafe & au fommet : les inférieures non divifées ; les fup. fumées & lobées latéralement.
L. *n*. les rives maritimes de l'Italie. ⚥ *Pl. laiteufe* ; *cor. d'un blanc jaunâtre.*

2042. LISERON *des fables*. Dict. fuppl.
L. à feuilles oblongues, échancrées, lobées ou entières à la bafe ; péd. unifiores ; corolles tubuleufes.
L. *n*. les ifles Açores. *Pl. glabre; tiges couchées.*

* * *Pédoncules multiflores.*

2043. LISERON *maritime*. Dict. n°. 44.
L. à feuilles échancrées, bilobées, entières à la bafe ; ⊥ édonc. fubinulinf. tige couchée.
L. *n*. les riv. maritimes des Indes.

2044. LISERON *pilofella*. Dict. n°. 45.
L. à feuilles lancéolées, entières, feffiles, pileufes fur les bords ; pédonc. à ramif. lâches.
L *n*. le Levant.

2045. LISERON *linaire*. Dict. n°. 46.
L. pileux, à feuilles linéaires - lancéolées, pointues; tige rameufe, un peu droite, fleurs ramaffées.
L. *n*. l'Europe auftrale ⚥

2046. LISERON *lanugineux*. Dict. n°. 47.
L. blanc, tomenteux, droit; feuilles linéaires; fleurs terminales, en tête.
L. *n*. l'Efpagne. ⚥

2047. LISERON *argenté*. Dict. n°. 48.
L fruitqueux, foyeux, à feuilles oblongues, obtufes ; fl. en ombelle, capitées, terminales; calice court, obtus.
L. *n*. l'Ifle de Candie. ♄

2040. CONVOLVULUS *foldanella*.
C. foliis reniformibus, longè petiolatis ; bracteis calycem obtegentibus.
Ex Galliâ, Hifpaniâ, Angliâ, &c. maritimis. ⊙

2041. CONVOLVULUS *ftoloniferus*.
C. humifufus, foliis oblongo-ovalibus, retufis, bafi apicæque emarginatis: inferioribus indivifis ; fuperioribus latere finuato-lobatis.
Ex Italiæ litt. marit. ⚥ *Cyril. rar. t. 5. conv. imperati. Vahl. fymb. p. 17.*

2042. CONVOLVULUS *arenarius*.
C. foliis oblongis, emarginatis, bafi lobatis integrisve ; pedunculis unifloris ; corollis tubulofis.
Ex infulis Azoricis. *Vahl. fymbol. p. 18.*

* * *Pedunculi multiflori.*

2043. CONVOLVULUS *maritimus*.
C. foliis emarginato-bilobis, bafi integris ; pedunculis fubmultifloris ; caule decumbente.
Ex Indiarum litoribus maritimis.

2044. CONVOLVULUS *pilofellæfolius*.
C. foliis lanceolatis, integris, feffilibus, margine pilofis ; pedunc. elongatis, laxè ramofis.
Ex Oriente. *Juff. herb.*

2045. CONVOLVULUS *cantabrica*.
C. pilofus, foliis lineari lanceolatis, acutis; caule ramofo, erectiufculo; floribus congeftis.

Ex Europâ auftr. ⚥

2046. CONVOLVULUS *lanuginofus*.
C. tomentofo-incanus, erectus; foliis linearibus ; floribus terminalibus, capitatis.
Ex Hifpania. ⚥ *Barrel. Ic. 470.*

2047. CONVOLVULUS *argenteus*.
C. fruticofus, fericeus; foliis oblongis, obtufis ; floribus ca, itato-umbellatis, terminalibus; calyce brevi obtufo.
E Creta. ♄ *An C. cneorum. L.*

2048. LISERON *feuilles d'olivier.* Dict. n°. 49.
L. frutiqueux, soyeux, à feuilles linéaires-
lancéolées; fl. eu ombelle capitée, terminales; cal. lancéolés.
L. n. le Levant. ♄

2048. CONVOLVULUS *oleafolius.*
C. fruticosus, sericeus; foliis lineari-lanceolatis; floribus capitato-umbellatis, terminalibus; calycibus lanceolatis.
Ex Oriente. ♄ *Nimis affinis præcedenti.*

2049. LISERON *thyrsoïde.* Dict. n°. 50.
L. frutiqueux, à feuilles linéaires lancéolées,
glabres; panicule thyrsoïde, terminale.
L. n. l'Isle de Ténériffe. ♄ *Caps. 1-sperme.Jacq.*

2049. CONVOLVULUS *floridus.*
C. fruticosus, foliis lineari-lanceolatis, gla-
bris; panicula thyrsoidea terminali.
Ex ins. Teneriffæ. ♄ *Jacq. collect.* 1. t. ic. var.

2050. LISERON *effilé.* Dict. n°. 51.
L. frutiqueux, droit, glabre; rameaux effilés,
feuilles sessiles, linéaires; grappe terminale;
pédoncules subtriflores.
L. n. les Canaries. ♄ *Le bois de Rhodes.*

2050. CONVOLVULUS *scoparius.*
C. fruticosus, erectus, glaber; ramis virgatis; foliis sessilibus, linearibus; racemo terminali; pedunculis subtrifloris.
E Canariis. ♄ *L. f. suppl.* 135.

2051. LISERON *unilatéral.* Dict. n°. 52.
L. tomenteux, ferrugineux, à feuilles sessiles,
lancéolées; têtes unilat. nombreuses, presque sessiles.
L. n. le Levant. Pl. droite, laineuse, tomenteuse.

2051. CONVOLVULUS *secundus.*
C. tomentoso-ferrugineus; foliis sessilibus,
lanceolatis; capitulis secundis, crebris, subsessilibus.
Ex Oriente. *Conv. lanatus. Vahl. symb.* 16?

2052. LISERON *rayé.* Dict. n°. 53.
L. tomenteux, soyeux, à feuilles oblongues,
obtuses, rétrécies à la base, rayées; pédonc.
biflores, plus courts que les feuilles.
L. n. la France mérid. ♃ *Tiges de 3 à 4 pouces.*

2052. CONVOLVULUS *lineatus.*
C. tomentoso-sericeus; foliis oblongis, obtusis, basi attenuatis, lineatis; pedunculis bifloris, folio brevioribus.
In Gallia austr. ♃

2053. LISERON *comestible.* Dict. n°. 54.
L. à feuilles en cœur, glabres, entières &
à trois lobes; tige rampante, anguleuse.
*L. n. le Jap. un. Est-ce un Ipomœa, comme la
Batate?*

2053. CONVOLVULUS *edulis.*
C. foliis cordatis, integris, trilobisque, gla-
bris; caule repente, angulato.
In Japonia. *Thunb. fl. Jap.* 85.

2054. LISERON *sublobé.* Dict. n°. 54.
L. couché, à feuilles tu, éricurés, dentées &
ondées au sommet; fleurs en tête.
L. n. les Indes orientales. ☉

2054. CONVOLVULUS *sublobatus.*
C. procumbens, foliis superioribus, apice
dentato-rep. anatis; floribus capitatis.
Ex Indiis orient. ☉ *L. f. suppl.* 135.

2055. LISERON *azuré.* Dict. n°. 56.
L. à feuilles presqu'en cœur, ciliures, glabres;
fl. ramassées en tête dichotome, à très-longs
pédoncules.
L. n. l'Amérique mérid. ♄

2055. CONVOLVULUS *azureus.*
C. foliis subcordatis, acutis, nudis; floribus in capitulum dichotomum, collectis, longissimè pedunculatis.
Ex America merid. ♄ *D. Richard.*

2056. LISERON *capité.* Dict. n°. 57.
L. pileux, à feuilles en cœur; fleurs capitées,
à collerette; péd. à peine plus longs que les
pétioles.
L. n. le Sénégal. Tiges volubiles.

2056. CONVOLVULUS *capitatus.*
C. pilosus, foliis cordatis; floribus capitatis,
involucratis; pedunculis petiolo vix longioribus.
E Senegal. *Geoffroy.*

2057. LISERON de Guiane. Dict. n°. 58.
L. à feuilles presqu'en cœur, mucronées, tomenteuses; fl. en tête, à très-longs pédonc.
L. n. la Guiane. Pl. tomenteuse, volubile.

2057. CONVOLVULUS Guianensis.
C. foliis subcordatis, mucronatis, tomentosis; floribus capitatis, longissimè pedunculatis.
Ex Guiana. Aubl. t. 52.

2058. LISERON de S. Domingue. Dict. n°. 59.
L. à feuilles en cœur; grappes nombreuses, unilatérales: calice pointu, glabre.
L. n. Saint-Domingue. Pl. volubile.

2058. CONVOLVULUS Domingensis.
C. foliis cordatis; racemis numerosis, lateralibus; calyce acuto glabro.
E Domingo. Juff. herb.

2059. LISERON filiforme. Dict. n°. 60.
L. à feuilles presqu'en cœur, obtuses, mucronées; pédonc. rameux; fleur tubuleuse.
L. n. les Antilles. Pl. glabre, volubile.

2059. CONVOLVULUS filiformis.
C. foliis subcordatis, obtusis, mucronatis; pedunculis ramosis; flore tubuloso.
Ex inf. Caribæis. Ipomœa filiformis. Jacq.

2060. LISERON ondé. Dict. n°. 61.
L. à feuilles presqu'en cœur, ovales, acuminées, ondées; pédoncules ramifiés, en cime; fl. tubuleuse.
L. n. la Martinique. Pl. glabre. Cor. écarlate.

2060. CONVOLVULUS repandus.
C. foliis subcordato-ovatis, acuminatis, repandis; pedunculis ramoso-cymosis; flore tubuloso.
E Martinica. Ipomœa repanda. Jacq.

2061. LISERON à corymbes. Dict. n°. 62.
L. à feuilles en cœur, glabres; pédoncules à ombelles fleur blanche.
L. n. Saint-Domingue. Pl. glabre. Cal. obtus.

2061. CONVOLVULUS corymbosus.
C. foliis cordatis, lævibus; pedunculis umbellatis; flore niveo.
E Domingo. Burm. amer. t. 89. f. 1.

2062. LISERON à ombelles. Dict. n°. 63.
L. à feuilles en cœur; pétioles garnis de stip. à la base; pédonc. à ombelles; fleur jaune.
L. n. Saint-Domingue, la Martinique.

2062. CONVOLVULUS umbellatus.
C. foliis cordatis; petiolis basi stipulaceis; pedunculis umbellatis; flore luteo.
E Domingo, Martinica. Plum. amer. t. 102.

2063. LISERON en cime. Dict. n°. 64.
L. à feuilles en cœur à la base, oblongues, acuminées; péd. en cime; fruit penché.
L. n. les Indes orient. Sonnerat.

2063. CONVOLVULUS cymosus.
C. foliis basi cordatis, oblongis, acuminatis; pedunculis cymosis; fructu cernuo.
Ex Indià orient. Rumph. amb. 5. t. 158.

2064. LISERON des Canaries. Dict. n°. 65.
L. à feuilles en cœur, pointues, un peu tomenteuses, molles; péd. axillaires, triflores, un peu longs.
L. n. les îles Canaries.

2064. CONVOLVULUS Canariensis.
C. foliis cordatis, acutis, subtomentosis, mollibus; pedunculis axillaribus, trifloris, longiusculis.
Ex inf. Canariensibus. b Comm. h. t. 1. 51.

2065. LISERON à petites fleurs. Dict. n°. 66.
L. à feuilles en cœur-oblongues, mucronées; pédoncules rameux, multiflores, courts, comme verticillés.
L. n. Saint Domingue. Jof. Martin.

2065. CONVOLVULUS parviflorus.
C. foliis cordato-oblongis, mucronatis; pedunculis ramosis, multifloris, brevibus, quasi verticillatis.
E Domingo. Burm. Amer. t. 94. f. 1.

2066. LISERON *nodiflore*. Dict. n°. 67.
L. à feuilles ovales-pointues, fubtomenteufes, molles; péd. axillaires, multiflores, très-courts.
L. n. Saint-Domingue. *Jof. Martin.*

2066. CONVOLVULUS *nodiflorus*.
C. foliis ovato-acutis, fubtomentofis, mollibus; pedunculis axillaribus, multifloris, breviffimis.
E Domingo.

2067. LISERON *de Malabar*. Dict. n°. 68.
L. à feuilles en cœur, glabres; tige perf. villeufe.
L. n. le Malabar. ♄

2067. CONVOLVULUS *Malabaricus*.
C. foliis cordatis, glabris; caule perenni villofo.
Ex Malabaria. ♄ *Rheed. 11. tab. 51.*

2068. LISERON *de Chine*. Dict. n°. 69.
L. hériffé, à feuilles en cœur, pointues; pédoncules fubmultiflores, courts; calice en cœur.
L. n. la Chine.

2068. CONVOLVULUS *Sinenfis*.
C. hirtus; foliis cordatis, acutis; pedunculis fubmultifloris, brevibus; calyce cordato.
E China. (*herb. Juff.*)

2069. LISERON *biflore*. Dict. n°. 70.
L. à feuilles en cœur, pubefcentes; pédoncules geminés; corolles à lobes trifides.
L. n. la Chine. ⊙

2069. CONVOLVULUS *biflorus*.
C. foliis cordatis, pubefcentibus; pedunculis geminis; corollis lobis trifidis. L.
E China. ⊙

2070. LISERON *geminé*. Dict. n°. 71.
L. à tige volubile; feuilles en cœur, glabres; pédoncules biflores.
L. n. l'ifle de Java. *Cor. blanches.*

2070. CONVOLVULUS *gemellus*.
C. caule volubili: foliis cordatis, glabris; pedunculis bifloris. B.
Ex Java. *Burm. Fl. Ind. 46. t. 21. f. 1.*

2071. LISERON *bordé*. Dict. n°. 72.
L. à feuilles en cœur, liffes, bordées de rouge; pédoncules multiflores.
L. n. le Malabar.

2071. CONVOLVULUS *marginatus*.
C. foliis cordatis, lævibus, rubro marginatis; pedunculis multifloris.
Ex Malabaria. *Rheed. mal. 11. t. 53.*

2072. LISERON *muriqué*. Dict. n°. 73.
L. à feuilles en cœur; pédoncules épaiffis & liffes, ainfi que les calices; tige muriquée.
L. n. Surate. *Cor. purpurine.*

2072. CONVOLVULUS *muricatus*.
C. foliis cordatis; pedunculis incraffatis cum lycibufque lævibus; caule muricato.
Ex Surata. *Lin. Mant. 44.*

2073. LISERON *crénelé*. Dict. n°. 74.
L. tomenteux, à feuilles en cœur-oblongues, obtufes, obfcurément finuées; péd. plus longs que les pétioles; limbe pointu.
L. n. le Pérou. ♂ *Dombey. Cor. blanche.*
α. *Liferon rongé.* Dict. n°. 75.

2073. CONVOLVULUS *crenatus*.
C. tomentofus, foliis cordato-oblongis, obtufis, fubrepandis; pedunculis petiolo longioribus; limbo acuto.
E Peru. ♂ *Jacq. Ic. rar. C. hermannia. L'Her.*
β. *Convolvulus erofus.*

2074. LISERON *pliffé*. Dict. n°. 76.
L. tomenteux, à feuilles en cœur, pointues, denuées, ridées, pliffées; pédonc. fubbiflores.
L. n. le Cap de B. Efpérance.

2074. CONVOLVULUS *plicatus*.
C. tomentofus, foliis cordatis, acutis, angulato-ferratis, rugofis; licaris; ped. fubbiflor.
E Cap. B. Spei. *Sonnerat.*

2075. LISERON *foyeux*. Dict. n°. 77.
L. à feuilles lancéolées, elliptiques, tomenteuses & soyeuses en-dessous; pédonc. subtriflores; calice court, pileux.
L. n. l'isle de Java. b

2076. LISERON *délicat*. Dict. n°. 78.
L. volubile, à feuilles oblongues, elliptiques, obtuses, mucronées, presque sessiles; pédonc. subbiflores, plus longs que les feuilles.
L. n. la Caroline. *Fraser*.

2077. LISERON *farineux*. Dict. n°. 79.
L. à feuilles en cœur, acuminées, ondées; pédoncules triflores; tige farineuse au sommet.
L. n. l'isle de Madère. ⊙

2078. LISERON *de Sibérie*. Dict. n°. 80.
L. à feuilles en cœur, acuminées, glabres; pédonc. biflores; stipules rétuses, décurrentes.
L. n. la Sibérie. ⊙

2079. LISERON *fcammonée*. Dict. n°. 81.
L. à feuilles triangulaires, fagittées; pédonc. cylindriques, fubtriflores, une fois plus longs que les feuilles.
L. s. le Levant. ♈

2080. LISERON *d'Adanson*. Dict. n°. 82.
L. à feuilles haftées, linéaires; stipules geminées, fubfiliformes; calice muriqué.
L. n. le Sénégal. *Adanf*.

2081. LISERON *hériffé*. Dict. n°. 83.
L. à feuilles en cœur & fubhaftées, velues; tige & pétioles pileux; pédoncules multiflores.
L. n. les Indes orientales.

2082. LISERON *hypocratériforme*. Dict. n. 84.
L. à feuilles en cœur; corolle hypocratériforme; limbe quinquefide; à déc. échancrée.
L. n. les Indes orientales. b

2083. LISERON *à larges fleurs*. Dict. n. 85.
L. à feuilles en cœur, glabres; pédoncules fubtriflores; corolle hypocratériforme, très-grande.
L. n. Saint-Domingue, &c. *Cor. blanche*.

2075. CONVOLVULUS *fericeus*.
C. foliis lanceolato-ellipticis, fubtus tomentofo-fericeis; pedunculis fubtrifloris; calyce brevi pilofo.
Ex Java. b *C. mollis. Burm. Fl. ind. t. 17.*

2076. CONVOLVULUS *tenellus*.
C. volubilis, foliis oblongo ellipticis, obtufis, mucronatis, fubfeffilibus; pedunculis foliis longioribus, fubbifloris.
E Carolina. *Pluk. t. 166. f. 4.*

2077. CONVOLVULUS *farinofus*.
C. foliis cordatis, acuminatis, repandis; pedunculis trifloris; caule apice farinofo.
Ex Madera. ⊙ *Jacq. hort. t. t. 35.*

2078. CONVOLVULUS *Sibiricus*.
C. foliis cordatis, acuminatis, laevibus; pedunculis biflg. stipulis retufis, decurrentibus.
E Sibiria. ⊙ *C. rupeftris. Pall. it. 3. t. K.*

2079. CONVOLVULUS *fcammonea*.
C. foliis triangularibus, fagittatis; pedunculis teretibus, fubtrifloris, folio duplo longioribus.
Ex Oriente. ♈

2080. CONVOLVULUS *Adanfonii*.
C. foliis haftatis, linearibus; stipulis geminis, fubfiliformibus; calyce muricato.
E Senegal. (*Herb. Juff.*)

2081. CONVOLVULUS *hirtus*.
C. foliis cordatis, fubhaftatifque, villofis; caule petiolisque pilofis; ped. multifloris.
Ex Indiis orientalibus.

2082. CONVOLVULUS *hypocrateriformis*.
C. foliis cordatis; corolla hypocrateriformi; limbo quinquefido; laciniis emarginatis.
Ex Indiis orientalibus.

2083. CONVOLVULUS *latiflorus*.
C. foliis cordatis, glabris; pedunculis fubtrifloris; corolla hypocrateriformi, maxima.
E Domingo, &c. *Cor. alba.*

M m m 2

2084. LISERON *turbith*. Diâ. n. 86.
L. à feuilles en cœur, anguleufes; tige à quatre angles membraneux ; pédoncules multiflores.
L. n. le Malabar , l'ifle de Céylan. ♃ •

2084. CONVOLVULUS *turpethum*.
C. foliis cordatis, angulatis ; caule membranaceo quadrangulari ; pedunculis multifloris.
Ex Malabaria , Zeylona. ♃ *Blackw. t.* 397.

2085. LISERON *nerveux*. Diâ. n°. 87.
L. à feuilles en cœur , multinerves , tomenteufes & foyeufes en-deffous; pédoncules à ombelle , multiflores.
L. n. les Indes orient. ♄ *Pl. volubilis.*

2085. CONVOLVULUS *nervofus*.
C. foliis cordatis, multinerviis , fubtus tomentofo-fericeis; pedunculis umbellatis, multifloris.
Ex Indiis orient. ♄ *Burm. Fl. ind. t. 20. f. 1.*

2086. LISERON *pelté*. Diâ. n°. 88.
L. à feuilles peltées ; pédoncules multiflores.
L. n. Amboine , &c. *Tiges lign. volubiles.*

2086. CONVOLVULUS *peltatus*.
C. foliis peltatis ; pedunculis multifloris.
Ex Amboina , &c. *Rumph. 5. t.* 157.

2087. LISERON *feuillet d'afaret*. Diâ. n°. 89.
L. à feuilles réniformes , larges , veincules, glabres; tige volubile ; pédonc. fubbiflores.
L. n. le Sénégal. *Cor. grande, tubuleufe.*

2087. CONVOLVULUS *afarifolius*.
C. foliis reniformibus , latis , venofis, nudis ; caule volubili ; pedunculis fubbifloris.
E Senegal. *Rouffillon.*

2088. LISERON *de Caroline*. Diâ. n°. 90.
L. à feuilles velues , en cœur , entières & trilobées ; tiges glabres ; capfules velues ; péd. fubbiflores.
L. n. la Caroline. ♃

2088. CONVOLVULUS *Carolinus*.
C. foliis cordatis , integris trilobifve villofis; caulibus lævibus ; capfulis hirfutis ; pedunculis fubbifloris.
Ex Carolina. ♃ *Dill. elth. t. 84. f. 98.*

2089. LISERON *panduriforme*. Diâ. n°. 91.
L. à feuilles les unes en cœur entières , les autres panduriformes ou à trois lob • ; péd. fubbiflores , plus longs que les pétioles.
L. n. l'Amér. feptentr. ♃

2089. CONVOLVULUS *panduratus*.
C. foliis aliis cordatis integris , aliis panduriformibus trilobifve ; pedunculis eubiolongioribus , fubbiflotis.
Ex America fept. ♃ *Dill. Elth. t. 85. f. 99.*

2090. LISERON *hédéracé*. Diâ. n°. 92.
L. à feuilles en cœur , entières & à tr. is lobes, péd. fubbiflores; calice i ondué.
L. a. le Mexique. ☉ *Cor. purpurine.*

2090. CONVOLVULUS *hederaceus*.
C. foliis cordatis , integris trilobifque ; pedunculis fubtridactis ; calice undato.
E Mexico. ☉ *Dill. Elth. t. 83. f. 96.*

2091. LISERON *tomenteux*. Diâ. n°. 93.
L. à feuilles trilobées , tomenteufes ; tige lanugineufe.
L. n. la Jamaïque. *Tiges volubiles.*

2091. CONVOLVULUS *tomentofus*.
C. foliis trilobis , tomentofis ; caule lanuginofo. L.
Ex Jamaica. *Sloan. 1. t. 98. f. 2.*

2092. LISERON *trilobé*. Diâ. n°. 94.
L. à feuilles inférieures , en cœur , trilobées ; les fup. à cinq lobes ; péd triflores.
L. n. l'Amérique méridionale. ☉

2092. CONVOLVULUS *trilobus*.
C. foliis inferioribus , cordatis , trilobis; fuperioribus quinquelobis ; pedunculis trifloris.
Ex America merid. ☉ *Ipomœa triloba. L.*

2093. LISERON *acetoselle.* Diſt. n°. 95.
L. légerement mutriqué, à feuilles haſtées, trilobées : à lobes Latéraux, arrondis, angu- leux ; péoncules courts, ſubbiflores.
L. a. l'iſle de France.

2093. CONVOLVULUS *acetoſellæfolius.*
C. leviter muricatus, foliis haſtato-trilobis : lobis lateralibus, ſubrotundo-angulotis ; pe- dunculis brevibus ſubbifloris.
Ex inſula Franciæ. *Commerſ.*

2094. LISERON *bicolor.* Diſt. n°. 96.
L. hérule, voubiie ; à feuilles en cœur, tri- lobées, biancua eu-deſſous ; péd. multiflores.
L. a. le Sénégal.

2094. CONVOLVULUS *bicolor.*
C. hirtus voubilis ; foliis ſubcordatis, tri- lobis, ſubtus incanis ; pedunculis multifloris.
E Senegal. *Geoffroy.*

2095. LISERON *althéiforme.* Diſt. n°. 97.
L. à feuilles inf. en cœur, bliueus ; les ſupé- rieures fimuliuus, lobées, preſque paunées ; pédoncules la plu, art biflores.
L. a. la France méridionale. ♃

2095. CONVOLVULUS *althæoides.*
C. foliis inferioribus cordatis, tinuatis ; ſu- perioribus fimatifido-lobatis, ſub.amatis ; pedunculis pleriſque bifloris.
Ex Gallia auſtrali. ♃

2096. LISERON *feuilles d'alcée.* Diſt. ſuppl.
L. velu, à feuilles toutes, 10ſ. incincées, prei- que painées ; pédonc. pauciflores, plus longs que les feuilles.
L. a. le Cap de B. Eſpérance.

2096. CONVOLVULUS *alceifolius.*
C. hirſutus, foliis omnibus profundè laci- niatis, ſub.amatis ; pedunculis pauciflotis, folio longioribus.
E Ca, ite Bonæ S, ei.

2097. LISERON *tamnoïde.* Diſt. ſuppl.
L. à feuilles en cœur, acuminées : fleurs ramaſſées, preſque feffiles ; bractées & calices ; heus.
L. a. la Caroline. ☉ *Capſ 2-loculaires.*

2097. CONVOLVULUS *tamnifolius.*
C. foliis cordatis, acuminatis ; flor. aggrega- tis, ſubfeſſilibus ; bract. is caycibuſque, nous.
Ex Carolinia. ☉ *Ipomœa tamnifolia. L.*

2098. LISERON *anguleux.* Diſt. n°. 98.
L. à feuilles en cœur, quinqu'angulaires, très- entières, velues ; ed ncules multiflores.
L. a. les Indes orientales.

2098. CONVOLVULUS *angularis.*
C. foliis cordatis, quinquangularibus, inte- gerrimis, villoſis ; pedunculis multifloris.
Ex Indiis orient. *Burm. Ind. t. 19. f. 2.*

2099. LISERON *feuilles de vigne.* Diſt. n°. 99.
L. à feuilles painées, à cinq lob. r, glabr s, dentées ; tige fileuſe ; pédoncul. multiflores.
L. a. les Indes orientales.

2099. CONVOLVULUS *vitifolius.*
C. foliis ſinuatis, quinquelobis, glabris, dentatis ; caule nofo ; pedunculis multifloris.
Ex Indiis orient. *Burm. Ind. t. 18. f. 1.*

2100. LISERON *paniculé.* Diſt. n°. 100.
L. à feuilles painées : à ſe, t lobes ovales, pointus, très-entiers ; pédoncules paniculés.
L. a. le Malabar, *Rac. tubéreuſes. Tiges volub.*

2100. CONVOLVULUS *paniculatus.*
C. foliis ſinuatis, lobis fe, tenis ovatis, acu- tis, integerrimis ; pedunculis paniculatis.
Ex Malabar'a. *Rheed. vol. 11. t. 49.*

2101. LISERON *pentaphylle.* Diſt. n° 01.
L. très-pileux, à feuil. a digitées, à cinq fo- lioles ovales, acuminées ; tot. multi'o es.
L. a. Amérique mérid. ☉ *Fl. blanchâtres*

2101. CONVOLVULUS *pentaphyllus.*
C. pilofiſſimus, foliis quinato-digitatis : fo- liolis ovatis, acuminatis ; pedunculis multi...
Ex Amer. mer. ☉ *Ipomœa pentaphylla. L. f.*

2102. LISERON à cinq feuilles. Dict. n°. 102.
L. à feuilles digitées, glabres, dentées; tige
hispide; pédoncules multiflores.
L. n. Saint-Domingue. Péd. plus longs que les f.

2102. CONVOLVULUS *quinquefolius.*
C. foliis digitatis, glabris, dentatis; caule
hispido; pedunculis multifloris
E Domingo. *Burm. Amer. t. 91. f. 2.*

2103. LISERON *cissoïde.* Dict. Supp.
L. velu, à feuil's digitées, quinées, dentées;
pédoncules subtriflores, plus courts que les
feuilles; calice hispide.
L. n. Cayenne. Bractées linéaires.

2103. CONVOLVULUS *cissoïdes.*
C. hirsutus: foliis quinato-digitatis, dentatis:
pedunculis subtrifloris, folio brevioribus; calyce hispido.
E Cayenna. *Leblond.*

2104. LISERON *glabre.* Dict. n°. 103.
L. à feuilles digitées, quinées; folioles ovale-
lancéolées, très-entières, glabres; pédoncules
multiflores.
L. n. Cayenne. Pl. lactescente, volubile.

2104. CONVOLVULUS *glaber.*
C. foliis digitatis, quinatis; foliolis ovato-
lanceolatis, integerrimis, lævibus; pedunculis multifloris.
E Cayenna. *Aubl. Guian. t. 53.*

2105. LISERON *veiné.* Dict. n°. 104.
L. glabre, à feuilles digitées; folioles pétiolées, ovales-acuminées, très-entières; pétioles
communs en vrille à leur base.
L. n. l'Isle de France. Pl. volubile.

2105. CONVOLVULUS *venosus.*
C. glaber, foliis digitatis; foliolis petiolatis,
ovato-acuminatis, integerrimis; petiolis com-
munibus basi cirrhosis.
Ex ins. Franciæ. *Commers.*

2106. LISERON *graines velues.* Dict. n°. 105.
L. frutiqueux, à feuilles digitées: à env.
huit folioles linéaires, très-étroites; semences
velues.
L. n. Saint-Domingue. ♄ *Caps. à 2 loges.*

2106. CONVOLVULUS *eriospermus.*
C. fruticosus, foliis digitatis: foliolis suboctonis, linearibus, angustissimis; seminibus
hirsutis.
E Domingo. ♄ (*Herb. Juss.*)

2107. LISERON *grosse racine.* Dict. n°. 106.
L. à feuilles digitées, à sept folioles ovales-
lancéolées, un peu sinuées; tige glabre; pédoncules multiflores.
L. n. Saint-Domingue. Pl. glabre, volubile.

2107. CONVOLVULUS *macrorhizos.*
C. foliis digitatis, septenis: foliolis ovato-lanceolatis, subsinuatis; caule glabro; pedunculis multifloris.
E Domingo. *Burm. Amer. t. 90. f. 1.*

❋ LISERON (*du Caire*) à feuilles pinnées, palmées, dentées; pédoncules filiformes, paniculés; calices glabres.

❋ CONVOLVULUS (*Caïricus*) foliis pinnato-
palmatis, serratis; pedunculis filiformibus,
paniculatis; calycibus lævibus. *Lin.*

❋ LISERON (*flcariné*) à feuilles en cœur;
tige volubile, carénée de chaque côté.

❋ CONVOLVULUS (*anceps*) foliis cordatis;
caule volubili, utrinque carinato. *Lin.*

❋ LISERON (*de la Havane*) à feuilles oblongues, luisantes; pédoncules uniflores.

❋ CONVOLVULUS (*havanensis*) foliis oblongis, nitidis; pedunculis unifloris. *Jacq.*

❋ LISERON (*des chaumières*) volubile, à feuilles
en cœur-sagittées, pointues; tige anguleuse;
pédoncules tétragones, uniflores.

❋ CONVOLVULUS (*tuguriorum*) volubilis,
foliis cordato-sagittatis, acutis; caule anguloso; ped. tetragonis, unifl. *Forst. prodr.* 14.

* LISERON (*céleste*) volubile , à feuilles en cœur , très-acuminées , pubefcentes ; pédoncules alongés , à ombelle trifide.

* LISERON (*mucroné*) volubile , à feuilles palmées-pédiaires : à lobes ciliés , mucronés au fommet ; pédoncules uniflores.

* LISERON (*chevelu*) à feuilles en cœur , prefque glabres ; têtes très-velues , colletées , à longs pédoncules ; capfule liffe. *Tige volubile.*

Explication des fig.

Pl. 104. f. 1. Fructification du Liferon , *d'après Tournefort.* (*a , b*) Fleur entière. (*c*) Corolle féparée. (*d*) Piftil. (*e*) Calice fructifère. (*f*) Capfule entière. (*g , h*) Capfule coupée. (*i*) Semences. (*l*) Liferon des haies.
Pl. 104. f. 2. LISERON *jalap.*

297. QUAMOCLIT.

Caract. effent.

Cor. infundibulif. ou campanulée. Stigm. en tête globuleufe , fubtrilobé. Capf. 3-loculaire.

Caract. nat.

Cal. oblong, très-petit , quinquefide, perfiftant.
Cor. monopétale , infundibuliforme ou campanulée. Limbe quinquefide , ouvert.
Etam. Cinq filamens , attachés à la bafe de la corolle. Anthères arrondies.
Pift. Ovaire fupérieur, arrondi. Style filiforme , de la longueur de la corolle. Stigmate en tête, globuleufe , fubtrilobé.
Péric. Capfule arrondie, triloculaire.
Sem. Plufieurs , prefqu'ovales.

Tableau des efpèces.

* Feuilles pinnées , digitées ou palmées.

2108. QUAMOCLIT empenné.
Q. à feuilles ; innées : pinnules très menus ; péd. longs , fubbiflores ; corolles infundibuliformes.

---

* CONVOLVULUS (*cæleftis*) volubilis , foliis cordatis , acuminatiffimis , pubefcentibus ; ped. elongatis , umbellato-trifidis, *Forft. ibid.*

* CONVOLVULUS (*mucronatus*) volubilis , foliis palmato-pedatis ; lobis ciliatis , apice mucronatis ; pedunculis unifloris, *Forft. ibid.*

* CONVOLVULUS (*crinitus*) foliis cordatis , fubnudis ; capitulis hirfutiffimis , longè pedunc. involucratis ; capf. lævi. *Dift. p. 368.*

Explicatio iconum.

Tab. 104. f. 1. Fructificatio Convolvuli , ex *Tournefortio.* (*a , b*) Flos integer. (*c*) Corolla feparata. (*d*) Piftillum. (*e*) Calyx fructifer. (*f*) Capfula integra. (*g , h*) Capfula diffecta. (*i*) Semina. (*l*) Convolvulus fepium.
Tab. 104. f. 2. CONVOLVULUS *jalapa.*

297. IPOMÆA.

Charact. effent.

Cor. infundibulif. vel campanulata. Stigma capitato-globofum, fubtrilobum. Capf. 3-locul.

Charact. nat.

Cal. obl. minimus , quinquefidus , perfiftens.
Cor. monopetala , infundibuliformis vel campanulata. Limbus quinquefidus , patens.
Stam. Filamenta quinque , bafi corollæ inferta. Antheræ fubrotundæ.
Pift. Germen fuperum , fubrotundum. Stylus filiformis , longitudine corollæ. Stigma capitato-globofum, fubtrilobum.
Peric. Capfula fubrotunda , trilocularis.
Sem. Nonnulla , fubovata.

Confpectus Specierum.

* Folia pinnata , digitata , vel palmata.

2108. IPOMÆA *quamoclit.* T. 104. f. 1.
I. foliis pinnatis : pinnis tenuiffimis ; pedunculis longis , fubbifloris ; corollis infundibuliformibus.

L. n. l'Inde. ☉ *Liseron empenné.* Dict. n°. 107. *Fleurs d'un rouge écarlate très-vif.*

Ex India. ☉ *Convolv. pennatus.* Dict. n°. 107. *C. species est, ut in* Dict. *Si stigma vere 2-lobum.*

2109. QUAMOCLIT *à ombelles.* Dict.
Q. à feuilles digitées, à sept folioles ; péd. en ombelle, très-courts.
L. n. les pays chauds de l'Amérique.

2109. IPOMÆA *umbellata.*
I. foliis digitatis, septenis ; pedunculis umbellatis, brevissimis.
Ex America calid. *Burm. Amer. t.* 92. *f.* 2.

2110. QUAMOCLIT *de Caroline.* Dict. N.
Q. à feuilles digitées : folioles pétiolées ; péd. uniflores.
L. n. la Caroline.

2110. IPOMÆA *Caroliniana.*
I. foliis digitatis : foliolis petiolatis ; pedunculis unifloris.
Ex Carolina. *Cateb. Car.* 2. *t.* 19.

2111. QUAMOCLIT *digité.* Dict.
Q. à feuilles palmées : à sept lobes lancéolés, obtus ; pédoncules triflores.
L. n. les pays chauds de l'Amérique.

2111. IPOMÆA *digitata.*
I. foliis palmatis : lobis septenis, lanceolatis, obtusis ; pedunculis trifloris.
Ex Amer. calid. *Burm. amer. t.* 92. *f.* 1.

2112. QUAMOCLIT *tubéreux.* Dict.
Q. à feuilles palmées, à sept lobes lancéolés, pointus, très-entiers ; pédonc. triflores.
L. n. la Jamaïque, &c. ♃ *Liane à sonalle.*

2112. IPOMÆA *tuberosa.*
I. foliis palmatis : lobis septenis, lanceolatis, acutis, integerrimis ; pedunculis trifloris.
Ex Jamaica, &c. ♃ *Caps. vesiculosa.*

2113. QUAMOCLIT *du Sénégal.* Dict.
Q. à feuilles palmées : à cinq lobes, ovales, dont l'intermédiaire est le plus grand ; pédonc. subtriflores.
L. n. le Sénégal. ♭ *Roussillon.*

2113. IPOMÆA *Senegalensis.*
I. foliis palmatis : lobis quinis, ovatis ; intermedio majori ; pedunculis subtrifloris.

E Senegal. ♭ *Caul. fruticul. tubercul. volub.*

2114. QUAMOCLIT *pied-de-tigre.* Dict.
Q. à feuilles palmées : à cinq ou sept lobes ovales ; fleurs ramassées.
L. n. l'Inde. FL en tête. Péd. hérissés de poils.

2114. IPOMÆA *pes tigridis.*
I. foliis palmatis : lobis ovatis quinis septenisve ; floribus aggregatis.
Ex India. *Rheed.* 11. *t.* 59.

* * *Feuilles plus simples, entières, anguleuses ou trilobées.*

* * *Folia simpliciora, indivisa, angulosa, vel triloba.*

2115. QUAMOCLIT *écarlate.* Dict.
Q. à feuilles en cœur, acuminées, anguleuses à la base ; péd. multiflores.
L. n. Saint-Domingue. ☉ *Cor. infundibulif. écarlate ou jaune-orangé.*

2115. IPOMÆA *coccinea.*
I. foliis cordatis, acuminatis, basi angulatis ; pedunculis multifloris.
E Domingo. ☉ *Commel. rar. t.* 21. *Ip. luteola. Jacq. ic. rar.*

2116. QUAMOCLIT *anguleux.* Dict.
Q. à feuilles en cœur, anguleuses, subtrilobées ; pédoncules multiflores, plus longs que les feuilles.
L. n. l'isle de France. *Cor. infundib. écarlate.*

2116. IPOMÆA *angulata.*
I. foliis cordatis, angulosis, subtrilobis ; pedunculis multifloris, folio longioribus.

Ex insl. Franciæ. *Sonnerat.*

2117.

2117. QUAMOCLIT *lacunosa*. Diã.
Q. à feuilles en cœur, acuminées, ferobi-
culées, anguleuses à la bafe; péd. fubuniflores,
plus courts que les fleurs.
L. a. la Virginie , la Caroline. ⊙

2117. IPOMÆA *lacunosa*.
I. foliis cordatis, acuminatis, ferobiculatis,
bafi angulatis ; pedunculis fubunifloris ; flore
brevioribus.
Ex Virginia , Carolina. ⊙

2118. QUAMOCLIT *fpinofa*. Diã.
Q. à feuilles en cœur, pointues, fubanguleufes ; tige garnie de piquans ; cor. grandes,
tubuleufes.
L. a. la Jamaïque. ⊙

2118. IPOMÆA *bona nox*.
I. foliis cordatis, acutis, fubangulatis ; caule
aculeato ; corollis amplis tubulofis.

Ex Jamaica. ⊙

2119. QUAMOCLIT *glauca*. Diã.
Q. à feuilles fagittées , tronquées poftérieure-
ment ; péd. biflores.
L. a. le Mexique, dans les champs. *Pl. glabr.*

2119. IPOMÆA *glauci folia*.
I. foliis fagittatis , pollice truncatis ; pedun-
culis bifloris.
Ex Mexicæ arvis. *Dill. Elth. t. 87. f. 101.*

2120. QUAMOCLIT *batate*. Diã.
Q. à feuilles en cœur, haftées, fubanguleufes;
racine tubéreufe ; pédoncules multiflores.
(a) à tige, pétioles & pédoncules hifpides. *Batate blanche.*
(*b*) à tige, pétioles & pédoncules glabres,
d'un noir-pourpre. *La Batate rouge.*
L. a. l'Amér. cultivé dans les deux Indes. ⚥
*Calices mucronés. Cor. blanchâtre en-dehors,
& pourpre inf.*

2120. IPOMÆA *batatas*.
I. foliis cordatis, haftatis, fubangulatis ; radice tuberofa ; pedunculis multifloris.
(a) Caule petiolis pedunculifque pilofo-hif-
pidis.
(*b*) Caule petiolis pedunculifque glabris, atro-
purpureis. *Convolv. batatas. Lin.* (a , *b*)
Ex America ; culta in utrifque Indiis. ⚥
*Calyces mucronati. Cor. extus albicans, intus
purpurea.*

2121. QUAMOCLIT *hafté*. Diã.
Q. à feuilles fagittées , haftées ; pédoncules
biflores.
L. a. l'ifle de Java. *Fl. jaunes.*

2121. IPOMÆA *haftata*.
I. foliis fagittato - haftatis ; pedunculis bi-
floris. L.
Ex Java. *Burm. Fl. ind. t. 18. f. 2.*

2122. QUAMOCLIT *bicolor*. Diã.
Q. à feuilles en cœur, entières & trilobées ;
péd. fubbiflores, plus courts que les feuilles ;
calices lancéolés.
L. a. le Cap de B. Efpérance. *Cor. blanche en
fon inf. bleue ou pourp. en fon limbe.*

2122. IPOMÆA *bicolor*.
I. foliis cordatis, integris trilobifque ; pedunculis fubbifloris, folio brevioribus ; calycibus
lanceolatis.
E Cap. Bonæ Spei. *Suansrat. Cal. longus; laciniis linnari-lanceolatis.*

2123. QUAMOCLIT *pubefcens*. Diã.
Q. villeux-pubefcent, à feuilles en cœur,
rarement trilobées, très-molles ; pédoncules
uniflores; folioles calicinales, prefqu'en cœur.
L. a. l'Amérique. *Cor. purpurine.*

2123. IPOMÆA *pubefcens*.
I. villofo-pubefcens ; foliis cordatis, raro trilobis, molliffimis ; pedunculis unifloris ; calycinis foliis fubcordatis.
Ex America. *An aff. Convolv. tomentofo ?*

2124. QUAMOCLIT *hédéracé*. Diã.
Q. à feuilles en cœur, femi-trilobées; pédonc.
Botanique. Tome I.

2124. IPOMÆA *hederacea*.
I. foliis cordatis, femi-trilobis ; pedunculis
N n n

uniflores, plus courts que les pétioles ; cal. barbus, hispides.

L. n. l'Amérique. ☉ Cor. violette ou bleuâtre.

unifloris, petiolo brevioribus; calycibus barbuo-hispidis.

Ex Amer. ☉ Jacq. Ic. rar. 1. An Conv. nil. L.

2125. QUAMOCLIT feuilles de lierre. Dià.
Q. à feuilles trilobées, en cœur ; pédoncules multiflores en grappes.
L. n. l'Amér. Péd. plus longs que les pétioles.

2125. IPOMÆA hederifolia.
I. foliis trilobis, cordatis ; pedunculis multifloris, racemosis. L.
Ex America. Burm. Amer. T. 93. f. 2.

2126. QUAMOCLIT feuilles d'hépatique. Dià.
Q. à feuilles trilobées (obtuses) ; fleurs ramassées.
L. n. l'isle de Céylan.

2126. IPOMÆA hepaticifolia.
I. foliis trilobis (obtusis); floribus aggregatis.
Ex Zeylona. Burm. fl. ind. t. 20. f. 2.

2127. QUAMOCLIT feuilles de morelle. Dià.
Q. à feuilles en cœur, pointues, très-entières; fleurs solitaires.
L. n. l'Amérique.

2127. IPOMÆA folanifolia.
I. foliis cordatis, acutis, integerrimis ; floribus solitariis.
Ex America. Burm. Amer. t. 94. f. 1.

2128. QUAMOCLIT violet.
Q. à feuilles en cœur, très-entières ; fleurs rapprochées, corolles non divisées.
L. n. l'Amérique. A-t-il des rapports avec le suivant ?

2128. IPOMÆA violacea.
I. foliis cordatis, integerrimis ; floribus confertis corollis indivisis. L.
Ex America. Burm. Amer. t. 93. f. 1.

2129. QUAMOCLIT pourpre. Dià.
Q. à feuilles en cœur, entières ; pédoncules multiflores ; calice hispide à sa base.
L. n. l'Amérique. ☉ Cor. d'un pourpre violet.

2129. IPOMÆA purpurea.
I. foliis cordatis, integris ; pedunculis multifloris; calyce basi hispido.
Ex America. ☉ Convolv. purpureus. L.

2130. QUAMOCLIT carné. Dià.
Q. à feuilles en cœur, glabres ; pédoncules multiflores ; corolles échancrées.
L. n. l'Amérique mérid. ♄

2130. IPOMÆA carnea.
I. foliis cordatis, glabris ; pedunculis multifloris ; corollis emarginatis.
Ex America merid. ♄ Jacq. Amer. t. 18.

2131. QUAMOCLIT paniculé. Dià.
Q. à feuilles ovales acuminées, presqu'en cœur à la base, très glabres ; péd. en cime paniculée.
L. n. l'isle de Java. Voy. le Liseron en cime.

2131. IPOMÆA paniculata.
I. foliis ovato-acuminatis, basi subcordatis, glaberrimis ; pedunculis cymoso-paniculatis.
Ex Java. Burm. Fl. ind. t. 21. f. 3.

2132. QUAMOCLIT sagitté. Dià.
Q. à feuilles sagittées, très-glabres ; pédonc. uniflores.
L. n. la Barbarie. Cor. pourpre.

2132. IPOMÆA sagittata. T. 104. f. 2.
I. foliis sagittatis, glaberrimis ; pedunculis unifloris.
Ex Barbaria. Poiret. Voy. en barb. 2. p. 122.

2133. QUAMOCLIT *à grandes fleurs.* Dict.
Q. à feuilles en cœur, très-entières, péd. fub-
biflores ; tige & pétioles pubefcens.
L. *a.* l'Inde. ♄ *Voy. Conv. grandifl. fuppl.* 136.

2134. QUAMOCLIT *rampant.* Dict.
Q. à feuilles en cœur, nerveufes; pédoncules
multiflores : tige rampante.
L. *n.* le Malabar. *Cor. blanche.*

2135. QUAMOCLIT *aquatique.* Dict.
Q. à feuilles en cœur lancéolées, fubbaftées,
un peu dentées à la bafe; péd. biflores; tige
rampante.
L. *n.* les Indes orientales. C'eft *l'Ipomæa aquatica de Forfkal.* (*Fl. p.* 44. *n°.* 44.)

Explication des fig.

Pl. 104. f. 1. QUAMOCLIT *rampant.* (*a*, *b*) Fleur
entière. (*c*) Calice, piftil. (*d*) Piftil féparé. (*e*) Capfule
entière. (*f*) Semences. (*g*) Portion de la tige, avec
les feuilles & les fleurs.
Pl. 104. f. 2. QUAMOCLIT *fagittal.*

2133. IPOMÆA *grandiflora.*
I. foliis cordatis, integerrimis ; pedunculis
fubbifloris; caule petiolifque pubefcentibus.
Ex India. ♄ *Rheed. Mal.* 11. *t.* 50.

2134. IPOMÆA *repens.*
I. foliis cordatis, nervofis ; pedunculis mul-
tifloris ; caule repente.
Ex Malabaria. *Rheed. mal. XI. t.* 58.

2135. IPOMÆA *aquatica.*
I. foliis cordato-lanceolatis, fubhaftatis, bafi
fubdentatis ; pedunculis bifloris ; caule re-
pente.
Ex Indiis orient. *Rheed. Mal. XI. t.* 62.
Olus vagum. Rumph. 5. *t.* 155. *f.* 1 ?

Explicatio Iconum.

Tab. 104. f. 1. IPOMÆA *quamoclit.* (*a*, *b*) Flos integer. (*c*) Calyx, piftillum. (*d*) Piftillum feparatum.
(*e*) Capfula integra. (*f*) Semina. *Fig. ex Tournef.* (*g*)
Pars caulis cum foliis & floribus.
Tab. 104. f. 2. IPOMÆA *fagittata.*

298. NICTAGE.

Caract. effent.

CAL. 5-fide. Cor. infundibulif. inférieure, reflerrée au-deffus de l'ovaire. I fem. globuleufe,
recouverte par la bafe de la corolle.

Caract. nat.

Cal. monophylle , inférieur, droit, ventru,
quinquefide : à découp. ovales-lancéolées,
pointues , inégales.
Cor. monopétale, infundibuliforme, inférieure,
refferrée au-deffus de l'ovaire, à bafe perfif-
tante. Tube mince, long, plus épais fupérieurement. Limbe ouvert, prefqu'entier, obt.
quinquefide, plifté.
Etam. Cinq filamens, nés du réceptacle, réunis
à leur bafe en forme de glande à 5 dents,
qui entoure l'ovaire, en partie adnés à la bafe
du tube, filiforme, un peu inégaux, de la
long. de la corolle. Anth. arrondies, didymes.
Pift. Ovaire fupérieur, turbiné, enfermé dans
la bafe refferrée du tube. Style filiforme, de
la longueur des étamines. Stigmate globuleux,
ponctué.

298. MIRABILIS.

Charact. effent.

CAL. 5-fidus. Cor. infundibulif. infera, fupra
germen coarctata. Sem. 1. globulofum, bafi
corollæ tectum.

Charact. nat.

Cal. monophyllus, inferus, erecto-ventricofus,
quinquefidus: laciniis ovato-lanceolatis, acutis,
inæqualibus.
Cor. monopetala, infundibuliformis, infera,
fupra germen coarctata, bafi perfiftente. Tubus
tenuis, longus, fuperne craffior. Limbus patens, fubinteger, obtusé quinquefidus, plicatus.
Stam. Filamenta quinque, è receptaculo enata,
bafi coalita in glandulam 5-dentatam, germen
ambientem, infimo tubo partim adnata, filiformia, fubinæqualia, longitudine corollæ.
Antheræ fubrotundæ, didymæ.
Pift. Germen fuperum, turbinatum, bafi tubi
coarctata inclufum. Stylus filiformis, longitudine ftaminum. Stigma globulofum, punctatum.

Nnn 2

Péric. Aucun.

Sem. Une feule , ovale-pentagone , recouverte par la bafe endurcie de la corolle.

Tableau des efpèces.

2236. NICTAGE du Pérou. Diâ.
N. à fleurs ramaffées , terminales , droites.
L. n. le Pérou. ♃ La belle de nuit.

2237. NICTAGE dichotome. Diâ.
N. à fleurs feffiles , axillaires , folitaires , droites.
L. n. le Mexique. ♃

2238. NICTAGE à longues fleurs. Diâ.
N. à fleurs ramaffées , très-longues , un peu penchées , terminales ; feuilles lég. villeufes.
L. n. le Mexique. ♃ Fl. blanches, velues.

2239. NICTAGE vifqueufe. Diâ.
N. villeufe , glutineufe ; à feuilles en cœur , orbiculées , pointues ; fl. en grappes; calice fructifere grandi , plane.
L. n. le Pérou. ♃ Fl. petites , 3 ou 4 étam.

Explication des fig.

Pl. 105. NICTAGE du Pérou. (a) Fleur entière. (b) Corolle ouverte. (c) Semence couverte. (d) Leçore de la femence coupée dans fa longueur. (c) Semence féparée. (f) Sommité d'un rameau fleuri.

299. ABRONE

Caraâ. effent.

Cal. O. Cor. inférieure , hypocratérif. refferrée au-deffus de l'ovaire. à fem. à 5 angles, recouverte par la bafe endurcie de la corolle.

Caraâ. nat.

Cal. collerette pentaphylle, très-courte : à folioles ovales , pointues.
Propre aucun.
Cor. monopétale , hypocratérif. Tube cylindr. refferré à fa bafe au-deffus de l'ovaire. Limbe ouvert , plus court que le tube, quinquefide ; à découp. échancrées en cœur.

Peric. Nullum.

Sem. unicum , ovato-pentagonum , bafi indurata corollæ tectum.

Confpectus Specierum.

2236. MIRABILIS Jalapa. T. 105.
M. floribus congeftis terminalibus , erectis. L.
E Peru. ♃ Florum colore variat.

2237. MIRABILIS dichotoma.
M. floribus feffilibus , axillaribus , folitariis , erectis.
E Mexico. ♃

2238. MIRABILIS longiflora.
M. floribus congeftis, longiffimis , fubnutantibus , terminalibus ; foliis fubvillofis.
E Mexico. ♃ Fl. noctu fragrantiffimi.

2239. MIRABILIS vifcofa.
M. villofo-glutinofa ; foliis cordatis , orbiculato-acutis ; floribus racemofis ; calyce fructifero ampliato plano.
E Peru. ♃ Cavan. Ic. pl. p. 13. t. 19.

Explicatio iconum.

Tab. 105. MIRABILIS Jalapa. (a) Flos integer. (b) Corolla aperta. (c) Semen tectum. (d) Cruffa feminis longitudinaliter fecta. (c) Semen folutum. Fig. ex Tournef. (f) Summitas ramuli floridi.

299. ABRONIA

Charact. effent.

Cal. O. Cor. infera , hypocrateriformis , fupra germen coarctata. Sem. 1. 5-angulare , cor. bafi indurata tectum.

Charact. nat.

Cal. Involucrum pentaphyllum , breviffimum : foliolis ovato acutis.
Proprius nullus.
Cor. monopetala , hypocrateriformis. Tubus cylindraceus , bafi fupra germen coarctatus. Limbus patens , tubo brevior , quinquefidus; laciniis cordato-emarginatis.

Etam. Cinq filamens, inégaux : deux dans la base
de la corolle ; trois vers le sommet du tube.
Anthères oblongues, non saillantes.

Pist. Ovaire supérieur , oblong, enfermée dans
la base resserrée du tube. Style filiforme ,
presqu'aussi long que le tube. Stigmate simple.

Péric. Aucun.

Sem. Une seule , dure , recouv. par la base de
la corolle , ovale-poinue, quinqu'angulaire ;
à angles ondulés , crépus.

Tableau des espèces.

2140. ABRONE à *ombelles.* Dict. suppl.
L. n. les bords marit. de la Californie. Co-
lignon. Fl. en tête ombelliforme.

Explication des fig.

Tab. 105. ABRONE à *ombelles.* (a) Partie supérieure
de la tige. (b) Fleurs comme en ombelle. (c) Fruits
ramassés en faisceau. (d) Fruit entier separé. (e) Le
même coupé transversalement.

300. DENTELAIRE.

Caract. essent.

CAL. tubuleux , scabre par des poils glanduleux.
Cor. infundib. Stigm. 5-fide. Caps. 1-sperme ,
env. par le calice.

Caract. nat.

Cal. monophylle , ovale-oblong , tubulé , pentagone , scabre par des poils glanduleux , persistant , à bord divisé en cinq dents.

Cor. monopétale, infundibuliforme. Tube cylindracé, plus long que le calice. Limbe quinquefide , demi-ouvert : à découp. ovales.

Etam. Cinq filamens , subulés , enfermés dans
le tube , dilatés à leur base, en écailles qui
entourent l'ovaire. Anthères oblongues.

Pist. Ovaire supérieur , ovale , très-petit. Style
simple , de la longueur du tube. Stigmate quinquefide.

Péric. Capsule ovale-oblongue , subpentagone
mucronée par le style pers. uniloculaire , à
cinq valves.

Stem. Filamenta quinque, inæqualia : duo in
imo corollæ : tria versus apicem tubi. Antheræ oblongæ , inclusæ.

Pist. Germen superum, oblongum , basi tubi
coarctata inclusum. Stylus filiformis , ferè longitudine tubi. Stigma simplex.

Péric. Nullum.

Sem. unicum , durum, basi corollæ tectum , ova-
to-acutum, quinquangulare ; angulis undulato
crispis.

Conspectus specierum.

2140. ABRONIA *umbellata.* T. 105.
Ex Californiæ maritimis. *Abronia.* Juss. gen.
Flores capitato-umbellati.

Explicatio iconum.

Tab. 105. ABRONIA *umbellata.* (a) Pars superior
caulis. (b) Flores subumbellati. (c) Fructus glome-
rato-fasciculati. (d) Fructus integer segregatus. (e)
Idem transversim sectus.

300. PLUMBAGO.

Charact. essent.

CAL. tubulosus , pilis glandulosis scaber. Cor.
infundibuliformis. Stigm. 5-fidum. Caps. 1-
sperma; calyce vestita.

Charact. nat.

Cal. monophyllus , ovato-oblongus , tubulatus,
pentagonus , pilis glandulosis scaber , persistens : ore quinquedentato.

Cor. monopetala , infundibuliformis. Tubus cylindraceus , calyce longior. Limbus quinquefidus , erecto-patens : laciniis ovatis.

Stam. Filamenta quinque, subulata, tubo inclusa,
basi à a in squamulas germen ambientes.
Antheræ oblongæ.

Pist. Germen superum , ovatum , minimum.
Stylus simplex , longitudine tubi. Stigma quin-
quefidum.

Peric. Capsula ovato-oblonga , subpentagona
stylo persistente mucronata , unilocularis ,
quinquevalvis.

Sem. Une seule, oblongue, pendante à un cordon ombilical.

Sem. Unicum, oblongum; funiculo umbilicali pendulum. *Gaetn.*

Tableau des espèces.

Conspectus specierum.

2141. DENTELAIRE *européenne.* Dict. n°. 1.
D. à feuilles amplexicaules, lancéol. scabres.
L. n. l'Europe australe.

2141. PLUMBAGO *europæa.* T. 105.
P. foliis amplexicaulibus, lanceolatis, scabris.
Ex Europa australi.

2142. DENTELAIRE *sarmenteuse.*
D. à feuilles pétiolées, ovales, glabres; tige en zig-zag, sarmenteuse, presque grimpante. L. n. les deux Indes. Dentelaire n°. 2 & n°. 3. Dict. 2. p. 269. Fl. blanches.

2142. PLUMBAGO *sarmentosa.*
P. foliis petiolatis, ovatis, glabris; caule flexuoso, sarmentoso, subscandente. Ex utrisque Indiis. Pl. scandens. L. pl. Zeylanica ejusd. Fl. albi.

2143. DENTELAIRE *à fl. roses.* Dict. n°. 4.
D. à feuilles pétiolées, ovales, glabres, subdenticulées; tige à articulations gibbeuses. L. n. les Indes orient.

2143. PLUMBAGO *rosea.*
P. foliis petiolatis, ovatis, glabris, subdenticulatis; caule geniculis gibbosis. Ex Indiis orientalibus.

2144. DENTELAIRE *auriculée.* Dict. n°. 5.
D. à feuilles ovales-oblongues, pétiolées, écailleuses & ponctuées en dessous; pétioles à oreillettes amplexicaules. L. n. les Indes orientales.

2144. PLUMBAGO *auriculata.*
P. foliis ovato-oblongis, petiolatis, subtus squamoso-punctatis; petiolis auriculis caulem amplexantibus. Ex Indiis orientalibus.

Explication des fig.

Explicatio iconum.

Pl. 105. DENTELAIRE *européenne.* (a) Fleur entière. (b) Corolle séparée. (c, d) Calice. pistil. (e, f) Calice fructifère. (g) Capsule séparée. (H) Sommité d'un rameau. (k, i) Capsule env. par le calice. (i) Capsule avant sa maturité. (l) La même coupée. (m) Capt. dans sa maturité. (n) La même ouverte. (o) Semence séparée.

Tab. 105. PLUMBAGO *europæa.* (a) Flos integer. (b) Corolla separata. (c, d) Calyx, pistillum. (e, f) Calyx fructifer. (g) Capsula separata. Fig. ex Tournef. (H) Ramuli summitas. (k, i) Capsula calyce vestita. (i) Capsula immatura. (l) Eadem secta. (m) Capsula matura. (n) Eadem dehiscens. (o) Semen separatum. Fig. ex Gaertn.

301. VEIGÈLE.

301. WEIGELA.

Caract. essent.

Charact. essent.

CAL. 5-phylle. Cor. infundibuliforme. Style sortant de la base de l'ovaire. Stigm. pelté.

CAL. 5-phyllus. Cor. infundibuliformis. Stylus è basi germinis. Stigm. peltatum.

Caract. nat.

Charact. nat.

Cal. pentaphylle: à découpures subulées, droites, égales.
Cor. monopétale, infundibuliforme. Tube de la longueur du calice, velu intérieurement. Limbe campanulé, semiquinquéfide: à découp. ovales, obtuses, demi-ouvertes.

Cal. pentaphyllus: laciniis subulatis, erectis, æqualibus.
Cor. monopetala, infundibuliformis. Tubus longitudine calycis, interne villosus. Limbus campanulatus, semiquinquefidus: laciniis ovatis, obtusis, erecto-patentibus.

Etam. Cinq filamenti, filiformes, inférés au tube, droits, presque de la longueur de la corolle. Anthères droites, linéaires, bifides à la base, obtuses au sommet.

Pist. Ovaire supérieur, tétragone, tronqué, glabre; style sortant de la base de l'ovaire, filiforme, un peu plus long que la corolle. Stigm. pelté, plane.

Péric. ......

Sem. nue?

Tableau des espéces.

2145. VEIGÈLE du Japon. Did.
L. n. le Japon. ♭ *Arbriss.* à f. opp. *Fleurs purpurines.*

302. POLÉMOINE.

Caract. essent.

Cor. 1-pétale, en roue. Etamines à filamens dilatés à leur base. Caps. 3-loculaire. Sem. anguleuses.

Caract. nat.

Cal. monophylle, semiquinquefide, inférieur, cyathiforme, pointu, persistant.

Cor. monopétale, en roue. Tube plus court que le calice, fermé par les valvules des étamines. Limbe ample, plane, quinquefide; à découp. arrondies, obtuses.

Etam. Cinq filamens, filiformes, plus courts que la corolle, inclinés, dilatés à leur base en valvules attachées au sommet du tube. Anthères arrondies.

Pist. Ovaire supérieur, ovale, pointu. Style filiforme, de la longueur de la corolle. Stigm. trifide.

Péric. Capsule ovale, trigone, triloculaire, trivalve, env. par le calice.

Sem. Plusieurs, irrégulières, anguleuses.

Tableau des espéces.

2146. POLÉMOINE bleue. Did.
P. à feuilles pinnées; fleurs droites; calices plus longs que le tube de la corolle.

Stam. Filamenta quinque, tubo inserta, filiformia, erecta, longitudine fere corollæ. Antheræ erectæ, lineares, basi bifidæ, apice obtusæ.

Pist. Germen superum, tetragonum, truncatum, glabrum. Stylus è basi germinis, filiformis, corolla paulo longior. Stigma peltatum, planum.

Péric. ......

Sem. nudum?

Conspectus specierum.

2145. WEIGELA Japonica. T. 105.
Ex Japonia. ♭ Thunb. Nov. gen. 3. Fl. Jap. p. 90.

302. POLEMONIUM.

Charact. essent.

Cor. 1-petala, rotata. Stamina filamentis basi dilatatis. Caps. 3-locularis. Sem. angulata.

Charact. nat.

Cal. monophyllus, semiquinquefidus, inferus, cyathiformis, acutus, persistens.

Cor. monopetala, rotata. Tubus calyce brevior, valvulis staminum clausus: limbus amplus, planus, quinquefidus: laciniis subrotundis, obtusis.

Stam. Filamenta quinque, filiformia, corolla breviora, inclinata, basi dilatata in valvulas apici tubi insertas. Antheræ subrotundæ.

Pist. Germen superum, ovatum, acutum. Stylus filiformis, longitudine corollæ. Stigma trifidum.

Peric. Capsula ovata, trigona, trilocularis, trivalvis, calyce vestita.

Sem. Plura, irregularia, angulata.

Conspectus specierum.

2146. POLEMONIUM cœruleum. T. 106. f. 1.
P. foliis pinnatis; floribus erectis; calycibus tubo corollæ longioribus.

L. n. l'Angleterre, la Suisse, &c. ♃ *Valeriane grecque.*
β. Elle varie à β. blanches.

2147. POLEMOINE *rampante.* Dict.
P. à-feuilles pinnées, à sept folioles; fleurs terminales : penchées.
L. n. la Virginie. ♃ *Racine rampante.*

2148. POLEMOINE *douteuse.* Dict.
P. à feuilles inférieures hastées; les supérieures lancéolées.
L. n. la Virginie. *Style semi-bifide.*

* Le Polemonium rœlloides, & le Polemonium campanuloides (*de Linné fils, suppl.* 139.), s'écartent des vrais Polémoines par leur ovaire inférieur.

Explication des fig.

Pl. 106. f. 1. POLEMOINE bleue. (*a*) Fleur entière. (*b*) Corolle vue en-dessus (*c, d*) Calice, pistil. (*e*) Capsule entière. (*f*) Capsule env par le calice. (*g*) La même nue & ouverte (*h*) La même coupée transversalement. (*i*) Situation des semences. (*l, m, n*) Semences séparées & coupées. (*o*) Embryon séparé. (*p*) Partie supérieure de la tige. (*q*) Feuille radicale. PL. 106. f. 2. POLEMOINE rampante.

Ex Anglia, Helvetia, &c. ♃ *Germ. p.* 299. *t.* 62.
β. *Varias flore albo.*

2147. POLEMONIUM *repens.* T. 106. f. 2.
P. foliis pinnatis, septenis; floribus terminalibus, nutantibus.
Ex Virginia. ♃ *Radix repens.*

2148. POLEMONIUM *dubium.*
P. foliis inferioribus hastatis; superioribus lanceolatis.
Ex Virginia. *Stylus semi-bifidus.* L.

* Polemonium rœlloides, & Polemonium campanuloides (*Linn. fil. suppl.* 139.), à Polemoniis veris germina infero recedunt.

Explicatio iconum.

Tab. 106. f. 1. POLEMONIUM *cæruleum.* (*a*) Flos integer. (*b*) Corolla superne visa. (*c, d*) Calyx, pistillum. (*e*) Capsula integra. *Fig. == Tournef.* (*f*) Capsula calyce vestita. (*g*) Eadem nuda dehiscens. (*h*) Eadem sectio transversalis. (*i*) Seminum situs. (*l, m, n*) Semina separata & dissecta. (*o*) Embryo separatus. *Fig. == Cana.* (*p*) Pars superior caulis. (*q*) Fol. radicale. Tab. 106. f. 2. POLEMONIUM *repens.*

303. C A N T U.

Caract. essent.

Cor. 1-pétale, infundibuliforme. Etam. à filam. égaux. Caps. 3-loculaire; sem. ailées.

Caract. nat.

Cal. monophylle, tubuleux; un peu court, persistant, quinquefide : à découpures ovales-pointues, presqu'égales.
Cor. monopétale, infundibuliforme. Tube cylindrique, plus long que le calice. Limbe; ré que régulier, demi-ouvert, à cinq lobes courts & obtus.
Etam. Cinq filamens, égaux, attachés au tube de la corolle. Anthères ovales, petites, vacillantes.

303. C A N T U A.

Charact. essent.

Cor. 1-petala, infundibuliformis. Stam. filamentis æqualibus. Caps. 3-locul. Sem. alata.

Charact. nat.

Cal. monophyllus, tubulosus, breviusculus, persistens, quinquefidus : laciniis ovato-acutis subæqualibus.
Cor. monopetala, infundibuliformis. Tubus cylindricus, calyce longior. Limbus subæqualis, erecto-patens, quinquelobus : lobis brevibus obtusis.
Stam. Filamenta quinque, æqualia, tubo corollæ inserta. Antheræ ovatæ, parvæ, versatiles.

Pist.

Pift. Ovaire supérieur, ovale oblong. Style filiforme, de la longueur des étamines. Stigmate trifide.

Péric. Capsule ovale-oblongue, env. à sa base par le calice, triloculaire, trivalve, s'ouvrant par le som. à valves septifères dans leur milieu.

Sem. Plusieurs, ovales, ailées, attachées à un placenta central & triangulaire.

Tableau des espèces.

2149. CANTU à feuilles de buis. Dict. n°. 1.
C. à feuilles ovales-lancéolées, presque sessiles, pubescentes en-dessous; fleur tubuleuse; étamines incluses.
L. a, le Pérou. ♄ *Feuilles petites.*

2150. CANTU à f. de poirier. Dict. n°. 2.
C. à feuilles ovales, pétiolées, glabres; fleur presque campanulée; étamines saillantes.
L. a, le Pérou. ♄ *Cal. souvent 3-fida.*

2151. CANTU pinnatifide. Dict. suppl.
C. à feuilles pinnatifides, linéaires; fleurs en grappe, penchées.
L. a, la Caroline. ♄ *Voyez le Genera de M. de Jussieu, p. 136.*

Explication des fig.

Pl. 106. F. 1. CANTU à f. de poirier. (a) Sommité d'un rameau. (b) Fleurs entières. (c) Corolle ouverte (d) Calice, pistil. (e) Capsule entière. (f) La même ouverte. (g) Semence séparée.
Pl. 106. F. 2. CANTU à f. de buis. (a, b) Sommité d'un rameau avec ses fleurs. (c) Corolle ouverte. (d) Calice, pistil. (e) Capsule entière, env. par le cal. (f) La même ouverte. (g) Semence. *Représenté d'après un dessin non publié, communiqué par M. de Jussieu.*

304. SPIGELE.

Caract. essent.

Cor. infundibuliforme. Stigm. simple. Capf. didyme, 2-loculaire, polysperme.

Caract. nat.

Cal. petit, persistant, partagé en cinq, à découpures pointues.
Botanique Tome I.

Pift. Germen superum, ovato-oblongum. Stylus filiformis, longitudine staminum, Stigma trifidum.

Péric. Capfula ovato-oblonga, bafi calyce vestita, triloculatis, trivalvis, apice dehiscens: valvis media septiferis.

Sem. Plura, ovata, alata, receptaculo centrali triangulari affixa.

Conspectus specierum.

2149. CANTUA buxifolia. T. 106. f. 2.
C. foliis ovato-lanceolatis, sessilibus, subtus pubescentibus; flore tubulofo; staminibus inclusis.
E Peru. ♄ *Jof. Juff.*

2150. CANTUA pyrifolia. T. 106. f. 1.
C. foliis ovatis, petiolatis, glabris; flore subcampanulato; staminibus exsertis.
E Peru. ♄ *Jof. Juff.*

2151. CANTUA pinnatifida.
C. foliis pinnatifidis, linearibus; floribus racemosis, cernuis.
Ex Carolina. ♄ *Ipomœa rubra. Linn. Dill. Eltham. p. 321. t. 241.*

Explicatio iconum.

Tab. 106. f. 1. CANTUA pyrifolia. (a) Summitas ramuli. (b) Flores integri. (c) Corolla aperta. (d) Calyx, pistillum. (e) Capfula integra. (f) Eadem dehiscens (g) Semen separatum.
Tab. 106. f. 2. CANTUA buxifolia. (a, b) Summitas ramuli cum floribus. (c) Corolla aperta. (d) Calyx, pistillum. (e) Capfula integra, calyce vestita. (f) Eadem dehiscens. (g) Semen. *Fig. ex icone inedita, communicata a D. de Juffieu.*

304. SPIGELIA.

Charact. essent.

Cor. infundibuliformis. Stigm. simplex. Capf. didyma, 2-locularis, polysperma.

Charact. nat.

Cal. parvus, persistens, quin prepartitus: laciniis acutis.

Ooo

Cor. monopétale, infundibuliforme. Tube beaucoup plus long que le calice, rétréci inférieurement. Limbe ouvert, 5-fide : à déc. acum.

Etam. Cinq filamens, plus courts que la corolle, attachés à son tube. Anthères fagittées.

Pist. Ovaire supérieur, didyme. Style subulé. Stigmate simple.

Péric. Capsule didyme, biloculaire, quadrivalve.

Sem. nombreuses, très-petites, anguleuses (attachées à l'angle intérieur des loges).

Tableau des espèces.

2152. SPIGÈLE *fruticuleuse*. Dict.
S. à tige fruticuleuse feuilles ovales-pétiolées; celles du sommet quaternées.
L. n. Cayenne. ♄ *Comm. par M. Richard.*

2153. SPIGÈLE *anthelminthique*. Dict.
S. à tige herbacée, feuilles lancéolées, fessiles : celles du sommet quaternées, plus grandes.
L. n. l'Amérique mérid. ⊙

2154. SPIGÈLE *du Mariland*. Dict.
S. à tige herbacée, tétragone ; feuilles fessiles, toutes opposées.
L. n. l'Amérique septentr. ♃ *Fl. écarlates en-dehors.*

Explication des figures.

Pl. 107. SPIGELA *anthelmintique*. (a) Fleur séparée. (b) Corolle entière. (c) La même ouverte. (d) Calice. (e, f, g) Fruit. (h) Partie supérieure de la tige avec l'épi.

305. OPHIORIZE.

Caract. effent.

Cor. infundibuliforme. 2 stigmates. Capsule 2-lobée, 2-loculaire, polysperme.

Caract. nat.

Cal. monophylle, urcéolé, droit, à cinq dents, régulier, persistant.

Cor. monopétale, infundibuliforme. Tube plus long que le calice. Orifice velu. Limbe quinquefide : à découp. ovales-pointues.

Cor. monopetala, infundibuliformis. Tubus calyce multo longior, inferne angustatus. Limbus patens, quinquefidus : laciniis acuminatis.

Stam. Filamenta quinque, corolla breviora, tubo inserta. Antheræ sagittæ.

Pist. Germen superum, didymum. Stylus subulatus. Stigma simplex.

Peric. Capsula didyma, bilocularis, quadrivalvis.

Sem. Plurima, minima, angulata (angulo interiori loculorum affixa. *Juss.*)

Conspectus specierum.

2152. SPIGELIA *fruticulosa*.
S. caule fruticuloso ; foliis ovatis, petiolatis ; summis quaternis.
Ex Cayenna. ♄ *Caulis erectus sesquipedalis.*

2153. SPIGELIA *anthelmia.* T. 107.
S. caule herbaceo, foliis lanceolatis, sessilibus : summis quaternis, majoribus.
Ex America merid. ⊙

2155. SPIGELIA *Marylandica*.
S. caule herbaceo, tetragono ; foliis sessilibus, omnibus oppositis.
Ex Amer. septentr. ♃ *Fl. extus coccinei.*

Explicatio iconum.

Tab. 107. SPIGELIA *anthelmia*. (a) Flos separatus. (b) Corolla integra. (c) Eadem aperta. (d) Calyx. (e, f, g) Fructus. (h) Pars superior caulis cum spica. *Fig. ex Linn. Amœn. acad.*

305. OPHIORRHIZA.

Charact. effent.

Cor. infundibuliformis. Stigmata 2. Capsula 2-loba, 2-locularis, polysperma.

Charact. nat.

Cal. monophyllus, erectus, urceolatus, quinquedentatus, æqualis, persistens.

Cor. monopetala, infundibuliformis. Tubus calyce longior. Faux villosa. Limbus quinquefidus : laciniis ovato-acutis.

Étam. Cinq filamens , filiformes , très-courts , attachés au tube. Anth. ovales , connivenres.

Pist. Ovaire supérieur , bifide. Style bifide au sommet ou deux styles. Stigmates obtus.

Péric. Capsule bilobée , large , un peu obtuse , biloculaire : à lobes divergens , s'ouvrant par leur côté intérieur.

Sem. nombreuses , anguleuses , attachées à deux placentas alongés.

Tableau des espèces.

2155. OPHIORIZE *mitréole.* Did. *
O. à feuilles ovales ; lobes des capsules droits, poinrus.
L. n. l'Amérique mérid. ☉ *Épis grêles , lâches, unilatéraux, Fleurs blanches , digynes.*

2156. OPHIORIZE *de l'Inde.* Did.
O. à feuilles lancéolées-ovales ; lobes des capsules divergens , obtus.
L. n. l'Inde. ♃ *Épis en corymbe terminal.*

* OPHIORIZE (*à ombelles*) à tige ligneuse ; feuilles lancéolées , poinrues ; ombelles axillaires , trifides. *L. n.* L'isle d'Otahiti.

Explication des fig.

PL. 107. F. 1. OPHIORIZE *mitréole.* (*a*) Fleur entière. (*b* , *c*) Corolle vue de côté & en dessus. (*d*) Calice fructifère. (*e*) Partie supérieure de la tige.
PL. 107. F. 2. OPHIORIZE *de l'Inde.* (*a*) Deux épis chargés de capsules sessiles. (*b*) Capsule fermée. (*c*) La même ouverte. (*d*) La même coupée , montrant les réceptacles des femences. (*e*) Semences séparées. (*f* , *g*) Les mêmes diversement coupées.

. 306. LISIANTHE.

Caract. essent.

COR. infundibuliforme : à tube un peu ventru. Stigm. à 2 lames. Caps. 2-loculaire , 2-valve : à bords des valves roulés en-dedans.

Caract. nat.

Cal. partagé en cinq , droit , persistant : à découpures subcarinées , membran. sur les bords.

Stam. Filamenta quinque , filiformia , brevissima, tubo inserta. Antheræ ovatæ , conniventes.

Pist. Germen superom , bifidum. Stylus apice bifidus , vel styli duo. Stigmata obtusa.

Peric. Capsula biloba , lata , obtusiuscula , biloculatis : lobis divaricatis , latere interiori dehiscentibus.

Sem. nûmerosa , angulata , receptaculis duobus elongatis inserta.

Conspectus specierum.

2155. OPHIORRHIZA *mitreola.* T. 107. f. 1.
O. foliis ovatis ; capsularum lobis , erectis , acutis.
Ex America merid. ☉ *Swartz. obs. 1. 3. f. 2.* (*Non fig.* 1.). *Flores albi , digyni.*

2156. OPHIORRHIZA *mungos.* T. 107. f. 2.
O. foliis lanceolato-ovatis ; capsularum lobis divaricatis , obtusis. ♃
Ex India. ♃ *Plenck. Ic. t. 90. Gærtn. 1. 55.*

* OPHIORRHIZA (*subumbellata*) caule fruticoso ; foliis lanceolatis , acutis ; umbellis axillaribus , trifidis. Forst. Fl. austr. n°. 66.

Explicatio iconum.

Tab. 107. f. 1. OPHIORRHIZA *mitreola.* (*a*) Flos integer. (*b* , *c*) Corolla à latere supraque spectata. (*d*) Calyx fructifer. (*e*) Pars superior caulis. Ex Swartz.
Tab. 107. f. 2. OPHIORRHIZA *mungos.* (*a*) Spicæ duæ , capsulis sessilibus onustæ. (*b*) Capsula clausa. (*c*) Eadem dehiscens. (*d*) Eadem dissecta , receptacula seminum exhibens. (*e*) Semina separata. (*f* , *g*) Eadem variè sectæ. *Fig. ex Gærtn.*

306. LISIANTHUS.

Charact. essent.

COR. infundibuliformis : tubo subventricoso. Stigm. 2-lamellatum. Caps. 2-locularis , 2-valvis : valvularum marginibus involutis.

Charact. nat.

Cal. quinquepartitus , erectus , persistens : laciniis subcarinatis , margine membranaceis.

Ooo 3

Cor. monopétale, infundibuliforme, beaucoup plus longue que le calice. Tube long, un peu venttru, quelquefois courbé, rétréci à la base dans le calice. Limbe part. en cinq déc. ovales-lancéolées, ouv. ou recourbées.

Stam. Cinq filamens, filiformes, plus longs que le tube. Anthères ovales, inclinées.

Pist. Ovaire supérieur, oblong, acuminé. Style filiforme, persistant, de la longueur des étamines. Stigmate en tête, à deux lobes ou à deux lames.

Péric. Capsule ovale, oblongue, acuminée, biloculaire, bivalve : à bords des valves roulés en-dedans.

Sem. nombreuses.

Tableau des espèces.

2157. LISIANTHE *cariné.* Dict. n°. 1.
L. à feuilles sessiles, ovales, trinerves ; folioles caliciniales, ailées par une carène élargie supérieurement ; fleur longue.
L. n. l'isle de Madagascar. ♄ *Pl. glabr.*

2158. LISIANTHE *trinerve.* Dict. n°. 2.
L. pubescent, à feuilles ovales, mucronées, trinerves ; fleurs en panicule lache, terminale.
L. n. l'isle de Madagascar.

2159. LISIANTHE *à longues f.* Dict. n°. 3.
L. rameux, à feuilles oblongues, pointues ; découpures de la corolle ovales-lancéolées, ouvertes.
L. n. la Jamaïque. ♄ ?

2160. LISIANTHE *à f. en cœur.* Dict. n°. 4.
L. dichotome, à feuilles en cœur, pétiolées; fleurs subgeminées, terminales.
L. n. la Jamaïque.

2161. LISIANTHE *campanulé.* Dict. n°. 5.
L. à feuilles ovales, pointues, étiolées; fleurs terminales, un peu irrégulières.
L. n. les pays chauds de l'Amérique. *Richard.*

2162. LISIANTHE *à petites f.* Dict. n°. 6.
L. à tige subfiliforme; feuilles linéaires, droites, très-petites ; corymbe terminal, pauciflore.
L. n. les pays chauds de l'Amérique. *Richard.*

Cor. monopetala, infundibuliformis, calyce multo longior. Tubus longus, subventricosus, interdum curvatus, basi intra calycem coarctatus. Limbus quinquepartitus : laciniis ovato-lanceolatis, patentibus aut recurvis.

Stam. Filamenta quinque, tubo longiora, filiformia. Antheræ ovatæ, incumbentes.

Pist. Germen superum, oblongum, acuminatum. Stylus filiformis, persistens, longitudine staminum. Stigma capitatum, bilobum vel bilamellatum.

Péric. Capsula ovato-oblonga, acuminata, bilocularis, bivalvis : valvularum marginibus intortis.

Sem. numerosa.

Conspectus Specierum.

2157. LISIANTHUS *carinatus.* T. 107. f. 3.
L. foliis sessilibus, ovatis, trinerviis ; foliolis calycinis, carina sursum ampliata alatis, longo flore.
Ex ins. Madagascariæ. ♄

2158. LISIANTHUS *trinervis.*
L. pubescens, foliis ovatis, mucronatis, trinerribus; floribus laxè panic. terminalibus.
Ex ins. Madagascariæ. *Commers.*

2159. LISIANTHUS *longifolius.*
L. ramosus, foliis oblongis, acutis; corollarum laciniis ovato-lanceolatis, patentibus.
Ex Jamaica. ♄ ? *Brown. Jam. t. g. f. 1.*

2160. LISIANTHUS *cordifolius.*
L. dichotomus, foliis cordatis, petiolatis ; floribus terminalibus, subgeminis.
Ex Jamaica. *Brown. Jam. t. g. f. 2.*

2161. LISIANTHUS *campanulaceus.*
L. foliis ovatis, acutis, petiolatis ; floribus terminalibus, subinæqualibus.
Ex America calidiore. *Limbi lacinia obtusa.*

2162. LISIANTHUS *parvifolius.*
L. caule subfiliformi; foliis linearibus, minutis, erectis; corymbo terminali, paucifloro.
Ex America calid. *Caulis simplex, erectus.*

2163. LISIANTHE *acuminée*. Dict. n°. 7.
L. frutescent, à feuilles ovales, acuminées; corolle presque campanulée: à lobes courts arrondis.
L. n. la Guadeloupe. ♄ *Fl. grandes.*

2164. LISIANTHE à f. *glauques*. Dict. n°. 8.
L. à feuilles sessiles, ovales-oblongues; pédoncules alongés, uniflores; découpures de la corolle plus longues que le tube.
L. a.... Pl. glaire. Fl. d'un pourpre violet. ♃

2165. LISIANTHE *purpurine*. Dict. n°. 9.
L. à feuilles sessiles, ovales, pointues; corolle penchée, courbée: à découpures réfléchies.
L. n. la Guiane. ☉

2166. LISIANTHE *ailée*. Dict. n°. 10.
L. à feuilles ovales-lancéolées, presque sessiles; tige tétragone; à angles membraneux; panicule dichotome; fleurs blanchâtres.
L. n. la Guiane. ☉ *Cor. courbée.*

2167. LISIANTHE *glabre*. Dict. suppl.
L. glabre, à feuilles ovales, pétiolées; corymbes terminaux.
L. n. l'Amérique mérid. *Tige cylindrique; cor. jaune, diam. égales.*

2168. LISIANTHE *chenoloïde*. Dict. suppl.
L. à feuilles elliptiques-oblongues, subconnées; tige cylindrique, panic. à grappes; fleurs jaunes.
L. n. Surinam. *F. un peu tomenteuses.*

2169. LISIANTHE *à grandes fl.* Dict. n°. 11.
L. à feuilles connées, ovales acuminées; lobes de la corolle arrondis, comme fonés; étam. inégales.
L. a. la Guiane. ☉ *Fl. penchées, verdâtres.*

2170. LISIANTHE *bleuâtre*. Dict. n°. 12.
L. à tige tétragone, ailée; feuilles sessiles, lancéo ées; lobes de la corolle pointus; étam. inégales.
L. a. la Guiane. ☉

2163. LISIANTHUS *acuminatus*.
L. frutescens, foliis ovatis, acuminatis; corolla subcampanulata: lobis brevibus, subrotundis.
E Guadelupa. ♄ *Badier.*

2164 LISIANTHUS *glaucifolius*.
L. foliis sessilibus, ovato-oblongis; pedunculis elongatis, unifloris, laciniis corollæ tubo longioribus.
...... *Jacq. collect.* 1, p. 64. & ic. rar. 1. ♃

2165. LISIANTHUS *purpurascens*. T. 107. f. 2.
L. foliis sessilibus, ovatis, acutis; corollæ cernuæ, incurvæ, laciniis reflexis.
Ex Guiana. ☉ *Aubl. t. 79.*

2166. LISIANTHUS *alatus*.
L. foliis ovato-lanceolatis, subsessilibus; caule tetragono; angulis membranaceis; panicula dichotoma; floribus albidis.
Ex Guiana. ☉ *Aubl. t. 80.*

2167. LISIANTHUS *glaber*.
L. glaber, foliis ovatis, petiolatis; corymbis terminalibus.
Ex America merid. *L. f. suppl.* 134. *Smith. Ic. pl. fasc.* 2. t. 29.

2168. LISIANTHUS *chelonoides*.
L. foliis elliptico-oblongis, subconnatis; caule tereti; panicula racemosa; floribus luteis.
Ex Surinamo. *L. chelonoides. L. f. suppl.*

2169. LISIANTHUS *grandiflorus*.
L. foliis connatis, ovato-acuminatis; corollarum lobis subrotundis, subfuscatis; staminibus inæqualibus.
Ex Guiana. ☉ *Aubl. t. 81.*

2170. LISIANTHUS *cærulescens*.
L. caule tetragono, alato; foliis sessilibus, lanceolatis; corollarum lobis acutis; staminibus inæqualibus.
Ex Guiana. ☉ *Aubl. t. 82.*

2171. LISIANTHE à longs péd. Dict. n°. 15.
L. à corolles subcampanulées, quinquefides,
crénelées; pédoncule très-long, terminal.
L. a. Saint - Domingue. ☉ Feuilles ovales-
oblongues, trinerves. Fleurs bleues.

* LISIANTHE (à longues étamines) à feuilles
ovales-lancéolées; péd. trichotomes; parties
génitales très-longues. ♄ La Jamaïque.

* LISIANTHE (à feuilles larges) à feuilles lancéolées-elliptiques, acuminées; pédoncules
trichotomes; parties génitales incluses. ♄ La
Jamaïque.

* LISIANTHE (à ombelle) à feuilles alongées,
ovoïdes ; fleurs terminales, pédonculées, en
ombelle; découpures de la corolle très-courtes,
obtuses, droites. ♄ La Jamaïque.

Explication des fig.

Pl. 707. LISIANTHE à longues feuilles. (a) Fleur entière. (b) Corolle ouverte. (c) Calice. (d) Étamine.
(e) Pistil. (f. g) Capsule terminée par le style. (h) Une
de ses valves coupée en travers. (i) Feuille séparée.

Pl. 707. f. 2. LISIANTHE purpurین. (a) Fleur entière
séparée. (b) Corolle ouverte ; étamines, pistil, &c.
Pl. 707. f. 3. LISIANTHE corial.

307. CHIRONE.

Carac. effent.

Cor. presqu'en roue. Anthères défleuries, cont.
en spirale. Style incliné. Fruit 1-loculaire.

Carac. nat.

Cal. monophylle, quinquefide, droit, persistant :
à découpures oblongues, pointues.
Cor. monopétale, presqu'en roue, régulière. Tube
à peine plus long que le calice. Limbe partagé
en cinq découpures ovales, ouvertes.
Étam. Cinq filamens, courts, attachés au sommet du tube. Anthères oblongues, droites,
subconniventes, contournées en spirale étam
défleuries,
Pist. Ovaire supérieur, ovale. Style filiforme, un
peu plus long que les étamines, incliné. Stigmate en tête, montant.

2171. LISIANTHUS exaltatus.
L. corollis subcampanulatis, quinquefidis,
crenatis ; pedunculo longissimo, terminali.
E Domingo. ☉ Gentiana exaltata. Lin. Lisianthe glaucifolio valdè affinis.

* LISIANTHUS (exsertus) foliis ovato-lanceolatis; pedunculis trichotomis ; genitalibus
longissimis. Swartz. Prodr. p. 40.

* LISIANTHUS (latifolius) foliis lanceolato-
ellipticis, acuminatis ; pedunculis trichotomis, genitalibus inclusis. Swartz. Prodr. 40.

* LISIANTHUS (umbellatus) foliis elongatis, obovatis; floribus terminalibus, pedunculatis, umbellatis ; laciniis corollæ brevissimis, obtusis, erectis. Swartz. Prodr. 40.

Explicatio iconum.

Tab. 707. f. 1. LISIANTHUS longifolius. (a) Flos integer. (b) Corolla aperta. (c) Calyx. (d) Stamen. (e)
Pistillum. (f. g) Capsula stylo terminata. (h) Ejusdem
valvula transversim secta. (i) Folium separatum. Fig.
ex D. Brown.

Tab. 707. f. 2. LISIANTHUS purpurascens. (a) Flos
integer separatus. (b) Corolla aperta ; stamina, pistillum, &c. Fig. ex Aubl.

Tab. 707. f. 3. LISIANTHUS corinatus,

307. CHIRONIA.

Charad. essent.

Cor. subrotata. Antheræ defloratæ spiraliter
comortæ. Stylus declinatus. Fruct. 1-locul.

Charad. nat.

Cal. monophyllus, quinquefidus, erectus, persistens : laciniis oblongis, acutis.
Cor. monopetala, subrotata, æqualis. Tubus
vix calyce longior. Limbus quinquepartitus :
patens : laciniis ovatis.
Stam. Filamenta quinque, brevia, ex apice tubi
enata. Antheræ oblongæ, erectæ, subconniventes, defloratæ spiraliter comortæ.
Pist. Germen superum, ovatum. Stylus filiformis, staminibus paulo longior, declinatus.
Stigma capitatum, assurgens.

Péric. Capfule ou baie ovale, uniloculaire.
Sem. nombreufes, petites, ovales-globuleufes, fcrobiculées, attachées à des placentas latéraux.

Tableau des efpèces.

2172. CHIRONE *trinerve.* Dict. n°. 1.
C. herbacée, à folioles calicinales carinées par un tranchant membraneux.
L. n. l'ifle de Céylan. ☉

2173. CHIRONE *fl. de jafmin.* Dict. n°. 2.
C. à tige herbacée, tétragone; feuilles lancéolées, calices fubulés.
L. n. le Cap de Bonne-Efpérance. *Sonnerat.*

2174. CHIRONE *lycnoïde.* D'A. n°. 3.
C. à tige fimple; feuilles linéaires-Lancéolées, plus longues que les entrenœuds.
L. n. le Cap de Bonne-Efpérance.

2175. CHIRONE à f. de mélampire. Dict. fup.
C. à feuilles lancéolées, feffiles, décurrentes par les bords; calice plus court que le tube.
L. n. le Cap de B. Efp. Dict. Efp. 3. *Obferv.*

2176. CHIRONE *campanulée.* Dict. n°. 4.
C. herbacée, à feuilles prefque linéaires; calices de la longueur de la corolle.
L. n. le Canada. Fl. purpurines.

2177. CHIRONE *angulaire.* Dict. n°. 5.
C. herbacée, à tige à angles tranchans; feuilles ovales, amplexicaules.
L. n. la Virginie. Corymbe terminal.

2178. CHIRONE en cime. Dict. fuppl.
C. herbacée, à tige tétragone; feuilles lancéolées, feffiles; cime terminale; bractées linéaires.
L. n. la Caroline. Frafer.

2179. CHIRONE à tige nue. Dict. n°. 10.
C. à tiges fubdichylues, très-fimples, unifl. feuilles oblongues, un peu obtufes; dents calicinales fétacées.
L. n. le Cap de B. Efp.

Peric. Capfula vel bacca ovata, unilocularis.
Sem. numerofa, parva, ovato-globofa, fcrobiculata, placentis lateralibus affixa.

Confpectus fpecierum.

2172. CHIRONIA *trinervia.*
C. herbacea, calycinis foliolis membranaceo-carinatis.
Ex Zeylona. ☉ *Burm. Zeyl.* 1, 67.

2173. CHIRONIA *jafminoides.* T. 108. f. 2.
C. caule herbaceo, tetragono; foliis lanceolatis; calycibus fubulatis.
E Cap. B. Spei. *Limbus tubo petulo longior.*

2174. CHIRONIA *lychnoides.*
C. caule fimplici; foliis lineari-lanceolatis, internodiis longioribus.
E Capite Bonæ Spei.

2175. CHIRONIA *melampyrifolia.*
C. foliis lanceolatis, feffilibus, lateribus decurrentibus; calyce tubo breviore.
E Cap. B. Spei. *Limbus cor. tubo longior.*

2176. CHIRONIA *campanulata.*
C. herbacea, foliis fublinearibus; calycibus longitudine corollæ.
E Canada. Ped. longi, 1-flori.

2177. CHIRONIA *angularis.*
C. herbacea, caule acutangulo; foliis ovatis, amplexicaulibus.
Ex Virginia. Corymbus terminalis.

2178. CHIRONIA *cymofa.*
C. herbacea; caule tetragono; foliis lanceolatis, feffilibus; cyma terminali; bracteis linearibus.
E Carolina. An Ch. lanceolata. Walt. fl. car.

2179. CHIRONIA *nudicaulis.*
C. caulibus fubdichyllis, fimpliciffimis, unifloris; foliis oblongis, obtufiufculis; calycis dentibus fetaceis.
E Cap. B. Spei. Lin. f. fuppl. 151.

2180. CHIRONE *uniflore*. Diα. n°. 9.
C. à tige fimple , effilée , anguleuſe ; feuilles linéaires-lancéolées , un peu plus courtes que les entrenœuds ; fleur grande , terminale.
L. n. le Cap de Bonne - Eſpérance. *Sonnerat*. *Tige à 6 angles*.

2180. CHIRONIA *uniflora*. T. 108. f. 3.
C. caule ſimplici , virgato , angulofo ; foliis lineari-lanceolatis, internodiis ſubbrevioribus; flore magno terminali.
E Cap. Bonæ Spei. *Folia nervo marginibusque decurrunt*.

2181. CHIRONE *linoides*. Diα. n°. 6.
C. herbacée , à feuilles linéaires , glauques; calices ſemi-quinquefides , un peu pointus.
L. n. le Cap de Bonne-Eſpérance. ♃ *Plante glauque, droite , à fl. d'un rouge très-agréable*.

2181. CHIRONIA *linoides*.
C. herbacea, foliis linearibus glaucis ; calycibus ſemiquinquefidis , acutiuſculis.
E Capite Bonæ Spei. ♃ *Breyn. Cent*. 1.90. *Antheræ non ſpiraliter contortæ*.

2182. CHIRONE *baccifere*. Diα. n°. 7.
C. à tige très-rameuſe, tétragone , frutefcente à la baſe; feuilles linéaires; verdâtres ; péricarpes en baies.
L. n. l'Afrique. *Calices très-courts*. ♄

2182. CHIRONIA *baccifera*.
C. caule ramoſiſſimo , tetragono , baſi frutefcente ; foliis linearibus, viridibus ; pericarpiis baccatis.
Ex Africa. ♄ *Gærtn. t.* 114.

2183. CHIRONE *tétragone*. Diα. n°. 11.
C. frutiqueuſe , à feuilles ovales , trinerves , un peu obruſes ; folioles cal. un peu obruſes, carinées.
L. n. le Cap de Bonne Eſpérance. ♄

2183. CHIRONIA *tetragona*.
C. fruticoſa , foliis ovatis , trinerviis , obtuſiuſculis ; calycinis foliolis obtuſiuſculis , carinatis.
E Cap. B. Spei. ♄ *Lin. f. ſuppl.* 151.

2184. CHIRONE *frutefcente*.
C. frutiqueuſe , à feuilles linéaires-lancéolées , charnues , ſubtomenteuſes ; calices enflés, preſqu'ovales , pubefcens.
L. n. l'Afrique. ♄ *Ch. velus, Diα. n°.* 8.

2184. CHIRONIA *frutefcens*. T. 108. f. 1.
C. fruticoſa , foliis lineari-lanceolatis , carnoſis , ſubtomentoſis ; calycibus inflato-ſubovatis , pubefcentibus.
Ex Africa. ♄ *Fl. magni, purpurei*.

Explication des fig.

Pl. 108. f. 1. CHIRONE *frutefcente*. (a) Rameau florifère. (b) Fleur épanouie. (c) Corolle ſéparée vue par-deſſus. (d) La même ouverte. (e) Etamine ſéparée. (f) Piſtil.
Pl. 108. f. 2. CHIRONE *fleur de jaſmin*. Pl. 108. f. 3. CHIRONE *uniflore*.

Explicatio iconum.

Tab. 108. f. 1. CHIRONIA *frutefcens*. (a) Ramulus florifer. (b) Flos expanſus. (c) Corolla ſeparata poſtice ſpectata. (d) Eadem aperta. (e) Stamen ſeparatum. (f) Piſtillum.
Tab. 108. f. 2. CHIRONIA *jeſminoides*. Tab. 108. f. 3. CHIRONIA *uniflora*.

308. PHLOX.

308. PHLOX.

Caract. eſſent.

Charact. eſſent.

Cor. hypocratériforme. Etam. dans le tube. Stigm. 3-fide. Caps. à 3 loges. Sem. folit.

Cor. hypocrateriformis. Stam. incluſa. Stigma 3-fidum. Caps. 3 locularis. Sem. ſolitaria.

Caract. nat.

Charact. nat.

Cal. monophylle , cyl'ndracé , profondément quinquefide, perſiſtant : à d. coup. pointues.

Cal. monophyllus , cylindraceus , profundè quinquefidus , perſiſtens : laciniis acutis.
Cor.

Cor. monopétale, hypocratériforme. Tube cylindracé, plus long que le calice, plus étroit inf. un peu courbé. Limbe plane, régulier, partagé en cinq découp. obtuses, plus courtes que le tube.

Etam. Cinq filamens, enfermés dans le tube de la corolle, dont trois sont plus longs. Anth. droites, les trois supérieures à l'orifice.

Pist. Ovaire supérieur, conique. Style filiforme, de la longueur du tube. Stigmate trifide.

Péric. Caps. ovale, trigone, trilocul. trivalve.

Sem. solitaires, ovales.

Cor. monopetala, hypocrateriformis. Tubus cylindraceus, calyce longior, infernè angustior, subincurvus. Limbus planus, æqualis, quinquepartitus : laciniis obtusis, tubo brevioribus.

Stam. Filamenta quinque, intra tubum corollæ, quorum tria longiora ; antheræ erectæ ; superioribus tribus ad saucem.

Pist. Germen superum, conicum. Stylus filiformis, longitudine tubi. Stigma trifidum.

Peric. Capsula ovata, trigona, trilocul. trivalvis

Sem. solitaria, ovata.

Tableau des espèces.

Conspectus specierum:

2185. PHLOX *paniculé.* Dict. n°. 1.
P. à feuilles lancéolées, planes, scabres sur les bords ; tige glabre ; corymbes paniculés.
L. n. l'Amér. sept. ♃ *Fl. d'un pourpre violet.*

2185. PHLOX *paniculata.*
P. foliis lanceolatis, planis, margine scabris ; caule lævi ; corymbis paniculatis.
Ex Amer. septentr. ♃ *Fl. purpuro violacei.*

2186. PHLOX *ondulé.* Dict.
P. à feuilles oblongues-lancéolées, un peu ondulées, scabres sur les bords ; tige glabre, corymbes paniculés.
L. n. l'Amérique septentrionale. ♃ *Ce n'est peut-être qu'une variété du précédent ; mais il s'élève davantage, & ses fleurs sont plus grandes, d'un pourpre extrêm. agréable.*

2186. PHLOX *undulata.*
P. foliis oblongo-lanceolatis, subundulatis, margine scabris ; caule lævi ; corymbis paniculatis.
Ex America sept. ♃ *Hort. Kew.* 1. *p.* 205.
Præcedenti nimis affinis : Differt tamen caule altiore, floribus majoribus, amænissimè purpureis.

2187. PHLOX *tacheté.* Dict. n°. 2.
P. à feuilles lancéolées, glabres ; tige tachetée, un peu scabre ; grappe en corymbe.
L. n. l'Amérique septentrionale. ♃

2187. PHLOX *maculata.*
P. foliis lanceolatis, lævibus ; caule maculato, scabriusculo ; racemo corymboso.
Ex Amer. se, tentr. ♃ *Gærtn.* t. 6a.

2188. PHLOX *de Caroline.* Dict. n°. 3.
P. à feuilles lancéolées, glabres ; tige scabre ; corymbe, resque nivelé.
L. n. la Caroline. ♃

2188. PHLOX *Caroliniana.*
P. foliis lanceolatis, lævibus ; caule scabro ; corymbo subfastigiato.
E Carolina. ♃ *Mart. cent.* t. 10.

2189. PHLOX *glabre.* Dict. n°. 4.
P. à feuilles linéaires-lancéolées, glabres ; tige lisse ; corymbe terminal.
L. a. la Virginie. ♃ *Fl. d'un pourpre clair.*

2189. PHLOX *glaberrima.*
P. foliis lineari-lanceolatis, glabris ; caule lævigato ; corymbo terminali.
Ex Virginia. ♃ *Dill. Elth.* t. 166. *f.* 202.

2190. PHLOX *diverg nt.* Dict.
P. velu, à feuilles ovales-lancéolées : les supérieures, alternes ; tige foible ; lobes de la corolle échancrées.
L. n. la Virginie. ♃ *Cor. d'un bleu très-pâle.*
Botanique. Tome I.

2190. PHLOX *divaricata.*
P. hirsuta. foliis ovato-lanceolatis : superioribus alternis ; caule flaccido ; lobis corollæ emarginatis.
Ex Virginia. ♃ *Mill. ic.* t. 205. f. 1.

Ppp

2191. PHLOX *ovale*. Dict.
P. à feuilles ovales ; fleurs solitaires.
L. n. la Virginie. ♃

2192. PHLOX *pileux*. Dict.
P. à feuilles linéaires-lancéolées, velues ; tige droite, pileuse ; corymbes terminaux
L. n. la Virginie, la Caroline. ♃ *Fraser.*

2193. PHLOX *de Sibérie*. Dict.
P. à feuilles linéaires, velues, droites ; pédoncules uniflores, presque solitaires.
L. n. la Sibérie. ♃ *Comm. par M. Patrin.*

2194. PHLOX *subulé*. Dict.
P. à feuilles subulées, velues ; tige velleuse ; fleurs presqu'en corymbe.
L. n. la Virginie. ♃ *Comm. par M. Fraser.*

2195. PHLOX *sétacé*. Dict.
P. à feuilles sétacées, glabres ; fleurs solitaires.
L. n. la Virginie. *N'est-ce pas une variété de la précédente ?*

* PHLOX (*odorant*) à feuilles ovales-lancéolées, lisses de toutes parts, tige très-glabre ; grappe paniculée. ♃ *L'Am. sept. Fl. blanches.*

Explication des fig.

Pl. 108. f. 1. PHLOX *paniculé*. (*a*) Sommité de la tige, garnie de fleurs. *Les feuilles sont plus rétrécies à leur base.* (*b*) Fleurs entières. (*c*) Corolle ouverte. (*d*) Calice, style. (*e*) Pistil séparé. (*f*) Ovaire coupé transversalement.
Pl. 108. f. 2. PHLOX *subulé*.
Pl. 108. f. 3. PHLOX *tacheté*. Détails du fruit d'après Gærtner.

309. GENTIANE.

Caract. essent.

COR. 1-pétale, le plus souvent 5-fide. Style bifide au sommet. Caps. 1-loculaire, bivalve. Sem. attachées aux parois de la capsule.

Caract. nat.

Cal. monophylle, quinquefide ; à découpures droites, pointues.

2191. PHLOX *ovata*.
P. foliis ovatis ; floribus solitariis.
Ex Virginia. ♃ *Pluk. t. 348. f. 4.*

2192. PHLOX *pilosa*.
P. foliis lineari-lanceolatis, villosis ; caule erecto, piloso ; corymbis terminalibus.
Ex Virginia, Carolinia. ♃ *Pluk. t. 98. f. 1.*

2193. PHLOX *Sibirica*.
P. foliis linearibus, villosis, erectis ; pedunculis unifloris, subsolitariis.
Ex Sibiria. ♃ *Gmel. sib. 4. t. 46. f. 2.*

2194. PHLOX *subulata*. T. 108. f. 2.
P. foliis subulatis, hirsutis ; caule villoso ; floribus subcorymbosis.
Ex Virginia. ♃ *Lobi corollæ emarginati.*

2195. PHLOX *setacea*.
P. foliis setaceis, glabris ; floribus solitariis.
Ex Virginia. *Pluk. t. 98. f. 3.*

* PHLOX (*suaveolens*) foliis ovato-lanceolatis, undique lævibus ; caule glaberrimo, racemo paniculato. *Hort. Kew.* 206. ♃

Explicatio iconum.

Tab. 108. f. 1. PHLOX *paniculata*. (*a*) Summitas caulis floribus onusta. *Folia basi magis angustata.* (*b*) Flores integri. (*c*) Corolla aperta. (*d*) Calyx, stylus. (*e*) Pistillum separatum. (*f*) Germen immaturum transversim sectum.
Tab. 108. f. 2. PHLOX *subulata*.
Tab. 108. f. 3. PHLOX *maculata*. Partes fructus, ex Gærtnero desumtæ.

309. GENTIANA.

Charact. essent.

COR. 1-petala, sæpius 5-fida. Stylus apice bifidus. Caps. 1-locularis, bivalvis. Sem. parietibus capsulæ affixa.

Charact. nat.

Cal. monophyllus, quinquefidus : laciniis erectis, acutis.

Cor. monopétale, campanulée ou infundibuliforme, rarement en roue, le plus souvent
quinquefide : à limbe variant dans sa forme.

Etam. Cinq filamens, rarement quatre, subulés,
plus courts que la corolle. Anth. oblongues,
quelquefois rapprochées, presque réunies.

Pist. Ovaire supérieur, oblong, cylindracé.
Style souvent très-court, bifide au sommet.
Deux stigmates un peu obtus.

Péric. Capsule oblongue, cylindrique ou conique, acuminée, uniloculaire, bivalve.

Sem. nombreuses, petites, attachées longitudinalement aux parois ou aux bords de la capl.

Cor. monopetala, campanulata vel infundibuliformis, raró rotata, sæpius quinquefida :
limbo forma vario.

Stam. Filamenta quinque, rarius quatuor, subulata, corolla breviora. Antheræ oblongæ,
interdum approximatæ, subcoalitæ.

Pist. Germen superum, oblongum, cylindraceum. Stylus sæpe brevissimus, apice bifidus.
Stigmata duo, obtusiuscula.

Peric. Capsula oblonga, teres vel conica, acuminata, unilocularis, bivalvis.

Sem. numerosa, parva, parietibus vel marginibus capsulæ longitudinaliter affixa.

Tableau des espèces.

* *Corolles subquinquefides : en roue ou
campanulées.*

Conspectus specierum.

* *Corollis subquinquefidis : rotatis vel
campanulatis.*

2196. GENTIANE jaune. Diâ. n°. 3.
G. à corolles en roue, subquinquefides, fas-
ciculées en verticilles ; calices spathacés.
L. n. les reg. montueuses de l'Europe. ♃

2196. GENTIANA lutea. T. 109. f. 1.
G. corollis rotatis, subquinquefidis, fascicu-
lato-verticillatis ; calycibus spathaceis.
Ex Europæ montosis. ♃ *Fl. lutei.*

2197. GENTIANE pourprée. Diâ. n°. 2.
G. à corolles campanulées, subsexfides, ponctuées ; découp. ovales-lancéolées ; calice
spathacé.
L. n. les mont. de la Suisse, &c. ♃

2197. GENTIANA purpurea.
G. corollis campanulatis, subsexfidis, punctatis : segmentis ovato-lanceolatis ; calyce
spathaceo.
Ex alpibus Helveticis, &c. ♃

2198. GENTIANE ponâuâ. Diâ. n°. 2.
G. à corolles campanulées, ponctuées, subsexfides : à découp. & sinus un peu obtus ;
calice subsexfide.
L. n. les mont. de la Suisse, &c. ♃

2198. GENTIANA punctata.
G. corollis campanulatis, subsexfidis, punctatis : segmentis sinubusque obtusiusculis ; calyce subsexfido.
Ex alpibus Helveticis, &c, ♃

2199. GENTIANE albiflore. Diâ. suppl.
G. à corolles campanulées, quinquefides,
ponduées par bandes ; feuilles oblongues-
lancéolées.
L. n. la Sibérie. ♃ *Cor. blanches, à points
bleuâtres.*

2199. GENTIANA albiflora.
G. corollis campanulatis, quinquefidis, fas-
ciatim punctatis ; foliis oblongo-lanceolatis.
Ex Sibiria. ♃ *Pallas. It. 3. 724. tab. I.
f. 2.*

2200. GENTIANE asclepiade. Diâ. n°. 4.
G. à corolles campanulées, quinquefides,
opposées, sessiles ; feuilles amplexicaules.
L. n. l'Autriche, la Suisse, &c. ♃ *Fl. bleuâtres.*

2200. GENTIANA asclepiadea. T. 109. f. 3.
G. corollis campanulatis, quinquefidis, oppositis, sessilibus ; foliis amplexicaulibus
Ex Austria, Helvetia, &c. ♃ *Jacq. fl. aust.
4. 328.*

2201. GENTIANE d'automne. Did. n°. 5.
G. à corolles campanulées , quinquefides,
opposées, pédonculées ; feuilles linéaires.
L. n. les prés humides de l'Eur. ♃ Fl. bleues.
β. La même moins élevée, à feuilles plus larges.

2201. GENTIANA pneumonanthe. T. 109. f. 2.
G. corollis campanulatis, quinquefidis , oppositis , pedunculatis ; foliis linearibus.
Ex Europæ pratis humidis. ♃ Fl. cærulei.
β. Eadem humilior , foliis latioribus.

2202. GENTIANE de Virginie. Did. n°. 6.
G. à corolles quinquefides , campanulées ,
ventrues , verticillées ; feuilles ovales-lancéol.
L. n. la Virginie. ♃ Fl. d'un bleu pâle , rayées.

2202. GENTIANA saponaria.
G. corollis quinquefidis, campanulatis, ven-
tricosis , verticillatis; foliis ovato-lanceolatis.
Ex Virginia. ♃ Fl. pallidè cærulei , lineati.

2203. GENTIANE velue. Did. n°. 7.
G. à corolles quinquefides , campanulées ,
ventrues ; feuilles velues.
L. n. la Virginie. ♃

2203. GENTIANA villosa.
G. corollis quinquefidis , campanulatis , ven-
tricosis ; foliis villosis.
Ex Virginia. ♃ An varietas præcedentis.

2204. GENTIANE caulescente. Did. n°. 10.
G. à corolle quinquefide, oblongue-campa-
nulée ; tige presque nue , plus longue que
la fleur.
L. n. les mont. de la Suisse, &c. ♃

2204. GENTIANA caulescens.
G. corolla quinquefida, oblongo-campanu-
lata ; caule subnudo , flore longiore.
Ex alpibus Helv. &c. ♃ Barrel. Ic. 110. n. 2.

2205. GENTIANE à grande fleur. Did. n°. 9.
G. à corolle quinquefide , campanulée , plus
longue que la tige ; calice court.
L. n. les mont. de la France , la Suisse, &c. ♃
(a) A feuilles ovales-lancéolées , pointues.
(β) A feuilles ovales , un peu obtuses.

2205. GENTIANA grandiflora.
G. corolla quinquefida , campanulata , caule
longiore ; calyce brevi.
Ex alpibus Galliæ , Helvetiæ , &c. ♃
(a) Foliis ovato-lanceolatis , acutis.
(β) Foliis ovalibus obtusiusculis.

2206. GENTIANE à longues f. Did. n°. 11.
G. à corolles quinquefides , campanulées ;
feuilles rad. lancéolées , très-longues ; tige
couchée.
L. n. la Sibérie. ♃ Suppl. p. 174.

2206. GENTIANA decumbens.
G. corollis quinquefidis, campanulatis , foliis
radicalibus , lanceolatis , longissimis ; caule
decumbente.
E Sibiria. ♃ Gmel. Sib. 4. t. 51. f. A.

2207. GENTIANE des rochers. Did. n°. 12.
G. à corolles quinquefides , campanulées ;
feuilles spatulées.
L. n. la Nouvelle-Zélande. Suppl. p. 175.

2207. GENTIANA saxosa.
G. corollis quinquefidis, campanulatis ; fo-
liis spathulatis.
E Nova-Zelandia. Forst. æt. Stock 1777. t. 5.

2208. GENTIANE calycinale. Did. n°. 13.
G. à corolles quinquefides , presqu'en roue ,
à peine de la grandeur du calice ; capsules
glob. posées sur un cal. en étoile.
L. n. La Louisiane , la Caroline.

2208. GENTIANA calycina.
G. corollis quinquefidis , subrotatis , calycem
vix æquantibus ; capsulis globosis calyce
stellato insidentibus.
Ex Ludoviciana , Carolina.

2209. GENTIANE naine. Did. n°. 14.
G. à corolle quinquefide , campanulée , barbue à son orifice; feuilles caulinaires , ovales.

2209. GENTIANA nana.
G. corolla quinquefida , campanulata , fauce
barbata ; foliis caulinis ovatis.

L. *n.* les mont. de l'Autriche, &c. *Très-
petite plante, ayant des rapports avec la G.
nivale.*

* * *A corolles subquinquefides, infundibuliformes.*

2210. GENTIANE *précoce.* Dict. n°. 15.
G. à corolle infundibuliforme, quinquefide ;
tiges courtes, simples, uniflores ; feuilles
ovales ; les radicales plus grandes.
L. *n.* les mont. de l'Europe. ♃ *Corolle à
limbe d'un beau bleu.*
β. *La même ? à feuilles plus étroites & plus
pointues. Lobes de la cor. munis de quelques dents.*

2211. GENTIANE f. *de serpolet.* Dict. n°. 18.
G. à corolle infundibuliforme, quinquefide ;
tiges simples, uniflores ; feuilles ovales-obtuses.

L. *n.* les mont. de la France, l'Italie, &c.
*Petite plante à f. ovales, obtuses, presque
rondes.*
β. *La même à tige presque nue. Je l'ai reçue
du canton de Fribourg.*
γ. *La même à tige fort courte. C'est peut-
être aussi le G. exalpensis. Hacq. t. a. f. 3.*

2212. GENTIANE *nivale.* Dict. n°. 19.
G. à corolles quinquefides, infundibuliformes ;
rameaux uniflores, alternes.
L. *n.* l'Europe, sur les hautes montagnes. ⊙
*Petite plante à tige rameuse. Voy. Jacq. col-
led. 3. p. 8.*

2213. GENTIANE *dentelée.* Dict. n°. 17.
G. à corolle quinquefide, infundibuliforme ;
à découp. obtuses, dentées ; tiges simples,
uniflores.
L. *n.* les montagnes de la Suisse, la Bavière.
*Le limbe de sa corolle la distingue de la G.
feuilles de serpolet.*

2214. GENTIANE *des Pyrénées.* Dict. n°. 16.
G. à corolle decemfide, infundibuliforme ;
tiges uniflores ; feuilles linéaires.
L. *n.* les Pyrénées. ♃ *F. pointues.*

2215. GENTIANE à *longue fleur.* Dict. suppl.
G. subquinquefide, infundibuliforme, plus
longue que la tige ; feuilles ramassées, presque linéaires.
L. *n.* la Sibérie. *Cor. longue de 2 pouces.*

Ex alpibus Austriacis, &c. *Jacq. misc. 1.
t. 18 f. 3. An Swertia carinthiaca ejusd.
misc. 2. t. 6.*

* * *Corollis subquinquefidis, in fundibuliformibus.*

2210. GENTIANA *verna.*
G. corolla infundibuliformi, quinquefida ;
caulibus brevibus, simplicibus, unifloris ;
foliis ovatis : radicalibus majoribus.
Ex Europæ alpibus. ♃ *Clu. hist. p. 315.
Gentiana bavarica. Jacq. obs. 3. t. 71.*
α. *Eadem ? foliis angustioribus & acutioribus.
G. pumila. Jacq. obs. 2. t. 49.*

2211. GENTIANA *serpyllifolia.*
G. corolla infundibuliformi, quinquefida,
caulibus simplicibus, unifloris : foliis ovatis, obtusis.
Ex alpibus Galliæ, Italiæ, &c. *G. cam.
hort. t. 15. f. 1. Barrel. Ic. 101. f. 1. G.
prostrata. Jacq. coll. 2. t. 17. f. 2.*
β. *Eadem caule infundibulo. G. elongata. Jacq.
collect. 2. p. 88. t. 17. f. 3.*
γ. *Eadem caule brevissimo. An G. brachi-
phylla. Pl. delph. 2. p. 528.*

2212. GENTIANA *nivalis.*
G. corollis quinquefidis, infundibuliformibus ;
ramis unifloris, alternis.
Ex Europæ, summis alpibus. ⊙ *Hall. helv.
t. 17. Barrel. ic. 103. f. 1. 3. G. minima. lob.
ic. 310.*

2213. GENTIANA *bavarica.*
G. corolla quinquefida, infundibuliformi ;
laciniis obtusis, serratis ; caulibus simplicibus unifloris.
Ex alpibus Helvetiæ, Bavariæ. *Cam. hort.
t. 15. f. 2. Barrel. Ic. 101. f. 2.*

2214. GENTIANA *pyrenaica.*
G. corolla decemfida, infundibuliformi ; cau-
liculis unifloris ; foliis linearibus.
Ex Pyrenæis. ♃ *Gouan. Ill. t. 2. f. 2.*

2215. GENTIANA *longiflora.*
G. subquinquefida, infundibuliformi, caule
longiore ; foliis confertis, sublinearibus.

Ex Sibiria. D. *Patrin.*

2216. GENTIANE dorée. Dict. n°. 20.
G. à corolles quinquefi les, infundibuliformes,
très-acuminées : à orifice munique & fans
poils ; rameaux opposés.
L. n. fur les mons. de Bourgdoifan & de la
Lapponie. ⊙ Pl. fort rameufe.

2216. GENTIANA aurea.
G. corollis quinquefidis, infundibuliformi-
bus, acuminatiffimis ; fauce imberbi muti-
caque ; ramis oppofitis. L.
Ex alpibus Burdegalenfibus & Lapponiæ. ⊙
Barrel. Ic. 104.

2217. GENTIANE aquatique. Dict. n°. 21.
G. à corolles quinquefi les, infundibuliformes,
terminales , feffiles ; f. à bords membraneux.
L. n. la Sibérie. La fig. d'amman (Ruth. t. 2.
(f. 1.) n'eft pas bonne. Quant à celle de Gmelin
(Sib. q. 1 53. f. 1.) elle appartient au Swertia
rotata ; les fl. étant en roue ,avec des foffettes.

2217. GENTIANA aquatica.
G. corollis quinquefidis, infundibuliformibus, feffilibus ; foliis margine membranaceis.
E Sibiria. D. Patrin. Planta fubbipollicaris,
ramofa. Cul. corolla brevior. Cor. 10-fida,
acuta : laciniis 5 alternis majoribus fubviridi-
bus ; aliis 5 minoribus cæruleis.

2218. GENTIANE utriculée. Dict. n°. 22.
G. à corolles quinquefides, hypocratériformes;
calices ailés par 5 angles tranchans.
L. n. les mons. de la France, la Suiffe, &c. ⊙.

2218. GENTIANA utriculofa.
G. corollis quinquefidis, hypocrateriformi-
bus ; calycibus plicato-carinatis.
Ex alpibus Galliæ , Helvetiæ, &c. ⊙

2219. GENTIANE f. de linaire. Dict. n°. 23.
G. à corolles quinquefides, infundibuliformes;
ftyle alongé ; feuilles linéaires , à une nervure.
L. n. l'Europe auftrale.

2219. GENTIANA linariæfolia.
G. cor. quinquefidis, infundibuliformibus;
ftylo elongato; f. linearibus, fubuninerviis.
Ex Europa auftrali. Barrel. Ic. 423. 435. 436.

2220. GENTIANE centaurelle. Dict. n°. 24.
G. à corolles quinquefides, infundibuliformes;
ftyle alongé ; tige en cime fupérieurement ;
feuilles ovales, nerveufes.
L. n. l'Europe , aux lieux fecs & incultes. ⊙
La petite centaurée.

2220. GENTIANA centaurium.
G. corollis quinquefidis, infundibuliformi-
bus , ftylo elongato ; caule fupernè cymofo ;
foliis ovatis, nervofis.
Ex Europæ apricis. ⊙ Caulis infernè fimplex.
Fl. purpurei f. rofei.

2221. GENTIANE des marais. Dict. fuppl.
G. à cor. quinquefides , infundibuliformes ;
tige fans bafe, très-rameufe de la bafe au fommet ; feuilles liffes.
L. n. la France, &c. aux L humides & ar-
gilleux. ⊙ Tige de 2 à 3 pouces

2221. GENTIANA paluftris.
G. corollis quinquefidis, infundibuliformi-
bus ; caule humilimo , à bafi ad apicem ra-
mofiffimo ; foliis lævibus.
Ex Gallia , &c. in bumidis & argillofis. ⊙
Vaill. parif. t. 6. f. 1.

2222. GENTIANE à épi. Dict. n°. 25.
G. à cor. quinquefides , infundibuliformes ;
fleurs alternes , feffiles.
L. n. l'Europe auftrale. ⊙ Rameaux en épis.

2222. GENTIANA fpicata.
G. corollis quinquefidis , infundibuliformi-
bus ; floribus alternis , feffilibus.
Ex Europa auftrali. ⊙ Barrel. Ic. 1242.

2223. GENTIANE maritime. Dict. n°. 26.
G. à corolles quinquefides, infundibuliformes,
jeunes ; tige fubdichotome, pauciflora.
L. n. les L maritimes de l'Europe auftrale. ⊙
Style fimple. Stigmates réunis , en maffue.

2223. GENTIANA maritima.
G. corollis quinquefidis , infundibuliformibus , luteis; caule fubdichotomo , pauciflora.
Ex Europæ auftralis, maritimis. ⊙ Stylus
fimplex. Stigmata coalita clavata.

2224. GENTIANE *verticil.* Diâ. n°. 27. pl. 1.
G. à corolles quinquefides, infundibuliformes;
calices très-aigus, comme verticillés; tige
fimple, folitaire.
L. a. l'Amérique. *F. lancéolées. Fl. blanches.*

2224. GENTIANA *verticillata.*
G. corollis quinquefidis, infundibuliformibus; calycibus acutiffimis, fubverticillatis;
caule fimplici folitario.
Ex America. *Burm. amer. t. 81. f. 2.*

2225. GENTIANE *axillaire.* Diâ. fuppl.
G. à corolles quinquefides, infundibuliformes;
calices obtus, comme verticillés; plufieurs
tiges fimples.
L. a. l'Inde. ♃ *Sonner. Tiges de 3 à 5 pouces.*
P. La même à feuilles plus étroites.

2225. GENTIANA *axillaris.*
G. corollis quinquefidis, infundibuliformi-
bus; calycibus obtufis, fubverticillatis; cau-
libus pluribus fimplicibus.
Ex India. ♃ *Plut. t. 343. f. 7.*
P. Ead. fol. anguftiorib. Burm. afr. t. 74. f. 3.

2226. GENTIANE *du Pérou.* Diâ. n°. 29.
G. à cor. quinquefides, infundibuliformes;
tige dichotome, lâche; feuilles uninerves.
L. a. le Pérou, le Chili. *Juff. Cachen-Lagua.*

2226. GENTIANA *Peruviana.*
G. corollis quinquefidis, infundibulibulifor-
mibus; caule dichotomo, laxulo; foliis
uninerviis.
E Peru, Chili. *Feur. peruv. 2. p. 747. t. 35.*

2227. GENTIANE *alopécuroïde.* Diâ. n°. 30.
G. à corolles quinquefides, très-poinues,
infundibuliformes; fleurs feffiles, unilatérales,
très-ferrées, presqu'en épi.
L. a ... Pl. de 3 à 4 pouces, fort rameufe.

2227. GENTIANA *alopecuroïdes.*
G. corollis quinquefidis, acutiffimis, infundibuliformibus; floribus feffilibus, fecundis,
confertiffimis, fubfpicatis.
Ex . . . . (*Juff. herb.*) An affinis coutoubear.

2228. GENTIANE *des Açores.* Diâ. n°. 31.
G. à cor. quinquefides, infundibuliformes;
tige couchée, rameufe, uniflore, feuilles
ovoïdes.
L. a. les ifles Açores. *Fl. jaune.*

2228. GENTIANA *fcilloïdes.*
G. corollis quinquefidis, infundibuliformibus; caule proftrato ramofo, uniflore; foliis
obovatis.
Ex inf. azoreis. *L. f. fuppl. 175.*

2229. GENTIANE *à cinq fleurs.* Diâ. n°. 32.
G. à cor. quinquefides, infundibuliformes;
tige à angles tranchans; feuilles ovales, amplexicaules.
L. a. la Penfylvanie, le Dannemarck.

2229. GENTIANA *quinqueflora.*
G. corollis quinquefidis, infundibuliformibus; caule acutangulo; foliis ovatis, amplexicaulibus.
Ex Penfylvania, Dania. *Fl. Dan.* 344.

2230. GENTIANE *amarelle.* Diâ. n°. 33.
G. à cor. quinquefides, hypocratériformes,
barbues à l'orifice.
L. a. les préffecs de l'Eur. ☉ *Cal. régulier.*

2230. GENTIANA *amarella.*
G. cor. llis quinquefidis, hypocrateriformi-
bus, fauce barbatis.
Ex Euro, æ pratis, ficc's. ☉ *Fl. dan. t. 328.*

* * * *A corolles quadrifides.*

* * * *Corollis quadrifidis.*

2231. GENTIANE *des prés.* Diâ. n°. 34.
G. à corolles quadrifides, barbues à l'orifice;
découp. du calice inégales.
L. a. les préffecs & montagneux de l'Eur. ☉

2231. GENTIANA *campeftris.*
G. corollis quadrifidis, fauce barbatis; caly-
cis laciniis inæquuilibus.
Ex Europæ pratis ficcis & montofis. ☉

2232. GENTIANE *ciliée*. Dict. n°. 35.
G. à corolles quadrifides, ciliées sur les bords.
L. n. sur les mont. de la France, Suisse, &c. ⊙

2233. GENTIANE *tétragone*. Dict. suppl.
G. à corolles quadrifides, imberbes ; j'éd-nc.
longs, nuds, tétragones.
L. n. l'Europe boréale. Linné a cité cette
plante comme variété du G. campestris.

2234. GENTIANE *croisette*. Dict. n°. 36.
G. à corolles quadrifides, imberbes ; fleurs
sessiles, verticillées ; feuilles connées en gaine.
L. n. la France, &c. le long des chemins. ♃

2235. GENTIANE *sessile*. Dict. n°. 37.
G. à corolles quadrifides, fleurs sessiles; feuilles
ovales.
L. n. le Chyli. F. larges. Tige courte.

2236. GENTIANE *filiforme*. Dict. n°. 38.
G. à corolles quadrifides, imberbes ; tige
dichotome, filiforme.
L. n. la France, &c. aux lieux humides. ⊙

2237. GENTIANE *fluette*. Dict. n°. 39.
G. à corolles quadrifides, presque fermées ;
découp. calicinales, linéaires ; tige très-rameuse, dichotome, filiforme.
L. n. la France. Pl. de 3 à 5 pouces.
c. La même à pédoncules plus longs. A-t-elle
des rapports avec le G. tetragona ?

2238. GENTIANE *quadrangul.* Dict. n°. 40.
G. à corolles quadrifides ; tube ventru, cou-
vert ; calice quadrang. tronqué, à 4 dents.
X. n. le Pérou.

2239. GENTIANE *noirâtre*. Dict. n°. 41.
G. à corolles quadrifides, infundibuliformes,
en cime : à limbe subpubescent ; feuilles linéaires, très-étroites.
L. n. Est-ce une espèce d'Houstone ?

2240. GENTIANE *hétéroclite*. Dict. n°. 42.
G. à fleurs quadrifides, irrégulières ; tige
branchue.
L. n. les champs du Malabar. ⊙

2232. GENTIANA *ciliata*.
G. corollis quadrifidis, marginis ciliatis.
Ex alpibus Galliæ, Helv. &c. Barrel. ic. 121.

2233. GENTIANA *tetragona*.
G. corollis quadrifidis, imberbibus ; pedun-
culis longis, nudis, tetragonis.
Ex Europa boreali. Fl. dan. t. 318. G. tenella
Friis all. hafn. vol. 10. t. 2. f. 6.

2234. GENTIANA *cruciata*.
G. corollis quadrifidis, imberbibus ; floribus
sessilibus, verticil. foliis connato-vaginantibus.
Ex Gallia, &c. ad vias. ♃ Barrel. ic. 65.

2235. GENTIANA *sessilis*.
G. corollis quadrifidis ; floribus acaulibus ;
foliis ovatis.
E Chyli. Fev. peruv. 3. t. 14. f. 2.

2236. GENTIANA *filiformis*.
G. corollis quadrifidis, imberbibus ; caule
dichotomo, filiformi.
Ex Gallia, &c. in humid. Vaill. t. 6. f. 3.

2237. GENTIANA *pusilla*.
G. corollis quadrifidis, subclausis ; laciniis
calycinis linearibus ; caule ramosissimo, dichotomo, filiformi.
Ex Gallia. Juss. Vaill. par. tab. 6. f. 2.
c. Eadem pedunculis longioribus. An G. pu
mila, Gmel. sib. 4. tab. 51. f. B.

2238. GENTIANA *quadrangularis*.
G. cor. quadrifidis, tubo ventricoso, tecto,
calyce quadrangulari, truncato quadridentato.
E Peru.

2239. GENTIANA *nigricans*.
G. corollis quadrifidis, infundibuliformibus,
cymosis ; limbo subpubescente ; foliis linearibus, angustissimis.
Ex ..... (Herb. Juss.)

2240. GENTIANA *heteroclita*.
G. floribus quadrifidis, irregularibus ; caule
brachiato.
Ex agris Malabariæ. ⊙

* GENTIANE

* GENTIANE (*visqueuse*) à corolles quinquefides, monogynes; panic. trichotomes, bractées perfoliées; feuilles oblongues, trinerves. *Les Canaries.*

* GENTIANE (*montagnarde*) à cor. quinquefides, campanulées; feuilles en cœur fessiles. *La Nouvelle-Zélande.*

* GENTIANE (*des frimats*) à corolles quinquefides, campanulées, terminales, fessiles; feuilles obtuses; les radicales linéaires-oblongues; les caulinaires lancéolées; tige fubbiflore. *Le sommet des mont. de l'Autriche.*

Explication des fig.

Pl. 109. f. 1. GENTIANE jaune. (*a* , *b*) Fleurs féparées. (*c*) Pistil. (*d*) Capsule.
Pl. 109. f. 2. GENTIANE d'automne. (*a*) Partie supérieure de la tige , avec les fleurs. (*b*) Fleur féparée. (*c*) Calice. (*d*) Pistil. (*e*) Capsule ouverte. (*f*) La même coupée transversalement. (*g*) Semence.
Pl. 109. f. 3. GENTIANE afclepiade.

310. SUERCE.

Caract. effent.

Cor. en roue. 2 points excavés , à la bafe des découp. de la corolle. Capf. 1-loculaire.

Caract. nat.

Cal. plane , persistant, part. en cinq découp. lancéolée.
Cor. monopétale , en roue. Tube très-court. Limbe ouvert , plane , partagé en cinq découpures lancéolées , plus grandes que le calice. Dix points (*Deux à la bafe de chaque découp. de la corolle*) creufés en leur côté intérieur , & ennourés de cils petits, droits.
Etam. Cinq filamens , fubulés , ouverts , plus courts que la corolle. Anthères inclinées.
Pist. Ovaire fupérieur , ovale-oblong , fe terminant en un style court. Deux stigmates fimples.
Péric. Capsule presque cylindrique , acuminée , uniloculaire, bivalve.
Sem. nombreufes , petites.

Botanique. Tome I.

* GENTIANA (*viscosa*) corollis quinquefidis , monogynis ; paniculis trichotomis ; bracteis perfoliatis ; foliis oblongis , trinerviis. *Hort. Kew.*

* GENTIANA (*montana*) corollis quinquefidis , campanulatis ; foliis cordatis , feffilibus. *Forst. fl. austr. n°. 133.*

* GENTIANA (*frigida*) corollis quinquefidis, campanulatis , terminalibus , feffilibus ; foliis obtusis ; radicalibus lineari-oblongis ; caulinis lanceolatis ; caule fubbifloro. *Jacq. collect. 2. pag. 13.*

Explicatio iconum.

Tab. 109. f. 1. GENTIANA lutea. (*a* , *b*) Flores feparati (*c*) Pistillum. (*d*) Capsula. Fig. ex Tournef.
Tab. 109. f. 2. GENTIANA pneumonanthe. (*a*) Pars fuperior caulis , cum floribus. (*b*) Flos feparatus. (*c*) Calyx. (*d*) Pistillum. (*e*) Capsula dehiscens. (*f*) Eadem transversà fciffa (*g*) Semen. Fig. id.
Tab. 109. f. 3. GENTIANA afclepiadea. Ex Sicca

310. SWERTIA.

Charact. effent.

Cor. rotata. Puncta 2 , excavata , ad bafim laciniarum corollæ. Capf. 1-locularis.

Charact. nat.

Cal. quinquepartitus , planus , perfistens : laciniis lanceolatis.
Cor. monopetala , rotata. Tubus breviffimus. Limbus patens , planus , quinquepartitus : laciniis lanceolatis , calyce majoribus. Puncta decem (*duo in bafi fingulæ laciniæ corollæ*) à parte interna excavata , fetis parvis erectis cincta.
Stam. Filamenta quinque , fubulata , patentia , corolla breviora. Antheræ incumbentes.
Pist. Germen fuperum , ovato-oblongum , definens in ftylum brevem. Stigma duo fimplicia.
Peric. Capfula fubteres , acuminata , unilocularis , bivalvis.
Sem. Numerofa , parva.

Q q

Tableau des espèces.

* A corolles quinquefides.

2241. SUERCE *vivace*. Dict.
S. à corolles quinquefides ; feuilles radicales,
ovales , pétiolées.
L. n. Les prés montagneux & humides de la
France. ℣

2242. SUERCE *difforme*. Dict.
S. à corolles quinquefides : la terminale sex-
fide ; pédoncules très-longs; feuilles linéaires
L. n. La Virginie. *Fl. blanches.*

2243. SUERCE *en rose*. Dict.
S. à corolles quinquefides ; feuilles lancéo-
lées-linéaires.
L. n. la Sibérie. *Péd. 1-flores. Cor. planes.*

2244. SUERCE *couchée*. Dict.
S. à corolles quinquefides ; feuilles linéaires-
lancéolées ; tiges couchées.
L. n. l'Arabie. *Pl. glabre, Tiges filiformes.
Corolles blanches , à veines violettes.*

** A corolles quadrifides.

2245. SUERCE *corniculée*. Dict.
S. à corolles quadrifides , à quatre cornes.
L. n. la Sibérie. ☉ *Patrin, Pl. d'un verd jaune.*

2246. SUERCE *dichotome*. Dict.
S. à corolles quadrifides , sans cornes.
L. n. la Sibérie. ☉

Explication des fig.

Pl. 109. SUERCE *vivace*. (a) Fleur entière , séparée. (b, c, d, e) Pétales creusés à leur base par deux
follettes. (f, g) Étamines ; pistil. (h) Calice. (i)
Capsule entière. (l) La même coupée transversalement.
(m) La même ouverte. (n) Plante entière , de grandeur naturelle.

311. VOYÈRE.

Caract. essent.

Cor. hypocrateriforme : à tube très-long, renflé
à la base & au sommet. Stigm. entier. Caps.
1-loculaire.

Conspectus specierum.

* Corollis quinquefidis.

2241. SWERTIA *perenis*. T. 109.
S. corollis quinquefidis ; foliis radicalibus ,
ovatis , petiolatis.
Ex Gallia , &c. pratis montosis & humidis. ℣

2242. SWERTIA *difformis*.
S. corollis quinquefidis : terminali sexfida ;
pedunculis longissimis ; foliis linearibus.
Ex Virginia. *Flores albi.*

2243. SWERTIA *rosata*.
S. corollis quinquefidis ; foliis lanceolato-
linearibus.
E Sibiria. *Gmel. Sib. 4. tab. 53. f. 1.*

2244. SWERTIA *decumbens*.
S. corollis quinquefidis ; foliis lineari-lanceolatis ; caulibus decumbentibus.
Ex Arabia. *Vahl. symb. 1. p. 24. Parnassia
polymediaria, Forsk. p. 207. & n. t. 5. fig. B.*

** Corollis quadrifidis.

2245. SWERTIA *corniculata*.
S. corollis quadrifidis , quadricornibus.
E Sibiria. ☉ *Gmel. Sib. 4. 1. 53. f. 3.*

2246. SWERTIA *dichotoma*.
S. corollis quadrifidis , ecornibus.
E Sibiria. ☉ *Gmel. Sib. 4. 1. 53. f. 2.*

Explicatio iconum.

Tab. 109. SWERTIA *perenis*. (a) Flos integer ,
separatus. (b, c, d, e) Petala basi foveis duabus
excavata. (f, g) Stamina , pistillum. (h) Calyx. (i)
Capsula integra. (l) Eadem transverse scissa. (m) Eadem dehiscens. Fig. in Mill. (n) Pl. integra, magnitudine naturali.

311. VOHIRIA.

Charact. essent.

Cor. hypocrateriformis : tubo longissimo , basi
apiceque tumido. Stigma individuum. Caps.
1-locularis.

|

Carall. nat.

Cal. monophylle, court, turbiné, quinquefide, droit, pointu.

Cor. monopétale, hypocratériforme. Tube très-long, cylindrique, renflé à la base & au sommet. Limbe quinquefide; à découp. ovales, ouvertes.

Etam. Cinq. Filamens très-courts, attachés à l'orifice du tube. Anthères oblongues.

Pist. Ovaire supérieur, oblong. Style filiforme, de la longueur du tube. Stigmate en tête, tronqué.

Peric. Capsule oblongue, uniloculaire, bivalve.

Sem. nombreuses, scobiformes, attachées aux bords des valves.

Tableau des espèces.

2247. VOYERE *bleue.* Dict.
V. à fleurs géminées; découpures de la corolle arrondies.
L. n. les forêts de la Guiane.

2248. VOYERE *incarnat.* Dict.
V. à fleurs géminées; découpures de la corolle pointues.
L. n. les forêts de la Guiane.

2249. VOYERE *spathacée.* Dict.
V. à tige multiflore; bractées subspathacées; découpures de la corolle oblongues.
L. n. la Guiane.

2250. VOYERE à fleurs courtes. Dict.
V. à tige subltriflore; feuilles membraneuses; tube de la corolle une fois plus long que le calice.
L. n. la Guiane. Fl. jaunes, longues de 6 à 7 lignes.

2251. VOYERE *uniflore.*
V. à tige commune sans feuilles, uniflore; découpures de la corolle pointues.
L. n. les bois de la Martinique. ☉ *Gentiana sans feuilles. Dict. n°. 18.*

Explication des fig.

Pl. 100. VOYERE *incarnat.* (a, b) Tige avec les fleurs. (c) Partie sup. de la corolle ouverte. (d) Pistil. (e) Capsule ouverte. (f) La même coupée transversalement.

Charall. nat.

Cal. monophyllus, brevis, turbinatus, **quin**-quefidus, acutus, erectus.

Cor. monopetala, hypocrateriformis. Tubus longissimus, cylindraceus, basi apiceque tumidus. Limbus quinquefidus; laciniis ovatis, patentibus.

Stam. Filamenta quinque, brevissima, fauci tubi inserta. Antheræ oblongæ.

Pist. Germen superum, oblongum. Stylus filiformis, longitudine tubi. Stigma capitatum, truncatum.

Peric. Capsula oblonga, unilocularis, bivalvia.

Sem. Numerosa, scobiformia, marginibus valvularum affixa.

Conspectus Specierum.

2247. VOHIRIA *cærulea.*
V. floribus geminatis; corollæ laciniis rotundatis.
Ex Guianæ sylvis, Aubl. t. 83. f. 1.

2248. VOHIRIA *rosea.* T. 109.
V. floribus geminatis; corollæ laciniis acutis.
Ex Guianæ sylvis, Aubl. t. 83. f. 2.

2249. VOHIRIA *spathacea.*
V. caule multifloro; bracteis subspathaceis; corollæ laciniis oblongis.
Ex Guiana. D. Richard.

2250. VOHIRIA *breviflora.*
V. caule subtrifloro; foliis membranaceis; corollæ tubo calyce duplo longiore.
Ex Guiana. D. Richard. Caulis 2-pollicaris.

2251. VOHIRIA *uniflora.*
V. caule subaphyllo, unifloro; corollæ laciniis acutis.
Ex Martinicæ sylvis. ☉ *Gentiana aphylla; Jacq. amer. t. 60. f. 3.*

Explicatio tabulæ.

Tab. 109. VOHIRIA *rosea.* (a, b) Caulis cum floribus. (c) Pars superior corollæ aperta. (d) Pistillum. (e) Corolla dehiscens. (f) Eadem transversim secta a. dehisc.

312. MARIPE.

312. MARIPA.

Caract. essent.

CAL. 5-phylle, embriqué. Cor. 1-pétale, plissée, 5-fide. Stigmate en tête. Péric. 2-loculaire : à loges 2 spermes.

Charact. essent.

CAL. 5-phyllus, imbricatus. Cor: 1-petala, plicata, 5 fida. Stigma capitatum. Peric. 2-loculare : loculis 2-spermis.

Caract. nat.

Cal. pentaphylle, court, obtus : à folioles arrondies, embriquées, tomenteuses en-dehors.
Cor. monopétale, presqu'infundibuliforme, plissée supérieurement. Tube plus long que le calice, dilaté à sa base. Limbe un peu ventru, quinquefide : à lobes obtus, demi-ouverts.
Stam. Cinq filamens, courts, attachés au tube de la corolle. Anthères oblongues, sagittées.
Pist. Ovaire supérieur, ovale. Style filiforme, de la longueur de la corolle. Stigmate en tête, pelté.
Péric. ... biloculaire.
Sem. geminées, anguleuses.

Charact. nat.

Cal. pentaphyllus, brevis, obtusus : foliolis rotundatis, imbricatis, extùs tomentosis.
Cor. monopetala, subinfundibuliformis, supernè plicata. Tubus calyce longior, basi dilatatus. Limbus subventricosus, quinquefidus; lobis obtusis, erecto-patulis.
Stam. Filamenta quinque, brevia, tubo corollae inserta. Antherae oblongae, sagittatae.
Pist. Germen superum, ovatum. Stylus filiformis, longitudine corollae. Stigma capitatum, peltatum.
Peric. ..... biloculare.
Sem. bina, angulata.

Tableau des espèces.

Conspectus specierum.

2252. MARIPE *grimpant.* Dict. 3. p. 711.
L. n. la Guiane. ♄ *Cor. velues en-dehors.*

2252. MARIPA *scandens.* T. 110.
En Guiana. ♄ *Aubl. t. 91.*

Explication des fig.

Explicatio iconum.

Pl. 110. MARIPE *grimpant.* (a) Fleur séparée. (b) Corolle ouverte. (c) L'étamine. (d) Calice, style. (e, f) Pistil. (g, i) Péricarpe coupé avant sa maturité. (k) Semence. (l) Rameau avec des fleurs non épanouies. (m) Partie de la panicule de grandeur naturelle.

Tab. 110. MARIPA *scandens.* (a) Flos separatus. (b) Corolla aperta. (c) Stamen. (d) Calyx, stylus. (e, f) Pistillum. (g, i) Pericarpium immaturum dissectum. (k) Semen. (l) Ramus cum floribus inexpansis. (m) Pars panic. magnitudine nat. *Fig. ab Aubl.*

313. AZALÉE.

313. AZALEA.

Caract. essent.

COR. 1-pétale, irrégulière. Etam. attachées au réceptacle. Caps. 5-loculaire.

Charact. essent.

COR. 1-petala, inaequalis. Stam. receptaculo inserta. Caps. 5-locularis.

Caract. nat.

Cal. petit, partagé en cinq, droit, pointu, persistant.
Cor. monopétale, campanulée, ou infundibuliforme, un peu irrégulière, quinquefide : à découpures ouvertes.

Charact. nat.

Cal. parvus, quinquepartitus, acutus, erectus, persistens.
Cor. monopetala, campanulata, aut infundibuliformis, subinaequalis, quinquefida : laciniis patentibus.

Étam. Cinq filamens, filiformes, attachés au réceptacle, quelquefois courbés. Anthères ovales.
Pist. Ovaire supérieur, arrondi. Style filiforme, de la longueur de la corolle. Stigmate obtus.
Péric. Caps. arrondie, quinqueloculaire, quinquevalve.
Sem. nombreuses, arrondies.

Tableau des espèces.

* A corolles campanulées.

2253. AZALÉE *pontique*. Dict. n°. 1.
A. à feuilles lancéolées, luisantes, glabres de chaque côté ; grappes terminales.
L. n. le Levant, vers la Mer-Noire. ♄ *Fl. jaune.*

2254. AZALÉE *des Indes*. Dict. n°. 2.
A. à fleurs presque solitaires ; calices pileux.
L. n. les Indes orient. ♄ *Joli arbriss. d'orn.*
2 pieds ? fleurs grandes, d'un rouge éclatant.
Le même à feuilles plus petites & plus étroites.
A peine diffère-t-il de celui d'Hermann.

2255. AZALÉE *feuilles de romarin*.
A. à fleurs solitaires ; feuilles linéaires-lancéolées, repliées sur les bords, velues.
L. n. le Japon. ♄ *Cal. ferrugineux. Cor. jaune.*

2256. AZALÉE *de Laponie*. Dict. n°. 3.
A. à feuilles elliptiques, parsemées de points concaves.
L. n. les montagnes de la Laponie. ♄ *Fl. purp.*

2257. AZALÉE *couchée*. Dict. n°. 4.
A. à rameaux diffus, couchés ; feuilles ovales, lisses, très-petites, repliées sur les bords.
L. n. les monts de l'Europe. ♄

* * A corolles infundibuliformes.

2258. AZALÉE *glauque*. Dict. n°. 5.
A. à feuilles lanc.-ovales-ovées, glauques en dessous ; fleurs blanches ; étam. à peine plus longues que la corolle.
L. n. l'Amérique septentrionale. ♄

2259. AZALÉE *visqueuse*. Dict. n°. 6.
A. à feuilles lancéolées-ovales ; scabres sur les bords, vertes des deux côtés ; étamines plus longues que la corolle.

Stam. Filamenta quinque, filiformia, receptaculo inserta ; interdum curva. Antheræ ovatæ.
Pist. Germen superum, subrotundum. Stylus filiformis, longitudine cor. Stigma obtusum.
Peric. Capsula subrotunda, quinquelocularis, quinquevalvis.
Sem. Plurima, subrotunda.

Conspectus specierum.

* Corollis campanulatis.

2253. AZALEA *pontica*.
A. foliis lanceolatis, nitidis, utrinque glabris, racemis terminalibus.
Ex Oriente, versus Pontum-eux. ♄ *Fl. lutei.*

2254. AZALEA *Indica*.
A. floribus subsolitariis ; calycibus pilosis.
Ex Indiis orient. ♄ *Horm. Lusd. 1. 159.*
Tsïtsjusi. Kæmpf. 1. 846.
Eadem foliis minoribus & angustioribus. Relis. Kæmpf. 1. 53.

2255. AZALEA *rosmarinifolia*.
A. floribus solitariis ; foliis lineari-lanceolatis, margine reflexis, hirsutis.
Ex Japonia. ♄ *Burm. Fl. ind. th. 1. 3. f. 3.*

2256. AZALEA *Lapponica*.
A. foliis ellipticis, punctis excavatis adspersis.
Ex alpibus Lapponicis. ♄ *Fl. lapp. 1. 6. f. 1.*

2257. AZALEA *procumbens*. T. 210. f. 1.
A. ramis diffusis-procumbentibus ; foliis ovatis, lævibus, minimis, margine reflexis.
Ex Europæ alpibus. ♄

* * Corollis infundibuliformibus.

2258. AZALEA *glauca*. T. 210. f. 1.
A. foliis lanceolato-ovatis, subtus glaucis ; floribus albis ; staminibus vix corolla longioribus.
Ex America sept. ♄

2259. AZALEA *viscosa*.
A. foliis lanceolato-ovatis, margine scabris, utrinque viridibus ; staminibus corolla longioribus.

L. *à l'Amérique septentrionale.* ♃ *Fl. rofes,
ou blanches & pourpres, quelquefois tout-à-
fait blanches.*

*β. Le même à étamines très-longues. Fl. d'un
rouge éclatant, quelquefois écarlattes. Les antheres font perforées au fommet dans cette
efpèce ainſi que dans la précédente.*

* AZALEE (*pileuſe*) à feuilles pileuſes,
blanches au bronnet ; fleurs octandriques ;
corolles ovales. *Journal d'Hiſt. nat. vol. 1,
pag. 450.*

Explication des fig.

Pl. 110. f. 1. AZALEA *vertile.* (a) Fleur entière.
(b) Calice. (c) Corolle. (d) Etamines. (f, f) Capfule. (h) La même coupée. (b) La même à valves
ouvertes.
Pl. 110. f. 2. AZALEA *flavum.* (a, 2) Sommité
d'un rameau, avec les feuilles. (c) Corolle ouverte.
(d) Calice. (e) Etamines faillis. (f) verticute des
étamines. (g) Anthères giftéé. (b, 1, 1) Capfule entière & coupée. (f) Bourgeon. (m, n) Jeune fleur.
(o) Feuille féparée.

314. EPACRIS.

Caract. effent.

Cor. infundibuliforme, veluc. 5 écailles à la
baſe de l'ovaire. Caps. à 5 loges.

Caract. nat.

Cal. partagé en cinq, régulier, perfistant; à fo-
liolès lancéolées.
Cor. monopétale, infundibuliforme, plus longue
que le calice. Tube insensiblement élargi en
un limbe quinquefide, à découp. ovales;
poftures, velues en-dessus.
Etam. Cinq filamens, très-courts, attachés au
tube de la corolle. Anth. ovales, incluſes.
Piſt. Ovaire ſupérieur, arrondi, à cinq ſillons,
environné à la baſe par cinq écailles, ovoïdes,
échancrées. Style cylindrique, court. Stigmate en tête.
Peric. Capfule globuleuſe, applatie en-dessus,
à cinq loges, s'ouvrant par cinq valves.
Sem. nombreuses, très-petites.

Ex America ſept. ♃ Fl. roſei, vel ex albo
purpurei, interdum omnino albi.

β. Eadem ſtaminibus longiſſimis, A. nudiflora. L.
Fl. rubicundi, inardum coccinei. Curtis magazi-
n. 180. Antheræ apice perforatæ in hac ſpecie,
ut in præcedenti.

* AZALEA (*piloſa*) foliis piloſis, ad apicem nitens; floribus octandris; corollis ovatis.
A. piloſa. Michaux.

Explicatio iconum.

Tab. 110. f. 1. AZALEA *waccinium.* (a) Flos integer. (b) Calyx. (c) Corolla. (d) Stamina. (f, f)
Capſula. (h) Eadem dissecta. (b) Eadem valvulis apertis.
Fig. et Mat.
Tab. 110. f. 2. AZALEA *flavum.* (a, 2) Stamina
ramuli cum foliolis. (c) Corolla aperta. (d) Calyx.
(e) Stamina, piſtillum. (f) Staminum interde. (g)
Antheræ ampliate. (b, 1) Capſula integra & dissecta.
(l) Gemma. (m, n) Flos junior. (o) Folium ſeparatum.

314. EPACRIS.

Charact. effent.

Cor. infundibuliformis, villoſa. Squamulæ 5,
ad baſin germinis. Caps. 5-locularis.

Charact. nat.

Cal. quinquepartitus, æqualis, perſistens; foliolis lanceolatis.
Cor. monopetala, infundibuliformis, calyce longior. Tubus ſenſim ampliatus in limbum quin-
quefidum; laciniis ovato-acutis, ſupra villoſis.
Stam. Filamenta quinque, breviſſima, tubo
corollæ inſerta. Antheræ ovatæ, inclusæ;
Piſt. Germen ſuperum, ſubrotundum, quin-
que-ſulcatum; ſquamulis quinque obovatis,
emarginatis, baſi cinctum; ſtylus cylindricus,
brevis. Stigma capitatum.
Peric. Capfula globoſo-depressa, quinqueocu-
laris, quinquevalvis.
Sem. numeroſa, minuta.

Tableau des espèces.　　　　　*Conspectus specierum.*

A fruit capsulaire.　　　　　*Fructu capsulari.*

* **EPACRIS** (*à longues feuilles*) arbrisseau, à feuilles linéaire-lancéolées, engainées à leur base ; grappes droites, articulées ; latérales. *La Nouvelle-Zélande.*

* **EPACRIS** (*feuilles de romarin*) fruticuleux, à feuilles linéaires, obtuses, roides, engainées ; fleurs solitaires, latérales. *La Nouvelle-Zélande.*

* **EPACRIS** (*naine*) herbacée ? à feuilles ovales-oblongues, embriquées ; fleurs sessiles, solitaires, terminales. *La Nouvelle-Zélande.*

* **EPACRIS** (*longifolia*) arborea, foliis lineari-lanceolatis, basi vaginantibus ; racemis erectis, articulatis, lateralibus. *Forst. et Epacris frondosa. Gærtn. t. 34.*

* **EPACRIS** (*rosmarinifolia*) fruticosa, foliis linearibus, obtusis, rigidis, vaginantibus ; floribus solitariis, lateralibus. *Forst.*

* **EPACRIS** (*pumila*) herbacea ? foliis ovato-oblongis, imbricatis ; floribus sessilibus, solitariis terminalibus. *Forst.*

A fruit en baie.　　　　　*Fructu baccato.*

* **EPACRIS** (*juniperoïde*) arbre, à feuilles éparses, linéaires, aiguës, dentelées ; fleurs sessiles, solitaires, terminales. *La Nouvelle-Zélande.*

* **EPACRIS** (*fasciculé*) arbre, à feuilles ramassées, linéaires, acuminées ; grappes en épi, latérales, penchées. *La Nouvelle-Zélande.*

* **EPACRIS** (*juniperina*), arborea, foliis sparsis, linearibus, cuspidatis, serrulatis ; floribus sessilibus, solitariis, terminalibus. *Forst.*

* **EPACRIS** (*fasciculata*) arborea, foliis confertis, linearibus, acuminatis ; racemis spicatis, lateralibus cernuis. *Forst. Erica arensa ? Gærtn. t. 34.*

Explication des fig.　　　　　*Explicatio iconum.*

Pl. 111. F. 1. EPACRIS nain. (a) Jeune fleur entière fermée. (b) La même épanouie. (c) Corolle ouverte. (e, f) Pistil. (g) Ecaille de l'ovaire. (h) Capsule coupée en travers.
Pl. 111. F. 2. EPACRIS à feuilles longues. (a) Corolle entière. (b) Découpe de cette cor. avec une étamine. (c) Pistil. (d) Ecaille du pistil. (e) Fleur de l'Ep. juniperoïde.

Tab. 111. F. 1. EPACRIS pumila. (a) Flos nondum apertus. (b) Idem expansus. (c) Corolla aperta. (e, f) Pistillum. (g) Squamula germinis. (h) Capsula transversim secta. Fig. ex Forst.
Tab. 111. F. 2. EPACRIS longifolia. (a) Corolla integra, fasciculum lacini. cum stamine. (c) Pistillum. (d) Squamula pistilli. (e) Flos Ep. juniperinæ. Fig. ex Forst.

315. MAESE.　　　　## 315. BÆOBOTRIS.

Caract. essent.　　　　*Charact. essent.*

CAL. double. Cor. campanulée, 5-fide. Baie semi-inférieure, 1-loculaire, polysperme.　　　　CAL. duplex. Cor. campanulata, 5-fida. Bacca semi-infera, 1-locularis, polysperma.

Caract. nat.　　　　*Charact. nat.*

CAL. double. L'extérieur plus petit, diphylle, à folioles ovales ; concaves. L'intérieur monophylle, campanulé, adhérent à l'ovaire,　　　　CAL. duplex ; exterior minor, diphyllus ; foliola ovata, concava. Interior monophyllus, campanulatus, germini adnatus, quinquefidus ;

quinquefide à à découpures ovales, persistantes, connivenes, après la floraison.

Cor. monopétale, campanulée. Limbe quinquefide, droit ; à découp. ovales, obtuses, très-courtes.

Etam. Cinq filamens, très-courts, attachés au milieu du tube. Anthères en cœur.

Pist. Ovaire semi-inférieur, globuleux. Style cylindrique, très-court, persistant. Stigmate obtus, tuberculeux.

Péri. Baie globuleuse, inférieure, couronnée par le calice, uniloculaire.

Sem. Plusieurs, anguleuses, attachées à un placenta central.

laciniis ovalis, persistentibus, post anthesin connaventibus.

Cor. monopetala, campanulata. Limbus quinquefidus, erectus: laciniis ovatis, obtusis, brevissimis.

Stam. Filamenta quinque, brevissima, medio tubi inserta. Antheræ cordatæ.

Pist. Germen semi-inferum, globosum. Stylus cylindricus, brevissimus, persistens. Stigma obtusum, tuberculosum.

Peri. Bacca globosa, infera, calyce coronata, unilocularis.

Sem. Plura, angulosa, receptaculo centrali affixa.

Tableau des espèces.

   Conspectus specierum.

1150. MÈSE *lancéolé.* Dill.
M. à feuilles lancéolées, dentées.
L. n. l'Arabie. ℔ *Arbre.* Feuilles alt. Grappes paniculées, axillaires. Fl. blanches.

1160. BÆOBOTRYS *lanceolata.*
B. foliis lanceolatis, serratis. Vahl.
Ex Arabia. ℔ *Mora.* Forst. *Ægypt. p. 66.*
B. lanceolata *Vahl. symb. 1. p. 19. t. 5.*

* MÈSE (*des bois*) à feuilles ovales, dentées.
De l'isle Tanna.

* BÆOBOTRYS (*nemoralis*) foliis ovatis, dentatis. Forst. Gen. 1. t. 5. Vahl. symb. p. 19.

Explication des fig.

   Explicatio iconum.

Pl. 115. Mèse des bois (a) Fleur de grandeur nat. (b) La même grossie. (c) Calice. (d) Corolle. (e) La même coupée, montrant les étamines. (f) Calice coupé, montrant l'ovaire. (g) Pistil grossi. (h) Baie de grandeur naturelle. (i) La même coupée. (k) Sem.

Tab. 115. BÆOBOTRYS *nemoralis.* (a) Flos magnitudine nat. (b) Idem amplificat. (c) Calyx. (d) Cor. (e) Eadem dissecta, stamina exhibens. (f) Calyx dissectus, germen ostendens. (g) Pistillum auctum. (h) Bacca magn. nat. (i) Eadem dissecta. (k) Sem. Fig. 12 Forst.

F i n du Tome premier.

www.ingramcontent.com/pod-product-compliance
Lightning Source LLC
Chambersburg PA
CBHW020856210326
41598CB00018B/1692